给水排水设计手册

第 11 册

常 用 设 备

第二版

中国市政工程西北设计研究院 主编

中国建筑工业出版社

图书在版编目(CIP)数据

给水排水设计手册.第11册,常用设备/中国市政工程西北设计研究院主编.—2版.—北京:中国建筑工业出版社,2002
 ISBN 978-7-112-04154-1

Ⅰ.给… Ⅱ.中… Ⅲ.给排水系统—设备—手册
Ⅳ.TU991.02-62

中国版本图书馆 CIP 数据核字(2001)第 064376 号

　　本手册汇编了国内近年来给水排水工程中常用的节能新设备。主要内容包括:各种泵;动力设备:电动机、空气压缩机、鼓风机、通风机、小型锅炉;水处理设备:拦污设备、搅拌设备、曝气设备、排泥设备、污泥脱水设备、起重设备;以及其他设备:活性炭再生设备、减振器材、带式输送设备、维修设备等。本手册可供给水排水与环境保护专业设计人员使用,也可供有关科研、基建、厂矿企业、施工管理技术人员以及大专院校师生参考。

* * *

责任编辑:魏秉华

给水排水设计手册
第 11 册
常 用 设 备
第 二 版
中国市政工程西北设计研究院　主编

*

中国建筑工业出版社出版、发行(北京西郊百万庄)
各地新华书店、建筑书店经销
北京圣夫亚美印刷有限公司印刷

*

开本:787×1092 毫米　1/16　印张:48　插页:1　字数:1195 千字
2002 年 6 月第二版　2013 年 7 月第十三次印刷
印数:84951—85950 册　定价:**80.00** 元
ISBN 978-7-112-04154-1
(9633)

版权所有　翻印必究
如有印装质量问题,可寄本社退换
(邮政编码 100037)

本社网址:http://www.cabp.com.cn
网上书店:http://www.china-building.com.cn

《给水排水设计手册》第二版编委会

主任委员： 林选才　刘慈慰

副主任委员：（按姓氏笔画排序）

王素卿　李远义　曲际水　刘信荣　汪天翔　陈伟生
张　傑　沈德康　宗有嘉　杨奇观　钟淳昌　贾万新
栗元珍　熊易华　魏秉华

编委：（按姓氏笔画排序）

马庆骥　马遵权　王江荣　王素卿　王德仁　方振远
冯旭东　左亚洲　许国栋　田钟荃　李远义　李金根
李炎林　曲际水　刘信荣　刘慈慰　汪天翔　汪洪秀
陈伟生　陈秀生　陈志斌　张中和　张　傑　苏　新
沈德康　印慧僧　杭世珺　宗有嘉　林选才　杨奇观
杨喜明　金善功　姚永宁　钟淳昌　贾万新　栗元珍
徐扬纲　戚盛豪　熊易华　戴毓麟　魏秉华

《常用设备》第二版编写组

主 编：田钟荃　杨喜明

成 员：庄昌玺　赵美英　王胜军　胡　奎

主 审：金善功　贾万新

前　言

　　《给水排水设计手册》系由原城乡建设环境保护部设计局与中国建筑工业出版社共同组织各设计院主持编写。1986年出版以来深受广大读者欢迎，在给水排水工程勘察、设计、施工、管理、教学、科研等各个方面发挥了重要作用。为此，曾于1988年10月荣获全国科技优秀图书一等奖。

　　由于这套手册出版至今已有10余年，随着改革开放的日益深化，国民经济的飞速增长，国家建设事业的蓬勃发展，以及国外先进技术和设备的引进、消化，我国给水排水科学技术和设计水平取得了前所未有的发展。与此同时，有关给水排水工程的标准、规范进行了全面或局部的修订，并相应颁发了部分给水排水推荐性规范和规程，在深度和广度方面拓展了给水排水设计规范中新的内容。显然原设计手册已不能适应工程建设和设计工作的需要，亟需修改、补充和调整。为此，建设部勘察设计司与中国建筑工业出版社及时组织和领导各主编单位进行《给水排水设计手册》第二版的修订工作。这次修订的原则是：以1986年版为基础，以现行国家标准、规范为依据，删去陈旧技术内容，补充新的设计工艺、设计技术、科研成果和先进的设备器材。修订后的手册将原11册增加《技术经济》一册，共12册，使手册在内容上更为丰富、在技术上更为先进，成为一部更切合设计需要的给水排水专业的大型工具书。

　　为了《给水排水设计手册》第二版修订工作的顺利进行，在编委会领导下，各册由主编单位负责具体修编工作。各册的主编单位为：第1册《常用资料》为中国市政工程西南设计研究院；第2册《建筑给水排水》为核工业第二研究设计院；第3册《城镇给水》为上海市政工程设计研究院；第4册《工业给水处理》为华东建筑设计研究院；第5册《城镇排水》、第6册《工业排水》为北京市市政工程设计研究总院；第7册《城镇防洪》为中国市政工程东北设计研究院；第8册《电气与自控》为中国市政工程中南设计研究院；第9册《专用机械》、第10册《技术经济》为上海市政工程设计研究院；第11册《常用设备》为中国市政工程西北设计研究院；第12册《器材与装置》为中国市政工程华北设计研究院。在各主编单位的大力支持下，修订编写任务获得圆满完成。在编写过程中，还得到了国内有关科研、设计、大专院校和企业界的大力支持与协助，在此一并致以衷心感谢。

《给水排水设计手册》编委会

编者的话

原手册出版至今已 10 多年,曾在给水排水工程中起到重要作用。随着国民经济的迅猛发展,新产品、新设备不断出现,老产品逐渐淘汰,原手册中所列产品已不能满足设计需要。为了适应设计和工矿企业的需求,我院组织工程技术设计人员,对原手册进行了修订。

此次修订尽可能系统、完整地介绍给水排水设计所需要的新型、国优、部优、节能、更新换代产品以及已经国产化的引进国外产品。剔除了原手册中国家已批准的淘汰产品,增添了少量当前国外质量可靠、技术先进的设备。对于冷凝水泵、沅江离心泵等不常使用的设备本次就不再重编,读者仍可参照原手册选用。

本手册主编单位中国市政工程西北设计研究院。由田钟荃、杨喜明主编,金善功、贾万新主审。第 1 章由杨喜明、田钟荃、金善功、王胜军、魏秉华、陈益华、陈益、单建西、顾艳华编写。第 2 章由田钟荃、杨喜明、贾万新、仉铬文、魏秉华编写。第 3 章由田钟荃、庄昌坚、金善功、赵美英、魏秉华、王胜军、王晔、李一静、陈勤编写。第 4 章由杨喜明、田钟荃、金善功、庄昌坚、魏秉华编写。第 5 章由田钟荃、胡奎、庄昌坚编写。张奈在文稿整理过程中做了大量工作。

本手册编写过程中,曾得到有关部门、生产厂家的大力支持,在此表示感谢。

由于编写水平有限,所收集资料尚有一定局限性,难免存在不足或错误,敬请广大读者批评、指正。

目 录

1 泵

- 1.1 单级离心清水泵 …… 1
  - 1.1.1 IS 型单级单吸悬臂式离心泵 …… 1
  - 1.1.2 XA 型卧式单级单吸离心泵 …… 19
  - 1.1.3 BG 型单级单吸离心清水泵 …… 31
  - 1.1.4 IX$_1$ 型单级单吸离心泵 …… 33
  - 1.1.5 ISL 型立式单级单吸离心清水泵 …… 40
  - 1.1.6 IL 型立式单级单吸离心清水泵 …… 44
  - 1.1.7 LZ 型立式单级离心清水泵 …… 47
  - 1.1.8 SA 型单级双吸中开离心清水泵 …… 50
  - 1.1.9 S 型单级双吸离心泵 …… 58
  - 1.1.10 CK 型直联式单级离心泵 …… 78
  - 1.1.11 KZ 型自吸泵 …… 89
  - 1.1.12 ISG、IRG、GRG 型单级单吸管道离心泵 …… 93
- 1.2 多级离心泵 …… 99
  - 1.2.1 D 型单吸多级节段式离心泵 …… 99
  - 1.2.2 MS 型多级离心泵 …… 106
  - 1.2.3 MSL 型立式多级离心泵 …… 113
  - 1.2.4 DG 型锅炉给水泵 …… 119
  - 1.2.5 GDL 型不锈钢立式多级管道离心泵 …… 128
- 1.3 潜水给水泵 …… 132
  - 1.3.1 QXG 型潜水给水泵 …… 132
  - 1.3.2 QX 型潜水泵 …… 138
- 1.4 井泵 …… 139
  - 1.4.1 LT 型深井泵 …… 139
  - 1.4.2 RJC 型深井泵 …… 146
  - 1.4.3 LC 型立式长轴泵 …… 152
  - 1.4.4 QJ 型井用潜水泵 …… 163
- 1.5 EH 型单螺杆泵 …… 167
- 1.6 真空泵 …… 173
  - 1.6.1 SZ 型水环式真空泵和压缩机 …… 173
  - 1.6.2 SZB 型水环式真空泵 …… 178
  - 1.6.3 SK 型水环式真空泵和压缩机 …… 181
- 1.7 离心式耐腐蚀泵 …… 184
  - 1.7.1 SJ 型机械密封式塑料离心泵 …… 184
  - 1.7.2 CQ 型塑料、不锈钢磁力驱动泵 …… 185
  - 1.7.3 SW 型不锈钢卫生泵 …… 186
  - 1.7.4 GDF 型耐腐蚀管道泵 …… 187
  - 1.7.5 IH 型单级单吸化工离心泵 …… 189
  - 1.7.6 FYS 型单级悬臂立式耐腐蚀液下泵 …… 195
  - 1.7.7 KF 型单级单吸耐腐蚀杂质泵 …… 196
- 1.8 螺旋泵 …… 198
- 1.9 离心式浆体泵 …… 201
  - 1.9.1 ZD、ZDL 型渣浆泵 …… 201
  - 1.9.2 Z、ZQ 型离心式渣浆泵 …… 207
  - 1.9.3 M、AH、HH 型渣浆泵 …… 214
  - 1.9.4 CLXQ 型两相流纸浆泵 …… 218
  - 1.9.5 WZB 型无堵塞浆泵 …… 221
- 1.10 离心式杂质泵 …… 222
  - 1.10.1 ZZB 型无堵塞自吸污水泵 …… 222
  - 1.10.2 IP 型污水泵 …… 225
  - 1.10.3 WSZ 型旋流式无堵塞污水泵 …… 229
  - 1.10.4 WDB 无堵塞泵 …… 231
  - 1.10.5 PW 型卧式单级单吸悬臂式离心污水泵 …… 233

1.10.6	KWP 型无堵塞离心泵	239
1.10.7	XWL(M)型旋流式无堵塞污水泵	247
1.10.8	WDL、WGL、WDLF、WGLF 型液下立式污水泵	250
1.10.9	PWL 型立式污水泵	255
1.10.10	TLW、TLWZ 型无堵塞立式污水泵	258
1.10.11	KVR 型无堵塞立式离心泵	264
1.10.12	WLZ 型立式污水泵	273
1.10.13	TSW、TSWL 型无堵塞立式污水泵	275
1.10.14	WL 型立式污水污物泵	280
1.10.15	WL 型立式污水泵	284
1.10.16	DS-VV 型立式污水泵	292
1.11	潜污泵	297
1.11.1	QW 型潜水排污泵	297
1.11.2	芬兰沙林 S 型潜水泵	307
1.11.3	芬兰沙林 SE 型潜水射流泵	322
1.11.4	芬兰沙林 SR、SS 型低扬程污泥回流泵	323
1.12	计量泵	325
1.12.1	J 型计量泵	325
1.12.2	J 型悬浮液计量泵	335
1.12.3	美国 W & T Encore 700·44 系列隔膜计量泵	337
1.13	ZQB 型轴流潜水泵	341
1.14	混流泵	358
1.14.1	HWZ 型直联式混流泵	358
1.14.2	HQB 型混流潜水泵	359
1.14.3	HD 型立式单级单吸导叶式混流泵	362

2 动力设备

2.1	交流电动机	370
2.1.1	Y 系列(IP44)小型三相鼠笼式异步电动机	370
2.1.2	Y 系列(IP23)小型三相异步电动机	374
2.1.3	Y355 低压中型交流三相异步电动机	378
2.1.4	Y 系列 6kV 中型高压三相异步电动机	381
2.1.5	Y 系列 10kV 中型高压三相异步电动机	383
2.1.6	Y 系列大型 10kV 三相异步电动机	386
2.1.7	YB 系列隔爆型三相鼠笼式异步电动机	391
2.1.8	Y-W 型、Y-WF 防腐蚀型三相异步系列电动机	397
2.1.9	1215-6H 1178 型井用潜水三相异步电动机	406
2.1.10	YLB 系列深井水泵用三相异步电动机	411
2.1.11	YL 系列中型立式 10kV 三相异步电动机	414
2.1.12	YL 系列大型立式三相异步电动机	415
2.1.13	YR 系列小型绕线转子三相异步电动机	416
2.1.14	YR315~355 系列绕线转子三相异步电动机	420
2.1.15	YR 系列中型 6kV 三相绕线型异步电动机	423
2.1.16	YR 系列大型 10kV 三相绕线型异步电动机	428
2.1.17	TL 系列大型立式同步电动机	435
2.1.18	TD 系列大型同步电动机	436
2.1.19	YQT 系列中型 6kV 内反馈交流调速三相异步电动机	440
2.1.20	YDT 系列风机、泵用变极多速三相异步电动机	443
2.1.21	JZS_2、JZS_2G 系列交流换向器变速电动机	454
2.1.22	NT 液粘调速器	458
2.1.23	NTG 型控制装置	460
2.2	往复活塞式空气压缩机	461
2.2.1	$2m^3$/min 以下低压微型活塞式空气压缩机	461

2.2.2 2m³/min 以上低压中、小型活塞式空气压缩机 …… 463	3.4.4 刮油刮泥机 …… 601
2.2.3 无油润滑活塞式空气压缩机 … 465	3.4.5 浓缩机 …… 607
2.3 离心鼓风机 …… 466	3.4.6 LCS 型链条式除砂机 …… 612
2.3.1 DG 超小型离心鼓风机 …… 466	3.5 污泥脱水设备 …… 614
2.3.2 GM 型单级高速离心鼓风机 … 467	3.5.1 离心脱水机 …… 614
2.4 罗茨鼓风机 …… 469	3.5.2 板框及厢式压滤机 …… 619
2.4.1 R 系列标准型罗茨鼓风机 … 469	3.5.3 带式压榨过滤机 …… 631
2.4.2 SSR 型罗茨鼓风机 …… 485	3.6 滗水器 …… 638
2.4.3 L 系列罗茨鼓风机 …… 491	3.6.1 BFR 系列浮动滗水器 …… 638
2.5 通风机 …… 501	3.6.2 XB 型旋转滗水器 …… 638
2.5.1 4-72、B4-72 型中低压离心通风机 …… 501	**4 起重设备**
2.5.2 轴流通风机 …… 506	4.1 WA、SC、SG 型手动单轨小车 … 642
2.6 鼓风机用消声器 …… 510	4.2 HS 型环链手拉葫芦 …… 645
2.6.1 进、出口消声器 …… 510	4.3 CD_1、MD_1 型电动葫芦 …… 647
2.6.2 ZXG 系列消声管道 …… 514	4.4 手动单梁起重机 …… 654
2.6.3 ZLW 系列消声弯头 …… 514	4.4.1 SDQ 型手动单梁起重机 …… 654
2.7 小型锅炉 …… 515	4.4.2 SDL 型手动单梁起重机 …… 656
3 水处理设备	4.5 手动单梁悬挂起重机 …… 658
3.1 拦污设备 …… 521	4.5.1 LSX 型手动单梁悬挂起重机 … 658
3.1.1 深水用中粗格栅除污机 …… 521	4.5.2 SDXQ 型手动单梁悬挂起重机 … 660
3.1.2 深水用中细格栅除污机 …… 526	4.6 SSQ 型手动双梁桥式起重机 …… 661
3.1.3 浅水(或低水位)用格栅除污机 … 539	4.7 电动单梁起重机 …… 663
3.1.4 格栅过滤机 …… 542	4.7.1 LDT 型电动单梁起重机 …… 663
3.2 搅拌设备 …… 545	4.7.2 LD-A 型电动单梁起重机 …… 666
3.2.1 混合搅拌设备 …… 545	4.8 LX 型电动单梁悬挂桥式起重机 … 670
3.2.2 反应搅拌设备 …… 547	4.9 LDH 型电动单梁环形轨道起重机 … 677
3.2.3 潜水搅拌推流器 …… 550	4.10 LH 型电动葫芦双梁桥式起重机 … 682
3.3 曝气设备 …… 553	4.11 5～50/10t 电动双梁双钩桥式起重机 …… 682
3.3.1 增氧机 …… 553	
3.3.2 表面曝气机 …… 555	4.12 LBT 防爆电动单梁起重机 …… 690
3.3.3 水平轴、刷(盘)式表面推流曝气机 …… 564	4.13 LXBT 防爆单梁悬挂起重机 …… 692
3.3.4 潜水曝气机 …… 571	4.14 LZ 型电动单梁抓斗起重机 …… 695
3.3.5 SDCY 型一体化高效生物转盘 … 577	4.15 LL_1 型吊钩抓斗电动单梁两用起重机 …… 698
3.4 排泥设备 …… 579	4.16 启闭机 …… 700
3.4.1 刮泥机 …… 579	4.16.1 手电动启闭机 …… 700
3.4.2 吸泥机 …… 592	4.16.2 卷扬式启闭机 …… 708
3.4.3 刮沫(油)机 …… 598	4.17 调节堰门、可调出水堰 …… 713
	4.17.1 TY 型调节堰门 …… 713
	4.17.2 AEW 型可调节出水堰 …… 714

5 其他设备

- 5.1 WYS 型活性炭再生炉 …………… 716
- 5.2 减振器材 …………………………… 717
  - 5.2.1 管道用减振橡胶接头 …………… 717
  - 5.2.2 SD 型橡胶隔振垫 ……………… 724
  - 5.2.3 WH 型橡胶隔振器 ……………… 727
- 5.3 输送设备 …………………………… 728
  - 5.3.1 DTⅡ型通用固定带式输送机 …… 728
  - 5.3.2 DY 型移动带式输送机 ………… 730
  - 5.3.3 DS 型移动带式输送机 ………… 732
  - 5.3.4 Y 型移动带式输送机 …………… 733
- 5.4 维修设备 …………………………… 734
  - 5.4.1 车床 ……………………………… 734
  - 5.4.2 钻床 ……………………………… 737
  - 5.4.3 牛头刨床 ………………………… 740
  - 5.4.4 铣床 ……………………………… 740
  - 5.4.5 切断机床 ………………………… 742
  - 5.4.6 砂轮机 …………………………… 742
  - 5.4.7 电焊机 …………………………… 744

生产厂通信录 ………………………………… 747

1 泵

1.1 单级离心清水泵

1.1.1 IS型单级单吸悬臂式离心泵

(1) 用途：IS型单级单吸悬臂式离心清水泵是按国际标准 ISO2858 设计的统一系列产品。供输送清水或物理化学性质类似于清水，介质温度不高于80℃的液体。适用于工业和城镇给水及农业排灌等。

(2) 型号意义说明：

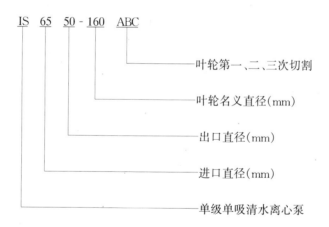

(3) 结构：IS型单级单吸悬臂式离心泵，主要由泵体、泵盖、叶轮、轴、密封环、轴套及悬架轴承部件等所组成。其泵体和泵盖是从叶轮背面处剖分的，即通常所说的后开门结构形式。其优点是检修方便。检修时不动泵体、进水管路、出水管路和电动机，只要拆下联轴器，即可取下整个轴承部件进行检修。

(4) 性能：IS型单级单吸悬臂式离心清水泵性能见图1-1和表1-1。

(5) 外形及安装尺寸：IS型单级悬臂式离心泵外形及安装尺寸见图1-2、3和表1-2；出口锥管尺寸见图1-4和表1-3。

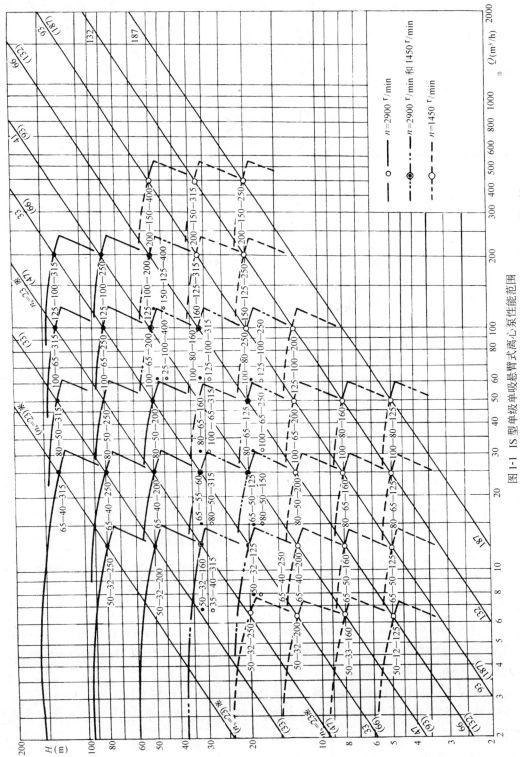

图1-1 IS型单级单吸悬臂式离心泵性能范围

注：*带括号的表示 $n_s=2900$ r/min 的 n_s 值，不带括号的表示 $n=1450$ r/min 的 n_s 值。

IS 型 泵 性 能   表 1-1

型 号	流量 Q		扬程 H (m)	转速 n (r/min)	轴功率 (kW)	电动机功率 (kW)	效率 η (%)	气蚀余量 (NPSH)r (m)	重 量 (kg)
	m³/h	L/s							
IS50-32-125	7.5	2.08	22	2900	0.96	2.2	47	2.0	32.5
	12.5	3.47	20		1.13		60	2.0	
	15	4.17	18.5		1.26		60	2.5	
	3.75	1.04	5.4	1450	0.13	0.55	43	2.0	
	6.3	1.74	5		0.16		54	2.0	
	7.5	2.08	4.6		0.17		55	2.5	
IS50-32-125A	11.2	3.1	16	2900	0.84	1.5	58	2.0	32.5
	5.6	1.56	4	1450	0.12	0.55	52		
IS50-32-160	7.5	2.08	34.3	2900	1.59	3	44	2.0	38.5
	12.5	3.47	32		2.02		54	2.0	
	15	4.17	29.6		2.16		56	2.5	
	3.75	1.04	8.5	1450	0.25	0.55	35	2.0	
	6.3	1.74	8		0.29		48	2.0	
	7.5	2.08	7.5		0.31		49	2.5	
IS50-32-160A	11.7	3.25	28	2900	1.70	2.2	52	2.0	38.5
	5.9	1.64	7	1450	0.24	0.55	46		
IS50-32-160B	10.8	3	24	2900	1.41	2.2	50	2.0	38.5
	5.4	1.5	6	1450	0.20	0.55	44		
IS50-32-200	7.5	2.08	52.5	2900	2.82	5.5	38	2.0	46
	12.5	3.47	50		3.54		48	2.0	
	15	4.17	48		3.95		51	2.5	
	3.75	1.04	13.1	1450	0.41	0.75	33	2.0	
	6.3	1.74	12.5		0.51		42	2.0	
	7.5	2.08	12		0.56		44	2.5	
IS50-32-200A	11.7	3.25	44	2900	3.05	4	46	2.0	46
	5.9	1.64	11	1450	0.44	0.75	40		
IS50-32-200B	10.8	3	38	2900	2.55	4	44	2.0	46
	5.4	1.5	9.5	1450	0.37	0.75	38		
IS50-32-250	7.5	2.08	82	2900	5.87	11	28.5	2.0	80
	12.5	3.47	80		7.16		38	2.0	
	15	4.17	78.5		7.83		41	2.5	
	3.75	1.04	20.5	1450	0.91	1.5	23	2.0	
	6.3	1.74	20		1.07		32	2.0	
	7.5	2.08	19.5		1.14		35	2.5	

续表

型号	流量 Q		扬程 H (m)	转速 n (r/min)	轴功率 (kW)	电动机功率 (kW)	效率 η (%)	气蚀余量 (NPSH)r (m)	重量 (kg)
	m³/h	L/s							
IS50-32-250A	11.7	3.25	70	2900	6.20	7.5	36	2.0	80
	5.9	1.64	17.5	1450	0.94	1.5	30		
IS50-32-250B	10.8	3	60	2900	5.21	7.5	34	2.0	80
	5.4	1.5	15	1450	0.79	1.1	28		
IS65-50-125	15	4.17	21.8	2900	1.54	3	58	2.0	38
	25	6.94	20	2900	1.97	3	69	2.0	
	30	8.33	18.5	2900	2.22	3	68	2.5	
	7.5	2.08	5.35	1450	0.21	0.55	53	2.0	
	12.5	3.47	5	1450	0.27	0.55	64	2.0	
	15	4.17	4.7	1450	0.30	0.55	65	2.5	
IS65-50-125A	22.4	6.22	16	2900	1.46	2.2	67	2.0	38
	11.2	3.11	4	1450	0.20	0.55	62	2.0	
IS65-50-160	15	4.17	35	2900	2.65	5.5	54	2.0	40
	25	6.94	32	2900	3.35	5.5	65	2.0	
	30	8.33	30	2900	3.71	5.5	66	2.0	
	7.5	2.08	8.8	1450	0.36	0.75	50	2.0	
	12.5	3.47	8.0	1450	0.45	0.75	60	2.0	
	15	4.17	7.2	1450	0.49	0.75	60	2.5	
IS65-50-160A	23.4	6.5	28	2900	2.83	4	63	2.0	40
	11.7	3.25	7	1450	0.38	0.75	58		
IS65-50-160B	21.7	6.03	24	2900	2.33	3	61	2.0	40
	10.8	3	6	1450	0.32	0.55	56		
IS65-40-200	15	4.17	53	2900	4.42	7.5	49	2.0	49
	25	6.94	50	2900	5.67	7.5	60	2.0	
	30	8.33	47	2900	6.29	7.5	61	2.5	
	7.5	2.08	13.2	1450	0.63	1.1	43	2.0	
	12.5	3.47	12.5	1450	0.77	1.1	55	2.0	
	15	4.17	11.8	1450	0.85	1.1	57	2.5	
IS65-40-200A	23.4	6.5	44	2900	4.83	7.5	58	2.0	49
	11.7	3.25	11	1450	0.66	1.1	53		
IS65-40-200B	21.7	6.03	38	2900	4	5.5	56	2.0	49
	10.8	3	9.5	1450	0.55	1.1	51		

1.1 单级离心清水泵

续表

型 号	流量 Q		扬程 H (m)	转速 n (r/min)	轴功率 (kW)	电动机功率 (kW)	效率 η (%)	气蚀余量 (NPSH)r (m)	重 量 (kg)
	m³/h	L/s							
IS65-40-250	15	4.17	82	2900	9.05	15	37	2.0	87
	25	6.94	80		10.89		50	2.0	
	30	8.33	78		12.02		53	2.5	
	7.5	2.08	21	1450	1.23	2.2	35	2.0	
	12.5	3.47	20		1.43		46	2.0	
	15	4.17	19.4		1.65		48	2.5	
IS65-40-250A	23.4	6.5	70	2900	8.75	11	51	2.0	87
	11.7	3.25	17.5	1450	1.21	2.2	46		
IS65-40-250B	21.7	6.03	60	2900	7.24	11	49	2.0	87
	10.8	3	15	1450	1.01	1.5	44		
IS65-40-315	15	4.17	127	2900	18.5	30	28	2.5	119
	25	6.94	125		21.3		40	2.5	
	30	8.33	123		22.8		44	3.0	
	7.5	2.08	32.3	1450	2.63	4	25	2.5	
	12.5	3.47	32.0		2.94		37	2.5	
	15	4.17	31.7		3.16		41	3.0	
IS65-40-315A	23.9	6.64	114	2900	19.02	30	39	2.5	119
	11.9	3.31	28.5	1450	2.58	4	36		
IS65-40-315B	22.7	6.31	103	2900	16.74	22	38	2.5	119
	11.3	3.14	25.8	1450	2.28	3	35		
IS65-40-315C	21.4	5.94	92	2900	14.48	18.5	37	2.5	119
	10.7	3	23	1450	1.97	3	34		
IS80-65-125	30	8.33	22.5	2900	2.87	5.5	64	3.0	42.5
	50	13.9	20		3.63		75	3.0	
	60	16.7	18		3.98		74	3.5	
	15	4.17	5.6	1450	0.42	0.75	55	2.5	
	25	6.94	5		0.48		71	2.5	
	30	8.33	4.5		0.51		72	3.0	
IS80-65-125A	44.7	12.42	16	2900	2.80	4	73	3.0	42.5
	22.4	6.22	4	1450	0.37	0.55	69	2.5	
IS80-65-160	30	8.33	36	2900	4.82	7.5	61	2.5	44
	50	13.9	32		5.97		73	2.5	
	60	16.7	29		6.59		72	3.0	

续表

型号	流量 Q		扬程 H (m)	转速 n (r/min)	轴功率 (kW)	电动机功率 (kW)	效率 η (%)	气蚀余量 (NPSH)r (m)	重量 (kg)
	m³/h	L/s							
IS80-65-160	15	4.17	9	1450	0.67	1.5	55	2.5	44
	25	6.94	8		0.79		69	2.5	
	30	8.33	7.2		0.86		68	3.0	
IS80-65-160A	46.8	13	28	2900	5.03	7.5	71	2.5	44
	23.4	6.5	7	1450	0.67	1.1	67		
IS80-65-160B	43.3	12.03	24	2900	4.1	5.5	69	2.5	44
	21.7	6.03	6	1450	0.55	0.75	65		
IS80-50-200	30	8.33	53	2900	7.87	15	55	2.5	51
	50	13.9	50		9.87		69	2.5	
	60	16.7	47		10.8		71	3.0	
	15	4.17	13.2	1450	1.06	2.2	51	2.5	
	25	6.94	12.5		1.31		65	2.5	
	30	8.33	11.8		1.44		67	3.0	
IS80-50-200A	46.8	13	44	2900	8.37	11	67	2.5	51
	23.4	6.5	11	1450	1.11	1.5	63		
IS80-50-200B	43.3	12.03	38	2900	6.9	11	65	2.5	51
	21.7	6.03	9.5	1450	0.92	1.5	61		
IS80-50-250	30	8.33	84	2900	13.2	22	52	2.5	81
	50	13.9	80		17.3		63	2.5	
	60	16.7	75		19.2		64	3.0	
	15	4.17	21	1450	1.75	3	49	2.5	
	25	6.94	20		2.27		60	2.5	
	30	8.33	18.8		2.52		61	3.0	
IS80-50-250A	46.8	13	70	2900	14.64	18.5	61	2.5	81
	23.4	6.5	17.5	1450	1.92	3	58		
IS80-50-250B	43.3	12.03	60	2900	12	15	59	2.5	81
	21.7	6.03	15	1450	1.58	2.2	56		
IS80-50-315	30	8.33	128	2900	25.5	37	41	2.5	121
	50	13.9	125		31.5		54	2.5	
	60	16.7	123		35.3		57	3.0	
	15	4.17	32.5	1450	3.4	5.5	39	2.5	
	25	6.94	32		4.19		52	2.5	
	30	8.33	31.5		4.6		56	3.0	

续表

型 号	流量 Q		扬程 H (m)	转速 n (r/min)	轴功率 (kW)	电动机功率 (kW)	效 率 η (%)	气蚀余量 (NPSH)r (m)	重 量 (kg)
	m³/h	L/s							
IS80-50-315A	47.7	13.25	114	2900	28.48	37	52	2.5	121
	23.8	6.61	28.5	1450	3.70	5.5	50		
IS80-50-315B	45.4	12.6	103	2900	25.45	30	50	2.5	121
	22.7	6.31	25.8	1450	3.40	5.5	48		
IS80-50-315C	42.9	11.92	92	2900	22.36	30	48	2.5	121
	21.4	5.94	23	1450	2.91	4	46		
IS100-80-125	60	16.7	24	2900	5.86	11	67	4.0	43
	100	27.3	20		7.0		78	4.5	
	120	33.3	16.5		7.23		74	5.0	
	30	8.33	6	1450	0.77	1.5	64	2.5	
	50	13.0	5		0.91		75	2.5	
	60	16.7	4		0.92		71	3.0	
IS100-80-125A	89.4	24.8	11.6	2900	5.12	7.5	76	4.5	43
	14.7	12.42	4	1450	0.67	1.1	73	2.5	
IS100-80-160	60	16.7	36	2900	8.42	15	70	3.5	63
	100	27.3	32		11.2		73	4.0	
	120	33.3	28		12.2		75	5.0	
	30	8.33	9.2	1450	1.12	2.2	67	2.0	
	50	13.9	8.0		1.45		75	2.5	
	60	16.7	6.8		1.57		71	3.5	
IS100-80-160A	93.5	26	28	2900	9.39	11	76	4.0	63
	46.8	13	7	1450	1.22	2.2	73	2.5	
IS100-80-160B	86.3	24.1	24	2900	7.63	11	74	4.0	63
	43.3	12.03	6	1450	0.99	1.5	71	2.5	
IS100-65-200	60	16.7	54	2900	13.6	22	65	3.0	77
	100	27.8	50		17.9		76	3.6	
	120	33.3	47		19.9		77	4.8	
	30	8.33	13.5	1450	1.84	4	60	2.0	
	50	13.0	12.5		2.33		73	2.0	
	60	16.7	11.3		2.61		74	2.5	
IS100-65-200A	93.5	26	44	2900	15.15	18.5	74	3.6	77
	46.8	13	11	1450	1.97	3	71	2.0	
IS100-55-200B	86.6	24.1	38	2900	12.53	15	72	3.6	77
	43.3	12.03	9.5	1450	1.63	2.2	69	2.0	

续表

型号	流量 Q		扬程 H (m)	转速 n (r/min)	轴功率 (kW)	电动机功率 (kW)	效率 η (%)	气蚀余量 (NPSH)r (m)	重量 (kg)
	m³/h	L/s							
IS100-65-250	60	16.7	87	2900	23.4	37	61	3.5	92
	100	27.8	80		30.3		72	3.8	
	120	33.3	74.5		33.3		73	4.8	
	30	8.33	21.3	1450	3.16	5.5	55	2.0	
	50	13.9	20		4.00		68	2.0	
	60	16.7	19		4.44		70	2.5	
IS100-65-250A	93.5	26	70	2900	25.49	30	70	3.8	92
	46.8	13	17.5	1450	3.38	5.5	66	2.0	
IS100-65-250B	86.6	24.1	60	2900	20.5	30	68	3.8	92
	43.3	12.03	15	1450	2.77	4	64	2.0	
IS100-65-315	60	16.7	133	2900	39.6	75	55	3.0	170
	100	27.8	125		51.6		66	3.6	
	120	33.3	113		57.5		67	4.2	
	30	8.33	34	1450	5.44	11	51	2.0	
	50	13.9	32		6.92		63	2.0	
	60	16.7	30		7.67		64	2.5	
IS100-65-315A	95.5	26.53	114	2900	46.33	55	64	3.6	170
	47.7	13.25	28.5	1450	6.07	7.5	61	2.0	
IS100-65-315B	90.8	25.2	103	2900	41.04	55	62	3.6	170
	45.4	12.6	25.8	1450	5.4	7.5	59	2.0	
IS100-65-315C	85.8	23.83	92	2900	35.82	45	60	3.6	170
	42.9	11.92	23	1450	4.71	7.5	57	2.0	
IS125-100-200	120	33.3	57.5	2900	28.0	45	67	4.5	92.5
	200	55.6	50		33.6		81	4.5	
	240	66.7	44.5		36.4		80	5.0	
	60	16.7	14.5	1450	3.83	7.5	62	2.5	
	100	27.8	12.5		4.48		76	2.5	
	120	33.3	11.0		4.79		75	3.0	
IS125-100-200A	187	51.9	44	2900	28.39	37	79	4.5	92.5
	93.5	26	11	1450	3.79	5.5	74	2.5	
IS125-100-200B	173	48.06	38	2900	23.27	30	77	4.5	92.5
	86.5	24.03	9.5	1450	3.12	4	72	2.5	

续表

型号	流量 Q		扬程 H (m)	转速 n (r/min)	轴功率 (kW)	电动机功率 (kW)	效率 η (%)	气蚀余量 (NPSH)r (m)	重量 (kg)
	m³/h	L/s							
IS125-100-250	120	33.3	87	2900	43.0	75	66	3.8	165
	200	55.6	80		55.9		78	4.2	
	240	66.7	72		62.8		75	5.0	
	60	16.7	21.5	1450	5.59	11	63	2.5	
	100	27.8	20		7.17		76	2.5	
	120	33.3	18.5		7.84		77	3.0	
IS125-100-250A	187	51.94	70	2900	46.96	55	76	4.2	165
	93.5	26	17.5	1450	6.03	7.5	74	2.5	
IS125-100-250B	173	48.06	60	2900	38.24	45	74	4.2	165
	86.5	24.03	15	2450	4.92	7.5	72	2.5	
IS125-100-315	120	33.3	132.5	2900	72.1	110	60	4.0	178
	200	55.6	125		90.8		75	4.5	
	240	66.7	120		101.9		77	5.0	
	60	16.7	33.5	1450	9.4	15	58	2.5	
	100	27.8	32		11.9		73	2.5	
	120	33.3	30.5		13.5		74	3.0	
IS125-100-315A	191	53.1	114	2900	81.30	110	73	4.5	178
	95.5	26.53	28.5	1450	10.67	15	71	2.5	
IS125-100-315B	181.6	50.4	103	2900	71.74	90	71	4.5	178
	90.8	25.2	25.8	1450	9.24	11	69	2.5	
IS125-100-315C	171.6	47.7	92	2900	65.13	75	66	4.5	178
	85.8	23.83	23	1450	7.87	11	67	2.5	
IS125-100-400	60	16.7	52	1450	16.1	30	53	2.5	198
	100	27.8	50		21.0		65	2.5	
	120	33.3	48.5		23.6		67	3.0	
IS125-100-400A	93.5	26	44	1450	17.8	22	63	2.5	198
IS125-100-400B	86.5	24.03	38	1450	14.66	18.5	61	2.5	
IS150-125-250	120	33.3	22.5	1450	10.4	18.5	71	3.0	129
	200	55.6	20		13.5		81	3.0	
	240	66.7	17.5		14.7		78	3.5	

续表

型号	流量 Q (m³/h)	流量 Q (L/s)	扬程 H (m)	转速 n (r/min)	轴功率 (kW)	电动机功率 (kW)	效率 η (%)	气蚀余量 (NPSH)r (m)	重量 (kg)
IS150-125-250A	187	51.9	17.5	1450	11.29	15	79	3.0	129
IS150-125-250B	173	48.06	15	1450	9.15	11	77	3.0	
IS150-125-315	120	33.3	34	1450	15.87	30	70	2.5	206
IS150-125-315	200	55.6	32	1450	22.05	30	79	2.5	206
IS150-125-315	240	66.7	29	1450	23.68	30	80	3.0	206
IS150-125-315A	187	51.94	28	1450	18.78	22	76	2.5	206
IS150-125-315B	173	48.1	24	1450	15.29	18.5	74	2.5	
IS150-125-400	120	33.3	53	1450	27.9	45	62	2.0	251
IS150-125-400	200	55.6	50	1450	36.3	45	75	2.8	251
IS150-125-400	240	66.7	46	1450	40.6	45	74	3.5	251
IS150-125-400A	187	51.94	44	1450	30.71	37	73	2.8	251
IS150-125-400B	173	48.1	38	1450	25.24	30	71	2.8	
IS200-150-250	240	66.7	21.5	1450	19.8	37	71	3.5	180
IS200-150-250	400	111.1	20	1450	26.6	37	82	4.3	180
IS200-150-250	460	127.8	17.5	1450	27.4	37	80	5.0	180
IS200-150-250A	374	87.2	17.5	1450	22.31	30	80	4.3	180
IS200-150-250B	346	96.1	15	1450	18.14	22	78	4.3	
IS200-150-315	240	66.7	37	1450	34.6	55	70	3.0	245
IS200-150-315	400	111.1	32	1450	42.5	55	82	3.5	245
IS200-150-315	460	127.8	28.5	1450	44.6	55	80	4.0	245
IS200-150-315A	374	103.9	28	1450	36.62	45	80	3.5	245
IS200-150-315B	346	96.1	24	1450	29.02	37	78	3.5	
IS200-150-400	240	66.7	55	1450	48.6	90	74	3.0	275
IS200-150-400	400	111.1	50	1450	67.2	90	81	3.8	275
IS200-150-400	460	127.8	45	1450	74.2	90	76	4.5	275
IS200-150-400A	374	103.9	44	1450	56.68	75	79	3.8	275
IS200-150-400B	346	96.1	38	1450	46.54	55	77	3.8	

注：1. 生产厂：新乡水泵厂、嘉陵水泵厂、佛山水泵厂、兰州水泵厂、唐山市水泵厂、浙江水泵总厂、博山水泵厂、无锡水泵厂、石家庄市通用水泵厂、重庆水泵厂、成都水泵厂、郑州市水泵厂、天津水泵厂、北京第二水泵厂、长春水泵厂、龙岩水泵厂、河北省承德水泵厂、四川三台水泵厂、四川新达水泵厂、上海第一水泵厂、广州水泵厂、广州市第一水泵厂、鹰潭水泵厂、黄岩八一通用机械厂、江山水泵厂、上海莲盛水泵厂、兴城水泵厂、赣州水泵厂、昆明水泵厂。

2. 威海水泵厂生产的 IS 型单级单吸悬臂式离心泵，带有加长联轴器。

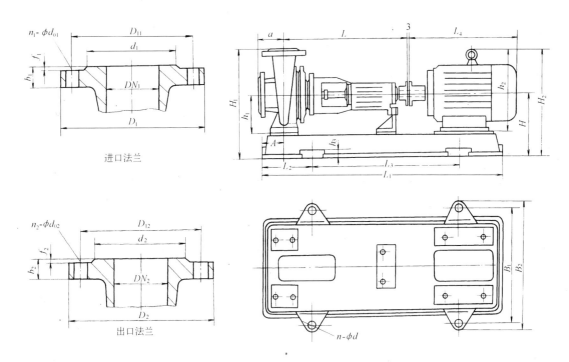

图 1-2 IS 型单级单吸悬臂式离心泵外形及安装尺寸

注：全国各生产厂生产的泵外形尺寸不完全相同，选用时详见厂家样本。

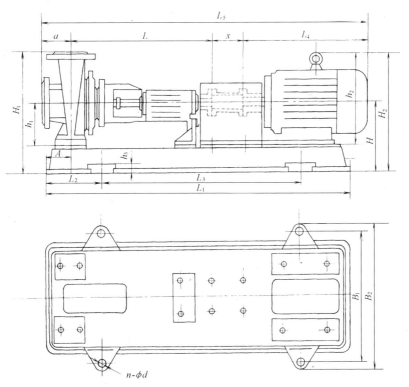

图 1-3 IS 型单级单吸悬臂式离心泵外形及安装尺寸（带加长联轴器）

IS型单级单吸悬臂式

型号	电动机 机座号	功率(kW)	A	L_1	L_2	L_3	L_4	a	L	x	L_5	B_1	B_2	h_1	h_2	h_3
IS50-32-125	801-4	0.55		820	150	540	285				850	320	360	112	170	
	802-2	1.1														
	90S-2	1.5					310				875				190	
	90L-2	2.2		920	170	600	335				900	350	390			
IS50-32-160	801-4	0.55	80	820	150	540	285	80	385		850	320	360	132	170	25
	90S-2	1.5					310				875				190	
	90L-2	2.2		920	170	600	335				900	350	390			
	100L-2	3					380				945				245	
IS50-32-200	802-4	0.75		820	150	540	285				850	320	360	160	170	
	100L-2	3		920	170	600	380				945	350	390		245	
	112M-2	4					400				965				265	
	132S_1-2	5.5					475				1040				315	
IS50-32-250	90S-4	1.1	95	1020	190	660	310	100	500		1010	400	450	180	190	30
	90L-4	1.5					335				1035					
	132S_2-2	7.5		1160	210	740	475				1175	440	490		315	
	160M-2	11		1290	225	840	600				1300	490	540		385	
IS65-50-125	801-4	0.55		820	150	540	285				850	320	360	112	170	
	90S-2	1.5					310				875				190	
	90L-2	2.2		920	170	600	335	80			900	350	390			25
	100L-2	3					380				945				245	
IS65-50-160	802-4	0.75	80	820	150	540	285		385		850	320	360	132	170	
	100L-2	3		920	170	600	380				945	350	390		245	
	112M-2	4					400				965				265	
	132S_1-2	5.5		1020	190	660	475				1040	400	450		315	30
IS65-40-200	802-4	0.75					285				870			160	170	
	90S-4	1.1		920	170	600	310				895	350	390		190	25
	112M-2	4					400				985				245	
	132S_2-2	7.5					475			100	1060				315	
IS65-40-250	90S-4	1.1		1020	190	660	310	100			1010	400	450		190	
	90L-4	1.5					335				1035			180		
	100L-4	2.2					380				1080				345	30
	132S-2	7.5		1160	210	740	475				1175	440	490		315	
	160M-2	15	95	1290	225	840	600		500		1300	490	540		385	
IS65-40-315	100L-4	3		1140	210	740	380				1105	440	490		245	
	112M-4	4					400				1125				265	
	160L-2	18.5		1290	225	840	645			125	1370	490	540	200	385	
	180M-2	22					670				1395				430	
	200L-2	30		1420	250	940	775				1500	550	610		475	40
IS80-65-125	802-4	0.75		820	150	540	285				870	320	360		170	
	100L-2	3		920	170	600	380				965	350	390	132	245	25
	112M-2	4					400				985				265	
	132S_1-2	5.5		1020	190	660	475				1060	400	450		315	30
IS80-65-160	802-4	0.75					285				870				170	
	90S-4	1.1		920	170	600	310				895	350	390		190	25
	90L-4	1.5	80				335	100	385		920					
	112M-2	4					400				985				265	
	132S_2-2	7.5		1020	190	660	475				1060	400	450	160	315	30
IS80-50-200	90S-4	1.1					310				895				190	
	90L-4	1.5		920	170	600	335				920	350	390			25
	100L-4	2.2					380				965				245	
	132S-2	7.5		1020	190	660	475				1060	400	450		315	30
	160M-2	15		1140	210	740	600				1185	440	490		385	

1.1 单级离心清水泵

离心泵外形及安装尺寸　　　　表 1-2

尺 寸 (mm)				进口法兰 (mm)							出口法兰 (mm)							重量 (kg)
H	H_1	H_2	n-ϕd	DN_1	D_1	D_{11}	d_1	b_1	f_1	n_1-ϕd_{01}	DN_2	D_2	D_{12}	d_2	b_2	f_2	n_2-ϕd_{02}	
187	327	277																32.5
		287																
207	367	297	4-18.5															38.5
		307																
		352		50	165	125	102				32	140	100	78	18	2		
235	415	325																46
		380																
		388																
		418																
255	480	355	4-24															
270	495	453																80
290	515	515																
187	327	277																38
		287																
		332	4-18.5					20		4-17.5	50	165	125	102	20			
207	367	297																40
		352																
		360																
		390	4-24															
235	415	325															4-17.5	49
		335	4-18.5	65	185	145	122		3									
		388																
		418																
255	480	355																
		400									40	150	110	88	18			87
270	495	450	4-24															
290	515	515													3		
290	540	435																
		443																
310	560	535																119
		560																
330	580	605	4-28															
207	367	297																42.5
		352	4-18.5															
		360																
		390	4-24															
	415	325									65	185	145	122				44
		335	4-18.5												20			
		388		80	200	160	133	22		8-17.5								
235		418	4-24															
	435	335	4-18.5															51
		380									50	165	125	102				
		418																
250	450	475	4-24															

型号	电动机 机座号	功率(kW)	A	L_1	L_2	L_3	L_4	a	L	x	L_5	B_1	B_2	h_1	h_2	h_3
IS80-50-250	100L-4	3		1020	190	660	380	125	500		1105	400	450	180	245	30
	160M-2	15					600				1325	490	540		385	
	160L-2	18.5		1290	225	840	645				1370					
	180M-2	22					670				1395				430	
IS80-50-315	112M-4	4		1140	210	740	400			100	1125	440	490	225	265	
	132S-4	5.5		1160			475				1200				315	
	180M-2	22		1290	225	840	670				1395	490	540		430	
	200L-2	37		1420	250	940	775				1500	550	610		475	40
IS100-80-125	802-4	0.75					285				870				170	
	90S-4	1.1	95	920	170	600	310		385		895	350	390		190	25
	90L-4	1.5					335				920			160		
	132S₂-2	7.5		1020	190	660	475				1060	400	450		315	
	160M₁-2	11		1140	210	740	600				1185	440	490		385	
IS100-80-160	90L-4	1.5		1020	190	660	335	100			1035	400	450		190	
	100L-4	2.2					380				1080				245	
	160M-2	15		1290	225	840	600				1300	490	540		385	
IS100-65-200	100L-4	3		1140	210	740	380				1120	440	490		245	30
	112M-4	4					400				1140				265	
	160M-2	15					600		500		1340			180	385	
	160L-2	18.5		1290	225	840	645				1385	490	540			
	180M-2	22					670				1410				430	
IS100-65-250	100L-4	3		1140	210	740	380				1145	440	490		245	
	112M-4	4					400				1165				265	
	132S-4	5.5		1160			475				1240			200	315	
	180M-2	22		1290	225	840	670				1435	490	540		430	
	200L-2	37		1420	250	940	775				1540	550	610		475	40
IS100-65-315	132S-4	5.5					475				1270				315	30
	132M-4	7.5		1270	225	840	515				1310	490	540			
	160M-4	11					600				1395				385	
	200L-2	37		1420	250	940	775	125	530		1570	550	610	225	475	
	225M-2	45		1620	290	1060	815				1610	600	660		530	40
	250M-2	55					930				1725				575	
	280S-2	75		1820	320	1200	1000				1795	670	730		640	
IS125-100-200	112M-4	4		1140			400			140	1165	440	490		265	
	132S-4	5.5		1160	210	740	475				1240				315	30
	132M-4	7.5					515				1280			200		
	180M-2	22	110	1290	225	840	670		500		1435	490	540		430	
	200L-2	37		1420	250	940	775				1540	550	610		475	40
	225M-2	45					815				1580				530	
IS125-100-250	132S-4	5.5					475				1285				315	30
	132M-4	7.5		1270	225	840	515				1325	490	540			
	160M-4	11					600				1410				385	
	200L-2	37		1420	250	940	775				1585	550	610	225	475	
	225M-2	45		1620	290	1060	815				1625	600	660		530	40
	250M-2	55					930	140	530		1740				575	
	280S-2	75		1820	320	1200	1000				1810	670	730		640	
IS125-100-315	160M-4	11		1270	225	840	600				1410	490	540		385	30
	160L-4	15		1420	250	940	645				1455	550	610			
	280S-2	75					1000				1810			250	640	40
	280M-2	90		1820	320	1200	1050				1860	670	730			
	315S-2	110					1190				2000	740	800		760	

续表

尺 寸 (mm)				进 口 法 兰 (mm)							出 口 法 兰 (mm)							重量 (kg)
H	H_1	H_2	$n\text{-}\phi d$	DN_1	D_1	D_{11}	d_1	b_1	f_1	$n_1\text{-}\phi d_{01}$	DN_2	D_2	D_{12}	d_2	b_2	f_2	$n_2\text{-}\phi d_{02}$	
255	480	400		80	200	160	133	22	3		50	165	125	102	20	3	4-17.5	
290	515	515																
		540	4-24															
315	595	468																
		498																
335	615	585																
355	635	630	4-28															
235	415	325	4-18.5															
		335																
		418									80	200	160	133	22		8-17.5	
250	430	475																
235	435	335																
		380																
	470	495																
270	495	415																
		423	4-24															
290	515	515		100	220	180	158	24										
		540																
290	540	435																
		443																
		473																
310	560	560									65	185	145	122	20		4-17.5	
330	580	605	4-28							8-17.5								
335	615	518	4-24															
		560																
355	635	630							3							3		
		680																
375	655	700	4-28															
		735																
290	570	443																
		473	4-24															
310	590	560																
330	610	605																
		635																
335	615	518																
		560	4-28															
355	635	630		125	250	210	184	26			100	220	180	158	24		8-17.5	
		680																
375	655	700																
		735																
360	675	585	4-24															
380	695	605																
400	715	760	4-28															
		845																

型号	电动机		A	L_1	L_2	L_3	L_4	a	L	x	L_s	B_1	B_2	h_1	h_2	h_3
	机座号	功率(kW)													外形	
IS125-100-400	160L-4	15	130	1620	290	1060	645				1455	600	660	280	385	40
	180M-4	18.5					670				1480				430	
	180L-4	22					710				1520					
	200L-4	30					775				1585				475	
IS150-125-250	160M-4	11	110	1270	225	840	600	140	530	140	1410	490	540	250	385	30
	160L-4	15					645				1455	550	610			
	180M-4	8.5		1420	250	940	670				1480				430	
IS150-125-315	180M-4	18.5					670				1480			315	430	
	180L-4	22					710				1520				475	
	200L-4	30					775				1585					
IS150-125-400	200L-4	30		1620	290	1060	775				1585	600	660	280	530	
	225S-4	30					820				1630					
	225M-4	45					845				1655				430	
IS200-150-250	180L-4	22	130				710				1580				475	40
	200L-4	30					775				1645				530	
	225S-4	37					820				1690					
IS200-150-315	200L-4	30		1820	320	1200	775	160	670	180	1785	670	730	315	430	
	225M-4	37					820				1830				475	
	225M-4	45					845				1855				530	
	250M-4	55					930				1940				575	
IS200-150-400	225M-4	45					845				1855				530	
	250M-4	55					930				1940				575	
	280S-4	75					1000				2010				640	
	280M-4	90		1840			1050				2060					

续表

尺 寸 (mm)				进口法兰 (mm)							出口法兰 (mm)							重量 (kg)
H	H_1	H_2	n-ϕd	DN_1	D_1	D_{11}	d_1	b_1	f_1	n_1-ϕd_{01}	DN_2	D_2	D_{12}	d_2	b_2	f_2	n_2-ϕd_{02}	
430	785	655	4-28	125	250	210	184			8-17.5	100	220	180	158	24			
		680																
		705																
360	715	585	4-24															
380	735	605						26									8-17.5	
		630																
430	785	680		150	285	240	212			8-22	125	250	210	184				
		705																
465	865	740							3							3		
		770																
430	805	680	4-28												26			
		705																
		735																
465	865	740		200	340	295	268	30		12-22	150	285	240	212			8-22	
		770																
		790																
	915	770																
		790																
		825																

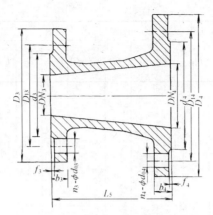

图 1-4　IS 型单级单吸悬臂式离心泵出口锥管尺寸

IS 型单级单吸悬臂式离心泵出口锥管尺寸(mm)　　　　表 1-3

型号	DN_3	d_3	D_{13}	D_3	f_3	b_3	$n_3\text{-}\phi d_{03}$	DN_4	d_4	D_{14}	D_4	f_4	b_4	$n_4\text{-}\phi d_{04}$	L_5
IS50-32-125 IS50-32-160 IS50-32-200 IS50-32-250	32	78	100	140	2	18	4-17.5	50	102	125	165	3	20	4-17.5	100
IS65-50-125 IS65-50-160	50	102	125	165		20		65	122	145	185				
IS65-40-200 IS65-40-250 IS65-40-315	40	88	110	150		18									150
IS80-65-125 IS80-65-160	65	122	145	185		20		80	133	160	200		22		100
IS80-50-200 IS80-50-250 IS80-50-315	50	102	125	165											175
IS100-80-125 IS100-80-160	80	133	160	200	3	22	8-17.5	100	158	180	220		24	8-17.5	150
IS100-65-200 IS100-65-250 IS100-65-315	65	122	145	185		20	4-17.5								175
IS125-100-315 IS125-100-400 IS125-100-200 IS125-100-250	100	158	180	220		24	8-17.5	125	184	210	250		26		150
IS150-125-250 IS150-125-315 IS150-125-400	125	184	210	250		26		150	212	240	285				
IS200-150-250 IS200-150-315 IS200-150-400	150	212	240	285				200	268	295	340		30	12-22	250

1.1.2 XA型卧式单级单吸离心泵

(1) 用途：XA型卧式单级单吸离心泵供输送清水与物理、化学性质类似于水的液体，液体温度为 −10～+105℃。适用于工厂矿山、城镇给水排水及农田排灌等。

(2) 型号意义说明：

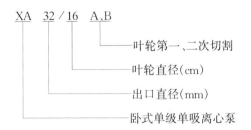

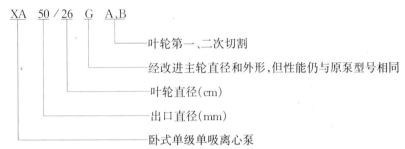

(3) 结构：XA型卧式单级单吸离心泵采用弹性联轴器与电动机联结。涡室、脚、进口与出口法兰铸为一个整体。

(4) 性能：XA型泵性能见图1-5和表1-4。

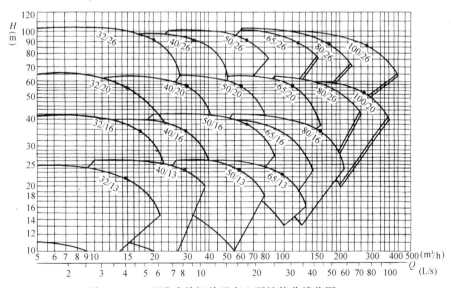

图1-5　XA型卧式单级单吸离心泵性能曲线范围

($n = 2900$ r/min)

XA型卧式单级单吸离心泵性能

表 1-4

型号	流量 Q (m³/h)	流量 Q (L/s)	扬程 H (m)	转速 n (r/min)	轴功率 (kW)	电动机 型号	电动机 功率 (kW)	效率 η (%)	气蚀余量 (NPSH)r (m)	进口直径 (mm)	泵重量 (kg)	生产厂
XA32/13	9	2.5	24.5	2900	1.23	Y90L-2	2.2	49	1.8	50	27.5	广州市第一水泵厂、佛山水泵厂
	15	4.17	22		1.47			61	2			
	18	5	20		1.58			62	2.5			
XA32/13A	8.5	2.36	21.2	2900	1.04	Y90L-2	2.2	47	1.8	50	27.5	
	14	3.89	19		1.23			59	1.95			
	17	4.72	17.2		1.31			60.5	2.3			
XA32/13B	7.8	2.17	18	2900	0.89	Y90S-2	1.5	43	1.8	50	27.5	
	13	3.61	16.2		1.01			56.5	1.88			
	15.5	4.31	14.7		1.07			58	2.08			
XA32/16	11	3.05	40	2900	2.49	Y132S₁-2	5.5	48	1.9	50	35	
	18	5.0	37		3.18			57	2.0			
	22	6.11	34		3.51			58	2.6			
XA32/16A	10.5	2.92	35.7	2900	2.22	Y112M-2	4	46	1.9	50	35	
	17	4.72	33		2.78			55	1.95			
	21	5.83	30		3.06			56	2.4			
XA32/16B	9.8	2.72	31.4	2900	1.93	Y112M-2	4	43.5	1.9	50	35	
	16	4.44	29		2.38			53	1.95			
	19.5	5.42	26.5		2.61			54	2.2			
XA32/20	11	3.05	63	2900	4.71	Y160M₁-2	11	40	1.8	50	41	
	18	5.0	59		5.9			49	2			
	22	6.11	55.5		6.52			51	2.3			
XA32/20A	10.5	2.92	57.2	2900	4.24	Y132S₂-2	7.5	38.6	1.8	50	41	
	17	4.72	54		5.26			47.5	1.95			
	21	5.83	50.2		5.79			49.5	2.2			
XA32/20B	10	2.78	51.5	2900	3.69	Y132S₂-2	7.5	38	1.8	50	41	
	16.5	4.58	48		4.5			46.8	1.9			
	20	5.56	45		5.03			48.8	2.15			
XA32/26	14	3.89	99	2900	11.27	Y160L-2	18.5	33.5	2.1	50	59	
	22	6.11	95.0		13.23			43	2.2			
	26	7.22	92		14.47			45	2.6			
XA32/26A	13.5	3.75	91.8	2900	10.75	Y160M₂-2	15	31.4	2.1	50	59	
	21	5.83	88		12.58			40	2.2			
	25	6.94	85		13.6			42.5	2.5			
XA32/26B	13	3.61	84.5	2900	9.97	Y160M₂-2	15	30	2.15	50	59	
	20.5	5.69	81		11.74			38.5	2.16			
	24	6.67	78.4		12.63			40.6	2.38			
XA40/13	18	5	25.5	2900	2.08	Y112M-2	4	60	1.8	65	30	
	30	8.33	23.5		2.74			70	2			
	36	10	21.5		3.03			69.5	2.4			
XA40/13A	16.8	4.67	22	2900	1.8	Y112M-2	4	56	1.8	65	30	
	28	7.78	20.2		2.3			67	2			
	33.6	9.33	18.8		2.56			67.2	2.25			

续表

型号	流量 Q		扬程 H (m)	转速 n (r/min)	轴功率 (kW)	电动机		效率 η (%)	气蚀余量 (NPSH)r (m)	进口直径 (mm)	泵重量 (kg)	生产厂
	m³/h	L/s				型号	功率 (kW)					
XA40/13B	15.5	4.31	18.5	2900	1.48	Y100L-2	3	53	1.8	65	30	广州市第一水泵厂、佛山水泵厂
	26	7.22	17		1.85			65	1.9			
	31	8.61	15.5		2.01			65	2.15			
XA40/16	18	5	39.5	2900	3.65	Y132S$_2$-2	7.5	53	2.1	65	36	
	30	8.33	35		4.47			64	2.5			
	36	10	31.5		4.9			63	3.6			
XA40/16A	17	4.72	34.8	2900	3.16	Y132S$_1$-2	5.5	51	2.1	65	36	
	28.5	7.92	30.5		3.82			62	2.5			
	34	9.44	27.6		4.19			61	3.25			
XA40/16B	16	4.44	30.5	2900	2.77	Y112M-2	4	48	2.05	65	36	
	26.5	7.4	27		3.29			59.5	2.4			
	32	8.89	24		3.55			59	2.9			
XA40/20	18	5.0	63	2900	6.3	Y160M$_1$-2	11	49	1.8	65	44	
	30	8.33	58		8.17			58	2			
	36	10	53		8.96			58	2.7			
XA40/20A	17	4.72	57.4	2900	5.72	Y160M$_1$-2	11	46.4	1.8	65	44	
	29	8.06	52.4		7.46			55.5	1.95			
	34.5	9.58	48		8.05			56	2.45			
XA40/20B	16.5	4.58	51.8	2900	5.28	Y160M$_1$-2	11	44	1.8	65	44	
	27.5	7.64	47.5		6.71			53	1.9			
	33	9.17	43.3		7.24			53.8	2.2			
XA40/26	20	5.56	97	2900	13.22	Y180M-2	22	40	1.8	65	61	
	33	9.17	92		16.22			51	2.0			
	40	11.11	87		17.88			53	2.5			
XA40/26A	19.5	5.42	89	2900	12.28	Y160L-2	18.5	38.5	1.8	65	61	
	32	8.89	84		15.09			48.5	1.95			
	38.5	10.7	79.5		16.35			51	2.35			
XA40/26B	18.5	5.14	82	2900	11.17	Y160L-2	18.5	37	1.8	65	61	
	30.5	8.47	78		13.78			47	1.9			
	37	10.28	73		15.02			49	2.2			
XA50/13	36	10	25.5	2900	3.85	Y132S$_2$-2	7.5	65	2.5	65	34	
	60	16.67	23		4.95			76	3.2			
	72	20	20.5		5.36			75	4			
XA50/13A	33.5	9.31	22	2900	3.19	Y132S$_1$-2	5.5	63	2.5	65	34	
	56	15.56	19.5		4.02			74	3.1			
	67.5	18.75	17.2		4.33			73	3.6			
XA50/13B	31	8.61	18.5	2900	2.56	Y132S$_1$-2	5.5	61	2.5	65	34	
	52	14.44	16.5		3.24			72	2.9			
	62	17.22	14.8		3.52			71	3.3			
XA50/16	40	11.11	41.5	2900	7.06	Y160M$_1$-2	11	64	2.5	65	38	
	65	18.05	38.0		9.09			74	3.5			
	78	21.67	35.0		10.05			74	4.2			

续表

型号	流量 Q		扬程 H (m)	转速 n (r/min)	轴功率 (kW)	电动机		效率 η (%)	气蚀余量 (NPSH)r (m)	进口直径 (mm)	泵重量 (kg)	生产厂
	m³/h	L/s				型号	功率 (kW)					
XA50/16A	38	10.56	37	2900	6.19	Y160M₁-2	11	62	2.5	65	38	广州市第一水泵厂、佛山水泵厂
	61.5	17.1	33.8		7.9			72	3.3			
	74	20.6	31.2		8.75			72	3.9			
XA50/16B	35.5	9.86	32.5	2900	5.24	Y160M₁-2	11	60	2.35	65	38	
	58	16.11	29.5		6.66			70	3.1			
	69.5	19.31	27		7.36			69.5	3.7			
XA50/20	36	10.0	62	2900	10.48	Y160L-2	18.5	58	2.5	65	46	
	60	16.67	56		13.07			70.0	3.2			
	72	20	50		14.42			68	4			
XA50/20A	34.5	9.6	56	2900	9.25	Y160M₂-2	15	57	2.5	65	46	
	57.5	16	50.5		11.5			69	3.1			
	69	19.2	45		12.64			67	3.75			
XA50/20B	33	9.1	50.6	2900	8.13	Y160M₂-2	15	55.5	2.5	65	46	
	54.5	15.1	45.6		10			67.5	3			
	65.5	18.2	40.5		11			66	3.5			
XA50/26 XA50/26G	40	11.11	100	2900	20.17	Y200L₂-2	37	54	2.5	65	63	
	65	18.05	91		25.97			62	3.5			
	78	21.67	82		29.03			60	4.2			
XA50/26A XA50/26GA	38.5	10.69	92.5	2900	18.29	Y200L₁-2	30	53	2.4	65	63	
	63	17.5	84		23.63			61	3.3			
	75.5	20.97	75.6		26.34			59	3.9			
XA50/26B XA50/26GB	37	10.28	85.5	2900	16.57	Y200L₁-2	30	52	2.3	65	63	
	60.5	16.81	77.5		21.29			60	3.2			
	72.5	20.14	69.8		23.76			58	3.9			
XA65/13	60	16.67	25	2900	6.1	Y160M₁-2	11	67	3	80	39	
	100	27.78	22		7.68			78	3.5			
	120	33.33	19		8.38			74	4.5			
XA65/13A	56	15.56	21.1	2900	5.03	Y160M₁-2	11	64	3	80	39	
	93.5	26	16		5.83			70	3.5			
	112.5	31.25	12.5		6.49			59	4.1			
XA65/13B	52	14.44	18	2900	4.12	Y132S₂-2	7.5	62.5	3	80	39	
	86.5	24	13.7		4.88			66	3.3			
	104	28.9	10.6		5.43			57	3.75			
XA65/16	60	16.67	39	2900	10.28	Y160L-2	18.5	62	3.6	80	43	
	100	27.78	35		12.7			75	4.2			
	120	33.33	32		13.94			75	5.2			
XA65/16A	57	15.83	34.5	2900	8.92	Y160M₂-2	15	60	3.6	80	43	
	95	26.4	31		11			73	4.1			
	114	31.7	28		11.92			73	4.8			
XA65/16B	53.5	14.86	30	2900	7.54	Y160M₁-2	11	58	3.6	80	43	
	89	24.72	27		9.22			71	3.95			
	107	29.72	24.5		10			71	4.5			

续表

型号	流量 Q		扬程 H (m)	转速 n (r/min)	轴功率 (kW)	电动机		效率 η (%)	气蚀余量 (NPSH)r (m)	进口直径 (mm)	泵重量 (kg)	生产厂
	m³/h	L/s				型号	功率 (kW)					
XA65/20 XA65/20G	66	18.33	63	2900	17.97	Y200L₁-2	30	63	3	80	70	广州市第一水泵厂、佛山水泵厂
	110	30.55	57		23.07			74	3.9			
	132	36.67	52		25.09			74.5	5.3			
XA65/20A XA65/20GA	63	17.5	57	2900	15.77	Y200L₁-2	30	62	3	80	70	
	105.5	29.31	51		20.08			73	3.75			
	126.5	35.14	47		22.03			73.5	4.85			
XA65/20B XA65/20GB	60	16.67	51.5	2900	13.8	Y200L₁-2	30	61	3	80	70	
	100	27.78	46.5		17.59			72	3.6			
	120	33.33	42.5		19.16			72.5	4.4			
XA65/26	72	20	97	2900	28.82	Y250M-2	55	66	3.3	80	81	
	120	33.33	89		39.84			73	4.5			
	144	40	83		44.59			73	5.4			
XA65/26A	69.5	19.31	90	2900	26.21	Y225M-2	45	65	3.25	80	81	
	116	32.22	82.5		36.19			72	4.4			
	139	38.61	77		40.48			72	4.95			
XA65/26B	67	18.61	83	2900	23.66	Y225M-2	45	64	3.2	80	81	
	111.5	31	76		32.53			71	4.25			
	133.5	37.1	71		36.61			70.5	4.95			
XA80/16 XA80/16G	100	27.78	39	2900	15.85	Y200L₁-2	30	67	3.3	100	54	
	162	45	35		19.3			80	4			
	195	54.17	31.5		21.18			79	5			
XA80/16A XA80/16GA	95	26.39	34.5	2900	13.73	Y180M-2	22	65	3.3	100	54	
	153.5	42.64	31		16.61			78	3.85			
	185	51.39	28		18.32			77	4.6			
XA80/16B	89	24.72	30.5	2900	11.73	Y160L-2	18.5	63	3.25	100	54	
	144.5	40.14	27.2		14.08			76	3.7			
	174	48.33	24.5		15.48			75	4.3			
XA80/20	115	31.94	61	2900	27.29	Y225M-2	45	70	4	100	70	
	190	52.78	55		35.57			80	5.1			
	225	62.5	50		38.78			79	6.2			
XA80/20A	110	30.56	55.5	2900	24.1	Y200L₂-2	37	69	4	100	70	
	182	50.56	50		31.37			79	4.9			
	215.5	59.86	45.5		34.23			78	5.85			
XA80/20B	105	29.17	50	2900	21.03	Y200L₂-2	37	68	4	100	70	
	173	48.06	45		24.08			78	4.7			
	205	56.94	41		29.72			77	5.5			
XA80/26	115	31.94	96	2900	45.5	Y280S-2	75	66	4	100	91	
	190	52.78	86		57.8			77	5.4			
	225	62.5	79		64.5			75	6.5			
XA80/26A	111	30.83	89	2900	41.39	Y280S-2	75	65	3.95	100	91	
	183.5	50.97	79.8		52.47			76	5.2			
	217.5	60.42	73		58.43			74	6.25			

续表

型号	流量 Q		扬程 H (m)	转速 n (r/min)	轴功率 (kW)	电动机		效率 η (%)	气蚀余量 (NPSH)r (m)	进口直径 (mm)	泵重量 (kg)	生产厂
	m³/h	L/s				型号	功率 (kW)					
XA40/26	10	2.78	24	1450	1.77	Y100L₂-4	3	37	1.8	65	61	广州市第一水泵厂、佛山水泵厂
	16	4.44	23		2.18			46	2			
	20	5.56	21.8		2.38			50	2.4			
XA40/32	11	3	38	1450	3.5	Y132S-4	5.5	32	3.1	65	95.8	
	18	5	35		4.24			40.5	2.1			
	21.5	6	32		4.83			39	3.8			
XA40/32A	10.5	2.92	34.5	1450	3.24	Y132S-4	5.5	30.5	3.3	65	95.8	
	17	4.72	32		3.85			38.5	2			
	20.5	5.7	29		4.32			37.5	2.9			
XA40/32B	10	2.78	31	1450	2.91	Y132S-4	5.5	29	3.6	65	95.8	
	16.5	4.58	29		3.52			37	2			
	20	5.56	26		3.94			36	2.7			
XA50/13	18	5	6.4	1450	0.514	Y90S-4	1.1	61	2.2	65	34	
	30	8.33	5.8		0.658			72	2.4			
	36	10	5.2		0.739			69	2.8			
XA50/16	20	5.55	10.3	1450	0.93	Y90L-4	1.5	60	2.3	65	38	
	32	8.89	9.5		1.18			70	2.4			
	38	10.55	8.8		1.3			70	3			
XA50/20	18	5	15.4	1450	1.37	Y100L₁-4	2.2	55	2.2	65	46	
	30	8.33	13.5		1.7			65	2.3			
	36	10	11.6		1.86			61	2.9			
XA50/26	20	5.55	25	1450	2.62	Y132S-4	5.5	52	2.3	65	63	
	32	8.89	22.5		3.27			60	2.4			
	38	10.55	19.8		3.63			56.5	3			
XA50/32	24	6.67	36	1450	5	Y160M-4	11	47	2	65	101	
	40	11.11	34		6.38			58	2.5			
	48	13.33	32		7.09			59	3.2			
XA50/32A	23	6.39	32.5	1450	4.52	Y132M-4	7.5	45	2	65	101	
	38.5	10.69	30.6		5.73			56	2.4			
	46	12.78	28.7		6.36			56.5	3			
XA50/32B	22	6.11	29.4	1450	4.24	Y132M-4	7.5	41.5	2	65	101	
	36.5	10.14	27.7		5.1			54	2.3			
	44	12.22	26		5.66			55	2.8			
XA65/13	30	8.33	6.2	1450	0.79	Y90L-4	1.5	64	2.2	80	39	
	50	13.89	5.4		0.98			75	2.4			
	60	16.67	4.7		1.05			73	2.8			
XA65/16	30	8.33	9.8	1450	1.33	Y100L₁-4	2.2	60	2	80	43	
	50	13.89	8.8		1.62			74	2.2			
	60	16.66	7.9		1.75			73.5	2.5			
XA65/20	35	9.72	15.3	1450	2.31	Y112M-4	4	63	1.9	80	52	
	55	15.27	14		2.87			73	2			
	66	18.33	13.1		3.2			73.5	2.3			

续表

型号	流量 Q		扬程 H (m)	转速 n (r/min)	轴功率 (kW)	电动机		效率 η (%)	气蚀余量 (NPSH)r (m)	进口直径 (mm)	泵重量 (kg)	生产厂
	m³/h	L/s				型号	功率 (kW)					
XA65/26	36	10	24.5	1450	4	Y132M-4	7.5	60	2	80	81	广州市第一水泵厂、佛山水泵厂
	60	16.67	22.5		5.25			70	2.3			
	72	20	20.6		5.77			70	3			
XA65/32	40	11.11	37	1450	7.46	Y160L-4	15	54	1.9	80	110	
	65	18.06	34		9.56			63	2			
	78	21.67	31		10.62			62	2.5			
XA65/32A	37	10.28	33.4	1450	6.73	Y160M-4	11	50	1.9	80	110	
	62	17.2	30.9		8.54			61	2			
	74.5	20.69	28		9.47			60	2.3			
XA65/32B	34	9.44	30.5	1450	6	Y160M-4	11	47	2	80	110	
	56.5	15.69	28		7.3			59	2			
	68	18.89	25.8		8.1			59	2.1			
XA80/16	50	13.89	9.9	1450	2.2	Y100L$_2$-4	3	61	2.1	100	54	
	80	22.22	9		2.55			77	2.5			
	96	26.67	8.3		2.75			79	3.2			
XA80/20	58	16.11	15.5	1450	3.77	Y132M-4	7.5	65	2.1	100	70	
	95	26.39	14		4.64			78	2.5			
	112	31.11	13		5.15			77	3.2			
XA80/26	58	16.11	23.5	1450	5.8	Y160M-4	11	64	2.1	100	91	
	95	26.39	21.5		7.52			74	2.5			
	112	31.11	20		8.36			73	3.2			
XA80/32	60	16.67	36	1450	9.65	Y180M-4	18.5	61	1.9	100	120	
	100	27.78	33		12.66			71	2.0			
	120	33.33	30		14			70	2.6			
XA80/32A	57.5	15.97	32.4	1450	8.75	Y160L-4	15	58	1.9	100	120	
	95.5	26.53	29.7		11.2			69	2			
	114.5	31.81	27		12.38			68	2.3			
XA80/32B	54.5	15.14	29.3	1450	7.77	Y160LL-4	15	56	1.9	100	120	
	91	25.28	26.8		9.91			67	2			
	109	30.28	24.5		11.02			66	2.2			
XA80/40	60	16.67	58	1450	18.96	Y200L-4	30	50	2.2	100	161	
	100	27.78	53		24.06			60	2.5			
	120	33.33	48		26.58			59	3.4			
XA80/40A	58	16.11	53.7	1450	17.67	Y200L-4	30	48	2.2	100	161	
	96.5	26.81	48.9		22.16			58	2.4			
	116	32.22	44.4		24.6			57	3.2			
XA80/40B	56	15.56	49.4	1450	16.38	Y200L-4	30	46	2.2	100	161	
	93	25.83	45		20.35			56	2.4			
	111.5	30.97	40.9		22.58			55	3			
XA100/20	90	25	15	1450	5.25	Y160M-4	11	70	2.2	125	85	
	142	39.44	13		6.36			79	2.5			
	170	47.22	11.5		6.91			77	3.4			

续表

型号	流量 Q		扬程 H (m)	转速 n (r/min)	轴功率 (kW)	电动机		效率 η (%)	气蚀余量 (NPSH)r (m)	进口直径 (mm)	泵重量 (kg)	生产厂
	m³/h	L/s				型号	功率 (kW)					
XA100/26	95	26.39	24.5	1450	9.19	Y160L-4	15	69	2.3	125	106	广州市第一水泵厂、佛山水泵厂
	148	41.11	22		11.37			78	2.6			
	175	48.61	20		12.54			76	3.5			
XA100/32	81	22.5	37.5	1450	12.73	Y180L-4	22	65	2	125	134	
	135	37.5	34		16.7			75	2			
	162	45	30		18.38			72	2.3			
XA100/32A	77.5	21.53	33.5	1450	11.5	Y180L-4	22	61.5	2	125	134	
	130	36.1	30.5		15.2			71	2			
	155	43.06	27		16.64			68.5	2.18			
XA100/32B	73.5	20.42	30.5	1450	10.44	Y180M-4	18.5	58.5	2	125	134	
	123	34.17	27.5		13.55			68	2			
	147.5	41	24.5		14.92			66	2.1			
XA100/40	90	25	57	1450	24.09	Y225M-4	45	58	1.7	125	174	
	150	41.67	52		31.24			68	2			
	180	50	48.5		34.96			68	2.7			
XA100/40A	87	24.17	52.5	1450	22.22	Y225S-4	37	56	1.7	125	174	
	145	40.28	48.2		28.84			66	2			
	174	48.33	44.5		31.75			66.4	2.5			
XA100/40B	84	23.33	48.5	1450	20.54	Y225S-4	37	54	1.7	125	174	
	139.5	38.75	44.5		26.42			64	1.9			
	167.5	46.53	41.2		29.37			64	2.4			
XA125/26	144	40	23.5	1450	13.17	Y180L-4	22	70	2.3	150	115	
	240	66.67	21		16.95			81	2.5			
	288	80	18.8		18.9			78	3.2			
XA125/26A	139	38.61	21.3	1450	12.03	Y180L-4	22	67	2.3	150	115	
	232	64.44	19.2		15.35			79	2.5			
	278.5	77.36	17		16.96			76	3			
XA125/26B	134	37.22	19.7	1450	11.23	Y180M-4	18.5	64	2.3	150	115	
	223	61.94	17.5		13.98			76	2.4			
	267.5	74.31	15.7		15.46			74	2.8			
XA125/32	120	33.3	35.1	1450	17.36	Y200L-4	30	66	2.1	150	163	
	200	55.6	32		22.35			78	2			
	240	66.7	29.5		24.72			78	2.7			
XA125/32A	115	31.94	31.5	1450	15.78	Y200L-4	30	62.5	2.15	150	163	
	191	53.06	29		20.11			75	1.95			
	229	63.61	26.5		22.2			74.5	2.4			
XA125/32B	109	30.28	28.5	1450	14.1	Y180L-4	22	60	2.2	150	163	
	182	50.56	26		17.77			72.5	2			
	218.5	60.7	24		19.7			72.5	2.2			
XA125/40	144	40	58	1450	34.46	Y280S-4	75	66	2.2	150	181	
	245	68.05	52		45.65			76	2.4			
	300	83.33	46		52.2			72	3.2			

续表

型号	流量 Q		扬程 H (m)	转速 n (r/min)	轴功率 (kW)	电动机		效率 η (%)	气蚀余量 (NPSH)r (m)	进口直径 (mm)	泵重量 (kg)	生产厂
	m³/h	L/s				型号	功率 (kW)					
XA125/40A	139	38.61	53.5	1450	31.4	Y250M-4	55	64.5	2.2	150	81	广州市第一水泵厂、佛山水泵厂
	236.5	65.7	48		41.78			74	2.4			
	289	80.42	42.5		47.87			70	3			
XA125/40B	133.5	37.08	49.5	1450	28.56	Y250M-4	55	63	2.2	150	181	
	227.5	63.2	44		37.6			72.5	2.3			
	278.5	77.36	39		43.18			68.5	2.8			
XA150/32	230	63.89	36	1450	30.89	Y250M-4	55	73	2.8	200	170	
	370	102.78	33		40.55			82	3.2			
	445	123.61	30		44.88			81	3.6			
XA150/32A	220	61.11	32.5	1450	27.62	Y225M-4	45	70.5	2.8	200	170	
	354	98.33	30		36.38			79.5	3.1			
	426	118.33	27		39.9			78.5	3.5			
XA150/32B	209.5	58.2	29.5	1450	24.4	Y225S-4	37	69	2.8	200	170	
	337.5	93.75	27		31.8			78	3			
	405.5	112.64	24.5		35.14			77	3.3			
XA150/40	240	66.67	54	1450	51.15	Y280M-4	90	69	2.8	200	209	
	385	106.94	50		66.36			79	3.2			
	460	127.78	46		73.88			78	3.6			
XA150/40A	232	64.44	50	1450	46.8	Y280S-4	75	67.5	2.8	200	209	
	372	103.33	46		60.5			77	3.2			
	444	123.33	42.5		67.62			76	3.6			
XA150/40B	223	61.94	46	1450	42.32	Y280S-4	75	66	2.8	200	209	
	357.5	99.3	42		54.2			75.5	3.1			
	427.5	118.75	39		61			74.5	3.5			

(5) 外形及安装尺寸：XA 型卧式单级单吸离心泵外形及安装尺寸见图 1-6 和表 1-5、6，进、出口锥管尺寸见表 1-7、8。

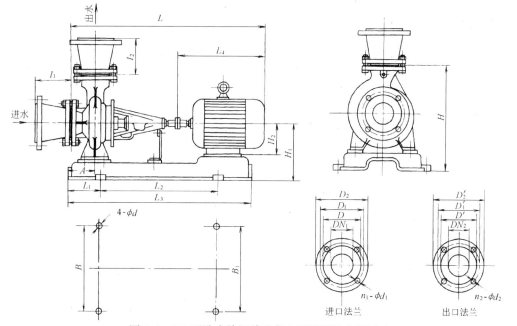

图 1-6　XA 型卧式单级单吸离心泵外形及安装尺寸

XA型卧式单级单吸离心泵外形及安装尺寸(mm)($n=2900$r/min、铸铁底座) 表1-5

型号	A	L	L_1	L_2	L_3	L_4	B	B_1	H	H_1	H_2	ϕd	总重量(kg)
XA32/13、13A	98	791	170	490	810	344	350	350	327	187	90	19	74
XA32/13B	98	766	170	490	810	319	350	350	327	187	90	19	70
XA32/16	88.5	931	150	520	822	484	350	350	362	202	132	20	129
XA32/16A、16B	98	856	170	490	810	409	350	350	367	207	112	19	106
XA32/20	118	1056	184	640	1008	609	420	420	450	270	160	19	201
XA32/20A、20B	88.5	931	150	520	822	484	350	350	410	230	132	20	156
XA32/26	96	1125	184	640	1008	658	420	420	515	290	160	19	254
XA32/26A、26B	152	1080	184	640	1008	613	420	420	515	290	160	19	233
XA40/13、13A	98	856	170	490	810	409	350	350	327	187	112	19	100
XA40/13B	98	836	170	490	810	389	350	350	327	187	100	19	89
XA40/16	88.5	931	150	520	822	484	350	350	362	202	132	20	135
XA40/16A	88.5	931	150	520	822	484	350	350	362	202	132	20	130
XA40/16B	98	856	170	490	810	409	350	350	367	207	112	19	109
XA40/20、20A、20B	118	1077	184	640	1008	610	420	420	450	270	160	19	210
XA40/26	92	1150	184	640	1008	683	420	420	515	290	180	19	306
XA40/26A、26B	96	1125	184	640	1008	658	420	420	515	290	160	19	256
XA50/13	88.5	951	150	520	822	484	350	350	362	202	132	20	133
XA50/13A、13B	88.5	951	150	520	822	484	350	350	362	202	132	20	128
XA50/16、16A、16B	118	1077	184	640	1008	610	420	420	450	270	160	19	204
XA50/20	96	1122	184	640	1008	655	420	420	470	270	160	19	241
XA50/20A、20B	118	1077	184	640	1008	610	420	420	470	270	160	19	200
XA50/26	93	1257	207	675	1090	790	410	490	515	290	200	19	394
XA50/26A、26B	93	1257	207	675	1090	790	410	490	515	290	200	19	378
XA50/26G	93	1251	210	740	1160	790	410	490	515	290	200	19	568
XA50/26GA、26GB	93	1251	210	740	1160	790	410	490	515	290	200	19	561
XA65/13、13A	118	1077	184	640	1008	610	420	420	450	270	160	19	219
XA65/13B	76	952	150	520	822	485	350	350	410	230	132	20	146
XA65/16	96	1122	184	640	1008	655	420	420	470	270	160	19	252
XA65/16A	118	1077	184	640	1008	610	420	420	470	270	160	19	231
XA65/16B	118	1077	184	640	1008	610	420	420	470	270	160	19	223
XA65/20、20A、20B	93	1255	207	675	1090	788	410	490	515	290	200	19	360
XA65/20G、20GA、20GB	93	1349	210	740	1160	788	410	490	515	290	200	19	378
XA65/26	138	1522	290	870	1429	945	600	600	600	350	250	28	604

续表

型号	A	L	L_1	L_2	L_3	L_4	B	B_1	H	H_1	H_2	ϕd	总重量(kg)
XA65/26A、26B	128	1407	232.5	800	1265	830	445	530	590	340	225	19	501
XA80/16	93	1280	207	675	1090	788	410	490	515	290	200	19	362
XA80/16A	92	1175	184	640	1008	683	420	420	515	290	180	19	299
XA80/16B	96	1150	184	640	1008	658	420	420	515	290	160	19	249
XA80/16G	98	1249	210	740	1160	788	410	490	515	290	200	19	385
XA80/16GA	92	1144	200	700	1100	683	420	420	515	290	180	19	320
XA80/20	128	1432	232.5	800	1265	830	445	530	570	320	225	19	485
XA80/20A、20B	138	1392	250	830	1280	790	550	550	580	330	200	28	405
XA80/26A、26B	112	1617	285	850	1420	1015	515	650	670	390	280	24	758
XA100/20	112	1617	285	850	1420	1015	515	650	670	390	280	24	755
XA100/20A	138	1547	290	870	1420	945	600	600	630	350	250	28	607
XA100/20B	128	1432	232.5	800	1265	830	445	530	620	340	225	19	504
XA100/26	138	1831	320	1070	1600	1208	740	740	730	450	315	28	1356
XA100/26A、26B	138	1691	320	1070	1600	1068	740	740	705	425	280	28	853
XA100/26G	110	1881	320	1070	1700	1208	740	740	705	425	315	28	1611
XA100/26GA、26GB	110	1741	320	1070	1700	1068	740	740	705	425	280	28	861

XA型卧式单级单吸离心泵外形及安装尺寸(mm)($n=1450$r/min、铸铁底座)　　表1-6

型号	A	L	L_1	L_2	L_3	L_4	B	B_1	H	H_1	H_2	ϕd	总重量(kg)
XA32/13	98	742	170	490	810	295	350	350	327	187	80	19	65
XA32/16	98	742	170	490	810	295	350	350	367	207	80	19	75
XA32/20	87.5	766	170	490	780	319	350	350	395	215	90	19	85
XA32/26	95	856	170	490	830	389	400	400	460	235	100	19	100
XA40/13	98	742	170	490	810	295	350	350	327	187	80	19	66
XA40/16	80	766	170	490	780	319	350	350	375	215	90	19	75
XA40/20	80	812	170	490	780	345	350	350	395	215	90	19	92
XA40/26	95	856	170	490	830	389	400	400	460	235	100	19	102
XA40/32、32A、32B	110	1090	150	830	1120	488	550	550	515	290	132	19	205
XA50/13	80	786	170	490	780	319	350	350	375	215	90	19	77
XA50/16	80	812	170	490	780	345	400	350	395	215	90	19	84
XA50/20	95	857	170	490	830	390	400	400	415	215	100	19	107
XA50/26	95	952	170	490	830	485	550	400	460	235	132	19	165

续表

型　号	A	L	L_1	L_2	L_3	L_4	B	B_1	H	H_1	H_2	ϕd	总重量 (kg)
XA50/32	110	1218	150	830	1120	613	550	550	595	315	160	19	293
XA50/32A、32B	110	1133	150	830	1120	528	550	550	595	315	132	19	244
XA65/13	90	812	170	490	780	345	400	350	395	215	90	19	95
XA65/16	95	1857	170	490	830	390	400	400	415	215	100	19	105
XA65/20	95	880	170	490	830	413	550	400	460	235	112	19	140
XA65/26	110	1105	150	830	1120	528	550	550	540	290	132	19	204
XA65/32、32A	110	1260	150	830	1120	658	550	550	595	315	160	19	329
XA65/32B	110	1251	150	830	1120	613	550	550	595	315	160	19	318
XA80/16	95	881	170	490	830	389	400	400	460	235	100	19	120
XA80/20	110	1130	170	490	830	528	550	550	520	270	132	19	192
XA80/26	110	1215	150	830	1120	613	550	550	570	290	160	19	224
XA80/32	100	1287	200	780	1180	685	500	500	655	340	180	19	395
XA80/32A	110	1262	150	830	1120	660	550	550	655	340	160	19	339
XA80/32B	110	1262	150	830	1120	660	550	550	655	340	160	19	339
XA80/40、40A	130	1454	290	870	1430	790	600	600	785	430	200	28	480
XA80/40B	130	1454	290	870	1430	790	600	600	785	430	200	28	480
XA100/20	110	1215	150	830	1120	613	550	550	570	290	160	19	218
XA100/26	110	1280	150	830	1120	658	550	550	595	315	160	19	319
XA100/32、32A	100	1342	200	780	1180	725	500	500	655	340	180	19	418
XA100/32B	100	1302	200	780	1180	685	500	500	655	340	180	19	400
XA100/40	130	1546	290	870	1430	863	600	600	785	430	225	28	603
XA100/40A、40B	130	1521	290	870	1430	838	600	600	785	430	225	28	567
XA125/26、26A	100	1342	200	780	1180	725	500	500	695	340	180	19	400
XA125/26B	100	1302	200	780	1180	685	500	500	695	340	180	19	382
XA125/32、32A	130	1467	290	870	1430	790	600	600	785	430	200	28	514
XA125/32B	130	1402	290	870	1310	725	600	600	725	370	180	28	454
XA125/40	130	1701	320	900	1540	1018	670	670	865	465	280	28	896
XA125/40A、40B	130	1631	320	900	1540	948	670	670	865	465	250	28	712
XA150/32	130	1651	320	900	1540	948	670	670	835	435	250	28	716
XA150/32A	130	1566	320	900	1540	863	670	670	830	430	225	28	619
XA150/32B	130	1541	320	900	1540	838	670	670	830	430	225	28	584
XA150/40	130	1724	320	900	1540	1021	670	670	915	465	280	28	939
XA150/40A、40B	130	1724	320	900	1540	1021	670	670	915	465	280	28	924

1.1 单级离心清水泵

XA 型泵锥管尺寸(mm)($n=2900$r/min、铸铁底座) 表 1-7

型 号	进 口 锥 管						出 口 锥 管					
	I_1	DN_1	D	D_1	D_2	$n_1\text{-}\phi d_1$	I_2	DN_2	D'	D_1'	D_2'	$n_2\text{-}\phi d_2$
XA32							100	50	100	125	165	4-18
XA40							120	65	125	145	185	4-18
XA50	120	80	133	160	200	8-18	150	80	133	160	200	8-18
XA65	150	100	158	180	220	8-18	150	100	158	180	220	8-18
XA80	220	150	212	240	285	8-22	200	125	184	210	250	8-18
XA100	330	200	268	295	340	8-22	220	150	212	240	285	8-22

XA 型泵锥管尺寸(mm)($n=1450$r/min、铸铁底座) 表 1-8

型 号	进 口 锥 管						出 口 锥 管					
	I_1	DN_1	D	D_1	D_2	$n_1\text{-}\phi d_1$	I_2	DN_2	D'	D_1'	D_2'	$n_2\text{-}\phi d_2$
XA32												
XA40/13~20												
XA40/26~32B							120	65	122	145	185	4-18
XA50	120	80	133	160	200	8-18	120	65	122	145	185	4-18
XA65/13~16	150	100	158	180	220	8-18	120	80	133	160	200	8-18
XA65/20~32B	200	125	184	210	250	8-18	120	80	133	160	200	8-18
XA80/16~26	220	150	212	240	285	8-22	150	100	158	180	220	8-18
XA80/32~40B	150	125	184	210	250	8-18	150	100	158	180	220	8-18
XA100/20~26	330	200	268	295	340	8-22	150	125	184	210	250	8-18
XA100/32~40B	175	150	212	240	285	8-22	150	125	184	210	250	8-18
XA125	350	200	268	295	340	12-22	175	150	212	240	285	8-22
XA150	350	250	320	355	405	12-26	350	200	268	295	340	12-22

1.1.3 BG 型单级单吸离心清水泵

(1) 用途:BG 型单级单吸离心清水泵供吸送清水或物理化学性质类似于水的液体。适用于工厂、矿山、城镇给水、排水和农田灌溉等。

(2) 型号意义说明:

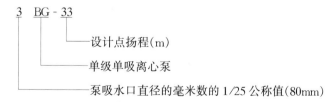

(3) 结构:BG 型泵为后开盖式结构、拆开泵盖和叶轮时不需要拆卸吸入和排出管路,悬架内装有 2 个滚珠轴承,用油脂或机油润滑,填料函用软填料或机械密封,泵壳、脚、进水法兰铸成一个整体。

泵通过弹性联轴器由电动机或其他动力直接传动。

（4）性能：BG型单级清水离心泵性能见表1-9。

BG 型 泵 性 能　　　　　　　　表1-9

型号	流量 Q		扬程 H (m)	转速 n (r/min)	轴功率 P (kW)	电动机		泵效率 η (%)	气蚀余量 (NPSH)r (m)	最大吸上真空度 H_s(m)	总重量 (kg)	生产厂
	m³/h	L/s				型号	功率 (kW)					
2BG-33	10	2.8	36	2900	1.96	Y112M-2	4	50.5	2	8.2		
	20	5.5	33		2.78			64	2.4	8		
	30	8.3	27		3.46			63.5	3.5	7.5		
2BG-33A	9	2.5	28	2900	1.32	Y100L-2	3	52	2	8.2		
	18	5	26		1.96			65	2.4	8		
	28	7.8	22		2.63			64	3.5	7.5		佛山水泵厂
3BG-33	30	8.3	36	2900	4.47	Y132S$_2$-2	7.5	66.5	2.5	7.8		
	45	12.5	33		5.39			75	2.9	7.6		
	55	15.1	31		6.2			74	3.8	7		
3BG-33A	26	7.2	26.5	2900	2.83	Y132S$_1$-2	5.5	66	2.5	7.8		
	39	10.8	24.5		3.5			74	2.9	7.6		
	46	12.7	24		4.1			73	3.8	7		
3BG-55	35	9.7	58.5	2900	8.98	Y160M$_2$-2	15	62	2.3	8.0		
	50	13.9	55.5		10.96			69	2.7	7.8		
	65	18	51.5		12.98			70	3.6	7.2		
3BG-55A	31.5	8.8	48.5	2900	6.77	Y160M$_1$-2	11	61.5	2.1	8.1		
	45	12.5	46		8.29			68	2.5	7.9		
	58.5	16.3	42		9.7			69	3.1	7.5		

注：表中的最大吸上真空度(mH$_2$O)是指大气压力为0.097991MPa。水温20℃条件下，在一定流量时水泵最大吸上真空度。

（5）外形及安装尺寸：BG型单级清水离心泵外形及安装尺寸见图1-7和表1-10。

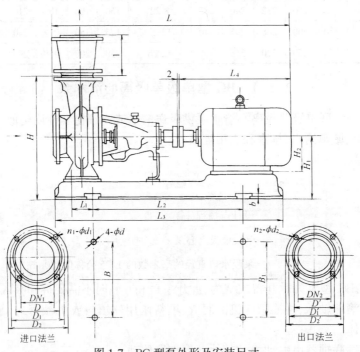

图1-7　BG型泵外形及安装尺寸

BG 型泵外形及安装尺寸(mm)　　　　　　　　表 1-10

型号	外形及安装尺寸												进口法兰					出口锥管					
	L	L_1	L_2	L_3	L_4	B	B_1	H	H_1	H_2	b	ϕd	DN	D	D_1	D_2	n_1-ϕd_1	l	DN_2	D'	D'_1	D'_2	n_2-ϕd_2
2BG-33	827	77.5	500	728	409	305	305	340	180	112	20	15	50	90	110	140	4-13.5	100	50	90	110	140	4-13.5
2BG-33A	807	77.5	500	720	389	305	265	340	180	100	20	15	50	90	110	140	4-13.5	100	50	90	110	140	4-13.5
3BG-33	926	105	500	770	484	270	330	372	192	132	20	15	80	128	150	190	4-17.5	150	80	128	150	190	4-17.5
3BG-33A	926	105	500	770	484	270	330	372	192	132	20	15	80	128	150	190	4-17.5	150	80	128	150	190	4-17.5
3BG-55	1090	127.5	615	945	610	340	405	460	260	160	30	19	80	133	160	200	8-17.5	150	80	133	160	200	8-17.5
3BG-55A	1090	127.5	615	945	610	340	405	460	260	160	30	19	80	133	160	200	8-17.5	150	80	133	160	200	8-17.5

1.1.4 IX_1 型单级单吸离心泵

（1）用途：IX_1 型单级单吸离心清水泵是参照 ISO2858 标准设计的。供输送清水或物理、化学性质类似于清水的其他介质，液体温度不高于 80℃。适用于工厂、城镇、矿山给水排水及农田灌溉。

（2）型号意义说明：

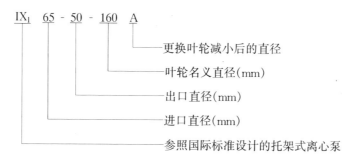

（3）结构：IX_1 型单级单吸离心泵，泵体和泵盖是从叶轮背面处剖分，即为后开式结构。泵体和泵盖构成泵的工作室、叶轮、轴和滚动轴承由托架支承。

（4）性能：IX_1 型单级单吸离心泵性能见表 1-11。

IX_1 型单级单吸离心泵性能　　　　　　　　表 1-11

型号	流量 (m³/h)	扬程 (m)	转速 (r/min)	轴功率 (kW)	电动机		效率 (%)	气蚀余量 (NPSH)r (m)	重量 (kg)	生产厂
					型号	功率 (kW)				
$IX_1$32-25-160	1.9 3.15 3.78	34 32 29.5		0.62 0.98 1.12	Y90S-2	1.5	26 28 27	2 2 2		四川嘉陵泵业有限公司
$IX_1$32-25-160A	1.77 2.95 3.54	31 28 27	2900	0.60 0.83 1.00	Y802-2	1.1	25 27 26	2 2 2		
$IX_1$32-25-160B	1.56 2.6 3.12	23 22 20		0.39 0.60 0.63	Y801-2	0.75	25 26 27	2 2 2		

续表

型号	流量 (m^3/h)	扬程 (m)	转速 (r/min)	轴功率 (kW)	电动机 型号	电动机 功率 (kW)	效率 (%)	气蚀余量 (NPSH)r (m)	重量 (kg)	生产厂
IX_132-25-200	1.9 3.15 3.78	52.5 50 48		1.23 1.79 2.15	Y100L-2	3	22 24 23	2 2 2		
IX_132-25-200A	1.77 2.97 3.54	46.5 44 42		1.02 1.47 1.76	Y90L-2	2.2	22 24 23	2 2 2		
IX_132-25-200B	1.56 2.6 3.12	40 38 32		0.81 1.17 1.24	Y90S-2	1.5	21 23 22	2 2 2		
IX_140-32-100	3.8 6.3 7.6	14.5 12.5 10.5		0.30 0.40 0.42	$Y80_1$-2	0.55	50 54 52	2 2 2		四川嘉陵泵业有限公司
IX_140-32-125	3.8 6.3 7.6	23 20 18		0.58 0.74 0.89	$Y80_2$-2	1.1	41 46 42	2 2 2.2		
IX_140-32-125A	3.6 6 7.2	21 18 15		0.52 0.67 0.73	$Y80_1$-2	0.75	39 44 40	2 2 2.2		
IX_140-32-160	3.8 6.3 7.6	34 32 29.5	2900	0.98 1.37 1.65	Y90L-2	2.2	36 40 37	2 2 2.3		
IX_140-32-160A	3.6 6 7.2	31 28.5 26		0.89 1.22 1.45	Y90S-2	1.5	34 38 35	2 2.0 2.3		
IX_140-32-160B	3.1 5.2 6.2	23 22 20		0.61 0.86 1.02	$Y80_2$-2	1.1	32 36 33	2 2.0 2.3		
IX_140-32-200	3.8 6.3 7.6	52.5 50 47		1.87 2.6 3.24	Y112M-2	4	29 33 30	2 2.0 2.5		
IX_140-32-200A	3.6 6 7.2	46.5 44 41		1.60 2.21 2.72	Y100L-2	3	28 32 29	2 2.0 2.5		
IX_140-32-200B	3.1 5.2 6.2	40 38 32		1.33 1.90 2.05	Y90L-2	2.2	27 30 28	2 2.0 2.5		
IX_150-32-100	7.5 12.5 15	14.5 12.5 10.5		0.55 0.68 0.71	$Y80_1$-2	0.75	54 63 60	2 2 2.5		

续表

型号	流量 (m³/h)	扬程 (m)	转速 (r/min)	轴功率 (kW)	电动机 型号	电动机 功率 (kW)	效率 (%)	气蚀余量 (NPSH)r (m)	重量 (kg)	生产厂
IX$_1$50-32-125	7.5 12.5 15	23 20 18		0.98 1.1 1.3	Y90L-2	2.2	48 62 60	2 2 2.5		
IX$_1$50-32-125A	7 11.8 14.5	21 18 16.5		0.83 0.93 1.09	Y90S-2	1.5	48 62 60	2 2 2.5		
IX$_1$50-32-125B	6.6 11 12.5	18 15.5 14		0.7 0.77 0.82	Y80$_2$-2	1.1	46 60 58	2 2 2.5		
IX$_1$50-32-160	7.5 12.5 15	34.5 32 30		1.56 1.95 2.15	Y100L-2	3	45 56 57	2 2 2.5		四川嘉陵泵业有限公司
IX$_1$50-32-160A	7.2 12 14.4	31 28.5 27		1.35 1.66 1.86	Y90L-2	2.2	45 56 57	2.2 2.2 2.5		
IX$_1$50-32-160B	6.3 10.5 12.6	23 22 20		0.88 1.12 1.2	Y90S-2	1.5	45 56 57	2.2 2.2 2.5		
IX$_1$50-32-200	7.5 12.5 15	52.5 50 48	2900	2.62 3.4 3.7	Y132S$_1$-2	5.5	41 50 53	2 2.2 2.5		
IX$_1$50-32-200A	7 11.5 13.8	46.5 44 42		2.16 2.75 2.92	Y112M-2	4	41 50 53	2 2.2 2.5		
IX$_1$50-32-200B	6.3 10.5 12.6	40 38 36		1.67 2.28 2.33	Y100L-2	3	41 50 53	2 2 2.5		
IX$_1$65-50-100	15 25 30	15 12.5 10.5		0.95 1.25 1.38	Y90L-2	2.2	64 68 62	2.8 3.0 3.0		
IX$_1$65-50-125	15 25 30	21.8 20 18.5		1.49 1.97 2.22	Y100L-2	3	60 69 68	2 2.5 3		
IX$_1$65-50-125A	14 23.5 28	19.1 17 16.2		1.25 1.6 1.84	Y90L-2	2.2	58 68 67	2 2.5 3		
IX$_1$65-50-125B	13 21.5 26	16.2 14.5 13		1.02 1.29 1.42	Y90S-2	1.5	56 66 65	2.5 2.8 3.2		

续表

型　号	流量 (m³/h)	扬程 (m)	转速 (r/min)	轴功率 (kW)	电动机 型号	电动机 功率 (kW)	效率 (%)	气蚀余量 (NPSH)r (m)	重量 (kg)	生产厂
IX₁65-50-160	15 25 30	35 32 30		2.47 3.2 3.5	Y132S₁-2	5.5	58 68 70	2 2 2.5		
IX₁65-50-160A	14.4 24 28.8	32 29 27		2.16 2.78 3.02	Y112M-2	4	58 68 70	2 2 2.5		
IX₁65-50-160B	13.2 22 26.4	28 25.5 22		1.76 2.28 2.36	Y100L-2	3	57 67 67	2 2 2.5		
IX₁65-40-200	15 25 30	53 50 47		4.17 5.49 6	Y132S₂-2	7.5	52 62 64	2.2 2.2 2.5		
IX₁65-40-200A	13.7 22.8 27.4	45 41.5 39		3.23 4.16 4.55	Y132S₁-2	5.5	52 62 64	2.2 2.2 2.5		四川嘉陵泵业有限公司
IX₁65-40-200B	12 20 24	35 33 31	2900	2.29 2.95 2.27	Y112M-2	4	50 61 62	2.2 2.2 2.5		
IX₁65-50-110	21 35 42	18 16 14.5		1.47 2.06 2.30	Y100L-2	3	70 74 72	2.5 2.5 3.0		
IX₁80-65-100	30 50 60	15 12.5 10.5		1.88 2.33 2.45	Y100L-2	3	65 73 70	3.2 3.5 3.5		
IX₁80-65-125	30 50 60	22.5 20 18		2.78 3.5 3.98	Y132S₁-2	5.5	66 78 75	3 3 3.5		
IX₁80-65-125A	28 46.5 56	20 17.5 15.5		2.38 2.95 3.27	Y112M-2	4	66 78 75	2.5 3 3.5		
IX₁80-65-160	30 50 60	36 32 29		4.39 5.66 6.32	Y132S₂-2	7.5	67 77 75	2.2 2.5 3		
IX₁80-65-160A	28.2 47 56	32 28 24		3.72 4.72 4.95	Y132S₁-2	5.5	65 76 74	2 2.2 3		
IX₁80-65-160B	25.2 42 50	26 22.5 20		2.7 3.41 3.73	Y112M-2	4	66 75 73	2 2 2.5		
IX₁80-50-200	30 50 60	53 50 47		7.1 9.59 10.67	Y160M₂-2	15	61 71 72	2.1 2.1 2.5		

续表

型号	流量 (m³/h)	扬程 (m)	转速 (r/min)	轴功率 (kW)	电动机 型号	电动机 功率 (kW)	效率 (%)	气蚀余量 (NPSH)r (m)	重量 (kg)	生产厂
IX₁80-50-200A	27.5	48.5		5.96	Y160M₁-2	11	61	2.1		
	45.5	46		8.14			71	2.2		
	54.5	42		8.78			72	2.5		
IX₁100-80-140	42	28		4.78	Y132S₂-2	7.5	67	3.2		
	70	25		6.19			77	3.5		
	84	23		6.74			78	4.5		
IX₁100-80-125	60	24		5.69	Y132S₂-2	7.5	69	4		四川嘉陵泵业有限公司
	100	20		6.81			80	4.5		
	120	165		7.08			76	5		
IX₁100-80-125A	54	19.5	2900	4.34	Y132S₁-2	5.5	68	4		
	90	16		5.16			78	4.5		
	108	13		5.38			73	5		
IX₁100-80-160	60	37		8.4	160M₂-2	15	72	3.5		
	100	32		10.89			80	3.8		
	120	26		11.32			75	4.2		
IX₁100-80-160A	56	32		6.78	160M₁-2	11	72	3.4		
	93	27.5		8.76			79.5	3.6		
	112	22		9.06			74	4		
IX₁100-80-160B	50	26		4.99	132S₂-2	7.5	71	3.2		
	83	22		6.38			78	3.5		
	110	17		6.42			72	4		

(5) 外形及安装尺寸：IX₁型单级单吸离心泵外形及安装尺寸见图1-8和表1-12。

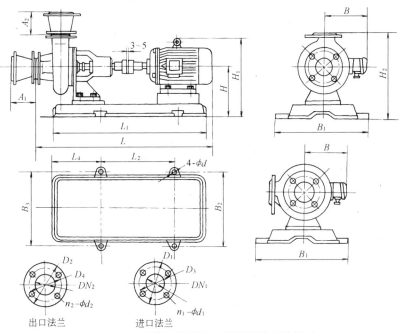

图1-8 IX₁型单级单吸离心泵外形及安装尺寸

38 1 泵

IX₁ 型泵外形及安装尺寸（mm） 表 1-12

型号		L	L_1	L_2	L_4	B	B_1	B_2	B_3	H	H_1	H_2	ϕd	DN_1	D_3	D_1	$n_1\text{-}\phi d_1$	A_1	DN_2	D_4	D_2	$n_2\text{-}\phi d_2$	A_2
32-25-160	A	428	515	400	85	160	230	200	200	160	265	320	13.5	50	110	140	4-14	100	25	75	100	4-12	100
	B	412	415	300		150				150	255	310											
32-25-200	A	445	515	400	85	180	230	200	200	160	305	340	13.5										
	B	428	415	300		160				150	265												
40-32-100	A	492	515	400	85	160	230	200	200	160	255	270	13.5										
40-32-125	A	422	415	300	85	150	230	200	200	150	255	300	13.5										
40-32-160	A	438	515	400	85	160	230	200	200	160	265	320	13.5										
	B	422	415	300		150				150	255	310											
40-32-200	A	506	515	400	85	190	230	200	200	160	325	355	13.5										
	B	455	415	300		180				150	305	340											
		438				160					265												
50-32-100	A	432	515	400	85	150	230	200	200	150	255	270	13.5										
50-32-125	A	448	415	300	85	160	230	200	200	160	265	300	13.5										
	B	432				150				150	255	290											
50-32-160	A	465	515	400	85	180	230	200	200	160	305	342	13.5										
	B	448	415			160					265												
50-32-200	A	574	616	324	100	210	360	216	250	192	375	372	15										
	A	547	628	400	110	190	330	300	300	197	350	377											
	B	496				180				185	330												

续表

型号		L	L_1	L_2	L_4	B	B_1	B_2	B_3	H	H_1	H_2	ϕd	DN_1	D_3	D_1	n_1-ϕd_1	A_1	DN_2	D_4	D_2	n_2-ϕd_2	A_2
65-50-100		458	515	400	85	160	230	200	200	160	265	280	13.5										
65-50-125	A	506	515	400	85	180	230	200	200	160	305	300	13.5										
	B	489				160					265												
65-50-160	A	584	616	324	100	210	360	216	250	192	375	352	13.5										
	B	557	628	400	110	190	330	300	300	197	350	357											
		506				180				185	330	342											
65-40-200	A	584	616	324	100	210	360	216	250	192	375	372	13.5										
	B	557	628	400	110	190	330	300	300	197	350	377											
65-50-110		506	515	400	85	180	230	200	200	160	305	280	13.5										
80-65-100		506	515	400	85	180	230	200	200	160	305	280	15	80	150	190	4-18	120	80	150	190	4-18	120
80-65-125	A	584	616	324	100	210	360	316	250	192	375	332	15										
		557	628	400	110	190	330	300	300	197	350	337											
80-65-160	A	584	616	324	100	210	360	216	250	192	375	352	15										
	B	557	628	400	110	190	330	300	300	197	350	357											
80-50-200		691	778	550	100	385	410	380	280	222	447	424	15						50	110	140	4-14	100
100-80-140		604	616	324	100	210	360	216	250	192	375	392	15	100	170	210	4-18	120	80	150	190	4-18	120
100-80-125		604	616	324	100	210	360	216	250	192	375	372	15										
100-80-160	A	691	778	550	100	385	410	380	280	222	447	424	15										
	B	604	616	324	100	210	360	216	250	192	375	412											

1.1.5 ISL型立式单级单吸离心清水泵

(1) 用途：ISL型立式单级单吸离心清水泵是IS型单级单吸离心清水泵的派生系列产品。供输送温度不高于80℃，不含固体颗粒的清水或物理、化学性质类似于水的其他液体。由于等效采用IS型单级单吸离心清水泵的水力模型，故有高效节能的特点。适用于工厂、矿山、船舶及城镇给水、农业排灌等。

(2) 型号意义说明：

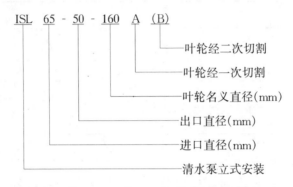

(3) 结构：ISL型立式单级单吸离心清水泵整体结构为立式，占地面积小，仅为同类型IS泵的1/4～1/3；同时泵的进出口在平面投影中相互关系有0°、90°、180°、270°四种型式，用户可根据使用情况自行调整。

(4) 性能：ISL型立式单级单吸清水离心泵的性能见表1-13。

ISL型立式单级单吸离心清水泵性能　　　　　表1-13

型号	流量 (m³/h)	扬程 (m)	转速 (r/min)	轴功率 (kW)	电动机功率 (kW)	效率 (%)	气蚀余量 (NPSH)r (m)	生产厂
32-25-125	1.9	23	2900		0.75	30	2	四川嘉陵泵业有限公司、四川三台水泵厂、博山水泵厂
	3.15	20				32	2	
	3.78	18				31	2.2	
32-25-160	1.9	34	2900		1.5	26	2	
	3.15	32				28	2.3	
	3.78	29.5				27	2.5	
32-25-200	1.9	52.5	2900		3.0	22	2	
	3.15	50				24	2.5	
	3.78	40				23	2.8	
40-32-100	3.8	14.5	2900		0.55	50	2.0	
	6.3	12.5				54	2.0	
	7.6	9				52	2.0	
40-32-125	3.8	2.3	2900		1.1	41	2.0	
	6.3	20				46	2.0	
	7.6	18				42	2.2	

1.1 单级离心清水泵

续表

型 号	流量 (m³/h)	扬程 (m)	转速 (r/min)	轴功率 (kW)	电动机功率 (kW)	效率 (%)	气蚀余量 (NPSH)r (m)	生产厂
40-32-160	3.8	34	2900		2.2	36	2.0	
	6.3	32				40	2.0	
	7.6	29.5				37	2.3	
40-32-200	3.8	52.5	2900		4.0	29	2.0	
	6.3	50				33	2.0	
	7.6	47				30	2.5	
50-32-125	12.5	20	2900	1.13	2.2	60	2.0	
50-32-125A	11.9	18	2900	0.96	1.5	60	2.0	
50-32-125B	11.2	16.2	2900	0.8	1.1	60	2.0	
50-32-160	12.5	32	2900	2.02	3.0	54	2.0	
50-32-160A	11.9	28	2900	1.68	2.2	54	2.0	
50-32-160B	10.8	24	2900	1.31	1.5	54	2.0	
50-32-200	12.5	50	2900	3.54	5.5	48	2.0	
50-32-200A	11.7	44	2900	2.8	4.0	48	2.0	四川嘉陵泵业有限公司、四川三台水泵厂、博山水泵厂
50-32-200B	10.8	38	2900	2.3	3.0	48	2.0	
50-32-250	12.5	80	2900	7.16	11	38	2.0	
50-32-250A	11.7	70	2900	5.76	7.5	38	2.0	
50-32-250B	10.8	60	2900	4.68	5.5	38	2.0	
65-50-125	25	20	2900	1.97	3.0	69	2.0	
65-50-125A	22.4	18	2900	1.64	2.2	69	2.0	
65-50-125B	20.8	13.9	2900	1.1	1.5	69	2.0	
65-50-160	25	32	2900	3.35	5.5	65	2.0	
65-50-160A	23.4	28	2900	2.82	4.0	65	2.0	
65-50-160B	21.7	24	2900	2.2	3.0	65	2.0	
65-40-200	25	50	2900	5.67	7.5	60	2.0	
65-40-200A	22.5	40.5	2900	4.13	5.5	60	2.0	
65-40-200B	20	32	2900	2.9	4.0	60	2.0	
65-40-250	25	80	2900	10.3	15	53	2.0	
65-40-250A	23.4	70	2900	8.58	11	52	2.0	
65-40-250B	20.8	55.7	2900	6.07	7.5	52	2.0	
80-65-125	50	20	2900	3.63	5.5	75	3.0	
80-65-125A	47	17.7	2900	3.03	4.0	74	3.0	
80-65-125B	43.5	15	2900	2.39	3.0	73	3.0	
80-65-160	50	32	2900	5.97	7.5	73	2.5	
80-65-160A	47	28.2	2900	4.9	5.5	73	2.5	
80-65-160B	42.2	22.8	2900	3.59	4.0	73	2.5	
80-50-200	50	50	2900	9.87	15	69	2.5	
80-50-200A	46.8	44	2900	8.3	15	69	2.5	
80-50-200B	43	43	2900	7.81	11	68	2.5	
80-50-250	50	80	2900	17.3	22	63	2.5	

续表

型号	流量 (m³/h)	扬程 (m)	转速 (r/min)	轴功率 (kW)	电动机功率 (kW)	效率 (%)	气蚀余量 (NPSH)r (m)	生产厂
80-50-250A	47.5	72	2900	14.8	18.5	63	2.5	四川嘉陵泵业有限公司、四川三台水泵厂、博山水泵厂
80-50-250B	44	63	2900	12.1	15	63	2.5	
100-80-125	100	20	2900	7.00	11	78	4.5	
100-80-125A	95	18	2900	5.96	7.5	78	4.5	
100-80-125B	90	16	2900	5.05	5.5	77	4.5	
100-80-160	100	32	2900	11.2	15	78	4.0	
100-80-160A	93	28	2900	9.16	11	77	4.0	
100-80-160B	83.5	23.2	2900	7.05	7.5	77	4.0	
100-65-200	100	50	2900	17.9	22	76	3.6	
100-65-200A	95	45	2900	15.5	18.5	75.5	3.6	
100-65-200B	90	40.9	2900	13.37	15	75	3.6	
100-65-250	100	80	2900	30.3	37	72	4.0	
100-65-250A	93	70	2900	24.9	30	72	4.0	
100-65-250B	86	59	2900	19.2	22	72	4.0	

(5) 外形及安装尺寸：ISL 型立式单级单吸离心清水泵外形及安装尺寸见图 1-9 和表 1-14。

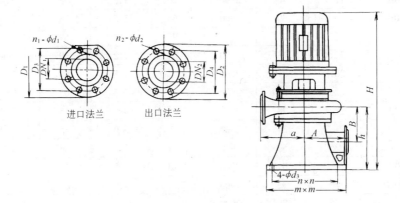

图 1-9　ISL 型泵外形和安装尺寸

ISL 型泵安装尺寸(mm)　　　　　　　　　　表 1-14

型号	电动机型号	外形及安装尺寸								进口法兰				出口法兰			
		a	A	B	h	H	m	n	ϕd_3	DN_1	D_3	D_1	n_1-ϕd_1	DN_2	D_4	D_2	n_2-ϕd_2
50-32-125	Y90L-2					678											
50-32-125A	Y90S-2	140	163	157	255	653	320	280	18	50	125	165	4-17.5	32	100	140	4-17.5
50-32-125B	Y80L-2					638											
50-32-160	Y100L-2					720											
50-32-160A	Y90L-2	160	163	157	265	685	320	280	18	50	125	165	4-17.5	32	100	140	4-17.5
50-32-160B	Y90S-2					660											
50-32-200	Y132S₁-2	180	163	157	255	795	320	280	18	50	125	165	4-17.5	32	100	140	4-17.5

续表

型号	电动机型号	外形及安装尺寸							ϕd_3	进口法兰				出口法兰			
		a	A	B	h	H	m	n		DN_1	D_3	D_1	n_1-ϕd_1	DN_2	D_4	D_2	n_2-ϕd_2
50-32-200A	Y112M-2	180	163	157	255	740	320	280	18	50	125	165	4-17.5	32	100	140	4-17.5
50-32-200B	Y100L-2					720											
50-32-250	Y160M$_1$-2					930											
50-32-250A	Y132S$_2$-2	225	163	167	265	835	320	280	18	50	125	165	4-17.5	32	100	140	4-17.5
50-32-250B	Y132S$_1$-2					835											
65-50-125	Y100L-2					755											
65-50-125A	Y90L-2	140	163	182	290	720	320	280	18	65	145	185	4-17.5	50	125	160	4-17.5
65-50-125B	Y90S-2					695											
65-50-160	Y132S$_1$-2					840											
65-50-160A	Y112M-2	160	163	192	300	785	320	280	18	65	145	185	4-17.5	50	125	160	4-17.5
65-50-160B	Y100L-2					765											
65-40-200	Y132S$_2$-2					850											
65-40-200A	Y132S$_1$-2	180	163	202	310	850	320	280	18	65	145	185	4-17.5	40	110	150	4-17.5
65-40-200B	Y112M-2					795											
65-40-250	Y160M$_2$-2					955											
65-40-250A	Y160M$_1$-2	225	163	182	290	955	320	280	18	65	145	185	4-17.5	40	110	150	4-17.5
65-40-250B	Y132S$_2$-2					860											
80-65-125	Y132S$_1$-2					840											
80-65-125A	Y112M-2	160	183	180	300	785	360	310	18	80	180	200	4-17.5	65	145	185	4-17.5
80-65-125B	Y100L-2					765											
80-65-160	Y132S$_2$-2					860											
80-65-160A	Y132S$_1$-2	180	183	200	320	860	360	310	18	80	180	200	4-17.5	65	145	185	4-17.5
80-65-160B	Y112M-2					805											
80-50-200	Y160M$_2$-2					950											
80-50-200A	Y160M$_2$-2	200	183	200	320	950	360	310	18	80	180	200	4-17.5	50	125	165	4-17.5
80-50-200B	Y160M$_1$-2					950											
80-50-250	Y180M-2					1095											
80-50-250A	Y160L-2	225	183	180	300	1010	360	310	18	80	180	200	4-17.5	50	125	165	4-17.5
80-50-250B	Y160M$_2$-2					965											
100-80-125	Y160M$_1$-2					985											
100-80-125A	Y132S$_2$-2	180	188	225	350	890	370	320	22	100	180	220	8-17.5	80	160	200	4-17.5
100-80-125B	Y132S$_1$-2					890											
100-80-160	Y160M$_2$-2					995											
100-80-160A	Y160M$_1$-2	200	188	205	330	995	370	320	22	100	180	220	8-17.5	80	160	200	4-17.5
100-80-160B	Y132S$_2$-2					900											
100-65-200	Y180M-2					1125											
100-65-200A	Y160L-2	225	188	205	330	1040	370	320	22	100	180	220	8-17.5	65	145	185	4-17.5
100-65-200B	Y160M$_2$-2					995											
100-65-250	Y200L$_2$-2					1245											
100-65-250A	Y200L$_1$-2	250	188	205	330	1245	370	320	22	100	180	220	8-17.5	65	145	185	4-17.5
100-65-250B	Y180M-2					1125											

1.1.6 IL型立式单级单吸离心清水泵

(1) 用途：IL型立式单级单吸离心清水泵供输送温度0～80℃、固体体积含量不超过0.1%和粒度不大于0.2mm的清水或物理、化学性质类似于水的其他液体。适用于城镇给水、农业排灌等。

(2) 型号意义说明：

(3) 结构：IL型泵的进水、出水口呈水平方向；根据用户使用要求，出水口法兰可与进水口旋转成90°、180°、270°等四个方向（原水平方向进水也可改为垂直方向进水）。泵的旋转方向，从电动机方向看为顺时针方向旋转。

(4) 性能：IL型立式单级单吸离心清水泵性能见表1-15。

(5) 外形及安装尺寸：IL型立式单级单吸离心清水泵外形及安装尺寸见图1-10和表1-16。

IL型立式单级单吸离心清水泵性能　　　　表1-15

型号	流量 Q		扬程 H (m)	转速 n (r/min)	轴功率 P (kW)	电动机		效率 η (%)	气蚀余量 $(NPSH)r$ (m)	生产厂
	m^3/h	L/s				型号 (B_5)	功率 (kW)			
40-40-125	4.2 6.3 7.9	1.17 1.76 2.2	21 20 18		0.60 0.79 0.87	Y90S-2	1.5	42 51 55	2.0 2.0 2.0	博山水泵厂
40-40-160	4.2 6.3 7.9	1.17 1.76 2.2	34 32 27		1.15 1.25 1.29	Y90L-2	2.2	34 44 45	2.0 2.0 2.0	
40-40-200	4.2 6.3 7.9	1.17 1.76 2.2	52.5 50 27		2.01 2.33 2.67	Y100L-2	3	30 37 38	2.0 2.0 2.0	
50-40-125	7.5 12.5 15	2.08 3.47 4.17	22 20 18.5	2900	0.96 1.13 1.26	Y90L-2	2.2	47 60 60	2.0 2.0 2.5	
50-40-160	7.5 12.5 15	2.08 3.47 4.17	34.3 32 29.6		1.59 2.02 2.16	Y100L-2	3	44 54 56	2.0 2.0 2.5	
50-40-200	7.5 12.5 15	2.08 3.47 4.17	52.5 50 48		2.82 3.54 3.95	Y132S_1-2	5.5	38 48 51	2.0 2.0 2.5	
50-40-250	7.5 12.5 15	2.08 3.47 4.17	82 80 78.5		5.87 7.16 7.83	Y160M_1-2	11	28.5 38 41	2.0 2.0 2.5	

1.1 单级离心清水泵

续表

型号	流量 Q (m³/h)	流量 Q (L/s)	扬程 H (m)	转速 n (r/min)	轴功率 P (kW)	电动机 型号(B5)	电动机 功率(kW)	效率 η (%)	气蚀余量 (NPSH)r (m)	生产厂
125-80-160	96 160 192	26.7 44.4 53.3	36 32 28		13.1 17.5 19.0	Y180M-2	22	72 80 77	5.6	
125-80-200	96 160 192	26.7 44.4 53.3	55 50 46		21.8 27.2 30.8	Y200L₂-2	37	66 80 78	5.2	
125-80-250	96 160 192	26.7 44.4 53.3	87 80 73		35.0 45.3 51.6	Y250M-2	55	65 77 74	4.8	
125-80-315	96 160 192	26.7 44.4 53.3	133 125 119	2900	60.0 74.6 85.2	Y280M-2	90	58 73 73	4.5	
125-100-200	120 200 240	33.3 55.5 66.7	57.5 50 44.5		28.0 33.6 36.4	Y225M-2	45	67 81 80	4.5 4.5 5.0	
125-100-250	120 200 240	33.3 55.5 66.7	87 80 72		43.0 55.9 62.8	Y280S-2	75	66 78 75	3.8 4.2 5.0	博山水泵厂
125-100-315	120 200 240	33.3 55.5 66.7	133 125 120		72.1 90.8 102	Y315S-2	110	60 75 77	5.0 4.5 4.0	
125-100-400	60 100 120	16.7 27.8 33.3	52 50 48.5		16.1 21.0 23.6	Y200L-4	30	53 65 67	2.5 2.5 3.0	
150-125-250	120 200 240	33.3 55.5 66.7	23.2 20 17.0		10.7 13.5 14.3	Y180M-4	18.5	71 81 78	3.0 3.0 3.5	
150-125-315	120 200 240	33.3 55.6 66.7	34 32 29		15.9 22.1 23.7	Y200L-4	30	70 79 80	2.5 2.5 3.0	
150-125-400	120 200 240	33.3 55.6 66.7	53 50 46	1450	27.9 36.3 40.6	Y225M-4	45	62 75 74	2.0 2.8 3.5	
200-150-250	240 400 460	66.7 111 128	25 22 20		23.7 29.1 30.6	Y225S-4	37	69 82.5 82	3.0 3.5 4.0	
200-150-315	240 400 460	66.7 111 128	37 32 28.5		34.6 42.5 44.6	Y250M-4	55	72 82 80	3.0 3.5 4.0	
200-150-400	240 400 460	66.7 111 128	55 50 45		48.6 67.2 74.2	Y280M-4	90	74 81 76	3.0 3.8 4.5	

注：进口直径65～100mm立式泵性能同ISL型(见第1.1.5节)。

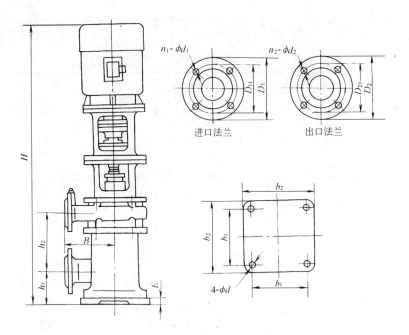

图 1-10 IL型泵外形及安装尺寸

IL型立式单级单吸离心泵外形及安装尺寸(mm) 表 1-16

型号	外形及安装尺寸								进口法兰			出口法兰			总重量 (kg)
	h_1	h_2	b_1	b_2	ϕd	B	H	E	D_1	D_{11}	n_1-ϕd_1	D_2	D_{21}	n_2-ϕd_2	
IL40-40-125	100	180	170	220	20	160	817	40	130	100	4-13.5	130	100	4-13.5	72
IL40-40-160												130	100	4-13.5	86
IL40-40-200												150	110	4-17.5	123
IL50-40-125									140	110		130	100	4-13.5	95
IL50-40-160			210	260			937								108
IL50-40-200												150	110	4-17.5	153
IL50-40-250							1032								192
IL125-80-160	192	204	410	470	19	225	1576	50	250	210	8-17.5	200	160	8-17.5	310
IL125-80-200	230	220	510	650		250	1742								408
IL125-80-250	210	290	540	600		280	2137	70							612
IL125-80-315	240	320	610	670	23	315	2230								893
IL125-100-200	170	270	380	450		280	1757	60				220	180		570
IL125-100-250	218	272	540	600			2137								736
IL125-100-315	245	250					2392								1260
IL125-100-400	260	276	610	670			1853								560
IL150-125-250	210	290	045	600	25	355	1703	70	265	225		240	200		480
IL150-125-315															590
IL150-125-400	285	288				400	1944		285	240		250	210		670
IL200-150-250	242	330	610	670	23	375	1954		340	295	12-22	285	240	8-22	650
IL200-150-315	240	320				400	2112								802
IL200-150-400		335				450	2387								1090

1.1.7 LZ型立式单级离心清水泵

(1) 用途：LZ型立式单级离心清水泵供输送清水与物理、化学性质类似于水的液体。适用于热电厂循环水、城镇给水排水和农田排灌。

(2) 型号意义说明：

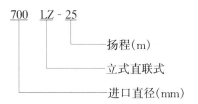

(3) 结构：LZ型立式单级离心清水泵，叶轮固在泵轴上，由底盖将水流导入叶轮；电动机直接坐落在水泵的顶部的联接环上，并通过弹性柱销联轴器，向泵轴传递能量；泵体收集叶轮中的水并集中引导至压水管处，经水泵出口送出。泵体的上部支撑电动机；下部坐落在地基上。顶盖部件内装有两套机械密封。泵的旋转方向，从电动机端往下看为顺时针旋转。

(4) 性能：LZ型立式单级离心清水泵性能见图1-11、12和表1-17。

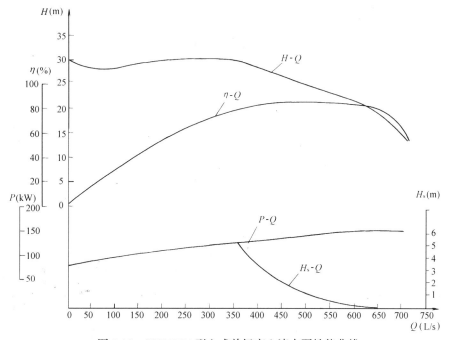

图1-11　500LZ-24型立式单级离心清水泵性能曲线

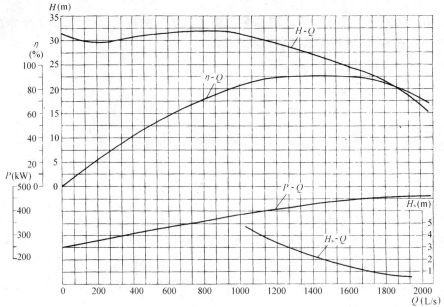

图 1-12　700LZ-25 型立式单级离心清水泵性能曲线

LZ 型立式单级离心清水泵性能　　　　　　　　表 1-17

型号	流量 Q		扬程 H (m)	转数 n (r/min)	轴功率 (kW)	电动机功率 (kW)	效率 η (%)	容许吸上真空度 H_s(m)	叶轮直径 (mm)	生产厂
	m³/h	L/s								
500LZ-24	1314	365	29.8	970	130	185	82	4.82		武汉水泵厂
	2124	590	24.1		158.4		88	1.9		
	2358	655	19.5		155		80.8	0.04		
600LZ-15	3600	1000	15.0	730	169	240	87	4.0		
700LZ-25	3478	1040	31.5	590	390	480	84	4.9	814	
	5665	1574	25.0		442		89.5	1.5		
	6560	1820	21.5		452		84	0.5		

(5) 外形及安装尺寸：LZ 型立式单级离心清水泵外形及安装尺寸见图 1-13 和表 1-18。

1.1 单级离心清水泵

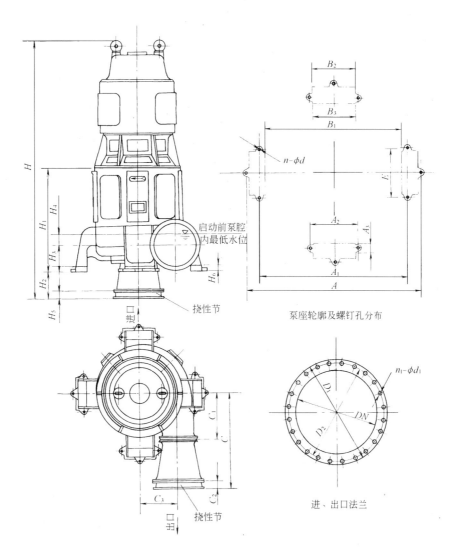

图 1-13 LZ 型立式单级离心清水泵外形及安装尺寸

LZ型立式单级离心清水泵外形及安装尺寸（mm） 表 1-18

型号	外形尺寸										安装尺寸			
	H	H_1	H_2	H_3	H_4	H_5	H_6	C	C_1	C_2	C_3	A	A_1	A_2	A_3
500LZ-24	3200	1390	200		200		50	1200	500		375	1240	1040	400	
600LZ-15	3908	1780	265		200		100	900	680		505	1880	1540	0	0
700LZ-25	4190	1720	445	450	170	130	100	1580	748	130	630	2208	1868	600	110

型号	安装尺寸					进、出口法兰尺寸			
	B_1	B_2	B_3	E	$n\text{-}\phi d$	DN	D_2	D_1	$n_1\text{-}\phi d_1$
500LZ-24					12-32	500	600	640	16-23
600LZ-15		0	0	900	6-35	600	705	755	20-25
700LZ-25	1748	540	500		12-35	700	810	860	24-25

1.1.8 SA型单级双吸中开离心清水泵

(1) 用途：SA型泵是单级双吸中开式离心泵供输送最高温度不超过80℃的清水和物理、化学性质类似于水的纯净液体。适于工厂、矿山、城镇、电站、水利工程等给水排水。本型泵扬程由9.5～104m，流量为90～6300m³/h。

(2) 型号意义说明：

(3) 结构：SA型单级双吸中开式离心泵，其结构分甲、乙、丙三种形式，均由泵体、泵盖、叶轮、双吸密封环组成。三者的区别主要是轴承的结构形式不同。甲式为双排向心球轴承；乙式为单列向心球轴承；丙式为滑动轴承。泵轴旋转方向，从电动机端看为逆时针方向，即进口在左，出口在右。

(4) 性能：SA型单级双吸中开离心清水泵性能见表1-19。

SA型单级双吸中开离心泵性能　　　　表1-19

型号	流量 Q		扬程 H (m)	转速 n (r/min)	轴功率 (kW)	电动机功率 (kW)	效率 η (%)	气蚀余量 (NPSH)r (m)	叶轮直径 D_2 (mm)	生产厂
	m³/h	L/s								
6SA-6	126	35.0	104.0	2950	49.0	75	73	3.0	270	南京古尔兹制泵有限公司
	180	50.0	97.0		59.5		80	3.8		
	216	60.0	87.0		64.8		79	5.3		
6SA-6A	119	33.0	91.0		42.0	75	70	3.0	255	
	170	47.2	84.5		50.1		78	3.7		
	204	56.6	76.0		54.8		77	4.7		
6SA-6J	72	20	24.0	1450	6.45	11	73	2.6	270	
	90	25	22.5		7.45		74	2.7		
	108	30	20.0		8.40		70	2.9		
8SA-7	216	60.0	99		78.6	110	74	4.0	272	
	280	78.0	95		90.8		80	4.7		
	336	93.5	87		101.1		79	6.6		
8SA-7A	210	58.4	87	2950	68.1	110	73	4.0	255	
	262	72.8	83		76.9		77	4.5		
	314	87.2	74		83.3		76	5.7		
8SA-7B	196	55.0	76		57.0	75	72	4.0	240	
	247	68.6	73		64.6		76	4.2		
	300	83.4	63		71.4		72	5.4		

1.1 单级离心清水泵

续表

型 号	流量 Q		扬程 H (m)	转速 n (r/min)	轴功率 (kW)	电动机功率 (kW)	效率 η (%)	气蚀余量 (NPSH)r (m)	叶轮直径 D_2 (mm)	生产厂
	m³/h	L/s								
6SA-8	108	30.0	58		24.4	37	70	2.9	205	
	160	44.5	54		29.0		81	3.8		
	193	53.5	50		31.2		84	4.4		
6SA-8A	108	30.0	46	2950	17.8	30	76	2.9	185	
	144	40.1	44		21.5		80	3.6		
	174	48.3	39		23.1		80	4.1		
6SA-8B	108	30.0	38		15.5	22	72	2.9	170	
	133	36.9	36		16.9		77	3.4		
	160	44.5	32		18.1		77	3.8		
8SA-10	194	54.0	71		52.1	75	72	2.8	235	
	280	78.0	63		59.3		81	4.1		
	351	97.5	52		65.4		76	5.3		
8SA-10A	180	50.0	58	2950	40.6	55	70	2.7	217	
	259	72.0	52		46.5		79	3.8		
	324	90.0	41		50.2		72	4.9		南京古尔兹制泵有限公司
8SA-10B	173	48.0	48		32.2	45	70	2.6	200	
	239	66.4	44		36.6		78	3.5		
	288	80.0	36		38.2		74	4.2		
10SA-6	720	200	89		215.2	250	81	9.2	530	
	540	150	94		177.2		78	6.3		
10SA-6A	720	200	76	1450	186.3	220	80	9.2	500	
	540	150	84		154.5		80	6.3		
10SA-6B	720	200	67		164.3	190	80	9.2	470	
	540	150	74		137.8		79	6.3		
10SA-6J (10SA-6C)	600	166.67	35		72.5	95	79	6.6	530	
	500	138.89	39		65.6		81	4.7		
	400	111.11	42		58.7		78	3.6		
10SA-6JA (10SA-6D)	500	138.89	33	960	56.2	75	80	4.7	500	
	400	111.11	36		49.7		79	3.6		
10SA-6JB (10SA-6E)	500	138.89	28		48.3	55	79	4.7	470	
	400	111.11	32		44.1		79	3.6		
12SA-10	790	220	54	1450	139	160	84	5.8		
14SA-10	1260	350	64		250	280	88	6.9	466	
	1080	300	68	1450	230		87	6.3		
	900	250	70		206.5		83	5.1		
14SA-10A	1260	350	54		213	250	87	6.9	440	
	1080	300	58	1450	196		87	6.3		
	900	250	60		175		84	5.1		
14SA-10B	1260	350	44		179.7	220	84	6.9	425	
	1080	300	48		162.2		87	6.3		
	900	250	51		149		84	5.1		

续表

型号	流量 Q (m³/h)	流量 Q (L/s)	扬程 H (m)	转速 n (r/min)	轴功率 (kW)	电动机功率 (kW)	效率 η (%)	气蚀余量 (NPSH)r (m)	叶轮直径 D_2 (mm)	生产厂
14SA-10J (14SA-10C)	1000	277.8	24		77	95	85	5.1	466	
	800	222.2	28		70.2		87	4.1		
	650	180.6	30		63.2		84	4.0		
14SA-10JA (14SA-10D)	900	250	22	960	62.7	75	86	4.1	440	
	720	200	25		56.4		87	4.0		
	600	166.7	27		52.5		84	4.0		
14SA-10JB (14SA-10E)	900	250	18		53.2	75	83	4.1	425	
	720	200	21		47.4		87	4.0		
	600	166.7	23		44.3		85	4.0		
14SA-20	1260	350	26	1450	101.5	132	88	5.1		
16SA-9	1620	450	90	1450	473	500	84	7.9	535	
	1260	350	96		428		77	5.9		
16SA-9A	1620	450	78	1450	410	440	84	7.9	510	
	1260	350	85		370		79	5.9		
16SA-9B	1620	450	68	1450	349	440	86	7.9		
	1260	350	76		318		82	5.9		
	1080	300	78		298		77	5.2		南京古尔兹制泵有限公司
16SA-9J (16SA-9C)	1260	350	37	960	150	190	85	5.2	535	
	1080	300	40		140		84	4.9		
	900	250	42		129		80	4.6		
16SA-9JA (16SA-9D)	1260	350	32	960	131	160	84	5.2	510	
	1080	300	35		123		84	4.9		
	900	250	37		112		81	4.6		
16SA-9JB (16SA-9E)	1080	300	30	960	102.5	112	86	4.9	480	
	900	250	32		95		83	4.6		
	800	220	33		89		80	4.6		
20SA-6	2160	600	100	960	701	800	84	6.6		
20SA-10	2160	600	60	960	401	500	88	6.6		
20SA-14	2160	600	32	960	214	280	88	6.6		
20SA-22	1980	550	21	960	133	160	85	5.2	466	
20SA-22A	1800	500	16		92.4	112	85	4.9	425	
20SA-22J (20SA-22B)	1450	402.78	14	730	65	75	85	4.0	466	
20SA-22JA (20SA-22C)	1300	361.11	9.5	730	39.6	55	85	3.5	425	
20SA-28	2160	600	13	960	86	110	89	6.6		
24SA-6	3200	888.9	100	960	1025	1250	85	8.1		
24SA-10	3420	950	71	960	727	850	91	9.1	765	
24SA-10J (24SA-10A)	270	750	39	730	319	380	90	5.9	765	
24SA-10B	3084	856.7	57.8	960	533	600	90	7.3	690	

续表

型号	流量 Q		扬程 H (m)	转速 n (r/min)	轴功率 (kW)	电动机功率 (kW)	效率 η (%)	气蚀余量 (NPSH)r (m)	叶轮直径 D_2 (mm)	生产厂
	m³/h	L/s								
24SA-14	3200	888.9	50	960	490	560	89	8.1		
24SA-18	3240	900	32	960	317.5	380	89	7.4	550	
24SA-18A	3000	833.33	23		211	250	89	6.4	490	
24SA-18J (24SA-18B)	2600	694.44	17.5	730	134	160	89	4.4	535	
24SA-18JA (24SA-18C)	2000	555.66	13.5	730	86.5	95	85	3.7	490	
24SA-18D	2160	600	23.2	730	166	200	82	4.7	539	
	3240	900	16		166		85	5.1		
	3450	958	14.2		163.6		81.6	5.5		
24SA-28	3200	88	21	960	196	250	89	8.1		
28SA-10	4700	1305.56	90	960	1252	1600	92	9.4	840	南京古尔兹制泵有限公司
28SA-10J (28SA-10A)	3600	1000	52	730	555	625	92	5.7	840	
28SA-10JC (28SA-10B)	3000	833	47	730	431	500	89	5.1	775	
28SA-10C	4336	1204.4	76.6	960	1005	1250	90	8.0	775	
32SA-10J (32SA-10)	5070	1048.33	48.5	585	752	1000	89	5.4	990	
32SA-10 (32SA-10A)	6330	1758.33	75	730	1405	1600	92	8.4	990	
32SA-10B	5760	1600	70	730	1220	1400	90	7.3	950	
32SA-10C	5040	1400	62	730	945.5	1250	90	6.4	885	
32SA-19	5400	1500	29		474	570	90	8.2	716	
32SA-19A	5000	1388.89	26	730	393.5	440	90	7.2	680	
32SA-19B	4700	1305.56	20		284.5	320	90	6.4	625	
32SA-19JA (32SA-19C)	4000	1111.11	16.5	585	200	230	90	4.5	680	
32SA-19JB (32SA-19D)	3800	1055.56	13		151.2	190	89	4.0	625	
32SA-19E	4320	1200	36.8	730	512	570	84.5	5.9	750	
	5278	1466	33.8		523		89.0	6.4		
	6034	1676	29.6		559		87.0	9.4		
32SA-19J	3456	960	21.6	585	231.5	260	87.8	3.5	716	
	4320	1200	18.6		243		90	5.0		
	4615	1282	17.0		254		84.1	6.4		

(5) 外形及安装尺寸：

1) SA 型单级双吸中开离心清水泵(带底座)外形及安装尺寸见图 1-14 和表 1-20。

2) SA 型离心清水泵(不带底座)外形及安装尺寸见图 1-15 和表 1-21。法兰尺寸见表 1-22。

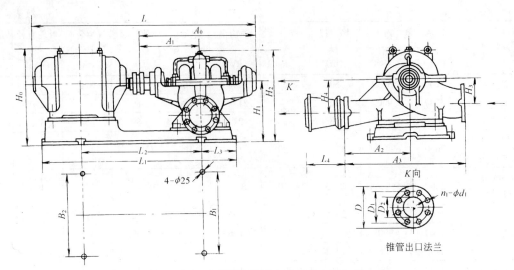

图 1-14 SA 型泵外形及安装尺寸(带底座)

SA 型泵外形及安装尺寸(带底座) 表 1-20

型号	外形及安装尺寸(mm)																	泵重量(kg)	电动机		锥管出口法兰(mm)			
	L	L_1	L_2	L_3	L_4	A_0	A_1	A_2	A_3	B_1	B_2	H_0	H_1	H_2	H_3	H_4	h		型号	重量(kg) W_t	D	D_1	D_2	$n_1\text{-}\phi d_1$
6SA-6	1718	1415	850	265		699	378			410	640	760	400	620					Y280S-2					
6SA-6A	1718	1415	850	265	300	699	378	250	550	410	640	760	400	620	130	172	50	150	Y280S-2		280	240	150	8-23
6SA-6J	1306	1105	710	205		689	368			450	450	625	400	620					Y160M-4					
6SA-8	1435	1165	750	180		641	350			390	500	655	380	555					Y200L2-2					
6SA-8A	1435	1165	750	180	300	641	350	200	450	390	500	655	380	555	135	140	40	110	Y200L1-2		280	240	150	8-23
6SA-8B	1318	1077	670	207		631	340			480	480	630	380	555					Y180M-2					
8SA-7	2030	1590	1000	250						455	730	885	440	676					Y315M1-2					
8SA-7A	1988	1590	1000	250	375	792	429	300	650	455	655	810	440	676	170	185	50	215	Y315S-2		335	295	200	12-23
8SA-7B	1798	1456	850	306						455	655	810	440	676					Y280S-2					
8SA-10	1798	1456	850	306						455	655	810	450	652					Y280S-2					
8SA-10A	1648	1352	800	272	375	699	378	300	600	455	600	775	450	652	170	170	50	160	Y250M-2		335	295	200	8-23
8SA-10B	1533	1256	800	206						550	550	755	450	652					Y225M-2					

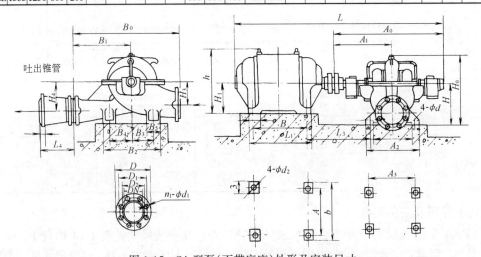

图 1-15 SA 型泵(不带底座)外形及安装尺寸

表 1-21 SA 型泵外形及安装尺寸（不带底座）

型号	A_0	A_1	A_2	A_3	B_0	B_1	B_2	B_3	B_4	B_5	H_0	H_1	H_3	H_4	ϕd	L_1	B	A	b	H	h	h_1	ϕd_2	L_4	L	L_3	泵重量(kg)	电动机型号	功率(kW)	重量(kg)
10SA-6A	1165	645	500	380	1258	648	850	325	200		890	500	243	335	27	979	900	630	800	355	1255	30	28		3039	989	600	Y355-37-4	220	1950
10SA-6B																750	550	710	870	450	1005	70	32		2465	935	600	JS126-4	190	1520
10SA-6J (10SA-6C)																755	590	620	760	375	875	60	26		2464	919	600	JS116-6	95	1080
10SA-6JA (10SA-6D)																755	590	620	760	375	875	60	26	300	2904	919		JR116-6	95	1200
10SA-6JB (10SA-6E)																591	406	508	680	315	805	45	28		2331	847	600	Y315S-6	75	
10SA-6JB (10SA-6E)																541.5	419	457	550	280	640	35	24		2221	791	600	Y280M-6	55	
14SA-10	1391	758	720	600	1392	770	790	300	300	190	1017.5	600	335	435	35	979	900	630	800	355	1255	30	28		3263	992		Y355-39-4	280	1990
14SA-10A																979	900	630	800	355	1255	30	28	300	3263	992	1210	Y355-39-4	250	1990
14SA-10B																979	900	630	800	355	1255	30	28		3263	992		Y355-37-4	220	1950
14SA-108																875	860	790	970	500	1125	80	32		3391	908		JR136-4	220	2110
14SA-10J (14SA-10C)																755	590	620	760	375	875	60	26		2690	922		JS116-6	95	1080
14SA-10JA (14SA-10D)	1391	758	720	600	1392	770	790	300	300	190	1017.5	600	335	435	35	755	590	620	760	375	875	60	26	300	3130	922		JR116-6	95	1200
14SA-10JB (14SA-10E)																705	490	620	760	315	760	45	28		2952	922	1210	JS115-6	75	970
14SA-10JB (14SA-10E)																589	406	508	628	315	760	45	28		2585	848		Y355S-6	75	
16SA-9	1747	907	820	700	1645	900	900	350	200		1130	670	372	482	35	1050	970	940	1120	560	1130	100	42		4053	1128		JRQ1410-4	500	3600
16SA-9A																1000	870	940	1120	560	1130	100	42	300	3518	1128	1910	JSQ148-4	440	3200
16SA-9B																1000	870	940	1120	560	1130	100	42		3953	1128		JRQ148-4	440	3300
16SA-9J (16SA-9C)																1047	1000	710	900	400	1445	30	35		3780	1110		Y400-37-6	200	2450

续表

型号	泵外形尺寸 (mm)																	电动机外形尺寸 (mm)									泵重量 (kg)	电动机		
	A_0	A_1	A_2	A_3	B_0	B_1	B_2	B_3	B_4	B_5	H_0	H_1	H_3	H_4	ϕd	L_1	B	A	b	H	h	h_1	ϕd_2	L_4 (mm)	L (mm)	L_3 (mm)		型号	功率 (kW)	重量 (kg)
16SA-9JA (16SA-9D)	1747	907	820	700	1645	900	900	350	350	200	1130	670	372	482	35	815	650	710	870	450	1005	70	32		3608	1053	1910	JR127-6	185	1770
																765	550	710	870	450	1005	70	32		3063	1053		JS126-6	155	1520
16SA-9JB (16SA-9E)																616.5	457	508	680	315	760	50	28	300	2456	951	1910	Y315M2-6	110	980
																765	550	710	870	450	1005	70	32		3063	1053		JS125-6	110	1300
20SA-22	1545	835	780	660	1400	550	800	300	300	200	1260	760	460	440		815	650	710	870	450	1005	70	32		3405	1000	1610	JR127-6	165	1600
20SA-22A																765	550	710	870	450	1005	70	32	600	3315	1000		JR125-6	110	1450
20SA-22JA																616.5	457	508	680	315	760	50	28		2791	897	1610	Y315M1-8	75	900
(20SA-22C)																589	406	508	628	315	760	50	28		2749	895		Y315S-8	55	
24SA-10	2104	1145	1100	900	2300	1300	1300	500	500	300	1580	950	532	692	42	1050	1020	1100	1300	630	1280	100	42		4011	1242	4100	JSQ1510-6	850	4550
24SA-10J (24SA-10A)																1047	1020	1100	1324	630	1975		48	600	3911	1239	4100	Y630-8	380	兰州电机厂
																3811										1242		JSQL58-8	380	4100
24SA-18																950	820	940	1120	560	1130	100	42		4484	1322	3300	JRQ1410-6	380	3500
24SA-18A																1050	970	630	800	355	1255	30	28		4051	1284	3300	Y355-50-6	250	2240
24SA-18J (24SA-18B)	2178	1141	940	780	1760	740	960	360	360	240	1480	900	550	525	36	977	900	610	740	355	940	50	28	600	3626	1223	3300	Y355M-6	160	1565
24SA-18JA (24SA-18C)																746	560	710	870	450	995	70	32		3479	1247	3300	JS125-8	95	1250
24SA-18D																765	550	710	900	400	1495	30	35		4218	1304	3300	Y400-50-8	200	2700
28SA-10																1047	1000	1750	1990	930		300	48		4690	1278		Y1600-8/1430	1000	9600
28SA-10J (28SA-10A)	2290	1240	1200	1000	2260	1160	1500	600	600	300	1802	1050	595	758	46	1380	1700	1100	1640	910	1680	280	48		4540	1198	5800	Y630-8/1180	630	6200
	2515															1250	1600	1100	1300	630	1280	100	42		5493	1288		JRQ1510-8	625	4800
28SA-10-1 (两端伸轴)																1060	1020	1100	1300	630	1280	100	42		4178	1288		JSQ1510-8	625	4700

1.1 单级离心清水泵

续表

型号	泵外形尺寸(mm)															电动机外形尺寸(mm)									L_4(mm)	L(mm)	L_3(mm)	泵重量(kg)	电动机		
	A_0	A_1	A_2	A_3	B_0	B_1	B_2	B_3	B_4	B_5	H_0	H_1	H_3	H_4	ϕd	L_1	B	A	b	H	h	h_1	ϕd_2					型号	功率(kW)	重量(kg)
32SA-10-1(两端伸轴)	3050	1510	1300	1000	2285	1000	1700	675	675	350	2105	1250	700	850	58	1482	1900	1750	1990	930		300	48		5370	1550		YR1000-10/1430	1000	9700
32SA-10J(32SA-10)																1310	1535	1650	1890	910	1810	280	42		5073	1588	8300	YL143/42-10	1000	8000
32SA-10	2750															1532	1900	1750	1990	930		300	48		5418	1600		Yf608/1430	1600	13500
32SA-10A																1632	2100	1750	1990	930		300	48		5618	1600	8300	YR1600-8/1430	1600	8830
32SA-10B																1250	1600	1400	1640	910	1685	280	48		4992	1468		Y630-6/1180	1400	6200
32SA-10C																1430	1800	1750	1990	930		300	48		5300	1548	8300	Y1250-8/1430	1250	8600
32SA-19	2954	1168	1200	1000	2150	750	1200	450	450	300	1895	1150	690	660	42	1050	1020	1100	1300	630	1280	100	42		4676	1215	6000	JRQ1512-8	570	5100
32SA-19A																950	820	1100	1300	630	1280	100	42		4061	1215		JSQ157-8	440	3800
32SA-19B																950	820	1100	1300	630	1280	100	42		4061	1215	6000	JSQ157-8	320	3800
32SA-19JA(32SA-19C)	2345	1168	1200	1000	2150	750	1200	450	450	300	1895	1150	690	660	42	950	820	1100	1300	630	1280	100	42		4061	1215		JSQ157-10	260	3900
32SA-19JA																950	770	940	1120	560	1130	100	42		4026	1240	6000	JSQ148-10	230	3000
32SA-19JB(32SA-19D)																1000	870	940	1120	560	1130	100	42		4561	1240		JRQ1410-10	200	3300
															950	770	940	1120	560	1130	100	42		4026	1240	6000	JSQ147-10	200	2800
32SA-19E																1050	1020	1100	1300	630	1280	100	42		4261	1215		JSQ1512-8	570	5100

SA 型泵法兰尺寸(mm)　　　　　　　　　　　　　　　表 1-22

型号	进口法兰					出口法兰					锥管出口法兰				
	DN	D	D_1	D_2	n_1-ϕd_1	DN	D	D_1	D_2	n_1-ϕd_1	DN	D	D_1	D_2	n_1-ϕd_1
6SA-6(S150-97)	150	260	225	200	8-18	100	215	180	155	8-18	150	280	240	210	8-23
6SA-8(S150-50)	150	260	225	200	8-18	100	205	170	145	4-18	150	280	240	210	8-23
8SA-7(S200-95)	200	315	280	255	8-18	125	245	210	185	8-18	200	335	295	265	12-23
8SA-10(S200-63)	200	315	280	255	8-18	150	280	240	210	8-23	200	335	295	265	8-23
10SA-6	250	390	350	320	12-23	200	335	295	265	8-23	250	390	350	320	12-23
14SA-10	350	520	470	435	16-25	300	460	410	375	12-25	350	500	460	428	16-23
16SA-9	400	580	525	485	16-30	350	520	470	435	16-25	400	565	515	482	16-25
20SA-22	500	640	600	568	16-23	400	535	495	462	16-23	500	670	620	585	20-25
24SA-10	600	840	770	710	20-41	500	705	650	608	20-34					
24SA-18	600	780	725	685	20-30	500	670	620	585	20-25					
28SA-10	700	895	840	800	24-30	500	705	650	608	20-34					
32SA-10	800	1015	950	905	24-34	600	780	725	685	20-30					
32SA-19	800	1015	950	905	24-34	600	780	725	685	20-30					

1.1.9　S 型单级双吸离心泵

(1) 用途：S 型单级双吸离心泵供输送温度不超过 80℃ 的清水或物理化学性质类似于水的其他液体。适用于工厂、矿山、城镇、电站给水和农田水利排灌等。

(2) 型号意义说明：

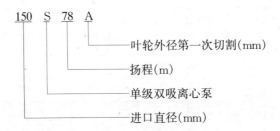

(3) 结构：S 型单级双吸离心泵是卧式中开离心泵，泵进、出口均在泵轴线以下，与轴线垂直呈水平方向。从电动机端看，泵为顺时针方向旋转。

(4) 性能：S 型单级双吸离心泵性能见图 1-16～49 和表 1-23、24。

1.1 单级离心清水泵　59

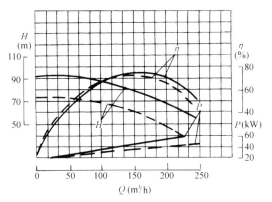

图 1-16　150S78 型泵性能曲线
($n = 2950 \text{r/min}$)

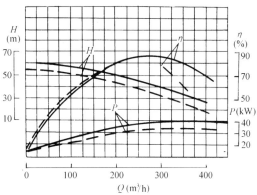

图 1-17　200S42 型泵性能曲线
($n = 2950 \text{r/min}$)

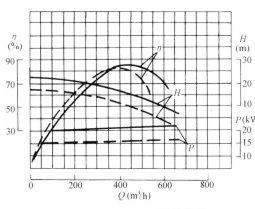

图 1-18　250S14 型泵性能曲线
($n = 1450 \text{r/min}$)

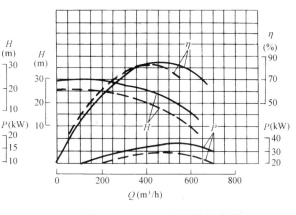

图 1-19　250S24 型泵性能曲线
($n = 1450 \text{r/min}$)

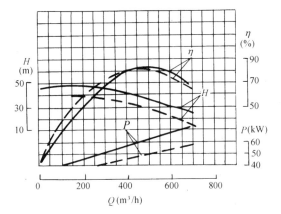

图 1-20　250S39 型泵性能曲线
($n = 1450 \text{r/min}$)

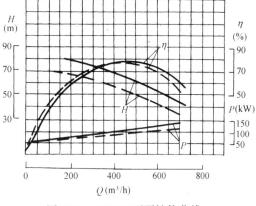

图 1-21　250S65 型泵性能曲线
($n = 1450 \text{r/min}$)

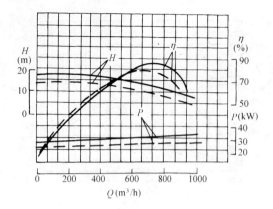

图 1-22　300S12 型泵性能曲线
($n=1450$r/min)

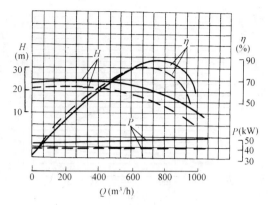

图 1-23　300S19 型泵性能曲线
($n=1450$r/min)

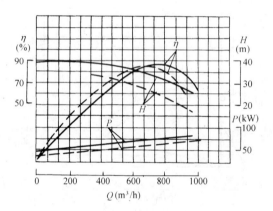

图 1-24　300S32 型泵性能曲线
($n=1450$r/min)

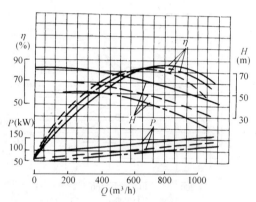

图 1-25　300S58 型泵性能曲线
($n=1450$r/min)

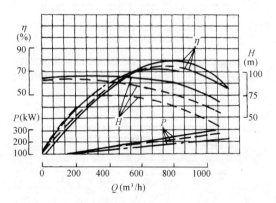

图 1-26　300S90 型泵性能曲线
($n=1450$r/min)

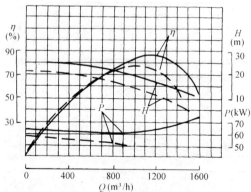

图 1-27　350S16 型泵性能曲线
($n=1450$r/min)

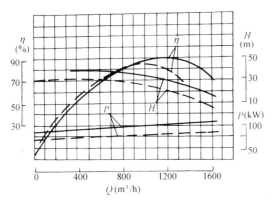

图 1-28　350S26 型泵性能曲线
($n = 1450 \text{r/min}$)

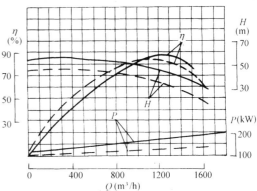

图 1-29　350S44 型泵性能曲线
($n = 1450 \text{r/min}$)

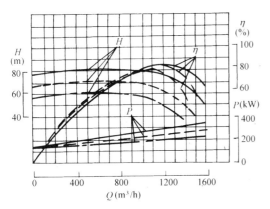

图 1-30　350S75 型泵性能曲线
($n = 1450 \text{r/min}$)

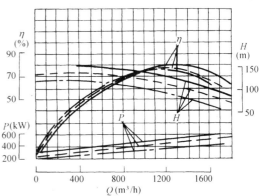

图 1-31　350S125 型泵性能曲线
($n = 1450 \text{r/min}$)

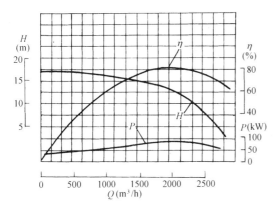

图 1-32　500S13 型泵性能曲线
($n = 970 \text{r/min}$)

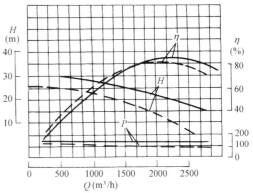

图 1-33　500S22 型泵性能曲线
($n = 970 \text{r/min}$)

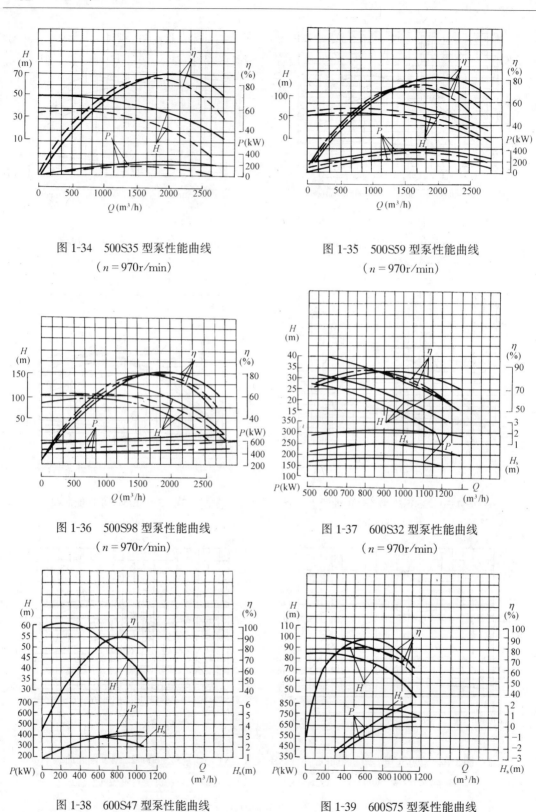

图 1-34　500S35 型泵性能曲线（$n = 970\text{r/min}$）

图 1-35　500S59 型泵性能曲线（$n = 970\text{r/min}$）

图 1-36　500S98 型泵性能曲线（$n = 970\text{r/min}$）

图 1-37　600S32 型泵性能曲线（$n = 970\text{r/min}$）

图 1-38　600S47 型泵性能曲线（$n = 970\text{r/min}$）

图 1-39　600S75 型泵性能曲线（$n = 970\text{r/min}$）

1.1 单级离心清水泵

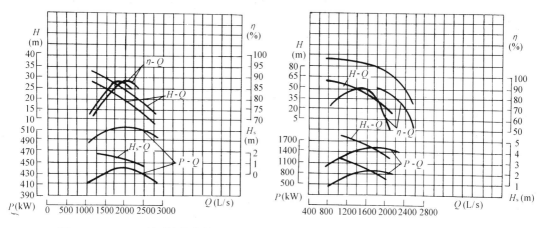

图 1-40 800S24 型泵性能曲线
($n=730\text{r/min}$)

图 1-41 800S48 型泵性能曲线
($n=730、595\text{r/min}$)

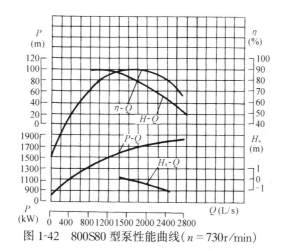

图 1-42 800S80 型泵性能曲线($n=730\text{r/min}$)

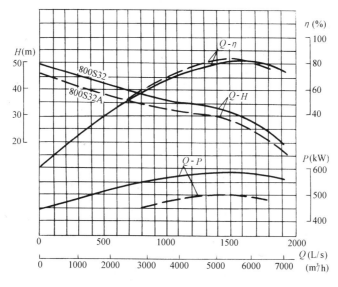

图 1-43 800S32 型泵性能曲线($n=730\text{r/min}$)

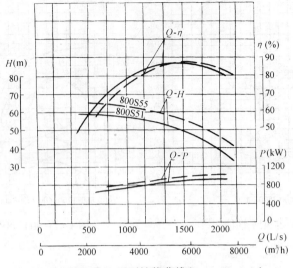

图 1-44　800S51 型泵性能曲线（$n = 500$r/min）

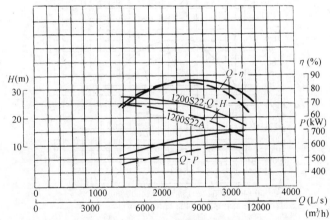

图 1-45　1200S22 型泵性能曲线（$n = 500$r/min）

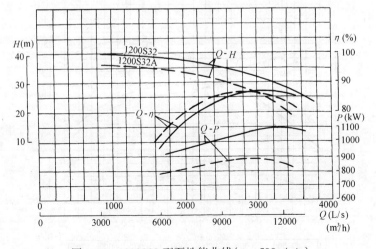

图 1-46　1200S32 型泵性能曲线（$n = 500$r/min）

1.1 单级离心清水泵

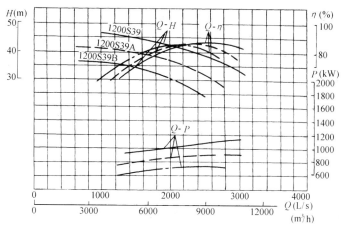

图 1-47 1200S39 型泵性能曲线（$n=500\text{r/min}$）

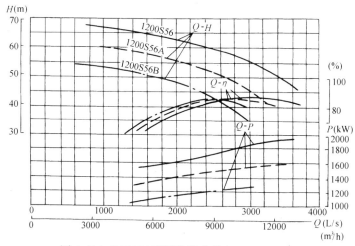

图 1-48 1200S56 型泵性能曲线（$n=600\text{r/min}$）

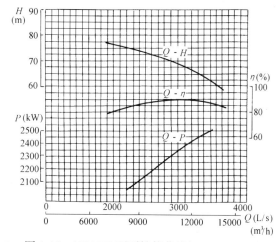

图 1-49 1200S72 型泵性能曲线（$n=746\text{r/min}$）

150～800S型单级双吸离心泵性能

表 1-23

型 号	流量 Q (m³/h)	扬程 H (m)	转速 n (r/min)	轴功率 (kW)	电动机 型号	电动机 功率 (kW)	效率 η (%)	气蚀余量 (NPSH)r (m)	生产厂
150S78	126	84	2950	40	Y250M-2	55	72	3.5	佛山水泵厂、嘉陵水泵厂、兰州水泵厂、鹰潭水泵厂、昆明水泵厂、长春水泵厂、武汉水泵厂、威海水泵厂、重庆水泵厂
150S78	160	78	2950	45.3	Y250M-2	55	75	3.5	
150S78	198	70	2950	51	Y250M-2	55	72	3.5	
150S78A	112	67	2950	29.6	Y225M-2	45	68	3.5	
150S78A	144	62	2950	33.8	Y225M-2	45	72	3.5	
150S78A	180	55	2950	38.5	Y225M-2	45	70	3.5	
150S78B	122	42	2950	21.7	Y200L-2	37	68		
150S78B	144	40	2950	22.8	Y200L-2	37	70	5.9	
150S78B	170	37	2950	24.97	Y200L-2	37	68		
200S42	216	48	2950	34.9	Y250M-2	55	81	6	
200S42	280	42	2950	37.7	Y250M-2	55	85	6	
200S42	342	35	2950	40.2	Y250M-2	55	81	6	
200S42A	198	43	2950	30.5	Y200L-2	37	76	6	
200S42A	270	36	2950	33.1	Y200L-2	37	80	6	
200S42A	310	31	2950	34.4	Y200L-2	37	76	6	
200S63	216	69	2950	55.1	Y280S-2	75	74	5.8	
200S63	280	63	2950	59.3	Y280S-2	75	82.7	5.8	
200S63	351	50	2950	67.8	Y280S-2	75	72	5.8	
200S63A	180	54.5	2950	41.1	Y250M-2	55	70	5.8	
200S63A	270	46	2950	48.3	Y250M-2	55	75	5.8	
200S63A	324	37.5	2950	50.9	Y250M-2	55	70	5.8	
250S14	360	17.5	1450	21.4	Y200L-4	30	80	3.8	
250S14	485	14	1450	21.7	Y200L-4	30	85.8	3.8	
250S14	576	11	1450	22.1	Y200L-4	30	78	3.8	
250S14A	320	13.7	1450	15.4	Y180L-4	22	78	3.8	
250S14A	430	11	1450	15.8	Y180L-4	22	82	3.8	
250S14A	504	8.6	1450	15.8	Y180L-4	22	75	3.8	
250S24	360	27	1450	33.1	Y250M-4	55	80	3.5	
250S24	485	24	1450	36.9	Y250M-4	55	86	3.5	
250S24	576	19	1450	36.3	Y250M-4	55	82	3.5	
250S24A	342	22.2	1450	25.8	Y200L-4	30	80		
250S24A	414	20.3	1450	27.6	Y200L-4	30	83	3.5	
250S24A	482	17.4	1450	28.6	Y200L-4	30	80		
250S39	360	42.5	1450	54.8	Y280S-4	75	76		
250S39	485	39	1450	62.1	Y280S-4	75	83	3.2	
250S39	612	32.5	1450	68.6	Y280S-4	75	79		
250S39A	324	35.5	1450	42.3	Y250M-4	55	74		
250S39A	468	30.5	1450	49.2	Y250M-4	55	79	3.2	
250S39A	576	25	1450	50.9	Y250M-4	55	77		

1.1 单级离心清水泵

续表

型号	流量 Q (m³/h)	扬程 H (m)	转速 n (r/min)	轴功率 (kW)	电动机 型号	功率 (kW)	效率 η (%)	气蚀余量 (NPSH)r (m)	生产厂
250S65	360	71	1450	92.8	Y315M1-4	132	75	3	佛山水泵厂、嘉陵水泵厂、兰州水泵厂、鹰潭水泵厂、昆明水泵厂、长春水泵厂、武汉水泵厂、威海水泵厂、重庆水泵厂
	485	65		108			79		
	612	56		129.6			72		
250S65A	338	60	1450	76.8	Y315S-4	110	74	3	
	462	53		89.4			77		
	535	49		98			75		
300S12	612	14.5	1450	30.2	Y225S-4	37	80	5.5	
	790	12		31.1			83		
	900	10		33.1			74		
300S12A	515	11.5	1450	23.3	Y200L-4	30	73	5.5	
	675	9.7		23.9			78		
	781	8.5		24.7			76		
300S19	612	22	1450	45.9	Y250M-4	55	80	5.2	
	790	19		46.9			87		
	935	14		47.6			75		
300S19A	485	18.5	1450	38.7	Y225M-4	45	71	5.2	
	693	14.8		39.2			80		
	798	12.1		39.1			75		
300S32	612	36	1450	75	Y315S-4	110	77	4.6	
	790	32		79.2			81		
	900	30		86			81		
300S32A	537	29.5	1450	58.1	Y280S-4	75	80	4.6	
	702	24.7		60.7			84		
	790	22.8		68			78		
300S58	576	65	1450	136	JS$_2$355M$_2$-4	190	74	4.4	
	790	58		148.5			84		
	972	50		165.5			88		
300S58A	529	55	1450	99.2	Y315M$_2$-4	160	80	4.4	
	720	49		118.6			81		
	893	42		131			78		
300S58B	504	47.2	1450	88.8	Y315M$_1$-4	132	73	4.4	
	684	43		100			80		
	835	37		108			78		
300S90	590	98	1450	202	Y355L$_2$-4	315	74	4	
	790	90		242			80		
	936	82		279			75		
300S90A	576	86	1450	190	Y355L$_1$-4	280	71	4	
	756	78		217			74		
	918	70		247			71		

续表

型号	流量 Q (m^3/h)	扬程 H (m)	转速 n (r/min)	轴功率 (kW)	电动机 型号	功率 (kW)	效率 η (%)	气蚀余量 (NPSH)r (m)	生产厂
30090B	540	72	1450	151	Y355M$_1$-4	220	70	4	佛山水泵厂、嘉陵水泵厂、兰州水泵厂、鹰潭水泵厂、昆明水泵厂、长春水泵厂、武汉水泵厂、威海水泵厂、重庆水泵厂
	720	67		180			73		
	900	57		200			70		
350S16	972	20	1450	64	Y280S-4	75	83	5.3	
	1260	16		64.4			86		
	1440	13.4		71			74		
350S16A	800	13.7	1450	51	Y250M-4	55	74	5.3	
	967	11.5		48.8			78		
	1167	8.6		49			70		
350S26	972	28	1450	6.7	Y315M$_1$-4	132	85	6.7	
	1260	26					88		
	1440	22					82		
350S26A	843	24.7	1450	76.5	Y315S-4	110	80	6.7	
	1088	20.4		78.8			83		
	1264	15.7		80			73		
350S44	972	50	1450	164	Y355M-4	220	81	6.3	
	1260	44		177.6			87		
	1476	37		189			79		
350S44A	876	43	1450	121	Y315M$_2$-4	160	80	6.3	
	1131	37		131			84		
	1350	31		136			80		
350S75	972	80	1450	271	Y400-39-4	355	78	5.8	
	1260	75		304			85		
	1440	65		319			80		
350S75A	900	70	1450	220	Y355L$_1$-4	280	78	5.8	
	1170	56		247			84		
	1332	56		257			79		
350S75B	813	57	1450	177	Y355M$_1$-4	220	75	5.8	
	1060	53		197			82		
	1202	45.8		206			77		
350S125	850	140	1450	462	JSQ158-4	680	70	5.4	
	1260	125		531			81		
	1660	100		623			72.5		
350S125A	787	120	1450	391	JSQ148-4	570	70	5.4	
	1157	107		462			78		
	1538	86		550			70		
350S125B	697	94	1450	313	JSQ1410-4	500	70	5.4	
	1027	84		373			77		
	1363	67		422			72.5		

1.1 单级离心清水泵

续表

型号	流量 Q (m³/h)	扬程 H (m)	转速 n (r/min)	轴功率 (kW)	电动机 型号	电动机 功率 (kW)	效率 η (%)	气蚀余量 (NPSH)r (m)	生产厂
500S13	1620	15	970	83.8	Y315S-6 Y315M₂-6	110	79	6	佛山水泵厂、嘉陵水泵厂、兰州水泵厂、鹰潭水泵厂、昆明水泵厂、长春水泵厂、武汉水泵厂、威海水泵厂、重庆水泵厂
	2020	13		86.2			83		
	2340	10.4		82.8			80		
500S22	1620	24.5	970	140.4	Y355M₃-6	200	77	6	
	2020	22		144.1			84		
	2340	19.4		145.4			85		
500S22A	1400	20	970	103	Y315M₁-6 Y315M₃-6	132	74	6	
	1746	17		101			80		
	2020	14		93.8			82		
500S35	1620	40	970	207.6	Y400-43-6 JS137-6	280	85	6	
	2020	35		219			88		
	2340	28		209.9			85		
500S35A	1400	31	970	144	Y355-46-6 Y400-39-6	220	82	6	
	1746	27		151			85		
	2020	21		116.9			84		
500S59	1620	68	970	379.7	Y450-46-6 Y450-50-6	450	79	6	
	2020	59		391			83		
	2340	47		374.4			80		
500S59A	1500	57	970	315	Y400-54-6 Y450-46-6	400	74	6	
	1872	49		333			75		
	2170	39		320			72		
500S59B	1400	46	970	240.2	Y400-46-6 Y400-50-6	315	73	6	
	1746	40		257			74		
	2020	32		247.9			71		
500S98	1620	114	970	644.8	Y500-54-6 Y500-64-6	800	78	6	
	2020	89		678			79.5		
	2340	79		680.3			74		
500S98A	1500	96	970	509.3	Y450-64-6 Y500-50-6	630	77	6	
	1872	83		540			78.5		
	2170	67		542.4			74		
500S98B	1400	86	970	431.4	Y450-54-6 Y450-64-6	560	76	6	
	1740	74		452			78		
	2020	59		432.8			76		
600S32	3170	32	970	314	Y400-54-6	400	88	8.1	
600S32A	2880	26	970	237	Y355-50-6	250	86	8.1	
600S32B	2628	22	970	187.6	Y355-50-6	250	84	8.1	
600S47	3170	47	970	461	Y450-54-6	560	88	8.1	
600S75	3170	75	970	761	Y500-64-6	900	85	9.3	
600S75A	2880	62	970	608	Y500-50-6	710	80	8.1	

续表

型号	流量 Q (m³/h)	扬程 H (m)	转速 n (r/min)	轴功率 (kW)	电动机 型号	电动机 功率 (kW)	效率 η (%)	气蚀余量 (NPSH)r (m)	生产厂
800S24	6998	24	730	514	Y500-54-8	560	89	9.3	佛山水泵厂、嘉陵水泵厂、兰州水泵厂、鹰潭水泵厂、昆明水泵厂、长春水泵厂、武汉水泵厂、威海水泵厂、重庆水泵厂
800S24A	6624	21.5	730	440.5	Y500-46-8	500	88	9.3	
800S48	5070	48.5	595	752	Y1000-10/1430	1000	89	5.8	
800S48I	6330	75.0	730	1435.7	Y1600-8/1430	1600	90	8.6	
800S80	6696	80	730	1603	Y2000-8/1730	2000	91	11.1	

注：1. 电动机型号内带有两种高压电动机(6kV)，前者为 Y 系列 IP23、IPW23、IP44(水—空冷却)；后者为 Y 系列 IP44、IP54(空—空冷却)。

2. 南京古尔兹制泵有限公司除生产 150S-78～800S-80 型水泵外，还生产 900S-23～1200S-56 型水泵($Q=10800 m^3/h$，$H=56m$)。

3. 四川三台水泵厂最大生产 150S 50～600S75 型水泵。

800、1200S 型泵性能 表 1-24

型号	流量 Q (m³/h)	流量 Q (L/s)	扬程 H (m)	转速 n (r/min)	轴功率 (kW)	电动机功率 (kW)	效率 η (%)	气蚀余量 (NPSH)r (m)	生产厂
800S32	4698 5508 6012 6462	1305 1530 1670 1795	35 32.5 28.9 25.4	730	575 580 567 556	710	78 84 83.5 80.4	6.5	兰州水泵厂、南京制泵集团股份有限公司
800S32A	4536 5310 5760 6246	1260 1475 1600 1735	31 29 26.5 23	730	491 499 498 487	630	78 84 83.5 80.4	6.5	
800S51	4285 5357 6428	1190 1488 1786	55.5 51.2 45	600	780 849 916	1000	83 88 86	7	
800S55	4597 5745 6895	1277 1596 1915	59.5 55 48	600	898 978 1048	1250	83 88 86	7	
800S80	5357 6696 8035	1488 1860 2232	89 80 71	750	1455 1603 1717	2000	87 91 90.5	10.5	
800S80A	5082 6353 7623	1412 1765 2118	82.4 76 67	750	1311 1445 1537	1600	87 91 90	10.5	
1200S22	7920 9612 10800	2200 2670 3000	25.5 22 18	500	644 662 638	800	85.5 87 83	5.8	

1.1 单级离心清水泵

续表

型 号	流量 Q		扬程 H (m)	转 速 n (r/min)	轴功率 (kW)	电动机功率 (kW)	效 率 η (%)	气蚀余量 (NPSH)r (m)	生产厂
	m³/h	L/s							
1200S22A	7200 9000 10080	2000 2500 2800	22.8 20.2 17.5	500	534 573 585	710	83.8 86.5 82.2	5.8	兰州水泵厂、南京制泵集团股份有限公司
1200S32	8640 10800 12960	2400 3000 3600	35 32 26	600	992 1082 1073	1400	83 87 85.5	7.7	
1200S32A	7776 9720 11664	2160 2700 3240	32.5 29 23	600	834 887.5 860	1250	82.5 86.5 85	7.7	
1200S39	7200 9000 10800	2000 2500 3000	42.5 39 33	500	1023 1092.4 1155	1600	81.5 87.5 84	5.5	
1200S39A	6480 8100 9720	1800 2250 2700	38.5 35 29	500	849 892.5 925	1250	80 86.5 83	5.5	
1200S39B	5832 7290 8748	1620 2025 2430	34 31 25.5	500	675 718 741	1000	80 85.7 82	5.5	
1200S56	8640 10800 12960	2400 3000 3600	60.5 56 47.5	600	1736 1871 1960	2240	82 88 85.5	7.5	
1200S56A	7776 9720 11664	2160 2700 3240	54.5 50 42	600	1425 1512.6 1597	2000	81 87.5 83.5	7.5	
1200S56B	6998.4 8748 10497.6	1944 2430 2916	49 44 36.6	600	1167 1218.9 1280	1600	80 86 81.5	7.5	
1200S72	10224	2840	72	746	2251	2500	89	11.7	

(5) 外形及安装尺寸：

1) 150~800S 型单级双吸离心泵外形尺寸见图 1-50 和表 1-25。

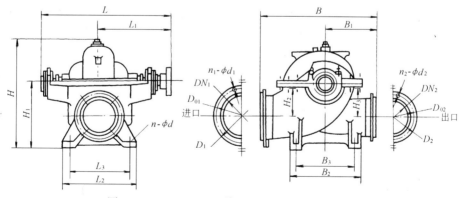

图 1-50 150~800S 型单级双吸离心泵外形尺寸

2) 150~800S 型单级双吸离心泵(带底座)安装尺寸见图 1-51 和表 1-26。

150~800S型泵外形尺寸(mm)

表 1-25

型号	外形尺寸													进口法兰尺寸				出口法兰尺寸			
	L	L_1	L_2	L_3	B	B_1	B_2	B_3	H	H_1	H_2	H_3	$n\text{-}\phi d$	DN_1	D_{01}	D_1	$n_1\text{-}\phi d_1$	DN_2	D_{02}	D_2	$n_2\text{-}\phi d_2$
150S78	704.5	388	300	250	550	250	340	250	472.5	285	140	155	4-18	150	240	280	8-23	100	180	215	8-18
200S42	744.5	410	300	250	620	300	340	250	547	355	170	170	4-18	200	295	335	8-23	150	240	280	8-23
250S65	1046.5	581	410	350	850	400	510	400	796	450	240	300	4-27	250	350	390	12-23	150	240	280	8-23
250S39	943.5	512	410	350	890	440	510	400	735	450	200	260	4-27	250	350	390	12-23	200	295	335	8-23
250S24	923.5	502	410	350	850	400	510	400	738	450	230	230	4-27	250	350	390	12-23	200	295	335	8-23
250S14	892.5	485	410	350	745	330	510	400	709	450	210	215	4-27	250	350	390	12-23	200	295	335	8-23
300S90	1168.5	644	520	450	1246	470	600	450	898	510	268	325	4-27	300	400	440	12-23	200	295	335	8-23
300S58	1073	588	510	450	1070	530	620	550	855	510	250	310	4-27	300	400	440	12-23	250	350	390	12-23
300S32	1062.5	574	520	450	880	410	600	450	824	510	260	310	4-27	300	400	440	12-23	250	350	390	12-23
300S19	958.5	517	520	450	900	400	600	450	803	510	250	260	4-27	300	400	440	12-23	250	350	390	12-23
300S12	1010	540	510	450	1000	500	620	550	808	510	265	265	4-27	300	395	435	12-22	300	395	435	12-22
350S125	1431.5	809	600	500	1210	550	690	500	1080	620	330	410	4-34	350	460	520	16-25	200	295	335	12-23
350S75	1271.5	710	600	500	1250	600	690	500	1017	620	274	356	4-34	350	460	500	16-23	250	350	390	12-23
350S44	1232.5	675	600	500	1080	510	690	500	980	620	300	300	4-34	350	460	500	16-23	300	400	440	12-23
350S26	1161.5	633	600	500	1040	460	690	500	963	620	290	300	4-34	350	460	500	16-23	300	400	440	12-23
350S16	1090.5	584	600	500	1168	584	690	500	970	620	310	310	4-34	350	460	500	16-23	350	460	500	16-23
500S98	1639.5	912	760	580	1550	750	1020	800	1381	800	425	545	4-42	500	620	670	20-26	300	400	445	12-22
500S59	1637.5	905	760	580	1640	810	1020	800	1300	800	370	480	4-42	500	620	670	20-26	350	460	505	16-22
500S35	1373.5	766	760	580	1350	630	1020	800	1270	800	415	415	4-42	500	620	670	20-26	350	460	505	16-22
500S22	1375.5	750	760	580	1460	640	1020	800	1266	800	410	410	4-42	500	620	670	20-26	400	515	565	16-26
500S13	1311.5	717.5	760	580	1550	715	1020	800	1251	800	410	410	4-42	500	620	670	20-26	500	620	670	20-26
600S32	1791	955	940	760	1590	750	1240	1000	1710	900	500	530	4-41	600	725	780	20-30	500	620	670	20-26
600S47	1942	1085	1100	900	1800	800	1300	1000	1700	950	535	663	4-41	600	725	780	20-30	400	515	565	16-26
600S75	2029	1085	1100	900	1800	800	1300	1000	1706	950	535	663	4-41	600	725	780	20-30	400	525	580	16-30
800S24	2220	1220	1200	1000	2150	750	1200	900	2210	1265	755	695	4-42	800	920	975	24-30	700	840	895	24-30
800S48	2750	1510	1300	1000	2285	1000	1700	1350	2105	1250	700	850	4-58	800	950	1015	24-33	600	725	780	20-30
800S80	2727	1455	1300	1000	2448	1088	1700	1350	2105	1250	730	900	4-58	800	950	1015	24-33	600	770	840	20-30

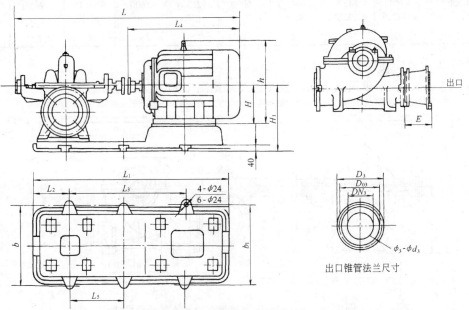

图 1-51 S型单级双吸离心泵(带底座)安装尺寸(广东省佛山水泵厂)

150~800S型泵(带底座)安装尺寸(mm)   表1-26

型号	电动机尺寸			底座尺寸					E	H_2	L	出口锥管法兰尺寸			
	L_4	h	H	L_1	L_2	L_3	b	b_1				DN_3	D_{03}	D_3	$n_3-\phi d_3$
带底座四孔															
150S78	930	575	250	1360	280	800	430	585	300	395	1661	150	240	285	8-23
150S78A	815	530	225	1240	280	750	540	540	300	395	1546	150	240	285	8-23
200S42	930	575	250	1360	230	850	450	620	350	465	1670	200	295	335	8-23
200S42A	775	475	200	1254	230	785	450	510	350	465	1535	200	295	335	8-23
250S14	775	475	200	1420	250	940	600	600	300	560	1654	250	350	390	12-23
250S14A	710	430	180	1420	250	940	600	600	300	560	1589	250	350	390	12-23
250S24	930	575	250	1538	190	1056	650	650	300	560	1899	250	335	375	12-23
250S24A	775	475	200	1420	250	940	600	600	300	560	1744	250	335	375	12-23
300S19	930	575	250	1610	280	1050	700	700	300	620	2004	300	400	445	12-23
300S19A	845	530	225	1610	280	1050	700	700	300	620	1934	300	400	445	12-23
300S12	820	530	225	1520	280	990	730	730	300	635	1834	300	395	435	12-22
300S12A	775	475	200	1520	280	990	730	730	300	635	1789	300	395	435	12-22
带底座六孔															
250S39	1000	640	280	1578	250	1080	540	680	300	550	1958	250	350	395	8-23
250S39A	930	575	250	1578	250	1080	540	680	300	550	1889	250	350	395	8-23
250S65	1340	865	315	1844	250	1200	600	610	760	500	600	2400	150	240	285	8-23
250S65A	1270	865	315	1730	250	1120	560	680	680	500	600	2330	150	240	285	8-23
300S16	1000	640	280	1802	300	1200	600	825	825	/	720	2802	/	/	/	/

3) 150~800S型单级双吸离心泵(不带底座)安装尺寸见图1-52和表1-27。

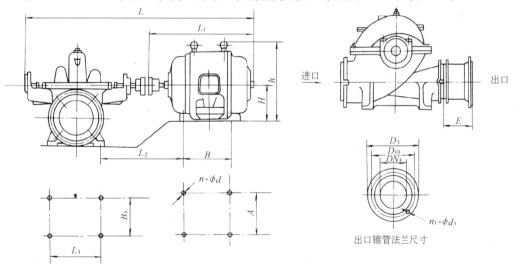

图1-52 S型单级双吸离心泵(不带底座)安装尺寸
(广东省佛山水泵厂)

150～800S型泵(不带底座)安装尺寸(mm)　　　　表 1-27

型号	电动机尺寸						E	L	L_2	出口锥管法兰尺寸			
	L_1	H	h	B	A	$n\text{-}\phi d$				DN_3	D_{03}	D_3	$n_3\text{-}\phi d_3$
300S32	1270	315	865	406	508	4-28	300	2336.5	739	250	350	390	12-23
300S32A	1050	280	640	419	457	4-24	300	2116.5	683	250	350	390	12-23
300S58	1260	355	850	560	610	4-30	300	2337	791	300	400	440	12-23
300S58A	1270	315	865	457	508	4-28	300	2347	753	300	400	440	12-23
300S58B	1270	315	865	457	508	4-28	300	2347	753	300	400	440	12-23
300S90	1570	355	905	630	610	4-28	500	2743.5	848	300	400	440	12-23
300S90A	1570	355	905	630	610	4-28	500	2743.5	848	300	400	440	12-23
300S90B	1570	355	905	630	610	4-28	500	2743.5	848	300	400	440	12-23
350S16	1000	280	640	368	457	4-24	/	2090.5	668	/	/	/	/
350S16A	930	250	575	349	406	4-24	/	2020.5	668	/	/	/	/
350S26	1340	315	865	450	508	4-28	300	2505.5	773	350	460	500	16-23
350S26A	1270	315	860	406	508	4-28	300	2435.5	773	350	460	500	16-23
350S44	1570	355	905	630	610	4-28	300	2807.5	854	350	460	500	16-23
350S44A	1240	315	760	457	508	4-28	300	2417.5	816	350	460	500	16-23
350S75	1860	400	1495	1000	710	4-35	500	3136.5	1010	350	460	500	16-23
350S75A	1570	355	905	630	610	4-28	500	2846.5	889	350	460	500	16-23
350S75B	1570	355	905	630	610	4-28	500	2846.5	889	350	460	500	16-23
350S125	1900	630	1280	1020	1100	4-42	750	3338.5	1106	350	470	520	16-23
350S125A	1765	560	1130	870	940	4-42	750	3203.5	1131	350	470	520	16-23
350S125B	1865	560	1130	970	940	4-42	750	3303.5	1131	350	470	520	16-23
500S98	2200	500	1500	1250	900	4-42	1000	3870	1354	500	620	670	20-26
	2200	500	1900	1250	900	4-42	1000	3890	1354	500	620	670	20-26
	1920	630	1435	1020	1100	4-42	1000	3590	1169	500	620	670	20-26
	2330	630	1435	1020	1100	4-42	1000	3590	1169	500	620	670	20-26
500S98A	2080	450	1350	800	1120	4-35	1000	3780	1234	500	620	670	20-26
	2220	500	1900	1250	900	4-42	1000	3890	1354	500	620	670	20-26
	1920	630	1435	1020	1100	4-42	1000	3590	1169	500	620	670	20-26
	2330	630	1435	1020	1100	4-42	1000	4000	1169	500	620	670	20-26
500S98B	2080	450	1350	800	1120	4-35	1000	3730	1234	500	620	670	20-26
	2080	450	1650	800	1120	4-35	1000	3750	1214	500	620	670	20-26
	1920	630	1435	1020	1100	4-42	1000	3590	1119	500	620	670	20-26
	2330	630	1435	1020	1100	4-42	1000	4000	1169	500	620	670	20-26
500S59	2080	450	1350	1120	800	4-35	800	3730	1227	500	620	670	20-26
	2080	450	1650	120	800	4-35	800	3750	1227	500	620	670	20-26
	1720	630	1435	820	1100	4-42	800	3390	1157	500	620	670	20-25
	2130	630	1435	800	1100	4-42	800	3800	1157	500	620	670	20-26

续表

型号	电动机尺寸						E	L	L_2	出口锥管法兰尺寸			
	L_1	H	h	B	A	$n\text{-}\phi d$				DN_3	D_{03}	D_3	$n_3\text{-}\phi d_3$
500S59A	1860	400	1200	1000	710	4-35	800	3510	1167	500	620	670	20-26
	2080	450	1650	1120	800	4-35	800	3750	1227	500	620	670	20-26
	1880	560	1270	970	940	4-42	800	3550	1187	500	620	670	20-26
	2310	560	1270	970	940	4-42	800	3880	1187	500	620	670	20-26
500S59B	1860	400	1200	1000	710	4-35	800	3510	1167	500	620	670	20-26
	1860	400	1450	1000	710	4-35	800	3510	1167	500	620	670	20-26
	1780	560	1270	870	940	4-42	800	3450	1187	500	620	670	20-26
	2210	560	1270	870	940	4-42	800	3880	1187	500	620	670	20-26
500S35	1860	400	1200	1000	710	4-35	800	3240	1027	500	620	670	20-26
	1860	400	1450	1000	710	4-35	800	3260	1027	500	620	670	20-26
	1520	500	1125	760	790	4-32	800	2920	987	500	620	670	20-26
	1960	500	1125	760	790	4-32	800	3360	987	500	620	670	20-26
	1400	400	960	630	686	4-32	800	2800	972	500	620	670	20-26
	1880	400	960	630	686	4-32	800	3280	972	500	620	670	20-26
500S35A	1720	355	1065	900	630	4-23	800	3100	1007	500	620	670	20-26
	1860	400	1450	1000	710	4-35	800	3260	1027	500	620	670	20-26
	1310	450	1005	650	710	4-32	800	2710	972	500	620	670	20-26
	1760	450	1005	650	710	4-32	800	3160	972	500	620	670	20-26
	1330	400	960	560	686	4-36	800	2730	972	500	620	670	20-26
	1810	400	960	560	686	4-36	800	3210	972	500	620	670	20-26
500S22	1570	355	905	560	610	4-28	600	2900	887	500	620	670	20-26
	1330	400	960	560	686	4-36	600	2730	955	500	620	670	20-26
	1810	400	960	560	686	4-36	600	3210	955	500	620	670	20-26
500S22A	1210	315	865	457	508	4-28	600	2590	851	500	620	670	20-26
	1270	315	760	457	508	4-28	600	2640	851	500	620	670	20-26
	1310	450	1005	550	710	4-32	600	2680	955	500	620	670	20-26
	1760	450	1005	550	710	4-32	600	3130	955	500	620	670	20-26
	1260	355	850	560	610	4-32	600	2630	889	500	620	670	20-26
	1750	355	850	560	610	4-30	600	3120	889	500	620	670	20-26
500S13	1160	315	865	406	508	4-28	600	2480	818	500	620	670	20-26
	1270	315	760	457	508	4-28	600	2580	816	500	620	670	20-26
	1200	355	875	490	620	4-26	600	2510	893	500	620	670	20-26
	1640	355	875	490	620	4-26	600	2950	893	500	620	670	20-26
	1260	355	850	560	610	4-30	600	2570	857	500	620	670	20-26
	1750	355	850	560	610	4-30	600	3060	857	500	620	670	20-26

续表

型 号	电动机尺寸						E	L	L_2	出口锥管法兰尺寸			
	L_1	H	h	B	A	n-ϕd				DN_3	D_{03}	D_3	n_3-ϕd_3
600S32	1047	400	1200	1000	500	4-35	200	3566	1096	500	620	670	20-26
600S32A	977	355	1065	900	540	4-28	200	3426	1076	500	620	670	20-26
600S32B	977	355	1065	900	540	4-28	200	3426	1076	500	620	670	20-26
600S47	1167	450	1350	1120	560	4-35	250	4031	1254	400	515	565	16-26
600S75	1352	500	1500	1250	625	4-42	250	4263	1374	400	515	565	16-26
600S75A	1352	500	1500	1250	625	4-42	250	4263	1374	400	515	565	16-26
800S24	1352	500	1500	1250	625	4-42	200	4450	1455	700	840	895	24-30
800S24A	1352	500	1350	1120	560	4-35	200	4350	1335	700	840	895	24-30
800S48II	1532	900		1900	1750	4-48	300	5420	1600	600	725	780	20-30
800S48	1382	930		1700	1750	4-48	300	5170	1550	600	725	785	20-30
800S80	1482	950		1800	2160	4-56	300	5280	1517	600	770	840	20-36

4）800S、1200S 型泵外形及安装尺寸见图 1-53 和表 1-28、29。

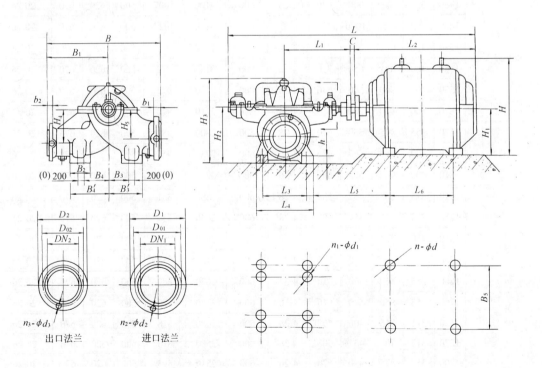

图 1-53　800、1200S 型泵外形及安装尺寸

注：括弧内数字为 800S 型。

1.1 单级离心清水泵

表 1-28 800、1200S 型泵外形及安装尺寸 (mm)

型号	电动机 型号	电动机 功率(kW)	电动机 电压(V)	L	L_1	L_2	L_3	L_4	L_5	L_6	B	B_1	B_2	B_3	B'_3	B_4	B'_4	B_5	H	H_1	H_2	H_3	H_4	H_5	h	C	$n\text{-}\phi d$	$n_1\text{-}\phi d_1$
800S32	Y500-8	710	6000		1220		1000	1200	1250	1250	2150	750	300	450	600	450	600	900		500	1200	2040	660	720	60	7	4-42	4-41
800S32A	Y500-8	630	6000		1220				1452																		4-42	
800S51	Y1000-10/1430	1000	6000	5165		2440			1493	1700	2448	1088	400	675	875	675	875	1750	1855	930	1260	2045	902	723	60	8		4-52
800S55	Y1250-10/1430	1250	6000	5265	1455	2540			1493	1800								1750	1855	930								
800S80	Y2000-8/1730	2000	6000	5315		2590												2160	2075	950								
800S80A	Y1600-8/1430	1600	6000	5415		2690			1543	1900								1750	1855	930								
1200S22	Y800-12/1430	800	6000	5735		2440	1250	1600	1610	1700	2800	1250	550	725	1105	575	950	1120	1900	630	1700	2650	1020	870	120	10		8-55
1200S22A	Y630-12	710	6000	6395		3100			1910	1600									2585	900						4-48		
1200S32	Y1400-10/1430	1400	6000	6410		3115			1700	2220								2100										
1200S32A	Y1250-10/1430	1250	6000	5835		2540			1610	1800								1750	1855	930						4-56		
1200S39	Y1600-12/1730	1600	6000	5955		2650		1680	1690	1800								2160	2075	950		2700						
1200S39A	Y1250-12/1730	1250	6000	5795	1695	2490			1660	1700									1855	930								
1200S39B	Y1000-12/1430	1000	6000	5745		2440			1610									1750	1855	930								
1200S56	Y2240-10/1730	2240	6000	6585		3280			1780	2340								2500	2735	900						4-56		
1200S56A	Y2000-10/1730	2000	6000	6055		2750			1690	1900								2160	2075	950								
1200S56B	Y1600-10/1730	1600	6000	5895		2590			1660	1800																		
1200S72	Y2500-8/2150	2500	10000	6105		2800			1780	1900								2740	2005									

800、1200S 型泵进、出口法兰尺寸(mm)　　　　　表 1-29

型号	进口法兰					出口法兰				
	b_1	n_2-ϕd_2	D_1	D_{01}	DN_1	b_2	n_3-ϕd_3	D_2	D_{02}	DN_2
800S32	44	24-34	1010	950	800	36	20-30	780	725	600
800S32A										
800S51	60		1030	910		60	20-25	710	660	500
800S55										
800S80										
800S80A										
1200S22	67	32-34	1530	1450	1200	63	24-34	1070	990	800
1200S22A										
1200S32										
1200S32A										
1200S39										
1200S39A										
1200S39B										
1200S56										
1200S56A										
1200S56B										
1200S72										

1.1.10　CK 型直联式单级离心泵

(1)用途:CK 型泵是单级单吸悬臂直联式离心泵供抽送 80℃ 以下的清水或物理、化学性质类似于水的液体。适用于工厂、矿山、城镇给水排水、空调和农田灌溉等。

(2)型号意义说明：

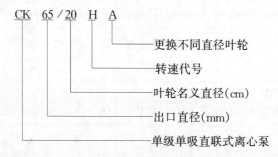

(3)结构:CK 型泵泵盖与泵体铸成一体,主轴套装在电机轴上,叶轮装在轴上,并用叶轮螺母加外舌止退垫圈固紧。水泵采用进口机械密封。泵体出水口一般朝上；也可以朝侧，这时只要将泵体与直联架螺栓松开,调转泵体即可。

CK 型泵不带底座。用户可以根据电动机脚孔位置,改变水泥墩或钢架支承座,使用时泵体下方应有支承,吸水管路部件重量也应另有支承,不能压在水泵上。

(4)性能:CK 型直联式单级离心泵性能见图 1-54、55 和表 1-30。

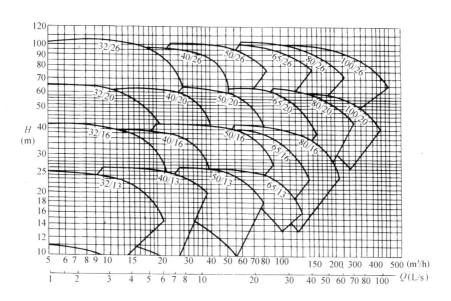

图 1-54　CK 型泵性能曲线综合范围
($n = 2900 \text{r/min}$)

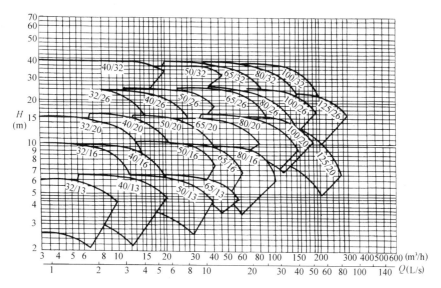

图 1-55　CK 型泵性能曲线综合范围
($n = 1450 \text{r/min}$)

CK型直联式单级离心泵性能

表1-30

型号	流量 Q		扬程 H (m)	转速 n (r/min)	轴功率 (kW)	电动机		效率 η (%)	气蚀余量 (NPSH)r (m)	叶轮外径 D_2 (mm)	锥管口径 (mm)		机组重量 (kg)	生产厂
	m³/h	L/s				型号	功率 (kW)				进	出		
CK32/13H	9	2.5	24.5	2900	1.23	Y90L-2	2.2	49	1.8	139	50		43.5	
	15	4.17	22		1.47			61	2					
	18	5	20		1.58			62	2.5					
CK32/13HA	8.5	2.36	21.2	2900	1.04	Y90L-2	2.2	47	1.8	130	50		43	
	14	3.89	19		1.23			59	1.95					
	17	4.72	17.2		1.31			60.5	2.3					
CK32/13HB	7.8	2.17	18	2900	0.89	Y90S-2	1.5	43	1.8	120	50		40.5	
	13	3.61	16.2		1.01			56.5	1.88					
	15.5	4.31	14.7		1.07			58	2.08					
CK32/16H	11	3.05	40	2900	2.49	Y112M-2	4	48	1.9	174	50		74	
	18	5.0	37		3.18			57	2.0					
	22	6.11	34		3.51			58	2.6					
CK32/16HA	10.5	2.92	35.7	2900	2.22	Y112M-2	4	46	1.9	165	50		73	
	17	4.72	33		2.78			55	1.95					
	21	5.83	30		3.06			56	2.4					
CK32/16HB	9.8	2.72	31.4	2900	1.93	Y100L-2	3	43.5	1.9	155	50		63	佛山水泵厂
	16	4.44	29		2.38			53	1.95					
	19.5	5.42	26.5		2.61			54	2.2					
CK32/20H	11	3.05	63	2900	4.71	Y132S$_2$-2	7.5	40	1.8	214	50		103	
	18	5.0	59		5.9			49	2					
	22	6.11	55.5		6.52			51	2.3					
CK32/20HA	10.5	2.92	57.2	2900	4.24	Y132S$_2$-2	7.5	38.6	1.8	205	50		102	
	17	4.72	54		5.26			47.5	1.95					
	21	5.83	50.2		5.79			49.5	2.2					
CK32/20HB	10	2.78	51.5	2900	3.69	Y132S$_1$-2	5.5	38	1.8	195	50		98	
	16.5	4.58	48		4.5			46.8	1.9					
	20	5.56	45		5.03			48.8	2.15					
CK32/26H	14	3.89	99	2900	11.27	Y160L-2	18.5	33.5	2.1	264	50		182	
	22	6.11	95.0		13.23			43	2.2					
	26	7.22	92		14.47			45	2.6					
CK32/26HA	13.5	3.75	91.8	2900	10.75	Y160M$_2$-2	15	31.4	2.1	255	50		168	
	21	5.83	88		12.58			40	2.2					
	25	6.94	85		13.6			42.5	2.5					
CK32/26HB	13	3.61	84.5	2900	9.97	Y160M$_2$-2	15	30	2.15	245	50		166.5	
	20.5	5.69	81		11.74			38.5	2.16					
	24	6.67	78.4		12.63			40.6	2.38					
CK40/13H	18	5	25.5	2900	2.08	Y112M-2	4	60	1.8	139	65		66	
	30	8.33	23.5		2.74			70	2					
	36	10	21.5		3.03			69.5	2.4					
CK40/13HA	16.8	4.67	22	2900	1.8	Y100L-2	3	56	1.8	130	65		55	
	28	7.78	20.2		2.3			67	2					
	33.6	9.33	18.8		2.56			67.2	2.25					

1.1 单级离心清水泵

续表

型号	流量 Q		扬程 H (m)	转速 n (r/min)	轴功率 (kW)	电动机		效率 η (%)	气蚀余量 $(NPSH)r$ (m)	叶轮外径 D_2 (mm)	锥管口径 (mm)		机组重量 (kg)	生产厂
	m³/h	L/s				型号	功率 (kW)				进	出		
CK40/13HB	15.5	4.31	18.5	2900	1.48	Y100L-2	3	53	1.8	120		65	54.5	
	26	7.22	17		1.85			65	1.9					
	31	8.61	15.5		2.01			65	2.15					
CK40/16H	18	5	39.5	2900	3.65	Y132S₁-2	5.5	53	2.1	175		65	93	
	30	8.33	35		4.47			64	2.5					
	36	10	31.5		4.9			63	3.6					
CK40/16HA	17	4.72	34.8	2900	3.16	Y132S₁-2	5.5	51	2.1	165		65	92	
	28.5	7.92	30.5		3.82			62	2.5					
	34	9.44	27.6		4.19			61	3.25					
CK40/16HB	16	4.44	30.5	2900	2.77	Y112M-2	4	48	2.05	155		65	72	
	26.5	7.4	27		3.29			59.5	2.4					
	32	8.89	24		3.55			59	2.9					
CK40/20H	18	5.0	63	2900	6.3	Y160M₁-2	11	49	1.8	214		65	156	
	30	8.33	58		8.17			58	2					
	36	10	53		8.96			58	2.7					
CK40/20HA	17	4.72	57.4	2900	5.72	Y160M₁-2	11	46.4	1.8	205		65	155	佛山水泵厂
	29	8.06	52.4		7.46			55.5	1.95					
	34.5	9.58	48		8.05			56	2.45					
CK40/20HB	16.5	4.58	51.8	2900	5.28	Y160M₁-2	11	44	1.8	195		65	154	
	27.5	7.64	47.5		6.71			53	1.9					
	33	9.17	43.3		7.24			53.8	2.2					
CK40/26H	20	5.56	97	2900	13.22	Y180M-2	22	40	1.8	264		65	230	
	33	9.17	92		16.22			51	2.0					
	40	11.11	87		17.88			53	2.5					
CK40/26HA	19.5	5.42	89	2900	12.28	Y160L-2	18.5	38.5	1.8	255		65	198.5	
	32	8.89	84		15.09			48.5	1.95					
	38.5	10.7	79.5		16.35			51	2.35					
CK40/26HB	18.5	5.14	82	2900	11.17	Y160L-2	18.5	37	1.8	245		65	197	
	30.5	8.47	78		13.78			47	1.9					
	37	10.28	73		15.02			49	2.2					
CK50/13H	36	10	25.5	2900	3.85	Y132S₂-2	7.5	65	2.5	139	80	80	96	
	60	16.67	23		4.95			76	3.2					
	72	20	20.5		5.36			75	4					
CK50/13HA	33.5	9.31	22	2900	3.19	Y132S₁-2	5.5	63	2.5	130	80	80	91.5	
	56	15.56	19.5		4.02			74	3.1					
	67.5	18.75	17.2		4.33			73	3.6					
CK50/13HB	31	8.61	18.5	2900	2.56	Y132S₁-2	5.5	61	2.5	120	80	80	91	
	52	14.44	16.5		3.24			72	2.9					
	62	17.22	14.8		3.52			71	3.3					
CK50/16H	40	11.11	41.5	2900	7.06	Y160M₁-2	11	64	2.5	174	80	80	150	
	65	18.05	38.0		9.09			74	3.5					
	78	21.67	35.0		10.05			74	4.2					

续表

型号	流量 Q		扬程 H (m)	转速 n (r/min)	轴功率 (kW)	电动机		效率 η (%)	气蚀余量 (NPSH)r (m)	叶轮外径 D_2 (mm)	锥管口径 (mm)		机组重量 (kg)	生产厂
	m³/h	L/s				型号	功率 (kW)				进	出		
CK50/16HA	38	10.56	37	2900	6.19	Y160M₁-2	11	62	2.5	165	80	80	149	佛山水泵厂
	61.5	17.1	33.8		7.9			72	3.3					
	74	20.6	31.2		8.75			72	3.9					
CK50/16HB	35.5	9.86	32.5	2900	5.24	Y160M₁-2	11	60	2.35	155	80	80	148	
	58	16.11	29.5		6.66			70	3.1					
	69.5	19.31	27		7.36			69.5	3.7					
CK50/20H	36	10.0	62	2900	10.48	Y160L-2	18.5	58	2.5	214	80	80	180	
	60	16.67	56		13.07			70.0	3.2					
	72	20	50		14.42			68	4					
CK50/20HA	34.5	9.6	56	2900	9.25	Y160M₂-2	15	57	2.5	205	80	80	167	
	57.5	16	50.5		11.5			69	3.1					
	69	19.2	45		12.64			67	3.75					
CK50/20HB	33	9.1	50.6	2900	8.13	Y160M₂-2	15	55.5	2.5	195	80	80	166	
	54.5	15.1	45.6		10			67.5	3					
	65.5	18.2	40.5		11			66	3.5					
CK50/26H	40	11.11	100	2900	20.17	Y200L₂-2	37	54	2.5	264	80	80	308	
	65	18.05	91		25.97			62	3.5					
	78	21.67	82		29.03			60	4.2					
CK50/26HA	38.5	10.69	92.5	2900	18.29	Y200L₁-2	30	53	2.4	255	80	80	293.5	
	63	17.5	84		23.63			61	3.3					
	75.5	20.97	75.6		26.34			59	3.9					
CK50/26HB	37	10.28	85.5	2900	16.57	Y200L₁-2	30	52	2.3	245	80	80	292	
	60.5	16.81	77.5		21.29			60	3.2					
	72.5	20.14	69.8		23.76			58	3.9					
CK65/13H	60	16.67	25	2900	6.1	Y160M₁-2	11	67	3	139	100	100	149	
	100	27.78	22		7.68			78	3.5					
	120	33.33	19		8.38			74	4.5					
CK65/13HA	56	15.56	21.1	2900	5.03	Y132S₂-2	7.5	64	3	130	100	100	99.5	
	93.5	26	16		5.83			70	3.5					
	112.5	31.25	12.5		6.49			59	4.1					
CK65/13HB	52	14.44	18	2900	4.12	Y132S₂-2	7.5	62.5	3	120	100	100	99	
	86.5	24	13.7		4.88			66	3.3					
	104	28.9	10.6		5.43			57	3.75					
CK65/16H	60	16.67	39	2900	10.28	Y160L-2	18.5	62	3.6	174	100	100	177	
	100	27.78	35		12.7			75	4.2					
	120	33.33	32		13.94			75	5.2					
CK65/16HA	57	15.83	34.5	2900	8.92	Y160M₂-2	15	60	3.6	165	100	100	163	
	95	26.4	31		11			73	4.1					
	114	31.7	28		11.92			73	4.8					
CK65/16HB	53.5	14.86	30	2900	7.54	Y160M₁-2	11	58	3.6	155	100	100	153	
	89	24.72	27		9.22			71	3.95					
	107	29.72	24.5		10			71	4.5					

续表

型号	流量 Q		扬程 H (m)	转速 n (r/min)	轴功率 (kW)	电动机		效率 η (%)	气蚀余量 (NPSH)r (m)	叶轮外径 D_2 (mm)	锥管口径 (mm)		机组重量 (kg)	生产厂
	m³/h	L/s				型号	功率 (kW)				进	出		
CK65/20H	34	9.5	64	2900	14.5	Y200L₁-2	30	41	3	214	125	100	299	
	66	18.33	63		17.97			63	3					
	110	30.55	57		23.07			74	3.9					
	132	36.67	52		25.09			74.5	5.3					
CK65/20HA	63	17.5	57	2900	15.77	Y200L₁-2	30	62	3	205	125	100	298	
	105.5	29.31	51		20.08			73	3.75					
	126.5	35.14	47		22.03			73.5	4.85					
CK65/20HB	60	16.67	51.5	2900	13.8	Y180M-2	22	61	3	195	125	100	237	
	100	27.78	46.5		17.59			72	3.6					
	120	33.33	42.5		19.16			72.5	4.4					
CK65/26H	72	20	97	2900	28.82	Y250M-2	55	66	3.3	264	125	100	462	
	120	33.33	89		39.84			73	4.5					
	144	40	83		44.59			73	5.4					
CK65/26HA	69.5	19.31	90	2900	26.21	Y225M-2	45	65	3.25	255	125	100	383.5	
	116	32.22	82.5		36.19			72	4.4					
	139	38.61	77		40.48			72	4.95					
CK65/26HB	67	18.61	83	2900	23.66	Y225M-2	45	64	3.2	245	125	100	382	佛山水泵厂
	111.5	31	76		32.53			71	4.25					
	133.5	37.1	71		36.61			70.5	4.95					
CK80/16H	100	27.78	39	2900	15.85	Y200L₁-2	30	67	3.3	174	150	125	285	
	162	45	35		19.3			80	4					
	195	54.17	31.5		21.18			79	5					
CK80/16HA	95	26.39	34.5	2900	13.73	Y180M-2	22	65	3.3	165	150	125	221	
	153.5	42.64	31		16.61			78	3.85					
	185	51.39	28		18.32			77	4.6					
CK80/16HB	89	24.72	30.5	2900	11.73	Y160L-2	18.5	63	3.25	155	150	125	188	
	144.5	40.14	27.2		14.08			76	3.7					
	174	48.33	24.5		15.48			75	4.3					
CK80/20H	115	31.94	61	2900	27.29	Y225M-2	45	70	4	214	150	125	372	
	190	52.78	55		35.57			80	5.1					
	225	62.5	50		38.78			79	6.2					
CK80/20HA	110	30.56	55.5	2900	24.1	Y200L₂-2	37	69	4	205	150	125	307.5	
	182	50.56	50		31.37			79	4.9					
	215.5	59.86	45.5		34.23			78	5.85					
CK80/20HB	105	29.17	50	2900	21.03	Y200L₂-2	37	68	4	195	150	125	306	
	173	48.06	45		24.08			78	4.7					
	205	56.94	41		29.72			77	5.5					
CK80/26H	115	31.94	96	2900	45.5	Y280S-2	75	66	4	264	150	125	605	
	190	52.78	86		57.8			77	5.4					
	225	62.5	79		64.5			75	6.5					
CK80/26HA	111	30.83	89	2900	41.39	Y280S-2	75	65	3.95	255	150	125	603.5	
	183.5	50.97	79.8		52.47			76	5.2					
	217.5	60.42	73		58.43			74	6.25					

续表

型号	流量 Q		扬程 H (m)	转速 n (r/min)	轴功率 (kW)	电动机		效率 η (%)	气蚀余量 (NPSH)r (m)	叶轮外径 D_2 (mm)	锥管口径 (mm)		机组重量 (kg)	生产厂
	m³/h	L/s				型号	功率 (kW)				进	出		
CK80/26HB	106.5	29.58	82	2900	37.16	Y280S-2	75	64	3.9	245	150	125	602	
	176.5	49.03	73.5		47.11			75	5					
	209	58.06	67.5		52.63			73	6					
CK100/20H	180	50	59	2900	41.32	Y280S-2	75	70	4	214	200	150	600	
	295	79.17	52		50.14			80.5	5.3					
	340	94.44	44		54.68			74.5	6.3					
CK100/20HA	172.5	47.92	52.5	2900	35.75	Y250M-2	55	69	3.95	205	200	150	466	
	273	75.83	46		43.02			79.5	4.9					
	325.5	90.42	38		45.83			73.5	5.95					
CK100/20HB	164	45.56	47	2900	30.87	Y225M-2	45	68	3.9	195	200	150	387	
	260	72.22	40		36.08			78.5	4.8					
	310	86.11	32.5		37.85			72.5	5.6					
CK100/26H	190	52.78	97	2900	71.7	Y315S-2	110	70	3.8	264	200	150	980	
	295	81.94	85		87.54			78	5.2					
	350	97.22	75		97.93			73	6.5					
CK32/13L	4.5	1.25	6	1450	0.156	Y80₁-4	0.55	47	1.8	139			33	佛山水泵厂
	7.5	2.08	5.5		0.197			57	2.0					
	9	2.5	5		0.211			58	2.3					
CK32/16L	6	1.67	9.5	1450	0.353	Y80₁-4	0.55	44	1.8	174			42	
	9	2.5	9		0.416			53	2					
	11	3.05	8.3		0.46			54	2.4					
CK32/20L	6	1.67	15	1450	0.646	Y90S-4	1.1	38	1.8	214			52	
	9	2.5	14		0.763			45	2					
	11	3.05	13.2		0.84			47	2.3					
CK32/26L	7	1.94	24.2	1450	1.53	Y100L₂-4	3	30	1.8	264			86	
	11	3.05	23		1.81			38	2					
	13	3.61	22		1.95			40	2.4					
CK40/13L	9	2.5	6.3	1450	0.297	Y80₁-4	0.55	52	1.8	139			36	
	15	4.17	5.8		0.365			65	2					
	18	5	5.3		0.406			64	2.4					
CK40/16L	9	2.5	9.7	1450	0.495	Y90S-4	1.1	48	1.8	175			47	
	15	4.17	8.5		0.579			60	2					
	18	5	7.6		0.642			58	2.4					
CK40/20L	9	2.5	15.2	1450	0.79	Y90L-4	1.5	47	1.8	214			60	
	15	4.17	14		1.04			55	2.0					
	18	5	12.8		1.16			54	2.4					
CK40/26L	10	2.78	24	1450	1.77	Y100L₂-4	3	37	1.8	264		65	88	
	16	4.44	23		2.18			46	2					
	20	5.56	21.8		2.38			50	2.4					
CK40/32L	11	3	38	1450	3.5	Y132S-4	5.5	32	3.1	329		65	143	
	18	5	35		4.24			40.5	2.1					
	21.5	6	32		4.83			39	3.8					
CK40/32LA	10.5	2.92	34.5	1450	3.24	Y132S-4	5.5	30.5	3.3	315		65	141	
	17	4.72	32		3.85			38.5	2					
	20.5	5.7	29		4.32			37.5	2.9					

1.1 单级离心清水泵

续表

型号	流量 Q		扬程 H (m)	转速 n (r/min)	轴功率 (kW)	电动机		效率 η (%)	气蚀余量 (NPSH)r (m)	叶轮外径 D_2 (mm)	锥管口径 (mm)		机组重量 (kg)	生产厂
	m³/h	L/s				型号	功率 (kW)				进	出		
CK40/32LB	10	2.78	31	1450	2.91	Y132S-4	5.5	29	3.6	300		65	139	
	16.5	4.58	29		3.52			37	2					
	20	5.56	26		3.94			36	2.7					
CK50/13L	18	5	6.4	1450	0.514	Y90S-4	1.1	61	2.2	139	80	65	46	
	30	8.33	5.8		0.658			72	2.4					
	36	10	5.2		0.739			69	2.8					
CK50/16L	20	5.55	10.3	1450	0.93	Y90L-4	1.5	60	2.3	174	80	65	55	
	32	8.89	9.5		1.18			70	2.4					
	38	10.55	8.8		1.3			70	3					
CK50/20L	18	5	15.4	1450	1.37	Y100L₁-4	2.2	55	2.2	214	80	65	68	
	30	8.33	13.5		1.7			65	2.3					
	36	10	11.6		1.86			61	2.9					
CK50/26L	20	5.55	25	1450	2.62	Y112M-4	4	52	2.3	264	80	65	101	
	32	8.89	22.5		3.27			60	2.4					
	38	10.55	19.8		3.63			56.5	3					
CK50/32L	24	6.67	36	1450	5	Y160M-4	11	47	2	329	80	65	206	
	40	11.11	34		6.38			58	2.5					
	48	13.33	32		7.09			59	3.2					
CK50/32LA	23	6.39	32.5	1450	4.52	Y132M-4	7.5	45	2	315	80	65	160	佛山水泵厂
	38.5	10.69	30.6		5.73			56	2.4					
	46	12.78	28.7		6.36			56.5	3					
CK50/32LB	22	6.11	29.4	1450	4.24	Y132M-4	7.5	41.5	2	300	80	65	158	
	36.5	10.14	27.7		5.1			54	2.3					
	44	12.22	26		5.66			55	2.8					
CK65/13L	30	8.33	6.2	1450	0.79	Y90L-4	1.5	64	2.2	139	100	80	56	
	50	13.89	5.4		0.98			75	2.4					
	60	16.67	4.7		1.05			73	2.8					
CK65/16L	30	8.33	9.8	1450	1.33	Y100L₁-4	2.2	60	2	174	100	80	65	
	50	13.89	8.8		1.62			74	2.2					
	60	16.66	7.9		1.75			73.5	2.5					
CK65/20L	35	9.72	15.3	1450	2.31	Y112M-4	4	63	1.9	214	125	80	89	
	55	15.27	14		2.87			73	2					
	66	18.33	13.1		3.2			73.5	2.3					
CK65/26L	36	10	24.5	1450	4	Y132M-4	7.5	60	2	264	125	80	140	
	60	16.67	22.5		5.25			70	2.3					
	72	20	20.6		5.77			70	3					
CK65/32L	40	11.11	37	1450	7.46	Y160L-4	15	54	1.9	329	125	80	230	
	65	18.06	34		9.56			63	2					
	78	21.67	31		10.62			62	2.5					
CK65/32LA	37	10.28	33.4	1450	6.73	Y160M-4	11	50	1.9	315	125	80	216	
	62	17.2	30.9		8.54			61	2					
	74.5	20.69	28		9.47			60	2.3					
CK65/32LB	34	9.44	30.5	1450	6	Y160M-4	11	47	2	300	125	80	214	
	56.5	15.69	28		7.3			59	2					
	68	18.89	25.8		8.1			59	2.1					

续表

型号	流量 Q		扬程 H (m)	转速 n (r/min)	轴功率 (kW)	电动机		效率 η (%)	气蚀余量 $(NPSH)r$ (m)	叶轮外径 D_2 (mm)	锥管口径 (mm)		机组重量 (kg)	生产厂
	m³/h	L/s				型号	功率 (kW)				进	出		
CK80/16L	50	13.89	9.9	1450	2.2	Y100L$_2$-4	3	61	2.1	174	150	100	82	佛山水泵厂
	80	22.22	9		2.55			77	2.5					
	96	26.67	8.3		2.75			79	3.2					
CK80/20L	58	16.11	15.5	1450	3.77	Y132M-4	7.5	65	2.1	214	150	100	130	
	95	26.39	14		4.64			78	2.5					
	112	31.11	13		5.15			77	3.2					
CK80/26L	58	16.11	23.5	1450	5.8	Y160M-4	11	64	2.1	264	150	100	196	
	95	26.39	21.5		7.52			74	2.5					
	112	31.11	20		8.36			73	3.2					
CK80/32L	60	16.67	36	1450	9.65	Y180M-4	18.5	61	1.9	329	125	100	280	
	100	27.78	33		12.66			71	2.0					
	120	33.33	30		14			70	2.6					
CK80/32LA	57.5	15.97	32.4	1450	8.75	Y160L-4	15	58	1.9	315	125	100	239	
	95.5	26.53	29.7		11.2			69	2					
	114.5	31.81	27		12.38			68	2.3					
CK80/32LB	54.5	15.14	29.3	1450	7.77	Y160L-4	15	56	1.9	300	125	100	237	
	91	25.28	26.8		9.91			67	2					
	109	30.28	24.5		11.02			66	2.2					
CK100/20L	90	25	15	1450	5.25	Y160M-4	11	70	2.2	214	200	125	146	
	142	39.44	13		6.36			79	2.5					
	170	47.22	11.5		6.91			77	3.4					
CK100/26L	95	26.39	24.5	1450	9.19	Y160L-4	15	69	2.3	264	200	125	226	
	148	41.11	22		11.37			78	2.6					
	175	48.61	20		12.54			76	3.5					
CK100/32L	81	22.5	37.5	1450	12.73	Y180L-4	22	65	2	329	150	125	312	
	135	37.5	34		16.7			75	2					
	162	45	30		18.38			72	2.3					
CK100/32LA	77.5	21.53	33.5	1450	11.5	Y180L-4	22	61.5	2	315	150	125	310	
	130	36.1	30.5		15.2			71	2					
	155	43.06	27		16.64			68.5	2.18					
CK100/32LB	73.5	20.42	30.5	1450	10.44	Y180M-4	18.5	58.5	2	300	150	125	295	
	123	34.17	27.5		13.55			68	2					
	147.5	41	24.5		14.92			66	2.1					
CK125/20L	115	32	14.2	1450	7.3	Y160M-4	11	61	2.6	214	200	150	212	
	190	53	12.5		8.55			76	3.5					
	230	63.6	11		9.03			76	3.0					
CK125/26L	144	40	23.5	1450	13.17	Y180L-4	22	70	2.3	264	200	150	293	
	240	66.67	21		16.95			81	2.5					
	288	80	18.8		18.9			78	3.2					
CK125/26LA	139	38.61	21.3	1450	12.03	Y180L-4	22	67	2.3	255	200	150	291	
	232	64.44	19.2		15.35			79	2.5					
	278.5	77.36	17		16.96			76	3					
CK125/26LB	134	37.22	19.7	1450	11.23	Y180M-4	18.5	64	2.3	245	200	150	275	
	223	61.94	17.5		13.98			76	2.4					
	267.5	74.31	15.7		15.46			74	2.8					

注：电动机安装结构型式为B35。

1.1 单级离心清水泵

(5) 外形及安装尺寸:CK 型直联式单级离心泵外形及安装尺寸见图 1-56 和表 1-31。

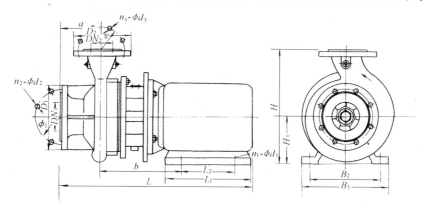

图 1-56 CK 型直联式单级离心泵安装尺寸

CK 型直联式单级离心泵安装尺寸(mm) 表 1-31

型号	H	H_1	L	a	b	L_1	L_2	B_1	B_2	D_1	D_2	DN_1	DN_2	ϕ_1	ϕ_2	$n_1\text{-}\phi d_1$	$n_2\text{-}\phi d_2$	$n_3\text{-}\phi d_3$
CK32/13 H HA HB	260	120	492.5	80	146	230	200	190	140	165	140	50	32	125	100	4-10	4-17.5	4-17.5
CK40/13H	252	112	558	80	208	176	140	245	190	185	150	65	40	145	110	4-12	4-17.5	4-17.5
CK50/13 H HA HB	292	132	655	100	249	200	140	280	216	185	165	65	50	145	125	4-12	4-17.5	4-17.5
CK65/13H	340	160	782.5	100	306.5	270	210	325	254	200	185	80	65	160	145	4-15	8-17.5	4-17.5
CK32/16 H HA	292	132	557	80	170	245	215	245	215	165	140	50	32	125	100	4-14	4-17.5	4-17.5
CK32/16HB	280	120	537	80	163	245	215	205	215	165	140	50	32	125	100	4-14	4-17.5	4-17.5
CK40/16 H HA	292	132	635	80	250	200	140	280	216	185	150	65	40	145	110	4-12	4-17.5	4-17.5
CK5016 H HA HB	340	160	782	100	301	270	210	325	254	185	165	65	50	145	145	4-15	4-17.5	4-17.5
CK65/16 H HA HB	360	160	828 / 782	100	307	314 / 270	254 / 210	325	254	200	185	80	65	160	145	4-15	8-17.5	4-17.5
CK32/20 H HA HB	340	160	635	80	249	272	242	280	250	165	140	50	32	125	100	4-12	4-17.5	4-17.5
CK40/20 H HA	340	160	783	100	301	270	210	325	254	185	150	65	40	145	110	4-15	4-17.5	4-17.5
CK50/20 H HA HB	360	160	828 / 783	100	302	314 / 270	254 / 210	325	254	185	165	65	50	145	125	4-15	4-17.5	4-17.5

续表

型号	H	H_1	L	a	b	L_1	L_2	B_1	B_2	D_1	D_2	DN_1	DN_2	ϕ_1	ϕ_2	n_1-ϕd_1	n_2-ϕd_2	n_3-ϕd_3
CK50/20H	360	160	783	100	302	270	210	325	254	185	165	65	50	145	125	4-15	4-17.5	4-17.5
CK65/20H	385	160	827	100	307	314	254	325	254	200	185	80	65	160	145	4-15	8-17.5	4-17.5
CK65/20H	385	160	782	100	307	270	210	325	254	200	185	80	65	160	145	4-15	8-17.5	4-17.5
CK65/20 H/HB	405	180	807	100	320	311	241	355	279	200	185	80	65	160	145	4-15	8-17.5	4-17.5
CK32/26 H/HA/HB	405	180	828 / 783	100	248	390	360	334	254	165	140	50	32	125	100	4-15	4-17.5	4-17.5
CK40/26 H/HA/HB	450	180	853 / 828	100	314 / 248	311 / 390	241 / 360	355 / 334	279 / 254	185	150	65	40	145	110	4-15	4-17.5	4-17.5
CK50/26H	405	180	853	100	314	311	241	355	279	185	165	65	50	145	125	4-15	4-17.5	4-17.5
CK32/13L	260	120	452.5	80	138.5	208	178	169	125	165	140	50	32	125	100	4-10	4-17.5	4-17.5
CK40/13L	260	120	452.5	80	138.5	208	178	169	125	185	150	65	40	145	110	4-10	4-17.5	4-17.5
CK50/13L	280	120	487.5	100	133.5	230	200	190	140	185	165	65	50	145	125	4-10	4-17.5	4-17.5
CK65/13L	300	120	512.5	100	152	230	200	190	140	200	185	80	65	160	145	4-10	8-17.5	4-17.5
CK80/16L	425	180	603 / 583	125	178 / 161	245 / 275	215 / 235	245 / 210	215 / 160	220	200	100	80	180	160	4-14	8-17.5	8-17.5
CK80/20L	450	200	732	125	261	352	312	282	216	220	200	100	80	180	160	4-15	8-17.5	8-17.5
CK100/20L	450 / 495	200 / 215	734 / 818	125	263 / 245	352 / 385	312 / 345	282 / 338	216 / 254	250	220	125	100	210	180	4-15	8-17.5	8-17.5
CK32/26L	405	180	558	100	153.5	275	235	210	160	165	140	50	32	125	100	4-15	4-17.5	4-17.5
CK40/26L	405	180	558	100	153.5	275	235	210	160	185	150	65	40	145	110	4-15	4-17.5	4-17.5
CK65/26L	430	200	708	100	240	352	312	290	216	200	185	80	65	160	145	4-15	8-17.5	4-17.5
CK80/26L	495	215	818	125	238	385	345	338	254	220	200	100	80	180	160	4-15	8-17.5	8-17.5
CK100/26L	505	225	878	140	246	425	385	338	254	250	220	125	100	210	180	4-15	8-17.5	8-17.5
CK125/26 L/LA/LB	605	250	943 / 903	140	259 / 252	425	385	363	279	285	250	150	125	240	210	4-15	8-22	8-17.5
CK40/32 L/LA/LB	460	200	692	125	193	315	275	290	216	185	150	65	40	145	110	4-15	4-17.5	4-17.5
CK50/32L	505	225	821	125	245	385	345	338	254	185	165	65	50	145	125	4-15	4-17.5	4-17.5
CK65/32 L/LA/LB	505	225	862 / 817	125	241	425	385	338	254	200	185	80	65	165	145	4-15	8-17.5	4-17.5
CK80/32 L/LA/LB	565	250	888 / 863	125	248 / 241	425	385	363 / 338	279 / 254	220	200	100	80	180	160	4-15	8-17.5	8-17.5
CK100/32 L/LA/LB	565	250	942 / 902	140	250 / 251	460	425	363	279	250	220	125	100	210	180	4-15	8-17.5	4-17.5

1.1.11 KZ型自吸泵

(1) 用途：KZ型自吸泵供输送不含颗粒与物理、化学性质类似于水的液体。适用于工厂、矿山、城镇生活给水排水、消防用水、农田排灌以及加热冷却、增压系统等。

(2) 型号意义说明：

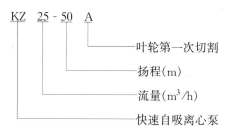

(3) 结构：KZ型自吸泵系卧式单级悬臂式离心泵，水平吸入，水平或垂直排出。泵离心工作级前部装有水环真空引水级，以排除泵和吸入管路中的空气，将水引至泵工作叶轮而实现自吸。泵通过弹性联轴器，由电动机驱动。从电动机向泵方向看，轴为顺时针旋转。

(4) 性能：KZ型自吸泵性能见表1-32。

(5) 外形及安装尺寸：KZ型自吸泵外形及安装尺寸见图1-57和表1-33。

KZ型自吸泵性能　　　　　表1-32

型号	流量 m³/h	流量 L/s	扬程 (m)	转速 n (r/min)	效率 (%)	允许吸上真空高度 (m)	轴功率 (kW)	电动机功率 (kW)	重量 (kg)	生产厂
KZ12~32	7.5	2.08	34.3	2950	40	7.7	2.09	3	104	沈阳蓝天工业泵厂
	12.5	3.47	32		50	7.7	2.52			
	15	4.17	29.6		52	7.2	2.66			
KZ12~50	7.5	2.08	52.5		34	7.7	3.32	5.5	118	
	12.5	3.47	50		44	7.7	4.04			
	15	4.17	48		47	7.2	4.45			
KZ25~32	15	4.17	35		58	7.7	3.15	5.5	122	
	25	6.94	32		61	7.7	3.85			
	30	8.33	30		62	7.2	4.21			
KZ25~50	15	4.17	53		45	7.7	4.92	7.5	121	
	25	6.94	50		56	7.7	6.17			
	30	8.33	47		57	7.2	6.79			
KZ50~32	30	8.33	36		57	7.2	5.32	7.5	154	
	50	13.9	32		69	7.2	6.47			
	60	16.7	29		68	6.7	7.09			
KZ50~50	30	8.33	53		51	7.2	8.37	15	141	
	50	13.9	50		65	7.2	10.37			
	60	16.7	47		67	6.7	11.3			
KZ50~80	30	8.33	84		48	7.2	13.7	22	182	
	50	13.9	80		59	7.2	17.8			
	60	16.7	75		60	6.7	19.7			
KZ100~32	60	16.7	36		66	6.1	8.92	15	161	
	100	27.8	32		74	5.6	11.7			
	120	33.3	28		71	4.6	12.7			

续表

型号	流量		扬程 (m)	转速 n (r/min)	效率 (%)	允许吸上真空高度 (m)	轴功率 (kW)	电动机功率 (kW)	重量 (kg)	生产厂
	m³/h	L/s								
KZ100~50	60	16.7	54	2950	61	6.6	14.1	22	150	沈阳蓝天工业泵厂
	100	27.8	50		72	6.0	18.4			
	120	33.3	47		73	4.8	20.0			
KZ100~80	60	16.7	87		57	6.1	23.9	37	204	
	100	27.8	80		68	5.8	30.8			
	120	33.3	74.5		69	4.8	33.8			
KZ100~125	60	16.7	133		51	6.6	40.1	75	305	
	100	27.8	125		62	6.0	52.1			
	120	33.3	118		63	5.4	58.0			
KZ200~50	120	33.3	57.5		63	5.0	29.0	45	240	
	200	55.5	50		77	5.0	34.6			
	240	66.7	44.5		76	4.5	37.4			
KZ200~80	120	33.3	87		62	5.7	44.0	75	315	
	200	55.5	80		74	5.3	56.9			
	240	66.7	72		71	4.5	63.8			
KZ200~125	120	33.3	132.5		56	5.5	73.1	110	365	
	200	55.5	125		71	5.0	91.8			
	240	66.7	120		73	4.5	102.9			

型号		流量		扬程 (m)	转速 n (r/min)	效率 (%)	轴功率 (kW)	电动机功率 (kW)	重量 (kg)	生产厂
		m³/h	L/s							
KZ12~32	A	11.7	3.25	28	2950	49	2.18	2.2		沈阳蓝天工业泵厂
	B	10.8	3.01	24		48	1.86	2.2		
KZ12~50	A	11.7	3.25	44		43	3.48	4		
	B	10.8	3.01	38		43	2.88	3		
KZ25~32	A	23.4	6.5	28		60	3.29	4		
	B	21.7	6.03	24		59	2.75	3		
KZ25~50	A	23.4	6.5	44		55	5.25	7.5		
	B	21.7	6.03	38		54	4.35	5.5		
KZ50~32	A	48.6	13	28		68	5.46	7.5		
	B	43.3	12.04	24		67	4.49	5.5		
KZ50~50	A	46.8	13	44		64	8.74	11		
	B	43.3	12.04	38		64	7.09	11		
KZ50~80	A	46.8	13	70		58	14.88	18.5		
	B	43.3	12.04	60		57	12.1	15		
KZ100~32	A	93.5	26	28		73.5	9.71	15		
	B	86.6	24.1	24		73	7.86	11		

1.1 单级离心清水泵

续表

型 号		流 量		扬程 (m)	转速 n (r/min)	效 率 (%)	轴功率 (kW)	电动机 功率 (kW)	重 量 (kg)	生产厂
		m³/h	L/s							
KZ100~50	A	93.5	26	44		71	15.45	18.5		
	B	86.6	24.1	38		70	12.63	15		
KZ100~80	A	93.5	26	70		67	25.6	30		
	B	86.6	24.1	60		66	20.8	30		
KZ100~125	A	95.5	26.5	114		61	46.1	55		沈阳蓝天工业泵厂
	B	90.8	25.2	103		60	40.3	55		
	C	85.8	23.8	92	2950	59	34.6	45		
KZ200~50	A	187	52	44		76	29	37		
	B	173	48.1	38		75	23.7	30		
KZ200~80	A	187	52	70		73	47.3	55		
	B	173	48.1	60		72	38.2	45		
KZ200~125	A	191	53.1	114		73	78.1	110		
	B	181.6	50.44	103		72	68.1	90		
	C	171.6	47.66	92		71	58.3	75		

注：电动机转速 2950r/min。

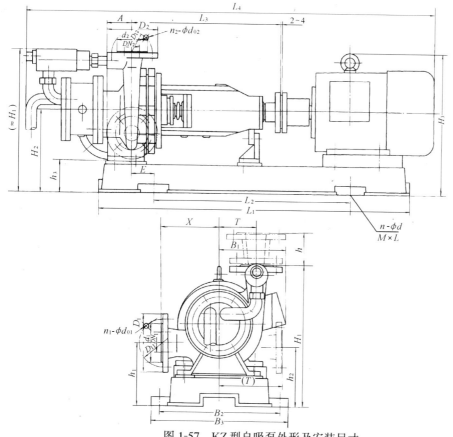

图 1-57 KZ型自吸泵外形及安装尺寸

表 1-33 KZ 型自吸泵外形及安装尺寸 (mm)

型号	电动机型号	A	B_1	B_2	B_3	H_1	H_2	H_3	h_1	$h_2$①	h_3	L_1	L_2	L_3	$L_4$②	E	X	T	$n-\phi d$ $M\times L$	进口法兰 d_1	D_1	D_{11}	DN_1	h	$n_1-\phi d_{01}$	出口法兰 d_2	D_2	D_{12}	DN_2	$n_2-\phi d_{02}$
KZ12-32	Y100L-2	50	180	320	370	400	240	385	200	—	100	800	500	400	1180	50	160	95	4-24 M20×300	102	165	125	50	100	4-17.5	88	150	110	40	4-17.5
KZ12-50	Y132S$_1$-2	50													1280		180	115												
KZ25-32	Y132S$_1$-2	55	210	380	430	440	260	443	200	—		1000	630	470	1350	70	160	100		122	185	145	65			102	165	125	50	
KZ25-50	Y132S$_2$-2	55																117												
KZ50-32			255	440	490	460		485									180	105												
KZ50-50	Y160M-2	60	255	440	490	460		485			100	1140	740		1450	90		120		133	200	160	80	120	8-17.5	122	185	145	65	
KZ50-80	Y180M-2	60	285	480	530	560		575	240	195		1200	840	500	1570	50	250	(250)												
KZ100-32	Y160M-2	60	255	440	490	325		510				1140	740	470	1450		200	110								133	200	160	80	8-17.5
KZ100-50	Y180M-2	60	285	480	530	575		555	225	—		1200	840		1570	90		125	4-24 M20×400											
KZ100-80	Y200L$_2$-2		310	500	560			600				1300		500	1680		250	156		158	220	180	100	150						
KZ100-125	Y280S-2	105	410	670	730	650	395	755	245	212	95	1640	1240		1960	-25	360	(360)												
KZ200-50	Y225M-2		345	540	600	680	380	685	280		100	1540	1040	555	1780	0	250	130	4-28 M24×400	212	315	280	150	200	8-22	184	250	210	125	8-17.5
KZ200-80	Y280S-2	105	410	670	730	675	375	735	275	—	95	1640	1240		1960		250	160												
KZ200-125	Y315S-2		460	740	800	700	465	910	315	285	150	1800	1200		2200	80	360	(360)												

① 本栏有数值规格，其出水口为划线位置；无数值规格，其出水口实线位置。
② 本栏数值为参考尺寸，非准确值。

1.1.12 ISG、IRG、GRG 型单级单吸管道离心泵

(1) 用途：ISG 型单级单吸管道离心泵供输送清水及物理、化学性质类似于清水的其他液体。适用于工业和城市给排水、高层建筑增压送水、园林喷灌、消防增压、暖通制冷循环、浴室等冷暖水循环增压及设备配套，使用温度小于 80℃。

IRG、(GRG)型立式热水(高温)循环泵，广泛用于能源、冶金、化工、纺织、造纸以及宾馆饭店等锅炉高温热水增压、循环输送；也可作为城市采暖系统循环用泵。IRG 型泵使用温度小于 120℃；GRG 型泵使用温度小于 240℃。

(2) 型号意义说明：

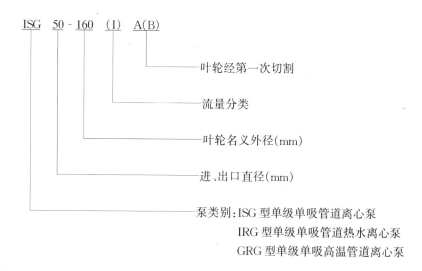

(3) 结构：ISG 型泵为立式结构，进、出口口径相同，且位于同一中心线上，叶轮直接安在电动机的加长轴上；可根据管道布置情况，泵采用竖式或横式安装。

泵进口压力小于等于 1.0MPa、系统最高工作压力小于等于 1.6MPa。泵工作环境温度小于 40℃；相对湿度小于 95%；输送介质中固体颗粒体积含量不超过 0.1%，粒度小于 0.2mm。

(4) 性能：ISG、IRG、GRG 型泵性能见表 1-34。

(5) 外形及安装尺寸：

ISG、IRG、GRG 型单级单吸管道离心泵外形及安装尺寸与安装方式见图 1-58～60 和表 1-34～36。

表 1-34 ISG、IRG、GRG 型泵性能、外形及安装尺寸

型号	流量 m³/h	流量 L/s	扬程 (m)	电动机功率 (kW)	效率 η (%)	气蚀余量 (NPSH)r (m)	外形尺寸 L (mm)	外形尺寸 B	外形尺寸 H	外形尺寸 A	法兰尺寸 DN	法兰尺寸 D	法兰尺寸 D_1	法兰尺寸 n-φd	b	4-φd_1	底脚尺寸 $B_1×C_1$	底脚尺寸 $B_2×C_2$	重量 (kg)	隔振器(垫) 规格	隔振器(垫) H_1	生产厂
ISG15-80	1	0.28	8	0.12	30	2.0	180	160	300	40	G1/2″	管牙		4-14	16	φ12	110×85	80×50	20		65	上海东方泵业有限公司，保定市太行特种泵厂生产40-180~100-200型，宁波巨神制泵实业公司
ISG20-110	2	0.56	15	0.37	34	2.0	240	230	360	55	G3/4″								25		80	
ISG20-160	2	0.56	32	0.75	30	2.0	280	230	360	65	G3/4″								30		90	
ISG25-100	3	0.83	12.5	0.37	42	2.0	240	230	360	69	25	115	85						25		94	
ISG25-125	3	0.83	20	0.75	36	2.0	280	245	418	69									27			
ISG25-160	3	0.83	32	1.1	32	2.0	320	270	406	69									38			
ISG25-160A	2.6	0.72	25	0.75	31	2.0	320	270	406	69									38			
ISG32-100	4.5	1.25	12.5	0.55	44	2.0	270	230	370	75	32	140	100				116×100	90×74	27	SD41-0.5	100	
ISG32-125	4.5	1.25	20	0.75	38	2.0	290	245	424	75									30			
ISG32-125A	4	1.1	16	0.55	37	2.0	290	230	389	75									30			
ISG32-160	4.5	1.25	32	1.5	35	2.0	340	282	443	75									40			
ISG32-160A	4	1.1	25	1.1	34	2.0	340	272	418	75									38			
ISG32-200	4.5	1.25	50	3	32	2.0	430	299	493	80									55		105	
ISG32-200A	4	1.1	40	2.2	31	2.0	430	299	468	80									50			
ISG40-100	6.3	1.75	12.5	0.55	54	2.0	260	230	370	85							132×106	160×80	28		110	
ISG40-100A	5.5	1.53	8	0.37	52.6	2.0	260	230	370	85									25			
ISG40-125	6.3	1.75	20	1.1	46	2.0	300	250	431	85									33			
ISG40-125A	5.5	1.53	16	0.75	44	2.0	300	250	431	85									33			
ISG40-160	6.3	1.75	32	2.2	40	2.0	340	270	478	90							114×84	90×60	40			
ISG40-160A	5.5	1.53	25	1.5	38	2.0	340	270	453	90									36			
ISG40-200	6.3	1.75	50	4	33	2.0	360	330	555	90									70		115	
ISG40-200A	5.5	1.53	40	3	31	2.0	360	319	535	90									62			
ISG40-250	6.3	1.75	80	7.5	27.5	2.0	350	372	626	85									98	SD61-0.5	110	
ISG40-250A	5.5	1.53	65	5.5	26	2.0	350	372	626	85									90			
ISG40-100(I)	12.5	3.5	12.5	0.75	62	2.5	320	240	441	95	40	150	110	4-18	18	16	140×115	110×80	30		120	
ISG40-100(I)A	10.5	2.9	8	0.55	60	2.5	320	225	406	95									35			
ISG40-125(I)	12.5	3.5	20	1.5	58	2.5	300	260	448	90									36	SD41-0.5	115	
ISG40-125(I)A	10.5	2.9	16	1.1	56	2.5	300	250	433	90						14			32			
ISG40-160(I)	12.5	3.5	32	3	52	2.5	320	302	548	105						16			55		130	
ISG40-160(I)A	10.5	2.9	25	2.2	50	2.5	320	282	508	105									46			
ISG40-200(I)	12.5	3.5	50	5.5	46	2.5	380	354	630	100									90	SD61-0.5	125	
ISG40-200(I)A	10.5	2.9	40	4	44	2.5	380	335	575	100									65			
ISG40-250(I)	12.5	3.5	80	11	36	2.5	450	428	754	105						14			135	JSD-85	255	
ISG40-250(I)A	10.5	2.9	65	7.5	35	2.5	450	372	654	105									90			
ISG50-100	12.5	3.5	12.5	0.75	62	2.0	320	240	441	95	50	165	125		20	16			35	SD41-0.5	120	
ISG50-100A	10.5	2.9	8	0.55	60	2.0	320	225	406	95									32			
ISG50-125	12.5	3.5	20	1.5	60	2.0	300	260	448	90						14			38		115	
ISG50-125A	10.5	2.9	16	1.1	58	2.0	300	250	433	90									34			
ISG50-160	12.5	3.5	32	3	54	2.0	300	302	548	105						16			57	SD61-0.5	130	
ISG50-160A	10.5	2.9	25	2.2	53	2.0	300	282	508	105									48			

1.1 单级离心清水泵

续表

型号	流量 m³/h	流量 L/s	扬程(m)	电动机功率(kW)	效率η(%)	气蚀余量(NPSH)r(m)	外形尺寸L(mm)	B	H	A	法兰尺寸DN	D	D₁	n-φd	b	4-φd₁	底脚尺寸B₁×C₁	B₂×C₂	重量(kg)	隔振器规格	H₁	生产厂
ISG50-200	12.5	3.5	50	5.5	48	2.0	380	354	630	100	50	165	125	4-18	20	16	140×115	110×80	91	SD61-0.5	125	上海东方泵业有限公司 四川嘉陵水泵厂生产 50-380~100-550型、宁波巨神泵业实业公司
ISG50-200A	10.5	2.9	40	4	46	2.0	380	335	575	100									66	SD61-0.5	125	
ISG50-250	12.5	3.5	80	11	44	2.0	450	428	754	105									137	JSD-85	225	
ISG50-250A	10.5	2.9	65	7.5	42	2.0	450	372	654	105									92			
ISG50-100(I)	25	6.9	12.5	1.5	69	2.5	320	250	458	100						14	162×122	130×90	40	SD41-0.5	120	
ISG50-100(I)A	20	5.6	10	1.1	68	2.5	320	240	443	100									36			
ISG50-125(I)	25	6.9	20	2.2	67	2.5	360	260	513	100									56	SD61-0.5	125	
ISG50-125(I)A	20	5.6	16	1.5	64	2.5	360	250	488	100									47			
ISG50-160(I)	25	6.9	32	4	63	2.5	380	310	565	105									70			
ISG50-160(I)A	20	5.6	25	3	59	2.5	380	300	545	105						16			61	SD61-0.5	130	
ISG50-200(I)	25	6.9	50	7.5	58	2.5	400	355	646	105									95			
ISG50-200(I)A	20	5.6	40	5.5	56.5	2.5	400	355	646	105									88			
ISG50-250(I)	25	6.9	80	15	48.5	3.0	460	428	782	110									165	JSD-85	260	
ISG50-250(I)A	20	5.6	65	11	47	3.0	460	428	782	110									155			
ISG50-315(I)	25	6.9	125	30	42	3.0	550	480	800	110						14	220×160	180×120	340			
ISG50-315(I)A	20	5.6	100	22	40	3.0	550	470	800	110									290			
ISG65-100	25	6.9	12.5	1.5	72	2.0	320	250	458	100	65	185	145						41	SD41-0.5	125	
ISG65-100A	20	5.6	8	1.1	70	2.0	320	240	443	100									37			
ISG65-125	25	6.9	20	2.2	69	2.0	360	260	513	100									56			
ISG65-125A	20	5.6	16	1.5	68	2.0	360	250	488	100									47			
ISG65-160	25	6.9	32	4	65	2.0	380	310	565	105							162×122	130×90	71	SD61-0.5	125	
ISG65-160A	20	5.6	25	3	64	2.0	380	300	545	105									62			
ISG65-200	25	6.9	50	7.5	60	2.0	400	355	646	105									97			
ISG65-200A	20	5.6	40	5.5	59	2.0	400	355	646	105									90			
ISG65-250	25	6.9	80	15	50	2.0	460	428	782	110						16			166	SD61-0.5	130	
ISG65-250A	20	5.6	65	11	49	2.0	460	428	782	110									156			
ISG65-315	25	6.9	125	30	40	2.5	550	480	800	110						14	220×160	180×120	350	JSD-85	260	
ISG65-315A	20	5.6	100	22	38	2.5	550	470	800	110									300			
ISG65-100(I)	50	13.9	12.5	3	78	3.2	400	295	563	120						16	172×122	149×90	59	SD61-0.5	145	
ISG65-100(I)A	44	12.2	10	2.2	76.5	3.2	400	285	533	120									50			
ISG65-125(I)	50	13.9	20	5.5	75	3.2	400	318	655	125						18			88		150	
ISG65-125(I)A	44	12.2	16	4	74	3.2	400	298	600	125									63			
ISG65-160(I)	50	13.9	32	7.5	73	3.0	400	331	660	130						14	172×122	140×90	97	SD61-0.5	155	
ISG65-160(I)A	44	12.2	28	5.5	72	3.0	400	331	660	130									90			
ISG65-160(I)B	40	11.1	24	4	70.5	3.0	400	311	606	130									65			
ISG65-200(I)	50	13.9	50	15	69	3.0	450	410	795	125						16	182×132	150×100	158	JSD-85	275	
ISG65-200(I)A	44	12.2	44	11	68	3.0	450	355	695	125									148			
ISG65-200(I)B	40	11.1	38	7.5	66	3.0	450	355	695	125									103			
ISG65-250(I)	50	13.9	80	22	63	3.0	500	450	867	130									230		280	
ISG65-250(I)A	44	12.2	70	18.5	62	3.0	500	430	847	130									200			

续表

型号	流量		扬程(m)	电动机功率(kW)	效率η(%)	气蚀余量(NPSH)r(m)	外形尺寸(mm)				法兰尺寸(mm)				底脚尺寸(mm)				重量(kg)	隔振器(垫)		生产厂
	m³/h	L/s					L	B	H	A	DN	D	D_1	n-φd	4-φd_1	$B_1 \times C_1$	$B_2 \times C_2$	b		规格	H_1	
ISG80-100	50	13.9	12.5	3	78	3.2	400	295	563	120	80	200	160	8-18	16	172×122	140×90	22	59	SD61-0.5	145	上海东方泵业有限公司
ISG80-100A	44	12.2	10	2.2	76.5	3.2	400	285	533	120									50			
ISG80-125	50	13.9	20	5.5	75	3.2	400	318	655	125					18				89		150	
ISG80-125A	44	12.2	16	4	74	3.0	400	298	600	125									64			
ISG80-160	50	13.9	32	7.5	73	3.0	400	331	660	130					14				97		155	
ISG80-160A	44	12.2	28	5.5	72	3.0	400	331	660	130									90			
ISG80-160B	40	11.1	24	4	70.5	3.0	400	311	605	130									65			
ISG80-200	50	13.9	50	15	69	3.0	450	410	795	125					16	182×132	150×100		158		275	
ISG80-200A	44	12.2	44	11	68	3.0	450	410	795	125									148			
ISG80-200B	40	11.1	38	7.5	66	3.0	450	355	695	125									105			
ISG80-250	50	13.9	80	22	63	3.0	500	450	867	130									235		280	
ISG80-250A	44	12.2	70	18.5	62.5	3.0	500	430	847	130									204			
ISG80-250B	40	11.1	60	15	61	3.0	500	430	802	130									185			
ISG80-315	50	13.9	125	37	60	3.0	500	528	955	110					18	236×186	200×150		450	JSD-85	260	
ISG80-315A	44	12.2	113	37	58	3.0	500	528	955	110									450			
ISG80-315B	40	11.1	101	30	56	3.0	500	528	955	110									410			
ISG80-350	50	13.9	150	55	52	4.0	630	610	1100	120						260×202	220×166		570		270	
ISG80-350A	44	12.2	142	45	50.5	4.0	630	575	1015	120									470			
ISG80-350B	40	11.1	135	37	50	4.0	630	545	975	120									440			
ISG80-100(I)	100	27.8	12.5	5.5	78	4.0	460	331	665	140						216×156	180×120		106	SD61-0.5	165	
ISG80-100(I)A	88	24.4	10	4	76	4.0	460	311	610	140									81			
ISG80-125(I)	100	27.8	20	11	78	4.0	400	400	782	140									144		290	
ISG80-125(I)A	88	24.4	16	7.5	77	4.0	400	350	682	140									100			
ISG80-160(I)	100	27.8	32	15	78	4.5	500	395	822	150									170		310	
ISG80-160(I)A	88	24.4	28	11	76.5	4.5	500	395	822	150									160			
ISG80-160(I)B	80	22.2	24	7.5	76	4.5	500	340	722	150									115	JSD-85		
ISG80-200(I)	100	27.8	50	22	76	4.5	500	440	872	135						192×142	160×110		235		285	
ISG80-200(I)A	88	24.4	44	18.5	75	4.5	500	440	852	135									200			
ISG80-200(I)B	80	22.2	38	15	72	4.5	500	420	807	135									185			
ISG80-250(I)A	100	27.8	80	37	72	4.5	550	493	1000	155					14			24	410	JSD-120	305	
ISG80-250(I)B	88	24.4	70	30	71.5	4.5	550	493	1000	155									395			
ISG80-250(I)	80	22.2	60	22	69	4.5	550	463	895	155									335			
ISG100-100	100	27.8	12.5	5.5	76	4.0	460	331	665	140	100	220	180			216×156	180×120		107	SD61-0.5	165	
ISG100-100A	88	24.4	10	4	75	4.0	460	311	610	140									82			
ISG100-125	100	27.8	20	11	76	4.0	400	400	782	140					16				145	JSD-85	290	
ISG100-125A	88	24.4	16	7.5	75.5	4.0	400	350	682	140									100			
ISG100-160	100	27.8	32	15	75.5	4.2	500	395	822	150						192×142	160×110		170		300	
ISG100-160A	88	24.4	28	11	74	4.2	500	395	822	150									160			
ISG100-160B	80	22.2	24	7.5	73	4.2	500	340	722	150									115			
ISG100-200	100	27.8	50	22	74	4.2	500	440	872	135					14				235		285	

注: 1. 电动机转速全部为2900r/min。
2. IRG、GRG型泵性能、外形与安装尺寸与ISG型泵相同。

1.1 单级离心清水泵

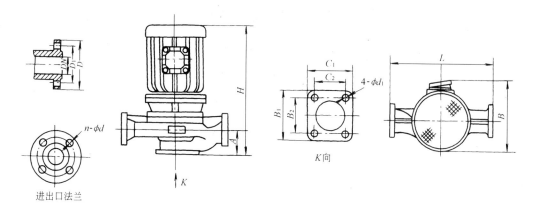

图1-58 ISG、IRG、GRG型泵外形及安装尺寸

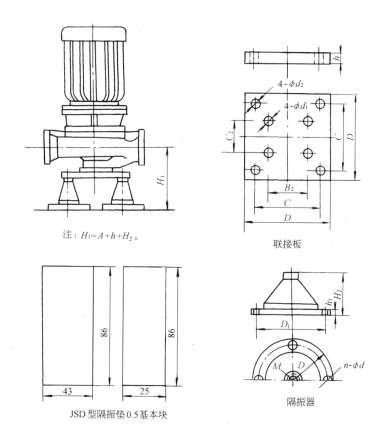

图1-59 ISG、IRG、GRG型泵(带隔振垫或隔振器附件)安装尺寸
（上海东方泵业制造公司）

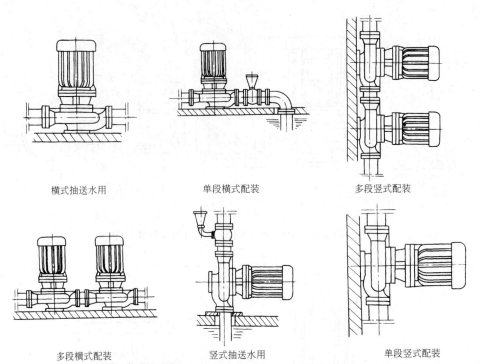

横式抽送水用　　　单段横式配装　　　多段竖式配装

多段横式配装　　　竖式抽送水用　　　单段竖式配装

图 1-60　ISG、IRG、GRG 型泵安装方式示意

联接板安装尺寸　　　　　　　　　　　　　　　表 1-35

规格	B_2	C_2	$C \times C$	$D \times D$	h	ϕd_1	ϕd_2
1#	160	100	340×340	400×400	75	18	16
2#	180	120	340×340	400×400	75	18	16
3#	240	150	340×340	400×400	75	22	16
4#	260	210	440×440	500×500	75	22	18 或 16
5#	280	230	440×440	500×500	75	22	18 或 16
6#	320	250	540×540	600×600	75	22	18 或 16
7#	400	300	740×740	800×800	75	22	20 或 18
8#	450	400	740×740	800×800	75	26	20 或 18

隔振器安装尺寸　　　　　　　　　　　　　　　表 1-36

型号	M	D	D_1	H_2	h_1	$n\text{-}\phi d$
JSD-85	14	200	170	75	9	4-12
JSD-120	14	200	170	75	9	4-12
JSD-150	16	200	170	85	9	4-14
JSD-210	16	200	170	85	9	4-14
JSD-330	18	200	170	95	9	4-16
JSD-530	18	200	170	95	9	4-16

1.2 多级离心泵

1.2.1 D型单吸多级节段式离心泵

(1) 用途:D型单吸多级节段式离心泵供输送清水及物理、化学性质类似于清水,温度不大于80℃的液体。适用于工业和城镇给水及矿山排水。

(2) 型号意义说明:

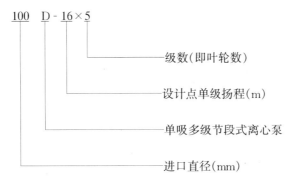

(3) 结构:D型单吸、多级、分段卧式离心泵,主要由进水段、中段、出水段、导叶、轴承体等组成。泵的进水口成水平方向,出水口为垂直向上。泵的旋转方向,从电动机端向泵看,泵为顺时针方向旋转。

(4) 性能:D型单吸、多级、分段卧式离心泵性能见图1-61~64和表1-37。

(5) 外形及安装尺寸:D型多级离心泵外形及安装尺寸见图1-65和表1-38。

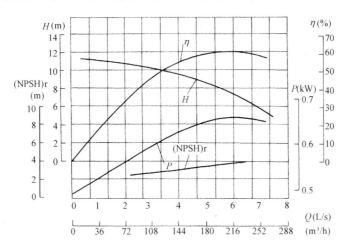

图1-61 50D-8型泵单级性能曲线
($n=2950$r/min)

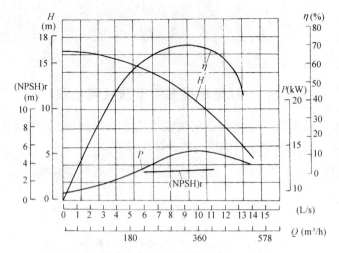

图 1-62 80D-12 型泵单级性能曲线（$n=2950$r/min）

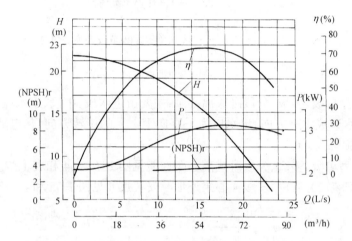

图 1-63 100D-16 型泵单级性能曲线（$n=2950$r/min）

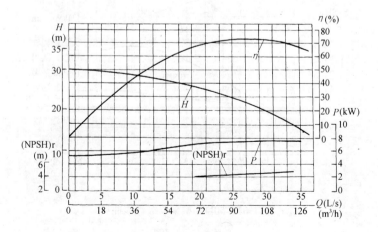

图 1-64 125D-25 型泵单级性能曲线（$n=2950$r/min）

D型多级离心泵性能

表 1-37

型号	级数	流量 Q (m³/h)	流量 Q (L/s)	扬程 H (m)	转数 n (r/min)	轴功率 (kW)	电动机功率 (kW)	效率 η (%)	气蚀余量 (NPSH)r (m)	重量 (kg)	生产厂
50D-8	3	12.6 18.0 21.6	3.5 5.0 6.0	29.1 25.5 21.9	2950	1.8 1.9 2.0	2.2	55 64.5 65	3.0 3.4 3.8	65	新乡水泵厂、博山水泵厂、嘉陵水泵厂、哈尔滨水泵厂、佛山水泵厂、兰州水泵厂、威海水泵厂、广州水泵厂、长春水泵厂、成都水泵厂、无锡水泵厂
	4	12.6 18.0 21.6	3.5 5.0 6.0	38.8 34.0 29.2		2.4 2.5 2.6	3.0	55 64.5 65	3.0 3.4 3.8	77	
	5	12.6 18.0 21.6	3.5 5.0 6.0	48.5 42.5 36.0		3.0 3.2 3.3	4.0	55 64.5 65	3.0 3.4 3.8	90	
	6	12.6 18.0 21.6	3.5 5.0 6.0	58.2 51.0 43.8		3.6 3.9 4.0	5.5	55 64.5 65	3.0 3.4 3.8	102	
	7	12.6 18.0 21.6	3.5 5.0 6.0	67.9 59.5 51.1		4.2 4.5 4.6		55 64.5 65	3.0 3.4 3.8	114	
	8	12.6 18.0 12.6	3.5 5.0 6.0	77.6 68.0 58.4		4.8 5.1 5.3	7.5	55 64.5 65	3.0 3.4 3.8	126	
	9	12.6 18.0 21.6	3.5 5.0 6.0	87.3 76.5 65.7		5.4 5.8 5.9		55 64.5 65	3.0 3.4 3.8	138	
80D-12	2	21.6 34.6 39.6	6.0 9.6 11	27.6 22.5 19	2950	2.66 3.03 3.01	4.0	61 70 68	3.2 3.3 3.4	100	
	3	21.6 34.6 39.6	6.0 9.6 11	41.8 34.2 28.5		4.03 4.6 4.52	5.5	61 70 68	3.2 3.3 3.4	118	
	4	21.6 34.6 39.6	6.0 9.6 11	55.2 45.6 38		5.32 6.13 6.03	7.5	61 70 68	3.2 3.3 3.4	136	
	5	21.6 34.6 39.6	6.0 9.6 11	69 57 47.5		6.65 7.66 7.53	11.0	61 70 68	3.2 3.3 3.4	154	
	6	21.6 34.6 39.6	6.0 9.6 11	82.8 68.4 60		7.98 9.2 9.52		61 70 68	3.2 3.3 3.4	172	
	7	21.6 34.6 39.6	6.0 9.6 11	96.6 79.8 65.8		9.32 10.73 10.44	15.0	61 70 68	3.2 3.3 3.4	190	
	8	21.6 34.6 39.6	6.0 9.6 11	110.4 91.2 79		10.65 12.26 12.53		61 70 68	3.2 3.3 3.4	208	
	9	21.6 34.6 39.6	6.0 9.6 11	124.2 102.6 84.7		12 13.8 13.43	18.5	61 70 68	3.2 3.3 3.4	226	

续表

型号	级数	流量 Q		扬程 H (m)	转数 n (r/min)	轴功率 (kW)	电动机功率 (kW)	效率 η (%)	气蚀余量 (NPSH)r (m)	重量 (kg)	生产厂
		m³/h	L/s								
100D-16	2	39.6 54.0 72.0	11 15 20	36.8 31.0 20.4	1950	5.8 6.3 5.9	7.5	67.5 72.5 67.0	3.3 3.4 3.7	135	新乡水泵厂、博山水泵厂、嘉陵水泵厂、哈尔滨水泵厂、佛山水泵厂、兰州水泵厂、威海水泵厂、广州水泵厂、长春水泵厂、成都水泵厂、无锡水泵厂
	3	39.6 54.0 72.0	11 15 20	55.2 46.5 30.6		8.8 9.4 9.0	11.0	67.5 72.5 67.0	3.3 3.4 3.7	157	
	4	39.0 54.0 72.0	11 15 20	73.6 62.0 40.8		11.7 12.6 11.9	18.5	67.5 72.5 67.0	3.3 3.4 3.7	179	
	5	39.6 54.0 72.0	11 15 20	92.0 77.5 51.0		14.7 15.7 14.9	22.0	67.5 72.5 67.0	3.3 3.4 3.7	201	
	6	39.6 54.0 72.0	11 15 20	110.4 93.0 61.2		17.6 18.8 17.9	22.0	67.5 72.5 67.0	3.3 3.4 3.7	223	
	7	39.6 54.0 72.0	11 15 20	128.8 105.8 71.4		20.6 21.5 20.9	30.0	67.5 72.5 67.0	3.3 3.4 3.7	245	
	8	39.6 54.0 72.0	11 15 20	147.2 124.0 81.6		23.5 25.2 23.9	30.0	67.5 72.5 67.0	3.3 3.4 3.7	267	
	9	39.6 54.0 72.0	11 15 20	165.6 139.5 91.8		26.5 28.3 26.9	37.0	67.5 72.5 67.0	3.3 3.4 3.7	289	
125D-25	2	72 101 119	20 28 33	51.2 43.0 35.0	2950	14.6 16.2 16.1	18.5	69 73 70	4.2 4.5 4.8	261	
	3	72 101 119	20 28 33	76.8 64.5 52.5		21.9 24.4 23.3	30.0	69 73 70	4.2 4.5 4.8	298	
	4	72 101 119	20 28 33	102.4 86.0 70.0		29.2 32.4 32.4	37.0	69 73 70	4.2 4.5 4.8	335	
	5	72 101 119	20 28 33	128.0 107.5 87.5		36.5 40.6 40.6	45.0	69 73 70	4.2 4.5 4.8	372	
	6	72 101 119	20 28 33	153.6 129.0 105.0		43.7 48.6 48.5	55.0	69 73 70	4.2 4.5 4.8	409	
	7	72 101 119	20 28 33	179.2 150.5 122.5		49.0 55.3 55.1	75.0	72 75 72	4.2 4.5 4.8	446	
	8	72 101 119	20 28 33	204.8 172.0 140.0		56.0 63.1 63.1	75.0	72 75 72	4.2 4.5 4.8	483	
	9	72 101 119	20 28 33	230.4 193.5 157.5		63.0 71.0 70.9	90.0	72 75 72	4.2 4.5 4.8	520	

1.2 多级离心泵

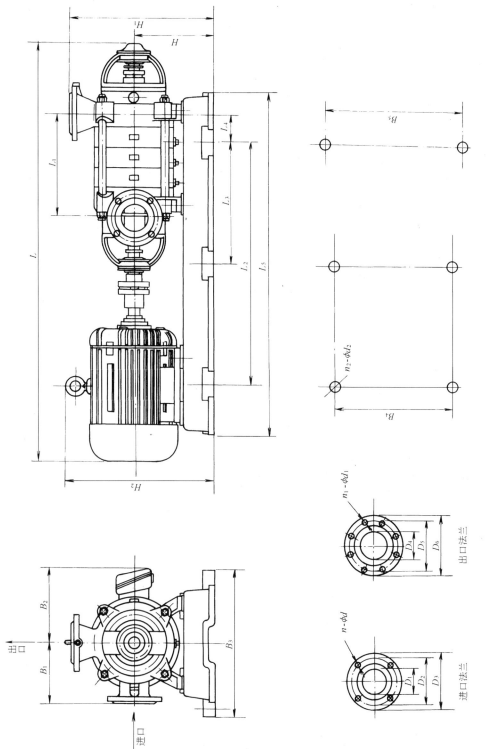

图 1-65　D 型多级离心泵外形及安装尺寸（新乡水泵厂）

表 1-38 D型多级离心泵外形及安装尺寸

型号	级数	电动机型号	功率(kW)	外形及安装尺寸 (mm)															进、出口法兰尺寸 (mm)							
				L	L_1	L_2	L_3	L_4	L_5	B_1	B_2	B_3	B_4	B_5	H	H_1	H_2	$n_2\text{-}\phi d_2$	D_1	D_2	D_3	D_4	D_5	D_6	$n\text{-}\phi d$	$n_1\text{-}\phi d_1$
50D-8	3	Y90L-2	2.2	1047	227	556	—	94	859	170	155	430	300	370	230	400	330	4-20	65	130	160	50	125	160	4-14	4-18
	4	Y100L-2	3	1152	287	610	—	123	928		180	430	300	370	227	397	372									
	5	Y112M-2	4	1232	347	656	—	147	1015		190	430	370	370	252	422	405									
	6	Y132S$_1$-2	5.5	1367	407	746	—	183	1177		210	430	370	370	272	442	455									
	7	Y132S$_1$-2	5.5	1427	467	746	—	213	1177		210	430	370	370	272	442	445									
	8	Y132S$_2$-2	7.5	1487	527	840	—	192	1300		210	440	370	370	267	437	450	4-25									
	9	Y132S$_2$-2	7.5	1547	587	840	—	252	1300		210	440	370	370	267	437	450	4-25									
80D-12	2	Y112M-2	4	1123	192	596	—	74	890	170	190	490	360	430	262	472	415	4-20	80	150	185	80	160	195	4-18	4-18
	3	Y132S$_1$-2	5.5	1267	262	705	—	74	1078		210	490	430	430	262	472	445									
	4	Y132S$_2$-2	7.5	1337	332	705	—	144	1078		210	490	430	430	262	472	445									
	5	Y160M$_1$-2	11	1532	402	859	—	144	1337		255	490	430	430	270	480	495									
	6	Y160M$_1$-2	11	1602	472	859	—	214	1337		255	490	430	430	270	480	495									
	7	Y160M$_2$-2	15	1672	542	929	—	214	1494		255	520	460	460	285	495	510									
	8	Y160M$_2$-2	15	1742	612	929	—	284	1494		255	520	460	460	285	495	510									
	9	Y160L-2	18.5	1857	682	986	—	319	1593		255	520	460	460	285	495	510									

1.2 多级离心泵

续表

型号	级数	电动机型号	电动机功率(kW)	外形及安装尺寸 (mm) L	L_1	L_2	L_3	L_4	L_5	B_1	B_2	B_3	B_4	B_5	H	H_1	H_2	$n_2-\phi d_2$	进、出口法兰尺寸(mm) D_1	D_2	D_3	D_4	D_5	D_6	$n-\phi d$	$n_1-\phi d_1$
100D-16	2	Y132S-2	7.5	1260	229	660	—	92	1013	220	210	576	496	496	315	545	498	4-25	100	170	205	100	180	215	4-18	8-18
100D-16	3	Y160M₁-2	11	1462	306	782	—	131	1195	220	255	576	496	496	315	545	540	4-25	100	170	205	100	180	215	4-18	8-18
100D-16	4	Y160L-2	18.5	1584	383	855	—	170	1314	220	255	560	480	480	310	540	535	4-25	100	170	205	100	180	215	4-18	8-18
100D-16	5	Y180M-2	22	1686	460	927	—	166	1477	220	285	579	499	499	315	545	565	4-25	100	170	205	100	180	215	4-18	8-18
100D-16	6	Y180M-2	22	1763	537	927	—	243	1477	220	285	579	499	499	315	545	565	4-25	100	170	205	100	180	215	4-18	8-18
100D-16	7	Y200L₁-2	30	1945	614	1030	—	292	1725	220	310	620	540	540	345	575	620	4-25	100	170	205	100	180	215	4-18	8-18
100D-16	8	Y200L₁-2	30	2037	691	1030	—	369	1725	220	310	620	540	540	345	575	620	4-25	100	170	205	100	180	215	4-18	8-18
100D-16	9	Y200L₂-2	37	2114	768	1097	—	365	1830	220	310	645	565	565	365	595	640	4-25	100	170	205	100	180	215	4-18	8-18
125D-25	2	Y160L-2	18.5	1454	262	775	—	137	1223	280	255	660	470	580	340	640	565	4-30	125	200	235	125	220	270	8-18	8-25
125D-25	3	Y200L₁-2	30	1674	352	900	—	136	1476	280	310	660	580	580	370	670	645	4-30	125	200	235	125	220	270	8-18	8-25
125D-25	4	Y200L₂-2	37	1764	442	900	—	226	1476	280	310	660	580	580	370	670	645	4-30	125	200	235	125	220	270	8-18	8-25
125D-25	5	Y225M-2	45	1910	532	1000	—	205	1606	280	345	660	580	580	400	700	705	4-30	125	200	235	125	220	270	8-18	8-25
125D-25	6	Y250M-2	55	2115	622	1000	—	295	1809	280	385	682	602	602	420	720	745	6-30	125	200	235	125	220	270	8-18	8-25
125D-25	7	Y280S-2	75	2275	712	1400	700	100	2790	280	410	733	653	653	410	710	770	6-30	125	200	235	125	220	270	8-18	8-25
125D-25	8	Y280S-2	75	2365	802	1400	700	190	2067	280	410	733	653	653	410	710	770	6-30	125	200	235	125	220	270	8-18	8-25
125D-25	9	Y280M-2	90	2505	892	1500	750	240	2218	280	410	733	653	653	430	730	790	6-30	125	200	235	125	220	270	8-18	8-25

1.2.2 MS型多级离心泵

(1) 用途:MS型泵是引进日本先进技术制造的双蜗壳单吸多级分段式离心泵,供输送清水及物理、化学性质类似于水的液体,液体最高温度不得超过80℃;特殊规格的泵液体的最高温度不得超过100℃。MS型泵适用于农田灌溉、工厂及城镇给水;特别适用于城镇高层建筑及高级宾馆给水。

(2) 型号意义说明:

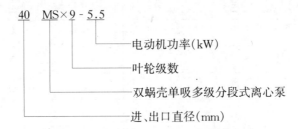

(3) 结构:MS型泵的结构由四大部分组成,即固定部分、转动部分、轴承部分和泵的密封部分。该型泵进水口成水平方向,出水口垂直向上,为防止液体进入轴承,在泵轴上装有O形耐油橡胶密封圈和挡水圈。泵工作室两端用软填料密封,以防止空气进入和液体大量渗出。泵的转动方向,从电动机方向看为顺时针方向旋转。

(4) 性能:MS型多级离心泵性能见表1-39。

MS型多级离心泵性能 表1-39

型号	级数	流量 Q		扬程 H (m)	转速 n (r/min)	电动机		气蚀余量 $(NPSH)r$ (m)	生产厂
		m³/h	L/s			功率 (kW)	机座号		
25MS×2-0.75	2	3.5 5.4 7.0	0.97 1.50 1.94	14.8 13.2 12.0	1450	0.75	802	3.0	哈尔滨水泵厂
25MS×3-1.1	3	3.5 5.4 7.0	0.97 1.50 1.94	22.2 19.8 18.0		1.1	90S	3.0	
25MS×4-1.1	4	3.5 5.4 7.0	0.97 1.50 1.94	29.6 26.4 24.0		1.1	90S	3.0	
25MS×5-1.5	5	3.5 5.4 7.0	0.97 1.50 1.94	37.0 33.0 30.0		1.5	90L	3.0	
25MS×6-2.2	6	3.5 5.4 7.0	0.97 1.50 1.94	44.4 39.6 36.0		2.2	100L₁	3.0	
25MS×7-2.2	7	3.5 5.4 7.0	0.97 1.50 1.94	51.8 46.2 42.0		2.2	100L₁	3.0	

1.2 多级离心泵

续表

型 号	级数	流量 Q		扬程 H (m)	转速 n (r/min)	电动机		气蚀余量 (NPSH)r (m)	生产厂
		m³/h	L/s			功率 (kW)	机座号		
25MS×8-2.2	8	3.5 5.4 7.0	0.97 1.50 1.94	59.2 52.8 48.0	1450	2.2	100L$_1$	3.0	哈尔滨水泵厂
25MS×9-3.0	9	3.5 5.4 7.0	0.94 1.50 1.94	66.6 59.4 54.0		3.0	100L$_2$	3.0	
25MS×10-3.0	10	3.5 5.4 7.0	0.97 1.50 1.94	74.0 66.0 60.0		3.0	100L$_2$	3.0	
40MS×2-1.5	2	5.4 8.4 10.8	1.5 2.33 3	19.6 17.4 14.8		1.5	90L	3.0	
40MS×3-1.5	3	5.4 8.4 10.8	1.5 2.33 3	29.4 26.1 22.2		1.5	90L	3.0	
40MS×4-2.2	4	5.4 8.4 10.8	1.5 2.33 3	39.2 34.8 29.6		2.2	100L$_1$	3.0	
40MS×5-3.0	5	5.4 8.4 10.8	1.5 2.33 3	49 43.5 37		3.0	100L$_2$	3.0	
40MS×6-4.0	6	5.4 8.4 10.8	1.5 2.33 3	58.8 52.2 44.4	1450	4.0	112M	3.0	
40MS×7-4.0	7	5.4 8.4 10.8	1.5 2.33 3	68.6 60.9 51.8		4.0	112M	3.0	
40MS×8-4.0	8	5.4 8.4 10.8	1.5 2.33 3	78.4 69.6 59.2		4.0	112M	3.0	
40MS×9-5.5	9	5.4 8.4 10.8	1.5 2.33 3	88.2 78.3 66.6		5.5	132S	3.0	
40MS×10-5.5	10	5.4 8.4 10.8	1.5 2.33 3	98 87 74		5.5	132S	3.0	
50MS×2-2.2	2	8.4 13.5 16.8	2.33 3.75 4.67	21.6 19.4 16.8	1450	2.2	100L$_1$	3.0	

续表

型 号	级数	流量 Q		扬程 H (m)	转速 n (r/min)	电动机		气蚀余量 (NPSH)r (m)	生产厂
		m³/h	L/s			功率 (kW)	机座号		
50MS×3-3.0	3	8.4 13.5 16.8	2.33 3.75 4.67	32.4 29.1 25.2	1450	3.0	100L$_2$	3.0	哈尔滨水泵厂
50MS×4-4.0	4	8.4 13.5 16.8	2.33 3.75 4.67	43.2 38.8 33.6		4.0	112M	3.0	
50MS×5-4.0	5	8.4 13.5 16.8	2.33 3.75 4.67	54 48.5 42		4.0	112M	3.0	
50MS×6-5.5	6	8.4 13.5 16.8	2.33 3.75 4.67	64.8 58.2 50.4		5.5	132S	3.0	
50MS×7-5.5	7	8.4 13.5 16.8	2.33 3.75 4.67	75.6 67.9 58.8		5.5	132S	3.0	
50MS×8-7.5	8	8.4 13.5 16.8	2.33 3.75 4.67	86.4 77.6 67.2		7.5	132M	3.0	
50MS×9-7.5	9	8.4 13.5 16.8	2.33 3.75 4.67	97.2 87.3 75.6		7.5	132M	3.0	
50MS×10-11	10	8.4 13.5 16.8	2.33 3.75 4.67	108 97 84		11	160M	3.0	
65MS×2-4.0	2	13.5 21.3 27	3.75 5.92 7.5	27 24 20.6	1450	4.0	112M	3.0	
65MS×3-5.5	3	13.5 21.3 27	3.75 5.92 7.5	40.5 36 30.9		5.5	132S	3.0	
65MS×4-7.5	4	13.5 21.3 27	3.75 5.92 7.5	54 48 41.2		7.5	132M	3.0	
65MS×5-11	5	13.5 21.3 27	3.75 5.92 7.5	67.5 60 51.5		11	160M	3.0	
65MS×6-11	6	13.5 21.3 27	3.75 5.92 7.5	81 72 61.8		11	160M	3.0	

续表

型 号	级数	流量 Q		扬程 H (m)	转速 n (r/min)	电动机		气蚀余量 (NPSH)r (m)	生产厂
		m³/h	L/s			功率 (kW)	机座号		
65MS×7-11	7	13.5 21.3 27	3.75 5.92 7.5	94.5 84 72.1	1450	11	160M	3.0	哈尔滨水泵厂
65MS×8-15	8	13.5 21.3 27	3.75 5.92 7.5	108 96 82.4		15	160L	3.0	
65MS×9-15	9	13.5 21.3 27	3.75 5.92 7.5	121.5 108 92.7		15	160L	3.0	
80MS×2-5.5	2	21.3 33.6 42.6	5.92 9.33 11.83	29.6 26.4 22.8		5.5	132S	3.0	
80MS×3-7.5	3	21.3 33.6 42.6	5.92 9.33 11.83	44.4 39.6 34.2		7.5	132M	3.0	
80MS×4×11	4	21.3 33.6 42.6	5.92 9.33 11.83	59.2 52.8 45.6		11	160M	3.0	
80MS×5-15	5	21.3 33.6 42.6	5.92 9.33 11.83	74 66 57	1450	15	160L	3.0	
80MS×6-15	6	21.3 33.6 42.6	5.92 9.33 11.83	88.8 79.2 68.4		15	160L	3.0	
80MS×7-18.5	7	21.3 33.6 42.6	5.92 9.33 11.83	103.6 92.4 79.8		18.5	180M	3.0	
80MS×8-22	8	21.3 33.6 42.6	5.92 9.33 11.83	118.4 105.6 91.2		22	180L	3.0	
80MS×9-22	9	21.3 33.6 42.6	5.92 9.33 11.83	133.2 118.8 102.6		22	180L	3.0	
100MS×2-11	2	33.6 54 67.2	9.33 15 18.67	42.4 38 31.6	1450	11	160M	3.5	
100MS×3-15	3	33.6 54 67.2	9.33 15 18.67	63.6 57 47.4		15	160L	3.5	

型号	级数	流量 Q		扬程 H (m)	转速 n (r/min)	电动机		气蚀余量 (NPSH)r (m)	生产厂
		m³/h	L/s			功率 (kW)	机座号		
100MS×4-22	4	33.6 54 67.2	9.33 15 18.67	84.8 76 63.2	1450	22	180L	3.5	哈尔滨水泵厂
100MS×5-30	5	33.6 54 67.2	9.33 15 18.67	106 95 79		30	200L	3.5	
100MS×6-30	6	33.6 54 67.2	9.33 15 18.67	127.2 114 94.8		30	200L	3.5	
100MS×7-37	7	33.6 54 67.2	9.33 15 18.67	148.4 133 110.6		37	225S	3.5	
100MS×8-45	8	33.6 54 67.2	9.33 15 18.67	169.6 152 126.4		45	225M	3.5	
100MS×9-45	9	33.6 54 67.2	9.33 15 18.67	190.8 171 142.2		45	225M	3.5	
125MS×2-18.5	2	54 84 108	15 23.33 30	52.4 45 36.2	1450	18.5	180M	3.5	
125MS×3-30	3	54 84 108	15 23.33 30	78.6 67.5 54.3		30	200L	3.5	
125MS×4-37	4	54 84 108	15 23.33 30	104.8 90 72.4		37	225S	3.5	
125MS×5-45	5	54 84 108	15 23.33 30	131 112.5 90.5		45	225M	3.5	
125MS×6-55	6	54 84 108	15 23.33 30	157.2 135 108.6		55	250M	3.5	
125MS×7-75	7	54 84 108	15 23.33 30	183.4 157.5 126.7		75	280S	3.5	

(5) 外形及安装尺寸：MS型多级离心泵外形及安装尺寸见图1-66及表1-40、41。

1.2 多级离心泵

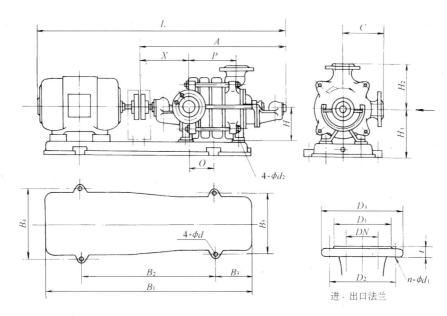

图 1-66 MS 型泵外形及安装尺寸

MS 型泵外形及安装尺寸 表 1-40

型号	级数	外形尺寸 (mm)										底座 (mm)					
		C	L	A	H_1	O	P	X	H_2	H	ϕd_1	B_2	B_3	B_1	B_4	B_5	ϕd_2
25MS	2	145	911	623	205	67	140	253	155	140	12	420	130	680	240	240	15
	3		911	678	215	161	195	253				510	150	810	260	260	15
	4		1046	733	215	161	250	253				510	150	810	260	260	15
	5		1126	788	215	216	305	253				590	150	890	260	260	15
	6		1226	843	215	357	360	253				740	175	1090	280	280	15
	7		1281	898	215	357	415	253				740	175	1090	280	280	15
	8		1336	953	215	357	470	253				740	175	1090	280	280	15
	9		1391	1008	215	462	525	253				840	180	1200	280	280	15
	10		1446	1063	215	462	580	253				840	180	1200	280	280	15
40MS	2	160	961	623	215	131	150	243	175	140	12	500	175	820	290	290	15
	3		1016	678	215	131	205	243				500	175	820	290	290	15
	4		1116	733	215	138	260	243				500	175	854	310	310	15
	5		1171	788	215	243	315	243				610	170	954	310	310	15
	6		1246	843	215	271	370	243				650	175	1000	310	310	15
	7		1301	898	225	371	425	243				730	195	1120	310	310	19
	8		1356	953	225	371	480	243				730	195	1120	310	310	19
	9		1486	1008	225	427	535	243				800	225	1250	340	260	19
	10		1541	1063	235	452	590	243				840	210	1260	340	260	19

续表

型号	级数	外形尺寸 (mm)									底座 (mm)					
		C	L	A	H_1	O	P	X	H_2	H	ϕd_1	B_2	B_3	B_1	B_4	B_5	ϕd_2
50MS	2	180	1021	638	225	85	158	250	195	150	12	473	164	800	290	290	15
	3		1081	698	225	131	218	250				500	175	855	290	290	15
	4		1161	758	227	219	278	250				610	170	950	310	310	15
	5		1221	818	227	219	338	250				610	170	950	310	310	15
	6		1356	878	235	266	398	250				700	210	1124	340	260	15
	7		1416	938	235	305	458	250				700	210	1124	340	260	15
	8		1516	998	245	451	518	250				870	220	1320	340	260	19
	9		1576	1058	245	451	578	250				870	220	1320	340	260	19
	10		1721	1118	255	496	638	250				960	220	1484	390	260	19
65MS	2	195	1083	680	245	149	180	260	210	170	15	540	180	900	310	310	15
	3		1223	745	245	149	245	260				540	180	950	344	344	15
	4		1330	812	245	210	310	262				650	186	1055	340	340	19
	5		1480	877	255	316	375	262				850	210	1270	390	310	19
	6		1545	942	255	316	440	262				850	210	1270	390	310	19
	7		1610	1007	265	361	505	262				870	230	1330	390	310	19
	8		1720	1072	265	469	570	262				1000	250	1500	390	310	19
	9		1785	1137	265	469	635	262				1000	250	1500	390	310	19
80MS	2	210	1175	697	255	168	197	265	230	180	15	650	170	1000	340	340	15
	3		1285	767	255	168	267	265				650	170	1000	340	340	15
	4		1440	837	265	220	337	265				764	200	1164	390	310	19
	5		1562	914	265	317	407	272				900	210	1320	390	310	19
	6		1632	984	265	317	477	272				900	210	1320	390	310	19
	7		1727	1054	280	460	547	272				1020	240	1500	430	310	19
	8		1837	1124	280	460	617	272				1020	311	1610	430	310	19
	9		1907	1194	280	460	687	272				1020	311	1610	430	310	19
100MS	2	250	1394	791	300	208	225	291	270	215	19	800	225	1250	390	390	19
	3		1524	876	300	208	310	291				800	225	1250	390	390	19
	4		1674	961	315	315	395	291				960	167	1350	430	350	19
	5		1824	1046	315	288	480	291				1020	240	1435	590	390	19
	6		1909	1131	315	315	565	291				960	386	1610	475	350	19
	7		2039	1216	345	560	650	291				1185	400	1920	515	360	19
	8		2149	1301	345	560	735	291				1185	400	1920	515	360	23
	9		2234	1386	345	560	820	291				1185	400	1920	515	360	23
125MS	2	280	1526	853	340	215	260	300	300	240	19	900	210	1350	480	390	19
	3		1745	967	340	223	360	314				960	220	1370	480	390	19
	4		1890	1067	340	289	460	314				1020	240	1480	590	390	23
	5		2015	1167	340	289	560	314				1020	384	1660	590	390	23
	6		2200	1267	350	432	660	314				1200	341	1830	590	390	23
	7		2370	1367	390	577	760	314				1400	296	2000	630	400	23

注：电动机同步转速：1500r/min。

MS 型泵法兰尺寸(mm)　　　　　　　　　　　　　　表 1-41

型号	出口法兰						进口法兰					
	DN	D_2	D_3	D_1	t	n-ϕd_1	DN	D_2	D_3	D_1	t	n-ϕd_1
25MS	25	85	115	69	16	4-13.5	25	75	100	60	14	4-11
40MS	40	110	150	88	18	4-17.5	40	100	130	80	16	4-13.5
50MS	50	125	165	102	20	4-17.5	50	110	140	90	16	4-13.5
65MS	65	145	185	122	20	4-17.5	65	130	160	110	16	4-13.5
80MS	80	160	200	133	22	8-17.5	80	150	190	128	18	4-17.5
100MS	100	190	235	158	28	8-22	100	170	210	148	18	4-17.5
125MS	125	220	270	184	30	8-26	125	200	240	178	20	8-17.5

1.2.3　MSL 型立式多级离心泵

(1) 用途：MSL 型立式双蜗壳单吸多级分段式离心泵供输送清水及物理、化学性质类似于水的液体。标准规格水泵要求介质温度为 0～80℃，气蚀余量为 3.0～3.5m，允许灌注压力为 0.4MPa，特殊规格水泵最高介质温度为 81～100℃。该泵适合于农田灌溉、工厂及城镇供水。由于该泵运转噪声较低，特别适用于城镇高层建筑及高级宾馆供水。

(2) 型号意义说明：

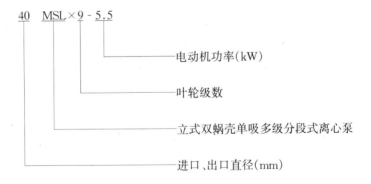

(3) 结构：MSL 型泵主要由吸入段、中段、出水段、底座、填料函体、轴承部件、电动机支架等部件连接而成。吸入段的进水口与吐出段的出水口在空间上成 90°，均为水平方向。泵的转向，从电动机方向看为逆时针方向旋转。

(4) 性能：MSL 型泵性能见表 1-42。

MSL型立式多级离心泵性能

表 1-42

型号	级数	流量 Q m³/h	流量 Q L/s	扬程 H (m)	转速 n (r/min)	电动机 功率 (kW)	电动机 机座号	气蚀余量 $(NPSH)r$ (m)	生产厂
40MSL×2-1.5	2	5.4 8.4 10.8	1.5 2.33 3	19.6 17.4 14.8		1.5	90L	3.0	
40MSL×3-1.5	3	5.4 8.4 10.8	1.5 2.33 3	29.4 26.1 22.2		1.5	90L	3.0	
40MSL×4-2.2	4	5.4 8.4 10.8	1.5 2.33 3	39.2 34.8 29.6		2.2	100L₁	3.0	
40MSL×5-3	5	5.4 8.4 10.8	1.5 2.33 3	49 43.5 37		3	100L₂	3.0	
40MSL×6-4	6	5.4 8.4 10.8	1.5 2.33 3	58.8 52.2 44.4		4	112M	3.0	
40MSL×7-4	7	5.4 8.4 10.8	1.5 2.33 3	68.6 60.9 51.8		4	112M	3.0	
40MSL×8-4	8	5.4 8.4 10.8	1.5 2.33 3	78.4 69.6 59.2		4	112M	3.0	哈尔滨水泵厂
40MSL×9-5.5	9	5.4 8.4 10.8	1.5 2.33 3	88.2 78.3 66.6		5.5	132S	3.0	
40MSL×10-5.5	10	5.4 8.4 10.8	1.5 2.33 3	98 87 74	1450	5.5	132S	3.0	
50MSL×2-2.2	2	8.4 13.5 16.8	2.33 3.75 4.67	21.6 19.4 16.8		2.2	100L₁	3.0	
50MSL×3-3	3	8.4 13.5 16.8	2.33 3.75 4.67	32.4 29.1 25.2		3	100L₂	3.0	
50MSL×4-4	4	8.4 13.5 16.8	2.33 3.75 4.67	43.2 38.8 33.6		4	112M	3.0	
50MSL×5-4	5	8.4 13.5 16.8	2.33 3.75 4.67	54 48.5 42		4	112M	3.0	
50MSL×6-5.5	6	8.4 13.5 16.8	2.33 3.75 4.67	64.8 58.2 50.4		5.5	132S	3.0	
50MSL×7-5.5	7	8.4 13.5 16.8	2.33 3.75 4.67	75.6 67.9 58.8		5.5	132S	3.0	
50MSL×8-7.5	8	8.4 13.5 16.8	2.33 3.75 4.67	86.4 77.6 67.2		7.5	132M	3.0	

1.2 多级离心泵

续表

型号	级数	流量 Q (m³/h)	流量 Q (L/s)	扬程 H (m)	转速 n (r/min)	电动机 功率 (kW)	电动机 机座号	气蚀余量 (NPSH)r (m)	生产厂
50MSL×9-7.5	9	8.4 13.5 16.8	2.33 3.75 4.67	97.2 87.3 75.6		7.5	132M	3.0	
50MSL×10-11	10	8.4 13.5 16.8	2.33 3.75 4.67	108 97 84		11	160M	3.0	
65MSL×2-4	2	13.5 21.3 27	3.75 5.92 7.5	27 24 20.6		4	112M	3.0	
65MSL×3-5.5	3	13.5 21.3 27	3.75 5.92 7.5	40.5 36 30.9		5.5	132S	3.0	
65MSL×4-7.5	4	13.5 21.3 27	3.75 5.92 7.5	54 48 41.2		7.5	132M	3.0	
65MSL×5-11	5	13.5 21.3 27	3.75 5.92 7.5	67.5 60 51.5	1450	11	160M	3.0	哈尔滨水泵厂
65MSL×6-11	6	13.5 21.3 27	3.75 5.92 7.5	81 72 61.8		11	160M	3.0	
65MSL×7-11	7	13.5 21.3 27	3.75 5.92 7.5	94.5 84 72.1		11	160M	3.0	
65MSL×8-15	8	13.5 21.3 27	3.75 5.92 7.5	108 96 82.4		15	160L	3.0	
65MSL×9-15	9	13.5 21.3 27	3.75 5.92 7.5	121.5 108 92.7		15	160L	3.0	
80MSL×2-5.5	2	21.3 33.6 42.6	5.92 9.33 11.83	29.6 26.4 22.8		5.5	132S	3.0	
80MSL×3-7.5	3	21.3 33.6 42.6	5.92 9.33 11.83	44.4 39.6 34.2		7.5	132M	3.0	
80MSL×4-11	4	21.3 33.6 42.6	5.92 9.33 11.83	59.2 52.8 45.6		11	160M	3.0	
80MSL×5-15	5	21.3 33.6 42.6	5.92 9.33 11.83	74 66 57		15	160L	3.0	
80MSL×6-15	6	21.3 33.6 42.6	5.92 9.33 11.83	88.8 79.2 68.4		15	160L	3.0	
80MSL×7-18.5	7	21.3 33.6 42.6	5.92 9.33 11.83	103.6 92.4 79.8		18.5	180M	3.0	

续表

型号	级数	流量 Q		扬程 H (m)	转速 n (r/min)	电动机		气蚀余量 (NPSH)r (m)	生产厂
		m³/h	L/s			功率 (kW)	机座号		
80MSL×8-22	8	21.3 33.6 42.6	5.92 9.33 11.83	118.4 105.6 91.2	1450	22	180L	3.0	哈尔滨水泵厂
80MSL×9-22	9	21.3 33.6 42.6	5.92 9.33 11.83	133.2 118.8 102.6		22	180L	3.0	
100MSL×2-11	2	33.6 54 67.2	9.33 15 18.67	42.4 38 31.6		11	160M	3.5	
100MSL×3-15	3	33.6 54 67.2	9.33 15 18.67	63.6 57 47.4		15	160L	3.5	
100MSL×4-22	4	33.6 54 67.2	9.33 15 18.67	84.8 76 63.2		22	180L	3.5	
100MSL×5-30	5	33.6 54 67.2	9.33 15 18.67	106 95 79		30	200L	3.5	
100MSL×6-30	6	33.6 54 67.2	9.33 15 18.67	127.2 114 94.8		30	200L	3.5	
100MSL×7-37	7	33.6 54 67.2	9.33 15 18.67	148.4 133 110.6		37	225S	3.5	
100MSL×8-45	8	33.6 54 67.2	9.33 15 18.67	169.6 152 126.4		45	225M	3.5	
100MSL×9-45	9	33.6 54 67.2	9.33 15 18.67	190.8 171 142.2		45	225M	3.5	
125MSL×2-18.5	2	54 84 108	15 23.33 30	52.4 45 36.2		18.5	180M	3.5	
125MSL×3-30	3	54 84 108	15 23.33 30	78.6 67.5 54.3		30	200L	3.5	
125MSL×4-37	4	54 84 108	15 23.33 30	104.8 90 72.4		37	225S	3.5	
125MSL×5-45	5	54 84 108	15 23.33 30	131 112.5 90.5		45	225M	3.5	

(5) 外形及安装尺寸：MSL 型泵外形及安装尺寸见图 1-67 和表 1-43、44。

1.2 多级离心泵

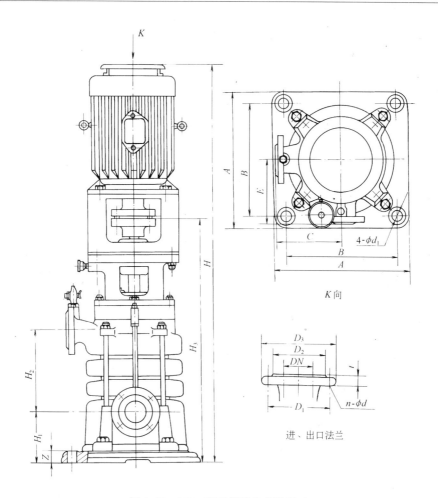

图 1-67 MSL 型泵外形及安装尺寸

MSL 型泵外形及安装尺寸(mm) 表 1-43

型号	级数	H_1	H_2	H_3	H	Z	A	B	C	E	ϕd_1
40MSL	2	185	150	662	1000	55	380	320	175	160	24
	3		205	717	1055						
	4		260	777	1160						
	5		315	832	1215						
	6		370	887	1290						
	7		425	942	1345						
	8		480	997	1400						
	9		535	1052	1530						
	10		590	1107	1585						
50MSL	2	192	158	682	1065	55	420	360	195	180	
	3		218	742	1125						
	4		278	802	1205						
	5		338	862	1265						

续表

型号	级数	H_1	H_2	H_3	H	Z	A	B	C	E	ϕd_1
50MSL	6	192	398	927	1405	55	420	360	195	180	
	7		458	987	1465						
	8		518	1047	1565						
	9		578	1107	1625						
	10		638	1167	1770						
65MSL	2	195	180	732	1135	60	480	410	210	195	
	3		245	803	1281						
	4		310	868	1386						
	5		375	940	1543						
	6		440	1005	1608						
	7		505	1070	1673						
	8		570	1135	1783						
	9		635	1200	1848						
80MSL	2	215	197	782	1260	60	490	420	230	210	24
	3		267	852	1370						
	4		337	929	1532						
	5		407	999	1647						
	6		477	1069	1717						
	7		547	1139	1872						
	8		617	1209	1982						
	9		687	1279	2052						
100MSL	2	218	225	862	1473	65	550	480	270	250	
	3		310	955	1603						
	4		395	1040	1813						
	5		480	1125	1979						
	6		565	1210	2064						
	7		650	1295	2209						
	8		735	1380	2319						
	9		820	1465	2404						
125MSL	2	233	260	941	1674	70	610	530	300	280	30
	3		360	1060	1914						
	4		460	1160	2074						
	5		560	1260	2199						

注：电动机同步转速 1500r/min。

MSL型泵法兰尺寸(mm)　　　　　　　表1-44

型号	出口法兰						进口法兰					
	DN	D_1	D_3	D_2	t	n-ϕd	DN	D_1	D_3	D_2	t	n-ϕd
40MSL	40	110	150	88	18	4-17.5	40	100	130	80	16	4-13.5
50MSL	50	125	165	102	20	4-17.5	50	110	140	90	16	4-13.5
65MSL	65	145	185	122	20	4-17.5	65	130	160	110	16	4-13.5
80MSL	80	160	200	133	22	8-17.5	80	150	190	128	18	4-17.5
100MSL	100	190	235	158	28	8-22	100	170	210	148	18	4-17.5
125MSL	125	220	270	184	30	8-26	125	200	240	178	20	8-17.5

1.2.4　DG型锅炉给水泵

(1) 用途：DG型锅炉给水泵是卧式多级单吸分段式离心泵，供输送杂质含量小于1%、颗粒度小于0.1mm、介质温度不高于105℃的清水。适用于小型锅炉给水及城镇给水。

DG型锅炉给水泵属国家经委、机电部联合推广节能产品。

(2) 型号意义说明：

(3) 结构：DG型锅炉给水泵是卧式多级离心泵，为两端支承，壳体部分是节段式。泵的传动方式是通过弹性联轴器与电动机联接。泵的旋转方向，从电动机端看泵，为顺时针方向旋转，泵的进水口与出水口均为垂直向上。

(4) 性能：DG型锅炉给水泵的性能见图1-68～70和表1-45、46。

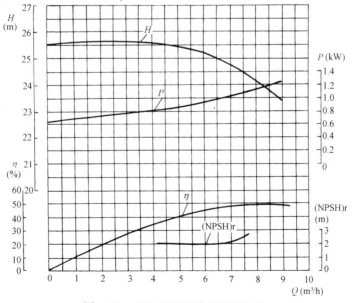

图1-68　DG6-25型泵单级性能曲线

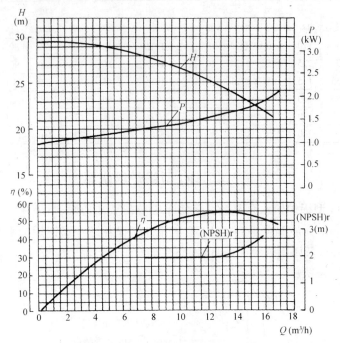

图 1-69　DG12-25 型泵单级性能曲线

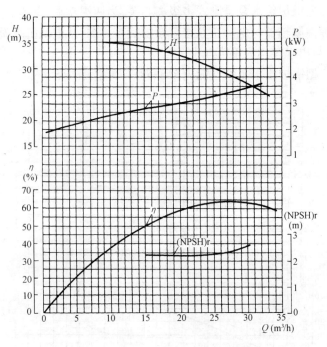

图 1-70　DG25-30 型泵单级性能曲线

DG6-25～DG25-30型锅炉给水泵性能

表 1-45

型号	级数	流量 Q (m³/h)	流量 Q (L/s)	扬程 H (m)	转数 n (r/min)	轴功率 (kW)	电动机功率 (kW)	效率 η (%)	气蚀余量 (NPSH)r (m)	生产厂
DG6-25	3	3.7 6.3 7.5	1.03 1.75 2.08	76 75 73	2950	2.4 2.8 3.0	4	34.0 46.5 50.0	2.0 2.0 2.5	新乡水泵厂、 哈尔滨水泵厂、 无锡水泵厂、 博山水泵厂、 嘉陵水泵厂、 石家庄水泵厂
DG6-25	4	3.7 6.3 7.5	1.03 1.75 2.08	102 100 98	2950	3.1 3.7 4.0	5.5	34.0 46.5 50.0	2.0 2.0 2.5	
DG6-25	5	3.7 6.3 7.5	1.03 1.75 2.08	127 125 122	2950	3.8 4.6 5.0	5.5	34.0 46.5 50.0	2.0 2.0 2.5	
DG6-25	6	3.7 6.3 7.5	1.03 1.75 2.08	153 150 147	2950	4.6 5.5 6.0	7.5	34.0 46.5 50.0	2.0 2.0 2.5	
DG6-25	7	3.7 6.3 7.5	1.03 1.75 2.08	178 175 171	2950	5.4 6.5 7.0	7.5	34.0 46.5 50.0	2.0 2.0 2.5	
DG6-25	8	3.7 6.3 7.5	1.03 1.75 2.08	204 200 196	2950	6.1 7.2 8.0	11	34.0 46.5 50.0	2.0 2.0 2.5	
DG6-25	9	3.7 6.3 7.5	1.03 1.75 2.08	229 225 220	2950	6.8 8.3 9.0	11	34.0 46.5 50.0	2.0 2.0 2.5	
DG6-25	10	3.7 6.3 7.5	1.03 1.75 2.08	255 250 245	2950	7.7 9.2 10.0	11	34.0 46.5 50.0	2.0 2.0 2.5	
DG6-25	11	3.7 6.3 7.5	1.03 1.75 2.08	280 275 269	2950	8.4 10.2 11.0	15	34.0 46.5 50.0	2.0 2.0 2.5	
DG6-25	12	3.7 6.3 7.5	1.03 1.75 2.08	306 300 294	2950	9.2 11.1 12.0	15	34.0 46.5 50.0	2.0 2.0 2.5	
DG12-25	3	7.5 12.5 15.0	2.08 3.47 4.17	84 75 69	2950	3.93 4.73 5.32	5.5	44 54 53	2.0 2.0 2.5	
DG12-25	4	7.5 12.5 15.0	2.08 3.47 4.17	113 100 92	2950	5.24 6.30 7.09	7.5	44 54 53	2.0 2.0 2.5	
DG12-25	5	7.5 12.5 15.0	2.08 3.47 4.17	141 125 115	2950	6.55 7.88 8.86	11	44 54 53	2.0 2.0 2.5	
DG12-25	6	7.5 12.5 15.0	2.08 3.47 4.17	169 150 138	2950	7.85 9.46 10.64	11	44 54 53	2.0 2.0 2.5	

续表

型 号	级 数	流量 Q		扬 程 H (m)	转 数 n (r/min)	轴功率 (kW)	电动机 功 率 (kW)	效 率 η (%)	气蚀余量 (NPSH)r (m)	生产厂
		m³/h	L/s							
DG12-25	7	7.5 12.5 15.0	2.08 3.47 4.17	197 175 61	2950	9.16 11.00 12.41	15	44 54 53	2.0 2.0 2.5	
	8	7.5 12.5 15.0	2.08 3.47 4.17	226 200 184		10.47 12.61 14.18		44 54 53	2.0 2.0 2.5	
	9	7.5 12.5 15.0	2.08 3.47 4.17	254 225 207		11.78 14.18 15.95	18.5	44 54 53	2.0 2.0 2.5	
	10	7.5 12.5 15.0	2.08 3.47 4.17	282 250 230		13.09 15.76 17.73		44 54 53	2.0 2.0 2.5	
	11	7.5 12.5 15.0	2.08 3.47 4.17	310 275 253		14.40 17.34 19.50	22	44 54 53	2.0 2.0 2.5	
	12	7.5 12.5 15.0	2.08 3.47 4.17	338 300 276		15.70 18.90 21.30		44 54 53	2.0 2.0 2.5	
DG25-30	3	15 25 30	4.17 6.94 8.33	102 90 83	2950	8.33 9.88 10.70	15	50 62 63	2.2 2.2 2.6	新乡水泵厂、 哈尔滨水泵厂、 无锡水泵厂、 博山水泵厂、 嘉陵水泵厂、 石家庄水泵厂
	4	15 25 30	4.17 6.94 8.33	136 120 110		11.11 13.10 14.26	18.5	50 62 63	2.2 2.2 2.6	
	5	15 25 30	4.17 6.94 8.33	170 150 138		13.89 16.47 17.83	22	50 62 63	2.2 2.2 2.6	
	6	15 25 30	4.17 6.94 8.33	204 180 165		16.67 19.77 21.40	30	50 62 63	2.2 2.2 2.5	
	7	15 25 30	4.17 6.94 8.33	238 210 193		19.44 23.10 24.96		50 62 63	2.2 2.2 2.2	
	8	15 25 30	4.17 6.94 8.33	272 240 220		22.22 26.40 28.53	37	50 62 63	2.2 2.2 2.6	
	9	15 25 30	4.17 6.94 8.33	306 270 248		25.00 29.65 32.10		50 62 63	2.2 2.2 2.6	
	10	15 25 30	4.17 6.94 8.33	340 300 275		27.80 32.90 35.70	45	50 62 63	2.2 2.2 2.6	

1.2 多级离心泵

DG46-50型锅炉给水泵性能
DG85-45

表 1-46

型号	级数	流量 Q (m³/h)	流量 Q (L/s)	扬程 H (m)	转数 n (r/min)	轴功率 (kW)	电动机型号	电动机功率 (kW)	效率 η (%)	气蚀余量 (NPSH)r (m)	叶轮直径 D (mm)	泵重量 (kg)	电动机重量 (kg)	底座重量 (kg)	生产厂
DG46-50	3	30/46/55	8.33/12.8/15.3	166.5/150/138	2950	25.19/29.83/32.3	Y200L₂-2	37	54/63/64	3/3.5/4	210	380	255	120	长春水泵厂、博山水泵厂、哈尔滨水泵厂、无锡水泵厂
	4	30/46/55	8.33/12.8/15.3	222/200/184		33.59/39.77/43.06	Y225M-2	45	54/63/64	3/3.5/4		420	309	137	
	5	30/46/55	8.33/12.8/15.3	277.5/250/230		41.98/49.71/53.83	Y250M-2	55	54/63/64	3/3.5/4		420	403	170	
	6	30/46/55	8.33/12.8/15.3	333/300/276		50.38/59.65/64.59	Y280S-2	75	54/63/64	3/3.5/4		440	544	178	
	7	30/46/55	8.33/12.8/15.3	388.5/350/322		58.78/69.6/75.36	Y280S-2	75	54/63/64	3/3.5/4		460	544	178	
	8	30/46/55	8.33/12.8/15.3	444/400/368		67.18/79.54/86.12	Y280M-2	90	54/63/64	3/3.5/4		480	620	185	
	9	30/46/55	8.33/12.8/15.3	499.5/450/414		75.57/89.48/96.89	Y315S-2	110	54/63/64	3/3.5/4		500	980	245	
	10	30/46/55	8.33/12.8/15.3	555/500/460		83.97/99.45/107.66	Y315S-2	110	54/63/64	3/3.5/4		520	980	245	
	11	30/46/55	8.33/12.8/15.3	610.5/550/506		92.37/109.36/118.42	Y315M₁-2	132	54/63/64	3/3.5/4		540	1080	286	
	12	30/46/55	8.33/12.8/15.3	666/600/552		100.8/119.3/129.2	Y315M₁-2	132	54/63/64	3/3.5/4		560	1080	286	
DG85-45	3	54/85/97	15/23.6/27	150/135/120	2950	35.6/46/45.4	Y250M-2	55	62/68/70	3.2/4.9/5.8	200	224	403	110	
	4	54/85/97	15/23.6/27	200/180/160		47.5/61.3/61	Y280S-2	75	62/68/70	3.2/4.9/5.8		652	544	135	
	5	54/85/97	15/23.6/27	250/225/200		59.4/76.5/76	Y280M-2	90	62/68/70	3.2/4.9/5.8		306	620	135	
	6	54/85/97	15/23.6/27	300/270/240		71.2/92/90.8	Y315S-2	110	62/68/70	3.2/4.9/5.8		347	980	156	
	7	54/85/97	15/23.6/27	350/315/280		83/107/105.9	Y315M₁-2	132	62/68/70	3.2/4.9/5.8		388	1080	156	
	8	54/85/97	15/23.6/27	400/360/320		95/122.5/121.1	Y315M₂-2	160	62/68/70	3.2/4.9/5.8		429	1160	220	
	9	54/85/97	15/23.6/27	450/405/360		107/138/136.2	Y315M₂-2	160	62/68/70	3.2/4.9/5.8		470	1160	220	

(5) 外形及安装尺寸：

1) DG6-25～DG25-30 型锅炉给水泵外形及安装尺寸见图 1-71 和表 1-47。

2) GD46-50、DG85-45 型泵外形及安装尺寸见图 1-72 和表 1-48。

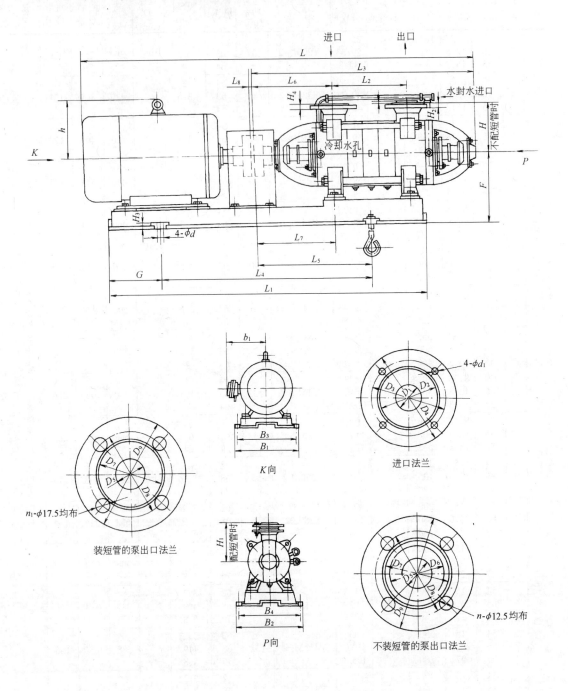

图 1-71 DG6-25～DG25-30 型锅炉给水泵外形及安装尺寸
(河南省新乡水泵厂)

1.2 多级离心泵

表 1-47 DG 型泵外形及安装尺寸(mm)

型号		L	L_1	L_2	L_3	L_4	L_5	L_6	L_7	L_8	G	H	H_1	H_2	H_3	H_4	F	B_1	B_2	B_3	B_4	b_1	h	D_1	D_2	D_3	D_4	D_5	D_6	D_7	D_8	D_9	d	d_1	n(个)	n_1(个)	电动机型号
DG6-25	3	1100	836	180	695	560	357				131		192	20		18	230	420	420	370	370	190	153	40	80	100	130	40	75	88	110	150	24	13.5	4	4	Y112M-2
	4	1225		230	745	650	408				140																										Y132S₁-2
	5	1275	985	280	795						142																										Y132S₂-2
	6	1325	1087	330	845	700	459																														Y106M₁-2
	7	1375		380	895						176																										
	8	1550		430	945																																Y106M₂-2
	9	1600	1356	480	995	835	509				181							485	485	435	435	255	225														
	10	1650		530	1045																																Y160M₂-2
	11	1700	1456	580	1095	925	604						—																					—			
	12	1750		630	1145			265	265	3		170																									
DG12-25	3	1175	924	180	695	650	405				134		192	22			230	445	445	395	395	210	183	50	90	110	140	40		88	110	150	25	13.5	4	4	Y132S₁-2
	4	1225		230	745		453																															Y132S₂-2
	5	1400	1104	280	795	780					168						240	480	480	430	430	225	225														Y160M₁-2
	6	1450		330	845	830	503																															Y160M₂-2
	7	1500	1240	380	895		551				190																											Y160L-2
	8	1550		430	945	900																																
	9	1645	1384	480	995		600				200							510	510	460	460	285	250														Y180M-2
	10	1695		530	1045	950							—																								
	11	1770	1500	580	1095																																	
	12	1820		630	1145																																	
DG25-30	3	1450	1110	230	845	760	432				165		360	28	35	20	250	530	530	460		255	225	65	110	130	160	65	109	122	145	185	30	17.5	4	8	Y160M₂-2
	4	1560	1219	295	910	850	478				180																											Y160L-2
	5	1650	1297	360	975	880	510					210					260					285	250														Y180M-2
	6	1825	1497	425	1045	1000	583		315	4	200		237					575	575	505		310	275														Y200L₁-2
	7	1885		490	1105																																	
	8	1950	1627	555	1170	1080	663		330		210		—				280	610	610	540		345	305													8	Y200L₂-2
	9	2015		620	1235																																	
	10	2150	1728	685	1300	1120	677										350																					Y225M-2

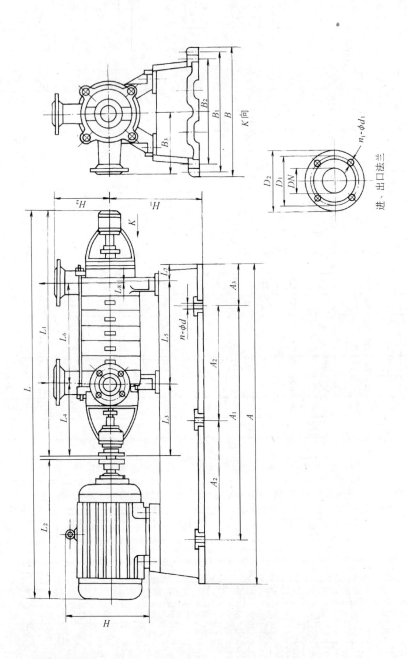

图1-72　DG46-50、DG85-45型泵外形及安装尺寸

1.2 多级离心泵

DG46-50型泵外形及安装尺寸
DG85-45

表 1-48

型号	级数	外形及安装尺寸(mm)																						进口法兰(mm)				出口法兰(mm)			
		A	A_1	A_2	A_3	L	L_1	L_2	L_3	L_4	L_5	L_6	L_7	L_8	H	H_1	H_2	B	B_1	B_2	B_3	$n\text{-}\phi d$	DN	D_1	D_2	$n_1\text{-}\phi d_1$	DN	D_1	D_2	$n_1\text{-}\phi d_1$
DG46-50	3	1317	875		215	1716	937	775			310	245	60		475	360		570	500			4-24	80	170 (150)	215 (190)	8-22 (4-17.5)	80	170	215	8-22
	4	1415	925		293	1816	997	815			370	305	63		530	420		614	550											
	5	1571	1020		281	1991	1057	93			430	365	66		575			670	600											
	6	1758	1130	565	321	2121	1117	1000			490	425	126		640	420	270	720	650	500	300	6-24								
	7	1869	1180	590	331	2181	1177	1000	320.5	353	550	485	66	32.5																
	8	2046	1330	665	360.5	2291	1237	1050			610	545	140																	
	9	2222	1480	740	370.5	2491	1297	1190			670	605	80.5		760	515		820	750											
	10					2551	1357				730	665	140																	
	11					2661	1417	1241			790	725	80.5																	
	12					2721	1477				850	785																		
DG85-45	3	1501	965		270	1975	1041	930			320	280	61		575	370		590	610		250	4-25	100	190	230	8-23	100	190	230	8-23
	4	1769.5	1245	650		2120	1116	1000	369	383	395	355	138	26	640	400	250	745	665	510		6-34								
	5			700		2245	1191	1050			470	430	62.5																	
	6	2053.5	1350	795	320	2460	1266	1190			545	505	158		760	515		895	795	555										
	7					2585	1341				620	580	83																	
	8	2203.5	1595	800		2660	1416	1240			695	655	158																	
	9					2735	1491				770	730	83																	

注：DG85-45×(6-9)安装尺寸表中 A_2 有 2 个尺寸；分子为电动机端，分母为泵端。

1.2.5 GDL型不锈钢立式多级管道离心泵

(1) 用途：GDL型不锈钢立式多级管道离心泵供输送温度不大于105℃、压力不大于1.6MPa的清水或物理、化学性质类似于水的液体。适用于建筑和厂区给水，特别适用于高层建筑多台水泵并联给水。

(2) 型号意义说明：

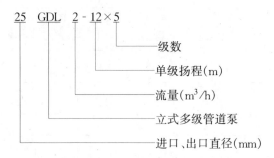

(3) 结构：GDL型不锈钢立式多级管道离心泵进、出水口位于同一水平线上，全部过水部件叶轮、导叶均用不锈钢冲压而成，泵体和电动机座用铸铁制造，轴承采用WC滑动轴承，轴封采用耐磨机械密封。

(4) 性能：GDL型不锈钢立式多级管道离心泵性能见表1-49。

GDL型立式多级管道离心泵性能　　　　表1-49

型号	级数	流量 (m³/h)	扬程 (m)	转速 (r/min)	轴功率 (kW)	电动机功率 (kW)	效率 (%)	气蚀余量 (NPSH)r (m)	重量 (kg)	生产厂
25GDL2-12	3	2	36	2900	0.65	1.1	30	1.7	69	中美合资温州保利泵业有限公司、广州市第一水泵厂、威海水泵厂
	4		48		0.87	1.1			75	
	5		60		1.09	1.5			23.5	
	6		72		1.30	1.5			90	
	7		84		1.52	2.2			103	
	8		96		1.74	2.2			108	
	9		108		1.96	2.2			114	
	10		120		2.17	3			135	
	11		132		2.39	3			141	
	12		144		2.61	3			148	
25GDL4-11	3	4	33	2900	0.9	1.5	40	1.7	73	
	4		44		1.2	1.5			79	
	5		55		1.49	2.2			92	
	6		66		1.79	2.2			98	
	7		77		2.09	3			119	
	8		88		2.39	3			125	
	9		99		2.69	3			130	
	10		110		2.99	4			141	

1.2 多级离心泵

续表

型号	级数	流量 (m³/h)	扬程 (m)	转速 (r/min)	轴功率 (kW)	电动机功率(kW)	效率 (%)	气蚀余量(NPSH)r (m)	重量 (kg)	生产厂
25GDL4-11	11	4	121	2900	3.29	4	40	1.7	148	中美合资温州保利泵业有限公司、广州市第一水泵厂、威海水泵厂
	12		132		3.59	4			155	
	13		143		3.89	4			162	
40GDL6-12	3	6	36	2900	1.13	1.5	52	1.7	114	
	4		48		1.5	2.2			136	
	5		60		1.88	2.2			150	
	6		72		2.26	3			195	
	7		84		2.64	3			207	
	8		96		3.01	3			220	
	9		108		3.37	4			233	
	10		120		3.77	4			256	
	11		132		4.15	5.5			281	
	12		144		4.52	5.5			293	
50GDL12-15	2	12	30	2900	1.75	2.2	56	1.8	122	
	3		45		2.63	3			151	
	4		60		3.5	4			169	
	5		75		4.27	5.5			216	
	6		90		5.25	5.5			229	
	7		105		6.12	7.5			249	
	8		120		7.0	7.5			262	
	9		135		7.87	11			321	
	10		150		8.75	11			337	
50GDL18-15	2	18	30	2900	2.37	3	62	1.8	153	
	3		45		3.55	4			158	
	4		60		4.74	5.5			194	
	5		75		5.93	7.5			225	
	6		90		7.11	7.5			238	
	7		105		8.30	11			301	
	8		120		9.48	11			313	
	9		135		10.67	15			343	
	10		150		11.85	15			359	
65GDL24-12	2	24	24	2900	2.41	3	65	3	150	
	3		36		3.62	4			186	
	4		48		4.83	5.5			217	
	5		60		6.03	7.5			237	
	6		72		7.24	7.5			252	
	7		84		8.45	11			310	
	8		96		9.65	11			324	
	9		108		10.85	15			345	
	10		120		12.06	15			358	

续表

型号	级数	流量 (m³/h)	扬程 (m)	转速 (r/min)	轴功率 (kW)	电动机功率 (kW)	效率 (%)	气蚀余量 (NPSH)r (m)	重量 (kg)	生产厂
80GDL36-12	2	36	24	2900	3.46	4	68	3.5	163	中美合资温州保利泵业有限公司、广州市第一水泵厂、威海水泵厂
	3		36		5.19	5.5			213	
	4		48		6.92	7.5			233	
	5		60		8.65	11			293	
	6		72		10.38	11			307	
	7		84		12.11	15			328	
	8		96		13.84	15			342	
	9		108		15.57	18.5			402	
	10		120		17.3	18.5			417	
80GDL54-14	2	54	28	2900	5.88	7.5	70	4	194	
	3		42		8.82	11			271	
	4		56		11.76	15			294	
	5		70		14.7	18.5			355	
	6		84		17.64	18.5			371	
	7		98		20.58	22			399	
100GDL72-16	2	72	32	2900	8.59	11	73	4.5	256	
	3		48		12.88	15			296	
	4		64		17.18	18.5			358	
	5		80		21.47	22			388	
	6		96		25.77	30				
	7		112		30.06	30				

（5）外形及安装尺寸：GDL 型立式多级管道泵的外形及安装尺寸见图 1-73 和表 1-50。

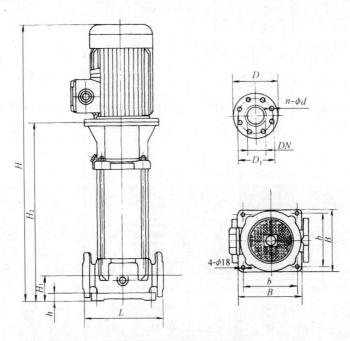

图 1-73　GDL 型立式多级管道泵外形及安装尺寸

GDL型立式多级管道离心泵外形及安装尺寸   表 1-50

型 号	级数	外形尺寸（mm）							进、出口法兰（mm）			
		H	H_1	H_2	h	L	B	b	DN	D_1	D	$n\text{-}\phi d$
25GDL2-12	3	650	60	415	20	300	235	200	25	64	100	2-12
	4	690		455								
	5	730		495								
	6	795		535								
	7	835		575								
	8	900		615								
	9	940		655								
	10	9195		695								
	11	1035		735								
	12	1075		775								
25GDL4-11	3	650	60	415	20	300	235	200	25	64	100	2-12
	4	715		455								
	5	780		495								
	6	820		535								
	7	860		575								
	8	900		615								
	9	975		655								
	10	1010		695								
	11	1055		735								
	12	1095		775								
	13	1135		815								
40GDL6-12	3	570	80	485	25	360	300	235	40	110	150	4-18
	4	620		535								
	5	670		585								
	6	955		635								
	7	1065		745								
	8	1120		795								
	9	1185		845								
	10	1235		895								
	11	1340		945								
	12	1390		945								
50GDL12-15	2	875	100	540	25	360	300	235	50	125	160	4-18
	3	935		615								
	4	1030		690								
	5	1160		765								
	6	1265		870								
	7	1410		975								
	8	1515		1080								
	9	1695		1185								
	10	1800		1290								
50GDL18-15	2	860	100	540	25	360	300	235	50	125	160	4-78
	3	955		615								
	4	1080		690								
	5	1200		765								
	6	1305		870								
	7	1485		995								
	8	1595		1100								
	9	1675		1185								
	10	1780		1290								

续表

型号	级数	外形尺寸 (mm)							进、出口法兰(mm)			
		H	H_1	H_2	h	L	B	b	DN	D_1	D	$n\text{-}\phi d$
65GDL24-12	2	860	110	540	30	360	300	235	65	145	185	4-18
	3	955		615								
	4	1080		690								
	5	1200		765								
	6	1305		870								
	7	1485		995								
	8	1595		1100								
80GDL36-12	2	880	130	540	30	420	370	300	80	160	200	8-18
	3	1010		615								
	4	1125		690								
	5	1255		765								
	6	1365		870								
	7	1485		995								
	8	1595		1100								
80GDL54-14	2	1065	130	630	30	420	370	300	80	160	200	8-18
	3	1205		715								
	4	1335		800								
	5	1420		885								
	6	1505		970								
	7	1615		1055								
100GDL72-16	2	1120	160	630	36	520	400	350	100	180	220	8-18
	3	1250		715								
	4	1335		800								
	5	1445		885								
	6	1635		970								
	7	1720		1055								

1.3 潜水给水泵

1.3.1 QXG型潜水给水泵

(1) 用途:QXG型潜水给水泵是吸收国内外目前最优秀的水力模型及国内部分高校最新研究成果和实际制泵经验而设计的产品。供输送水及物理化学性质类似于水的液体,液体最高温度不超过40℃。适用于城镇、工厂、矿山、电站的给排水和农田排灌等。

(2) 型号意义说明:

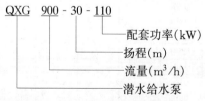

(3) 性能:QXG型潜水给水泵性能见图1-74和表1-51。

(4) 外形及安装尺寸:QXG型潜水给水泵安装方式有三种:1)固定湿式安装,采用德国ABS公司专利——自动耦合系统,泵可沿导杆下滑到达底座,与出水口自动连结,密封可靠。2)固定干式安装,在泵房基础上固定好支撑底座,装上水泵,连接进、出水管即可运行。3)移动式,它以支架支承,接上出水软管即可工作。该系列泵的外形及安装尺寸见图1-75和表1-52。

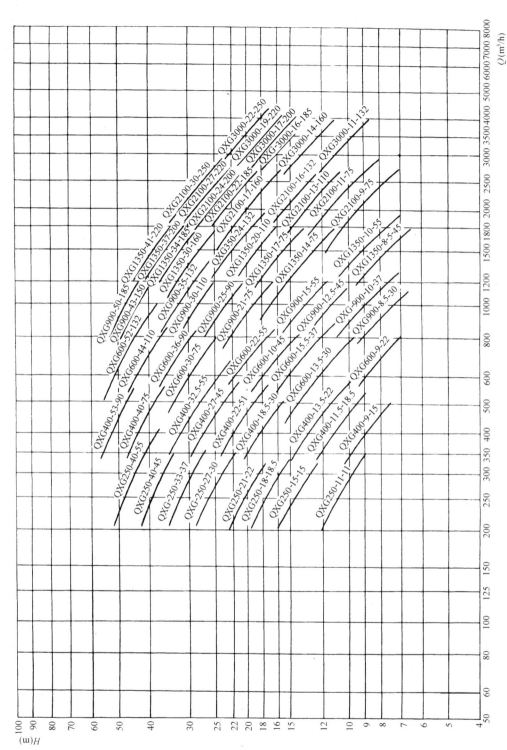

图1-74 QXG型潜水给水泵性能范围曲线

QXG型潜水给水泵性能　　　　　　　　　表1-51

型号	流量 (m³/h)	扬程 (m)	转速 (r/min)	电动机功率 (kW)	效率 (%)	出口直径 φ(mm)	对应机座号	自动耦合装置	生产厂
QXG250-11-11	250	11	1470	11	80.5	150	M160	150GAK	南京制泵集团股份有限公司、宁波巨神制泵实业公司
QXG250-15-15	250	15		15	80.5	150	M160	150GAK	
QXG400-9-15	400	9		15	80	200	M180	200GAK	
QXG250-18-18.5	250	18		18.5	80	150	M180	150GAK	
QXG400-11.5-18.5	400	11.5		18.5	80.5	200	M180	200GAK	
QXG600-9-22	600	9	740	22	82	250	M225	250GAK	
QXG250-21-22	250	21	1470	22	79.5	150	M180	150GAK	
QXG400-13.5-22	400	13.5		22	80	200	M180	200GAK	
QXG250-27-30	250	27	980	30	76	150	M225	150GAK	
QXG400-18.5-30	400	18.5		30	80.5	200	M225	200GAK	
QXG600-12.5-30	600	12.5		30	82	250	M225	250GAK	
QXG900-8.5-30	900	8.5		30	83	300	M225	300GAK	
QXG250-33-37	250	33	1470	37	75	150	M250	150GAK	
QXG400-22-37	400	22		37	80	200	M250	200GAK	
QXG600-15.5-37	600	15.5		37	80	250	M250	250GAK	
QXG900-10-37	900	10	980	37	82	300	M250	300GAK	
QXG250-40-45	250	40	1470	45	74	150	M225	150GAK	
QXG400-27-45	400	27		45	79	200	M225	200GAK	
QXG600-18-45	600	18		45	80	250	M225	250GAK	
QXG900-12.5-45	900	12.5		45	82	300	M225	300GAK	
QXG1350-8.5-45	1350	8.5	740	45	83	400	M280	400GAK	
QXG250-49-55	250	49	2900	55	73	150	M250	150GAK	
QXG400-32.5-55	400	32.5		55	78	200	M250	200GAK	
QXG600-22-55	600	22	1470	55	80	250	M250	250GAK	
QXG900-15-55	900	15		55	82	300	M250	300GAK	
QXG1350-10-55	1350	10	980	55	83	400	M250	400GAK	
QXG400-44-75	400	44	1470	75	77.5	200	M280	200GAK	
QXG600-30-75	600	30		75	80	250	M280	250GAK	
QXG900-21-75	900	21		75	82	300	M280	300GAK	
QXG1350-14-75	1350	14	980	75	83	400	M315	400GAK	
QXG2100-9-75	2100	9	590	75	84	500	M315	500GAK	
QXG400-53-90	400	53	1470	90	77	200	M280	200GAK	
QXG600-36-90	600	36		90	79	250	M280	250GAK	
QXG900-25-90	900	25		90	82	300	M280	300GAK	
QXG1350-17-90	1350	17	980	90	83	400	M280	400GAK	
QXG2100-11-90	2100	11	740	90	84	500	M280	500GAK	
QXG600-44-110	600	44	1470	110	79	250	M315	250GAK	
QXG900-30-110	900	30		110	82	300	M315	300GAK	
QXG1350-20-110	1350	20	980	110	83	400	M315	400GAK	
QXG2100-13-110	2100	13	740	110	84	500	M355	500GAK	
QXG3000-9.5-110	3000	9.5	950	110	85	500	M355	500GAK	

1.3 潜水给水泵

续表

型　号	流量 (m^3/h)	扬程 (m)	转速 (r/min)	电动机功率 (kW)	效率 (%)	出口直径 ϕ(mm)	对应机座号	自动耦合装置	生产厂
QXG600-52-132	600	52	1470	132	78.5	250	M315	250GAK	南京制泵集团股份有限公司、宁波巨神制泵实业公司
QXG900-35-132	900	35	1470	132	81	300	M315	300GAK	
QXG1350-24-132	1350	24	980	132	83	400	M315	400GAK	
QXG2100-16-132	2100	16	980	132	84	400	M315	400GAK	
QXG3000-11-132	3000	11	590	132	85	500	M355	500GAK	
QXG600-62-160	600	62	1470	160	77	250	M315	250GAK	
QXG900-43-160	900	43	1470	160	80.5	300	M315	300GAK	
QXG1350-30-160	1350	30	1470	160	83	400	M315	400GAK	
QXG2100-19-160	2100	19	980	160	84	500		500GAK	
QXG3000-14-160	3000	14	740	160	85	500		500GAK	
QXG900-50-185	900	50	980	185	80	300		300GAK	
QXG1350-34-185	1350	34	980	185	82.5	300		400GAK	
QXG2100-22-185	2100	22	980	185	84	500		500GAK	
QXG3000-16-185	3000	16	740	185	85	500		500GAK	
QXG900-54-200	900	54	1470	200	79.5	300	M355	300GAK	
QXG1350-37-200	1350	37	1470	200	82	400	M355	400GAK	
QXG2100-24-200	2100	24	980	200	84	500	M355	500GAK	
QXG3000-17-200	3000	17	740	200	85	500	M355	500GAK	
QXG900-59-220	900	59	1470	220	79	300		300GAK	
QXG1350-41-220	1350	41	1470	220	82	400		400GAK	
QXG2100-27-220	2100	27	980	220	84	500		500GAK	
QXG3000-19-220	3000	19	980	220	85	500		500GAK	
QXG2100-30-250	2100	30	980	250	83.5	500		500GAK	
QXG3000-22-250	3000	22	980	250	85	500		500GAK	

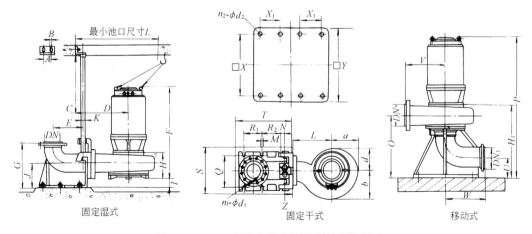

图 1-75　QXG型潜水给水泵外形及安装尺寸

QXG 型潜水给水泵

出口直径	机座号	最小池口尺寸	A	B	C	D	E	F_{max}	G	H	I	J	K	M	N	L_{max}	a_{max}	b_{max}
DN150	M160	1050×750	210	12	105	437	310	1100	435	965	160	235	60	4-20	35	350	225	234
	M180	1200×700	210	12	105	507	310	1060	435	556	180	235	60	4-20	35	420	242	250
	M225	1250×800	210	12	105	506	310	1414	435	666	230	235	60	4-20	35	418	305	315
	M250	1350×900	210	12	105	515	310	1550	435	680	240	235	60	4-20	35	430	315	325
DN200	M160	1050×750	230	14	140	440	343	1190	545	970	160	305	60	4-20	16	402	242	250
	M180	1200×700	230	14	140	505	343	1190	545	638	180	305	60	4-20	16	402	250	260
	M225	1250×800	230	14	140	510	343	1420	545	680	230	305	60	4-20	16	410	255	265
	M250	1350×900	230	14	140	520	343	1600	545	700	240	305	60	4-20	16	430	260	270
	M280	1500×1100	240	16	145	540	400	1710	600	710	250	305	76	4-24	16	450	265	275
DN250	M225	1250×800	250	14	155	561	400	1453	680	710	230	357	76	4-26	22	445	305	315
	M250	1350×900	250	14	155	570	400	1610	680	720	240	357	76	4-26	22	45	320	330
	M280	1500×1100	250	16	155	575	552	1720	680	750	250	357	76	4-26	22	523	340	35
	M315	1700×1300	300	18	155	654	552	1955	720	972	400	388	89	6-28	58	550	358	370
DN300	M225	1250×800	300	18	155	570	552	1500	720	720	230	388	89	6-28	58	525	360	370
	M250	1350×900	300	18	155	575	552	1620	720	730	240	388	89	6-28	58	525	365	375
	M280	1500×1100	300	18	155	569	552	1730	720	777	250	388	89	6-28	58	525	375	385
	M315	1700×1300	300	18	155	660	552	2000	720	990	400	388	89	6-28	58	600	390	400
	M355	1900×1500	350	20	155	670	600	2150	800	1000	450	388	89	6-30	58	650	400	412
DN400	M280	1500×1100	400	18	155	620	700	1800	855	1000	300	455	89	6-28	67	700	400	412
	M315	1700×1300	400	18	155	848	700	2070	855	1045	400	455	89	6-28	67	700	420	435
	M355	1900×1500	400	18	155	900	700	2300	855	1100	460	455	89	6-30	67	750	450	465
DN500	M315	1700×1300	300	20	155	837	739	2200	920	1080	450	455	89	6-30	90	750	450	500
	M355	1900×1500	300	20	155	870	739	2500	920	1150	500	455	89	6-30	90	800	500	520

外形及安装尺寸(mm)　　　表 1-52

d_{max}	n_1-ϕd_1	Q	R_1	R_2	S	T	H_1	O	P	U	V	W_{max}	$\square x$	$\square y$	x_1	n_2-ϕd_2	DN_1	生产厂
220	8-22	330	310	0	450	600	710	619	1562	200	350	271	380	490	0	4-26	150	
237	8-22	330	310	0	650	850	760	620	1520	200	420	271	380	490	0	4-26	150	
300	8-22	330	310	0	650	850	759	643	1832	200	418	271	380	490	0	4-26	150	
310	8-22	330	310	0	700	900	770	660	1900	200	430	271	380	490	0	4-28	150	
237	8-22	410	420	0	700	900	832	679	1622	230	402	303	400	500	0	4-26	200	
245	8-22	410	420	0	700	900	832	679	1579	230	402	303	400	500	0	4-26	200	
250	8-22	410	420	0	700	900	832	679	1868	230	420	303	400	500	0	4-26	200	
255	8-22	410	420	0	750	950	840	679	1919	230	430	303	400	500	0	4-28	200	南京制泵集团股份有限公司
260	8-22	410	420	0	750	950	850	679	2160	230	440	303	420	500	140	8-26	200	
300	12-22	500	470	0	750	950	904	762	1951	245	445	333	480	700	160	8-28	250	
315	12-22	500	470	0	750	950	910	768	2008	245	445	333	480	700	160	8-28	250	
335	12-22	500	470	0	800	1000	920	768	2249	245	460	333	480	700	160	8-28	250	
350	12-22	500	180	420	800	1200	952	768	2452	245	523	330	480	700	160	8-28	250	
355	12-22	500	180	420	800	1200	960	879	2068	295	450	458	675	800	800	8-30	300	
360	12-22	500	180	420	800	1200	100	879	2119	295	455	458	675	800	800	8-30	300	
370	12-22	500	180	420	800	1200	1010	879	2360	295	480	458	675	800	800	8-30	300	
380	12-22	500	180	420	850	1250	1068	879	2563	295	423	458	675	800	800	8-30	300	
390	12-22	500	180	420	900	1300	1090	879	2629	295	550	458	675	800	800	8-30	300	
395	16-26	640	265	550	850	1250	1200	1035	2516	350	600	600	900	1000	300	8-32	350	
410	16-26	640	265	550	900	1300	1225	1035	2719	350	700	600	900	1000	300	8-32	350	
435	16-26	640	265	550	900	1400	1250	1035	2785	350	750	600	900	1000	300	8-32	400	
440	20-26	640	265	550	1000	1400	1300	1100	2784	450		650	1200	1400	400	8-34	500	
480	20-26	640	265	550	1000	1400	1350	1100	2850	450		650	1200	1400	400	8-34	500	

1.3.2 QX型潜水泵

(1) 用途：QX型潜水泵是适用于农业、工矿企业、建筑工地等地下排水的手提式潜水排灌设备，可用以输送清水。要求水中含固体杂质不超过0.1%（体积比），粒度不大于0.2mm，水温不得超过+40℃，水的pH值为6.5~8。水泵浸入水下深度不超过5m。

(2) 型号意义说明：

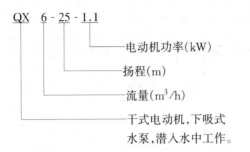

(3) 结构：QX型潜水泵为下吸式结构。电动机位于泵的最上部，水泵位于最下端。泵体由叶轮、涡壳、滤网、出水管接头等组成。叶轮型式为离心式闭式叶轮。

(4) 性能：QX型潜水泵性能见图1-76和表1-53。

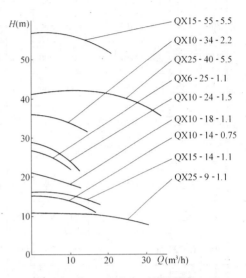

图1-76 QX型潜水泵性能曲线

QX型潜水泵性能　　　　表1-53

型号	流量(m³/h)	扬程(m)	转速(r/min)	功率(kW)	电压(V)	配用水管内径(mm)	重量(kg)	生产厂
QX3-15-030	3	15	2800	0.3	220	38	18	南京制泵集团股份有限公司
QX5-10-030	5	10	2800	0.3	220	38	18	
QX6-18-075	6	18	2800	0.75	380	38	18	
QX10-14-075	10	14	2800	0.75	380	51	18	
QX15×35-3	15	35	2870	3	380	51	50	
QX40-15-3	40	15	2870	3	380	76	55	
QX65-10-3	65	10	2870	3	380	102	60	
QX100-7-3	100	7	2870	3	380	127	65	
QX10-4-0.75	10	14	2820	0.75	380	51	20	杭州水泵总厂
QX6-25-1.1	6	25	2820	1.1	380	38	25	
QX10-18-1.1	10	18	2820	1.1	380	51	25	
QX15-14-1.1	15	14	2820	1.1	380	51	25	
QX25-9-1.1	25	9	2820	1.1	380	64	25	
QX10-24-1.5	10	24	2820	1.5	380	51	32	
QX10-34-2.2	10	34	2860	2.2	380	51	39	
QX25-40-5.5	25	40	2860	5.5	380	64	73	
QX15-55-5.5	15	55	2860	5.5	380	51	78	

(5) 外形尺寸：QX 型潜水泵外形尺寸见图 1-77 和表 1-54。

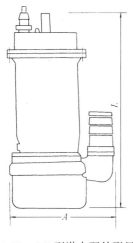

图 1-77 QX 型潜水泵外形尺寸

QX 型潜水泵外形尺寸(mm)　　表 1-54

型　号	A	L
QX10-14-0.75	225	400
QX6-25-1.1	240	
QX10-18-1.1	250	
QX15-14-1.1	250	
QX25-9-1.1	260	
QX10-24-1.5	255	435
QX10-34-2.2	265	445
QX25-40-5.5	310	547
QX15-55-5.5	338	550

1.4　井　泵

1.4.1　LT 型深井泵

(1) 用途：LT 型深井泵是以引进设备为基础开发的新产品，供输送含固体颗粒的重量浓度不大于 10%、颗粒粒径不大于 2mm 且不含纤维的水或物理化学性质与水相似的介质。适用于冶金、矿山、电站、城市给水排水。

(2) 型号意义说明：

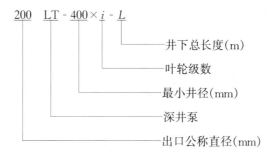

(3) 结构：LT 型深井泵采用耐磨橡胶作为导轴承，传动轴承采用不锈钢材料，内套管将轴、导轴承与输送介质完全隔离开，套管内用清水润滑和冷却导轴承。

(4) 性能：LT 型深井泵性能见表 1-55。

LT型深井泵

表 1-55

型号	级数	流量 Q (m³/h)	扬程 H (m)	转速 n (r/min)	电动机 型号	电动机 功率 (kW)	出口直径 (mm)	重量 (kg)	备注	生产厂
32LT-150×	1	7.5	13	2900	Y80-1-2	0.75	40	250	每增加3m长扬水管一套,增加重量120kg	重庆水泵厂
		12.5	10							
		15.0	8							
	2	7.5	26		Y80-2-2	1.1		290		
		12.5	20							
		15.0	16							
	3	7.5	39		Y90S-2	1.5		330		
		12.5	30							
		15.0	24							
	4	7.5	52		Y90L-2	2.2		370		
		12.5	40							
		15.0	32							
50LT-200×	1	10	24	2900	Y100L-2	3.0	50	400	每增加3m长扬水管一套,增加重量195kg	
		25	20							
		35	18							
	2	10	48		YLB132-1-2	5.5		490		
		25	40							
		35	36							
	3	10	72		YLB132-2-2	7.5		530		
		25	60							
		35	54							
	4	10	96		YLB160-1-2	11		750		
		25	80							
		35	64							
80LT-250×	1	30	21	2900	YLB132-1-2	5.5	80	670	每增加3m长扬水管一套,增加重量320kg	
		50	18							
		60	16							
	2	30	42		YLB160-1-2	11		830		
		50	36							
		60	32							
	3	30	63		YLB160-2-2	15		900		
		50	54							
		60	48							
	4	30	84		YLB180-1-2	18.5		1010		
		50	72							
		60	64							
100LT-300×	1	55	28	1450	YLB160-1-4	11	100	980	每增加3m长扬水管一套,增加重量450kg	
		80	25							
		100	20							

续表

型号	级数	流量 Q (m³/h)	扬程 H (m)	转速 n (r/min)	电动机 型号	电动机 功率 (kW)	出口直径 (mm)	重量 (kg)	备注	生产厂
100LT-300×	2	55	56	1450	YLB180-1-4	18.5	100	1240	每增加3m长扬水管一套,增加重量450kg	重庆水泵厂
		80	50							
		100	40							
	3	55	84		YLB200-1-4	30		1510		
		80	75							
		100	60							
	4	55	112		YLB200-2-4	37		1720		
		80	100							
		100	80							
150LT-350×	1	160	20	1450	YLB160-2-4	15	150	1040	每增加3m长扬水管一套,增加重量480kg	
		200	18							
		250	14							
	2	160	40		YLB200-1-4	30		1310		
		200	36							
		250	28							
	3	160	60		YLB200-3-4	45		1480		
		200	54							
		250	42							
	4	160	80		YLB250-1-4	75		1780		
		200	72							
		250	56							
200LT-400×	1	260	15	1450	YLB180-2-4	22	200	1080	每增加3m长扬水管一套,增加重量480kg	
		300	13							
		360	9							
	2	260	30		YLB200-2-4	37		1270		
		300	26							
		360	18							
	3	260	45		YLB200-1-4	55		1580		
		300	39							
		360	27							
	4	260	60		YLB250-2-4	75		1720		
		300	52							
		360	36							
250LT-500×	1	350	28	1450	YLB200-3-4	45	250	1860	每增加3m长扬水管一套,增加重量590kg	
		420	25							
		470	20							
	2	350	56		YLB250-3-4	90		2330		
		420	50							
		470	40							

续表

型号	级数	流量 Q (m³/h)	扬程 H (m)	转速 n (r/min)	电动机 型号	电动机 功率 (kW)	出口直径 (mm)	重量 (kg)	备注	生产厂
250LT-500×	3	350	84	1450	YLB280-2-4	132	250	2930	每增加3m长扬水管一套,增加重量590kg	重庆水泵厂
		420	75							
		470	60							
	4	350	112		YL315M2-4	200		3360		
		420	100							
		470	80							
300L-550×	1	480	28	1450	YLB250-2-4	75	300	2200	每增加3m长扬水管一套,增加重量680kg	
		550	25							
		650	18							
	2	480	56		YLB280-2-4	132		3100		
		550	50							
		650	36							
	3	480	84		YL315M2-4	200		4000		
		550	75							
		650	54							
	4	480	112		YL315M4-4	250		4760		
		550	100							
		650	72							
350LT-600×	1	660	23	1450	YLB250-2-4	75	350	3100	每增加3m长扬水管一套,增加重量780kg	
		750	20							
		880	15							
	2	660	46		YLB280-2-4	132		3800		
		750	40							
		880	30							
	3	660	69		YL315M2-4	200		4300		
		750	60							
		880	45							
	4	660	92		YL315M4-4	250		5260		
		750	80							
		880	60							
400LT-650×	1	900	35	1450	YL315S-4	160	400	3740	每增加3m长扬水管一套,增加重量830kg	
		1000	30							
		1200	25							
	2	900	70		YL355M2-4	280		4530		
		1000	60							
		1200	50							
	3	900	105		YL4002-4*	400		5480		
		1000	90							
		1200	75							

续表

型号	级数	流量 Q (m³/h)	扬程 H (m)	转速 n (r/min)	电动机 型号	电动机 功率 (kW)	出口直径 (mm)	重量 (kg)	备注	生产厂
400LT-650×	4	900	140	1450	YL4005-4①	560	400	6020	每增加3m长扬水管一套,增加重量830kg	
		1000	120							
		1200	100							
500LT-750×	1	1100	30	960	YL315M-6	160	500	5330	每增加3m长扬水管一套,增加重量1230kg	重庆水泵厂
		1450	27							
		1800	22							
	2	1100	60		YL4003-6①	315		7980		
		1450	54							
		1800	44							
	3	1100	90		YL4502-6①	500		9700		
		1450	81							
		1800	66							
	4	1100	120		YL4504-6①	630		11000		
		1450	108							
		1800	88							

① 表示电动机电压6000V,其余380V,所配电动机均是鼠笼式,如用户有其他要求,须在订货时特别说明。

(5) 外形及安装尺寸:LT型深井泵外形及安装尺寸见图1-78和表1-56。

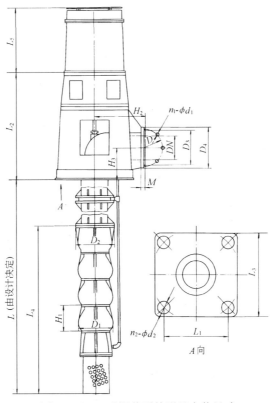

图1-78 LT型深井泵外形及安装尺寸

表 1-56 LT型深井泵外形及安装尺寸 (mm)

型号	级数	L_2	L_3	L_4	L_5	L_1	H_1	H_2	H_3	D_1	D_2	D	DN	D_3	D_4	M	$n_1-\phi d_1$	$n_2-\phi d_2$
32LT-150×	1	440	240×240	290	245	200×200	190	150	125	155	155	100	40	80	130	20	4-14.5	4-14.5
	2	440	240×240	440	245	200×200	150	150	125	155	155	100	40	80	130	20	4-14.5	4-14.5
	3	450	240×240	590	260	200×200	150	150	125	155	155	100	40	80	130	20	4-14.5	4-14.5
	4	450	240×240	740	285	200×200	150	150	125	155	155	100	40	80	130	20	4-14.5	4-14.5
50LT-200×	1	500	350×350	450	320	300×300	200	230	150	200	200	125	50	100	160	20	4-18.5	4-23
	2	450	350×350	650	560	300×300	200	230	150	200	200	125	50	100	160	20	4-18.5	4-23
	3	450	350×350	850	560	300×300	200	230	150	200	200	125	50	100	160	20	4-18.5	4-23
	4	450	350×350	1050	800	300×300	200	230	150	200	200	125	50	100	160	20	4-18.5	4-23
80LT-250×	1	550	500×500	900	560	400×400	300	300	180	250	250	160	80	135	195	22	4-18.5	4-23
	2	550	550×550	1200	800	400×400	300	300	180	250	250	160	80	135	195	22	4-18.5	4-23
	3	550	500×500	1500	800	400×400	300	300	180	250	250	160	80	135	195	22	4-18.5	4-23
	4	550	500×500	1800	843	400×400	300	300	180	250	250	160	80	135	195	22	4-18.5	4-23
100LT-300×	1	600	620×620	740	800	500×500	420	370	200	384	310	240	150	212	285	30	8-23	4-28
	2	600	620×620	1160	843	500×500	420	370	200	384	310	240	150	212	285	30	8-23	4-28
	3	600	620×620	1580	950	500×500	420	370	200	384	310	240	150	212	285	30	8-23	4-28
	4	600	620×620	2000	950	500×500	420	370	200	384	310	240	150	212	285	30	8-23	4-28
150LT-350×	1	650	550×550	760	800	431×431	280	600	240	382	310	240	150	212	285	24	8-21	4-28
	2	650	550×550	1040	950	431×431	280	600	240	382	310	240	150	212	285	24	8-21	4-28
	3	650	550×550	1320	950	431×431	280	600	240	382	310	240	150	212	285	24	8-21	4-28
	4	650	550×550	1600	1070	431×431	280	600	240	382	310	240	150	212	285	24	8-21	4-28
200LT-400×	1	650	550×550	810	840	431×431	280	300	240	350	310	295	200	268	340	28	8-24	4-28
	2	650	550×550	1090	950	431×431	280	300	240	350	310	295	200	268	340	28	8-24	4-28

续表

型号	级数	L_2	L_3	L_4	L_5	L_1	H_1	H_2	H_3	D_1	D_2	D	DN	D_3	D_4	M	$n_1-\Phi d_1$	$n_2-\Phi d_2$
200LT-400×	3	650	550×550	1370	1070	431×431	280	300	240	350	310	295	200	268	340	28	8-24	4-28
	4	650	550×550	1650	1070	431×431	280	300	240	350	310	295	200	268	340	28	8-24	4-28
250LT-500×	1	750	880×880	1136	1070	750×750	392	700	380	438	438	355	250	320	405	32	8-24	4-42
	2	750	880×880	1538	1180	750×750	392	700	380	438	438	355	250	320	405	32	8-24	4-42
	3	1100	880×880	1920	1320	750×750	392	700	380	438	438	355	250	320	405	32	8-24	4-42
	4	1100	880×880	2312	1610	750×750	392	700	380	438	438	355	250	320	405	32	8-24	4-42
300LT-550×	1	750	880×880	1250	1070	750×750	410	400	380	450	410	410	300	370	460	34	12-24	4-42
	2	750	880×880	1660	1180	750×750	410	400	380	450	410	410	300	370	460	34	12-24	4-42
	3	1100	880×880	2070	1320	750×750	410	400	380	450	410	410	300	370	460	34	12-24	4-42
	4	1100	880×880	2480	1610	750×750	410	400	380	450	410	410	300	370	460	34	12-24	4-42
350LT-600×	1	1200	1050×1050	1430	1070	900×900	460	900	400	470	440	430	350	430	520	36	16-26	4-45
	2	1200	1050×1050	1890	1180	900×900	460	900	400	470	440	430	350	430	520	36	16-26	4-45
	3	1200	1050×1050	2350	1610	900×900	460	900	400	470	440	430	350	430	520	36	16-26	4-45
	4	1200	1050×1050	2810	1610	900×900	460	900	400	470	440	430	350	430	520	36	16-26	4-45
400LT-650×	1	1200	1050×1050	1410	1320	900×900	290	610	400	490	490	495	400	465	540	36	16-24	4-45
	2	1200	1050×1050	1700	1610	900×900	290	610	400	490	490	495	400	465	540	36	16-24	4-45
	3	1200	1050×1050	1990	1730	900×900	290	610	400	490	490	495	400	465	540	36	16-24	4-45
	4	1200	1050×1050	2280	1730	900×900	290	610	400	490	490	495	400	465	540	36	16-24	4-45
500LT-750×	1	1730	1600×1600	2075	1610	1200×1200	564	900	390	680	680	620	500	585	670	34	20-26	4-42
	2	1730	1600×1600	3250	1730	1200×1200	564	900	390	680	680	620	500	585	670	34	20-26	4-42
	3	1730	1600×1600	3831	1870	1200×1200	564	900	390	680	680	620	500	585	670	34	20-26	4-42
	4	1730	1600×1600	4409	1870	1200×1200	564	900	390	680	680	620	500	585	670	34	20-26	4-42

1.4.2 RJC型深井泵

(1) 用途：RJC型深井泵供输送清水或物理、化学性质类似于水的液体。适用于城镇、农村、工业企业给水排水。

(2) 型号意义说明：

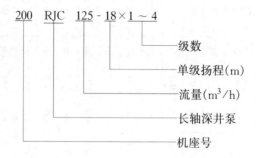

(3) 结构：RJC型深井泵由电动机、泵座、扬水管部件、工作部件、滤水器等组成。该型泵采用先进的玻璃涂复新工艺，使过流部件的表面光洁、耐腐蚀。叶轮轴、电动机轴均采用铜轴承支承，并装有甩砂装置，砂粒不会进入工作部件的下壳轴承，延长了轴承的使用寿命。

(4) 性能：RJC型深井泵性能见表1-57。

RJC型深井泵性能　　　　　　表1-57

型号	级数	流量 (m³/h)	扬程 (m)	转速 (r/min)	电动机 功率 (kW)	叶轮轴 总串量 (个)	效率 (%)	重量 (kg)	生产厂
100RJC3-4.5	10	3	45	2940	3(5.5)	10	46	610	南京制泵集团股份有限公司、南京古尔兹制泵有限公司
	13		58.5					720	
	18		81					930	
	23		103.5					1130	
	26		117					1350	
	28		126					1500	
100RJC5-4.8	10	5	48	2940	3(5.5)	10	54	640	
	13		62.4					750	
	18		86.4					960	
	23		110.4					1190	
	26		124.8		5.5			1410	
	28		134.4					1560	
100RJC10-4	10	10	40	2940	3(5.5)	8	62	580	
	13		52					685	
	18		72					860	
	23		92		5.5			1065	
	26		104					1175	

续表

型号	级数	流量 (m³/h)	扬程 (m)	转速 (r/min)	电动机功率 (kW)	叶轮轴总串量 (个)	效率 (%)	重量 (kg)	生产厂
150RJC10-9	12	10	108	2940	7.5	12	62	1570	
	16		144		11			2090	
	20		180					2525	
150RJC20-11	5	20	55	2940	5.5	12	67	1050	
	7		77		7.5			1270	
	9		99		11			1770	
	12		132		15			2170	
	13		143					2280	
150RJC30-12.5	6	30	75	2940	11	8	70	1400	
	8		100		15			1890	
	10		125		18.5			2400	
	12		150		22			2920	
150RJC40-13.5	4	40	54	2940	11	8	72	1050	南京制泵集团股份有限公司、南京古尔兹制泵有限公司
	6		81		15			1290	
	8		108		18.5			1640	
	10		135		30			2100	
150RJC45-13.5	4	45	54	2940	11	8	72	1050	
	5		67.5		15			1170	
	6		81		18.5			1290	
	8		108		22			1640	
	9		121		30			1800	
200RJC60-21	2	60	42	2940	11	14	75	1840	
	3		63		18.5			2222	
	4		84		22			2659	
	5		105		30			3046	
	6		126		37			3916	
200RJC90-20	2	90	40	2940	15	10	76	1645	
	3		60		22			2085	
	4		80		30			2525	
	5		100		37			2975	
200RJC125-18	3	125	54	2940	30	10	76	1700	
	4		72		37			2400	
250RJC130-8.5	4	130	34	1460	18.5	10	77	1600	
	6		51		30			2200	

型号	级数	流量 (m³/h)	扬程 (m)	转速 (r/min)	电动机功率 (kW)	叶轮轴总串量 (个)	效率 (%)	重量 (kg)	生产厂
250RJC130-8.5	8	130	68	1460	37	10	77	2800	南京制泵集团股份有限公司、南京古尔兹制泵有限公司
	10		85		45			3400	
	12		102		55			4200	
300RJC185-12	2	185	24	1460	18.5	14	77.5	1470	
	3		36		30			2050	
	4		48		37			2840	
	5		60		45			3610	
	6		72		55			4120	
	7		84		75			4770	
	8		96		75			5520	
	9		108		90			6270	
	10		120		90			7020	
300RJC220-13.5	2	220	27	1460	22	14	79	1470	
	3		40.5		37			2050	
	4		54		45			2840	
	5		67.5		55			3610	
	6		81		75			4130	
	7		94.5		90			4795	
	8		108		90			5315	
350RJC340-17.5	1	340	17.5	1460	30	12	79	1400	
	2		35		55			2262	
	3		52.5		75			2810	
	4		70		90			3507	
	5		87.5		110			4332	
	6		105		132			5235	
350RJC400-18	1	400	18	1460	37	12	79	1400	
	2		36		75			2262	
	3		54		90			2930	
	4		72		110			3507	
	5		90		132			4452	

注：电动机功率也可按带括号数据采用。

(5) 外形及安装尺寸：RJC型深井泵外形及安装尺寸见图1-79和表1-58。

1.4 井 泵 149

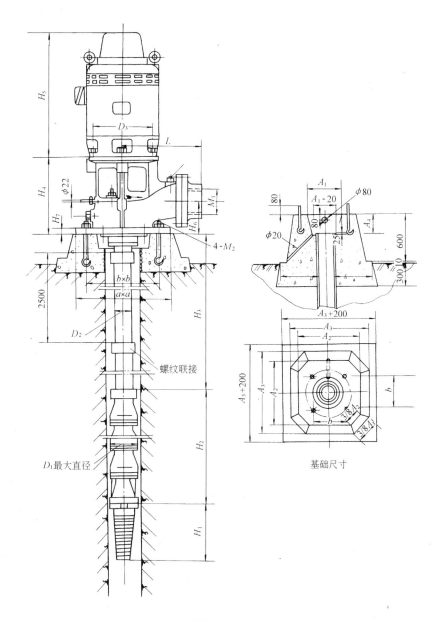

图 1-79 RJC 型深井泵外形及安装尺寸

RJC 型深井泵外形及安装尺寸(mm) 表 1-58

型号	级数	H_1	H_2	H_3	H_4	H_5	H_6	H_7	D_1	D_2	D_3	L	a	b	M_1	M_2	基础尺寸			
																	A_1	A_2	A_3	A_4
100RJC3-4.5	10	301	1205	25880	343	573	127	14	92	76	232	296	355	251	M75.5×2	M16×300	260	610	710	200
	13		1490	35880																
	18		1965	48380																
	23		2440	60880																

续表

型号	级数	H_1	H_2	H_3	H_4	H_5	H_6	H_7	D_1	D_2	D_3	L	a	b	M_1	M_2	基础尺寸			
																	A_1	A_2	A_3	A_4
100RJC3-4.5	26	301	2725	70880	343	573	127	14	92	76	232	296	355	251	M77.5×2	M16×300	260	610	710	200
	28		2915	75880																
100RJC5-4.8	10	301	1205	28380	343	573	127	14	92	76	232	296	355	251	M75.5×2	M16×300	260	610	710	200
	13		1490	38380																
	18		1965	50880																
	23		2440	65880																
	26		2725	75880																
	28		2915	80885																
100RJC10-4	10	301	1205	23414	343	573	127	14	92	76	232	296	355	251	M75.5×2	M16×300	260	610	710	200
	13		1490	30914																
	18		1965	43414																
	23		2440	55914																
	26		2725	63414																
150RJC10-9	12	306	1705	65906	343	573	127	14			232	296	355	251	M88×2	M16×300	260	610	710	200
	16		2145	85899	394	807	171.5	25.4	150	89	267	420	508	382			380	760	860	260
	20		2585	108399																
150RJC20-11	5	306	872	33392	343	573	127	14			232	296	355	251	M88×2	M16×300	260	610	710	200
	7		1132	45885																
	9		1392	58385					150	89										
	12		1782	78385	394	807	171.5	25.4			267	420	508	382			380	760	860	260
	13		1912	85885																
150RJC 30-12.5	6	331	1002	45885	394	807	171.5	25.4	150	114	267	405	508	382	M113.5×2	M16×300	380	760	860	260
	8		1262	60885																
	10		1522	75885		850														
	12		1782	90885																
150RJC 40-13.5	4	331	742	33385	394	807	171.5	25.4	150	114	267	405	508	382	M113.5×2	M16×300	380	760	860	260
	6		1002	48385																
	8		1262	65885		850														
	10		1522	80885																
150RJC 45-13.5	4	331	742	33385	394	807	171.5	25.4	150	114	267	405	508	382	M113.5×2	M16×300	380	760	860	260
	5		872	40885																
	6		1002	48385		850														
	8		1262	65885																
	9		1392	73385		955														

续表

型号	级数	H_1	H_2	H_3	H_4	H_5	H_6	H_7	D_1	D_2	D_3	L	a	b	M_1	M_2	基础尺寸			
																	A_1	A_2	A_3	A_4
200RJC60-21	2	426	599	30885	394	807	171.5	25.4	190	159	267	375	508	382	M158.5×2	M16×300	380	760	860	260
	3		764	45885		850														
	4		929	60885																
	5		1094	75885	454	955					370									
	6		1259	93385																
200RJC90-20	2	426	599	23385	394	807	171.5	25.4	190	159	267	375	508	382	M158.5×2	M16×300	380	760	860	260
	3		764	35885		850														
	4		929	48385	454	955					370									
	5		1094	60885																
200RJC 125-18	3	426	764	33385	454	955	171.5	25.4	190	159	370	375	508	382	M158.5×2	M16×300	380	760	860	260
	4		929	43385																
250RJC 130-8.5	4	426	1290	20880	454	850	171.5	25.4	242	194	370	390	508	382	M192×2	M16×300	330	760	860	260
	6		1730	30880		955														
	8		2170	40880																
	10		2610	50880																
	12		3050	60880	565						440	415								
300RJC 185-12	2	540	850	13394	454	850	171.5	25.4	295	194	370	390	508	382	M192×2	M16×300	380	760	860	260
	3		1094	20894		955														
	4		1338	28394																
	5		1582	35894																
	6		1826	43394																
	7		2070	50894																
	8		2314	58394	565	1084	190.5	38			440	415								
	9		2558	65894																
	10		2802	70894																
300RJC 220-13.5	2	540	850	15894	454	850	171.5	25.4	295	194	370	390	508	382	M192×2	M16×300	380	760	860	260
	3		1094	23394		955														
	4		1338	33394																
	5		1582	40894																
	6		1826	48394																
	7		2070	55894	565	1084	190.5	38			440	415								
	8		2314	65894																

续表

型号	级数	H_1	H_2	H_3	H_4	H_5	H_6	H_7	D_1	D_2	D_3	L	a	b	M_1	M_2	基础尺寸 A_1	A_2	A_3	A_4
350RJC 340-17.5	1	510	559	9460	470	936	255	40	346	219	370	355	560	408	无出口法兰泵座出口法兰外径：$\phi395$ 联接螺孔：12-M20 中心距：$\phi350$ 内径：$\phi257$ 法兰边厚：28	M16×300	500	1000	1140	260
	2		851	21460																
	3		1143	30460		1049					440									
	4		1435	42460																
	5		1727	51460		1140					480									
	6		2019	63460																
350RJC 400-18	1	510	559	9460	470	936	255	40	346	219	480	355	560	408		M16×300	500	1000	1140	260
	2		851	21460																
	3		1143	30460		1049														
	4		1435	42460																
	5		1727	51460		1140														

注：H_1、H_2、H_3、H_5 等仅供参考，$A_1 \sim A_4$ 可根据情况调整。

1.4.3 LC 型立式长轴泵

(1) 用途：LC 型立式长轴泵供输送清水、含有较小颗粒的温度不超过 55℃ 的污水、轻度腐蚀性的工业废水、海水或物理、化学性质与之相似的液体。适用于城镇、工矿企业给水排水以及农业灌溉。

(2) 型号意义说明：

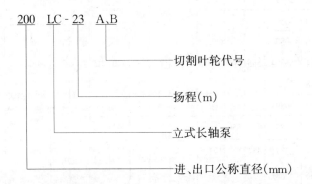

(3) 结构：LC 型立式长轴泵叶轮浸没在介质中，采用导流器集流。泵轴和内、外管分为多节，中间采用联轴螺母或联轴结连接。伸入长度可根据用户要求合理选择。导轴承采用护管结构，清水润滑。

(4) 性能：LC 型立式长轴泵性能见图 1-80 和表 1-59。

(5) 外形及安装尺寸：LC 型立式长轴泵外形及安装尺寸见图 1-81 和表 1-60~62。

1.4 井 泵

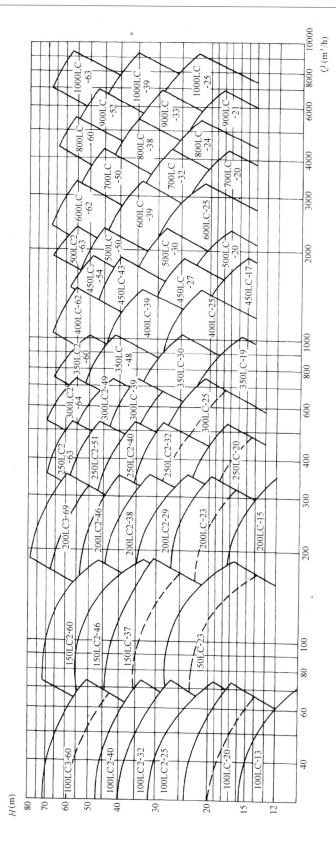

图 1-80 LC 型立式长轴泵性能范围

LC型立式长轴泵性能 表1-59

型号	流量 Q (m^3/h)	扬程 H (m)	转速 n (r/min)	电动机 型号	功率 (kW)	叶轮直径 D (mm)	泵重量 (kg)	电动机重量 (kg)	生产厂
100LC-13	30 60 75	15.6 12.5 9.7	2950	Y112M-2 B_5	4	124.5	1000+100N	45	南京制泵集团股份有限公司、武汉水泵厂
100LC-20	30 60 75	24 19.9 16.7	2950	Y132S_2-2 B_5	7.5	133.5	1050+100N	70	
100LC-20A	27.3 54.6 68.3	19.9 16.5 13.8	2950	Y131S_1-2 B_5	5.5	121.5	1050+100N	64	
100LC2-25	30 60 75	31.2 25 26.4	2950	Y132S_2-2 B_5	7.5	124.5	1200+100N	70	
100LC2-32	30 60 75	39.6 32.4 26.4	2950	Y160M_1-2 B_5	11	124.5 133.5	1250+100N	117	
100LC2-40	30 60 75	48 39.8 33.4	2950	Y160M_2-2 B_5	15	133.5	1300+100N	125	
100LC3-60	30 60 75	72 59.7 50.1	2950	Y180M-2 B_5	22	133.5	1400+100N	180	
100LC3-60A	27.3 54.6 68.3	59.6 49.4 41.5	2950	Y160M_2-2 B_5	15	121.5	1400+100N	125	
150LC-23	75 150 190	27.5 23 16.5	2950	Y160L-2 B_5	18.5	169	1400+140N	147	
150LC-23A	68.3 136.5 172.9	22.8 19 13.7	2950	Y160M_2-2 B_5	15	154	1400+140N	125	
150LC-37	75 150 190	43.7 36.6 30.3	2950	Y200L_1-2 B_5	30	186	1450+140N	240	
150LC-37A	68.3 136.5 172.9	36.2 30.3 25.1	2950	Y180M-2 B_5	22	169.3	1450+140N	180	
150LC2-46	75 150 190	55 46 33	2950	Y200L_2-2 B_5	37	169	1600+140N	260	
150LC2-60	75 150 190	71.2 59.6 46.8	2950	Y225M-2 B_5	45	186 169	1650+140N	310	
200LC-15	190 300 360	17.4 14.5 11.9	1475	Y180L-4 B_5	22	268	1500+160N	190	

续表

型号	流量 Q (m³/h)	扬程 H (m)	转速 n (r/min)	电动机 型号	功率 (kW)	叶轮直径 D (mm)	泵重量 (kg)	电动机重量 (kg)	生产厂
200LC-23	190 300 360	26.8 23 20.2	1475	Y225S-4 B₅	37	296	1550+160N	300	南京制泵集团股份有限公司、武汉水泵厂
200LC-23A	172.9 273 327.6	22.2 19 16.7	1475	Y200L-4 B₅	30	269.4	1550+160N	270	
200LC2-29	190 300 360	34.8 29 23.8	1475	Y225M-4 B₅	45	268	1700+160N	320	
200LC2-38	190 300 360	44.2 37.5 32.1	1475	Y250M-4 B₅	55	268 296	1800+160N	427	
200LC2-46	190 300 360	53.6 46.1 40.4	1475	Y280S-4 B₅	75	296	1850+160N	562	
200LC3-69	190 300 360	80.4 69 60.6	1475	Y315S-4 B₅	110	296	2000+160N	1000	
200LC3-69A	172.9 273 327.6	66.6 57 50.1	1475	Y280M-4 B₅	90	269.4	2000+160N	670	
250LC-20	360 480 540	22.8 19.8 17.8	1475	Y250M-4 B₅	55	314	1540+180N	427	
250LC-20A	327.6 436.8 491.4	18.9 16.4 14.7	1475	Y225S-4 B₅	37	286	1540+180N	300	
250LC-32	360 480 540	35.5 31.5 29.1	1475	Y280S-4 B₅	75	346	1600+180N	562	
250LC-32A	327.6 436.8 491.4	29.4 26.1 24.1	1475	Y250M-4 B₅	55	315	1600+180N	427	
250LC2-40	360 480 540	45.6 39.6 35.6	1475	Y280M-4 B₅	90	314	1600+180N	670	
250LC2-51	360 480 540	58.3 51.4 46.9	1475	Y315M₁-4 B₅	132	314 346	1800+180N	1100	
250LC2-63	360 480 540	71 63 58.2	1475	Y315M₂-4 B₅	160	346	1850+180N	1160	
300LC-25	540 660 750	27.5 24.5 21.6	1475	Y280M-4 B₅	90	348	1800+300N	670	

续表

型号	流量 Q (m^3/h)	扬程 H (m)	转速 n (r/min)	电动机 型号	电动机 功率 (kW)	叶轮直径 D (mm)	泵重量 (kg)	电动机 重量 (kg)	生产厂
300LC-25A	491.4 600.6 682.5	22.8 20.3 17.9	1475	Y280S-4 B_5	75	316.7	1800+ 300N	562	
300LC-39	540 660 750	42.7 39 35.6	1475	Y315M_1-4 B_5	132	385	1850+ 300N	1100	
300LC-39A	491.4 600.6 682.5	35.4 32.3 29.5	1475	Y315S-4 B_5	110	350.4	1850+ 300N	1000	
300LC2-49	540 660 750	55 49 43.2	1475	Y315M_2-4 B_5	160	348	2150+ 300N	1160	
300LC2-64	540 660 750	70.2 63.5 57.2	1475	YL355-34-4	200	348 385	2250+ 300N	1710	南京制泵集团股份有限公司、武汉水泵厂
350LC-19	750 900 1050	22.2 19.3 16.1	1475	Y280M-4 B_5	90	334	2300+ 600N	670	
350LC-19A	713 855 998	20 17.4 14.5	1475	Y280S-4 B_5	75	317	2300+ 600N	562	
350LC-30	750 900 1050	33.5 30.2 25.5	1475	Y315M_2-4 B_5	160	387	2600+ 650N	1160	
350LC-30A	713 855 998	30.2 27.3 23	1475	Y315M_1-4 B_5	132	367	2600+ 650N	1100	
350LC-30B	675 810 945	27.1 24.5 20.7	1475	Y315S-4 B_5	110	348	2600+ 650N	1000	
350LC-48	750 900 1050	51.8 47.9 42.5	1475	YL355-34-4	220	426	2700+ 650N	1710	
350LC-48A	713 855 998	46.7 43.2 38.4	1475	YL355-34-4	200	405	2700+ 650N	1710	
350LC-48B	675 810 945	42 38.8 34.4	1475	Y315M_1-4	185	384	2700+ 650N	950	
350LC2-60	750 900 1050	67 60.4 51	1475	YL355-39-4	280	387	3250+ 650N	1800	
350LC2-60A	713 655 998	60.5 54.5 46	1475	YL355-37-4	250	367	3250+ 650N	1760	

续表

型号	流量 Q (m³/h)	扬程 H (m)	转速 n (r/min)	电动机 型号	电动机 功率 (kW)	叶轮直径 D (mm)	泵重量 (kg)	电动机 重量 (kg)	生产厂
400LC-25	1050 1320 1500	28.3 25 22	1475	Y315M₂-4 B₅	160	380	2700+700N	1160	南京制泵集团股份有限公司、武汉水泵厂
400LC-25A	998 1254 1425	25.5 22.6 19.9	1475	Y315M₁-4 B₅	132	361	2700+700N	1100	
400LC-39	1050 1320 1500	44.3 39 34.3	1475	YL355-37-4	250	440	3100+700N	1760	
400LC-39A	998 1254 1425	40 35.2 31	1475	YL355-34-4	200	418	3100+700N	1710	
400LC-39B	945 1188 1350	35.9 31.6 27.8	1475	YL315M₁-4	185	396	3100+700N	950	
400LC-62	1050 1320 1500	68.5 61.9 56.6	1475	YL400-39-4	355	484	3300+700N	2280	
400LC-62A	998 1254 1425	61.8 55.9 51.1	1475	YL355-43-4	315	460	3300+700N	1860	
400LC-62B	945 1188 1350	55.5 50.1 45.8	1475	YL355-39-4	280	436	3300+700N	1800	
450LC-17	1500 1740 1920	19.7 17.4 15.7	980	YL315M₂-6	160	477	3280+650N	1050	
450LC-17A	1425 1653 1824	17.8 15.7 14.2	980	YL315M₃-6 B₅	132	453	3280+650N	1210	
450LC-27	1500 1740 1920	29.8 27.2 25	980	YL400-37-6	220	552	3430+750N	1878	
450LC-27A	1425 1653 1824	26.9 24.5 22.6	980	YL355M-6	185	524	3430+750N	1200	
450LC-27B	1350 1566 1728	24.1 22.0 20.3	980	YL315M₂-6	160	497	3430+750N	1050	
450LC-43	1500 1740 1920	46.2 43.1 40.5	980	YL400-46-6	315	609	3680+750N	2380	
450LC-43A	1425 1653 1824	41.7 38.9 36.6	980	YL400-43-6	280	578	3680+750N	2310	

续表

型号	流量 Q (m^3/h)	扬程 H (m)	转速 n (r/min)	电动机 型号	电动机 功率 (kW)	叶轮直径 D (mm)	泵重量 (kg)	电动机 重量 (kg)	生产厂
450LC-43B	1350 1566 1728	37.4 34.9 32.8	980	YL400-39-6	250	548	3680+750N	1930	南京制泵集团股份有限公司、武汉水泵厂
450LC2-54	1500 1740 1920	59.6 54.4 50	980	YL400-54-6	400	552	3800+750N	2550	
450LC2-54A	1425 1653 1824	53.8 49.1 45.1	980	YL400-50-6	355	524	3800+750N	2460	
500LC-20	1920 2160 2400	21 20 17.8	980	YL400-37-6	200	513	3800+830N	1878	
500LC-20A	1824 2052 2280	19 18.1 16.1	980	YL355M-6	185	487	3800+830N	1200	
500LC-31	1920 2160 2400	34 31.4 28.5	980	YL400-46-6	315	593	4100+830N	2380	
500LC-31A	1824 2052 2280	30.7 28.3 25.7	980	YL400-43-6	280	564	4100+830N	2310	
500LC-31B	1728 1944 2160	27.5 25.4 23.1	980	YL400-39-6	250	534	4100+830N	1930	
500LC-50	1920 2160 2400	52.8 49.8 46.1	980	YL450-50-6	500	654	4300+830N	3140	
500LC-50A	1824 2052 2280	47.7 44.9 41.6	980	YL450-46-6	450	622	4300+830N	3050	
500LC-50B	1728 1944 2160	42.8 40.3 37.3	980	YL400-50-6	355	589	4300+830N	2460	
500LC2-63	1920 2160 2400	68 62.8 57	980	YL450-54-6	560	593	4700+830N	3240	
500LC2-63A	1824 2052 2280	61.4 56.7 51.4	980	YL450-50-6	500	564	4700+830N	3140	
600LC-25	2400 3000 3420	29.7 25 21.6	980	YL400-46-6	315	572	4800+695N	2380	
600LC-25A	2280 2850 3249	26.8 22.6 19.5	980	YL400-43-6	280	543	4800+695N	2310	

续表

型号	流量 Q (m³/h)	扬程 H (m)	转速 n (r/min)	电动机 型号	功率 (kW)	叶轮直径 D (mm)	泵重量 (kg)	电动机重量 (kg)	生产厂
600LC-39	2400 3000 3420	43.9 39 34.3	980	YL450-50-6	500	662	5340+695N	3140	
600LC-39A	2280 2850 3249	39.6 35.2 31	980	YL450-46-6	450	629	5340+695N	3050	
600LC-39B	2160 2700 3078	35.6 31.6 27.8	980	YL400-50-6	355	596	5340+695N	2460	
600LC-62	2400 3000 3420	68.2 62 56.7	980	YL500-50-6	710	730	5440+965N	3910	
600LC-62A	2280 2850 3249	61.6 56.0 51.1	980	YL450-64-6	630	694	5440+965N	3470	
600LC-62B	2160 2700 3078	55.3 50.2 45.9	980	YL450-54-6	560	657	5440+965N	3240	南京制泵集团股份有限公司、武汉水泵厂
700LC-20	3420 3900 4380	22.6 20.3 17.9	735	YL450-59-8	400	825		3350	
700LC-20A	3249 3705 4161	20.4 18.3 16.2	735	YL450-50-8	315	784		3120	
700LC-32	3420 3900 4380	33.4 31.7 27.3	735	YL500-46-8	500	795		3790	
700LC-32A	3249 3705 4161	30.1 28.6 24.6	735	YL450-64-8	450	755		3460	
700LC-32B	3078 3510 3942	27.1 25.7 22.1	735	YL450-59-8	400	716		3350	
700LC-50	3420 3900 4380	53.6 50.3 46.3	735		800	877			
700LC-50A	3249 3705 4161	48.4 45.4 41.8	735	YL500-69-8	710	833		4460	
700LC-50B	3078 3510 3942	43.4 40.7 37.5	735	YL500-54-8	560	789		4030	
800LC-24	4380 5100 5600	27.4 24.3 22	735	YL500-46-8	500	751		3790	

续表

型号	流量 Q (m³/h)	扬程 H (m)	转速 n (r/min)	电动机 型号	电动机 功率 (kW)	叶轮直径 D (mm)	泵重量 (kg)	电动机 重量 (kg)	生产厂
800LC-24A	4161 4845 5320	24.7 21.9 19.9	735	YL450-64-8	450	714		3460	南京制泵集团股份有限公司、武汉水泵厂
800LC-38	4380 5100 5600	41.4 37.9 34.8	735	YL500-69-8	710	870		4460	
800LC-38A	4161 4845 5320	37.4 34.2 31.4	735	YL500-59-8	630	826		4180	
800LC-38B	3942 4590 5040	33.5 30.7 28.2	735	YL500-54-8	560	783		4030	

注：泵重量中 N 表示扬水管根数。

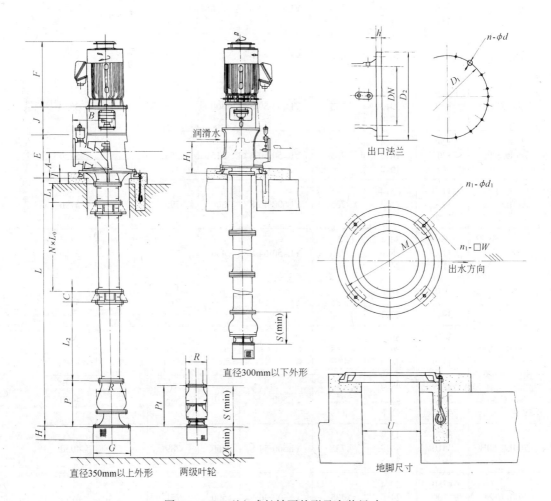

图 1-81　LC 型立式长轴泵外形及安装尺寸

1.4 井 泵

LC型立式长轴泵外形尺寸(mm) 表 1-60

型号	L	J	R	P(Pt)	F	型号	L	J	R	P(Pt)	F
100LC-13	2230+1400N	380	170	300	340	350LC-48	3000+1400N	340	583	900	1660
100LC-20		400	191	300	385	350LC-48A					1660
100LC-20A		400			385	350LC-48B		510			1184
100LC2-25	2372+1400N	400	170	442	385	350LC2-60	3500+1400N	340	516	1400	1660
100LC2-32		430	170 191	442	490	350LC2-60A					1660
100LC2-40		430	191	442	490	400LC-25	3200+1650N	530	464	800	1220
100LC3-60	2515+1400N	430	191	585	620	400LC-25A					1220
100LC3-60A		430			490	400LC-39	3300+1650N	360	580	900	1660
150LC-23	2292+1400N	430	229	362	535	400LC-39A					1660
150LC-23A		430			490	400LC-39B		530			1184
150LC-37		430	258	362	740	400LC-62	3300+1650N	360	656	900	1800
150LC-37A		430			620	400LC-62A					1660
150LC2-46	2464+1400N	430	229	534	740	400LC-62B					1660
150LC2-60		460	229 258	534	795	450LC-17	3500+2000N	500	586	1000	1184
200LC-15	2395+1400N	430	360	465	620	450LC-17A					1220
200LC-23		460	407	465	770	450LC-27	3600+2000N	330	732	1100	1800
200LC-23A		430			740	450LC-27A		500			1444
200LC2-29	2695+1400N	460	360	735	795	450LC-27B					1184
200LC2-38		460	360 407	735	895	450LC-43	3600+2000N		827	1100	1800
200LC2-46	2965+1400N	460	407	1005	980	450LC-43A					1800
200LC3-69		500			1170	450LC-43B					1800
200LC3-69A		500			1030	450LC2-54	4400+2000N		732	1900	1800
250LC-20	2415+1400N	460	421	485	895	450LC2-54A					1800
250LC-20A		460			770	500LC-20	3800+2000N		638	1000	1800
250LC-32		460	475	485	980	500LC-20A					1444
250LC-32A		460			895	500LC-31	4000+2000N		797	1200	1800
250LC2-40	2715+1400N	460	421	785	1030	500LC-31A					1800
250LC2-51		500	421 475	785	1220	500LC-31B					1800
250LC2-63		500	475	785	1220	500LC-50	4000+2000N		901	1200	2000
300LC-25	2500+1400N	500	468	570	1030	500LC-50A					2000
300LC-25A		500			980	500LC-50B					1800
300LC-39		540	529	570	1220	500LC2-63	4900+2000N		797	2100	2000
300LC-39A		540			1170	500LC2-63A					2000
300LC2-49	2730+1400N	540	468	900	1220	600LC-25	4300+2000N	345	702	1200	1800
300LC2-64		360	529	900	1660	600LC-25A					1800
350LC-19	2800+1400N	480	414	700	1030	600LC-39	4300+2000N	445	878	1200	2000
350LC-19A					980	600LC-39A					2000
350LC-30	2900+1400N	510	516	800	1220	600LC-39B					1800
350LC-30A					1220	600LC-62	4400+2000N	445	993	1300	2160
350LC-30B					1170	600LC-62A					2000

续表

型号	L	J	R	P(Pt)	F	型号	L	J	R	P(Pt)	F
600LC-62B	4400+2000N	445	993	1300	2000	700LC-50A	4760+2000N		1184	1570	2160
700LC-20	4560+2000N		836	1370	2000	700LC-50B					2160
700LC-20A					2000	800LC-24	4660+2000N		908	1470	2160
700LC-32	4560+2000N		1046	1370	2160	800LC-24A					2000
700LC-32A					2000	800LC-38	4760+2000N		1138	1570	2160
700LC-32B					2000	800LC-38A					2160
700LC-50	4760+2000N		1184	1570		800LC-38B					2160

注：N 代表扬水管的根数。

LC 型立式长轴泵外形(细部)尺寸(mm)　　　　表 1-61

DN	A	B	E	G	Q_{min}	S_{min}	H	L_0	L_1	L_2	C	l	H_1
100	350	420	640	300	250	P(pt)	160	1400	400	1400	30	100	462
150	350	420	640	300	250	P(pt)	160	1400	400	1400	30	100	462
200	350	420	650	320	250	P(pt)	200	1400	400	1400	30	100	462
250	400	500	750	375	300	P(pt)	250	1400	400	1400	30	100	535
300	400	500	750	470	300	P(pt)	300	1400	400	1400	30	100	535
350	450	600	780	650	300	700	250	1400	400	1400	200	100	520
400	500	600	830	720	350	800	300	1650	500	1600	200	100	575
450	500	640	880	820	350	850	300	2000	600	1600	200	100	605
500	550	680	930	920	400	900	350	2000	700	1800	200	100	660
600	600	780	1010	1020	500	1000	400	2000	800	2000	200	100	735
700	670	880	1130	1150	550	1200	450	2000	800	2000	260	130	820
800	770	950	1290	1300	600	1300	500	2000	800	2000	260	130	945

LC 型立式长轴泵出口法兰及地脚尺寸(mm)　　　　表 1-62

DN	出口法兰尺寸				地脚尺寸			
	D_1	D_2	h	n-ϕd	U	M	n_1-ϕd_1	n_1-□W
100	180	220	24	8-17.5	500	750	4-23	4-150
150	240	285	26	8-22	500	750	4-23	4-150
200	295	340	28	8-22	500	750	4-23	4-150
250	350	395	28	12-22	550	820	4-23	4-150
300	400	445	28	12-22	600	1015	4-28	4-150
350	460	505	30	16-22	750	1150	4-30	4-170
400	515	565	32	16-26	850	1250	4-30	4-190
450	565	615	32	20-26	950	1400	6-30	6-190
500	620	670	34	20-26	1050	1500	6-35	6-190
600	725	780	36	20-30	1200	1700	6-35	6-220
700	840	895	40	24-30	1350	1850	8-42	8-220
800	950	1015	44	24-33	1500	2000	8-42	8-220

1.4.4 QJ型井用潜水泵

(1) 用途：QJ型井用潜水泵供输送固体杂质总含量不大于0.01%(重量比)、水温不高于20℃、pH值在6.5~8.5之间、硫化氢含量不大于1.5mg/L、水中氯离子含量不超过400mg/L的无腐蚀性清水。该泵使用条件：第一级叶轮至少浸入动水位以下2m，机组浸入静水位以下不得超过70m，机组底部距井底不得小于5m。适用于农田灌溉及城镇、工厂、矿山给水排水。

(2) 型号意义说明：

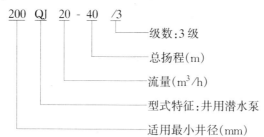

(3) 结构：QJ型井用潜水泵整个机组由潜水电机、潜水泵、输水管和控制开关及电缆四部分组成。水泵为单级或多级导叶式离心泵，并用锥形套或键紧固在泵轴上，当电动机旋转时，通过联轴器带动泵轴一起转动。

(4) 性能：QJ型井用潜水泵性能见表1-63。

QJ型井用潜水泵性能 表1-63

适用最小井径 (mm)	型号	流量 Q		扬程 H (m)	转速 n (r/min)	潜水电动机		泵效率 η (%)	电动机效率 (%)	机组外径 (mm)	生产厂
		m³/h	L/s			型号	功率 (kW)				
200	200QJ20-40/3	20	5.56	40	2850	YQS200-4	4	66	76	184	上海深井泵厂、包头潜水泵厂、南京古尔兹制泵有限公司、郑州市水泵厂、成都水泵厂、咸阳水泵厂、天津市水泵厂、
	200QJ20-54/4			54		YQS200-5.5	5.5		77		
	200QJ20-81/6			81		YQS200-9.2	9.2		78		
	200QJ20-108/8			108		YQS200-11	11		78.5		
	200QJ20-121/9			121		YQS200-13	13		79		
200	200QJ32-26/2	32	8.89	26	2850	YQS200-4	4	68	76	184	
	200QJ32-52/4			52		YQS200-9.2	9.2		78		
	200QJ32-78/6			78		YQS200-13	13		79		
	200QJ32-104/8			104		YQS200-18.5	18.5		80.5		
	200QJ32-130/10			130		YQS200-22	22		81		
200	200QJ50-26/2	50	13.89	26	2850	YQS200-7.5	7.5	72	77.5	184	
	200QJ50-52/4			52		YQS200-13	13		79		
	200QJ50-78/6			78		YQS200-18.5	18.5		80.5		
	200QJ50-104/8			104		YQS200-25	25		81.5		
	200QJ50-130/10			130		YQS200-30	30		82.5		
200	200JQ80-22/2	80	22.22	22	2850	YQS200-9.2	9.2	73	78	184	
	200QJ80-33/3			33		YQS200-13	13		79		
	200QJ80-55/5			55		YQS200-22	22		81		
	200QJ80-77/7			77		YQS200-30	30		82.5		
	200QJ80-99/9			99		YQS200-37	37		83		

续表

适用最小井径(mm)	型号	流量 Q		扬程 H (m)	转速 n (r/min)	潜水电动机		泵效率 η (%)	电动机效率 (%)	机组外径 (mm)	生产厂
		m³/h	L/s			型号	功率 (kW)				
250	250QJ50-20/1	50	13.89	20	2875	YQS250-5.5	5.5	73		223	南京古尔兹制泵有限公司、包头潜水泵厂、成都水泵厂、郑州市水泵厂、咸阳水泵厂、天津市水泵厂、上海深井泵厂、
	250QJ50-40/2			40		YQS250-9.2	9.2		78		
	250QJ50-60/3			60		YQS250-15	15		80		
	250QJ50-80/4			80		YQS250-18.5	18.5		80.5		
	250QJ50-100/5			100		YQS250-25	25		82		
	250QJ50-120/6			120		YQS250-30	30		83		
250	250QJ80-20/1	80	22.22	20	2875	YQS250-7.5	7.5	73	77.5	223	
	250QJ80-40/2			40		YQS250-15	15		80		
	250QJ80-60/3			60		YQS250-22	22		81		
	250QJ80-80/4			80		YQS250-30	30		83		
	250QJ80-100/5			100		YQS250-37	37		83.5		
	250QJ80-120/6			120		YQS250-45	45		84		
250	250QJ125-16/1	125	34.72	16	2875	YQS250-9.2	9.2	74	78	223	
	250QJ125-32/2			32		YQS250-18.5	18.5		80.5		
	250QJ125-48/3			48		YQS250-30	30		83		
	250QJ125-64/4			64		YQS250-37	37		83.5		
	250QJ125-80/5			80		YQS250-45	45		84		
	250QJ125-96/6			96		YQS250-55	55		84		
	250QJ125-112/7			112		YQS250-64	64		84.5		
300	300QJ200-20/1	200	55.56	20	2900	YQS300-18.5	18.5	76		281	
	300QJ200-40/2			40		YQS300-37	37		85		
	300QJ200-60/3			60		YQS300-55	55		85.5		
	300QJ200-80/4			80		YQS300-75	75		86		
	300QJ200-100/5			100		YQS300-90	90		86.5		
	300QJ200-120/6			120		YQS300-100	100		86.5		
350	350QJ320-22/2	320	88.89	22	1450	YQS350-30	30	76		330	郑州市水泵厂、南京古尔兹制泵有限公司、包头市潜水泵厂、
	350QJ320-33/3			33		YQS350-45	45				
	350QJ320-44/4			44		YQS350-63	63				
	350QJ320-55/5			55		YQS350-75	75				
	350QJ320-66/6			66		YQS350-90	90				
	350QJ320-77/7			77		YQS350-110	110				
	350QJ320-88/8			88		YQS350-125	125				
	350QJ320-99/9			99		YQS350-140	140				
	350QJ320-110/10			110		YQS350-160	160				

注：潜水电动机额定电压均为380V。

(5) 外形及安装尺寸：QJ型井用潜水泵外形及安装尺寸见图1-82和表1-64。

1.4 井 泵

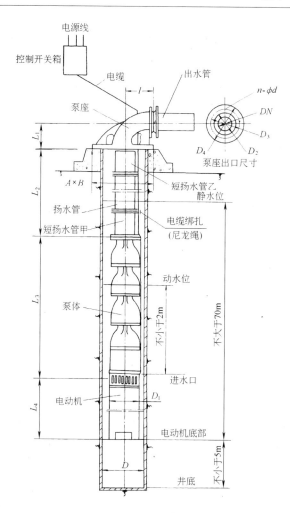

图 1-82 QJ 型井用潜水泵外形及安装尺寸

QJ 型井用潜水泵外形及安装尺寸(mm)　　表 1-64

型 号	级数	安装尺寸				出水法兰及泵座尺寸						ϕ 或 $A\times B$	L_1	电动机长度 L_4	
		D_1	L_2 max	输水管根数	L_3	DN	D_2	D_3	D_4	$n\text{-}\phi d$	l			J 型	Y 型
200QJ20	3	184	39	13	719	50	85	110	130	4-13.5		$\phi 460$	530		714
	4		54	18	772										728
	5		66	22	825										746
	6		81	27	878										792
	8		105	35	1037										816
	9		117	39	1090										843
200QJ32	2	184	24	8	391	80	135	160	195	8-18	200	350×350	160		714
	3		36	12	694										746
	4		51	17	812										792
	6		75	25	1048										843
	7		87	29	1166										
	8		102	34	1284									1080	925
	9		114	38	1402									1175	1031

续表

型号	级数	安装尺寸			出水法兰及泵座尺寸							L_1	电动机长度 L_4	
		D_1	L_2 max	输水管根数	L_3	DN	D_2	D_3	D_4	n-ϕd	l	ϕ 或 $A \times B$		J型	Y型
200QJ50	2	184	24	8	465	80	135	160	190	8-18	200	350×350	160		746
	3		36	12	700										
	4		51	17	950										843
	5		60	20	1100										
	6		75	25	1250									1080	925
	7		87	29	1400									1175	1031
	8		102	34	1550										1086
	9		114	38	1700										
	10		126	42	1850										1196
200QJ80	2	184	21	7	471	80	135	160	195	8-18	200	350×350	160		792
	3		30	10	629										843
	5		51	17	1130										1031
	7		72	24	1446										1196
	9		96	32	1762										1130
250QJ50	1	184	18	6	315	80	135	160	195	8-18	200	350×350	160		
	2		39	13	450										695
	3		57	19	785										749
	4		75	25	920										775
	5		96	32	1055										860
	6		117	39	1190										893
250QJ80	1	223	18	6	315	104	160 (平)	180	215	8-18	128	ϕ460	190		725
	2		39	13	450										789
	3		57	19	785									1080	
	4		75	25	920										
	5		96	32	1055										
	6		117	39	1190										1340
250QJ125	1	223	15	5	316	104	160 (平)	180	215	8-18	128	ϕ460	190		735
	2		30	10	450										
	3		48	16	585										
	4		60	20	920										
	5		75	25	1055										1340
	6		93	31	1190										1430
	7		108	36	1325										1560
300QJ200	1	281	18	6	400	150	220 (平)	240	280	8-18	280		440		
	2		39	13	600										
	3		57	19	825										
	4		75	25	1025										
	5		96	32	1225										
	6		117	39	1425										

(6) 配套电器材料：QJ型井用潜水泵配套开关、电缆见表1-65。

QJ型井用潜水泵配套开关、电缆　　　　表1-65

电动机功率(kW)　　项目	4	5.5	7.5	9.2	11	13	15	18.5	22
配套开关	DZ15-10	DZ15-16	DZ15-20	DZ15-25	DZ15-25	DZ15-32	DZ15-40	DZ15-40	DZ15-50
配套电缆	3×2.5	3×2.5	3×2.5	3×4	3×4	3×6	3×6	3×10	3×10

电动机功率(kW)　　项目	25	30	37	45	55	64	75	90
配套开关	QJ3-30	QJ3-40	QJ3-40	QJ3-55	QJ3-55	QJ3-75	QJ3-75	QJ3-90
配套电缆	3×10	3×16	3×16	3×25	3×25	3×35	3×35	3×50

注：1. 电缆长度为潜水电泵额定扬程加3～5m。
2. 4～7.5kW电动机采用YZW三芯电缆；9.2～90kW电动机采用YCW三芯电缆。
3. 此表所列电缆配套标准仅供参考，选用时须根据扬程的变化有所增减。

1.5 EH型单螺杆泵

(1) 用途：EH型单螺杆泵为卧式泵供输送中性或腐蚀性、洁净或磨损性的含有气体或产生气泡的液体以及高粘度或低粘度的含有纤维和固体物质的液体，其介质允许最高温度为200℃。适用于食品、纺织、造纸、石油、化工、环保、冶金、矿山等行业。

(2) 型号意义说明：

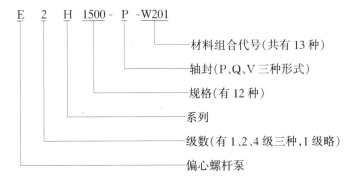

(3) 选泵原则：

1) 选择泵转速：

① 按介质的磨损性选择EH型泵转速见表1-66。

介质磨损性与EH型泵转速　　　　表1-66

磨损性	介　质　名　称	转速(r/min)
无	淡水、促凝剂、油、浆汁、肉沫、油漆、肥皂水	400～1000
一般	泥浆、悬浮液、工业废水、油漆颜料、灰浆、鱼、麦麸、菜籽油过滤后的沉积物	200～400
严重	石灰浆、粘土、灰泥、陶土	50～200

② 按介质粘度选择EH型泵转速见表1-67。

介质粘度与 EH 型泵转速　　　　表 1-67

介质粘度(cst)	1~1000	1000~10000	10000~100000	100000~1000000
转速(r/min)	400~1000	200~400	<200	<100

2）按磨损性选择泵压力见表 1-68。

表 1-68

磨 损 性	一级压力(MPa)	二级压力(MPa)
无	0.6	1.2
一 般	0.4	0.8
严 重	0.2	0.4

（4）性能：EH 型螺杆泵性能见表 1-69。

（5）外形及安装尺寸

EH 型单螺杆泵外形及安装尺寸见图 1-83 和表 1-70。

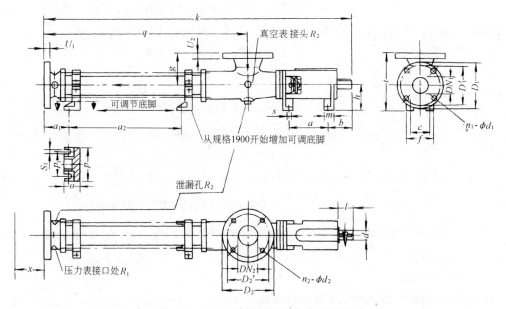

图 1-83　EH 型单螺杆泵外形及安装尺寸

表 1-69 EH型单螺杆泵性能

型号	流量 (m³/h)	转速 (r/min)	压力 0.2 (MPa) 轴功率 (kW)	电动机 型号	电动机 功率 (kW)	流量 (m³/h)	转速 (r/min)	压力 0.4 (MPa) 轴功率 (kW)	电动机 型号	电动机 功率 (kW)	流量 (m³/h)	转速 (r/min)	压力 0.6 (MPa) 轴功率 (kW)	电动机 型号	电动机 功率 (kW)	重量 (kg)	生产厂
EH63	0.15	214	0.02	YCJ71	0.55	0.14	214	0.04	YCJ71	0.55	0.12	214	0.05	YCJ71	0.55	13	天津市工业泵总厂、兰州奈茨泵业有限公司(NM型)
	0.20	284	0.02			0.19	284	0.05			0.15	284	0.06				
	0.29	388	0.03			0.27	388	0.06			0.25	388	0.08				
	0.43	570	0.05			0.42	570	0.09			0.40	570	0.12				
	0.54	710	0.06	Y132S-8	2.2	0.53	710	0.11	Y132S-8	2.2	0.50	710	0.15	Y132S-8	2.2		
	0.69	910	0.08	Y90S-6	0.75	0.65	910	0.14	Y90S-6	0.75	0.60	910	0.18	Y90S-6	0.75		
EH100	0.30	214	0.05	YCJ71	0.55	0.25	214	0.07	YCJ71	0.55	0.20	214	0.10	YCJ71	0.55	13	
	0.40	284	0.06			0.35	284	0.10			0.30	284	0.13				
	0.60	388	0.08			0.55	388	0.12			0.50	388	0.16				
	0.95	570	0.11			0.90	570	0.18			0.85	570	0.22				
	1.20	710	0.14	Y132S-8	2.2	1.15	710	0.21	Y132S-8	2.2	1.10	710	0.29	Y132S-8	2.2		
	1.55	910	0.21	Y90S-6	0.75	1.50	910	0.26	Y90S-6	0.75	1.45	910	0.35	Y90S-6	0.75		
EH164	0.70	214	0.09	YCJ71	0.55	0.65	214	0.14	YCJ71	0.55	0.60	214	0.18	YCJ71	0.55	14	
	0.95	284	0.11			0.90	284	0.18			0.85	284	0.25				
	1.30	388	0.15			1.25	388	0.23			1.20	388	0.35				
	2.00	570	0.22			1.95	570	0.34			1.90	570	0.46	YCJ71	0.75		
	2.50	710	0.27	Y132S-8	2.2	2.45	710	0.42	Y132S-8	2.2	2.40	710	0.57	Y132S-8	2.2		
	3.20	910	0.35	Y90S-6	0.75	3.15	910	0.54	Y90L-6	1.1	3.10	910	0.73	Y90L-6	1.1		
EH236	1.80	214	0.25	YCJ71	0.75	1.70	217	0.35	YCJ71	1.1	1.60	217	0.42	YCJ71	1.1	24	
	2.40	284	0.29			2.40	288	0.43			2.20	288	0.56				
	3.46	388	0.39			3.40	393	0.56			3.20	393	0.76				
	5.20	579	0.59	YCJ71	1.1	5.10	579	0.82	YCJ71	1.5	4.90	579	1.21	YCJ71	1.5		
	6.40	710	0.67	Y132S-8	2.2	6.30	710	1.11	Y132S-8	2.2	6.00	710	1.37	Y132S-8	2.2		
	8.50	940	0.84	Y112M-6	2.2	8.40	940	1.33	Y117M-6	2.2	8.20	940	1.81	Y132S-6	3		

续表

型号	流量 (m³/h)	转速 (r/min)	压力 (MPa) 0.2 轴功率 (kW)	电动机 型号	功率 (kW)	流量 (m³/h)	转速 (r/min)	0.4 轴功率 (kW)	电动机 型号	功率 (kW)	流量 (m³/h)	转速 (r/min)	0.6 轴功率 (kW)	电动机 型号	功率 (kW)	重量 (kg)	生产厂
EH375	4.5	217	0.52	YCJ71	1.5	4.2	217	0.67	YCJ71	1.5	3.6	217	1.01	YCJ71	1.5	35	天津市工业泵总厂、兰州奈茨泵业有限公司（N、M型）
	5.0	288	0.70			5.7	288	1.01			5.5	292	1.37	YCJ71	3		
	8.4	393	0.85			7.0	344	1.21	YCJ71	2.2	7.9	399	1.85	YCJ80	4		
	9.8	458	1.00	YCJ71	2.2	9.5	458	1.56			10.2	504	2.40				
	12.7	587	1.33			12.43	587	2.11	YCJ71	3	11.77	571	2.75				
	15.4	710	1.58	Y132M-8	3												
EH600	5.5	186	0.63	YCJ132	1.5	5.1	186	1.00	YCJ132	1.5	4.1	196	1.41	YCJ132	2.2	45	
	7.5	244	0.82	YCJ71	2.2	6.9	244	1.29	YCJ71	2.2	6.9	275	2.02	YCJ80	4		
	11.0	344	1.16			9.8	327	1.75			10.7	383	2.76	YCJ80	5.5		
	14.9	458	1.54	YCJ71	3	13.8	442	2.44	YCJ80	4	14.7	504	3.63	YCJ100	7.5		
	19.4	587	1.97			18.4	571	3.05			18.2	605	4.35				
	24.0	720	2.42	Y160M₁-8	4	23.4	720	3.81	Y160M₂-8	5.5							
EH1024	9.2	184	1.11	YCJ160	4	8.3	184	1.66	YCJ160	4	6.5	184	2.30	YCJ160	4	50	
	14.3	275	1.61			13.2	275	2.91	YCJ80	4	10.9	250	3.13	YCJ100	5.5		
	20.2	383	2.30	YCJ80	4	19.3	383	3.50	YCJ100	5.5	16.9	355	4.26	YCJ100	7.5		
	23.5	442	2.68			22.6	442	4.04			23.4	472	5.76	YCJ100	11		
	26.9	504	3.13			27.8	537	4.89	YCJ100	7.5	27.4	545	6.65				
EH1500	17.5	161	1.94	YCJ160	4	15.2	161	3.04	YCJ160	5.5	12.8	161	4.15	YCJ160	5.5	105	
	28.1	250	3.00			26.0	250	4.72	YCJ100	7.5	24.3	254	6.54	YCJ112	11		
	41.5	355	4.27	YCJ100	7.5	39.7	360	6.80	YCJ100	11	37.4	360	9.27	YCJ112	15		
	56.5	479	5.76			54.4	479	9.04	YCJ112	15	51.5	479	12.33				
	64.3	545	6.55	YCJ100	11	62.1	545	10.30									
	72.3	613	7.37														

1.5 EH型单螺杆泵

续表

型号	流量 (m³/h)	压力 (MPa) 0.2				0.4					0.6					重量 (kg)	生产厂
		转速 (r/min)	轴功率 (kW)	电动机 型号	电动机 功率(kW)	流量 (m³/h)	转速 (r/min)	轴功率 (kW)	电动机 型号	电动机 功率(kW)	流量 (m³/h)	转速 (r/min)	轴功率 (kW)	电动机 型号	电动机 功率(kW)		
EH1900	29.0	150	3.3	YCJ160	5.5	24.3	144	5.1	YCJ200	11	13	144	6.6	YCJ200	11	168	天津市工业泵总厂，兰州奈茨泵业有限公司(NM型)
	39.5	194	4.3	YCJ180	7.5	41	216	7.6			36.5	216	9.8	YCJ200	15		
	51.4	250	5.4	YCJ100	7.5	53.8	276	9.3	YCJ112	15	43	245	11.2	YCJ280	18.5		
	75.5	360	7.8	YCJ100	11	59.5	305	10.1			57.5	320	15	YCJ280	22		
	87.5	417	9.2	YCJ112	15	71.5	360	12			66.5	356	17				
	100	479	10.6														
EH2650	43.5	144	4.8	YCJ200	11	37.4	144	7.4	YCJ200	11	40	144	10.5	YCJ200	15	244	
	67.5	216	7.6			63.5	216	11.8	YCJ200	15	62	224	18	YCJ280	22		
	87.5	276	9.5	YCJ112	15	76	254	14.5	YCJ280	18.5	72	254	19	YCJ280	30		
	97	305	10.7			90	286	16.5	YCJ280	22	80	284	21.5				
	115	360	12			100	320	18									
EH4500	82	138	8.9	YCJ280	18.5	69	138	114	YCJ280	18.5	55*	143	18.2	YCJ315	30	148	
	140	224	15			120	222	22.5	YCJ315	30	105*	208	26	YCJ315	37		
	155	254	17	YCJ280	22	140	253	26	YCJ315	37	135*	253	32.5	YCJ315	45		
	175	286	18.6			156	284	28.5			153*	284	36.5				
	195	320	21	YCJ315	30	180	304	31									
	220	355	24														
EH6300	120	138	13	YCJ280	18.5	110	143	23	YCJ315	30	78*	143	26	YCJ315	37	716	
	205	222	21	YCJ315	36	170	208	32	YCJ315	37	155*	208	38	YCJ355	45		
	235	253	25			210	253	38.5	YCJ355	45	200*	253	46	YCJ355	55		
	260	284	27	YCJ315	37												
	280	304	30														
	320	345	35	YCJ355	45												

注：* $\Delta p = 0.5 \text{MPa}$。

表 1-70　EH型单螺杆泵外形及安装尺寸(mm)

型号	外形尺寸																			重量(kg)
	k	q	a_1	a_2	a	b	c	f	g	h	i	m	o	p	p_1	s	S_1	R_1	R_2	
EH63	642	371	—	—	125	63	56	80	84	80	164	32	—	—	—	9	—	$R^{1/4}$	$R^{3/8}$	13
EH100	676	405	—	—	125	63	56	80	84	80	164	32	—	—	—	9	—	$R^{1/4}$	$R^{3/8}$	13
EH164	732	461	—	—	125	63	56	80	84	80	164	32	—	—	—	9	—	$R^{1/4}$	$R^{3/8}$	14
EH236	920	575	90	—	155	78	70	95	90	90	180	35	50	40	—	11.5	11.5	$R^{1/4}$	$R^{3/8}$	24
EH375	1148	768	100	—	155	78	70	95	118	90	208	35	50	40	—	11.5	11.5	$R^{1/4}$	$R^{1/2}$	35
EH600	1252	867	100	—	155	78	70	95	118	90	208	35	50	40	—	11.5	11.5	$R^{1/4}$	$R^{1/2}$	45
EH1024	1311	926	120	—	155	78	70	95	118	90	208	35	50	40	—	11.5	14	$R^{1/4}$	$R^{1/2}$	50
EH1500	1855	1315	150	—	230	116	95	130	153	112	265	45	50	130	95	14	14	$R^{1/4}$	$R^{1/2}$	105
EH1900	2193	1535	150	890	280	155	130	165	160	140	300	55	80	165	130	18	18	$R^{1/4}$	$R^{3/4}$	168
EH2650	2335	1647	180	920	280	155	130	165	180	140	320	55	80	165	130	18	18	$R^{1/4}$	$R^{3/4}$	244
EH4500	2876	2068	200	1100	330	175	150	200	200	180	380	70	80	200	150	18	18	$R^{1/4}$	$R^{3/4}$	148
EH6300	3344	2341	200	1300	400	258	240	300	250	250	500	100	100	300	240	22	20	$R^{1/4}$	$R^{3/4}$	716

型号	出口法兰尺寸					进口法兰尺寸					轴伸尺寸		
	DN_1	D_1	D'_1	$n_1\text{-}\phi d_1$	U_1	DN_2	D_2	D'_2	$n_2\text{-}\phi d_2$	U_2	d	l	x
EH63	20	105	75	4-14	16	25	115	85	4-14	16	16	40	190
EH100	20	105	75	4-14	16	25	115	85	4-14	16	16	40	230
EH164	20	105	75	4-14	16	25	115	85	4-14	16	16	40	280
EH236	40	150	110	4-18	18	50	165	125	4-18	20	25	50	400
EH375	50	165	125	4-18	20	65	185	145	4-18	20	25	50	540
EH600	65	185	145	4-18	20	80	200	160	8-18	22	25	50	620
EH1024	65	185	145	4-18	20	80	200	160	8-18	22	25	50	670
EH1500	100	220	180	8-18	24	125	250	210	8-18	24	40	80	940
EH1900	100	220	180	8-18	24	125	250	210	8-18	24	50	110	1090
EH2650	125	250	210	8-22	24	150	285	240	8-22	26	50	110	1150
EH4500	150	285	240	8-22	26	200	340	295	8-22	26	60	120	1320
EH6300	200	340	295	12-22	30	200	340	295	8-22	26	60	170	1500

注：$x=$拆卸长度。

1.6 真空泵

1.6.1 SZ型水环式真空泵和压缩机

(1) 用途：SZ型水环式真空泵和压缩机是国家"八五"规划优质产品，供抽吸或压缩空气和其他无腐蚀性不溶于水、温度在-10～60℃范围的气体。适用于给水工程中水泵抽吸真空，压缩机可作为气源在溶制混凝剂时进行搅拌。也可用于造纸、烟草、食品、纺织、冶金及化工等行业用作真空脱水、真空干燥、真空过滤和输送气体。

(2) 型号意义说明：

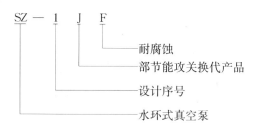

(3) 结构：SZ型水环式真空泵和压缩机是轴向单作用结构型式，叶轮与泵体相对偏心安装，因此叶轮旋转时所形成的水环与叶轮轮壳间便形成了月形空间，并按叶片分隔为若干个互不相通、容积不等的封闭小室，随着叶轮旋转。真空泵和压缩机均由电动机通过弹性联轴器直接驱动，叶轮旋转方向，从传动端看，为顺时针方向旋转。

(4) 性能：SZ型水环式真空泵和压缩机性能见表1-71、72。

SZ型水环式真空泵性能 表1-71

型号	不同真空度时的抽气量(m³/min)					极限真空度(kPa)	耗水量(L/min)	电动机			泵重量(kg)	生产厂
	0 (kPa)	-40.53 (kPa)	-60.8 (kPa)	-81.06 (kPa)	-91.19 (kPa)			型号	功率(kW)	转速(r/min)		
SZ-1J	1.5	1.48	1.36	0.92	—	-88.5	10	Y112M-4	4	1450	140	新乡水泵厂
SZ-2J	3.6	3.6	3.32	2.2	—	-88.5	30	Y132M-4	7.5	1450	150	
SZ-3J	12	12	11.3	9.8	7.8	-96	70	Y200L$_1$-6	18.5	980	463	
SZ-4J	34	33.7	31.5	28.1	17	-93.3	100	Y315S-8	55	730	975	

SZ型水环式压缩机性能 表1-72

型号	不同压力下的排气量(m³/min)				最高工作压力(kPa)	耗水量(L/min)	电动机			泵重量(kg)	生产厂
	0 (kPa)	49.03 (kPa)	78.45 (kPa)	98.07 (kPa)	147.1 (kPa)			型号	功率(kW)	转速(r/min)		
SZ-1J	1.62	1.08	—	—		98.07	10	Y132S-4	5.5	1450	140	新乡水泵厂
SZ-2J	3.67	2.8	2.16	1.62	—	137.3	30	Y160L-4	15	1450	150	
SZ-3J	12.4	9.92	9.16	8.09	3.77	205.94	70	Y208S-6	45	960	463	
SZ-4J	33.2	31.8	28.8	26.4	12.4	205.94	150	Y315M$_1$-8	75	730	975	

(5) 外形及安装尺寸：

1) SZ-1J、SZ-2J型水环式真空泵外形及安装尺寸见图1-84和表1-73。

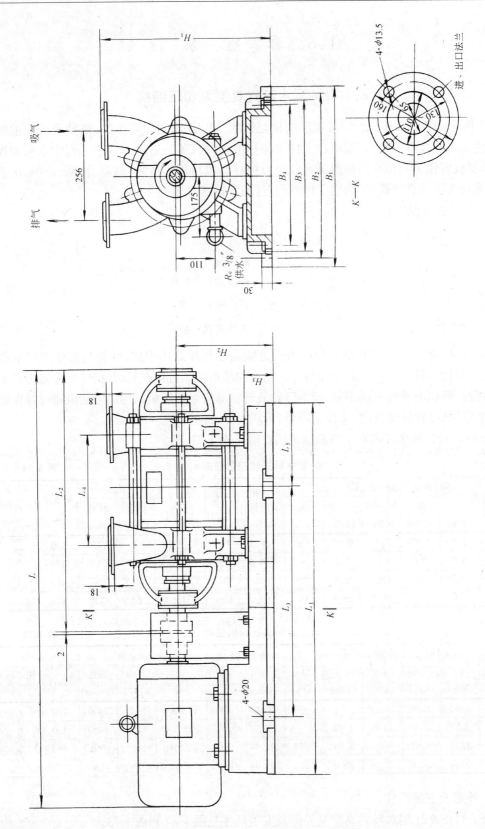

图1-84　SZ-1J SZ-2J 型水环式真空泵外形及安装尺寸（耐腐泵尺寸相同）

1.6 真空泵

SZ-1J、SZ-2J 水环式真空泵外形及安装尺寸(mm)　　　　表 1-73

型号	L	L_1	L_2	L_3	L_4	L_5	H_1	H_2	H_3	B_1	B_2	B_3	B_4
SZ-1J	1001	809	590	527	190	150	472	282	82	495	445	393	343
SZ-2J	1258	1060	728	660	320	240	470	280	80	515	465	432	382

2) SZ-1J、SZ-2J 型水环式压缩机外形及安装尺寸见图 1-85 和表 1-74。

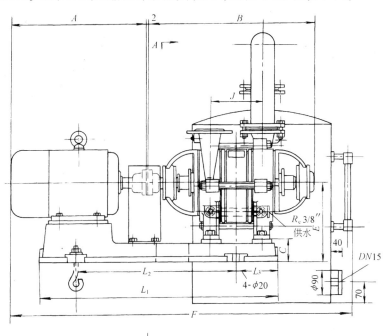

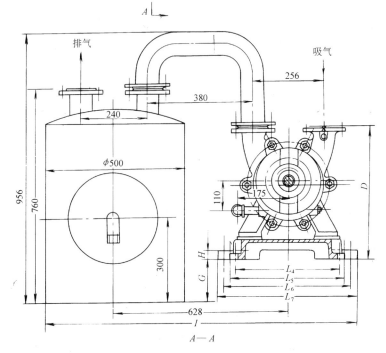

图 1-85　SZ-1J、SZ-2J 水环式压缩机外形及安装尺寸

SZ-1J、SZ-2J 型水环式压缩机外形及安装尺寸(mm)　　　表 1-74

型号	L_1	L_2	L_3	L_4	L_5	L_6	L_7	A	B	C	D	E	F	G	H	I	J
SZ-1J	857	575	150	374	424	445	495	484	590	82	472	282	1218	148	30	1125	190
SZ-2J	1152	736	215	465	515	465	515	658	727	80	470	280	1528	150	30	1135	320

注：进出口法兰尺寸与 SZ-1J、SZ-2J 水环式真空泵完全相同。

3) SZ-3J、SZ-4J 水环式真空泵外形及安装尺寸见图 1-86 和表 1-75。

SZ-3J、SZ-4J 水环式真空泵安装尺寸(mm)　　　表 1-75

型号	L_1	L_2	L_3	L_4	L_5	L_6	H_1	H_2	H_3	H_4	H_5	H_6	B_1	B_2	B_3	B_4	B_5	B_6	D_1	D_2	D_3	D_4
SZ-3J	1951	1720	700	700	178	150	805	300	145			230	1048	1600	690	600	260		900	240	200	178	125
SZ-4J	2759	2323	900	900	271	190	1055	405	150	291	341	1462	1650	900	800	260	318	865	290	255	232	175

4) SZ-3J、SZ-4J 水环式压缩机外形及安装尺寸见图 1-87 和表 1-76。

SZ-3J、SZ-4J 水环式压缩机外形及安装尺寸(mm)　　　表 1-76

型号	L	L_1	L_2	L_3	L_4	H	H_1	H_2	H_3	H_4	H_5	H_6	B	B_1	B_2	B_3
SZ-3J	2176	1860	720	248	80	1408	1100	805	40	230	20	20	1600	790	700	260
SZ-4J	2809	2323	900	270	190	1562	1220	1055	55	341	22	22	1937	900	800	260

型号	B_4	B_5	B_6	D	D_1	D_2	D_3	D_4	D_5	D_6	D_7	n-ϕd	n_1-ϕd_1	n_2-ϕd_2
SZ-3J	260	900	300	650	240	200	178	125	215	180	100	6-32	8-17.5	8-18
SZ-4J	330	865	400	804	290	255	232	175	—	—	207	6-40	8-17.5	8-18

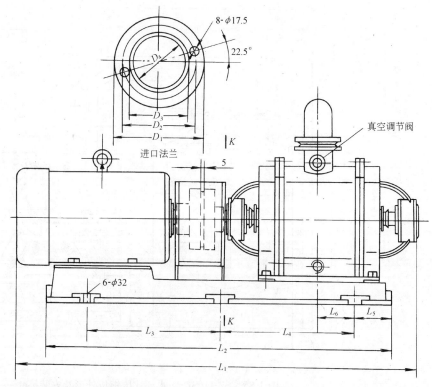

图 1-86　SZ-3J／SZ-4J 水环式真空泵外形及安装尺寸(耐腐泵尺寸相同)(一)

1.6 真 空 泵

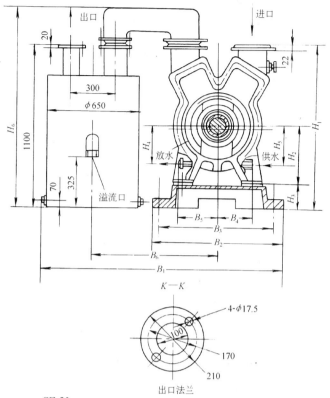

图 1-86　SZ-3J / SZ-4J 水环式真空泵外形及安装尺寸(耐腐泵尺寸相同)(二)

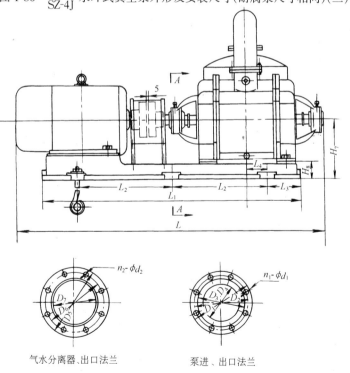

图 1-87　SZ-3J、SZ-4J 水环式压缩机外形及安装尺寸(一)

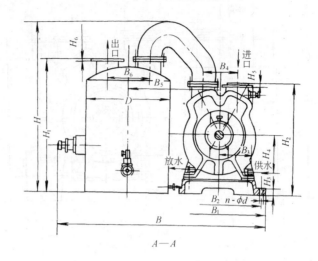

图 1-87　SZ-3J、SZ-4J 水环式压缩机外形及安装尺寸(二)

1.6.2　SZB 型水环式真空泵

(1) 用途：SZB 型泵是悬臂式水环真空泵，可供抽吸空气或其他无腐蚀性、不溶于水、不含固体颗粒的气体。最高真空度可达 85%。特别适用于大型水泵真空引水。

(2) 型号意义说明：

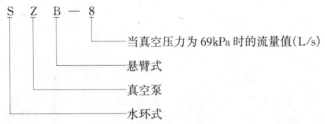

(3) 结构：SZB 型水环式真空泵泵轴以弹性联轴器与电动机直接联结。泵的旋转方向，从电动机方向看，泵轴为逆时针方向旋转。

(4) 性能：SZB 型水环式真空泵的性能见图 1-88 和表 1-77。

SZB 型真空泵性能　　　　　　　　　表 1-77

型号	流量 Q		真空度 (kPa)	转数 (r/min)	功率 轴功率	电动机		叶轮直径 (mm)	重量 (kg)	出产厂
	L/min	L/s				型号	功率(kW)			
SZB-4	330	5.5	−56.7	1450	1.1	Y100L_1-4	2.2	180		长春水泵厂、成都水泵厂、昆明水泵厂、淄博真空设备厂、浙江真空设备厂、石家庄水泵厂
	240	4.0	−67.1		1.2					
	120	2.0	−77.4		1.3					
	0	0	−83.8		1.3					
SZB-8	636	10.6	−56.7	1450	1.9	Y100L_2-4	3.0	180		
	480	8.0	−67.1		2.0					
	240	4.0	−77.4		2.1					
	0	0	−83.8		2.1					

1.6 真 空 泵

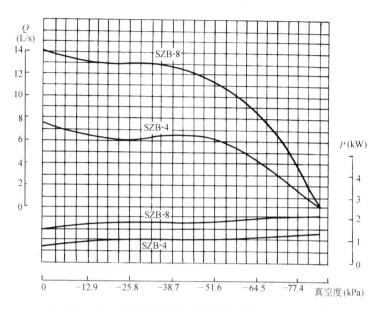

图 1-88　SZB 型水环式真空泵性能曲线（$n = 1450 \text{r/min}$）

（5）外形及安装尺寸：SZB 型水环式真空泵外形及安装尺寸见图 1-89、90 和表 1-78。

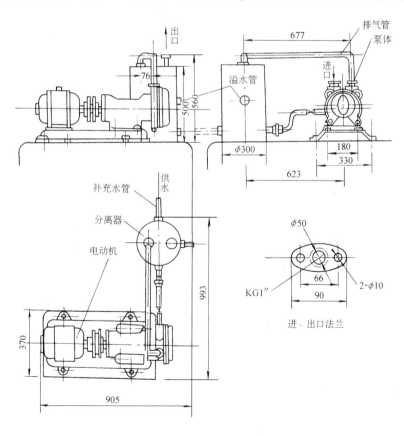

图 1-89　SZB 型水环式真空泵总体安装

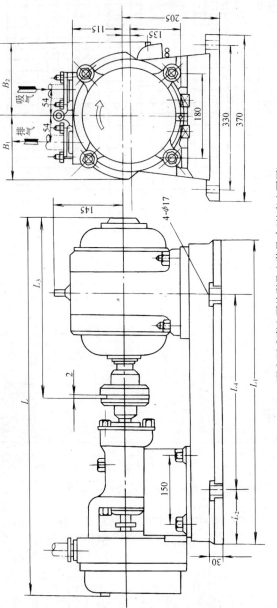

图1-90 SZB型水环式真空泵外形及安装尺寸(长春水泵厂)

SZB 型泵外形及安装尺寸   表 1-78

型 号	外形及安装尺寸(mm)							电 动 机	
	L	L_1	L_2	L_3	L_4	B_1	B_2	型 号	功率(kW)
SZB-4	776	617	115	392	397	105	180	Y100L$_1$-4	2.2
SZB-8	801	658	128	392	405	105	180	Y100L$_2$-4	3.0

1.6.3 SK 型水环式真空泵和压缩机

(1) 用途：SK 型水环式真空泵和压缩机供抽吸和压送不含固体颗粒、不溶于水的无腐蚀性气体。适用于造纸、化工、轻工等部门的真空过滤、真空除气、真空蒸馏、真空送料等方面。压缩机可作为气源在溶制混凝剂时进行搅拌。

(2) 型号意义说明：

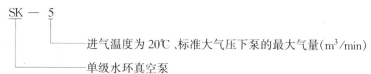

(3) 结构：SK 型水环式真空泵和压缩机是径向双作用结构型式，由转子、泵体、分配器、泵盖、轴承架、轴承压盖、滚动轴承、进水管路、放水管路等九个主要部分组成。泵体上方和前、后分配器两侧有进水管路，水由此进入泵腔，以补充水环用水的消耗，同时起水封作用。从驱动端看，转子为顺时针方向旋转。

(4) 性能：SK 型水环式真空泵和压缩机性能见表 1-79、80。

SK 型水环式真空泵性能   表 1-79

型 号	不同真空度时的抽气量(m³/min)					极限真空度 (kPa)	耗水量 (L/min)	电 动 机		转速 (r/min)	泵重量 (kg)	生产厂
	0 (kPa)	-40.53 (kPa)	-60.8 (kPa)	-81.06 (kPa)	-91.19 (kPa)			型 号	功率(kW)			
SK-5	5.01	4.93	4.9	4.38	1.25	-94.66	30	Y160M-4	11	1450	185	新乡水泵厂
SK-7	7.6	7.6	7.5	5.3	0.9	-94.66	35	Y160L$_1$-4	15	1450	320	
SK-15	15.6	15.9	15.1	8.0	0.5	-92	75	Y250M-8	30	730	560	
SK-20	20.2	19.8	18.3	8.0	0.5	-92	80	Y250M-6	37	960	560	
SK-30	33.2	32.9	31.0	22.1	7.0	-94.66	90	Y315S-8	55	730	850	

SK 型水环式压缩机性能   表 1-80

型 号	不同压力下的排气量(m³/min)				最高工作压力 (kPa)	耗水量 (L/min)	电 动 机		转速 (r/min)	泵重量 (kg)	生产厂
	0 (kPa)	49.03 (kPa)	78.45 (kPa)	98.07 (kPa)	147.1 (kPa)			型 号	功率(kW)			
SK-5	5.15	4.9	4.8	—		78.45	30	Y160L-4	15	1450	185	新乡水泵厂
SK-7	7	6.9	6.35	—		78.45	45	Y180L-4	22	1450	320	
SK-20	21.5	20.6	20.2	19.8		98.07	60	Y280M-6	55	960	560	
SK-30	33	30	29.6	29.0		98.07	80	Y315M$_2$-6	90	730	850	

(5) 外形及安装尺寸：

1) SK 型水环式真空泵外形及安装尺寸见图 1-91 和表 1-81。

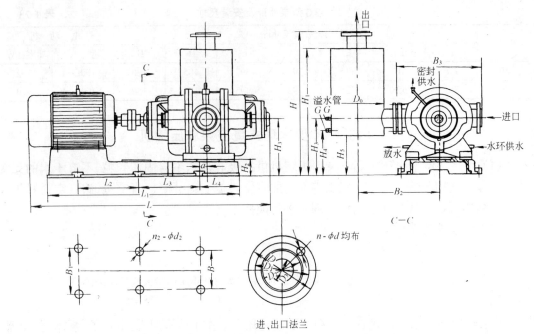

图 1-91 SK 型水环式真空泵外形及安装尺寸

SK 型水环式真空泵外形及安装尺寸(mm)　　　表 1-81

型号	L	L_1	L_2	L_3	L_4	a	H	H_1	H_2	H_3	H_4	H_5
SK-5	1371	1124	760	0	182	+35	870	776	115	350	280	250
SK-7	1473	1179	802	0	186	0	854	761	100	335	265	235
SK-15	2204	1784	600	600	290	-25.5	1260	1166	160	480	360	330
SK-20	2186	1880	700	700	293	-14.5	1285	1191	185	505	385	355
SK-30	2520	2096	750	750	300	-50	1563	1463	180	580	430	357

型号	B	B_1	B_2	B_3	D_0	G	D	D_1	D_2	D_3	n-φd	n_2-φd_2
SK-5	500	440	513	524	320	3/4″	175	140	116	70	4-17.5	4-30
SK-7	485	420	511	520	320	3/4″	185	150	125	80	4-17.5	4-24
SK-15	600	640	693	700	506	1″	260	225	200	150	8-18	6-40
SK-20	620	710	693	700	506	1″	260	225	200	150	8-17.5	6-40
SK-30	790	790	956	900	706	2″	320	280	258	200	8-17.5	6-40

2) SK 型水环式压缩机外形及安装尺寸见图 1-92 和表 1-82。

SK 型水环式压缩机外形及安装尺寸(mm)　　　表 1-82

型号	L	L_1	L_2	L_3	L_4	a	H	H_1	H_2	h	A	B	B_1	B_2	D_0	G	D	D_1	D_2	D_3	D_4	n-φd	n_1-φd_1	n_2-φd_2	配套电机
SK-5	1417	1124	760	0	182	-35	1200	115	357	350	906	500	440	524	481	3/4″	175	140	116	70	380	4-17.5	3-14.5	4-30	Y160L-4
	1442	1138	810	0	164	-11						520	520												Y180M-4
SK-7	1540	1228	828	0	200	-15	1200	115	357	350	904	500	500	520	481	3/4″	185	150	125	80	380	4-17.5	3-14.5	4-30	Y180L-4
	1605	1268	868																						Y200L-4
SK-20	2324	1900	700	700	288	-14.5	1900	185	620	505	1300	620	710	700	650	1″	260	225	200	150	480	8-18	3-18	6-40	Y280M-6
	2464	2055											780												Y315S-6
	2514				300	+30																			Y315M_1-6
SK-30	2570	2096	750	750	300	+50	1900	180	580	580	1482	790	790	900	800	1$\frac{1}{2}$″	320	280	258	200	685	8-17.5	3-24	6-40	Y315M_2-8
																									Y315M_3-8

1.6 真空泵

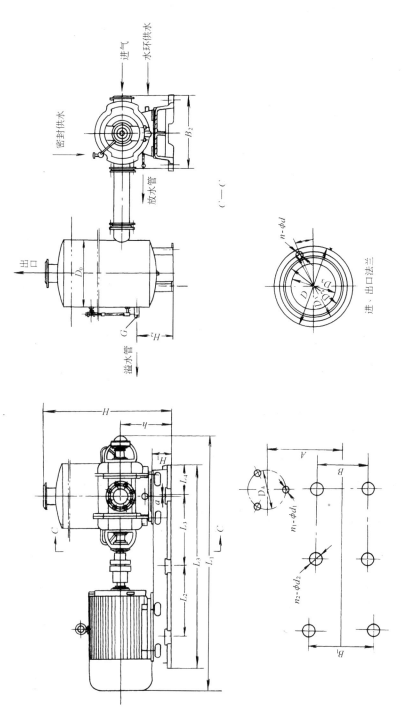

图1-92 SK型水环式压缩机外形及安装尺寸

1.7 离心式耐腐蚀泵

1.7.1 SJ型机械密封式塑料离心泵

(1) 用途:SJ型机械密封式塑料离心泵供输送温度为-20~55℃的腐蚀性介质。适用于石油化工、印染、造纸、电镀等行业。

(2) 型号意义说明:

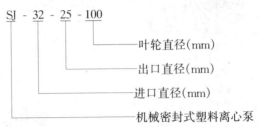

(3) 结构:SJ型机械密封式塑料离心泵主要由电动机、机械密封、叶轮和泵壳等零部件组成。过流部件全部采用增强PP、ABS、UPVC等材质注塑而成,具有很强的耐腐蚀性。其特点为外形精致、密封结构轻巧、易于维修,是国内该产品的标准机型。

(4) 性能:SJ型机械密封式塑料离心泵性能见表1-83。

SJ型塑料泵性能及外形尺寸 表1-83

型号	流量 (m³/h)	扬程 (m)	吸程 (m)	电动机功率 (kW)	公称直径		外形尺寸 (mm)						生产厂
					进口	出口	A	B	C	L	H	H_1	
SJ32-25-100	4	8	5	0.55	32	25	116	110	190	370	198	70	中美合资温州保利泵业有限公司
SJ32-25-105	4	10	5.5	0.75	32	25	116	110	190	370	198	70	
SJ40-32-125	6.3	20	6	1.5	40	32	130	140	270	470	205	90	
SJ65-50-150	25	25	6.5	4.0	65	50	182	190	300	610	275	112	
SJ50-32-125	12.5	36	8	3.0	50	32	178	160	310	632	260	100	
SJ50-32-125	12.5	54	8	4.0	50	32	182	216	310	684	260	132	

(5) 外形及安装尺寸:SJ型塑料泵外形尺寸见图1-93和表1-83。

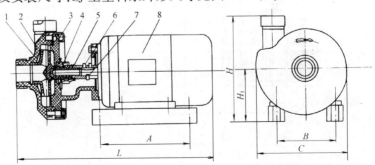

图1-93 SJ型塑料泵外形尺寸

1—泵体;2—叶轮;3—连接架;4—机械密封;5—轴用挡圈;6—定位螺钉;7—紧定螺钉;8—电动机

1.7.2 CQ型塑料、不锈钢磁力驱动泵

(1) 用途：CQ型塑料、不锈钢磁力驱动泵是将永磁联轴器的工作原理应用于离心泵的新产品，供输送酸、碱、毒液、挥发性、易燃、易爆液体；适用温度：塑料为 $-20 \sim 55$℃，不锈钢为 $-20 \sim 100$℃。适用于化工、制药、石油、电镀、食品、科研、国防工业等行业。

(2) 型号意义说明：

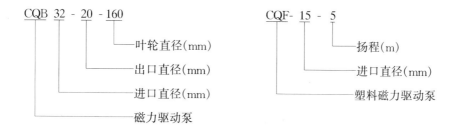

(3) 结构：CQ型磁力驱动泵以静密封取代动密封，使泵的过流部件处于完全密封状态。其材质为耐腐蚀、高强度的工程塑料、刚玉陶瓷、不锈钢。该泵特点为结构紧凑、外形美观、体积小、噪声低，运行可靠，维修方便。

(4) 性能：CQ型磁力驱动泵性能见表1-84。

(5) 外形及安装尺寸：CQ型磁力驱动泵外形尺寸见图1-94和表1-84。

CQ型磁力驱动泵性能及外形尺寸　　表1-84

型号	性能				外形尺寸 (mm)							生产厂
	流量 (m^3/h)	扬程 (m)	吸程 (m)	电动机功率 (kW)	公称直径		A	B	C	L	H	H_1	
					进口	出口							
CQF32-20-105	3.2	12.5	4	0.75	32	20	130	125	165	429	220	100	中美合资温州保利泵业有限公司
CQF40-25-125	6.3	20	4.5	1.5	40	25	130	140	190	497	326	186	
CQB32-20-160	3.2	32	5	1.5	32	20	130	140	270	468	250	90	
CQB40-25-125	6.3	20	4.5	1.5	40	25	130	140	250	493	210	90	
CQB40-25-160	6.3	32	6	3	40	25	178	160	360	630	370	210	
CQB50-32-160	12.5	32	6	4	50	32	182	190	360	650	370	210	
CQF8-1.2	0.4	1.2	1.2	0.015	8	8	55	60	80	210	85	40	
CQF10-2	0.65	2	1.5	0.025	10	10	55	70	90	220	95	45	
CQF15-5	1.5	5	2.5	0.12	15	12	70	90	135	300	138	56	
CQF15-8	1.2	8	3	0.12	15	12	70	90	135	300	138	56	
CQF20-12	3.2	12	4	0.37	20	12	80	100	180	340	163	73	
CQF32-15	6.3	15	6	0.75	32	25	125	140	238	478	205	90	
CQF40-20	10.8	20	7	2.2	40	32	140	160	264	591	230	100	
CQF50-40	18	40	7.5	4.0	50	40	140	190	315	620	255	112	

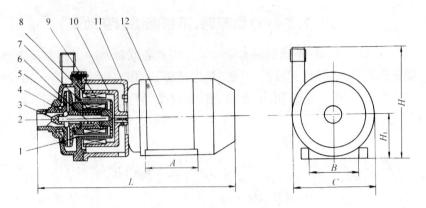

图 1-94　CQ 型磁力驱动泵外形尺寸
1—内磁转子；2—叶轮口环；3—泵壳；4—前止推环；5—叶轮；6—轴；7—轴衬套；
8—后止推环；9—隔离套；10—外磁转子；11—联接架；12—电动机

1.7.3　SW 型不锈钢卫生泵

(1) 用途：SW 型不锈钢卫生泵供输送加压、过滤、灌装和搅拌液体。适用于饮料、制药、酿酒、食品、化工、科研等行业。

(2) 型号意义说明：

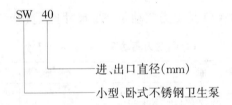

(3) 结构：SW 型不锈钢卫生泵是采用不锈钢材料经精加工和特种焊接而制造的一种小型泵，壳体采用不锈钢管材和棒材加工，叶轮和导叶采用冲压加特种焊接工艺。该泵具有强度高、使用寿命长、流道光滑、效率高等特点。

(4) SW 型不锈钢卫生泵性能见表 1-85。

SW 型不锈钢卫生泵性能　　　　　　　表 1-85

型号	流量 (m³/h)	扬程 (m)	转速 (r/min)	电动机功率(kW)	效率 (%)	进口直径 (mm)	出口直径 (mm)	重量 (kg)	生产厂
SW25	0.5~2	20~15	2900	0.37	38	25	25		杭州南方特种泵厂
SW32	2~4	20~15	2900	0.55	48	25	25		
SW40	4~8	20~15	2900	0.75	55	40	40		
SW50	9~18	30~20	2900	2.2	60	50	50		
SW65	20~30	30~20	2900	4.0	65	65	65		

(5) 外形及安装尺寸：SW 型不锈钢卫生泵外形及安装尺寸见图 1-95 和表 1-86。

1.7 离心式耐腐蚀泵　187

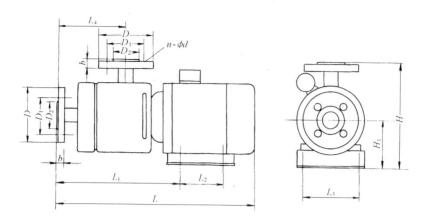

图 1-95　SW 型不锈钢卫生泵外形及安装尺寸

SW 型不锈钢卫生泵外形及安装尺寸(mm)　　表 1-86

型号	L	L_1	L_2	L_3	L_4	H	H_1	D	D_1	D_2	b	$n\text{-}\phi d$
SW25	330	160	90	112	75	171	71	90	65	50	12	4-12
SW32	350	170	90	112	80	171	71	90	65	50	12	4-12
SW40	395	190	100	125	90	180	80	100	75	60	12	4-12
SW50	480	245	125	140	115	210	90	130	100	80	12	4-14
SW65	600	260	140	190	120	142	112	140	110	90	12	4-14

1.7.4　GDF 型耐腐蚀管道泵

(1) 用途：GDF 型耐腐蚀管道泵供输送清水或温度不超过 100℃ 且不含固体颗粒的腐蚀性液体。适用于空调、冷却塔、水塔、园林喷泉、浴室、无压锅炉、高层建筑等给水。也适用于轻纺、石油、化工、医药等行业。

(2) 型号意义说明：

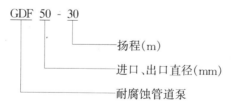

(3) 结构：GDF 型耐腐蚀管道泵进口、出口在同一水平轴线上。泵的轴向力采用水力平衡，轴封采用耐腐蚀机械密封。

(4) 性能：GDF 型耐腐蚀管道泵性能见表 1-87。

GDF 型耐腐蚀管道泵性能　　表 1-87

型　　号	流　量(m³/h)	扬　程(m)	转速(r/min)	电动机 功率(kW)	电动机 电压(V)	气蚀余量 (NPSH)r(m)	生产厂
GDF25-15	1.5　4　6.5	20　15　10	2800	0.46	220 单相	4	广州市第一水泵厂
GDF 32-20	3　6　8	23　20　15	2800	0.75	220 单相	4	

续表

型号	流量(m³/h)	扬程(m)	转速(r/min)	功率(kW)	电压(V)	气蚀余量(NPSH)r(m)	生产厂
GDF40-15	7.2、11.4、15.6	16、15、12	2900	1.1	220/380	4	
GDF40-20	7.2、11.4、15.6	21、20、16	2900	1.5	220/380	4	
GDF40-30	7.2、11.4、15.6	33、30、23	2900	2.2	220/380	5	
GDF50-8	10.8、18、22	9.5、8、7	2800	0.75	220/380	4	
GDF50-17	10.8、18、25.2	21、17.5、13.5	2900	1.5	220/380	4	
GDF50-30	10.8、18、25.2	33、30、23	2900	3	380	5	
GDF50-40	10.8、18、25.2	42、40、33	2900	4	380	5	
GDF50-50	10.8、18、25.2	52、50、42	2900	5.5	380	5	
GDF65-19	18、25.2、36	20、19、14	2900	2.2	220/380	4	
GDF65-30	18、25.2、36	33、30、23	2900	4	380	5	
GDF65-50	18、25.2、36	52、50、42	2900	7.5	380	5	
GDF80-21	30、42、54	24、21、16	2900	4	380	4	广州市第一水泵厂
GDF80-30	30、42、54	33、30、23	2900	5.5	380	5	
GDF80-40	30、42、54	43、40、32	2900	7.5	380	5	
GDF80-50	30、42、54	52、50、42	2900	11	380	5	
GDF100-21	39、60、75	24、21、16	2900	5.5	380	4	
GDF100-30	30、50、60	32、30、23	2900	7.5	380	5	
GDF100-50	30、50、60	52、50、42	2900	15	380	5	
GDF100-19	60、90、120	21、19、14	2900	7.5	380	5	
GDF100-32	60、90、120	34、32、29	2900	15	380	5	
GDF100-32A	60、90、120	30、28、26	2900	11	380	5	
GDF125-20	110、160、200	23、20、17	1480	15	380	5	
GDF150-20	120、200、240	23、20、17.5	1480	18.5	380	5	
GDF 200-18	200、280、340	20、18、15	1480	22	380	5	
GDF 200-24	200、280、340	26、24、21	1480	30	380	5	

(5) 外形及安装尺寸：GDF 型耐腐蚀管道泵外形及安装尺寸见图 1-96 和表 1-88。

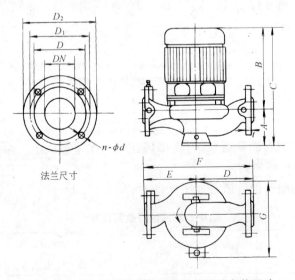

图 1-96 GDF 型耐腐蚀管道泵外形及安装尺寸

1.7 离心式耐腐蚀泵

GDF型耐腐蚀管道泵的外形及安装尺寸(mm) 表 1-88

型号	外形尺寸							进、出口法兰尺寸					重量(kg)
	A	B	C	D	E	F	G	DN	D_2	D_1	D	n-ϕd	
GDF25-15	65	260	325	130	130	260	180	G1					21
GDF32-20	80	320	450	140	140	280	230	32	120	90	70	4-13.5	30
GDF40-15	95	370	455	150	150	300	236	40	130	100	80	4-13.5	41
GDF40-20	95	385	480	150	150	300	236	40	130	100	80	4-13.5	43
GDF40-30	95	409	504	170	160	330	300	40	130	100	80	4-13.5	52
GDF50-8	70	319	389	140	125	265	285	50	140	110	90	4-13.5	30
GDF50-17	100	385	485	160	150	310	259	50	140	110	90	4-13.5	46
GDF50-30	100	467	567	170	160	330	300	50	140	110	90	4-13.5	60
GDF50-40	100	504	604	200	180	380	345	50	140	110	90	4-13.5	59
GDF50-50	100	504	604	200	180	380	320	50	140	110	90	4-13.5	68
GDF65-19	110	400	510	175	170	345	300	65	160	130	110	4-13.5	58
GDF65-30	110	487	597	185	175	365	340	65	160	130	110	4-13.5	75
GDF65-50	120	564	684	210	200	410	360	65	160	130	110	4-13.5	92
GDF80-21	125	487	612	200	175	375	340	80	190	150	125	4-17.5	80
GDF80-30	128	566	694	210	185	395	360	80	190	150	125	4-17.5	97
GDF80-40	128	566	694	235	205	440	385	80	190	150	125	4-17.5	125
GDF80-50	130	734	864	245	215	460	385	80	200	160	130	8-17.5	155
GDF100-21	140	572	712	235	205	440	390	100	210	170	145	4-17.5	108
GDF100-30	155	572	712	235	205	440	410	100	210	170	145	4-17.5	122
GDF100-50	140	759	914	235	205	440	390	100	210	170	145	4-17.5	120
GDF100-19	155	572	727	235	215	450	430	100	220	180	150	8-17.5	185
GDF100-32	165	810	975	250	215	465	420	100	220	180	150	8-17.5	192
GDF100-32A	165	810	975	250	215	465	420Z	100	220	180	150	8-17.5	192
GDF125-20	200	830	1030	380	330	710	400	125	250	210	175	8-17.5	210
GDF150-20	210	890	1100	360	300	660	500	150	285	240	210	8-22	245
GDF200-18	270	930	1200	420	380	800	500	200	340	295	265	8-22	295
GDF200-24	270	930	1200	420	380	800	500	200	340	295	265	8-22	295

1.7.5 IH型单级单吸化工离心泵

(1) 用途:IH系列化工泵为单级单吸悬臂式离心泵,是国家确定替代F型耐腐蚀离心泵的高效节能、更新换代产品。供输送化工流程中有腐蚀性、粘度类似于水的液体,介质温度为-20~105℃;必要时可采用适当的冷却措施,以输送更高温度的介质。广泛用于化工、石油、冶金、电力、造纸、食品、制药、合成纤维等行业。

(2) 型号意义说明:

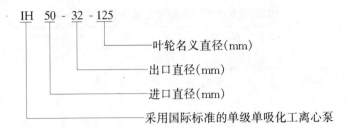

(3) 结构：IH系列化工泵是根据国际标准ISO2858、ISO3069和ISO3661规定设计，由泵体、泵盖、叶轮、轴、轴套和悬架等组成。该泵采用后开门结构，设计有加长联轴器，检修时不需要拆卸管路和电动机，只需拆下加长联轴器的中间联接件就可进行泵的传动是通过加长联轴器与电动机直接联接。从电动机端看，泵为顺时针方向旋转。

(4) 性能：IH型单级单吸化工离心泵性能见表1-89。

IH型单级单吸化工离心泵性能　　　　　表1-89

型号	流量Q		扬程 H(m)	转速 n (r/min)	效率 η(%)	轴功率 (kW)	电动机功率(kW) 介质相对密度γ		气蚀余量 (NPSH)r (m)	生产厂
	m³/h	L/s					1.0	1.4		
IH50-32-125	7.5	2.08	23	2900	43	1.09	2.2	3	2.0	兰州水泵总厂、新乡水泵厂、佛山水泵厂、鹰潭水泵厂、龙岩水泵厂、杭州水泵厂、昆明水泵厂、威海水泵厂
	12.5	3.47	20		51	1.33			2.0	
	15.0	4.17	18		49	1.50			2.5	
	3.75	1.04	5.75	1450	36	0.16	1.1	1.1	2.0	
	6.3	1.74	5.0		45	0.19			2.0	
	7.5	2.08	4.5		44	0.21				
IH50-32-160	7.5	2.08	34.5	2900	33	2.13	3	5.5	2.0	
	12.5	3.47	32		46	2.37			2.0	
	15.0	4.17	30		50	2.45			2.5	
	3.75	1.04	8.6	1450	29	0.30	1.1	1.1	2.0	
	6.3	1.74	8.0		40	0.34			2.0	
	7.5	2.08	7.5		43	0.36			2.5	
IH50-32-200	7.5	2.08	51.8	2900	28	3.78	5.5	7.5	2.0	
	12.5	3.47	50		40	4.36			2.0	
	15.0	4.17	48		43	4.56			2.5	
	3.75	1.04	12.9	1450	23	0.57	1.1	1.5	2.0	
	6.3	1.74	12.5		33	0.65			2.0	
	7.5	2.08	12.0		36	0.68				
IH50-32-250	7.5	2.08	82	2900	23	7.28	11	15	2.0	
	12.5	3.47	80		33	8.25			2.0	
	15.0	4.17	78.5		36.5	8.79			2.5	

1.7 离心式耐腐蚀泵

续表

型号	流量 Q		扬程 H(m)	转速 n (r/min)	效率 η(%)	轴功率 (kW)	电动机功率(kW) 介质相对密度 γ		气蚀余量 $(NPSH)r$ (m)	生产厂
	m³/h	L/s					1.0	1.4		
IH50-32-250	3.75	1.04	20.5	1450	17	1.23	2.2	3	2.0	
	6.3	1.74	20		27	1.27				
	7.5	2.08	19.6		31	1.29				
IH65-50-125	15	4.17	21.3	2900	47	1.85	3	4.0	2.0	
	25	6.94	20		62	2.2				
	30	8.33	18.6		63	2.4				
	7.5	2.08	5.4	1450	44	0.25	1.1	1.1	2.0	
	12.5	3.47	5		56	0.31				
	15.0	4.17	4.5		56	0.33				
IH65-50-160	15	4.17	34.2	2900	44	3.18	5.5	7.5	2.0	兰州水泵总厂、新乡水泵厂、佛山水泵厂、鹰潭水泵厂、龙岩水泵厂、杭州水泵厂、昆明水泵厂、威海水泵厂
	25	6.94	32		57	3.82			2.0	
	30	8.33	30		59	4.15			2.5	
	7.5	2.08	8.55	1450	39	0.45	1.1	1.5	2.0	
	12.5	3.47	8		51	0.53				
	15.0	4.17	7.5		52.5	0.58				
IH65-40-200	15	4.17	53.2	2900	41	5.30	11	11	2.0	
	25	6.94	50		52	6.55			2.0	
	30	8.33	47.6		53.5	7.27			2.5	
	7.5	2.08	13.3	1450	35	0.78	1.5	2.2	2.0	
	12.5	3.47	12.5		46	0.93				
	15.0	4.17	11.9		47.5	1.02				
IH65-40-250	15	4.17	81.2	2900	34	9.76	15	22	2.0	
	25	6.94	80		46	11.84				
	30	8.33	78.4		50	12.8				
	7.5	2.08	20.3	1450	28	1.48	3	4	2.0	
	12.5	3.47	20		40	1.75				
	15.0	4.17	19.6		43	1.86				
IH65-40-315	15	4.17	126.8	2900	28	18.5	30	37	2.0	
	25	6.94	125		39	21.8			2.0	
	30	8.33	124		42.5	23.8			2.5	
	7.5	2.08	32.4	1450	22	3.0	5.5	7.5	2.0	
	12.5	3.47	32		33	3.3				
	15.0	4.17	31.7		37	3.5				

续表

型号	流量 Q		扬程 H(m)	转速 n (r/min)	效率 η(%)	轴功率 (kW)	电动机功率(kW) 介质相对密度 γ		气蚀余量 (NPSH)r (m)	生产厂
	m³/h	L/s					1.0	1.4		
IH80-65-125	30	8.33	23.2	2900	60	3.16	5.5	7.5	3.0	兰州水泵总厂、新乡水泵厂、佛山水泵厂、鹰潭水泵厂、龙岩水泵厂、杭州水泵厂、昆明水泵厂、威海水泵厂
	50	13.9	20		69	3.95			3.0	
	60	16.7	17.6		67	4.29			4.0	
	15	4.17	5.8	1450	54	0.44	1.1	1.1	2.5	
	25	6.94	5.0		64	0.53			2.5	
	30	8.33	4.4		62	0.58			3.0	
IH80-65-160	30	8.33	36	2900	57	5.16	11	11	2.0	
	50	13.9	32		67	6.5			2.3	
	60	16.7	28.4		65	7.14			3.3	
	15	4.17	9	1450	50	0.74	1.5	2.2	2.0	
	25	6.94	8		62	0.88			2.0	
	30	8.33	7.2		62	0.95				

(5) 外形及安装尺寸：

1) IH型单级单吸化工离心泵的外形尺寸见图1-97和表1-90。

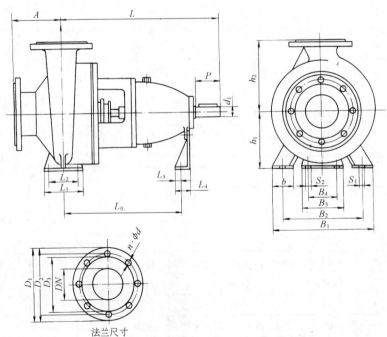

图1-97 IH型单级单吸化工离心泵外形及安装尺寸

1.7 离心式耐腐蚀泵

IH型泵外形尺寸 (mm)   表1-90

型号	A	L	h_1	h_2	b	L_1	L_2	L_3	L_4	B_1	B_2	B_3	B_4	L_0	S_1	S_2	d_1	p	进口法兰 DN	D_1	D_2	D_3	$n\text{-}\phi d$	出口法兰 DN	D_1	D_2	D_3	$n\text{-}\phi d$
IH50-32-125	80	385	112	140	50	100	70	19	60	190	140	110	145	285	$\phi14.5$	$\phi14.5$	24	50	50	165	125	102	4-17.5	32	140	100	78	4-17.5
IH50-32-160	80	385	132	160	50	100	70	19	60	240	190	110	145	285	$\phi14.5$	$\phi14.5$	24	50	50	165	125	102	4-17.5	32	140	100	78	4-17.5
IH50-32-200	80	385	160	180	50	100	70	19	60	240	190	110	145	285	$\phi14.5$	$\phi14.5$	24	50	50	165	125	102	4-17.5	32	140	100	78	4-17.5
IH50-32-250	100	500	180	225	65	125	95	25	65	320	250			370	$\phi14.5$	$\phi14.5$	32	80	50	165	125	102	4-17.5	32	140	100	78	4-17.5
IH65-50-125	80	385	112	140	50	100	70	19	60	210	160	110	145	285	$\phi14.5$	$\phi14.5$	24	50	65	185	145	122	4-17.5	50	165	125	102	4-17.5
IH65-50-160	80	385	132	160	50	100	70	19	60	240	190	110	145	285	$\phi14.5$	$\phi14.5$	24	50	65	185	145	122	4-17.5	50	165	125	102	4-17.5
IH65-50-200	100		160	180	50	100	70	19	60	265	212	110	145	285	$\phi14.5$	$\phi14.5$	24	50	65	185	145	122	4-17.5	50	165	125	102	4-17.5
IH65-40-200	100		160	180	50	100	70	19	60	265	212	110	145	285	$\phi14.5$	$\phi14.5$	24	50	65	185	145	122	4-17.5	40	150	110	88	4-17.5
IH65-40-250		500	180	225	65	125	95	25	65	320	250			370	$\phi14.5$	$\phi14.5$	32	80	65	185	145	122	4-17.5	40	150	110	88	4-17.5
IH65-40-315	125		200	250	65	125	95	25	65	345	280			370	$\phi14.5$	$\phi14.5$	32	80	65	185	145	122	4-17.5	40	150	110	88	4-17.5
IH80-65-125	100	385	132	160	50	100	70	19	60	240	190	110	145	285	$\phi14.5$	$\phi14.5$	24	50	80	200	160	133	8-17.5	65	185	145	122	4-17.5
IH80-65-160	100	385	160	180	50	100	70	19	60	265	212	110	145	285	$\phi14.5$	$\phi14.5$	24	50	80	200	160	133	8-17.5	65	185	145	122	4-17.5

2) IH型单级单吸化工离心泵安装尺寸见图1-98和表1-91。

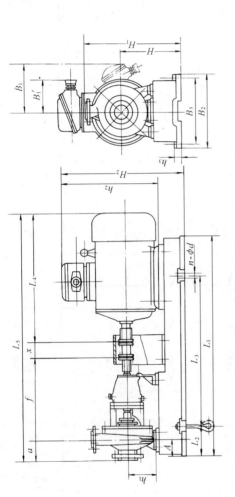

图 1-98 IH 型单级单吸化工离心泵安装尺寸

IH 型单级单吸化工离心泵安装尺寸表 (mm) 表 1-91

型号	电动机 型号	电动机 功率(kW)	A	L_1	L_2	L_3	L_4	a	f	x	L_5	B_1	B'_1	B_2	B_3	h_1	h_2	h_3	H	H_1	H_2	$n-\Phi d$
IH50-32-125	YB90L-2	2.2	80	920	170	600	385	80	385	100	950	155	225	390	350	112	355	30	197	337	462	4-18.5
IH50-32-160	YB100L-2	3.0	80	920	170	600	430	80	385	100	995	180	225	390	350	132	380	30	217	377	502	4-18.5
IH50-32-200	YB132S₁-2	5.5	80	1020	190	660	510	80	385	100	1075	210	240	450	400	160	470	30	250	430	588	4-24
IH50-32-250	YB160M₁-2	11	95	1270	225	840	655	100	500	100	1355	255	240	540	490	180	530	30	300	525	670	4-24
IH65-50-125	YB100L-2	3.0	80	920	170	600	430	80	385	100	995	180	225	390	350	132	380	30	197	337	477	4-18.5
IH65-50-160	YB132S₁-2	5.5	80	1020	190	660	510	80	385	100	1075	210	240	450	400	160	470	30	222	382	560	4-24
IH65-40-200	YB160M₁-2	11	80	1140	210	740	655	100	385	100	1240	255	240	490	440	180	530	30	260	440	630	4-24
IH65-40-250	YB160M₂-2	15	95	1270	225	840	655	100	500	100	1355	255	240	540	490	180	530	30	300	525	670	4-24
IH65-40-315	YB200L-2	30	95	1420	250	940	805	125	500	100	1530	310	290	610	550	200	625	40	325	575	750	4-28
IH80-65-125	YB132S₁-2	5.5	80	1020	190	660	510	100	385	100	1095	210	240	450	400	132	470	30	222	382	560	4-24
IH80-65-160	YB160M₁-2	11	80	1140	210	740	655	100	385	100	1240	255	240	490	440	160	530	30	260	440	630	4-24

1.7.6 FYS型单级悬臂立式耐腐蚀液下泵

(1) 用途:FYS型单级悬臂立式耐腐蚀液下泵供输送温度为-5~105℃的酸碱、有机溶剂等液体。适用于环保、化工、轻工、石油、冶金等行业。

(2) 型号意义说明:

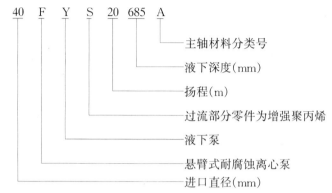

(3) 结构:FYS型单级悬臂立式耐腐蚀液下泵由泵体、泵盖、中间法兰、中间接管、大法兰、轴承座联轴器、电动机、电动机座以及出液管等组成。

(4) 性能:FYS型单级悬臂立式耐腐蚀液下泵性能见表1-92。

FYS型单级悬臂立式耐腐蚀液下泵性能 表1-92

型号	流量(m³/h)	扬程(m)	转速(r/min)	效率(%)	电动机功率(kW)	公称直径(mm) 进口	公称直径(mm) 出口	液下深度(mm)	重量(kg)	生产厂
25FYS-16	1.8	18		24	0.55(0.75)	25	16			
	3.6	16		32						
	4.5	12.5		30						
32FYS-20	5	22		39	1.1(1.5)	32	25			
	7.5	20		41						
	10	17		43						
40FYS-20	5	22		39	1.5(2.2)	40	32			
	7.5	20		41						
	10	17		43						
50FYS-25	12	28	2900	50	3(4)	50	40	685、1000、1500、1800、2000		上海汇丰耐腐蚀泵制造公司
	17	25		55						
	22	19		53						
65FYS-25	20	28		45	5.5(7.5)	65	50			
	30	25		51						
	40	16		46						
80FYS-32	30	36		61	11	80	65			
	50	32		73						
	60	29		72						
100FYS-32	60	36		70	15	100	80			
	100	32		78						
	120	29		75						

注:括号内为液体密度、粘度较大时的配套电动机功率,或为液下深度1500mm以上的配套电动机功率。

(5) 外形及安装尺寸:FYS型单级悬臂立式耐腐蚀液下泵外形及安装尺寸见图1-99和表1-93。

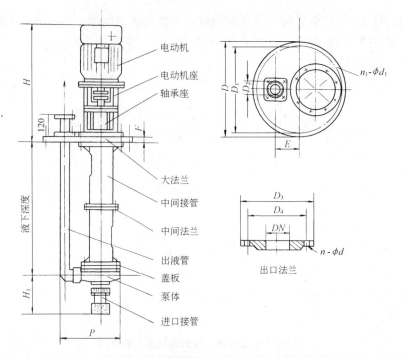

图1-99 FYS型单级悬臂立式耐腐蚀液下泵外形及安装尺寸

FYS型单级悬臂立式耐腐蚀液下泵外形及安装尺寸(mm)　　　　　表1-93

型号	E	F	H	H_1	P	D	D_1	D_2	n_1-ϕd_1	DN	D_4	D_3	n-ϕd
25FYS	90	20	410	150	180	290	255	16	8-14	16	配管螺纹		
32FYS	118	25	487	250	310	400	360	25	12-14	25	75	100	4-12
40FYS	118	25	630	250	330	435	395	32	12-14	32	90	120	4-14
50FYS	133	30	665	250	355	485	445	40	12-18	40	100	130	4-14
65FYS	155	32	750	250	390	535	495	50	16-18	50	110	140	4-14
80FYS	190	40	1000	300	485	590	550	65	16-23	65	130	160	4-14
100FYS	190	40	1000	300	495	640	600	80	16-23	80	150	185	4-18

1.7.7 KF型单级单吸耐腐蚀杂质泵

(1) 用途:KF型单级单吸耐腐蚀杂质泵供输送含有固体颗粒、直径不大于3mm、密度不大于1.1g/cm³、温度不大于100℃的浆料、短纤维、油类、粉尘沉淀物、污泥等液体以及一般清水。适用于石油、化工、轻工、环保等行业。

(2) 型号意义说明:

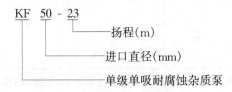

(3) 结构:KF 型单级单吸耐腐蚀杂质泵属卧式单级单吸悬臂离心泵。为了防止杂质堵塞,叶轮设计成开式,并装设了副叶片。轴封采用填料密封和机械密封两种,用户可根据输送介质选择密封形式。泵通过弹性联轴器由电动机直接传动。从电动机方向看,泵为顺时针旋转。

(4) 性能:KF 型单级单吸耐腐蚀杂质泵性能见表 1-94。

KF 型单级单吸耐腐蚀杂质泵性能　　　　表 1-94

型号	流量 (m^3/h)	扬程 (m)	转速 (r/min)	电动机 轴功率(kW)	电动机 型号	电动机 功率(kW)	效率 (%)	最大吸上真空高度(m)	重量 (kg)	生产厂
KF40-15	6	15	2900	0.56	Y801-2	0.75	44	6.5		
KF40-20	6	20	2900	0.74	Y802-2	1.1	44	6.5		
KF50-17	12	17	2900	1.09	Y90S-2	1.5	51	6.5		
KF50-23	12	23	2900	1.47	Y90L-2	2.2	51	6.5		
KF50-32	12	32	2950	2.27	Y100L-2	3	46	6.5		
KF50-40	12	40	2950	2.97	Y112M-2	4	44	6.5		
KF65-17	24	17	2950	1.79	Y100L-2	3	62	6.0		广州市第一水泵厂
KF65-23	24	23	2950	2.42	Y112M-2	4	62	6.0		
KF65-32	24	32	2950	3.67	Y132S_1-2	5.5	57	6.0		
KF65-40	24	40	2950	4.75	Y132S_2-2	7.5	51	6.0		
KF80-15	40	15	2950	2.3	Y100L-2	3	70	5.5		
KF80-20	40	20	2950	3.11	Y112M-2	4	70	5.5		
KF80-32	40	32	2950	5.63	Y132S_1-2	7.5	62	5.5		
KF80-40	40	40	2950	7.03	Y160M_1-2	11	62	5.5		
KF100-17	60	17	2950	3.86	Y132S_1-2	5.5	72	5.0		
KF100-23	60	23	2950	5.22	Y132S_2-2	7.5	72	5.0		
KF100-32	60	32	2950	7.42	Y160M_1-2	11	70	5.0		
KF100-40	60	40	2950	9.47	Y160M_2-2	15	69	5.0		

(5) 外形及安装尺寸:KF 型单级单吸耐腐蚀杂质泵的外形及安装尺寸见图 1-100 和表 1-95。

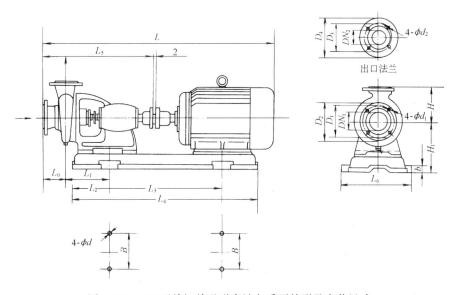

图 1-100　KF 型单级单吸耐腐蚀杂质泵外形及安装尺寸

KF型单级单吸耐腐蚀杂质泵外形及安装尺寸(mm)　　　表 1-95

型号	外形尺寸													进、出口法兰尺寸						
	L_0	L_1	L_2	L_3	L_4	L_5	L_6	L	B	ϕd	H	H_1	b	DN_1	D_1	D_2	ϕd_1	DN_2	D_3	D_4	ϕd_2
KF40-15	60	76	90	350	540	380	291	665	225	15	130	162	20	40	100	130	14	32	90	120	14
KF40-20	60	76	90	350	540	380	291	690	225	15	130	162	20	40	100	130	14	32	90	120	14
KF50-17	60	132	95	350	540	380	260	690	225	15	140	162	20	50	110	140	14	40	100	130	14
KF50-23	60	132	95	350	540	380	260	715	225	15	140	162	20	50	110	140	14	40	100	130	14
KF50-32	80	153	116	400	600	400	320	440	290	18	160	202	20	50	110	140	14	40	100	130	14
KF50-40	80	153	116	400	600	400	320	440	290	18	160	202	20	50	110	140	14	40	100	130	14
KF65-17	70	153	116	400	600	390	320	428	290	15	150	172	20	65	130	160	14	50	110	140	14
KF65-23	70	153	116	400	600	390	320	790	290	15	150	172	20	65	130	160	14	50	110	140	14
KF65-32	80	132	100	450	650	400	360	880	330	18	170	202	25	65	130	160	14	50	110	140	14
KF65-40	80	132	100	450	650	400	360	880	330	18	170	202	25	65	130	160	14	50	110	140	14
KF80-15	80	169	116	400	600	417	320	752	290	15	160	172	20	80	150	190	18	65	130	160	18
KF80-20	80	169	116	400	600	417	320	797	290	15	160	172	20	80	150	190	18	65	130	160	18
KF80-32	90	132	100	450	650	400	360	890	330	18	180	202	25	80	150	190	18	65	130	160	18
KF80-40	90	205	175	555	915	545	480	1150	410	18	180	240	30	80	150	190	18	65	130	160	18
KF100-17	100	140	100	450	650	400	360	1010	330	18	180	202	25	100	170	210	18	80	150	190	18
KF100-23	100	140	100	450	650	400	360	1010	330	18	180	202	25	100	170	210	18	80	150	190	18
KF100-32	100	205	175	555	915	555	480	1160	410	18	200	240	30	100	170	210	18	80	150	190	18
KF100-40	100	205	175	555	915	555	480	1160	410	18	200	240	30	100	170	210	18	80	150	190	18

1.8 螺 旋 泵

(1) 用途:螺旋泵是一种低扬程、低转速、大流量、效率稳定的提水设备。适用于农业排灌、城市排涝以及污水厂提升污泥。

(2) 型号意义说明:

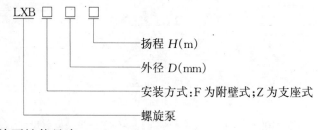

(3) 性能:螺旋泵性能见表 1-96。

1.8 螺旋泵

LXB型螺旋泵性能 表1-96

外径 D(mm)	转速 (r/min)	流量 (m^3/h)	扬程H与功率对照 H(m)	计算扬程 (m)	基础受力(kN) 径向 R	基础受力(kN) 轴向 T	生产厂
300	110	40	1.5kW	2	2	3	
400	84	75	1.5kW	2.5	3	4	
500	73	125	2.2kW	3	5	8.5	
600	63	185	2.2kW / 3kW	3	6.5	11.5	
700	63	300	3kW / 5.5kW	3	8	15.8	
800	55	385	3kW / 4kW / 5.5kW / 7.5kW	3	10.5	20	扬州天雨给排水设备（集团）有限公司
900	48	480	5.5kW / 11kW	3	13	25	
1000	48	660	5.5kW / 7.5kW / 11kW / 15kW	3	15	30.6	
1100	48	880	7.5kW / 15kW / 18.5kW / 22kW	3	17.5	35.5	
1200	42	1000	11kW / 18.5kW / 22kW / 30kW	2.5	18.5	37	
1300	42	1200	15kW / 18.5kW / 45kW	2.5	23	45	
1400	42	1600	18.5kW / 30kW / 45kW / 55kW	2.5	27	53	
1500	36	220	22kW / 30kW / 45kW / 55kW	2.5	34	71	
1800	34	3600	37kW / 45kW / 55kW	2.5	52	120	
2000	32	4300	110kW	4.5	115	200	

注：扬程H每250mm为1个级差，"｜"粗实线为最大扬程，超出"｜"流量相应减少，特殊订货。

(4) 外形及安装尺寸：

1) LXB_Z型螺旋泵外形及安装尺寸见图1-101和表1-97。

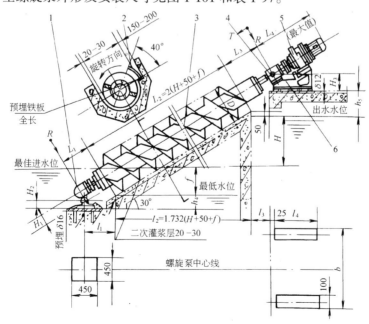

图1-101 LXB_Z型螺旋泵外形及安装尺寸
1—下支座；2—挡水板；3—泵体；4—上支座；5—传动机构；6—机座

LXB$_Z$型螺旋泵外形及安装尺寸(mm)
LXB$_F$

表 1-97

型 号	外径 D	H_1	H_2	H_{max}	h_4	L_1	f	l_1	b	LXB$_Z$ 型							LXB$_F$ 型						
										l_3	l_4	L_3	L_4	H_3	h_5	n	D_1	D_2	L_{33}	L_{44}	L_{55}	h_{33}	h_{55}
LXB$_{Z·F}$300	300	160	90	2000	324	453	203	380	550	390	800	618	809	308	181	4	340	240	670	850	250	276	239
LXB$_{Z·F}$400	400			2500	281		268	405		365					224								282
LXB$_{Z·F}$500	500			3000	238		335	430		340			1021		267					935			325
LXB$_{Z·F}$600	600	180	95		238	495	401	489		504	900	790	1096	393	312		500	350	800	1125	380	303	407
LXB$_{Z·F}$700	700			3500	195		467	514	550①	479			1311		355					1242			450
LXB$_{Z·F}$800	800				152		531	539	680	454					398					1315			493
LXB$_{Z·F}$900	900	210	100	4000	173	563	598	608	680①	515	1100	906	1500	443	450	6	610	460	1000	1640	580	413	527
LXB$_{Z·F}$1000	1000				130		663	633	730	490			1540		493					1716			570
LXB$_{Z·F}$1100	1100	220	125	4250	121	563	719	658		根据选定扬程										494		532
LXB$_{Z·F}$1200	1200			4500	77		797	683															570
LXB$_{Z·F}$1400	1400		107		0	600	909	755		根据选定扬程							8	950	620	根据选定扬程				
LXB$_{Z·F}$1500	1500	230	125	5000	0	650	1000	823															
LXB$_{Z·F}$1800	1800		256		0	650	1176	898															

① 代表扬程小于 2m。

注：1. 图表中大写字母代表机体部分，小写为土建部分。
  2. 对于同规格非最大扬程，实际值稍短。
  3. 水下部分需喷涂环氧防腐或衬胶，订货时注明。
  4. LXB$_F$ 型订货时需注明供货范围。
  5. 介质温度 −5～+35℃，冰厚≤4mm。
  6. 介质含砂订货时应注明。

2) LXB$_F$ 型螺旋泵外形及安装尺寸见图 1-102 和表 1-97、98。

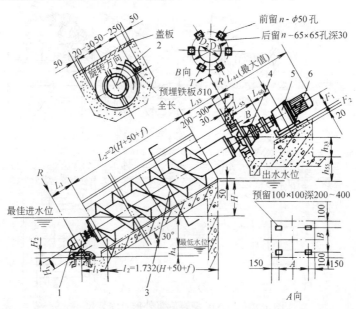

图 1-102   LXB$_F$ 型螺旋泵外形及安装尺寸

LXB$_F$型螺旋泵机座基础尺寸(mm) 表 1-98

功率(kW)	CYJ 型减速机						备 注
	型 号	L_{66}	F_1	F_2	A	B	
1.5	132S	183	132			205	其它各类型减速机特殊商订
2.2	160S	215	160			240	
3	180S	263	180	65	445	270	
4	200S	275	200			300	
5.5	200S	275	200			300	
7.5	225S	293	225			335	
11	250S	330	250	85	530	380	
15	280S	353	280			430	

注：如需支座式底座，参照图 1-102 预埋铁板，订货时注明。

1.9 离心式浆体泵

1.9.1 ZD、ZDL型渣浆泵

(1) 用途：ZD、ZDL 型泵是单级单吸悬臂式离心渣浆泵。ZD 型泵为卧式，ZDL 型泵为立式。该泵供输送浓度不超过 65%（重量计）的磨蚀性固体颗粒的渣浆。适用于冶金、矿山、煤炭、建材、电力等行业。

(2) 型号意义说明：

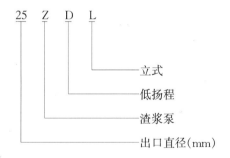

(3) 结构：ZD、ZDL 型渣浆泵为单泵壳结构，叶轮与轴采用螺纹连接。泵的密封为填料密封，运行时应加轴封水。轴封水压为 0.05MPa；水量为工作流量的 1% 左右。泵的旋转方向，从传动方向看为顺时针方向旋转。ZD 型泵在一般情况下，采用倒灌自注式安装较好。

(4) 性能：ZD、ZDL 型渣浆泵性能见图 1-103～110 和表 1-99。

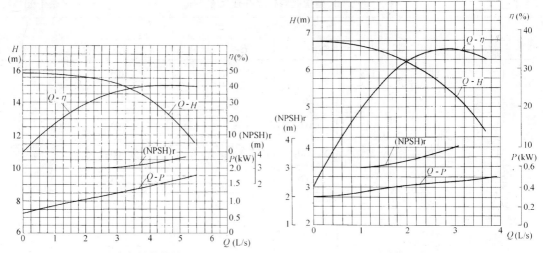

图 1-103　25ZD 型泵清水性能曲线（$n=1430\mathrm{r/min}$）　　图 1-104　25ZD 型泵清水性能曲线（$n=940\mathrm{r/min}$）

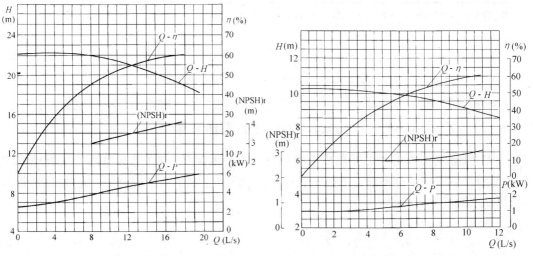

图 1-105　50ZD 型泵清水性能曲线（$n=1450\mathrm{r/min}$）　　图 1-106　50ZD 型泵清水性能曲线（$n=960\mathrm{r/min}$）

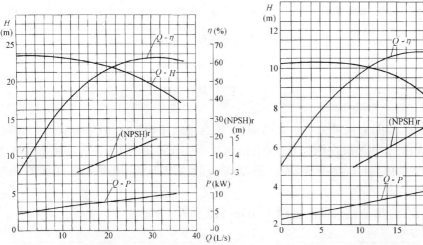

图 1-107　80ZD 型泵清水性能曲线（$n=1460\mathrm{r/min}$）　　图 1-108　80ZD 型泵清水性能曲线（$n=970\mathrm{r/min}$）

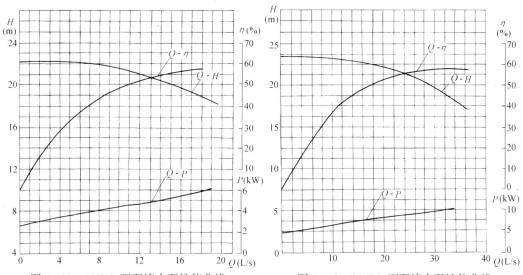

图 1-109 50ZDL 型泵清水泵性能曲线
($n = 1450 \text{r/min}$)

图 1-110 80ZDL 型泵清水泵性能曲线
($n = 1460 \text{r/min}$)

ZD、ZDL 型渣浆泵性能　　　表 1-99

型号	流量 Q		扬程 H (m)	转速 n (r/min)	电动机		效率 η (%)	气蚀余量 (NPSH)r (m)	叶轮直径 D (mm)	出口直径 (mm)	泵重量 (kg)	生产厂
	m³/h	L/s			型号	功率 (kW)						
25ZD	7.2	2	15.5	1430	Y100L₁-4	2.2	28	1.1	210	25	120	石家庄水泵厂、唐山水泵厂
	13	3.6	15		Y132S-4	5.5	38	1.3				
	17	4.7	12.8		Y100L₂-4	3	39	1.5				
	6	1.65	6.4	940	Y100L-6	1.5	28	1.3	210		120	
	8.5	2.37	6.0				35					
	10.2	2.84	5.5				36					
50ZD	32.4	9	21.9	1450	Y180M-4	18.5	49	1.2	255	50	150	
	45	12.5	21		Y160M-4	11	55	1.5				
	59.4	16.5	19.7				60	2				
	15.5	4.31	10.1	960	Y160M-6	7.5	38	1	255		150	
	30	8.4	9.4		Y180L-6	15	55					
	40	11	8.8				60					
80ZD	48	13.3	23.3	1460	Y180L-4	22	46	1.6	265	80	450	
	80	22.2	21.7				57	2.6				
	96	26.6	20.4				60	3.1				
	32	8.8	10.3	970	Y180L-6	15	44	2.1	265		450	
	53	14.7	9.6				55	2.0				
	64	17.7	9.0				57	2.4				
100ZD	100	27.8	41	1470	JQ₂82-4	40	46	4	340	100	1000	石家庄水泵厂
	150	41.7	39		JQ₂91-4	55	55					
	200	55.6	37		Y250M-4	55	61					
					Y225M-4	45						

续表

型号	流量 Q		扬程 H (m)	转速 n (r/min)	电动机		效率 η (%)	气蚀余量 (NPSH) r(m)	叶轮直径 D(mm)	出口直径 (mm)	泵重量 (kg)	生产厂
	m³/h	L/s			型号	功率 (kW)						
100ZD	41.4 80 111	11.5 22.2 30.8	51 50 49	1470	JQ₂91-4 JQ₂92-4 Y250M-4 Y280S-4	55 75 55 75	46 50 55	4	380	100	1000	石家庄水泵厂
	140 180 220	38.9 50 61.1	61 60 59	1470	JQ₂91-4 JQ₂92-4 Y250M-4 Y280S-4	55 75 55 75	46 53 58	4	405		1000	
150ZD	350 450 550	97.2 125 153	62 59 54	1480	JS116-4 Y315L1-4	155 160	53 60 65	5	440	150	1900	
	330 400 479	91.7 111 133	48 47 45	1480	JS114-4 Y315M-4	115 132	53 60 65	5	392		1900	
	230 280 320	63.9 77.8 88.9	27 26 25	980	JS115-6 Y315S-6	75 75	53 60 65	4	440		1900	
200ZD	450 550 600	125 153 166.7	65 63 62	980	JS127-6 JS128-6 Y355M₁-6 Y355M₃-6	185 215 185 220	60 65 67	6	640	200	4200	
50ZDL	18 36 54	5 10 15	24.5 22.5 19.7	1450	Y160M-4 (V1)	11	30 45 48		270	50	250	唐山水泵厂
80ZDL	36 65 94	10 18 26	24.4 21.8 19.4	1460	Y180L-4 (V1)	22	37 48 50		265	80	280	

(5) 外形及安装尺寸：

1) 25ZD~80ZD 型渣浆泵外形及安装尺寸见图 1-111 和表 1-100。

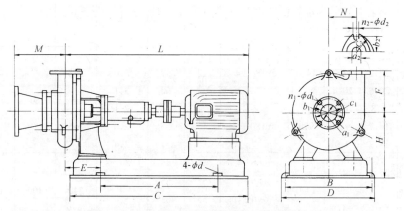

图 1-111 25~80ZD 型渣浆泵外形及安装尺寸

注：50ZD、80ZD 型泵出口为圆法兰盘。

1.9 离心式浆体泵

25～80ZD 型渣装泵外形及安装尺寸(mm) 表 1-100

型号	电动机型号	A	B	C	E	F	M	H	L	N	a_1	b_1	c_1	n_1-ϕd_1	a_2	b_2	c_2	n_2-ϕd_2	ϕd
25ZD	Y132S-4	530	400	840	128	160	156	235	915	117.5	50	110	140	4-14	25	85	120	2-14	20
	Y100L-6			767	107				805										
	Y100L$_1$-4																		
	Y100L$_2$-4																		
50ZD	Y180M-4	630	435	1019	197.5	205	178	283	1170.5	162.5	96	160	205	4-18	50	125	160	4-20	20
	Y180L-6																		
	Y160M-4		405	969	107.5				1098										
	Y160M-6																		
80ZD	Y180L-6	850	530	1173	222	274	190	360	1337	162	125	210	245	8-18	80	160	195	4-20	23
	Y180L-4																		

2) 100～200ZD 型渣浆泵外形及安装尺寸见图 1-112 和表 1-101。

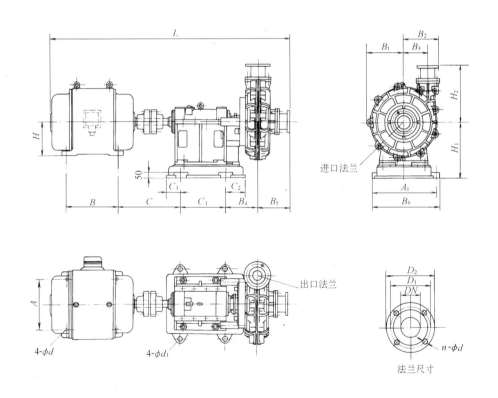

图 1-112 100～200ZD 型渣浆泵外形及安装尺寸

3) 50、80ZDL 型立式渣浆泵外形及安装尺寸见图 1-113 和表 1-102。

表 1-101 100ZD~200ZD 型渣浆泵外形及安装尺寸(mm)

型号	电动机 型号	功率(kW)	外形及安装尺寸																					进口法兰				出口法兰			
			A_1	ϕd_1	B_1	B_2	B_3	B_4	B_5	B_6	C_1	C_2	C_3	H_2	H_1	A	B	C	ϕd	H	L	DN	D_2	D_1	$n-\phi d$	DN	D_2	D_1	$n-\phi d$
100ZD	JQ₂82-4	40	760	30	329	423	235	243.5	396	840	650	135	135	563	550	406	349	723	25	250	2658.5	150	265	225	8-17.5	100	220	180	8-18
	JQ₂91-4	55														457	368	745	25	280	2698.5								
	JQ₂92-4	75														457	419	723	25	280	2738.5								
	Y225M-4	45														356	311	698	19	225	2543.5								
	Y250M-4	55														406	349	723	24	250	2628.5								
	Y280S-4	75														457	368	745	24	280	2698.5								
150ZD	JS116-4	155	760	30	454	551	318	301	644	840	650	135	135	715	550	620	590	851	26	375	3278	200	335	295	8-23	150	300	240	8-23
	Y315M-4	132														508	457	777	28	315	3256								
	JS114-4	115														620	490	815	26	375	3181								
	Y315L1-4	160														508	508	777	28	315	3326								
	JS115-6	75														620	490	851	26	375	3181								
	Y315S-6	75														508	406	777	28	315	3206								
200ZD	JS127-6	185	1110	40	610	673	419	653	684	1210	630	267	267	935	810	710	650	950	32	450	3822	250	405	355	12-26	200	340	295	12-22
	JS128-6	215														710	650	950	32	450	3822								
	Y355M₁-6	185														610	560	924	28	355	4047								
	Y355M₃-6	220														610	560	924	28	355	4047								

1.9 离心式浆体泵

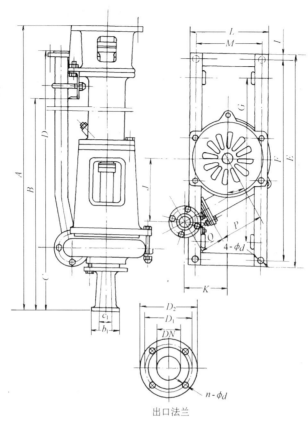

图 1-113　50、80ZDL 型立式渣浆泵外形及安装尺寸

50、80ZDL 立式渣浆泵外形及安装尺寸(mm)　　　表 1-102

型　号	A	B	C	D	J	K	P	Q	C_1	b_1
50ZDL	1519	1199	278	1073	300	196	205	115	80	166
80ZDL	1685	1310	385	1140	322	234	270	90	98	204

型　号	DN	D_1	D_2	$n\text{-}\phi d_1$	E	F	G	I	M	L	ϕd
50ZDL	50	125	160	4-18	1000	950	810	25	290	326	18
80ZDL	80	160	195	4-18	1270	1200	1050	35	320	360	18

注：表中 A、B、C 尺寸是标准吸入管时的尺寸。加长吸入管与标准吸入管尺寸间隔：50ZDL 为 200；80ZDL 为 300。加长吸入管各有两种，A、B、C 值应相应加长。

1.9.2　Z、ZQ 型离心式渣浆泵

(1) 用途：Z、ZQ 型离心式渣浆泵为单级单吸卧式双壳体渣浆泵，ZQ 型为 Z 型的变型产品。其区别在于 ZQ 型泵是单壳体结构，重量轻；但外形安装尺寸与 Z 型泵相同。适用于矿山、电力、冶金、煤炭、水利、交通等行业进行精矿、尾矿、灰渣、煤泥、泥砂、砂砾等固体物料的水力输送。ZQ 型泵适用于输送轻磨蚀、低浓度介质。

(2) 型号意义说明：

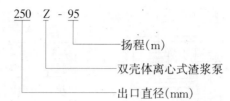

(3) 结构：Z 型离心式渣浆泵由泵体、泵盖、护套、前护板、后护板、叶轮、副叶轮、轴、轴承座、托架等组成。ZQ 型泵由泵体、叶轮、后护板、副叶轮、轴承、托架等组成。泵的外壳采用中开式结构。泵的出口可根据用户需要，水平安装，或任意转动45°安装，共有8个角度可选择。轴封装置有动力密封(副叶轮)、填料密封以及二者相结合的密封型式。泵的旋转方向，从泵进口方向看为逆时针方向旋转。泵的传动方式有三种：卧式电动机直接传动(Z 型传动)；皮带轮传动(PX 型传动)；液力耦合器传动(YOK 型传动)。表内安装及外形尺寸为直接传动。皮带传动，可与厂联系。直联式又有带公共底座和不带公共底座两种形式。

(4) 性能：Z、ZQ 型离心式渣浆泵性能见表 1-103。

Z、ZQ 型离心式渣浆泵清水性能(直联配套)　　　表 1-103

型号	流量		扬程 (m)	转速 (r/min)	轴功率 (kW)	电动机		效率 (%)	气蚀余量 (m)	叶轮直径 (mm)	生产厂
	m³/h	L/s				型号	功率(kW)				
25$\frac{Z}{ZQ}$-15	10	2.8	16	1450	1.36	Y100L₁-4	2.2	32	2.0	210	无锡水泵厂、上海第一水泵厂
	13	3.6	15		1.52			35	2.5		
	16	4.4	14		1.65			37	3.0		
25$\frac{Z}{ZQ}$-15A	9.2	2.6	12.4	1450	0.97	Y90L-4	1.5	32	2.0	185	
	11.5	3.2	11.5		1.03			35	2.5		
	13.8	3.8	10.8		1.13			36	3.0		
25Z-25	14.5	4.0	26.5	1450	3.2	Y132S-4	5.5	32	2.5	280	
	18	5.0	25		3.5			35	3		
	21.5	6.0	24		3.7			38	3.5		
25Z-25A	13	3.6	21	1450	2.3	Y112M-4	4	32	2.5	250	
	16	4.4	20		2.5			35	3		
	19	5.3	19		2.6			38	3.5		
25Z-25B	11.5	3.2	17	1450	1.7	Y100L₂-4	3	32	2.5	225	
	14.5	4.0	16		1.8			35	3		
	17.5	4.9	15.3		1.9			38	3.5		
40$\frac{Z}{ZQ}$-30	16	4.4	13	1450	1.2	Y100L₁-4	2.2	45	2.0	186	
	20	5.6	12		1.3			50	2.5		
	24	6.7	11		1.3			55	3.0		
40$\frac{Z}{ZQ}$-30A	14	3.9	10	1450	0.85	Y90L-4	1.5	45	2.0	165	
	17.6	4.9	9		0.86			50	2.5		
	21	5.8	8.5		0.88			55	3.0		

1.9 离心式浆体泵

续表

型 号	流量		扬程 (m)	转速 (r/min)	轴功率 (kW)	电动机		效率 (%)	气蚀余量 (m)	叶轮直径 (mm)	生产厂
	m³/h	L/s				型 号	功率(kW)				
50$\frac{Z}{ZQ}$-21	36	10	22	1470	5.0	Y160M-4	11	43	3.5	270	无锡水泵厂、上海第一水泵厂
	45	12.5	21		5.7			45	4		
	54	15	20		6.4			46	5		
50$\frac{Z}{ZQ}$-21A	31.5	8.8	17	1470	3.4	Y132M-4	7.5	43	3.5	240	
	40	11	16.5		3.9			45	4		
	47.5	13.2	15.5		4.4			46	5		
50$\frac{Z}{ZQ}$-21B	28.8	8	14	1470	2.6	Y132S-4	5.5	43	3.5	216	
	36	10	13.4		2.9			45	4		
	43.2	12	12.8		3.3			46	5		
80$\frac{Z}{ZQ}$-21	64	17.8	22	1470	6.6	Y160M-4	11	58	3	250	
	80	22.2	21		7.3			63	4		
	96	26.7	20		7.9			66	4.5		
80$\frac{Z}{ZQ}$-21A	56	15.6	17	1470	4.5	Y132M-4	7.5	58	3	218	
	70	19.4	16.3		4.9			63	4		
	84.5	23.5	15.5		5.4			66	4.5		
80$\frac{Z}{ZQ}$-21B	51	14.2	14.1	1470	3.4	Y132S-4	5.5	58	3	200	
	64	17.8	13.4		3.7			63	4		
	77	21.4	12.8		4.1			66	4.5		
100$\frac{Z}{ZQ}$-38	160	44.4	40	1470	30	Y225M-4	45	58	3.5	342	
	200	55.6	38		31.9			65	4.0		
	240	66.7	35		34.7			66	4.5		
100$\frac{Z}{ZQ}$-38	106	29.4	17.8	980	8.8	Y180L-6	15	58	1.5	342	
	138	36.9	16.9		9.4			65	1.8		
	160	44.4	15.6		10.3			66	2.1		
100$\frac{Z}{ZQ}$-38A	140	38.9	31	1470	20.4	Y225S-4	37	58	3.5	300	
	176	48.9	29.4		21.7			65	4.0		
	211	58.6	27		23.5			66	4.5		
100$\frac{Z}{ZQ}$-38B	128	35.6	25.5	1470	15.3	Y200L-4	30	58	3.5	274	
	160	44.4	24.3		16.3			65	4.0		
	192	53.3	22.4		17.8			66	4.5		
150$\frac{Z}{ZQ}$-25	320	88.9	27	980	34.6	Y280M-6	55	68	3	425	
	400	111	25		38.9			70	3.5		
	480	133.3	23		41.7			72	4.5		

续表

型号	流量		扬程 (m)	转速 (r/min)	轴功率 (kW)	电动机		效率 (%)	气蚀余量 (m)	叶轮直径 (mm)	生产厂
	m³/h	L/s				型号	功率(kW)				
150 $\frac{Z}{ZQ}$-25A	295	81.9	22.8	980	26.9	Y280S-6	45	68	3	392	无锡水泵厂、上海第一水泵厂
	368	192	21.2		30.3			70	3.5		
	440	122.2	19.5		32.4			72	4		
150 $\frac{Z}{ZQ}$-25B	272	75.6	19.5	980	21.3	Y250M-6	37	68	3	362	
	340	94.4	18		23.8			70	3.5		
	408	113.3	16.6		25.6			72	4		
200 $\frac{Z}{ZQ}$-37	500	138.9	38	980	78.4	Y315M$_3$-6	132	66	4	510	
	620	172.2	37		89.2			70	5		
	740	205.6	36		102.2			71	6		
200 $\frac{Z}{ZQ}$-37	372	103.3	21	730	32.2	Y315S-8	55	66	2.2	510	
	462	128.3	20.5		36.8			70	2.8		
	552	153.3	20		42.3			71	3.3		
200 $\frac{Z}{ZQ}$-37A	460	127.8	32.2	980	61	Y315M$_2$-6	110	66	4	468	
	570	158.4	31.3		69.6			70	5		
	680	188.9	39.5		79.6			71	6		
200 $\frac{Z}{ZQ}$-37B	425	118	27.5	980	48.1	Y315M$_1$-6	90	66	4	436	
	530	147.2	26.7		55			70	5		
	630	175	26		62			71	6		
250Z-37B	780	216.7	27.5	980	89.8	Y315M$_3$-6	132	65	5	470	
	918	255	26.7		92.7			72	6		
	1055	293	26		98.4			75	7		
250Z-37	920	255.6	38	980	146.5	JS128-6	215	65	5	552	
	1080	300	37		151.1			72	6		
	1240	344.4	36		162			75	7		
250Z-37	685	190.3	21	730	61	Y315M$_2$-8	90	65	2.8	552	
	805	223.6	20.5		62.4			72	3.3		
	925	256.9	20		67.2			75	3.9		
250Z-37A	846	235	32.2	980	114.1	JS127-6	185	65	5	508	
	994	276	31.3		117.6			72	6		
	1140	316.7	30.5		126.3			75	7		

(5) 外形及安装尺寸：Z、ZQ 型离心式渣浆泵外形及安装尺寸见图 1-114 和表 1-104、105。

1.9 离心式浆体泵

Z、ZQ型离心式渣浆泵外形及安装尺寸（带公共底座） 表1-104

型号	电动机 型号	功率(kW)	电压(V)	公称直径(mm) 进口	公称直径(mm) 出口	外形尺寸(mm) H	H_1	H_2	H_3	L_4	L_5	L_6	L	h	底座尺寸(mm) B_1	B_2	L_1	L_2	L_3	n-ϕd
25Z-15	Y100L1-4	2.2		50	25	277	245	100	275	265	382	213	1067	115	370	400	790	140	500	4-20
25$\frac{Z}{ZQ}$-15A	Y90L-4	1.5					190	90			337									
25Z-15	Y132S-4	5.5				384	315	132	350	363	477	237	1478	158	476	510	950	190	650	4-24
25Z-15$\frac{A}{B}$	Y112M-4	4					265	112			402		1450							
40$\frac{Z}{ZQ}$-30	Y100L1-4	2.2					245	100	300	346	382	240	1243	117						
40$\frac{Z}{ZQ}$-30A	Y90L-4	1.5					190	90			337		1243							
50$\frac{Z}{ZQ}$-21	Y160M-4	11		80	50	384	385	160	365	350	602	260	1488	155	476	510	950	190	650	4-24
50$\frac{Z}{ZQ}$-21A	Y132M-4	7.5					315	132			517		1460							
50$\frac{Z}{ZQ}$-21B	Y132S-4	5.5					315	132			477		1463							
80$\frac{Z}{ZQ}$-21	Y160M-4	11	380	125	80	384	385	160	360	360	602	285	1523	168	476	510	950	190	650	4-24
80$\frac{Z}{ZQ}$-21A	Y132M-4	7.5					315	132			517		1495							
80$\frac{Z}{ZQ}$-21B	Y132S-4	5.5					315	132			517		1495							
100$\frac{Z}{ZQ}$-38	Y225M-4	45		150	100	480	530	225	410	378	847	330	1954	210.5	630	665	1380	215	950	4-30
100$\frac{Z}{ZQ}$-38	Y180L-6	15					430	180			712		1853							
100$\frac{Z}{ZQ}$-38A	Y225S-4	37					530	225			822		1929							
100$\frac{Z}{ZQ}$-38A	Y200L-6	11					475	200			777		1884							
100$\frac{Z}{ZQ}$-38B	Y200L-4	30					475	200			777		1884							
100$\frac{Z}{ZQ}$-38B	Y200L-6	11					475	200			777		1884							
150$\frac{Z}{ZQ}$-25	Y280M-6	55		175	150	612	640	280	450	481	1052	352	2333	296	760	800	1830	330	1125	4-30
150$\frac{Z}{ZQ}$-25A	Y280S-6	45					640	280			1002		2333							
150$\frac{Z}{ZQ}$-25B	Y250M-6	37					575	250			932		2333							

表 1-105 Z,ZQ型离心式渣浆泵外形及安装尺寸(不带公共底座)

型号	电动机 型号	功率(kW)	电压(V)	公称直径(mm) 进口	公称直径(mm) 出口	外形尺寸(mm) H	H_1	H_2	H_3	L_4	L_5	L_6	L	h	底座尺寸(mm) B_1	B_2	L_2	L_3	$n_1-\phi d_1$	$n_2-\phi d_2$
$200\frac{Z}{ZQ}-37$	Y315M$_3$-6	132	380	250	200	600	865	315	670	410	1212	438	3032	310	508	620	457	793	4-28	4-42
	Y315S-8	55					865	315			1162		2982		508		406	793	4-28	
$200\frac{Z}{ZQ}-37A$	Y315M$_2$-6	110					865	315			1212		3032		508		457	793	4-24	
	Y280M-8	45					640	280			1052		2872		457		419	737	4-28	
$200\frac{Z}{ZQ}-37B$	Y315M$_1$-6	90					865	315			1212		3032		790		457	793	4-24	
	Y280S-8	37					640	280			1002		2822		710		368	737	4-32	
250Z-37	JS-128-6	215		300	250		1005	450	600		1397	490	3261	405	710		650	897	4-28	
	Y315M$_2$-8	90					865	315			1212		3076		508		457	793	4-32	
250Z-37A	JS-127-6	185					1005	450			1397		3261		508		650	893	4-28	
	Y315M$_1$-8	75	6000				865	315			1212		3076		508		457	793	4-28	
250Z-37B	Y315M$_3$-6	132	380				865	315			1212		3076		1100		457	793	4-28	
	Y315S-8	55	6000				865	315			1162		3026		790		406	793	4-28	

1.9 离心式浆体泵 213

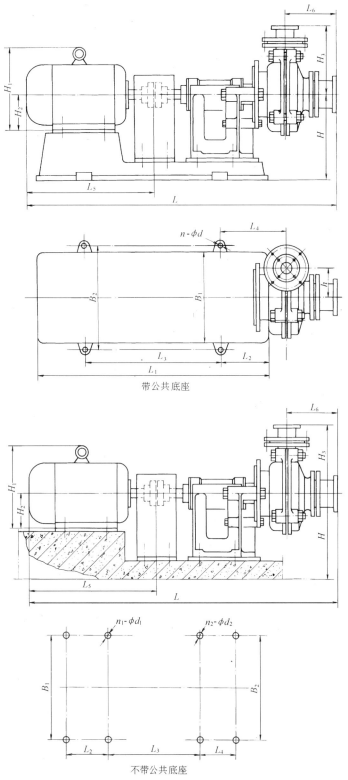

带公共底座

不带公共底座

图1-114 Z、ZQ型离心式渣浆泵外形及安装尺寸

1.9.3 M、AH、HH型渣浆泵

(1) 用途：M、AH、HH型泵为悬臂、卧式离心渣浆泵。适用于冶金、矿山、煤炭、电力、建材等工业部门输送强磨蚀、高浓度渣浆。该型泵也可以多级串联使用。

(2) 型号意义说明：

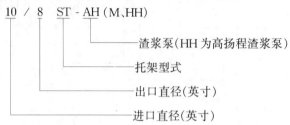

(3) 结构：M、AH、HH型渣浆泵由护套、泵体、泵盖、护板、叶轮、轴套、轴、轴承、托架、副叶轮等组成。M、AH型泵的泵体具有可更换的耐磨金属内衬或橡胶内衬，叶轮采用耐磨金属或橡胶材料。HH型泵的泵体内衬和叶轮仅采用耐磨金属。M、AH、HH型泵的轴封可采用填料密封或离心式密封。泵的出口位置可根据需要按45°间隔旋转八个不同的角度安装使用。

(4) 性能：M、AH、HH型渣浆泵的性能见图1-115和表1-106。

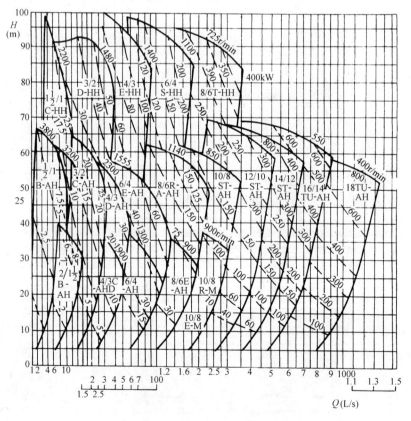

图1-115 M、AH、HH型泵性能曲线
注：清水近似性能，仅供初步选型用。

1.9 离心式浆体泵

表1-106 M、AH、HH型渣浆泵性能表

型号	允许配带最大功率(kW)	材质护套	材质叶轮	流量 Q (m³/h)	流量 Q (L/s)	清水性能 扬程 H (m)	清水性能 转速 n (r/min)	最高效率 η (%)	气蚀余量 (NPSH)r (m)	叶片数	叶轮直径 (mm)	曲线号	生产厂
1½/1B-AH	15	M	M	12.6~28.8	3.5~8	6~68	1200~3800	40	2~4	5	152	WPA151B01	石家庄水泵厂
		RU	RU	10.8~25.2	3~7	7~52	1400~3400	35		3		WPA151B02A	
1½/1C-HH	30	M	M	16.2~34.2	4.5~9.5	25~92	1400~2200	20	2~5.5	5	330	WPA151E01	
2/1½B-AH	15	M	M	32.4~72	9~20	6~58	1200~3200	45	3.5~8	5	184	WPA215B01	
		RU	RU	25.2~54	7~15	5.5~41	1000~2600	50	2.5~5	5	178	WPA215B02	
3/2C-AH	30	M	M	39.6~86.4	11~24	12~64	1300~2700	55	4~6	5	214	WPA32A01	
		RU	RU	36~75.6	10~21	13~39	1300~2100		2~4	5	213	WPA32A01A	
3/2D-HH	60	M	M	68.4~136.8	19~38	25~87	850~1400	47	3~7.5	5	457	WPA32E01	
4/3C-AH	30	M	M	86.4~198	24~55	9~52	1000~2200	71	4~6	5	245	WPA43A01	
4/3D-AH	60	RU	RU	79.2~180	22~50	5~34.5	800~1800	59	3~5	5	245	WPA43A01A	
4/3C-AH	30	M	M	97.2~194.4	27~54	9~53	1000~2200	55		3	240	WPA43A02	
4/3D-AH	60	M	M	126~152	35~70	12~97	600~1400	50	2~5	5	508	WPA43E01	
4/3E-HH	120	M	M	162~360	45~100	12~56	800~1550		5~8	5	365	WPA64A01	
6/4D-AH	60	M	M	180~396	50~110	7~61	600~1600	55	3~8	4	372	WPA64A02	
6/4E-AH	120	RU	RU	144~324	40~90	12~45P	800~1350	65	3~5	5	365	WPA64F02	
6/4D-AH	60											WPA64A03A	
6/4E-AH	120	M	M	144~324	40~90	10~52	800~1600	55	4.5~9	2	371	WPA64A04	

续表

型号	允许配带最大功率 (kW)	材质护套	材质叶轮	流量 Q (m³/h)	流量 Q (L/s)	扬程 H (m)	转速 n (r/min)	最高效率 η (%)	气蚀余量 (NPSH)r (m)	叶片数	叶轮直径 (mm)	曲线号	生产厂
6/4D-AH	60	M	M	162~360	45~100	21~64	1000~1600	55		2	371	ESY7996	石家庄水泵厂
6/4E-AH	120	M	M										
6/4D-AH	60	M	M	126~288	35~80	10~55	800~1600	58	2~2.5	2	365	ESY7997	
6/4E-AH	120	M	M										
6/4S-HH	560	M	M	324~720	90~200	30~118	600~1000	64	3~8	5	711	WPA64E01M	
6S-H	560	M	M	468~1008	130~280	20~94	500~1000	65	4~12	5	711	WPA66A91	
8/6E-AH	120	M	M	360~828	100~230	10~61	500~1140	72	2~9	5	510	WPA86A01	
8/6R-AH	300	RU	RU	324~720	90~200	7~49	400~1000	65	5~10	5	510	WPA86A01B	
8/6E-AH	120	M	M	360~828	100~230	7~70	400~1140	70	3~6	8	536	WPA86A02	
8/6R-AH	300	M	M	360~828	100~230	7~52	400~1000	70	2.5~6	4	536	WPA86A03	
8/6E-AH	120	M	M									WPA86F03	
8/6R-AH	300	M	M	288~648	80~180	5~47	400~1100	60	3~6	2	510	ESY7998	
8/6E-AH	120	M	M	576~1152	160~320	32~95	450~725	65	6~10	5	965	WPA86E01	
8/6R-AH	300	M	M										
8/6T-HH	1200	M	M	540~1228	150~340	15~61	600~1100	70	4.5~8	4	549	WPA108B01	
10/8E-M	120	M	M										
10/8R-M	300	M	M										
10/8E-M	120	M	M	504~1080	140~300	18~66	700~1100	62	4.5~7.5	4	549	WPA108B02	
10/8R-M	300	M	M										

1.9 离心式浆体泵

续表

型号	允许配带最大功率 (kW)	材质 护套	材质 叶轮	清水性能 流量Q (m³/h)	清水性能 流量Q (L/s)	清水性能 扬程H (m)	清水性能 转速n (r/min)	最高效率η (%)	气蚀余量(NPSH)r (m)	叶片数	叶轮直径 (mm)	曲线号	生产厂
10/8E-M	120	M	M	666~1440	185~400	14~60	600~1100	73	4~10	5	549	WPA108B03	
10/8R-M	300	M	M	666~1440	185~400	14~60	600~1100	73	4~10	5	549	WPA108B03	
10/8E-M	120	RU	RU	540~1188	150~330	10~42	500~900	79	5~9	5	549	WPA108B03A	
10/8R-M	300	RU	RU	540~1188	150~330	10~42	500~900	79	5~9	5	549	WPA108B03A	
10/8ST-AH	560	M	M	612~1368	170~380	11~61	400~850	71	4~10	5	686	WPA108A01AM	石家庄水泵厂
10/8ST-AH	560	RU	RU	540~1188	150~330	12~50	400~750	75	4~12	5	686	WPA108A02M	
12/10ST-AH	560	M	M	936~1980	260~550	7~68	300~800	82	6	5	762	WPA1210A01M	
12/10ST-AH	560	M	M	720~1620	200~450	7~45	300~650	80	2.5~7.5	5	762	WPA1210A03AM	
14/12ST-AH	560	M	M	1260~2772	350~770	13~63	300~600	77	3~10	5	965	WPA1412A01M	
14/12ST-AH	560	RU	RU	1152~2520	320~700	13~44	300~500	79	3~8	5	965	WPA1412A01AM	
16/14ST-AH	560	M或RU	M	1368~3060	380~850	11~63	250~550	79	4~10	5	1067	WPA1614A01	
16/14TU-AH	1200	M或RU	M	1368~3060	380~850	11~63	250~550	79	4~10	5	1067	WPA1614A01	
16/14ST-AH	560	M或RU	M	1699~3798	472~1055	14~75	250~550	75	4.5~6	8	1067	ESY7771	
16/14TU-AH	1200	M或RU	M	1699~3798	472~1055	14~75	250~550	75	4.5~6	8	1067	ESY7771	
18/16ST-AH	560	M	M	2160~5040	600~1400	8~66	200~500	80	4.5~9	5	1245	ESY6544	
18/16TU-AH	1200	M	M	2160~5040	600~1400	8~66	200~500	80	4.5~9	5	1245	ESY6544	
20/18TU-AH	1200	M	M	2520~5400	700~1500	13~57	200~400	85	5~10	5	1370	WPA2018A01	

注：1. RU代表橡胶材料，M代表合金耐磨材料。
2. 推荐流量范围为 $50\%Q \leqslant Q' \leqslant 110\%Q'$ ($Q'\approx$ 相应于最高效率点流量)。
3. (NPSH)r 是指最高转速时，推荐 Q 点所对应的值。

(5) 选型:用户可根据性能曲线选泵,选用流量范围应为(某一转速下的最高效率点对应流量为100%):

1) M、AH 型泵:

① 对高浓度、强磨蚀性渣浆流量范围为 40%~80%。

② 对中浓度、中磨蚀性渣浆流量范围为 40%~100%。

③ 对低浓度、低磨蚀性渣浆流量范围为 40%~120%。

2) HH 型泵:

① 对中浓度、中磨蚀性渣浆流量范围为 40%~80%。

② 对低浓度、低磨蚀性渣浆流量范围为 40%~100%。

(6) 外形及安装尺寸:M、AH、HH 型渣浆泵外形尺寸见图 1-116 和表 1-107。

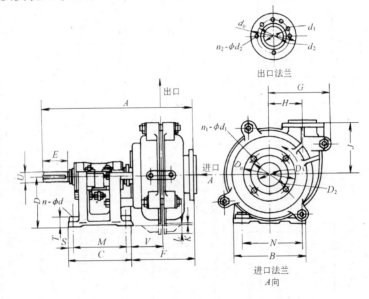

图 1-116 M、AH、HH 型渣浆泵外形尺寸

1.9.4 CLXQ 型两相流纸浆泵

(1) 用途:CLXQ 型两相流浆泵供输送密度小于 1.1g/cm^3 的轻质固液两相介质。适用于纸浆、纤维浆、污泥等。

(2) 型号意义说明:

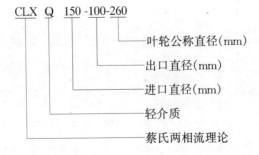

1.9 离心式浆体泵 219

表 1-107 M、AH、HH型渣浆泵外形尺寸(mm)

型号	外形尺寸																					进口法兰					出口法兰				泵重量	
	A	B	C	D	U	E	F	G	H	J	K	L	M	N	V	T	S	n-ϕd	D_0	D_1	D_2	n_1-ϕd_1	d_0	d_1	d_2	n_2-ϕd_2	金属	橡胶
1½/1B-AH	583	295	248	197	28	79	206	181	98	171	46	—	143	254	181	38	24	4-14	152	38	114	4-16	165	25	127	4-16	91	77
1½/1C-HH	759	406	311	254	42	121	306	270	194	254	—	11	175	356	252	48	32	4-19	152	38	114	4-17	152	25	114	4-17	318	—
2/1½B-AH	592	295	248	197	28	79	217	205	114	184	33	—	143	254	184	38	24	4-14	184	51	146	4-19	165	38	127	4-19	104	118
3/2C-AH	768	406	311	254	42	121	281	238	138	210	71	—	175	356	233	48	32	4-19	216	76	178	4-19	184	51	146	4-19	191	154
3/2D-HH	986	492	364	330	65	164	389	384	254	368	—	51	213	432	298	64	38	4-22	216	76	178	8-19	165	51	165	4-19	750	—
4/3C-AH	843	406	311	254	42	121	354	292	149	262	24	—	175	356	270	48	32	4-19	279	102	235	4-22	229	76	191	4-19	263	236
4/3D-AH	943	492	364	330	65	164	353	292	149	262	100	—	213	432	279	64	38	4-22	279	102	235	4-22	229	76	191	4-22	363	290
4/3E-HH	1240	622	448	457	80	222	492	492	330	432	—	—	257	546	381	76	54	4-29	254	102	210	8-19	254	76	210	8-19	1250	—
6/4D-AH	1021	492	364	330	65	164	421	406	229	338	11	—	213	432	318	64	38	4-22	337	152	292	4-22	279	102	235	4-22	728	635
6/4E-AH	1178	622	448	457	80	222	433	406	229	338	138	—	257	546	351	76	38	4-29	337	152	292	4-22	279	102	235	4-22	626	454
6/4S-HH	1668	920	780	450	120	280	596	616	413	546	—	134	640	760	353	90	70	4-35	337	152	292	8-22	305	102	260	8-22	2880	—
8/6E-AH	1302	622	448	457	80	222	557	551	318	460	27	62	257	546	402	76	54	4-29	406	203	356	8-22	368	152	324	8-21	1473	982
8/6R-AH	1360	680	590	350	85	215	—	511	318	460	—	170	490	560	312	70	50	4-28	406	203	356	8-25	368	152	324	8-22	1655	—
8/6T-HH	2275	1150	1040	650	150	350	852	835	584	813	—	160	880	900	538	125	80	4-48	432	203	375	12-25	432	152	375	8-22	6586	—
10/8E-M	1337	622	448	457	80	222	584	613	381	470	—	83	257	546	403	76	38	4-29	502	254	445	8-29	432	203	375	8-29	1625	1202
10/8R-M	1395	680	590	350	85	215	—	613	381	470	—	190	490	560	314	70	50	4-28	502	254	445	8-29	432	203	375	8-29	1836	—
10/8ST-AH	1748	1150	780	650	120	280	692	673	419	635	—	65	620	900	439	125	80	4-48	502	254	445	8-29	432	203	375	8-29	3750	3130
12/10ST-AH	1816	1150	780	650	120	280	762	755	464	674	—	—	620	900	461	125	80	4-48	527	305	470	8-25	470	254	470	12-25	4318	3357
14/12ST-AH	1873	1150	780	650	120	280	812	937	629	832	—	224	620	900	486	125	80	4-48	585	356	521	12-25	495	305	495	12-25	6409	4672
16/14TU-AH	2320	1460	1050	900	150	350	953	1048	660	889	—	84	860	1200	597	150	95	4-79	705	406	641	8-35	673	356	610	12-29	10000	—
20/18TU-AH	2475	1460	1050	900	150	350	1100	1420	940	1230	—	420	860	1200	615	150	95	4-79	900	508	800	12-42	900	460	800	12-42	18864	15921
6S-H	1700	920	780	450	120	280	622	625	415	615	—	155	640	760	382	90	70	4-35	380	152	320	8-27	420	150	360	8-27	—	—

(3) 结构:CLXQ型两相流浆泵泵轴由两个圆锥滚子轴承支承(稀油润滑)叶轮与轴之间采用螺纹联接或键联接。轴封使用橡胶骨架油封。使用时通过胶皮管接头从外部引入水封水。水封水起水封、润滑、冷却作用。

(4) 性能:CLXQ型两相流浆泵性能见表1-108。

CLXQ型两相流纸浆泵性能 表 1-108

型号	流量 Q		扬程 H (m)	转速 n (r/min)	轴功率 (kW)	电动机功率 (kW)	效率 η (%)	气蚀余量 (NPSH)r (m)	重量 (kg)	生产厂
	m³/h	L/s								
CLXQ100-75-264	40	11.1	11	980	1.8	3	65	2.5		
CLXQ100-75-230	40	11.1	15	1450	4.1	5.5	60	3.2		
CLXQ100-80-296	40	11.1	30	1450	8.6	11	50	3.0	106	
CLXQ80-50-182	40	11.1	40	2950	8.2	11	60	4.2		
CLXQ150-100-270	80	22.2	10	980	3.8	5.5	70	3.0		佛山水泵厂、赣州水泵厂
CLXQ150-100-260	80	22.2	20	1450	8.6	11	65	3.0	107	
CLXQ125-80-300	80	22.2	30	1450	14.0	18.5	58	3.7		
CLXQ80-60-188	80	22.2	45	2950	15.6	22	62	6.0		
CLXQ150-125-280	150	41.7	10	980	6.9	11	70	3.8		
CLXQ150-100-266	150	41.7	20	1450	14.5	18.5	72	4.2	150	
CLXQ150-100-306	150	41.7	30	1450	24.0	30	73	4.5		
CLXQ150-100-364	150	41.7	40	1450	30.6	37	62	5.0		
CLXQ200-150-332	240	66.7	35	1450	34.7	45	66	5.0		

(5) 外形及安装尺寸:CLXQ型两相流纸浆泵外形及安装尺寸见图1-117和表1-109。

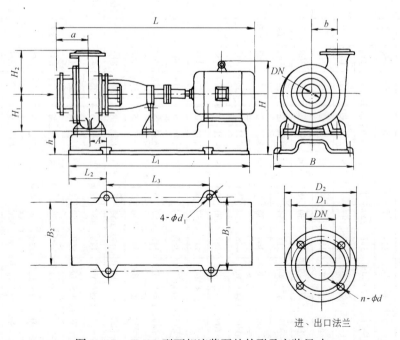

图 1-117 CLXQ型两相流浆泵的外形及安装尺寸

1.9 离心式浆体泵

CLXQ 型两相流浆泵外形及安装尺寸(mm)　　　　表 1-109

型　号	外　形　及　底　座													进口法兰				出口法兰			
	L	L_1	L_2	L_3	A	a	H	H_1	H_2	h	B	B_1	B_2	b	ϕd_1	DN	D_2	D_1	$n\text{-}\phi d$	DN	D_2	D_1	$n\text{-}\phi d$
CLXQ100-75-230	1138	1017	132	740	30	161	473	200	248	90	490	440	440	145	24	100	225	180	8-18.5	75	190	150	8-18.5
CLXQ150-100-260	1293	1203	187	840	95	185	545	210	252	110	540	490	490	160									
CLXQ150-100-332	1580	1500	218	1060	90	200	750	315	275	130	660	600	600	216	28	150	285	225	8-18.5	100	210	170	4-18.5
CLXQ150-100-266	1403	1290	175	940	70	193	630	250	250		610	550	550	183									

1.9.5　WZB 型无堵塞浆泵

(1) 用途：WZB 型无堵塞浆泵供输送高浓度介质。适用于纸浆、泥砂、污水、污泥等。

(2) 型号意义说明：

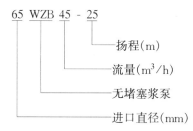

(3) 结构：WZB 型无堵塞浆泵是一种悬臂式旋流泵。泵由泵体、叶轮、轴、托架等部件组成。叶轮后缩，泵腔宽畅而不易堵塞。泵轴由向心球轴承支承，稀油润滑。轴封采用软填料，使用时通过胶皮管接头从外部引入水封水，起润滑、密封、冷却作用。叶轮与轴的联接采用螺纹联接或键联接。

(4) 性能：WZB 型无堵塞浆泵性能见表 1-110。

WZB 型无堵塞浆泵性能　　　　表 1-110

型　号	流量 Q (m³/h)	扬程 H (m)	转速 n (r/min)	轴功率 (kW)	电动机功率 (kW)	效率 η (%)	气蚀余量 (NPSH)r (m)	允许通过物料的最大尺寸(mm)	重量 (kg)	生产厂
50WZB30-25	30	25	2900	4.08	5.5	50	3.7	48		赣州水泵厂
50WZB20-25	20			2.90	4	47	3.5			
65WZB45-25	45		1450	6.81	11	45	3	55		
65WZB66-25	66			8.99		50	3.6			
80WZB99-22.5	99	22.5		11.67	15	52	3.7	40		
100WZB138-31	138	31		23.78	30	49	5.4	55		
125WZB180-19	180	19.2		19.21	22		4.9	100		

(5) 外形及安装尺寸：WZB 型无堵塞浆泵的外形及安装尺寸见图 1-118 和表 1-111。

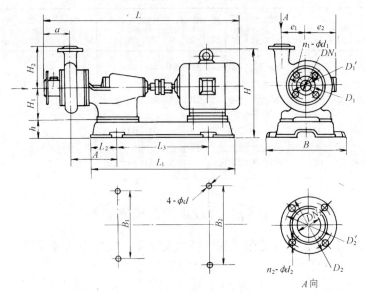

图 1-118 WZB 型无堵塞浆泵外形及安装尺寸

WZB 型无堵塞浆泵外形及安装尺寸(mm)　　　　　表 1-111

型　号	L	L_1	L_2	L_3	A	a	H	H_1	H_2	h	B	B_1
50WZB30-25	1013	718	129	454	235	163	423	145	160	95	395	300
50WZB20-25	1013	693	134	425	235	163	390	145	150	92	356	300
65WZB45-25	1457	983	180	631	371	185	537	200	260	112	500	405
65WZB66-25	1477	983	180	631	386	190	537	200	270	112	500	405
80WZB99-22.5	1470	1021	180	650	349	179	537	200	250	112	500	405
100WZB138-31	1642	1113	181	713	371	199	570	200	300	95	575	407
125WZB180-19	1682	1087	181	700	390	220	565	200	280	115	575	407

型　号	B_2	e_1	e_2	DN_1	D_1	D'_1	$n_1\text{-}\phi d_1$	DN_2	D_2	D'_2	$n_2\text{-}\phi d_2$	ϕd
50WZB30-25	355	78	210	50	165	125	4-18.5	50	165	125	4-18.5	15
50WZB20-25	316	67	190	50	165	125	4-18.5	50	165	125	4-18.5	15
65WZB45-25	450	135	255	65	185	145	4-18.5	65	185	145	4-18.5	20
65WZB66-25	450	150	255	65	185	145	4-18.5	65	185	145	4-18.5	20
80WZB99-22.5	450	141	255	80	185	150	4-18.5	80	185	150	4-18.5	20
100WZB138-31	525	165	310	100	205	170	4-18.5	80	185	150	4-18.5	20
125WZB180-19	525	200	285	125	245	210	8-18.5	125	245	210	8-18.5	20

1.10　离心式杂质泵

1.10.1　ZZB 型无堵塞自吸污水泵

(1) 用途：ZZB 型无堵塞自吸污水泵是引进美国最新技术和工艺开发而成的新产品。该泵克服了传统污水泵所固有的缺点，具有成本低、性能可靠的特点。专用于市政污水和工业废水的处理工程，广泛用于各类废水分级处理和集中处理系统。其流量范围为 10～1200m³/h，扬程为 7～40m。

(2) 型号意义说明:

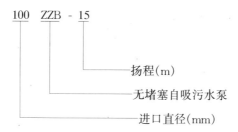

(3) 结构:ZZB型无堵塞自吸污水泵具有战列舰式的外形结构,其制造工艺采用了独特的油润滑机械密封方式、无堵塞叶片、可更换衬板、易于维护以及有先进的保护装置。其构造见图1-119。通过对不同规格泵的组合,或切割叶轮外径或变转速等方式,即可选到一款完全满足各种不同需求的泵。

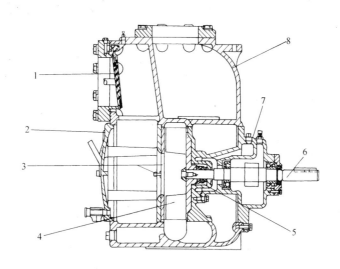

图1-119 ZZB型无堵塞自吸污水泵构造
1—扳门;2—前盖;3—衬板;4—叶轮;5—机械密封;6—轴;7—轴承体;8—泵体

(4) 性能:ZZB型无堵塞自吸污水泵性能见图1-120和表1-112。

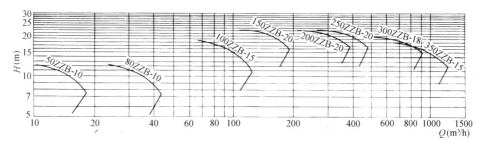

图1-120 ZZB型无堵塞自吸污水泵性能范围

ZZB型无堵塞自吸污水泵性能

表 1-112

型号	流量 Q (m^3/h)	扬程 H (m)	转速 n (r/min)	电动机功率(kW)	进、出口直径(mm)	通过固体物最大直径(mm)	气蚀余量 $(NPSH)r$ (m)	自吸时间 (s/5m)	生产厂
50ZZB-10	10.5 / 15 / 18	12 / 10 / 7	2900	1.1	50	12	2.5	100	中美合资温州保利泵业有限公司
80ZZB-10	24.5 / 35 / 42	12 / 10 / 7		2.2	80	13	3		
100ZZB-15	70 / 100 / 120	18 / 15 / 10		11	100	75	3		
150ZZB-20	112 / 160 / 192	22 / 20 / 15	1450	22	150	75	3.5		
200ZZB-20	224 / 320 / 384	22 / 20 / 15		45	200	75	4		
250ZZB-20	280 / 400 / 480	22 / 20 / 16		55	250	65	4	120	
300ZZB-18	525 / 750 / 900	20 / 18 / 15	980	75	300	65	4.5		
350ZZB-15	700 / 1000 / 1200	18 / 15 / 12		90	350	80	4.5	150	

(5) 外形及安装尺寸:ZZB型无堵塞自吸污水泵外形及安装尺寸见图1-121和表1-113。

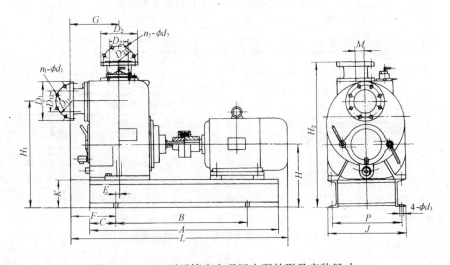

图 1-121　ZZB型无堵塞自吸污水泵外形及安装尺寸

ZZB型无堵塞自吸污水泵外形及安装尺寸(mm) 表1-113

型号	A	B	C	L	E	F	G	H	H_1	H_2	K	P
50ZZB-10	465	285	90	581	−90	170	81	195	306	375	80	265
80ZZB-10	515	335	90	734	−138	255	117	195	344	435	80	265
100ZZB-15	1150	800	180	1480	25	300	325	345	617	865	125	450
150ZZB-20	1435	1000	200	1655	28	352	380	463	768	1078	200	528
200ZZB-20	1370	1000	180	1890	30	380	410	465	825	1100	200	528
250ZZB-20	1785	1200	300	2107	100	500	600	580	1000	1503	200	720
300ZZB-18	1985	1380	300	2402	150	588	738	605	1100	1657	200	745
350ZZB-15	2035	1400	350	2502	180	638	450	610	1100	1675	200	745

型号	J	M	D_1	D_{11}	D_{12}	$n_1\text{-}\phi d_1$	D_2	D_{21}	D_{22}	$n_2\text{-}\phi d_2$	ϕd_3
50ZZB-10	315	54				Rp2					24
80ZZB-10	315	46				Rp3					24
100ZZB-15	500	70	215	180	100	8-18	215	180	100	8-18	24
150ZZB-20	590	70	280	240	150	8-23	280	240	150	8-23	24
200ZZB-20	590	70	330	295	200	8-23	330	295	200	8-23	24
250ZZB-20	805	80	390	350	250	12-23	390	350	250	12-23	24
300ZZB-18	820	−60	440	400	300	12-23	390	350	250	12-23	24
350ZZB-15	820	−85	500	460	350	16-23	440	400	300	12-23	24

1.10.2 IP型污水泵

(1)用途：IP型污水泵是单级单吸悬臂式离心泵供输送80℃以下带有纤维或其他悬浮物质的液体。适用于城市工矿企业排除污水、粪便。

(2)型号意义说明：

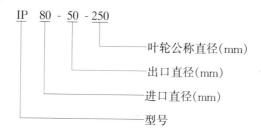

(3)结构：IP型污水泵由泵体、泵盖、叶轮、轴、密封环等组成。叶轮采用半开式叶轮，具有不易堵塞的特性。其标记和尺寸均符合 ISO 2858 规定。

(4)性能：IP型污水泵性能见表1-114。

IP型污水泵性能

表1-114

型号	流量 Q (m³/h)	扬程 H (m)	电动机 转速(r/min)	电动机 功率(kW)	气蚀余量 (NPSH)r (m)	生产厂
IP50-32-125	6.3	3.5	1450	0.55	3.0	
IP50-32-160		5		0.55		
IP50-32-200		8		1.1		
IP50-32-250		12.5		2.2		
IP65-50-125	12.5	3.5	1450	0.55	3.0	
IP65-50-160		5		0.75		
IP65-40-200		8		1.5		
IP65-40-250		12.5		2.2		
IP65-40-315		20		5.5		
IP80-65-125	25	3.5	1450	0.75	3.5	
IP80-65-160		5		1.5	3.5	
IP80-50-200		8		2.2	3.0	
IP80-50-250		12.5		3	3.5	
IP80-50-315		20		5.5	3.5	
IP100-80-125	50	3.5	1450	1.5	3.0	四川省三台水泵厂
IP100-80-160		5		2.2	4.4	
IP100-65-200		8		3	3.5	
IP100-65-250	50	12.5	1450	5.5	3.5	
IP100-65-315		20		11	3.0	
IP125-100-200	100	8	1450	7.5	3.9	
IP125-100-250		12.5		11	3.3	
IP150-125-200	200	8	1450	11	3.5	
IP150-125-250		12.5		18.5	4.0	
IP150-125-315		20		30	3.9	
IP50-32-125	12.5	12.5	2900	2.2	3.0	
IP50-32-160		20		3		
IP50-32-200	12.5	32	2900	5.5	3.0	
IP50-32-250		50		11		
IP60-50-125	25	12.5	2900	3	3.0	
IP65-50-160		20		5.5		
IP65-40-200		32		11		
IP65-40-250		50		15		
IP80-65-125	50	12.5	2900	5.5	4.0	
IP80-65-160		20		11	3.3	
IP80-50-200		32		15	3.5	
IP80-50-250		50		22	3.5	

续表

型号	流量 Q (m³/h)	扬程 H (m)	电动机 转速(r/min)	电动机 功率(kW)	气蚀余量 (NPSH)r (m)	生产厂
IP100-80-125	100	12.5	2900	11	5.5	四川省三台水泵厂
IP100-80-160	100	20	2900	15	5.0	四川省三台水泵厂
IP100-65-200	100	32	2900	22	4.6	四川省三台水泵厂
IP100-65-250	100	50	2900	37	4.8	四川省三台水泵厂
IP125-100-250	200	32	2900	45	5.5	四川省三台水泵厂
IP125-100-250	200	50	2900	75	5.2	四川省三台水泵厂

(5) 外形及安装尺寸:IP 型污水泵外形及安装尺寸见图 1-122 和表 1-115。

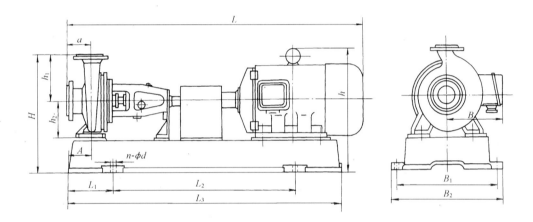

图 1-122　IP 型泵外形及安装尺寸

IP 型污水泵外形及安装尺寸(mm)　　　　表 1-115

型号	电动机型号	外形尺寸 L	L₃	H	h	B₂	B	安装尺寸 h₁	h₂	a	A	L₁	L₂	B₁	n-φd
IP50-32-125	Y801-4	763	690	302	252	340	155	140	112	80	62	90	450	300/230	4-19
IP50-32-160	Y801-40	763	690	342	272	340	150	160	132	80	62	90	450	300/230	4-19
IP50-32-200	Y802-4	763	690	390	305	340	150	180	160	80	62	90	450	300/230	4-19
IP50-32-250	Y100L1-4	996	900	465	385	440	155	225	180	100	80	80	660	400/280	4-19
IP60-50-125	Y801-4	763	690	302	274	340	150	140	112	80	62	90	450	300/230	4-19
IP60-50-160	Y802-4	763	690	342	272	340	150	160	132	80	62	90	450	300/230	4-19
IP60-40-200	Y90S-4	808	752	390	310	340	155	180	160	100	62	112	500	300	4-19

续表

型号	电动机型号	外形尺寸						安装尺寸							
		L	L_3	H	h	B_2	B	h_1	h_2	a	A	L_1	L_2	B_1	$n\text{-}\phi d$
IP65-40-250	Y100L1-4	996	900	465	385	440	155	225	180	100	80	80	660	400 280	4-19
IP65-40-315	Y112M-4	1043	930	515	418	495	190	250	200	125	95	95	660	440 320	4-19
IP80-65-125	Y802-4	793	690	342	287	340	150	160	132	100	62	90	450	300 230	4-19
IP80-65-160	Y90L-4	833	752	390	310	340	155	180	160	100	62	112	500	300	4-19
IP80-50-200	Y100L1-4	881	760	410	355	340	180	200	160	100	62	112	500	300	4-19
IP80-50-250	Y100L2-4	998	900	465	385	440	180	225	180	125	80	80	660	400 300	4-19
IP80-50-315	Y132-S4	1118	1005	575	478	490	210	280	225	125	95	137	660	440 370	4-19
IP100-80-125	Y90L-4	836	752	390	310	340	155	180	160	100	62	112	500	300	4-19
IP100-80-160	Y100L1-4	998	900	440	360	440	188	200	160	100	80	80	660	400 280	4-19
IP100-65-200	Y112M-4	1020	930	485	413	495	190	225	180	100	95	95	660	440 320	4-19
IP100-65-250	Y132S-4	1120	1005	520	453	490	210	250	200	125	95	137	660	440 370	4-19
IP100-65-315	Y1160M-4	1275	1192	600	545	640	255	280	225	125	115	175	780	580 420	4-24
IP125-100-200	Y132M-4	1161	1005	550	530	490	210	280	200	125	95	137	660	440 370	4-19
IP125-100-250	Y160M-4	1290	1192	600	545	640	255	280	225	140	115	175	780	580 420	4-24
IP150-125-200	Y160M-4	1337	1144	585	440	495	255	280	225	125	97	175	750	445	4-24
IP150-125-250	Y180M-4	1362	1240	705	600	640	285	355	250	140	115	175	780	580 450	4-24
IP150-125-315	Y200L1-4	1465	1300	705	625	640	310	355	280	140	115	200	840	580 520	4-24
IP50-32-125	Y90L1-2	813	752	302	262	340	155	140	112	80	62	112	500	300	4-24
IP50-32-160	Y100L1-2	858	760	342	327	340	180	160	132	80	62	112	500	300	4-24
IP50-32-200	Y132S1-2	973	845	395	398	400	210	180	160	80	80	140	540	350	4-24
IP50-32-250	Y160M1-2	1221	1144	485	485	495	255	225	180	100	95	175	750	445	4-24
IP65-50-125	Y100L1-2	858	760	324	329	340	180	140	112	80	62	112	500	300	4-24
IP65-50-160	Y132S1-2	958	845	375	398	400	210	160	132	80	80	140	540	350	4-24
IP65-40-200	Y132S2-2	978	845	395	398	400	210	180	160	100	80	140	540	350	4-24
IP65-40-250	Y160M2-2	1221	1144	485	485	495	255	225	180	100	95	175	750	445	4-24
IP80-65-125	Y132S1-2	978	845	375	398	400	210	160	132	100	80	140	540	350	4-24
IP80-65-160	Y132S2-2	975	845	395	398	400	210	180	160	100	80	140	540	350	4-24
IP80-50-200	Y160M2-2	1126	960	448	473	450	255	200	160	100	80	150	600	400	4-24

续表

型号	电动机型号	外形尺寸					安装尺寸							
		L	L_3	H	h	B_2	B	h_1	h_2	a	A	L_1	L_2	B_1	n-ϕd
IP80-50-250	Y180M-2	1290	1144	505	530	495	285	225	180	125	95	175	750	445	4-24
IP100-80-125	Y160M1-2	1104	960	428	473	450	255	180	160	100	80	150	600	400	4-24
IP100-80-160	Y160M2-2	1241	1144	460	485	495	255	200	160	100	95	175	750	445	4-24
IP100-65-200	Y180M-2	1308	1144	505	530	495	285	225	180	100	95	175	750	445	4-24
IP100-65-250	Y200L2-2	1422	1228	560	585	520	310	250	200	125	100	180	780	460	4-24
IP125-100-200	Y225M-2	1463	1300	625	650	640	255	280	200	125	115	200	840	580/520	4-24
IP125-100-250	Y280S-2	1695	1460	645	725	690	410	280	225	140	100	180	940	480/630	4-24

1.10.3 WSZ型旋流式无堵塞污水泵

(1)用途:WSZ型旋流式无堵塞污水泵供输送含有固体颗粒和纤维物的液体,尤其适合输送污水和介质浓度不大于5%的液体,适用于城镇污水和纸浆、煤灰、泥砂等排水。

(2)型号意义说明:

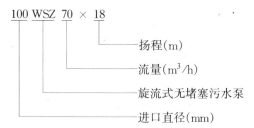

(3)结构:WSZ型旋流式无堵塞污水泵由泵体、叶轮、泵盖、进液管、掏污盖、轴、轴套、密封环和悬架等组成。泵采用联轴器与电动机联结。从驱动端看,泵为顺时针方向旋转。

(4)性能:WSZ型旋流式无堵塞污水泵性能见表1-116。

WSZ型旋流式无堵塞污水泵性能　　表1-116

型号	级数	转速 n (r/min)	流量 Q (m³/h)	扬程 H (m)	效率 (%)	轴功率 (kW)	电动机功率 (kW)	气蚀余量 (NPSH)r (m)	允许通过颗粒直径 (mm)	泵重量 (kg)	生产厂
65WSZ25	20	2900	25	20	40	3.17	4	3	20		
80WSZ40	12	2900	40	12	52	2.51	3	3.5	35		
80WSZ40	20	2900	40	20	49	4.44	5.5	3.5	30		
80WSZ40	25	2900	40	25	47	5.79	7.5	3.5	25		保定市太行特种泵厂
100WSZ70	12	1450	70	12	55	4.2	5.5	4	45		
100WSZ70	18	1450	70	18	57	6.02	7.5	4	40		
100WSZ70	25	1450	70	25	56	8.51	11	4	35		
150WSZ120	12	1450	120	12	60	6.53	7.5	4.5	50		
150WSZ120	18	1450	120	18	60	9.8	11	4.5	45		
150WSZ120	25	1450	120	25	59	13.85	18.5	4.5	40		

(5) 外形及安装尺寸:WSZ型旋流式无堵塞污水泵的外形及安装尺寸,见图1-123和表1-117;进口、出口法兰尺寸见表1-118。

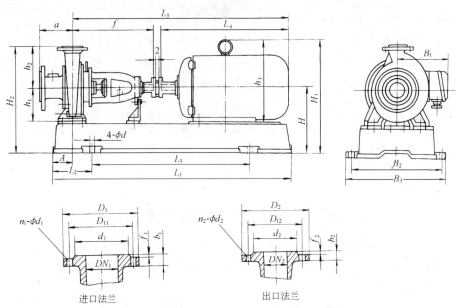

图 1-123　WSZ型旋流式无堵塞污水泵外形及安装尺寸

WSZ型旋流式无堵塞污水泵外形及安装尺寸　　　　　表1-117

型号	级数	电动机型号	外形及安装尺寸(mm)														
			A	L_1	L_2	L_3	L_4	a	f	L_5	B_1	B_2	B_3	h_1	h_2	h_3	H	H_1	H_2	ϕd
65WSZ25	20	y112M-2	70	985	190	600	400	150	415	830	190	430	480	132	160	265	207	360	367	24
80WSZ40	12	y100L-2	70	985	190	600	380	182	410	805	180	430	480	160	190	245	235	380	425	24
80WSZ40	20	y132s_1-2	70	985	190	600	475	180	416	906	210	430	480	160	190	315	235	418	425	24
80WSZ40	25	y132s_2-2	70	985	190	600	475	180	422	912	210	430	480	160	190	315	235	418	425	24
100WSZ70	12	y132S-4	110	1300	225	850	475	228	544	1042	210	550	600	225	250	315	325	508	575	24
100WSZ70	18	y132M-4	110	1300	225	850	515	230	563	1101	210	550	600	250	280	315	350	533	630	24
100WSZ70	25	y160M-4	110	1300	225	850	600	234	583	1206	255	550	600	250	385	350	575	630	24
150WSZ120	12	y132M-4	110	1300	225	850	515	241	538	1076	210	550	600	250	315	315	350	533	665	24
150WSZ120	18	y160M-4	110	1300	225	850	600	241	556	1179	255	550	600	250	315	385	350	575	665	24
150WSZ120	25	y180M-4	110	1300	225	850	670	242	573	1266	285	550	600	250	315	430	350	600	665	24

WSZ型旋流式无堵塞污水泵进口、出口法兰尺寸(mm)　　　　　表1-118

型号	级数	进口法兰							出口法兰						
		DN_1	D_1	D_{11}	d_1	b_1	f_1	$n_1\text{-}\phi d_1$	DN_2	D_2	D_{12}	d_2	b_2	f_2	$n_2\text{-}\phi d_2$
65WSZ25	20	65	185	145	122	20	3	4-17.5	50	165	125	102	20	3	4-17.5
80WSZ40	12	80	200	160	133	22	3	8-17.5	65	185	145	122	20	3	4-17.5
80WSZ40	20	80	200	160	133	22	3	8-17.5	65	185	145	122	20	3	4-17.5
80WSZ40	25	80	200	160	133	22	3	8-17.5	65	185	145	122	20	3	4-17.5
100WSZ70	12	100	220	180	158	24	3	8-17.5	80	200	160	133	22	3	8-17.5

续表

型号	级数	进口法兰							出口法兰						
		DN_1	D_1	D_{11}	d_1	b_1	f_1	$n_1-\phi d_1$	DN_2	D_2	D_{12}	d_2	b_2	f_2	$n_2-\phi d_2$
100WSZ70	18	100	220	180	158	24	3	8-17.5	80	200	160	133	22	3	8-17.5
100WSZ70	25	100	220	180	158	24	3	8-17.5	80	200	160	133	22	3	8-17.5
150WSZ120	12	150	285	240	212	26	3	8-22	125	250	210	184	26	3	8-17.5
150WSZ120	18	150	285	240	212	26	3	8-22	125	250	210	184	26	3	8-17.5
150WSZ120	25	150	285	240	212	26	3	8-22	125	250	210	184	26	3	8-17.5

1.10.4 WDB 无堵塞泵

(1) 用途:WDB 无堵塞泵供输送温度 0~120℃ 的泥浆、污水、粪便、塑料球、布条、尼龙、木片、骨头及其他泵无法抽送的固液体混合介质,适用于工业、农业、城建及环保行业排水。

(2) 型号意义说明:

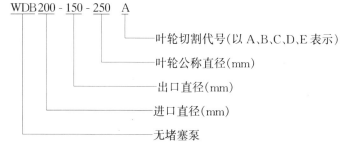

(3) 性能:WDB 无堵塞泵(清水)性能见表 1-119。

WDB 无堵塞泵(清水)性能　　　　表 1-119

型号	流量 Q		扬程 H (m)	转速 n (r/min)	轴功率 (kW)	电动机功率 (kW)	效率 η (%)	吸程 H_s (m)	叶轮外径 (mm)	允许通过固体颗粒最大直径 (mm)	生产厂
	m³/h	L/s									
WDB50-50-115	18	5	19.5	2900	2.17	4	44	7	115	20	四川三台水泵厂
WDB50-50-115A	15	4.17	16	2900	1.52	3	43	7	105	20	
WDB50-50-115B	12	3.33	12.5	2900	1.02	2.2	40	6.5	95	20	
WDB50-50-115C	9	2.5	10	2900	0.743	1.5	33	6	85	20	
WDB50-50-115D	5	1.39	10	2900	0.49	1.1	28	5	88	20	
WDB80-80-250	70	19.4	21.5	1450	9.10	15	45	7	258	60	
WDB80-80-250A	65	18.0	19.5	1450	7.67	11	45	7	246	60	
WDB80-80-250B	60	16.7	18.0	1450	6.54	7.5	45	7	235	60	
WDB80-80-250C	50	13.9	9.5	970	3.24	5.5	40	6	258	60	
WDB80-80-250D	40	11.1	8.5	970	2.31	4	40	6	246	60	
WDB80-80-250E	34	9.4	8.0	970	1.85	3	40	6	235	60	
WDB100-100-250	150	41.67	24	1450	17.51	30	56	6.5	265	80	
WDB100-100-250A	140	38.89	21.5	1450	15.2	22	54	6	248	80	

续表

型　号	流量 Q		扬程 H (m)	转速 n (r/min)	轴功率 (kW)	电动机功率 (kW)	效率 η (%)	吸程 H_s (m)	叶轮外径 (mm)	允许通过固体颗粒最大直径 (mm)	生产厂
	m³/h	L/s									
WDB100-100-250B	130	36.1	20	1450	13.4	18.5	53	6	235	80	四川三台水泵厂
WDB100-100-250C	95	26.39	10	970	5.17	7.5	50	5	265	80	
WDB100-100-250D	80	22.22	9	970	4.17	5.5	47	5	248	80	
WDB100-100-250E	65	18	8	970	3.1	4	46	5	235	80	
WDB200-150-250	250	69.44	24	1450	32.68	55	50	5.5	285	100	
WDB200-150-250A	230	63.89	21.5	1450	28.1	45	48	5	268	100	
WDB200-150-250B	210	58.33	19.5	1450	24.2	37	46	5	255	100	
WDB200-150-250C				970					285	100	
WDB200-150-250D				970					268	100	
WDB200-150-250E				970					255	100	

（4）外形及安装尺寸：WDB 无堵塞泵外形及安装尺寸见图 1-124 和表 1-120。

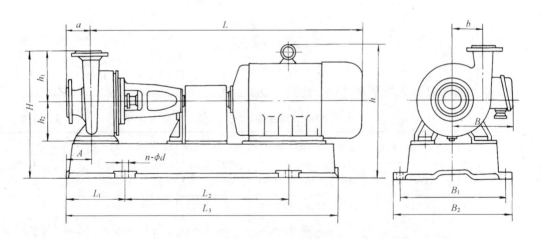

图 1-124　WDB 无堵塞泵外形及安装尺寸

注：泵采用灌注式安装，有吸程时需配水箱式无底阀引水或用真空泵引水。

WDB 无堵塞泵外形及安装尺寸　　　　表 1-120

型　号	电动机型号	外形尺寸 (mm)					安装尺寸 (mm)								
		L	H	h	B	B_2	h_1	h_2	A	a	B_1	L_1	L_2	L_3	b	n-φd
50-50-115	Y112M-2	833	325	338	190	355	140	112	62	80	315	122	580	820	68	4-19
50-50-115A	Y100L-2	813	312	317	180	315	140	112	62	80	275	122	580	812	68	4-19
50-50-115B	Y90L-2	768	302	262	155	300	140	112	62	80	260	122	580	775	68	4-19
50-50-115C	Y90S-2	743	302	262	155	300	140	112	62	80	260	122	580	775	68	4-19
50-50-115D	Y802-2	718	302	252	150	295	140	112	62	80	255	122	580	725	68	4-19

续表

型　号	电动机型号	外形尺寸(mm)					安装尺寸(mm)									
		L	H	h	B	B_2	h_1	h_2	A	a	B_1	L_1	L_2	L_3	b	n-ϕd
50-50-115E																
80-80-250	Y160L-4	1237	615	510	255	490	330	200	80	125	440	200	750	1195	135	4-24
80-80-250A	Y160M-4	1192	615	510	255	490	330	200	80	125	440	200	750	1195	135	4-24
80-80-250B	Y132M-4	1102	615	468	210	490	330	200	80	125	440	200	750	1195	135	4-24
80-80-250C	Y132M_2-4	1102	615	468	210	490	330	200	80	125	440	200	750	1195	135	4-24
80-80-250D	Y132m_1-4	1102	615	468	210	490	330	200	80	125	440	200	750	1195	135	4-24
80-80-250E	Y132S-4	1062	615	468	210	490	330	200	80	125	440	200	750	1195	135	4-24
100-100-250	Y200L-4	1399	595	590	310	540	280	225	100	150	480	200	880	1345	137	4-24
100-100-250A	Y180L-4	1334	585	555	285	540	280	225	100	150	480	200	850	1300	137	4-24
100-100-250B	Y180M-4	1294	585	555	285	540	280	225	100	150	480	200	850	1300	137	4-24
100-100-250C	Y160M-6	1224	580	525	255	540	280	225	100	150	480	200	760	1220	137	4-24
100-100-250D	Y132M_2-6	1139	575	478	210	530	280	225	100	150	480	200	700	1140	137	4-19
100-100-250E	Y132M_1-6	1139	575	478	210	530	280	225	100	150	480	200	700	1140	137	4-19
200-150-250	Y250M-4	1613	665	675	385	640	315	280	115	160	580	250	980	1533	149	4-24
200-150-250A	Y225M-4	1523	665	655	345	640	315	280	115	160	580	250	900	1467	149	4-24
200-150-250B	Y225S-4	1498	665	655	345	640	315	280	115	160	580	250	900	1467	149	4-24
200-150-250C																
200-150-250D																
200-150-250E																

1.10.5　PW型卧式单级单吸悬臂式离心污水泵

（1）用途：PW型卧式单级单吸悬臂式离心污水泵供输送温度不超过80℃的带有纤维及其他悬浮物的液体。适用于城镇、工矿、企业排除污水及粪便。

（2）型号意义说明：

（3）结构：PW型卧式单级单吸悬臂式离心污水泵泵盖与进口管铸为一体。泵出口旋转方向根据用户需要可旋转90°、180°、270°。从传动方向看，泵轴为顺时针方向旋转。

（4）性能：PW型卧式单级单吸悬臂式离心污水泵性能见图1-125～135和表1-121。

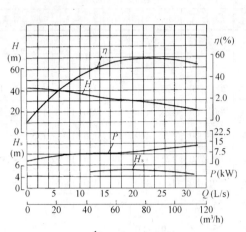

图 1-125　$2\frac{1}{2}$PW 型污水泵性能曲线
($n = 2920$r/min)

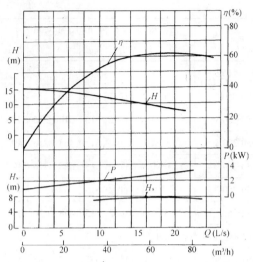

图 1-126　$2\frac{1}{2}$PW 型污水泵性能曲线
($n = 1440$r/min)

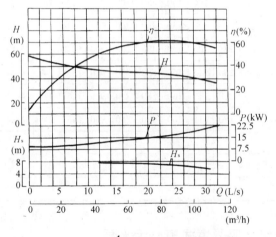

图 1-127　$2\frac{1}{2}$PW 污水泵性能曲线
($n = 2940$r/min)

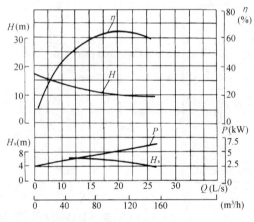

图 1-128　4PW 型污水泵性能曲线（$n = 960$r/min）

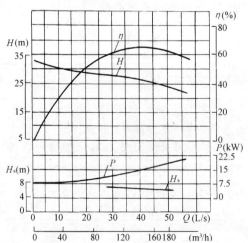

图 1-129　4PW 型污水泵性能曲线
($n = 1460$r/min)

1.10 离心式杂质泵　235

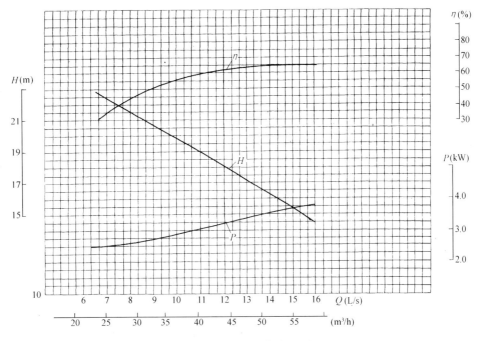

图 1-130　2PW 型污水泵性能曲线（$n=2890\text{r/min}$）

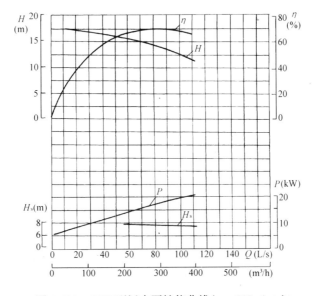

图 1-131　6PW 型污水泵性能曲线（$n=980\text{r/min}$）

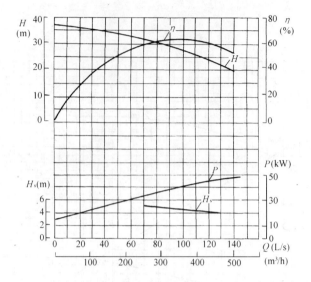

图 1-132　6PW 型污水泵性能曲线（$n = 1450 \text{r/min}$）

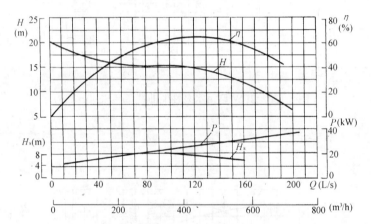

图 1-133　8PW 型污水泵性能曲线（$n = 730 \text{r/min}$）

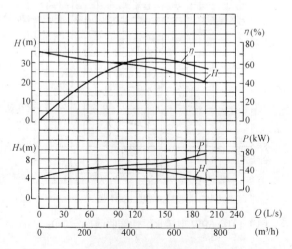

图 1-134　8PW 型污水泵性能曲线（$n = 980 \text{r/min}$）

1.10 离心式杂质泵

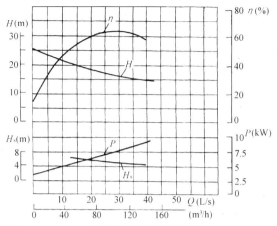

图 1-135 4PWB 型污水泵性能曲线($n=1450\text{r/min}$)

PW 型离心污水泵性能　　　　　　　　　　　　表 1-121

型号	流量 m³/h	流量 L/s	扬程 H (m)	转速 n (r/min)	轴功率 (kW)	电动机 型号	电动机 功率 (kW)	效率 η (%)	允许吸上真空高度 (m)	叶轮直径 D (mm)	重量 (kg)	生产厂
2½PW	36	10	11.6	1440	2.1	Y112M-4	4	54	7.5	195	65	石家庄水泵厂、高邮水泵厂、自贡工业泵厂、兰州水泵厂、湖北石首水泵厂、龙岩水泵厂、浙江温岭水泵厂、上海水泵厂、四川三台水泵厂
	60	16.6	9.5		2.5			62	7.2			
	72	20	8.5		2.72			61.5	7			
2½PW	43	12	34	2920	7.8	Y106M₂-2	15	51	6	170	65	
	90	25	26		11			58	5			
	108	30	24		12.5			56	4.2			
2½PW	43	12	48.5	2940	11.5	Y180M-2	22	49	7	195	65	
	90	25	43		17			62	5.5			
	108	30	39		19.2			60	4.5			
4PW	72	20	12	960	4	Y160M-6	7.5	59	7	300	125	
	100	27.8	11		4.7			64	6.5			
	120	33.2	10.5		5.5			62	6			
4PW	108	30	27.5	1460	13.5	Y200L-4	30	60	7.8	300	125	
	160	44.4	25.5		18			62	7.5			
	180	50	24.5		19.5			61.5	7			
2PW	25.7	7.15	22.4	2890	2.9	Y112M-2	4	53.3		135	55	高邮水泵厂
	43	11.95	18.3		3.45			61.3				
	51.6	14.43	16.4		3.76			60.8				
6PW	200	56	16	980	13.5	Y225M-6	30	65	7	335	417	石家庄水泵厂、高邮水泵厂、上海水泵厂
	300	83.3	14		17			67	6.8			
	400	111	12		20			65	6.5			
6PW	250	69	30	1450	34	Y250M-4	55	60	5	315	417	
	350	97	27		42			61	4.5			
	450	125	23		47			60	4			
8PW	350	97.2	15.5	730	23	Y280M-8	45	64	7.5	465	750	石家庄水泵厂
	500	139	13		29			61	6.5			
	650	18.5	9.5		33			51				
8PW	400	111	27.5	980	50	Y315S-6	75	60	5.8	465	750	
	550	153	25		59.5			63	5.6			
	700	190.4	21		69			58				
4PWB	72	20	18	1450	6	Y160M₄	10	60	6.5	250	95	高邮水泵厂
	100	27.8	17		7.2			64	6			
	120	33.2	15.8		8.4			61	5			

注：附件包括水泵、电动机、底座，根据合同可供应底阀、出水口锥管、止回阀、闸阀以及密封环、叶轮、护轴套。

(5) 外形及安装尺寸：

1) 2PW~4PW 型卧式单级单吸悬臂式离心污水泵外形及安装尺寸见图 1-136 和表 1-122。

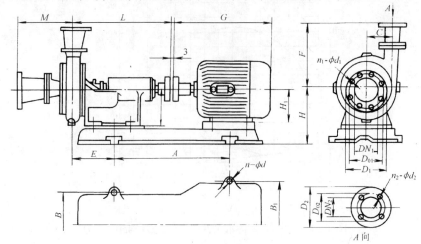

图 1-136　2PW、$2\frac{1}{2}$PW、4PW 型离心泵外形及安装尺寸

PW 型离心污水泵外形及安装尺寸(mm)　　　表 1-122

型号	电动机功率(kW)	外形及安装尺寸										进口法兰				出口法兰			
		L	E	A	B	B_1	H	H_1	F	G	M	C	$n-\phi d$	DN_1	D_{01}	D_1	$n_1-\phi d_1$	DN_2	D_{02}	D_2	$n_2-\phi d_2$
2PW	4	322	82	420	290	290	205	112	385	400	290	88	4-18	80	150	185	4-18	65	145	180	4-18
4PW	7.5	455	207	600	430	430	275	160	600	600	612	190	4-18	200	280	315	4-18	150	240	280	8-23
	30		218	700	420	546	350	200		775											
4PWB	11	448	200	600	430	430	275	160	570	600	605	190		200	280	315	4-18	150	240	280	8-23

2) 6PW、8PW 型污水泵外形及安装尺寸见图 1-137 和表 1-123。

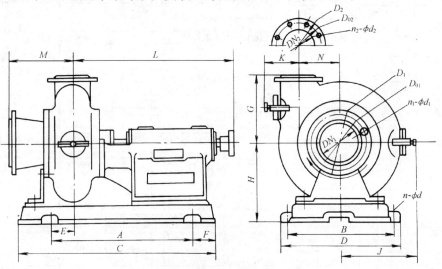

图 1-137　$\frac{6PW}{8PW}$ 型污水泵外形及安装尺寸

6PW、8PW 型污水泵外形及安装尺寸(mm)　　　表 1-123

型号	外形及安装尺寸											进口法兰				出口法兰			
	A	B	C	D	E	F	L	M	H	G	N	K	J	$n-\phi d$	DN_1	D_{01}	D_1	$n_1-\phi d_1$	DN_2	D_{02}	D_2	$n_2-\phi d_2$
6PW	630	570	1010	630	49	190	935	283	400	355	215	190	405	4-27	200	280	315	8-18	150	240	280	8-23
8PW	945	700	1295	780	165	175	1117	410	515	440	305	232	517	4-35	250	335	370	12-18	200	295	335	8-23

1.10.6 KWP型无堵塞离心泵

(1) 用途:KWP型无堵塞离心泵为卧式单级轴向吸入离心泵,供输送pH值在6~8左右的清水、各种污水、废水和泥浆;用于输送纸浆时,纸浆浓度不宜高于3%。

KWP系列泵有四种叶轮型式可供选择:

1) K型叶轮:闭式无堵塞叶轮。适用于输送清水、污水和含有固体物的介质,适用于输送不释放气体的污泥浆,介质中不应含有易粘附、打摺的固体物(如长纤维、胶粒等)。

2) N型叶轮:闭式多叶片叶轮。适用于输送含有轻度固体悬浮物的介质。如清水,机械处理后的污水,分选水、纸浆水、糖汁等。

3) O型叶轮:开式叶轮。适用范围基本上与N型叶轮相同,但可输送含有气体的介质。

4) F型叶轮:自由流叶轮。适用于输送含有气体或粗大固体物或易粘附、易打摺的固体物(如长纤维、胶粒等)的介质。

(2) 型号意义说明:

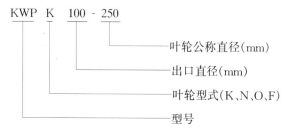

(3) 结构:KWP型泵采用后拆式结构,无需拆掉进、出口管路和泵体,就可拆卸转子部件,简化维修。该泵的泵体出口直径小于等于200mm时为中心垂直向上出口;出口直径大于等于250mm时为切向向上出口。出口直径小于等于125mm的泵,其进口直径大于出口直径;出口直径大于等于150mm的泵,其进口直径与出口直径相同。

(4) 性能:KWP型污水泵性能见表1-124。

KWP型无堵塞离心泵性能　　　表1-124

序号	型号	流量 Q (m³/h)	扬程 H (m)	转速 n (r/min)	电动机功率 (kW)	效率 η (%)	叶轮外径 D (mm)	生产厂
1	KWP$_K$40-250	15~44	30~100	2900	7.5~22	53	170~260	石家庄水泵厂
2	KWP$_K$50-160	13~65	7~38	2900	2.2~11	73	110~169	
3	KWP$_K$50-200	40~100	22~60	2900	11~18.5	68	160~209	
4	KWP$_K$65-200	40~130	20~57	2900	7.5~30	74	140~209	
5	KWP$_K$65-315	57~180	57.5~90	2900	45~55	66	230~260	
6	KWP$_K$80-250	40~180	20~67	2900	15~45	75	170~230	
7	KWP$_K$100-250	57~235	15~55	2900	15~55	73	180~230	
8	KWP$_K$40-250	8~24	7.5~23.5	1450	1.1~4	51	170~260	
9	KWP$_K$50-160	8.4~33	5.6~10	1450	1.1~1.5	57	110~169	
10	KWP$_K$50-200	11~39	6~14.9	1450	1.5~3	63	160~209	
11	KWP$_K$65-200	40~90	3~14	1450	1.1~5.5	70	145~209	
12	KWP$_K$65-315	30~90	20~37	1450	5.5~18.5	66	230~320	
13	KWP$_K$65-400	35~120	33~55	1450	15~30	63	330~408	

续表

序号	型号	流量 Q (m³/h)	扬程 H (m)	转速 n (r/min)	电动机功率 (kW)	效率 η (%)	叶轮外径 D (mm)	生产厂
14	KWP$_K$80-250	22～113	4～20	1450	2.2～11	77	170～260	
15	KWP$_K$80-315	60～130	18～36	1450	11～22	72	260～320	
16	KWP$_K$80-400	100～170	20～59	1450	15～45	65	280～404	
17	KWP$_K$100-250	100～240	6.5～21.7	1450	2.2～15	77	180～260	
18	KWP$_K$100-315	100～240	10～34	1450	5.5～30	74	230～320	
19	KWP$_K$100-400	100～250	10～50	1450	11～45	72	280～404	
20	KWP$_K$125-315	135～410	15～35	1450	15～37	78	260～320	
21	KWP$_K$125-400	125～420	25～57	1450	37～90	75	320～404	
22	KWP$_K$125-500	150～400	34～85	1450	37～160	65	350～504	
23	KWP$_K$150-315	150～420	15～30	1450	15～55	75	260～320	
24	KWP$_K$150-400	250～450	25～59	1450	37～90	80	320～404	
25	KWP$_K$150-500	200～450	25～93	1450	45～160	74	350～504	
26	KWP$_K$200-315	300～615	14～29	1450	22～55	75	260～320	
27	KWP$_K$200-400	350～700	22～55	1450	45～110	85	320～403.4	
28	KWP$_K$200-500	350～800	45～81	1450	110～250	82	400～504	
29	KWP$_K$250-315	670～1260	14～24.4	1450	55～90	84	285～324	
30	KWP$_K$250-400	500～1250	15～43	1450	75～160	79	338～409	石
31	KWP$_K$250-500	500～1250	30～85	1450	160～355	80	400～504	家
32	KWP$_K$300-400	830～1830	17～43	1450	110～250	84	320～409	庄
33	KWP$_K$300-500	700～1800	27～80	1450	160～400	82	400～504	水
34	KWP$_K$350-400	1200～2350	14～37.5	1450	132～250	83	330～408	泵
35	KWP$_K$350-500	1000～2500	27～75	1450	250～500	89	400～507	厂
36	KWP$_K$40-250	5～14.5	3～11.1	960	1.1	45	170～260	
37	KWP$_K$50-160	6～22.5	0.75～4	960	1.1	67	110～169	
38	KWP$_K$50-200	15～26	2.75～6	960	1.1	60	160～209	
39	KWP$_K$65-200	12.5～50	1.5～6	960	1.1～1.5	66	145～209	
40	KWP$_K$65-315	20～60	6～16	960	1.5～5.5	61	230～320	
41	KWP$_K$65-400	31～78	13～25	960	5.5～11	62	330～408	
42	KWP$_K$80-250	11.5～75	2～10	960	1.1～3	77	170～260	
43	KWP$_K$80-315	27.5～85	7.4～15	960	3～7.5	69	260～320	
44	KWP$_K$80-400	50～105	7～25	960	5.5～15	62	280～404	
45	KWP$_K$100-250	35～111	1.5～9	960	1.1～4	75	180～260	
46	KWP$_K$100-315	25～120	4～15	960	2.2～7.5	69	230～320	
47	KWP$_K$100-400	40～145	8～25	960	4～18.5	69	280～404	
48	KWP$_K$125-315	60～225	5～14	960	5.5～11	77	260～320	
49	KWP$_K$125-400	100～265	11～25	960	11～30	74	320～404	
50	KWP$_K$125-500	60～240	15～39	960	11～45	71	350～504	
51	KWP$_K$150-315	80～250	5.3～14	960	5.5～15	72.5	260～320	
52	KWP$_K$150-400	100～325	10.3～25.8	960	11～37	78	320～404	
53	KWP$_K$150-500	85～370	10～40	960	15～55	73	350～504	
54	KWP$_K$200-315	115～400	4.1～12.7	960	7.5～18.5	73	260～320	
55	KWP$_K$200-400	160～410	9.3～24	960	15～30	86	320～403	
56	KWP$_K$200-500	300～720	13.5～37	960	37～90	83	400～504	
57	KWP$_K$250-315	400～755	5.8～11	960	18.5～30	83	285～324	

续表

序号	型号	流量 Q (m³/h)	扬程 H (m)	转速 n (r/min)	电动机功率 (kW)	效率 η (%)	叶轮外径 D (mm)	生产厂
58	KWP$_K$250-400	350~850	6.5~18	960	22~55	78	338~409	
59	KWP$_K$250-500	450~900	10~35	960	45~90	83	400~504	
60	KWP$_K$250-630	520~1200	32~64	960	110~250	85	500~630	
61	KWP$_K$300-400	625~1250	7~17.9	960	37~75	83	320~409	
62	KWP$_K$300-500	550~1350	9.5~33	960	55~132	84	400~504	
63	KWP$_K$350-400	750~1400	6.5~16.5	960	37~75	83	330~408	
64	KWP$_K$350-500	1020~2125	10~31.5	960	75~185	89	390~508	
65	KWP$_K$350-630	1080~2600	21~53	960	185~400	84	500~630	
66	KWP$_K$400-500	1500~2740	13.1~28	960	110~200	87	430~508	
67	KWP$_K$400-710	1580~3200	47~72.5	960	450~800	83	630~730	
68	KWP$_K$500-630	2000~4300	20~40	960	315~500	85.5	528~622	
69	KWP$_K$125-315	75~215	1.5~7.1	725	2.2~5.5	75.5	260~320	
70	KWP$_K$125-400	90~230	4.3~13.8	725	5.5~11	74	320~404	
71	KWP$_K$125-500	78~238	6.4~21.8	725	7.5~22	65	350~504	
72	KWP$_K$150-315	90~240	2.0~7.5	725	3~7.5	72.5	260~320	
73	KWP$_K$150-400	110~320	3.6~13.6	725	7.5~15	76.5	320~404	
74	KWP$_K$150-500	140~285	5~22	725	5.5~30	73	350~504	石
75	KWP$_K$200-315	120~280	2.4~7	725	3~7.5	71	260~320	家
76	KWP$_K$200-400	125~310	5.2~13.2	725	7.5~15	85	320~403	庄
77	KWP$_K$200-500	250~540	6.5~20.5	725	22~37	82	400~504	水
78	KWP$_K$250-315	282~550	3.3~6.2	725	7.5~11	81	285~324	泵
79	KWP$_K$250-400	300~680	4.2~11.5	725	11~30	79	338~409	厂
80	KWP$_K$250-500	300~710	6.2~18.4	725	22~45	79	400~504	
81	KWP$_K$250-630	500~1060	17.5~35	725	75~132	84	500~630	
82	KWP$_K$300-400	460~1080	4.2~9.8	725	15~30	82	320~409	
83	KWP$_K$300-500	440~900	4.3~18.8	725	22~53	83	400~504	
84	KWP$_K$350-400	460~1050	3.8~9.4	725	18.5~30	82	330~408	
85	KWP$_K$350-500	620~1600	6~16.3	725	37~75	88	390~508	
86	KWP$_K$350-630	800~2000	12~30	725	90~185	83	500~630	
87	KWP$_K$400-500	1140~2400	6.0~14	725	55~90	86	430~508	
88	KWP$_K$400-710	1240~2650	23~43	725	185~355	82.5	630~730	
89	KWP$_K$500-630	1600~3000	11.2~22.8	725	132~220	85.5	528~622	
90	KWP$_O$50-200	48~85	24.5~58.5	2900	11~22	70	160~209	
91	KWP$_O$65-315	80~120	48~82	2900	37~55	59	230~260	
92	KWP$_O$80-250	80~200	17~90	2900	18.5~75	70	170~260	
93	KWP$_O$100-250	85~250	16~67	2900	22~55	70	180~230	
94	KWP$_O$50-200	26~52	6.1~14.2	1450	1.5~3	64	160~209	
95	KWP$_O$65-315	40~100	6.5~31	1450	5.5~15	70	230~320	
96	KWP$_O$80-250	30~152	4.1~21.6	1450	3~11	70.8	170~260	
97	KWP$_O$80-400	90~180	17~53	1450	18.5~45	68	280~404	
98	KWP$_O$100-250	40~200	4.95~21	1450	4~18.5	71	180~260	
99	KWP$_O$100-400	100~325	16.5~54	1450	22~75	74	280~404	
100	KWP$_O$150-315	230~420	13~35	1450	30~55	81	260~320	

续表

序号	型号	流量 Q (m³/h)	扬程 H (m)	转速 n (r/min)	电动机功率 (kW)	效率 η (%)	叶轮外径 D (mm)	生产厂
101	KWP$_O$150-500	218~420	28~82	1450	75~185	71	350~504	
102	KWP$_O$200-400	410~750	23.5~55.4	1450	75~160	80	320~404	
103	KWP$_O$50-200	16.5~34	2.85~6.25	960	0.75~1.1	58	160~209	
104	KWP$_O$65-315	30~70	3.5~13	960	2.2~5.5	60	230~320	
105	KWP$_O$80-250	16~100	2.6~9	960	1.1~4	69	170~260	
106	KWP$_O$80-400	50~150	10~22.6	960	7.5~15	65	280~404	
107	KWP$_O$100-250	30~120	2.5~9.5	960	1.1~5.5	69	180~260	
108	KWP$_O$100-400	50~180	9.4~25	960	7.5~22	72	280~404	
109	KWP$_O$150-315	60~325	7~16.5	960	7.5~18.5	79	260~320	
110	KWP$_O$150-500	75~325	7.5~23	725	11~30	69	350~504	
111	KWP$_N$65-315	60~165	56~94	2900	37~55	68	230~260	
112	KWP$_N$100-250	100~280	30~94	2900	30~90	81	180~260	
113	KWP$_N$65-315	40~120	12~34	1450	5.5~15	72	230~320	
114	KWP$_N$80-400	50~180	19~57	1450	15~37	75	280~404	
115	KWP$_N$100-250	45~175	7~23.3	1450	4~15	80	180~260	
116	KWP$_N$100-400	70~260	18~56	1450	15~55	76	280~404	
117	KWP$_N$150-500	160~440	36~89	1450	45~160	77.5	350~500	石
118	KWP$_N$200-400	250~750	18~58	1450	75~132	84.5	320~404	家
119	KWP$_N$65-315	35~80	5.2~15.2	960	2.2~5.5	67	230~320	
120	KWP$_N$80-400	45~145	8.4~24.7	960	4~15	72	280~404	庄
121	KWP$_N$100-250	40~140	3~10.3	960	2.2~5.5	78	180~260	水
122	KWP$_N$100-400	70~210	8.1~24.2	960	5.5~18.5	74.5	280~404	
123	KWP$_N$150-500	100~325	13.7~39	960	15~45	78	350~504	泵
124	KWP$_N$200-400	150~575	10.2~24.5	960	18.5~37	83.5	320~404	厂
125	KWP$_N$150-500	100~250	7.6~24.5	725	7.5~18.5	78	350~504	
126	KWP$_N$200-400	100~400	5.6~14.3	725	7.5~15	83.5	320~404	
127	KWP$_N$50-200	30~85	20.7~59.2	2900	15~30	55	145~209	
128	KWP$_F$80-245	60~200	26~90.5	2900	45~90	59.5	170~425	
129	KWP$_F$100-250	80~300	28.5~92.7	2900	55~160	65	180~260	
130	KWP$_F$50-200	20~75	4.5~14.7	1450	3~5.5	53.5	145~209	
131	KWP$_F$80-250	40~200	6.4~24.3	1450	7.5~22	59	170~260	
132	KWP$_F$100-250	40~310	5.5~22.6	1450	11~37	54	180~260	
133	KWP$_F$100-400	100~310	29~56.6	1450	55~90	58.5	305~404	
134	KWP$_F$125-500	140~400	39~84	1450	90~160	58	350~495	
135	KWP$_F$150-315	120~450	17.6~37.2	1450	45~75	60.5	260~320	
136	KWP$_F$150-500	160~440	37.8~87	1450	110~185	57	350~495	
137	KWP$_F$200-315	200~700	14~31	1450	75~110	50	260~320	
138	KWP$_F$200-400	200~600	29~58	1450	110~160	59	320~404	
139	KWP$_F$50-200	10~45	2.1~6.4	960	1.1~2.2	54	145~209	
140	KWP$_F$80-250	20~110	3.2~10.8	960	2.2~7.5	57	170~260	
141	KWP$_F$100-250	30~160	3.3~9.9	960	2.2~7.5	52.5	180~260	
142	KWP$_F$100-400	67~300	12.3~25	960	18.5~37	57.5	305~404	
143	KWP$_F$125-500	100~444	12.8~36	960	37~75	58	350~495	

续表

序号	型号	流量 Q (m³/h)	扬程 H (m)	转速 n (r/min)	电动机功率 (kW)	效率 η (%)	叶轮外径 D (mm)	生产厂
144	KWP$_F$150-315	80～280	8.2～16.1	960	11～22	57	260～320	石家庄水泵厂
145	KWP$_F$150-500	100～425	11.6～38	960	37～75	57	350～495	
146	KWP$_F$200-315	150～160	6.0～13.5	960	30～45	50	260～320	
147	KWP$_F$200-400	140-500	11.7～25	960	37～75	57	320～404	
148	KWP$_F$125-500	75～300	8.0～20.1	725	15～30	58	350～495	
149	KWP$_F$150-315	70～160	5.2～9.2	725	5.5～11	63	260～350	
150	KWP$_F$150-500	80～280	9.7～20.4	725	15.0～37	57	350～495	
151	KWP$_F$200-315	100～450	3.9～7.7	725	7.5～22	49	260～320	
152	KWP$_F$200-400	120～360	7.7～14.4	725	15～30	50	320～404	

(5) 外形及安装尺寸：

1) KWP40-250～200-400型无堵塞离心泵外形及安装尺寸见图1-138和表1-125。

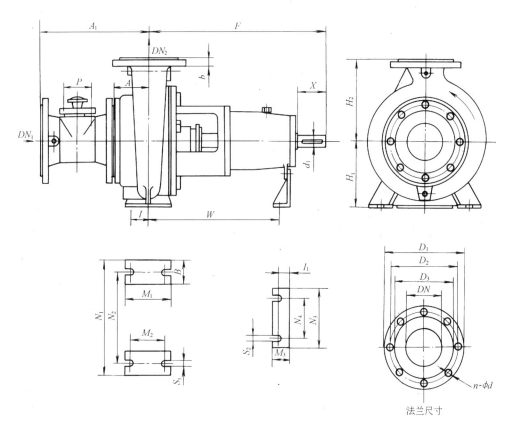

图1-138 KWP40-250～200-400型泵外形及安装尺寸

KWP40-250～200-400型泵外形及安装尺寸(mm)　　　　表 1-125

型号	泵尺寸												轴端		连接螺栓						
	DN_1	DN_2	A	A_1	B	F	H_1	H_2	M_1	M_3	N_1	N_3	P	d_1	X	I	I_1	M_2	N_2	N_4	S_1	S_2	W
KWP40-250	65	40	100	302	65	500	180	225	125	47	320	160	80	32	80	47.5	30	95	250	110	16	14	370
KWP50-160	65	50	100	302	50	385	160	180	100	45	265	160	80	24	50	35	29	70	212	110	14	14	285
KWP50-200	65	50	112	314	50	500	160	200	100	47	265	160	80	32	80	35	30	70	212	110	14	14	370
KWP65-200	80	65	125	327	65	500	180	225	125	47	320	160	80	32	80	47.5	30	95	250	110	14	14	370
KWP65-315	80	65	140	342	80	530	225	280	160	52	400	160	80	42	110	60	33	120	315	110	18	14	370
KWP65-400	80	65	140	342	80	530	280	355	160	52	435	160	80	42	110	60	33	120	355	110	19	14	370
KWP80-250	100	80	125	377	80	500	225	280	160	47	400	160	120	32	80	60	30	120	315	110	18	14	370
KWP80-315	100	80	140	392	80	530	225	280	160	47	400	160	120	42	110	60	33	120	315	110	19	14	370
KWP80-400	100	80	140	392	80	670	280	355	160	60	435	200	120	48	110	60	39	120	355	140	18	18	500
KWP100-250	125	100	140	392	80	530	225	280	160	52	400	160	120	42	110	60	33	120	315	110	18	14	370
KWP100-315	125	100	140	392	80	530	250	315	160	52	400	160	120	42	110	60	33	120	315	110	18	14	370
KWP100-400	125	100	140	392	100	670	280	355	200	60	500	200	120	48	110	75	39	150	400	140	23	18	500
KWP125-315	150	125	160	412	100	670	280	355	200	60	500	200	150	48	110	75	39	150	400	140	23	18	500
KWP125-400	150	125	160	412	100	670	315	400	200	60	500	200	150	48	110	75	39	150	400	140	23	18	500
KWP125-500	150	125	160	412	100	720	355	450	200	60	550	200	150	60	140	75	39	150	450	140	23	18	515
KWP150-315	150	150	180	432	100	670	315	400	200	60	550	200	150	48	110	75	39	150	450	140	23	18	500
KWP150-400	150	150	160	412	100	670	315	450	200	60	550	200	150	48	110	75	39	150	450	140	23	18	500
KWP150-500	150	150	160	412	100	720	375	500	200	60	550	200	150	60	140	75	39	150	450	140	23	18	515
KWP200-315	200	200	200	552	100	670	355	450	200	60	550	200	200	48	110	75	39	150	450	140	23	18	500
KWP200-400	200	200	180	532	100	720	355	500	200	60	550	200	200	60	140	75	39	150	450	140	23	18	515

2) KWP200-500～400-500型无堵塞离心泵外形及安装尺寸见图 1-139 和表 1-126。

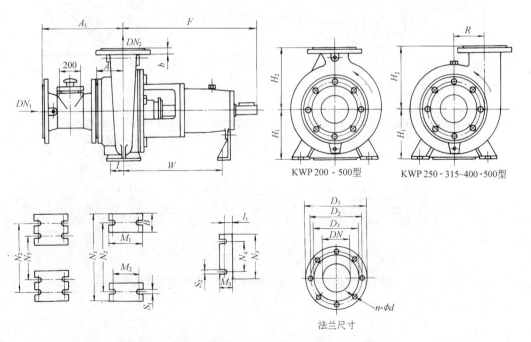

图 1-139　KWP200-500～400-500型泵外形及安装尺寸

1.10 离心式杂质泵

KWP200-500~400-500型泵外形及安装尺寸(mm)

表 1-126

型号	泵尺寸					F				泵尺寸							W				连接螺栓				
	DN_1	DN_2	A	A_1	B	P06x	P08s	P10as	P12s	H_1	H_2	M_1	M_3	N_1	N_3	R	P06x	P08s	P10as	P12s	I	I_1	M_2	N_2	N_4	N_5	S_1	S_2
KWP200-500	200	200	200	552	120	—	970	1160	1160	375	560	200	60	700	200	—	—	750	860	860	75	39	150	560	140	—	23	18
KWP250-315	250	250	215	617	130	720	—	—	—	500	400	260	60	800	200	315	515	—	—	—	95	39	190	670	140	—	26	18
KWP250-400	250	250	180	582	130	—	1000	1190	—	425	375	260	60	800	200	300	—	780	890	—	95	39	190	670	140	—	26	18
KWP250-500	250	250	200	602	130	—	1000	1190	1190	425	400	260	60	800	200	315	—	780	890	890	95	39	190	670	140	—	28	18
KWP250-630	250	250	200	602	150	—	1000	1190	1190	500	450	260	60	900	200	400	—	780	890	890	95	39	190	750	140	—	26	18
KWP300-400	300	300	180	582	180	—	1000	1190	—	500	400	360	60	900	200	390	—	780	890	—	125	39	250	750	140	—	28	18
KWP300-500	300	300	200	602	130	—	1000	1190	1190	450	450	260	60	800	200	315	—	780	890	890	95	39	190	670	140	—	28	18
KWP350-400	350	350	200	602	225	—	1000	1190	1190	560	450	400	60	1080	200	395	—	780	890	—	150	39	300	1000	140	750	28	18
KWP350-500	350	350	290	617	225	—	1000	1190	1190	560	500	400	60	1080	200	415	—	780	890	890	150	39	300	1000	140	750	28	18
KWP350-630	350	350	250	652	150	—	1000	1190	1190	560	560	360	60	900	200	400	—	780	890	890	125	39	250	750	140	—	28	18
KWP400-500	400	400	260	862	250	—	—	1190	1190	670	500	400	85	1150	216	490	—	—	765	765	150	—	300	1040	140	800	39	18

注:P06x、P08s、P10as、P12s是轴承托架代号。

3) KWP400-710～500-630 型无堵塞离心泵外形及安装尺寸见图 1-140 和表 1-127。KWP 型泵法兰尺寸见表 1-128。

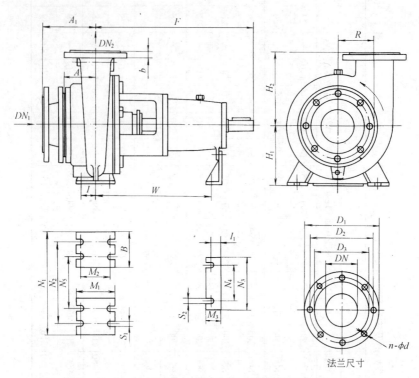

图 1-140 KWP400-710～500-630 型泵外形及安装尺寸

KWP400-710～500-630 型泵外形及安装尺寸(mm)　　　　表 1-127

型号	泵 尺 寸												
	DN_1	DN_2	A	B	F			H_1	H_2	M_1	M_2	N_1	N_3	R
					P10ax	P12s	P16							
KWP400-710	500	400	350	250	1205	1205	1320	670	600	400	85	1150	216	480
KWP500-630	500	500	375	250	1190	1190	1305	750	630	400	85	1400	216	575

型号	W			联 接 螺 栓								
	P10ax	P12s	P16	I	I_1			M_2	N_2	N_4	N_5	S_1	S_2
					P10ax	P12s	P16						
KWP400-710	780	780	905	150	30	30	57	300	1040	140	800	39	18
KWP500-630	755	755	880	150	57	57	50	300	1290	140	1050	39	18

注：P10ax、P12s、P16 是轴承托架代号。

KWP 型泵法兰尺寸(mm)　　　　表 1-128

DN	D_1	D_2	b	D_3	$n-\phi d$
40	150	110	18	88	4-18
50	165	125	20	102	4-18
65	185	145	20	122	4-18

续表

DN	D_1	D_2	b	D_3	$n\text{-}\phi d$
80	200	160	22	138	8-18
100	220	180	22	158	8-18
125	250	210	24	188	8-18
150	285	240	24	212	8-23
200	340	295	26	268	8-23
250	395	350	28	320	12-23
300	445	400	28	370	12-23
350	505	460	30	430	16-23
400	565	515	32	482	16-27
500	670	620	34	585	20-27

1.10.7 XWL(M)型旋流式无堵塞污水泵

(1) 用途：XWL型泵是旋流式无堵塞污水泵，供输送污水、粪便、纤维及带有固体颗粒的液体之用。液体含杂质按重量计可达40%，最大粒度可达20mm。输送介质温度不大于80℃。适用于矿山、工厂及城市的污水排放、纸浆、食品等输送场合。

XWLM型为耐磨泵，其过流部件采用低合金耐磨材料，具有高耐磨性。其寿命可较一般材料泵提高3～5倍。

(2) 性能：XWL(M)型旋流式无堵塞污水泵性能见表1-129。

XWL(M)型旋流泵工作性能　　　　表1-129

型号	流量 Q		扬程 H(m)	转速 n(r/min)	轴功率 (kW)	电动机		效率 η(%)	重量 (kg)	生产厂
	m³/h	L/s				型号	功率(kW)			
XWL28-12 XWLM28-12	28	7.8	12	1450	2.54	Y132S-4-V1	5.5	36	207 248 271	唐山水泵厂
XWL50-12 XWLM50-12	50	13.9	12	1450	4.08	Y132M-4-V1	7.5	40	250 294 320	
XWL50-12A XWLM50-12A	50	13.9	6.5	1450	2.21	Y132S-4-V1	5.5	40	241 285 311	
XWL50-35 XWLM50-35	50	13.9	35	1450	14.98	Y180M-4-V1 Y180L-4-V1	18.5 22	32	351 (399) 395 (443) 424 (472)	

续表

型号	流量 Q		扬程 $H(m)$	转速 $n(r/min)$	轴功率 (kW)	电动机		效率 $\eta(\%)$	重量 (kg)	生产厂
	m^3/h	L/s				型号	功率(kW)			
XWL80-12 XWLM80-12	80	22.2	12	1450	5.81	Y132M-4-V1 Y160M-4-V1	7.5 11	45	256 (310) 301 (355) 328 (382)	唐山水泵厂

注：1. 选配电动机型号与泵输送介质相对密度有关，当 $r \leqslant 1.1$ 时选用较小电动机；当 $1 \leqslant r \leqslant 1.3$ 时选用较大电动机。

2. 括号内泵重为配用大电动机时泵的重量。

(3) 外形及安装尺寸：XWL、XWLM 型旋流式无堵塞污水泵外形及安装尺寸见图 1-141 和表 1-130。

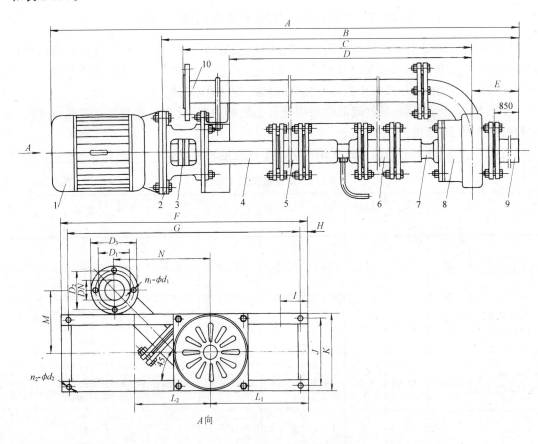

图 1-141　XWL、XWLM 型泵外形及安装尺寸

1—电动机；2—电动机支架；3—联轴器；4—轴承箱；5—接管 a；6—接管 b；7—轴密封体；8—泵体；9—进口部件；10—出口部件

1.10 离心式杂质泵 249

XWL、XWLM 型泵安装尺寸 (mm)

表 1-130

型号		A	B	C	D	E	F	G	H	I	J	K	L_1	L_2	M	N	DN	D_1	D_2	D_3	n_1-ϕd_1	n_2-ϕd_2
XWL28-12	Ⅰ	2557	2162	1125	968.5	932.5	1000	940	30	110	265	300	390	310	193	323	50	90	110	140	4-13.5	4-18.5
XWLM28-12	Ⅱ	3317	2922	1885	1728.5																	
	Ⅲ	4007	3612	2575	2418.5																	
XWL50-12	Ⅰ	2583(2623)	2188	1160	987	940	1000	940	30	110	265	300	390	310	208	393	80	125	150	185	4-18.5	4-18.5
XWLM50-12 XWL50-12A	Ⅱ	3343(3383)	2948	1920	1747																	
XWLM50-12A	Ⅲ	4033(4073)	3638	2610	2437																	
XWL50-35	Ⅰ	2865(2905)	2245	1160	1004	950	1200	1120	40	110	265	300	470	380	220	455	100	145	170	205	4-18.5	4-18.5
XWLM50-35	Ⅱ	3625(3665)	3005	1920	1764																	
	Ⅲ	4315(4355)	3695	2610	2454																	
XWL80-12	Ⅰ	2629(2714)2194(2224)		1160	983	950	1000	940	30	110	265	300	390	310	221	401	100	145	170	205	4-18.5	4-18.5
SWLM80-12	Ⅱ	3389(3474)2954(2984)		1920	1743																	
	Ⅲ	4079(4164)3644(3674)		2610	2433																	

注：括号内的尺寸是配用大电动机时的尺寸。

1.10.8 WDL、WGL、WDLF、WGLF 型液下立式污水泵

(1) 用途:WDL、WGL 型液下立式污水泵供输送温度不超过 80℃ 的带有纤维或其他悬浮物的污水。适用于城市人防工程及地下、地面工程,医院、旅馆、大型建筑等排除生活粪便污水等。

WDLF-Ⅰ型液下立式污水泵供输送 0~80℃ 的酸碱和其他腐蚀性液体。适用于化工、石油、医药等行业。

WDLF-Ⅱ型液下立式污水泵供输送 0~80℃ 带有纤维或其他固体悬浮物的酸碱和其他腐蚀性液体。适用于化工、石油、合成纤维、医药等行业。

(2) 型号意义说明:

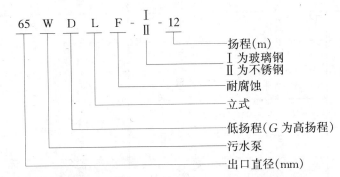

(3) 结构:WDL、WGL、WDLF-$\frac{Ⅰ}{Ⅱ}$型泵均为立式单级单吸离心污水泵。泵体:WDL 型为铸铁制成,WDLF-Ⅰ型由玻璃钢制成,WDLF-Ⅱ型由不锈钢制成。泵由电动机通过爪形弹性联轴器直接传动。从电动机端看,泵为顺时针方向旋转。

(4) 性能:WDL、WGL、WGLF-$\frac{Ⅰ}{Ⅱ}$型液下立式污水泵性能见图 1-142~147 和表 1-131。

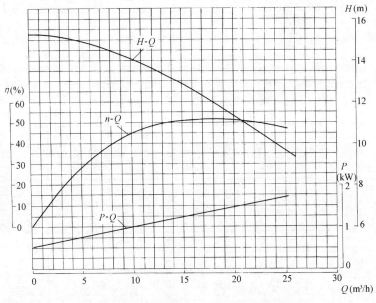

图 1-142 50WDL-12 型泵性能曲线

1.10 离心式杂质泵

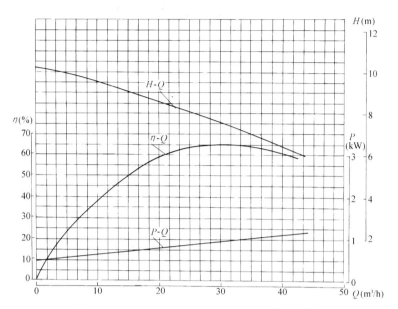

图 1-143 65WDL-8、65WDLF-Ⅱ-8 型泵性能曲线

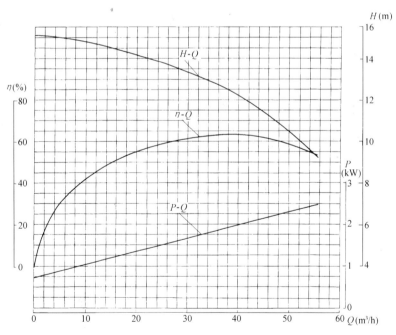

图 1-144 65WDL-12、65WDLF-$\frac{\text{I}}{\text{II}}$-12 型泵性能曲线

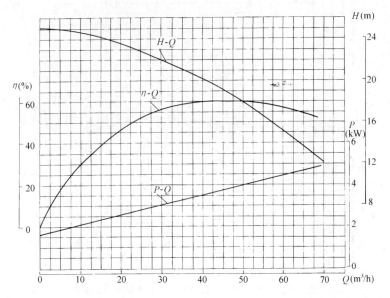

图 1-145　65WGL-20、65WGLF-Ⅱ-20 型泵性能曲线

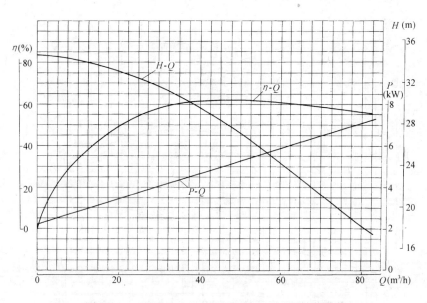

图 1-146　65WGL-30、65WGLF-Ⅱ-30 型泵性能曲线

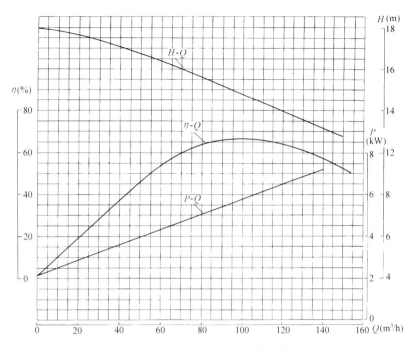

图 1-147 100WDL-15 型泵性能曲线

WDL(F)、WGL(F)型液下立式污水泵性能　　　　表 1-131

型 号	流量 Q (m³/h)	扬程 H (m)	转速 n (r/min)	电动机 型号	功率 (kW)	效率 η (%)	吸程 H_s (m)	有效长度 L (m)	重量 (kg)	生产厂
50WDL-12	8 12.5 16	13 12 11	2900	Y90L-2B₅	2.2	40~50		1053	50~100	北京市杂质泵厂、乐清水泵厂
65WDL-8 65WDLF-Ⅱ-8	10 25 35	9 8 7	1450	Y100L₁-4B₅	2.2	47 62 59	2.5	1553	150~250	
65WDL-12① 65WDLF-Ⅰ-12 　　　　Ⅱ	20 40 55	14 12 9	1450	Y100L₂-4B₅	3.0	50 64 56	3.0	2053	160~260	
65WGL-20 65WGLF-Ⅱ-20	15 40 70	24 20 12	2900	Y132S₁-2B₅	5.5	40 60 52	2.5	2553 3053	150~250	
65WGL-30 65WGLF-Ⅱ-30	20 40 70	32 30 21	2900	Y132S₂-2B₅	7.5	49 60 58	2.5	3553	150~250	
100WDL-15②	80 100 120	16 15 13	1450	Y132M-4B₅	7.5	64 64 66	3.0	4053	180~300	

① 65WDL-12 型污水泵在有效长度为 3053mm(含以上)时,使用 4kW 电动机。
② 100WDL-15 型污水泵在有效长度为 3053mm(含以上)时,使用 11kW 电动机。

（5）外形及安装尺寸：WDL、WGL、WDLF 型液下立式污水泵的外形及安装尺寸见图 1-148 和表 1-132。

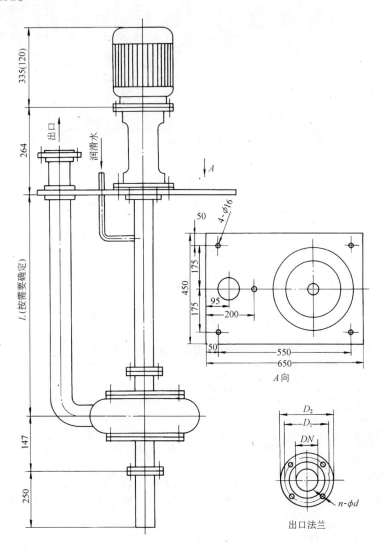

图 1-148　WDL、WGL、WDLF 型液下立式污水泵外形及安装尺寸

注：括号内数据系指 2.2kW 电动机尺寸。

WDL、WGL、WDLF 型液下立式污水泵出口法兰尺寸（mm）　　表 1-132

型　号	DN	D_1	D_2	$n\text{-}\phi d$
50WDL	50	110	140	4-13.5
65WDL 65WGL 65WDLF	65	130	160	4-13.5
100WDL	100	170	210	4-17.5

1.10.9 PWL 型立式污水泵

(1) 用途:PWL 型泵是立式单级单吸离心式污水泵供抽送 80℃ 以下带有纤维或其他悬浮物的液体。适用于城市工矿企业排除污水粪便。

(2) 型号意义说明:

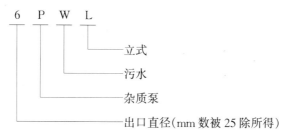

(3) 性能:PWL 型立式单级单吸离心式污水泵性能见图 1-149～153 和表 1-133。

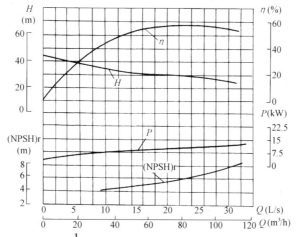

图 1-149 $2\frac{1}{2}$ PWL 型泵清水性能曲线($n=2920\text{r/min}$)

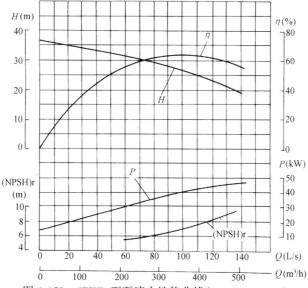

图 1-150 6PWL 型泵清水性能曲线($n=1450\text{r/min}$)

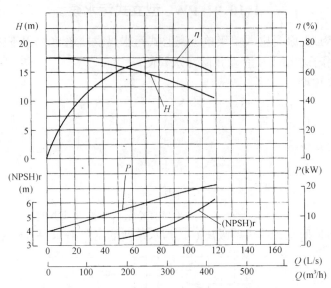

图 1-151　6PWL 型泵清水性能曲线（$n=980$r/min）

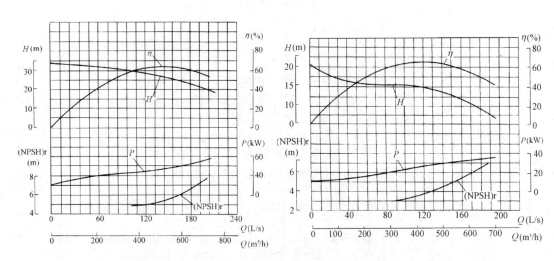

图 1-152　8PWL 型泵清水性能曲线
（$n=980$r/min）

图 1-153　8PWL 型泵清水性能曲线
（$n=730$r/min）

PWL 型泵清水性能　　表 1-133

型号	流量 Q		扬程 H (m)	转速 n (r/min)	轴功率 (kW)	电动机功率 (kW)	效率 η (%)	气蚀余量 (NPSH)r (m)	叶轮直径 (mm)	泵重 (kg)	生产厂
	m³/h	L/s									
2½PWL	43	12	34	2920	7.8	15	51	4.4	170	83	四川三台水泵厂
	90	25	26		11		58	6.4			
	108	30	24		12.6		56	7.6			

1.10 离心式杂质泵

续表

型号	流量 Q		扬程 H (m)	转速 n (r/min)	轴功率 (kW)	电动机功率 (kW)	效率 η (%)	气蚀余量 (NPSH)r (m)	叶轮直径 (mm)	泵重 (kg)	生产厂
	m³/h	L/s									
2½PWL	36	10	11.6	1450	2.1	4	54	2.2	195		四川三台水泵厂
	60	16.6	9.5		2.5		62	2.5			
	72	20	8.5		2.72		61.5	2.7			
6PWL	250	69.5	30	1450	34	55	60	5.9	315	437	唐山市水泵厂
	350	97	27		42		61	7.1			
	450	125	23		47		60	8.6			
6PWL	200	55.6	16	980	13.4	30	65	3.6	335	437	
	300	83.3	14		17		67	4.4			
	400	111	12		20		65	5.6			
8PWL	400	111	27.5	980	50	75	60	4.9	465	850	
	550	153	25		59.5		63	5.7			
	700	194.4	21		69		58	7.5			
8PWL	350	97.2	15.5	730	23	45	64	3.1	465	792	
	500	139	13		29		61	4.6			
	650	180.5	9.5		33		51	6.8			

(4) 外形及安装尺寸：PWL 型立式污水泵外形及安装尺寸见图 1-154、155 和表 1-134。

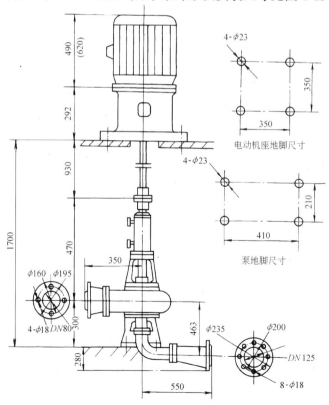

图 1-154 2½PWL 型泵外形及安装尺寸
注：括号内尺寸为配带电动机 Y180M-2(V1) 时的尺寸。

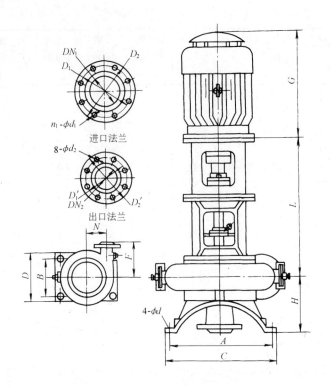

图 1-155　6PWL、8PWL 型泵外形及安装尺寸

6PWL、8PWL 型污水泵外形及安装尺寸　　　　表 1-134

型号	A	B	C	D	F	H	N	G	L	电动机 型号	功率(kW)
6PWL	590	355	670	470	355	283	215	705	944	Y225M-6(V1)	30
	590	355	670	470	355	283	215	790	944	Y250M-4(V1)	55
8PWL	750	500	850	650	420	410	300	1030	1150	Y280M-8(V1)	45
	750	500	850	650	420	410	300	1170	1180	Y315S-6(V1)	75

型号	DN_1	D_1	D_2	$n_1\text{-}\phi d_1$	DN_2	D_1'	D_2'	ϕd_2	ϕd
6PWL	200	280	315	8-18.5	150	240	280	24	28
8PWL	250	335	370	12-18.5	200	295	335	24	28

1.10.10　TLW、TLWZ 型无堵塞立式污水泵

(1) 用途：TLW 型立式污水泵供抽送含固体颗粒直径 300mm 以下、纤维长度 2000mm 以下的非腐蚀性固液混合物。适用于城市、工矿企业污水、废水、污泥的排放以及食品工业中水果、马铃薯、甜菜、鱼及谷物等食物的无损输送。

(2) 型号意义说明：

1.10 离心式杂质泵

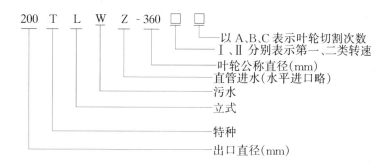

(3) 结构:TLW 系列特种污水泵采用立式后开门结构。泵和电动机的联接采用弹性联轴器。泵的旋转方向,从电动机端看为顺时针方向旋转。TLW 型为水平进水;TLWZ 型为直管进水即进水管与出水管呈垂直状。

(4) 性能:TLW 型无堵塞立式污水泵性能见图 1-156 和表 1-135。

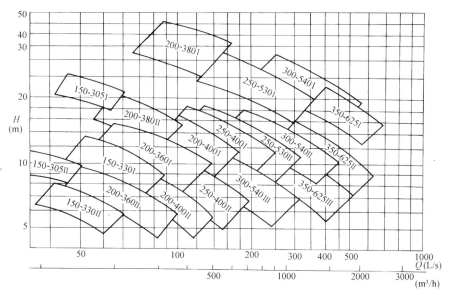

图 1-156 TLW 型立式污水泵性能曲线范围

TLW 型立式污水泵性能　　　　表 1-135

型　号	流量 Q		扬程 H (m)	转速 n (r/min)	电动机功率 N (kW)	效率 η (%)	污物通过能力		气蚀余量 $(NPSH)_r$ (m)	重量 (kg)	生产厂
	m³/h	L/s					固体 (mm)	纤维 (mm)			
150TLW-305Ⅰ	180	50	23	1450	22	71	80	600	5.3	790	乐清市水泵厂
150TLW-305ⅠA	168	46.6	19.9	1450	18.5	70	80	600	5.1	770	
150TLW-305ⅠB	153	42.5	16.6	1450	15	68	80	600	4.9	735	
150TLW-305Ⅱ	120	33.3	10.3	69	970	7.5	80	600	3.6	720	
150TLW-305ⅡA	112	31.1	8.9	68	970	5.5	80	600	3.4	680	
150TLW-305ⅡB	102	28.3	7.4	66	970	4	80	600	3.2	670	
150TLW-330Ⅰ	250	69.5	11	74	970	15	100	800	5.6	780	
150TLW-330ⅠA	232	64.4	9.5	72	970	11	100	800	5.3	745	
150TLW-330ⅠB	213	59.2	7.9	70	970	11	100	800	5.0	745	

续表

型号	流量 Q		扬程 H (m)	转速 n (r/min)	电动机功率 N (kW)	效率 η (%)	污物通过能力		气蚀余量 (NPSH)r (m)	重量 (kg)	生产厂
	m³/h	L/s					固体 (mm)	纤维 (mm)			
150TLW-330 Ⅱ	189	52.5	6.3	735	7.5	72	100	800	3.6	745	
150TLW-330 Ⅱ A	176	48.9	5.5	735	5.5	70	100	800	3.4	712	
150TLW-330 Ⅱ B	161	44.7	4.6	735	4	68	100	800	3.2	700	
200TLW-360 Ⅰ	430	119.4	11.7	970	22	84.9	100	1200	6.0	980	
200TLW-360 Ⅰ A	400	111.1	10.1	970	18.5	82.5	100	1200	5.7	950	
200TLW-360 Ⅰ B	365	101.4	8.5	970	15	80	100	1200	5.3	925	
200TLW-360 Ⅱ	325	90.3	6.6	735	11	82	100	1200	3.5	905	
200TLW-360 Ⅱ A	302	83.9	5.7	735	7.5	79	100	1200	3.3	890	
200TLW-360 Ⅱ B	276	76.7	4.8	735	7.5	74	100	1200	3.0	890	
200TLW-380 Ⅰ	492	136.7	40	1450	90	77	100	1200	8.4	1750	
200TLW-380 Ⅰ A	460	128	35	1450	75	76	100	1200	8.2	1650	
200TLW-380 Ⅰ B	423	117.5	29.6	1450	55	74	100	1200	8.0	1515	
200TLW-380 Ⅰ C	391	108.6	25.3	1450	45	72	100	1200	7.8	1400	
200TLW-380 Ⅱ	329	91.4	17.9	970	30	76	100	1200	4.8	1370	
200TLW-380 Ⅱ A	308	85.6	15.7	970	22	75	100	1200	4.5	1330	
200TLW-380 Ⅱ B	283	78.6	13.3	970	18.5	73	100	1200	4.3	1310	乐清市水泵厂
200TLW-380 Ⅱ C	262	72.8	11.3	970	15	73	100	1200	4.1	1285	
200TLW-400 Ⅰ	460	128	15	970	30	80	150	1200	6.0	1130	
200TLW-400 Ⅰ A	428	118.9	13	970	30	78	150	1200	5.8	1130	
200TLW-400 Ⅰ B	391	108.6	10.8	970	22	76	150	1200	5.6	1088	
200TLW-400 Ⅱ	384	96.7	8.6	735	15	78	150	1200	4.0	1088	
200TLW-400 Ⅱ A	324	90	7.4	735	11	76	150	1200	3.8	1015	
200TLW-400 Ⅱ B	296	82.2	6.2	735	11	74	150	1200	3.5	1015	
250TLW-400 Ⅰ	850	236	13	970	45	80	200	1200	6.8	1800	
250TLW-400 Ⅰ A	791	219.7	11.2	970	37	78	200	1200	6.5	1670	
250TLW-400 Ⅰ B	723	200.8	9.4	970	30	76	200	1200	6.2	1554	
250TLW-400 Ⅱ	644	198.9	7.5	735	18.5	78	200	1200	4.1	1528	
250TLW-400 Ⅱ A	599	166.4	6.5	735	18.5	76	200	1200	3.8	1528	
250TLW-400 Ⅱ B	547	151.9	5.4	735	15	74	200	1200	3.5	1510	
250TLW-530 Ⅰ	1000	277.8	25	970	110	78	200	1200	7.3	2980	
250TLW-530 Ⅰ A	930	258.3	21.6	970	90	76	200	1200	7.1	2880	
250TLW-530 Ⅰ B	850	236.1	18.1	970	75	74	200	1200	6.8	2790	
250TLW-530 Ⅱ	757	210.3	14.4	735	55	76	200	1200	4.8	2800	
250TLW-530 Ⅱ A	704	195.6	12.5	735	45	74	200	1200	4.5	2450	
250TLW-530 Ⅱ B	643	178.6	10.4	735	37	74	200	1200	4.2	2380	
300TLW-540 Ⅰ	1663	461.9	23	970	160	81	250	1500	8.8	3400	
300TLW-540 Ⅰ A	1547	429.7	19.9	970	132	79	250	1500	8.4	3210	
300TLW-540 Ⅰ B	1414	392.8	16.6	970	110	77	250	1500	8.0	3150	
300TLW-540 Ⅱ	1260	350	13.2	735	75	79	250	1500	5.2	3100	
300TLW-540 Ⅱ A	1172	325.6	11.4	735	55	77	250	1500	5.0	3000	

续表

型号	流量 Q		扬程 H (m)	转速 n (r/min)	电动机功率 N (kW)	效率 η (%)	污物通过能力		气蚀余量 (NPSH)r (m)	重量 (kg)	生产厂
	m³/h	L/s					固体 (mm)	纤维 (mm)			
300TLW-540ⅡB	1071	297.5	9.5	735	45	75	250	1500	4.7	2590	乐清市水泵厂
300TLW-540Ⅲ	994	276.1	8.3	580	37	77	250	1500	3.5	2560	
300TLW-540ⅢA	924	256.7	7.2	580	30	75	250	1500	3.3	2490	
300TLW-540ⅢB	845	234.7	6.0	580	22	73	250	1500	3.1	2420	
350TLW-625Ⅰ	2150	597.2	19	735	160	84	300	2000	6.2	4500	
350TLW-625ⅠA	2000	555.5	16.4	735	132	82	300	2000	6.0	4380	
350TLW-625ⅠB	1828	507.8	13.7	735	110	80	300	2000	5.8	4210	
350TLW-625Ⅱ	1697	471.4	11.8	580	90	83	300	2000	4.0	4050	
350TLW-625ⅡA	1578	438.3	10.2	580	75	81	300	2000	3.8	3860	
350TLW-625ⅡB	1442	400.6	8.5	580	55	79	300	2000	3.5	3790	
350TLW-625Ⅲ	1388	385.6	8.0	480	45	82	300	2000	3.3	3580	
350TLW-625ⅢA	1290	358.3	6.9	480	37	80	300	2000	3.1	3490	
350TLW-625ⅢB	1193	331.4	5.8	480	30	78	300	2000	2.9	3300	

(5) 外形及安装尺寸：

1) TLW型立式污水泵外形及安装尺寸见图1-157、158和表1-136，进、出口法兰尺寸见表1-137。

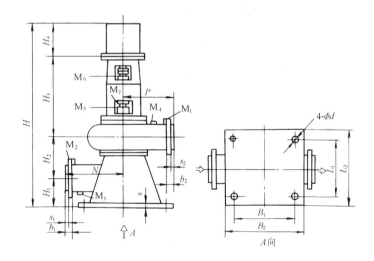

图1-157 150TLW-305、150TLW-330型立式污水泵外形与安装尺寸

注：M_1为M14×1.5压力表；M_2为M14×1.5真空压力表；

M_3为G1/2″放水孔；M_4为G1/2″放气孔；

M_5为密封腔注油；M_6为轴承润油孔；

泵出口可作90°、180°、270°旋转。

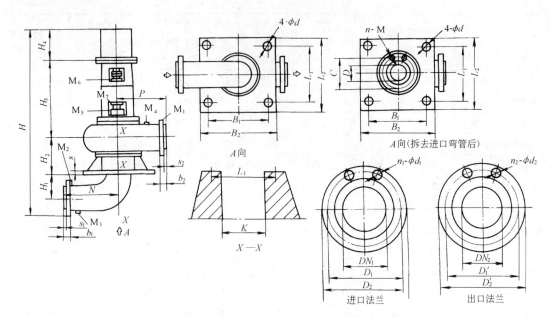

图 1-158　200TLW-360～350TLW-625 型泵外形及安装尺寸

注：M_1 为 $M14\times1.5$ 压力表；M_2 为 $M14\times1.5$ 真空压力表；
M_3 为 $G1/2''$ 放水孔；M_4 为 $G1/2''$ 放气孔；M_5 为密封腔注油；
M_6 为 M_7-轴承润油孔；泵出口可作 90°、180°、270°旋转。

TLW 型立式污水泵外形及安装尺寸(mm)　　　表 1-136

型号	H	H_1	H_2	H_3	H_4	N	P	S	B_1	B_2	L_1	L_2	K	$4\text{-}\phi d$	D	C	$n\text{-}M$
150TLW-305	2030	210	343	807	660	320	380	40	560	680	560	680	—	4-18	—	—	—
150TLW-330	1969	210	347	817	595	320	390	40	560	680	560	680	—	4-18	—	—	—
200TLW-360	2491	303	350	940	700	350	430	45	500	600	750	850	500	4-23	200	295	8-M20
200TLW-380	2707	293	385	971	860	550	520	60	750	850	750	850	500	4-32	200	295	8-M20
200TLW-400	2601	303	350	955	795	350	480	50	500	600	750	850	500	4-30	200	295	8-M20
250TLW-400	2846	350	410	1006	860	500	520	60	750	850	750	850	550	4-32	250	350	12-M20
250TLW-530	3806	350	430	1316	1490	500	610	60	610	710	850	950	550	4-32	300	400	12-M20
300TLW-540	3852	350	440	1352	1490	500	650	60	750	850	950	1050	600	4-37	350	460	16-M20
350TLW-625	3995	400	485	1362	1490	550	780	60	750	850	950	1050	650	4-37	400	495	16-M20

注：H、H_4 尺寸取决于电动机仅供参考。

TLW 型泵进、出口法兰尺寸　　　表 1-137

型号	DN_1	D_1	D_2	$n_1\text{-}\phi d_1$	s_1	b_1	DN_2	D_1'	D_2'	$n_2\text{-}\phi d_2$	s_2	b_2
150TLW-305	200	295	340	8-22	3	28	150	240	285	8-22	3	26
150TLW-330	200	295	340	8-22	3	28	150	240	285	8-22	3	26
200TLW-360	250	350	395	12-22	3	28	200	295	340	8-22	3	28
200TLW-380	250	350	395	12-22	3	28	200	295	340	8-22	3	28
200TLW-400	250	350	395	12-22	3	28	200	295	340	8-22	3	28

1.10 离心式杂质泵

续表

型　号	DN_1	D_1	D_2	n_1-ϕd_1	s_1	b_1	DN_2	D_1'	D_2'	n_2-ϕd_2	s_2	b_2
250TLW-400	300	400	440	12-22	3	28	250	350	395	12-22	3	28
250TLW-530	300	400	440	12-22	3	28	250	350	395	12-22	3	28
300TLW-540	300	400	440	12-22	3	28	300	400	440	12-22	3	28
	350	460	505	16-22	4	30						
350TLW-625	400	495	540	16-22	4	30	350	460	505	16-22	4	30

2) TLWZ型立式直管进水污水泵(干式安装)外形及安装尺寸见图1-159和表1-138。

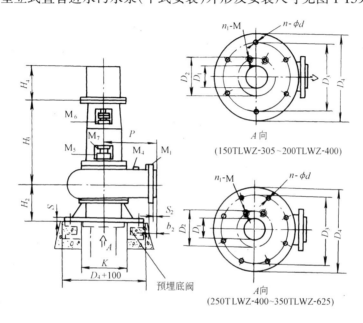

图1-159　TLWZ型立式直管进水污水泵外形及安装尺寸(干式安装)

注：M_1为M14×1.5压力表；M_4为G1/2″放气孔；M_5为密封腔注油；
M_6、M_7为轴承润油孔；泵出口可作90°、180°、270°旋转。

TLWZ型泵外形及安装尺寸(mm)　　　　　表1-138

型　号	H_2	H_3	H_4	P	S	D_2	D_1	n_1-M	D_3	D_4	n-ϕd	K
150TLWZ-305	343	807	660	380	40	295	200	8-20	650	750	6-23	500
150TLWZ-330	347	817	595	390	40	295	200	8-20	650	750	6-23	500
200TLWZ-360	350	940	700	430	45	350	250	12-20	850	950	8-27	550
200TLWZ-380	385	971	860	520	60	350	250	12-20	850	950	8-27	550
200TLWZ-400	350	955	795	480	50	350	250	12-20	850	950	8-27	550
250TLWZ-400	410	1006	860	520	60	400	300	12-20	950	1050	8-27	700
250TLWZ-530	440	1316	1490	610	60	400	300	12-20	950	1050	8-27	700
300TLWZ-540	475	1352	1490	650	60	495	400	16-20	1050	1150	8-27	800
350TLWZ-625	520	1362	1490	780	60	495	400	16-20	1050	1150	8-27	800

注：1. H，H_4尺寸取决于电动机仅供参考。
　　2. 出口法兰尺寸与TLW相同。

1.10.11　KVR型无堵塞立式离心泵

（1）用途：KVR型无堵塞立式离心泵是引进联邦德国KSB公司许可证技术制造的新型、高效、节能、抗堵塞泵。供输送含有固体物或长纤维的非磨蚀性固液混合物。适用于城市、工矿企业的污水、废水、污泥的排放及处理与食品工业中水果、马铃薯、甜菜、鱼及谷物等食品的无损输送。亦广泛用于化工、钢铁、造纸、制糖、食品及环保行业。

（2）型号意义说明：

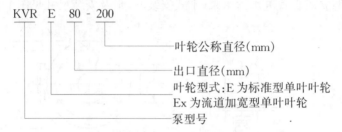

（3）结构：KVR系列为立式单级单吸离心泵，采用后拆式结构。该泵采用弹性联轴器直接传动。泵的旋转方向，从电动机端看为顺时针方向旋转。KVR型泵有两种安装形式：坑式和干式。干式安装形式的中间管和中间轴的长度均已标准化，每节高差300mm，可按实际需要确定安装深度。

（4）性能：KVR型无堵塞离心泵性能（石家庄水泵厂产品）见图1-160～165。

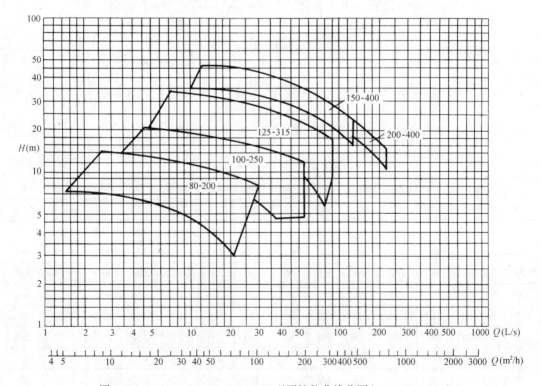

图1-160　KVRE 80-200～200-400型泵性能曲线范围（$n=1450$r/min）

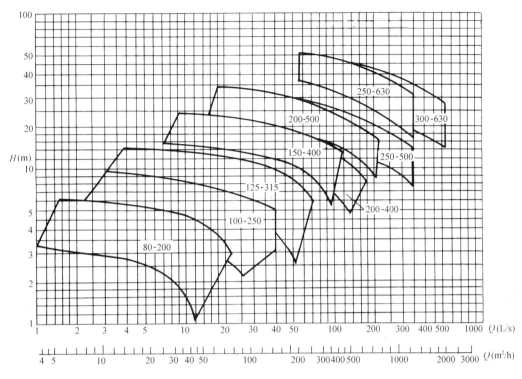

图 1-161 KVRE 80-200～300-630 型泵性能曲线范围($n=960$r/min)

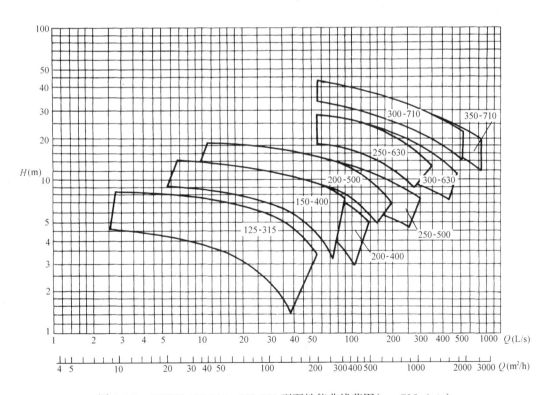

图 1-162 KVRE 125-315～300-710 型泵性能曲线范围($n=725$r/min)

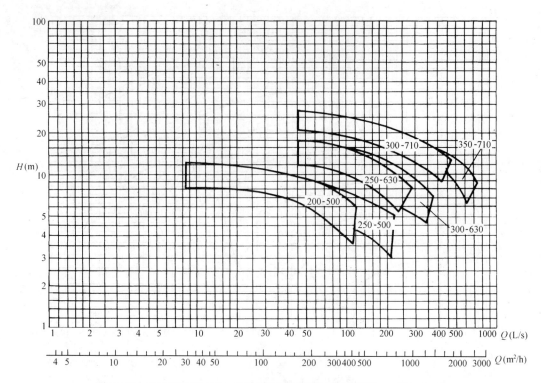

图 1-163　KVRE 200-500～350-710 型泵性能曲线范围（$n=580\text{r/min}$）

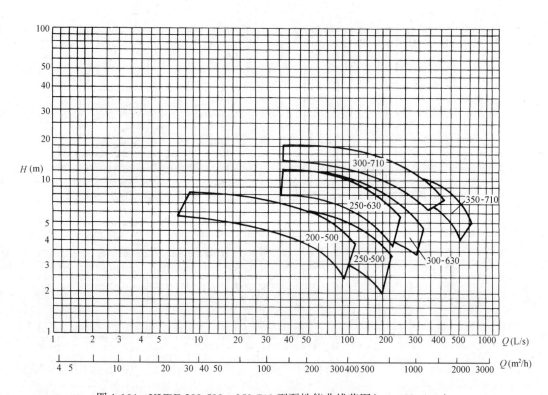

图 1-164　KVRE 200-500～350-710 型泵性能曲线范围（$n=480\text{r/min}$）

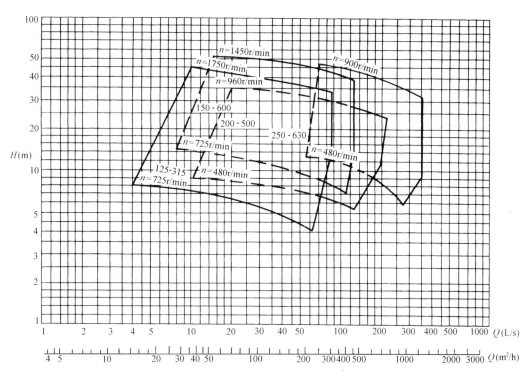

图 1-165　KVREx $\genfrac{}{}{0pt}{}{125\text{-}315(n=725、1750\text{r/min})}{150\text{-}600(n=725、1450\text{r/min})}$ 型泵性能曲线范围
$\genfrac{}{}{0pt}{}{200\text{-}500(n=480、960\text{r/min})}{250\text{-}630(n=480、900\text{r/min})}$

(5) 外形及安装尺寸：

1) KVR 型泵坑式安装尺寸见图 1-166，其中出口直径 80～150mm 泵的安装尺寸见表

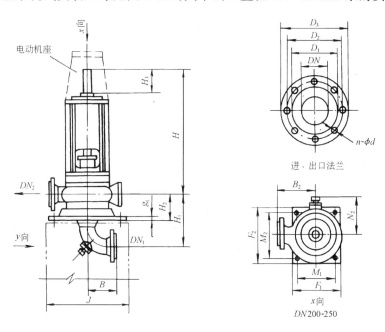

图 1-166　KVR 型泵坑式安装尺寸(一)

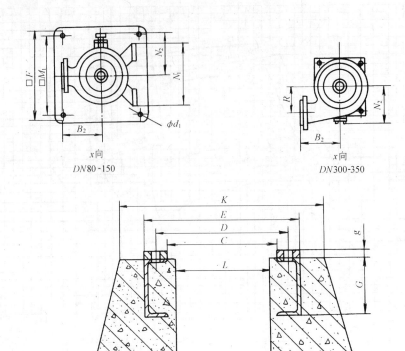

图 1-166 KVR 型泵坑式安装尺寸(二)

1-139,出口直径 200～350mm 泵的安装尺寸见表 1-140,进、出口法兰尺寸见表 1-141。

KVR 型泵(出口直径 80～150)坑式安装尺寸(mm)   表 1-139

规格	轴承托架	进、出口直径		泵 尺 寸						
		DN_1	DN_2	H_1	B	H	N_2	B_2	H_3	H_2
80-200	V_{03}	80	80	307	165	530	225	250	80	170
100-250	V_{04}	100	100	322	180	600	305	280	110	160
125-315	V_{05}	125	125	382	200	720	345	355	110	225
150-400	V_{06}	150	150	472	220	750	390	500	140	278

规格	泵 底 板				地 基 尺 寸						
	g_1	$\Box F_1$	$\Box M_1$	ϕd_1	C	D	E	g	G	L	J[①]	K[①]
80-200	18	400	330	20	260	330	400	20	180	240	450	560
100-250	18	500	420	20	350	420	490	20	180	300	550	650
125-315	28	710	630	24	550	630	710	20	220	450	800	850
150-400	28	710	630	24	550	630	710	20	220	450	800	850

① 尺寸仅供参考。

KVR 型泵(出口直径 200～350)坑式安装尺寸(mm)   表 1-140

规格	轴承托架	进、出口直径		泵 尺 寸						
		DN_1	DN_2	H_1	B	H	H_2	B_2	H_3	R
200-400	V_{06}	200	200	487	260	1020	250	500	140	—
200-500	V_{06}	200	200	512	260	1020	280	560	140	—

续表

规　格	轴承托架	进、出口直径		泵　尺　寸						
		DN_1	DN_2	H_1	B	H	H_2	B_2	H_3	R
250-500	V_{08}					1060			150	
250-500	V_{10}	250	250	602	350	1250	300	670		—
250-500	V_{12}								220	
250-630	V_{10}	250	250	667	350	1250	360	750	220	—
250-630	V_{12}									
300-630	V_{10}	300	300	682	400	1250	350	500	220	450
300-630	V_{12}									
300-710	V_{10}	300	300	735	400	1250	380	560	220	500
300-710	V_{12}									
350-710	V_{10}	400	350	865	500	1250	400	560	220	500
350-710	V_{12}									

规　格	泵 底 板							地　基　尺　寸						
	g_1	F_1	F_2	M_1	M_2	ϕd_1	N_2	C	D	E	g	G	L	J[①]	K[①]
200-400	30	450	730	320	670	28	400	550	670	730	20	260	450	600	1000
200-500	30	550	730	420	670	28	510	550	670	730	20	260	450	700	1000
250-500															
250-500	30	550	850	420	780	28	490	650	780	850	20	300	550	800	1150
250-500															
250-630	30	750	920	610	850	35	650	720	850	920	20	300	550	1100	1200
250-630															
300-630	30	750	1050	620	980	35	690	850	980	1050	20	300	600	1100	1300
300-630															
300-710	30	750	1150	600	1080	35	750	950	1080	1150	20	300	600	1100	1400
300-710															
350-710	30	750	1150	600	1080	35	780	950	1080	1150	20	300	750	1100	1400
350-710															

① 尺寸仅供参考。

KVR 型泵法兰尺寸(mm)　　　　　　　　　　　　　表 1-141

DN	D_1	D_2	D_3	$n-\phi d$
80	138	160	200	8-18
100	158	180	220	8-18
125	188	210	250	8-18
150	212	240	285	8-23
200	268	295	340	8-23
250	320	350	395	12-23
300	370	400	445	12-23
350	430	460	505	16-23

2) KVR 型泵干式安装尺寸见图 1-167，其中出口直径 80～150mm 泵的安装尺寸见表 1-142，出口直径 200～350mm 泵的安装尺寸见表 1-143。

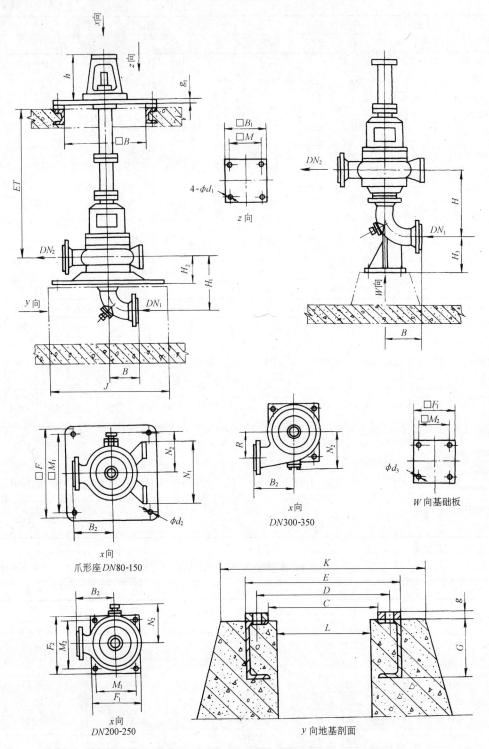

图 1-167 KVR 型泵干式安装尺寸

1.10 离心式杂质泵

KVR型泵(出口直径80~150)干式安装尺寸(mm) 表1-142

规格	进、出口直径		泵尺寸								基础板和瓜形座					
	DN_1	DN_2	H_1	B	H_2	h①	B_2	H_3	N_1	N_2	□F	□F_1	□M_1	□M_2	φd_2	φd_3
80-200	80	80	307	165	—	250	250	110	345	225	—	180	—	140	—	14
100-250	100	100	322	180	—	250	280	125	400	305	—	200	—	160	—	18
125-315	125	125	382	200	225	285	355	—	500	345	710	—	630	—	24	—
50-400	150	150	472	220	278	325	500	—	550	390	710	—	630	—	24	—

规 格	地 基 尺 寸								安 装 尺 寸				
	C	D	E	g	G	H	J②	K②	□B	□B_1	g_1	□M	φd_1
80-200	—	—	—	—	—	—	—	—	520	650	25	580	22
100-250	—	—	—	—	—	—	—	—	520	650	25	580	22
125-315	550	630	710	20	220	450	800	850	640	800	30	720	22
150-400	550	630	710	20	220	450	800	850	1060	1250	40	1125	26

① 尺寸随电动机变动。
② 参考尺寸。

KVR型泵(出口直径200~350)干式安装尺寸(mm) 表1-143

规 格	轴承组件	进、出口直径		泵 尺 寸						泵 地 脚					
		DN_1	DN_2	H_1	B	h	H_2	B_2	R	F_1	F_2	M_1	M_2	φd_2	N_2
200-400	V_{06}	200	200	487	260	325	250	500	—	450	730	320	670	28	400
200-500	V_{06}	200	200	512	260	320	280	560	—	550	730	420	670	28	510
250-500	V_{08}、V_{10}、V_{12}	250	250	602	350	500	300	670	—	550	850	420	780	28	490
250-630	V_{10}、V_{12}	250	250	667	350	500	360	750	—	750	920	610	850	35	650
300-630	V_{10}、V_{12}	300	300	682	400	500	350	500	450	750	1050	620	980	35	690
300-710	V_{10}、V_{12}	300	300	735	400	500	380	560	500	750	1150	600	1080	35	750
350-710	V_{10}、V_{12}	400	350	865	500	500	400	560	500	750	1150	600	1080	35	780

规 格	基 础								传动座地板				
	C	D	E	g	G	L	J①	K①	g_1	□M	φd_1	□B	□B_1
200-400	550	670	730	20	260	450	600	1000	40	1125	26	1060	1250
200-500	550	670	730	20	260	450	700	1000	40	1125	26	1060	1250
250-500	650	780	850	20	300	550	800	1150	40	1300	26	1250	1400
250-630	720	850	920	20	300	550	1100	1200	40	1500	26	1410	1600
300-630	850	980	1050	20	300	600	1100	1300	40	1320	26	1250	1400
300-710	950	1080	1150	20	300	600	1100	1400	40	1500	26	1410	1600
350-710	950	1080	1150	20	300	750	1100	1400	40	1500	26	1410	1600

① 参考尺寸。

3) KVR型泵干式安装深度(ET)尺寸见表1-144。

KVR 型泵干式安装深度(ET)尺寸(mm) 表 1-144

规格	安装深度 (ET)												
80—200¹⁾		1210	1510	1810	2110		2410	2710	3010		3310	3610	3910	4210	4510
100—250¹⁾		1265	1565	1865	2165		2465	2765	3065		3365	3665	3965	4265	4565

| 80—200¹⁾ | | 4810 | 5110 | 5410 | 5710 | 6010 | | 6310 | 6610 | 6910 | 7210 | 7510 |
| 100—250¹⁾ | | 4865 | 5165 | 5465 | 5765 | 6065 | | 6365 | 6665 | 6965 | 7265 | 7565 |

| 80—200¹⁾ | | 7890 | 8110 | 8410 | 8710 | 9010 | | 9310 | 9610 | 9910 | 10210 | 10510 |
| 100—250¹⁾ | | 7865 | 8165 | 8465 | 8765 | 9065 | | 9365 | 9665 | 9965 | 10265 | 10565 |

125—315		1280	1580	1880	2180		2480	2780	3080	3380		3680	3980	4280	4580	4880	5180
150—400		1365	1665	1965	2265		2565	2865	3165	3465		3765	4065	4365	4665	4965	5265
200—500		1455	1755	2055	2355		2655	2955	3255	3555		3855	4155	4455	4755	5055	5355
250—630		1720	2020	2320	2620		2920	3220	3520	3820		4120	4420	4720	5020	5320	5620

续表

规格	安装深度(ET)												
125—315		5480	5780	6080	6380	6680	6980	7280	7580	7880	8180	8480	8780
150—400		5565	5865	6165	6465	6765	7065	7365	7665	7965	8265	8565	8865
200—500		5655	5955	6255	6555	6855	7155	7455	7755	8055	8355	8655	8955
250—630		5920	6220	6520	6820	7120	7420	7720	8020	8320	8620	8920	9220
125—315		9080	9380	9680	9980	10280	10580	10880	11180	11480	11780	12080	12380
150—400		9165	9465	9765	10065	10365	10665	10965	11265	11565	11865	12165	12465
200—500		9255	9555	9855	10155	10455	10755	11055	11355	11655	11955	12255	12555
250—630		9520	9820	10120	10420	10720	11020	11320	11620	11920	12220	12520	12820

注：转速≤1450r/min，KVR250-630型转速为≤960r/min。

1.10.12　WLZ型立式污水泵

(1) 用途：WLZ型污水泵为立轴单级单吸蜗壳式污水泵，是新型高效节能产品。供输送含有固体颗粒和长纤维材料的污水。适用于工业废水和城镇生活污水。也可用于水循环、农田灌溉等。

(2) 型号意义说明：

(3) 结构：WLZ型系列污水泵由泵体、泵盖、叶轮、主轴及轴承架等组成。一般从电动机方向看，为顺时针旋转。但也可按用户要求，做成逆时针旋转。

(4) 性能：WLZ型立式污水泵性能见表1-145。

WLZ型立式污水泵性能

表 1-145

型号	流量 (m³/h)	扬程 (m)	转速 (r/min)	轴功率 (kW)	电动机 型号	电动机 功率 (kW)	效率 (%)	气蚀余量 (NPSH)r (m)	生产厂
100WLZ-8	160	8.4	1470	4.9	Y132S-4	5.5	75	3.5	
	100	3.6	970	1.4	Y112M-6	2.2	74	1.8	
100WLZ-15	200	15.2	1470	11.15	Y160L-4	15	74	3.5	
	130	6.7	970	3.25	Y132M-6	4	73	1.8	
100WLZ-28	230	28	1470	24.7	Y200L-4	30	71	4.5	
	150	12	970	7.19	Y160L-6	11	70	2.2	
150WLZ-12	310	12.3	1470	13.2	Y160L-4	15	78	3.7	
	200	5.4	970	3.82	Y132M-6	5.5	77	2	
150WLZ-21	350	21.4	1470	26.15	Y200L-4	30	78	3.9	
	230	9.4	970	7.58	Y160L-6	11	77	1.9	
150WLZ-31	410	31.2	1470	44.54	Y250M-4	55	78	5	
	270	14	970	13.13	Y200L-6	18.5	77	2.5	
150WLZ-46	400	46	1470	63.44	Y280S-4	75	78	4.7	
	260	20	970	18.44	Y200L₂-6	22	77	2.3	
150WLZ-20	560	20	970	38.0	Y200S-6	45	80	2.9	
	338	11.5	735	16.9	Y225S-8	18.5	79	1.7	
200WLZ-12	540	12	970	21.34	Y225M-6	30	82	3.4	
	410	7	735	9.63	Y180M-6	11	80	2.3	
200WLZ-15	600	15.2	735	33.2	Y280M-8	45	75	3.0	
200WLZ-11	480	11	970	17.77	Y200L₂-6	22	82	2.9	无锡水泵厂
	365	6	735	7.95	Y180L-8	11	80	2	
200WLZ-22	810	22	970	50.6	Y315S-6	75	81	9	
	610	12	735	24.92	Y250M-8	30	81	4.2	
250WLZ-13	820	13.7	970	36.42	Y280S-6	45	84	4	
	620	8	735	16.27	Y225M-8	22	82	2.7	
250WLZ-26	1030	26.5	970	94.1	Y315L-6	110	79	5.7	
	780	15.3	735	42.21	Y315S-8	55	77	3.3	
250WLZ-25	1425	25.5	970	123.7	JSL126-6	155	80	6.4	
	1080	14.7	735	55.43	Y315M-8	75	78	3.9	
250WLZ-33	750	33	970	85.06	Y315L₁-6	110	79	3.9	
	570	18.9	735	38.1	Y280M-8	45	77	2.4	
250WLZ-21	1000	21	970	69.4	Y315S₁-6	110	82	4.8	
	750	12	735	30.7	Y250M-8	37	80	4.8	
300WLZ-22	1200	22	970	88.2	Y315L₁-6	110	81	5	
	900	12	735	36.8	Y315S-8	55	80	5	
300WLZ-15	1330	15	970	74.2	Y315M-6	90	73	5	
	1000	8.6	735	32.2	Y315S-8	55	73	5	
300WLZ-28	150	28	970	115.0	Y315L₂-6	132	83	5	
	950	16	735	50.5	Y315M-8	75	82	3	
350WLZ-24	154	24	735	168	JSL137-8	210	84	5.3	
	1710	15	590	84.2	JSL127-10	115	83	5.3	

注：生产厂还有：四川冶水泵厂、唐山水泵厂生产 6PWL 和 8PWL 型出水口径 150~200mm、功率 30~75kW。

(5) 外形及安装尺寸：WLZ型立式污水泵外形及安装尺寸见图 1-168 和表 1-146。

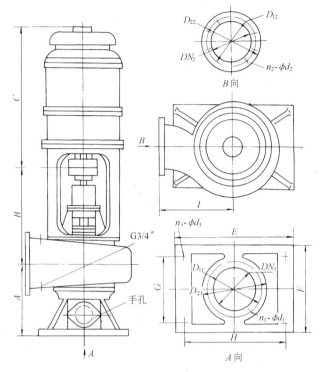

图 1-168　WLZ 型立式污水泵外形及安装尺寸

1.10.13　TSW、TSWL 型无堵塞立式污水泵

(1) 用途：TSW 型污水泵采用双通道叶轮和新型机械密封,能输送固体直径 300mm 以下,纤维长度 2200mm 以下的腐蚀性固液混合物。可用于城市、工矿企业的污水、废水、污泥的排放及食品工业中水果、马铃薯、鱼及谷物等食物的无损输送；也可用于化工、钢铁、造纸、制糖、食品等行业。

(2) 型号意义说明：

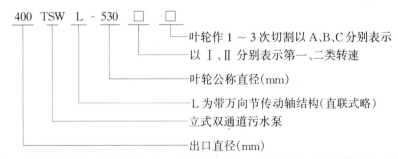

(3) 结构：TSW 型污水泵采用立式、后开门结构。该泵和电动机采用电动机座和弹性联轴器联接。TSWL 型泵和电动机采用万向节传动轴,电动机装在泵上面的楼板上。泵的旋转方向,从电动机端看为顺时针方向旋转。TSW 型为直管进水直联式立式污水泵。TSWL 型为直管进水带方向节传动轴的立式污水泵。

表 1-146 WLZ 型立式污水泵外形及安装尺寸 (mm)

型号	A	B	C	E	F	G	H	I	$n_3\text{-}\phi d_3$	出口法兰 D_{22}	出口法兰 DN_2	出口法兰 D_{12}	出口法兰 $n_2\text{-}\phi d_2$	进口法兰 D_{21}	进口法兰 DN_1	进口法兰 D_{11}	进口法兰 $n_1\text{-}\phi d_1$
100WLZ-8	300	575	477	600	400	300	500	290	4-23	210	100	170	4-18	265	150	225	8-18
100WLZ-15	350	575	647	600	400	300	500	345	4-23	210	100	170	4-18	320	200	280	8-18
100WLZ-28	350	685	777	600	400	300	500	405	4-23	210	100	170	4-18	320	200	280	8-18
150WLZ-12	350	585	647	700	450	350	600	405	4-23	265	150	200	8-18	320	200	280	8-18
150WLZ-21	380	700	777	700	450	350	600	435	4-23	265	150	200	8-18	375	250	335	12-18
150WLZ-31	350	785	932	700	450	350	600	460	4-23	265	150	200	8-18	320	200	280	8-18
150WLZ-46	380	785	1002	700	450	350	600	460	4-23	265	150	200	8-18	375	250	335	12-18
200WLZ-12	400	700	847	800	500	400	700	485	6-23	320	200	280	8-18	375	250	335	12-18
200WLZ-11	400	700	777	800	500	400	700	485	6-23	320	200	280	8-18	375	250	335	12-18
200WLZ-15	410	724	1052	850	650	500	750	550	4-28	315	200	280	8-18	375	250	335	12-18
200WLZ-22	400	990	1272	800	500	400	700	570	6-23	315	200	280	8-18	375	250	335	12-18
250WLZ-13	450	830	1002	900	550	450	800	635	6-23	375	250	335	12-18	440	300	395	12-23
250WLZ-26	450	980	1312	900	550	450	800	665	6-23	375	250	335	12-18	440	300	395	12-23
250WLZ-33	450	980	1342	900	550	450	800	665	6-23	375	250	335	12-18	440	300	395	12-23
250WLZ-21	450	980	1342	900	550	450	800	665	6-23	375	250	335	12-18	440	300	395	12-23
300WLZ-22	450	900	1342	1000	600	500	900	750	6-28	440	300	395	12-23	490	350	455	12-23
300WLZ-15	400	900	1342	900	600	360	800	665	4-28	440	300	395	12-33	490	350	455	12-23
300WLZ-28	450	950	1637	1000	600	500	900	665	6-28	440	300	395	12-23	490	350	455	12-23
350WLZ-24	450	1200	1612	1100	700	600	1000	700	6-28	490	350	445	12-23	535	400	495	16-23

(4) 性能：TSW、TSWL 型无堵塞立式污水泵性能见图 1-169 和表 1-147。

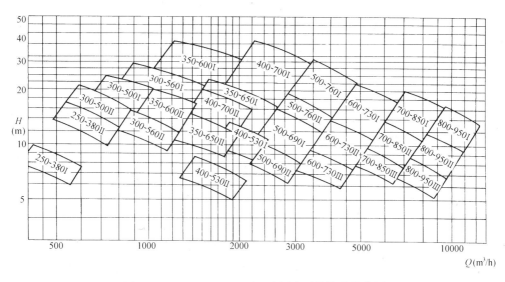

图 1-169　TSW、TSWL 型立式污水泵性能曲线范围

TSW 型立式污水泵性能　　　　　　表 1-147

型　号	流　量 Q		扬程 H (m)	转速 n (r/min)	效率 η (%)	电动机功率 P (kW)	气蚀余量 (NPSH)r (m)	单泵重量 (kg)	电动机重量 (kg)	生产厂
	m³/h	L/s								
250TSW-380 Ⅰ	650	180.5	15	980	78	45	4.7	1600	525	
250TSW-380 ⅠA	605	168.1	13	735	77	37	4.5	1600	406	
250TSW-380 Ⅱ	488	135.6	8.4	735	77	18.5	3.1	1600	285	
250TSW-380 ⅡA	454	126.1	7.3	980	76	15	2.9	1600	239	
300TSW-500 Ⅰ	980	272.2	20.3	980	78	90	6.1	1950	1080	
300TSW-500 ⅠA	911	253.1	17.6	735	76	75	5.8	1950	990	
300TSW-500 Ⅱ	735	204.2	11.4	735	77	37	4.8	1950	520	乐清市水泵厂
300TSW-500 ⅡA	684	190	9.9	970	75	30	4.5	1950	405	
300TSW-560 Ⅰ	1260	350	23.5	970	80	132	6.1	2200	1210	
300TSW-560 ⅠA	1172	325.6	20.3	735	78	110	5.8	2200	1150	
300TSW-560 Ⅱ	945	262.5	13.2	735	79	55	5.4	2200	1000	
300TSW-560 ⅡA	878	243.9	11.4	980	77	45	5.1	2200	592	
350TSW-600 Ⅰ	1500	416.6	35	980	77	220	7.3	2350	2000	
350TSW-600 ⅠA	1425	395.8	31.6	735	76	200	7.0	2350	1950	
350TSW-600 Ⅱ	1125	312.5	20	735	77	110	5.1	2350	1230	
350TSW-600 ⅡA	1069	296.9	18	735	76	90	4.6	2350	1160	
350TSW-650 Ⅰ	2080	577.8	21	735	78	200	6.1	2400	2000	
350TSW-650 ⅠA	2976	548.9	19	590	76	160	5.8	2400	1900	
350TSW-650 Ⅱ	1670	463.9	13.5	590	77	110	4.8	2400	1830	
350TSW-650 ⅡA	1587	440.8	12.2	735	75	90	4.5	2400	1800	
400TSW-530 Ⅰ	2150	597.2	12	735	82	110	6.1	2550	1230	

续表

型　号	流　量 Q		扬程 H (m)	转速 n (r/min)	效率 η (%)	电动机功率 P (kW)	气蚀余量 (NPSH)r (m)	单泵重量 (kg)	电动机重量 (kg)	生产厂
	m³/h	L/s								
400TSW-530ⅠA	2043	567.5	10.8	590	80	110	5.8	2550	1230	
400TSW-530Ⅱ	1726	479.4	7.7	590	81	75	5.4	2550	1190	
400TSW-530ⅡA	1640	455.5	6.9	980	79	55	5.1	2550	1020	
400TSW-700Ⅰ	2580	716.6	36	980	79	400	9.0	2780	2490	
400TSW-700ⅠA	2451	680.8	32.5	735	77	355	8.6	2780	2490	
400TSW-700Ⅱ	1935	537.5	20.3	735	78	160	5.8	2780	1900	
400TSW-700ⅡA	1838	510.6	18.3	735	77	160	5.4	2780	1900	
500TSW-690Ⅰ	3200	888.9	14	590	82	200	6.0	3050	2580	
500TSW-690ⅠA	3040	844.4	12.6	590	80	160	5.7	3050	2450	
500TSW-690Ⅱ	2658	738.3	9.6	490	80	110	4.6	3050	2900	
500TSW-690ⅡA	2525	701.4	8.7	490	78	90	4.3	3050	2830	
500TSW-760Ⅰ	4000	1111.1	28	735	81	450	8.5	3500	3300	乐清市水泵厂
500TSW-760ⅠA	3800	1055.5	25.3	735	79	400	8.2	3500	3180	
500TSW-760	3211	891.9	18	590	80	250	5.4	3500	2880	
500TSW-760ⅡA	3050	847.2	16.2	590	78	220	5.0	3500	2580	
600TSW-730Ⅰ	5900	1639.9	20	735	82	450	10.2	3800	3300	
600TSW-730ⅠA	5605	1556.9	18	735	80	400	9.7	3800	3180	
600TSW-730Ⅱ	4736	1315.6	12.9	590	81	250	5.1	3800	2880	
600TSW-730ⅡA	4500	1250	11.6	590	80	220	4.6	3800	2580	
600TSW-730Ⅲ	3933	1092.5	8.9	490	80	160	6.1	3800	2000	
600TSW-730ⅢA	3736	1037.8	8	490	78	132	5.8	3800	1830	
700TSW-850Ⅰ	8500	2316.1	18	590	83	630	9.7	4250	4500	
700TSW-850ⅠA	8075	2243	16.2	590	81	560	9.3	4250	4300	
700TSW-850Ⅱ	7059	1960.8	12.4	490	82	355	7.7	4250	3300	
700TSW-850ⅡA	6706	1862.8	11.2	490	80	315	7.4	4250	3180	
700TSW-850Ⅲ	6000	1666.7	9.0	420	81	220	6.1	4250		
700TSW-850ⅢA	5700	1583.3	8.1	420	79	200	5.9	4250		
800TSW-950Ⅰ	10400	2888.8	16	490	83	630	8.9	5100	5500	
800TSW-950ⅠA	9880	2744.4	14.4	490	81	560	8.5	5100	5250	
800TSW-950Ⅱ	8914	2476.1	11.8	420	82	400	7.2	5100		
800TSW-950ⅡA	8468	2352.5	10.6	420	80	355	6.9	5100		
800TSW-950Ⅲ	7853	2181.4	9.1	370	82	315	5.7	5100	3300	
800TSW-950ⅢA	7460	2072.2	8.2	370	80	250	4.6	5100	3100	

(5) 外形及安装尺寸：TSW、TSWL 型立式污水泵外形及安装尺寸见图 1-170 和表 1-148，进、出口法兰尺寸见表 1-149。

1.10 离心式杂质泵

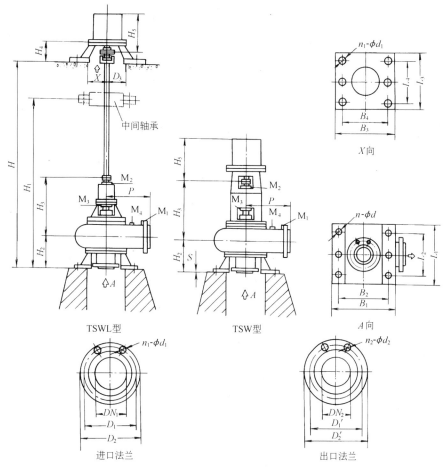

图 1-170 TSW、TSWL 型立式污水泵外形及安装尺寸

注：M_1 为压力表孔；M_2、M_3 为轴承润油孔；M_4 为 G3/4 放气孔。

1. $H = 2500 \sim 7000$mm，每隔 100mm 一档，超过 2000mm 时设中间轴承。
2. $H_1 = 05(H + H_2 + H_3)$。
3. 泵出口可作 90°、180°、270°旋转。

TSW、TSWL 型立式污水泵外形及安装尺寸(mm) 表 1-148

型号	H_2	H_3	H_4	H_5	B_1	B_2	B_3	B_4	L_1	L_2	L_3	L_4	P	$n\text{-}\phi d$	$n_1\text{-}\phi d_1$	D_3
250TSW-380	410	804	350	1120	850	750	750	650	850	750	750	650	500	4-32	4-32	450
300TSW-500	450	1150	350	1390	1050	950	850	750	850	750	850	750	600	4-36	4-32	500
300TSW-560	450	1170	350	1460	1050	950	850	750	850	750	850	750	650	4-36	4-32	500
300TSW-600	630	1190	350	1780	1000	900	1000	900	900	800	1000	900	750	6-40	6-40	550
350TSW-650	680	1206	350	1780	1000	900	1000	900	900	800	1000	900	750	6-40	6-40	550
400TSW-530	650	1215	350	1460	1000	900	1000	900	900	800	1000	900	800	6-40	6-40	550
400TSW-700	850	1480	400	2510	1100	950	1500	1350	1000	900	1500	1350	900	6-40	6-40	700
500TSW-690	650	1505	350	1780	1200	1050	1000	900	1200	1050	1000	900	850	6-40	6-40	550
500TSW-760	900	1520	400	2510	1200	1050	1500	1350	1200	1050	1500	1350	900	6-40	6-40	700
600TSW-730	750	1530	400	2510	1500	1350	1500	1350	1500	1350	1500	1350	1000	6-40	6-40	700
700TSW-850	850	1600	400	2715	1650	1500	1500	1350	1650	1500	1500	1350	1250	6-40	6-40	700
800TSW-950	900	1650	400	2715	1650	1500	1500	1350	1650	1500	1500	1350	1400	6-40	6-40	700

注：H_5 尺寸取决于电动机，仅供参考。

TSW、TSWL 型立式污水泵进、出口法兰尺寸(mm)　　　　表 1-149

型　号	DN_1	D_1	D_2	$n_1\text{-}\phi d_1$	DN_2	D'_1	D'_2	$n_2\text{-}\phi d_2$
250TSW-380	300	400	440	12-22	250	350	395	12-22
300TSW-500	350	460	505	16-22	300	400	440	12-22
300TSW-560	350	460	505	16-22	300	400	440	12-22
350TSW-600	400	495	540	16-22	350	460	505	16-22
350TSW-650	400	495	540	16-22	350	460	505	16-22
400TSW-530	450	550	595	16-22	400	495	540	16-22
400TSW-700	450	550	595	16-22	400	495	540	16-22
500TSW-690	550	655	705	20-26	500	620	670	20-26
500TSW-760	550	655	705	20-26	500	620	670	20-26
600TSW-730	650	760	810	20-30	600	725	780	20-30
700TSW-850	750	865	920	24-30	700	840	895	24-30
800TSW-950	900	1020	1075	24-30	800	950	1015	24-30

1.10.14　WL 型立式污水污物泵

(1) 用途：WL 型立式污水污物泵适用于工厂、住宅区、商业区、医院、宾馆、市政工程、建筑工地严重污染废水的排放，也适用于污水处理厂的排水系统。

(2) 型号意义说明：

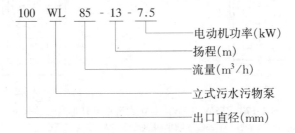

(3) 结构：WL 型立式污水污物泵采用无堵塞水力设计，高效、节能、维修方便，所有型号的电动机均可设单独基础，用长轴与泵联接，如果蜗壳中心高于水平面(吸程内)，厂方可为用户配备真空泵自控灌水装置。

(4) 性能：WL 型立式污水污物泵性能见表 1-150。

WL 型立式污水污物泵性能　　　　表 1-150

型　号	流量 Q (m^3/h)	扬程 H (m)	转速 n (r/min)	效率 η (%)	电动机功率 P (kW)	出口直径 DN (mm)	气蚀余量 $(NPSH)r$ (m)	生产厂
100 WL 65-12-5.5	65	12	2900	45	5.5	100	3	南京制泵集团股份有限公司、江苏亚太泵业集团股份有限公司
100WL85-13-7.5	85	13	2900	50	7.5	100	3	
100WL30-20-5.5	30	20	2900	42	5.5	100	4.5	
100WL30-25-7.5	30	25	2900	43	7.5	100	4.5	
150WL100-7.5-5.5	100	7.5	1450	50.5	5.5	150	3.5	
150WL145-10-7.5	145	10	1450	52	7.5	150	3.5	
150WL70-22-11	70	22	1470	50	11	150	4.5	

续表

型号	流量 Q (m³/h)	扬程 H (m)	转速 n (r/min)	效率 η (%)	电动机功率 P (kW)	出口直径 DN (mm)	气蚀余量 (NPSH)r (m)	生产厂
150WL100-15-11	100	15	1470	50.5	11	150	2.5	南京制泵集团股份有限公司、江苏亚太泵业集团公司
150WL150-10-11	150	10	1470	54	11	150	2.6	
150WL100-18-15	100	18	1470	58	15	150	2.55	
150WL140-15-15	140	15	1470	64	15	150	3.03	
150WL200-10-15	200	10	1470	65	15	150	3.51	
150WL250-8-15	250	8	1470	66	15	150	3.9	
150WL100-23-18.5	100	23	1470	56	18.5	150	2.6	
150WL100-30-22	100	30	1470	54	22	150	2.67	
150WL150-22-22	150	22	1470	61	22	150	3	
150WL250-17-22	250	17	1470	65	22	150	3.93	
150WL300-13-22	300	13	1470	64.5	22	150	4.29	
150WL150-35-37	150	35	1470	59	37	150	3.11	
150WL250-22-30	250	22	980	63	30	150	2.29	
150WL300-22-37	300	22	1470	64	37	150	4.29	
200WL400-10-22	400	10	1470	66	22	200	4.95	
250WL400-13-30	400	13	980	65.5	30	250	2.88	
250WL600-9-30	600	9	980	70	30	250	3.66	
250WL600-12-37	600	12	1470	69	37	250	6.28	
250WL600-15-45	600	15	1470	69	45	250	6.28	
250WL650-50-160	650	50	1450	55	160	250	6.4	
300WL400-20-45	400	20	980	65	45	300	2.88	
300WL800-12-45	800	12	980	68.5	45	300	4.3	
300WL600-20-55	600	20	980	68	55	300	3.66	
300WL800-20-75	800	20	1470	68.5	75	300	7.38	
300WL400-30-75	400	30	1470	59	75	300	5	
300WL950-20-90	950	20	1470	68.5	90	300	8.27	
300WL400-40-90	400	40	1470	58.5	90	300	4.95	
300WL1200-21-110	1200	21	980	73	110	300	5.63	
350WL1650-13.5-110	1650	13.5	735	74	110	350	5.6	
350WL2200-24-250	2200	24	980	74	250	350	5.8	
400WL1760-75-55	1760	7.5	590	75	55	400	5.6	
400WL2200-12-132	2200	12	735	75	132	400	5.8	
400WL1600-20-132	1600	20	980	75	132	400	5.6	
500WL2491-9-110	2491	9	490	76	110	500	6	
500WL3300-8-110	3300	8	490	76	110	500	6	
600WL4000-11.5-200	4000	11.5	590	76	200	600	6.2	

(5) 外形及安装尺寸：

1) 出口直径 100～350mm WL 型立式污水污物泵外形及安装尺寸见图 1-171 和表 1-151。

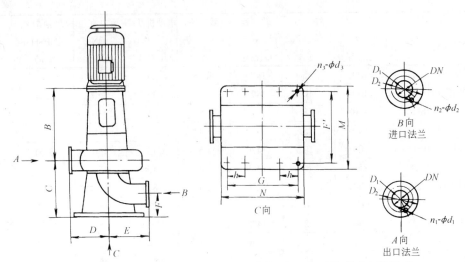

图 1-171 出口直径 100~350mm WL 型污水污物泵外形及安装尺寸

出口直径 100~350mm WL 型污水污物泵外形及安装尺寸(mm)　　表 1-151

型 号	外 形 及 安 装 尺 寸											进、出口法兰				
	F	B	C	D	E	F'	G	h	M	N	$n_3\text{-}\phi d_3$	D_2	D_1	DN	$n_1\text{-}\phi d_1$	$n_2\text{-}\phi d_2$
100 WL56-12-5.5	150	740	520	240	200	380	380	0	490	490	4-22	215	180	100	8-M16	8-18
100WL85-13-7.5	150	740	520	240	200	380	380	0	490	490	4-22	215	180	100	8-M16	8-18
100WL30-20-5.5	150	740	500	160	200	380	380	0	490	490	4-22	215	180	100	8-M16	8-18
100WL30-25-7.5	150	740	500	160	200	380	380	0	490	490	4-22	215	180	100	8-M16	8-18
150WL100-7.5-5.5	200	740	519	248	271	380	380	0	490	490	4-22	280	240	150	8-M20	8-22
150WL145-10-7.5	200	740	519	248	271	380	380	0	490	490	4-22	280	240	150	8-M20	8-22
150WL70-22-11	200	800	519	350	271	380	380	0	490	490	4-26	280	240	150	8-M20	8-22
150WL100-15-11	200	800	519	350	271	380	380	0	490	490	4-26	280	240	150	8-M20	8-22
150WL150-10-11	200	800	519	350	271	380	380	0	490	490	4-26	280	240	150	8-M20	8-22
150WL100-18-15	200	800	519	350	271	380	380	0	490	490	4-26	280	240	150	8-M20	8-22
150WL140-15-15	200	800	519	350	271	380	380	0	490	490	4-26	280	240	150	8-M20	8-22
150WL200-10-15	200	800	519	350	271	380	380	0	490	490	4-26	280	240	150	8-M20	8-22
150WL100-23-18.5	200	800	520	420	271	380	380	0	490	490	4-26	280	240	150	8-M20	8-22
150WL100-30-22	200	800	520	420	271	380	380	0	490	490	4-26	280	240	150	8-M20	8-22
150WL150-22-22	200	800	520	420	271	380	380	0	490	490	4-26	280	240	150	8-M20	8-22
150WL250-17-22	200	800	520	420	271	380	380	0	490	490	4-26	280	240	150	8-M20	8-22
150WL300-13-22	200	800	520	420	271	380	380	0	490	490	4-26	280	240	150	8-M20	8-22
150WL150-35-37	200	925	543	418	271	380	380	0	490	490	4-26	280	240	150	8-M20	8-22
150WL250-22-30	200	925	543	418	271	380	380	0	490	490	4-26	280	240	150	8-M20	8-22
150WL300-22-37	200	925	543	418	271	380	380	0	490	490	4-26	280	240	150	8-M20	8-22
200WL400-10-22	230	800	678	402	303	400	400	0	500	500	4-26	335	295	200	8-M20	8-22
250WL400-13-30	245	925	762	445	333	500	500	0	600	600	4-26	395	350	250	12-M20	12-22
250WL600-9-30	245	925	762	445	333	500	500	0	600	600	4-26	395	350	250	12-M20	12-22
250WL600-12-37	245	925	762	445	333	500	500	0	600	600	4-26	395	350	250	12-M20	12-22

1.10 离心式杂质泵

续表

型号	外形及安装尺寸										进、出口法兰				
	F	B	C	D	E	F'	G	h	M	N	n_3-ϕd_3	D_2	D_1	DN	n_1-ϕd_1	n_2-ϕd_2
250WL600-15-45	245	925	762	445	333	500	500	0	600	600	4-26	395	350	250	12-M20	12-22
250WL650-50-160	245	1140	700	523	500	1000	1000	250	1200	1200	8-32	395	350	250	12-M20	12-22
300WL400-20-45	295	1030	879	440	450	680	680	0	800	800	4-32	445	400	300	12-M20	12-22
300WL800-12-45	295	1030	879	440	450	680	680	0	800	800	4-32	445	400	300	12-M20	12-22
300WL600-20-55	295	1030	879	440	450	680	680	0	800	800	4-32	445	400	300	12-M20	12-22
300WL800-20-75	295	1030	879	440	450	680	680	0	800	800	4-32	445	400	300	12-M20	12-22
300WL400-30-75	295	1030	879	440	450	680	680	0	800	800	4-32	445	400	300	12-M20	12-22
300WL950-20-90	295	1030	879	440	450	680	680	0	800	800	4-32	445	400	300	12-M20	12-22
300WL1200-21-110	295	1140	879	440	450	680	680	0	800	800	4-32	445	400	300	12-M20	12-22
350WL1650-13.5-110	350	1140	900	750	700	1000	1000	250	1200	1200	8-32	505	460	350	16-M20	16-22
350WL2200-24-250	350	1420	900	750	700	1000	1000	250	1200	1200	8-32	505	460	350	16-M20	16-22

2) 出口直径 400~600mm WL 型立式污水污物泵外形及安装尺寸见图 1-172 和表 1-152。

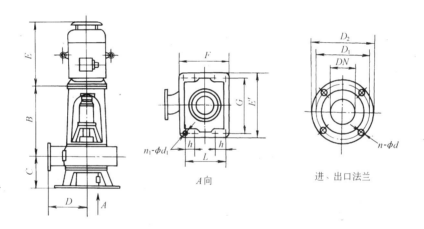

图 1-172　出口直径 400~600mm WL 型污水污物泵外形及安装尺寸

出口直径 400~600mm WL 型污水污物泵外形及安装尺寸　　表 1-152

型号	外形及安装尺寸										出口法兰				进口法兰			
	E	B	C	D	E'	F	G	L	h	n_1-ϕd_1	D_2	D_1	DN	n-ϕd	D_2	D_1	DN	n-ϕd
400WL1760-7.5-55	1320	1655	555	800	970	875	840	745	0	4-40	565	515	400	16-26	595	550	450	16-26
400WL2200-12-132	1220	1655	555	800	970	875	840	745	0	4-40	565	515	400	16-26	595	550	450	16-26
400WL1600-20-132	1320	1655	555	700	970	875	840	745	0	4-40	565	515	400	16-26	595	550	450	16-26
500WL2491-9-110	1505	1780	600	850	1210	1160	1080	1030	515	6-40	670	620	500	20-26	705	655	550	20-26
500WL3300-8-110	1505	1780	600	850	1210	1160	1080	1030	515	6-40	670	620	500	20-26	705	655	550	20-26
600WL4000-11.5-200	1810	1673	720	1120	1290	1340	1210	1160	580	6-40	780	725	600	20-30	810	760	650	20-26

1.10.15 WL型立式污水泵

(1) 用途：WL型立式污水泵供抽送含有纸、纺织物、垃圾袋或其他悬浮物的污水。适用于城镇污水、污泥、粪便液的排除。

(2) 型号意义说明：

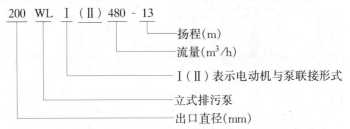

(3) 结构：WL型立式污水泵具有单叶片或双叶片，并采用大流道形式，以减少纤维垃圾缠绕，且能通过大的物料。WL(Ⅰ)型为立式电动机直接与水泵相联；WL(Ⅱ)型为立式电动机通过加长轴的联轴器与泵联接。

(4) 性能：WL型立式污水泵的性能见图1-173和表1-153。

WL型立式污水泵性能 表1-153

泵 型 号	流量 (m^3/h)	扬程 (m)	转速 (r/min)	轴功率 (kW)	电动机功率 (kW)	效 率 (%)	气蚀余量 $(NPSH)_r$ (m)	重量 (kg)	生产厂
200WLⅠ460-35	460	35	1450	59.6	75	74	5.7	1200	中美合资扬州金陵泵业有限公司、江苏亚太泵业集团公司、南京制泵集团股份有限公司、宁波巨神制泵实业公司
150WLⅠ170-16.5	170	16.5	1450	10.6	15	72	3.3	1150	
150WLⅠ320-26	320	26	1450	31	45	73	4.7	1100	
150WLⅠ140-14.5	140	14.5	1450	7.7	11	72	3	1100	
150WLⅠ190-18	190	18	1450	12.9	18.5	72	3.6	1100	
100WLⅠ100-10	100	10	1450	3.8	5.5	71	2.5	980	
100WLⅠ80-8	80	8	1450	2.5	4	71	2.2	900	
150WLⅠ300-16	300	16	1450	17.5	22	75	4.6	980	
150WLⅠ145-10	145	10	1450	5.4	7.5	73	3.1	980	
100WLⅠ120-8	120	8	1450	3.6	5.5	73	2.7	980	
200WLⅠ500-20.5	500	20.5	1450	36.8	45	76	5.9	1200	
150WLⅠ292-13.3	292	13.3	1450	14.1	18.5	75	4.5	1150	
150WLⅠ300-11	300	11	1450	11.9	15	76	4.6	1150	
150WLⅠ414-11.4	414	11.4	1450	16.8	22	77	5.4	1150	
150WLⅠ210-7	210	7	1450	5.3	7.5	75	3.8	1150	
200WLⅠ400-30	400	30	980	46	75	71	3.5	1250	
150WLⅠ262-19.9	262	19.9	980	20	30	71	2.7	1250	
150WLⅠ350-20	350	20	980	26.3	37	73	3.2	1250	
250WLⅡ820-35	820	35	980	105.6	132	74	5.1	1600	

续表

泵型号	流量 (m^3/h)	扬程 (m)	转速 (r/min)	轴功率 (kW)	电动机功率 (kW)	效率 (%)	气蚀余量 (NPSH)r (m)	重量 (kg)	生产厂
200WLⅠ600-25	600	35	980	55.1	75	74	4.3	1200	
150WLⅠ210-11.2	210	11.2	980	8.8	11	73	2.4	1100	
200WLⅠ792-27	792	27	980	77.6	110	75	5.0	1150	
200WLⅠ400-17.5	400	17.5	980	25.8	37	74	3.5	1150	
300WLⅡ1250-28	1250	28	980	124.1	160	77	6.3	2300	
350WLⅡ1500-32	1500	32	980	169.7	220	77	6.9	2900	
250WLⅡ900-40	900	40	980	132.8	160	74	5.4	2700	
100WLⅠ126-5.3	126	5.3	980	2.5	4	73	1.8	900	
200WLⅠ480-13	480	13	980	22.5	30	76	3.9	1200	
250WLⅠ1000-22	1000	22	980	78.1	110	77	5.7	1400	
300WLⅡ1300-25	1300	25	980	114.5	160	77	6.5	2300	
250WLⅠ900-18	900	18	980	57.8	75	77	5.4	1400	中美合资扬州金陵泵业有限公司、江苏亚太泵业集团公司、南京制泵集团股份有限公司、宁波巨神制泵实业公司
400WLⅡ2540-35.6	2540	35.6	980	313.6	400	79	8.8	2500	
150WLⅠ198-6.1	198	6.1	980	4.4	5.5	74	2.3	1150	
250WLⅠ800-15	800	15	980	42.4	55	77	5.1	1600	
400WLⅡ2600-28	2600	28	980	250.2	315	79	8.9	2400	
150WLⅠ280-5.2	280	5.2	980	5.2	7.5	76	2.9	980	
300WLⅠ1328-15	1328	15	980	69	90	79	6.5	1800	
150WLⅠ215-4.7	215	4.7	980	3.7	5.5	75	2.5	980	
150WLⅡ360-6.4	360	6.4	980	8.2	11	76	3.3	980	
200WLⅠ520-6.7	520	6.7	980	12.2	15	78	4.0	1150	
150WLⅠ380-5.4	380	5.4	980	7.3	11	77	3.4	1100	
200WLⅠ594-15.2	594	15.2	735	32.9	45	75	3.2	1200	
300WLⅠ938-15.8	938	15.8	735	52.8	75	77	4.1	1500	
200WLⅠ360-7.3	360	7.3	735	9.5	15	75	2.4	1150	
250WLⅠ750-12	750	12	735	32	45	77	3.6	1200	
200WLⅠ450-8.4	450	8.4	735	13.6	18.5	76	2.7	1200	
350WLⅡ2150-24	2150	24	735	179.8	220	78	6.2	2100	
250WLⅠ675-10.1	675	10.1	735	24.2	30	77	3.4	1200	
300WLⅠ900-12	900	12	735	38.1	55	77	4.0	1350	
350WLⅡ1900-20	1900	20	735	132.2	160	78	5.9	1900	
250WLⅠ600-8.4	600	8.4	735	17.9	22	77	3.2	1200	
400WLⅡ2100-16.5	2100	16.5	735	119.3	160	79	6.2	1900	
500WLⅡ4240-26.4	4240	26.4	735	380.9	450	80	8.6	3100	

续表

泵型号	流量 (m³/h)	扬程 (m)	转速 (r/min)	轴功率 (kW)	电动机功率 (kW)	效率 (%)	气蚀余量 (NPSH)r (m)	重量 (kg)	生产厂
500WLⅡ3550-23	3550	23	735	278.4	355	80	7.9	3000	
300WLⅠ1000-8.5	1000	8.5	735	29.5	37	78	4.2	1000	
250WLⅠ680-6.8	680	6.8	735	16.2	22	78	3.4	1200	
500WLⅡ3740-20.2	3740	20.2	735	256.2	315	80	8.1	2800	
400WLⅡ2200-12	2200	12	735	90	110	80	6.3	1150	
300WLⅠ1000-7.1	1000	7.1	735	24.6	30	79	4.2	1200	
600WLⅡ5000-17	5000	17	735	284.6	355	81	9.2	3500	
600WLⅡ6000-19	6000	19	735	380.6	450	82	10.1	3500	
350WLⅠ1714-15.3	1714	15.3	590	91.6	110	78	4.4	2100	
350WLⅠ1540-13	1540	13	590	69.8	90	78	4.2	2100	中美合资扬州金陵泵业有限公司、江苏亚太泵业集团公司、南京制泵集团股份有限公司、宁波巨神制泵实业公司
350WLⅠ1425-11.5	1425	11.5	590	57.1	75	78	4.0	2000	
500WLⅡ2900-15	2900	15	590	148.6	200	80	5.8	2800	
500WLⅡ3400-17	3400	17	590	197.1	250	80	6.3	2800	
350WLⅠ1515-8.3	1515	8.3	590	43.3	55	79	4.1	1700	
500WLⅡ3000-13	3000	13	590	132.6	160	80	5.9	2800	
400WLⅠ1754-7.6	1754	7.6	590	45.5	55	80	4.5	1150	
600WLⅡ4000-11	4000	11	590	147.6	200	81	6.8	3500	
600WLⅡ4820-12.3	4820	12.3	590	198.3	250	81	7.4	3500	
700WLⅡ7700-16.8	7700	61.8	590	429.7	560	82	9.2	4000	
700WLⅡ9200-19	9200	19	590	579.2	710	82	9.9	4000	
500WLⅠ2490-9	2490	9	490	76.3	110	80	4.4	2800	
600WLⅠ3322-7.5	3322	7.5	490	83.7	110	81	5.2	3500	
600WLⅡ4000-8.5	4000	8.5	490	113.9	160	81	5.7	3500	
700WLⅡ6400-11.6	6400	11.6	490	247	315	82	7.1	4000	
700WLⅡ7580-13	7580	13	490	327	400	82	7.7	4000	
800WLⅡ10000-16	10000	16	490	529.1	630	82	8.8	4600	
700WLⅡ5500-8.5	5500	8.5	420	155.7	200	82	5.7	3400	
700WLⅡ6500-9.5	6500	9.5	420	205.1	250	82	6.2	3400	
800WLⅡ8571-11.8	8571	11.8	420	334.9	400	82	7.1	4000	
800WLⅡ10800-13.5	10800	13.5	420	481	630	83	7.9	4300	

注：生产厂还有嘉陵泵业有限公司生产65WL25～200WL 360型。

(5) 外形及安装尺寸：

1) WLⅠ型立式污水泵外形及安装尺寸见图1-174和表1-154。

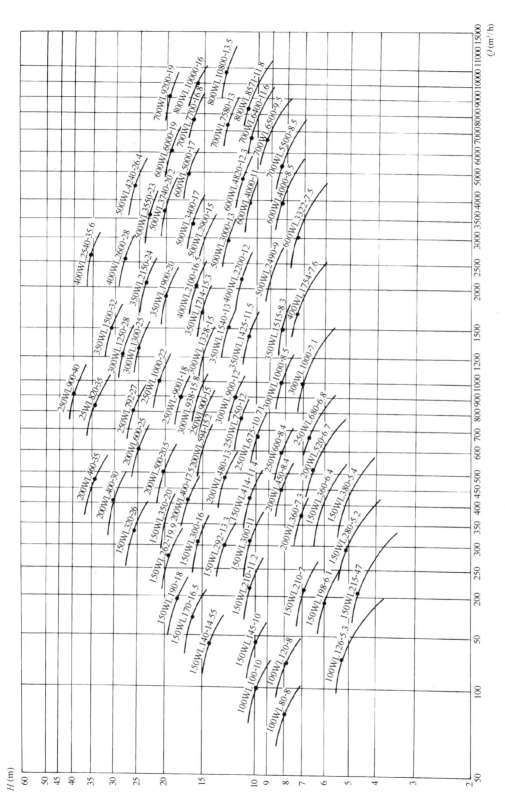

图1-173 WL型立式污水泵性能曲线范围

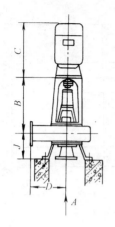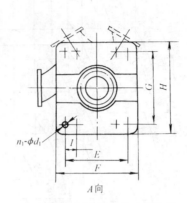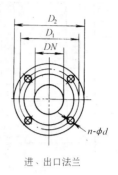

图 1-174　WLⅠ型立式污水泵外形及安装尺寸

WLⅠ型泵安装尺寸(mm)　　　　表 1-154

型号	n_1-ϕd_1	J	B	C	D	E	F	G	H	I	DN	D_1	D_2	n-ϕd	DN	D_1	D_2	n-ϕd
100WLⅠ80-8	4-23	300	600	340	300	355	470	590	670	—	100	180	220	8-17.5	150	225	265	8-17.5
100WLⅠ126-5.3	4-23	300	600	435	300	355	470	590	670	—	100	180	220	8-17.5	150	225	265	8-17.5
100WLⅠ100-10	4-23	300	600	395	300	355	470	590	670	—	100	180	220	8-17.5	150	225	265	8-17.5
100WLⅠ120-8	4-23	300	600	395	300	355	470	590	670	—	100	180	220	8-17.5	150	225	265	8-17.5
150WLⅠ198-6.1	4-23	320	600	435	300	355	470	590	670	—	150	240	285	8-22	200	280	320	8-17.5
150WLⅠ215-4.7	4-23	320	600	435	300	355	470	590	670	—	150	240	285	8-22	200	280	320	8-17.5
150WLⅠ145-10	4-23	320	700	435	310	355	470	590	670	—	150	240	285	8-22	200	280	320	8-17.5
150WLⅠ210-7	4-23	320	700	435	350	355	470	590	670	—	150	240	285	8-22	200	280	320	8-17.5
150WLⅠ280-5.2	4-23	320	700	495	400	355	470	590	670	—	150	240	285	8-22	200	280	320	8-17.5
150WLⅠ140-14.5	4-23	320	750	495	340	355	470	590	670	—	150	240	285	8-22	200	280	320	8-17.5
150WLⅠ210-11.2	4-23	312	755	540	400	355	470	590	670	—	150	225	285	8-17.5	200	280	320	8-17.5
150WLⅠ360-6.4	4-23	400	750	540	450	355	470	590	670	—	150	240	285	8-22	200	280	320	8-17.5
150WLⅠ380-5.4	4-23	400	750	540	450	355	470	590	670	—	150	240	285	8-22	200	280	320	8-17.5
150WLⅠ170-16.5	4-27	320	750	540	450	355	470	590	670	—	150	240	285	8-22	200	280	320	8-17.5
150WLⅠ300-11	4-27	400	750	540	450	355	470	590	670	—	150	240	285	8-22	200	280	320	8-17.5
200WLⅠ360-7.3	4-27	410	955	665	483	500	640	750	840	—	200	295	340	8-22	250	335	375	12-17.5
200WLⅠ520-6.7	4-27	420	800	600	450	500	640	750	840	—	200	295	340	8-22	250	335	375	12-17.5
150WLⅠ190-18	4-27	420	850	620	450	355	470	590	670	—	150	240	285	8-22	200	280	320	8-17.5
150WLⅠ292-13.3	4-27	420	850	620	450	355	470	590	670	—	150	240	285	8-22	200	280	320	8-17.5
200WLⅠ450-8.4	4-27	420	950	770	450	500	640	750	840	—	200	295	340	8-22	250	335	375	12-17.5
150WLⅠ300-16	4-27	420	900	660	450	355	470	590	670	—	150	240	285	8-22	200	280	320	8-17.5
150WLⅠ414-11.4	4-27	420	900	660	450	355	470	590	670	—	150	240	285	8-22	200	280	320	8-17.5

续表

型号	安装尺寸									出口法兰				进口法兰			
	n_1-ϕd_1	J	B	C	D	E	F	G	H	I	DN	D_1	D_2	n-ϕd	DN	D_1	D_2	n-ϕd
250WLⅠ600-8.4	4-27	500	950	790	450	780	900	735	855	—	250	350	395	12-22	300	395	440	12-22
250WLⅠ680-6.8	4-27	500	950	795	450	780	900	735	855	—	250	350	395	12-22	300	395	440	12-22
150WLⅠ262-19.9	4-33	420	950	795	450	355	470	590	670	—	150	240	285	8-22	200	280	320	8-17.5
200WLⅠ480-13	4-27	410	955	795	483	500	640	750	840	—	200	295	340	8-22	250	335	375	12-17.5
250WLⅠ675-10.1	4-33	500	950	895	480	780	900	735	855	—	250	350	395	12-22	300	395	440	12-22
300WLⅠ1000-7.1	4-33	500	950	895	500	780	900	730	850	—	300	400	445	12-22	350	445	490	12-22
150WLⅠ320-26	4-27	377	925	795	400	500	640	750	840	—	150	225	265	8-17.5	200	280	320	8-17.5
200WLⅠ500-20.5	4-40	500	925	795	600	500	640	750	840	—	200	295	340	8-22	250	335	375	12-17.5
200WLⅠ594-15.2	4-40	480	1305	1030	560	792	900	697	805	—	200	295	340	8-22	250	335	375	12-17.5
250WLⅠ750-12	4-40	500	1405	1030	645	780	900	735	855	—	250	350	395	12-22	300	395	440	12-22
250WLⅠ800-15	4-40	500	1400	1030	600	780	900	735	855	—	250	350	395	12-22	300	395	440	12-22
300WLⅠ900-12	4-40	455	1285	1220	750	780	900	730	850	—	300	400	445	12-22	350	445	490	12-22
350WLⅠ1515-8.3	4-40	550	1280	1320	750	840	970	745	875	—	350	460	505	16-22	400	495	540	16-22
400WLⅠ1754-7.6	4-40	550	1280	1320	750	840	970	745	875	—	400	515	565	16-26	450	550	595	16-22
200WLⅠ460-35	4-40	420	1300	980	700	792	900	697	805	—	200	295	340	8-22	250	335	375	12-17.5
200WLⅠ400-30	4-40	420	1300	1220	700	792	900	697	805	—	200	295	340	8-22	250	335	375	12-17.5
200WLⅠ600-25	4-40	450	1300	1220	620	792	900	697	805	—	200	295	340	8-22	250	335	375	12-17.5
250WLⅠ900-18	4-40	500	1300	1220	700	780	900	735	856	—	250	350	395	12-22	300	395	440	12-22
300WLⅠ938-15.8	4-40	500	1300	1320	700	780	900	730	850	—	300	400	445	12-22	350	445	490	12-22
350WLⅠ1425-11.5	4-40	550	1300	1320	750	840	970	745	875	—	350	460	505	16-22	400	495	540	16-22
300WLⅠ1328-15	4-40	500	1300	1320	750	780	900	730	850	—	300	400	445	12-22	350	445	490	12-22
350WLⅠ1540-13	4-40	550	1420	1505	750	840	970	745	875	—	350	460	505	16-22	400	495	540	16-22
200WLⅠ792-27	4-40	480	1305	1320	560	792	900	697	805	—	200	295	340	8-22	250	335	375	12-17.5
250WLⅠ1000-22	4-40	500	1405	1320	645	780	900	735	855	—	250	350	395	12-22	300	395	440	12-22
350WLⅠ1714-15.3	4-40	550	1520	1505	750	840	970	745	875	—	350	460	505	16-22	400	495	540	16-22
500WLⅠ2490-9	6-40	600	1780	待定	850	1080	1210	1030	1160	640	500	620	670	20-20	550	655	705	20-26
600WLⅠ3322-7.5	6-40	600	1830	待定	900	1210	1340	1160	1290	605	600	725	780	20-30	650	760	810	20-26
150WLⅠ350-20	4-33	420	950	895	560	355	470	690	670	—	150	240	285	8-22	200	380	320	8-17.5
200WLⅠ400-17.5	4-33	420	950	895	560	500	640	750	840	—	200	295	340	8-22	250	335	375	12-17.5
300WLⅠ1000-8.5	4-33	500	1000	980	700	780	900	730	850	—	300	400	445	12-22	350	445	490	12-22

2) WL Ⅱ型立式污水泵外形及安装尺寸见图 1-175 和表 1-155。

表 1-155 WL(Ⅱ)型泵安装尺寸(mm)

型号	n_1-ϕd_1	n_2-ϕd_2	P	Q	A	B	C	D	E	F	G	H	I	J	M	出口法兰 DN	D_1	D_2	n-ϕd	进口法兰 DN	D_1	D_2	n-ϕd
150WLⅡ190-18	4-27	4-27	350	420	420	300	620	450	355	470	590	670	—	240	740	150	240	285	8-22	200	280	320	8-17.5
150WLⅡ292-13.3	4-27	4-27	350	420	420	300	620	450	355	470	590	670	—	240	740	150	240	285	8-22	200	280	320	8-17.5
200WLⅡ450-8.4	4-27	4-27	450	520	420	300	770	450	500	640	750	840	—	340	810	200	295	340	8-22	250	335	375	12-17.5
150WLⅡ300-16	4-27	4-27	350	420	420	300	660	450	355	470	590	670	—	240	790	150	240	285	8-22	200	280	320	8-17.5
150WLⅡ414-11.4	4-27	4-27	350	420	420	300	660	450	355	470	590	670	—	240	790	150	240	285	8-22	200	280	320	8-17.5
250WLⅡ600-8.4	4-27	4-27	450	520	500	300	790	450	780	900	735	855	—	340	810	250	350	395	12-22	300	395	440	12-22
250WLⅡ680-6.8	4-27	4-27	450	520	500	300	795	450	780	900	735	855	—	340	810	250	350	395	12-22	300	395	440	12-22
150WLⅡ262-19.9	4-33	6-27	600	700	420	350	795	450	355	470	590	670	—	340	810	150	240	285	8-22	200	280	320	8-17.5
200WLⅡ480-13	4-27	6-27	600	700	410	350	795	483	500	640	750	840	—	340	808	200	295	340	8-22	250	335	375	12-17.5
250WLⅡ675-10.1	4-33	6-27	600	700	500	350	895	480	780	900	735	855	—	440	810	250	350	395	12-22	300	395	440	12-22
300WLⅡ1000-7.1	4-33	6-27	600	700	500	350	895	500	780	900	730	850	—	440	810	300	400	445	12-22	350	445	490	12-22
150WLⅡ360-20	4-33	6-27	600	700	420	350	895	560	355	470	590	670	—	440	810	150	240	285	8-22	200	280	320	8-17.5
200WLⅡ400-17.5	4-33	6-27	600	700	420	350	895	560	500	640	750	840	—	440	810	200	295	340	8-22	250	335	375	12-17.5
300WLⅡ1000-8.5	4-33	6-27	600	700	500	350	895	700	780	900	730	850	—	440	860	300	400	445	12-22	350	445	490	12-22
150WLⅡ320-26	4-27	4-27	450	520	377	300	980	400	500	640	750	840	—	340	815	150	240	285	8-22	200	280	320	8-17.5
200WLⅡ500-20.5	4-27	4-27	450	520	500	300	795	600	500	640	750	840	—	340	815	200	295	340	8-22	250	335	375	12-17.5
250WLⅡ594-15.2	4-40	6-27	600	700	480	350	1030	560	792	900	697	805	—	440	1120	250	350	395	12-22	300	395	440	12-22
250WLⅡ750-12	4-40	6-27	600	700	500	350	1030	645	780	900	735	855	—	440	1230	250	350	395	12-22	300	395	440	12-22
250WLⅡ800-15	4-40	6-27	600	700	500	350	1030	600	780	900	735	855	—	440	1260	250	350	395	12-22	300	395	440	12-22
300WLⅡ900-12	4-40	6-27	600	700	455	350	1220	700	780	900	730	850	—	450	1140	300	400	445	12-22	350	445	490	12-22
350WLⅡ1515-8.3	4-40	4-40	840	970	550	350	1320	750	840	970	740	875	—	550	1110	350	460	505	16-22	400	495	540	16-22
400WLⅡ1754-7.6	4-40	4-40	840	970	550	350	1320	750	840	970	745	875	—	550	1110	400	515	565	16-26	450	550	595	16-22
200WLⅡ460-35	4-40	6-27	600	700	420	350	980	700	792	900	697	805	—	440	1160	200	295	340	8-22	250	335	375	12-17.5
200WLⅡ400-30	4-40	4-40	840	970	420	350	1220	700	792	900	697	805	—	550	1130	200	295	340	8-22	250	335	375	12-17.5
200WLⅡ600-25	4-40	4-40	840	970	450	350	1220	620	792	900	697	805	—	550	1130	200	295	340	8-22	250	335	375	12-17.5
250WLⅡ900-18	4-40	4-40	840	970	500	350	1220	700	780	900	735	850	—	550	1130	250	350	395	12-22	300	395	440	12-22
300WLⅡ938-15.8	4-40	4-40	840	970	500	350	1320	700	780	900	730	850	—	550	1130	300	400	445	12-22	350	445	490	12-22
350WLⅡ1425-11.5	4-40	4-40	840	970	550	350	1320	750	840	970	745	875	—	550	1130	350	460	505	16-22	400	495	540	16-22
300WLⅡ1328-15	4-40	4-40	840	970	500	350	1320	750	780	900	730	850	—	550	1130	300	400	445	12-22	350	445	490	12-22
350WLⅡ1540-13	4-40	4-40	840	970	600	350	1505	750	840	970	745	875	—	550	1250	350	460	505	16-22	400	495	540	16-22
200WLⅡ792-27	4-40	4-40	840	970	480	350	1320	560	792	900	697	805	—	550	1135	200	295	340	8-22	250	335	375	12-17.5
250WLⅡ1000-22	4-40	4-40	640	700	500	350	1320	645	780	900	735	855	—	450	1230	250	350	395	12-22	300	395	440	12-22

1.10 离心式杂质泵

续表

型号	n_1-ϕd_1	n_2-ϕd_2	安装尺寸 (mm)															出口法兰				进口法兰			
			P	Q	R	S	C	D	E	F	G	H	I	J	M	DN	D_1	D_2	n-ϕd	DN	D_1	D_2	n-ϕd
350WLⅡ1714-15.3	4-40		840	970	600	350	1505	750	840	970	745	875	—	550	1350	350	460	505	16-22	400	495	540	16-22
500WLⅡ2490-9	6-40				620	350		850	1080	1210	1030	1160	540	600	1600	500	620	670	20-26	550	655	705	20-26
600WLⅡ3322-7.5	6-40				720	350		900	1210	1340	1160	1290	605	600	1650	600	725	780	20-23	650	760	810	20-26
250WLⅡ820-35	4-40	6-27	600	700	500	350	1320	645	780	900	735	855	—	450	1300	250	350	395	12-22	300	395	440	12-22
400WLⅡ2200-12	4-40	4-40	840	970	555	350	1290	800	840	970	745	875	—	550	1305	400	515	565	16-26	450	550	595	16-22
250WLⅡ900-40	4-40	4-40	840	970	550	350	1505	800	780	900	735	855	—	550	1400	250	350	395	12-22	300	395	440	12-22
300WLⅡ1300-25	4-40	4-40	840	970	600	350	1505	800	780	900	730	850	—	550	1400	300	400	445	12-22	350	445	490	12-22
300WLⅡ1250-28	4-40	4-40	840	970	600	350	1505	800	780	900	730	850	—	550	1400	300	400	445	12-22	350	445	490	12-22
350WLⅡ1900-20	4-40	4-40	840	970	620	350	1505	750	840	970	745	875	—	550	1250	350	460	505	16-22	400	495	540	16-22
400WLⅡ2100-16.5	4-40	4-40	840	970	700	350	1505	850	950	1280	900	1030	475	550	1400	400	515	565	16-26	450	550	595	20-26
500WLⅡ3000-13	6-40	4-40			620	350		850	1080	1210	1030	1160	540	550	1600	500	620	670	20-26	550	655	705	20-26
600WLⅡ4000-8.5	6-40				720	350		1000	1210	1340	1160	1290	605	550	1600	600	725	780	20-30	650	760	810	20-26
500WLⅡ2900-15	6-40				700	400		1000	1080	1210	1030	1160	540	600	1600	500	620	670	20-26	550	655	705	20-26
600WLⅡ4000-11	6-40				720	400		900	1210	1340	1160	1290	605	600	1650	600	725	780	20-30	650	760	810	20-26
700WLⅡ5500-8.5	6-40				800	400		1200	1350	1480	1300	1430	675	600	1650	700	840	895	24-30	750	865	920	24-30
350WLⅡ1500-32	4-40	4-40	840	970	600	350	1505	750	840	970	745	875	—	550	1350	350	460	505	16-22	400	495	540	16-22
350WLⅡ2150-24	4-40				600	400	1505	750	840	970	745	875	—	600	1350	350	460	505	16-22	400	495	540	16-22
500WLⅡ3400-17	6-40				720	350		900	1080	1210	1030	1160	540	600	1600	500	620	670	20-26	550	655	705	20-26
600WLⅡ4820-12.3	6-40				720	400		1000	1210	134	1160	1290	605	600	1600	600	725	780	20-30	650	760	810	20-26
700WLⅡ6500-9.5	6-40				820	400		1000	1350	1480	1300	1430	675	600	1600	700	840	895	24-30	750	865	920	24-30
400WLⅡ2600-28	6-40				650	400		1000	1080	1210	1030	1160	475	600	1600	400	510	565	16-26	450	550	595	16-22
500WLⅡ3740-20.2	6-40				620	400		850	1080	1210	1030	1160	540	600	1600	500	620	670	20-26	550	655	705	20-26
700WLⅡ6400-11.6	6-40				800	400		1000	1350	1480	1300	1430	675	600	1600	700	840	895	24-30	750	865	920	24-30
500WLⅡ3550-23	6-40				700	400		1000	1080	1210	1030	1160	540	600	1600	500	620	670	20-26	550	655	705	20-26
600WLⅡ5000-17	6-40				720	400		900	1210	1340	1160	1290	605	600	1650	600	725	780	20-30	650	760	810	20-26
400WLⅡ2540-35.6	6-40				900	400		900	950	1080	900	1030	475	700	1600	400	515	565	16-26	450	550	595	16-22
700WLⅡ7580-13	6-40				820	400		1200	1350	1480	1300	1430	675	700	1650	700	840	895	24-30	750	865	920	24-30
800WLⅡ8571-11.8	6-40				900	400		1400	1480	1610	1430	1560	740	700	1650	800	950	1015	24-33	900	1020	1075	24-30
500WLⅡ4240-26.4	6-40				720	400		900	1080	1210	1030	1160	540	700	1600	500	620	670	20-26	550	655	705	20-26
600WLⅡ6000-19	6-40				720	400		1000	1210	1340	1160	1290	605	700	1600	600	725	780	20-30	650	760	810	20-26
700WLⅡ7700-16.8	6-40				800	400		1000	1350	1480	1300	1430	675	700	1650	700	840	895	24-30	750	865	920	24-30
800WLⅡ10800-13.5	6-40				900	400		1400	1480	1610	1430	1560	740	700	1650	800	950	1015	24-33	900	1020	1075	24-30
700WLⅡ9200-19	6-40				820	400		1200	1350	1480	1300	1430	675	700	1650	750	840	896	24-30	750	865	920	24-30
800WLⅡ10000-16	6-40				900	400		1400	1480	1610	1430	1560	740	700	1650	800	950	1015	24-30	900	1020	1075	24-30

注：空格内未填注尺寸型号电动机均为6kV高压电动机，其尺寸由设计时给定。

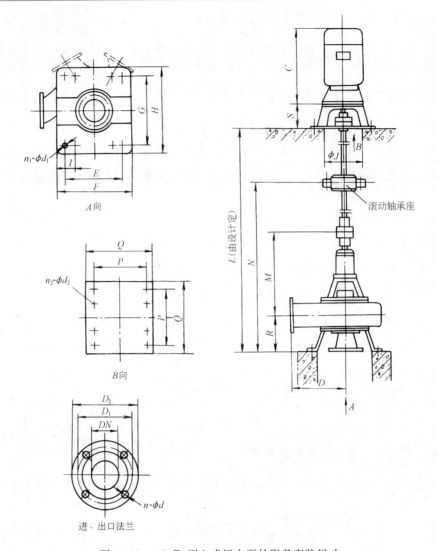

图 1-175 WLⅡ型立式污水泵外形及安装尺寸

注：1. $L=2000\sim7000$mm，每隔 100mm 一档，当 $L\geqslant4000$mm 时，应设中间轴承。
2. 从电动机上端俯视，泵轴为顺时针方向旋转。
3. N 尺寸应考虑将滚动轴承座装配在加长轴中间。
4. 泵体出口方向可根据其下端螺孔位置任意调节。

1.10.16 DS-VV 型立式污水泵

(1) 用途：DS-VV 型大流量、低扬程、无堵塞立式污水泵是引进日本久保田技术制造的产品，出口直径 800～1200mm。广泛适用于城市污水处理、雨水排放、农田灌溉等。

(2) 结构：DS-VV 型泵采用混流式叶轮和蜗式泵体。叶轮为闭式，无护板，叶片少，流道宽敞，不会出现任何杂质或固体物的堵塞。吸入管上设有便于检修的检查孔盖。叶轮在泵体内的位置设计合理，无需拆卸便可在泵外进行调整。设有轴封供水孔，其过流部件采用优质材料制造，寿命长。

(3) 性能：DS-VV 型泵的性能见图 1-176～181 和表 1-156。

1.10 离心式杂质泵

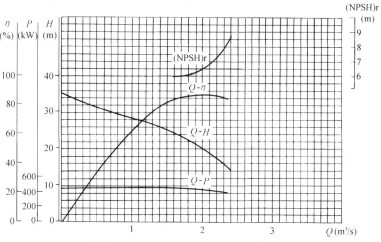

图 1-176　DS-VVS0865 型泵性能曲线

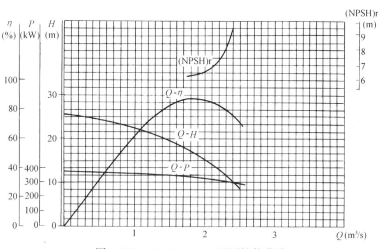

图 1-177　DS-VVS0880 型泵性能曲线

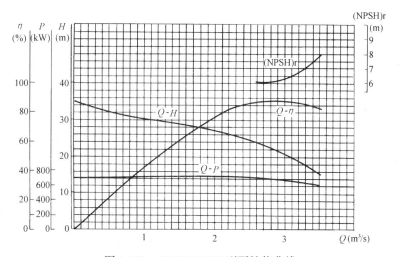

图 1-178　DS-VVS1065 型泵性能曲线

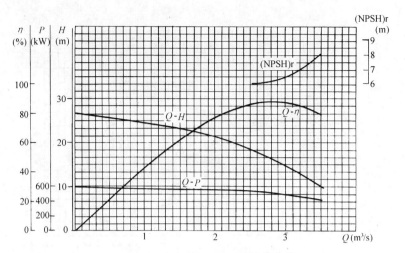

图 1-179　DS-VVS1080 型泵性能曲线

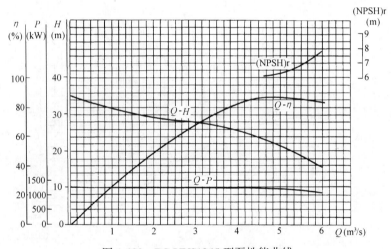

图 1-180　DS-VVS1265 型泵性能曲线

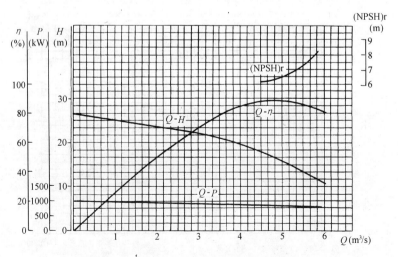

图 1-181　DS-VVS1280 型泵性能曲线

1.10 离心式杂质泵　295

DS-VV 型泵性能　　　　　　　　　　　　　表 1-156

型　号	流量 (m³/s)	扬程 (m)	转速 (r/min)	电动机功率 (kW)	效　率 (%)	气蚀余量 (NPSH)r(m)	出口直径 (mm)	生产厂
DS-VVS1265	5.0	21	368	1400	88	6.3	1200	石家庄水泵厂
DS-VVS1280	4.9	16	368	1100	89	6.3	1200	
DS-VVS1065	2.9	21	485	800	88	6.3	1000	
DS-VVS1080	2.9	15	485	650	89	6.4	1000	
DS-VVS0865	1.9	21	590	550	88	6.3	800	
DS-VVS0880	1.9	16	590	410	87	6.4	800	

(4) 外形及安装尺寸：

1) DS-VV 型泵的外形尺寸见图 1-182 和表 1-157、158。

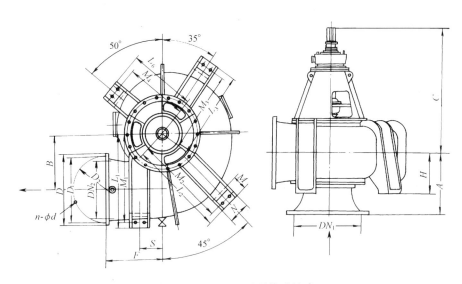

图 1-182　DS-VV 型泵外形尺寸

DS-VV 型泵外形尺寸(mm)　　　　　　　　表 1-157

型　号	DN₂	DN₁	B	F	A	C	H	S	M₁	M₂	M₃	M₄	L₁	L₂	L₃	L₄	M	N
DS-VVS0865	800	900	700	850	830	1760	550	350	1150	1150	1000	880	1240	1240	1090	970	220	330
DS-VVS0880	800	900	760	850	840	1820	580	350	1220	1250	1085	930	1310	1340	1175	1020	220	330
DS-VVS1065	1000	1200	880	1000	1100	2080	640	400	1400	1370	1220	1070	1500	1470	1320	1170	250	360
DS-VVS1080	1000	1200	940	1000	1055	2110	700	400	1500	1600	1370	1100	1600	1700	1470	1200	250	360
DS-VVS1265	1200	1400	1200	1300	1300	2640	880	450	1920	1850	1600	1370	2050	1980	1730	1500	350	470
DS-VVS1280	1200	1400	1200	1300	1300	2640	880	450	1920	1850	1600	1370	2050	1980	1730	1500	350	470

DS-VV 型泵法兰尺寸(mm)　　　　　　　　表 1-158

公称直径	D_1	D	D_2	n-ϕd
800	901	1015	950	24-34
900	1001	1115	1050	28-34
1000	1112	1230	1160	28-37
1200	1328	1455	1380	32-40
1400	1530	1675	1590	36-43

2) DS-VV 型泵基础尺寸见图 1-183 和表 1-159。

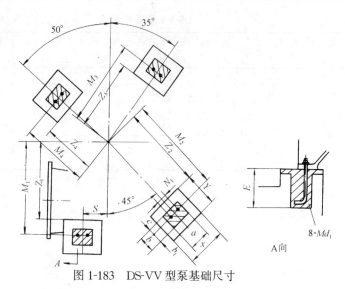

图 1-183 DS-VV 型泵基础尺寸

DS-VV 型泵基础尺寸(mm)　　　　　　　　　　　表 1-159

型号	Z_1	Z_2	Z_3	Z_4	N_1	b_1	c	a	b	X	Y	E	Md_1
DS-VVS0865	960	960	810	690	150	150	70	290	220	530	460	450	30
DS-VVS0880	1030	1060	895	740	150	150	70	290	220	530	460	450	30
DS-VVS1065	1160	1130	980	830	160	160	90	340	250	640	550	550	36
DS-VVS1080	1260	1360	1130	860	160	160	90	340	250	640	550	550	36
DS-VVS1265	1575	1505	1255	1025	230	195	105	440	300	740	690	660	42
DS-VVS1280	1575	1505	1255	1025	230	195	105	440	300	740	690	660	42

3) DS-VV 型泵双层安装布置示意见图 1-184。

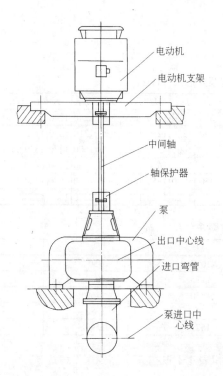

图 1-184 DS-VV 型泵双层
安装布置示意

注：中间轴长度根据安装布置而定。

1.11 潜 污 泵

1.11.1 QW型潜水排污泵

(1) 用途：QW型离心式潜污泵是在吸收国外先进技术的基础上，研制而成的新型潜水排污泵。供输送水温不超过40℃、pH值4～10、海拔高度不超过1000m，带有固体及各种长纤维的污泥、废水、生活污水以及腐蚀性、侵蚀性介质。适用于市政污水处理厂、泵站、工厂、医院、建筑、宾馆排水。

(2) 型号意义说明：

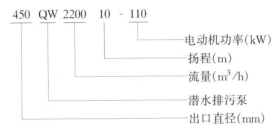

(3) 结构：QW型潜水排污泵由干式潜水电动机和泵头两部分组成。二者之间通过隔油池隔开，并采用双重机械密封。泵配用电动机功率在30kW以上时，接线腔内设有漏水检测探头。当电缆断裂或其他原因漏水时，探头发出信号，控制系统对泵保护。泵配用电动机功率在18.5kW以上时，各泵均有自备冷却系统。

(4) 性能：QW型潜水排污泵性能见图1-185和表1-160。

QW型潜水排污泵性能　　　　　表1-160

型　号	流量 (m³/h)	扬程 (m)	转速 (r/min)	电动机功率(kW)	效率 (%)	出口直径 (mm)	重量 (kg)	生 产 厂
50QW18-15-1.5	18	15	2840	1.5	62.8	50	60	江苏亚太泵业集团公司、浙江省乐清市水泵厂（TQW型4～160kW）、南京制泵集团股份有限公司（WQ型11～160kW及AS、AV型0.8～7.5kW）、石家庄水泵厂（WQ型11～380kW）、宁波巨神制泵实业公司（WQK型0.75～315kW）
50QW25-10-1.5	25	10	2840	1.5	67.5	50	60	
50QW15-22-2.2	15	22	2840	2.2	58.4	50	70	
50QW42-9-2.2	42	9	2840	2.2	74.8	50	70	
50QW25-15-3	25	15	1430	3	57.9	50	125	
80QW50-10-3	50	10	1430	3	72.3	80	125	
100QW70-7-3	70	7	1430	3	75.4	100	125	
50QW24-20-4	24	20	1440	4	69.2	50	121	
50QW25-22-4	25	22	1440	4	56.2	50	121	
50QW40-15-4	40	15	1440	4	67.7	50	121	
80QW60-13-4	60	13	1440	4	72.1	80	121	
100QW70-10-4	70	10	1440	4	74.4	100	130	
100QW100-7-4	100	7	1440	4	77.4	100	130	
50QW25-30-5.5	25	30	1440	5.5	54.2	50	190	
80QW25-38-5.5	25	38	1440	5.5	52.6	80	190	
80QW45-22-5.5	45	22	1440	5.5	55.4	100	190	
100QW30-22-5.5	30	22	1440	5.5	57.4	100	190	

续表

型　号	流　量 (m³/h)	扬　程 (m)	转　速 (r/min)	功　率 (kW)	效　率 (%)	出口直径 (mm)	重　量 (kg)	生　产　厂
100QW65-15-5.5	65	15	1440	5.5	71.4	100	190	
100QW120-10-5.5	120	10	1440	5.5	77.2	100	190	
150QW140-7-5.5	140	7	1440	5.5	79.1	190	150	
50QW30-30-7.5	30	30	1440	7.5	62.2	50	180	
100QW70-15-7.5	70	15	1440	7.5	61.7	100	208	
100QW70-20-7.5	70	20	1440	7.5	63.3	100	208	
100QW145-10-7.5	145	10	1440	7.5	78.2	100	208	
150QW210-7-7.5	210	7	1440	7.5	80.5	150	190	
100QW40-36-11	40	36	1460	11	59.1	100	293	
100QW50-35-11	50	35	1460	11	62.05	100	293	
100QW70-22-11	70	22	1460	11	69.5	100	293	
150QW100-15-11	100	15	1460	11	75.1	150	280	
200QW360-6-11	360	6	1460	11	72.4	200	290	
100QW87-28-15	87	28	1460	15	69.1	100	360	
100QW100-22-15	100	22	1460	15	72.2	100	360	
150QW140-18-15	140	18	1460	15	73	150	360	
150QW150-15-15	150	15	1460	15	76.2	150	360	江苏亚太泵业集团公司、浙江省乐清市水泵厂(TQW型4~160kW)、南京制泵集团股份有限公司(WQ型11~160kW及AS、AV型0.8~7.5kW)、石家庄水泵厂(WQ型11~380kW)、宁波巨神制泵实业公司(WQK型0.75~315kW)
150QW200-10-15	200	10	1460	15	79.4	150	360	
200QW400-7-15	400	7	970	15	82.1	200	360	
150QW70-40-18.5	70	40	1470	18.5	54.2	150	520	
150QW200-14-18.5	200	14	1470	18.5	68.3	150	520	
200QW250-15-18.5	250	15	1470	18.5	77.2	200	520	
300QW720-5.5-18.5	720	5.5	970	18.5	74.1	300	520	
150QW130-30-22	130	30	970	22	66.8	150	520	
150QW150-22-22	150	22	970	22	69	150	820	
200QW300-10-22	300	10	970	22	81.2	200	820	
250QW250-17-22	250	17	970	22	66.7	250	820	
250QW600-7-22	600	7	970	22	83.5	250	820	
300QW720-6-22	720	6	970	22	74	300	820	
150QW100-40-30	100	40	980	30	60.1	150	900	
150QW200-22-30	200	22	980	30	73.5	150	900	
200QW360-15-30	360	15	980	30	77.9	200	900	
200QW400-10-30	400	10	980	30	77.8	200	900	
250QW500-10-30	500	10	980	30	78.3	250	900	
400QW1250-5-30	1250	5	980	30	78.9	400	900	
150QW140-45-37	140	45	980	37	63.1	150	1100	
150QW200-30-37	200	30	980	37	71	150	1100	
200QW350-20-37	350	20	980	37	77.8	200	1100	
250QW700-11-37	700	11	980	37	83.2	250	1150	
300QW900-8-37	900	8	980	37	84.5	300	1150	
350QW1440-5.5-37	1440	5.5	980	37	76	350	1250	

续表

型号	流量 (m³/h)	扬程 (m)	转速 (r/min)	功率 (kW)	效率 (%)	出口直径 (mm)	重量 (kg)	生产厂
200QW250-35-45	250	35	980	45	71.3	200	1400	
200QW400-24-45	400	24	980	45	77.53	200	1400	
250QW600-15-45	600	15	980	45	82.6	250	1456	
350QW1100-10-45	1100	10	980	45	74.6	350	1500	
150QW150-56-55	150	56	980	55	68.6	150	1206	
200QW250-40-55	250	40	980	55	70.62	200	1280	
200QW400-34-55	400	34	980	55	76.19	200	1280	
250QW600-20-55	600	20	980	55	80.5	250	1350	
300QW800-15-55	800	15	980	55	82.78	300	1350	
400QW1692-7.25-55	1692	7.25	740	55	75.7	400	1350	
150QW108-60-75	108	60	980	75	52.2	150	1400	
200QW350-50-75	350	50	980	75	73.64	200	1420	
250QW600-25-75	600	25	980	75	80.6	250	1516	
400QW1500-10-75	1500	10	980	75	82.07	400	1670	
400QW2016-7.25-75	2016	7.25	740	75	76.2	400	1700	
250QW600-30-90	600	30	990	90	78.66	250	1860	江苏亚太泵业集团公司、浙江省乐清市水泵厂(TQW型4～160kW)、南京制泵集团股份有限公司(WQ型11～160kW及AS、AV型0.8～7.5kW)、石家庄水泵厂(WQ型11～380kW)、宁波巨神制泵实业公司(WQK型0.75～315kW)
250QW700-22-90	700	22	990	90	79.2	250	1860	
350QW1200-18-90	1200	18	990	90	82.5	350	2000	
350QW1500-15-90	1500	15	990	90	82.1	350	2000	
250QW600-40-110	600	40	990	110	67.5	250	2300	
250QW700-33-110	700	33	990	110	79.12	250	2300	
300QW800-36-110	800	36	990	110	69.7	300	2300	
300QW950-24-110	950	24	990	110	81.9	300	2300	
450QW2200-10-110	2200	10	990	110	86.64	450	2300	
550QW3500-7-110	3500	7	745	110	77.5	550	2300	
250QW600-50-132	600	50	990	132	66	250	2750	
350QW1000-28-132	1000	28	745	132	83.2	350	2830	
400QW2000-15-132	2000	15	745	132	85.34	400	2900	
350QW1000-36-160	1000	36	745	160	78.65	350	3150	
400QW1500-26-160	1500	26	745	160	82.17	400	3200	
400QW1700-22-160	1700	22	745	160	83.36	400	3200	
500QW2600-15-160	2600	15	745	160	86.05	500	3214	
550QW3000-12-160	3000	12	745	160	86.05	550	3250	
600QW3500-12-185	3500	12	745	185	87.13	600	3420	
400QW1700-30-200	1700	30	740	200	83.36	400	3850	
550QW3000-16-200	3000	16	740	200	86.18	550	3850	
500QW2400-22-220	2400	22	740	220	84.65	500	4280	
400QW1800-32-250	1800	32	740	250	82.07	400	4690	
500QW2650-24-250	2650	24	740	250	85.01	500	4690	
600QW3750-17-250	3750	17	740	250	86.77	600	4690	

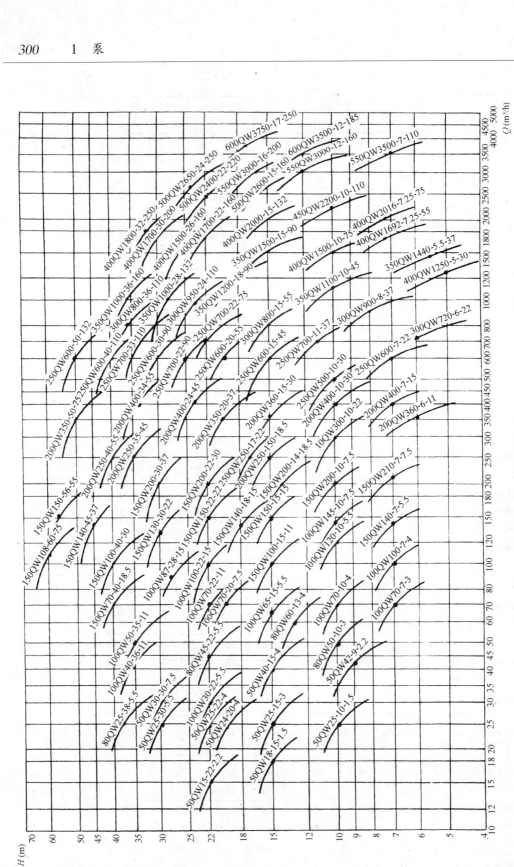

图1-185 QW型潜水排污泵性能范围

(5) 外形及安装尺寸：

1）QW 型泵移动式安装尺寸见图 1-186 和表 1-161，该种安装仅限于 11kW 以下的泵。

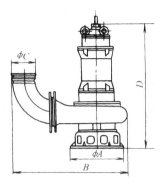

图 1-186　QW 型泵移动式安装尺寸
（江苏亚太泵业集团公司）

QW 型泵移动式安装尺寸　　　　　　　　表 1-161

型　号	φA	B	φC	D
50QW18-15-1.5	240	400	58	610
50QW25-10-1.5	240	397	58	605
50QW15-22-2.2	240	398	58	683
50QW27-15-2.2	240	400	58	680
50QW42-9-2.2	240	400	58	710
80QW50-10-3	340	573	86	886
100QW70-7-3	340	570	104	860
50QW24-20-4	380	700	58	740
50QW40-15-4	360	690	58	750
80QW60-13-4	360	690	86	750
100QW70-10-4	360	664	104	760
100QW100-7-4	360	650	104	770
50QW25-30-5.5	400	660	58	800
100QW30-22-5.5	380	649	104	802
100QW65-15-5.5	380	650	104	810
100QW120-10-5.5	380	640	104	820
150QW140-7-5.5	380	650	154	830
50QW40-30-7.5	420	840	58	870
100QW50-22-7.5	400	830	104	880
150QW145-10-7.5	380	804	154	890
150QW210-7-7.5	380	810	154	910

注：可根据用户要求配备水位控制液位开关、全自动保护装置及控制柜。

2）QW 型潜水排污泵自动耦合式安装尺寸见图 1-187 和表 1-162。

表 1-162 QW型潜水排污泵自动耦合安装尺寸

型号	DN	D_1	D_2	e	f	g	h	H_1	$n_1-\phi d_1$	L	M	m	n	p	k	H	I	T_1	T_2	F_2	$H_{3\min}$	H_2	J	E	$n_2-\phi d_2$
50QW18-15-1.5	50	110	140	320	390	320	390	400	4-20	472	407	100	60	18	280	610	108	120	108	115	300	272	200	550×550	4-13.5
50QW25-10-1.5	50	110	140	320	390	320	390	400	4-20	472	407	100	60	18	265	605	108	119	105	113	300	262	200	550×550	4-13.5
50QW15-22-2.2	50	110	140	320	390	320	390	400	4-20	472	407	100	60	18	265	683	108	122	106	114	300	258	200	600×550	4-13.5
50QW42-9-2.2	50	110	140	320	390	320	390	400	4-20	472	407	100	60	18	285	710	108	155	135	145	300	280	200	650×600	4-13.5
50QW25-15-3	50	110	140	320	390	320	390	400	4-20	472	407	100	60	18	357	740	108	179	162	172	300	274	200	650×600	4-13.5
80QW50-10-3	80	150	190	350	420	360	400	480	4-24	505	440	100	60	18	327	806	108	174	142	148	300	400	200	700×600	4-17.5
100QW70-7-3	100	170	210	350	420	360	425	480	4-24	505	440	100	60	18	350	860	128	170	145	160	300	350	233	700×600	4-17.5
50QW24-20-4	50	110	140	320	390	320	390	400	4-20	472	407	100	60	18	420	740	108	215	185	200	300	350	200	750×650	4-13.5
50QW25-22-4	50	110	140	320	390	320	390	400	4-20	472	407	100	60	18	387	670	108	195	179	187	300	360	200	700×600	4-13.5
50QW40-15-4	50	110	140	320	390	320	390	400	4-20	472	407	100	60	18	357	684	108	179	162	172	300	400	200	700×600	4-13.5
80QW60-13-4	80	150	190	350	420	360	400	480	4-24	505	440	100	60	18	420	750	108	210	180	195	300	350	200	750×650	4-17.5
100QW70-10-4	100	170	210	350	420	360	425	480	4-24	505	440	100	60	18	380	760	128	193	163	179	300	386	233	750×650	4-17.5
100QW100-7-4	100	170	210	350	420	360	425	480	4-24	505	440	100	60	18	420	770	128	200	120	185	300	350	233	750×650	4-17.5
50QW25-30-5.5	50	110	140	320	390	320	390	400	4-20	472	407	100	60	18	400	800	108	220	190	210	300	350	200	750×650	4-13.5
80QW25-38-5.5	80	150	190	350	420	360	425	480	4-24	505	440	100	60	18	447	755	108	240	228	234	300	395	200	750×650	4-17.5
80QW45-22-5.5	80	150	190	350	420	360	400	480	4-24	505	440	100	60	18	387	735	108	207	195	201	300	400	200	750×650	4-17.5
100QW30-22-5.5	100	170	210	350	420	360	425	480	4-24	505	440	100	60	18	362	802	128	213	192	206	300	390	233	750×650	4-17.5
100QW65-15-5.5	100	170	210	350	420	360	425	480	4-24	505	440	100	60	18	437	724	128	215	194	206	300	392	233	750×650	4-17.5
100QW120-10-5.5	100	170	210	350	420	360	425	480	4-24	505	440	100	60	18	410	820	128	250	200	225	300	360	233	750×650	4-17.5
150QW140-7-5.5	150	225	265	350	420	360	425	480	4-24	505	440	100	60	18	420	830	128	250	200	225	300	365	253	850×700	8-17.5
50QW30-30-7.5	50	110	140	320	390	320	390	400	4-20	472	407	100	60	18	407	718	108	216	199	207	300	280	200	850×700	4-13.5
100QW70-15-7.5	100	170	210	350	420	360	425	480	4-24	505	440	100	60	18	437	680	128	215	194	206	300	407	233	850×700	4-17.5
100QW70-20-7.5	100	170	210	350	420	360	425	480	4-24	505	440	100	60	18	437	680	128	215	194	206	300	407	233	850×700	4-17.5
100QW145-10-7.5	100	170	210	350	420	360	425	480	4-24	505	440	100	60	18	407	890	128	243	209	231	300	410	233	850×700	4-17.5
150QW210-7-7.5	150	225	265	350	420	360	425	480	4-24	505	440	100	60	18	420	910	128	245	196	220	300	365	253	850×700	8-17.5
100QW40-36-11	100	170	210	350	420	360	425	480	4-24	505	440	100	60	18	475	980	128	251	233	242	300	392	233	900×750	4-17.5

1.11 潜污泵

续表

型号	DN	D_1	D_2	e	f	g	h	H_1	n_1-ϕd_1	L	M	m	n	p	k	H	I	T_1	T_2	F_2	H_{3min}	H_2	J	E	n_2-ϕd_2
100QW50-35-11	100	170	210	350	420	360	425	480	4-24	505	440	100	60	18	480	960	128	235	215	225	300	360	233	900×750	4-17.5
100QW70-22-11	100	170	210	350	420	360	425	480	4-24	505	440	100	60	18	337	973	128	215	194	206	300	407	233	900×750	4-17.5
150QW100-15-11	150	225	265	350	420	360	425	480	4-24	505	440	100	60	18	364	980	128	213	182	199	300	362	253	900×750	8-17.5
200QW360-6-11	200	280	320	560	640	550	640	615	4-33	700	605	100	60	22	443	1037	274	257	180	226	300	414	454	900×750	8-17.5
100QW87-28-15	100	170	210	350	420	360	425	480	4-24	505	440	100	60	18	480	980	128	230	210	220	300	360	233	900×750	4-17.5
100QW100-22-15	100	170	210	350	420	360	425	480	4-24	505	440	100	60	18	460	1100	128	220	200	210	300	360	233	900×750	4-17.5
150QW140-18-15	150	225	265	480	560	520	600	525	4-33	640	560	100	60	22	515	980	213	251	233	242	400	372	365	900×800	8-17.5
150QW150-15-15	150	225	265	480	560	520	600	525	4-33	640	560	100	60	22	440	1100	213	250	210	230	400	400	365	900×800	8-17.5
150QW200-10-15	150	225	265	480	560	520	600	525	4-33	640	560	100	60	22	417	1064	213	216	179	198	400	393	365	900×800	8-17.5
200QW400-7-15	200	280	320	560	640	550	640	615	4-33	700	605	100	60	22	543	1106	274	326	235	288	400	465	454	900×800	8-17.5
150QW70-40-18.5	150	225	265	480	560	520	600	525	4-33	640	560	100	60	22	515	1196	213	251	233	242	400	385	365	1000×800	8-17.5
150QW200-14-18.5	150	225	265	480	560	520	600	525	4-33	640	560	100	60	22	595	1214	213	348	274	311	400	480	365	1150×850	8-17.5
200QW250-15-18.5	200	280	320	560	640	550	640	615	4-33	700	605	100	60	22	593	1285	274	347	268	309	400	419	454	1150×850	8-17.5
300QW720-5.5-18.5	300	395	440	770	870	780	880	765	4-40	888	800	150	90	27	627	1602	383	404	291	357	400	600	633	1150×850	12-22
150QW130-30-22	150	225	265	480	560	520	600	525	4-33	640	560	100	60	22	637	1516	213	339	311	325	400	405	365	1150×850	8-17.5
150QW150-22-22	150	225	265	480	560	520	600	525	4-33	640	560	100	60	22	567	1559	213	318	287	304	400	396	365	1150×850	8-17.5
200QW300-10-22	200	280	320	560	640	550	640	615	4-33	700	605	100	60	22	593	1616	274	298	240	269	400	489	454	1150×900	8-17.5
250QW250-17-22	250	335	375	650	750	700	800	720	4-40	798	710	150	60	27	677	1597	303	329	280	307	400	595	488	1150×900	12-17.5
250QW600-7-22	250	335	375	650	750	700	800	720	4-40	798	710	150	60	27	637	1640	303	357	267	311	400	600	488	1200×900	12-17.5
300QW720-6-22	300	395	440	770	870	780	880	765	4-40	888	800	150	90	27	627	1602	383	404	291	357	400	600	633	1200×900	12-22
150QW100-40-30	150	225	265	480	560	520	600	525	4-33	640	560	100	60	22	677	1185	213	356	330	343	400	387	365	1150×900	8-17.5
150QW200-22-30	150	225	265	480	560	520	600	525	4-33	640	560	100	60	22	597	1170	213	312	278	295	400	403	365	1150×900	8-17.5
200QW360-15-30	200	280	320	560	640	550	640	615	4-33	700	605	100	60	22	600	1250	274	315	275	290	400	420	454	1150×900	8-17.5
200QW400-10-30	200	280	320	560	640	550	640	615	4-33	700	605	100	60	22	603	1240	274	351	279	315	400	480	454	1300×900	8-17.5
250QW500-10-30	250	335	375	650	750	700	800	720	4-40	798	710	150	60	27	737	1234	303	417	321	376	500	570	488	1300×1000	12-17.5
400QW1250-5-30	400	515	565	850	950	780	880	800	6-40	630	542	150	90	27	975	1305	390	557	378	488	500	590	630	1400×1200	16-26

续表

型号	DN	D_1	D_2	e	f	g	h	H_1	n_1-ϕd_1	L	M	m	n	p	k	H	I	T_1	T_2	F_2	$H_{3\min}$	H_2	J	E	n_2-ϕd_2
150QW140-45-37	150	225	265	480	560	520	600	525	4-33	640	560	100	60	22	667	2029	213	368	340	354	400	420	365	1300×900	8-17.5
150QW200-30-37	150	225	265	480	560	520	600	525	4-33	640	560	100	60	22	750	1820	213	380	340	365	400	420	365	1300×900	8-17.5
200QW350-20-37	200	280	320	560	640	550	640	615	4-33	700	605	100	60	22	750	1840	274	350	330	340	400	450	454	1300×900	8-17.5
250QW700-11-37	250	335	375	650	750	700	800	720	4-40	798	710	150	90	27	737	2053	303	417	321	376	500	570	488	1300×1000	12-17.5
300QW900-8-37	300	395	440	770	870	780	880	765	4-40	888	800	150	90	27	760	1860	383	360	320	340	500	660	633	1300×1000	12-22
350QW1440-5.5-37	350	445	490	770	870	780	880	765	4-40	888	800	150	90	27	777	2089	383	495	332	427	500	660	633	1300×1000	12-22
200QW250-35-45	200	280	320	560	640	550	640	615	4-33	700	605	100	60	22	780	1950	274	424	340	380	400	650	454	1350×1000	8-17.5
200QW400-24-45	200	280	320	560	640	550	640	615	4-33	700	605	100	60	22	653	1970	274	458	418	438	400	500	454	1350×1000	8-17.5
250QW600-15-45	250	335	375	650	750	700	800	720	4-40	798	710	150	90	27	727	2152	303	398	318	358	400	620	488	1350×1000	12-17.5
350QW1100-10-45	350	445	490	770	870	780	880	765	4-40	888	800	150	90	27	727	2151	383	435	317	381	400	580	633	1350×1000	12-22
150QW150-56-55	150	225	265	480	560	520	600	525	4-33	640	560	100	60	22	687	1993	213	386	364	375	500	405	365	1400×1200	8-17.5
200QW250-40-55	200	280	320	560	640	550	640	615	4-33	700	605	100	60	22	705	2087	274	407	384	395	500	485	454	1400×1200	8-17.5
200QW400-34-55	200	280	320	560	640	550	640	615	4-33	700	605	100	60	22	693	2012	274	413	365	392	500	456	454	1400×1200	8-17.5
250QW600-20-55	250	335	375	650	750	700	800	720	4-40	798	710	150	90	27	800	2120	303	520	410	470	500	680	488	1400×1200	12-17.5
300QW800-15-55	300	395	440	770	870	780	880	765	4-40	888	800	150	90	27	732	2099	383	370	307	340	500	588	633	1400×1200	12-22
400QW1692-7.25-55	400	515	565	850	950	780	880	800	6-40	630	542	150	90	27	975	2464	390	591	423	522	500	650	630	1450×1200	16-26
150QW108-60-75	150	225	265	480	560	520	600	525	4-33	640	560	100	60	22	687	2053	213	386	364	375	500	379	365	1450×1200	8-11.5
200QW350-50-75	200	280	320	560	640	550	640	615	4-33	700	605	100	60	22	783	2072	274	456	406	434	500	430	454	1450×1200	8-17.5
250QW600-25-75	250	335	375	650	750	700	800	720	4-40	798	710	150	90	27	797	2110	303	517	437	465	500	574	488	1400×1200	12-17.5
400QW1500-10-75	400	515	565	850	950	780	880	800	6-40	630	542	150	90	27	915	2360	390	479	351	420	500	590	630	1450×1200	16-26
400QW2016-7.25-75	400	515	565	850	950	780	880	800	6-40	630	542	150	90	27	975	2464	390	591	423	522	500	650	630	1450×1200	16-26
250QW600-30-90	250	335	375	650	750	700	800	720	4-40	798	710	150	90	27	870	2120	303	520	450	485	500	630	488	1450×1200	12-17.5
250QW700-22-90	250	335	375	650	750	700	800	720	4-40	798	710	150	90	27	797	1505	303	460	362	409	500	610	488	1450×1200	12-17.5
350QW1200-18-90	350	445	490	770	870	780	880	765	4-40	888	800	150	90	27	1797	2271	383	508	386	456	500	592	633	1450×1200	12-22
350QW1500-15-90	350	445	490	770	870	780	880	765	4-40	888	800	150	90	27	880	2140	383	500	430	465	500	680	633	1450×1200	12-22

续表

型号	DN	D_1	D_2	e	f	g	h	H_1	$n_1\text{-}\phi d_1$	L	M	m	n	p	k	H	I	T_1	T_2	F_2	$H_{3\min}$	H_2	J	E	$n_2\text{-}\phi d_2$
250QW600-40-110	250	335	375	650	750	700	800	720	4-40	798	710	150	90	27	977	2303	303	573	510	545	500	575	488	1750×1350	12-17.5
250QW700-33-110	250	335	375	650	750	700	800	720	4-40	798	710	150	90	27	980	2320	303	560	490	525	500	630	488	1600×1300	12-17.5
300QW800-36-110	300	395	440	770	870	780	880	765	4-40	888	800	150	90	27	777	2314	383	473	395	438	500	555	633	1600×1300	12-22
300QW950-24-110	300	395	440	770	870	780	880	765	4-40	888	800	150	90	27	950	2340	383	530	460	495	500	700	633	1650×1300	12-22
450QW2200-10-110	450	565	615	1145	1265	810	930	1350	4-40	902	833	100	84	26	900	2404	700	600	422	511	600	1033	952	1550×1350	20-26
550QW3500-7-110	550	675	730	1180	1300	1090	1210	1200	6-48	888	710	150	90	27	1188	2696	665	781	557	696	600	1065	955	1800×1550	20-30
250QW600-50-132	250	335	375	650	750	700	800	720	4-40	798	710	150	90	27	977	2303	303	573	510	545	600	575	488	1750×1350	12-17.5
350QW1000-28-132	350	445	490	770	870	780	880	765	4-40	888	800	150	90	27	877	2433	383	547	456	507	600	580	633	1800×1400	12-22
400QW2000-15-132	400	515	565	850	950	850	880	800	6-40	630	542	150	90	27	930	2500	390	710	530	620	600	650	630	1750×1350	16-26
350QW1000-36-160	350	445	490	770	870	780	880	765	4-40	888	800	150	90	27	1100	2600	383	760	580	670	600	700	633	1900×1500	12-22
400QW1500-26-160	400	515	565	850	950	850	880	800	6-40	630	542	150	90	27	1180	2600	390	740	560	650	600	620	630	1900×1500	16-26
400QW1700-22-160	400	515	565	850	950	850	880	800	6-40	630	542	150	90	27	1175	2742	390	712	567	647	600	590	630	1900×1500	16-26
500QW2600-15-160	500	620	670	1140	1260	830	950	1350	6-48	798	710	150	90	27	1030	2775	595	659	471	578	600	1005	895	1950×1600	20-26
550QW3000-12-160	550	675	730	1180	1300	1090	1210	1200	6-48	798	710	150	90	27	1108	2674	665	682	496	596	600	942	955	1800×1550	20-30
600QW3500-12-185	600	725	780	1180	1300	1090	1210	1400	6-48	888	800	150	90	27	1140	3025	635	572	467	522	600	1040	955	2000×1600	20-30
400QW1700-30-200	400	515	565	850	950	780	880	800	6-40	630	542	150	90	27	1175	3010	390	712	567	647	600	590	630	1850×1600	16-26
550QW3000-16-200	550	675	730	1180	1300	1090	1210	1200	6-48	798	710	150	90	27	1230	2680	590	740	620	680	600	1120	955	2100×1700	20-30
500QW2400-22-220	500	620	670	1140	1260	830	950	1350	6-48	798	710	150	90	27	1280	3010	595	780	610	706	600	950	895	2100×1750	20-26
400QW1800-32-250	400	515	565	850	950	780	880	800	6-40	630	542	150	90	27	1175	3010	390	712	567	647	600	590	630	2100×1700	16-26
500QW2650-24-250	500	620	670	1140	1260	1090	1210	1350	6-48	798	710	150	90	27	1260	2880	595	780	610	695	600	1120	895	2100×1750	20-26
600QW3750-17-250	600	725	780	1180	1300	1090	1210	1400	6-48	888	800	150	90	27	1280	2900	635	800	650	725	600	1150	955	2100×1800	20-30

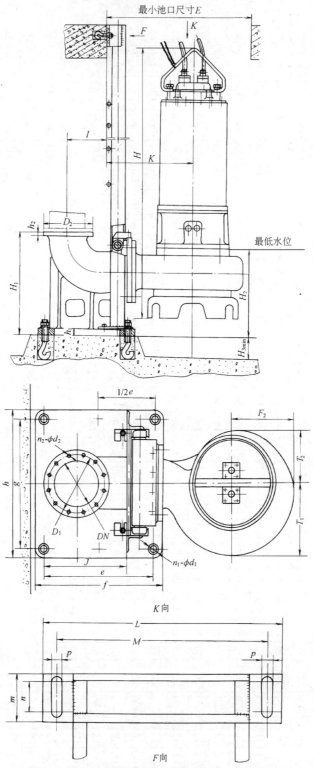

图1-187 QW型潜水排污泵自动耦合式安装尺寸
(江苏亚太泵业集团公司)

1.11.2 芬兰沙林 S 型潜水泵

(1) 用途：芬兰沙林 S 型潜水泵主要用于污水处理、雨水排除、地面取水和陆地排水工程中抽升污水、污泥、雨水、河水及含杂物的液体。

(2) 型号意义说明：

(3) 结构：沙林潜水泵的 S 型半轴流式叶轮具有宽大的自由通道，叶片呈长螺旋状，其中 SV 型超级涡流泵的内腔更大，水可不经叶轮而流出。因此，沙林潜水泵可允许 80～145mm 大颗粒污物通过。该泵采用双重机械密封，其冷却是利用泵抽升的液体，经过筛滤自动流入封闭的环形水套内进行。

单台泵容许最高连续启动次数如下：

框架尺寸	启动次数/h	框架尺寸	启动次数/h
34、42	25	58、62、70	15
46、50、54	20	74、78	10

(4) 性能：沙林潜水泵的型号很多，按框架尺寸划分为 34、42、46、50、54、58、62、66、70、74 和 78 十一种，而框架尺寸是根据电动机共有的外部和内部尺寸、形状及冷却系统而定，下面介绍 42～66 七种。

1) 框架 42 中 S 型泵性能见图 1-188、189 和表 1-163。

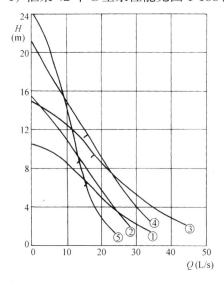

图 1-188　框架 42 中①～⑤S 型泵性能曲线
（$n = 1500、3000r/min$）

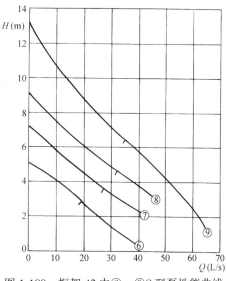

图 1-189　框架 42 中⑥～⑨S 型泵性能曲线
（$n = 1000、1500r/min$）

框架 42 中 S 型泵性能　　　　　　　表 1-163

曲线序号	型号	自由通道 (mm)	安装方式							电动机		生产厂
			1		2 和 4			3				
			出口直径 (mm)	重量(kg)		进口直径 (mm)	出口直径 (mm)	重量 (kg)	软管直径 (mm)	重量 (kg)	功率 (kW)	转速 (r/min)	
				泵	底座								
1	SV 034C	φ100	100×80	100	23	100	100	110	100	100	2.9	1432	芬兰沙林泵公司
2	SV 034CH	φ80	80×100	95	15	100	100	100	75	95	2.9	1432	
3	SV 044C	φ100	100×80	100	23	100	100	110	100	100	4.2/3.6	1380	
4	SV 044CH	φ80	80×100	95	15	100	100	100	75	95	4.2/3.6	1380	
5	SV 042C	φ80	100×80	95	23	100	100	105	75	90	4.5/3.5	2844	
6	S1 026A	φ100	100×80	110	23						1.7	910	
7	S1 024C	φ100	100×80	110	23	100	100	135	100	110	2.9	1432	
8	S1 034C	φ100	100×80	110	23	100	100	135	100	110	2.9	1432	
9	S1 044C	φ100	100×80	110	23	100	100	135	100	110	4.2/3.6	1380	

2) 框架 46 中 S 型泵性能见图 1-190、191 和表 1-164。

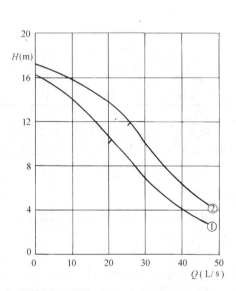

图 1-190　框架 46 中①～②S 型泵性能
（$n = 1500$r/min）

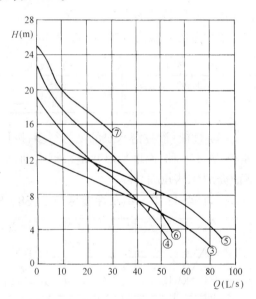

图 1-191　框架 46 中③～⑦S 型泵性能
（$n = 1500$r/min）

框架 46 中 S 型泵性能　　　　　　　表 1-164

曲线序号	型号	自由通道 (mm)	安装方式							电动机		生产厂
			1		2 和 4			3				
			出口直径 (mm)	重量(kg)		进口直径 (mm)	出口直径 (mm)	重量 (kg)	软管直径 (mm)	重量 (kg)	功率 (kW)	转速 (r/min)	
				泵	底座								
1	SV 064B	φ100	100×80	163	23	100	100	140	100	140	5.5	1449	芬兰沙林泵公司
2	SV 074B	φ100	100×80	163	23				100	140	7.0	1423	
3	S1 064AM	φ100	100×80	140	23	150	100	140	100	140	5.5	1449	
4	S1 064AH	φ80	100×80	140	23	100	100	140	100	140	5.5	1449	

续表

曲线序号	型号	自由通道 (mm)	安装方式							电动机		生产厂
			1		2 和 4			3		功率 (kW)	转速 (r/min)	
			出口直径 (mm)	重量 (kg)	进口直径 (mm)	出口直径 (mm)	重量 (kg)	软管直径 (mm)	重量 (kg)			
				泵 / 底座								
5	S1 074AM	φ100	100×80	140 / 23				100	140	7.0	1423	芬兰沙林泵公司
6	S1 074AH	φ80	100×80	140 / 23				100	140	7.0	1423	
7	S1 074AS	φ80	100×80	140 / 23						7.0	1423	

3) 框架50中S型泵的性能见图1-192～195和表1-165。

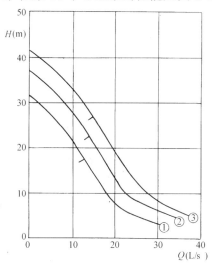

图1-192 框架50中①～③S型泵性能曲线
($n=3000\text{r/min}$)

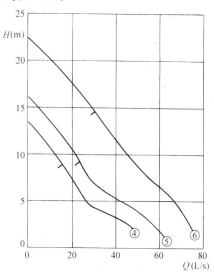

图1-193 框架50中④～⑥S型泵性能曲线
($n=1500\text{r/min}$)

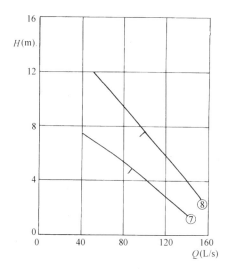

图1-194 框架50中⑦～⑧S型泵性能曲线
($n=1500\text{r/min}$)

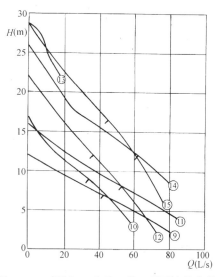

图1-195 框架50中⑨～⑮S型泵性能曲线
($n=1500\text{r/min}$)

框架 50 中 S 型泵性能   表 1-165

曲线序号	型号	自由通道 (mm)	安装方式							电动机		生产厂
			1		2 和 4			3		功率 (kW)	转速 (r/min)	
			出口直径 (mm)	重量 (kg)	进口直径 (mm)	出口直径 (mm)	重量 (kg)	软管直径 (mm)	重量 (kg)			
				泵	底座								
1	SV 072BH	φ80	100×80	163	23	100	80	180	100	160	7.4/9.4	2952	芬兰沙林泵公司
2	SV 092BH	φ80	100×80	163	23				100	160	9.4	2928	
3	SV 122BH	φ80	100×80	140	23	100	80	180	100	160	11.5/12.0	2904	
4	SV 054H	φ100	100×80	165	23	100	80	180	100	165	5.5	1463	
5	SV 074H	φ100	100×80	165	23	100	80	180	100	165	7.5	1437	
6	SV 124AH	φ100	100×80	180	23	100	100	205	100	185	12.5/13.0	1425	
7	S1 074E	80×130	200	365	155	200	200	275	200	240	7.5	1437	
8	S1 124AE	80×130	200	365	155	200	200	275	200	275	12.5/13.0	1425	
9	S1 054CM	φ100	100×80	165	23	100	100	185	100	165	5.5	1463	
10	S1 054H	φ80	100×80	165	23	100	100	185	100	165	5.5	1463	
11	S1 074CM	φ100	100×80	165	23	150	100	190	100	185	7.5	1437	
12	S1 074H	φ80	100×80	170	23	100	100	190	100	185	7.5	1437	
13	S1 074S	φ80	100×80	170	23	100	100	190			7.5	1437	
14	S1 124BM	φ100	100×80	180	23	150	100	210	100	190	12.5/13.0	1425	
15	S1 124AH	φ80	100×80	185	23	100	100	210	100	190	12.5/13.0	1425	

4) 框架 54 中 S 型泵性能见图 1-196~198 和表 1-166。

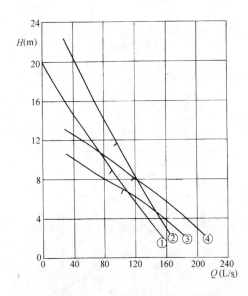

图 1-196 框架 54 中①~④S 型泵性能曲线
（$n=1500 \text{r/min}$）

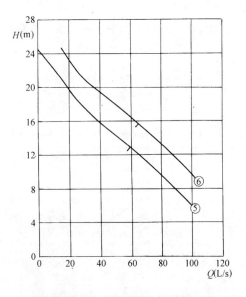

图 1-197 框架 54 中⑤~⑥S 型泵性能曲线
（$n=1500 \text{r/min}$）

1.11 潜污泵 311

框架 54 中 S 型泵性能　　　　　　　　　　　　表 1-166

曲线序号	型号	自由通道 (mm)	安装方式 1		安装方式 2 和 4			安装方式 3		电动机		生产厂
			出口直径 (mm)	重量(kg)	进口直径 (mm)	出口直径 (mm)	重量 (kg)	软管直径 (mm)	重量 (kg)	功率 (kW)	转速 (r/min)	
				泵 / 底座								
1	S1 134L	φ100	200	335 / 155	200	200	340	200	300	13.5/14.0	1452	芬兰沙林泵公司
2	S1 174L	φ100	200	335 / 155	200	200	335	200	320	17.0/18.0	1455	
3	S2 134L	φ100	200	335 / 155	200	200	340	200	300	13.5/14.0	1452	
4	S2 174L	φ100	200	335 / 155	200	200	340	200	320	17.0/18.0	1455	
5	S1 134M	φ100	150	250 / 77	150	125	320	150	290	13.5/14.0	1452	
6	S1 174M	φ100	150	250 / 77	150	125	320	150	290	17.0/18.0	1455	
7	S1 134H	φ80	100	230 / 45	150	100	295	100	255	13.5/14.5	1452	
8	S1 174H	φ80	100	230 / 45	150	100	295	100	275	17.0/18.0	1455	
9	S1 212H	φ80	80	230 / 40						21.0	2780	
10	S1 212S	φ80	80	230 / 40						21.0	2780	

5) 框架 58 中 S 型泵性能见图 1-199～201 和表 1-167。

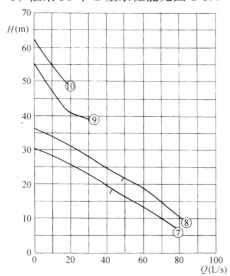

图 1-198　框架 54 中 ⑦～⑩ S 型泵性能曲线
（$n=1500、3000\text{r/min}$）

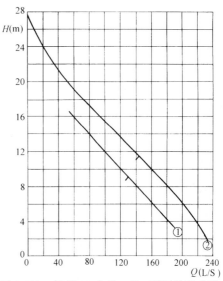

图 1-199　框架 58 中 ①～② S 型泵性能曲线
（$n=1500\text{r/min}$）

框架 58 中 S 型泵性能　　　　　　　　　　　　表 1-167

曲线序号	型号	自由通道 (mm)	安装方式 1		安装方式 2 和 4			安装方式 3		电动机		生产厂
			出口直径 (mm)	重量(kg)	进口直径 (mm)	出口直径 (mm)	重量 (kg)	软管直径 (mm)	重量 (kg)	功率 (kW)	转速 (r/min)	
				泵 / 底座								
1	S1 224L	φ115	200	490 / 155	250	200	510	200	455	22.0	1458	芬兰沙林泵公司
2	S1 264L	φ115	200	490 / 155	250	200	510	200	460	26.0/28.0	1446	
3	S2 224L	φ100	200	485 / 155	250	200	505	200	465	22.0	1458	
4	S2 264L	φ100	200	485 / 155	250	200	505	200	470	26.0/28.0	1446	

续表

曲线序号	型号	自由通道(mm)	安装方式 1			安装方式 2 和 4			安装方式 3		电动机		生产厂
			出口直径(mm)	重量(kg) 泵	重量(kg) 底座	进口直径(mm)	出口直径(mm)	重量(kg)	软管直径(mm)	重量(kg)	功率(kW)	转速(r/min)	
5	Sl 224M	φ110	150	410	77	200	125	430	150	395	22.0	1458	芬兰沙林泵公司
6	Sl 264M	φ110	150	410	77	200	125	430	150	400	26.0/28.0	1446	
7	Sl 224H	φ80	150	415	77	150	125	445	150	405	22.0	1458	
8	Sl 264H	φ80	150	415	77	150	125	445	150	410	26.0/28.0	1446	

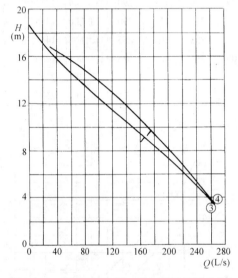

图 1-200　框架 58 中③~④S 型泵性能曲线
（$n=1500$r/min）

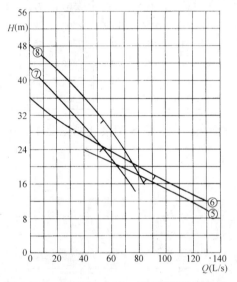

图 1-201　框架 58 中⑤~⑧S 型泵性能曲线
（$n=1500$r/min）

6) 框架 62 中 S 型泵性能见图 1-202~205 和表 1-168。

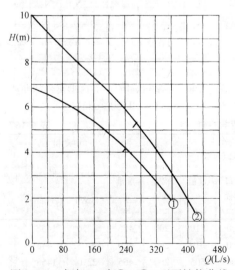

图 1-202　框架 62 中①~②S 型泵性能曲线
（$n=750$r/min）

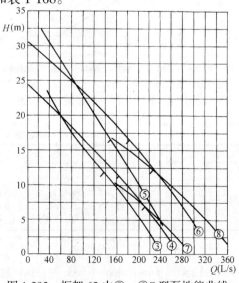

图 1-203　框架 62 中③~⑧S 型泵性能曲线
（$n=1500$r/min）

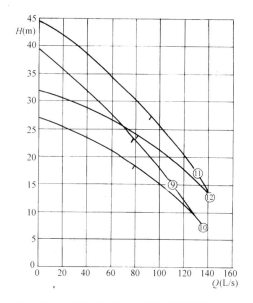

图 1-204 框架 62 中⑨~⑫S 型泵性能曲线
（$n=1500$r/min）

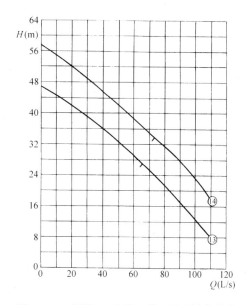

图 1-205 框架 62 中⑬~⑭S 型泵性能曲线
（$n=1500$r/min）

框架 62 中 S 型泵性能　　　　　　　　　　　表 1-168

曲线序号	型号	自由通道(mm)	安装方式							电动机		生产厂
			1		2 和 4			3		功率	转速	
			出口直径(mm)	重量(kg)		进口直径(mm)	出口直径(mm)	重量(kg)	软管直径(mm)	重量(kg)	(kW)	(r/min)	
				泵	底座								
1	S2 158	φ145	300	730	230	400	300	750			15.0	725	
2	S2 208	φ145	300	730	230	400	300	750			20.0	725	
3	S1 304L	110×140	200	610	155	250	200	740	200	695	30.0	1482	
4	S2 304AL	φ100	200	720	155	250	200	740	200	695	30.0	1482	
5	S1 404L	110×140	200	610	155	250	200	740	200	695	41.0/43.0	1464	
6	S2 404AL	φ100	200	720	155	250	200	740	200	695	41.0/43.0	1464	芬兰沙林泵公司
7	S2 304E	φ100	300	750	230	300	300	750			30	1482	
8	S2 404E	φ100	300	750	230	300	300	750			41.0/43.0	1464	
9	S1 304M	100×120	150	625	77	200	125	645	150	640	30.0	1482	
10	S2 304M	100×130	150	645	77	200	125	665	150	640	30.0	1482	
11	S1 404M	100×120	150	625	77	200	125	645	150	640	41.0/43.0	1464	
12	S2 404M	100×130	150	645	77	200	125	665	150	640	41.0/43.0	1464	
13	S1 304H	φ80	150	620	77	150	125	640	150	645	30.0	1482	
14	S1 404H	φ80	150	620	77	150	125	640	150	645	41.0/43.0	1464	

7) 框架 66 中 S 型泵的性能见图 1-206~210 和表 1-169。

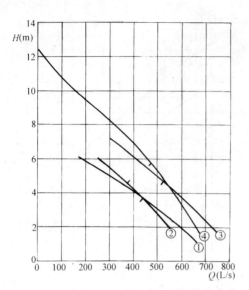

图 1-206 框架 66 中①~④S 型泵性能曲线
($n=500$、600r/min)

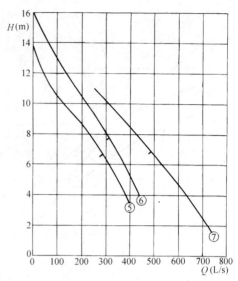

图 1-207 框架 66 中⑤~⑦S 型泵性能曲线
($n=750\text{r/min}$)

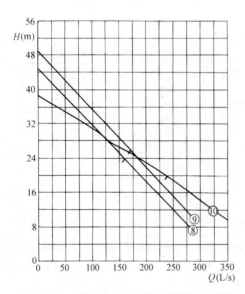

图 1-208 框架 66 中⑧~⑩S 型泵性能曲线
($n=1500\text{r/min}$)

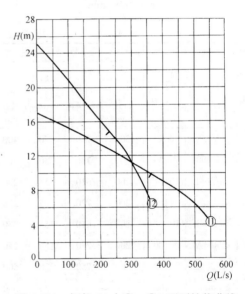

图 1-209 框架 66 中⑪~⑫S 型泵性能曲线
($n=750\text{r/min}$)

框架 66 中 S 型泵性能　　　　表 1-169

曲线序号	型号	自由通道 (mm)	安装方式 1 出口直径 (mm)	安装方式 1 重量(kg) 泵	安装方式 1 重量(kg) 底座	2和4 进口直径 (mm)	2和4 出口直径 (mm)	2和4 重量 (kg)	4和5 软管直径 (mm)	4和5 重量 (kg)	电动机 功率 (kW)	电动机 转速 (r/min)	生产厂
1	S3 2212E	125×163	600	1500	1000	500	600	1550			22.0	488	芬兰沙林泵公司
2	S3 2210L	115×140	500	1200	600	500	500	1250			22.0	585	芬兰沙林泵公司
3	S3 3510E	125×163	600	1500	1000	500	600	1550			35.0	585	芬兰沙林泵公司

续表

曲线序号	型号	自由通道(mm)	安装方式 1			安装方式 2和4			安装方式 4和5		电动机		生产厂
			出口直径(mm)	重量(kg)		进口直径(mm)	出口直径(mm)	重量(kg)	软管直径(mm)	重量(kg)	功率(kW)	转速(r/min)	
				泵	底座								
4	S3 3510L	115×140	500	1200	600	500	500	1250			35.0	585	芬兰沙林泵公司
5	S2 278M	φ145	300	735	230	400	300	755	300	755	28.0	738	
6	S2 358M	φ145	300	735	230	400	300	755	300	755	35.0	732	
7	S3 508L	115×140	500	1400	600	500	500	1400			50.0	726	
8	S2 554AM	φ100	200	740	155	250	200	775	200	740	58.0	1482	
9	S2 654AM	φ100	200	740	155	250	200	775	200	740	68.0	1476	
10	S2 654AL	110×130	250	945	185	300	250	955	250	950	68.0	1476	
11	S3 508M	120×140	300	1100	230	400	300	1100	300	1050	50.0	726	
12	S2 508H	φ120	250	1100	210	300	250	1100	250	1010	50.0	726	
13	S1 554AH	φ100	200	770	155	250	200	805	200	810	58.0	1482	
14	S1 654AH	φ100	200	770	155	250	200	805	200	810	68.0	1476	

(5) 外形及安装尺寸：沙林潜水泵共有多种安装方式。第一种方式是水泵与穿墙管耦合安装，泵沿安装于水池壁上的滑轨下行，与带90°弯头的底座和法兰对接密封，此为沙林潜水泵专用无渗漏自动耦合接口。第二种为立式安装，下部带钢支架或泵直接坐在水泥支墩上。第三种是作为便携式在湿井中使用或用于临时使用的场合，此时需在出水管上安装软管。第四种为卧式安装。第二和四均为干式安装，即泵安装在水池壁外。第五种方式是泵安装在圆形出水筒中与出水明渠相接。此外还有其他一些安装方式。本节介绍其中的四种。

1) 沙林S型潜水泵外形及安装尺寸（第一种方式）见图1-211和表1-170。

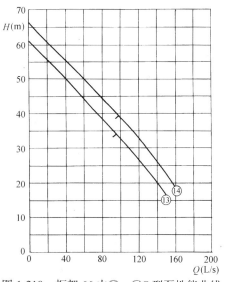

图 1-210 框架66中⑬～⑭S型泵性能曲线 ($n=1500\text{r/min}$)

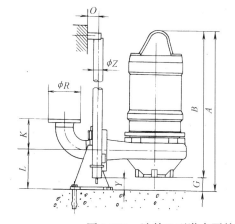
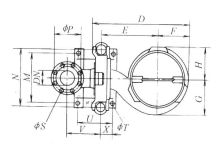

图 1-211 沙林S型潜水泵外形及安装尺寸（第一种方式）

表 1-170 沙林 S 型潜水泵外形及安装尺寸(第一种方式)(mm)

框架尺寸/型号	DN	A	B	C	D	E	F	G	H	K	L	M	N	O	φP	φR	φS	φT	U	V	X	Y	φZ
42																							
SV 034/044CH	100	685	605	80	470	275	150	150	155	99	160	184	206	60	180	220	18	20	123	167	65	80	48
SV 034/044C	100	775	635	140	530	330	155	165	155	120	260	180	220	60	180	220	18	20	205	180	121	180	48
SV 042C	100	780	600	180	510	350	155	155	155	120	260	180	220	60	180	220	18	20	205	180	121	180	48
S1 024/034/044C	100	760	660	100	535	320	135	175	160	120	260	180	220	60	180	220	18	20	205	180	121	180	48
S1 026A	100	760	660	100	535	320	165	175	160	120	260	180	220	60	180	220	18	20	205	180	121	180	48
46																							
SV 064/074B	100	780	645	135	550	320	170	175	220	120	260	180	220	60	180	220	18	20	205	180	121	180	48
S1 064/074 AM	100	765	665	100	580	360	170	190	220	120	260	180	220	60	180	220	18	20	205	180	121	180	48
S1 064/074 AH	100	760	645	115	565	340	175	185	220	120	260	180	220	60	180	220	18	20	205	180	121	180	48
S1 074 AS	100	760	645	115	565	340	175	185	220	120	260	180	220	60	180	220	18	20	205	180	121	180	48
50																							
SV 072/092/122BH	100	885	785	100	705	465	180	180	190	120	260	180	220	60	180	220	18	20	205	180	121	180	48
SV 054/074H	100	950	850	100	595	350	180	180	190	120	260	180	220	60	180	220	18	20	205	180	121	180	48
SV 124AH	100	1020	920	100	595	350	180	180	190	120	260	180	220	60	180	220	18	20	205	180	121	180	48
S1 074E	200	1050	910	140	960	555	325	365	260	300	400	540	600	250	295	340	22	28	460	320	140	20	88
S1 124 AE	200	1110	970	140	960	555	325	365	260	300	400	540	600	250	295	340	22	28	460	320	140	20	88
S1 054/074CM	100	950	845	105	620	375	180	190	190	120	260	180	220	60	180	220	18	20	205	180	121	180	48
S1 057/074H/074S	100	920	820	100	595	350	180	185	190	120	260	180	220	60	180	220	18	20	205	180	121	180	48
S1 124BM	100	1035	935	100	610	375	180	190	190	120	260	180	220	60	180	220	18	20	205	180	121	180	48
S1 124AH	100	990	890	100	595	350	180	185	190	120	260	180	220	60	180	220	18	20	205	180	121	180	48
54																							
S1/S2 134/174L	200	1210	1015	195	935	590	265	315	235	300	400	540	600	250	295	340	22	28	460	320	140	20	88
S1 134/174M	150	1180	995	185	715	432	215	235	210	250	380	280	500	150	240	285	22	24	320	265	115	165	77
S1 134/174H	100	1050	960	90	670	390	215	230	210	200	260	325	375	75	180	220	18	24	230	223	80	80	60

1.11 潜污泵

续表

框架尺寸/型号	DN	A	B	C	D	E	F	G	H	K	L	M	N	O	φP	φR	φS	φT	U	V	X	Y	φZ
S1 212H/212S 58	80	1085	980	105	610	370	180	180	215	180	260	325	375	75	160	200	18	24	230	203	80	80	60
S1 224/264 L	200	1410	1225	185	1010	640	290	345	265	300	400	540	600	250	295	340	22	28	460	320	140	20	88
S2 224/264 L	200	1410	1195	215	1010	640	290	345	265	300	400	540	600	250	295	340	22	28	460	320	140	20	88
S1 224/264 M	150	1365	1210	155	765	472	225	235	225	250	380	280	500	150	240	285	22	24	320	265	115	165	77
S1 224/264 H	150	1355	1175	180	785	492	225	240	215	250	380	280	500	150	240	285	22	24	320	265	115	165	77
S2 158/208 62	300	1685	1510	175	1315	790	440	525	355	400	400	620	700	150	400	445	23	28	500	420	205	270	88
S1/S2 304/404 L/AL	200	1585	1425	160	1130	750	300	360	275	300	400	540	600	250	295	340	22	28	460	320	140	20	88
S1/S2 304/404 M	150	1555	1420	135	830	512	250	260	250	250	380	280	500	150	240	285	22	24	320	265	115	165	77
S1 304/404 H	150	1540	1390	150	830	512	250	260	250	250	380	280	500	150	240	285	22	24	320	265	115	165	77
S3 2212/3510 E 66	600	2050	1800	250	2300	1460	765	885	620	700	700	1000	1100	250	725	780	30	28	800	755	75	30	114
S3 2210/3510/508 L	500	2100	1800	300	2005	1300	630	720	550	600	700	900	1000	250	620	670	26	34	1400	650	350	270	88
S2 278/358 M	300	1715	1540	175	1315	790	440	525	355	400	400	620	700	150	400	445	23	28	500	420	205	270	88
S2 554/654 AM	200	1670	1480	190	900	550	290	290	290	300	400	540	600	250	295	340	22	28	460	320	140	20	88
S3 508 M	300	1915	1765	150	1315	790	440	525	355	400	400	620	700	150	400	445	23	28	500	420	205	270	88
S2 508 H	250	1700	1535	165	1355	840	440	480	390	350	400	620	700	150	350	395	23	28	500	370	206	270	88
S1 554/654 AH SS	200	1680	1500	180	1055	690	290	305	290	300	400	540	600	250	295	340	22	28	460	320	140	20	88
SS/0210/038/066	200	1100	950	150	890	510	300	345	245	300	400	540	600	150	295	340	22	28	530	320	70	140	88

2) 沙林 S 型潜水泵外形及安装尺寸(第二种方式之一)见图 1-212 和表 1-171。

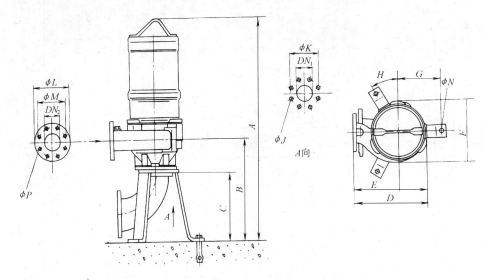

图 1-212　沙林 S 型潜水泵外形及安装尺寸(第二种方式之一)

沙林 S 型潜水泵外形及安装尺寸(第二种方式之一)(mm)　　表 1-171

框架尺寸/型号	DN_1	DN_2	A	B	C	D	E	F	G	H	ϕJ	ϕK	ϕL	ϕM	ϕN	ϕP
42																
SV 034/044 CH	100	100	1045	525	425	370	217	320	270	30°	M16	180	225	180	24	19
SV 034/044 C	100	100	1085	565	425	420	265	320	270	30°	M16	180	225	180	24	19
SV 042 C	100	100	1045	525	425	400	247	310	270	30°	M16	180	225	180	24	19
S1 024/034/044 C	100	100	1095	600	425	425	257	335	270	30°	M16	180	225	180	24	19
S1 026 A	100	100	1095	600	425	425	257	335	270	30°	M16	180	225	180	24	19
46																
SV 064 B	100	100	1085	570	425	437	267	395	270	30°	M16	180	225	180	24	19
S1 064 AM	150	100	1130	805	600	467	297	410	300	30°	M20	240	225	180	24	19
S1 064 AH	100	100	1100	590	425	452	277	405	270	30°	M16	180	225	180	24	19
50																
SV 072/122 BH	100	80	1265	620	425	580	400	375	270	30°	M16	180	200	160	24	19
SV 054/074 H	100	100	1225	625	425	465	285	365	270	30°	M16	180	200	160	24	19
SV 124 AH	100	100	1325	625	425	465	285	365	270	30°	M16	180	200	160	24	19
S1 074 E	200	200	1640	970	700	785	460	625	350	30°	M20	295	340	295	24	24
S1 124 AE	200	200	1700	970	700	785	460	625	350	30°	M20	295	340	295	24	24
S1 054/074 CM	150	100	1520	805	600	492	312	380	300	30°	M20	240	225	180	24	19
S1 057/074 H/074 S	100	100	1305	625	425	465	285	375	270	30°	M16	180	200	160	24	19
S1 124 BM	100	150	1580	805	600	492	312	380	300	30°	M20	240	225	180	24	19
S1 124 AH	100	100	1365	625	425	465	285	375	270	30°	M16	180	200	160	24	19
54																
S1/S2 134/174 L	200	200	1730	920	700	765	500	550	350	30°	M20	295	340	295	24	24
S1 134/174 M	150	125	1640	840	600	575	360	445	300	30°	M20	240	250	210	24	19
S1 134/174 H	150	100	1605	815	600	570	355	435	300	30°	M20	240	220	180	24	19

续表

框架尺寸/型号	DN_1	DN_2	A	B	C	D	E	F	G	H	ϕJ	ϕK	ϕL	ϕM	ϕN	ϕP
58																
S1 224/264L	250	200	2075	1065	825	840	550	610	400	30°	M20	350	340	295	28	24
S2 224/264L	250	200	2075	1065	825	840	550	610	400	30°	M20	350	340	295	28	24
S1 224/264M	200	125	1940	955	700	625	400	460	350	30°	M20	295	250	210	24	19
S1 224/264H	150	125	1810	835	600	645	420	460	300	30°	M20	240	250	210	24	19
62																
S2 158/208	300	300	2320	1100	855	1140	700	880	450	30°	M20	400	470	400	28	24
S1/S2 304/404L/AL	250	200	2305	1120	825	900	600	635	400	30°	M20	350	340	295	28	24
S1/S2 304/404M	200	125	2145	970	700	790	440	510	350	30°	M20	295	250	210	24	19
S1 304/404H	150	125	2040	880	600	740	440	510	300	30°	M20	240	250	210	24	19
66																
S2 278/358M	400	300	2805	1490	1152	1140	700	880	630	30°	M24	515	470	400	28	24
S2 554/654AM	250	200	2340	1065	825	750	460	580	400	30°	M20	350	340	295	28	24
S3 508M	400	300	2805	1490	1152	1140	700	880	630	30°	M24	515	470	400	28	24
S2 508H	300	250	2410	1110	855	1190	750	870	450	30°	M20	400	395	350	28	24
S1 554/654AH	250	200	2335	1075	825	890	600	595	400	30°	M20	350	340	295	28	24

3) 沙林S型潜水泵外形及安装尺寸(第二种方式之二)见图1-213和表1-172。

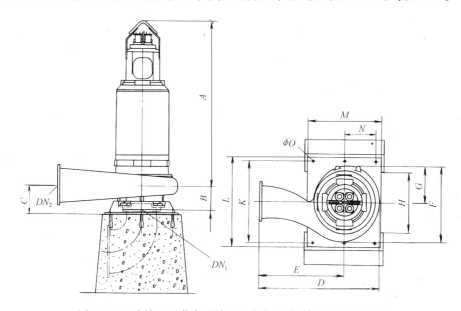

图1-213 沙林S型潜水泵外形及安装尺寸(第二种方式之二)

沙林S型潜水泵外形及安装尺寸(第二种方式之二)(mm) 表1-172

框架尺寸/型号	DN_1	DN_2	A	B	C	D	E	F	G	H	K	L	M	N	ϕO
66															
S3 2212/3510E	500	600	1550	534	550	2115	1350	1505	620	800	1100	1180	700	300	28
S3 2210/3510/508L	500	500	1300	479	495	1830	1200	1270	550	800	1100	1180	700	300	27

4) 沙林 S 型潜水泵外形及安装尺寸(第三种方式)见图 1-214 和表 1-173。

沙林 S 型潜水泵外形及安装尺寸（第三种方式）(mm) 表 1-173

框架尺寸/型号	DN	A	B	C	D	E	F	G	H
42									
SV 034/044 CH	80	710	305	490	155	155	310	315	190
SV 034/044 C	100	750	305	565	165	155	320	355	230
SV 042 C	100	710	305	545	155	155	310	335	190
S1 024/034/044 C	100	765	305	570	175	160	335	415	270
46									
SV 064/074 B	100	755	305	580	175	220	395	385	240
S1 064/074 AM	100	765	305	610	190	220	410	415	270
S1 064/074 AH	100	745	305	600	185	220	405	380	235
50									
SV 072/092/122 BH	100	915	350	555	180	180	360	460	290
SV 054/074 H	100	950	350	615	180	190	370	435	290
SV 124 AH	100	1050	350	615	180	190	370	435	290
S1 074 E	200	1030	550	1210	365	275	640	815	380
S1 124 AE	200	1090	550	1210	365	275	640	815	380
S1 054/074 CM	100	975	350	640	190	190	380	430	285
S1 054/074 H	100	950	350	615	185	190	375	435	290
S1 124 BM	100	1080	350	640	190	190	380	450	305
S1 124 AH	100	1020	350	615	185	190	375	435	290
54									
S1/S2 134/174 L	200	1125	550	1200	315	235	550	750	315
S1 134/174 M	150	1105	550	915	235	210	445	585	305
S1 134/174 H	100	1070	550	775	230	210	440	425	280
58									
S1 224/264 L	200	1425	550	1265	345	275	620	850	415
S2 224/264 L	200	1390	550	1265	345	275	620	815	380
S1 224/264 M	150	1345	550	955	235	225	460	640	360
S1 224/264 H	150	1315	550	975	240	215	455	620	340
62									
S1/S2 304/404 L/AL	200	1555	700	1435	360	350	710	805	370
S1/S2 304/404 M	150	1540	700	1070	260	250	510	645	365
S1 304/404 H	150	1530	700	1070	260	250	510	650	370
66									
S2 278/358 M	300	1765	700	1775	525	355	880	1050	450
S2 554/654 AM	200	1680	700	1235	290	290	580	825	405
S3 508 M	300	1765	700	1775	525	355	880	1050	450
S2 508 H	250	1760	700	1720	480	390	870	980	460
S1 554/654 AH	200	1695	700	1375	305	290	595	850	415

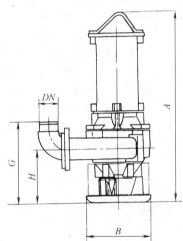

图 1-214 沙林 S 型潜水泵外形及安装尺寸（第三种方式）

5) 沙林 S 型潜水泵外形及安装尺寸(第四种方式)见图 1-215 和表 1-174。

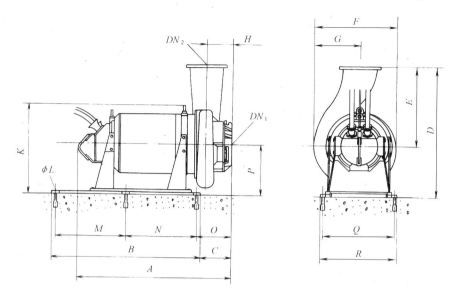

图 1-215　沙林 S 型潜水泵外形及安装尺寸(第四种方式)

沙林 S 型潜水泵外形及安装尺寸(第四种方式)　　　　表 1-174

框架尺寸/型号	DN_1	DN_2	A	B	C	D	E	F	G	H	K	ϕL	M	N	O	P	Q	R
42																		
SV 034/044 CH	100	100	620	250	—	437	217	320	160	100	—	20	150	—	57	220	230	300
SV 034/044 C	100	100	660	250	—	485	265	320	165	140	—	20	150	—	57	220	230	300
SV 042 C	100	100	620	250	—	467	247	310	155	100	—	20	150	—	60	220	230	300
S1 024/034/044 C	100	100	670	250	—	477	257	335	175	175	—	20	150	—	60	220	230	335
46																		
SV 064 B	100	100	665	520	—	517	267	395	175	140	—	20	300	—	75	250	250	320
S1 064 AM	100	100	670	520	—	547	297	410	190	175	—	20	300	—	75	250	250	320
S1 064 AH	100	100	680	520	—	527	277	405	220	160	—	20	300	—	75	250	250	320
50																		
SV 072/122 BH	100	80	820	820	—	700	400	370	180	175	—	20	500	—	115	300	390	450
SV 054/074 H	100	100	820	820	—	585	285	365	180	175	—	20	500	—	115	300	390	450
SV 124 AH	100	100	890	820	—	585	285	365	180	175	—	20	500	—	115	300	390	450
S1 074 E	200	200	940	820	—	860	460	685	365	275	—	20	500	—	115	400	390	450
S1 124 AE	200	200	1000	820	—	860	460	685	365	275	—	20	500	—	115	400	390	450
S1 054/074 CM	100	100	900	820	—	610	310	380	190	190	—	20	500	—	115	300	390	450
S1 057/074 H	100	100	885	820	—	585	285	375	190	175	—	20	500	—	115	300	390	450
S1 124 BM	100	100	970	820	—	612	312	380	190	175	—	20	500	—	115	300	390	450
S1 124 AH	100	100	955	820	—	585	285	375	190	175	—	20	500	—	115	300	390	450
54																		
S1/S2 134/174 L	200	200	1045	820	—	875	500	550	315	220	—	20	500	—	115	375	390	450
S1 134/174 M	150	125	1055	820	—	660	360	445	235	210	—	20	500	—	115	300	390	450
S1 134/174 H	150	100	1020	820	—	655	355	440	230	185	—	20	500	—	115	300	390	450

续表

框架尺寸/型号	DN$_1$	DN$_2$	A	B	C	D	E	F	G	H	K	ϕL	M	N	O	P	Q	R
58																		
S1 224/264 L	250	200	1235	820	—	925	550	610	345	225	—	20	500	—	115	375	390	450
S2 224/264 L	250	200	1235	820	—	925	550	610	345	225	—	20	500	—	115	375	390	450
S1 224/264 M	200	150	1245	820	—	775	400	460	235	260	—	20	500	—	115	375	390	450
S1 224/264 H	150	125	1235	820	—	795	420	460	240	245	—	20	500	—	115	375	390	450
62																		
S2 158/208	300	300	1450	820	—	1200	700	880	525	245	—	23	600	—	50	500	700	760
S1/S2 304/404 L/AL	250	200	1450	820	—	1035	660	635	360	265	—	20	500	—	115	375	390	450
S1/S2 304/404 M	200	125	1440	820	—	815	440	510	260	265	—	20	500	—	115	375	390	450
S1 304/404 H	200	150	1455	820	—	815	440	510	260	265	—	20	500	—	115	375	390	450
66																		
S3 2212/3510 E	500	600	2050	1400	750	2150	1350	1505	885	550	840	28	600	600	850	800	700	760
S3 2210/3510/508 L	400	500	1740	1400	500	1900	1200	1270	720	335	740	28	600	600	600	700	700	760
S2 278/358 M	300	300	1540	1000	—	1250	700	880	525	217	450	24	450	450	417	550	700	760
S2 554/654 AM	250	200	1505	1000	—	860	460	580	290	215	400	24	450	450	453	400	700	760
S3 508 M	400	300	1615	1000	—	1200	700	880	525	320	470	24	450	450	590	500	700	760
S2 508 H	300	250	1600	1000	—	1250	750	870	480	290	470	24	450	450	554	500	700	760
S1 554/654 AH	250	200	1525	1000	—	1000	600	595	305	225	400	24	450	450	463	400	700	760

1.11.3 芬兰沙林 SE 型潜水射流泵

(1) 用途:沙林 SE 型潜水射流泵用于浓度较高的沉淀污泥搅拌,以利抽吸运输。也可作为池中充氧曝气器用。射流泵由一台标准潜水泵、射流腔和扩散管三部分组成,空气由一根伸到水面的软管引入。当水泵抽水时,由扩散管口喷出大量空气细泡以充氧。

(2) 性能及外形尺寸:SE 型潜水射流泵性能及外形尺寸见表 1-175。

SE 型潜水射流泵技术性能　　　　　　表 1-175

射流器		射流器	性能			尺寸		重量	生产厂
射流器型号	水泵型号	喷口直径(mm)	$Q_水$(L/s)	$Q_{空气}$(L/s)	充氧量(kg/h)	长度(mm)	导轨宽(mm)	(kg)	
EJ3	SV 032BM	25	7	8	1~2.5	1150	450	90	芬兰沙林泵公司
EJ4	SV 044CH	37	14	18	2.5~4	1380	450	135	
EJ7	S1 074CM	57	35	44	4~8	1450	450	215	
EJ12	S1 124BM	78	70	86	8~15	1970	700	245	
EJ17	S1 174L	95	108	125	11~20	2570	700	395	
EJ26	S1 264L	117	165	191	17~31	2960	900	570	
EJ40	S1 404L	145	255	295	26~48	3350	900	720	

注:1. 喷射器材料:不锈钢(S1S 2343)。
　　2. 潜水射流泵的充氧能力是在 4m 水深条件下,每小时向水中的充氧量。
　　3. 表中所列水泵的性能可在第 1.11.2 节沙林潜水泵性能曲线和性能表中查到。

(3) 安装方式:SE 型射流泵的安装方式有两种。一是固定式安装,用地脚螺栓把泵固定在池底板上见图1-216(*a*);二是移动安装,把泵沿导轨放下,泵的自动耦合接口可与射流器相对接,其外形见图1-216(*b*)。

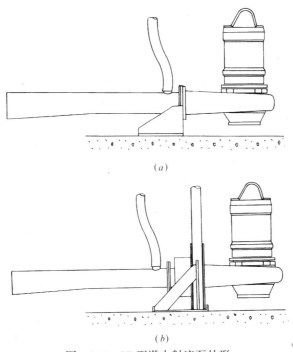

图1-216 SE型潜水射流泵外形

1.11.4 芬兰沙林SR、SS型低扬程污泥回流泵

(1) 用途:沙林SR型和SS型泵适用于抽升曝气池和脱氮池的回流污泥,也可用于抽升低扬程的清水。SR型泵流量100~2000L/s,扬程低于1.5m。SS型泵流量10~120L/s,扬程低于4.0m。

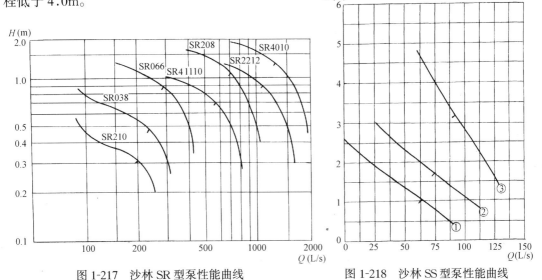

图1-217 沙林SR型泵性能曲线
注:入为最高效率点。

图1-218 沙林SS型泵性能曲线
注:入为最高效率点。

(2) 性能：沙林 SR 型和 SS 型低扬程污泥回流泵性能曲线见图 1-217、218 和表 1-176、177。

芬兰沙林 SR 型泵性能　　　　　表 1-176

型　号	出口直径(mm)	重　量(kg)	电动机功率(kW)	电动机转速(r/min)	生产厂
SR 210	400	170	1.7	585	芬兰沙林泵公司
SR 038	400	170	2.8	730	
SR 066	400	170	6.0	985	
SR 1110	600	640	11.0	585	
SR 208	600	640	20.0	730	
SR 2212	800	950	22.0	488	
SR 4010	800	950	40.0	585	

芬兰沙林 SS 型泵性能　　　　　表 1-177

曲线序号	型号	自由通道(mm)	安装方式1 出口直径(mm)	安装方式1 重量(kg) 泵	安装方式1 重量(kg) 底座	电动机功率(kW)	电动机转速(r/min)	生产厂
1	SS 0210	80×130	200	200	143	2.0	570	芬兰沙林泵公司
2	SS 038	80×130	200	200	143	2.8	730	
3	SS 066	80×130	200	200	143	6.0	980	

(3) 外形及安装尺寸：SR 型泵卧式安装：泵沿导轨下放到湿井内与隔墙上的穿墙管自动耦合，可把水池一侧的污水提升到另一侧的水池内，其外形及安装尺寸见图 1-219 和表 1-178。SS 型泵安装方式见第 1.11.2 节沙林潜水泵一节的第一种方式见图 1-211 和表 1-170。

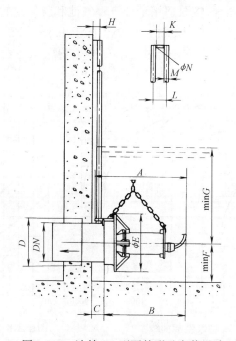

图 1-219　沙林 SR 型泵外形及安装尺寸

沙林 SR 型泵外形及安装尺寸(mm)　　　　　　表 1-178

型　号	DN	A	B	C	D	ϕE	F	G	H	K	L	M	ϕN
SR 210	400	860	760	130	500	580	400	1000	70	80	140	48	12
SR 038	400	860	760	130	500	580	400	1000	70	80	140	48	12
SR 066	400	860	760	130	500	580	400	1000	70	80	140	48	12
SR 1110	600	1450	1350	130	700	900	700	1200	70	80	140	48	12
SR 208	600	1450	1350	130	700	900	700	1200	70	80	140	48	12
SR 2212	800	1900	1770	160	900	1200	900	1400	90	150	220	76	14
SR 4010	800	1900	1770	160	900	1200	900	1400	90	150	220	76	14

1.12　计　量　泵

1.12.1　J 型计量泵

(1) 用途:J 型计量泵供输送温度在 $-30\sim100℃$、粘度 $0.3\sim800\text{mm}^2/\text{s}$ 及不含固状颗粒的介质。按液体腐蚀性质,可选用不同材料满足其使用要求。根据用户的不同要求还可派生电控型、气控型、双调型、高温型、高粘度型、悬浮液型等有特殊功能要求的计量泵。适用于石油化学工业、医药、饮食、火电厂、环境保护、矿山、国防等科研和生产部门。

(2) 型号意义说明:

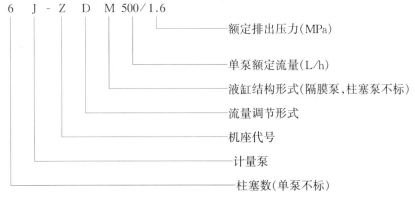

(3) 结构:J 系列计量泵为卧式单作用可调式容积泵。机座有 J_1-W、JX、JZ、JD 和 J_2、J_5、J_6、J70。液缸部分分柱塞式和隔膜式两大类。JX 机座为联板凸轮式结构,由电动机通过蜗杆蜗轮,带动偏心凸轮旋转、经十字头使柱塞作直线往复运动;其他机座为 N 形轴式结构,由电动机通过蜗杆蜗轮,带动下套筒、偏心块、N 形轴旋转、经连杆、十字头使柱塞作直线往复运行,在阀的启闭作用下,达到吸排液体的目的。

隔膜泵是借柱塞在缸体内往复运行,使腔内油液产生脉动力,推动聚四氟乙烯隔膜来回鼓动,在阀的作用下达到吸排液体的目的。由于用隔膜把柱塞与被输送液体隔开,介质不会泄漏,对输送易燃、易爆、剧毒、贵重介质特别适用,且可配带隔膜破裂报警装置,保证安全运行。

泵的流量调节通过改变柱塞行程长度或泵速来实现。行程可在 0%～100% 范围内无级调节,运行和停车时均可进行。配上电控或气控装置后,可实现远距操作或自动化控制要求。配上交流变频器或调速电动机,可实现双调或降低泵速适应工艺流程的需要。

(4) 性能:J型计量泵性能见表1-179~184。

J_1-W型柱塞计量泵性能 表1-179

型 号	流量 (L/h)	排出压力 (MPa)	泵速 (次/min)	电动机 功率 (kW)	进、出口 直径 (mm)	重 量 (kg)	生产厂
J_1-W0.2/20.0	0.2	0.1~20.0	58	0.18	3	~15	重庆水泵厂
J_1-W0.25/32.0	0.25	12.5~32	46	0.18			
J_1-W0.25/10.0		0.1~10.0		0.12			
J_1-W0.32/25.0	0.32	10~25.0	30	0.18			
J_1-W0.32/8.0		0.1~8.0		0.12			
J_1-W0.4/20.0	0.4	8.0~20.0		0.18			
J_1-W0.4/6.3		0.1~6.3		0.12			
J_1-W0.5/16.0	0.5	6.3~16.0	46	0.18			
J_1-W0.5/5.0		0.1~5.0		0.12			
J_1-W0.63/12.5	0.63	5.0~12.5		0.18			
J_1-W0.63/4.0		0.1~4.0		0.12			
J_1-W0.8/10.0	0.8	4.0~10.0	30	0.18			
J_1-W0.8/3.2		0.1~3.2		0.12			
J_1-W1/8.0	1	3.2~8.0		0.18	4		
J_1-W1/2.5		0.1~2.5		0.12			
J_1-W1.3/6.3	1.3	2.5~6.3	46	0.18			
J_1-W1.3/2.0		0.1~2.0		0.12			
J_1-W1.6/5.0	1.6	2.0~5.0		0.18			
J_1-W1.6/1.6		0.1~1.6		0.12			
J_1-W2/4.0	2	1.6~4.0	58	0.18			
J_1-W2/1.3		0.1~1.3		0.12			
J_1-W2.5/4.0	2.5	1.3~4.0	30	0.18			
J_1-W2.5/1.0		0.1~1.0		0.12			
J_1-W3.2/5.0	3.2	5.0	46	0.18			
J_1-W3.2/0.8		0.1~0.8		0.12			
J_1-W4/4.0	4	4.0	58	0.18	5		
J_1-W4/0.63		0.1~0.63		0.12			
J_1-W5/3.2	5	0.63~3.2	46	0.18		~20	
J_1-W5/0.5		0.1~1.5		0.12			
J_1-W6.3/2.5	6.3	0.5~2.5	58	0.18			
J_1-W6.3/0.4		0.4		0.12			
J_1-W8/2.0	8	0.4~2.0	46	0.18	6		
J_1-W8/0.32		0.32		0.12			
J_1-W10/1.6	10	0.32~1.6	58	0.18			
J_1-W10/0.25		0.25		0.12			
J_1-W13/1.3	13	0.25~1.3	116	0.18	8		
J_1-W13/0.2		0.2		0.12			
J_1-W16/1.0	16	1.0	92	0.18			
J_1-W20/0.8	20	0.8	116	0.18			
J_1-W25/0.63	25	0.63	92	0.18		~30	
J_1-W32/0.5	32	0.5	116	0.18			
J_1-W40/0.4	40	0.4	92	0.18	10		
J_1-W50/0.32	50	0.32	116	0.18			

J_1-WM型隔膜计量泵性能

表 1-180

型号	流量 (L/h)	排出压力 (MPa)	泵速 (次/min)	电动机 功率 (kW)	进、出口 直径 (mm)	重量 (kg)	生产厂
J_1-WM1/8.0	1	3.2-8.0	30	0.18	4	~17	重庆水泵厂
J_1-WM1/2.5		0.1-2.5		0.12			
J_1-WM1.3/6.3	1.3	2.5-6.3	46	0.18			
J_1-WM1.3/2.0		0.1-2.0		0.12			
J_1-WM1.6/5.0	1.6	2.0-5.0		0.18			
J_1-WM1.6/1.6		0.1-1.6		0.12			
J_1-WM2/4.0	2	1.6-4.0	58	0.18			
J_1-WM2/1.3		0.1-1.3		0.12			
J_1-WM2.5/4.0	2.5	1.3-4.0	5.8	0.18			
J_1-WM2.5/1.0		0.1-1.0		0.12			
J_1-WM3.2/5.0	3.2	1.0-5.0	46	0.18			
J_1-WM3.2/0.8		0.1-0.8		0.12			
J_1-WM4/4.0	4	0.8-4.0	58	0.18			
J_1-WM4/0.63		0.1-0.63		0.12			
J_1-WM5/3.2	5	0.63-3.2	46	0.18			
J_1-WM5/0.5		0.1-0.5		0.12			
J_1-WM6.3/2.5	6.3	0.5-2.5	58	0.18	5		
J_1-WM6.3/0.4		0.1-0.4		0.12			
J_1-WM8/2.0	8	0.4-2.0	46	0.18			
J_1-WM8/0.32		0.1-0.32		0.12		25	
J_1-WM10/1.6	10	0.32-1.6	58	0.18			
J_1-WM10/0.25		0.1-0.25		0.12			
J_1-WMF13/1.3	13	0.25-1.3	116	0.18	8		
J_1-WMF13/0.2		0.2		0.12			
J_1-WMF16/1.0	16	1.0	92	0.18			
J_1-WMF20/0.8	20	0.8	116	0.18			
J_1-WMF25/0.63	25	0.63	92	0.18			
J_1-WMF32/0.5	32	0.5	116	0.18			
J_1-WMF40/0.4	40	0.4	92	0.18		~35	
J_1-WMF50/0.32	50	0.32	116	0.18	10		

注：生产厂还有：

1. 大连劳雷石油化工泵厂和本溪劳雷石油化工设备成套公司，产品型号规格：

JX 单缸型：流量 1~1000L/h，压力 50~0.32MPa。

JZ_1、JZ_2 单缸型：流量 8~3200L/h，压力 50~0.2MPa。

JD_1、JD_2 单缸型：流量 32~8000L/h，压力 50~0.32MPa。

2. 厦门飞华环保器材有限公司，产品型号：B-530型、B-1500型、BS-530型、BS-1500型，流量分别为 176~530、500~1500、352~1060、1000~3000L/h，最大工作压力均为 0.3MPa。

J-Z型柱塞计量泵性能

表 1-181

型号	流量 (L/h)	排出压力 (MPa)	泵速 (次/min)	电动机功率 (kW)	进、出口直径 (mm)	重量 (kg)	生产厂
J-Z8/50.0	8	25-50.0	102	0.75	8	~230	重庆水泵厂
J-Z10/50.0	10	50.0	126	1.5			
J-Z10/40.0		20-40.0		0.75			
J-Z13/50.0	13	40-50.0	102	1.5			
J-Z13/32.0		16-32.0		0.75			
J-Z16/50.0	16	25-50.0	126	1.5			
J-Z16/25.0		10.0-25		0.75			
J-Z20/40.0	20	20.0-40.0	102	1.5	8	~230	
J-Z20/20.0	20	10-20.0	102	0.75			
J-Z25/40.0	25	20-40.0	126	1.5			
J-Z25/16.0		8.0-16.0		0.75			
J-Z32/32.0	32	16-32.0	102	1.5			
J-Z32/12.5		6.3-12.5		0.75			
J-Z40/25.0	40	12.5-25	126	1.5	10		
J-Z40/10.0		5.0-10.0		0.75			
J-Z50/20.0	50	10-20.0	102	1.5			
J-Z50/8.0		4.0-8.0		0.75			
J-Z63/16.0	63	8.0-16.0	126	1.5			
J-Z63/6.3		3.2-6.3		0.75			
J-Z80/12.5	80	6.3-12.5	102	1.5			
J-Z80/5.0		2.5-5.0		0.75			
J-Z100/10.0	100	5.0-10.0	126	1.5	15		
J-Z100/4.0		2.0-4.0		0.75			
J-Z125/8.0	125	4.0-8.0	102	1.5			
J-Z125/3.2		1.6-3.2		0.75			
J-Z160/6.3	160	3.2-6.3	126	1.5			
J-Z160/2.5		1.3-2.5		0.75			
J-Z200/5.0	200	2.5-5.0	102	1.5			
J-Z200/2.0		1.0-2.0		0.75			
J-Z250/4.0	250	2.0-4.0	126	1.5	20		
J-Z250/1.6		0.8-1.6		0.75			
J-Z320/3.2	320	1.6-3.2	102	1.5			
J-Z320/1.3		0.6-1.3		0.75			
J-Z400/2.5	400	1.3-2.5	126	1.5			
J-Z400/1.0		0.5-1.0		0.75			
J-Z500/2.0	500	1.0-2.0	102	1.5	25	~263	
J-Z500/0.8		0.4-0.8		0.76			
J-Z630/1.6	630	0.8-1.6	126	1.5			
J-Z630/0.6		0.4-0.6		0.75			
J-Z800/1.3	800	0.6-1.3	102	1.5	32		
J-Z800/0.5		0.1-0.5		0.75			
J-Z1000/1.0	1000	0.5-1.0	126	1.5			
J-Z1000/0.4		0.4-0.4		0.75			
J-Z1250/0.8	1250	0.1-0.8	102	1.5	40		
J-Z1600/0.6	1600	0.1-0.6	126				

J-ZM型隔膜计量泵性能

表 1-182

型　号	流量 (L/h)	排出压力 (MPa)	泵速 (次/min)	电动机 功率 (kW)	进、出口 直径 (mm)	重量 (kg)	生产厂
J-ZMF20/20.0	20	10-20.0	102	0.75	10	~240	重庆水泵厂
J-ZMF25/20.0	25	20-20.0	126	1.5			
J-ZMF25/16.0		8.0-16.0		0.75			
J-ZMF32/20.0	32	16-20.0	102	1.5			
J-ZMF32/12.5		6.3-12.5		0.75			
J-ZMF40/20.0	40	12.5-20.0	126	1.5			
J-ZMF40/10.0		5.0-10.0		0.75			
J-ZMF50/20.0	50	10-20.0	102	1.5			
J-ZMF50/8.0		4.0-8.0		0.75			
J-ZMF63/16.0	63	8.0-16.0	126	1.5	15		
J-ZMF63/6.3		3.2-6.3		0.75			
J-ZM80/12.5	80	6.3-12.5	102	1.5			
J-ZM80/5.0		2.5-5.0		0.75			
J-ZM100/10.0	100	5.0-10.0	126	1.5			
J-ZM100/4.0		2.0-4.0		0.75			
J-ZM125/8.0	125	4.0-8.0	102	1.5			
J-ZM125/3.2		1.6-3.2		0.75			
J-ZM160/6.3	160	3.2-6.3	126	1.5	20		
J-ZM160/2.5		1.3-2.5		0.75			
J-ZM200/5.0	200	2.5-5.0	102	1.5			
J-ZM200/2.0		1.0-2.0		0.75			
J-ZM250/4.0	250	2.0-4.0	126	1.5			
J-ZM250/1.6		0.8-1.6		0.75			
J-ZM320/3.2	320	1.6-3.2	102	1.5			
J-ZM320/1.3		0.6-1.3		0.75			
J-ZM400/2.5	400	1.3-2.5	126	1.5	25	~240	
J-ZM400/1.0		0.5-1.0		0.75			
J-ZM500/2.0	500	1.0-2.0	102	1.5			
J-ZM500/0.8		0.4-0.8		0.75			
J-ZM630/1.6	630	0.8-1.6	126	1.5			
J-ZM630/0.6		0.4-0.6		0.75			
J-ZM800/1.3	800	0.6-1.3	102	1.5	32		
J-ZM800/0.5		0.1-0.5		0.75			
J-ZM1000/1.0	1000	0.5-1.0	126	1.5			
J-ZM1000/0.4		0.1-0.4		0.75			
J-ZMF1250/0.8	1250	0.1-0.8	102	1.5	40		
J-ZMF1600/0.6	1600	0.1-0.6	126				

J-D型柱塞计量泵性能

表 1-183

型号	流量 (L/h)	排出压力 (MPa)	泵速 (次/min)	电动机功率 (kW)	进、出口直径 (mm)	重量 (kg)	生产厂
J-D32/50.0	32	50.0	91	4	10	~320	重庆水泵厂
J-D32/40.0		32-40.0		2.2			
J-D40/50.0	40	50.0	115	4			
J-D40/40.0		32-40.0		2.2			
J-D50/50.0	50	40.0-50.0	91	4			
J-D50/32.0		25-32.0		2.2			
J-D63/40.0	63	32-40.0	115	4			
J-D63/25.0		20-25.0		2.2			
J-D80/40.0	80	25-40.0	91	4			
J-D80/20.0		16-20.0		2.2			
J-D100/32.0	100	20-32.0	115	4	15		
J-D100/16.0		12.5-16		2.2			
J-D125/25.0	125	16-25.0	91	4			
J-D125/12.5		10-12.5		2.2			
J-D160/20.0	160	12.5-20	115	4			
J-D160/10.0		8.0-10.0		2.2			
J-D200/16.0	200	10-16.0	91	4			
J-D200/8.0		6.3-8.0		2.2			
J-D250/12.5	250	8.0-12.5	115	4	20		
J-D250/6.3		5.0-6.3		2.2			
J-D320/10.0	320	6.3-10.0	91	4			
J-D320/5.0		4.0-5.0		2.2			
J-D400/8.0	400	5.0-8.0	115	4			
J-D400/4.0		3.2-4.0		2.2			
J-D500/6.3	500	4.0-6.3	91	4			
J-D500/3.2		2.5-3.2		2.2	25		
J-D630/5.0	630	3.2-5.0	115	4			
J-D630/2.5		2.0-2.5		2.2			
J-D800/4.0	800	2.0-4.0	91	4			
J-D800/2.0		1.3-2.0		2.2	32		
J-D1000/3.2	1000	2.0-3.2	115	4			
J-D1000/1.6		1.3-1.6		2.2			
J-D1250/2.5	1250	1.6-2.5	91	4			
J-D1250/1.3		1.0-1.3		2.2			
J-D1600/2.0	1600	1.3-2.0	115	4		~340	
J-D1600/1.0		0.8-1.0		2.2	40		
J-D2000/1.6	2000	1.0-1.6	91	4			
J-D2000/0.8		0.4-0.8		2.2			
J-D2500/1.3	2500	0.8-1.3	115	4			
J-D2500/0.6		0.4-0.6		2.2			
J-D3200/1.0	3200	0.6-1.0	91	4			
J-D3200/0.5		0.1-0.5		2.2	50		
J-D4000/1.0	4000	0.5-1.0	115	4			
J-D4000/0.4		0.1-0.4		2.2			

J-DM型隔膜计量泵性能

表 1-184

型　号	流　量 (L/h)	排出压力 (MPa)	泵　速 (次/min)	电动机功率 (kW)	进、出口直径 (mm)	重量 (kg)	生产厂
J-DM50/20.0	50	20.0	91	2.2	10		
J-DM63/20.0	63	20.0	115	2.2			
J-DM80/20.0	80	20.0	91	2.2			
J-DM100/20.0	100	20.0	115	4	15		
J-DM100/16.0		12.5-16		2.2			
J-DM125/20.0	125	16-20.0	91	4			
J-DM125/12.5		10-12.5		2.2			
J-DM160/20.0	160	12.5-20	115	4		~330	
J-DM160/10.0		8.0-10.0		2.2			
J-DM200/16.0	200	10.0-16	91	4			
J-DM200/8.0		6.3-8.0		2.2			
J-DM250/12.5	250	8-12.5	115	4	20		
J-DM250/6.3		5.0-6.3		2.2			
J-DM320/10.0	320	6.3-1.0	91	4			
J-DM320/5.0		4.0-5.0		2.2			重
J-DM400/8.0	400	5.0-8.0	115	4			庆
J-DM400/4.0		3.2-4.0		2.2			水
J-DM500/6.3	500	4.0-6.3	91	4			泵
J-DM500/3.2		2.5-3.2		2.2	25		厂
J-DM630/5.0	630	3.2-5.0	115	4			
J-DM630/2.5		2.0-2.5		2.2			
J-DM800/4.0	800	2.0-4.0	91	4			
J-DM800/2.5		1.3-2.0		2.2	32		
J-DM1000/3.2	1000	2.0-3.2	115	4			
J-DM1000/1.6		1.3-1.6		2.2			
J-DM1250/2.5	1250	1.6-2.5	91	4			
J-DM1250/1.3		0.4-1.3		2.2			
J-DM1600/2.0	1600	1.3-2.0	115	4			
J-DM1600/1.0		0.8-1.0		2.2	40	~365	
J-DM2000/1.6	2000	1.0-1.6	91	4			
J-DM2000/0.8		0.4-0.8		2.2			
J-DM2500/1.3	2500	1.0-1.3	115	4			
J-DM2500/0.6		0.4-0.6		2.2			
J-DMF3200/1.0	3200	0.1-1.0	91	4			
J-DMF3200/0.5		0.4-0.5		2.2	50		
J-DMF4000/0.8	4000	0.1-0.8	115	4			
J-DMF4000/0.4		0.4		2.2			

(5) 外形及安装尺寸：

1) J_1-W、J_1-WM 型计量泵外形及安装尺寸见图 1-220 和表 1-185、186。

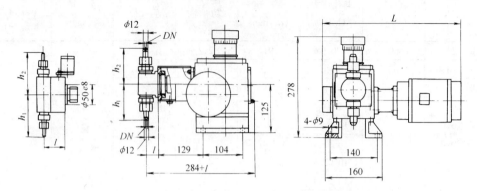

图 1-220 J_1-W、J_1-WM 型计量泵外形及安装尺寸

J_1-W 柱塞计量泵外形及安装尺寸(mm)　　表 1-185

型号	DN	h_1	h_2	l	L
J_1-W0.2/0.1-20.0	3	85	85	31	300
J_1-W0.25/0.1-32.0					
J_1-W0.32/0.1-25.0					
J_1-W0.4/0.2-20.0					
J_1-W0.5/0.1-16.0					
J_1-W0.63/0.1-12.5					
J_1-W0.8/0.1-10.0	4	87	87		
J_1-W1.0/0.1-8.0					
J_1-W1.3/0.1-6.3					
J_1-W1.6/0.1-5.0					
J_1-W2.0/0.1-4.0	5	90	90		
J_1-W2.5/0.1-4.0					
J_1-W3.2/0.1-5.0					
J_1-W4.0/0.1-4.0					
J_1-W5.0/0.1-3.2					
J_1-W6.3/0.1-2.5					
J_1-W8.0/0.1-2.0	6	95	95		
J_1-W10.0/0.1-1.6					
J_1-W13/0.1-1.3	8				
J_1-W16/0.1-1.0					
J_1-W20/0.1-0.8					
J_1-W25/0.1-0.63					
J_1-W32/0.1-0.5					
J_1-W40/0.1-0.4	10	115	115		
J_1-W50/0.1-0.32					

J_1-WM 隔膜计量泵外形及安装尺寸(mm)　　表 1-186

型号	DN	h_1	h_2	l	L
J_1-WM1.0/0.1-8.0	4				300
J_1-WM1.3/0.1-6.3					
J_1-WM1.6/0.1-5.0					
J_1-WM2.0/0.1-4.0					
J_1-WM2.5/0.1-4.0	5	120	120	60	
J_1-WM3.2/0.1-5.0					
J_1-WM4.0/0.1-4.0					
J_1-WM5.0/0.1-3.2					
J_1-WM6.3/0.1-2.5					
J_1-WM8.0/0.1-2.0	6				
J_1-WM10.0/0.1-1.6					
J_1-WMF13/0.1-1.3	8	129	129	82	
J_1-WMF16/0.1-1.0					
J_1-WMF20/0.1-0.8					
J_1-WMF25/0.1-0.63					
J_1-WMF32/0.1-0.5					
J_1-WMF40/0.1-0.4	10				
J_1-WMF50/0.1-0.32					

2) J-Z、J-ZM 型计量泵外形及安装尺寸见图 1-221 和表 1-187、188。

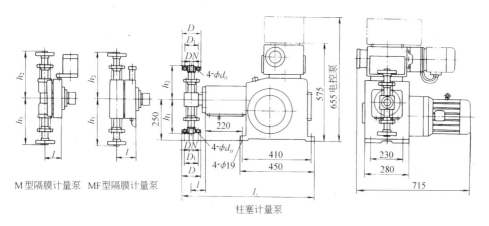

图 1-221 J-Z、J-ZM 型计量泵外形及安装尺寸

J-Z 型柱塞计量泵外形及安装尺寸(mm) 表 1-187

型号	DN	D	D_1	ϕd_0	h_1	h_2	l	L
J-Z8/25.0-50.0	8	100	70	13.5	170	170	80	790
J-Z10/20.0-50.0								
J-Z13/16.0-50.0								
J-Z16/12.5-50.0								
J-Z20/10.0-40.0								
J-Z25/8.0-40.0								
J-Z32/6.3-32.0	10	125	85	17.5	178	178		
J-Z40/5.0-25.0								
J-Z50/4.0-20.0		100	70					
J-Z63/3.2-16.0				13.5				
J-Z80/2.5-12.5	15	105	75		201	201		815
J-Z100/2.0-10.0								
J-Z125/1.6-8.0								
J-Z160/1.3-6.3								
J-Z200/1.0-5.0								
J-Z250/0.8-4.0	20	105	75		213	213	100	815
J-Z320/0.6-3.2								
J-Z400/0.5-2.5								
J-Z500/0.4-2.0	25	115	85		245	245		820
J-Z630/0.4-1.6								
J-Z800/0.1-1.3	32	140	100	17.5	271	271		
J-Z1000/0.1-1.0								
J-Z1250/0.1-0.8	40	165	125	18.5	284	284	115	848
J-Z1600/0.1-0.6								

J-ZM 型隔膜计量泵外形及安装尺寸(mm) 表 1-188

型号	DN	D	D_1	ϕd_0	h_1	h_2	l	L
J-ZMF20/10.0-20.0	10	125	85	17.5	222	222	102	815
J-ZMF25/8.0-20.0								
J-ZMF32/6.3-20.0								
J-ZMF40/5.0-20.0								
J-ZMF50/4.0-20.0								
J-ZMF63/3.2-16.0	15	105	75	13.5			122	825
J-ZM80/2.5-12.5								
J-AM100/2.0-10.0								
J-ZM125/1.6-8.0	20				238	238	120	823
J-ZM160/1.3-6.3								
J-ZM200/1.0-5.0								
J-ZM250/0.8-4.0	25	115	85	13.5	232	232	132	840
J-ZM320/0.6-3.2								
J-ZM400/0.5-2.5								
J-ZM500/0.4-2.0								
J-ZM630/0.4-1.6								
J-ZM800/0.1-1.3	32	140	100	17.5	282	282	151	871
J-ZM1000/0.1-1.0								
J-ZMF1250/0.1-0.8	40							
J-ZMF1600/0.1-0.6								

3) J-D、J-DM型计量泵外形及安装尺寸见图1-222和表1-189、190。

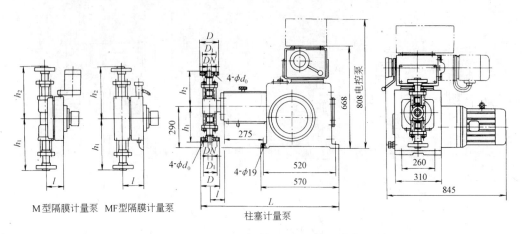

图1-222 J-D、J-DM型计量泵外形及安装尺寸

J-D型柱塞计量泵外形及安装尺寸(mm) 表1-189

型号	DN	D	D_1	ϕd_0	h_1	h_2	l	L
J-D32/32.0-50.0	10	90	60	17.5	184	184	90	990
J-D40/32.0-50.0	10	90	60	17.5	184	184	90	990
J-D50/25.0-50.0	10	125	85	17.5	184	184	90	992
J-D63/20.0-40.0	10	125	85	17.5	184	184	90	992
J-D80/16.0-40.0	15	130	90	17.5	192	192	90	995
J-D100/12.5-32.0	15	130	90	17.5	192	192	90	995
J-D125/10.0-25.0	15	130	90	17.5	205	205	90	995
J-D160/8.0-20.0	15	130	90	17.5	205	205	90	995
J-D200/6.3-16.0	20	130	90	17.5	215	215	90	995
J-D250/5.0-12.5	20	130	90	17.5	215	215	90	995
J-D320/4.0-10.0	20	130	90	17.5	218	218	90	1005
J-D400/3.2-8.0	20	130	90	17.5	218	218	90	1005
J-D500/2.5-6.3	25	140	100	17.5	245	245	90	1005
J-D630/2.0-5.0	25	140	100	17.5	245	245	90	1005
J-D800/1.6-4.0	32	155	110	22	296	296	90	1027
J-D1000/1.3-3.2	32	155	110	22	296	296	90	1027
J-D1250/1.0-2.5	40	170		22	316	316	110	1035
J-D1600/0.8-2.0	40	170		22	316	316	110	1035
J-D2000/0.4-1.6	40		125		280	280		1032
J-D2500/0.4-1.3	40	165	125	17.5	280	280		1032
J-D3200/0.1-1.0	50	165		17.5	319	319	125	1040
J-D4000/0.1-0.8	50	165		17.5	319	319	125	1040

J-DM型隔膜计量泵外形及安装尺寸(mm) 表1-190

型号	DN	D	D_1	ϕd_0	h_1	h_2	l	L
J-DM80/16.0-20.0	15				208	208		
J-DM100/12.5-16.0	15				208	208		
J-DM125/10.0-12.5	20	130	90	17.5	315	315	100	1005
J-DM160/8.0-20.0	20	130	90	17.5	315	315	100	1005
J-DM200/6.3-16.0	20	130	90	17.5	315	315	100	1005
J-DM250/5.0-12.5	20	130	90	17.5	315	315	100	1005
J-DM320/4.0-10.0	25	140	100	17.5	242	242	132	1041
J-DM400/3.2-8.0	25	140	100	17.5	242	242	132	1041
J-DM500/2.5-6.3	25	140	100	17.5	242	242	132	1041
J-DM630/2.0-5.0	25	140	100	17.5	242	242	132	1041
J-DM800/1.6-4.0	32				283	283	150	1060
J-DM1000/1.3-3.2	32				283	283	150	1060
J-DM1250/0.4-2.5	40	150	110		324	324	153	1067
J-DM1600/0.8-2.0	40	150	110		324	324	153	1067
J-DM2000/0.4-1.6	40	150	110		324	324	153	1067
J-DM2500/0.4-1.3	40	150	110		324	324	153	1067
J-DMF3200/0.1-1.0	50	165	125	18.5	369	369	175	1080
J-DMF4000/0.1-0.8	50	165	125	18.5	369	369	175	1080

(6) 配套附件：

1) 为确保泵和管路系统的安全,应在出口管路上设置安全阀。

2）由于计量泵流量输出脉动较大，建议出口配带缓冲器(或称均流器)或选用脉动性较小的三联计量泵。当流量大于等于3000L/h时，进口侧也应配带缓冲器。

3）当出口压力接近或低于进口压力时，应在出口管路上设置背压阀来增加排出压力，以防止计量泵的过流现象。

4）计量泵出口处应设置止回阀，防止停泵时系统内形成的压力波对泵造成损害。

5）计量泵进口处宜设置过滤器，阻止输送介质中的固体颗粒、纤维、悬浮物等杂质进入泵腔和系统。

6）计量泵通常应配套购置以下附件：安全阀、缓冲器、背压阀、止回阀和过滤器。

1.12.2 J型悬浮液计量泵

(1) 用途：J型悬浮液计量泵是J型计量泵的派生系列产品。供输送粒度小于等于0.3mm、粘度小于等于1000mm^2/s、固体浓度小于等于30%的介质，以及料浆、石灰乳、酵母泥和其他类似带有悬浮颗粒之液体。

(2) 型号意义说明：

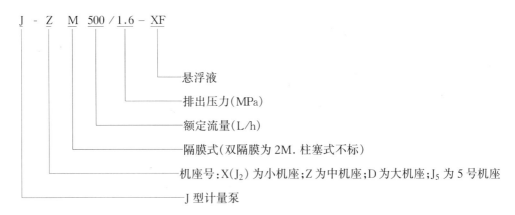

(3) 结构：J型悬浮液计量泵调节形式和材料标记与J型泵同。液缸部分改进阀组的过流能力，防止介质过流时的卡阻现象。柱塞式计量泵液缸一般采用阶梯形结构，阀组拆换方便，且不影响吸排管路，操作使用方便。根据介质的特殊要求，隔膜式计量泵还有双隔膜式和液力活塞式远头液缸结构，能满足输送各种不同性质以及特殊工艺流程的悬浮介质的需要。

(4) 性能：J型悬浮液计量泵性能见表1-191。

J型悬浮液计量泵性能　　　　表1-191

型　号	流量 (L/h)	排出压力 (MPa)	柱塞直径 (mm)	行程 (mm)	泵速 (次/min)	电动机 型号	电动机 功率 (kW)	重量 (kg)	生产厂
J-ZM500/1.6-XF	500	1.6	65	32	102	Y90L-4B5	1.5	~240	重庆水泵厂
J-ZM630/1.3-XF	630	1.3			126				
J-Z500/1.6-XF	500	1.6	65	32	102	Y90L-4B5	1.5	~230	
J-Z630/1.3-XF	630	1.3			126				

续表

型号	流量 (L/h)	排出压力 (MPa)	柱塞直径 (mm)	行程 (mm)	泵速 (次/min)	电动机 型号	电动机 功率 (kW)	重量 (kg)	生产厂
J-D800/3.2-XF	800	3.2	65	50	91	Y112M-4B5	4	~320	重庆水泵厂
J-D1000/2.5-XF	1000	2.5			115				
J-D2000/1.3-XF	2000	1.3	100	50	91	Y112M-4B5	4	~340	
J-D2500/1.0-XF	2500	1.0			115				
J₅-2000/2.5-XF	2000	2.5	70	70	135	Y132M-4B5	7.5	650	
J₅-2500/1.6-XF	2500	1.6	80						
J₅-4000/2.0-XF	4000	2.0	100						

(5) 外形及安装尺寸：J型悬浮液计量泵外形及安装尺寸见图1-223及表1-192。

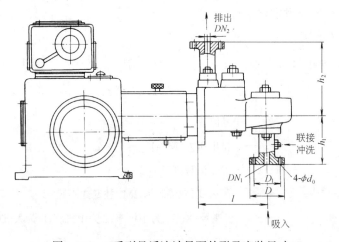

图1-223 J系列悬浮液计量泵外形及安装尺寸

悬浮液计量泵外形安装尺寸(mm)　　　　　表1-192

型号	DN_1	DN_2	D	D_1	ϕd_0	l	h_1	h_2
J-ZM500/1.6-XF	25	25	115	85	13.5	132	231	231
J-ZM630/1.3-XF	25	25	115	85	13.5	132	231	231
J-Z500/1.6-XF	32	25	120	85	19	250	138	226
J-Z630/1.6-XF	32	25	120	85	19	250	138	226
J-D800/3.2-XF	32	25	120	85	19	250	138	226
J-D1000/2.5-XF	32	25	120	85	19	250	138	226
J-D2000/1.3-XF	32	32	120	85	19	250	138	226
J-D2500/1.0-XF	32	32	120	85	19	250	138	226
J₅-2000/2.5-XF	32	32	120	85	19	250	138	226
J₅-2500/1.6-XF	40	32	140/150	100/110	18.5	250	205	319
J₅-4000/2.0-XF	41	38	160	120	18.5	270	201	275

注：地脚安装尺寸与相应的J-Z、J-D、J₅机座标准型泵相同。

1.12.3 美国 W&T Encore700·44 系列隔膜计量泵

(1) 用途：Encore700·44 系列隔膜计量泵供输送与计量乳状溶液、腐蚀性化学物质、高粘度聚合物及泥浆类液体。

(2) 结构组成：Encore700·44 计量泵可自动调节行程长度和(或)行程频率。对于自动行程长度控制，NEMA4X 执行器可容易地装在泵上，并可允许手动超越及显示窗指示行程长度。对于自动行程频率控制，一个 SCR 控制器调节直流电动机转速。对于根据工艺变量比例控制，可由 SCU 控制 SCR 控制单元及执行器。对于设定值控制，如用水厂流量及余氯值两个变量控制，可选用 PCU(过程控制单元)控制。如要及时发现隔膜损坏故障，可另配隔膜泄漏指示装置。

(3) 性能：Encore700·44 系列隔膜计量泵性能见表 1-193。

美国 W&T Encore700·44 型隔膜计量泵性能　　　　表 1-193

液体终端尺寸编号	直接传动				皮带轮传动				输出压力(MPa)						连接管	生产厂
	60Hz、1725 r/min		50Hz、1450 r/min		60Hz、1752 r/min		50Hz、1450 r/min		功率(hp) 感应电动机 (变速电动机)							
	行程速度 (次/min)	流量 (L/h)	行程速度 (次/min)	流量 (L/h)	行程速度 (次/min)	流量 (L/h)	行程速度 (次/min)	流量 (L/h)	1/4 (1/2)	1/2 (3/4)	3/4 (1)	0.18 (0.37)	0.37 (0.55)	0.55 (0.75)		
1	36	4.7	30	3.9	9	1.2	8	1.0	1.21			1.317			1/2″ (1/4″、3/8″)	中美海德威水处理技术公司、美国海德威水处理技术公司
					18	2.4	15	20								
					27	3.5	23	3.0								
					36	4.7	30	3.9								
	72	9.5	60	7.9	18	2.4	15	2.0	1.21			1.317				
					36	4.7	30	3.9								
					54	7.1	45	5.9								
					72	9.5	60	7.9								
	144	18.9	120	15.8	36	4.7	30	3.9	1.21			1.317				
					72	9.5	60	7.9								
					108	14.2	90	11.8								
					144	18.9	120	15.8								
							36	4.7	1.21			1.317				
							72	9.5								
							108	14.2								
							144	18.9								
2	36	22.7	30	18.9	9	5.7	8	4.7	1.21			1.317			1/2″、 (3/8″、1/2″)	
					18	11.4	15	9.5								
					27	17	23	14.2								
					36	22.7	30	18.9								
	72	45.4	60	37.9	18	11.4	15	9.5	1.21			1.317				
					36	22.7	30	18.9								
					54	34.1	45	28.4								
					72	45.4	60	37.9								

续表

液体终端尺寸编号	直接传动				皮带轮传动				输出压力(MPa) 功率(hp) 感应电动机 (变速电动机)						连接管	生产厂
	60Hz、1725 r/min		50Hz、1450 r/min		60Hz、1752 r/min		50H₂、1450 r/min		1/4 (1/2)	1/2 (3/4)	3/4 (1)	0.18 (0.37)	0.37 (0.55)	0.55 (0.75)		
	行程速度 (次/min)	流量 (L/h)	行程速度 (次/min)	流量 (L/h)	行程速度 (次/min)	流量 (L/h)	行程速度 (次/min)	流量 (L/h)								
2	144	90.8	120	75.7	36	22.7	30	18.9	1.21			1.317			1/2″、(3/8″、1/2″)	中美海德威水处理技术公司、美国海德威处理技术公司
					72	45.4	60	37.9								
					108	68.1	90	56.8								
					144	90.8	120	75.7								
			144	90.8	36	22.7			1.21			1.317				
					72	45.4										
					108	68.1										
					144	90.8										
3	36	43.5	30	36.3	9	10.9	8	9.1	1.035			1.1			1/2″	
					18	21.8	15	18.1								
					27	32.6	23	27.2								
					36	43.5	30	36.3								
	72	87.1	60	72.5	18	21.8	15	18.1		1.035			1.1			
					36	43.5	30	36.3								
					54	65.3	45	54.4								
					72	87.1	60	72.5								
	144	174.1	120	145.1	36	43.5	30	36.3		1.035				1.1		
					72	87.1	60	72.5								
					108	130.6	90	108.8								
					144	174.1	120	145.1								
			144	174.1	36	43.5				1.035				1.1		
					72	87.1										
					108	130.6										
					144	174.1										
4	36	72.9	30	60.7	9	18.2	8	15.2	0.897			0.987			3/4″	
					18	36.4	15	30.4								
					27	54.6	23	45.5								
					36	72.9	30	60.7								
	72	145.7	60	121.4	18	36.4	15	30.4		0.897			0.987			
					36	72.9	30	60.7								
					54	108.9	45	91.1								
					72	145.7	60	121.4								
	144	291.4	120	242.9	36	72.9	30	60.7			0.897			0.987		
					72	145.7	60	121.4								
					108	218.6	90	182.2								
					144	219.4	120	242.8								

续表

液体终端尺寸编号	直接传动 60Hz、1725 r/min 行程速度(次/min)	直接传动 60Hz、1725 r/min 流量(L/h)	直接传动 50Hz、1450 r/min 行程速度(次/min)	直接传动 50Hz、1450 r/min 流量(L/h)	皮带轮传动 60Hz、1752 r/min 行程速度(次/min)	皮带轮传动 60Hz、1752 r/min 流量(L/h)	皮带轮传动 50Hz、1450 r/min 行程速度(次/min)	皮带轮传动 50Hz、1450 r/min 流量(L/h)	输出压力(MPa) 功率(hp) 感应电动机(变速电动机) 1/4(1/2)	1/2(3/4)	3/4(1)	0.18(0.37)	0.37(0.55)	0.55(0.75)	连接管	生产厂
4			144	291.4			36	72.9	0.897				0.987		3/4″	中美海德威水处理技术公司、美国海德威水处理技术公司
							72	145.7								
							108	218.6								
							144	291.4								
5	36	170.3	30	141.9	9	42.6	8	35.5	0.518			0.549			1″	
					18	85.2	15	71.0								
					27	127.7	23	106.5								
					36	170.3	30	141.9								
	72	340.7	60	283.9	18	85.2	15	71.0	0.518			0.549				
					36	170.3	30	141.9								
					54	255.5	45	212.9								
					72	340.7	60	283.9								
	144	681.3	120	567.8	36	170.3	30	141.9	0.518			0.549				
					72	340.7	60	283.9								
					108	511.0	90	425.8								
					144	681.3	120	567.2								
			144	681.3			36	170.3	0.518			0.549				
							72	340.7								
							108	511.0								
							144	681.3								

(4)技术要求与说明：

1)运行参数：

① 精度：±2%满量程(在10∶1调节范围内)。

② 行程长度：

ⅰ.液动头1♯、2♯:0.188英寸(4.8mm)。

ⅱ.液动头3♯、4♯、5♯:0.375英寸(9.6mm)。

③ 投加量调节：投加量可在0%～100%范围内调节；行程长度可以0.25%百分刻度显示，行程调节旋钮每转1圈，投量改变10%。

④ 吸收：自吸吸程10英尺(湿阀，零背压，满行程及速度，亲水溶液)。

2)操作范围：

① 直接驱动型：

ⅰ.行程调节范围10∶1,频率调节20∶1(使用随选变速机构)。

ⅱ.总复合调节范围200∶1,推荐最小行程长度及频率调节为10%。

② 皮带驱动型：

ⅰ. 行程长度调节 10∶1,频率调节 80∶1(使用随选变速机构)。

ⅱ. 总复合调节范围 800∶1,推荐最小行程长度及频率调节为 10%。

3) 速度反应:

① 自动行程及控制反应时间从 0%～100% 为 100s。

② 变速控制响应时间从 0%～100% 为 3s。

4) 温度限制:

① PVC 液动头:环境温度 2～52℃,工艺介质温度可达 52℃。

② Kynar 液动头:工艺介质温度可达 62℃。

5) 控制方式:手动、远程手动、SCR 变速、变频调速、流量配比、余氯及复合环控制。

6) 电气要求:

① 标准感应电机:1725r/min、115/230VAC、50/60Hz、单相、TEFC。

② 膜片泄漏指示仪:115/230VAC、继电器 5A、@250V、30VDC、NEMA4X。

③ 变速驱动控制(SCR):115/230VAC、50/60Hz、单相、2.5～100A。

④ SCU 和 PCU 控制器:115/230V、50/60Hz、单相、200mA(115V)/100mA(230V)。

⑤ 自动行程长度执行器:3 个报警继电器(高、低、故障)、常开、5A、@250V。

7) 结构材料:

① 齿轮箱及液动头接头:铸铁、环氧树脂涂层。

② 执行器:铸铝、环氧树脂涂层。

③ 泵头:PVC 或 Kynar。

④ 吸/排阀阀体:透明 PCV、Kynar。

⑤ 阀球:316 不锈钢、TFE、陶瓷、玻璃及聚氨酯(用于泥浆类)。

⑥ 阀密封:Hypalon 及 Viton。

⑦ 隔膜:TFE 履面、纤维加强、高弹性合成橡胶基底、钢支持底盘。

8) 聚合物及泥浆类介质输送能力:

① 聚合物的粘度:在 144scm 时可达 5000cps。

② 石灰浆液浓度:可达 3.8lb/gal 水。

③ 活性炭浆液浓度:可达 1.1lb/gal 水。

④ 硅藻土浆液浓度:可达 1.7lb/gal 水。

⑤ 重量/装运重量:单头泵:50kg/58kg;双头泵:73kg/84kg。自动行程长度控制器另加 5.5kg/7.3kg。

(5) 外形及安装尺寸:Encore 700·44 计量泵外形及安装尺寸见图 1-224 和表 1-194。

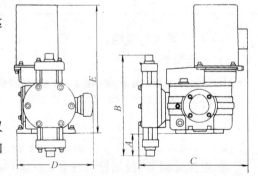

图 1-224 Encore 700·44 计量泵外形及安装尺寸

Encore 700·44 计量泵外形及安装尺寸 表 1-194

编 号	A	B	C	D	E
1	1/16″(2mm)	8$\frac{11}{16}$″(221mm)	16$\frac{1}{4}$″(413mm)	11$\frac{7}{8}$″(302mm)	19$\frac{5}{16}$″(499mm)
2	7/8″(23mm)	10$\frac{5}{16}$″(262mm)	16$\frac{1}{2}$″(420mm)	11$\frac{7}{8}$″(302mm)	19$\frac{5}{16}$″(499mm)

续表

编号	A	B	C	D	E
3	1 5/16″(34mm)	11 1/8″(283mm)	16 5/16″(415mm)	11 7/8″(302mm)	19 5/8″(499mm)
4	2 3/16″(56mm)	12 7/8″(328mm)	16 13/16″(428mm)	11 7/8″(302mm)	19 5/8″(499mm)
5	3 5/8″(92mm)	15 13/16″(401mm)	17 1/8″(435mm)	11 7/8″(302mm)	19 5/8″(499mm)

1.13 ZQB型轴流潜水泵

(1) 用途:ZQB型轴流潜水泵是传动的水泵、电动机机组的换代产品,电动机与泵可潜入水中运行。供输送低扬程、大流量、最高温度50℃的水或物理、化学性质类似于小的其他液体。适用于农田排灌、工矿船坞、城市建设、电站给排水。

(2) 型号意义说明:

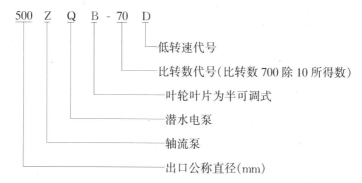

(3) 性能:ZQB型轴流潜水泵性能见图1-225~244和表1-195。

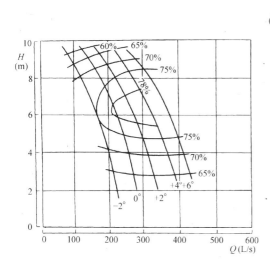

图1-225 350ZQB-70型轴流潜水泵性能曲线
($n=1450$r/min、$D=300$mm)

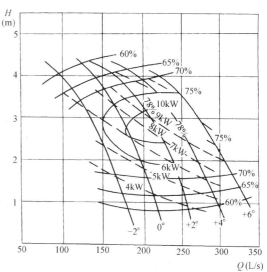

图1-226 350ZQB-70D型轴流潜水泵性能曲线
($n=980$r/min、$D=300$mm)

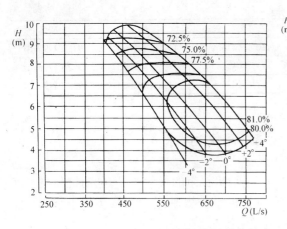

图 1-227　500ZQB-70 型轴流潜水泵性能曲线
（$n=980\text{r/min}$、$D=450\text{mm}$）

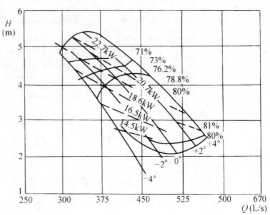

图 1-228　500ZQB-70D 型轴流潜水泵性能曲线
（$n=730\text{r/min}$、$D=450\text{mm}$）

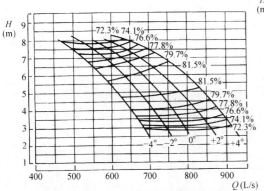

图 1-229　500ZQB-85 型轴流潜水泵性能曲线
（$n=980\text{r/min}$、$D=450\text{mm}$）

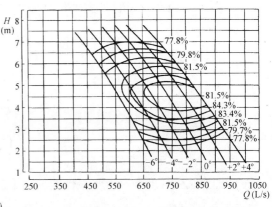

图 1-230　500ZQB-100 型轴流潜水泵性能曲线
（$n=980\text{r/min}$、$D=450\text{mm}$）

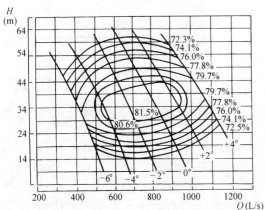

图 1-231　500ZQB-125 型轴流潜水泵性能曲线
（$n=980\text{r/min}$、$D=450\text{mm}$）

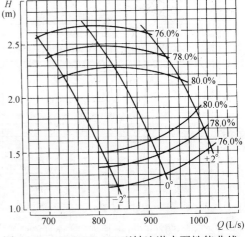

图 1-232　600ZQB-160 型轴流潜水泵性能曲线
（$n=730\text{r/min}$、$D=510\text{mm}$）

1.13 ZQB型轴流潜水泵

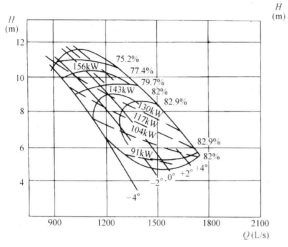

图 1-233　700ZQB-70 型轴流潜水泵性能曲线
($n=730$ r/min、$D=650$ mm)

图 1-234　700ZQB-70D 型轴流潜水泵性能曲线
($n=580$ r/min、$D=650$ mm)

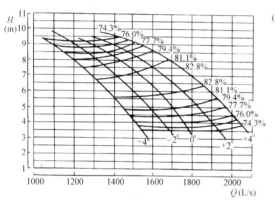 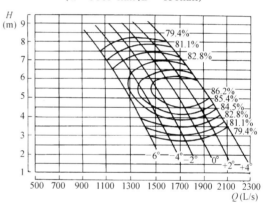

图 1-235　700ZQB-85 型轴流潜水泵性能曲线
($n=730$ r/min、$D=650$ mm)

图 1-236　700ZQB-100 型轴流潜水泵性能曲线
($n=730$ r/min、$D=650$ mm)

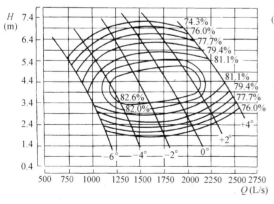 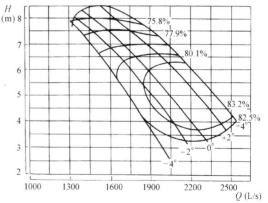

图 1-237　700ZQB-125 型轴流潜水泵性能曲线
($n=730$ r/min、$D=650$ mm)

图 1-238　900ZQB-70 型轴流潜水泵性能曲线
($n=480$ r/min、$D=850$ mm)

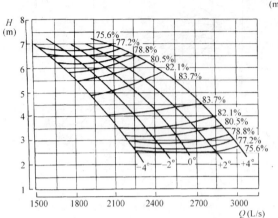

图 1-239 900ZQB-85 型轴流潜水泵性能曲线
($n=480\text{r/min}$、$D=850\text{mm}$)

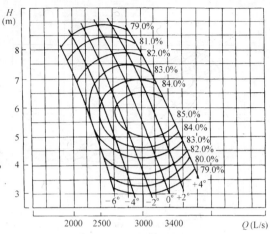

图 1-240 900ZQB-100 型轴流潜水泵性能曲线
($n=590\text{r/min}$、$D=850\text{mm}$)

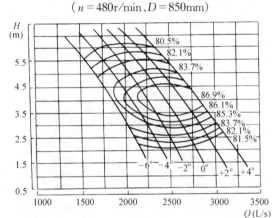

图 1-241 900ZQB-100D 型轴流潜水泵性能曲线
($n=480\text{r/min}$、$D=850\text{mm}$)

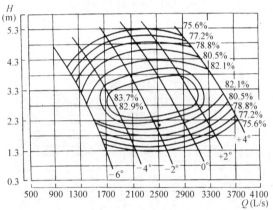

图 1-242 900ZQB-125 型轴流潜水泵性能曲线
($n=480\text{r/min}$、$D=850\text{mm}$)

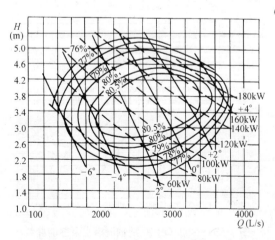

图 1-243 1000ZQB-125 型轴流潜水泵性能曲线
($n=480\text{r/min}$、$D=870\text{mm}$)

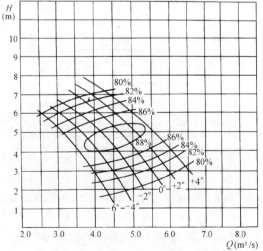

图 1-244 1400ZQB-100 型轴流潜水泵性能曲线
($n=323\text{r/min}$、$D=1220\text{mm}$)

ZQB型轴流潜水泵性能

表 1-195

型号	叶片安装角度	流量 Q m³/h	流量 Q L/s	扬程 H (m)	转速 n (r/min)	轴功率 (kW)	电动机 型号	电动机 功率 (kW)	效率 η (%)	叶轮直径 D (mm)	生产厂
350ZQB-70	−2°	574	187	7.45	1450	19.8	YQGN 260-4	22	69.5	300	南京制泵集团股份有限公司
		828	230	4.77		14.9			72.4		
		900	250	3.42		12.3			68		
	0°	763	212	8.67		25.3	YQGN 260-4	30	71		
		957	266	6.21		20.45			79		
		1090	302	3.59		14.4			74		
	+2°	972	270	8.3		29	YQGN 260-4	30	75.7		
		1115	310	6.36		24.5			78.5		
		1250	347	4.52		20.4			75		
	+4°	1170	325	7.8		33	YQGN 260-4	40	75.5		
		1314	305	6.3		28.5			79		
		1440	400	4.71		24.4			75		
	−6°	1314	365	8.1		38.8			74.7		
		1430	398	6.94		35.8			75.5		
		1540	428	5.8		32.2			75.8		
350ZQB-70D	−2°	450	125	3.36	980	6.45	YQGN 260-6	7.5	67	300	
		554	154	2.16		4.65			70.2		
		602	167	1.54		3.86			65.5		
	0°	515	145	3.94		8.02	YQGN 260-6	11	68.9		
		648	180	2.84		6.48			77.4		
		784	204	1.64		4.56			72		
	+2°	655	182	3.79		9.16			73.8		
		756	210	2.90		7.76			76.8		
		846	235	2.06		6.50			73		
	+4°	789	219	3.52		10.20	YQGN 260-6	14	78.5		
		882	245	2.84		8.22			77.6		
		905	268	2.22		7.87			74.4		
500ZQB-70	−4°	1370	380	9.44	980	50.4			70	450	南京制泵集团股份有限公司、中美合资扬州金陵泵业有限公司、扬州亚太特种水泵厂、
		1760	489	7		42.2			79.6		
		2050	571	4.35		31.1			78.5		
	−2°	1720	479	8.2		51.9	YQGN 368-6	55	74.5		
		2010	559	6.43		44			80		
		2250	625	4.9		40.5			73.5		
	0°	2099	583	7		50.0			79.9		
		2160	600	6.3		45.5			81.2		
		2510	695	3.9		34.6			77		
	+2°	2340	650	6.6		52.5			81.5		
		2560	711	5.6		46.7			82		
		2660	741	4.67		41.6	YQGN 368-5	65(75)	61.5		
	+4°	2700	750	5.6		49.5			83		
		2858	794	4.4		43.4			79		

续表

型号	叶片安装角度	流量 Q		扬程 H (m)	转速 n (r/min)	轴功率 (kW)	电动机		效率 η (%)	叶轮直径 D (mm)	生产厂
		m³/h	L/s				型号	功率 (kW)			
500ZQB-70D	−4°	1020 1310 1530	282 364 426	5.32 3.95 2.45	730	20.8 17.4 12.9	YQGN 368-8	30	68.2 78.4 77.2	450	南京制泵集团股份有限公司、扬州亚太特种水泵厂、中美合资扬州金陵泵业有限公司
	−2°	1170 1500 1675	326 416 465	516 3.62 2.76		21.8 18.2 16.8			73 78.8 71.9		
	0°	1480 1610 1870	410 447 520	4.16 3.56 2.16		21.2 18.9 14.3			77.8 80.1 75.6		
	+2°	1710 1910 1990	474 530 552	3.95 3.10 2.63		22.2 19.3 17.2			80.4 80.9 80.4		
	+4°	1640 1860 2100	454 544 582	4.44 3.52 2.82		26 22.2 19.2			75.4 82 81.5		
500ZQB-85	−4°	2005 2232 2343.6	557 620 651	6.38 5 4.18	980	43.7 37.2 33.5	YQGN 368-6	55	79.7 81.6 79.7	450	
	−2°	2174.4 2380 2578	604 661 716	6.68 5 4.2		49.6 39.7 37	YQGN 368-6	65	79.7 81.69 79.7		
	0°	2290 2520 2743	636 700 762	6.8 5.7 4.25		53.2 47.9 39.8	YQGN 368-6	65	79.7 81.6 79.7		
	+2°	2430 2660 2916	675 739 810	7.05 6 4.45		58.5 53.3 44.3	YQGN 368-6	80	79.7 81.6 79.7		
	+4°	2578 2783 3089	716 773 858	7.4 6.5 4.7		65.1 60.3 49.6	YQGN 368-6	80	79.7 81.6 79.7		
500ZQB-100	+4°	2736 2995 3276	760 832 910	6.2 5 3.6	980	56.6 47.8 39.3	YQGN 368-6	65	81.6 85.2 81.6	450	
	+2°	2498 2844 3114	694 790 865	6.4 4.68 3.25		53.3 42.5 33.8	YQGN 368-6	65	81.6 85.2 81.6		
	+0°	2322 2700 2916	645 750 810	6.4 4.3 3.05		49.6 37.1 29.7	YQGN 368-6	55	81.6 85.2 81.6		
	−2°	2160 2513 2700	600 698 750	6.18 4.2 3.1		44.5 33.7 27.9	YQGN 368-6	55	81.6 85.2 81.6		
	−4°	1980 2340 2466	550 650 685	6 4 3.15		39.6 30.2 25.9	YQGN 368-6	55	81.6 84.3 81.6		
	−6°	1764 2160 2275	490 600 632	6.05 3.7 2.9		36.5 26.5 22.5	YQGN 368-6	55	79.7 82 79.7		

续表

型号	叶片安装角度	流量 Q m³/h	流量 Q L/s	扬程 H (m)	转速 n (r/min)	轴功率 (kW)	电动机 型号	电动机 功率 (kW)	效率 η (%)	叶轮直径 D (mm)	生产厂
500ZQB-125	−2°	2167 2466 2664	602 685 740	4.78 3.4 2.39	980	35.4 28 21.7	YQGN 368-6	55	79.7 81.6 79.7	450	南京制泵集团股份有限公司、扬州亚太特种水泵厂、中美合资扬州金陵泵业有限公司
500ZQB-125	0°	2563 2880 3168	712 800 880	4.92 3.83 2.65	980	43.1 36.8 28.7	YQGN 368-6	55	79.7 81.6 79.7	450	
500ZQB-125	+2°	2952 3233 3492	820 898 970	4.91 4 3	980	49.5 43.1 35.8	YQGN 368-8	55	79.7 81.6 79.7	450	
600ZQB-160	−2°	2436 2800 2908	676.7 777.9 807.7	2.65 1.97 1.53	730	23.1 18.6 15.1	YQGN 368-8	37	76 81 80	510	
600ZQB-160	0°	2795 3172 3323	776.4 881 923.1	2.75 1.9 1.5	730	27.5 20.3 17.4			76 81 78	510	
600ZQB-160	+2°	3258 3613 3734	905 1003 1037	2.67 1.93 1.59	730	31.2 23.7 21.3	YQGN 368-8	30	78 80 76	510	
700ZQB-70	−4°	3075 3908 4563	844 1086 1268	10.8 8.04 4.99	730	124.5 105.6 77.6			72.1 80 81	650	
700ZQB-70	−2°	3828 4467 4995	1063 1241 1588	9.41 7.58 5.63	730	128.5 110.2 101.5			76.5 81.4 75.4	650	
700ZQB-70	0°	4595 4795 5562	1294 1352 1545	8.04 7.25 4.48	730	125.1 114.6 86.5	YQGN 520-8	155	81.3 82.5 78.6	650	
700ZQB-70	+2°	5195 5682 5922	1445 1578 1645	7.58 6.31 5.36	730	129.4 117 104.5			82.6 83.5 82.8	650	
700ZQB-70	+4	5994 6340	1665 1763	6.43 5.05	730	125 108.4			84.2 80.3	650	
700ZQB-70D	−4°	2410 3110 3660	670 864 1018	6.96 5.17 3.2	580	64.9 54.7 40.6			70.5 80 78.8	650	
700ZQB-70D	−2°	2786 3557 3974	774 988 1104	6.75 4.74 3.61	580	68.2 57.2 52.9			75 80.5 75.9	650	
700ZQB-70D	0°	3506 3020 4446	974 1061 1235	5.44 4.66 2.85	580	65.4 59.6 44.5	YQGN 520-10	80	79.4 81.5 77.4	650	
700ZQB-70D	+2°	4060 4529 4720	1128 1258 1311	5.17 4.00 3.44	580	69.9 60.8 54			81.8 82.3 91.8	650	
700ZQB-70D	+4	4658 4975	1294 1382	4.6 3.69	580	70 60.5			83.3 82.8	650	

续表

型号	叶片安装角度	流量 Q		扬程 H (m)	转速 n (r/min)	轴功率 (kW)	电动机 型号	功率 (kW)	效率 η (%)	叶轮直径 D (mm)	生产厂
		m³/h	L/s								
700ZQB-85	+4°	5796 6534 7002	1610 1815 1945	8.5 7 5.5	730	169.8 151 132.8	YQGN 520-8	180	79 82.5 79	650	南京制泵集团股份有限公司、扬州亚太特种水泵厂、中美合资扬州金陵泵业有限公司
	+2°	5418 6120 6588	1505 1700 1830	8.25 6.75 5.25		155.1 136.4 119.2	YQGN 520-8	180	78.5 82.5 79		
	0°	5220 5724 6138	1450 1590 1705	7.8 6.5 5		140.4 122.8 105.8	YQGN 520-8	155	79 82.5 79		
	-2°	4932 5364 5760	1370 1490 1600	7.5 6.3 4.9		129.4 112.2 97.3	YQGN 520-8	155	78.9 82 79		
	-4°	4554 4968 5274	1265 1380 1465	7.25 6 4.8		113.8 99 87.8	YQGN 520-8	130	79 82 78.5		
700ZQB-100	+4°	5760 6660 380	1600 1850 2050	7.6 5.7 3.7	730	150.9 124 93	YQGN 520-8	170	79 83.4 79	650	
	+2°	5400 6300 6948	1500 1750 1930	7.65 5.5 3.55		142.4 113.1 85	YQGN 520-8	170	79 83.4 79		
	0°	4968 5850 6516	1380 1625 1810	7.6 5.5 3.45		130.2 105.1 77.5	YQGN 520-8	155	79 83.4 79		
	-2°	4572 5329 6976	1270 1480 1660	7.5 5.5 3.35		118.2 96.1 69	YQGN 520-8	130	79 83 79		
	-4°	4176 4860 5472	1160 1350 1520	7.2 5.3 3		103.6 85 62.2	YQGN 520-8	130	79 82.5 79		
	-6°	3888 4572 5040	1080 1274 1400	7 5<>3.3		93.8 76.9 57.3	YQGN 520-8	110	79 81 79		
700ZQB-125	+2°	6487 7441 7956	1802 2067 2210	6.08 4.32 3.24	730	136 106.1 88.9	YQGN 520-8	155	79 82.5 79	650	
	0°	5825 6635 7222	1610 1843 2006	5.67 4.05 2.7		111 88.7 67.2	YQGN 520-8	130	81 82.5 79		
	-2°	4799 5533 6048	1333 1537 1680	5.8 4.05 2.57		96 74 53.6	YQGN 520-8	110	79 82.5 79		

续表

型号	叶片安装角度	流量 Q (m³/h)	流量 Q (L/s)	扬程 H (m)	转速 n (r/min)	轴功率 (kW)	电动机 型号	电动机 功率 (kW)	效率 η (%)	叶轮直径 D (mm)	生产厂
900ZQB-70	-4°	4500 5800 6770	1250 1610 1880	8.06 5.98 3.72	480	133 114 84.4	YQGN 740-12	155	74 82.3 81.4	850	南京制泵集团股份有限公司、扬州亚太特种水泵厂、中美合资扬州金陵泵业有限公司
900ZQB-70	-2°	5190 6620 7410	1440 1840 2000	7.82 5.49 4.19	480	143 120 110	YQGN 740-12	155	77.5 82.7 77	850	
900ZQB-70	0°	6510 7200 8250	1810 2000 2290	6.41 5.4 3.33	480	139 125 93.3	YQGN 740-12	155	81.8 83.6 80.1	850	
900ZQB-70	+2°	7560 8420 8790	2100 2340 2440	5.99 4.7 4	480	147 128 114	YQGN 740-12	180	84 84.4 84	850	
900ZQB-70	+4°	7740 8650 9300	2150 2450 2580	6.5 5.23 4.27	480	166 148 128	YQGN 740-12	180	82.7 85.3 84.8	850	
900ZQB-85	+4°	8640 9576 10512	2400 2660 2920	6.5 5.3 3.7	480	186.5 176.7 131.6	YQGN 740-12	210	82 83.7 80.5	850	
900ZQB-85	+2°	7920 9000 9900	2200 2500 2750	6.4 5 3.48	480	171.5 146.4 116.6	YQGN 740-12	180	80.5 83.7 80.5	850	
900ZQB-85	0°	7488 8352 9288	2080 2320 2580	6.2 5 3.35	480	157.1 137.6 105.3	YQGN 740-12	180	80.5 83.7 80.5	850	
900ZQB-85	-2°	6840 7632 8640	1900 2120 2400	6.05 5 3.25	480	140 127 95	YQGN 740-12	155	80.5 83 80.5	850	
900ZQB-85	-4°	6408 7200 7920	1780 2000 2200	5.95 4.7 3.25	480	129 111 87.1	YQGN 740-12	155	80.5 83 80.5	850	
900ZQB-100	+4°	12168 12870	3380 3575	5.9 4.8	590	230 201.5	YQGN 740-10	250	85 83.5	850	
900ZQB-100	+2°	10818 11412 12168	3005 3170 3380	6.8 5.75 4.5	590	235.7 210.5 178.6	YQGN 740-10	250	84.5 85 83.5	850	
900ZQB-100	0°	9720 10728 11448	2700 2980 3180	7.25 5.5 4.5	590	229.8 180.1 158.6	YQGN 740-10	250	83.5 85 83.5	850	
900ZQB-100	-2°	8686 9756 10650	2410 2710 2980	7.5 5.75 4	590	214.5 179.7 141.9	YQGN 740-10	250	82.5 85 82	850	
900ZQB-100	-4°	8208 9039 9792	2280 2510 2720	7 5.5 4	590	188.5 160.3 130.9	YQGN 740-10	210	83 84.5 81.5	850	
900ZQB-100	-6°	7416 8136 8856	2060 2260 2460	6.75 5.5 4	590	167.3 145.1 117.6	YQGN 740-10	210	81.5 84 82	850	

续表

型号	叶片安装角度	流量 Q m³/h	流量 Q L/s	扬程 H (m)	转速 n (r/min)	轴功率 (kW)	电动机 型号	电动机 功率 (kW)	效率 η (%)	叶轮直径 D (mm)	生产厂
900ZQB-100D	+4°	9468 10080 10818	2630 2800 3005	4.75 4 3	480	145.9 129.4 108.8	YQGN 740-12	155	84 85 81.8	850	南京制泵集团股份有限公司·中美合资扬州金陵泵业有限公司、扬州亚太特种水泵厂、
900ZQB-100D	+2°	8460 9378 10244	2350 2605 2840	5.2 4 2.8	480	146.7 120.2 95.7	YQGN 740-12	155	82 85 81.5	850	
900ZQB-100D	0°	7560 8658 9684	2100 2405 2690	5.5 4 2.5	480	140.7 111 80.9	YQGN 740-12	155	80.5 85 81.5	850	
900ZQB-100D	-2°	7578 8028 9072	2150 2230 2520	4.6 3.9 2.25	480	113.7 100.3 69.5	YQGN 740-12	130	83.5 85 80	850	
900ZQB-100D	-4°	6660 7488 8388	1850 2028 2330	5 3.75 2.25	480	112.6 91.1 64.5	YQGN 740-12	130	80.5 84 80	850	
900ZQB-100D	-6°	5868 6894 7596	1630 1915 2100	5 3.5 2.25	480	99.9 79.7 58.9	YQGN 740-12	130	80 82.5 79	850	
900ZQB-125	+2°	9540 10944 11700	2650 3040 3250	4.5 3.2 2.4	480	146.1 114.2 95.6	YQGN 740-12	180	80 83.5 80	850	
900ZQB-125	0°	8568 9756 10620	2380 2710 2950	4.2 3 2	480	119.5 95.5 72.3	YQGN 740-12	130	82 83.5 80	850	
900ZQB-125	+2°	7056 8136 8892	1960 2260 2470	4.3 3 1.9	480	103.3 79.6 57.5	YQGN 740-12	115	80 83.5 80	850	
1000ZQB-125	+4°	10224 11340 12672	2840 3150 3520	4.8 3.83 2.0	480	170.7 145.5 113.2	YQGN 740-12	180	78.3 81.3 76.2	870	南京制泵集团股份有限公司
1000ZQB-125	0°	8460 10404 11628	2350 2890 3230	5.2 3.38 2.0	480	156.4 117.6 83.6	YQGN 740-12	180	76.6 81.46 75.8	870	
1000ZQB-125	-2°	7128 8676 10008	1980 2410 2780	5.06 3.35 1.69	480	130.1 97.8 60.2	YQGN 740-12	155	75.5 80.9 76.5	870	
1000ZQB-125	-4°	5726 7128 8028	1590 1980 2230	4.53 3.0 1.9	480	93.3 72.3 54.1	YQGN 740-12	130	75.7 80.55 76.8	870	
1400ZQB-100	-4°	10980 14616 16560	3050 4060 4600	6.04 4.3 2.62	323	200 195 144			82 87.7 82.1	1220	
1400ZQB-100	-2°	12240 15120 18000	3400 4200 5000	6.3 5 3	323	256 234 178			82 88 82.6	1220	
1400ZQB-100	0°	14040 16560 19080	3900 4600 5300	6.5 5.3 3.55	323	298 272 220			83.4 88 84	1220	
1400ZQB-100	+2°	14940 17640 20700	4150 4900 5750	6.8 5.36 3.62	323	337 294 246			82 87.5 82.9	1220	
1400ZQB-100	+4°	16200 18360 21960	4500 5100 6100	6.9 6 4	323	371 348 288			82 86.2 83	1220	

注：生产厂还有宁波巨神制泵实业公司。

(4) 外形及安装尺寸：

1) ZQB型轴流潜水泵安装方式见图1-245。

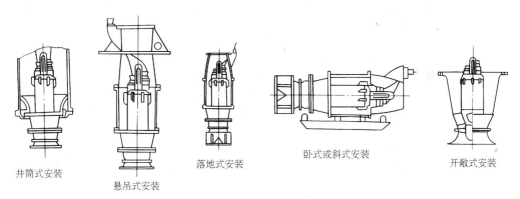

图1-245　ZQB型轴流潜水泵安装方式

2) ZQB型轴流潜水泵悬吊式安装外形尺寸见图1-246和表1-196。

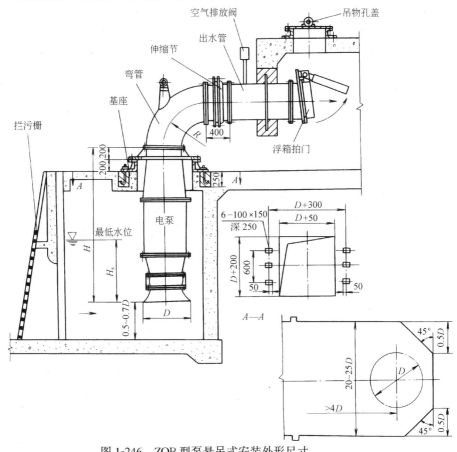

图1-246　ZQB型泵悬吊式安装外形尺寸

注：1. 过拦污栅流速不超过0.3m/s。
　　2. 直管可调整A—A高程。
　　3. 接长水平出水管可调整出水池位置。
　　4. 敞开式出水池没有吊物孔设备。
　　5. 弯管可由90°或60°加30°组合。

ZQB 型轴流泵(HQB 型混流泵)悬吊式安装外形尺寸　　　　表 1-196

型　号	外形尺寸(mm)				电泵重量(kg)	轴向水推力(N)
	D	H	R	H_s		
350ZQB-70	500	1600	700	800	650	8000
500ZQB-70	700	2215	750	1000	920	20000
500ZQB-70					1020	
500ZQB-70					1250	
500ZQB-85					1080	16000
500ZQB-100					1050	15000
500ZQB-125					1020	12000
700ZQB-70	1000	2450	1000	1700	1500	42000
700ZQB-70					1860	
700ZQB-70					1900	30000
700ZQB-85					1950	35000
700ZQB-100						31000
400HQB-40	500	1680	700	500	460	12000
500HQB-50	700	2510	750	850	1100	24000
500HQB-50A						
600HQB-50	830	2450	900	900	1300	30000
600HQB-50A						
700HQB-50	1000	2750	1000		2000	35000
700HQB-50A						
700HQB-40					2500	74000
900ZQB-100	1100	3500	1350	2300	4500	85000
1400ZQB-80	1600			2500	6100	

3) ZQB 型轴流潜水泵井筒式安装外形尺寸见图 1-247 和表 1-197。

ZQB 型轴流泵(HQB 型混流泵)井筒式安装外形尺寸　　　　表 1-197

型　号	外形尺寸(mm)					电泵重量(kg)	轴向水推力(N)
	D	H_s	H	d	D_1		
500ZQB-70	700	1000	615	550	800	870	50000
500ZQB-70						1050	50000
500ZQB-85						9100	40000
500ZQB-100							35000
500ZQB-125						900	30000
500HQB-50			850	910		930	70000
500HQB-50A							
600HQB-50	830	900	1150	600	1000	1150	90000
600HQB-50A							
700ZQB-70	1000	1700	880	800	1100	1186	70000
700ZQB-70							60000
700ZQB-85							70000
700ZQB-100							60000
700HQB-50							150000
700HQB-50A		1000	1350				
700HQB-40						2350	160000

1.13 ZQB型轴流潜水泵

续表

型 号	外形尺寸（mm）					电泵重量（kg）	轴向水推力（N）
	D	H_s	H	d	D_1		
900ZQB-70	1100	1250	1200	1000 或 1200	1200 或 1380	3700	90000
900ZQB-70							98000
900ZQB-85							80000
900ZQB-100（480r/mm）						3900	70000
900ZQB-100（500r/mm）		2300					85000
900ZQB-125		1250				4500	57000
900HQB-50		1000	1780			5000	160000
900HQB-50A							
900HQB-40						7500	374000

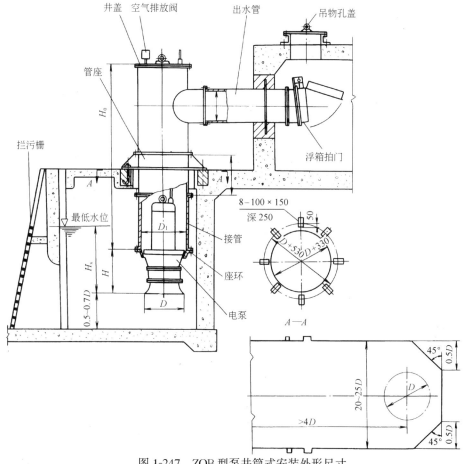

图 1-247 ZQB型泵井筒式安装外形尺寸

注：1. 过拦污栅流速小于 0.3m/s。
    2. H_0（或接管高度）由 A—A 高程确定。
    3. 井管侧壁水平出口 d 若取小于表中数值，则要用扩散管连接拍门。
    4. 敞开式出水池没有吊物孔设备。
    5. 若井盖高程高于出水池最高水位，则不要安装空气排放阀。

4) ZQB 型轴流潜水泵落地式安装外形尺寸见图 1-248 和表 1-198。

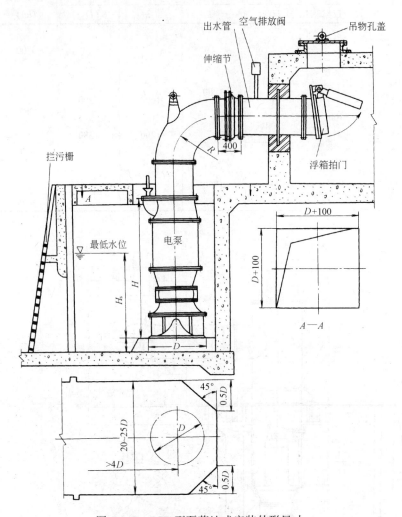

图 1-248 ZQB 型泵落地式安装外形尺寸

注：1. 过拦污栅流速不超过 0.3m/s。
  2. 泵座与电泵之间接垂直管可调整 A—A 高程。
  3. 接长水平出水管可调整出水池位置。
  4. 敞开式出水池没有吊物孔设备。

ZQB 型轴流泵（HQB 型混流泵）落地式安装外形尺寸　　　　表 1-198

型号	外形尺寸（mm）				电泵重量 (kg)	轴向水推力 (N)
	D	H	R	H_s		
350ZQB-70	500	1800	700	1000	650	800
500ZQB-70	700	2365	750	1300	920	12000
500ZQB-70					1020	
500ZQB-70					1250	
500ZQB-85					1080	16000
500ZQB-100					1050	15000
500ZQB-125					1020	20000

1.13 ZQB型轴流潜水泵

续表

型号	外形尺寸(mm)				电泵重量 (kg)	轴向水推力 (N)
	D	H	R	H_s		
700ZQB-70	1000	2850	1000	2100	1500	42000
700ZQB-70					1860	
700ZQB-70					1900	30000
700ZQB-85					1950	35000
700ZQB-100						31000
400HQB-50	500	1880	700	700	460	12000
500HQB-50	700	2660	750	1150	1100	24000
500HQB-50A						
600HQB-50	830	2700	900	1250	1300	30000
600HQB-50A						
700HQB-50	1000	3150	1000	1250	2000	35000
700HQB-50A						
700HQB-40						
900ZQB-100	1100	3500	1350	2300	4500	85000
1400ZQB-80	1600			80	6100	

5) ZQB型轴流潜水泵卧式(斜式)安装外形尺寸见图1-249和表1-199。

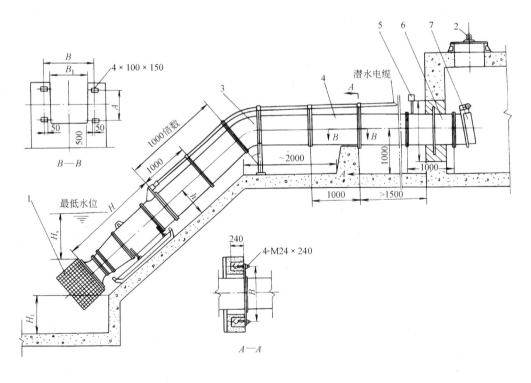

图1-249 ZQB型轴流泵(HQB型混流泵)卧式(斜式)安装外形尺寸
1—滤网；2—吊物孔盖；3—弯管；4—管座；5—空气排放阀；6—穿墙管；7—浮箱拍门

ZQB 型轴流泵（HQB 型混流泵）卧式（斜式）安装外形尺寸　　　　表 1-199

型　号	H	h	H_s	H_1	B	B_1	A	电泵重量 (kg)	轴向水推力 (N)
350ZQB-70	1600	400	800	400	720	600	300	470	8000
400HQB-40	1680	400	800	400	720	600	300	510	12000
500ZQB-70	2065	500	1000	500	870	750	380	1060	20000
500HQB-50	2360	500	1000	500	870	750	380	1120	24000

6) ZQB 型轴流潜水泵开敞式安装外形尺寸见图 1-250 和表 1-200。

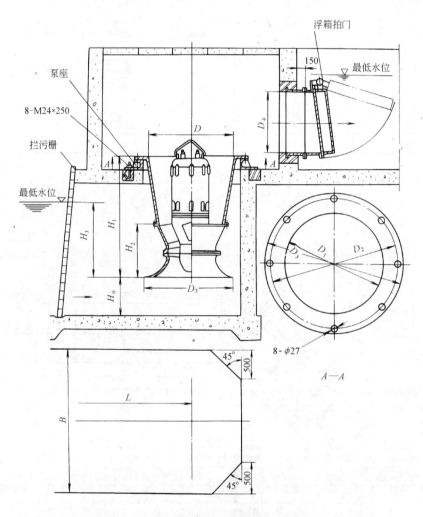

图 1-250　ZQB 型轴流泵开敞式安装外形尺寸
注：1. 拦污栅流速<0.3m/s。
　　2. 浮箱拍门安装后应密封，转动灵活。
　　3. 泵与泵座之间垫以 8mm 厚橡胶垫。

ZQB型轴流泵开敞式安装外形尺寸（mm）   表1-200

型号	D	D_1	D_2	D_3	D_4	D_5	H_0	H_1	H_2	H_3	B	L
600ZQB-160	900	1100	1300	1400	800	750	600	1907	907	1200	2200	5000
700ZQB-125	900	1100	1300	1400	800	850	600	1907	907	1200	2200	5000
900ZQB-125	1400	1500	1650	1720	1200	1245	750	2700	1100	1300	2400	6000
1000ZQB-125	1600	1700	1850	1970	1200	1245	800	3800	1287	1500	2600	6000

（5）附件：ZQB型泵安装附件伸缩节、拍门、井盖及底部座圈外形尺寸见图1-251～253和表1-201～203。

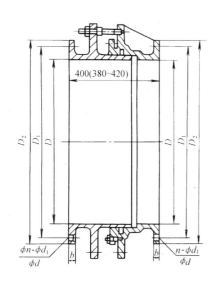

图1-251 伸缩节外形尺寸
注：括号内数据系指伸缩范围。

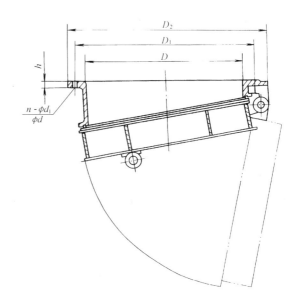

图1-252 拍门外形尺寸
注：拍门门页相对密度为1.2～1.5，密封空腔结构，以其在水中的浮力代替挂重平衡，比传统方法增加门页开放角度。

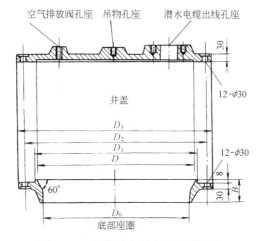

图1-253 井盖及底部座圈外形尺寸

伸缩节外形尺寸(mm)　　　表 1-201

D	D_1	D_2	b	$n\text{-}\phi d_1\text{-}\phi d$
355	445	495	22	8-22-40
400	495	540	22	8-22-40
550	655	710	25	10-25-46
600	705	755	25	10-25-46
700	810	865	28	12-25-46
800	920	980	30	12-30-55

拍门外形尺寸(mm)　　　表 1-202

泵出口直径(mm)	拍门规格	D	D_1	D_2	h	$n\text{-}\phi d_1\text{-}\phi d$
350	350	350	445	495	22	8-22-40
400	400	400	495	540	22	8-22-40
500	550	550	655	710	25	10-25-46
600	600	600	705	755	25	10-25-46
700	800	800	920	980	28	12-25-46
900	1200	1200	1320	1375	30	12-30-55

井盖及底部座圈外形尺寸(mm)　　　表 1-203

泵型号	D	D_0	D_1	D_2	D_3	B
500ZQB	800	722	816	920	980	120
500HQB						
600HQB	1000	850	1020	1075	1175	120
700ZQB	1100	1020	1120	1220	1280	120
700HQB						
900ZQB	1380	1270	1400	1500	1570	120
900HQB						

1.14 混流泵

1.14.1 HWZ 型直联式混流泵

(1) 用途:HWZ 型泵系单级单吸悬臂直联式混流泵,供吸送 80℃ 以下清水或物理化学性质类似于水的液体。适用于工厂、矿山、城市给水排水以及农田灌溉等。

(2) 型号意义说明:

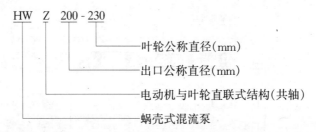

(3) 结构:HWZ 型泵由泵体、直联架、叶轮、机械密封部件、Y 系列加长轴、电动机等组成。泵盖与泵体铸成一体,叶轮直接装在电动机轴上,并用叶轮螺母加外舌止退垫圈固紧。泵采用机械密封。为防止因机械密封损坏导致液体流入电动机内,电动机轴装有挡水圈。泵体出水口一般朝上;也可朝一侧,这时只要将泵体与直联架螺栓松开,调转泵体即可。该泵不带底座,用户可以根据直联架的地脚孔位置,放置水泥墩或钢架支承座,使用时,泵体下方应有支承,且吸水管路部件重量应另有支承,不能压在泵上。

(4) 性能:HWZ 型直联式混流泵性能见表 1-204。

HWZ 型泵工作性能   表 1-204

型号	流量		扬程 (m)	转速 (r/min)	轴功率 (kW)	电动机		效率 (%)	气蚀余量 (NPSH)r (m)	最大吸上真空度 (m)	总重量 (kg)	生产厂
	m³/h	L/s				型号	功率 (kW)					
HWZ200-230	250	69.4	9.2	1450	13.05	Y160L-4 加长轴伸	15	48	4	6.3	277	广东省佛山水泵厂
	415	115.3	7.2		12.24			66.5	5.5	5.3		
	485	135	6.4		12.1			70	6.7	4.3		

(5) 外形及安装尺寸：HWZ 型直联式混流泵外形及安装尺寸见图 1-254。

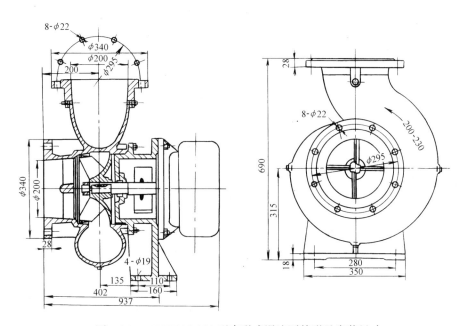

图 1-254 HWZ200-230 型直联式混流泵外形及安装尺寸

1.14.2 HQB 型混流潜水泵

(1) 用途：HQB 型混流潜水泵是传统的泵、电动机机组的更新换代产品。电动机与泵可一体长期潜入水中运行。供输送最高温度 50℃ 的水或物理、化学性质类似于水的其他液体。适用于农田排灌、工矿船坞、城市建设、电站等给水排水。

(2) 型号意义说明：

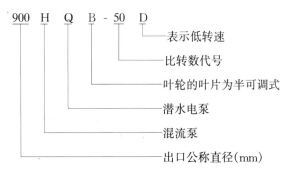

(3) 性能：HQB 型混流潜水泵的性能见图 1-255～260 和表 1-205。

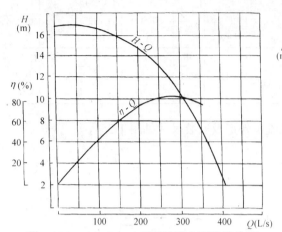

图 1-255　400HQB-40 型混流潜水泵性能曲线
（$n=1450$r/min）

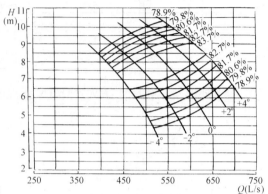

图 1-256　500HQB-50 型混流潜水泵性能曲线
（$n=980$r/min、$D=424.5$mm）

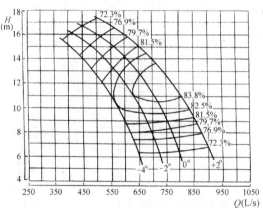

图 1-257　600HQB-50 型混流潜水泵性能曲线
（$n=980$r/min、$D=471$mm）

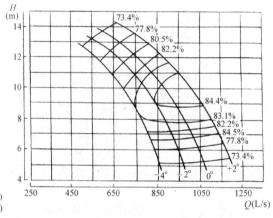

图 1-258　700HQB-50D 型混流潜水泵性能曲线
（$n=730$r/min、$D=571.6$mm）

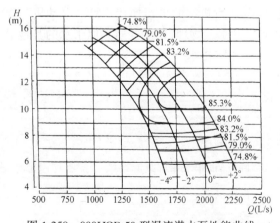

图 1-259　900HQB-50 型混流潜水泵性能曲线
（$n=580$r/min、$D=755.5$mm）

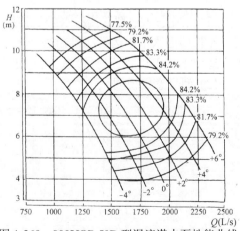

图 1-260　900HQB-50D 型混流潜水泵性能曲线
（$n=580$r/min、$D=755.5$mm）

HQB型混流潜水泵性能

表 1-205

型号	叶片安装角度	流量 Q (m³/h)	流量 Q (L/s)	扬程 H (m)	转速 n (r/min)	轴功率 (kW)	电动机型号	电动机功率 (kW)	效率 η (%)	叶轮直径 D (mm)	生产厂
400HQB-40		1110	310	10.2	1450		YQGN 260-4	45	81		南京制泵集团股份有限公司、宁波巨神制泵实业公司
500HQB-50	−4°	1494	415	8	980	40.4	YQGN 368-6	55	80.6	424.5	
		1620	450	6.8		35.9			83.7		
		1800	500	5.2		31.7			80.6		
	−2°	1620	450	8.5		45.9	YQGN 368-6	55	81.7		
		1800	500	7.3		42.8			83.7		
		1958	544	6.0		39.7			81.7		
	0°	1728	480	9.5		56.0	YQGN 368-6	65	79.8		
		1980	550	8.0		51.5			83.7		
		2196	610	6.0		44.5			80.6		
	+2°	1958	544	9.5		52	YQGN 368-6	75	81.7		
		2160	600	8.2		57.7			83.7		
		2318	644	6.8		53.3			80.6		
	+4°	2052	570	10		69.9	TQGN 368-6	80	80		
		2268	630	8.7		64.3			83.7		
		2466	685	7.0		59			79.8		
600HQB-50	−4°	1602	445	14.3	980	81.02	YQGN 462-6	95	77	471	
		2088	580	10.2		70.3			82.5		
		2304	640	7.42		60.46			77		
	−2°	1710	475	15.2		91.93	YQGN 462-6	115	77		
		2322	645	11		83.8			83		
		2574	751	7.5		68.28			77		
	0°	1846.8	513	15.9		103.85	YQGN 462-6	130	77		
		2458.8	683	12		95.77			83.9		
		2844	790	7.65		76.95			77		
	+2°	2052	570	16.8		121.93	YQGN 462-6	130	77		
		2808	780	12		109.37			83.9		
		3186	885	7.9		89.01			77		
700HQB-50D	−4°	2340	650	11	730	87.62	YQGN 520-8	110	80	571.5	
		2844	790	8		74.65			83		
		3024	840	6.6		67.52			80.5		
	−2°	2736	760	10.8		97.78	YQGN 520-8	110	82.3		
		3114	865	9		90.32			84.5		
		3395	943	6.5		75.12			80		
	0°	2700	750	12.3		112.35	YQGN 520-8	130	80.5		
		3240	900	10		104.42			84.5		
		3701	1028	7		87.1			81		
	+2°	2970	825	13		131.11	YQGN 520-8	155	80.2		
		3492	970	11		123.8			84.5		
		4122	1145	7.6		104.04			82		

续表

型号	叶片安装角度	流量 Q m³/h	流量 Q L/s	扬程 H (m)	转速 n (r/min)	轴功率 (kW)	电动机 型号	电动机 功率 (kW)	效率 η (%)	叶轮直径 D (mm)	生产厂
900HQB-50	−4°	4068	1130	13.1	580	181.4	YQGN 740-10	260	80	755.5	南京制泵集团股份有限公司、宁波巨神制泵实业公司
		5303	1473	9.2		157.8			84.2		
		5724	1590	6.8		132.5			80		
	−2°	4828	1340	13		208.3	YQGN 740-10	260	82		
		5688	1580	10.5		191.8			84.8		
		6336	1760	7.4		157.6			81		
	0°	5220	1450	13.7		235.5	YQGN 740-10	260	82.7		
		6495	1804	10		208.1			85		
		6948	1930	7.93		186.4			80.5		
	+2°	5447	1513	15		275.7	YQGN 740-10	310	80.7		
		6732	1870	12		257.3			85.5		
		7632	2120	9		230.9			81		
900HQB-50D	−4°	3790	1053	8.8	480	115	YQGN 740-12	155	79.2	755.5	
		5097	1416	6.0		99			84.2		
		5587	1552	4.3		80			81.7		
	−2°	4500	1250	9.0		135			81.7		
		5400	1500	7.0		121			85.4		
		6300	1750	4.2		90			80.4		
	0°	4500	1250	9.8		152	YQGN 740-12	180	79.2		
		6016	1671	7:0		134			85.4		
		6678	1855	5.0		110			82.5		
	+2°	4831	1342	10.1		168			79.4		
		6300	1750	7.5		151			85.4		
		7200	2000	5.1		123			81.7		
	+4°	5587	1552	10		186	YQGN 740-12	250	81.7		
		6861	1894	8.0		177			84.2		
		7765	2157	5.8		150			81.7		
	+6°	6393	1776	10		208			84.0		
		7200	2000	8.8		205			84.2		
		8100	2250	6.9		186			81.7		

(4) 外形及安装尺寸：HQB型混流潜水泵悬吊式安装外形尺寸见图1-246和表1-196；井筒式安装外形尺寸见图1-247和表1-197；落地式安装外形尺寸见图1-248和表1-198；卧式(斜式)安装外形尺寸见图1-249和表1-199。

(5) 附件：HQB型混流潜水泵安装附件伸缩节、拍门、井盖及底部座圈外形尺寸见图1-251～253和表1-201～203。

1.14.3 HD型立式单级单吸导叶式混流泵

(1) 用途：HD型立式单级单吸导叶式混流泵供输送温度小于50℃的清水或物理、化学性质类似于水的液体。适用于农业排灌、建筑工地排水、城镇给水排水、船坞排水、大型引水工程;也可作输送电厂循环水。

（2）型号意义说明：

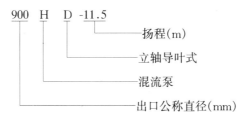

（3）结构：HD型立式单级单吸导叶式混流泵由泵体、泵盖、叶轮、泵轴、轴套、填料盒等组成。水泵叶轮的转向,从泵的吸入处看,为逆时针方向旋转。

（4）性能：HD型立式单级单吸导叶式混流泵性能见图1-261～266和表1-206。

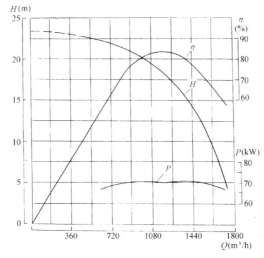

图1-261　350HD-18.5型混流泵性能曲线（$n=1480$r/min）

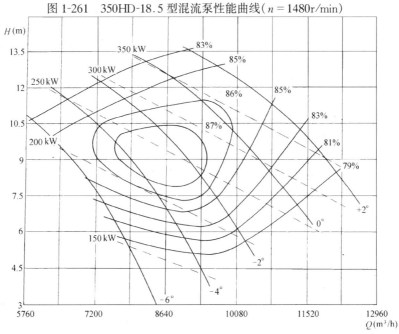

图1-262　900HD-9型混流泵性能曲线（$n=592$r/min）

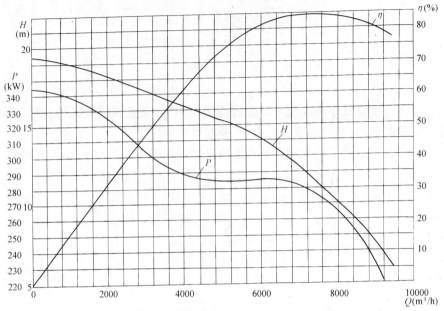

图 1-263　900HD-11.5 型混流泵性能曲线（$n = 490\text{r/min}$）

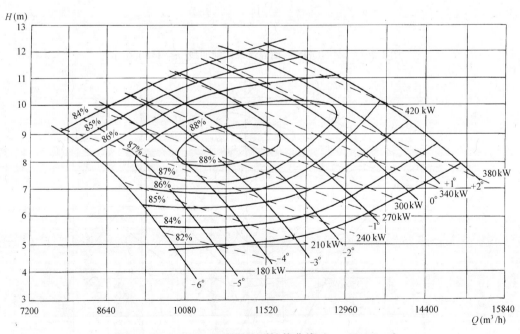

图 1-264　1000HD-9 型混流泵性能曲线（$n = 490\text{r/min}$）

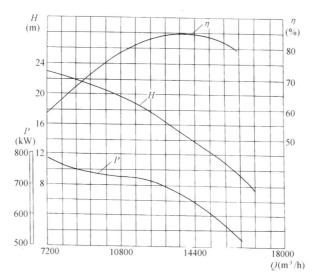

图 1-265　1200HD-14 型混流泵性能曲线（$n=490$r/min）

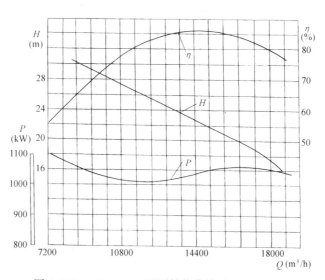

图 1-266　1200HD-23 型泵性能曲线（$n=490$r/min）

HD型立式单级单吸导叶式混流泵性能　　表 1-206

型　号	流　量		扬程	转速	轴功率	电动机功率	效率	气蚀余量	叶轮直径	重量	生产厂
	m³/h	L/s	(m)	(r/min)	(kW)	(kW)	(%)	(NPSH)r (m)	(mm)	(kg)	
350HD-18.5	1152	320	18.5	1480	69.0	90	84	4.0	358	630	无锡水泵厂
900HD-9	10080	2800	10.85	592	346.0	400	85.7	8.7	786		
900HD-11.5	7380	2050	11.5	490	274	330	84.5				
1000HD-9	12600	3500	9.4	490	371	400	87	8.0	900		
1200HD-14	14400	4000	13.8	490	636	800	85.2	5.5			
1200HD-23	14400	4000	22.8	490	1040	1250	86	7.0			
1800HD-10.5	45720	12700	11.3	300	1580	2000	89		1620		

(5) 外形及安装尺寸：

1) 350HD-18.5型立式单级单吸导叶式混流泵外形及安装尺寸见图1-267。

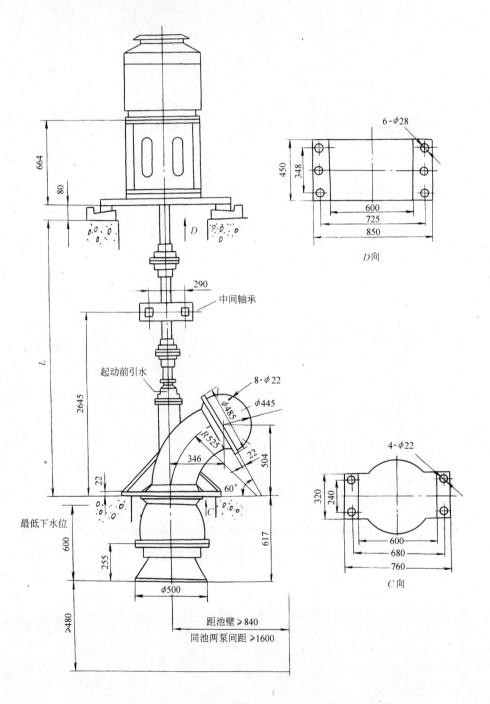

图1-267 350HD-18.5型立式单级单吸导叶式混流泵外形及安装尺寸

2) 900HD-$\frac{9}{11.5}$、1000HD-9型立式单级单吸导叶式混流泵外形及安装尺寸见图1-268

和表1-207。

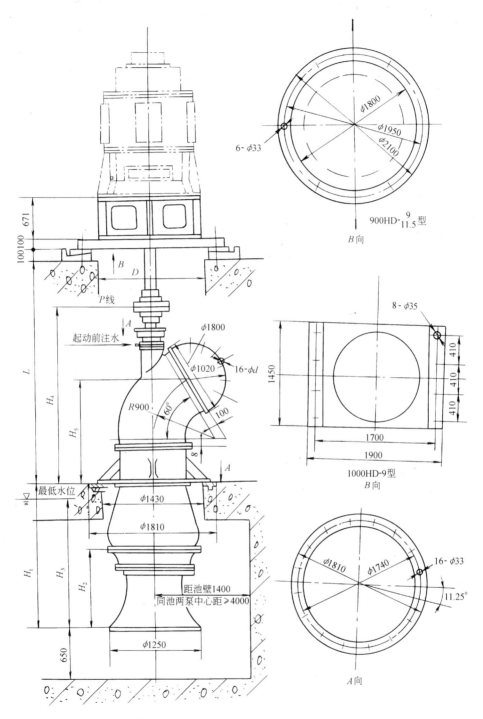

图1-268 900HD-$\frac{9}{11.5}$、1000HD-9型立式单级单吸导叶式混流泵外形及安装尺寸

900HD-$\frac{9}{11.5}$、1000HD-9 型立式单级单吸导叶式混流泵外形及安装尺寸(mm)　表 1-207

型号	H_1	H_2	H_3	H_4	H_5	D	ϕd
900HD-9	1641	887	1800	2402	1399	1700	26
900HD-11.5	1999	1103	1800	2402	1399	1700	26
1000HD-9	1830	970	1970	2630	1616	1450	18

3) 1200HD-$\frac{14}{23}$型立式单级单吸导叶式混流泵外形及安装尺寸见图 1-269。

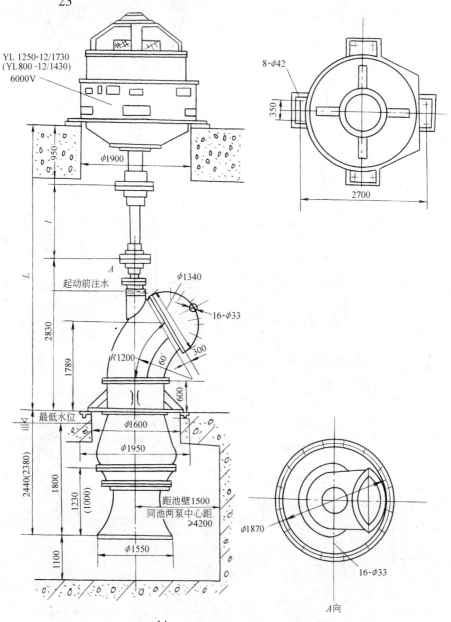

图 1-269　1200HD-$\frac{14}{23}$型立式单级单吸导叶式混流泵外形及安装尺寸

注：括号内数字为 1200HD-14 型尺寸。

4) 1800HD-10.5 型立式单级单吸导叶式混流泵外形及安装尺寸见图 1-270。

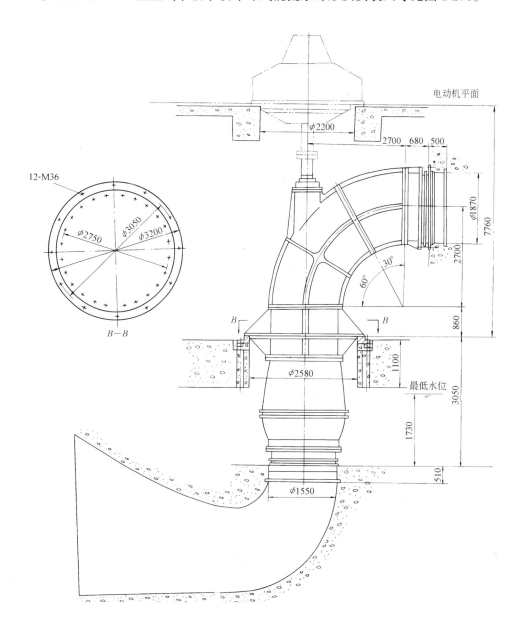

图 1-270 1800HD-10.5 型立式单级单吸导叶式混流泵外形及安装尺寸

2 动 力 设 备

2.1 交流电动机

2.1.1 Y系列(IP44)小型三相鼠笼式异步电动机

(1) 适用范围:Y系列(IP44)小型三相异步电动机,是一般用途的全封闭自扇冷鼠笼型三相异步电动机,也是我国最新设计的统一系列。具有高效、节能、噪声低、振动小,使用维修方便等优点。功率等级和安装尺寸符合 IEC 标准,外壳防护等级为 IP44。适用于一般场所和无特殊要求的各种机械设备。该型电动机使用地点的海拔高程不超过 1000m;环境空气温度最高不得超过 40℃,最低为 -15℃;最湿月月平均最高相对湿度为 90%。

(2) 型号意义说明:

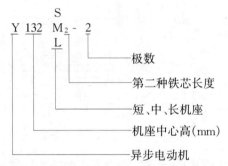

(3) 结构:Y系列(IP44)小型三相鼠笼式异步电动机由定子、转子、接线盒、风扇、风罩、轴承和轴承室等部件组成。电动机的绝缘等级为 B 级,重庆电机厂生产的 355mm 中心高电动机的绝缘等级为 F 级。根据《电机结构及安装型式代号》GB 997—81 规定,代号由"国际安装"(International Mounting)的缩写字母"IM"表示。代表卧式安装的大写字母为"B",代表"立式安装"的大写字母为"V",连同1位或2位字组成。电动机的安装有三种基本结构型式:

1) B_3 机座带底脚,端盖无凸缘,安装在基础构件上见图 2-1。

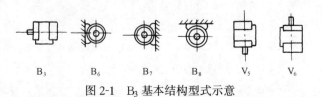

图 2-1 B_3 基本结构型式示意

2) B_5 机座不带底脚,端盖有凸缘,凸缘有通孔,借凸缘安装见图 2-2。

3) B_{35} 机座带底脚,端盖有凸缘,凸缘有螺孔,带有止口,借底脚安装在基础构件上,并附用凸缘平面安装见图 2-3。

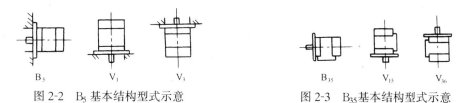

图 2-2　B_5 基本结构型式示意　　　　　图 2-3　B_{35} 基本结构型式示意

(4) 技术数据:Y 系列(IP44)小型三相鼠笼式异步电动机额定电压为 380V,额定频率为 50Hz。功率 3kW 以下为 Y 形连接,4kW 以上为 △ 形连接。其技术数据见表 2-1。

Y 系列(IP44)小型三相鼠笼式异步电动机技术数据　　　　　表 2-1

型号	额定功率 (kW)	满载时				堵转电流 额定电流	堵转转矩 额定转矩	最大转矩 额定转矩	重量 (kg)	生产厂
		电流 (A)	转速 (r/min)	效率 (%)	功率因数					
Y801-2	0.75	1.9	2825	73	0.84	7.0	2.2	2.2	17	西安、大连、苏州、内蒙电机厂,北京重型电机厂,石家庄市电机二厂
Y802-2	1.1	2.6	2825	76	0.86	7.0	2.2	2.2	18	
Y90S-2	1.5	3.4	2840	79	0.85	7.0	2.2	2.2	22	
Y90L-2	2.2	4.7	2840	82	0.86	7.0	2.2	2.2	26	
Y100L-2	3.0	6.4	2880	82	0.87	7.0	2.2	2.2	35	
Y112M-2	4.0	8.2	2890	85.5	0.87	7.0	2.2	2.2	45	
Y132S1-2	5.5	11.1	2900	85.2	0.88	7.0	2.0	2.2	67	
Y132S2-2	7.5	15	2900	86.2	0.88	7.0	2.0	2.2	71	
Y160M1-2	11	21.8	2930	87.2	0.88	7.0	2.0	2.2	118	
Y160M2-2	15	29.4	2930	88.2	0.88	7.0	2.0	2.2	160	
Y160L-2	18.5	35.5	2930	89	0.89	7.0	2.0	2.2	160	
Y160L2-2	22	41.8	2928	89.5	0.89	7.0	2.0	2.2		
Y180M-2	22	42.2	2940	89	0.89	7.0	2.0	2.2	178	
Y180M-2	30	56.7	2938	89.5	0.89	7.0	1.7	2.2		
Y180L-2	37	69.2	2939	90.5	0.89	7.0	1.9	2.2	220	
Y200L1-2	30	56.9	2950	90	0.89	7.0	2.0	2.2	230	
Y200L2-2	37	69.8	2950	90.5	0.89	7.0	2.0	2.2	310	
Y225M-2	45	84	2970	91.5	0.89	7.0	2.0	2.2	319	
Y250M-2	55	102.7	2970	91.4	0.89	7.0	2.0	2.2		
Y280S-2	75	140.1	2970	91.4	0.89	7.0	2.0	2.2	380	
Y280M-2	90	167	2970	92	0.89	7.0	2.0	2.2		
Y280ML-2	110	199.4	2965	92.5	0.90	7.0	1.7	2.2	465	
Y315S-2	110	204	2970	91	0.90	7.0	1.8	2.2		

续表

型 号	额定功率 (kW)	满 载 时				堵转电流 额定电流	堵转转矩 额定转矩	最大转矩 额定转矩	重 量 (kg)	生产厂
		电流 (A)	转速 (r/min)	效率 (%)	功率因数					
Y315M1-2	132	245	2970	91	0.90	7.0	1.8	2.2		
Y315M2-2	160	295	2970	91.5	0.90	7.0	1.8	2.2		
Y801-4	0.55	1.6	1390	70.5	0.76	6.5	2.2	2.2		西安、大连、苏州、内蒙电机厂，北京重型电机厂，石家庄市电机二厂
Y802-4	0.75	2.1	1390	72.5	0.76	6.5	2.2	2.2		
Y90S-4	1.1	2.7	1400	79	0.78	6.5	2.2	2.2		
Y90L-4	1.5	3.7	1400	79	0.79	6.5	2.2	2.2		
Y100L1-4	2.2	5	1420	81	0.82	7.0	2.2	2.2		
Y100L2-4	3.0	6.8	1420	82.5	0.81	7.0	2.2	2.2		
Y112M-4	4.0	8.8	1440	84.5	0.82	7.0	2.2	2.2		
Y132S-4	5.5	11.6	1440	85.5	0.84	7.0	2.2	2.2		
Y132M-4	7.5	15.4	1440	87	0.85	7.0	2.2	2.2		
Y160M-4	11.0	22.6	1460	88	0.84	7.0	2.2	2.2		
Y160L-4	15.0	30.3	1460	88.5	0.85	7.0	2.2	2.2		
Y180M-4	18.5	35.9	1470	91	0.86	7.0	2.0	2.2		
Y180L-4	22	42.5	1470	91.5	0.86	7.0	2.0	2.2		
Y200L-4	30	56.8	1470	92.2	0.87	7.0	2.0	2.2		
Y225S-4	37	70.4	1480	91.8	0.87	7.0	1.9	2.2		
Y225M-4	45	84.2	1480	92.3	0.88	7.0	1.9	2.2		
Y250M-4	55	102.5	1480	92.6	0.88	7.0	2.0	2.2		
Y280S-4	75	139.7	1480	92.7	0.88	7.0	1.9	2.2		
Y280M-4	90	164.3	1480	93.5	0.89	7.0	1.9	2.2		
Y315S-4	110	202	1480	93	0.89	7.0	1.8	2.2		
Y315M1-4	132	242	1480	93	0.89	7.0	1.8	2.2		
Y315M2-4	160	294	1480	93	0.89	7.0	1.8	2.2		
Y96S-6	0.75	2.3	910	72.5	0.70	6.0	2.0	2.0		
Y90L-6	1.1	3.2	910	73.5	0.72	6.0	2.0	2.0		
Y100L-6	1.5	4	940	77.5	0.74	6.0	2.0	2.0		
Y112M-6	2.2	5.6	940	80.5	0.74	6.0	2.0	2.0		
Y132S-6	3.0	7.2	960	83	0.76	6.5	2.0	2.0		
Y132M1-6	4.0	9.4	960	84	0.77	6.5	2.0	2.0		
Y132M2-6	5.5	12.6	960	85.3	0.78	6.5	2.0	2.0		
Y160M-6	7.5	17	970	86	0.78	6.5	2.0	2.0		
Y160L-6	11	24.6	970	87	0.78	6.5	2.0	2.0		

续表

型号	额定功率 (kW)	满载时 电流 (A)	满载时 转速 (r/min)	满载时 效率 (%)	满载时 功率因数	堵转电流 额定电流	堵转转矩 额定转矩	最大转矩 额定转矩	重量 (kg)	生产厂
Y180L-6	15	31.6	970	89.5	0.81	6.5	1.8	2.0		
Y200L1-6	18.5	37.7	970	89.8	0.83	6.5	1.8	2.0		
Y200L2-6	22	44.6	970	90.2	0.83	6.5	1.8	2.0		
Y225M-6	30	59.5	980	90.2	0.85	6.5	1.7	2.0		
Y250M-6	37	72	980	90.8	0.86	6.5	1.8	2.0		
Y280S-6	45	85.4	980	92	0.87	6.5	1.8	2.0		
Y280M-6	55	104.9	980	91.6	0.87	6.5	1.8	2.0		
Y315S-6	75	142	980	92.5	0.87	6.5	1.6	2.0		
Y315M1-6	90	167	980	93	0.88	6.5	1.6	2.0		西安、大连、苏州、内蒙电机厂,北京重型电机厂,石家庄市电机二厂
Y315M2-6	110	204	980	93	0.88	6.5	1.6	2.0		
Y315M3-6	132	244	980	93.5	0.88	6.5	1.6	2.0		
Y132S-8	2.2	5.8	710	81	0.71	5.5	2.0	2.0		
Y132M-8	3	7.7	710	82	0.72	5.5	2.0	2.0		
Y160M1-8	4	9.9	720	84	0.73	6.0	2.0	2.0		
Y160M2-8	5.5	13.3	720	85	0.74	6.0	2.0	2.0		
Y160L-8	7.5	17.7	720	86	0.75	5.5	2.0	2.0		
Y180L-8	11	25.1	730	86.5	0.77	6.0	1.7	2.0		
Y200L-8	15	34.1	730	88	0.76	6.0	1.8	2.0		
Y225S-8	18.5	41.3	730	89.5	0.76	6.0	1.7	2.0	180	
Y225M-8	22	47.6	730	90	0.78	6.0	1.8	2.0		
Y250M-8	30	63	730	90.5	0.80	6.0	1.8	2.0		
Y280S-8	37	78.7	740	91	0.79	6.0	1.8	2.0		
Y280M-8	45	93.2	740	91.7	0.80	6.0	1.8	2.0		
Y315S-8	55	109	740	92.5	0.83	6.5	1.6	2.0		
Y315M1-8	75	148	740	92.5	0.83	6.5	1.6	2.0		
Y315M2-8	90	175	740	93	0.84	6.5	1.6	2.0		
Y315M3-8	110	214	740	93	0.84	6.5	1.6	2.0		
Y315S-10	45	98	585	91.5	0.76	6.5	1.4	2.0		
Y315M2-10	55	120	585	92	0.76	6.5	1.4	2.0		
Y315M3-10	75	160	585	92.5	0.77	6.5	1.4	2.0		

(5) 外形及安装尺寸:Y系列(IP44)小型三相鼠笼式异步电动机外形及安装尺寸见图2-4～6和表2-2、3。

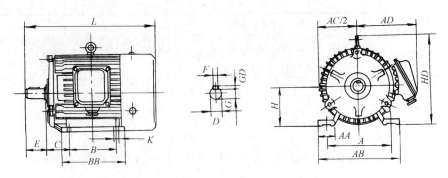

图 2-4　Y 系列(IP44)小型三相鼠笼式异步电动机外形及安装尺寸
(安装结构型式为 B_3 型,机座带底脚)

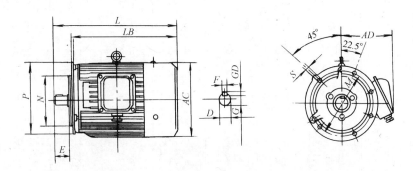

图 2-5　Y 系列(IP44)小型三相鼠笼式异步电动机外形及安装尺寸
(安装结构型式为 B_5 型)

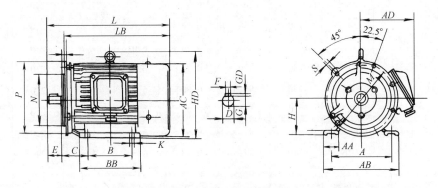

图 2-6　Y 系列(IP44)小型三相鼠笼式异步电动机外形及安装尺寸
(安装结构型式为 B_{35} 型)

2.1.2　Y 系列(IP23)小型三相异步电动机

(1) 适用范围:Y 系列(IP23)小型三相异步电动机,是一般用途的三相鼠笼型电动机。适用于无特殊性能要求的各种机械设备。

(2) 结构:Y 系列(IP23)小型三相异步电动机定子绕组为△接法。采用 B 级绝缘。外壳防护等级为 IP23。

2.1 交流电动机

表 2-2　Y 系列 (IP44) 小型三相鼠笼式异步电动机外形及安装尺寸 (B_3 型)

机座号	极数	外形尺寸 (mm)							安装尺寸 (mm)								
		AA	AB	BB	AC/2	AD	HD	L	A	B	C	D	E	F	GD	G	H	K
80	2,4	37	165	135	85	150	170	285	125	100	50	19	40	6	6	15.5	80	10
90S	2,4,6	37	180	150	90	155	190	310	140	100	56	24	50	8	7	20	90	10
90L	2,4,6	37	180	170	90	155	190	335	140	125	56	24	50	8	7	20	90	10
100L	2,4,6	42	205	185	105	180	245	380	160	140	63	28	60	8	7	24	100	12
112M	2,4,6	52	245	195	115	190	265	400	190	140	70	28	60	8	7	24	112	12
132S	2,4,6,8	57	280	210	135	210	315	475	216	140	89	38	80	10	8	33	132	12
132M	2,4,6,8	57	280	248	135	210	315	515	216	178	89	38	80	10	8	33	132	12
160M	2,4,6,8	63	325	275	165	255	385	600	254	210	108	42	110	12	8	37	160	15
160L	2,4,6,8	63	325	320	165	255	385	645	254	254	108	42	110	12	8	37	160	15
180M	2,4,6,8	73	355	332	180	285	430	670	279	241	121	48	110	14	9	42.5	180	15
180L	2,4,6,8	73	355	370	180	285	430	710	279	279	121	48	110	14	9	42.5	180	15
200L	2,4,6,8	73	395	378	200	310	475	775	318	305	133	55	110	16	10	49	200	19
225S	4,8	83	435	382	225	345	530	820	356	286	149	60	140	18	11	53	225	19
225M	2	83	435	407	225	345	530	815	356	311	149	55	110	16	10	49	225	19
225M	4,6,8	83	435	407	225	345	530	845	356	311	149	60	140	18	11	53	225	19
250M	2	88	490	458	250	385	575	930	406	349	168	60	140	18	11	53	250	24
250M	4,6,8	88	490	458	250	385	575	930	406	349	168	65	140	18	11	58	250	24
280S	2	93	545	535	280	410	640	1000	457	368	190	65	140	18	11	58	280	24
280S	4,6,8	93	545	535	280	410	640	1000	457	368	190	75	140	20	12	67.5	280	24
280M	2	93	545	586	280	410	640	1050	457	419	190	65	140	18	11	58	280	24
280M	4,6,8	93	545	586	280	410	640	1050	457	419	190	75	140	20	12	67.5	280	24
315S	2	120	628	610	320	460	760	1190	508	406	216	65	140	18	11	58	315	28
315S	4,6,8,10	120	628	610	320	460	760	1190	508	406	216	80	170	22	14	71	315	28
315M	2	120	628	660	320	460	760	1240	508	457	216	65	140	18	11	58	315	28
315M	4,6,8,10	120	628	660	320	460	760	1240	508	457	216	80	170	22	14	71	315	28

注：安装结构型式 B_3 型，机座带底脚。

表 2-3

Y 系列(IP44)小型三相鼠笼式异步电动机外形及安装尺寸(B_5、B_{35}型)

机座号	极数	外形尺寸 (mm)					安装尺寸 (mm)												
		AB	AC	AD	HD	LB	L	A	B	C	D	E	F	G	H	K	M	N	P	S	GD	AA	BB
80	2,4	165	161	150	170	245	285	125	100	50	19	40	6	15.5	80	10	165	130	200	4-φ12	6	37	135
90S	2,4,6	180	171	155	190	260	310	140	100	56	24	50	8	20	90	10	165	130	200	4-φ12	7	37	150
90L	2,4,6	180	171	155	190	285	335	140	125	56	24	50	8	20	90	10	165	130	200	4-φ12	7	37	170
100L	2,4,6	205	201	180	245	320	380	160	140	63	28	60	8	24	100	12	215	180	250	4-φ15	7	42	185
112M	2,4,6	245	226	190	265	340	400	190	140	70	28	60	8	24	112	12	215	180	250	4-φ15	7	52	195
132S	2,4,6,8	280	266	210	315	395	475	216	140	89	38	80	10	33	132	12	265	230	300	4-φ15	8	57	210
132M	2,4,6,8	280	266	210	315	435	515	216	178	89	38	80	10	33	132	12	265	230	300	4-φ15	8	57	248
160M	2,4,6,8	325	320	255	385	490	600	254	210	108	42	110	12	37	160	15	300	250	350	4-φ19	8	63	275
160L	2,4,6,8	325	320	255	385	535	645	254	254	108	42	110	12	37	160	15	300	250	350	4-φ19	8	63	320
180M	2,4,6,8	355	362	285	430	560	670	279	241	121	48	110	14	42.5	180	15	300	250	350	4-φ19	9	73	332
180L	2,4,6,8	355	362	285	430	600	710	279	279	121	48	110	14	42.5	180	15	300	250	350	4-φ19	9	73	370
200L	2,4,6,8	395	400	310	475	665	775	318	305	133	55	110	16	49	200	19	350	300	400	4-φ19	10	73	378
225S	4,8	435	452	345	530	680	820	356	286	149	60	140	18	53	225	19	400	350	450	8-φ19	11	83	382
225M	2	435	452	345	530	705	815	356	311	149	55	110	18	49	225	19	400	350	450	8-φ19	10	83	407
225M	4,6,8	435	452	345	530	705	845	356	311	149	60	140	18	53	225	19	400	350	450	8-φ19	11	83	407
250M	2	490	490	385	575	790	930	406	349	168	60	140	18	53	250	24	500	450	550	8-φ19	11	88	458
250M	4,6,8	490	490	385	575	790	930	406	349	168	65	140	18	58	250	24	500	450	550	8-φ19	11	88	458
280S	2	545	550	410	640	860	1000	457	368	190	65	140	18	58	280	24	500	450	550	8-φ19	11	93	535
280S	4,6,8	545	550	410	640	860	1000	457	368	190	75	140	20	67.5	280	24	500	450	550	8-φ19	11	93	535
280M	2	545	550	410	640	910	1050	457	419	190	65	140	18	58	280	24	500	450	550	8-φ19	12	93	586
280M	4,6,8	545	550	410	640	910	1050	457	419	190	75	140	20	67.5	280	24	500	450	550	8-φ19	11	93	586

注：1. 安装结构型式为 B_5 型的电动机只生产机座号 80～225。
2. 安装结构型式为 B_5、B_{35}型。

(3) 技术数据:Y 系列(IP23)小型三相异步电动机额定电压为 380V,额定频率为 50Hz。其技术数据见表 2-4。

Y 系列(IP23)小型三相鼠笼式异步电动机技术数据 表 2-4

型 号	额定功率 (kW)	满载时 转速 (r/min)	满载时 电流 (A)	满载时 效率 (%)	满载时 功率因数	堵转转矩 额定转矩	堵转电流 额定电流	最大转矩 额定转矩	重量 (kg)	生产厂
Y160M-2	15	2928	29.3	88	0.88	1.7	7.0	2.2		
Y160L1-2	18.5	2929	35.2	89	0.89	1.8	7.0	2.2		
Y160L2-2	22	2928	41.8	89.5	0.89	2.0	7.0	2.2	160	
Y180M-2	30	2938	56.7	89.5	0.89	1.7	7.0	2.2		
Y180L-2	37	2939	69.2	90.5	0.89	1.9	7.0	2.2	220	
Y200M-2	45	2952	84.4	91	0.89	1.9	7.0	2.2		
Y200L-2	55	2950	100.8	91.5	0.89	1.9	7.0	2.2	310	
Y225M-2	75	2955	137.9	91.5	0.89	1.8	7.0	2.2	380	
Y250S-2	90	2966	164.9	92	0.89	1.7	7.0	2.2		
Y250M-2	110	2965	199.4	92.5	0.90	1.7	7.0	2.2	465	
Y280M-2	132	2967	238	92.5	0.90	1.6	7.0	2.2	750	
Y160M-4	11	1459	22.4	87.5	0.85	1.9	7.0	2.2		北京重型电机厂、西安电机厂、山西电机厂、大连第二电机厂
Y160L1-4	15	1458	29.9	88	0.86	2.0	7.0	2.2		
Y160L2-4	18.5	1458	36.5	89	0.86	2.0	7.0	2.2	160	
Y180M-4	22	1467	43.2	89.5	0.86	1.9	7.0	2.2		
Y180L-4	30	1467	57.9	90.5	0.87	1.9	7.0	2.2	230	
Y200M-4	37	1473	71.1	90.5	0.87	2.0	7.0	2.2		
Y200L-4	45	1473	85.5	91	0.87	2.0	7.0	2.2	310	
Y225M-4	55	1476	103.6	91.5	0.88	1.8	7.0	2.2	380	
Y250S-4	75	1480	140.1	92	0.88	2.0	7.0	2.2		
Y250M-4	90	1480	167.2	92.5	0.88	2.2	7.0	2.2	490	
Y280S-4	110	1482	202.4	92.5	0.88	1.7	7.0	2.2		
Y280M-4	132	1483	241.3	93	0.88	1.8	7.0	2.2	820	
Y160M-6	7.5	971	16.7	85	0.79	2.0	6.5	2.0		
Y180L-6	11	971	23.9	86.5	0.78	2.0	6.5	2.0	150	
Y180M-6	15	974	31	88	0.81	1.8	6.5	2.0		
Y180L-6	18.5	975	37.8	88.5	0.83	1.8	6.5	2.0	215	
Y200M-6	22	978	43.7	89	0.85	1.7	6.5	2.0		
Y200L-6	30	975	58.6	89.5	0.85	1.7	6.5	2.0	295	
Y225M-6	37	982	70.2	90.5	0.87	1.8	6.5	2.0	360	
Y250S-6	45	983	86.2	91	0.86	1.8	6.5	2.0		
Y250M-6	55	983	104.2	91	0.87	1.8	6.5	2.0	465	
Y280S-6	75	986	140.8	91.5	0.87	1.8	6.5	2.0		
Y280M-6	90	986	166.8	92	0.88	1.8	6.5	2.0	820	
Y160M-8	5.5	723	13.5	83.5	0.73	2.0	6.0	2.0		
Y160L-8	7.5	723	18.0	85	0.73	2.0	6.0	2.0	150	
Y180M-8	11	727	25.1	86.5	0.74	1.8	6.0	2.0		
Y180L-8	15	726	34.0	87.5	0.76	1.8	6.0	2.0	215	
Y200M-8	18.5	728	40.2	88.5	0.78	1.7	6.0	2.0		
Y200L-8	22	729	47.7	89	0.78	1.8	6.0	2.0	295	
Y225M-8	30	734	61.7	89.5	0.81	1.7	6.0	2.0	360	
Y250S-8	37	735	76.3	90	0.80	1.6	6.0	2.0		
Y250M-8	45	736	92.8	90.5	0.79	1.8	6.0	2.0	465	
Y280S-8	55	740	112.4	91	0.80	1.8	6.0	2.0		
Y280M-8	75	740	151	91.5	0.81	1.8	6.0	2.0	820	

(4) 外形及安装尺寸:Y系列(IP23)小型三相鼠笼式异步电动机外形及安装尺寸见图2-7和表2-5。

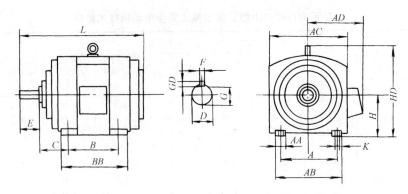

图2-7 Y系列(IP23)小型三相鼠笼式异步电动机外形及安装尺寸
(安装结构型式 IMB₃)

Y系列(IP23)小型三相鼠笼式异步电动机外形及安装尺寸　　表2-5

机座号	极数	安装尺寸 (mm)									外形尺寸 (mm)					
		A	B	C	D	E	F	GD	G	H	K	AA	AB	AC	AD	BB	HD	L
160M	2、4、6、8	254	210	108	48	110	14	9	42.5	160	15	70	330	380	290	270	405	540
160L	2、4、6、8	254	254	108	48	110	14	9	42.5	160	15	70	330	380	290	315	405	585
180M	2、4、6、8	279	241	121	55	110	16	10	49	180	15	70	350	420	325	315	445	595
180L	2、4、6、8	279	279	121	55	110	16	10	49	180	15	70	350	420	325	350	445	635
200M	2、4、6、8	318	267	133	60	140	18	11	53	200	19	80	400	465	350	355	495	675
200L	2、4、6、8	318	305	133	60	140	18	11	53	200	19	80	400	465	350	395	495	710
225M	2	356	311	149	60	140	18	11	53	225	19	90	450	520	395	395	545	750
225M	4、6、8	356	311	149	65	140	18	11	58	225	19	90	450	520	395	395	545	750
250S	2	406	311	168	65	140	18	11	58	250	24	100	510	550	410	420	600	785
250S	4、6、8	406	311	168	75	140	20	12	67.5	250	24	100	510	550	410	420	600	785
250M	2	406	349	168	65	140	18	11	58	250	24	100	510	550	410	455	600	825
250M	4、6、8	406	349	168	75	140	20	12	67.5	250	24	100	510	550	410	455	600	825
280S	4、6、8	457	368	190	80	170	22	14	71	280	24	110	570	610	450	530	655	920
280M	2	457	419	190	65	140	18	11	58	280	24	110	570	610	450	585	655	940
280M	4、6、8	457	419	190	80	170	22	14	71	280	24	110	570	610	450	585	655	970

2.1.3　Y355低压中型交流三相异步电动机

(1) 适用范围:Y355低压中型交流三相异步电动机适用于水泵、风机、球磨机等通用设备;还可用在多尘等环境条件较差的场所。

(2) 型号意义说明:

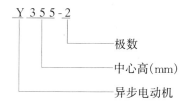

(3) 结构:Y355 低压中型交流三相异步电动机机座和端盖全部由钢板焊接而成。内蒙古电机厂生产的该系列电动机结构为封闭自扇冷式,防护等级为 IP44。重庆电机厂生产的该系列电机结构基本防护型式为 IP33。

(4) 技术数据:Y355 低压中型交流三相异步电动机电源电压为 380V。其技术数据见表 2-6。

Y 系列(IP33)中型交流异步电动机技术数据 表 2-6

型号	额定功率 (kW)	定子电流 (A)	同步转速 (r/min)	效率 (%)	功率因素	最大转矩 额定转矩	转子电压 (V)	转子电流 (A)	重量 (kg)	生产厂
Y335M-2	280	513.7	3000	94.1	0.88	1.8	1	6.5		重庆电机厂
Y355M-2	315	569.6	3000	94.4	0.89	1.8	1	6.5		
Y355M-2	355	640.6	3000	94.6	0.89	1.8	1	6.5		
Y355M-4	280	506.9	1500	94.3	0.89	1.8	1	6.5		
Y355M-4	315	563.9	1500	94.3	0.90	1.8	1	6.5		
Y355L-4	355	634.2	1500	94.5	0.90	1.8	1	6.5		
Y355M-6	185	343.7	1000	94.0	0.87	1.8	1	6		
Y355M-6	200	367.3	1000	94.0	0.88	1.8	1	6		
Y355M-6	220	403.7	1000	94.1	0.88	1.8	1	6		
Y355M-6	250	458.2	1000	94.2	0.88	1.8	1	6		
Y355L-6	280	512.6	1000	94.3	0.88	1.8	1	6		
Y355M-8	160	320.3	750	93.7	0.81	1.8	1	5.5		
Y355M-8	185	370.3	750	93.7	0.81	1.8	1	5.5		
Y355M-8	200	399.5	750	93.9	0.81	1.8	1	5.5		
Y355M-8	220	439.0	750	94.0	0.81	1.8	1	5.5		
Y355L-8	250	511.5	750	94.0	0.79	1.8	1	5.5		
Y355M-10	110	225.1	600	92.8	0.80	1.8	1	5.5		
Y355M-10	132	266.8	600	92.8	0.81	1.8	1	5.5		
Y355M-10	160	323.4	600	92.8	0.81	1.8	1	5.5		
Y355L-10	185	373.1	600	93.0	0.81	1.8	1	5.5		
Y355M2-2	220	396	2982	94.7	0.89	2.2				内蒙古电机厂
M3-2	250	445	2980	95.0	0.90	2.2				
Y355L1-2	280	493	2982	95.2	0.90	2.2				
L2-2	315	556	2981	95.5	0.90	2.2				
Y355M2-4	220	406	1488	94.7	0.87	2.2				
M3-4	250	459	1487	95.0	0.87	2.2				
Y355L1-4	280	513	1488	95.2	0.87	2.2				
L2-4	315	576	1487	95.5	0.87	2.2				
Y355M1-6	160	298	991	94.3	0.86	2.0				
M2-6	185	347	991	94.5	0.86	2.0				
M3-6	200	374	992	94.5	0.86	2.0				
Y355L1-6	220	407	992	95.0	0.86	2.0				
L2-6	250	465	991	95.0	0.86	2.0				
Y355M1-8	132	260	742	94.0	0.82	2.0				
M2-8	160	314	742	94.2	0.82	2.0				
Y355-L1-8	185	362	742	94.4	0.82	2.0				
L2-8	200	392	742	94.5	0.82	2.0				

(5) 外形及安装尺寸:Y355(IP44)低压中型交流三相异步电动机外形及安装尺寸见图 2-8 和表 2-7。

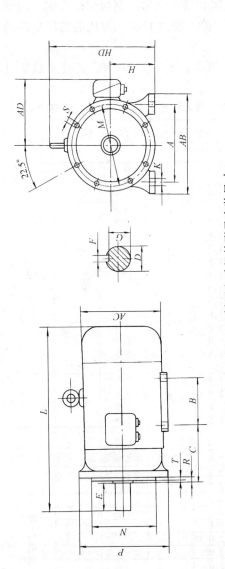

图 2-8 Y355(IP44)低压电动机外形及安装尺寸

表 2-7 Y355(IP44)低压中型交流异步电动机外形及安装尺寸

机座号	极数	轴伸尺寸				底足安装尺寸				凸缘安装尺寸				凸缘孔数	外形尺寸			
		D	E	F	G	A	B	C	H	K	M	N	P	R	S	T		AB	AC	AD	HD	L
Y355M	2	75	140	20	67.5	610	560	254	355	28	740	680	800	0	24	6	8	730	750	630	985	1485
Y355M	4~10	95	170	25	86	610	560	254	355	28	740	680	800	0	24	6	8	730	750	630	985	1515
Y355L	2	75	140	20	67.5	610	630	254	355	28	740	680	800	0	24	6	8	730	750	630	985	1485
Y355L	4~10	95	170	25	86	610	630	254	355	28	740	680	800	0	24	6	8	730	750	630	985	1515

2.1.4 Y系列6kV中型高压三相异步电动机

(1) 适用范围：Y系列6kV电动机为中型高压鼠笼型电动机新产品，用于驱动各种通用机械，如通风机、压缩机、水泵等设备，不适用于卷扬机等频繁起动及经常逆转的场合。

(2) 型号意义说明：

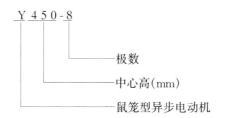

(3) 结构：Y系列6kV中型高压三相异步电动机采用国际上较先进的箱式结构，机座和端盖全部由钢板焊接而成。电动机的防护等级为IP23，只要在机座顶部安装不同顶罩就能派生出各种不同的防护等级，如IPW23、IP44、IP54等，以适应不同使用环境条件下的各种防护要求。电动机冷却方式分为自然通风冷却、水-空冷却、空-空冷却三种型式，其基本结构及安装型式为IMB_3。

(4) 技术数据：Y系列6kV中型高压三相异步电动机，额定电压为6000V，额定频率为50Hz。其技术数据见表2-8，表中数据除注明者外，其余均以《Y系列中型高压三相异步电动机技术条件》JB/DQ 3134—85为依据。

Y系列中型高压电动机技术数据　　　　　　表2-8

型号	额定功率(kW)	满载时				最大转矩/额定转矩	堵转转矩/额定转矩	堵转电流/额定电流	重量(kg)	生产厂
		定子电流(A)	转速(r/min)	效率(%)	功率因数					
Y355-4	220	26.7	1485	93.3	0.85	1.6	0.8	6.5	2020	湘潭、重庆、兰州、沈阳、西安、内蒙古电机厂，北京重型电机厂
Y355-4	250	30.3	1485	93.4	0.85	1.6	0.8	6.5	2065	
Y355-4	280	33.5	1485	93.5	0.86	1.6	0.8	6.5		
Y355-4	315	37.7	1485	93.6	0.86	1.6	0.8	6.5		
Y400-4	355	42.3	1485	93.8	0.86	1.6	0.8	6.5		
Y400-4	400	47.6	1485	94.0	0.86	1.6	0.8	6.5		
Y400-4	450	53.5	1485	94.2	0.86	1.6	0.8	6.5		
Y400-4	500	58.6	1485	94.3	0.87	1.6	0.8	6.5		
Y400-4	560	65.5	1485	94.5	0.87	1.6	0.8	6.5	3420	
Y450-4	630	73.6	1485	94.7	0.87	1.6	0.8	6.5		
Y450-4	710	82.7	1485	94.9	0.87	1.6	0.8	6.5		
Y450-4	800	93.0	1485	95.1	0.87	1.6	0.8	6.5		
Y450-4	900	104.6	1485	95.2	0.87	1.6	0.8	6.5		
Y500-4	1000	116.1	1485	95.3	0.87	1.6	0.7	6.5		
Y500-4	1120	128.4	1485	95.4	0.88	1.6	0.7	6.5		
Y500-4	1250	143.1	1485	95.5	0.88	1.6	0.7	6.5		
Y500-4	1400	160.1	1485	95.6	0.88	1.6	0.7	6.5		

续表

型 号	额定功率 (kW)	满 载 时				最大转矩 额定转矩	堵转转矩 额定转矩	堵转电流 额定电流	重 量 (kg)	生产厂
		定子电流 (A)	转 速 (r/min)	效 率 (%)	功率因数					
Y355-6	220	27.8	985	93.0	0.82	1.6	0.8	6	2170	湘潭、重庆、兰州、沈阳、西安、内蒙古电机厂，北京重型电机厂
Y355-6	250	31.4	985	93.3	0.82	1.6	0.8	6	2280	
Y400-6	280	34.7	985	93.5	0.83	1.6	0.8	6		
Y400-6	315	39.0	985	93.7	0.83	1.6	0.8	6	2880	
Y400-6	355	43.8	985	93.9	0.83	1.6	0.8	6		
Y400-6	400	49.3	985	94.0	0.83	1.6	0.8	6	2960	
Y450-6	450	54.7	985	94.3	0.84	1.6	0.8	6	3400	
Y450-6	500	59.9	985	94.5	0.85	1.6	0.8	6	3600	
Y450-6	560	67.0	985	94.6	0.85	1.6	0.8	6	3600	
Y450-6	630	75.3	985	94.7	0.85	1.6	0.8	6	3800	
Y500-6	710	84.6	985	95.0	0.85	1.6	0.7	6	4940	
Y500-6	800	95.2	985	95.1	0.85	1.6	0.7	6		
Y500-6	900	107.0	985	95.2	0.85	1.6	0.7	6		
Y500-6	1000	118.8	985	95.3	0.85	1.6	0.7	6		
Y400-8	220	29.2	740	92.9	0.78	1.6	0.8	5.5		
Y400-8	250	32.7	740	93.0	0.79	1.6	0.8	5.5		
Y400-8	280	36.6	740	93.2	0.79	1.6	0.8	5.5		
Y450-8	315	40.6	740	93.4	0.80	1.6	0.8	5.5		
Y450-8	355	45.7	740	93.5	0.80	1.6	0.8	5.5	3600	
Y450-8	400	51.3	740	93.7	0.80	1.6	0.8	5.5		
Y450-8	450	57.0	740	93.8	0.81	1.6	0.8	5.5		
Y500-8	500	63.1	740	94.2	0.81	1.6	0.8	5.5		
Y500-8	560	69.6	740	94.4	0.82	1.6	0.8	5.5		
Y500-8	630	78.2	740	94.5	0.82	1.6	0.8	5.5	4815	
Y500-8	710	88.1	740	94.6	0.82	1.6	0.8	5.5	4950	
Y450-10	220	29.9	590	92.1	0.77	1.6	0.8	5.5		
Y450-10	250	33.4	590	92.3	0.78	1.6	0.8	5.5	3000	
Y450-10	280	37.3	590	92.5	0.78	1.6	0.8	5.5		
Y450-10	315	41.4	590	92.6	0.79	1.6	0.8	5.5		
Y450-10	355	46.6	590	92.8	0.79	1.6	0.8	5.5		
Y500-10	400	51.6	590	93.3	0.80	1.6	0.8	5.5		
Y500-10	450	58.0	590	93.4	0.80	1.6	0.8	5.5		
Y500-10	500	64.3	590	93.6	0.80	1.6	0.8	5.5		
Y500-10	560	71.9	590	93.7	0.80	1.6	0.8	5.5		
Y500-10	630	80.8	590	93.8	0.80	1.6	0.8	5.5		
Y450-12	220	31.7	490	91.4	0.73	1.6	0.8	5.5		
Y450-12	250	35.9	490	91.7	0.73	1.6	0.8	5.5		
Y500-12	280	39.3	490	92.7	0.74	1.6	0.8	5.5		
Y500-12	315	43.6	490	92.8	0.75	1.6	0.8	5.5		
Y500-12	355	49.0	490	93.0	0.75	1.6	0.8	5.5		
Y500-12	400	55.0	490	93.3	0.75	1.6	0.8	5.5		
Y500-12	450	61.8	490	93.4	0.75	1.6	0.8	5.5		

注：定子电流按重庆电机厂样本，转速按沈阳电机厂样本。

(5) 外形及安装尺寸：Y 系列 6kV 中型高压三相异步电动机安装尺寸见图 2-9 和表 2-9。

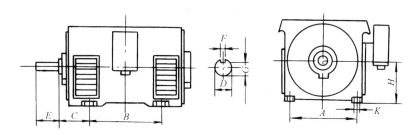

图 2-9　Y 系列 6kV 中型高压电动机安装尺寸

Y 系列 6kV 中型高压电动机安装尺寸　　　　　　　　　　表 2-9

机座号	极　数	安　装　尺　寸　(mm)								
		A	B	C	D	E	F	G	H	K
355	4、6、8、10、12	630	900	315	100	210	28	90	355	28
400	4、6、8、10、12	710	1000	335	110	210	28	100	400	35
450	4	800	1120	355	120	210	32	109	450	35
450	6、8、10、12	800	1120	335	130	250	32	119	450	35
500	4	900	1250	475	130	250	32	119	500	42
500	6、8、10、12	900	1250	475	140	250	36	128	500	42

注：表中安装尺寸仅适用 IP23 外壳防护等级。

2.1.5　Y 系列 10kV 中型高压三相异步电动机

(1) 适用范围：Y 系列 10kV 中型高压三相异步电动机可作为风机、压缩机、水泵、破碎机及其他设备的原动机。它可直接用在 10kV 电网上。

(2) 型号意义说明：

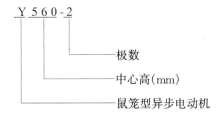

(3) 结构：Y 系列 10kV 中型高压三相异步电动机外壳防护型式主要为垂直防滴式，也可做成其他型式。根据用户要求，通风型式也可做成自由循环、管道进、出风和反管道出风(进风)。电动机为方形机座，卧式安装，带有可起消声作用的防护罩。重庆电机厂生产的该项产品电动机外壳防护等级为 IP23。

(4) 技术数据：Y 系列 10kV 中型高压三相异步电动机额定电压为 10kV，频率为 50Hz。电动机允许全压启动。技术数据见表 2-10。

(5) 外形及安装尺寸：Y 系列 10kV 中型高压三相异步电动机外形及安装尺寸见图 2-10 和表 2-11。

2 动力设备

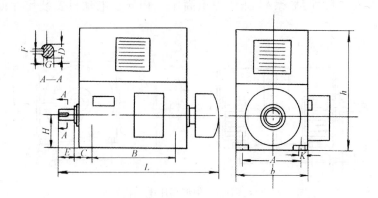

图 2-10　Y系列中型10kV电动机外形及安装尺寸

Y系列10kV中型高压三相异步电动机技术数据　　　　　表 2-10

型号	额定值 功率(kW)	额定值 电流(A)	额定值 转速(r/min)	效率(%)	功率因数	堵转电流/额定电流	堵转转矩/额定转矩	最大转矩/额定转矩	惯量矩(kgf·m²)	冷却风量(m³/s)	总重① (kg)	备注	生产厂
Y560-2	315	21.9	2970	91.7 / 91.5	0.91 / 0.86	5.4 / 7	0.7 / 0.6	2 / 1.6	31.3	1.3	4000		
Y560-2	355	24.5	2971	92.2 / 92	0.91 / 0.86	5.5 / 7	0.7 / 0.6	2 / 1.6	37.3	1.34	4050		
Y560-2	400	27.4	2971	92.5 / 92	0.91 / 0.86	5.6 / 7	0.75 / 0.6	2 / 1.6	40.9	1.46	4150		
Y560-2	450	30.4	2976	93.2 / 92.5	0.92 / 0.86	6.9 / 7	0.99 / 0.6	2.5 / 1.6	48.6	1.54	4250		
Y560-2	500	33.7	2976	93.2 / 92.5	0.92 / 0.86	6.7 / 7	0.97 / 0.6	2.4 / 1.6	51.3	1.65	4600		
Y560-2	560	37.4	2975	93.6 / 92.5	0.92 / 0.86	6.5 / 7	0.95 / 0.6	2.3 / 1.6	58.1	1.72	4750		重庆电机厂、兰州电机厂
Y560-2	630	42	2978	93.7 / 93.5	0.93 / 0.86	7.3 / 7	1.1 / 0.6	2.6 / 1.6	59	2	4900		
Y560-4	220	15.7	1488	91.2 / 90.5	0.91 / 0.86	6.0 / 7	0.89 / 0.7	2.3 / 1.6	63	0.8	3300		
Y560-4	250	17.5	1485	92.3 / 91	0.91 / 0.86	5.3 / 7	0.78 / 0.7	2.1 / 1.6	63	0.94	3300		
Y560-4	280	20	1487	92.0 / 91	0.91 / 0.86	5.9 / 7	0.92 / 0.7	2.3 / 1.6	73	0.99	3400		
Y560-4	315	21.6	1485	93.7 / 91.5	0.90 / 0.86	5.5 / 7	0.88 / 0.7	2.1 / 1.6	71	0.96	3920		
Y560-4	355	24.5	1482	93.6 / 91.5	0.90 / 0.86	4.8 / 7	0.78 / 0.7	1.9 / 1.6	71	1.1	3500		
Y560-4	400	27.5	1484	93.9 / 92	0.90 / 0.86	4.9 / 7	0.81 / 0.7	1.9 / 1.6	78	1.17	3300		
Y560-4	450	30.7	1483	94.1 / 92.5	0.9 / 0.86	4.9 / 7	0.84 / 0.7	1.9 / 1.6	86	1.26	4200		
Y630-4	500	34	1484	94.4 / 92.5	0.91 / 0.86	5 / 7	0.83 / 0.7	1.9 / 1.6	96	1.34	3670		

续表

型号	额定值 功率(kW)	额定值 电流(A)	额定值 转速(r/min)	效率(%)	功率因数	堵转电流/额定电流	堵转转矩/额定转矩	最大转矩/额定转矩	惯量矩(kgf·m²)	冷却风量(m³/s)	总重①(kg)	备注	生产厂
Y630-4	560	38.3	1487	93.4 / 92.5	0.9 / 0.87	5.5 / 7	0.88 / 0.7	2.2 / 1.6	149	1.77	4700		
Y630-4	630	42.9	1490	93.6 / 93	0.91 / 0.87	6.9 / 7	1.2 / 0.7	2.8 / 1.6	180	1.93	5720	封闭式带水空冷却逆转	
Y560-6	280	20	991	92.7 / 91	0.9 / 0.85	7 / 7	1.1 / 0.7	2.9 / 1.6	130	0.98	4100		
Y560-6	315	21.8	991	92.9 / 91.5	0.9 / 0.85	7.2 / 7	1.2 / 0.7	2.9 / 1.6	145	1.08	4300		
Y560-6	355	24.9	989	93.0 / 91.5	0.9 / 0.85	6.4 / 7	1.0 / 0.7	2.6 / 1.6	150	1.4	3500		重庆电机厂、兰州电机厂
Y630-6	400	27	988	93.3 / 92	0.92 / 0.86	5.8 / 7	0.93 / 0.7	2.3 / 1.6	232	1.29	4600		
Y630-6	450	30.4	985	93.1 / 92	0.92 / 0.86	4.7 / 7	0.79 / 0.7	1.9 / 1.6	260	1.49	4140		
Y630-6	500	33.7	990	93.6 / 92.5	0.92 / 0.86	7 / 7	1.2 / 0.7	2.8 / 1.6	288	1.54	5400		
Y630-6	560	38.3	986	93.8 / 92.5	0.92 / 0.86	6.7 / 7	1.7 / 0.7	2.7 / 1.6	320	1.65	6000		
Y630-6	630	41.9	990	94.1 / 93	0.92 / 0.87	6.5 / 7	1.2 / 0.7	2.6 / 1.6	345	1.79	6400		
Y630-8	355	25.7	743	92.4 / 91	0.86 / 0.82	6.4 / 6.5	1.2 / 0.7	2.7 / 1.6	290	1.32	5350		
Y630-8	400	28.5	743	92.7 / 91.5	0.88 / 0.83	6.3 / 6.5	1.2 / 0.7	2.6 / 1.6	320	1.43	4750		
Y630-8	450	32.7	743	92.8 / 91.5	0.86 / 0.83	6.3 / 6.5	1.2 / 0.7	2.7 / 1.6	345	1.56	5850		
Y630-8	500	35.9	743	93 / 92	0.86 / 0.84	5.7 / 6.5	1.1 / 0.7	2.4 / 1.6	345	1.7	5850		
Y630-8	560	40	741	93.2 / 92	0.87 / 0.84	5.5 / 6.5	1.2 / 0.7	2.3 / 1.6	374	1.84	6300		
Y630-10	400	29.3	592	91.7 / 91	0.86 / 0.81	5.5 / 6.5	1.1 / 0.7	2.3 / 1.6	474	1.62	5900		
Y630-10	450	33	592	92 / 91	0.86 / 0.81	5.8 / 6.5	1.2 / 0.7	2.5 / 1.6	527	1.77	6400		

① 有10%的误差。

Y系列中型10kV级三相异步电动机外形及安装尺寸　　表2-11

型号	功率(kW)	安装尺寸(mm) A	B	C②	D②	E②	F②	G	H	K	外形尺寸①(mm) L③	b	h③
Y560-2	315	950	900	560	80	170	22	71	560	42	2400	1450	1150
Y560-2	355	950	900	560	80	170	22	71	560	42	2400	1450	1150
Y560-2	400	950	900	560	80	170	22	71	560	42	2400	1450	1150
Y560-2	450	950	900	560	80	170	22	71	560	42	2400	1450	1150
Y560-2	500	950	1000	560	80	170	22	71	560	42	2500	1450	1150
Y560-2	560	950	1000	560	80	170	22	71	560	42	2500	1450	1150
Y560-2	630	950	1000	560	80	170	22	71	560	42	2500	1450	1150

续表

型号	功率(kW)	安装尺寸 (mm)								外形尺寸[1] (mm)		
		A	B	C[2]	D[2]	E[2]	F[2]	G	H	K	L[3]	b	h[3]
Y560-4	220	950	1000	280	110	210	28	100	560	42	1800	1650	2000
Y560-4	250	950	1000	280	110	210	28	100	560	42	1800	1650	2000
Y560-4	280	950	1000	280	110	210	28	100	560	42	1800	1650	2000
Y560-4	315	950	1120	280	110	210	28	100	560	42	1900	1650	2000
Y560-4	355	950	1120	280	110	210	28	100	560	42	1900	1650	2000
Y560-4	400	950	1120	280	110	210	28	100	560	42	1900	1650	2000
Y560-4	450	950	1120	280	110	210	28	100	560	42	2000	1650	2000
Y560-4	500	950	1120	280	110	210	28	100	560	42	2000	1650	2000
Y630-4	560	1120	1120	315	120	210	32	109	630	42	2100	1800	2150
Y630-4	630	1120	1120	315	120	210	32	109	630	42	2100	1800	2150
Y560-6	280	950	1120	315	110	210	28	100	560	42	1950	1650	2000
Y560-6	315	950	1120	315	110	210	28	100	560	42	1950	1650	2000
Y560-6	355	950	1120	315	110	210	28	100	560	42	1950	1650	2000
Y630-6	400	1120	1120	315	120	210	32	109	630	42	2000	1800	2150
Y630-6	450	1120	1120	315	120	210	32	109	630	42	2000	1800	2150
Y630-6	500	1120	1250	315	120	210	32	109	630	42	2100	1800	2150
Y630-6	560	1120	1250	315	120	210	32	109	630	42	2100	1800	2150
Y630-6	630	1120	1250	315	120	210	32	109	630	42	2100	1800	2150
Y630-8	355	1120	1120	315	120	210	32	109	630	42	1850	1800	2150
Y630-8	400	1120	1120	315	120	210	32	109	630	42	1850	1800	2150
Y630-8	450	1120	1120	315	120	210	32	109	630	42	1850	1800	2150
Y630-8	500	1120	1120	315	120	210	32	109	630	42	1850	1800	2150
Y630-8	560	1120	1250	315	120	210	32	109	630	42	2050	1800	2150
Y630-10	400	1120	1120	315	120	210	32	109	630	42	1850	1800	2150
Y630-10	450	1120	1120	315	120	210	32	109	630	42	1850	1800	2150

[1] 产品制成尺寸不大于此值。
[2] 2 极电机为双轴伸。
[3] 2 极电机包括一轴伸护罩尺寸，无顶罩。

2.1.6　Y 系列大型 10kV 三相异步电动机

(1) 适用范围：Y 系列大型 10kV 三相异步电动机可驱动水泵、风机、碾煤机等通用机械，并能组成电动发电机组。

(2) 型号意义说明：

(3) 结构：Y 系列大型 10kV 三相异步电动机卧式安装，单轴伸，采用带底板座式轴承，电动机采用 B 级绝缘。通风型式为开启式；根据用户需要，也可制造其他通风型式。电机防护型式为 IP23。

(4) 技术数据：Y 系列大型 10kV 三相异步电动机可直接由 10kV 级电网供电。其技术数据见表 2-12。

Y系列大型10kV异步电动机技术数据

表 2-12

型号	额定值 功率(kW)	额定值 电流(A)	额定值 转速(r/min)	效率(%)	功率因数	堵转电流/额定电流	堵转转矩/额定转矩	最大转矩/额定转矩	惯量矩(tf·m²)	重量(kg)	生产厂
Y710-6/1180	710	50	991	93.2	0.88	7.0	1.1	2.9	0.44		
Y800-6/1180	800	56	991	93.5	0.9	7.0	1.2	2.9	0.50		
Y900-6/1180	900	62	991	93.7	0.9	6.9	1.3	2.8	0.55		
Y1000-6/1180	1000	69	991	93.9	0.9	7.0	1.3	2.8	0.00		
Y1120-6/1180	1120	77	991	94	0.9	7.0	1.4	2.8	0.65		
Y1250-6/1430	1250	85	993	94.2	0.9	7.0	0.9	2.8	1.04		
Y1400-6/1430	1400	95	993	94.3	0.9	7.0	1.0	2.9	1.16		
Y1600-6/1430	1600	107	991	94.7	0.9	6.0	0.8	2.4	1.22		
Y1800-6/1430	1800	120	992	94.8	0.9	6.0	0.9	2.4	1.39		
Y2000-6/1430	2000	133	993	94.9	0.9	6.8	1.0	2.7	1.51		
Y2240-6/1730	2240	150	992	94.2	0.9	5.8	0.8	2.3	2.86		
Y2500-6/1730	2500	167	992	94.5	0.9	5.8	0.8	2.3	3.14		兰州电机厂、哈尔滨电机有限公司
Y630-8/1180	630	45	743	93.2	0.86	6.9	1.4	2.8	0.69		
Y710-8/1180	710	50	742	93.4	0.9	6.0	1.2	2.5	0.69		
Y800-8/1180	800	57	742	93.6	0.9	6.0	1.2	2.5	0.76		
Y900-8/1430	900	64	744	93.5	0.9	6.3	0.9	2.6	1.22		
Y1000-8/1430	1000	70	744	93.8	0.9	6.2	0.9	2.5	1.37		
Y1120-8/1430	1120	78	744	94	0.9	6.2	1.0	2.5	1.53		
Y1250-8/1430	1250	87	744	94.2	0.9	6.4	1.0	2.6	1.68		
Y1400-8/1430	1400	96	744	94.5	0.9	6.7	1.0	2.6	1.91		
Y1600-8/1730	1600	108	744	93.9	0.9	6.7	0.84	2.6	3.51		
Y1800-8/1730	1800	120	744	93.9	0.9	7.0	0.9	2.7	4.28		
Y2000-8/1730	2000	133	744	94.2	0.9	7.0	1.0	2.7	4.67		
Y2240-8/2150	2240	149	746	94	0.9	7.5	0.7	3.0	7.61		
Y2500-8/2150	2500	165	746	94.2	0.9	7.4	0.7	3.0	8.95		
Y500-10/1180	500	38	594	92.6	0.8	6.0	1.3	2.6	0.79		
Y560-10/1180	560	43	594	92.6	0.8	6.0	1.3	2.6	0.83		
Y630-10/1180	630	48	594	92.6	0.8	6.0	1.3	2.5	0.91		
Y710-10/1180	710	54	594	93	0.8	5.9	1.3	2.5	0.99		
Y800-10/1180	800	60	594	93.5	0.8	5.9	1.3	2.5	1.10		
Y900-10/1430	900	66	595	93.7	0.8	6.0	1.0	2.5	1.77		
Y1000-10/1430	1000	73	595	93.8	0.84	6.1	1.0	2.5	1.95		
Y1120-10/1430	1120	82	595	94	0.8	6.3	1.1	2.6	2.12		
Y1250-10/1430	1250	93	596	94	0.8	6.6	1.2	2.8	2.30		

续表

型　号	额　定　值			效率(%)	功率因数	堵转电流/额定电流	堵转转矩/额定转矩	最大转矩/额定转矩	惯量矩 (tf·m²)	重　量 (kg)	生产厂
	功率 (kW)	电流 (A)	转速 (r/min)								
Y1400-10/1730	1400	97	594	94	0.9	5.8	0.9	2.3	3.90		
Y1600-10/1730	1600	110	593	94.3	0.9	5.0	0.8	2.0	3.90		
Y1800-10/1730	1800	123	594	94.7	0.9	5.5	0.9	2.2	4.28		
Y2000-10/1730	2000	136	594	94.9	0.9	6.1	1.1	2.4	5.06		
Y2240-10/2150	2240	155	596	94.7	0.9	6.5	0.7	2.7	7.61		
Y2500-10/2150	2500	170	596	94.7	0.9	6.4	0.7	2.6	8.95		
Y450-12/1430	450	36	496	92.6	0.8	5.3	0.8	2.3	1.24		
Y500-12/1430	500	39	496	93	0.8	5.4	0.8	2.4	1.42		
Y560-12/1430	560	44	496	93	0.8	5.6	0.9	2.4	1.59		
Y630-12/1430	630	50	496	93	0.8	5.8	1.0	2.5	1.77		
Y710-12/1430	710	55	496	93.3	0.8	5.6	1.0	2.4	1.95		
Y800-12/1430	800	62	496	93.6	0.8	6.0	1.1	2.6	2.30		
Y900-12/1730	900	66	496	93.1	0.84	5.9	0.9	2.4	3.71		兰州电机厂、哈尔滨电机有限公司
Y1000-12/1730	1000	73	496	93.3	0.85	5.9	1.0	2.4	4.18		
Y1120-12/1730	1120	82	496	93.5	0.8	6.2	1.0	2.6	4.41		
Y1250-12/1730	1250	90	495	93.8	0.86	5.4	0.9	2.2	4.64		
Y1400-12/1730	1400	101	495	94	0.86	5.7	0.9	2.3	5.11		
Y1600-12/1730	1600	116	496	94.2	0.85	6.0	1.0	2.5	5.57		
Y1800-12/1730	1800	130	496	94.4	0.85	6.4	1.1	2.6	6.50		
Y2000-12/2150	2000	138	496	94	0.89	6.7	0.9	2.7	11.01		
Y2240-12/2150	2240	154	496	94.2	0.89	6.7	0.9	2.7	12.02		
Y450-16/1430	450	37	370	91.4	0.77	4.7	1.1	2.1	2.30		
Y500-16/1430	500	41	370	91.6	0.77	4.7	1.1	2.1	2.41		
Y560-16/1430	560	45	370	91.8	0.78	4.6	1.1	2.0	2.63		
Y630-16/1430	630	50	370	92.1	0.79	4.6	1.1	2.0	2.84		
Y710-16/1730	710	56	370	92.5	0.79	4.5	1.0	1.9	3.12		
Y800-16/1730	800	65	371	93.2	0.77	4.8	0.9	2.1	4.41		
Y900-16/1730	900	73	371	93.4	0.76	4.9		2.1	4.68		
Y1000-16/1730	1000	81	371	93.6	0.76	4.9	1.0	2.1	5.11		
Y1120-16/1730	1120	91	371	93.8	0.76	5.0	1.0	2.2	5.57		
Y1250-16/1730	1250	102	372	94	0.76	5.1	1.1	2.3	6.27		
Y1400-16/2150	1400	106	372	93.7	0.81	6.1	1.0	2.6	11.01		
Y1600-16/2150	1600	119	372	93.9	0.83	5.8	1.0	24	12.17		
Y1800-16/2150	1800	133	372	94.1	0.83	5.7	1.0	2.4	13.33		
Y2000-16/2150	2000	147	372	94.3	0.83	5.7	1.0	2.3	14.49		

（5）外形及安装尺寸：Y系列大型10kV三相异步电动机外形及安装尺寸，见图2-11和表2-13。

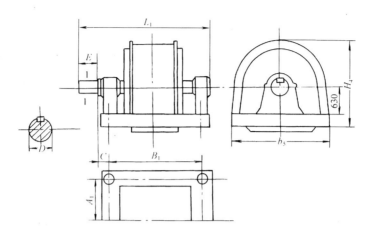

图2-11　Y系列大型10kV三相异步电动机外形及安装尺寸

Y系列大型10kV鼠笼型异步电动机外形及安装尺寸　　　　　　表2-13

型　号	D	E	C	B_1		A_1		b_5		L_1		H_4	
				开启式	管道式	开启式	管道式	开启式	管道式	开启式	管道式	开启式	管道式
Y710-6/1180	160	300	200	1800		1400		1620		2480		1685	
Y800-6/1180	160	300	200	1800		1400		1620		2480		1685	
Y900-6/1180	160	300	200	1800		1400		1620		2480		1685	
Y1000-6/1180	180	300	230	1900		1400		1620		2640		1685	
Y1120-6/1180	180	300	230	1900		1400		1620		2640		1685	
Y1250-6/1430	180	300	230	1800		1750		1970		2540		1855	
Y1400-6/1430	200	350	230	2000		1750		1970		2820		1855	
Y1600-6/1430	200	350	230	2000		1750		1970		2820		1855	
Y1800-6/1430	200	350	230	2000		1750		1970		2820		1855	
Y2000-6/1430	220	350	260	1900		1750		1970		2750		1855	
Y2240-6/1730	220	350	260	1900		2160		2440		2750		2075	
Y2500-6/1730	220	350	260	2000		2160		2440		2850		2075	
Y630-8/1180	160	300	200	1900		1400		1620		2850		1685	
Y630-8/1180	160	300	200		1900		1400		1620		2580		1685
Y710-8/1180	160	300	200	1900		1400		1620		2580		1685	
Y800-8/1180	160	300	200	1900		1400		1620		2580		1685	
Y900-8/1430	180	300	230	1900		1750		1970		2640		1855	
Y1000-8/1430	180	300	230	1900		1750		1970		2640		1855	
Y1120-8/1430	200	350	230	2000		1750		1970		2820		1855	
Y1250-8/1430	200	350	230	2000		1750		1970		2820		1855	
Y1400-8/1430	200	350	230	2000		1750		1970		2820		1855	

续表

型号	D	E	C	B_1		A_1		b_5		L_1		H_4	
				开启式	管道式	开启式	管道式	开启式	管道式	开启式	管道式	开启式	管道式
Y1600-8/1730	200	350	230	2000		2160		2440		2820		2075	
Y1600-8/1730	200	350	230		2400		2500		2720		3190		2150
Y1800-8/1730	220	350	260	2000		2160		2440		2850		2075	
Y2000-8/1730	220	350	260	2000		2160		2440		2850		2075	
Y2240-8/2150	250	400	300	1800		2740		3020		2700		2005	
Y2500-8/2150	250	400	300	1900		2740		3020		2800		2005	
Y500-10/1180	160	300	200	1900		1400		1620		2580		1685	
Y560-10/1180	160	300	200	1900		1400		1620		2580		1685	
Y630-10/1180	160	300	200	1900		1400		1620		2580		1685	
Y710-10/1180	180	300	230	2000		1400		1620		2740		1685	
Y800-10/1180	180	300	230	2000		1400		1620		2740		1685	
Y900-10/1430	180	300	230	1800		1750		1970		2540		1855	
Y1000-10/1430	180	300	230	1800		1750		1970		2540		1855	
Y1120-10/1430	200	350	230	1900		1750		1970		2720		1855	
Y1250-10/1430	200	350	230	1900		1750		1970		2720		1855	
Y1400-10/1730	200	350	230	1900		2160		2440		2720		2075	
Y1600-10/1730	200	350	230	1900		2160		2440		2720		2075	
Y1800-10/1730	220	350	260	2000		2160		2440		2850		2075	
Y2000-10/1730	220	350	260	2000		2160		2440		2850		2075	
Y2240-10/2150	250	400	300	1800		2740		3020		2700		2005	
Y2500-10/2150	250	400	300	1900		2740		3020		2800		2005	
Y450-12/1430	160	300	200	1700		1750		1970		2380		1855	
Y500-12/1430	160	300	200	1700		1750		1970		2380		1855	
Y560-12/1430	180	300	230	1800		1750		1970		2540		1855	
Y630-12/1430	180	300	230	1800		1750		1970		2540		1855	
Y710-12/1430	160	300	230	1900		1750		1970		2640		1855	
Y800-12/1430	160	300	230	1900		1750		1970		2640		1855	
Y900-12/1730	200	350	230	1800		2160		2440		2620		2075	
Y1000-12/1730	200	350	230	1800		2160		2440		2620		2075	
Y1120-12/1730	200	350	230	1800		2160		2440		2620		2075	
Y1250-12/1730	220	350	260	1900		2160		2440		2750		2075	
Y1400-12/1730	220	350	260	2000		2160		2440		2850		2075	
Y1600-12/1730	220	350	260	2000		2160		2440		2850		2075	
Y1800-12/1730	220	350	260	2100		2160		2440		2950		2075	
Y2000-12/2150	250	400	300	1900		2740		3020		2800		2005	

续表

型号	D	E	C	B₁ 开启式	管道式	A₁ 开启式	管道式	b₅ 开启式	管道式	L₁ 开启式	管道式	H₄ 开启式	管道式
Y2240-12/2150	250	400	300	1900		2740		3020		2800		2005	
Y450-16/1430	180	300	230	1900		1750		1970		2640		1855	
Y500-16/1430	180	300	230	1900		1750		1970		2640		1855	
Y560-16/1430	180	300	230	1900		1750		1970		2640		1855	
Y630-16/1430	200	350	230	2000		1750		1970		2820		1855	
Y710-16/1730	200	350	230	1800		2160		2440		2620		2075	
Y800-16/1730	200	350	230	1900		2160		2440		2620		2075	
Y900-16/1730	200	350	230	1900		2160		2440		2620		2075	
Y1000-16/1730	220	350	260	2000		2160		2440		2850		2075	
Y1120-16/1730	220	350	260	2000		2160		2440		2850		2075	
Y1250-16/1730	220	350	260	2100		2160		2440		2950		2075	
Y1400-16/2150	220	350	260	1800		2740		3020		2650		2005	
Y1600-16/2150	250	400	300	1900		2740		3020		2800		2075	
Y1800-16/2150	250	400	260	2000		2740		3020		2900		2005	
Y2000-16/2150	250	400	260	2000		2740		3020		2900		2005	

2.1.7　YB系列隔爆型三相鼠笼式异步电动机

(1) 适用范围：YB系列是Y系列派生的隔爆型三相鼠笼式异步电动机，除具有Y基本系列高效、节能、温度低、噪声低、振动小等优点外，还具有隔爆结构先进，使用安全可靠等显著特点。适用于长期或暂时有爆炸性气体混合物存在的场所。

(2) 型号意义说明：

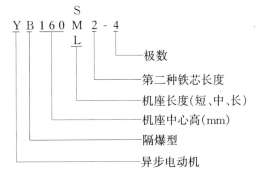

(3) 结构：YB系列隔爆型三相鼠笼式异步电动机组成部分同Y系列电动机。电动机主体外壳防护等级为IP44。若用户需要也可按IP54制造。接线盒空腔与机座主空腔之间采用螺纹隔爆结构。电动机的安装方式符合IEC 34—7的规定。结构型式同Y系列电动机。

(4) 技术数据：YB系列隔爆型三相鼠笼式异步电动机技术数据见表2-14。

YB 系列隔爆型三相鼠笼式异步电动机技术数据

表 2-14

额定电压	380V 2极				380V 4极				生产厂
型号	功率(kW)	转数(r/min)	效率(%)	重量(kg)	功率(kW)	转数(r/min)	效率(%)	重量(kg)	
YB801	0.75	2825	75	22	0.55	1390	73	22	上海五一电机厂、厦门电机厂、南阳电机厂
YB802	1.1		77	24	0.75		74.5	24	
YB90S	1.5	2840	78	33	1.1	1400	78	33	
YB90L	2.2		82	37	1.5		79	37	
YB100L	3	2880	82	43	—	—	—	—	
YB100L$_1$	—	—	—	—	2.2	1420	81	43	
YB100L$_2$	—	—	—	—	3		82.5	47	
YB112M	4	2890	85.5	54	4	1440	84.5	58	
YB132S	—	—	—	—	5.5		85.5	80	
YB132S$_1$	5.5	2900	85.5	79	—	—	—	—	
YB132S$_2$	7.5		86.2	87	—	—	—	—	
YB132M	—	—	—	—	7.5	1440	87	95	
YB160M	—	—	—	—	11	1460	88	148	
YB160M$_1$	11	2930	87.2	134	—	—	—	—	
YB160M$_2$	15		88.2	149	—	—	—	—	
YB160L	18.5		89	167	15	1460	88.5	166	
YB180M	22	2940		210	18.5	1470	91	210	
YB180L	—	—	—	—	22	1470	91.5	234	
YB200L	—	—	—	—	30		92.2	320	
YB200L$_1$	30	2950	90	290	—	—	—	—	
YB200L$_2$	37		90.5	304	—	—	—	—	
YB225S	—	—	—	—	37	1480	91.8	360	
YB225M	45	2970	91.5	380	45		92.3	388	

续表

额定电压	380V 2级				380V 4极				生产厂
型 号	功率(kW)	转数(r/min)	效率(%)	重量(kg)	功率(kW)	转数(r/min)	效率(%)	重量(kg)	
YB250M	55	2970	91.5	449	55	1480	92.6	530	
YB280S	75			640	75		92.7	650	
YB280M	90		92	710	90		93.5	780	
YB90S	0.75	910	72.5	34	—	—	—	—	
YB90L	1.1		73.5	37	—	—	—	—	
YB100L	1.5	940	77.5	43	—	—	—	—	
YB112M	2.2		80.5	54	—	—	—	—	
YB132S	3	960	83	79	2.2	710	81	79	上海五一电机厂、厦门电机厂、南阳电机厂
YB132M	—	—	—	—	3		82	90	
YB132M_1	4	960	84	90	—	—	—	—	
YB132M_2	5.5		85.3	100	—	—	—	—	
YB160M	7.5	970	86	144	—	—	—	—	
YB160M_1	—	—	—	—	4	720	84	130	
YB160M_2	—	—	—	—	5.5		85	144	
YB160L	11	970	87	166	7.5		86	166	
YB180L	15		89.5	215	11	730	86.5	215	
YB200L	—	—	—	—	15		88	288	
YB200L_1	18.5	970	89.8	275	—	—	—	—	
YB200L_2	22		90.2	300	—	—	—	—	
YB225S	—	—	—	—	18.5		89.5	337	
YB225M	30		90.2	368	22	730	90	365	
YB250M	37	980	90.8	516	30		90.5	515	
YB280S	45		92	620	37	740	91	620	
YB280M	55			700	45		91.7	700	

(5) 外形及安装尺寸：YB系列隔爆型三相鼠笼式异步电动机外形及安装尺寸见图 2-12～14和表 2-15～17。

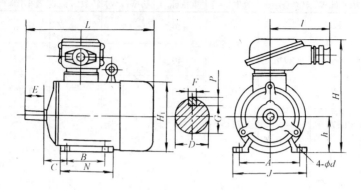

图 2-12　YB系列隔爆型三相鼠笼式异步电动机外形及安装尺寸
（安装结构型式 $B_3B_6B_7B_8V_5V_6$ 机座带底脚，端盖无凸缘）

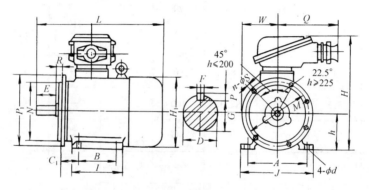

图 2-13　YB系列隔爆型三相鼠笼式异步电动机外形及安装尺寸
（安装结构型式 $B_{35}B_{15}B_{36}$ 机座带底脚，端盖有凸缘）

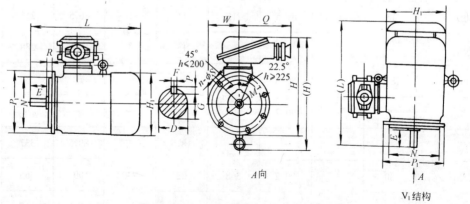

图 2-14　YB系列隔爆型三相鼠笼式异步电动机外形及安装尺寸
（安装结构形式 $B_5V_1V_3$ 机座不带底脚，端盖有凸缘）

YB系列隔爆型三相鼠笼式异步电动机外形及安装尺寸(机座带底脚,端盖无凸缘) 表 2-15

型号	外形尺寸 (mm)							安装尺寸 (mm)								
	L		H_1	h	J	4-ϕd	l	H	B	C	D		E		F×P		G		A	N
	2P	4、6、8P									2P	4、6、8P	2P	4、6、8P	2P	4、6、8P	2P	4、6、8P		
YB80	330		165	80	165	10	225	340	100	50	19		40		6×6		15.5		125	130
YB90S	360		180	90	180			355	125	56	24		50		8×7		20		140	155
YB90L	385																			
YB100L	430		205	100	200	12		380	140	63	28		60		8×7		24		160	176
YB112M	460		230	112	225			400		70									190	180
YB132S	510		270	132	280			470	140	89	38		80		10×8		33		216	200
YB132M	550								178											238
YB160M	655		325	160	330	15	240	530	210	108	42		110		12×8		37		254	270
YB160L	695								254											314
YB180M	730		360	180	355			565	241	121	48		110		14×9		42.5		279	311
YB180L	750								279											349
YB200L	805		400	200	395			625	305	133	55		110		16×10		49		318	379
YB225S	—	845	450	225	435	19	290	670	286	149	—	60	—	140	—	18×11	—	53	356	368
YB225M	840	870							311		55	60	110	140	16×10	18×11	49	53		393
YB250M		935	500	250	490			770	349	168		60		65		18×11		53	58	406	455
YB280S		1010	560	280	545	24	330	830	368	190		65		75	140	18×11	20×12	58	67.5	457	530
YB280M		1060							419											581

注:安装结构型式为 B_3、B_6、B_7、B_8、V_5、V_6。

表 2-16 YB 系列隔爆型三相鼠笼式异步电动机外形及安装尺寸（机座带底脚，端盖有凸缘）

型号	L (2P)	L (4,6,8P)	H₁	H	h	J	4-φd	W	n-φS	Q	M	B	C₁	D (2P)	D (4,6,8P)	E (2P)	E (4,6,8P)	F×P (2P)	F×P (4,6,8P)	G (2P)	G (4,6,8P)	A	N	P₁	R	I
YB80	330	330	165	340	80	165	10	105	4-12	225	165	100	50		19		40		6×6		15.5	125	130	200		130
YB90S	360	360	180	355	90	180	10	105	4-12	225	165	100	56		24		50		8×7		20	140	130	200		155
YB90L	385	385	180	355	90	180	10	105	4-12	225	165	125	63		24		50		8×7		20	140	130	200		176
YB100L	430	430	205	380	100	200	12	130	4-15	225	215	140	70		28		60		8×7		24	160	180	250		180
YB112M	460	460	230	400	112	225	12	130	4-15	225	215	140	89		28		60		8×7		24	190	180	250	0	200
YB132S	510	510	270	470	132	280	12	155	4-15	240	265	178	108		38		80		10×8		33	216	230	300		238
YB132M	550	550	270	470	132	280	12	155	4-15	240	265	210	108		38		80		10×8		33	216	230	300		270
YB160M	655	655	325	530	160	330	15	180	4-19	240	300	254	121	55	42	110	110	16×10	12×8	49	37	254	250	350		314
YB160L	695	695	325	530	160	330	15	180	4-19	240	300	241	121	55	42	110	110	16×10	12×8	49	37	254	250	350		311
YB180M	730	730	360	565	180	355	15	180	4-19	290	350	279	133	55	48	110	110	16×10	14×9	49	42.5	279	300	400		349
YB180L	750	750	360	565	180	355	15	180	4-19	290	350	305	133	55	48	110	110	16×10	14×9	49	42.5	279	300	400		379
YB200L	805	805	400	625	200	390	19	205	4-19	290	400	386	149	60	55	140	110	18×11	16×10	53	49	318	300	400		368
YB225S	840	845	450	670	225	435	19	225	8-19	330	400	311	149	60	55	140	110	18×11	16×10	53	49	356	350	450		393
YB225M	870	845	450	670	225	435	19	225	8-19	330	400	349	168	65	60	140	140	18×11	18×11	58	53	356	350	450		455
YB250M	935	935	500	770	250	490	24	280	8-19	330	500	368	168	65	60	140	140	18×11	18×11	58	53	406	450	550		530
YB280S	1010	1010	560	830	280	545	24	280	8-19	330	500	419	190	75	65	140	140	20×12	18×11	67.5	58	457	450	550		581
YB280M	1060	1060	560	830	280	545	24	280	8-19	330	500	419	190	75	65	140	140	20×12	18×11	67.5	58	457	450	550		

注：安装结构形式为 B_{35}、V_{15}、V_{36}。

YB系列隔爆型三相鼠笼式异步电动机外形及安装尺寸(机座不带底脚,端盖有凸缘) 表 2-17

型号	外形尺寸 (mm)								安装尺寸 (mm)								
	N	P_1	Q	W	H_1	H	L		D		E		F×P		G		M	R	n-φS
							2P	4、6、8P	2P	4、6、8P	2P	4、6、8P	2P	4、6、8P	2P	4、6、8P			
YB80			260		165	345	330		19		40		6×6		15.5				4-12
YB90S	130	200	265	105	180	355	360		24		50		8×7		20		165		
YB90L							385												
YB100L	180	250	280	130	205	395	430		28		60				24		215		4-15
YB112M			290		230	400	460												
YB132M	230	300	340	155	270	450	510		38		80		10×8		33		265		
YB132L							550												
YB160M	250	350	370	180	325	500	655		42		110		12×8		37		300	0	4-19
YB160L							695												
YB180M			385		360	530 (610)	730(800)		48				14×9		42.5		300		
YB180L							750(820)												
YB200L	300	400	425	205	400	590 (670)	805(875)		55				16×10		49		350		
YB225S	350	450	445	230	450	635 (715)	845 (915)		60	55	140	110	18×11	16×10	53	49	400		8-19
YB225M							840 (910)	870 (940)											
YB250M			520		500	(845)	1025		60	65			18×11		53	58			
YB280S	450	550	550	280	560	(880)	1100		65	75	140		18×11	20×12	58	67.5	500		
YB280M							1150												

注:1. 安装结构型式为 B_5、V_1、V_3。
2. 括号内尺寸仅用于 V_1 结构。

2.1.8 Y-W型、Y-WF防腐蚀型三相异步系列电动机

(1) 适用范围:Y-W型、Y-WF防腐蚀型三相异步系列电动机是在 Y 系列电动机 IP44 的基础上,采取加强结构密封和材料工艺防腐蚀措施而派生的新系列电动机。该型电动机适用于石油、化工、冶金及其他行业的企业户外或户内环境中存在一定程度化学腐蚀介质的场所。使用环境条件见表2-18。

户外、防腐蚀和户外防腐蚀型电动机使用环境条件 表 2-18

环境参数		腐蚀程度分级	轻腐蚀	中等腐蚀		强腐蚀
		电动机防护类型	Y-W	Y-F$_1$	Y-WF$_1$	Y-F$_2$
空气温度		最高	+40℃	+40℃		+40℃
		最低	-25℃①	—	-25℃①	—
空气相对湿度			90%(25℃)	90%(25℃)		95%(25℃)
最大降雨强度(10min)			50mm	—	50mm	—
太阳辐射最大强度[cal/(cm^2·min)]			1.4	—	1.4	—
砂尘			有	—	有	—
冰、雪、霜、露			有	有凝露		有凝露
化②学气体浓度(mg/m^3)		氯气	<0.1	0.1~1.0		>1~3
		氯化氢	<0.1	0.1~1.0		>1~5
		二氧化硫	<0.1	0.1~10		>10~40
		氮的氧化物	<0.1	0.1~10		>10~30
		硫化氢	<0.01	0.01~10		>10~70
		氟化氢及氢氟酸盐	<0.003	0.003~2.0		>2~10
		氨气	<0.3	0.3~35		>35~175
雾		酸(硫、盐、硝酸)	—	有时存在		经常存在
		碱(氢氧化钠)				
液体		盐酸、硫酸	—	偶尔滴落		有时滴落
		硝酸				
		氢氧化钠				
		食盐水	偶尔滴落	有时滴落		经常滴落
腐蚀性粉尘			微量	少量		有

① 户外型电动机最低温度-40℃时,可在订货时补充提出。
② 环境条件中化学腐蚀介质(包括气体、雾、液体或粉尘)是指有一种或一种以上经常或不定期存在。
注:表中气体浓度系从防腐蚀要求考虑的,有关防爆要求未加考虑。

(2) 型号意义说明:

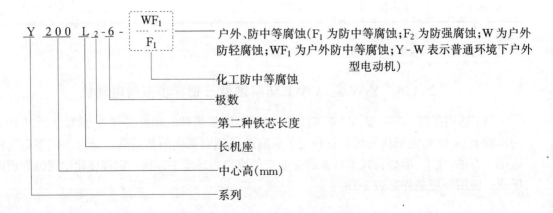

(3) 技术数据：Y-W、Y-WF 型三相异步电动机采用 B 级绝缘,外壳防护等级为 IP54。结构及安装型式为 IMB_3、IMB_5、IMB_{35}、IMV_1。其技术数据见表 2-19～23。

Y-W、Y-WF 型电动机技术数据

(同步转速 3000r/min(2 极)、50Hz、380V)　　　　表 2-19

型号	极数	功率(kW)	电流(A)	转速(r/min)	效率(%)	功率因数	堵转转矩/额定转矩	堵转电流/额定电流	最大转矩/额定转矩	生产厂
Y132S_1-2		5.5	11.1	2900	85.5	0.88	2.0	7.0	2.2	重庆电机厂、南阳防爆电机厂、山西省长丰工业公司特种电机厂
Y132S_2-2		7.5	15.0	2900	86.2	0.88	2.0	7.0	2.2	
Y160M_1-2		11	21.8	2930	87.2	0.88	2.0	7.0	2.3	
Y160M_2-2		15	29.4	2930	88.2	0.88	2.0	7.0	2.3	
Y160L-2		18.5	35.5	2930	89	0.89	2.0	7.0	2.2	
Y180M-2		22	42.2	2940	89	0.89	2.0	7.0	2.2	
Y200L_1-2		30	56.9	2950	90	0.89	2.0	7.0	2.2	
Y200L_2-2		37	69.8	2950	90.5	0.89	2.0	7.0	2.2	
Y225M-2	2	45	83.9	2970	91.5	0.89	2.0	7.0	2.2	
Y250M-2		55	102.6	2970	91.5	0.89	2.0	7.0	2.2	
Y280S-2		75	140.0	2970	92	0.89	2.0	7.0	2.2	
Y280M-2		90	166	2970	92.5	0.89	2.0	7.0	2.2	
Y315S-2		110	203.0	2980	92.5	0.89	1.8	6.8	2.2	
Y315M-2		132	242.0	2980	93	0.89	1.8	6.8	2.2	
Y315L_1-2		160	292.0	2980	93.5	0.89	1.8	6.8	2.2	
Y315L_2-2		200	365	2980	93.5	0.89	1.8	6.8	2.2	
							—			

Y-W、Y-WF 型电动机技术数据

(同步转速 1500r/min(4 极)、50Hz、380V)　　　　表 2-20

型号	极数	功率(kW)	电流(A)	转速(r/min)	效率(%)	功率因数	堵转转矩/额定转矩	堵转电流/额定电流	最大转矩/额定转矩	生产厂
Y132S-4		5.5	11.6	1440	85.5	0.84	2.2	7.0	2.2	重庆电机厂、南阳防爆电机厂、山西省长丰工业公司特种电机厂
Y132M-4		7.5	15.4	1440	87	0.85	2.2	7.0	2.2	
Y160M-4		11	22.6	1460	88	0.84	2.2	7.0	2.3	
Y160L-4	4	15	30.3	1460	88.5	0.85	2.2	7.0	2.3	
Y180M-4		18.5	35.9	1470	91	0.86	2.0	7.0	2.2	
Y180L-4		22	42.5	1470	91.5	0.86	2.0	7.0	2.2	
Y200L-4		30	56.8	1470	92.2	0.87	2.0	7.0	2.2	

续表

型号	极数	功率(kW)	电流(A)	转速(r/min)	效率(%)	功率因数	堵转转矩/额定转矩	堵转电流/额定电流	最大转矩/额定转矩	生产厂
Y225S-4	4	37	74.9	1480	91.8	0.87	1.9	7.0	2.2	重庆电机厂、南阳防爆电机厂、山西省长丰工业公司特种电机厂
Y225M-4		45	84.2	1480	92.3	0.88	1.9	7.0	2.2	
Y250M-4		55	102.7	1480	92.6	0.88	2.0	7.0	2.2	
Y280S-4		75	139.7	1480	92.7	0.88	1.9	7.0	2.2	
Y280M-4		90	164.3	1480	93.5	0.89	1.9	7.0	2.2	
Y315S-4		110	201	1485	93.5	0.89	1.8	6.8	2.2	
Y315M-4		132	240	1485	94	0.89	1.8	6.8	2.2	
Y315L_1-4		160	289	1485	94.5	0.89	1.8	6.8	2.2	
Y315L_2-4		200	361	1485	94.5	0.89	1.8	6.8	2.2	

Y-W、Y-WF型电动机技术数据

（同步转速1000r/min（6极）、50Hz、380V）　　　表2-21

型号	极数	功率(kW)	电流(A)	转速(r/min)	效率(%)	功率因数	堵转转矩/额定转矩	堵转电流/额定电流	最大转矩/额定转矩	生产厂
Y132S-6	6	3	7.2	960	83	0.76	2.0	6.5	2.0	重庆电机厂、南阳防爆电机厂、山西省长丰工业公司特种电机厂
Y132M_1-6		4	9.4	960	84	0.77	2.0	6.5	2.0	
Y132M_2-6		5.5	12.6	960	85.3	0.78	2.0	6.5	2.0	
Y160M-6		7.5	17.0	970	86.0	0.78	2.0	6.5	2.0	
Y160L-6		11	24.6	970	87.0	0.78	2.0	6.5	2.0	
Y180L-6		15	31.5	970	89.5	0.81	1.8	6.5	2.0	
Y200L_1-6		18.5	37.7	970	89.8	0.83	1.8	6.5	2.0	
Y200L_2-6		22	44.6	970	90.2	0.83	1.8	6.5	2.0	
Y225M-6		30	59.5	980	90.2	0.85	1.7	6.5	2.0	
Y250M-6		37	72	980	90.8	0.86	1.8	6.5	2.0	
Y280S-6		45	85.0	980	92.0	0.87	1.8	6.5	2.0	
Y280M-6		55	105.0	980	92.0	0.87	1.8	6.5	2.0	
Y315S-6		75	141.0	990	92.8	0.87	1.6	6.5	2.0	
Y315M-6		90	170.0	990	93.2	0.87	1.6	6.5	2.0	
Y315L_1-6		110	206.0	990	93.5	0.87	1.6	6.5	2.0	
Y315L_2-6		132	245.8	990	94	0.87	1.6	6.5	2.0	

Y-W、Y-WF 型电动机技术数据

(同步转速 750r/min(8 极)、50Hz、380V)　　　　　表 2-22

型号	极数	功率 (kW)	电流 (A)	转速 (r/min)	效率 (%)	功率因数	堵转转矩 额定转矩	堵转电流 额定电流	最大转矩 额定转矩	生产厂
Y132S-8		2.2	5.8	710	81	0.71	2.0	5.5	2.0	重庆电机厂、南阳防爆电机厂、山西省长丰工业公司特种电机厂
Y132M-8		3	7.7	710	82	0.72	2.0	5.5	2.0	
Y160M$_1$-8		4	9.9	720	84.0	0.73	2.0	6.0	2.0	
Y160M$_2$-8		5.5	13.3	720	85.0	0.74	2.0	6.0	2.0	
Y160L-8		7.5	17.7	720	86.0	0.75	2.0	5.5	2.0	
Y180L-8		11	25.0	730	87.5	0.77	1.7	6.0	2.0	
Y200L-8		15	34.1	730	88.0	0.76	1.8	6.0	2.0	
Y225S-8		18.5	41.3	730	89.5	0.76	1.7	6.0	2.0	
Y225M-8	8	22	47.6	730	90.0	0.78	1.8	6.0	2.0	
Y250M-8		30	63	730	90.5	0.80	1.8	6.0	2.0	
Y280S-8		37	78.0	740	91.0	0.79	1.8	6.0	2.0	
Y280M-8		45	93.0	740	91.7	0.80	1.8	6.0	2.0	
Y315S-8		55	113.5	740	92.0	0.80	1.6	6.5	2.0	
Y315M$_0$-8		75	152	740	92.5	0.81	1.6	6.5	2.0	
Y315L$_1$-8		90	179	740	93.0	0.82	1.6	6.5	2.0	
Y315L$_2$-8		110	219	740	93.3	0.82	1.6	6.3	2.0	

Y-W、Y-WF 型电动机技术数据

(同步转速 600r/min(10 极)、50Hz、380V)　　　　　表 2-23

型号	极数	功率 (kW)	电流 (A)	转速 (r/min)	效率 (%)	功率因数	堵转转矩 额定转矩	堵转电流 额定电流	最大转矩 额定转矩	生产厂
Y315S-10		45	101	590	91.5	0.74	1.4	6.0	2.0	重庆电机厂、南阳防爆电机厂、山西省长丰工业公司特种电机厂
Y315M-10	10	55	122.7	590	92.0	0.74	1.4	6.0	2.0	
Y315L$_2$-10		75	164	590	92.5	0.75	1.4	6.0	2.0	

(4) 外形及安装尺寸：Y-W、Y-WF 型三相异步系列电动机外形及安装尺寸见图 2-15～17 和表 2-24～26。

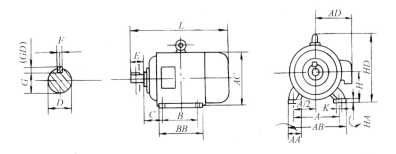

图 2-15　Y-W、Y-WF 系列电动机外形及安装尺寸
(B_3、B_6、B_7、B_8、V_5、V_6 机座带底脚、端盖无凸缘)

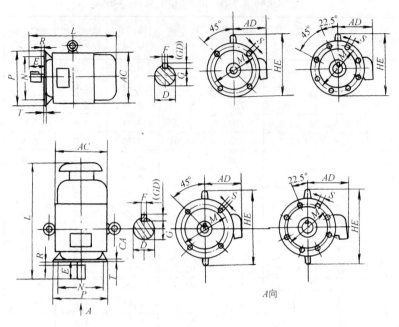

图 2-16 Y-W、Y-WF 系列电动机外形及安装尺寸(B_5、V_1、V_3 卧式机座)

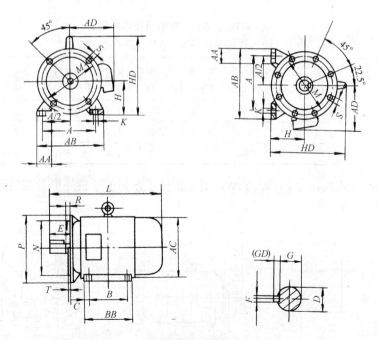

图 2-17 Y-W、Y-WF 系列电动机外形及安装尺寸
(B_{35}、V_{15}、V_{36} 机座带底脚端盖有凸缘)

表 2-24 Y-W、Y-WF 型三相异步系列电动机外形及安装尺寸
(B_3、B_6、B_7、B_8、V_5、V_6 机座带底脚，端盖无凸缘)

型号	H	A	B	C	D (2极)	D (4,6,8极)	E (2极)	E (4,6,8极)	F×GD (2极)	F×GD (4,6,8极)	G (2极)	G (4,6,8极)	K	AB	AC	AD	HD	AA	BB	HA	L (2极)	L (4,6,8极)	制造范围 B_3	制造范围 B_6,B_7,B_8,V_5,V_6
Y132S	132	216	140	89	38		80		10×8		33		12	280	270	210	315	60	200	18	475		→	
Y132M	132	216	178	89	38		80		10×8		33		12	280	270	210	315	60	238	18	515			
Y160M	160	254	210	108	42		110		12×8		37		15	330	335	265	385	70	270	20	605			
Y160L	160	254	254	108	42		110		12×8		37		15	330	335	265	385	70	314	20	650			
Y180M	180	279	241	121	48		110		14×9		42.5		15	355	360	285	430	70	311	22	670			
Y180L	180	279	279	121	48		110		14×9		42.5		15	355	360	285	430	70	349	22	710			
Y200L	200	318	305	133	55		110		16×10		49		19	395	420	315	475	70	379	25	775			
Y225S	225	356	286	149		60		140		18×11		53	19	435	475	345	530	75	368	28		820		
Y225M	225	356	311	149	55	60	110	140	16×10	18×11	49	53	19	435	475	345	530	75	393	28	815	845		
Y250M	250	406	349	168	60	65	140	140	18×11	18×11	53	58	24	490	515	385	575	80	455	30		930		
Y280S	280	457	368	190	65	75	140	140	18×11	20×12	58	67.5	24	550	580	410	640	85	530	35		1000		
Y280M	280	457	419	190	65	75	140	140	18×11	20×12	58	67.5	24	550	580	410	640	85	581	35		1050		
Y315S	315	508	406	216	65	80	140	170	18×11	22×14	58	71	28	744	645	576	865	120	609	45	1240	1270		
Y315M	315	508	457	216	65	80	140	170	18×11	22×14	58	71	28	744	645	576	865	120	720	45	1310	1340		
Y315L	315	508	457	216	65	80	140	170	18×11	22×14	58	71	28	744	645	576	865	120	720	45	1310	1340		

Y-W、Y-WF 系列电动机外形及安装尺寸

表 2-25

(B_5、V_1、V_3 卧式机座)

型号	外形尺寸 (mm)																			制造范围		
	D		E		F×GD		G		T	M	P	R	S	AC	AD	HE		L		B_5	V_1	V_3
	2极	4,6,8极	2极	4,6,8极	2极	4,6,8极	2极	4,6,8极										2极	4,6,8极			
Y132S		38		80		10×8		33	4	265	300	0	4×φ15	270	210	315		475				
Y132M		38		80		10×8		33	4	265	300	0	4×φ15	270	210	315		515				
Y160M		42		110		12×8		37	5	300	350	0	4×φ19	335	265	385		605				
Y160L		42		110		12×8		37	5	300	350	0	4×φ19	335	265	385		650				
Y180M		48		110		14×9		42.5	5	300	350	0	4×φ19	360	285	430(500)		670(730)				
Y180L		48		110		14×9		42.5	5	300	350	0	4×φ19	360	285	430(500)		710(770)				
Y200L		55		110		16×10		49	5	350	400	0	4×φ19	420	315	480(550)		775(850)				
Y225S	55		110	140	18×11	18×11	49	53	5	400	450	0	8×φ19	475	345	535(610)		815(905)	820(910)			
Y225M	55		110	140	16×10	18×11	53	53	5	400	450	0	8×φ19	475	345	535(610)		815(905)	845(935)			
Y250M	60			140	18×11	18×11	58	58	5	500	550	0	8×φ19	515	385	(650)		(1035)				
Y280S	65	75		140	18×11	20×12	58	67.5	5	500	550	0	8×φ19	580	410	(720)		(1120)				
Y280M	65	75		140	18×11	20×12	58	67.5	5	500	550	0	8×φ19	580	410	(720)		(1170)				
Y315S	65	80		170	18×11	22×14	56	71	6	600	660	0	8×φ24	645	576	900		1360	1390			
Y315M	65	80		170	18×11	22×14		71	6	660	660	0	8×φ24	645	576	900		1460	1490			
Y315L	65	80		170	18×11	22×14		71	6	600	660	0	8×φ24	645	576	900		1460	1490			

注: 1. 括号内尺寸仅用于 V_1 结构 (H132～315)。
2. R 为凸缘安装平面至轴伸台阶平面的距离。

2.1 交流电动机

表 2-26 Y-W、Y-W$_F$ 系列电动机外形及安装尺寸
(B$_{35}$、V$_{15}$、V$_{36}$机座带底脚端盖有突缘)

型号	H	A	B	C	D 2极	D 4,6,8极	E 2极	E 4,6,8极	F×GD 2极	F×GD 4,6,8极	G 2极	G 4,6,8极	K	T	M	N	P	R	S	AB	AC	AD	HD	AA	BB	L 2极	L 4,6,8极	制造范围 B$_{35}$	制造范围 V$_{15}$/V$_{36}$
Y132S	132	216	140	89	38	38	80	80	10×8	10×8	33	33	12	4	265	230	300	0	4×φ15	280	275	210	315	60	200	475	475		
Y132M	132	216	178	89	38	38	80	80	10×8	10×8	33	33	12	4	265	230	300	0	4×φ15	280	275	210	315	60	238	515	515		
Y160M	160	254	210	108	42	42	110	110	12×8	12×8	37	37	15	5	300	250	350	0	4×φ19	330	335	265	385	70	270	605	605		
Y160L	160	254	254	108	42	42	110	110	12×8	12×8	37	37	15	5	300	250	350	0	4×φ19	330	335	265	385	70	314	650	650		
Y180M	180	279	241	121	48	48	110	110	14×9	14×9	42.5	42.5	15	5	300	250	350	0	4×φ19	355	360	285	430	70	311	670	670		
Y180L	180	279	279	121	48	48	110	110	14×9	14×9	42.5	42.5	15	5	300	250	350	0	4×φ19	355	360	285	430	70	349	710	710		
Y200L	200	318	305	133	55	55	110	110	16×10	16×10	49	49	19	5	350	300	400	0	4×φ19	395	420	315	475	70	379	775	775		
Y225S	225	356	286	149	—	60	—	140	—	18×11	—	53	19	5	400	350	450	0	8×φ19	435	475	345	530	75	368	—	820		
Y225M	225	356	311	149	55	60	110	140	16×10	18×11	49	53	19	5	400	350	450	0	8×φ19	435	475	345	530	75	393	815	845		
Y250M	250	406	349	168	60	65	140	140	18×11	18×11	53	58	24	5	500	450	550	0	8×φ19	490	515	385	575	80	455	930	930		
Y280S	280	457	368	190	65	75	140	140	18×11	20×12	58	67.5	24	5	500	450	550	0	8×φ19	550	580	410	640	85	530	1000	1000		
Y280M	280	457	419	190	65	75	140	140	18×11	20×12	58	67.5	24	5	500	450	550	0	8×φ19	550	580	410	640	85	581	1050	1050		
Y315S	315	508	406	216	65	80	140	170	18×11	22×14	58	71	28	6	600	550	660	0	8×φ24	744	645	576	865	120	609	1240	1270		
Y315M	315	508	457	216	65	80	140	170	18×11	22×14	58	71	28	6	600	550	660	0	8×φ24	744	645	576	865	120	720	1310	1340		
Y315L	315	508	508	216	65	80	140	170	18×11	22×14	58	71	28	6	600	550	660	0	8×φ24	744	645	576	865	120	720	1310	1340		

注：R 为凸缘安装面至轴伸台阶平面的距离。

2.1.9 1215-6H1178型井用潜水三相异步电动机

(1) 适用范围:1215-6H1178型井用潜水三相异步电动机可供农业灌溉及工业生产和生活用水使用。其特点是效率高,使用寿命长。

(2) 结构:1215~1228型为中小容量潜水三相异步电动机,为湿式充水、密封型结构。电动机由定子、转子、止推轴承、导轴承、调节囊、密封件等组成。1234型电动机容量较大,为加强电动机壳表面散热能力,在机壳上设有水道,电动机内部水可以循环到水道内,由机壳外的井水带走热量增强散热能力。6H1157~6H1178为高电压、大容量潜水电动机,其结构上及选用材料上与1234型相似,但要求更高。

(3) 技术数据:1215-6H1178型井用潜水三相异步电动机技术数据见表2-27。

井用潜水三相异步电动机技术数据　　　表2-27

型号	额定功率 (kW)	额定电压 (V)	额定电流 (A)	效率 (%)	功率因数	启动电流 额定电流	生产厂
1215a/2	1.2	380	3.8	65	0.74	5	天津市电机厂
	1.7		4.8	70	0.77		
	2.2		5.8	73	0.79		
	3		7.3	76	0.82		
	4		9.4	77.5	0.84		
	5.5		12.6	79			
	7.5		17	80			
	9.2		21				
	11		25				
	15		33.5	80.5	0.85		
1218a/2	9.2		20.5	81	0.85	4.8	
	11		24.2		0.86		
	15		32.6				
	18.5		39.8	82			
	22		46.8	83			
	25		52.6	84			
	30		63				
	37		77	85			
	44		91	86			
1222a/2	30		64	84	0.85		
	37		78	85	0.86		
	44		91	86			
	55		113	87			
	64		131				
	75		151	88			
	87		175				
	100		200		0.87		
1228/2	75		151	86	0.88	5	
	87		174	87			
	100		195	88			
	120		234		0.89		
	140		272	88.5			
	160		305	89	0.9		
	180		338	90			

2.1 交流电动机 407

续表

型号	额定功率 (kW)	额定电压 (V)	额定电流 (A)	效率 (%)	功率 因数	启动电流 额定电流	生产厂
1228/4	33	380	73.5	87	0.78	6	天津市电机厂
	42		90.5		0.8		
	52		112	87.5		5.5	
	70		149	88	0.81		
	87		182	88.5	0.82	5	
	100		208		0.83		
1234/2	160	380	315	88	0.88	5	
	180		352	88.5			
	220		421	89.5			
	260		497		0.89		
	300		570	90			
	350		660	90.5			
	410	500	585	91			
1234/4	87	380	182	87	0.84	6	
	100		206	88			
	120		243	88.5	0.85		
	140		283	89			
	160		319		0.86		
	185		365	90			
	220	380	431	90.5			
1142a/4	160	380	328	87.5	0.85	5.5	
	185		375	88.5			
	220		442	89			
	260		517				
	300		593	89.5	0.86		
	350	500	523	90			
	410		609	90.5			
6H1157a/4	380	6000	50	88.5	0.83	5.8	
	420		55	89			
	470		60	90	0.84		
	540		69	90.5		5.6	
	620		79				
	720		90	91	0.85		
	850		106				
6H1162a/4	720		92	90	0.84	5.5	
	850		107	90.5	0.85		
	1000		125	91			
	1150		141	91.5			
6H1162a/4	1300		159	92	0.86		
	1500		183				
6H1166a/4	1300	6000	160	91	0.86	5.6	
	1500		184	91.5			
	1700		207	92			
	1900		228				
	2200		264	92.5	0.87		
6H1178/4	2400		283	93	0.88	5	

(4) 外形及安装尺寸:1215—6H1178 型井用潜水三相异步电动机外形及安装尺寸见图 2-18~20 和表 2-28。

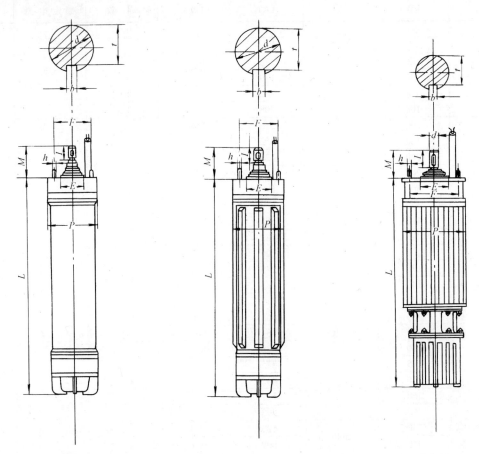

图 2-18　1215a/2、1218a/2、1222a/2、1228/2、1228/4 型电动机外形及安装尺寸

图 2-19　1142a/4、1234/2、1234/4 型电动机外形及安装尺寸

图 2-20　6H1157a/4、6H1162a/4、6H1166a/4、6H1178/4 型电动机外形及安装尺寸

井用潜水三相异步电动机外形及安装尺寸　　　表 2-28

型号	额定功率 (kW)	外形及安装尺寸(mm)								螺钉数 (个)	重量 (kg)	t	b
		L	M	P	d	I	E	F	h				
1215a/2	1.2	482	90	145	25	54	65	102	M8	6	27	21-0.2	8N9-0.036
	1.7	512									30		
	2.2	532									33		
	3	567									37		
	4	637									44		
	5.5	697									50		
	7.5	752									53		
	9.2	842									57		
	11	897									63		
	15	997									75		

2.1 交流电动机

续表

型号	额定功率 (kW)	外形及安装尺寸(mm)								螺钉数 (个)	重量 (kg)	t	b
		L	M	P	d	I	E	F	h				
1218a/2	9.2	792	98	183	25	54	100	150	M12	4	82	20.9-0.2	8-0.036
	11	827									89		
	15	912									101		
	18.5	992									115		
	22	1042									120		
	25	1112									132		
	30	1202									142		
	37	1342			32	63					160	27.3-0.2	10-0.036
	44	1432									172		
1222a/2	30	1078	110	229	32	63	110	170	M12	6	183	27-0.2	10N9-0.036
	37	1148									202		
	44	1218									222		
	55	1348									255		
	64	1448									273		
	75	1558			40	70					310	35-0.2	12N9-0.043
	87	1688									345		
	100	2088									393		
1228/2	75	1475	120	280	50	78	120	234	M20	6	392	44.5-0.2	14N9-0.043
	87	1545									422		
	100	1625									458		
	120	2195									537		
	140	2300									582		
	160	2385									618		
	180	2495									667		
1228/4	33	1465	120	280	40	70	120	234	M20	6	385	35-0.2	12-0.043
	42	1550									420		
	52	1640									460		
	70	1775									515		
	87	1915			50	78					570	44.5-0.2	14-0.043
	100	2020									615		
1142a/4	160	1695	160	430	60	90	210	290	M20	8	930	53-0.2	18-0.043
	185	1755			70	110					1000	62.5-0.2	20-0.052

续表

型号	额定功率 (kW)	外形及安装尺寸(mm)								螺钉数 (个)	重量 (kg)	t	b
		L	M	P	d	I	E	F	h				
1142a/4	220	1850	160	460	70	110	210	290	M20	8	1110	62.5-0.2	20-0.052
	260	1960									1230		
	300	2080									1365		
	350	2205									1500		
	410	2395									1710		
1234/2	160	1690	160	360	60	90	160	300	M20	6	685	53-0.2	18N9-0.043
	180	1735									710		
	220	1860									790		
	260	1935									840	62.5-0.2	20N9-0.052
	300	2040			70	110					900		
	350	2185									990		
	410	2335									1080		
1234/4	87	1715	160	360	60	90	160	300	M20	6	700	53-0.2	18N9-0.043
	100	1785									745		
	120	1875									800		
	140	1960									850		
	160	2070									920		
	185	2205			70	110					1000	62.5-0.2	20N9-0.052
	220	2385									1110		
6H1157a/4	380	2385	170	615	85	120	305	430	M20	8	2620	76-0.2	22-0.052
	420	2465									2770		
	470	2515									2870		
	540	2620									3070		
	620	2750									3320		
	720	2830									3470		
	850	3020									3830		
6H1162a/4	720	2737	195	665	100	155	420	480	M20	8	3470	90-0.2	28N9-0.052
	850	2822									3670		
	1000	2922									3910		
	1150	3032									4170		
	1300	3172									4500		
	1500	3332									4870		

续表

型 号	额定功率(kW)	外形及安装尺寸(mm)							螺钉数(个)	重量(kg)	t	b
		L	M	P	d	I	E	F	h				
6H1166a/4	1300	2977	300	695	130	250	300	600	M30	8	4340	119-0.2	32N9-0.062
	1500	3097									4620		
	1700	3247									4980		
	1900	3422									5400		
	2200	3637									5930		
6H1178/4	2400	3220	350	835	160	300	350	750	M36	10	7400	147-0.3	40-0.062

2.1.10 YLB系列深井水泵用三相异步电动机

(1) 适用范围：YLB系列深井水泵用三相异步电动机是专供驱动长轴式深井水泵用的自扇冷式电动机。它与长轴式水泵配套用于工矿企业、城市、农村等抽取地下水。

(2) 型号意义说明：

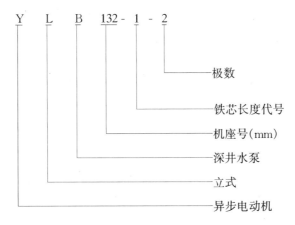

(3) 结构：YLB系列电动机的外壳防护有IP44和IP23两种。机座号132为IP44封闭式结构，在Y系列(IP44)基础上派生；机座号160以上均为IP23防护式结构，在Y系列(IP23)基础上派生。二者接线盒结构均达到IP54要求，并且经过适当的绝缘和表面防护处理后，能达到气候防护式电动机的外壳防护等级标准，以满足户外型电动机的使用要求。其结构主要由定子、转子、底座、端盖及防止电动机逆转装置等组成。封闭式结构的冷却方式为外风扇轴向通风，罩和外罩组成一环形风道。防护式结构的通风型式采用转子风叶鼓风，端盖沿圆周方向安排进风口，底座沿圆周方向安排若干进风口和出风口。

(4) 技术数据：YLB系列电动机技术数据见表2-29。

(5) 外形及安装尺寸：YLB系列电动机外形及安装尺寸见图2-21和表2-30。

YLB系列深井水泵用三相异步电动机技术数据(380V、50Hz)　　表 2-29

型号	额定功率 (kW)	额定电流 (A)	效率 (%)	功率因数	同步转速 (r/min)	轴向负荷 (N)	绝缘等级	防护等级	重量 (kg)	生产厂
YLB132-1-2	5.5	11.4	83	0.88	3000	7840	B	IP44	92	河北电机厂、赣州电机厂、大连金州电机厂、济南第一电机厂、上海人民电机厂、山西代县电机厂
YLB132-2-2	7.5	15.3	84.5			7840		IP44	96	
YLB160-1-2	11	22.3	85	0.88	3000	9800			188	
YLB160-2-2	15	30.1	86						194	
YLB160-1-4	11	22.7	86.5	0.85	1500	12740			192	
YLB160-2-4	15	30.3	87.5	0.86					204	
YLB180-1-2	18.5	36.7	87	0.88	3000				245	
YLB180-2-2	22	43.4	87.5						250	
YLB180-1-4	18.5	37	88	0.86	1500	15680			260	
YLB180-2-4	22	43.9	88.5						265	
YLB200-1-2	30	58.9	88	0.88	3000	16660	B	IP23	340	
YLB200-2-2	37	72.2	88.5						355	
YLB200-1-4	30	58.5	89.5	0.87		21560			340	
YLB200-2-4	37	71.8	90						360	
YLB200-3-4	45	86.8	90.5						380	
YLB250-1-4	55	104	91		1500	28420			560	
YLB250-2-4	75	141	91.5						600	
YLB250-3-4	90	169.8	91.5	0.88					630	
YLB280-1-4	110	206	92			39200			935	
YLB280-2-4	132	246.4	92.5						990	

2.1 交流电动机

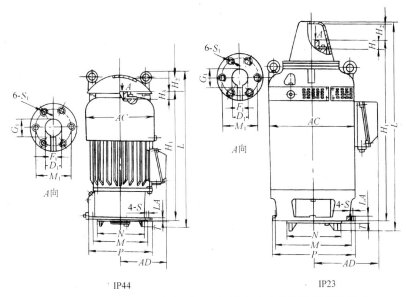

图 2-21 YLB 系列深井水泵用三相异步电动机外形及安装尺寸

YLB 系列深井水泵用三相异步电动机外形及安装尺寸　　表 2-30

型号	外形尺寸 (mm)				安装尺寸 (mm)												
	AC	AD	LA	L	D_1	F_1	G_1	H_1	H_2	H_3	M	M_1	N	P	S	S_1	T
YLB132-1-2 YLB132-2-2	270	205	12	625	20	6	22.8	483	>75	34	232	35	210	264	12	M5	5
YLB160-1-2 YLB160-2-2 YLB160-1-4 YLB160-2-4	350	265	16	850	28	8	31.3	717	>80	53	267	70	235	325	15	M8	5
YLB180-1-2 YLB180-2-2 YLB180-1-4 YLB180-2-4	395	290	17	885	28 32	8 10	31.3 35.3	750	>90	53	267 370	70	235 330	370	15 19	M8	5
YLB200-1-2 YLB200-2-2 YLB200-1-4 YLB200-2-4 YLB200-3-4	445	330	18	995	36	10	39.3	851	>95	70	370	80	330	420	19	M10	5
YLB250-1-4 YLB250-2-4 YLB250-3-4	540	395	20	1175	45	14	48.8	964	>105	90	440	104	380	510	19	M10	5
YLB280-1-4 YLB280-2-4	600	445	26	1225	50	14	53.8	1055	>120	92	480	110	420	570	24	M10	5

2.1.11 YL 系列中型立式 10kV 三相异步电动机

(1) 适用范围：YL 系列中型立式 10kV 三相异步电动机用于驱动立式水泵。电动机可直接由 10kV 电网供电，可减少投资，简化设备，节约电能。本系列电动机可全压直接启动。

(2) 型号意义说明：

(3) 结构：YL 系列中型立式 10kV 三相异步电动机立式安装，外壳防护等级为 IP23。电动机采用径向自通风系统，冷空气自上、下端盖侧面窗口进入电机，热空气自机座侧面窗口逸出。

(4) 技术数据：YL 系列中型立式 10kV 三相异步电机技术数据见表 2-31。

表 2-31 YL 系列中型立式 10kV 三相异步电机技术数据

型号	额定值 功率(kW)	额定值 电压(kV)	额定值 转速(r/min)	效率(%)	功率因数	堵转电流/额定电流	堵转转矩/额定转矩	最大转矩/额定转矩	惯量矩(tf·m²)	生产厂
YLS450-12	450	10	496	92.5 / 90.5	0.78 / 0.76	4.8 / 6	1.08 / 0.8	2.2 / 1.8	1.2	兰州电机厂
YL250-4	250	10	1485	90.5 / 90	0.86 / 0.8	5.3 / 6	0.86 / 0.7	2.1 / 1.8	0.06	兰州电机厂

(5) 外形及安装尺寸：该系列电机外形与安装尺寸见图 2-22 和表 2-32。

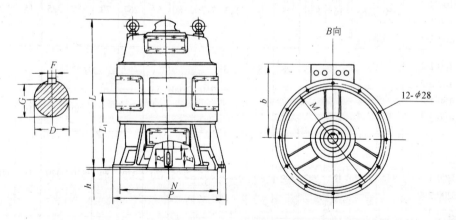

图 2-22 YL 系列中型立式 10kV 三相异步电动机外形及安装尺寸

表 2-32 YL 系列中型立式电动机外形及安装尺寸(mm)

型号	D	E	F	G	M	N	P	R	h	b	L	L₁	重量(kg)
YLS450-12	160	300	40	146.5	1950	1850	2050	310	10	1329	2100	1050	8200
YL250-4	110	210	32	99.4	1150	1060	1250	220	12	1030	1855	968	3500

2.1.12 YL系列大型立式三相异步电动机

(1) 适用范围:YL系列大型立式三相异步电动机适用于拖动立式水泵。

(2) 型号意义说明:

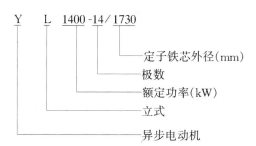

(3) 结构:YL系列大型立式三相异步电动机基本形式为鼠笼型,允许全压直接启动。它由定子、转子、上机架、下机架等组成,为悬垂型立式安装。电动机通风形式为开启式或管道通风式。

(4) 技术数据:YL系列大型立式三相异步电动机额定电压为6kV,亦可制成10kV,额定频率为50Hz。其技术数据见表2-33。

YL系列大型立式三相异步电动机技术数据　　　　表2-33

型号	额定值 功率(kW)	额定值 电压(kV)	额定值 同步转速(r/min)	效率(%)	功率因数	堵转电流/额定电流	堵转转矩/额定转矩	最大转矩/额定转矩	惯性矩(tf·m²)	生产厂
YL630-8/1180	630		750	93	0.85	6	1	1.8		
YL800-8/1180	800	6	750	94.1 / 92	0.88 / 0.82	5.7 / 6.5	1.1 / 0.7	2.4 / 1.8	0.6	
YL500-10/1180	500	10	600	92.6 / 91.5	0.84 / 0.82	6.2 / 6.5	1.2 / 0.9	2.6	0.8	
YL1000-10/1730	1000	6	600	88	0.8	6	0.7	2		
YL2000-10/2150	2000	6	600	90	0.82	6.5	0.7	1.6		
YL800-12/1430	800	6	500	92.3	0.81	5.5	0.7	1.9		兰州电机厂
YL1000-12/1730	1000	6	500	90.5	0.8	5.5	0.75	1.8		
YL1600-12/2150	1600	6	500	88	0.8	6	0.7	2		
YL2000-12/2150	2000	6	500	88	0.8	6.5	0.7	2		
YL2500-12/2150	2500	6	500	88	0.8	6.5	0.7	2		
YL1400-14/1730	1400	6	429	94.5 / 93	0.84 / 0.82	5 / 6.5	0.94 / 0.7	2 / 1.6	5.6	
YL2000-18/2600	2000	6	330	93.2 / 92.5	0.82 / 0.78	5.8 / 6.0	1.2 / 1.1	2.6 / 2.0	31	
YL1000-24/2600	1000	6	247.5	90.9 / 90	0.72 / 0.70	5.5 / 6.0	1.5 / 1.1	2.8 / 2.0	31	

(5) 外形及安装尺寸:YL系列大型立式三相异步电动机外形及安装尺寸见图2-23和表2-34。

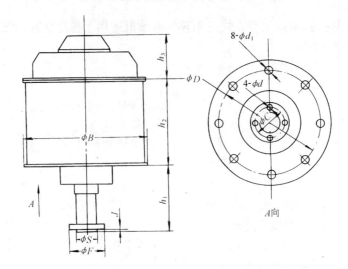

图2-23 YL系列电动机外形及安装尺寸

YL系列电动机外形及安装尺寸(mm) 表2-34

型号	D	ϕd_1	C	F	S	J	ϕd	B	h_3	h_2	h_1	重量(kg)
YL630-8/1180	1450	42	225	255	M145X3	6	14	1600	800	1450	500	9500
YL800-8/1180	1450	42	225	255	M145X3	6	14	1600	800	1550	500	10500
YL500-10/1180	1450	42	225	255	M145X3	6	14	1600	800	1530	500	10500
YL1000-10/1730	2200	48	225	255	M170X3	10	15	2340	850	1500	850	16500
YL2000-10/2150	2600	48	255	280	M200X3	10	15	2750	850	1600	950	20000
YL800-12/1430	1850	42	225	255	M170X3	10	15	2000	800	1450	500	14000
YL1000-12/1730	2200	48	225	255	M170X3	10	15	2340	850	1450	850	16000
YL1600-12/2150	2600	48	255	280	M200X3	10	15	2750	850	1450	950	19000
YL2000-12/2150	2600	48	255	280	M200X3	10	15	2750	850	1650	950	21000
YL2500-12/2150	2600	48	330	370	M255X3	10	15	2750	850	1900	950	25000
YL1400-14/1730	2200	48	225	255	M180X3	10	15	2340	850	1550	850	17000
YL2000-18/2600	3150	48	330	370	M255X3	10	15	3300	950	1450	1100	31000
YL1000-24/2600	3150	48	330	370	M255X3	10	15	3300	950	1350	1100	30000

2.1.13 YR系列小型绕线转子三相异步电动机

(1) 适用范围:YR系列小型绕线转子三相异步电动机适用于启动转矩高、启动次数频繁,启动时间长,小范围调速等各种机械设备。

(2) 结构:YR系列小型绕线转子三相异步电动机定子绕组为△接法。采用B级绝缘。电动机外壳防护等级为IP23及IP44。IP23的电动机结构及安装型式为IMB_3;IP44的电动机结构及安装型式为IMB_3、IMB_{35}、IMV_1。

(3) 技术数据:YR系列小型绕线转子三相异步电动机额定电压为380V,额定频率为

50Hz。其技术数据见表2-35～36。

YR系列(IP23)电动机技术数据　　　表2-35

型号	额定功率(kW)	满载时 转速(r/min)	满载时 电流(A)	满载时 效率(%)	功率因数	最大转矩/额定转矩	转子 电压(V)	转子 电流(A)	重量(kg)	生产厂
YR160M-4	7.5	1421	16.0	84	0.84	2.8	260	19	60	重庆、沈阳、湘潭电机厂，北京重型电机厂
YR160L1-4	11	1434	22.6	86.5	0.85	2.8	275	26		
YR160L2-4	15	1444	30.2	87	0.85	2.8	260	37		
YR180M-4	18.5	1426	36.1	87	0.88	2.8	197	61		
YR180L-4	22	1434	42.5	88	0.88	3.0	232	61		
YR200M-4	30	1439	57.7	89	0.88	3.0	255	76	335	
YR200L-4	37	1448	70.2	89	0.88	3.0	316	74		
YR225M1-4	45	1442	86.7	89	0.88	2.5	240	120	420	
YR225M2-4	55	1448	104.7	90	0.88	2.5	288	121		
YR250S-4	75	1453	141.1	90.5	0.89	2.6	449	105		
YR250M-4	90	1457	167.4	91	0.89	2.6	524	107	590	
YR280S-4	110	1458	201.3	91.5	0.89	3.0	349	196		
YR280M-4	132	1463	239.0	92.5	0.89	3.0	419	194	880	
YR160M-6	5.5	949	12.7	82.5	0.77	2.5	279	13	160	
YR160L-6	7.5	949	16.9	83.5	0.78	2.5	260	19		
YR180M-6	11	940	24.2	84.5	0.78	2.8	146	50		
YR180L-6	15	947	32.6	85.5	0.79	2.8	187	53		
YR200M-6	18.5	949	39	86.5	0.81	2.8	187	65		
YR200L-6	22	955	45.5	87.5	0.82	2.8	224	63	315	
YR225M1-6	30	955	59.4	87.5	0.85	2.2	227	86		
YR225M2-6	37	964	73.1	89	0.85	2.2	287	82	400	
YR250S-6	45	966	88	89	0.85	2.2	307	93		
YR250M-6	55	967	105.7	89.5	0.86	2.2	359	97	575	
YR280S-6	75	969	141.8	90.5	0.88	2.5	392	121		
YR280M-6	90	972	166.7	91	0.89	2.5	481	118	880	
YR160M-8	4	703	10.5	81	0.71	2.2	262	11	160	
YR160L-8	5.5	705	14.2	81.5	0.71	2.2	243	15		
YR180M-8	7.5	692	18.4	82	0.73	2.2	105	49		
YR180L-8	11	699	26.8	83	0.73	2.2	140	53		
YR200M-8	15	706	36.1	85	0.73	2.2	153	64		
YR200L-8	18.5	712	44	86	0.73	2.2	187	64	315	
YR225M1-8	22	710	48.6	86	0.78	2.0	161	90		
YR225M2-8	30	713	65.3	87	0.79	2.0	200	97	400	
YR250S-8	37	715	78.9	87.5	0.79	2.0	218	110		
YR250M-8	45	720	95.5	88.5	0.79	2.0	264	109	515	
YR280S-8	55	723	114	89	0.82	2.2	279	125		
YR280M-8	75	725	152.1	90	0.82	2.2	359	131	850	

YR 系列(IP44)电动机技术数据　　　表 2-36

型　号	额定功率(kW)	满载时 转速(r/min)	满载时 电流(A)	满载时 效率(%)	满载时 功率因数	最大转矩/额定转矩	转子 电压(V)	转子 电流(A)	重量(kg)	生产厂
YR132S1-4	2.2	1440	5.3	82.0	0.77	3.0	190	7.9	60	重庆、沈阳、湘潭电机厂，北京重型电机厂
YR132S2-4	3	1440	7.0	83.0	0.78	3.0	215	9.4	70	
YR132M1-4	4	1440	9.3	84.5	0.77	3.0	230	11.5	80	
YR132M2-4	5.5	1440	12.6	86.0	0.77	3.0	272	13.0	95	
YR160M-4	7.5	1460	15.7	87.5	0.83	3.0	250	19.5	130	
YR160L-4	11	1460	22.5	89.5	0.83	3.0	276	25.0	155	
YR180L-4	15	1465	30.0	89.5	0.85	3.0	278	34.0	205	
YR200L1-4	18.5	1465	36.7	89.0	0.86	3.0	247	47.5	265	
YR200L2-4	22	1465	43.2	90.0	0.86	3.0	293	47.0	290	
YR225M2-4	30	1475	57.6	91.0	0.87	3.0	360	51.5	380	
YR250M1-4	37	1480	71.4	91.5	0.86	3.0	289	79.0	440	
YR250M2-4	45	1480	85.9	91.5	0.87	3.0	340	81.0	490	
YR280S-4	55	1480	103.8	91.5	0.88	3.0	485	70.0	670	
YR280M-4	75	1480	140	92.5	0.88	3.0	354	128.0	800	
YR132S1-6	1.5	955	4.17	78.0	0.70	2.8	180	5.9	60	
YR132S2-6	2.2	955	5.96	80.0	0.70	2.8	200	7.5	70	
YR132M1-6	3	955	8.20	80.5	0.69	2.8	206	9.5	80	
YR132M2-6	4	955	10.7	82.0	0.69	2.8	230	11.0	95	
YR160M-6	5.5	970	13.4	84.5	0.74	2.8	244	14.5	135	
YR160L-6	7.5	970	17.9	86.0	0.74	2.8	266	18.0	155	
YR180L-6	11	975	23.6	87.5	0.81	2.8	310	22.5	205	
YR200L1-6	15	975	31.8	88.5	0.81	2.8	198	48.0	280	
YR225M1-6	18.5	980	38.3	88.5	0.83	2.8	187	62.5	335	
YR225M2-6	22	980	45.0	89.5	0.83	2.8	224	61.0	365	
YR250M1-6	30	980	60.3	90.0	0.84	2.8	282	66.0	450	
YR250M2-6	37	980	73.9	90.5	0.84	2.8	331	69.0	490	
YR280S-6	45	985	87.9	91.5	0.85	2.8	362	76.0	680	
YR280M-6	55	985	106.9	92.0	0.85	2.8	423	80.0	730	
YR160M-8	4	715	10.7	82.5	0.69	2.4	216	12.0	135	
YR160L-8	5.5	715	14.1	83.0	0.71	2.4	230	15.5	155	
YR180L-8	7.5	725	18.4	85.0	0.73	2.4	255	19.0	190	
YR200L1-8	11	725	26.6	86.0	0.73	2.4	152	46.0	280	
YR225M1-8	15	735	34.5	88.0	0.75	2.4	169	56.0	265	
YR225M2-8	18.5	735	42.1	89.0	0.75	2.4	211	54.0	390	
YR250M1-8	22	735	48.1	89.0	0.78	2.4	210	65.5	450	
YR250M2-8	30	735	66.1	89.5	0.77	2.4	270	69.0	500	
YR280S-8	37	735	78.2	91.0	0.79	2.4	281	81.5	680	
YR280M-8	45	735	92.9	92.0	0.80	2.4	359	76.0	800	

(4) 外形及安装尺寸：

1) YR 系列(IP23)电动机外形及安装尺寸见图 2-24 和表 2-37。

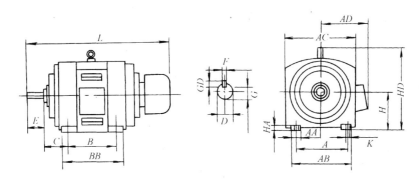

图 2-24　YR 系列(IP23)电动机外形及安装尺寸(安装结构型式 IMB$_3$)

YR 系列(IP23)电动机外形及安装尺寸　　　　表 2-37

机座号	安装尺寸 (mm)										外形尺寸 (mm)							
	A	B	C	D	E	F	GD	G	H	K	AA	AB	AC	AD	BB	HA	HD	L
160M	254	210	108	48	110	14	9	42.5	160	15	70	330	380	290	270	20	405	750
160L		254													315			790①
180M	279	241	121	55	110	16	10	49	180	15	70	350	420	325	315	22	445	895
180L		279													350			935
200M	318	267	133	60	140	18	11	53	200	19	80	400	465	350	355	25	495	920
200L		305													395			960
225M	356	311	149	65	140	18	11	58	225	19	90	450	520	395	395	28	545	1060
250S	406	311	168	75	140	20	12	67.5	250	24	100	510	550	410	420	30	600	1110
250M		349													455			1150
280S	457	368	190	80	170	22	14	71	280	24	110	570	610	450	530	35	655	1260
280M		419													585			1310

① YR160L2-4 的 L 为 810mm。

2) YR 系列(IP44)电动机外形及安装尺寸见图 2-25 和表 2-38。

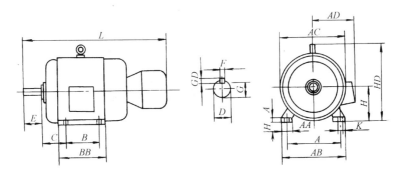

图 2-25　YR 系列(IP44)电动机外形及安装尺寸(安装结构型式 IMB$_3$)

YR 系列(IP44)电动机外形及安装尺寸　　　　表 2-38

机座号	安装尺寸 (mm)										外形尺寸 (mm)						
	A	B	C	D	E	F	GD	G	H	K	AA	AB	AC	AD	BB	HA	HD	L
132S	216	140	89	38	80	10	8	33	132	12	60	280	280	210	200	18	315	710
132M		178													238			745
160M	254	210	108	42	110	12	8	37	160	15	70	330	335	255	270	20	385	820
160L		254													314			865
180L	279	279	121	48	110	14	9	42.5	180	15	70	355	375	285	349	22	430	920
200L	318	305	133	55	110	16	10	49	200	19	70	395	425	310	379	25	475	1005
225M	356	311	149	60	140	18	11	53	225	19	75	435	470	345	393	28	530	1080
250M	406	349	168	65	140	18	11	58	250	24	80	490	515	385	455	30	575	1210
280S	457	368	190	75	140	20	12	67.5	280	24	85	550	575	410	530	35	640	1290
280M		419													581			1340

2.1.14　YR315～355 系列绕线转子三相异步电动机

(1) 适用范围：YR315～355 系列电动机适用于各种不同用途的机械设备，如：卷扬机、鼓风机、压缩机、水泵、破碎机、磨煤机、金属切削机床、搅拌机、农业机械、食品机械、运输机械和其他设备；亦可供工矿企业作原动机。该系列电动机适用于环境温度不超过 40℃；海拔不超过 1000m。

(2) 型号意义说明：

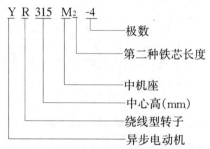

(3) 结构：YR315～355 系列电动机定子绝缘等级为 B 级(或 F 级)。其转子铁心嵌完绕组后经浸渍处理成为一个完整体，绕组及绝缘具有良好的电气、机械、防潮性及热稳定性。绝缘等级为 B 级(或 F 级)。接线盒在机座顶上，按用户要求，出线口可向左或向右。

(4) 技术数据：YR315～355 系列电动机电压为 380V、频率：50Hz、防护等级为 IP23、工作方式为 S_1。技术数据见表 2-39、40。

YR 系列电动机机座号与转速、功率关系　　　　表 2-39

机座号	同步转速 (r/min)				
	1500	1000	750	600	500
	功率 (kW)				
315S	160	110	90	55	—
315M_1	185	132	110	75	—

续表

机座号	同步转速 (r/min)				
	1500	1000	750	600	500
	功率 (kW)				
$315M_2$	200	160	132	90	—
$315M_3$	220	—	—	—	—
$315M_4$	250	—	—	—	—
$355M_1$	—	185	—	—	—
$355M_2$	280	200	160	110	—
$355M_3$	315	220	185	132	—
$355M_4$	—	250	200	—	90
$355L_1$	355	280	220	160	110
$355L_2$	—	—	250	185	132

YR系列电机技术数据 表2-40

型号	额定功率(kW)	额定电流(A)	额定转速(r/min)	效率(%)	功率因数	最大转矩/额定转矩	转子电压(V)	转子电流(A)	重量(kg)	生产厂
YR315S-4	160	302.1	1474	93.7	0.90	2.2	402	238		重庆电机厂
YR315M_1-4	185	348.2	1474	94.7	0.90	2.7	509	216		
YR315M_2-4	200	374.4	1474	94.6	0.90	2.5	507	235		
YR315M_3-4	220	411.8	1474	94.9	0.90	2.7	582	225		
YR315M_4-4	250	466.9	1474	94.6	0.90	2.4	579	275		
YR355M_2-4	280	499.9	1474	94.5	0.90	2.3	291	591.9		
YR355M_3-4	315	557.5	1474	94.5	0.91	2.0	315.2	620		
YR355L_1-4	355	628.9	1474	94.6	0.91	2.0	341.2	645		
YR315S-6	110	210.1	976	93	0.88	2.4	346	191		
YR315M_1-6	132	251.3	976	93.1	0.88	2.2	395	200		
YR315M_2-6	160	303	976	93.5	0.88	2.3	462	207		
YR355M_1-6	185	342.3	976	93.3	0.88	1.9	233.8	496.7		
YR355M_2-6	200	368.4	976	93.5	0.88	1.9	252.9	494.5		
YR355M_3-6	220	405	976	93.8	0.88	2.0	277.1	496.5		
YR355M_4-6	250	460	976	93.8	0.88	2.0	304.8	511.7		
YR355L_1-6	280	519.6	976	94.0	0.87	2.1	337.7	514.4		
YR315S-8	90	187.5	734	92.8	0.8	2.3	268	212		
YR315M_1-8	110	228.7	734	93.2	0.81	2.3	322	204		
YR315M_2-8	132	273.6	734	93.3	0.82	2.1	357	221		
YR355M_2-8	160	318.9	734	93.5	0.83	2.2	374	266		

续表

型号	额定功率(kW)	额定电流(A)	额定转速(r/min)	效率(%)	功率因数	最大转矩/额定转矩	转子电压(V)	转子电流(A)	重量(kg)	生产厂
YR355M_3-8	185	364.6	734	93.5	0.84	1.9	423	273		重庆电机厂
YR355M_4-8	200	393.3	734	93.5	0.84	1.9	423	298		
YR355L_1-8	220	430.1	734	93.5	0.85	2.0	485	284		
YR355L_2-8	250	488.6	734	93.5	0.85	1.8	485	327		
YR355S-10	55	125.5	585	92.0	0.76	2.4	249	133		
YR315M_1-10	75	169.2	585	92.3	0.77	2.3	308	147		
YR315M_2-10	90	199.3	585	92.1	0.79	2.0	331	164		
YR355M_2-10	110	224.5	585	92.8	0.80	2.3	249.4	275.9		
YR355M_3-10	132	267.9	585	92.8	0.81	2.2	273.7	301.6		
YR355L_1-10	160	323.4	585	92.8	0.81	2.0	304.8	330.6		
YR355L_2-10	185	369.6	585	92.8	0.82	1.9	342.9	340.5		
YR355M_4-12	90	189.0	480	90.5	0.79	2.1	293	162		
YR355L_1-12	110	230.7	480	91.0	0.80	2.2	359	198		
YR355L_2-12	132	277.0	480	91.5	0.80	2.0	430	237.6		

(5) 外形及安装尺寸：YR 系列电动机安装型式为卧式（IMB_3），见图 2-26 和表 2-41。

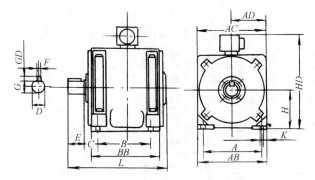

图 2-26　YR 系列电动机外形及安装尺寸

YR 系列电动机外形及安装尺寸　　　　　　　　　　　　表 2-41

机座号	极数	安装及外形尺寸 (mm)												
		H	A	B	C	D	E	F×GD	G	K	AB	AC	AD	BB	HD	L
315S	4-10	315	508	406	216	90	170	25×14	81	28	628	792	396	690	928	1710
315M	4-10	315	508	457	216	90	170	25×14	81	28	628	792	396	790	928	1820
355M	4-12	355	610	560	254	100	210	28×16	90	28	730	980	490	850	1120	2170
355L	4-12	355	610	630	254	100	210	28×16	90	28	730	980	490	850	1120	2740

2.1.15 YR 系列中型 6kV 三相绕线型异步电动机

(1) 适用范围：YR 系列中型 6kV 三相绕线型异步电动机，其效率达到国外平均先进水平，并且比 JR 系列产品具有尺寸小、重量轻、可靠性高、维修方便等优点。它可用于驱动各种通用机械，如压缩机、通风机、水泵、破碎机、切削机床、磨煤机、运输机械等。

(2) 型号意义说明：

(3) 结构：YR 系列中型 6kV 三相绕线型异步电动机由钢板焊接箱式机座，顶部带音罩。电动机安装形式为 IMB$_3$、冷却方法为 IC$_0$、IC$_1$、IC$_2$。电动机外壳防护等级为 IP23，轴承和出线盒均采用 IP54 密封结构。电动机为 F 级绝缘，额定频率 50Hz、工作方式为 S$_1$（连续工作制）。电动机旋转方向从轴伸端看为顺时针。

(4) 技术数据：YR 系列中型 6kV 三相绕线型异步电动机技术数据见表 2-42。

YR 系列中型 6kV 三相绕线型异步电动机技术数据　　　　表 2-42

型号	额定值 功率(kW)	额定值 电压(V)	额定值 电流(A)	额定值 同步转速(r/min)	效率(%)	功率因数	最大转矩额定转矩	惯量矩(kgf·m^2)	重量(kg)	生产厂
YR355-4	220	6000	27.0	1500	93 / 92.7	0.85 / 0.83	2.3 / 1.8	20	2220	兰州、沈阳、重庆、上海、江西、内蒙古、西安、东风电机厂，山东张店电机厂
YR355-4	250	6000	30.5	1500	93.5 / 93	0.84 / 0.84	2.1 / 1.8	19	2270	
YR355-4	280	6000	33	1500	93.1	0.84	1.8			
YR400-4	315	6000	37.9	1500	93.4 / 92.8	0.86 / 0.85	2.5 / 1.8	40	3020	
YR400-4	355	6000	41.1	1500	93.3	0.85	1.8			
YR400-4	400	6000	46.1	1500	93.5	0.85	1.8			
YR400-4	450	6000	51.5	1500	93.7	0.85	1.8			
YR400-4	500	6000	57.1	1500	93.9	0.85	1.8			
YR450-4	560	6000	63.8	1500	94.2	0.85	1.8			
YR450-4	630	6000	72.2	1500	94.5	0.86	1.8			
YR450-4	710	6000	80.6	1500	94.6	0.86	1.8			
YR450-4	800	6000	90.3	1500	94.6	0.87	1.8			
YR500-4	900	6000	103.0	1500	94.6	0.87	1.8			
YR500-4	1000	6000	113.0	1500	94.9	0.87	1.8			
YR500-4	1120	6000	126.5	1500	95.0	0.87	1.8			
YR500-4	1250	6000	141.0	1500	95.1	0.87	1.8			

续表

型号	额定值				效率(%)	功率因数	最大转矩/额定转矩	惯量矩(kgf·m²)	重量(kg)	生产厂
	功率(kW)	电压(V)	电流(A)	同步转速(r/min)						
YR400-6	220	6000	26.8	1000	92.5	0.81	1.8			兰州、沈阳、重庆、上海、江西、内蒙古、西安、东风电机厂，山东张店电机厂
	250	6000	30.1	1000	93.7	0.82	1.8			
	280	6000	33.8	1000	92.8	0.82	1.8			
	315	6000	38.7	1000	93.1/92.7	0.84/0.82	1.8	66	3250	
	355	6000	42.5	1000	93.2	0.82	1.8			
YR450-6	400	6000	48	1000	94.1/93.5	0.85/0.83	1.98/1.8	98	2400	
	450	6000	53.4	1000	93.6	0.84	1.8			
	500	6000	59.2	1000	93.8	0.84	1.8			
	560	6000	66.5	1000	9.4	0.84	1.8			
YR500-6	630	6000	74.1	1000	94.3	0.85	1.8			
	710	6000	84	1000	94.6/94.2	0.86/0.85	2/1.8	200	5500	
	800	6000	93.3	1000	94.7	0.85	1.8			
	900	6000	104.5	1000	94.8	0.85	1.8			
YR400-8	220	6000	28.7	750	92.2	0.78	1.8			
	250	6000	32.3	750	92.3	0.78	1.8			
	280	6000	36.3	750	92.5	0.79	1.8			
YR450-8	315	6000	41.3	750	92.6	0.80	1.8			
	355	6000	46.0	750	92.7	0.80	1.8			
	400	6000	51.6	750	93.0	0.80	1.8			
	450	6000	57.7	750	93.1	0.8	1.8			
YR500-8	500	6000	63.0	750	93.5	0.8	1.8			
	560	6000	67.8	750	94.2/93.7	0.84/0.81	2/1.8	250	4790	
	630	6000	76.3	750	94.3/93.6	0.84/0.81	2/1.8	276	5140	
	710	6000	86.8	750	94.0	0.8	1.8			
YR450-10	220	6000	31.2	600	91.3	0.77	1.8			
	250	6000	35.4	600	91.5	0.77	1.8			
	280	6000	39.4	600	91.8	0.78	1.8			
	315	6000	44.4	600	91.9	0.78	1.8			

续表

型号	额定值 功率(kW)	电压(V)	电流(A)	同步转速(r/min)	效率(%)	功率因数	最大转矩/额定转矩	惯量矩(kgf·m²)	重量(kg)	生产厂
YR450-10	355	6000	50.0	600	92.1	0.78	1.8			
YR500-10	400	6000	53.9	600	92.8	0.78	1.8			
	450	6000	59.8	600	93.1	0.78	1.8			
	500	6000	67.7	600	93.3	0.79	1.8			
	560	6000	74.3	600	93.5	0.79	1.8			
YR450-12	220	6000	33	500	90.4	0.72	1.8			兰州、沈阳、重庆、上海、江西、内蒙古、西安、东风电机厂，山东张店电机厂
	250	6000	36.2	500	91.8 / 90.5	0.72 / 0.72	1.9 / 1.8	170	3950	
YR500-12	280	6000	40.0	500	91.7	0.73	1.8			
	315	6000	45.1	500	92.0	0.74	1.8			
	355	6000	51.7	500	92.0	0.75	1.8			
	400	6000	56.5	500	92.3	0.75	1.8			
	450	6000	64.4	500	93 / 92.8	0.72 / 0.72	1.9 / 1.8	300	5730	
YR560-4	1400	6000	157	1500	95.2	0.87	1.8			
	1600	6000	178	1500	95.3	0.87	1.8			
	1800	6000		1500	95.4	0.87	1.8			
YR630-4	2000	6000	223	1500	95.5	0.87	1.8			
	2240	6000	249	1500	95.6	0.87	1.8			
	2500	6000	276	1500	95.7	0.87	1.8			
YR560-6	1000	6000	115	1000	95 / 94.5	0.88 / 0.85	2.4 / 2	350	5900	
	1120	6000	128	1000	95.1	0.85	1.8			
	1250	6000	142	1000	95.2 / 95.2	0.89 / 0.85	2.3 / 1.8	370	7000	
YR630-6	1400	6000	162	1000	95.3	0.85	1.8			
	1600	6000	185	1000	95.4	0.85	1.8			
	1800	6000	206	1000	95.5	0.85	1.8			
YR560-8	800	6000	97	750	94.2	0.81	1.8			
	900			750	94.3	0.81	1.8			
	1000	6000		750	94.4	0.81	1.8			
YR630-8	1120	6000		750	94.5	0.81	1.8			

续表

型号	额定值 功率(kW)	额定值 电压(V)	额定值 电流(A)	同步转速(r/min)	效率(%)	功率因数	最大转矩/额定转矩	惯量矩(kgf·m²)	重量(kg)	生产厂
YR630-8	1250	6000	156	750	95.3/94.5	0.79/0.81	1.9/1.8	530	8460	兰州、沈阳、重庆、上海、江西、内蒙古、西安、东风电机厂，山东张店电机厂
	1400	6000		750	/94.7	/0.81	/1.8			
	1600	6000		750	/94.8	/0.81	/1.8			
YR560-10	630	6000	78.4	600	94.1/93.5	0.82/0.8	2/1.8	450	5650	
	710	6000		600	/93.7	/0.8	/1.8			
	800	6000		600	/93.8	/0.8	/1.8			
YR630-10	900	6000	112	600	/93.9	/0.8	/1.8			
	1000	6000	123	600	/94.1	/0.8	/1.8			
	1120	6000		600	/94.2	/0.8	/1.8			
	1250	6000		600	/94.3	/0.8	/1.8			
YR560-12	500	6000	66.5	500	/92.7	/0.77	/1.8			
	560	6000		500	/92.8	/0.77	/1.8			
	630	6000		500	/92.9	/0.77	/1.8			
YR630-12	710	6000	95	500	/93.0	/0.77	/1.8			
	800	6000	106	500	/93.1	/0.77	/1.8			
	900	6000		500	/93.2	/0.77	/1.8			
	1000	6000		500	/93.3	/0.77	/1.8			

注：本表格内有分数线者，分子均为计算值，分母均为保证值。

(5) 外形及安装尺寸：

1) YR 系列（H500 以下）中型 6kV 三相绕线型异步电动机安装尺寸见图 2-27 和表 2-43。

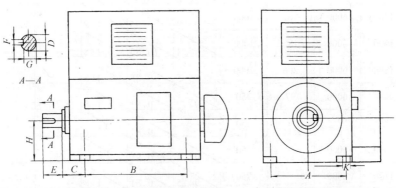

图 2-27 YR 系列（H500 以下）6kV 电动机安装尺寸

YR 系列(H500 以下)6kV 电动机安装尺寸(mm)　　　　表 2-43

型号	A	B	C		D	E	F	G	H	K
			滚动轴承	滑动轴承						
YR355-4	630	900	315		100	210	28	90	355	28_0
YR400-4	710	1000	335		110	210	28	100	400	35_0
YR450-4	800	1120	355		120	210	32	109	450	35_0
YR500-4	900	1250	475		130	250	32	119	500	42_0
YR400-6	710	1000	355		110	210	28	100	400	35_0
YR450-6	800	1120	355		130	250	32	119	450	35_0
YR500-6	900	1250	475		140	250	32	128	500	42_0
YR400-8	710	1000	355		110	210	28	100	400	35_0
YR450-8	800	1120	355		130	250	32	119	450	35_0
YR500-8	900	1250	475		140	250	36	128	500	42_0
YR450-10	800	1120	355		130	250	36	119	450	35_0
YR500-10	900	1250	475		140	250	36	128	500	42_0
YR450-12	800	1120	355		130	250	32	119	450	35_0
YR500-12	900	1250	475		140	250	36	128	500	42_0

2) YR 系列(H560 以上)6kV 三相绕线型异步电动机安装尺寸见图 2-28 和表 2-44。

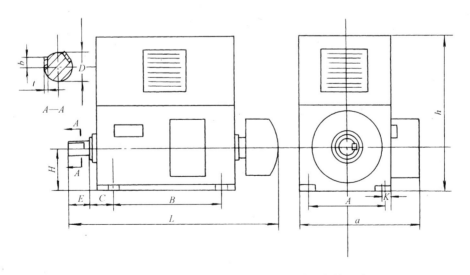

图 2-28　YR 系列(H560 以上)6kV 电动机安装尺寸

YR 系列(H560 以上)6kV 电动机安装尺寸(mm)　　　　表 2-44

型号	A	B	C	D	E	H	K	t	b	a	h	L
YR560-4	1000	1400	500	150	250	560	42	11.4	39.7	1900	1700	3200
YR630-4	1120	1600	530	170	300	630	48	12.4	44.2	2100	1900	3460
YR560-6	1000	1400	500	160	300	560	42	12.4	42.8	1470	1760	3060
YR630-6	1120	1600	530	180	300	630	48	12.4	45.6	2100	1900	3460
YR560-8	1000	1400	500	160	300	560	42	12.4	42.8	1900	1700	3200
YR630-8	1120	1600	530	180	300	630	48	12.4	45.6	1510	2200	3610
YR560-10	1000	1400	500	160	300	560	42	12.4	42.8	1380	2030	2950
YR630-10	1120	1600	530	180	300	630	48	12.4	45.6	2100	1900	3460
YR560-12	1000	1400	500	160	300	560	42	12.4	42.8	1900	1700	3200
YR630-12	1120	1600	530	170	300	630	48	12.4	45.6	2100	1900	3460

注：当选用滑动轴承时，尺寸 C 由用户同本厂协商确定。

2.1.16　YR 系列大型 10kV 三相绕线型异步电动机

(1) 适用范围：YR 系列大型 10kV 三相绕线型异步电动机适用于驱动轧机、球磨机、卷扬机及其他通用机械。

(2) 型号意义说明：

(3) 结构：YR 系列大型 10kV 三相绕线型异步电动机卧式安装，单轴伸，带切向键，采用带底板座式轴承。电动机采用 B 级绝缘，定子线圈主绝缘为粉云母带。电动机定子、转子整体浸渍，并经可靠地防电晕处理。电动机基本通风型式为开启式。

(4) 技术数据：YR 系列 10kV 电动机技术数据见表 2-45。

10kV YR 系列电动机技术数据　　　　表 2-45

型号	额定值			效率(%)	功率因数	最大转矩/额定转矩	转子电压/转子电流	转子电阻(70℃)	惯量矩(tf·m²)	生产厂
	功率(kW)	电流(A)	转速(r/min)							
YR710-6/1180	710	51	989	93.0	0.9	2.4	962/459	0.0129	0.44	兰州电机厂、重庆电机厂、哈尔滨电机有限责任公司
YR800-6/1180	800	57	989	93.3	0.9	2.3	1044/476	0.0134	0.49	
YR900-6/1180	900	64	990	93.6	0.9	2.3	1141/489	0.0139	0.55	
YR1000-6/1180	1000	70	990	93.8	0.9	2.3	1256/493	0.0145	0.60	
YR1120-6/1180	1120	79	990	94	0.9	2.3	1397/495	0.0153	0.68	

续表

型号	额定值			效率(%)	功率因数	最大转矩/额定转矩	转子电压/转子电流	转子电阻(70℃)	惯量矩(tf·m²)	生产厂
	功率(kW)	电流(A)	转速(r/min)							
YR1250-6/1430	1250	88	990	93.9	0.9	2.2	1255/617	0.0113	1.04	
YR1400-6/1430	1400	98	991	94.1	0.9	2.3	1397/619	0.0118	1.16	
YR1600-6/1430	1600	111	989	94.4	0.9	1.9	1398/713	0.0118	1.22	
YR1800-6/1430	1800	124	990	94.6	0.9	1.9	909/1229	0.0131	1.39	
YR2000-6/1430	2000	138	991	94.7	0.9	2.1	1039/186	0.0135	1.51	
YR2240-6/1730	2240	153	990	94.1	0.9	2.1	1154/1206	0.0161	2.86	
YR2500-6/1730	2500	170	990	94.3	0.9	2.1	1260/1230	0.0165	3.14	
YR630-8/1180	630	45	742	93.1	0.86	2.7	943/417	0.0141	0.58	
YR710-8/1180	710	52	741	93.2	0.9	2.1	945/470	0.0140	0.69	
YR800-8/1180	800	57	741	93.5	0.87	2.4	1032/482	0.0145	0.76	兰州电机厂、重庆电机厂、哈尔滨电机有限责任公司
YR900-8/1430	900	65	741	93.1	0.9	2.1	947/594	0.0105	1.22	
YR1000-8/1430	1000	72	742	93.4	0.9	2.0	1034/604	0.0109	1.37	
YR1120-8/1430	1120	80	742	93.7	0.9	2.0	1139/613	0.0114	1.53	
YR1250-8/1430	1250	89	742	93.9	0.9	2.1	1266/613	0.0119	1.68	
YR1400-8/1430	1400	99	743	94.1	0.9	2.1	1427/607	0.0125	1.91	
YR1600-8/1730	1600	111	742	93.6	0.9	2.0	1014/987	0.0189	3.51	
YR1800-8/1730	1800	124	743	93.8	0.9	2.1	1186/945	0.0204	4.28	
YR2000-8/1730	2000	137	743	94.0	0.9	2.1	1295/958	0.0210	4.7	
YR2240-8/2150	2240	153	743	93.6	0.9	2.2	1295/1076	0.0201	7.61	
YR2500-8/2150	2500	170	743	93.9	0.9	2.2	1426/1087	0.0208	8.51	
YR500-10/1180	500	39	593	92.4	0.8	2.4	959/325	0.0200	0.80	
YR560-10/1180	560	43	593	92.4	0.8	2.4	1033/338	0.0205	0.83	
YR630-10/1180	630	47	593	92.8	0.83	2.7	1120/349	0.0213	0.91	
YR710-10/1180	710	54	593	93	0.8	2.3	1222/361	0.0222	0.99	
YR800-10/1180	800	59	594	93.4	0.83	2.7	1346/368	0.0234	1.10	
YR900-10/1430	900	66	592	93.1	0.8	2.3	1229/456	0.0209	1.77	
YR1000-10/1430	1000	72	593	93.4	0.86	2.8	1353/457	0.0218	1.95	

续表

型 号	额定值			效率（％）	功率因数	最大转矩额定转矩	转子电压转子电流	转子电阻（70℃）	惯量矩（tf·m²）	生产厂
	功率(kW)	电流(A)	转速(r/min)							
YR1120-10/1430	1120	82	593	93.6	0.8	2.4	1504/461	0.0227	2.12	
YR1250-10/1430	1250	93	593	93.6	0.8	2.6	947/789	0.0244	2.30	
YR1400-10/1730	1400	99	593	93.8	0.9	2.0	865/1015	0.0181	3.90	
YR1600-10/1730	1600	110	592	94.2	0.89	2.0	864/1160	0.0179	3.89	
YR1800-10/1730	1800	127	592	94.4	0.9	1.8	989/1139	0.0186	4.28	
YR2000-10/1730	2000	139	593	94.6	0.9	2.0	1156/1073	0.0201	5.06	
YR2240-10/2150	2240	158	593	94.2	0.9	2.2	1153/1203	0.0182	7.61	
YR2500-10/2150	2500	173	593	94.2	0.9	2.1	1262/1229	0.0192	8.95	
YR450-12/1430	450	35	492	91.8	0.8	2.2	694/410	0.0169	1.24	
YR500-12/1430	500	39	492	92.2	0.8	2.2	773/408	0.0179	1.42	兰州电机厂、重庆电机厂、哈尔滨电机有限责任公司
YR560-12/1430	560	43	493	92.4	0.8	2.3	871/403	0.0188	1.59	
YR630-12/1430	630	49	493	92.5	0.8	2.4	995/396	0.0197	1.77	
YR710-12/1430	710	54	493	92.8	0.8	2.3	1073/414	0.0206	1.95	
YR800-12/1430	800	60	494	93.2	0.82	2.9	1269/390	0.0226	2.30	
YR900-12/1730	900	65	493	93.3	0.84	2.4	1227/455	0.0207	4.11	
YR1000-12/1730	1000	71	493	93.5	0.86	2.5	1352/454	0.0215	4.35	
YR1120-12/1730	1120	81	493	93.7	0.85	2.3	1350/460	0.0224	4.51	
YR1250-12/1730	1250	92	493	93.8	0.86	2.4	970/781	0.0235	4.80	
YR1400-12/1730	1400	100	494	93.8	0.86	2.5	937/926	0.0205	5.10	
YR1600-12/1730	1600	109	496	93.5	0.87	2.3	980/1021	0.0215	5.60	
YR1800-12/1730	1800	126	494	92.3	0.87	2.2	1073/1042	0.0220	6.03	
YR2000-12/2150	2000	153	496	92.9	0.81	4.4	901/1359	0.0084	12.75	
YR2240-12/2150	2240	167	496	93.3	0.83	4.2	963/1422	0.0086	13.91	
YR2500-12/2150	2500	168	497	93.2	0.82	4.5	1033/1324	0.0090	15.07	
YR400-16/1430	450	39	369	90.9	0.74	2.9	916/308	0.0281	2.41	
YR500-16/1430	500	41	368	91.2	0.78	2.4	918/344	0.0292	2.62	
YR560-16/1430	560	44	367	91.2	0.80	2.1	919/389	0.0296	2.73	

2.1 交流电动机

续表

型号	额定值			效率(%)	功率因数	最大转矩额定转矩	转子电压转子电流	转子电阻(70℃)	惯量矩(tf·m²)	生产厂
	功率(kW)	电流(A)	转速(r/min)							
YR630-16/1430	630	50	367	91.5	0.80	2.1	996/402	0.0304	2.84	
YR710-16/1430	710	56	367	91.9	0.80	2.1	1086/415	0.0317	3.06	
YR800-16/1730	800	67	371	92.9	0.75	2.5	1058/470	0.0164	4.18	
YR900-16/1730	900	74	371	93.2	0.76	2.4	1156/683	0.0172	4.64	
YR1000-16/1730	1000	81	371	93.4	0.76	2.5	1273	0.0180	5.10	
YR1120-16/1730	1120	91	371	93.7	0.76	2.5	1414/489	0.0188	5.57	
YR1250-16/1730	1250	102	371	93.8	0.76	2.6	920/837	0.0207	6.26	
YR1400-16/2150	1400	108	371	93.5	0.80	2.9	1110/777	0.0258	10.43	
YR1600-16/2150	1600	122	371	93.8	0.81	2.8	1195/824	0.0261	11.01	
YR1800-16/2150	1800	140	372	93.8	0.79	3.1	1415/779	0.0201	12.75	
YR2000-16/2150	2000	155	372	94	0.79	3.2	1348/907	0.0074	13.91	兰州电机厂、重庆电机厂、哈尔滨电机有限责任公司
YR2240-16/2150	2240	176	372	94.1	0.78	3.3	1497/913	0.0077	15.07	
YR2500-16/2150	2500	185	371	94.4	0.83	2.7	867/1768	0.0083	16.23	
YR400-20/1730	400	34	294	90	0.75	2.5	811/313	0.0293	4.27	
YR450-20/1730	450	37	294	90.1	0.77	2.3	811/355	0.0292	4.27	
YR500-20/1730	500	41	294	90.5	0.77	2.2	869/367	0.0298	4.54	
YR560-20/1730	560	46	294	90.9	0.78	2.2	935/381	0.0307	4.81	
YR630-20/1730	630	51	294	91.2	0.79	2.1	1015/396	0.0324	5.34	
YR710-20/1730	710	57	294	91.5	0.79	2.1	1108/408	0.0340	5.87	
YR800-20/1730	800	63	294	91.8	0.79	2.1	1223/415	0.0356	6.41	
YR900-20/1730	900	71	294	92.1	0.79	2.2	1359/418	0.0373	6.94	
YR1000-20/1730	1000	80	295	92.5	0.78	2.3	763/822	0.0100	7.48	
YR1120-20/2150	1120	91	296	92.7	0.77	2.5	784/889	0.0208	12.13	
YR1250-20/2150	1250	99	296	92.7	0.79	2.5	885/879	0.0224	14.27	
YR1400-20/2150	1400	111	297	93.2	0.78	2.6	1014/854	0.0239	16.41	
YR1600-20/2150	1600	121	296	93.4	0.82	2.1	1017/984	0.0247	17.80	
YR1800-20/2150	1800	139	297	93.4	0.8	2.5	1224/861	0.0280	22.12	
YR2000-20/2150	2000	157	297	93.6	0.79	2.6	1421/867	0.0286	22.84	

(5) 外形与安装尺寸：YR 系列 10kV 异步电动机外形及安装尺寸见图 2-29 和表 2-46。

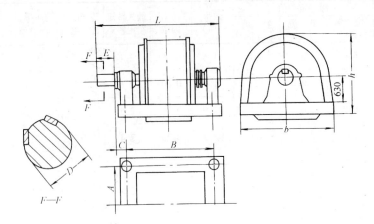

图 2-29 YR 系列 10kV 异步电动机外形与安装尺寸

YR 系列 10kV 异步电动机外形及安装尺寸（mm）　　　　　表 2-46

型号	D	E	C	B 开启式	B 管道式	A 开启式	A 管道式	b 开启式	b 管道式	L 开启式	L 管道式	h 开启式	h 管道式
YR710-6/1180	160	300	200	2000		1400		1620		2680		1685	
YR800-6/1180	160	300	200	2000		1400		1620		2680		1685	
YR900-6/1180	160	300	200	2090		1400		1620		2770		1685	
YR1000-6/1180	180	300	230	2150		1400		1620		2890		1685	
YR1120-6/1180	180	300	230	2150		1400		1620		2890		1685	
YR1250-6/1430	180	300	230	2000		1750		1970		2740		1855	
YR1400-6/1430	200	350	230	2100		1750		1970		2890		1855	
YR1600-6/1430	200	350	230	2100		1750		1970		2890		1855	
YR1800-6/1430	200	350	230	2100		1750		1970		2890		1855	
YR2000-6/1430	220	350	260	2200		1750		1970		3050		1855	
YR2240-6/1730	220	350	260	2200		2160		2440		3050		2075	
YR2500-6/1730	220	350	260	2200		2160		2440		3050		2075	
YR630-8/1180	160	300	200	2090		1400		1620		2770		1685	
YR710-8/1180	160	300	200	2090		1400		1620		2770		1685	
YR800-8/1430	160	300	200	1900		1750		1970		2580		1855	
YR900-8/1430	180	300	230	2000		1750		1970		2740		1855	
YR1000-8/1430	180	300	230	2000		1750		1970		2740		1855	
YR1120-8/1430	200	350	230	2090		1750		1970		2880		1855	
YR1250-8/1430	200	350	230	2090		1750		1970		2880		1855	
YR1400-8/1430	200	350	230	2100		1750		1970		2890		1855	

2.1 交流电动机

续表

型号	D	E	C	B 开启式	B 管道式	A 开启式	A 管道式	b 开启式	b 管道式	L 开启式	L 管道式	h 开启式	h 管道式
YR1600-8/1730	200	350	230	2000		2100		2440		2790		2075	
YR1800-8/1730	220	350	260	2200		2160		2440		3050		2075	
YR2000-8/1730	220	350	260	2200		2160		2440		3050		2075	
YR2240-8/2150	250	400	260	2100		2740		3020		3000		2005	
YR2500-8/2150	250	400	260	2100		2740		3020		3000		2005	
YR500-10/1180	160	300	200	2000		1400		1620		2680		1685	
YR560-10/1180	160	300	200	2000		1400		1620		2680		1685	
YR630-10/1180	160	300	200	2000		1400		1620		2680		1685	
YR630-10/1180	180	300	230		1900		1820		2040		3730		1760
YR710-10/1180	180	300	230	2100		1400		1620		2840		1685	
YR800-10/1180	180	300	230	2100		1400		1620		2840		1685	
YR900-10/1430	180	300	230	2000		1750		1970		2740		1855	
YR1000-10/1430	180	300	230	2000		1750		1970		2740		1855	
YR1120-10/1430	200	350	230	2100		1750		1970		2890		1855	
YR1120-10/1730	220	350	260		2050		2500		2720		4000		2150
YR1250-10/1430	200	350	230	2100		1750		1970		2890		1855	
YR1400-10/1730	200	350	230	2250		2160		2440		3040		2075	
YR1600-10/1730	200	350	230	2250		2160		2440		3040		2075	
YR1800-10/1730	220	350	260	2100		2160		2440		2950		2075	
YR2000-10/1730	220	350	260	2100		2160		2440		2950		2075	
YR2240-10/2150	250	400	260	2100		2740		3020		3000		2005	
YR2500-10/2150	250	400	260	2100		2740		3020		3000		2005	
YR450-10/1430	160	300	200	1900		1750		1970		2580		1855	
YR500-10/1430	160	300	200	1900		1750		1970				1855	
YR560-12/1430	180	300	230	2000		1750		1970		2740		1855	
YR630-12/1430	180	300	230	2000		1750		1970		2740		1855	
YR710-12/1430	180	300	230	2000		1750		1970		2740		1855	
YR800-12/1430	180	300	230	2090		1750		1970		2830		1855	
YR900-12/1730	200	350	230	1900		2160		2440		2690		2075	
YR1000-12/1730	200	350	230	1900		2160		2440		2690		2075	
YR1120-12/1730	200	350	230	1900		2160		2440		2690		2075	
YR1250-12/1730	200	350	260	2050		2100		2300		2900		2075	
YR1400-12/1730	220	350	260	2100		2160		2440		2950		2075	
YR1600-12/1730	220	350	260	2100		2160		2440		2950		2075	

续表

型号	D	E	C	B		A		b		L		h	
				开启式	管道式	开启式	管道式	开启式	管道式	开启式	管道式	开启式	管道式
YR1600-12/1730	220	350	260		1925		2500		2720		3850		2150
YR1800-12/1730	220	350	260	2200		2160		2440		3050		2075	
YR2000-12/2150	250	400	260	2200		2740		3020		3100		2005	
YR2240-12/2150	250	400	260	2200		2740		3020		3100		2005	
YR2500-12/2150	280	500	300	2200		2740		3020		3230		2005	
YR400-16/1430	180	300	230	2000		1750		1970		2740		1855	
YR450-16/1430	180	300	230	2000		1750		1970		2740		1855	
YR500-16/1430	180	300	230	2090		1750		1970		2830		1855	
YR560-16/1430	180	300	230	2090		1750		1970		2830		1855	
YR630-16/1430	200	350	230	2100		1750		1970		2890		1855	
YR710-16/1430	200	350	230	2100		1750		1970		2890		1855	
YR800-16/1730	200	350	230	2000		2160		2440		2790		2075	
YR900-16/1730	200	350	230	2000		2160		2440		2790		2075	
YR1000-16/1730	220	350	260	2100		2160		2440		2950		2075	
YR1120-16/1730	220	350	260	2100		2160		2440		2950		2075	
YR1250-16/1730	220	350	260	2200		2160		2440		3050		2075	
YR1400-16/2150	220	350	260	2000		2740		3020		2850		2005	
YR1600-16/2150	250	400	260	2100		2740		3020		3000		2005	
YR1800-16/2150	250	400	260	2200		2740		3020		3100		2005	
YR2000-16/2150	250	400	260	2200		2740		3020		3100		2005	
YR2240-16/2150	280	500	300	2200		2740		3020		3280		2005	
YR2500-16/2150	280	500	300	2300		2740		3020		3380		2005	
YR400-20/1730	200	350	230	1800		2160		2440		2590		2075	
YR450-20/1730	200	350	230	1800		2160		2440		2590		2075	
YR500-20/1730	200	350	230	1800		2160		2440		2590		2075	
YR560-20/1730	200	350	230	1800		2160		2440		2590		2075	
YR630-20/1730	200	350	230	2000		2160		2440		2790		2075	
YR710-20/1730	220	350	260	2100		2160		2440		2950		2005	
YR800-20/1730	220	350	260	2100		2160		2440		2950		2005	
YR900-20/1730	220	350	260	2200		2160		2440		3050		2005	
YR1000-20/1730	220	350	260	2200		2160		2440		3050		2005	
YR1120-20/2150	250	400	260	2100		2740		3020		3000		2005	
YR1250-20/2150	250	400	260	2100		2740		3020		3000		2005	
YR1400-20/2150	250	400	260	2200		2740		3020		3100		2005	

续表

型号	D	E	C	B 开启式	B 管道式	A 开启式	A 管道式	b 开启式	b 管道式	L 开启式	L 管道式	h 开启式	h 管道式
YR1600-20/2150	250	400	260	2200		2740		3020		3100		2005	
YR1800-20/2150	280	500	300	2300		2740		3020		3380		2005	
YR2000-20/2150	280	500	300	2300		2740		3020		3380		2005	

2.1.17 TL系列大型立式同步电动机

(1) 适用范围：TL系列立式同步电动机适用于传动立式轴流泵或离心式水泵等。

(2) 型号意义说明：

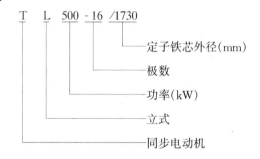

(3) 结构：TL系列立式同步电动机一般为一端轴伸，通常用法兰轴伸结构与水泵刚性联接。通风方式有开启式自冷却通风，半管道通风或封闭式自循环通风。电动机一般为悬挂式结构，根据产品结构的需要也可制成半伞式结构。

(4) 技术数据：TL系列大型立式同步电动机技术数据见表2-47。

TL系列大型立式三相同步电动机技术数据　　　　表2-47

型号	功率 (kW)	电压 (V)	转数 (r/min)	效率 (%)	结构方式	重量 (kg)	生产厂
TL500-16/1730	500	6000	375	90.5	悬挂式	11000	上海电机厂、哈尔滨电机厂、湖北第一电机厂
TL800-24/2150	800	6000	250	92		15200	
电动机/发电机[①]	1600/600	6000/6300	250/125	92/89		45000	
TL1600-40/3250	1600	6000	150	92.5		42000	
TL3000-40/3250	3000	6000	150	94		43500	
TL7000-80/7400	7000	10000	75	95		250000	

① 该电动机作立式同步运行时，出力可达1600kW，250r/min，也可作发电机运行，出力为600kW，125r/min，转向与电动机方向相反。

(5) 外形及安装尺寸：TL系列立式三相同步电动机外形及安装尺寸见图2-30和表2-48。

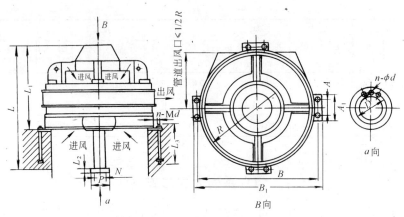

图 2-30 TL 系列大型立式三相同步电动机外形及安装尺寸

TL 系列大型立式三相同步电动机外形尺寸 表 2-48

型号	外形尺寸 (mm)													
	A	R	A_1	B	B_1	L	L_1	L_3	D	N	P	L_2	n-Md	n-ϕd
TL500-16/1730	350	2300	550	2520	2680	3380	2100	1180	380	200	500	60	8-M42	12-32
TL800-24/2150	350	2700	550	2900	3100	3380	2100	1300	420	340	500	60	8-M42	8-15
电动机/发电机	450	4500	800	4140	4360	4360	2510	1400	500	400	620	95	8-M48	12-50
TL1600-40/3250	800	4100	1000	4300	4600	4890	2990	1800	510	360	635	90	8-M48	12-55
TL3000-40/3250	600	4500	1000	4700	5000	4920	3260	1500	600	450	740	110	8-M48	12-70
TL7000-80/7400	450	8600	760	8800	8960	6902	5557	1600	920	640	1180	200		16-85

2.1.18 TD 系列大型同步电动机

(1) 适用范围：TD 系列为大型同步电动机，适用于传动通风机、水泵、电动发电机组及其他通用机械。本系列电动机的额定电压为 6000V，用户可根据需要自行改制成 3000V。2000kW 以上电动机亦可制成 1000V。额定频率为 50Hz，额定功率因数为 0.9（超前）。电动机允许全压直接启动，启动时转子回路应串接 10 倍于磁场绕组电阻的启动电阻。

(2) 型号意义说明：

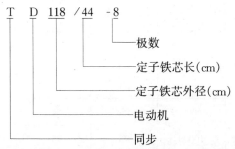

(3) 结构：TD 系列同步电动机为卧式结构，开启自扇冷式、管道或半管道通风式，也可制成封闭自循环通风式。此外还可制成一端轴伸。旋转方向从集电环端看为逆时针方向。根据需要可改变电动机的旋转方向，但电动机的风叶应作相应的变动。机座用钢板焊成整体结构。机座与轴承座分别固定于钢板焊成的底板上。TD 系列电动机采用可控硅励磁装置。

(4) 技术数据：TD 系列同步电动机技术数据见表 2-49。

2.1 交流电动机

表2-49 TD系列同步电动机主要技术数据

型号	额定值 功率(kW)	额定值 电压(kV)	额定值 电流(A)	转速(r/min)	效率(%)	堵转电流/额定电流	堵转转矩/额定转矩	牵入转矩/额定转矩	最大转矩/额定转矩	惯量矩(tf·m²)	励磁装置型号	额定负载时 励磁电压(V)	额定负载时 励磁电流(A)	生产厂
TD118/36-6	800	6	90	1000	95.2/94.5	6.4/7.0	1.92/1.0	1.13/1.0	2.1/1.8	0.5	KGLF11-300/50	33.5	243	兰州电机厂
TD118/49-6	1000	6	112	1000	95/94.5	6.6/7.0	1.74/1.0	1.28/1.0	2.25/1.8	1	KGLF11-400/50	37.5	290	
TD118/49-6	1250	6	140	1000	95.8/95	5.6/7.0	1.58/1.0	1.1/0.9	1.97/1.8	0.68	KGLF11-400/50	35.0	320	
TD118/74-6	1600	6	178	1000	96/95.5	7.2/7.5	1.9/1.5	1.3/0.85	2.15/1.9	1.03	KGLF11-300/50	42.7	292	
TD173/44-6	1600	10	123	1000	94/93	5.7/6.5	1.2/0.9	1.3/1.1	2.7/2.5	3.3	KGLF11-400/75	68	349	
T1600-8/1430	1600	6	141	750	95.5/94.5	5.2/6.0	1.3/1.1	1/0.9	2.1/1.8	1.7	KGLF12-400/50	46	349	
TD143/36-8	1250	6	179	750	96/95	5.7/6.0	1.2/1.0	1.2/0.9	2.1/1.8	2.3	KGLF11-400/75	52.4	310	
TD143/49-8	1600	6	179	750	92.8/95	5.4/6.0	1.2/1.0	1/0.9	2.1/2	2.0	KGLF11-400/75	53.2	315	
TD143/54-8	1600	6	179	750	95.8/95	6/6.5	1.5/1.0	1.2/0.9	2.1/1.8	2.2	KGLF11-300/75	62	271	
TD143/54-8	1600	6	179	750	95.8/95	6/6.5	1.5/1.2	1.2/0.9	2.1/2	2.2	KGLF11-300/75	62	271	
TD143/59-8	2000	6	224	750	96.1/95.4	5.5/6.0	1.3/1.0	1.3/1.1	2.1/1.8	1.6	KGLF11-400/90	70.5	283	
TD143/59-8	2000	6	224	750	96.1/95.4	5.5/6.0	1.3/1.0	1.2/0.9	2.1/1.8	2.0	KGLF11-400/90	70.5	283	
TD173/59-8	2500	6	168	750	95.3/94	6.4/7.0	1.3/1.0	1.1/0.8	2.3/2.0	4.8	KGLF11-400/90	89	308	
TD173/64-8	3200	6	356	750	96/95	6.4/6.5	1.45/1.0	1.25/1.0	2.4/1.8	5.8	KGLF11-400/90	74.5	350	
TD215/120-8	8000	10.5	568	750	96.6/96.5	7.4/7.5	1.4/1.0	1.9/1.3	2.6/2.0	21.0	KGLF11-600/110	94.5	440	
TD143/40-10	1000	6/3	113/226	600	95/94.5	5.8/6.0	1.8/1.2	1.0/0.9	2.2/2.1	1.5	KGLF11-400/50	46.7	264	
TD143/63-10	1600	6	177	600	95.6/95	6.6/7.0	2/1.5	1.5/1.1	2.3/1.8	2.0	KGLF11-300/75	54.2	364	
TD173/66-10	2500	6	279	600	96/95	6.4/6.5	1/0.8	1.2/1.1	2.1/1.8	5.0	KGLF11-400/90	82	297	
T3200-10/1730	3200	10	214	600	95.2/95	5.5/6.5	0.7/0.6	1.3/1.0	2.3/2.0	5.0	KGLF11-450/90	71	370	
TD118/36-12	400	6	46	500	94/93	6.1/6.5	1.4/1.0	1.2/1.0	2.1/1.8	0.53	KGLF11-300/75	53	158	
TD118/40-12	500	6	58	500	93.4/93	5.2/6.0	1/0.9	1.1/0.9	2.4/1.8	0.67	KGLF11-200/75	58	163	
TD143/49-12	1000	6	113	500	95/94.5	5.5/6.0	1/0.9	1.2/0.9	2.2/2.1	1.7	KGLF12-300/75	55.4	254	
TD173/39-12	1250	6	141	500	95.3/94.5	5.6/6.0	1.3/1.0	1.1/0.9	2.3/1.8	4.4	KGLF11-300/75	62.1	266	
T1600-12/1730	1600	6	179	500	95.6/95	5.3/6.0	1.2/1.1	1.1/0.9	2.1/1.8	4.4	KGLF11-400/75	69	245	
TD215/49-12	2500	6	282	500	95.2/95	6.8/7.0	1.6/1.3	1.3/1.0	2.3/2.0	11.5	KGLF11-400/90	86	349	
TD215/54-12	3200	6	360	500	96/95	6.4/7.0	1.5/1.2	1.2/1.0	2.1/2.0	12.0	KGLF11-400/110	94.5	364	
TD173/51-16	1250	6	142	375	95.5/95	6.1/6.5	1/0.9	1.35/1.1	2.35/2.0	4.46	KGLF11-400/110	79	226	
TD215/44-20	1600	6	182	300	95/94	4.8/5.0	0.85/0.75	1/0.9	2.1/2.0	9.0	KGLF11-300/110	89	236	
TD215/44-24	1250	6/3	143/286	250	94.7/94	5.2/6.0	1.1/0.9	1/0.9	2.2/2	9	KGLF11-300/90	78	260	

注：本表格内有分数线者，分子均表示计算值，分母均表示保证值。

(5) 外形及安装尺寸：TD 系列同步电动机外形及安装尺寸见图 2-31 和表 2-50。

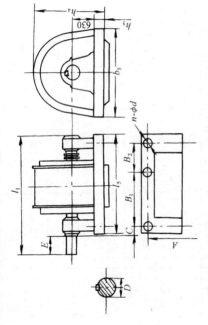

图 2-31　TD 系列同步电动机外形及安装尺寸

表 2-50　TD 系列同步电动机外形及安装尺寸 (mm)

型号	通风型式	A	B_1	B_2	C	D	E	n-ϕd	b_5	h_4	h_5	l_1	l_5	重量(kg)	备注
TD118/36-6	K	1400	1800		200	160	300	4-48	1620	1685	280	2480	2100	6420	
TD118/49-6	G	1500	2240		200	160	300	4-48	1740	1730	250	2920	2560	8150	
TD118/49-6	BG	1500	2000		200	160	300	4-48	1740	1730	250	2680	2320	7780	
TD118/74-6	G	1500	2500			法兰ϕ500		4-48	1740	1730	250	3222	2480	10350	
TD173/44-6	G	2500	1250	1550	250	200	350	6-48	2800	2150	320	3610	3160	17870	
T800-8/1180	K	1430	1690		200	150	250	4-42	1640	1655	250	2320	2010	6800	
T1000-8/1180	K	1400	1800		200	150	250	4-42	1640	1680	250	2430	2120	7800	
TD143/36-8	K	1750	1715			法兰ϕ500		4-42	1970	1855	300	2445	2105	9730	
T1600-8/1430	K	1700	2000		230	180	300	4-48	1980	1835	280	2740	2360	11070	
TD143/49-8	G	2160	1700	1000	230	180	300	6-48	2380	1910	280	3440	3040	12580	长轴,定子可移
TD143/54-8	BG	2080	1870		220	180	300	4-48	2380	1910	280	2570	2210	11660	

续表

型号	通风型式	A	B_1	B_2	C	D	E	$n-\phi d$	b_5	h_4	h_5	l_1	l_5	重量(kg)	备注
TD143/54-8	G	2080	2190		220	180	300	4-48	2380	1910	280	2890	2530	12260	
TD143/59-8	BG	2080	1910		220	180	300	4-42	2320	1910	280	2640	2270	12000	
TD143/59-8	G	2100	2500			法兰φ500		4-48	2320	1910	280	3310	2890	14000	
TD173/59-8	K	2240	2240			法兰φ500		4-48	2460	2075	320	3010	2630	17060	定子可移
TD173/64-8	G	2500	2100	1400	300	双法兰φ500		6-48	2800	2150	320	4700	3920	22890	$\cos\phi0.8$(超前)闭路循环空气冷却
TD215/120-8	G				300	300	500	10-56	3420	2490	360	4980	4220	50600	
TD118/40-8	K	1400	1600		200	140	500	4-48	1640	1655	250	2230	1920	6300	
T800-10/1180	K	1400	1800		200	160	300	4-48	1640	1655	250	2480	2120	7230	
TD143/40-10	K	1650	1550		220	160	300	4-42	1890	1805	280	2250	1875	8750	
TD143/63-10	K	1800	1800		230	180	300	4-48	2000	1875	320	2540	2160	11600	
TD173/66-10	K	2200	2240		250	220	350	4-48	2460	2075	320	3080	2640	18000	
T3200-10/1730	K	2240	1400	1100		法兰φ500		6-56	2460	2075	320	3340	2920	19800	
TD118/36-12	K	1400	1600		200	140	250	4-48	1640	1655	250	2230	1920	5600	
TD118/40-12	K	1400	1600		200	140	250	4-48	1640	1835	280	2230	1920	5730	
T630-12/1430	K	1800	1600		200	160	300	4-48	1990	1835	280	2280	1875	7560	
T800-12/1430	K	1800	1600		200	160	300	4-48	1990	1910	280	2280	2160	8500	
TD143/49-12	G	2160	2600		230	180	300	4-48	2380	2075	280	3340	2940	11836	长轴定子可移
TD173/39-12	K	2160	1800		250	200	350	4-56	2440	2075	320	2610	2140	11430	
T1600-12/1730	K	2160	1900		250	220	350	4-56	2460	2440	320	2740	2300	15400	
TD215/49-12	BG	3000	2000		270	250	400	4-56	3240	2440	360	2910	2400	23600	
TD215/54-12	BG	3000	2100		270	250	400	4-56	3240	2440	360	3010	2500	24880	
TD173/51-16	K	2160	1800		250	200	350	4-48	2440	2075	320	2610	2160	12150	
TD215/44-20	G	3000	2350		270	250	400	4-56	3240	2440	360	3260	2770	16340	
TD215/44-24	G	3000	2350		270	250	400	4-56	3240	2440	360	3260	2770	16440	

① 特殊尺寸 K:开启式 G:管道式 BG 半管道式。

2.1.19 YQT 系列中型 6kV 内反馈交流调速三相异步电动机

(1) 适用范围:YQT 系列中型 6kV 内反馈交流调速三相异步电动机配以调速装置后,具有恒转矩调速特性。适用于中、大型水泵、风机、压缩机等设备的节能调速;也适用于恒转矩负载的拖动,具有明显的节能、改进工艺、提高经济效益等效果。其使用环境条件:使用于海拔高程不超过 1000m;最大相对湿度 85%;环境温度不高于 +40℃,不低于 -10℃;无易燃和爆炸性气体;无导电尘埃及腐蚀金属或破坏绝缘的气体;室内通风良好;无剧烈震动与冲击的环境。系统中的各装置须配套使用。

(2) 型号意义说明

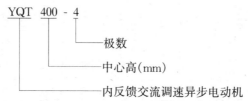

(3) 调速原理及系统构成:YQT 系列调速电动机,是在绕线式异步电动机回路中串联接入一个同频率的附加电势,即可实现电机调速。它改变了普通晶闸管串级调速将转差功率外馈电网的惯例,而将其回馈到电动机内部,故称内反馈交流调速。YQT 系列电动机的转子绕组接有不可控整流器 ZL,使转子电势 E_s 由转差频率整流成直流。有源逆变器 KL 的交流侧与 YQT 电动机的附加绕组相联,在其阀侧输出与整流极性相反的直流电压。转子整流电压与有源逆变器的阀侧输出电压反相叠加,一方面为转子回路反馈一同频率的附加电势;另一方面电动机的附加绕组吸收了转子的大部分转差功率,而工作在发电状态,使原绕组向电网吸收的有功功率减少,于是实现了调速、节电的目的。电动机与外配的变流柜、启动柜、补偿柜等构成调速系统见图 2-32。

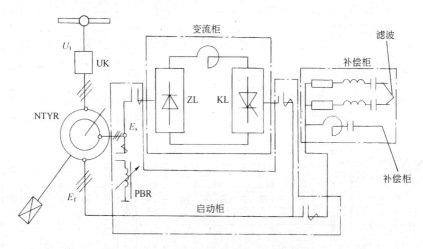

图 2-32 YQT 系列电动机电气原理图
UK—高压开关柜;PBR—启动用频敏变阻器;ZL—不可控整流器;KL—晶闸管有源逆变器

(4) 技术数据 YQT 系列内反馈交流调速三相异步电动机技术数据见表 2-51。

YQT系列反馈交流调速三相异步电动机技术数据

表 2-51

型号	额定值 功率(kW)	电压(V)	电流(A)	转速(r/min) 最高	最低	效率(%)	额定功率因数	最大转矩/额定转矩	转子 电压(V)	电流(A)	电阻(75℃)(Ω)	冷却风量(m³/s)	重量(kg)	生产厂
YQT400-4	200	6000	24	1476	528	92.26	0.868	2.03	324	392	0.00775	0.67	3000	
YQT400-4	220	6000	26.3	1476	529	92.6	0.868	2.06	348	400	0.00785	0.70	3000	
YQT400-4	250	6000	29.7	1476	531	92.84	0.872	1.96	375	423	0.00813	0.77	3200	
YQT400-4	280	6000	33.3	1477	529	93.19	0.869	1.99	406	435	0.00823	0.82	3300	
YQT450-4	315	6000	37.0	1490	598	93.16	0.881	2.32	437	451	0.00752	0.93	3300	
YQT450-4	355	6000	41.8	1481	600	93.3	0.875	2.37	477	465	0.00762	1.02	3400	
YQT450-4	400	6000	46.5	1478	601	93.35	0.881	2.02	498	528	0.00770	1.14	3500	
YQT450-4	450	6000	52.1	1479	601	93.64	0.888	2.02	526	538	0.00803	1.22	3700	
YQT450-4	500	6000	57.8	1480	601	93.88	0.887	2.10	584	536	0.00838	1.30	4200	
YQT500-4	560	6000	65.2	1486	598	99.04	0.881	1.99	524	611	0.00575	1.42	4500	
YQT500-4	630	6000	72.8	1484	600	94.27	0.883	2.01	583	677	0.00531	1.53	4900	
YQT500-4	710	6000	82.2	1485	598	94.48	0.879	2.10	655	474	0.00553	1.60	5300	
YQT500-4	800	6000	92.4	1487	600	94.7	0.880	2.22	750	660	0.00585	1.79	5900	
YQT560-4	900	6000	103.4	1487	598	94.58	0.883	2.13	750	746	0.00525	2.06	6300	
YQT560-4	1000	6000	115.9	1489	600	94.81	0.875	2.41	874	704	0.00556	2.19	7000	兰州电机厂
YQT560-4	1120	6000	127.4	1487	601	95.14	0.889	2.03	877	793	0.00568	2.29	7500	
YQT560-4	1250	6000	143.7	1489	600	95.23	0.879	2.41	1050	729	0.00604	2.50	8300	
YQT630-4	1400	6000	160.1	1488	834	95.39	0.882	1.86	1290	678	0.00901	2.71	9200	
YQT630-4	1600	6000	182.6	1488	835	95.51	0.883	1.82	1421	704	0.00945	3.01	9500	
YQT630-4	1800	6000	205.3	1489	834	95.65	0.882	1.86	1578	711	0.00985	3.27	10900	
YQT450-6	200	6000	25.5	985	527	92.29	0.817	1.97	296	427	0.00623	0.67	3100	
YQT450-6	220	6000	28.1	985	528	92.32	0.817	1.99	318	438	0.00631	0.73	3100	
YQT450-6	250	6000	31.4	985	529	92.89	0.824	1.88	343	461	0.00654	0.76	3400	
YQT450-6	280	6000	35.3	985	528	92.82	0.822	1.89	371	476	0.00668	0.87	3500	
YQT450-6	315	6000	39.5	986	529	93.08	0.824	1.87	405	490	0.00694	0.94	3800	
YQT450-6	355	6000	44.4	986	529	93.35	0.823	1.88	446	500	0.00721	1.01	4100	
YQT500-6	400	6000	49.1	987	529	93.82	0.836	1.81	447	564	0.00604	1.05	4800	
YQT500-6	450	6000	54.7	987	531	94.05	0.841	1.80	497	569	0.00640	1.14	5400	
YQT500-6	500	6000	60.5	988	531	94.27	0.844	1.85	560	559	0.00683	1.22	6000	
YQT500-6	560	6000	67.9	990	531	94.49	0.84	1.98	640	544	0.00721	1.31	6600	
YQT560-6	630	6000	76.3	990	531	94.32	0.843	2.01	639	613	0.00588	1.52	6800	
YQT560-6	710	6000	85.9	991	532	94.40	0.843	2.15	747	588	0.00635	1.68	7200	
YQT560-6	800	6000	96.2	990	532	94.52	0.847	1.91	747	667	0.00625	1.85	7500	

续表

型 号	额定值					效率(%)	额定功率因数	最大转矩/额定转矩	转子			冷却风量(m^3/s)	重量(kg)	生产厂
	功率(kW)	电压(V)	电流(A)	转速(r/min)					电压(V)	电流(A)	电阻(75℃)(Ω)			
				最高	最低									
YQT630-6	900	6000	105.6	990	435	94.82	0.865	2.13	1238	452	0.01565	1.97	8100	兰州电机厂
YQT630-6	1000	6000	118.6	992	434	95.00	0.854	2.47	1484	414	0.01690	2.11	9100	
YQT630-6	1120	6000	131.7	991	434	95.13	0.86	2.19	1484	467	0.01677	2.29	9300	
YQT450-8	200	6000	27.1	739	394	91.91	0.773	2.01	475	266	0.01474	0.7	3600	
YQT450-8	220	6000	29.5	738	394	92.11	0.780	1.82	474	295	0.01456	0.75	3600	
YQT450-8	250	6000	33.6	740	394	92.43	0.776	1.95	554	284	0.05171	0.82	4100	
YQT450-8	280	6000	37.1	738	394	92.64	0.783	1.80	553	321	0.01551	0.89	4100	
YQT500-8	315	6000	41.2	741	395	93.13	0.791	1.97	605	327	0.01360	0.93	5200	
YQT500-8	355	6000	45.7	741	396	93.56	0.799	1.90	667	334	0.01454	0.98	5900	
YQT500-8	400	6000	51.3	741	396	93.87	0.799	1.91	741	338	0.01538	1.05	6500	
YQT560-8	450	6000	57.6	741	440	93.82	0.802	1.91	763	370	0.01519	1.19	5500	
YQT560-8	500	6000	63.6	741	441	94.03	0.805	1.93	850	369	0.01616	1.27	6000	
YQT560-8	560	6000	71.2	742	442	94.21	0.804	2.00	957	365	0.01715	1.38	6700	
YQT560-8	630	6000	79.5	742	442	94.33	0.808	2.01	1095	358	0.01901	1.51	7700	
YQT630-8	710	6000	88.7	742	443	94.71	0.813	2.11	1099	400	0.01744	1.59	8200	
YQT630-8	800	6000	99.6	743	443	94.85	0.815	2.21	1284	384	0.01930	1.74	9600	
YQT630-8	900	6000	111.0	742	443	94.92	0.822	1.95	1284	436	0.01916	1.93	9800	

(5) 外形及安装尺寸：YQT系列内反馈交流调速三相异步电动机外形及安装尺寸见图2-33和表2-52。

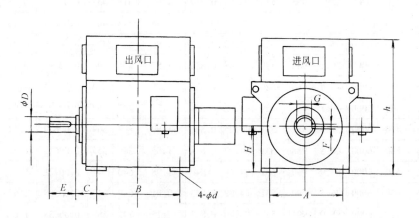

图2-33　YQT系列内反馈交流调速三相异步电动机外形尺寸

2.1 交流电动机

YQT系列内反馈交流调速三相异步电动机安装尺寸　　　　表 2-52

机座号	极数	安装尺寸 (mm)									
		A	B	C	φD	E	F	G	H	φd	h①
400	4~8	710	1000	335	110	210	28	100	400	35	2300
450	4	800	1120	355	120	210	32	109	450	35	2300
	6~8				130			119			
500	4	900	1250	475		250	36	128	500	42	2400
	6~8				140						
560	4	1000	1400	500	150	300	40	138	560	42	2400
	6~8				160			147			
630	4	1120	1600	530	170	300	40	157	630	48	2500
	6~8				180		45	165			

① h 为最大尺寸。

2.1.20 YDT系列风机、泵用变极多速三相异步电动机

(1) 适用范围：YDT系列风机、泵用变极多速三相异步电动机是用于驱动风机、泵类负载的专用电动机，特别适合于负载精度要求不高，但随生产过程或温度的变化而频繁调节流量的各类风机、水泵。它广泛用于冶金化工、医药、建筑、矿山及民用设施等部门。

(2) 型号意义说明：

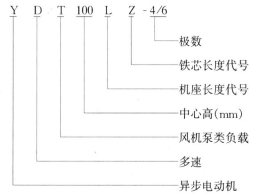

```
Y  D  T  100  L  Z - 4/6
                        │── 极数
                    │────── 铁芯长度代号
                │────────── 机座长度代号
          │──────────────── 中心高(mm)
       │─────────────────── 风机泵类负载
    │────────────────────── 多速
 │───────────────────────── 异步电动机
```

(3) 结构：YDT系列电动机有三种基本结构型式：B_3、B_5、B_{35}。常用的安装结构型式及适用机座号见表 2-53。

常用的安装结构型式及适用机座号　　　　表 2-53

机座号	基本安装结构			派生的安装型式								
				采用 B_5 型		采用 B_3 型					采用 B_{35} 型	
	B_2	B_5	B_{35}	V_1	V_3	V_5	V_6	B_8	B_6	B_7	V_{15}	V_{36}
YDT80~160	√	√	√	√	√	√	√	√	√	√		√
YDT180~225	√	√	√	√	—	—	—	—	—	—		
YDT250~315	√	—	√	√								

(4) 技术数据：YDT系列变极多速三相异步电动机技术数据见表 2-54。

YDT变极多速三相异步电动机技术数据　　表 2-54

型号	极数	额定数据 功率(kW)	额定数据 电压(V)	额定数据 电流(A)	额定数据 转速(r/min)	堵转电流/额定电流	堵转转矩/额定转矩	最大转矩/额定转矩	净重(kg)	生产厂
YDT801	2	0.75	380	1.93	2850	7.5	2.0	1.8	16	大连、昆明、山西、西安、湛江电机厂
YDT801	4	0.17	380	0.67	1420	5.5	1.4	1.8	16	
YDT802	2	0.95	380	2.41	2870	7.5	2.0	1.8	17	
YDT802	4	0.25	380	0.89	1420	5.5	1.4	1.8	17	
YDT90S	2	1.4	380	3.5	2820	7.5	2.0	1.8	22	
YDT90S	4	0.3	380	0.87	1440	5.5	1.4	1.8	22	
YDT90L	2	1.9	380	4.36	2830	7.5	2.0	1.8	27	
YDT90L	4	0.4	380	1.13	1440	5.5	1.4	1.8	27	
YDT100L1	2	2.5	380	5.3	2890	7.5	2.0	1.8	33	
YDT100L1	4	0.65	380	1.85	1430	5.5	1.4	1.8	33	
YDT100L2	2	3.1	380	6.6	2900	7.5	2.0	1.8	38	
YDT100L2	4	0.8	380	2.22	1430	5.5	1.4	1.8	38	
YDT112M	2	4.4	380	9.3	2880	7.5	2.0	1.8	43	
YDT112M	4	1.1	380	2.8	1440	5.5	1.4	1.8	43	
YDT132S	2	5.9	380	11.9	2920	7.5	1.9	1.8	68	
YDT132S	4	1.4	380	3.6	1460	5.5	1.3	1.8	68	
YDT132M	2	8	380	15.7	2920	7.5	1.9	1.8	81	
YDT132M	4	2	380	4.75	1460	5.5	1.3	1.8	81	
YDT160M	2	12.5	380	24.3	2930	7.5	1.9	1.8	122	
YDT160M	4	2.8	380	6.7	1470	5.5	1.3	1.8	122	
YDT160L	2	16.5	380	31.7	2940	7.5	1.9	1.8	147	
YDT160L	4	3.8	380	8.8	1470	5.5	1.3	1.8	147	
YDT90S	4	1.1	380	2.94	1410	7.0	1.8	1.8	23	
YDT90S	6	0.32	380	1.12	940	6.0	1.6	1.8	23	
YDT90L	4	1.4	380	3.5	1410	7.0	1.8	1.8	25	
YDT90L	6	0.45	380	1.48	940	6.0	1.6	1.8	25	
YDT100L1	4	2.2	380	5.29	1440	7.0	1.8	1.8	35	
YDT100L1	6	0.7	380	2.2	950	6.0	1.6	1.8	35	
YDT100L2	4	2.5	380	6.0	1440	7.0	1.8	1.8	38	
YDT100L2	6	0.9	380	2.76	950	6.0	1.6	1.8	38	
YDT112M	4	3.2	380	7.23	1445	7.0	1.8	1.8	43	
YDT112M	6	1.1	380	3.15	960	6.0	1.6	1.8	43	
YDT132S	4	4.7	380	10.2	1445	7.0	1.8	1.8	68	
YDT132S	6	1.5	380	4.1	975	6.0	1.6	1.8	68	

续表

型　号	极数	额定数据				堵转电流 额定电流	堵转转矩 额定转矩	最大转矩 额定转矩	净重 (kg)	生产厂
		功率 (kW)	电压 (V)	电流 (A)	转速 (r/min)					
YDT132M	4	6.7	380	14.1	1455	7.0	1.8	1.8	81	大连、昆明、山西、西安、湛江电机厂
	6	2.2		5.8	975	6.0	1.6			
YDT160M	4	9.5	380	19.8	1465	7.5	1.8	1.8	123	
	6	3.1		8.2	980	7.0	1.6			
YDT160L	4	12	380	24.7	1465	7.5	1.8	1.8	144	
	6	4		10.6	980	7.0	1.6			
YDT180M	4	15.5	380	32.2	1465	7.5	1.5	1.8	186	
	6	5.1		13.3	980	7.0				
YDT180L	4	18.5	380	38	1460	7.5	1.5	1.8	195	
	6	6.2		15.7	980	7.0				
YDT200L	4	26	380	52.8	1470	7.5	1.5	1.8	276	
	6	8.7		20.7	985	7.0				
YDT225S	4	33	380	65.5	1475	7.5	1.5	1.8	330	
	6	11		23.7	985	7.0				
YDT225M	4	39	380	76.6	1475	7.5	1.5	1.8	362	
	6	13		27.3	985	7.0				
YDT250M	4	47	380	89.2	1480	7.5	1.5	1.8	427	
	6	15		30.8	990	7.0				
YDT280S	4	55	380	105.5	1485	7.5	1.5	1.8	566	
	6	18.5		38.5	990	7.0				
YDT280M1	4	70	380	132.8	1485	7.5	1.5	1.8	614	
	6	25		50.2	990	7.0				
YDT280M2	4	84	380	159.4	1485	7.5	1.5	1.8	682	
	6	28		56.2	990	7.0				
YDT315S	4	95	380	184.4	1490	7.5	1.5	1.8	1000	
	6	32		69.2	990	7.0				
YDT315M	4	115	380	220.8	1490	7.5	1.5	1.8	1100	
	6	38		82.2	990	7.0				
YDT315L1	4	135	380	259.2	1490	7.5	1.5	1.8	1160	
	6	45		95	990	7.0				
YDT315L2	4	160	380	304	1490	7.5	1.5	1.8	1270	
	6	55		114.8	990	7.0				
YDT90S	4	1.0	380	2.54	1405	7.5	1.9	1.8	23	
	8	0.22		0.95	675	5.0	1.5			

续表

型号	极数	额定数据				堵转电流/额定电流	堵转转矩/额定转矩	最大转矩/额定转矩	净重(kg)	生产厂
		功率(kW)	电压(V)	电流(A)	转速(r/min)					
YDT90L	4	1.3	380	3.2	1405	7.5	1.9	1.8	25	大连、昆明、山西、西安、湛江电机厂
	8	0.3		1.21	675	5.0	1.5			
YDT100L1	4	2.0	380	4.75	1440	7.5	1.9	1.8	35	
	8	0.55		2.1	695	5.0	1.5			
YDT100L2	4	2.4	380	5.63	1440	7.5	1.9	1.8	38	
	8	0.65		2.45	695	5.0	1.5			
YDT112M	4	3.2	380	7.5	1450	7.5	1.9	1.8	48	
	8	0.9		3.26	710	5.0	1.5			
YDT132S	4	4.5	380	9.92	1460	7.5	2.0	1.8	68	
	8	1.1		3.78	725	5.0	1.2			
YDT132M	4	6.3	380	13.6	1460	7.5	2.0	1.8	81	
	8	1.5		4.95	725	5.0	1.2			
YDT160M	4	8.9	380	18.7	1450	7.5	2.0	1.8	119	
	8	2.0		5.53	730	5.0	1.2			
YDT160L	4	12	380	24.7	1450	7.5	2.0	1.8	145	
	8	2.7		7.29	730	5.0	1.2			
YDT180M	4	16	380	32.5	1450	7.5	2.0	1.8	192	
	8	4		11.1	730	5.0	1.2			
YDT180L	4	19.5	380	39.2	1475	7.5	2.0	1.8	208	
	8	5		13.5	740	5.0	1.2			
YDT200L	4	29	380	57.6	1480	7.5	2.0	1.8	296	
	8	7.5		19.8	740	5.0	1.2			
YDT225M	4	40	380	75.9	1485	7.5	2.0	1.8	330	
	8	9.5		25.6	740	5.0	1.3			
YDT250M	4	52	380	99.8	1485	7.5	2.0	1.8	450	
	8	14.5		37.9	740	5.0	1.3			
YDT280S	4	65	380	124.7	1490	7.5	2.0	1.8	585	
	8	17		42.7	745	5.0	1.3			
YDT280M	4	75	380	142.3	1490	7.5	2.0	1.8	667	
	8	18.5		44.6	745	5.0	1.3			
YDT315S	4	92	380	178.6	1490	7.5	2.0	1.8	1000	
	8	25		60.3	745	5.0	1.3			
YDT315M	4	110	380	211.2	1490	7.5	2.0	1.8	1100	
	8	30		71.6	745	5.0	1.3			

续表

型号	极数	额定数据				堵转电流/额定电流	堵转转矩/额定转矩	最大转矩/额定转矩	净重 (kg)	生产厂
		功率 (kW)	电压 (V)	电流 (A)	转速 (r/min)					
YDT315L1	4	135	380	256.3	1490	7.5	2.0	1.8	1160	大连、昆明、山西、西安、湛江电机厂
	8	36		85.9	745	5.0	1.3			
YDT315L2	4	155	380	294.2	1490	7.5	2.0	1.8	1270	
	8	41		96.4	745	5.0	1.3			
YDT90S	6	0.65	380	2.41	930	7	1.8	1.8	23	
	8	0.25		1.26	680	6	1.6			
YDT90L	6	0.8	380	2.93	940	7	1.8	1.8	26	
	8	0.35		1.64	680	6	1.6			
YDT100L1	6	1.3	380	4.22	955	7	1.8	1.8	35	
	8	0.55		2.32	710	6	1.6			
YDT100L2	6	1.6	380	4.9	955	7	1.8	1.8	38	
	8	0.75		2.93	710	6	1.6			
YDT112M	6	2.2	380	6.2	955	7	1.8	1.8	48	
	8	0.9		3.4	710	6	1.6			
YDT132S	6	2.6	380	7.0	970	7	1.8	1.8	63	
	8	1.2		4.16	725	6	1.6			
YDT132M1	6	3.3	380	8.25	970	7	1.8	1.8	73	
	8	1.6		5.33	725	6	1.6			
YDT132M2	6	4.5	380	11.1	970	7	1.8	1.8	84	
	8	2.2		7.23	730	6	1.6			
YDT160M	6	6.5	380	15.3	975	7	1.8	1.8	119	
	8	3.2		9.84	730	6	1.6			
YDT160L	6	9	380	20.7	975	7	1.8	1.8	147	
	8	4.5		13.4	735	6	1.6			
YDT180L	6	13	380	29.8	975	7	1.5	1.8	195	
	8	6.5		18.8	735	6				
YDT200L1	6	17	380	37.1	980	7	1.5	1.8	250	
	8	8.5		23.9	740	6				
YDT200L2	6	22	380	47.5	980	7	1.5	1.8	300	
	8	11		29.6	740	6				
YDT225M	6	30	380	61.7	985	7	1.5	1.8	330	
	8	15		33.6	740	6				
YDT250M	6	37	380	72.6	985	7	1.5	1.8	450	
	8	18		38.8	740	6				

续表

型号	极数	额定数据				堵转电流/额定电流	堵转转矩/额定转矩	最大转矩/额定转矩	净重 (kg)	生产厂
		功率 (kW)	电压 (V)	电流 (A)	转速 (r/min)					
YDT280S	6	45	380	88.3	990	7	1.5	1.8	568	大连、昆明、山西、西安、湛江电机厂
	8	22		46.9	740	6				
YDT280M1	6	55	380	112	990	7	1.5	1.8	588	
	8	28		59	740	6				
YDT280M2	6	65	380	132.4	990	7	1.5	1.8	682	
	8	32		67.4	740	6				
YDT315S	6	75	380	149	990	7	1.5	1.8	990	
	8	37		80.1	740	6				
YDT315M	6	90	380	174.9	990	7	1.5	1.8	1080	
	8	45		93.9	740	6				
YDT315L1	6	110	380	213.7	990	7	1.5	1.8	1150	
	8	55		117.7	740	6				
YDT315L2	6	132	380	256.5	990	7	1.5	1.8	1210	
	8	66		141.3	740	6				
YDT112M	4	2.3	380	6.1	1460	7.5	2	1.8	43	
	6	0.8		3.28	960	6.5	1.7			
	8	0.6		2.82	720	4	1.3			
YDT132S	4	3.1	380	7.36	1465	7.5	2	1.8	68	
	6	1.1		3.92	975	6.5	1.7			
	8	0.8		3.14	730	4	1.3			
YDT132M	4	4.5	380	10	1465	7.5	2	1.8	81	
	6	1.5		4.74	975	6.5	1.7			
	8	1.1		4.1	730	4	1.3			
YDT160M	4	7.5	380	16.5	1465	7.5	1.8	1.8	119	
	6	2.6		7.46	990	6.5	1.6			
	8	1.5		4.97	730	4	0.95			
YDT160L	4	10.2	380	21.2	1465	7.5	1.8	1.8	147	
	6	3.5		9.65	990	6.5	1.6			
	8	2		6.25	730	4	0.95			
YDT180M	4	13	380	25.5	1465	8	1.8	1.8	195	
	6	4.5		10.7	990	7.5	1.6			
	8	2.6		7.84	730	5.5	0.95			
YDT180L	4	16	380	31	1470	8	1.8	1.8	215	
	6	6		13.9	990	7.5	1.6			
	8	3.3		9.8	730	5.5	0.95			

续表

型号	极数	额定数据 功率(kW)	额定数据 电压(V)	额定数据 电流(A)	额定数据 转速(r/min)	堵转电流/额定电流	堵转转矩/额定转矩	最大转矩/额定转矩	净重(kg)	生产厂
YDT200L	4	22	380	42.7	1470	8	1.8	1.8	265	大连、昆明、山西、西安、湛江电机厂
YDT200L	6	8	380	18.1	990	7.5	1.6	1.8	265	
YDT200L	8	4.5	380	13.4	730	5.5	0.95	1.8	265	
YDT225S	4	28	380	54.3	1475	8	1.8	1.8	297	
YDT225S	6	10	380	21.5	990	7.5	1.7	1.8	297	
YDT225S	8	5.5	380	14	735	5.5	1.1	1.8	297	
YDT225M	4	34	380	64.5	1475	8	1.8	1.8	335	
YDT225M	6	12	380	25.5	990	7.5	1.7	1.8	335	
YDT225M	8	7.5	380	17.7	735	5.5	1.1	1.8	335	
YDT250M	4	44	380	80.7	1480	8	1.8	1.8	454	
YDT250M	6	15.5	380	32.6	990	7.5	1.7	1.8	454	
YDT250M	8	10	380	23	740	5.5	1.1	1.8	454	
YDT280S	4	55	380	100.9	1485	8	1.8	1.8	588	
YDT280S	6	18	380	37.9	990	7.5	1.7	1.8	588	
YDT280S	8	12	380	28	740	5.5	1.1	1.8	588	
YDT280M	4	66	380	119.8	1485	8	1.8	1.8	682	
YDT280M	6	21	380	43.1	990	7.5	1.7	1.8	682	
YDT280M	8	15	380	33.7	740	5.5	1.1	1.8	682	
YDT315S	4	75	380	139.1	1485	8	1.8	1.8	990	
YDT315S	6	27	380	56.1	990	7.5	1.4	1.8	990	
YDT315S	8	19	380	44.4	740	5.5	1.3	1.8	990	
YDT315M	4	90	380	165.1	1485	8	1.8	1.8	1080	
YDT315M	6	32	380	65.8	990	7.5	1.4	1.8	1080	
YDT315M	8	22	380	51.6	740	5.5	1.3	1.8	1080	
YDT315L1	4	115	380	211	1485	8	1.8	1.8	1150	
YDT315L1	6	40	380	81.3	990	7.5	1.4	1.8	1150	
YDT315L1	8	28	380	63.9	740	5.5	1.3	1.8	1150	
YDT315L2	4	140	380	256.9	1485	8	1.8	1.8	1210	
YDT315L2	6	51	380	103.7	990	7.5	1.4	1.8	1210	
YDT315L2	8	35	380	81.2	740	5.5	1.3	1.8	1210	

(5) 外形及安装尺寸：

1) YDT系列变极多速三相异步电动机外形及安装尺寸（B_3型）见图2-34、35和表2-55。

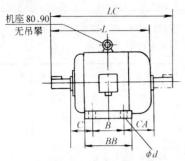
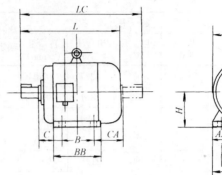

图 2-34 YDT80~132 电动机外形及安装尺寸（B₃ 型）

图 2-35 YDT160~315 电动机外形及安装尺寸（B₃ 型）

YDT 系列变极多速三相异步电动机外形及安装尺寸（B₃ 型）(mm)　　表 2-55

机座号	A	AA	AB	AC	AD	B	BB	C	CA	H	HC	HD	φd	L	LC
80	125	37	165	165	150	100	135	50	100	80	170	—	10	285	332
90S	140	37	180	175	155	100	135	56	110	90	190	—	10	310	368
90L	140		180	175	155	125	160	56	110	90	190		10	335	393
100L	160	42	205	205	180		180	63	120	100		245	12	380	445
112M	190	52	245	230	190	140	185	70	131	112		265	12	400	463
132S	216	63	280	270	210		205	89	168	132		315	12	475	559
132M	216	63	280	270	210	178	243	89	168	132		315	12	515	597
160M	254		330	325	255	210	275	108	177	160		385	15	600	717
160L	254		330	325	255	254	320	108	177	160		385	15	645	761
180M	279	73	355	360	285	241	315	121	199	180		430	15	670	783
180L	279		355	360	285	279	353	121	199	180		430	15	710	821
200L	318		395	400	310	305	378	133	221	200	—	475	19	775	881
225S	356	83	435	450	345	286	382	149	247	225		530	19	820	934
225M	356	83	435	450	345	311	407	149	247	225		530	19	845	959
250M	406	88	490	495	385	349	458	168	267	250		575	24	930	1036
280S	457	93	550	555	410	368	535	190	307	280		640	24	1000	1147
280M	457	93	550	555	410	419	586	190	307	280		640	24	1050	1198
315S	508	120	640	645	576	406	610	216	398	315		865	28	1220	1362
315M	508	120	640	645	576	457	660	216	402	315		865	28	1270	1417
315L	508	120	640	645	576	508	740	216	440	315		865	28	1340	1510

注：第二轴伸肩到风罩距离约 8mm，表中 L、LC 等外形尺寸为最大值。

2) YDT 系列变极多速三相异步电动机外形及安装尺寸（B₅ 型）见图 2-36~39 和表 2-56。

2.1 交流电动机

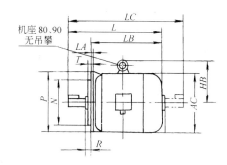 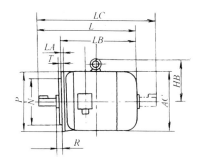

图 2-36 YDT80~132 电动机外形及安装尺寸(B_5 型)　　图 2-37 YDT160~225 电动机外形及安装尺寸(B_5 型)

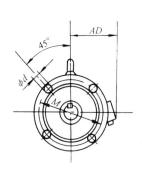 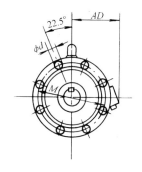

图 2-38 YDT80~200 电动机外形及安装尺寸(B_5 型)　　图 2-39 YDT225 电动机外形及安装尺寸(B_5 型)

YDT 系列电动机外形及安装尺寸(B_5 型)(mm)　　表 2-56

机座号	AC	AD	HB	L	LA	LB	LC	M	N	P	R	φd	T
80	165	150	—	285		245	332						
90S	175	155	—	310	13	260	368	165	130j6	200		4-12	3.5
90L			—	335		285	393						
100L	205	180	145	380	15	320	445	215	180j6	250			
112M	230	190	160	400		340	463					4-15	4
132S	270	210	178	475	16	395	559	265	230j6	300			
132M				515		435	597				0		
160M	325	255	215	600	18	490	717						
160L				645		535	761	300	250j6	350		4-19	
180M	360	285	250	670	20	560	783						5
180L				710		600	821						
200L	400	310	280	775		665	881	350	300js6	400			
225S	450	345	298	820	22	680	934	400	350js6	450		8-19	
225M				845		705	959						

注：第二轴伸肩到风罩距离约 8mm，表中 L、LC 等外形尺寸为最大值。

3) YDT 系列变极多速三相异步电动机外形及安装尺寸(B_{35} 型)见图 2-40-43 和表 2-57。

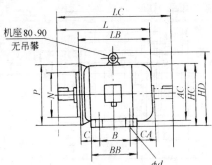

图 2-40 YDT80~132 电动机外形
及安装尺寸（B_{35} 型）

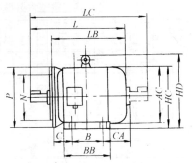

图 2-41 YDT160~315 电动机外形
及安装尺寸（B_{35} 型）

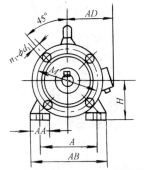

图 2-42 YDT80~200 电动机外形
及安装尺寸（B_{35} 型）

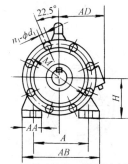

图 2-43 YDT225~315 电动机外形
及安装尺寸（B_{35} 型）

YDT 系列电动机外形及安装尺寸（B_{35} 型）(mm)　　　　表 2-57

机座号	A	AA	AB	AC	AD	B	BB	C	CA	H	HC	HD	ϕd	L	LC	LB	M	N	P	$n_1\text{-}\phi d_1$
80	125		165	165	150	100	135	50	100	80	170			285	332	245				
90S	140	37	180	175	155			56	110	90	190	—	10	310	368	260	165	130j6	200	4-12
90L						125	160							335	393	285				
100L	160	42	205	205	180	140	180	63	120	100		245		380	445	320	215	180j6	250	
112M	190	52	245	230	190		185	70	131	112		265	12	400	463	340				4-15
132S	216	63	280	270	210	178	205	89	168	132		315		475	559	395	265	230j6	300	
132M							243							515	597	435				
160M	254		330	325	255	210	275	108	177	160		385		600	717	490	300	250j6	350	
160L						254	320						15	645	761	535				4-19
180M	279	73	355	360	285	241	315	121	199	180		430		670	783	560				
180L						279	353							710	821	600				
200L	318		395	400	310	305	378	133	221	200	—	475		775	881	665	350	300js6	400	
225S	356	83	435	450	345	286	382	149	247	225		530	19	820	934	680	400	350js6	450	
225M						311	407							845	959	705				
250M	406	88	490	495	385	349	458	168	267	250		575		930	1036	790				8-19
280S	457	93	550	555	410	368	535	190	307	280		640	24	1000	1147	860	500	450js6	550	
280M						419	586							1050	1198	910				
315S						406	610		398					1220	1362	1060				
315M	508	120	640	660	576	457	660	216	402	315		865	28	1270	1417	1080	600	550js6	660	8-24
315L						457	660		402					1340	1510	1170				

注：第二轴伸肩到风罩距离约 8mm，表中 L、LC 等外形尺寸为最大值。

4) YDT 系列变极多速三相异步电动机外形及安装尺寸（V_1 型）见图 2-44、45 和表 2-58。

2.1 交流电动机

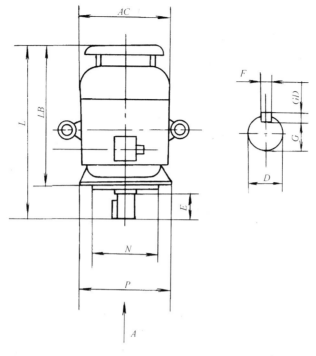

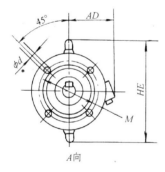

图 2-44 YDT180～200 电动机外形及安装尺寸(V_1 型)

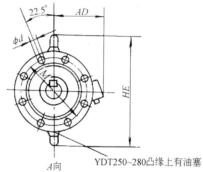

YDT250～280凸缘上有油塞

图 2-45 YDT225～315 电动机外形及安装尺寸(V_1 型)

YDT 系列电动机外形及安装尺寸(V_1 型)(mm) 表 2-58

机座号	AC	AD	L	LB	D	E	F	G	GD	HE	M	N	P	φd
180M	360	285	730	620	48k6	110	14	42.5	9	500	300	250j6	350	4-19
180L			770	660										
200L	400	310	850	740	55m6		16	49	10	550	350	300jS6	400	
225S	450	345	910	770	60m6	140	18	53	11	610	400	350jS6	450	8-19
225M			935	795										
250M	495	385	1035	895	65m6			58		650				
280S	555	410	1120	980	75m6		20	67.5	12	720	500	450jS6	550	
280M			1170	1130										
315S	645	576	1340	1170	80m6	170	22	71	14	900	600	550jS6	600	8-24
315M			1390	1220										
315L			1480	1310										

2.1.21 JZS₂、JZS₂G 系列交流换向器变速电动机

(1) 适用范围：JZS₂、JZS₂G 系列交流换向器变速电动机具有恒转矩特性，能在规定的转速范围内作均匀的连续无级调速。JZS₂ 系列电动机调速范围通常为 3∶1，必要时可以制成 20∶1。JZS₂G 系列电动机为广调速变速电动机，调速范围为 100∶1。JZS₂ 系列电动机转速调节机构一般均为手轮操作。JZS₂G 系列电动机转速调节机构一般都为遥控和手轮操作。

(2) 型号意义说明：

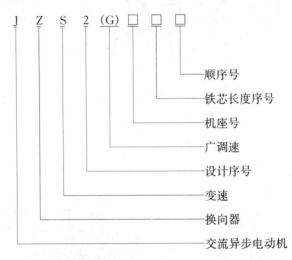

(3) 结构：JZS₂、JZS₂G 系列交流换向器变速电动机由定子、转子、调节机构三部分组成。为防护式，机座带底脚，端盖上无凸缘的卧式结构，平卧安装。8 号机座以下的电动机在任一方向都可运转，但不宜作频繁的正反方向运转。对 9 号机座及以上的电动机只能按规定的旋转方向运转，即面对轴伸端为逆时针方向。JZS₂G 系列电动机可以在任何旋转方向下运行。

(4) 技术数据：JZS₂、JZS₂G 系列交流换向器变速电动机额定电压为 380V、额定频率为 50Hz。技术数据见表 2-59、60。

JZS₂G 系列广调速变速电动机技术数据　　　　表 2-59

型　号	额定功率 (kW)	额定转速范围 (r/min)	启动电流 最大额定电流 (低速时不大于)	最高额定转速下满载时				鼓风电动机功率(kW)	重量 (kg)	生产厂
				额定电流 (A)	效率 (%)	功率因数				
JZS₂G-51-1	3~0.03	1760~18	1.5	8	63	0.90		0.18	270	上海先锋电机厂
51-2	5~0.05	2600~26	1.5	11.7	70	0.92		0.18	280	
61	10~0.10	1760~18	1.5	21.5	75	0.94		0.18	400	
71	17~0.17	1760~18	1.5	34.8	78	0.95		0.18	450	
81	35~0.35	1700~17	1.5	70	79	0.96		0.37	840	
91	50~0.50	1350~13	1.5	98.7	80	0.96		1.1	1300	
10	75~0.75	1200~12	1.5	146.2	81	0.96		1.1	1700	
11	100~1.0	1200~12	1.5	187	81	0.96		1.1	2000	

2.1 交流电动机

表 2-60 JZS₂ 系列变速电动机技术数据

型号	额定功率(kW)	额定转速范围(r/min) 速比3:1	额定转速范围(r/min) 速比大于3:1	启动电流 最大额定电流(低速时)不大于	启动转矩 额定转矩(低速时)不小于	最大转矩 额定转矩(不小于) 低速时	最大转矩 额定转矩(不小于) 高速时	额定电流(A)	满载时 效率 %	满载时 功率因数	鼓风电机功率(kW)	重量(kg)	生产厂
JZS₂-51-1	*3/1	1410~470	2650~0	3	1.5	1.5	2.2	7.1~5.5	70~55	0.92~0.50	—	230	上海先锋电机
51-2	4/0			1.5	—	—	2.2	9.9~	65~	0.94~	0.18	275	
JZS₂-52-1	5/1.67	1410~470	2200~500	3	1.5	1.5	2.2	11.1~8	74~60	0.92~0.53	—	260	
52-2	*7/1.7	1410~470	2650~0	3	1.5	1.5	2.2	15.5~9.4	72~50	0.95~0.55	0.18	300	
52-3	7.5/0			1.5	—	—	2.2	17.1~	70~	0.95~	0.18	300	
JZS₂-61-1	10/3.3	1410~470	2200~500	3	1.5	1.5	2.2	20.9~15.2	77~62	0.94~0.53	0.18	350	
61-2	*12/3			3	1.5	1.5	2.2	26~18.4	75~45	0.94~0.55	0.18	380	
61-3	15/5	1410~470	2400~400	3	1.5	1.5	2.2	31~23.1	78~63	0.95~0.52	0.18	400	
62-1	24/4			3	1.5	1.5	2.2	49~33.4	79~52	0.95~0.35	0.18	450	
JZS₂-71-1	17/0	1410~470	1800~0	1.5	—	—	2.2	35~	78~	0.95~	0.18	450	
71-2	22/7.3			3	1.5	1.5	2.2	41~29.8	84~70	0.97~0.53	0.18	500	
JZS₂-8-1	30/10	1410~470	1600~160	3	1.5	1.5	2.2	57~42	83~70	0.97~0.52	0.37	750	
8-2	40/4			3	1.5	1.5	2.2	79~36	80~42	0.96~0.40	0.37	840	
8-3	40/13.3			3	1.5	1.5	2.2	74~52	85~72	0.97~0.54	0.37	840	
JZS₂-9-1	55/18.3	1050~350	1200~120	3	1.3	1.3	2.0	108~65	80~65	0.96~0.66	1.1	1120	
9-2	60/6			3	1.3	1.3	2.0	119~56	78~36	0.98~0.45	1.1	1300	
9-3	75/25			3	1.3	1.3	2.0	142~81	81~70	0.99~0.66	1.1	1300	
JZS₂-10-1	100/33.3	1050~350	1200~200	3	1.3	1.3	2.0	195~111	81~65	0.96~0.70	1.1	1650	
10-2	100/16.7			3	1.3	1.3	2.0	193~92	80~50	0.98~0.55	1.1	1700	
10-3	125/41.7	1050~350		3	1.3	1.3	2.0	238~126	82~70	0.97~0.72	1.1	1700	
JZS₂-11-1	160/53.3	1050~350		3	1.1	1.1	1.4	288~15	85~75	0.99~0.69	1.1	2000	

注：有 * 记号的规格可接受制动器订货。

(5) 变速电动机控制原理：变速电动机控制原理图见图 2-46。电动机在最低速度的电刷位置下，限位开关 XC_1 接通。所以只有在鼓风机工作后，操作按钮 2QA 才能接通接触器 2C，以确保变速电动机在最低转速位置和有通风的情况下启动。操作按钮 3QA 或 4QA 控制遥控电动机来移动变速电动机换向器的电刷，使电动机加速或减速。当变速电动机达到最高转速时，限位开关 XC_2 打开，使遥控电动机自行停止。在接触器 2C 断开后，变速电动机停止，同时其辅助常闭触头 2C 闭合并接通遥控电机，使换向器上电刷回到最低速度位置，为下一次启动做好准备。当变速电动机容量较小时，图 2-80 中不带电流互感器和电流表，热继电器的双金属片直接接于主回路内，测速发电机及转速检测回路则根据需要而定。

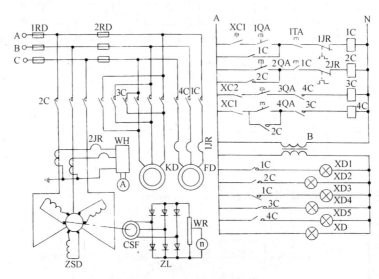

图 2-46 变速电动机控制原理

ZSD—变速电动机；KD—遥控电动机；FD—通风电动机；CSF—测速发电机；LH—电流互感器；1C~4C—接触器；
1JR、2JR—热继电器；A—电流表；WH—电流换相开关；1RD、2RD—熔断器；ZL—整流器；WR—电位器；
XC_1、XC_2—限位开关；1QA~4QA、1TA—按钮；B—降压变压器；XD、XD1~XD5—信号灯；n—转速表

控制设备安装在控制箱内，控制箱可以由电机厂配套供应。控制箱的型号见表 2-61。其他型号的变速电动机的控制箱可依此推出其型号。

控 制 箱 型 号　　　　　　　　　　　　　　　表 2-61

变速电动机型号	控 制 箱 型 号		
	无测速发电机无制动器	有测速发电机有制动器	无测速发电机有制动器
JZS_2-51-1	JZSK-51-1	JZSK-51-1C	JZSK-51-1Z
JZS_2G-61	JZSGK-61	JZSGK-61C	

(6) 外形及安装尺寸：JZS_2、JZS_2G 系列变速电动机外形及安装尺寸见图 2-47 和表 2-62，控制箱外形尺寸见图 2-48。

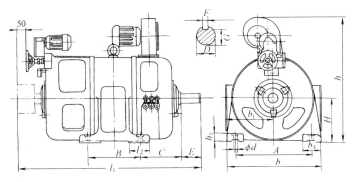

图 2-47 JZS$_2$、JZS$_2$G 系列变速电动机外形尺寸

JZS$_2$、JZS$_2$G 系列变速电动机外形及安装尺寸　　　表 2-62

机座号	安装尺寸 (mm)										外形尺寸 (mm)					
	A	B	C	D	E	F	G	H	h_1	ϕd	b	b_1	b_3	h	l_1	l_2
JZS$_2$ 系列变速电动机																
51-1	370	220	200	32	80	10	26.8	225	30	20	450	340	80	615	860	100
51-2	370	220	240	32	80	10	26.8	225	30	20	450	340	80	640	970	100
52-1	370	270	280	32	80	10	26.8	225	30	20	450	340	80	615	1020	100
52-2,52-3	370	270	240	32	80	10	26.8	225	30	20	450	340	80	640	1020	100
61-1,61-2,61-3	400	330	235	42	110	12	36.8	250	45	25	500	360	100	740	1100	115
62-1	400	380	235	42	110	12	36.8	250	45	25	500	360	100	740	1100	115
71-1,71-2	425	350	210	55	110	16	48.5	280	45	25	530	380	105	790	1100	115
8-1,8-2,8-3	550	360	320	75	140	20	67.2	355	55	30	670	465	120	960	1300	150
9-1,9-2,9-3	550	430	330	80	170	24	71	355	55	30	680	485	130	1250	1450	150
10-1,10-2,10-3	710	400	340	90	170	24	81	425	65	36	850	565	140	1380	1450	185
11-1	765	400	305	90	170	24	81	475	70	36	915	580	150	1475	1410	185
JZS$_2$G 系列广调速变速电动机																
51-1	370	270	240	32	80	10	26.8	225	30	20	450	340	80	640	970	100
51-2	370	220	240	32	80	10	26.8	225	30	20	450	340	80	640	970	100
61	400	330	235	42	110	12	36.8	250	45	25	500	360	100	740	1090	115
71	425	350	210	55	110	16	48.5	280	45	25	530	380	105	790	1100	115
81	550	360	320	75	140	20	67.2	355	55	30	670	465	120	960	1300	150
91	550	430	330	80	170	24	71	355	55	30	680	485	130	1250	1450	150
10	710	400	340	90	170	24	81	425	65	36	850	565	140	1380	1450	185
11	765	400	305	90	170	24	81	475	70	36	915	580	150	1475	1410	185

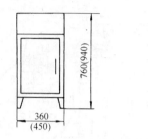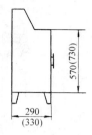

图 2-48　JZSK、JZSGK 型控制箱外形尺寸(括弧内尺寸用于 JZS(G)K-81 及以上的控制箱)

2.1.22　NT 液粘调速器

(1) 适用范围：NT 系列液粘调速器(又称奥美伽离合器)，是根据牛顿内摩擦定律，利用液体粘性和油膜剪切作用原理发展而成的一种无级调速传动装置。适用于各行业中大功率风机、水泵等递减扭矩机械的调速。该调速器属于机械部、国家计委等七个部委推广的机械工业第十六批节能机电产品。

(2) 型号意义说明：

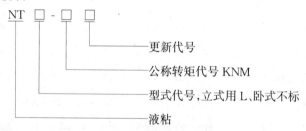

(3) 技术数据：NT 系列液粘调速器技术数据见表 2-63。

NT 系列液粘调速器技术数据　　　　　　　　　表 2-63

型号	输入转速 (r/min)	输出扭矩 (N·m)	功率范围 (kW)	调速范围 (%)	冷却水量 (L/min)	重量 (kg)	生产厂
NT-2B	700~1500	2000	100~300	30~100	50		南京耐特机电(集团)公司
NT-4B	700~1500	4000	300~600	30~100	100		
NT-6B	600~1500	6000	360~900	30~100	135		
NT-8B	600~1500	8000	480~1200	30~100	200		
NT-10B	600~1500	10000	600~1500	30~100	200~250		
NT-12B	600~1500	12000	720~1800	30~100	200~300		
NT-14B	600~1500	14000	840~2100	30~100	200~400		
NT-16B	600~1500	16000	960~2400	30~100	200~400		
NT-18B	600~1500	18000	1080~2700	30~100	200~400		

注：1. 功率范围以拖动电动机的同步转速计算。
　　2. 拖动油泵电动机额定电压为 380V，控制器电压为 220V±10%。

(4) 外形及安装尺寸:NT 液粘调速器外形及安装尺寸见图 2-49 和表 2-64。

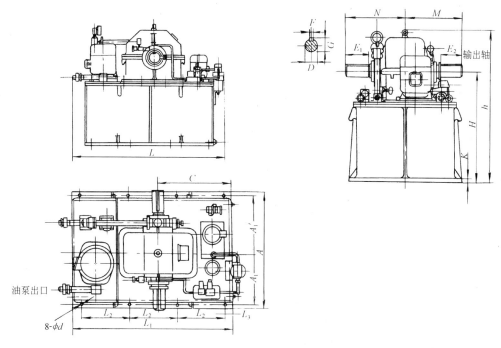

图 2-49 NT 液粘调速器外形及安装尺寸

NT 液粘调速器外形及安装尺寸(mm) 表 2-64

型 号	A	H	L	C	h	F	G	D	M
NT-2B	810	710	1560	635	1020	20	79.5	75	390
NT-4B	930	840	1595	640	1210	25	95	90	455
NT-6B	1010	940	1640	660	1305	28	110	104	500
NT-8B	1140	1040	1755	690	1410	32	122	115	560
NT-10B	1160	1100	1900	760	1540	32	127	120	575
NT-12B	1160	1100	1900	760	1540	32	137	130	705
NT-14B	1300	1150	1950	760	1585	36	153	145	720
NT-16B	1300	1150	1950	760	1585	36	158	150	725
NT-18B	1300	1150	1950	760	1585	40	164	155	735

型 号	N	K	ϕd	E_1	E_2	A_1	A_1'	L_1	L_2	L_3
NT-2B	426	30	24	150	125	357	393	1320	400	60
NT-4B	475	30	24	190	165	425	445	1360	410	65
NT-6B	532	30	24	210	185	460	490	1405	425	65
NT-8B	600	40	28	210	185	520	560	1505	455	70
NT-10B	615	40	28	210	190	530	570	1650	500	75
NT-12B	715	40	28	240	220	575	585	1650	500	75
NT-14B	730	40	28	240	220	615	625	1700	500	100
NT-16B	735	45	34	240	220	615	625	1700	500	100
NT-18B	745	45	34	240	220	615	625	1700	500	100

2.1.23 NTG型控制装置

(1) 适用范围：NTG系列液体粘性调速控制装置与NT系列液体粘性调速器配套使用，组成调速系统，实现对大、中型风机、水泵的节能调速控制运行。该装置包括带速度反馈的调速控制器及调速器上的油温、油压监测保护装置等。

(2) 型号意义说明：

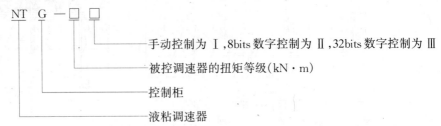

(3) 技术数据：NTG型控制装置技术数据见表2-65。

表2-65 NTG型控制装置技术数据

型号	容量	输出信号	输入信号	电源	转速变化率	备注	生产厂
NTG2-Ⅰ	8kVA	0～800mA,DC 高压电机开停号 各种声光报警	转速脉冲信号 各种报警信号开关量	三相四线 380V ±10%	<1.5%	模拟量手动控制柜	南京耐特机电(集团)公司
NTG8-Ⅰ	10kVA						
NTG18-Ⅰ	15kVA						
NTG2-Ⅱ	8kVA	0～800mA,DC 高压电机开停号 各种声光报警 4～20mA,1-5V 转速信号 油温、油压超限信号 油泵开信号	转速脉冲信号 各种报警信号开关量 各种报警、模拟量信号 4～20mA 1～5V 0～10V±10V 自动控制信号 4～20mA 1～5V 0～10V±10V 被控量信号 (如压力、流量、位置温度等)			8bits数字控制柜	
NTG8-Ⅱ	10kVA						
NTG18-Ⅱ	15kVA						
NTG2-Ⅲ	8kVA					32bits数字控制柜	
NTG8-Ⅲ	10kVA						
NTG18-Ⅲ	15kVA						

该装置主要技术参数如下：

1) 电源：380V、AC、50Hz。
   输出信号：0～800mA、DC。
2) 控制油压力：0.2～2.0MPa。
3) 润滑油压力：0.06～0.5MPa。
4) 润滑油温：10～42℃。
5) 调速范围：30%～100%（额定转速）。
6) 调速精度：±10(r/min)。

(4) 外形及安装尺寸：NTG型控制装置外形及安装尺寸见图2-50。

(5) 使用要求：控制装置的使用要求：

1) 环境温度：-10～+40℃。

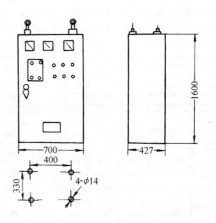

图2-50 NTG型控制装置外形及安装尺寸

2) 相对湿度:40℃时不大于50%,20℃以下时90%。
3) 振动:振频为10~150Hz,其最大振幅不大于5m/s²。
4) 空气中无导电尘埃、酸、盐、腐蚀性及爆炸性气体。
5) 本控制装置防护等级为IP1X。

2.2 往复活塞式空气压缩机

(1) 工作原理:往复活塞式空气压缩机是空压机中使用最广泛的一种。其工作原理,是电动机通过皮带传动使曲轴产生旋转,经连杆带动活塞,当活塞在气缸中往复运动时,空气就被吸进或压缩。在单级压缩中,气体经压缩后通过排气管和止回阀进入贮气罐;在双级压缩中,气体先经第一级压缩,使之达到一定的压力;而后经中间冷却管进入二级气缸,再进一步压缩至所需的压力后,经排气管和止回阀进入贮气罐。

(2) 类型:往复活塞式空气压缩机有 $2m^3/min$ 以下低压微型活塞式空气压缩机、$2m^3/min$ 以上低压中小型活塞式空气压缩机和无油润滑活塞式空气压缩机。

(3) 型号意义说明:

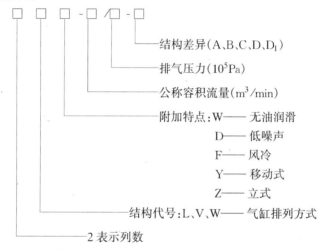

2.2.1 $2m^3/min$ 以下低压微型活塞式空气压缩机

(1) 适用范围:$2m^3/min$ 以下低压微型活塞式空压机额定排气压力在0.6~1.0MPa,排气量均较小,广泛应用于工业、农业、交通运输、建筑、科学实验等部门。

(2) 结构及特点:$2m^3/min$ 以下低压微型活塞式空气压缩机均为风冷移动式,由主机、冷却系统、润滑系统、自控系统、贮气罐、电动机等组成,而整体固定安装在气罐车架上,下装车轮,手扶推动。

(3) 性能规格:$2m^3/min$ 以下低压微型活塞式空气压缩机性能规格见表2-66。

(4) 外形尺寸:$2m^3/min$ 以下低压微型活塞式空气压缩机典型机组 V-0.6/7 型成套设备外形尺寸见图2-51。

表 2-66　$2m^3/min$ 以下低压微型活塞式空气压缩机性能规格

型号	排气量 (m^3/min)	排气压力 (MPa)	转速 (r/min)	轴功率 (kW)	贮气罐容积 (m^3)	重量 (kg)	外形尺寸 (mm) 长	宽	高	电动机型号	功率 (kW)	生产厂
Z-0.036/7	0.036	0.7	850		0.03		780	330	630	$CO_2 8012$	0.37	4
Z-0.036/7-D_1	0.036	0.7	900		0.04	82	860	330	720	$AO_2 7112$	0.37	7
Z-0.056/7	0.056	0.7	1100		0.03		780	330	630	$CO_2 8022$	0.55	4
Z-0.056/7-D_1	0.056	0.7	1400		0.04	82	860	330	720	$AO_2 7122$	0.55	7
Z-0.08/7-D_1	0.08	0.7	885		0.04	85	860	330	720	$CO_2 90S_2$ Y801-2	0.75	7
Z-0.12/7-D_1	0.12	0.7	1250		0.04	85	860	330	720	YC90S-2 Y802-2	1.1	7
Z-0.17/7	0.17	0.7	965		0.064	96	965	380	720	YC90L-2 Y90S-2	1.5	7
V-0.25/7	0.25	0.7	900		0.08		1240	420	880		2.2	4
W-0.25/7-D_1	0.25	0.7	965		0.064	105	965	380	720	YC100L-2 Y90L-2	2.2	7
Z-0.30/10-D_1	0.30	1.0	820		0.04	82	860	330	720	$CO_2 8D12$	0.37	7
Z-0.048/10-D_1	0.048	1.0	1315		0.04	82	860	330	720	$CO_2 8022$ $AO_2 7122$	0.55	7
Z-0.067/10-D_1	0.067	1.0	800		0.04	85	860	330	720	$CO_2 90S_2$ Y801-2	0.75	7
Z-0.10/10-D_1	0.10	1.0	1180		0.04	85	860	330	720	YC90S-2 Y802-2	1.1	7
V-0.14/10	0.14	1.0	800		0.064	96	965	380	720	YC90K-2 Y90S-2	1.5	7
W-0.21/10-D_1	0.21	1.0	820		0.064	105	965	380	720	YC100L-2 Y90L-2	2.2	7
V-0.3/10-B	0.3	1.0			0.125		1300	480	900	Y100L_2-4	3.0	5
V-0.30/10	0.3	1.0	750		0.125	190	1400	490	920	Y100L-2	3.0	7
V-0.36/10	0.36	1.0	830		0.125	190	1400	490	920	Y100L-2	3.0	5.7
V-0.4/7	0.4	0.7	880		0.125	190	1400	490	920	Y100L-2	3.0	7.4
V-0.48/7	0.48	0.7	1100		0.125	195	1400	490	920	Y112M-2	4	7
V-0.6/7-D	0.6	0.7	880		0.125	195	1400	490	920	Y132S-2	5.5	7.4.2
V-0.67/7	0.67	0.7	990		0.17	230	1470	530	975	Y132S-4	5.5	5
V-0.67/7-B	0.67	0.7		4.6			1420	560	1000		5.5	3
V-0.67/7-C	0.67	0.7	1120		0.17	230	1410	500	850	Y132S$_2$-2	5.5	7
V-0.74/7	0.74	0.7	1000	6.7	0.15	100	1470	530	975	Y132S$_2$-2	5.5	2.3
W-0.9/7	0.9	0.7	830		0.17		1300	660	1050	Y132M-2	7.5	5.7
W-0.9/7-B	0.9	0.7	990				1520	580	1100	Y132M-4	7.5	7
W-1/7	1.0	0.7	1250		0.12	250	1460	500	1120		7.5	4.7
W-1.7-A	1.0	0.7	990		0.17	195	1470	530	1000	Y132S-2	7.5	7
W-0.40/10	0.4	1.0	990		0.125	195	1400	490	920	Y112M-2	4	7
W-0.50/10	0.5	1.0	830		0.125	205	1400	490	945	Y112M-2	4	7
W-0.60/10-A	0.6	1.0	990		0.17	245	1470	530	1000	Y132S-4	5.5	5
W-0.60/10-B	0.6	1.0					1420	560	1000	Y132S-14	5.5	4
W-0.75/10	0.75	1.0	1100	5.8	0.12		1460	500	1120		7.5	7
W-0.80/8	0.80	0.8		6.8			1450	568	750	Y132S-2	7.5	3
W-0.80/10	0.80	1.0			0.17	255	1450	568	1000	Y132S$_2$-2	7.5	3.2
W-0.90/10	0.90	1.0	1140	10			1470	530	1000	Y132S$_2$-2	7.5	7
W-1.2/10	1.2	1.0					1450	830	1050	Y160L-6	11	3
W-1.6/10	1.6	1.0	1460	13	0.14	80	1758	812	930	Y180L-6	15	2.3

注：生产厂代号：1. 无锡压缩机股份有限公司；2. 自贡空压机总厂；3. 益阳空压机厂；4. 桂林空压机厂；5. 鞍山无油空压机厂；6. 西安压缩机厂；7. 上海东方压缩机厂。

2.2 往复活塞式空气压缩机

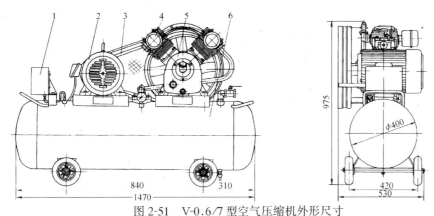

图 2-51 V-0.6/7 型空气压缩机外形尺寸
1—磁力启动器;2—电动机;3—皮带轮;4—气缸;5—主机;6—贮气罐

2.2.2 2m³/min 以上低压中、小型活塞式空气压缩机

(1) 适用范围:2m³/min 以上低压中、小型活塞式空气压缩机有 V 型、W 型和 L 型结构。其排气量为 2~22m³/min,额定排气压力在 0.35~1.0MPa 之间,有移动式和固定式可供选择,主要用作低压压缩空气气源。

(2) 型号意义说明:

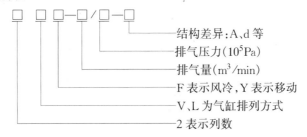

(3) 性能规格:2m³/min 以上低压中、小型活塞式空气压缩机性能规格见表 2-67。

2m³/min 以上低压中小型活塞式空气压缩机性能规格　　　表 2-67

型号	排气量(m³/min)	排气压力(MPa)	转速(r/min)	轴功率(kW)	冷却方式耗水(m³/h)	贮气罐容积(m³)	贮气罐重量(kg)	外形尺寸(mm) 长	宽	高	电动机型号	功率(kW)	生产厂
Z-2.4/9	2.4	0.9		20	风冷						Y200M$_2$-6	20	益阳空压机厂
VF-2.8/7	2.8	0.7		17	风冷			1737	1200	1317	Y200L$_1$-6	18.5	
V-3/7	3	0.7(0.8)	970	17.5	0.45	0.15	85.4	1850	1330	1100	Y200L$_1$-6	18.5	自贡空压机厂
VF-3/7	3	0.7	970	18	风冷	0.15	85.4	2267	1330	1210	Y200L$_1$-6	18.5	
VY-3/7-d	3	0.7	970	18	风冷	0.135	85	2850	1700	1800	Y200L$_1$-6	18.5	
V-3/7-A	3	0.7		17	水冷			1470	1140	1270	Y200L$_1$-6	18.5	益阳空压机厂
V-3/7-1	3	0.7	980	≤17.4	0.45	0.3	200	1460	1140	1220	Y200L$_1$-6	18.5	上海东方压缩机厂
V-3/8	3	0.8	980	19	风冷			1600	1185	1120	Y200M$_2$-6	20	
V-3/8-1	3	0.8	980	19	水冷			1500	1170	1210	Y200M$_2$-6	20	益阳空压机厂
YV-3/8	3	0.8	980	19	风冷			2700	1250	1900	Y200M$_2$-6	20	

(4) 外形及安装尺寸:低压中、小型活塞式空气压缩机典型机组 V-3/7 型空压机成套设备安装尺寸见图 2-52。

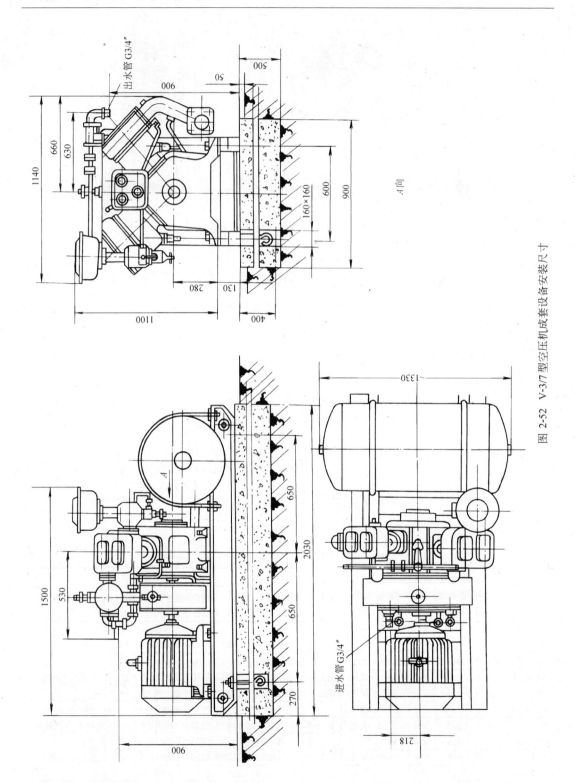

图 2-52　V-3/7型空压机成套设备安装尺寸

2.2.3 无油润滑活塞式空气压缩机

(1)适用范围:无油润滑活塞式空气压缩机主要用于要求压缩空气纯净不含油的场合,以及作为设备自动化控制的气源之用。

(2)结构特点:该系列空气压缩机分全无油润滑和半无油润滑两种。全无油润滑空气压缩机的气缸、曲轴箱均无润滑油,其活塞环、导向环、弹力环均采用填充聚四氟乙烯作为密封元件,曲轴上的轴承采用全密封型。半无油润滑空气压缩机的填料盒以上部分为全无油润滑部分;填料盒以下部分为有油润滑部分。活塞环、导向环、及填料环均采用填充聚四氟乙烯作为密封元件。该系列空气压缩机产生的压缩空气非常纯净。低压微型全无油空气压缩机几乎都是风冷移动式,而中、小型无油空气压缩机,则为水冷固定式。

(3)性能规格:低压微型全无油润滑活塞式空气压缩机性能见表2-68。

(4)外形尺寸:本节所列低压微型全无油润滑活塞式空气压缩机均为风冷移动式,外形见图2-51,外形尺寸见表2-68。

低压微型全无油润滑活塞式空气压缩机性能规格　　　　表2-68

型号	排气量 (m^3/min)	排气压力 (MPa)	转速 (r/min)	轴功率 (kW)	贮气罐容积 (m^3)	贮气罐重量 (kg)	外形尺寸(mm) 长	宽	高	电动机 型号	功率 (kW)	生产厂
ZW-0.03/7	0.03	0.7					375	315	515	CO_2-8012	0.37	鞍山无油空压机厂
ZW-0.05/7	0.05	0.7	700							AO_2-7122	0.55	
ZW-0.07/7	0.07	0.7	900							Y801-2	0.75	上海东方压缩机厂
VW-0.11/7	0.11	0.7					750	450	720	Y90S-4	1.1	鞍山无油空压机厂
VW-0.15/7	0.15	0.7	900							Y90S-2	1.5	
ZW-0.2/7	0.2	0.7		1.7						Y112M-6	2.2	益阳空压机厂
VW-0.22/7	0.22	0.7					1300	450	950	Y100L$_1$-4	2.2	鞍山无油空压机厂
WW-0.22/7	0.22	0.7	900							Y90L-2	2.2	上海东方压缩机厂
VW-0.3/7	0.3	0.7					1300	450	950			鞍山无油空压机厂
VW-0.42/7	0.42	0.7	870	3.36			1300	660	1050	Y112M-2	4	自贡空压机厂
VW-0.45/7	0.45	0.7		3.3			1410	550	900	Y112M-2	4	益阳空压机厂
WW-0.6/7	0.6	0.7					1520	580	1100	Y132S-4	5.5	
WW-0.9/7	0.9	0.7					1520	580	1100	Y132M-4	7.5	
ZW-0.055/10	0.055	1.0					650	430	670	Y802-4	0.75	鞍山无油空压机厂
VW-0.12/10	0.12	1.0					750	450	720	Y90L-4	1.5	
VW-0.2/10	0.2	1.0					1300	450	950	Y100L$_1$-4	2.2	
WW-0.4/10	0.4	1.0					1420	560	1020	Y112M-4	4.0	
WW-0.8/10	0.8	1.0					1520	680	1100	Y132M-4	7.5	
WW-0.85/10	0.85	1.0	970	7.45	0.16	45	1360	705	1150	Y160M-6	7.5	自贡空压机厂
WW-1.25/7	1.25	0.7					1640	750	1450	Y160M-4	11	
WW-1.6/7	1.6	0.7					1640	750	1450	Y160L-4	15	鞍山无油空压机厂
WW-3/7	3	0.7	770				1776	900	1022		22	
WW-2.5/10	2.5	1.0	670				1776	900	1022		18.5	

2.3 离心鼓风机

2.3.1 DG超小型离心鼓风机

(1) 适用范围:DG超小型离心鼓风机是沈阳鼓风机厂与日本川崎重工株式会社联合开发的节能型污水处理风机,可用于污水处理等领域。与罗茨鼓风机相比可提高效率15%以上。包括电机在内噪声为85dBA左右,且价格低。其最大的优点是输送的气体不受油污染。

(2) 结构及特点:DG超小型离心鼓风机外壳为垂直组立式结构,风机外壳、齿轮外壳、油箱三者合为一体,结构简单,安装方便。冷却系统为空冷或油冷却器,不需要冷却水。由于采用了耐腐蚀良好的不锈钢叶轮,可倾瓦块式轴承和高精度齿轮,因而具有高度的可靠性和较长的使用寿命。

(3) 性能:DG超小型离心鼓风机性能曲线见图2-53;其性能见表2-69。

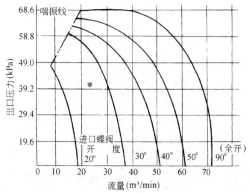

图2-53 DG超小型离心鼓风机性能曲线
（50m³/min×63.8KPa工况下）

DG超小型离心鼓风机性能 表2-69

流量(m³/min)	35		50		生产厂
压缩介质	空 气				沈阳鼓风机厂
出口压力(kPa)	53.9	63.8	53.9	63.8	
轴功率(kW)	41	46	55	62	
电动机形式	TEFC(全封闭式风扇冷却)(室内)				
电动机功率(kW)	55		75		
电动机电压	200/220V 或 400/400V				
重量(t)	约1(包括电动机)				

(4) 外形尺寸:DG超小型离心鼓风机外形及安装尺寸见图2-54。

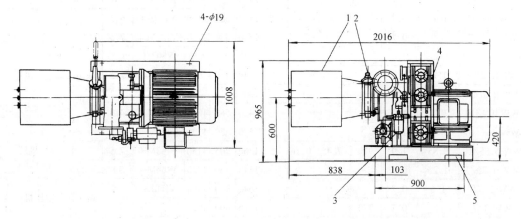

图2-54 DG超小型离心鼓风机外形及安装尺寸
1—进口过滤消声器;2—进口蝶阀;3—油过滤器;4—油冷器;5—叉车用叉孔(4-50×170)

(5) 供货范围：
1) 鼓风机机组。
2) 自立式鼓风机控制盘。
3) 进口过滤消声器。
4) 进口蝶阀。

2.3.2 GM 型单级高速离心鼓风机

(1) 适用范围：GM 型单级高速离心鼓风机适用于化工、石油、冶炼、食品、污水处理、医药等行业中气体的输送、循环。该机输出的气体纯净，没有油的污染。

(2) 型号意义说明：

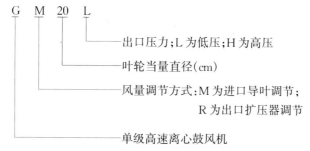

(3) 结构及特点。GM 型齿轮增速组装式离心鼓风机是日本川崎重工业株式会社开发的单级高速风机，是高效节能型曝气鼓风机。它采用三元半开式混流型叶轮，比普通离心叶轮外径小 30%～40%，一般鼠笼式电动机即可满足要求。风量可通过进口导叶或蝶阀调节，机组效率曲线平坦，即使在非设计工况下运转也能取得良好的节能效果。

(4) 性能及型号选定：GM 型鼓风机性能曲线见图 2-55，型号选定见图 2-56。

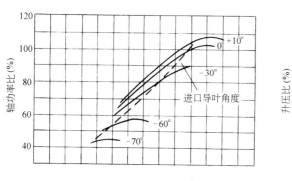
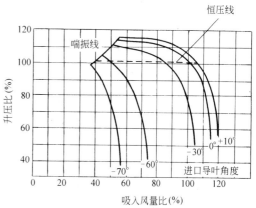

图 2-55 GM 型鼓风机性能曲线

(5) 外形及安装尺寸：GM 型鼓风机外形尺寸见图 2-57 和表 2-70。

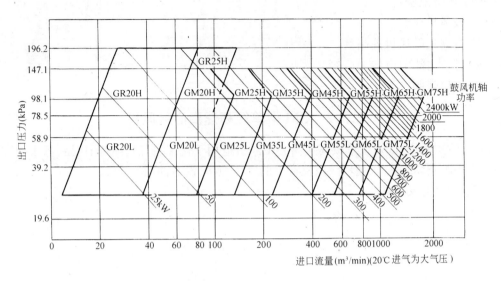

图 2-56　GM 型鼓风机型号选定图

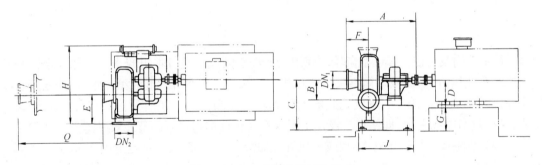

图 2-57　GM 型鼓风机外形尺寸

GM 型鼓风机外形尺寸　　　　　　表 2-70

型号	外形尺寸 (mm)												重量 (kg)	生产厂
	A	B	C	D	E	F	G	H	J	DN_1	DN_2	Q		
GR 20	780	180	850	390	250	190	460	1175	700	125	150	180	900	
GR 25	915	235	940	390	330	245	550	1220	800	175	200	230	1100	
GM 20	818	190	850	390	300	210	460	1175	700	200	200	210	900	
GM 25	945	250	940	390	395	278	550	1265	800	250	250	250	1100	沈阳鼓风机厂
GM 35	1178	325	1100	530	520	362	570	1512	925	300	300	310	1600	
GM 45	1503	430	1400	650	680	472	750	1878	1150	400	400	390	2,700	
GM 55	1668	500	1050	500	800	551	550	1998	1250	500	500	440	3200	
GM 65	2063	590	1200	600	940	651	600	2330	1550	600	600	500	4600	
GM 75	2257	695	1350	650	1100	776	700	2490	1,700	700	700	570	6,000	

2.4 罗茨鼓风机

罗茨鼓风机是容积式气体压缩机的一种。其特点是在最高设计压力范围内,管网阻力变化时流量变化很小,故在风量要求稳定而阻力变化幅度较大的工作场合,工作适应性较强。

2.4.1 R系列标准型罗茨鼓风机

(1) 适用范围:R系列标准型罗茨鼓风机用于输送洁净空气。其进口流量 $0.45\sim458.9m^3/min$,出口升压 $9.8\sim98kPa$。可广泛用在电力、石油、化工、港口、轻纺、水产养殖、污水处理、气力输送等部门。

(2) 型号意义说明:

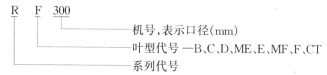

(3) 结构及特点:R系列标准型罗茨鼓风机系引进日本先进技术设计制造而成。1993年以前采用国际标准通过了验收。其结构采用摆线叶型和最新气动设计理论,高效节能;转子平衡精度高、振动小;齿轮精度高、噪声低、寿命长;输送气体不受油污染。传动方式分直联和带联两种。带联传动选用强力窄V型皮带,传动平稳,单根传动功率大、所需根数少,传递空间小。

(4) 性能规格:R系列罗茨鼓风机性能规格见表 2-71。

(5) 外形及安装尺寸:

1) RB型罗茨鼓风机(带联)外形及安装尺寸见图 2-58 和表 2-72。

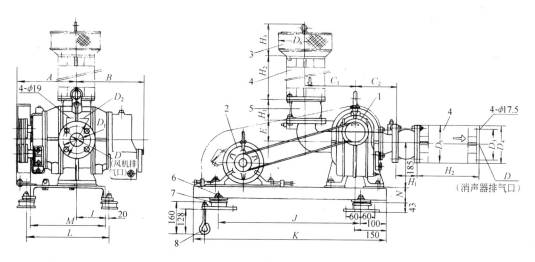

图 2-58 RB型罗茨鼓风机(带联)外形及安装尺寸
1—风机;2—电动机;3—空气过滤器;4—消声器;5—弹性接头;6—联接螺柱;7—减震器;8—地脚螺栓(8—M10×160)

R 系列标准型罗茨

型号	口径 (mm)	转速 (r/min)	各排气压力(kPa)下的										
			9.8			19.6			29.4			39.2		
			Q_s	L_a	P_o	Q_s	L_a	P_o	Q_s	L_a	P_o	Q_s	L_a	P_o
RB-50	50A	1150	1.00	0.6	1.1	0.82	0.8	1.1	0.69	1.1	1.5	0.57	1.4	2.2
		1450	1.41	0.7	1.1	1.23	1.0	1.5	1.10	1.4	2.2	0.98	1.7	2.2
		1750	1.83	0.8	1.1	1.65	1.2	1.5	1.52	1.6	2.2	1.40	2.0	3
		2000	2.17	0.9	1.5	1.99	1.4	2.2	1.86	1.8	2.2	1.74	2.3	3
		2500	2.85	1.1	1.5	2.67	1.7	2.2	2.54	2.3	3	2.42	2.8	4
		3000	3.54	1.3	2.2	3.36	2.0	3	3.23	2.7	4	3.11	3.4	5.5
RB-65	65A	1150	1.49	0.8	1.1	1.19	1.2	1.5	0.98	1.6	2.2	0.79	2.0	3
		1450	2.09	1.0	1.5	1.79	1.5	2.2	1.58	2.0	3	1.39	2.5	3
		1750	2.69	1.2	1.5	2.39	1.8	2.2	2.18	2.3	3	1.99	2.9	4
		2000	3.19	1.3	2.2	2.89	2.0	3	2.68	2.7	4	2.49	3.3	4
		2500	4.18	1.7	2.2	3.88	2.5	3	3.67	3.3	4	3.48	4.2	5.5
		3000	5.18	2.0	3	4.88	3.0	4	4.67	4.0	5.5	4.48	5.0	7.5
RC-80	80A	1150	3.18	1.3	2.2	2.83	2.1	3	2.53	2.8	4	2.28	3.5	5.5
		1450	4.36	1.6	2.2	4.01	2.6	4	3.71	3.5	5.5	3.46	4.4	5.5
		1750	5.53	2.0	3	5.18	3.1	4	4.88	4.3	5.5	4.63	5.4	7.5
		2000	6.50	2.3	3	6.15	3.6	5.5	5.85	4.9	7.5	5.60	6.1	7.5
		2500	8.46	2.8	4	8.11	4.4	5.5	7.81	6.0	7.5	7.56	7.7	11
RC-100	100A	1150	4.86	1.8	2.2	4.47	2.9	4	4.13	3.9	5.5	3.83	4.9	7.5
		1450	6.52	2.3	3	6.13	3.6	5.5	5.79	4.9	7.5	5.49	6.2	7.5
		1750	8.17	2.7	4	7.78	4.3	5.5	7.44	5.9	7.5	7.14	7.4	11
		2000	9.55	3.0	4	9.16	4.8	7.5	8.82	6.6	11	8.52	8.5	11
		2500	12.3	3.8	5.5	11.9	6.1	7.5	11.6	8.4	11	11.3	10.6	15
RD-100	100A	970	6.11	2.5	3	5.59	3.6	5.5	5.24	4.8	7.5	4.89	6.2	7.5
		1150	7.62	3.0	4	7.10	4.3	5.5	6.67	5.8	7.5	6.32	7.3	11
		1450	10.0	3.5	5.5	9.50	5.3	7.5	9.07	7.2	11	8.72	9.1	11
		1750	12.4	4.0	5.5	11.9	6.3	7.5	11.4	8.6	11	11.1	10.9	15
		2000	14.4	4.5	5.5	13.9	7.1	11	13.4	9.8	15	13.1	12.6	15
RD-125	125A	970	8.80	2.8	4	8.20	4.6	5.5	7.82	6.5	7.5	7.37	8.4	11
		1150	11.0	3.3	5.5	10.4	5.5	7.5	9.89	7.7	11	9.44	9.9	15
		1450	14.4	4.2	5.5	13.8	6.9	11	13.3	9.7	15	12.9	12.5	15
		1750	17.9	5.0	7.5	17.3	8.4	11	16.8	11.7	15	16.3	15.1	18.5
		2000	20.7	5.7	7.5	20.1	9.5	11	19.6	13.4	18.5	19.2	17.2	22
RD-127	125A	970	11.0	3.4	5.5	10.2	5.7	7.5	9.54	7.9	11	8.94	10.2	15
		1150	13.5	4.0	5.5	12.7	6.7	7.5	12.0	9.3	11	11.4	12.0	15
		1450	17.7	5.0	7.5	16.9	8.4	11	16.2	11.7	15	15.6	15.2	18.5
		1750	21.9	5.9	7.5	21.8	10.0	15	20.4	14.1	18.5	19.8	18.1	22
		2000	25.4	6.8	11	24.6	11.5	15	23.9	16.1	18.5	23.3	20.7	30

鼓风机性能规格 表2-71

进口流量 $Q_s(m^3/min)$，所需轴功率 $L_a(kW)$ 及所配电动机功率 $P_o(kW)$

49.0			58.8			68.6			78.4			88.2			98.0			生产厂
Q_s	L_a	P_o	Q_s	L_a	P_o	Q_s	L_a	P_o	Q_s	L_a	P_o	Q_s	L_a	P_o	Q_s	L_a	P_o	
0.45	1.6	2.2																
0.86	2.0	3	0.76	2.4	3													
1.28	2.4	3	1.18	2.8	4	1.10	3.2	4										
1.62	2.7	4	1.52	3.2	4	1.44	3.7	5.5	1.34	4.1	5.5							
2.30	3.4	5.5	2.20	4.0	5.5	2.12	4.6	7.5	2.02	5.1	7.5	1.97	5.7	7.5				
2.99	4.1	5.5	2.89	4.7	7.5	2.81	5.4	7.5	2.71	6.1	7.5	2.66	6.8	11	2.61	7.5	11	长沙鼓风机厂
0.64	2.4	3																
1.24	2.9	4	1.12	3.4	5.5													
1.84	3.5	5.5	1.72	4.1	5.5	1.64	4.6	5.5										
2.34	4.0	5.5	2.22	4.7	7.5	2.14	5.4	7.5	2.04	6.0	7.5							
3.33	5.0	7.5	3.21	5.8	7.5	3.13	6.6	11	3.03	7.5	11							
4.33	6.0	7.5	4.21	7.0	11	4.13	8.0	11	4.03	9.0	11							
2.03	4.3	5.5	1.83	5.0	7.5													
3.21	5.4	7.5	3.01	6.3	7.5	2.86	7.3	11										
4.38	6.5	11	4.18	7.6	11	4.03	8.7	11	3.88	9.8	15							
5.35	7.4	11	5.15	8.7	11	5.0	10.0	15	4.85	11.2	15	4.7	12.5	15				
7.31	9.3	11	7.11	10.9	15	6.96	12.5	15	6.81	14.2	18.5	6.66	15.8	18.5	661	17.4	22	
3.56	6.0	7.5	3.33	7.0	11	3.13	8.1	11										
5.22	7.5	11	4.99	8.8	11	4.79	10.1	15	4.59	11.4	15							
6.87	9.0	11	6.64	10.6	15	6.44	12.2	15	6.24	13.8	18.5							
8.25	10.3	15	8.02	12.1	15	7.82	14.0	18.5	7.62	15.8	18.5							
11.0	12.9	18.5	10.8	15.2	18.5	10.6	17.5	22	10.4	19.7	22							
4.59	7.4	11	4.34	8.7	11	4.04	10.0	15										
6.02	8.9	11	5.77	10.3	15	5.47	11.9	15	5.27	13.4	18.5							
8.42	11.0	15	8.17	13.0	18.5	7.87	14.9	18.5	7.67	16.8	22	7.47	18.8	22				
10.8	13.2	18.5	10.5	15.6	18.5	10.2	17.9	22	10.0	20.2	30	9.70	22.6	30	8.86	24.9	30	
12.8	15.2	18.5	12.5	17.8	22	12.2	20.5	30	12.0	23.2	30	11.8	25.8	30	11.7	28.4	37	
7.02	10.2	15	6.67	12.1	15	6.34	14.0	18.5	6.07	15.8	18.5							
9.09	12.1	15	8.74	14.4	18.5	8.44	16.6	22	8.14	18.8	22	7.89	21.0	30				
12.5	15.3	18.5	12.2	18.1	22	11.9	20.9	30	11.6	23.7	30	11.3	26.5	37	11.1	29.3	37	
16.0	18.5	22	15.6	21.8	30	15.3	25.2	30	15.0	28.6	37	14.7	31.9	37	14.5	35.3	45	
18.8	21.1	30	18.5	24.9	30	18.2	28.8	37	17.9	32.6	45	17.6	36.5	45	17.4	40.3	55	
8.44	12.5	15	8.0	14.7	18.5	7.64	17.0	22										
11.0	14.7	18.5	10.5	17.4	22	10.1	20.1	30	9.80	22.8	30							
15.1	18.6	22	14.7	22.0	30	14.3	25.5	30	14.0	28.9	37	13.7	32.1	37				
19.3	22.3	30	18.9	26.4	30	18.5	30.5	37	18.2	34.6	45	17.9	38.7	45				
22.8	25.4	30	22.4	30.1	37	22.0	34.8	45	21.7	39.5	45	21.4	44.2	45				

型号	口径 (mm)	转速 (r/min)	各排气压力(kPa)下的进口流量 Q_s(m³/min),											
			9.8			19.6			29.4			39.2		
			Q_s	L_a	P_o	Q_s	L_a	P_o	Q_s	L_a	P_o	Q_s	L_a	P_o
RD-130	125A	970	13.6	4.3	5.5	12.9	7.2	11	12.2	10.0	15	11.5	12.8	18.5
		1150	17.0	5.0	7.5	16.0	8.4	11	15.3	11.8	15	14.7	15.0	18.5
		1450	22.2	6.2	7.5	21.3	10.5	15	20.6	14.4	18.5	19.9	19.0	22
		1750	27.4	7.5	11	26.5	12.6	15	25.8	17.7	22	25.1	22.8	30
		2000	31.8	8.5	11	30.9	14.3	18.5	30.2	20.2	30	29.5	26.0	37
RD-150	150A	970	17.2	5.2	7.5	16.1	8.7	11	15.2	12.2	15	14.5	15.7	18.5
		1150	21.1	6.0	7.5	20.0	10.2	15	19.1	14.4	18.5	18.4	18.5	22
		1450	27.5	7.5	11	26.4	12.7	18.5	25.5	18.0	22	24.8	23.2	30
		1750	33.9	9.0	11	32.8	15.3	18.5	31.9	21.6	30	31.2	28.0	37
		2000	39.3	10.2	15	38.2	17.5	22	37.3	24.7	30	36.6	31.9	37
△ RME-150	150A	1170	29.2	8.04	11	28.3	13.6	18.5	27.5	19.0	22	26.8	24.6	30
		1250	31.4	8.59	11	30.4	14.5	18.5	29.7	20.3	30	29.0	26.3	30
		1350	34.3	9.28	11	33.4	15.7	18.5	32.6	22.0	30	31.9	28.4	37
		1500	38.4	10.31	15	37.5	17.4	22	36.7	24.4	30	36.0	31.5	37
△ RME-200	200A	1170	45.1	11.5	15	44.0	20.0	30	42.7	28.5	37	41.6	36.8	45
		1250	48.5	12.3	15	47.4	21.3	30	46.1	30.4	37	45.0	39.3	45
		1350	52.8	13.2	18.5	51.7	23.0	30	50.4	32.8	37	49.3	42.5	55
		1500	59.2	14.7	18.5	58.1	25.6	30	56.8	36.5	45	55.7	47.2	55
△ RE-140	150A	730	13.8	4.6	7.5	12.8	7.2	11	12.3	10.0	15	11.6	13.0	15
		970	19.7	6	7.5	18.7	10	11	18.1	13.5	15	17.5	17.5	22
		1170	24.4	7.5	11	23.4	12	15	22.8	16.5	18.5	22.2	21	30
		1250	26.3	8	11	25.3	12.5	15	24.7	17.5	22	24.1	22.5	30
		1350	28.6	8.5	11	27.6	13.5	15	27.0	19	22	26.4	24	30
RE-145	150A	730	17.1	5.3	7.5	15.9	8.6	11	15.1	12.0	15	14.4	15.4	18.5
		970	24.2	7	11	23.0	11.5	15	22.2	16.5	22	21.5	21	30
		1170	29.9	8.5	11	28.7	14	18.5	27.9	19.5	22	27.2	25	30
		1250	32.2	9	11	31.0	15	18.5	30.2	21	30	29.5	27	30
		1350	35.0	9.5	11	33.8	16	18.5	33.0	22.5	30	32.3	29	37
RE-150	150A	730	21.5	6.7	11	20.7	11.0	15	19.7	15.4	18.5	18.9	19.7	22
		970	31.0	8.5	11	29.8	14.5	18.5	28.8	20.5	30	28.0	26.5	30
		1170	38.4	10	15	37.2	17.5	22	36.2	24.5	30	35.4	32	37
		1250	41.3	11	15	40.1	18.5	22	39.1	26.5	30	38.3	34	45
		1350	45.0	12	15	43.8	20	22	42.8	28.5	37	42.0	36.5	45
RE-190	200A	730	28.4	8.2	11	26.0	13.4	18.5	25.3	19.2	22	24.1	24.5	30
		970	40.0	10.5	15	38.4	18	22	36.9	25.5	30	35.7	33	37
		1170	49.2	12.5	15	47.6	21.5	30	46.1	30.5	37	44.9	39.5	45
		1250	52.8	13.5	18.5	51.2	23	30	49.7	32.5	37	48.5	42	55
		1350	57.4	14.5	18.5	55.8	25	30	54.3	35	45	53.1	45.5	55

续表

所需轴功率 L_a(kW)及所配电动机功率 P_o(kW)																	生产厂
49.0			58.8			68.6			78.4			88.2			98.0			
Q_s	L_a	P_o	Q_s	L_a	P_o	Q_s	L_a	P_o	Q_s	L_a	P_o	Q_s	L_a	P_o	Q_s	L_a	P_o	
11.0	15.7	18.5	10.5	18.5	22	10.0	21.4	30										
14.1	18.5	22	13.6	21.9	30	13.1	25.3	30	12.8	28.6	37							
19.4	23.2	30	18.9	27.5	37	18.4	31.7	45	18.0	36.0	45							
24.6	28.0	37	24.1	33.1	45	23.6	38.2	45	23.3	43.3	55							
28.9	31.9	37	28.5	37.7	45	28.0	43.6	55	27.6	49.5	55							
13.8	19.2	30	13.2	22.7	30	12.7	26.2	30										
17.7	22.7	30	17.0	26.8	37	16.5	31.0	37										
24.1	28.5	37	23.5	33.7	45	23.0	39.0	45										
30.5	34.3	45	29.9	40.6	55	29.4	47.0	55										
35.9	39.1	45	35.3	46.4	55													
26.1	30.0	37	25.5	35.6	45	25.0	41.0	55	24.6	46.6	55	24.2	52.0	75	23.8	57.6	75	
28.3	32.1	37	27.7	38.0	45	27.2	43.8	55	26.8	49.8	55	26.4	55.6	75	26.0	61.5	75	
31.2	34.6	45	30.6	41.0	55	30.1	47.3	55	29.7	53.7	75	29.3	60.0	75	28.7	66.4	75	
35.3	38.5	45	34.7	45.6	55	34.2	52.6	75	33.8	59.7	75	33.4	66.1	75	33.0	73.8	90	
40.6	45.2	55	39.6	53.7	75	38.8	62.1	75										
44.0	48.3	55	43.0	57.3	75	42.2	66.3	75										长沙鼓风机厂
48.3	52.1	75	47.3	61.9	75	46.5	71.6	90										
54.7	57.9	75	53.7	68.8	75	52.9	79.6	90										
11.1	15.9	18.5	10.6	18.7	22	10.2	21.6	30	9.8	24.5	30	9.5	26.7	30				
17.0	21	30	16.5	25	30	16.1	29	37	15.7	32.5	37	15.4	36.5	45	15.1	40	45	
21.7	25.5	30	21.2	30	37	20.8	35	45	20.4	39.5	45	20.1	44	55	19.8	48.5	55	
23.6	27.5	37	23.1	32	37	22.7	37	45	22.3	42	55	22.0	47	55	21.7	51.5	55	
25.9	29.5	37	25.4	35	45	25.0	40	45	24.6	45	55	24.3	50.5	75	24.0	56	75	
13.8	19.2	22	13.3	22.6	30	12.9	25.6	30	12.5	29.3	37	12.1	32.6	37				
20.9	25.5	30	20.4	30	37	20.0	35	45	19.6	39.5	45	19.2	44	55	18.4	49	55	
26.6	30.5	37	26.1	36	45	25.7	42	55	25.3	47.5	55	24.9	53	75	24.5	58.5	75	
28.9	33	37	28.4	38.5	45	28.0	44.5	55	27.6	50.5	75	27.2	56.5	75	26.8	62.5	75	
31.7	35.5	45	31.2	42	55	30.8	48	55	30.4	54.5	75	30.0	61	75	29.6	67.5	75	
18.1	24	30	17.5	28.8	37	16.9	32.6	37	16.4	37.4	45	16.0	41.8	55				
27.2	32.5	37	26.6	38.5	45	26.0	44	55	25.5	50	55	25.1	56	75	24.7	62	75	
34.6	39	45	34.0	46	55	33.4	53	75	32.9	60.5	75	32.5	67.5	75	32.1	75	90	
37.5	41.5	45	36.9	49.5	55	35.3	57	75	34.8	64.5	75	34.4	75	90	34.0	80	90	
41.2	45	55	40.6	53	75	40.0	61.5	75	39.5	69.5	90	39.1	78	90	38.7	86	110	
23.0	30.2	37	22.1	35.5	45	21.3	40.8	55	20.6	46.6	55							
34.6	40	45	33.7	47.5	55	32.9	55	75	32.2	62.5	75							
43.8	48.5	55	42.9	60	75	42.1	69	90	41.4	75.5	90							
47.4	52	75	46.5	61.5	75	45.7	71	90	45.0	80.5	90							
52.0	56	75	51.1	66	75	50.3	76.5	90	49.6	87.0	110							

型号	口径 (mm)	转速 (r/min)	各排气压力(kPa)下的进口流量 Q_s(m³/min),											
			9.8			19.6			29.4			39.2		
			Q_s	L_a	P_o	Q_s	L_a	P_o	Q_s	L_a	P_o	Q_s	L_a	P_o
RE-200	200A	730	34.9	9.6	11	33.3	16.3	22	32.0	23	30	30.8	29.8	37
		970	48.9	13	15	47.3	22.5	30	46.0	32.5	37	44.8	42	55
		1170	60.1	15	18.5	58.5	26	30	57.2	37	45	56.0	48	55
		1250	64.6	16	18.5	63.0	27.5	37	61.7	39	45	60.5	51	75
		1350	70.1	17	22	68.5	30	37	67.2	42	55	66.0	55	75
RE-250	250A	730	44.6	11.5	15	42.6	20.1	30	40.8	28.6	37	39.3	37.4	45
		970	62.5	15	18.5	60.5	27	30	58.7	38	45	57.2	50	55
		1170	76.7	18	22	74.7	32	37	72.9	46	55	71.4	60	75
		1250	82.4	20	22	80.4	35	45	78.6	50	55	77.1	64	75
		1350	89.6	21	30	87.6	37	45	85.8	53	75	84.3	69	75
△ RMF-250	250A	750	56.0	14.3	18.5	53.9	24.9	30	52.2	35.5	45	50.7	46.2	55
		880	66.9	16.8	22	64.8	29.3	37	63.1	41.7	55	61.6	54.2	75
		970	74.5	18.5	22	72.4	32.3	37	70.7	45.9	55	69.2	59.7	75
		1170	91.4	22.3	30	89.3	38.9	45	87.6	55.4	75	86.1	72.0	90
△ RMF-300	300A	750	85.0	21.0	30	82.2	37.1	45	79.8	53.0	75	77.9	69.0	90
		880	102	24.7	30	98.7	43.5	55	96.3	62.2	75	94.4	80.9	90
		970	113	27.2	30	110	47.9	55	108	68.6	75	106	89.2	110
		1170	138	32.8	37	136	57.8	75	133	82.7	110	131	108	132
RF-240	250A	650	49.6	13	18.5	47.7	22	30	45.8	32	37	44.4	41	55
		730	56.5	14	18.5	54.3	25	30	52.7	36	45	51.3	46	55
		800	62.5	16	18.5	60.3	27	30	58.7	39	45	57.3	51	75
		880	69.4	17	22	67.2	30	37	65.6	43	55	64.2	56	75
		980	78.0	19	22	75.8	33	37	74.2	48	55	72.8	62	75
RF-245	250A	650	61.9	16	18.5	59.3	28	37	57.3	39	45	55.5	51	75
		730	70.5	17	22	67.9	31	37	65.9	44	55	64.1	57	75
		800	78.0	19	22	75.4	34	45	73.4	48	55	71.6	63	75
		880	86.6	21	30	84.0	37	45	82.0	53	75	80.2	69	75
		980	97.4	23	30	94.8	41	55	92.8	59	75	91.0	77	90
RF-250	250A	650	76.2	19	22	73.5	34	45	71.3	48	55	69.4	63	75
		730	86.9	21	30	84.2	38	45	82.0	54	75	80.1	70	90
		800	96.3	23	30	93.6	41	55	91.4	59	75	89.5	77	90
		880	107.2	26	30	104.5	45	55	102.1	65	75	100.2	85	110
		980	120.4	29	37	117.7	51	75	115.5	72	90	113.6	95	110
RF-290	300A	650	92.3	22	30	88.4	39	45	85.4	57	75	83.0	74	90
		730	105.0	25	30	101.1	45	55	98.1	64	75	95.7	83	90
		800	116.0	27	30	112.1	48	55	109.1	70	90	106.7	91	110
		880	128.7	30	37	124.8	53	75	121.8	76	90	119.2	100	110
		980	144.5	33	37	140.6	59	75	137.6	85	110	135.2	110	132

2.4 罗茨鼓风机

续表

| 所需轴功率 L_a(kW)及所配电动机功率 P_o(kW) ||||||||||||||||||生产厂|
| 49.0 ||| 58.8 ||| 68.6 ||| 78.4 ||| 88.2 ||| 98.0 ||| |
Q_s	L_a	P_o	Q_s	L_a	P_o	Q_s	L_a	P_o	Q_s	L_a	P_o	Q_s	L_a	P_o	Q_s	L_a	P_o	
29.8	36.5	45	28.8	43.2	55	27.9	49.9	75	27.1	56.6	75							
43.8	52	75	42.8	61.5	75	41.9	71	90	41.1	80	90							
55.0	59	75	54.0	70	75	53.1	80.5	90	52.3	91.5	110							
59.5	63	75	58.5	74.5	90	57.6	86	110	56.8	98	110							
65.0	68	75	64.0	80	90	63.1	93	110	62.3	106	132							
38.0	46	55	36.8	54.7	75													
55.9	62	75	54.7	73	90													
70.1	74	90	68.9	88	110													
75.8	79	90	74.5	94	110													
83.0	86	110	81.8	102	132													
49.3	56.8	75	48.1	68.0	75	47.0	78.0	90	46.1	88.7	110	45.2	99.2	110	44.4	110	132	
60.2	66.6	75	59.0	79.8	90	57.9	91.5	110	57.0	104	132	56.1	116	132	55.3	129	160	
67.8	73.5	90	66.6	88.0	110	65.6	101	132	64.6	115	132	63.7	128	160	62.9	142	160	
84.7	88.6	110	83.5	106	132	82.4	122	160	81.5	138	160	80.6	155	185	79.8	171	200	
76.2	85.0	110	74.6	101	132													
92.7	99.7	110	91.1	119	132													沙
104	110	132	103	131	160													鼓
130	133	160	128	158	185													风
43.1	51	75	41.9	60	75	40.8	70	90	39.9	79	90	38.9	89	110				机
50.0	57	75	48.8	68	75	47.8	78	90	46.8	89	110	45.8	100	110	45.0	110	132	厂
56.0	62	75	54.8	74	90	53.8	86	110	52.8	98	110	51.8	109	132	51.0	121	132	
62.9	69	90	61.7	82	110	60.7	94	110	59.7	107	132	58.7	120	132	57.9	133	160	
71.5	76	90	70.3	91	110	69.3	105	132	68.3	120	132	67.3	134	160	66.5	148	185	
54	63	75	52.5	75	90	51.1	86	110	49.8	98	110	48.5	110	132	47.5	122	132	
62.6	70	90	61.1	84	110	59.7	97	110	58.4	110	132	57.1	123	160	56.1	137	160	
70.1	77	90	68.6	90	110	67.2	106	132	65.9	121	132	64.6	135	160	63.6	150	185	
78.7	85	110	77.2	101	110	75.8	117	132	74.5	133	160	73.2	149	185	72.2	165	185	
89.5	95	110	88.0	112	132	86.6	130	160	85.3	148	185	84.0	165	185	83.0	183	200	
67.6	78	90	66.0	85	110	64.4	107	132	63.0	121	132	61.6	136	160				
78.3	87	110	76.7	103	132	75.1	120	132	73.7	136	160	72.3	153	185	※71.6	161	185	
87.7	95	110	86.1	113	132	84.5	131	160	83.1	149	185	81.7	167	185	80.4	185	200	
98.4	105	132	96.8	125	160	95.2	144	160	93.8	164	185	92.4	184	200	91.1	204	220	
111.8	117	132	110.2	139	160	108.6	161	185	107.2	183	200	105.8	205	220	104.5	227	250	
80.8	91	110	78.9	108	132	77.2	125	132	75.8	142	160							
93.5	103	110	91.6	122	132	89.9	141	160	88.5	160	185		※730r/min					
104.5	112	132	102.6	134	160	100.8	155	185	99.5	176	185		升压 93kPa					
117.2	123	160	115.3	146	160	113.6	169	185	112.2	192	220							
133.0	136	160	131.1	161	185	129.4	187	220	128.0	213	250							

型号	口径(mm)	转速(r/min)	各排气压力(kPa)下的进口流量 Q_s(m³/min),											
			9.8			19.6			29.4			39.2		
			Q_s	L_a	P_o	Q_s	L_a	P_o	Q_s	L_a	P_o	Q_s	L_a	P_o
RF-295	300A	650	97.3	23	30	93.5	42	55	90.6	60	75	88.0	78	90
		730	110.8	26	30	107.5	47	55	104.1	67	75	101.5	88	110
		800	122.4	29	37	118.6	51	75	115.7	74	90	113.1	96	110
		880	135.8	32	37	132.0	56	75	129.1	81	90	126.5	105	132
		980	152.5	35	45	148.7	63	75	145.8	90	110	143.2	117	132
RF-300	300A	650	120.7	29	37	116.6	51	75	113.4	73	90	110.5	96	110
		730	137.2	32	37	133.1	57	75	129.9	82	110	127.0	107	132
		800	151.6	35	45	147.5	63	75	144.3	90	110	141.4	118	132
		880	168.1	39	45	164.0	69	90	160.8	99	110	157.9	129	160
		980	188.7	43	55	184.6	76	90	181.4	110	132	178.5	144	160
RF-350	350A	650	144.3	34	45	139.3	60	75	135.3	86	110	131.8	112	132
		730	163.9	38	45	158.9	67	75	158.9	97	110	151.4	126	160
		800	180.9	41	55	175.9	74	90	175.9	106	132	168.4	138	160
		880	200.5	45	55	195.5	81	90	195.5	116	132	188.0	152	185
		980	224.9	50	75	219.9	90	110	219.9	130	160	212.4	169	185
RG-350	350A	590	184.8	43	55	179.3	76	90	175.3	109	132	172.3	142	160
		630	198.2	46	55	192.7	81	90	188.7	116	132	185.7	152	185
		670	211.6	49	55	206.1	86	110	202.1	124	160	199.1	161	185
		710	224.9	52	75	219.4	91	110	215.4	131	160	212.4	171	200
		740	235.0	53	75	229.5	95	110	226.2	136	160	222.5	177	200
RG-400	400A	590	232.1	52	75	226.1	94	110	221.3	135	160	217.1	177	185
		630	258.9	56	75	252.9	100	110	248.1	144	160	243.9	189	220
		670	265.7	59	75	259.7	106	132	254.9	153	185	250.7	201	220
		710	282.5	63	75	276.5	113	132	271.7	163	185	267.5	213	250
		740	295.1	65	75	289.1	117	132	284.8	170	185	280.6	222	250
RG-450	450A	590	292.6	64	75	285.1	116	132	279.9	163	185	275.1	220	250
		630	313.6	68	75	306.1	124	160	300.9	179	200	296.1	234	280
		670	334.6	73	90	327.1	132	160	321.9	190	220	317.1	249	280
		710	355.7	77	90	348.2	139	160	343.0	202	220	338.2	264	280
		740	371.5	80	90	364.0	145	160	359.2	210	220	354.0	275	315
RG-500	500A	590	361.4	78	90	352.4	142	160	345.7	206	220	339.9	270	315
		630	387.4	83	110	378.4	151	185	371.7	220	250	365.9	288	315
		670	413.4	88	110	404.4	161	185	397.7	234	280	391.9	306	355
		710	439.4	93	110	430.4	170	185	423.7	248	280	417.9	325	355
		740	458.9	98	110	449.9	178	200	443.2	257	280	437.4	337	355

注：1. Q_s 是指标准吸气状态(温度20℃、绝对压力101.3kPa、相对湿度50%)下介质为空气时的进口流量。
2. 性能表中带"Δ"符号的产品性能点可以被覆盖但不推荐选用。
3. 当风机转速在590、730、970和1450r/min附近时，采用联轴器分别与10、8、6和4级电机连接，构成直联传动
4. 为了与返销日本的产品统一，所配电机接线盒为左出线(RMF、RF、RG除外)。
5. 电动机防护等级一般选用IP44，用户如对配套电动机防护等级、防爆等级有要求时，需在订货时特别指出。

续表

所需轴功率 L_a(kW)及所配电动机功率 P_o(kW)																	生产厂
49.0			58.8			68.6			78.4			88.2			98.0			
Q_s	L_a	P_o	Q_s	L_a	P_o	Q_s	L_a	P_o	Q_s	L_a	P_o	Q_s	L_a	P_o	Q_s	L_a	P_o	
85.9	96	110	84.0	114	132	82.4	132	160	81.0	151	185							
99.4	108	132	97.5	128	160	95.8	149	185	94.4	169	185							
111.0	118	132	109.1	141	160	107.5	163	185	106.1	185	200							
124.4	130	160	122.5	155	185	120.9	179	200	119.5	204	220							
141.1	145	160	139.2	172	185	137.6	200	220	136.2	227	250							
107.9	118	132	105.5	140	160	103.4	162	185	101.5	185	220							
124.4	132	160	122.0	157	185	119.9	182	200	118.0	207	250							
138.8	145	160	136.4	172	185	134.3	200	220	132.4	227	250							
155.3	159	180	152.9	190	220	150.8	220	250	148.9	250	280							
175.9	178	200	173.5	211	250	171.4	245	280	169.5	278	315							
128.7	139	160	126.0	165	185				※590r/min 升压93.1 kPa									
148.3	156	185	145.6	185	200													
165.3	171	185	162.6	203	220													
184.9	188	220	182.2	223	250													
209.3	209	220	206.6	249	280													
169.6	175	185	167.2	208	220	164.8	241	280	162.8	274	315	160.8	307	355	※159.3	324	355	
183.0	187	220	180.6	222	250	178.2	257	280	176.2	293	355	174.2	328	355	172.7	363	400	
196.4	199	220	194.0	236	280	191.6	273	315	189.6	311	355	187.6	349	400	186.1	386	450	
209.7	211	250	207.3	250	280	204.9	290	315	202.9	330	400	200.9	370	400	199.4	409	450	
219.9	219	250	217.4	260	280	215.0	302	355	213.0	343	400	211.7	386	450	209.9	427	450	
213.4	218	250	209.9	260	280	207.1	301	315	213.0	343	400	※203.1	364	400				
240.2	233	250	226.7	277	315	223.9	322	355	204.6	366	400	※219.9	388	450	※升压83.5kPa			
247.0	248	280	243.5	295	355	240.7	342	400	221.4	389	450	※236.7	413	450				
263.8	262	315	260.3	312	355	257.5	362	400	238.2	412	450	※253.5	437	500				
276.4	273	315	272.9	326	355	270.1	378	450	255.0	431	500	※266.9	457	500				长沙鼓风机厂
271.1	271	315	367.6	323	355	270.1	375	400	※262.4	401	450							
292.1	290	315	288.5	345	400	264.1	400	450	※283.4	428	500	※升压73.5kPa						
313.1	308	355	309.6	367	400	285.1	426	500	※304.4	455	500							
334.2	327	355	330.7	389	450	306.1	451	500	※325.5	488	560							
350.0	340	400	347.5	406	450	327.2	471	500	※342.5	504	560							
334.4	334	355	329.7	398	450	*327.4	431	500				※升压36kPa						
360.4	357	400	355.7	425	500	*354.4	459	500										
386.4	379	400	381.7	452	500	379.4	488	560										
412.4	402	450	407.7	479	560	*405.4	528	560										
432.9	418	450	428.2	499	560	*425.9	538	560										

(RB、RC除外)。

RB型罗茨鼓风机(带联)外形及安装尺寸(mm) 表2-72

型号	A	B	C_1	C_2	D	D_1	D_2	D_3	D_4	D_5	D_6	E	H_1	H_2	H_3	I	J	K	L	M	N	匹配电动机	机组最大重量(kg)
RB-50	250	271	203	173	50	120	155	125	165	180	230	90	105	700	212	135	660	860	360	320	102	Y90S Y90L Y100L Y112M	270
																175	690	890	400	360	110	Y132S	
																251	780	980	440	400	127	Y160M$_1$	
RB-65	285	296	223	175	65	155	175	145	185	210	260	100	115	1000	224	140	690	890	400	360	110	Y90S Y90L Y100L Y112M	280
																180 215	780	980	440	400	127	Y132S Y132M Y160M$_1$	

2) RC型罗茨鼓风机(带联)外形及安装尺寸见图2-59和表2-73。

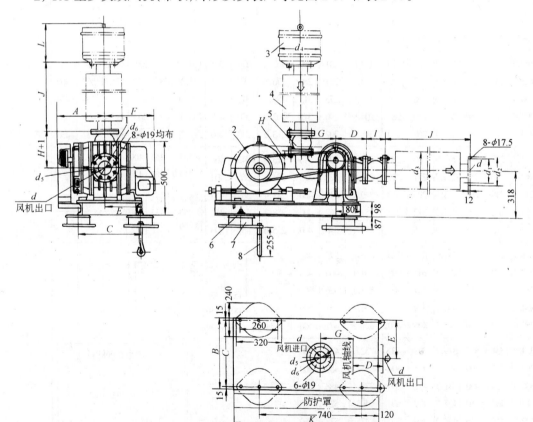

图2-59 RC型罗茨鼓风机(带联)外形及安装尺寸
1—风机；2—电动机；3—空气过滤器；4—消声器；5—弹性接头；6—联接螺栓(4-M16)；
7—减振器；8—地脚螺栓(8-M16×300)

RC 型罗茨鼓风机(带联)外形及安装尺寸(mm)　　　　表 2-73

型号	电动机型号	d	d_1	d_2	d_3	d_4	d_5	d_6	A	B	C	D	E	F	G	H	I	J	K	L	机组最大重量(kg)
RC-80	Y160M, Y160L, Y180L	80	160	200	255	300	175	210	335	470	440		260		360	260	120	135	1160		263.5	504[②]
	Y100, Y112, Y132S, Y132M									370	340		215 135							1040[①]		
RC-100	Y160M, Y160L, Y180L	100	180	220	320	350	150	185	400	470	440		195 225		388	260	130	150	1440		293.5	532[②]
	Y100, Y112, Y132S, Y132M												170									

① 对于 RC-100,当风机为 2000r/min,配 Y160 电动机时,K=1090;当风机配 Y180 电机,除风机转速 1750r/min 外,风机为其他转速时均为 K=1090。

② 不包括图中消声器、过滤器、防滴罩(即双点划线部分附件)重量。

3) RD 型罗茨鼓风机(带联)外形及安装尺寸见图 2-60 和表 2-74。

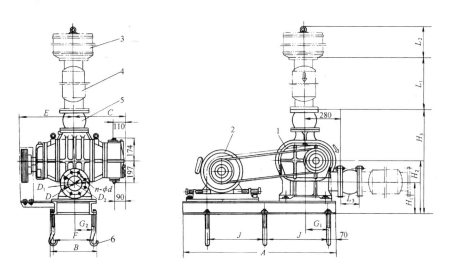

图 2-60　RD 型罗茨鼓风机(带联)外形及安装尺寸
1—风机;2—电动机;3—空气过滤器;4—消声器;5—弹性接头;6—地脚螺栓(6-M16×220)

RD型罗茨鼓风机(带联)外形及安装尺寸　　　　表 2-74

型号	电动机型号	A	B	C	D	D_1	D_2	n-φd	E	F	G_1	G_2	J	H_1	H_2	H_3	L_1	L_2	L_3	机组最大重量(kg)
RD-100	Y112,Y132	1300	450	365	100	180	220		400	420		165	570	230	410	810	1300	294	150	780
	Y160,Y180	1350										215	600							
	Y200,Y225	1450										245	650							
RD-125	Y132	1300	500	397					470	420		165	570							875
	Y160,Y180	1350	450						440			175	600							
	Y200/Y225	1450						8-17.5				195/245	650	250	430	845	1430	375	165	
	Y250		600		125	210	250		520		185	360								
RD-130	Y132	1250	630	457					600			225	570							1100
	Y160,Y180	1350							510				600							
	Y200,Y225		600							570		255	650							
	Y250	1450										285								
RD-150	Y132	1250	680	497	150	240	285	8-22	650	600		245	570	270	420	925	1600	477	180	1260
	Y160,Y180								580				600							
	Y200,Y225	1350	630									265								
	Y250	1450								650		245	650							

4) RD 型罗茨鼓风机(直联)外形及安装尺寸见图 2-61 和表 2-75。

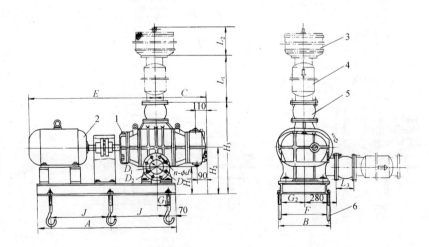

图 2-61　RD 型罗茨鼓风机(直联)外形及安装尺寸
1—风机;2—电动机;3—空气过滤器;4—消声器;5—弹性接头;6—地脚螺栓(6-M16×220)

2.4 罗茨鼓风机

RD型罗茨鼓风机(直联)外形及安装尺寸(mm)　　　　表2-75

型号	电动机型号	A	B	C	D	D_1	D_2	n-φd	E	F	G_1	G_2	J	H_1	H_2	H_3	L_1	L_2	L_3	机组最大重量(kg)
RD-100	Y132	1000	540	365	100	180	220	8-17.5	920	510	110	230	420	230	410	810	1300	294	150	680
	Y160	1100							1050				490							
	Y180	1150							1120											
RD-125	Y132	1000	540	397	125	210	250	8-17.5	920	510	110	230	430	250	430	905	1430	375	165	915
	Y160,Y180	1200							1120				510							
	Y200,Y225	1300	580						1250	550			560							
RD-130	Y132	1200	540	457	125	210	250	8-17.5	1000	510	180	230	510	250	430	905	1430	375	165	970
	Y160,Y180	1400							1060				625							
	Y200,Y225	1500	580						1310	550			675							
RD-150	Y160,Y180	1400	540	497	150	240	285	8-22	1240	510	190		625	270	420	925	1600	477	180	1300
	Y200,Y225	1500	580						1350	550			675							
	Y250	1600	620						1460	590			725							

5) RE型罗茨鼓风机(带联)外形及安装尺寸见图2-62和表2-76。

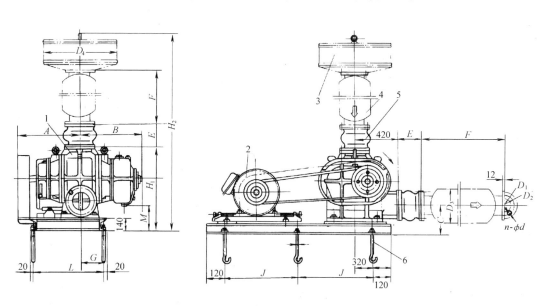

图2-62　RE型罗茨鼓风机(带联)外形及安装尺寸

1—鼓风机；2—电动机；3—空气过滤器；4—消声器；5—弹性接头；6—地脚螺栓(M20×300)

RE 型罗茨鼓风机(带联)外形及安装尺寸(mm) 表 2-76

型号	电动机型号	A	B	C	n-φd	D_1	D_2	D_3	D_4	M	E	F	G	H_1	H_2	L	J	机组最大重量(kg)
RE-145	Y132M	580	550	290	8-φ22	150	240	415	550	256	180	1600	180	840	530	3097	630	1740
	Y160M,Y160L,Y180M Y200L,Y225S,Y225M												250				600	
	Y250M,Y280S												360		710		680	
RE-150	全部配套电机	580	590	300	8-φ22	150	240	415	550	286	180	1600	340	850	3107	710	780	2160
RE-190 RE-200	全部配套电机	720	685	340	8-φ22	200	295	465	700	316	190	1800	280	880	3447	790	805	2540
RE-250	Y180L,Y200L	800	760	350	12-φ22	250	350	530	900	326	230	1850	375	960	3719	1000	680	2880
	Y225S,Y225M Y250M,Y280S Y280M																730	
	Y315S,Y315M																780	

6) RE 型罗茨鼓风机(直联)外形及安装尺寸见图 2-63 和表 2-77。

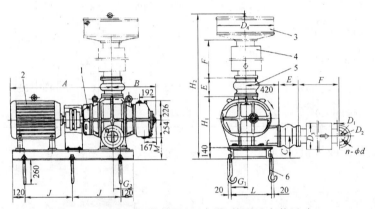

图 2-63 RE 型罗茨鼓风机(直联)外形及安装尺寸
1—鼓风机；2—电机；3—空气过滤器；4—消声器；5—弹性接头；6—地脚螺栓 M20×300

RE 型罗茨鼓风机(直联)外形及安装尺寸(mm) 表 2-77

型号	电动机型号	A	B	C	n-φd	D_1	D_2	D_3	D_4	M	E	F	G_1	G_2	H_1	H_2	L	J	机组最大重量(kg)
RE-145	Y160L/Y180L	1186/1251	550	290	8-22	150	240	415	550	256	180	1600	300	245	700	3097	760	655	1740
	Y200L/Y225M	1316/1388																	
	Y250M/Y280S	1473/1543																705	
	Y280M	1593																730	
RE-150	Y160L/Y200L/Y225M	1186/1316/1388	590	300	8-22	150	240	415	550	286	180	1600	300	275	710	3107	760	655	2160
	Y250M/Y280S	1473/1543																705	
	Y280M	1593																730	
	Y315S	1778																755	
RE-190 RE-200	Y180L/Y200L	1391/1456	685	340	8-22	200	295	465	700	316	190	1800	300	350	740	3447	760	730	2540
	Y225M/Y250M	1526/1611																780	
	Y280S/Y280M	1683/1733																830	
	Y315S/Y315M	1918/1968																880	
RE-250	Y200L/Y225M	1542/1612	760	350	12-22	250	350	530	900	326	230	1850	320	435	820	3719	760	855	2880
	Y280S/Y280M	1767/1817																930	
	Y315S/Y315M	1967/2017																980	

7) RF 型罗茨鼓风机(带联)外形及安装尺寸见图 2-64 和表 2-78。

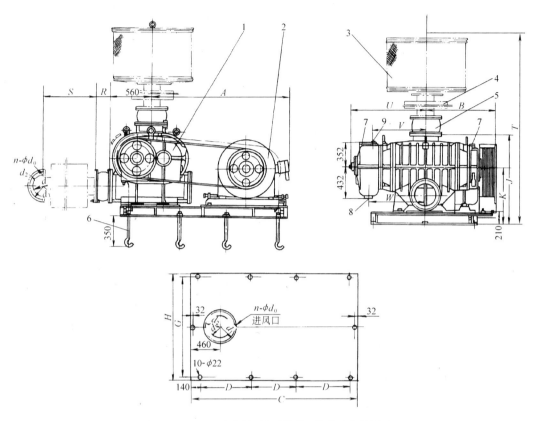

图 2-64 RF 型罗茨鼓风机(带联)外形及安装尺寸
1—风机;2—电机;3—空气过滤器;4—消声器;5—弹性接头;6—地脚螺栓(M20×400);
7—给油口;8—冷却水入口(RC3/4);9—冷却水出口(RC3/4)

RF 型罗茨鼓风机(带联)外形及安装尺寸(mm) 表 2-78

型号	电动机型号	A	B	C	D	d	d_1	n-ϕd_0	d_2	G	H	K	J	R	S	T	U	V	W	重量(kg)
RF-240 245	Y200L~Y225M	1900	780	2050	560	250	350	12-22	400	1036	1100	780	1250	230	1850	4005	810	515	565	4500
	Y250M~Y280M	1760		2150																
	Y315S~Y355M	1900		2250	660															
RF-250	Y200L~Y225M	1700	810	2050	560					1096	1160					4025	865	510	620	4800
	Y280	1760		2150																
	Y315S~Y355L	1900		2250	660							810	1270							
RF-290 295	Y225M	1700	880	2050	560	300	400	12-22	445	1236	1300			245	1880	4204	935	640	690	5300
	Y250M~Y280M	1760		2150																
	Y315S~Y355L	1900		2250	660															
RF-300	Y250M~Y280M	1760	950	2150	560					1376	1440		1300			4234	1015	720	750	5500
	Y315S~Y355L	1900		2250	660							840								
RF-350	Y280	1760	1030	2150	560	350	460	16-22	500	1536	1600		1360	255	2000	4565	1095	800	850	6000
	Y315S~Y355L	1900		2250	660															

8) RF 型罗茨鼓风机(直联)外形及安装尺寸见图 2-65 和表 2-79。

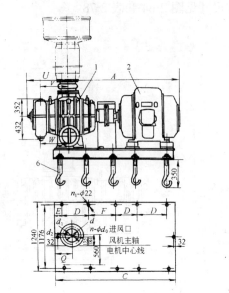
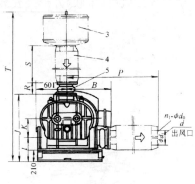

图 2-65 RF型罗茨鼓风机(直联)外形及安装尺寸
1—风机；2—电机；3—空气过滤器；4—消声器；5—弹性接头；6—地脚螺栓(M20×400)

RF型罗茨鼓风机(直联)外形及安装尺寸(mm)　　　　表 2-79

型号	电动机型号	A	B	C	D	E	F	n_1
RF-240 245	Y200L~Y225	1575	530	1800	500	130	0	10
	Y250	1660	570	1850				
	Y280	1780	600	1930				
	Y315	1970	950	2000	560			
	Y355M	2240	814	2150		230		
RF-250	Y250	1715	570	1930	560	130	0	
	Y280	1900	600	2050				
	Y315	2070	950	2085				
	Y355M	2300	814	2250	650			
	Y355L	2300	814	2300				
	Y400	2820	1019	2950	680		680	12
RF-290 295	Y250	1875	570	2100	560	230	0	10
	Y280	2050	600	2150				
	Y315	2230	950	2220				
	Y355M	2370	814	2400	650			
	Y355L	2370	814	2450				
	Y400	2890	1019	3100	680	130	680	12
RF-300	Y280	1983	600	2290	680	130	0	10
	Y315	2173	950	2370				
	Y355M	2450	814	2550		230		
	Y355L	2450	814	2600				
	Y400	2970	1019	3250			680	
RF-350	Y280	2070	600	2500	560	130	560	12
	Y315	2260	950	2540				
	Y355M	2530	814	2700				
	Y355L	2530	814	2770		230		
	Y400	3050	1019	3400	680		680	

续表

风机型号	$n-\phi d_0$	d	d_1	d_2	I	J	K	P	Q	R	S	T	U	V	W	机组最大重量(kg)
RF-240 245	12-22	250	350	400	420	1250	360	1640	325	230	1850	4005	810	515	565	4500
RF-250	12-22	250	350	400	430	1270	380	1640	355	230	1850	4025	865	570	620	5800
RF-290 295	12-22	300	400	445	440	1270	380	2685	425	245	1880	4234	935	640	690	6300
RF-300	12-22	300	400	445	460	1300	380	2685	480	245	1880	4234	1015	720	770	6800
RF-350	16-22	350	460	500	460	1360	380	2815	580	255	2000	4565	1095	800	850	7200

9) R系列标准型罗茨鼓风机附件布置方式见图2-66。

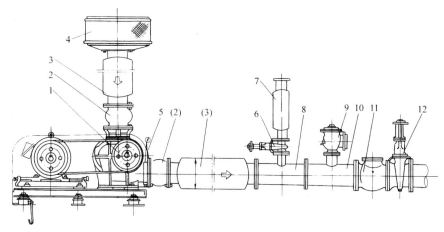

图2-66 R系列标准型罗茨鼓风机附件布置方式
1—鼓风机；2—弹性接头；3—消声器；4—空气过滤器；5—压力表；6—闸阀；7—消声器；8—T型接头；
9—安全阀；10—T型接头；11—逆止阀；12—闸阀

2.4.2 SSR型罗茨鼓风机

(1) 适用范围：SSR型罗茨鼓风机主要用于水处理、气力输送、真空包装、水产养殖等行业，以输送清洁不含油的空气。其进口风量 $1.18 \sim 26.5 m^3/min$，出口升压 $9.8 \sim 58.8 kPa$。

(2) 结构及特点：SSR型罗茨鼓风机系日本大晃机械工业株式会社新开发的三叶型罗茨鼓风机。叶轮采用三叶直线的新线型，使总绝热率和容积效率进一步提高。其机壳内部不须油类润滑，输出的空气清洁，不含任何油质灰尘。该机显著特点是体积小，重量轻、流量大，噪声低，运行平稳，风量和压力特性优良。

(3) 性能规格：

1) SSR系列罗茨鼓风机性能规格见表2-80。

SSR 系列标准型罗茨

各排气压力(kPa)下的进口流量

型号	口径(mm)	转速(r/min)	9.8 Q_s	9.8 L_a	9.8 P_o	14.7 Q_s	14.7 L_a	14.7 P_o	19.6 Q_s	19.6 L_a	19.6 P_o	24.5 Q_s	24.5 L_a	24.5 P_o	29.4 Q_s	29.4 L_a	29.4 P_o
SSR 50	50A	1100	1.18	0.38		1.10	0.51		1.03	0.63	0.75	0.97	0.76		0.92	0.88	
		1230	1.36	0.45		1.28	0.59	0.75	1.22	0.73		1.16	0.87		1.10	1.01	
		1350	1.53	0.52	0.75	1.45	0.68		1.38	0.83		1.32	0.98		1.27	1.14	1.50
		1450	1.67	0.59		1.59	0.75		1.52	0.92		1.46	1.08	1.50	1.41	1.25	
		1530	1.78	0.64		1.70	0.82		1.63	0.99	1.50	1.57	1.16		1.52	1.34	
		1640	1.93	0.72		1.85	0.91		1.79	1.09		1.73	1.28		1.67	1.47	
		1730	2.06	0.78		1.98	0.98	1.50	1.91	1.18		1.85	1.37		1.80	1.57	
		1840	2.21	0.87	1.50	2.13	1.08		2.06	1.29		2.00	1.50		1.95	1.71	2.20
		1950	2.36	0.96		2.28	1.18		2.22	1.40		21.6	1.62	2.20	2.11	1.85	
		2120	2.60	1.1		2.52	1.34		2.45	1.59	2.20	2.39	1.83		2.34	2.07	
SSR 65	65A	1110	1.67	0.53		1.57	0.71		1.48	0.89		1.40	1.07		1.32	1.25	1.50
		1240	1.92	0.62		1.82	0.82		1.73	1.02		1.65	1.22	1.50	1.58	1.42	
		1360	2.16	0.71		2.06	0.93		1.97	1.15	1.50	1.89	1.37		1.82	1.59	
		1450	2.31	0.77		2.22	1.01		2.14	1.25		2.07	1.48		2.00	1.72	2.20
		1530	2.45	0.84	1.50	2.36	1.09	1.50	2.28	1.34		2.21	1.58		2.14	1.83	
		1640	2.66	0.93		2.57	1.20		2.49	1.46		2.42	1.73	2.20	2.36	2.00	
		1740	2.86	1.02		2.77	1.30		2.69	1.58		2.62	1.86		2.56	2.12	
		1820	3.02	1.09		2.93	1.38		2.85	1.68	2.20	2.76	1.97		2.72	2.27	4.0
		1940	3.26	1.20		3.17	1.51		3.09	1.83		3.02	2.14	4.0	2.96	2.46	
		2130	3.64	1.38		3.55	1.73	2.20	3.47	2.08		3.40	2.42		3.33	2.77	
SSR 80	80A	1140	3.05	1.12		2.94	1.42		2.83	1.73		2.72	2.04	2.20	2.62	2.34	
		1230	3.31	1.22		3.21	1.56		3.11	1.90	2.20	3.01	2.23		2.91	2.56	
		1300	3.52	1.31		3.41	1.67	2.20	3.31	2.03		3.22	2.38		3.13	2.72	4.0
		1360	3.71	1.38		3.61	1.77		3.52	2.14		3.43	2.51		3.34	2.87	
		1460	4.01	1.49	2.20	3.91	1.93		3.82	2.33		3.73	2.72	4.0	3.65	3.11	
		1560	4.30	1.61		4.22	2.09		4.14	2.51		4.06	2.94		3.98	3.35	
		1650	4.60	1.71		4.52	2.23		4.44	2.68	4.0	4.36	3.13		4.28	3.56	
		1730	4.87	1.81		4.79	2.36	4.0	4.71	2.83		4.63	3.30		4.55	3.76	5.5
		1820	5.16	1.91		5.08	2.50		5.00	3.00		4.92	3.49		4.84	3.97	
		1900	5.43	2.12	4.0	5.35	2.63		5.27	3.15		5.19	3.66	5.5	5.11	4.16	

鼓风机性能规格

表 2-80

$Q_s(m^3/min)$，所需轴功率 L_a(kW) 及所配电动机功率 P_o(kW)																	生产厂
34.3			39.2			44.1			49.0			53.9			58.8			
Q_s	L_a	P_o	Q_s	L_a	P_o	Q_s	L_a	P_o	Q_s	L_a	P_o	Q_s	L_a	P_o	Q_s	L_a	P_o	
0.87	1.01		0.83	1.13		0.79	1.26	1.50	0.75	1.38	1.50							章丘鼓风机厂、中日合资山东章晃机械工业有限公司
1.05	1.15	1.50	1.01	1.29	1.50	0.97	1.43		0.93	1.57		0.89	1.71					
1.22	1.29		1.17	1.45		1.13	1.60		1.09	1.75	2.20	1.05	1.91	2.20				
1.36	1.41		1.31	1.58		1.27	1.72	2.20	1.23	1.91		1.19	2.07		1.16	2.24		
1.47	1.51		1.42	1.69	2.20	1.38	1.86		1.34	2.03		1.30	2.21		1.27	2.38		
1.62	1.65		1.58	1.84		1.54	2.02		1.50	2.21		1.46	2.40		1.42	2.58	4.0	
1.75	1.77	2.20	1.70	1.96		1.66	2.16		1.62	2.36		1.58	2.56	4.0	1.55	2.75		
1.90	1.92		1.86	2.12		1.82	2.33	4.0	1.78	2.54	4.0	1.74	2.75		1.70	2.96		
2.06	2.07		2.01	2.29	4.0	1.97	2.51		1.93	2.73		1.89	2.95		1.85	3.18		
2.29	2.31	4.0	2.25	2.55		2.21	2.79		2.17	3.03		2.13	3.27		2.09	3.52		
1.25	1.43		1.18	1.61		1.12	1.79		1.07	1.97	2.20							
1.51	1.63		1.44	1.83	2.20	1.38	2.03	2.20	1.32	2.23		1.27	2.43					
1.75	1.81	2.20	1.68	2.03		1.62	2.25		1.56	2.47		1.51	2.69					
1.93	1.96		1.86	2.19		1.80	2.42		1.74	2.66		1.69	2.89	4.0	1.63	3.13		
2.08	2.08		2.02	2.33		1.96	2.58		1.90	2.83	4.0	1.84	3.08		1.79	3.32	4.0	
2.30	2.26		2.24	2.53		2.18	2.80	4.0	2.12	3.06		2.06	3.33		2.01	3.59		
2.50	2.43		2.44	2.71	4.0	2.38	3.00		2.32	3.28		2.26	3.56		2.21	3.84		
2.66	2.57	4.0	2.60	2.86		2.54	3.16		2.48	3.45		2.42	3.75	5.5	2.37	4.04	5.5	
2.90	2.78		2.83	3.09		2.77	3.41		2.71	3.72		2.66	4.04		2.61	4.35		
3.27	3.12		3.21	3.46		3.15	3.81		3.09	4.15		3.04	4.50		2.99	4.85		
2.52	2.64		2.44	2.94		2.36	3.24		2.28	3.54	4.0	2.21	3.84		2.14	4.13		
2.82	2.88		2.74	3.20	4.0	2.66	3.53	4.0	2.58	3.85		2.51	4.17		2.44	4.49	5.5	
3.05	3.07	4.0	2.97	3.41		2.89	3.75		2.81	4.09		2.74	4.43	5.5	2.67	4.76		
3.25	3.23		3.16	3.59		3.08	3.94		3.01	4.30	5.5	2.94	4.65		2.87	5.00		
3.57	3.49		3.49	3.88		3.41	4.26	5.5	3.34	4.64		3.27	5.02		3.20	5.40		
3.90	3.76		3.82	4.17		3.74	4.58		3.67	4.99		3.60	5.39		3.53	5.79	7.5	
4.20	4.00		4.12	4.44	5.5	4.04	4.87		3.96	5.30		3.89	5.73		3.82	6.15		
4.47	4.22	5.5	4.39	4.67		4.31	5.13		4.23	5.57	7.5	4.16	6.02	7.5	4.09	6.47		
4.76	4.46		4.68	4.94		4.60	5.41	7.5	4.52	5.88		4.45	6.35		4.38	6.82		
5.03	4.67		4.95	5.17		4.87	5.67		4.79	6.16		4.72	6.65		4.65	7.14		

型号	口径 (mm)	转速 (r/min)	各排气压力(kPa)下的进口流量													
			9.8			14.7			19.6			24.5			29.4		
			Q_s	L_a	P_o	Q_s	L_a	P_o	Q_s	L_a	P_o	Q_s	L_a	P_o	Q_s	L_a	P_o
SSR 100	100A	1060	4.57	1.46	4.0	4.40	1.19	4.0	4.24	2.36	4.0	4.09	2.82	4.0	3.95	3.27	4.0
		1140	4.97	1.61		4.81	2.10		4.65	2.59		4.50	3.08		4.36	3.57	5.5
		1220	5.34	1.78		5.18	2.30		5.03	2.83		4.89	3.35		4.76	3.87	
		1310	5.73	1.97		5.58	2.54		5.44	3.10		5.31	3.66		5.18	4.22	
		1460	6.53	2.32		6.38	2.94		6.25	3.57	5.5	6.12	4.20	5.5	6.00	4.82	
		1540	6.91	2.51		6.77	3.17		6.64	3.83		6.52	4.49		6.40	5.15	
		1680	7.63	2.86		7.49	3.58	5.5	7.36	4.31		7.24	5.03		7.13	5.75	7.5
		1780	8.09	3.13		7.96	3.89		7.84	4.66		7.73	5.42		7.62	6.18	
		1880	8.57	3.40		8.45	4.21		8.36	5.02		8.25	5.82	7.5	8.15	6.63	
		1980	9.07	3.69	5.5	8.96	4.54		8.85	5.39	7.5	8.75	6.24		8.65	7.09	
SSR 125	125A	980	6.23	1.95		7.00	2.56		5.95	3.18		5.81	3.81	5.5	5.67	4.45	5.5
		1050	6.78	2.20		6.65	2.85		6.51	3.51		6.38	4.18		6.25	4.86	
		1200	7.88	2.92		7.75	3.61		7.62	4.32	5.5	7.50	5.05		7.37	5.80	
		1310	8.71	3.30		8.58	4.07	5.5	8.45	4.86		8.13	5.67		8.20	6.50	7.5
		1390	9.21	3.60	5.5	9.08	4.43		8.96	5.28		8.83	6.15	7.5	8.71	7.04	
		1450	9.75	3.86		9.61	4.75		9.47	5.64		9.33	6.55		9.18	7.48	
		1530	10.35	4.10		10.23	5.02		10.13	5.96		9.98	6.93		9.86	7.90	
		1630	10.94	4.70		10.82	5.66		10.70	6.65	7.5	10.58	7.67		10.47	8.72	11
		1750	11.72	5.19		11.61	6.20	7.5	11.50	7.23		11.38	8.29	11	11.27	9.38	
		1850	12.35	5.70	7.5	12.23	6.76		12.11	7.85	11	11.99	8.97		11.87	10.12	
SSR 150	150A	810	12.65	4.16		12.34	5.36		12.05	6.55	7.5	11.79	7.74	11	11.54	8.94	11.0
		860	13.95	4.68		13.66	5.95	7.5	13.39	7.22		13.14	8.49		12.90	9.76	
		970	15.20	5.58	7.5	14.96	7.02		14.71	8.46		14.47	9.90		14.23	11.34	
		1110	17.53	6.69		17.22	8.32		16.93	9.95	11	16.67	11.58		16.42	13.21	15
		1180	18.70	6.98		18.39	8.72	11	18.10	10.46		17.84	12.20	15	17.59	13.94	
		1240	20.13	7.57	11	19.82	9.40		19.53	11.23		19.27	13.06		19.02	14.89	18.5
		1400	22.20	10.34		21.99	12.40	15	21.79	14.48	15	21.59	16.52	18.5	21.39	18.58	22
		1520	24.30	10.77	15	24.09	13.01		23.89	15.25	18.5	23.69	17.49		23.49	19.73	
		1620	25.37	13.40		25.16	15.79	18.5	24.96	18.18	22	24.76	20.57	22	24.56	22.96	30
		1730	26.51	14.87	18.5	26.31	17.42		26.11	19.97		25.91	22.52	30	25.71	25.07	

续表

$Q_s(m^3/min)$,所需轴功率 L_a(kW)及所配电动机功率 P_o(kW)																			生产厂
34.3			39.2			44.1			49.0			53.9			58.8			
Q_s	L_a	P_o	Q_s	L_a	P_o	Q_s	L_a	P_o	Q_s	L_a	P_o	Q_s	L_a	P_o	Q_s	L_a	P_o	
3.82	3.73	5.5	3.70	4.18	5.5	3.59	4.64	5.5	3.48	5.09	5.5	3.38	5.55	7.5	3.28	6.00	7.5	
4.23	4.06		4.12	4.55		4.01	5.04		3.90	5.53		3.80	6.02		3.71	6.51		
6.64	4.40		4.53	4.92		4.42	5.45		4.32	5.97	7.5	4.22	6.49		4.13	7.02		
5.06	4.79		4.95	5.34		4.84	5.91	7.5	4.74	6.47		4.64	7.03		4.55	7.60		
5.89	5.45	7.5	5.78	6.08	7.5	5.68	6.70		5.58	7.33		5.48	7.96	11	5.39	8.58	11	
6.29	5.81		6.19	6.48		6.09	7.14		5.99	7.80		5.90	8.46		5.81	9.12		
7.02	6.47		6.92	7.19		6.82	7.91	11	6.73	8.63	11	6.64	9.35		6.55	10.07		
7.52	6.95		7.42	7.71		7.32	8.48		7.23	9.24		7.14	10.00		7.06	10.78		
8.05	7.44	11	7.95	8.25	11	7.86	9.05		7.77	9.86		7.68	10.67	15	7.60	11.47	15	章丘鼓风机厂、中日合资山东章晃机械工业有限公司
8.55	7.94		8.46	8.79		8.37	9.64		8.28	10.49		8.20	11.34		8.12	12.19		
5.53	5.10	5.50	5.42	5.76	7.5	5.31	6.42	7.5	5.22	7.08	7.5	5.14	7.74	11	5.06	8.40	11	
6.11	5.55	7.5	5.98	6.24		5.85	6.93		5.74	7.62		5.65	8.31		5.60	9.00		
7.25	6.58		7.12	7.35		6.99	8.13		6.88	8.90	11	6.79	9.68		6.72	10.45		
8.08	7.35		7.95	8.20		7.82	9.05	11	7.71	9.90		7.62	10.75		7.55	11.60		
8.58	7.95	11	8.46	8.86	11	8.33	9.77		8.22	10.68		8.13	11.59	15	8.06	12.50	15	
9.04	8.42		8.90	9.36		8.78	10.31		8.68	11.25		8.59	12.19		8.51	13.14		
9.74	8.90		9.61	9.90		9.49	10.90		9.38	11.90	15	9.29	12.90		9.22	13.90		
10.35	9.80		10.23	10.88		10.11	11.96	15	10.01	13.04		9.90	14.12		9.79	15.20		
11.16	10.50	15	11.04	11.62	15	10.93	12.74		10.08	13.86		10.69	14.98	18.5	10.60	16.10	18.5	
11.76	11.30		11.64	12.48		11.52	13.66		11.40	14.84	18.5	11.30	16.02		11.21	17.20		
11.32	10.13	11	11.12	11.32		10.94	12.52		10.78	13.71	15	10.64	14.91		10.52	16.10	18.5	
12.68	11.03		12.47	12.30	15	12.28	13.57	15	12.11	14.84		11.95	16.11	18.5	11.81	17.38		
13.99	12.78	15	13.83	14.22		13.67	15.66	18.5	13.51	17.10	18.5	13.36	18.54	22	13.20	19.98	22	
16.20	14.84		16.00	16.47	18.5	15.82	18.10		15.66	19.73		15.52	21.36		15.40	22.99		
17.37	15.68	18.5	17.17	17.42		16.99	19.16	22	16.83	20.90	22	16.69	22.64	30	16.57	24.38	30	
18.80	16.72		18.60	18.55	22	18.42	20.38		18.26	22.21		18.12	24.04		18.00	25.87		
21.20	20.64	22	21.01	22.70		20.82	24.76	30	20.66	26.82	30	20.52	28.88		20.40	30.94	37	
23.30	21.97		23.11	24.21	30	22.92	26.45		22.76	28.69		22.62	30.93	37	22.50	33.17		
24.37	25.35	30	24.18	27.74		23.99	30.13	37	23.83	32.52	37	23.69	34.91		23.57	37.30	45	
25.51	27.62		25.32	30.17	37	25.14	32.72		24.98	35.27		24.84	37.82	45	24.72	40.37		

2) SSR 系列罗茨鼓风机出口压力、转速与噪声值关系曲线见图 2-67。有些风机的型号其选定范围是重复的,从经济角度出发,应选用小型风机,从噪声角度考虑,应选用大型风机。

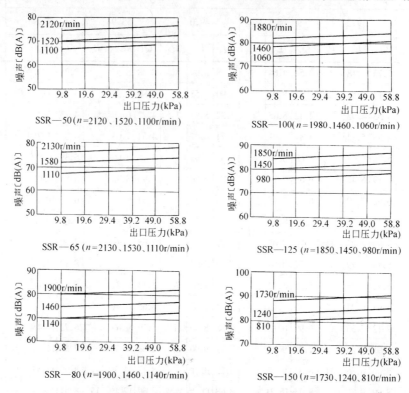

图 2-67　SSR 系列罗茨鼓风机出口压力、转速与噪声值关系曲线

(4) 外形及安装尺寸:SSR 系列罗茨鼓风机外形及安装尺寸见图 2-68 和表 2-81。

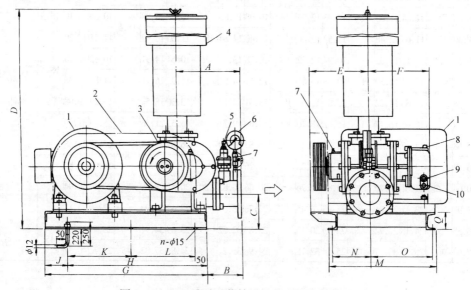

图 2-68　SSR 系列罗茨鼓风机外形及安装尺寸
1—电动机;2—皮带罩;3—风机;4—进口消音器;5—安全阀;6—压力表;
7—压力表开关;8—排气嘴;9—油标;10—放油塞

SSR 系列罗茨鼓风机外形及安装尺寸(mm)　　　　表 2-81

型号	口径(mm)	A	B	C	D	E	F	G	H	J
SSR-50	50A	230	130	120	890	185	179	560	410	100
SSR-65	65A	230	130	130	965	205	202	600	450	100
SSR-80	80A	280	170	145	1125	220	225	650	500	100
SSR-100	100A	280	155	155	1250	260	265	730	580	100
SSR-125	125A	345	195	190	1510	295	294	860	700	110
SSR-150	150A	385	220	210	1730	375	377	960	750	160

型号	口径(mm)	K	L	M	N	O	Q	n	重量(kg)
SSR-50	50A	—	—	300	115	155	75	4	74
SSR-65	65A	—	—	340	135	175	75	4	85
SSR-80	80A	—	—	360	130	200	75	4	125
SSR-100	100A	—	—	470	170	270	75	4	155
SSR-125	125A	350	350	470	185	255	100	6	260
SSR-150	150A	400	350	590	255	295	100	6	400

注：重量中不包括电动机重量。

2.4.3　L 系列罗茨鼓风机

(1)适用范围:L 系列罗茨鼓风机广泛用于水泥、化工、铸造、气力输送、水产养殖、食品、污水处理、环境保护等行业,以输送不含油的清洁空气、煤气、二氧化硫及其他气体。L 系列罗茨鼓风机规格品种多,流量分档密、覆盖面广。其进口流量 $0.8 \sim 711 m^3/min$,出口升压 $9.8 \sim 98 kPa$,本节只介绍风量为 $13.7 \sim 373 m^3/min$ 的产品。

(2)型号意义说明:

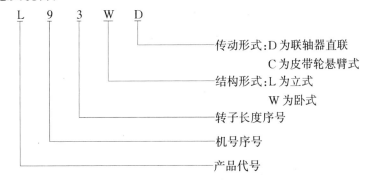

(3)性能规格:L 系列罗茨鼓风机性能规格见表 2-82。

表 2-82 L 系列标准型罗茨鼓风机性能

型号	转速 n (r/min)	升压 ΔP (kPa)	进口流量 Q (m³/min)	轴功率 (kW)	配套电动机 型号	配套电动机 功率 (kW)	主机重量 (kg)	生产厂
L52LD (L52WDA)	980	9.8	20.3	4.48	Y132M$_2$-6	5.5	1190	章丘鼓风机厂·四川鼓风机厂
	980	19.6	18.8	8.96	Y160L-6	11	1190	
	980	29.4	17.6	13.4	Y180L-6	15	1190	
	980	39.2	16.5	17.9	Y200L$_2$-6	22	1190	
	980	49	15.6	22.4	Y225M-6	30	1190	
	980	58.8	14.6	26.9	Y225M-6	30	1190	
	980	68.6	13.7	31.4	Y250M-6	37	1190	
	1450	9.8	32.6	6.63	Y132M-4	7.5	1190	
	1450	19.6	31.0	13.3	Y160L-4	15	1190	
	1450	29.4	29.8	19.9	Y180M-4	22	1190	
	1450	39.2	28.7	26.5	Y200L-4	30	1190	
	1450	49	27.7	33.2	Y225S-4	37	1190	
	1450	58.8	26.8	39.8	Y225M-4	45	1190	
	1450	68.6	25.9	46.4	Y250M-4	55	1190	
L53LD (L53WDA)	980	9.8	26.3	5.68	Y160M-6	7.5	1260	
	980	19.6	24.6	11.4	Y180L-6	15	1260	
	980	29.4	23.2	17.0	Y200L$_2$-6	22	1260	
	980	39.2	22.0	22.7	Y225M-6	30	1260	
	980	49	20.9	28.4	Y250M-6	37	1260	
	980	58.8	19.8	34.1	Y250M-6	37	1260	
	980	68.6	18.9	39.8	Y280M-6	55	1260	
	1450	9.8	41.8	8.40	Y160M-4	11	1260	
	1450	19.6	40.1	16.8	Y180M-4	18.5	1260	
	1450	29.4	38.7	25.2	Y200L-4	30	1260	
	1450	39.2	37.5	33.6	Y225S-4	37	1260	
	1450	49	36.4	42.0	Y250M-4	55	1260	
	1450	58.8	35.4	50.4	Y250M-4	55	1260	
	1450	68.6	34.4	58.8	Y280S-4	75	1260	
L62LD (L62WDA)	730	9.8	29.1	6.39	Y160L-8	7.5	1910	章丘鼓风机厂·四川鼓风机厂
	730	19.6	26.8	12.8	Y200L-8	15	1910	
	730	29.4	25.0	19.2	Y225M-8	22	1910	
	730	39.2	23.4	25.6	Y250M-8	30	1910	
	980	9.8	41.5	8.58	Y160L-6	11	1910	
	980	19.6	39.3	17.2	Y200L$_2$-6	22	1910	
	980	29.4	37.5	25.7	Y225M-6	30	1910	
	980	39.2	35.9	34.3	Y280S-6	45	1910	
	980	49	34.4	42.9	Y280M-6	55	1910	
	980	58.8	33.0	51.5	JS115-6	75	1910	
	980	68.6	31.7	60.1	JS115-6	75	1910	
	1450	9.8	64.9	12.7	Y160L-4	15	1910	
	1450	19.6	62.7	25.4	Y200L-4	30	1910	
	1450	29.4	60.9	38.1	Y225M-4	45	1910	
	1450	39.2	59.3	50.8	Y250M-4	55	1910	
	1450	49	57.8	63.5	Y280S-4	75	1910	
	1450	58.8	56.4	76.2	Y280M-4	90	1910	
L63LD (L63WDA)	730	9.8	37.1	8.01	Y180L-8	11	2250	
	730	19.6	34.6	16.0	Y225S-8	18.5	2250	
	730	29.4	32.6	24.0	Y250M-8	30	2250	
	730	39.2	30.8	32.0	Y280M-8	37	2250	
	730	49	29.2	40.0	Y280M-8	45	2250	
	730	58.8	27.7	48.0	Y315S-8	55.0	2250	
	730	68.6	26.2	56.0	Y315M$_1$-8	75	2250	
	730				JS116-8	70	2250	
	980	9.8	52.7	10.8	Y180L-6	15	2250	

2.4 罗茨鼓风机

续表

型号	转速 n (r/min)	升压 ΔP (kPa)	进口流量 Q (m³/min)	轴功率 (kW)	配套电动机 型号	配套电动机 功率 (kW)	主机重量 (kg)	生产厂
L63LD (63WDA) (63LDA)	980	19.6	50.2	21.5	Y225M-6	30	2250	章丘鼓风机厂
		29.4	48.2	32.2	Y250M-6	37	2250	
		39.2	46.2	43.0	Y280M-6	55	2250	
		49	44.8	53.7	Y315S-6	75	2250	
		58.8	43.3	64.5	Y315S-6	75	2250	
		68.6	41.8	75.2	Y315M₁-6	95	2250	
					JS116-6	90	2250	四川鼓风机厂
	1450	9.8	82.1	15.9	Y180M-4	18.5	2250	
		19.6	79.6	31.8	Y225S-4	37	2250	
		29.4	77.5	47.7	Y250M-4	55	2250	
		39.2	75.8	63.6	Y280S-4	75	2250	
		49	74.1	79.5	Y280M-4	90	2250	
		58.8	72.6	95.4	Y315S-4	110	2250	
					JS114-4	115	2250	
L72WD	780	9.8	62	12.7	Y200L-8	15	3250	章丘鼓风机厂
		19.6	58.6	25.3	Y250M-8	30	3250	
		29.4	55.9	38	Y280M-8	45	3250	
		39.2	53.6	50.7	Y280S-8	55	3250	
		49	51.4	63.3	Y315M₁-8	75	3250	
					JS116-8	70	3250	四川鼓风机厂
		58.8	49.3	76.0	Y315M₂-8	90	3250	
					JS125-8	95	3250	
	980	9.8	86.7	17.0	Y200L₂-6	22	3250	
		19.6	83.3	34.0	Y250M-6	37	3250	
		29.4	80.6	51.0	Y280M-6	55	3250	
		39.2	78.3	68.0	Y315S-6	75	3250	
L72WD	980	49	76.1	85.0	Y225M₁-6	90	3250	章丘鼓风机厂
					JS116-6	95	3250	
		58.8	74.0	102.0	Y315M₂-6	110	3250	
					JS117-6	115	3250	
L73WD (L73WDB)	730	9.8	74.7	15.1	Y225S-8	18.5	3420	
		19.6	71.1	30.2	Y280S-8	37	3420	
		29.4	68.2	45.3	Y315S-8	55	3420	
		39.2	65.6	60.4	Y315M₁-8	75	3420	四川鼓风机厂
					JS116-8	70	3420	
		49	63.3	75.5	Y315M₂-8	90	3420	
					JS125-8	95	3420	
		58.8	61.0	90.6	Y315M₃-8	110	3420	
					JS126-8		3420	
	980	9.8	104	20.3	Y200L₂-6	22	3420	
		19.6	101	40.6	Y280S-6	45	3420	
		29.4	97.6	60.8	Y315S-6	75	3420	
		39.2	95.1	81.1	Y315M₁-6	90	3420	
					JS116-6	95	3420	
		49	92.7	101	Y315M₂-6	110	3420	
					JS117-6	115	3420	
		58.8	90.5	122	Y315M₃-6	132	3420	
					JS125-6	130	3420	
L74WD (L74WDB)	730	9.8	89.9	18.0	Y225M-8	22	3630	
		19.6	85.9	36.0	Y280M-8	45	3630	
		29.4	82.8	54.0	Y315S-8	60	3630	
					JS115-8		3630	
		39.2	80.0	72.0	Y315M₁-8	75	3630	
					JS117-8	90	3630	
						80		

续表

型号	转速 n (r/min)	升压 ΔP (kPa)	进口流量 Q (m³/min)	轴功率 (kW)	配套电动机 型号	配套电动机 功率 (kW)	主机重量 (kg)	生产厂
L74WD (L74WDB)	730	49	77.4	90.1	Y315M₃-8	110	3630	章丘鼓风机厂、四川鼓风机厂
		9.8	125	24.2	JS126-8	30	3630	
		19.6	121	48.4	Y225M-6	55	3630	
		29.4	118	72.5	Y280M-6	95	3630	
		39.2	115	96.7	Y315M₂-6	110	3630	
		49	112	121	JS117-6	132	3630	
	980	9.8	71.8	14.9	JS125-6	130	4100	
		19.6	67.1	29.9	Y315S-10	45	4100	
		29.4	63.4	44.8	JS115-10	45	4100	
		39.2	60.1	59.8	Y315M₁-10	55	4100	
		49	57.1	74.7	Y315M₂-10	75	4100	
		58.8	54.2	89.6	JS117-10	65	4100	
	580	9.8	93.8	18.8	JS1250-10	80	4100	
		19.6	89.1	37.6	JS126-10	95	4100	
		29.4	85.4	56.4	Y225M-8	22	4100	
		39.2	82.1	75.2	Y280M-8	45	4100	
L81WD (L81WDA)	730	49	79.0	94.0	Y315M₃-8	110	4100	章丘鼓风机厂、四川鼓风机厂
		58.8	76.2	113	JS126-8	130	4100	
	980	9.8	130	25.2	JS127-8	30	4100	
		19.6	126	50.5	Y225M-6	55	4100	
		29.4	122	75.7	Y315M₁-6	90	4100	
		39.2	119	101	JS116-6	110	4100	
		49	116	125	Y315M₂-6	115	4100	
		58.8	113	151	JS117-6	130	4100	
	580	9.8	92.1	18.8	Y315M₃-6	132	4700	
		19.6	87	37.7	JS127-6	185	4700	
		29.4	82.8	56.5	Y315S-10	45	4700	
		39.2	79.2	75.4	JS115-10	45	4700	
		49	75.9	94.1	Y315S-10	65	4700	
		58.8	72.8	113	JS117-10	95	4700	
L82WD (L82WDA)	730	9.8	120	23.7	JS126-10	115	4700	
		19.6	115	47.4	JS127-10	130	4700	
		29.4	111	71.1	JS128-10	30	4700	
		39.2	107	94.8	Y250M-8	55	4700	
					Y315S-8	60	4700	
					JS115-8	90	4700	
					Y315M₂-8	80	4700	
					JS117-8	110	4700	
					Y315M₃-8			

2.4 罗茨鼓风机

续表

型号	转速 n (r/min)	升压 ΔP (kPa)	进口流量 Q (m³/min)	轴功率 (kW)	配套电动机型号	功率 (kW)	主机重量 (kg)	生产厂
L83WD (L83WDA)	980	19.6	207	80.8	Y315M₁-6	90	5300	章丘鼓风机厂
					JS116-6	95	5300	
		29.4	202	121	Y315M₂-6	132	5300	
					JS126-6	130	5300	
		39.2	198	162	JS127-6	185	5300	
		49	194	202	JS128-6	215	5300	
		58.8	191	242	JS137-6	280	5300	
	580	9.8	150	30	Y315S-10	45	5800	
					JS115-10	75	5800	
		19.6	143	60	Y315M₂-10	65	5800	
					JS117-10	95	5800	
		29.4	138	90	JS126-10	130	5800	
		39.2	134	120	JS128-10	155	5800	
		49	128	149	JS137-10	200	5800	
		58.8	126	179	JS1410-10*		5800	
L84WD (L84WDA)	730	9.8	194	37.6	Y280M-8	45	5800	四川鼓风机厂
		19.6	187	75.2	Y315M₂-8	90	5800	
					JS125-8	95	5800	
		29.4	182	113	JS127-8	130	5800	
		39.2	178	150	JS136-8	180	5800	
		49	173	188	JS137-8	210	5800	
		58.8	170	226	JS138-8	245	5800	
	980	9.8	267	50.5	Y315S-6	75	5800	
		19.6	261	101	Y315M₂-6	110	5800	
					JS117-6	115	5800	
		29.4	255	151	JS126-6	155	5800	
		39.2	251	202	JS128-6	215	5800	
		49	247	252	JS137-6	280	5800	

型号	转速 n (r/min)	升压 ΔP (kPa)	进口流量 Q (m³/min)	轴功率 (kW)	配套电动机型号	功率 (kW)	主机重量 (kg)	生产厂
(L82WDA)	730	39.2	107	94.8	JS126-8	110	4700	章丘鼓风机厂
		49	104	118	JS127-8	130	4700	
		58.8	100	142	JS128-8	155	4700	
	980	9.8	166	31.8	Y250M-6	37	4700	
		19.6	161	63.6	Y315S-6	75	4700	
					JS115-6	110	4700	
		29.4	157	95.4	Y315M₂-6	132	4700	
					JS117-6	130	4700	
		39.2	153	127	Y315M₃-6	185	4700	
		49	150	159	JS125-6	215	4700	
		58.8	147	191	JS127-6	—	4700	
L83WD (L83WDA)	580	9.8	119	23.9	Y315S-10	45	5300	四川鼓风机厂
		19.6	113	47.8	JS115-10	55	5300	
		29.4	108	71.1	Y315M₁-10	80	5300	
		39.2	104	95.6	JS116-10	115	5300	
		49	101	120	JS125-10	130	5300	
		58.8	97.0	143	JS127-10	155	5300	
					JS137-10			
	730	9.8	154	30.1	Y280S-8	37	5300	
		19.6	148	60.2	Y315M₁-8	75	5300	
					Y315M₂-8	70	5300	
		29.4	143	90.3	JS116-8	110	5300	
		39.2	139	120	JS126-8	130	5300	
		49	136	150	JS127-8	155	5300	
		58.8	132	181	JS128-8	210	5300	
					JS137-8			
	980	9.8	213	40.4	Y280S-6	45	5300	

续表

型号	转速 n (r/min)	升压 ΔP (kPa)	进口流量 Q (m³/min)	轴功率 (kW)	配套电动机 型号	配套电动机 功率 (kW)	主机重量 (kg)	生产厂
L93WD (L93WDB)	980	58.8	243	303	JS148-6*	310	5800	章丘鼓风机厂、四川鼓风机厂
	580	9.8	256	49.5	Y315M₁-10	55	10200	
	580	19.6	248	99.0	JS116-10	115	10200	
	580	29.4	241	148	JS127-10	155	10200	
	580	34.3	238	173	JS137-10	180	10200	
	580	39.2	235	198	JS138-10	260	10200	
	580	39.2	235	198	JS157-10*	220	10200	
	580	49	230	247	JS157-10*	260	10200	
	580	49	230	247	Y450-10*	310	10200	
	580	58.8	225	297	JS158-10*	315	10200	
	730	9.8	329	62.3	Y315M₁-8	75	10200	
	730	9.8	329	62.3	JS116-8	70	10200	
	730	19.6	321	125.0	JS128-8	155	10200	
	730	29.4	314	187	JS137-8	210	10200	
	730	34.3	311	218	JS138-8	245	10200	
	730	39.2	308	249	JS1410-8*	280	10200	
	730	49	303	311	JS157-8*	320	10200	
	730	58.8	298	374	JS158-8*	380	10200	
	730	58.8	298	374	Y450-8*	400	10200	
L94WD (L94WDB)	580	9.8	291	56.0	Y315M₂-10	75	11800	章丘鼓风机厂、四川鼓风机厂
	580	9.8	291	56.0	JS117-10	65	11800	
	580	19.6	282	112.0	JS128-10	130	11800	
	580	29.4	275	168	JS138-10	180	11800	
	580	34.3	272	196	JS1410-10*	200	11800	
	580	34.3	272	196	Y450-10*	220	11800	
	580	39.2	269	224	JS175-10*	260	11800	
	580	49	263	280	JS158-10*	310	11800	
	730	9.8	373	70.5	Y315M₁-8	75	11800	
	730	9.8	373	70.5	JS117-8	80	11800	
	730	19.6	365	141.0	JS128-8	155	11800	
	730	29.4	357	212	JS138-8	245	10200	
	730	34.3	354	247	JS1410-8*	280	10200	
	730	39.2	351	282	JS157-8*	320	10200	
	730	49	346	353	JS158-8*	380		

注：1. 带 * 者为 6000V 高压电动机。
2. 型号栏中带括弧者为四川鼓风机厂产品。

2.4 罗茨鼓风机

(4) 外形及安装尺寸：

1) $L_{53}^{52} \sim L_{63}^{62}$LD 型罗茨鼓风机外形及安装尺寸见图 2-69 和表 2-83。

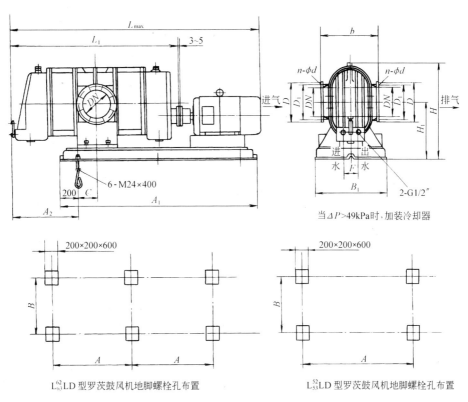

图 2-69　$L_{53}^{52} \sim L_{63}^{62}$LD 型罗茨鼓风机外形及安装尺寸

$L_{53}^{52} \sim L_{63}^{62}$LD 型罗茨鼓风机外形及安装尺寸（mm）　　　表 2-83

型号	L_{max}	L_1	A_1	C	A_2	F	H	H_1	b	B_1	B	A	DN	D_1	D	n-ϕd	电动机型号
L52LD	2047	1330	1400	0	692.5	140	830	520	600	660	610	1000	200	280	320	8-17.5	Y132M、Y160L、Y180L
	2267		1570	0						660	610	1170					Y200L、Y225S Y225M、Y250M
L53LD	2207	1425	1570	83	657	140	830	520	600	660	610	1170	250	335	375	12-17.5	Y160M、Y180M、Y180L、Y200L
	2482		1840	83						660	610	1440					Y225S、Y225M、Y250M、Y280$_M^S$
L62LD	2455	1518	1745	46	731.5	150	980	600	720	790	740	672	250	335	375	12-17.5	Y160L、Y200L、Y225M、Y250M
	2725		2090	46						790	740	845					Y280S、Y280M、Y315S、JS115-6
L63LD	2565	1628	1890	102	730.5	150	980	600	720	790	740	745	300	395	440	12-22	Y180L、Y180M、Y225$_M^S$、Y250M
	2930		2260	102						790	740	930					Y280S、Y280M、Y315S、Y315M、JS114-4、JS115-6、JS116-6、JS116-8

2) L72~74WD型罗茨鼓风机外形及安装尺寸见图2-70和表2-84。

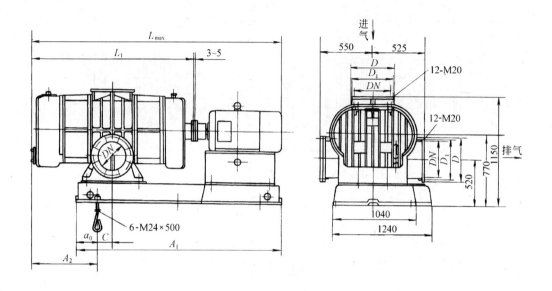

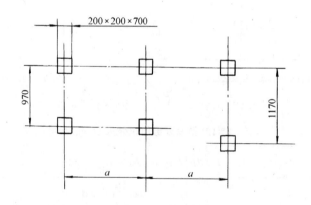

图2-70　L72~74WD型罗茨鼓风机外形及安装尺寸

L72~74WD型罗茨鼓风机外形及安装尺寸(mm)　　　　　表2-84

风机型号	L_{max}	L_1	A_1	C	A_2	a_0	a	DN	D_1	D
L72WD	2972	1686	2320	45	772.5	350	810	300	395	440
L73WD	3136	1791	2600	65	825	450	850	350	445	490
L74WD	3261	1916	2600	65	881.5	450	850	350	445	490

3) L81~84WDG型罗茨鼓风机外形及安装尺寸见图2-71和表2-85、86。

2.4 罗茨鼓风机

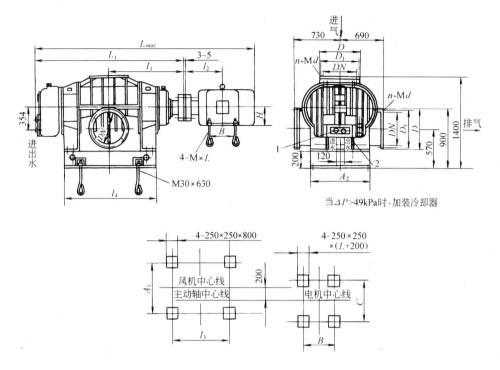

图 2-71 L81～84WDG 型罗茨鼓风机外形及安装尺寸
1—进水口；2—出水口（DN15、间距 120）

L81～84WDG 型罗茨鼓风机外形及安装尺寸（mm）　　　　表 2-85

型号	L_{max}	L_1	l_1	l_3	l_4	A_1	A_2	DN	D_1	D	n-Md
L81WDG	3465	1994	970	440	1030	920	980	350	445	490	12-M20
L82WDG	3855	2124	1035	570	1160	920	980	400	495	540	16-M20
L83WDG	4125	2294	1120	740	1330	920	980	450	550	595	16-M20
L84WDG	4325	2494	1220	940	1530	920	980	500	600	645	20-M20

L81～84WDG 型罗茨鼓风机配套电动机尺寸（mm）　　　　表 2-86

电动机型号	Y225	Y250		Y280		Y315		JS			JS		JS		JS		JS		Y450
尺寸	M	M	S	M	S	M	115-8.10	115-6 116-810 117-810	116-6 117-6		125 126	127 128	136-8.6 137-8.10	137-6 130-8.10	148-6 1410-10	1410-8.6	157		Y450
C	356	406		457		508		620			710		790		940		110		800
B	311	349	368	419	457	508	490	590	590		550	650	660	760	870	970	820		1120
H	225	250		280		315		375			450		500		560		630		450
MXL	16×300	20×300		24×400		20×300					24×400				36×800				30×630
l_2	451.5	487.5	521	546.5	619.5	645	665	715	765		770	820	840	890	1005	1055	955		1170

4）L81～84～L93～94WD 型罗茨鼓风机外形及安装尺寸见图 2-72 和表 2-87、88。

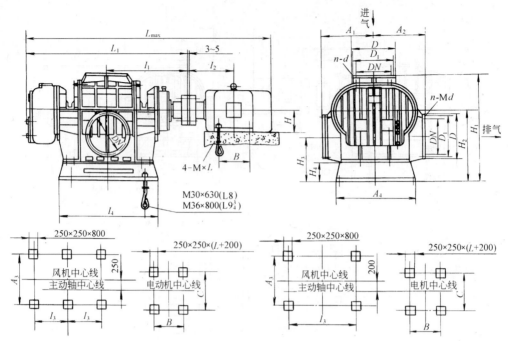

图 2-72　L81～84～L93/94WD 型罗茨鼓风机外形及安装尺寸

L81～84～L93/94WD 型罗茨鼓风机外形及安装尺寸(mm)　　　　表 2-87

风机型号	A_1	A_2	A_3	A_4	H_1	H_2	H_3	H_4	L_{max}	L_1	l_1	l_3	l_4	DN	D_1	D	n-Md
L81WD	730	690	920	980	1400	900	570	200	3450	1994	970	440	1030	350	445	490	12-M20
L82WD	730	690	920	980	1400	900	570	200	3580	2124	1035	570	1160	400	495	540	16-M20
L83WD	730	690	920	980	1400	900	570	200	3860	2294	1120	740	1330	450	550	595	16-M20
L84WD	730	690	920	980	1400	900	570	200	4320	2494	1220	940	1530	500	600	645	20-M20
L93WD	850	820	1235	1335	1615	1015	610	200	4800	2726	1335	800	1720	550	655	705	20-M24
L94WD	850	820	1235	1335	1615	1015	610	200	4940	2866	1405	870	1860	600	705	755	20-M24

L81～84～L93/94WD 型罗茨鼓风机配套电动机尺寸(mm)　　　　表 2-88

电动机型号	Y225	Y250	Y280		Y315		JS		JS		JS		JS		JS		Y450
尺寸	M	M	M	S	M	S	1410-18 148-6	1410-8	125 126	127 128	136-8 137-8.10	137-6 130-8.10	115-8.10	115-6 116-8.10 117-8.10	116-6 117-6	157 158	
C	356	406	457		508		940		710		790			620		1100	800
B	311	349	419	368	457	406	870	970	550	650	660	760	490	590	590	820	1120
H	225	250	280		315		560		450		500			375		630	450
M×L	M16×300	M20×300	M24×400		M36×800		M24×400						M20×300			M36×800	M30×630
l_2	451.5	487.5	546.5	521	624.5	594	1005	1055	770	820	840	890	665	715	765	955	1170

2.5 通风机

2.5.1 4-72、B4-72型中低压离心通风机

(1) 适用范围:4-72型离心通风机可作为一般工厂及大型建筑物的室内通风换气,用以输送空气和其他不自燃、对人体无害、对钢材无腐蚀性的气体。B4-72型风机可作为易燃挥发性气体的通风换气用。气体内不许有粘性物质,所含尘土及硬质颗粒物不大于150mg/m^3,气体温度不得超过80℃。

(2) 型号意义说明:

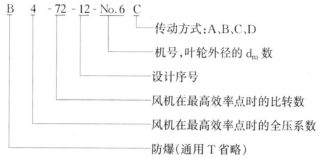

(3) 结构与特点:4-27型风机中No.2.8~6主要由叶轮、机壳、进风口等部分配直联电机组成。No.8~12除具有上述部分外,还有传动部分。

1) 叶轮由10个后倾的机翼型叶片、曲线型前盘和平板后盘组成,用钢板或铸铝合金制造,并经动、静平衡校正,空气性能良好,效率高,运转平稳。

2) 进风口制成整体,装于风机的侧面,与轴向平行的截面为曲线形状,能使气体顺利进入叶轮,且损失较小。

3) 传动部分由主轴、轴承箱、滚动轴承、皮带轮或联轴器组成。B4-72型风机选用件以及地基尺寸与4-72型一致,结构亦基本相同。No.2.8~6A采用B_{35}型带法兰盘与底脚的电动机。No.6~12C、D电动机选用该表中与Y系列对应的YB系列,安装型式为B3。

(4) 性能规格:4-72型离心通风机性能规格见表2-89。B4-72型风机的性能规格与4-72型一致。

4-72型离心通风机性能规格　　表2-89

机号	传动方式	转速(r/min)	流量(m^3/h)	全压(Pa)	内效率(%)	内功率(kW)	所需功率(kW)	电动机型号	功率(kW)	生产厂
2.8	A	2900	1131	994	69.3	0.45	0.67	Y90S-2 (B35)	1.5	银川风机厂、成都风机厂、济南第二风机厂、陕西骊山风机厂、四川鼓风机厂、西安风机厂、宁波风机厂
			1480	933	75.5	0.51	0.71			
			1828	835	76.9	0.55	0.71			
			2355	606	69.3	0.57	0.80			
3.2	A	2900	1688	1300	69.3	0.88	1.23	Y90L-2 (B35)	2.2	
			2209	1220	75.5	0.99	1.38			
			2729	1091	76.9	1.07	1.39			
			3517	792	69.3	1.11	1.45			

续表

机号	传动方式	转速(r/min)	流量(m³/h)	全压(Pa)	内效率(%)	内功率(kW)	所需功率(kW)	电动机型号	功率(kW)	生产厂
3.2	A	1450	844	324	69.3	0.11	0.16	Y90S-4(B35)	1.1	银川风机厂、成都风机厂、济南第二风机厂、陕西骊山风机厂、四川鼓风机厂、西安风机厂、宁波风机厂
			1104	304	75.5	0.12	0.19			
			1498	251	75.6	0.14	0.21			
			1758	198	69.3	0.14	0.21			
3.6	A	2900	2664	1578	74.2	1.56	2.03	Y100L-2(B35)	3	
			3405	1481	80.3	1.73	2.25			
			4146	1343	82.6	1.86	2.42			
			5268	989	74.3	1.94	2.52			
3.6	A	1450	1332	393	74.2	0.20	0.29	Y90S-4(B35)	1.1	
			1893	353	82.1	0.23	0.34			
			2263	313	81.8	0.24	0.36			
			2634	247	74.3	0.24	0.36			
4	A	2900	4012	2014	77.0	2.89	3.47	Y132S$_1$-2(B35)	5.5	
			4973	1915	82.5	2.18	3.82			
			5962	1723	84.6	3.35	4.02			
			7419	1320	77.5	3.49	4.19			
4	A	1450	2006	501	77.0	0.36	0.54	Y90S-4(B35)	1.1	
			2487	476	82.5	0.40	0.60			
			2981	429	84.6	0.42	0.63			
			3709	329	77.5	0.44	0.66			
4.5	A	2900	5712	2554	77.0	5.21	6.00	Y132S$_2$-2(B35)	7.5	
			7081	2428	82.5	5.74	6.60			
			8489	2184	84.6	6.04	6.95			
			10562	1673	77.5	6.30	7.42			
4.5	A	1450	2856	634	77.0	0.65	0.91	Y90S-4(B35)	1.1	
			3540	603	82.5	0.72	1.00			
			4245	543	84.6	0.76	1.06			
			5281	416	77.5	0.79	1.10			
5	A	2900	7728	3187	77.6	8.72	10.02	Y160M$_2$-2(B35)	15	
			9928	3074	84.7	9.90	11.39			
			12128	2792	86.1	10.82	12.44			
			15455	2019	77.6	11.09	12.75			
5	A	1450	3864	790	77.6	1.09	1.42	Y100L$_1$-4(B35)	2.2	
			4964	762	84.7	1.24	1.61			
			6064	693	86.1	1.35	1.76			
			7728	502	77.6	1.39	1.80			

续表

机号	传动方式	转速(r/min)	流量(m³/h)	全压(Pa)	内效率(%)	内功率(kW)	所需功率(kW)	电动机 型号	电动机 功率(kW)	生产厂
6	A	1450	6677	1139	77.6	2.71	3.25	Y112M-4 (B35)	4	
			8578	1099	84.7	3.08	3.70			
			10478	999	86.1	3.36	4.04			
			13353	724	77.6	3.45	4.14			
6	A	960	4420	498	77.6	0.79	1.10	Y100L-6 (B35)	1.5	
			5679	481	84.7	0.89	1.25			
			7582	402	84.6	1.00	1.40			
			8841	317	77.6	1.00	1.30			
6	D	1450	6677	1139	77.6	2.71	3.32	Y112M-4	4	
			8578	1099	84.7	3.08	3.77			
			10478	999	86.1	3.36	4.12			
			1335	724	77.6	3.45	4.22			
6	D	960	4420	498	77.6	0.79	1.12	Y100L-6	1.5	银川风机厂、成都风机厂、济南第二风机厂、陕西骊山风机厂、四川鼓风机厂、西安风机厂、宁波风机厂
			5679	481	84.7	0.89	1.28			
			7582	402	84.6	1.00	1.32			
			8841	317	77.6	1.00	1.33			
6	C	2240	10314	2734	77.6	10.00	12.10	Y100L-4	15	
			13251	2637	84.7	11.35	13.74			
			17692	2202	84.6	12.69	15.36			
			20628	1733	77.6	12.71	15.39			
6	C	2000	9209	2176	77.6	7.11	8.61	Y160M-4	11	
			11831	2099	84.7	8.08	9.78			
			14453	1907	86.1	8.83	10.69			
			18418	1380	77.6	9.05	10.95			
6	C	1800	8288	1760	77.6	5.19	6.28	Y132M-4	7.5	
			10648	1697	84.7	5.89	7.13			
			13008	1542	86.1	6.44	7.79			
			16576	1116	77.6	6.60	7.98			
6	C	1600	7367	1389	77.6	3.64	4.60	Y132S-4	5.5	
			9465	1339	84.7	4.14	5.23			
			11562	1217	86.1	4.52	5.71			
			14734	881	77.6	4.63	5.85			
6	C	1250	5756	846	77.6	1.74	2.38	Y100L$_2$-4	3	
			7395	816	84.7	1.97	2.49			
			9033	742	86.1	2.16	2.72			
			11511	537	77.6	2.21	2.79			

续表

机号	传动方式	转速(r/min)	流量(m³/h)	全压(Pa)	内效率(%)	内功率(kW)	所需功率(kW)	电动机 型号	电动机 功率(kW)	生产厂
6	C	1120	5157	679	77.6	1.25	1.71	Y100L$_1$-4	2.2	银川风机厂、成都风机厂、济南第二风机厂、陕西骊山风机厂、四川鼓风机厂、西安风机厂、宁波风机厂
6	C	1120	6626	655	84.7	1.42	1.94	Y100L$_1$-4	2.2	
6	C	1120	8094	595	86.1	1.55	2.12	Y100L$_1$-4	2.2	
6	C	1120	10314	431	77.6	1.59	2.17	Y100L$_1$-4	2.2	
6	C	1000	4605	541	77.6	0.89	1.31	Y100L$_1$-4	2.2	
6	C	1000	5916	522	84.7	1.01	1.38	Y100L$_1$-4	2.2	
6	C	1000	7227	474	86.1	1.10	1.51	Y100L$_1$-4	2.2	
6	C	1000	9209	344	77.6	1.13	1.55	Y100L$_1$-4	2.2	
6	C	900	4144	438	77.6	0.65	0.96	Y90L-4	1.5	
6	C	900	5324	422	84.7	0.74	1.09	Y90L-4	1.5	
6	C	900	6504	384	86.1	0.80	1.19	Y90L-4	1.5	
6	C	900	8288	278	77.6	0.82	1.22	Y90L-4	1.5	
6	C	800	3684	346	77.6	0.46	0.72	Y90S-4	1.1	
6	C	800	4733	334	84.7	0.52	0.76	Y90S-4	1.1	
6	C	800	5781	303	86.1	0.57	0.83	Y90S-4	1.1	
6	C	800	7367	220	77.6	0.58	0.85	Y90S-4	1.1	

(5) 外形及安装尺寸：

1) $\dfrac{4\text{-}72\text{-}12}{B4\text{-}72\text{-}12}$ No. 2.8～6A 离心通风机外形及安装尺寸见图 2-73 和表 2-90。

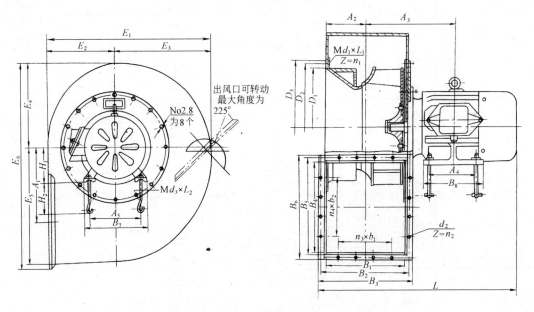

图 2-73　$\dfrac{4\text{-}72\text{-}12}{B4\text{-}72\text{-}12}$ No. 28～6A 离心通风机外形及安装尺寸

2.5 通风机

表 2-90 B$4-72-12$ / $4-72-12$ No. 2.8~6A 离心通风机外形及安装尺寸(mm)

外形及安装尺寸

机号		D_1	D_2	D_3	A_1	A_2	A_3	A_4	A_5	B_7	B_8	E_1	E_2	E_3	E_4	E_5	E_6	H_1	H_2	地脚螺栓 $Md_3 \times L_2$
No 2.8	Y/B 90S-2 (配用电动机(B35型))	280	306	324	196	100	206	100	140	180	150	455	187	268	226	310	561	90	185	M8×220
No 3.2	Y/B 90S-4	320	350	367	224	114.5	220.5	100	140	180	150	519	213	306	258	354	637	90	185	M8×220
	Y/B 90L-2						233	125			170							90		
No 3.6	Y/B 90S-4	360	394	416	252	129	235	100	140	180	150	584	239.5	344.5	290.5	398.5	714	90	185	M8×220
	Y/B 100L-2						262	140	160	205	185							100		
No 4	Y/B 90S-4	400	440	462	280	143	249	100	140	180	150	647	265	382	322	442	789	90	185	M8×220
	Y/B 132S$_2$-2						302	140	216	280	210							132		M10×220
No 4.5	Y/B 90S-4	450	490	512	315	160.5	266.5	100	140	180	150	728	298	430	362.5	497.5	885	90	185	M8×220
	Y/B 132S$_2$-2						319.5	140	216	280	210							132		M10×220
No 5	Y/B 100L$_1$-4	500	550	572	350	178	311	140	160	205	185	809	331	478	403	553	981	100	185	M10×220
	Y/B 160M$_2$-2						391	210	254	330	275							160	260	M12×300
No 6	Y/B 100L-6	600	650	676	420	213	346	140	160	205	185	969	396	573	483	663	1171	100	185	M10×220
	Y/B 112M-4						353		190	245	195							112		M10×220

进风口连接螺栓 / 出风口 / Y电动机

机号		规格 $Md_1 \times L_1$	个数 n_1	B_1	B_2	B_3	B_4	B_5	B_6	直径 d_2	个数 n_2	孔间距 $n_3 \times b_1$	$n_4 \times b_2$	L	电机重 (kg)	叶轮重 (kg)	风机重(不包括电动机) (kg)
No 2.8	Y/B 90S-2 (配用电动机(B35型))	M8×10	8	196	228	251	224	256	278	7	16	3×55	3×63	485	21	5.8	24.5
No 3.2	Y/B 90S-4	M6×10	16	224	256	279	256	288	310	7	16	3×60	3×72	514	22	6.8	31.3
	Y/B 90L-2													539	24		
No 3.6	Y/B 90S-4	M6×16	16	252	284	308	288	320	343	7	16	3×70	3×80	543	22	9.3	44.3
	Y/B 100L-2													603	32		
No 4	Y/B 90S-4	M6×16	16	280	315	336	320	355	374	7	20	4×60	4×70	571	22	13.9	61.9
	Y/B 132S$_2$-2													706	65		
No 4.5	Y/B 90S-4	M8×20	16	315	350	371	360	395	415	7	20	4×70	4×78	606	22	19.1	82
	Y/B 132S$_2$-2													741	70		
No 5	Y/B 100L$_1$-4	M8×20	16	350	385	406	400	435	456	7	20	4×75	4×88	701	32	21.7	90
	Y/B 160M$_2$-2													871	123		
No 6	Y/B 100L-6	M8×20	16	420	455	476	480	511	536	7	24	5×75	5×87	771	30	26.7	132
	Y/B 112M-4													791	45		

注:B4-72型配用电动机为BY型。

2) $\genfrac{}{}{0pt}{}{4\text{-}72\text{-}12}{B4\text{-}72\text{-}12}$ No. 6 $\genfrac{}{}{0pt}{}{C}{D}$ 离心通风机外形及安装尺寸见图 2-74。

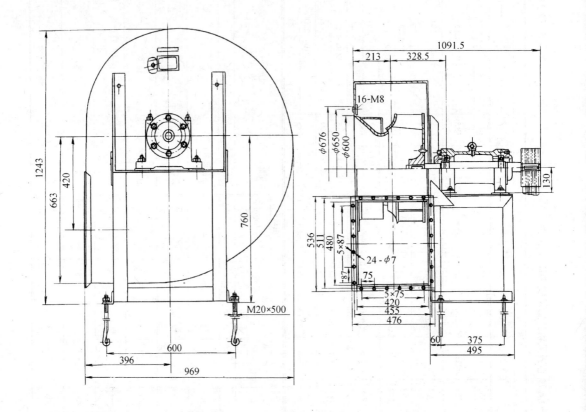

图 2-74　$\genfrac{}{}{0pt}{}{4\text{-}72\text{-}12}{B4\text{-}72\text{-}12}$ No. 6 $\genfrac{}{}{0pt}{}{C}{D}$ 离心通风机外形及安装尺寸

2.5.2　轴流通风机

2.5.2.1　T35-11 型轴流通风机

(1) 适用范围：T35-11 型轴流通风机可用作厂房、仓库、办公室、住宅通风换气，或作为加强暖气散热之用；也可在较长的排气管道内间隔串联安装，以提高管道中的全压。通过 T35-11 型轴流通风机的气体必须清洁、干燥，不得混有杂质和过多的水蒸气及腐蚀性气体；其温度不得超过45℃。

(2) 结构与特点：T35-11 型轴流通风机依叶轮直径的大小分为 2.8、3.15、3.55、4、4.5、5、5.6、6.3、7.1、8、9、10、11.2 共十三种机号。每一机号的叶片又可装成 15°、20°、25°、30°、35°等角度。因此，每一机号由于叶片安装角度的大小、主轴转速快慢的不同，风机的风压、风量及所需功率也相应改变。传动方式：在叶轮周速不超过 60m/s 的条件下，选用各级电动机，叶轮直接装在电机轴伸端上。机体外壳制成圆筒形。面对进气口方向看叶轮，旋转方向都是逆时针方向。T35-11 型轴流通风机由叶轮、机壳、集风器三部分组成。

(3) 性能规格：T35-11 型轴流通风机性能规格见表 2-91。

T35-11型轴流通风机性能规格

表 2-91

机号	叶轮直径 (mm)	叶轮周速 (m/s)	主轴转速 (r/min)	叶片角度 (°)	风量 (m³/h)	全压 (Pa)	全压效率 (%)	需用轴功率 (kW)	采用轴功率 (kW)	电动机 型号	功率 (kW)	生产厂
2.8	280	42.5	2900	15	1649	152	87	0.080	0.092	YSF-5622	0.120	银川风机厂、西安风机厂、成都风机厂、四川鼓风机厂、济南第二风机厂、宁波风机厂、陕西骊山风机厂
				20	2167	169	88	0.115	0.133	YSF-5632	0.180	
				25	2685	173	89.5	0.145	0.166	YSF-5632	0.180	
				30	2921	186	88	0.172	0.197	YSF-5632	0.180	
				35	3202	232	86	0.240	0.276	YSF-6322	0.250	
		21.2	1450	15	826	38	87	0.010	0.012	YSF-5014	0.025	
				20	1086	43	88	0.015	0.017	YSF-5014	0.025	
				25	1346	44	89.5	0.016	0.021	YSF-5014	0.025	
				30	1464	48	88	0.022	0.026	YSF-5024	0.040	
				35	1605	60	86	0.031	0.036	YSF-5024	0.040	
3.15	315	47.8	2900	15	2339	192	87	0.144	0.166	YSF-6312	0.180	
				20	3074	214	88	0.207	0.238	YSF-6322	0.250	
				25	3810	220	89.5	0.259	0.298	YSF-6332	0.370	
				30	4141	237	88	0.309	0.355	YSF-6332	0.370	
				35	4545	294	86	0.430	0.495	YSF-7122	0.550	
		23.9	1450	15	1169	48	87	0.018	0.021	YSF-5014	0.025	
				20	1537	53	88	0.026	0.030	YSF-5024	0.040	
				25	1905	55	89	0.032	0.037	YSF-5024	0.040	
				30	2072	59	88	0.039	0.045	YSF-5614	0.060	
				35	2273	74	86	0.053	0.061	YS-5624	0.090	
3.55	355	53.9	2900	15	3367	241	87	0.261	0.300	YSF-7112	0.370	
				20	4426	271	88	0.379	0.436	YSF-7122	0.550	
				25	5484	278	89.5	0.473	0.544	YSF-7122	0.550	
				30	5965	300	88	0.564	0.649	YSF-7132	0.750	
				35	6542	372	86	0.787	0.905	YSF-8022	1.1	
		27.0	1450	15	1680	61	87	0.033	0.038	YSF-5024	0.040	
				20	2208	68	88	0.047	0.054	YSF-5614	0.060	
				25	2737	70	89.5	0.059	0.068	YSF-5624	0.090	
				30	2977	74	88	0.070	0.081	YSF-5624	0.090	
				35	3265	93	86	0.098	0.113	YSF-6314	0.120	
4	400	60.7	2900	15	4806	310	87	0.475	0.546	YSF-7122	0.550	
				20	6316	345	88	0.688	0.719	YSF-8022	1.10	
				25	7826	354	89.5	0.859	0.988	YSF-8022	1.10	
				30	8513	380	88	1.021	1.175	YSF-8022	1.10	
				35	9336	473	86	1.427	1.641	TY990S-2	1.5	

续表

机号	叶轮直径 (mm)	叶轮周速 (m/s)	主轴转速 (r/min)	叶片角度 (°)	风量 (m³/h)	全压 (Pa)	全压效率 (%)	需用轴功率 (kW)	采用轴功率 (kW)	电动机 型号	功率 (kW)	生产厂
4	400	30.4	1450	15	2406	77	87	0.059	0.068	YSF-5624	0.090	银川风机厂、西安风机厂、成都风机厂、四川鼓风机厂、济南第二风机厂、宁波风机厂、陕西骊山风机厂
				20	3163	86	88	0.086	0.099	YSF-6314	0.120	
				25	3920	88	89.5	0.107	0.123	YSF-6314	0.12	
				30	4263	95	88	0.128	0.147	YSF-6324	0.180	
				35	4676	119	86	0.179	0.206	YSF-7114	0.250	
4.5	450	34.2	1450	15	3427	98	87	0.107	0.123	YSF-6324	0.180	
				20	4504	110	88	0.156	0.179	YSF-6324	0.180	
				25	5581	113	89.5	0.195	0.224	YSF-7114	0.250	
				30	6070	121	88	0.231	0.266	YSF-7124	0.370	
				35	6658	150	86	0.322	0.370	YSF-7124	0.370	
5	500	38.0	1450	15	4700	122	87	0.182	0.210	YSF-7114	0.250	
				20	6178	135	88	0.264	0.303	YSF-7124	0.370	
				25	7655	138	89.5	0.328	0.370	YSF-7124	0.370	
				30	8327	149	88	0.392	0.450	YSF-8014	0.550	
				35	9133	185	86	0.546	0.628	YSF-8024	0.750	
		25.1	960	15	3142	53	87	0.053	0.061	YSF-8026	0.370	
				20	4129	59	88	0.076	0.088	YSF-8026	0.37	
				25	5117	61	89.5	0.096	0.111	YSF-8026	0.37	
				30	5566	65	88	0.114	0.131	YSF-8026	0.37	
				35	6104	81	86	0.160	0.184	YSF-8026	0.37	
5.6	560	42.5	1450	15	6595	151	87	0.318	0.365	YSF-7124	0.370	
				20	8667	169	88	0.461	0.530	YSF-8014	0.550	
				25	10739	173	89.5	0.578	0.665	YSF-8024	0.750	
				30	11682	186	88	0.687	0.790	TY90S-4	1.1	
				35	12812	232	86	0.961	1.1	TY90S-4	1.1	
		28.1	960	15	4360	67	87	0.093	0.106	YSF-8026	0.37	
				20	5730	74	88	0.133	0.153	YSF-8026	0.37	
				25	7101	75	89.5	0.166	0.191	YSF-8026	0.37	
				30	7724	81	88	0.198	0.228	YSF-8026	0.37	
				35	8471	101	86	0.276	0.318	YSF-8026	0.37	
6.3	630	47.8	1450	15	9393	192	87	0.576	0.662	YSF-8024	0.75	
				20	12345	214	88	0.833	0.958	TY90S-4	1.1	
				25	15297	220	89.5	1.043	1.199	TY90L-4	1.5	
				30	16639	236	88	1.241	1.427	TY90L-4	1.5	
				35	18250	294	86	1.734	1.994	TY100L$_1$-4	2.2	

续表

机号	叶轮直径(mm)	叶轮周速(m/s)	主轴转速(r/min)	叶片角度(°)	风量(m³/h)	全压(Pa)	全压效率(%)	需用轴功率(kW)	采用轴功率(kW)	电动机型号	功率(kW)	生产厂
6.3	630	31.7	960	15	6219	84	87	0.167	0.192	YSF-8026	0.37	银川风机厂、西安风机厂、成都风机厂、四川鼓风机厂、济南第二风机厂、宁波风机厂、陕西骊山风机厂
				20	8173	94	88	0.243	0.249	YSF-8026	0.37	
				25	10128	96	89.5	0.302	0.347	YSF-8026	0.37	
				30	11016	104	88	0.361	0.415	TY90S-6	0.75	
				35	12082	128	86	0.501	0.576	TY90S-6	0.75	

(4) 外形及安装尺寸：T35-11型轴流通风和外形及安装尺寸见图2-75和表2-92。

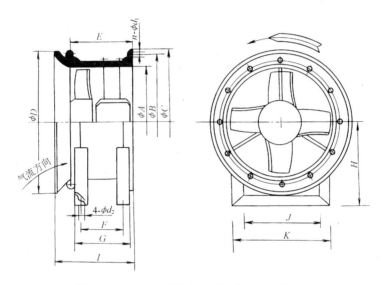

图2-75 T35-11型轴流通风机外形及安装尺寸

T35-11型轴通通风机外形及安装尺寸(mm) 表2-92

机号	ϕA	ϕB	ϕC	ϕD	E	F	G	H	I	J	K	n	d_1	d_2
2.8	281	320	344	355	220	175	212	210	258	180	260	4	10	12
3.15	316	355	379	400	240	190	232	240	282	220	300	8	10	12
3.55	356	395	420	450	280	230	272	260	327	240	330	8	10	12
4	402	450	478	500	300	240	292	290	349	280	370	8	12	12
4.5	452	500	528	560	260	205	252	330	314	320	420	8	12	12
5	502	560	586	630	300	240	290	340	364	400	430	12	12	12
5.6	562	620	647	710	330	260	318	390	404	440	490	12	12	15
6.3	632	690	717	800	390	320	378	440	474	490	540	12	12	15

2.5.2.2 BT35-11型玻璃钢轴流风机

(1) 适用范围：BT35-11型玻璃钢轴流风机除具有T35-11型风机的适用性外，还可用于含酸、碱、盐等腐蚀性气体的工厂、仓库通风换气；若将机壳去掉则可作自由扇用，也可在较长的排气管道内间隔串联安装,以提高管道中的风压。

(2) 结构与特点:BT35-11 型玻璃钢轴流风机与 T35-11 型轴流通风机结构基本相同,也有 13 种机号和 5 种叶片安装角度,唯材料选用环氧玻璃钢,故整体重量轻、效率高、耐腐蚀性能好。

(3) 性能与外形尺寸:BT35-11 型玻璃钢轴流风机性能与 T35-11 型风机性能完全相同,其外形尺寸也与 T35-11 型风机完全一样。

生产厂:河北省枣强县欣欣化工厂、陕西骊山风机厂。

2.6 鼓风机用消声器

本节所列消声器是引进日本专有技术或应用现代噪声控制技术开发出来的系列产品。适用于 30m/s 以下流速的气体。气体应无腐蚀性;杂质微粒含量不大于 150mg/m³;同时气体不得含有水雾和油雾。CKM 等阻性消声器的动态插入损失(降噪效果)在 30dB(A)左右,静态插入损失一般在 30dB(A)以上;抗性消声器的动态插入损失大于 20dB(A);LWT 系列消声弯头的动态插入损失在 150dB(A)左右。这些产品可与本章所列罗茨鼓风机配套使用。必要时也可用于高压风机和其他流量相当的容积式鼓风机。该种产品进、出口直径相同,通常为阻性消声器,超细玻璃棉吸声结构,阻力损失数百 Pa。当特殊场合需要时,应采用特殊型结构。用户需要厂家代选消声器时,应提供配套风机的型号、流量和升压值,如果不是与消声器生产厂的风机配套,还需提供连接管路的公称直径。

2.6.1 进、出口消声器

2.6.1.1 KM 系列消声器

(1) 适用范围:KM 系列消声器是直接引进日本的消声器系列产品,可与 R 系列标准化罗茨鼓风机及 SSR 型罗茨鼓风机配套使用。该型消声器中频段的消声效果显著。

(2) 外形尺寸:KM 系列消声器外形尺寸见图 2-76、77 和表 2-93。

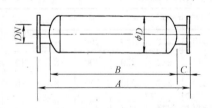

图 2-76 KM-50~KM-250 消声器外形尺寸

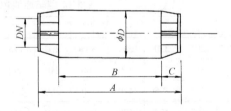

图 2-77 KM-300~KM-500 消声器外形尺寸

KM 系列消声器外形尺寸　　　　　　　表 2-93

型　号	DN	A	B	C	D	重　量(kg)	生产厂
KM-50	50	600	480	60	140	10	长沙鼓风机厂、章丘鼓风机厂
KM-65	65	700	560	70	165	14	
KM-80	80	900	740	80	190	18	
KM-100	100	1200	1040	80	217	37	

续表

型号	DN	A	B	C	D	重量(kg)	生产厂
KM-125	125	1400	1210	95	260	44	长沙鼓风机厂、章丘鼓风机厂
KM-150	150	1600	1410	95	281	67	
KM-200	200	1800	1600	100	320	88	
KM-250	250	2000	1800	100	407	122	
KM-300	300	2200	1960	120	600	178	
KM-350	350	2500	2260	120	700	203	
KM-400	400	3000	2740	130	800	350	
KM-450	450	3600	3320	140	900	437	
KM-500	500	4200	3920	140	1000	730	

2.6.1.2　VKM 和 RKM 系列立式出口消声器

(1) 性能：VKM 和 RKM 系列立式出口消声器具有良好的降噪效果和小的气流再生噪声。适用于 TS 系列与 SSR 系列罗茨鼓风机。

(2) 外形尺寸：VKM 和 RKM 系列消声器外形尺寸见图 2-78、79 和表 2-94、95。

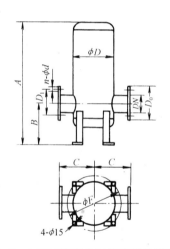

图 2-78　VKM 系列出口消声器外形尺寸

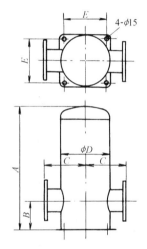

图 2-79　RKM 系列出口消声器外形尺寸

VKM 系列出口消声器外形尺寸(mm)　　表 2-94

型号	DN	A	B	C	D	D_0	D_1	F	n-ϕd	重量(kg)	生产厂
VKM-50	50	520	220	150	140	165	125	220	4-17.5	15	长沙鼓风机厂
VKM-65	65	570	220	175	191	185	145	260	4-17.5	20	
VKM-80	80	720	265	200	217	200	160	290	8-17.5	27	
VKM-100	100	770	265	225	268	235	180	330	8-17.5	34	
VKM-125	125	950	340	250	280	270	210	380	8-17.5	58	
VKM-150	150	1050	340	300	357	300	240	450	8-22	80	
VKM-200	200	1200	400	325	407	340	295	520	8-22	105	

RKM 系列出口消声器外形尺寸(mm)　　　表 2-95

型号	口径	A	B	C	D	E	重量(kg)	生产厂
RKM-50	50A	420	120	150	140	130	15	章丘鼓风机厂
RKM-65	65A	480	130	175	191	170	20	
RKM-80	80A	595	145	200	216	190	27	
RKM-100	100A	660	155	225	267	230	34	
RKM-125	125A	800	190	250	280	240	58	
RKM-150	150A	920	210	300	356	290	80	

2.6.1.3 KSS 系列消声器

(1) 适用范围:KSS 系列消声器是专为 TS 系列低噪声罗茨鼓风机设计的进口消声器,直接立式安装于 TS 系列罗茨鼓风机的进口处。风机出口再配置 VKM 系列消声器,构成 TS 系列低噪声罗茨鼓风机系列产品。

(2) 外形尺寸:KSS 系列消声器外形尺寸见图 2-80 和表 2-96。

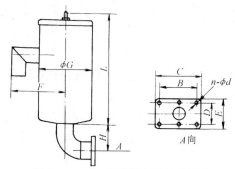

图 2-80　KSS 系列消声器外形尺寸

KSS 系列消声器外形尺寸(mm)　　　表 2-96

型号	B	C	D	E	F	φG	H	L	n-φd	生产厂
KSS-50	90	120	80	110	170	172.5	80	430	4-14	长沙鼓风机厂
KSS-65	145	174	80	110	200	190.7	80	520	4-14	
KSS-80	160	210	93	130	250	223.3	100	640	4-19	
KSS-100	200	240	93	130	280	267.4	100	740	4-19	
KSS-125	200	240	190	230	350	363.4	150	920	4-19	
KSS-150	300	340	190	230	420	413.4	150	1150	6-19	
KSS-200	420	460	220	260	500	507	200	1270	6-19	

2.6.1.4 CKM 系列消声器

(1) 适用范围:CKM 系列消声器属于干式阻性的综合型消声器。没有特别标注时为普通型(材料为超细玻璃棉),适用于一般用途的 R 系列标准型罗茨鼓风机。在食品工业和卫生条件要求较高的场所,应选用特殊型(材料根据用户要求设计),以满足运行系统的特殊要求。

(2) 外形尺寸:CKM 系列消声器外形尺寸见图 2-81 和表 2-97。

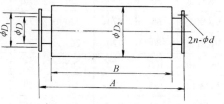

图 2-81　CKM 系列消声器外形尺寸

2.6 鼓风机用消声器

CKM 系列消声器外形尺寸(mm) 表 2-97

普通型	特殊型	A	B	D	D_1	D_2	$n-\phi d$	重量(kg)	生产厂
CKM-50	CKM-50T	700	544	50	125	180	$4-\phi 17.5$	11	长沙鼓风机厂
CKM-65	CKM-65T	1000	846	65	145	210	$4-\phi 17.5$	17	
CKM-80	CKM-80T	1200	1044	80	160	250	$8-\phi 17.5$	26.4	
CKM-100	CKM-100T	1300	1144	100	180	280	$8-\phi 17.5$	32.9	
CKM-125	CKM-125T	1430	1290	125	210	320	$8-\phi 17.5$	52.7	
CKM-150	CKM-150T	1600	1440	150	240	415	$8-\phi 22$	82.0	
CKM-200	CKM-200T	1800	1640	200	295	465	$8-\phi 22$	106	
CKM-250	CKM-250T	1850	1650	250	350	530	$12-\phi 22$	127	
CKM-300	CKM-300T	1880	1680	300	400	580	$12-\phi 22$	141	
CKM-350	CKM-350T	2000	1780	350	460	670	$16-\phi 22$	175	
CKM-400	CKM-400T	2080	1840	400	515	750	$16-\phi 26$	206	
CKM-450	CKM-450T	2180	1940	450	560	850	$20-\phi 26$	245	
CKM-500	CKM-500T	2210	1970	500	620	920	$20-\phi 26$	274	
CKM-700	CKM-700T	2395	2040	700	810	990	$24-\phi 26$		

注：生产厂还有：章丘鼓风机厂。

2.6.1.5 LKM 系列进气消声器

(1) 适用范围：LKM 系列进气消声器是一种卧式安装的输送一般空气的罗茨鼓风机进口消声器。适用于主机安装场所比较小的场合，直接卧式安装于风机的顶部进口处。

(2) 外形尺寸：LKM 系列进气消声器外形尺寸见图 2-82 和表 2-98。

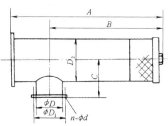

图 2-82 LKM 系列进气消声器外形尺寸

LKM 系列进气消声器外形尺寸(mm) 表 2-98

型 号	D	D_1	D_2	A	B	C	$n-\phi d$	生产厂
LKM-50	50	125	140	500	420	120	4-17.5	长沙鼓风机厂
LKM-65	65	145	160	600	500	140	4-17.5	
LKM-80	80	160	190	730	610	160	8-17.5	
LKM-100	100	180	220	1000	850	180	8-17.5	
LKM-125	125	210	260	1200	1040	200	8-17.5	
LKM-150	150	240	280	1450	1270	220	8-22	
LKM-200	200	295	320	1650	1450	240	8-22	
LKM-250	250	350	400	1800	1580	300	12-22	
LKM-300	307	400	500	1970	1730	360	12-22	
LKM-350	350	460	600	2250	2000	420	16-22	
LKM-400	400	515	700	2750	2480	470	16-26	
LKM-450	450	595	800	3320	3030	530	20-26	
LKM-500	500	620	900	3920	3600	580	20-26	

2.6.2 ZXG 系列消声管道

(1) 适用范围：ZXG 系列消声管道采用穿孔板填充吸声材料，消声效果良好。适合于安装在鼓风机的进、出口管线上。与消声器配合使用效果更佳。

(2) 外形尺寸：ZXG 系列消声管道外形尺寸见图 2-83 和表 2-99。

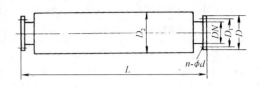

图 2-83 ZXG 系列消声管道外形尺寸

ZXG 系列消声管道外形尺寸(mm) 表 2-99

型 号	DN	D_1	D	D_2	L	$n\text{-}\phi d$	生产厂
ZXG-65	65	130	160	180	1000(1500)	4-13.5	章丘鼓风机厂
ZXG-80	80	150	190	219	1000(1500)	4-17.5	
ZXG-100	100	170	210	250	1000(1500)	4-17.5	
ZXG-125	125	200	240	270	1000(1500)	8-17.5	
ZXG-150	150	225	265	290	1000(1500)	6-17.5	
ZXG-200	200	280	320	340	1000(1500)	8-17.5	
ZXG-250	250	335	375	370	1000(1500)	12-17.5	
ZXG-300	300	395	440	420	1500(2000)	12-22	
ZXG-350	350	445	490	470	1500(2000)	12-22	
ZXG-400	400	495	540	520	2000(2500)	16-22	
ZXG-450	450	550	595	570	2000(2500)	16-22	
ZXG-500	500	600	645	620	2000(2500)	20-22	
ZXG-550	550	655	705	670	2500(3000)	20-26	
ZXG-600	600	705	755	720	2500(3000)	20-26	

注：L 尺寸栏中括号内数字表示最大可加工长度。

2.6.3 ZLW 系列消声弯头

(1) 适用范围：ZLW 系列消声弯头适用于低压管道转弯部位的过渡连接，配合消声器及其他噪控部件，可有效控制进气口处的气动辐射噪声。

(2) 外形尺寸：ZLW 系列消声弯头外形尺寸见图 2-84 和表 2-100。

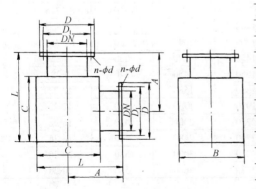

图 2-84 ZLW 系列消声弯头外形尺寸

ZLW 系列消声弯头外形尺寸(mm) 表 2-100

型 号	DN	D_1	D	A	B	C	L	$n\text{-}\phi d$	生产厂
ZLW-65	65	130	160	140	140	140	220	4-13.5	章丘鼓风机厂
ZLW-80	80	150	190	160	180	180	260	4-17.5	
ZLW-100	100	170	210	180	220	220	300	4-17.5	
ZLW-125	125	200	240	245	260	260	380	8-17.5	
ZLW-150	150	225	265	270	280	310	430	6-17.5	
ZLW-200	200	280	320	320	350	390	510	8-17.5	
ZLW-250	250	335	375	400	430	460	610	12-17.5	
ZLW-300	300	395	440	450	480	530	680	12-22	
ZLW-350	350	445	490	500	530	610	760	12-22	
ZLW-400	400	495	540	580	600	690	870	16-22	
ZLW-450	450	550	595	630	650	760	940	16-22	
ZLW-500	500	600	645	680	700	840	1020	20-22	
ZLW-550	550	655	705	730	750	920	1100	20-26	
ZLW-600	600	705	755	780	850	1000	1180	20-26	

2.7 小型锅炉

(1) 适用范围

小型锅炉适用于为一般中、小工业企业、浴室及食堂等供给蒸汽和热水。

(2) 型号意义说明：

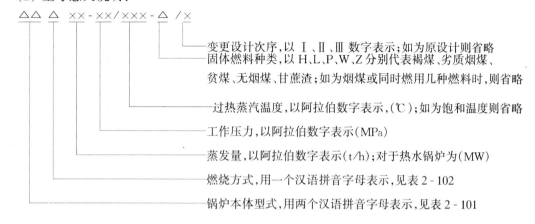

锅炉本体型式代号　　　　　　　　　　　　　　表 2-101

形　式	代　号	形　式	代　号
立式水管	LS(立、水)	分联箱横汽包	FH(分、横)
立式火管	LH(立、火)	热水锅炉	RS(热、水)
卧式外燃	WW(卧、外)	双汽包横置式	SH(双、横)
卧式内燃	WN(卧、内)	单汽包纵置式	DZ(单、纵)
卧式双火筒	WS(卧、双)	双汽包纵置式	SZ(双、纵)
卧式快装	KZ(快、纵)	废热锅炉	FR(废、热)
立式元管	LN(立、元)	强制循环热水锅炉	QX(热水)
方形八角立式水管多用热水锅炉	CL(热、水)		

燃烧方式代号　　　　　　　　　　　　　　　　表 2-102

燃烧方式	代　号	燃烧方式	代　号	燃烧方式	代　号
固定炉排	G(固)	振动炉排	Z(振)	半沸腾炉	B(半)
活动手摇炉排	H(活)	煤粉炉	F(粉)	沸腾炉	T(腾)
链条炉排	L(链)	旋风炉	X(旋)	燃　气	Q(气)
抛煤机	P(抛)	下饲式	A(下)	燃　油	Y(油)
倒转炉排加抛煤机	D(倒)	推饲式	S(饲)	往复炉排	W(往)
顶升炉排	D(顶)				

(3) 性能、外形尺寸：

1) 蒸发量 1t 以下燃煤锅炉性能规格及外形尺寸见表 2-103。

表 2-103 蒸发量 1t 以下燃煤锅炉的性能规格及外形尺寸

型号	形式	蒸发量 (t/h)	蒸汽压力 (MPa)	蒸汽温度 (℃)	实测效率 (%)	炉排面积 (m²)	适用燃料	燃料耗量 (kg/h)	燃料低位发热值 (KJ)	外形尺寸 (长×宽×高) (m)	总重量 (t)	引风机功率 (kW)	鼓风机功率 (kW)	水(油)泵功率 (kW)	生产厂
LSG0.2-0.4-AⅢ	立式水管双层炉排	0.2	0.4	151.6			Ⅲ类烟煤	34.08		φ17×41	3.1				
LHG0.2-0.4-AⅢ	立式横水管燃煤	0.2	0.4	151			烟煤	34.08			3.1				重庆锅炉总厂
LSG0.5-0.7-AⅢ	立式水管双层炉排	0.5	0.7	171			Ⅲ类烟煤	80		4.225×1.85×2.504	8				
LSG0.5-0.5-AⅡ	燃煤锅炉	0.5	0.5	158	70.7		煤			2.1×2.34×3.05	5		3	4	金牛股份有限公司
DZL0.5 0.78(8)-AⅡ	链条炉排	0.5	0.78	174.5	70	1				4.2×1.85×2.7	11				合肥锅炉总厂
LSG0.7-0.5-AⅡ	燃煤锅炉	0.7	0.5	158	70.95		煤			1.91×2.49×3.79	6.35		3	4	金牛股份有限公司
DZL1-0.7-AⅡ	三回程水火管混合式	1	0.7	170	72.6	2.05	Ⅱ类烟煤	~197		5.26×2.05×2.87	~15.5	5.5	2.2	3	常州锅炉总厂
KZL1-1-AⅡ	链条炉排	1	1	183	77.7	1.8		196		5.813×4.595×4.525	18		1.1		唐山锅炉厂
DZL1-078(8)-AⅡ	链条炉排	1	0.78	174.5	79	2				5.45×2.036×2.83	15	4	1.1		合肥锅炉总厂
DZL1-0.7-AⅡ	蒸汽锅炉	1	0.7	169.6	75.72	2.4	AⅡ			6.5×3.155×4.235	18		1.1		北京北方锅炉厂

2.7 小型锅炉

2) 蒸发量1t以上燃煤锅炉性能规格及外形尺寸见表2-104。

表2-104 蒸发量1t以上燃煤锅炉的性能规格及外形尺寸

型号	形式	蒸发量(t/h)	蒸汽压力(MPa)	蒸汽温度(℃)	实测效率(%)	炉排面积(m²)	适用燃料	燃料耗量(kg/h)	燃料低位发热值(kJ)	外形尺寸(长×宽×高)(m)	总重量(t)	引风机功率(kW)	鼓风机功率(kW)	水(油)泵功率(kW)	生产厂
DZL₂-1.25-AⅡ	三回程水火管混合式	2	1.25	194	73.1	3	Ⅱ类烟煤	~408		5.45×2.47×3.22	~19.2	11	2.2	7.5	
DZL₂-1.0-AⅡ	三回程水火管混合式	2	1.0	184	73.1	3	Ⅱ类烟煤	~408		5.45×2.47×3.22	~19	11	2.2	3	常州锅炉厂
DZL₂-0.7-AⅡ	三回程水火管混合式	2	0.7	170	73.1	3	Ⅱ类烟煤	~408		5.45×2.47×3.22	~18.8	11	2.2	3	
KZL₂-0.7-AⅢ	链条炉排	2	0.7	174.5	79	3		395		5.451×2.463×4.508	17		1.1		唐山锅炉厂
DZL₂-0.78(8)-AⅢ	链条炉排	2	0.78	174.5	79	3				5.45×2.394×3.4	18		1.1		合肥锅炉总厂
DZL₂-1.25(13)-AⅢ	链条炉排	2	1.25	194.5	76	3.4				5.8×3.394×3.4	21		3		
SZL₂-1.25-AⅡ₂	快装	2	1.25	194	78.0	4.38	Ⅱ类烟煤	383.4		5.5×2.7×3.52	18.3	11	3	7.5	兰州锅炉总厂
DZW₂-0.7-AⅡ	往复炉排	2	0.7	169.6	72(设)	4.7	Ⅱ类烟煤			6.8×4.3×4.7	15.89	7.5	3	7.5	鞍山锅炉(集团)有限公司
SZL₄-1.25-AⅡ	链条炉排	4	1.25	194	77.8	4.7	Ⅱ类烟煤	~810		7.45×2.8×3.56	~29	18.5	5.5	7.5	
SZL₄-1.6-AⅡ	链条炉排	4	1.0	204	77.8	4.7	Ⅱ类烟煤	~810		7.45×2.8×3.56	~29	18.5	5.5	7.5	常州锅炉厂
SZL₄-1.96-AⅡ	链条炉排	4	1.90	214	77.8	4.7	Ⅱ类烟煤	~810		7.45×2.8×3.56	~29	18.5	5.5	7.5	
DZL₄-1.25-AⅢ	链条炉排	4	1.25	194	78	5.4		720		12.205×4.152×4.881	26				唐山锅炉厂
SZL₄-1.25(13)-AⅢ	快装	4	1.25	194.5	81.8	5.4				6.342×2.925×3.953	26	30	5.5		合肥锅炉总厂
SZL₄-1.25(13)-AⅡ	链条炉排	4	1.25	194.5	83.27	4.76	Ⅱ类烟煤	767.8		6.2×3.15×3.477	30	18.5	5.5	7.5	兰州锅炉总厂
SZL₄-1.25-AⅡ	双锅筒水管	4	1.25	194	83.34	4.56	Ⅱ类烟煤			6.1×3.02×3.52	21.66	18.5	5.5	11	鞍山锅炉(集团)有限公司
SZL₄-1.25-AⅡ	链条炉排	4	1.25	194	72.8	5.1	低质燃料			7.5×3.8×4.5	18	22	5.5		合肥锅炉总厂
DZL₆-1.25-AⅢ	双锅筒水管	6	1.25	194.5	85.24	7.15	Ⅱ类烟煤	~1120	18841	7.624×3.27×3.462	36		7.5		
SZL₆-1.25-AⅡ	组装	6	1.25	194	81	8.08	Ⅱ类烟煤	~1120	18841	7.88×3.2×5.2	~29.8	30	11	22	常州锅炉厂
SZL₆-1.6-AⅡ	组装	6	1.0	204	81	8.08	Ⅱ类烟煤	800		7.88×3.2×5.2	~30.6	30	11	22	唐山锅炉厂
SZL₆-1.25-A	组装	6	1.25	194	77(设)	7.78	Ⅲ类烟煤	1053.2		8×4.5×6	36				
SZL₆-1.25-AⅡ	快装	6	1.25	194	78	7.15	Ⅱ类烟煤	1048.6		6.3×2.74×3.53	19.355	37	7.5	15	兰州锅炉(集团)有限公司
SHL6.5-1.25-AⅢ	链条锅炉	6.5	1.25	193	77.58		Ⅲ类烟煤	947		7.1×3.3×3.52	28.30	37	7.5	15	合肥锅炉总厂
SHL6.5-125/350-A	链条锅炉	6.5	1.25	350	79		烟煤	970		9.132×2.95×6.49	8				
					77					10.082×6×7.6	5.9				重庆锅炉厂

3) 燃（油）气锅炉性能规格及外形尺寸见表2-105。

表2-105 燃（油）气锅炉性能规格及外形尺寸

型号	形式	蒸发量 (t/h)	蒸汽压力 (MPa)	蒸汽温度 (℃)	实测效率 (%)	炉排面积 (m^2)	适用燃料	燃料耗量 (kg/h)	燃料低位发热值 (kJ)	外形尺寸 (长×宽×高)(m)	总重量(t)	引风机功率(kW)	鼓风机功率(kW)	水(油)泵功率(kW)	生产厂
LHS0.2-0.4-QT	立武火管燃气	0.2	0.4	151			天然气	17.4		φ1.2×2.8	2.6				重庆锅炉厂
LHS0.2-0.35-Y	燃油（气）两用	0.2	0.35	145	89		轻油,重油	18.73	40612	1.42×1.0×2.08					长春锅炉厂
LHS0.3-0.7-Y	燃油（气）两用	0.3	0.7	170	99		轻油,重油	23.98	40612	1.68×1.26×2.14	3.5				重庆锅炉厂
LHS0.5-0.4-QT	立武火管燃气	0.5	0.4	151			天然气	43.6		φ1.6×3.73	3.6				长春锅炉厂
LHS0.5-0.7-QT	立武火管燃气	0.5	0.7	170			天然气	44.1		2.25×1.77×3.42					重庆锅炉厂
LHS0.5-0.7-Y	燃油燃气两用	0.5	0.7	170	88		轻油重油	45.95	40612	1.87×1.44×2.4	2.0				广州市锅炉工业公司
WNS0.5-0.7-Y	燃油（气）	0.5	0.7	183	84.5		油,气	37		2.87×1.56×1.5	3.6				陕西省工业锅炉厂
WNS0.5-1.0-YQ	燃气（气）	0.5	1.0	183	84.5		煤气,天然气,石油气	37		2.37×1.2×1.38	2.4				陕西省工业锅炉厂
WNS0.5-10-Q	燃气蒸汽	0.5	0.98	183.2	86.3		轻气	32.19		3.2×1.43×1.89	2.34				
WNS0.5-1.0-Y	燃油蒸汽	0.5	1.0	184.4	87.92		轻油	32.24		2.9×1.59×1.86	2.5				
WNS0.5-1.6-Y	燃油蒸汽	0.5	1.6	204.1	85					2.9×1.59×1.86					
WNS0.5-0.7-Q	全自动燃气	0.5	0.7	饱和			天然气,液化气,焦炉气			3.25×1.7×1.63	2.35		0.75	1.1	长春锅炉厂
WNS0.5-0.7-Y	全自动燃油	0.5	0.7	饱和			轻油			3.07×1.7×1.63	2.36		0.75	1.1	
WNS0.70.7-95/70-Y	全自动燃油	0.7	0.7		86		轻油	65		3.88×1.81×1.77	3.8		1.5	3.0	
LHS1-0.7-Y	燃油（气）两用	1	0.7	170	87		轻油,重油	89.8	40612	2.43×1.87×2.6					长春锅炉厂
WNS1-1.0-Y	燃油	1	1.0	184	86.72		油	70		4.405×1.9×2	5.5				
WNS1-0.98-QT	天然气	1	0.98	184	86.72		天然气			4.405×1.9×2	5.5				重庆锅炉厂
WNS1-0-QJ	焦炉煤气	1	1.0	184	86.72		焦炉煤气			4.4×1.9×2	5.5				
WNS1-0-QY	液化石油气	1	1.0	184	86		液化石油气			4.4×1.9×2	5.5				
WNS1-10-Q	燃气蒸汽	1	0.98	183.2	87.5		煤气,燃气,石油气			4.06×1.583×2	4				广州市锅炉工业公司
WNS1-1.0-Y	燃油蒸汽	1	1.0	184.4	83.6		轻油,重油	70.76		4.2×1.78×2	3.69				陕西省工业锅炉厂
WNS1-1.0-Y	全自动燃油	1	1.0	183	85		轻油	65.8							
WNS3-1.25-YQ	燃油	3	1.25	饱和	86		20#重油			4.945×2.3×2.347	9				天山锅炉厂

4）燃煤热水锅炉性能规格及外形尺寸见表2-106。

表2-106 燃煤热水锅炉性能规格及外形尺寸

型号	形式	热功率(MW)	工作压力(MPa)	出水温度(℃)	实测效率(%)	炉排面积(m²)	适用燃料	燃料耗量(kg/h)	燃料低位发热值(kJ)	外形尺寸(长×宽×高)(m)	总重量(t)	引风机功率(kW)	鼓风机功率(kW)	水(油)泵功率(kW)	生产厂
DZW0.7-0.7/95/70-AⅡ	热水	0.7	0.7	95	74.0	2				4.5×1.7×3					鞍山锅炉（集团）有限公司
DZL0.7-0.7/95/70-AⅡ	热水	0.7	0.7	95	65.7	2			22190	4.8×3.6×3.5	17	4	1.1		北京北方锅炉厂
DZL0.7-0.7/95/70-AⅢ	热水	0.7	0.7	95	77.64	3.213	AⅢ	157.94		6.018×4.888×3.974		11	2.2		天山锅炉厂
SZL0.7-0.7/95/70-AⅡ	快装热水	0.7	0.7	95	75.3(设)	1.29	AⅡ、AⅢ烟煤	185		4.72×2.3×2.612	10	5.5	2.2	5.5	上海生活锅炉厂
QXL60	快装热水	0.7	7	95		1.8	Ⅱ类烟煤			4.7×2.02×2.9	17	7.5	2.2		沈阳锅炉总厂
DZL0.7-0.7/95/70-AⅡ	热水	0.7	0.7	95	79.17	2.06	Ⅱ类烟煤			4.6×2.2×3.9	12.8				鞍山锅炉（集团）有限公司
DZW1.4-0.7/95/70-AⅡ	热水	1.4	0.7	95	76.8	3.2	AⅢ			4.3×2.1×4.3					北京北方锅炉厂
QXL1.4-0.7/95/70-AⅢ	热水	1.4	0.7	95	77.64	3.213	AⅢ AⅢ烟煤	298.37		6.9×3.75×5.5	24	7.5	3		唐山锅炉厂
SZL1.4-0.7/95/70-AⅢ	快装热水	1.4	0.7	95	76.44(设)	3.02	AⅢ AⅢ烟煤	371.5		5.504×2.72×3.462	18	11	3	11	上海生活锅炉厂
SZL1.4-0.7/95/10-AⅡ₂	快装热水	1.4	0.7	95	76.44(设)	3.02	AⅡ AⅢ烟煤	371.5		5.504×2.72×3.462	18	11	2.2		沈阳锅炉总厂
QXL120	热水	1.4	7	95		3	Ⅱ类烟煤			5.5×2.3×3.04	20	7.5	3		北京北方锅炉厂
DZL1.4-0.7/95/70-AⅡ	热水	1.4	0.7	95	11.1	3.1	Ⅱ类烟煤			4.4×4.1×4.0	16.5	18.5	3	7.5	天山锅炉厂
DZL1.4-0.7/95/70-AⅡ	热水	1.4	0.7	95	76.2	3.1	Ⅱ类烟煤			5.1×4.4×3.7	16	18.5	5.5	7.5	
SZL2.8-1/95/70-AⅢ	快装热水	2.8	1	95	79.06	5.6	AⅢ	601.2		7.175×4.117×6.5	32	18.5	5.5		上海生活锅炉厂
QXL2.8-0.7/95/70-AⅡ	热水	2.8	0.7	95	76	4.6	AⅡ	763.11		7.88×3.973×4.23	24	18.5	5.5	22	沈阳锅炉总厂
SZL2.8-0.7/95/70-AⅡ₂	快装热水	2.8	0.7	95	79.01(设)	4.6	AⅡ AⅢ烟煤	718.8		6.2×3.07×3.462	27	22	5.5		鞍山锅炉（集团）有限公司
QXL240	热水	2.8	7	95		4.6	Ⅱ类烟煤			6.88×2.55×3.1	26	18.5		22	北京北方锅炉厂
DZW2.8-0.7(0.9)/95/70-AⅡ	热水	2.8	0.7(0.9)	95	79.0	5.67	Ⅱ类烟煤	775		6.2×3.0×3.5	26.3	22	5.5		天山锅炉厂
SZL4.2-0.7(0.9)/95/70-AⅡ	快装热水	4.2	0.7(0.9)	95	73.3	5.1	AⅡ AⅢ烟煤	1065.3		11.5×3.79×3.8					上海生活锅炉厂
SZL4.2-0.7/115/70-AⅡ	热水	4.2	0.7	115	81.2	5.1	Ⅱ类烟煤	1082		6.3×2.6×3.6	80	45	18.5	55	鞍山锅炉（集团）有限公司
SZL4.2-0.7/95/70-AⅡ	热水	4.2	0.7	95	80.12	5.1				6.3×2.6×3.5	37	30	7.5		北京北方锅炉厂
QXL360	快装热水	4.2	1.0	95	80.15	7.523	Ⅱ类烟煤			8.645×6.962×6.2					天山锅炉厂
DZL4.2-1.0/115/70-AⅡ	快装热水	4.2	1.0	115	81.65	7.15	Ⅱ类烟煤			7.624×3.27×3.462	37				上海生活锅炉厂
SZL4.2-1.0/115/70-AⅡ	燃煤热水	4.2	1.0	115	82.6	7.2				7.6×2.7×3.15					鞍山锅炉（集团）有限公司
DZL4.2-0.7/95/70-AⅡ	热水	4.2	0.7	95	80.14	7.3				11×6.0×6.0					

5) 燃油（气）热水锅炉性能规格及外形形尺寸见2-107。

燃油（气）水锅炉性能规格及外形尺寸

表2-107

型号	形式	热功率(MW)	工作压力(MPa)	出水温度(℃)	实测效率(%)	炉排面积(m²)	适用燃料	燃料耗量 kg/h(m³/h)	燃料低位发热值(kJ)	外形尺寸(长×宽×高)(m)	总重量(t)	引风机功率(kW)	鼓风机功率(kW)	水(油)泵功率(kW)	生产厂
LNS0.1-YQ(D)	无压热水	0.1			≥88		轻柴油,天然气	6.25(7.35)2.84(13.6)			0.45				重庆渝威热工机械制造有限公司
LNS0.2-YQ(D)	无压热水	0.2			≥90		轻柴油,天然气	10.5(14.7)5.7(32)			0.55				兰州锅炉厂
WNS0.35-0.7/95/70-Y(Q)	燃油(气)热水	0.35	0.7	95	85(设)		油	31.8		2.5×1.8×1.5	2.3				重庆渝威热工机械制造有限公司
LNS0.35-YQ	无压热水	0.35			≥90			25(29)11.5(62.5)			0.75				广州市锅炉股份有限公司
WNS0.35-0.7/95	全自动热水	0.35	0.7	95	90.3(设)		轻柴油,重油	33.12		2.9×1.59×1.86	2.34				金牛股份有限公司
WNS0.35-0.74/95(115)/70-Y(Q)	全自动热水	0.35	0.7	95(115)	92			32.6		3.07×1.7×1.63	2.2				兰州锅炉厂
WNS0.7/95/70-Y(Q)	燃油(气)热水	0.7	0.7	95	85(设)		油	63		3.5×1.79×1.95	3.68				重庆渝威热工机械制造有限公司
WNS0.7-YQ	无压热水	0.7			≥88		轻柴油,天然气	70(88),40(144)			3.5				广州市锅炉股份有限公司
WNS0.7-0.7/95	全自动热水	0.7	0.7	95	90.4(设)		轻柴油,重油	66.17		4.2×1.78×2.0	3.69				金牛股份有限公司
WNS0.7-0.7(1.0)/95(115)/70-Y(Q)	全自动热水	0.7	0.7	95(115)	93.5		重油,轻油	64.5		3.88×1.81×1.77	3.74				广州市锅炉股份有限公司
WNS1.4-1.0/95/70-Y(Q)	燃油(气)热水	1.4	1.0	95	85(设)		油	132		4.26×2.27×2.3	6.55				兰州锅炉厂
WNS1.4-YQ	无压热水	1.4			≥81		轻柴油,天然气	146(160)75(290)			5.5				重庆渝威热工机械制造有限公司
WNS1.4-0.7/95	全自动热水	1.4	0.7	95	90.57(设)		重油,重油	136.17		4.717×2.238×2.515	6.5				广州市锅炉股份有限公司
WNS1.4-0.74/95(115)/10-Y(Q)	全自动热水	1.4	0.7	95	92		重油,轻油	130.4		4.8×2.19×2.21	5.71				金牛股份有限公司
WNS2.1-1.0/115	全自动热水	2.1	1.0	115	90.15(设)		重油,轻油	205.21		4.909×2.5×2.902	1.05				广州市锅炉股份有限公司
WNS2.1-0.7(1.0)/95(115)/70-Y(Q)	全自动热水	2.1	0.7	95(115)	91.8		油	196.1		5.51×2.55×2.446	7.6				金牛股份有限公司
WNS2.8-1.0/115	燃油(气)热水	2.8	1.0	95	87(设)		油	246		5.2×2.39×2.46	10.3				广州市锅炉股份有限公司
WNS2.8-1.0/95	全自动热水	2.8	1.0	115	90.1(设)		轻柴油,重油	273.76		5.92×2.83×3.2	1.16				金牛股份有限公司
WNS2.8-1.25/130	全自动热水	2.8	1.25	150	90.15(设)		重油,重油	273.61		5.92×2.83×3.2	1.16				广州市锅炉股份有限公司
WNS2.8-0.740/95(115)/70-Y(Q)	全自动热水	2.8	0.7	95	91.8		重油,轻油	201.4		0.0×2.55×2.446	8.87				天山锅炉厂
WNS3.5-0.7(1.0)/95(115)/70-Y(Q)	全自动热水	3.5	0.7	95	91.4		轻柴油,重油	328.2		5.24×2.82×2.95	15.56				金牛股份有限公司
WNS4.2-1.0/115	全自动热水	4.2	1.25	130	90.14(设)		轻柴油,重油	410.46		0.9×2.96×3.31	1.49				广州市锅炉股份有限公司
WNS4.2-0.7(1.0)/95(115)/70-Y(Q)	全自动热水	4.2	0.7	75(115)	92.5		重油,轻油	389.2		5.99×2.82×2.95	15.86				金牛股份有限公司
WNS5.6-1.25/130	全自动热水	5.6	1.25	130	90.13(设)		轻柴油,重油	547.34		7.102×3×3.46	2.4				广州市锅炉股份有限公司
WNS5.6-0.7(1.0)/95(115)/70-Y(Q)	全自动热水	5.0	0.7	95(115)	92.48		重油,轻油	519		6.3×3.16×3.18	19.85				金牛股份有限公司
WNS7-1.25/130	全自动热水	7	1.25	130	90.14(设)		轻柴油,重油	684.10		7.306×3.131×3.28	2.6				广州市锅炉股份有限公司

3 水处理设备

3.1 拦污设备

3.1.1 深水用中粗格栅除污机

3.1.1.1 GH型链条式回转格栅除污机

(1) 适用范围：GH型链条式回转格栅除污机适用于各种泵站的前处理。给水排水提升泵站和污水处理厂的进水口处，均应设置格栅，用来拦截、清除漂浮物，如草木、垃圾、橡塑等物，从而保护水泵送水，亦减少后续设备的处理负荷。

(2) 结构与特点：GH型链条式回转格栅除污机采用悬挂式双级蜗轮蜗杆减速机，使传动链轮与传动链条的啮合调整保持良好状态。整机水上部分采用铝合金型材、板材；水下部分为优质不锈钢。清污耙固定在两根牵引链条之间，可随链条回转。每个耙齿都插入栅隙内一定深度。当耙齿转到栅体顶部牵引链条换向时齿耙也随之翻转，污物脱落。该机有紧急停车及电动机过载保护装置，带有气动缓冲卸料机构，有独到的框架结构和定距结构，易于安装和更新，尤其适用于老泵站的改造。

(3) 性能：GH型链条式回转格栅除污机性能规格见表3-1。

(4) 外形尺寸：GH型链条式回转格栅除污机外形尺寸见图3-1和表3-1。

GH型链条式回转格栅除污机性能规格及外形尺寸　　　　表3-1

公称栅宽 B (m)	槽深 H (mm)	安装角度 α(°)	栅条间隙 (mm)	电动机功率 (kW)	栅条截面积 (mm)	整机重量 (kg)	生产厂
1.0、1.1、1.2、1.3、1.4、1.5、1.6、1.7、1.8、1.9、2.0、2.1、2.2、2.3、2.4、2.5、2.6、2.7、2.8、2.9、3.0	自选	60、65、70、75、80	15~80	0.75~2.2	50×10	3500~5500	无锡通用机械厂、江苏亚太给排水成套设备公司

3.1.1.2 BLQ型格栅除污机

(1) 适用范围：BLQ型格栅除污机广泛用于水处理工程的水源取水口。尤其适用于城市雨、污水中较大杂物的拦截和自动清除。

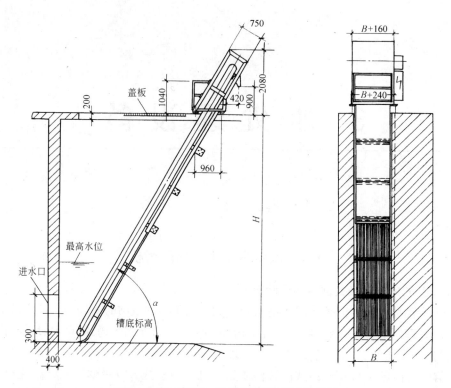

图 3-1　GH 型链条式回转格栅除污机外形尺寸

(2) 结构及特点：BLQ 型格栅除污机分移动式和固定式。固定式由门形架、刮污小车、刮污车升降装置、刮污车齿耙启闭装置、集污舱及电控装置等组成；移动式则加设底盘和行走装置。刮污小车升降、启闭装置均附设于门形架上。工作时刮污小车按指令要求循格栅轨道下行至需要深度位置，闭耙刮污上行至规定位置启耙卸污，便完成了对栅面污物的清除。移动除污机设于门形架上端，由设置于底盘上的行走装置驱动，可将设置于同一门形架上的多门并列格栅进行自动定点、逐一清污。

(3) 性能：BLQ 型格栅除污机性能见表 3-2。

BLQ 型格栅除污机性能　　　　　　　　　　　表 3-2

刮污耙幅宽(mm)	栅隙(mm)	安装角度 α(°)	刮污车升降行程(m)	一次清污额定载荷(kg/m)	升降电动机功率(kW)	启闭电动机功率(kW)	行走电动机(双速功率)(kW)	门形架外形尺寸(mm)	生产厂
1000~3500	10~100	60~90	4~12	100	1.5	0.75	0.8/0.4	固定式:1650×(B+100)×2500 移动式:1750×(B+100)×2500	江苏一环集团公司

(4) 外形尺寸：BLQ 型格栅除污机外形尺寸见图 3-2 和表 3-2。

3.1.1.3　LXG 链条旋转背耙式格栅除污机

(1) 适用范围：LXG 链条旋转背耙式格栅除污机安装在水厂进水口处，用以清除粗大

3.1 拦污设备

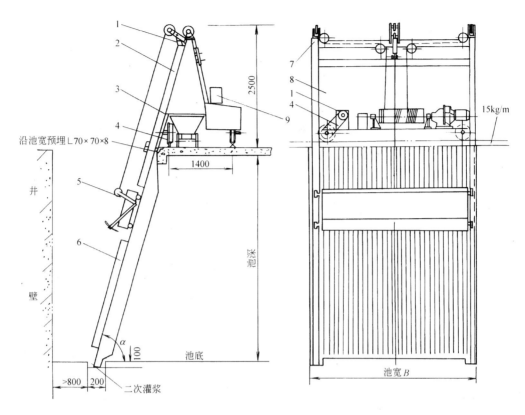

图 3-2 BLQ 型格栅除污机外形尺寸
1—油压系统；2—门形架；3—垃圾小车；4—行走机构；5—清污机构；6—栅片；
7—保险装置；8—钢丝绳卷筒装置；9—电器控制部分

的悬浮物，如草木、垃圾和纤维状物质，为后续水处理工艺的正常运行及各类水道的卫生环境创造良好的条件。

(2) 型号意义说明：

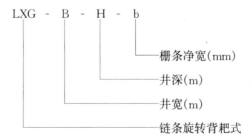

(3) 结构及特点：LXG 链条旋转背耙式格栅除污机结构见图 3-3，运用齿合式多耙连续运行原理，由电动机直联摆线针轮减速机，通过一对链轮进一步减速，带动主轴及安装在主轴两侧的主动链轮使链条作旋转运动，主动链轮设有张紧装置，以消除连续工作中产生的间隙。该机具有以下特点：

1) 传动链条为全密封式，可有效避免垃圾对链条的卡、夹及缠绕。
2) 耙齿从格栅后向前伸出并向上提升，克服了其他同类设备遇到硬物或片状坚固物不

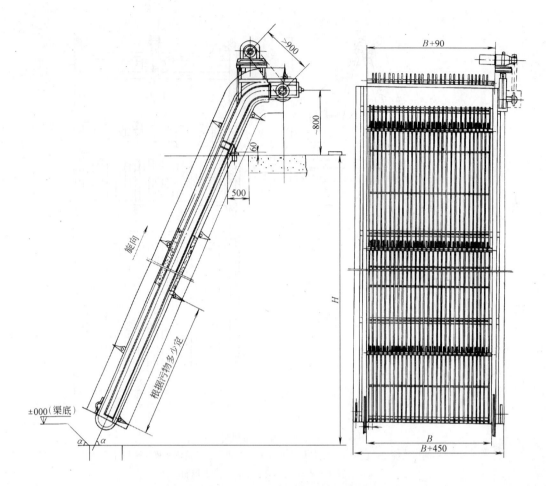

图 3-3 LXG 链条旋转背耙式格栅除污机结构及外形尺寸

能正常提升的缺点,不存在垃圾中途返回水中的可能,耙渣净,提升效率高。

3) 提升重量大,单耙可达 200kg,效率高。

(4) 性能:LXG 链条旋转背耙式格栅除污机性能见表 3-3。

LXG 链条旋转背耙式格栅除污机性能　　　　表 3-3

井深 H (mm)	井宽 B (mm)	导轨中心距(mm)	设备宽 (mm)	设备倾角 α(°)	进水流速 (m/s)	水头损失 (kPa)	电动机功率(kW)			栅条净距 (mm)	生产厂
							$B<1000$	$B<2200$	$B<2800$		
<6000	<2800	$B+90$	$B+450$	60~85	1.2	<19.6	1.1	1.5	2.2	15~40	江都市亚太环保设备制造总厂

注:1. 井深、井宽及栅条净距根据用户需要确定。
　　2. 设备最大处理能力 10~20m³/h。

(5) 外形尺寸:LXG 型链条旋转/背耙式格栅除污机外形尺寸见图 3-3。

3.1.1.4　其他型深水用中粗格栅除污机

其他型深水用中粗格栅除污机性能规格及外形尺寸见表 3-4。

3.1 拦污设备 525

表 3-4 其他型深水用中粗格栅格栅除污机性能规格及外形尺寸

产品名称	规格	栅隙 (mm)	宽度 (mm) 水室宽	宽度 (mm) 设备宽	宽度 (mm) 格栅宽	井深 (mm)	地面以上高度 (mm)	安装倾角 α(°)	清污装置 名称	清污装置 移动速度 (m/min)	电动机功率 (kW)	生产厂
LHG 回转式格栅除污机	LHG-0.8		800	600		2500、5000、7500、10000	~2000	75	除污耙			扬州天雨给排水设备(集团)有限公司
	LHG-1		1000	800								
	LHG-1.2	15,20,	1200	1000							1.1	
	LHG-1.5	25,30,	1500	1300							1.5	
	LHG-1.8	60,80	1800	1600							2.2	
	LHG-2		2000	1800							3.0	
	LHG-2.2		2200	2000								
	LHG-2.4		2400	2200								
	LHG-2.5		2500	2300								
ZPS 转耙格栅式清污机	ZPS-1500	20~70	1500	1360	1230			70~90	清污耙	6~8 齿合深度 10~30mm	2.2~5.5	云南电力修造厂
	ZPS-2000		2000	1860	1730							
	ZPS-2500		2500	2360	2220							
	ZPS-3000		3000	2860	2710							
	ZPS-3500		3500	3360	3210							
ZD 型自动格栅除污机	1000×5000	30~80	1100		1000	斜长 5000	3800	60~75	耙污车		1.1	河南省商城县水利机械厂
	1500×5000		1600		1500						1.5	
	2000×5000		2100		2000						2.2	
	2500×5000		2600		2500						3.0	
	3000×5000		3100		3000						4.0	
GGQ 系列固定式格栅清污机	GGQ-2000	25~150	2000		2000	5000~30000			耙斗	容积 (m³) 0.15	5.5	沈阳电力机械总厂
	GGQ-2500		2500		2500					0.19	5.5	
	GGQ-3000		3000		3000					0.23	7.5	
	GGQ-3500		3500		3500					0.26	7.5	
	GGQ-4000		4000		4000					0.30	7.5	

3.1.2 深水用中细格栅除污机

3.1.2.1 ZSB 型转刷网篦式清污机

(1) 适用范围:ZSB 转刷网篦式清污机,安装在粗拦污栅后,能稳定的拦截并清除水中大于 $\phi 3.6 mm$ 以上的杂草、鱼虾及悬浮物。适用于电厂及其他工业部门和市政工程中给水排水系统。

(2) 型号意义说明:

(3) 结构与特点:ZSB 转刷网篦式清污机主要由钢架本体、细滤网和传动系统三部分组成。钢架本体与水室中预埋导槽相配合,并通过角型支承翼板固定在水室两侧的支座上。细滤网网面平整,过水孔具有斜度,沿水流方向呈开放状态,过水通畅,除污容易。传动部件以行星摆线针轮减速机为动力,转刷曳引链条带动方毛刷由下而上移动,清扫网面并带走污物。污物输送至排污溜板时,大部分由于重力作用自行落至排污沟内;少量附着在方毛刷上的污物,由转动圆毛刷清扫,从而完成过滤和清污的过程。清污机的长度根据水室深度确定。钢架本体一般分为两段,较长机型视起吊高度分为多段,目前生产的最长机型为 22m。动力传动装置分为上架和分离两种形式,一般布置在清污机右侧,(按顺水流方向定)特殊要求时应作说明。清污机一般按淡水材质制造,在海水及污水中使用时应根据实际情况选材。

(4) 性能规格:ZSB 型转刷网篦式清污机性能规格,见表 3-5。

ZSB 型转刷网篦式清污机性能规格　　　表 3-5

型号	每米深过水流量 q (m^3/s)	流速 v (m/s)	滤网矩形孔尺寸 (mm)	方毛刷移动速度 (m/min)	圆毛刷转速 (r/min)	行星摆线针轮减速机功率(kW)	安装倾角 α (°)	允许网前后水位差 (mm)	生产厂
ZSB-2000	0.448								
ZSB-2500	0.56					2.2~5.5			云南电力修造厂、江苏一环集团公司
ZSB-3000	0.67	0.8	3.5×56	6.88	17.9		70~80	300	
ZSB-3500	0.78								
ZSB-4000	0.89					4~7.5			

(5) 外形及安装尺寸:ZSB 型转刷网篦式清污机外形及安装尺寸见图 3-4~6 和表 3-6、7。

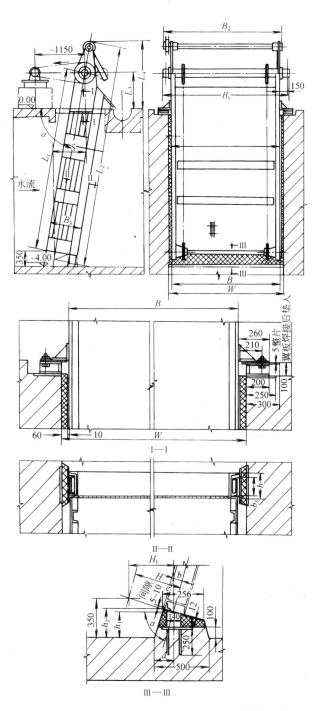

图 3-4 ZSB 型转刷网篦式清污机外形及安装尺寸

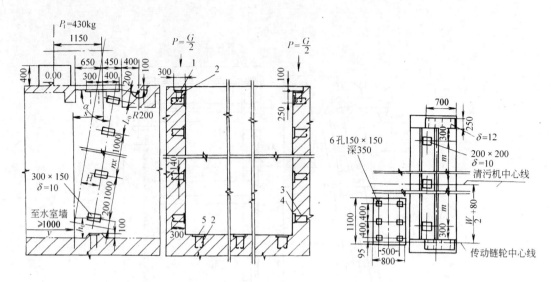

图 3-5　一次预埋件

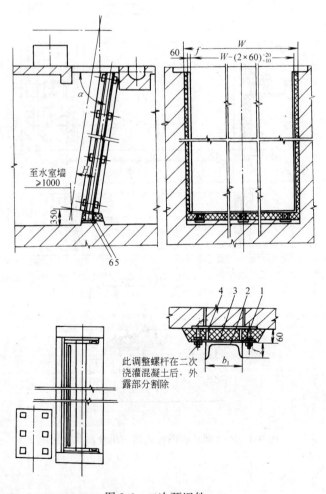

图 3-6　二次预埋件

ZSB 型转刷网篦式清污机外形及安装尺寸　　表 3-6

型号	外形尺寸（mm）										整机重量（kg）
	钢架本体座宽 B	钢架本体总长	上下曳引链轮中心距	滤网网面长	滤网宽	B_1	B_2	L_1	b_1	s	
ZSB-2000	1860	4468	3600	2000	1730	2280	2138	根据水室深度及安装倾角确定，并按大链节距（120mm）圆整	120	$L_1 \times \cos\alpha$	2000
		16588	15720	3500							5500
ZSB-2500	2360	4968	4080	2500	2230	2780	2638		120		3500
		16588	15720	4200							8000
ZSB-3000	2860	4968	4080	2500	2720	3280	3138		140		4500
		16588	15720	4200							9500
ZSB-3500	3360	4968	4080	2500	3120	3780	3618		160		5000
		16588	15720	4200							11000
ZSB-4000	3860				3702	4280	4118		180		

型号	安装尺寸（mm）																					
	水室宽 B_3	L_0	L_2	L_3	L_4	m	h_0	n	f	b	H			H_1			h_1			h_2		
											70°	75°	80°	70°	75°	80°	70°	75°	80°	70°	75°	80°
ZSB-2000	2000	670	调整尺寸	$L_1 + 994$	$L_3 + 768\sin\alpha$	5×580 4×600 3×633 2×700 6×567	$h_1 + 200\sin\alpha$	由水室深度决定	53	160	390	366	377	384	217	249	282				244	270	296
ZSB-2500	2500																						
ZSB-3000	3000	690							60	180	400	376	386	394	213	247	281						
ZSB-3500	3500	710							65	200	410	385	396	404	210	244	279						
ZSB-4000	4000	730							70	220	420	395	406	414	206	241	277						

型号	a			e		
	70°	75°	80°	70°	75°	80°
ZSB-2000	164	149	131	75	77	79
ZSB-2500						
ZSB-3000	174	159	141	85	87	88
ZSB-3500	183	169	150	94	97	99
ZSB-4000	192	178	161	103	106	109

预埋件明细表　　表 3-7

	一次预埋件					二次预埋件[①]			
序号	名称	规格	数量	序号	名称	规格	数量	备注
1	支承一次预埋板	700×250×12	2/台	1	调整螺杆	M16×100	2/组	
2	锚钩	φ12×250	8/台	2	导槽	见表6	2/台	长度由水室深定
3		φ16×300	2/块	3	连接板	300×150×10		
4	导槽一次预埋板	300×300×10	由机长定	4	支撑板	δ=10	2/组	安装时配做
5	垫枕一次预埋板	200×200×10	由水室宽定	5	垫枕	240×(W-140)×12	1/台	
6				6	支承板	140×180	2/组	组数由机型定

① 二次预埋件制造厂有详图。

3.1.2.2 回转式格栅（齿耙）除污机

(1) 适用范围：回转式格栅（齿耙）除污机适用于市政污水处理厂预处理工艺。当栅隙合适时，也可用于纺织、水果、水产、造纸、皮革、酿酒等行业的生产工艺中，是目前国内先进的固液筛分设备。

(2) 型号意义说明：

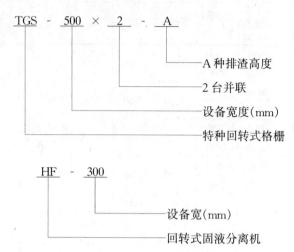

(3) 结构及特点：回转式格栅除污机由动力装置、机架、耙齿链（网齿）、清污机构及电控箱等组成。动力装置采用悬挂式蜗轮蜗杆减速机。格栅系统由诸多的小齿耙相互连接成一个硕大的旋转面，在减速机的驱动下旋转运动，捞渣彻底。当筛网运转到设备的上部时，由于链轮和弯轨的导向作用，使每组耙齿之间产生相对运动，大部分固体杂物靠自重下落，另一部分粘在耙齿上的杂物依靠清洗机构的橡胶刷的反向运动洗刷干净。该机安装角度60°~80°，耙齿间隙有5、10、15、20、30、40mm多种，筛网运行速度约2m/min。其最大优点是自动化程度高，耐腐蚀性能好，机壳分碳钢和不锈钢两种，零件材料均为不锈钢、ABS工程塑料或尼龙。该机设有过载安全保护，自控装置可根据水中杂物多少连续或间隙运行，当发生故障时自动切断电源并报警。

(4) 性能：TGS系列回转式格栅（齿耙）除污机性能见表3-8，HF型回转式固液分离机性能见表3-9。

TGS系列回转式格栅除污机性能 表3-8

型号	电动机功率(kW)	耙齿栅宽(mm)	设备宽(mm)	设备高(mm) A型	设备高(mm) B型	设备总宽(mm)	设备安装长(mm)	水槽最小宽度(mm)	排渣高度(mm) A型	排渣高度(mm) B型	生产厂
TGS-500	0.55~1.1	360	500	4035~11035（地面至设备顶2820，地下部分可任意加长）	3335~11035（地面至设备顶2120，地下部分可任意加长）	850	2320~11153	600	1464	764	浙江省乐清水泵厂、江苏亚太给排水成套设备公司、无锡通用机械厂
TGS-600		460	600			950		700			
TGS-700		560	700			1050		800			
TGS-800	0.75~1.5	660	800			1150		900			
TGS-900		760	900			1250		1000			
TGS-1000		860	1000			1350		1100			
TGS-1100	1.1~1.5	960	1100			1450		1200			
TGS-1200		1060	1200			1550		1300			
TGS-1300		1160	1300			1650		1400			
TGS-1400	1.1~2.2	1260	1400			1750		1500			
TGS-1500		1360	1500			1850		1600			

HF 型回转式固液分离机性能及外形尺寸

表 3-9

型号	安装角度 α (°)	电动机功率 (kW)	设备宽 W_0 (mm)	设备总高 H_2 (mm)	设备总宽 W_2 (mm)	沟宽 W (mm)	沟深 H (mm)	导流槽长度 L_1 (mm)	设备安装长 L_2 (mm)	排渣高度 H_1 (mm)	生产厂
HF-300	60~80	0.4~0.75	300	3153~11153	650	380	1535（或根据需要确定）	1500~4770	2320~6940	1935~9935	宜兴市第二冷作机械厂
HF-400			400		750	480					
HF-500		0.55~1.1	500		850	580					
HF-600			600		950	680					
HF-700			700		1050	780					
HF-800		0.75~1.5	800		1150	880					
HF-900			900		1250	980					
HF-1000			1000		1350	1080					
HF-1100		1.1~2.2	1100		1450	1180					
HF-1200			1200		1550	1280					
HF-1250		1.5~3	1250		1600	1330					
HF-1500			1500		1850	1580					

注：适用介质温度≤80℃。

(5) 外形及安装尺寸：

1) TGS 系列回转式格栅除污机外形及安装尺寸见图 3-7 和表 3-10、11。

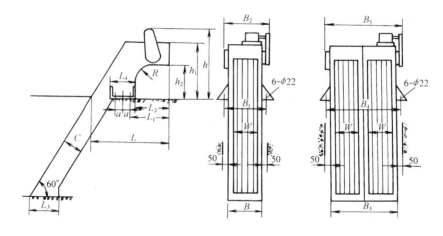

图 3-7 TGS 系列回转式格栅除污机外形及安装尺寸

TGS 系列回转式格栅除污机外形尺寸

表 3-10

型号	B	B_1	B_2	W	型号	B_3	B_4	B_5
TGS-500	500	736	760	360	TGS-500×2	1000	1236	1260
TGS-600	600	836	860	460	TGS-600×2	1200	1436	1460
TGS-700	700	936	960	560	TGS-700×2	1400	1636	1660
TGS-800	800	1036	1060	660	TGS-800×2	1600	1836	1860
TGS-900	900	1136	1160	760	TGS-900×2	1800	2036	2060
TGS-1000	1000	1236	1260	860	TGS-1000×2	2000	2236	2260
TGS-1100	1100	1336	1360	960	TGS-1100×2	2200	2436	2460
TGS-1200	1200	1436	1460	1060	TGS-1200×2	2400	2636	2660

型　号	B	B_1	B_2	W	型　号	B_3	B_4	B_5
TGS-1300	1300	1536	1560	1160	TGS-1300×2	2600	2836	2860
TGS-1400	1400	1636	1660	1260	TGS-1400×2	2800	3036	3060
TGS-1500	1500	1736	1760	1360	TGS-1500×2	3000	3026	3260

TGS 系列回转式格栅除污机安装尺寸　　　　　表 3-11

格栅类型	h	h_1	h_2	L	L_1	L_2	L_3	L_4	a	R	C
A	2820	2390	1464	2590	1350	1275	937	420	150	640	640
B	2120	1690	764	2185	945	870	937	420	150	640	640

注：格栅两边留间隙为 50mm。

2) HF 型回转式固液分离机外形尺寸见图 3-8 和表 3-9，地脚螺栓尺寸见表 3-12。

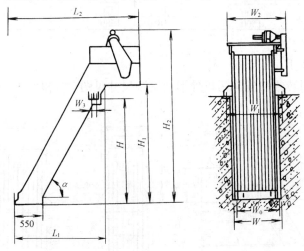

图 3-8　HF300～1500 型回转式固液分离机外形尺寸

HF300～1500 回转式固液分离机地脚螺栓尺寸　　　　　表 3-12

地脚螺栓(mm)	跨距 W_1	500	600	700	800	900	1000	1100	1200	1300	1400	1450	1700
	间距 W_3	200	200	200	200	200	200	200	200	200	200	200	200
	直径 d	M16	M16	M16	M16	M16	M16	M16	M16	M16	M16	M16	M16

3.1.2.3　XWB 系列背耙式格栅除污机

(1) 适用范围：XWB 系列背耙式格栅除污机用于自来水厂进口、各种污水泵站及河道的拦污，对环境条件无特殊要求。

(2) 结构及特点：XWB 系列背耙式格栅除污机的所有传动机构置于格栅背面，有效地解决了栅渣阻塞、栅底淤渣等问题。耙齿从格栅后经下链轮向格栅前伸出，向上提升至上链轮后卸污，并收回机体内，从而完成一个单耙工作过程。耗费齿伸出栅条 25cm，不存在污物重返水中的可能性，避免了漏渣之弊病。采用了全过程导向装置，减少了整机占用空间及高度，节省了土建费用。该机有自动和手动两种方式，过力矩双重保险，同时可根据用户要求，另行增设水位差自动系统。

(3) 性能及外形尺寸：XWB-Ⅱ系列背耙式格栅除污机性能及外形尺寸见表3-13和图3-9。XWB-Ⅲ系列背耙式细格栅除污机性能及外形尺寸见表3-14和图3-10。

XWB-Ⅱ系列背耙式格栅除污机性能及外形尺寸　　　　表3-13

型号	最大载荷 (kg)	提升速度 (m/min)	格栅间隙 (mm)	耙齿有效长度 (mm)	电动机功率 (kW)	外形尺寸(mm)			过水尺寸(mm)			生产厂
						A	H	B	H_2	H_1	C	
XWB-Ⅱ-1-2	200	2.3	25	230	0.8	1000	2000	600	1100	900	800	西安污水处理设备厂
XWB-Ⅱ-1-2.5	200	2.3	25	230	0.8	1000	2500	600	1200	1000	800	
XWB-Ⅱ-1-3	200	2.3	25	230	0.8	1000	3000	600	1500	1200	800	
XWB-Ⅱ-1.5-3	200	2.3	25	230	1.1	1500	3000	622	1500	1200	1215	
XWB-Ⅱ-1.5-3.5	200	2.3	25	230	1.1	1500	3500	622	2000	1700	1215	
XWB-Ⅱ-1.5-4	200	2.3	25	230	1.1	1500	4000	622	2500	2200	1215	
XWB-Ⅱ-1.5-5	200	2.3	25	230	1.5	1500	5000	622	3500	3200	1215	
XWB-Ⅱ-2-3	200	2.3	25	230	1.5	2000	3000	622	1500	1200	1715	
XWB-Ⅱ-2-4	200	2.3	25	230	1.5	2000	4000	622	2500	2200	1715	
XWB-Ⅱ-2-5	200	2.3	25	230	2.0	2000	5000	622	3500	3200	1715	
XWB-Ⅱ-2-6~8	200	2.3	25	230	2.0	2000	6000以上	622	4500以上	4200以上	1715	
XWB-Ⅱ-2.5-3	200	2.3	25	230	2.0	2500	3000	622	1500	1200	2215	
XWB-Ⅱ-2.5-4	200	2.3	25	230	2.0	2500	4000	622	25000	2200	2215	
XWB-Ⅱ-2.5-5	200	2.3	25	230	2.0	2500	5000	622	3500	3200	2215	
XWB-Ⅱ-2.5-6以上	200	2.3	25	230	2.2	2500	6000以上	622	4500以上	4200以上	2215	
XWB-Ⅱ-3-4	200	2.3	25	230	2.2	3000	4000	622	2500	2200	2715	
XWB-Ⅱ-3-5	200	2.3	25	230	2.2	3000	5000	622	3500	3200	2715	
XWB-Ⅱ-3-6	200	2.3	25	230	2.2	3000	6000	622	4500	4200	2715	
XWB-Ⅱ-3-7以上	200	2.3	25	230	2.2	3000	7000以上	622	5500以上	5200以上	2715	

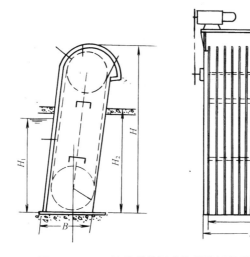

图3-9　XWB-Ⅱ系列背耙式格栅除污机外形尺寸

XWB-Ⅲ系列背耙式细格栅除污机性能及外形尺寸 表 3-14

型号	最大载荷(kg)	提升速度(m/min)	格栅间隙(mm)	耙齿有效长度(mm)	电动机功率(kW)	外形尺寸(mm)			过水尺寸(mm)			生产厂
						A	H	B	H_2	H_1	C	
XWB-Ⅲ-0.8-1.5	50	4	7~15	120	0.75	800	1500	450	500	490	600	西安污水处理设备厂
XWB-Ⅲ-0.8-2	50	4	7~15	120	0.75	800	2000	450	1000	990	600	
XWB-Ⅲ-0.8-2.5	50	4	7~15	120	0.75	800	2500	450	1500	1490	600	
XWB-Ⅲ-1.0-1.5	50	4	7~15	120	0.75	1000	1500	450	500	490	800	
XWB-Ⅲ-1.0-2	50	4	7~15	120	0.75	1000	2000	450	1000	990	800	
XWB-Ⅲ-1.0-2.5	50	4	7~15	120	0.75	1000	2500	450	1500	1490	800	
XWB-Ⅲ-1.2-1.5	50	4	7~15	120	0.75	1200	1500	450	500	490	1000	
XWB-Ⅲ-1.2-2	50	4	7~15	120	0.75	1200	2000	450	1000	990	1000	
XWB-Ⅲ-1.2-2.5	50	4	7~15	120	0.75	1200	2500	450	1500	1490	1000	
XWB-Ⅲ-1.5-2	50	4	7~15	120	0.75	1500	2000	450	1000	990	1300	
XWB-Ⅲ-1.5-2.5	50	4	7~15	120	0.75	1500	2500	450	1500	1490	1300	
XWB-Ⅲ-2-2	50	4	7~15	120	0.75	2000	2000	450	1000	990	1800	
XWB-Ⅲ-2-2.5	50	4	7~15	120	0.75	2000	2500	450	1500	1490	1800	

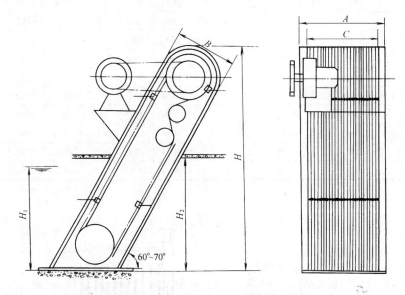

图 3-10 XWB-Ⅲ系列背耙式细格栅除污机外形尺寸

3.1.2.4 XWC 型旋转滤网

(1) 适用范围：XWC 型旋转滤网可安装于各种水厂的取水口，用于拦截格栅漏掉的漂浮物和水生物(鱼、虾)等，可捞取安装平面以下 30m 深处的杂物。

(2) 型号意义说明：

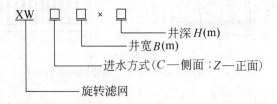

(3) 结构及特点：XWC型旋转滤网采用不锈钢链条及格网，双向进水方式。

(4) 性能：XWC型旋转滤网性能见表 3-15。

XWC型旋转滤网性能 表 3-15

井 宽 $B(m)$	井 深 $H(m)$	过网流速 (m/s)	网板升降速度 (m/min)	过网水头损失 (m)
1.6、2、2.5、3	5～30	0.4～0.6 max0.8	3.6 max6	<0.2

电动机功率 (kW)	推荐冲洗水压 (MPa)	张紧装置调节高度 (m)	冲洗水量 (m^3/h)	网室水深 $H(m)$	滤网孔径 (mm)	孔口高 J	生产厂
4	5.5	0.2	0.7	70～130	每档1m $H_{max}=30$	0.246～1.651	由出水量定	扬州天雨给排水设备(集团)有限公司

(5) 外形及安装尺寸：XWC型旋转滤网外形及安装尺寸见图 3-11。

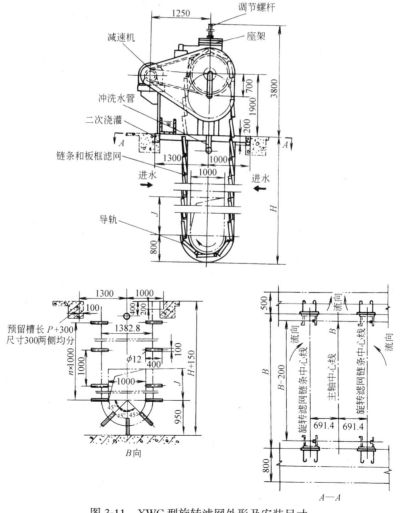

图 3-11 XWC型旋转滤网外形及安装尺寸

3.1.2.5 ZD-B 型垂直链条式除污机

(1) 适用范围:ZD-B 型垂直链条式除污机用于电站进水口、污水处理厂二级细小污物处理。

(2) 结构及特点:ZD-B 型垂直链条式除污机用带电机摆线针轮减速机驱动链轮,使链条运转;用间距小于 20mm 的格栅式滤网拦截污物;凭精细耙齿或钢刷旋转耙渣,借助卸渣机构卸渣;并附有过转距保护装置,当有稍大污物卡堵时可实现自动反转运行耙渣。

(3) 外形及安装尺寸:ZD-B 型垂直链条式除污机外形及安装尺寸见图 3-12 和表 3-16。

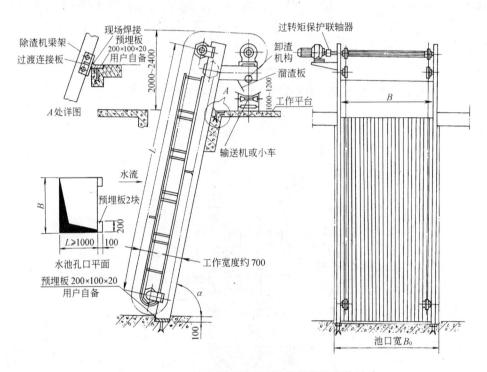

图 3-12 ZD-B 型垂直链条式除污机外形及安装尺寸

ZD-B 型垂直链条式除污机外形尺寸(mm)　　　　　表 3-16

规格 $B \times L$	池口宽度 B_0	格栅宽 B	斜长 L	格栅间距	生产厂
1000×5000	1100	1000	5000		
1500×5000	1600	1500	5000		
2000×5000	2100	2000	5000	<20	河南省商城县水利机械厂
2500×5000	2600	2500	5000		
3000×5000	3100	3000	5000		

注:表中尺寸为该机型基本尺寸,用户可根据情况提供池口长、宽、深及格栅间距和安装倾角 α。

3.1.2.6 其他型深水用中细格栅除污机

其他型深水用中细格栅除污机规格及外形尺寸见表 3-17。

3.1 拦污设备

其他型深水用中细格栅除污机规格及外形尺寸

表 3-17

产品名称	规格	格栅 类别	格栅 栅隙(mm)	宽度(mm) 水室宽	宽度(mm) 设备宽	宽度(mm) 格栅宽	井深 (mm)	地面以上高 (mm)	安装倾角 (°)
XQ 型循环式齿耙清污机	XQ-300	齿耙	1、3、5、10、15	335	330		2000、5000	1700	60
	XQ-400			435	400				
	XQ-500			535	500				
	XQ-600			635	600				
	XQ-700			735	700		2000、5000、7500		
	XQ-800			835	800				
	XQ-900			935	900				
	XQ-1000			1035	1000				
	XQ-1100			1135	1100				
	XQ-1200			1235	1200				
	XQ-1300			1740	1300				
XGS 旋转式格栅(齿耙)除污机	XGS-300	齿耙	4、5、6、7、8、9、10	500	450	300	任选	2135	75
	XGS-500			700	650	500			
	XGS-800			1000	950	800			
	XGS-1000			1200	1150	1000			
CZB 型垂直网篦式清污机	CZB-1500	网篦	3.5×56	1500	1360		任选	~2700	90
	CZB-2000			2000	1860				
	CZB-2500			2500	2360				
	CZB-3000			3000	2860				
	CZB-3500			3500	3360				
	CZB-4000			4000	3860				
XWC 型 XWZ 旋转滤网	XWC-2000	滤网	6.43×6.43			2000	5000~30000	3800(3100)	90
	XWC-2500					2500			
	XWC-3000					3000			
	XWZ-3000					3000			
	XWZ-3500					3500			
	XWZ-4000					4000			
XKC 型 XKZ 框架式旋转滤网	XKC-1500	滤网	6.43×6.43			1500	5000~30000	3800	90
	XKC-2000					2000			
	XKC-2500					2500			
	XKC-3000					3000			
	XKZ-2000					2000			
	XKZ-2500					2500			
	XKZ-3000					3000			
XGC 型旋转格网	XGC-1600~3000	滤网	6.43×6.43			1600~3000	<30000		90

续表

产品名称	规格	清污装置	筛网运行速度(m/min)	栅前后水位差(mm)	电动机功率(kW)	附加说明	生产厂
XQ型循环式齿耙清污机	XQ-300	通过运行轨迹变化完成卸渣			0.37	有独特技术	扬州天雨给排水设备(集团)有限公司
	XQ-400						
	XQ-500						
	XQ-600						
	XQ-700				0.55~1.5		
	XQ-800						
	XQ-900						
	XQ-1000						
	XQ-1100						
	XQ-1200						
	XQ-1300						
XGS旋转式格栅(齿耙)除污机	XGS-300	自动分离固液,正常运转时有自净力	2		0.4	有不锈钢网齿和非金属齿两种,其中不锈钢网齿可做成任何间隙	唐山清源环保机械(集团)公司
	XGS-500				0.75		
	XGS-800				0.75		
	XGS-1000				1.10		
CZB垂直网笼式清污机	CZB-1500	弹性清污刷组、卸污刷组		不得大于500	2.2	设备底部增加了弧形滤网及前置栏栅,便于底部积污的清除	云南电力修造厂
	CZB-2000						
	CZB-2500				5.5		
	CZB-3000						
	CZB-3500				7.5		
	CZB-4000						
XWC型XWZ型旋转滤网	XWC-2000	喷嘴水力冲洗:水压0.3~0.4MPa 水量70~230m³/h	3.75	启动允许最大300 运行中最大200	4.0		沈阳电力机械总厂
	XWC-2500				5.5		
	XWC-3000				5.5		
	XWZ-3000				4.0		
	XWZ-3500				4.0		
	XWZ-4000				5.5		
XKC型XKZ型框架式旋转滤网	XKC-1500	同上	3.75	设计水位差600(轻型)1000(中型)运行水位差小于200(轻型)小于300(中型)			
	XKC-2000						
	XKC-2500						
	XKC-3000						
	XKZ-2000						
	XKZ-2500						
	XKZ-3000						
XGC型旋转格网	XGC-1600~3000	冲洗水压力>0.2MPa	1~4	小于200	4~5.5		江都市亚太环保设备制造总厂

3.1.3 浅水(或低水位)用格栅除污机

3.1.3.1 HGS型回转式弧形格栅除污机

(1) 适用范围:HGS型回转式弧形格栅除污机适用于浅渠槽的拦污。属细格栅或中、细格栅。

(2) 结构及特点:HGS型回转式弧形格栅除污机由驱动装置、栅条组、传动轴、耙板、旋转耙臂、撇渣装置等组成。其耙齿可为金属型,也可制成尼龙刷。特点是转臂转动灵活,结构简单,安装维修方便,水下无传动件,使用寿命长。

(3) 性能:HGS型回转式格栅除污机性能规格见表3-18。

HGS型格栅除污机性能规格　　表3-18

型 号	格栅半径 (mm)	过栅流速 (m/s)	齿耙转速 (r/min)	栅条组宽 (mm)	电动机功率 (kW)	生 产 厂
HGS-1300	1300	0.9	2.14	1000	0.37	唐山清源环保设备厂、江苏亚太给排水成套设备公司、扬州天雨给排水设备(集团)有限公司、南京制泵集团股份有限公司
HGS-1500	1500	1	2.14	1000	0.37	
HGS-1800	1800	1	2.14	1000	0.37	

(4) 外形及安装尺寸:HGS-1300型回转式弧形格栅除污机外形及安装尺寸见图3-13、14。

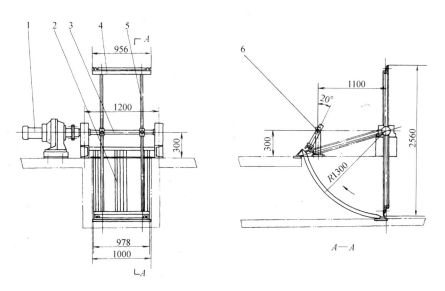

图3-13　HGS-1300弧形格栅除污机外形尺寸
1—驱动装置;2—栅条粗;3—传动轴;4—耙板;5—旋转耙臂;6—撇渣装置

3.1.3.2 HG型转臂式弧形格栅除污机

(1) 适用范围:HG型转臂式弧形格栅除污机适用于浅渠槽中拦污。

(2) 结构及特点:HG型转臂式弧形格栅除污机结构见图3-15。其特点与HGS型回转式格栅除污机同。

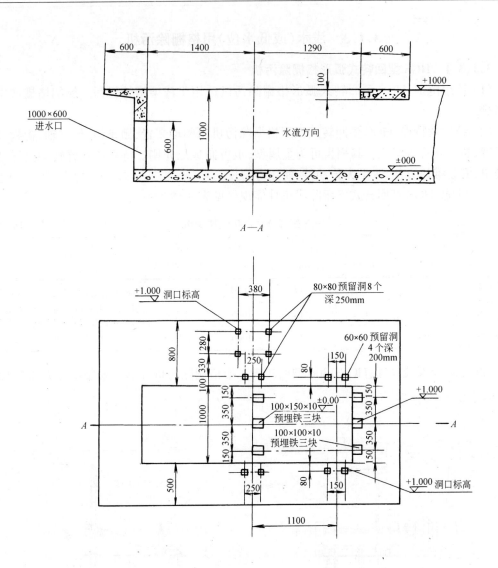

图 3-14 HGS-1300 型回转式弧形格栅安装尺寸

(3) 性能：HG 型转臂式弧形格栅除污机性能见表 3-19。

HG 型弧形格栅除污机性能　　　　表 3-19

渠　宽　B (m)	1.0、1.2、1.35、1.5	1.75、2.0
电机功率 (kW)	0.55	0.75
渠深 H (m)	1.45	1.60
栅条间距 (mm)	25、35、45、50、60、75、100	
生　产　厂	扬州天雨给排水设备(集团)有限公司、无锡通用机械厂	

(4) 外形及安装尺寸：该机外形及安装尺寸见图 3-15。

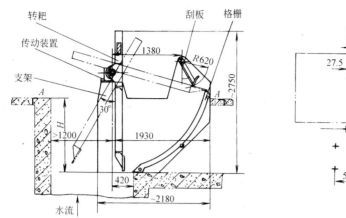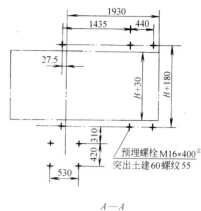

图 3-15　HG 型转臂式弧形格栅除污机外形及安装尺寸
① 表示可用 150×150×12 预埋钢板或 100×100×150 预埋孔代替。

3.1.3.3　SCM 除毛机

(1) 适用范围：纺织、印染、皮革加工和屠宰场等工业生产污水中夹带有大量长约 4～200mm 的纤维类杂物，可用该机来去除。圆筒形水力除毛机适用于进水深度小于 0.7m，链板框式除毛机适用于进水深度大于 0.7m。

(2) 结构及特点：SCMY 型圆筒形水力除毛机的驱动，是以水作动力，在水重力和冲力的作用下产生扭矩，使圆筒旋转，不需电力及电器装置，结构简单，运行费用低。该机安装于

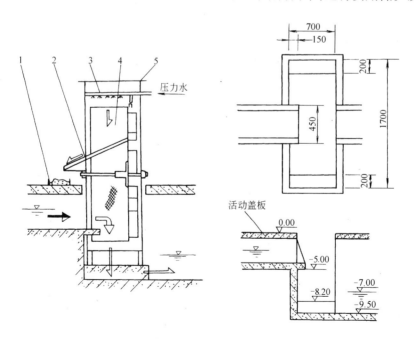

图 3-16　SCMY 型圆筒型水力除毛机外形及基础(北京桑德环保产业集团)
1—集毛盘；2—滑毛板；3—冲洗管；4—筛网；5—箱体

下水道出口及调节池入口处,当含有纤维的污水流入筒形筛网时,纤维被截留在筛网上,并随筛网的旋转带至上部,经水力冲洗落在滑毛板上,然后滑落至集毛盘再由人工清理。该机处理能力 250~320t/h。筛网规格根据实际需要选择 15~80目。

SCML型链板框式除毛机由电传动部分(行星摆线针轮减速器、链传动副、板形链节、牵引链轮)及滤网框架、滤网、冲洗喷嘴和机座等组成。该机通常适用于污水管道较深、污水量较大的场合。污水进入除毛机室,流经旋转滤网截流下来的纤维被带至上部,用 0.1~0.2MPa 的压力水将纤维清除下来并排出,该机功率 0.55kW。

(3) 外形尺寸:SCMY 型圆筒形除毛机外形及基础见图 3-16,SCML 型链板框式除毛机外形见图 3-17。

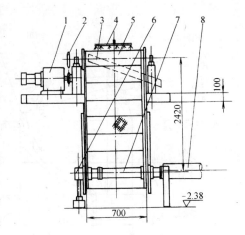

图 3-17 SCML 型链板框式除毛机
(北京桑德环保产业集团)
1—摆线针轮减速器;2—链传动副;3—垃圾斗;4—清污喷水管;5—旋转滤网装置;6—水下支承轴承;7—出水管;8—进水管

3.1.4 格栅过滤机

3.1.4.1 SMF 型微滤机

(1) 适用范围:SMF 型微滤机是一种简单的机械过滤设备。适用于液体中把存在的微小悬浮物(主要是浮游植物、动物、无机和有机物残渣等)最大限度地分离出去,达到液体净化或回收有用物质的目的。微滤采用的过滤材质为不锈钢丝网或化纤网,孔径小、薄、阻力低,流速高且截污能力强,是较好的水净化和回用设备。该机可用于自来水厂的原水过滤(如除藻)、发电厂、化工厂、肉联厂、纺织印染厂、造纸厂等各种工业用水过滤、循环冷却水过滤和废水净化、污水处理等。造纸厂利用微滤机回收白液中的纸浆(纤维)效果尤其显著。

(2) 型号意义说明:

(3) 性能:SMF 型微滤机性能见表 3-20,工作示意见图 3-18。

SMF 型微滤机性能 表 3-20

型号	滤筒直径 (mm)	滤筒长度 (mm)	过滤面积 (m^2)	过滤能力 (m^3/d)	滤筒转速 (r/min)	冲洗压力 (MPa)	电动机功率 (kW)	生产厂
SMF50	500	1000	1.57	1400~1600	5~10	0.098~0.196	0.85	北京桑德环保产业集团
SMF75	750	1000	2.36	2000~2600	2~6		1.1	
SMF100	1000	1000	3.14	4000~4200	2~6			

注:滤筒转速为无级调速。

续表

型　号	滤筒直径 (mm)	滤筒长度 (mm)	过滤面积 (m^2)	过滤能力 (m^3/d)	滤筒转速 (r/min)	冲洗压力 (MPa)	电动机功率 (kW)	生　产　厂
SMF150	1500	2000	9.42	12000～15000	0.4～4	无级调速	2.2/3	北京桑德环保产业集团
SMF150A	1500	1500	7.06	9000～11000	0.4～4	0.098～0.196		
SMF200	2000	2000	12.56	15000～20000	0.4～4		7.5	
SMF200A	2000	3000	18.85	20000～26000	0.3～3			

注：微滤机过滤能力与水质、滤网规格、滤筒转速等因素有关，表中所列数据为采用700×100目滤网时处理水库原水的能力。当用于造纸白水净化、纸浆回收时滤网规格为50～100目，处理能力约为表中数据的1/4～1/5。

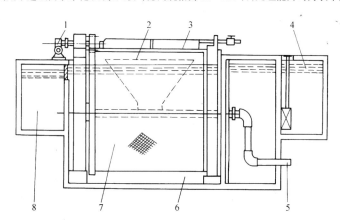

图 3-18　微滤机工作示意

1—驱动装置；2—废水(回收)斗；3—冲洗装置；4—进水槽；5—废水排放(回收)管；6—滤池；7—微滤机；8—出水槽

(4) 订货须知

为了合理选用微滤机型号、滤网规格，确保微滤工程的设计质量和使用效果，请用户在订购微滤机时，尽可能提供下述情况：

给 水 处 理	废 水 处 理	白水净化与纸浆回收
1. 水源(江河、湖泊、水库等) 2. 流量(最大、最小、平均) 3. 原水水质： 　(1) 悬浮物的种类、特征和含量 　(2) 浊度 　(3) pH值 　(4) 水质化学分析(可能的话) 4. 现场及水力条件	1. 污水水源(预处理情况) 2. 流量(最大、最小、平均) 3. 微滤前的污水水质： 　(1) 悬浮物的种类、特征、含量 　(2) BOD、COD 　(3) pH值 　(4) 水质化学分析 4. 希望的微滤效果 5. 现场及配套工程	1. 白水排放量 2. 白水水质： 　(1) 纸纤维的种类、特征和含量 　(2) BOD、COD 　(3) pH值 　(4) 水质化学分析 3. 希望的处理效果(水质要求、回收率等) 4. 工厂概况及现场情况

3.1.4.2　GL型格栅过滤机

(1) 适用范围：GL型格栅过滤机适用于去除污水中细小纤维和固体颗粒以及其他液体中固体物的分离，去除粒径在0.4mm以上。

(2) 结构及特点：GL型格栅过滤机结构简单，安装使用方便，可根据不同使用要求，轻易地更换不同间隙尺寸的格栅网。

(3) 性能:GL 型格栅过滤机性能见表 3-21。

GL 型格栅过滤机性能及外形尺寸 表 3-21

型号	最大处理水量 (m^3/h)	有效过滤面积 (m^2)	A (mm)	B (mm)	C (mm)	进水管根数×直径 (mm)	出水管直径 (mm)	贮物槽出水管直径 (mm)	外形尺寸 (长×宽×高) (mm)	重量 (kg)	生产厂
GL-50	50	2.8	1600	560	1600	150	200	100	2350×2000×2150	630	唐山清源环保机械(集团)公司
GL-75	7.5	3.6	1600	630	2100	2×125	2×150	100	2350×2550×2300	1400	
GL-90	90	4.4	1600	720	2790	3×125	3×250	150	2350×3100×2410	2115	

(4) 外形及安装尺寸:GL 型格栅过滤机外形尺寸见图 3-19 和表 3-21,安装尺寸见图 3-20。

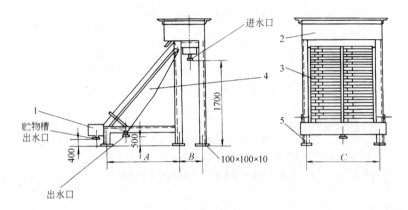

图 3-19 GL 型过滤机外形尺寸
1—贮物槽;2—水箱;3—格栅网;4—水斗;5—支架

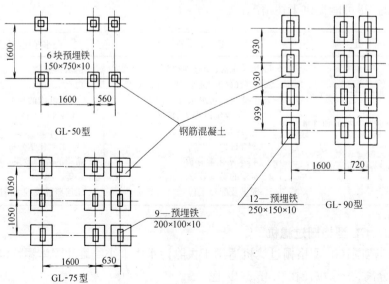

图 3-20 GL 型格栅过滤机安装尺寸

3.2 搅 拌 设 备

3.2.1 混合搅拌设备

3.2.1.1 可调式(移动式)搅拌机

(1) 适用范围:可调式(移动式)搅拌机主要用于各种混凝剂、消毒剂的溶解、混合搅拌。

(2) 结构及特点:可调式(移动式)搅拌机采用活动支架,可根据需要在一定范围内进行调节(上、下 100mm,倾角在 30°内),由电动机直联驱动,为夹壁式安装,适用于有挡板的水池。

(3) 性能、规格及外形尺寸:可调式(移动式)搅拌机技术性能、规格及外形尺寸见表3-22、图 3-21。

可调式(移动式)搅拌机技术性能、规格　　表 3-22

型 号	桨板长度(mm)	转速(r/min)	功率(kW)	适用池体尺寸(mm)(水深 1100)		生产厂
YJ-105	105	1420	0.55	方池	800×800	扬州天雨给排水设备(集团)有限公司
				圆池	800	
TJB		910	0.75	方池	1200×1200	
				圆池	1200	

注:生产厂还有:唐山清源环保机械(集团)公司、唐山通用环保机械有限公司。

3.2.1.2 ZJ 型折桨式搅拌机

(1) 适用范围:ZJ 型折桨式搅拌机其功能同可调式(移动式)搅拌机,区别是桨叶形状不同,转速不一,主要用于较大型水池,适用于无挡板水池。

(2) 性能及外形尺寸:ZJ 型折桨式搅拌机技术性能及外形尺寸见表 3-23 和图 3-22。

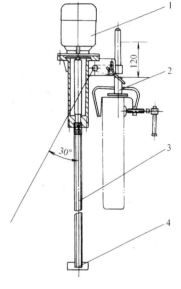

图 3-21　可调式(移动式)搅拌机
1—电动机;2—活动支架;3—搅拌轴;4—桨叶

ZJ 型折桨式搅拌机性能及外形尺寸　　表 3-23

型 号	功 率(kW)	池形尺寸(mm)		桨叶底距池底高 E(mm)	转 速(r/min)	生 产 厂
		A×B	H			
ZJ-470	1.1	800×800	800	130	130	扬州天雨给排水设备(集团)有限公司
		1000×1000	1100	180		
	2.2	1200×1200				
		1400×1400	1300	230		
ZJ-700	3	1500×1500	1500	250	85	
		1600×1600		300		
	4	2000×2000	2000	300		
	5.5	2400×2400	2500	300		

注:生产厂还有:唐山市通用环保机械有限公司。

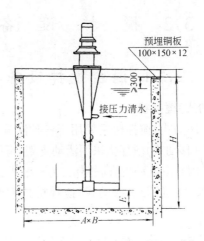

图 3-22　ZJ 型折桨式搅拌机外形尺寸

3.2.1.3　涡流式聚丙烯酰胺搅拌罐

(1) 适用范围:涡流式搅拌罐适用于聚丙烯酰胺或与之相类似的粘度大的固体或液体药剂的搅拌。

(2) 结构及特点:涡流式聚丙烯酰胺搅拌罐由动力传动装置和罐体两部分组成。动力传动装置由电动机(或可调速电动机)、斜齿轮减速器、传动轴、叶轮等构成。罐体由盛药罐、导流板、导流筒、支脚、进出接口等构成。电动机通过斜齿轮减速器将动力传至传动轴,并带动叶轮旋转,在导流筒、导流板的配合下,使液体在罐内产生立体涡流(指轴向和径向的复合方向上的涡流),从而保证了药剂和水的充分混合,或使聚丙烯酰胺高分子长链变为絮凝效果最佳的分子链。

(3) 性能及外形尺寸:涡流式搅拌罐容积 5m³,直径 2000mm,电动机功率 17kW,转速 1450r/min;搅拌转速 400r/min。其外形尺寸见图 3-23。

3.2.1.4　LJB 型推进式搅拌机

(1) 适用范围:LJB 型推进式搅拌机适用于各种混合池和反应池的搅拌与混合,常用于深水搅拌。

(2) 性能及外形尺寸:LJB 型推

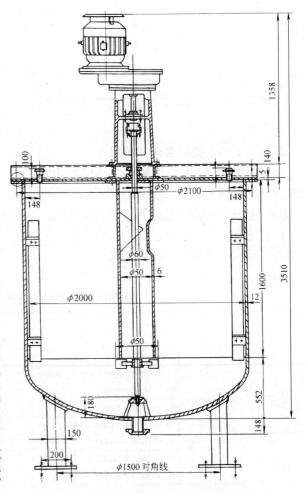

图 3-23　涡流式聚丙烯酰胺搅拌罐外形尺寸
(江都市亚太环保设备制造总厂)

进式搅拌机技术性能见表3-24,外形尺寸见图3-24。

LJB型推进式搅拌机技术性能 表3-24

型号	叶片形式	叶片直径(mm)	叶片片数	转速(r/min)	功率(kW)	生产厂
LJB	螺旋桨	1200	3	134	11	河南省商城县水利机械厂、唐山清源环保机械(集团)公司

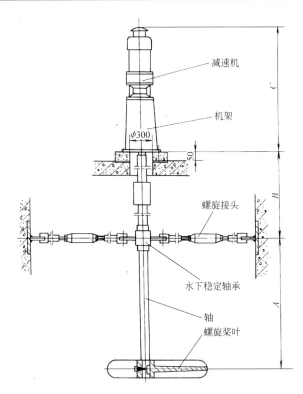

图3-24 LJB型推进式搅拌机

注:A、B尺寸视池体深度而定;C尺寸由电动机和减速机型号而定。

3.2.2 反应搅拌设备

3.2.2.1 SJB型双桨搅拌机

(1) 适用范围:SJB型双桨搅拌机适用于较深罐体的药剂搅拌或絮凝反应搅拌。

(2) 性能及外形尺寸:SJB型双桨搅拌机性能及外形尺寸见表3-25和图3-25。

SJB型双桨搅拌机性能 表3-25

型号	减速机型号	功率(kW)	搅拌桨转速(r/min)	外形尺寸(长×宽×高)(mm)	重量(kg)	生产厂
SJBⅠ型	BLD0.75-2-71	0.75	20.2	1400×910×4940	544	唐山清源环保机械(集团)公司
SJBⅡ型	XLED0.37-63	0.37	8	1400×910×5200	754	
SJBⅢ型	XLED0.37-63	0.37	3.9	1400×910×5200	754	

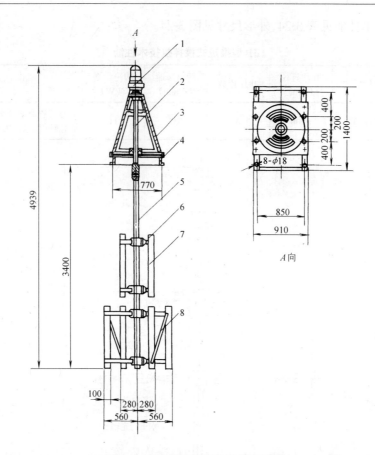

图 3-25　SJB 型双桨搅拌机外形尺寸
1—行星摆线针轮减速机；2—上端轴；3—机座；4—架子；5—下端轴；6—架铁；
7—桨板；8—撑铁

3.2.2.2　WFJ、LFJ 型反应搅拌机

(1) 适用范围：WFJ、LFJ 型反应搅拌机适用于给水排水工艺混凝过程的反应阶段。

(2) 型号意义说明：

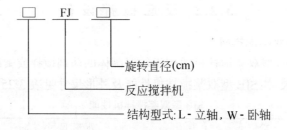

(3) 结构及特点：WFJ（卧式）和 LFJ（立式）型搅拌机均采用多档转速，使反应过程中各阶段具有所需要的搅拌强度，以适应水质水量的变化。

(4) 性能、外形及安装尺寸：

1) WFJ 型反应搅拌机性能、外形及安装尺寸见表 3-26 和图 3-26。

2) LFJ 型反应搅拌机性能、外形及安装尺寸见表 3-27 和图 3-27。

WFJ型反应搅拌机性能、外形及安装尺寸   表3-26

参数\型号	功率（kW）				转速（r/min）				L_1				浆叶直径 D (mm)	浆板长度 L_2 (mm)	H_1 (mm)	反应池尺寸(m)			生产厂
	I	II	III	IV	I	II	III	IV	I	II	III	IV				L	H	B	
WFJ-290	4	1.5	0.75	0.75	5.2	3.8	2.5	1.8	1130	930	890	890	2900	3500	1700	11.8	4.3	3	扬州天雨给排水设备（集团）有限公司
WFJ-300	7.5	3	1.5	1.5	5.2	3.8	2.5	1.8	1360	1100	1060	1150	3000	4000	1750	13.5	4.2	3.6	

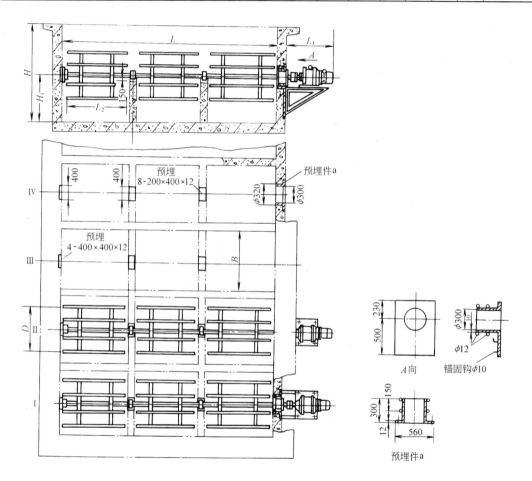

图 3-26 WFJ型反应搅拌机外形及安装尺寸

LFJ型反应搅拌机性能及外形尺寸   表3-27

参数\型号规格	池子尺寸(m)		搅拌器尺寸(mm)				搅拌功率(kW)			搅拌器转速(r/min)			生产厂
	(长×宽) $A \times B$	H	D	h_0	h_1		I	II	III	I	II	III	
LFJ-170	2.2×2.2	3.4	1700	2600	400		0.75	0.37	0.37	8	5.2	3.9	扬州天雨给排水设备（集团）有限公司
LFJ-280	3.25×3.25	4.0	2875	3500	350		0.75	0.37	0.37	5.2	3.9	3.2	
LFJ-300	3.5×3.5	3.55	3000	2200	550		0.37	0.25	0.18	3.9	2.5	1.8	
LFJ-350	4.3×4.3	3.4	3580	1200	550		1.1	0.75	0.55	3.9	2.5	1.5	
	4.7×4.7	4	3580	1400	550		1.1	0.75	0.55	3.9	3.2	2.5	

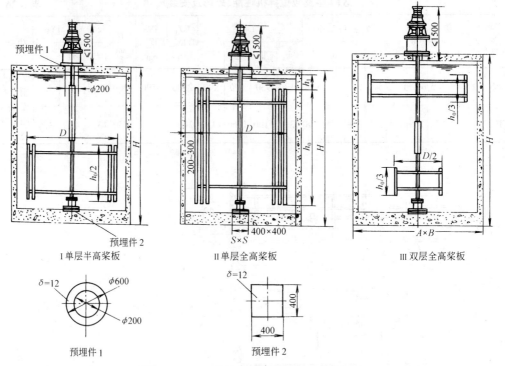

图 3-27 LFJ 型反应搅拌机外形及安装尺寸

3.2.3 潜水搅拌推流器

3.2.3.1 QJB 型潜水搅拌器

(1) 适用范围：QJB 型潜水搅拌器适用于搅拌含有悬浮物的污水、稀泥浆、冰花、工业加工工艺过程中产生或排出的液体、粪肥液等；亦可用以在池中创建水流，开辟水道，养鱼和预防结冰。液体温度最高为 40℃，密度为 $1150 kg/m^3$，$pH=6 \sim 9$，潜入深度最大为 10m。搅拌器必须始终完全浸在水中工作。

(2) 型号意义说明：

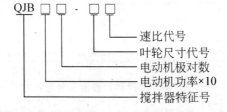

(3) 结构及特点：QJB 型潜水搅拌器是由电动机、齿轮变速机构、轴承、油室及叶轮等组成。其设计结构与潜水泵相同。

(4) 性能：QJB 型潜水搅拌器的性能曲线见图 3-28，电动机性能见表 3-28。

(5) 外形及安装尺寸：

1) QJB 型搅拌器外形尺寸见图 3-29。

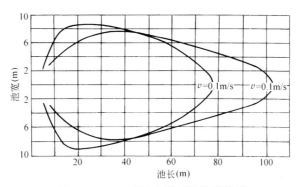

图 3-28 QJB型潜水搅拌器性能曲线

QJB型潜水搅拌器电动机性能　　　　　表 3-28

型　号	50Hz 3相	额定功率 (kW)	转速 (r/min)	额定电流 (A)			重量 (kg)	生产厂
				38V	415V	500V		
QJB150/4-F$_3$	4极	15	1450	30	27.7	23		南京制泵集团股份有限公司、安徽中联环保设备有限公司
QJB110/6-F$_3$	6极	11	950	24.6	22.5	18.7		
QJB75/4-E$_5$	4极	7.5	1450	15	14	11.7		
QJB40/6-E$_5$	6极	4	950	9.4	8.6	7		

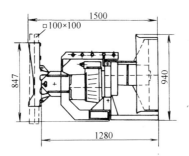

图 3-29 QJB型搅拌器外形尺寸

2) QJB型搅拌器安装系统(厂方配套供应)见图3-30,该安装方式可使搅拌器在水平方向转动,且可在100mm×100mm导杆上上、下升降。它适用于不太深的水池,如果水较深,则要在导杆的中间外加一个导杆支撑座。

3.2.3.2 DQT型低速潜水推流器

(1) 适用范围：DQT型低速潜水推流器适用于给水排水工程中的各类水池及氧化沟。

(2) 结构及特点：DQT型低速潜水推流器通过水下电机、减速机带动螺旋桨转动,产生大面积的推流作用,以增加池底水体流动,防止污泥沉积。

(3) 性能、外形及安装尺寸：DQT型低速潜水推流器性能曲线见图3-31,性能及外形尺寸见表3-29。该机外形及安装方式类似于QJB型潜水搅拌器,安装基础尺寸见图3-32。

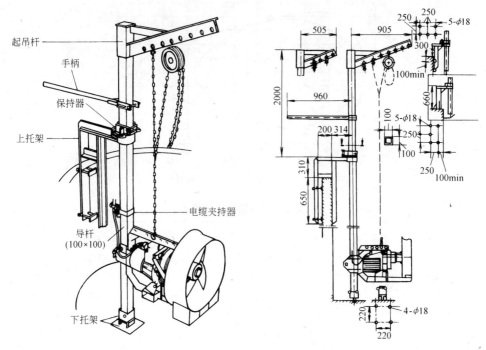

图 3-30　QJB 搅拌器安装系统

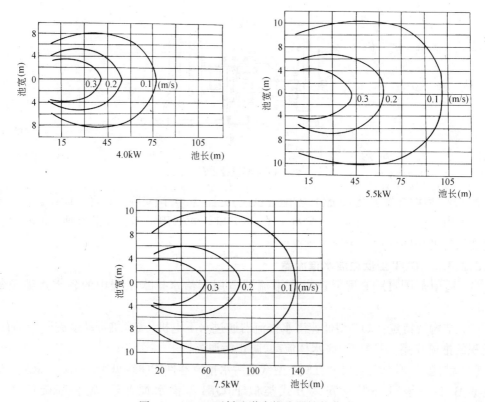

图 3-31　DQT 型低速潜水推流器性能曲线

DQT型低速潜水推流器性能及外形尺寸   表3-29

型号	叶轮直径(mm)	电动机功率(kW)	转速(r/min)	外形尺寸(长×宽×高)(mm)	重量(kg)	生产厂
BQT040	1800	4.0	38	1300×1800×1800	300	安徽中联环保设备有限公司
BQT055	1800	5.5	42	1300×1800×1800	320	
BQT075	1800	7.5	47	1300×1800×1800	325	

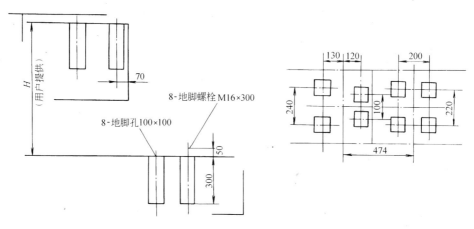

图3-32 DQT型低速潜水推流器安装基础尺寸

3.3 曝气设备

3.3.1 增氧机

3.3.1.1 FT型浮筒式(倒伞型)表面曝气机

(1) 适用范围：FT型浮筒式(倒伞型)表面曝气机广泛用于各类工业废水及城市污水处理，对氧化塘尤为适宜。利用单独支承结构承托主机，通过主机的工作，在旋转叶轮的强力搅动下，水呈幕状自叶轮边缘甩出，形成水跃，裹进大量空气，同时污水上、下循环，不断更新液面，使污水大面积与空气接触，进而有效吸氧，进行生化处理。

(2) 结构及特点：FT型曝气机除主机(包括电动机、减速箱、叶轮轴及倒伞形叶轮)外，还有平台(曝气机底板可升降)、防护栏及竖梯、支持架、浮筒、挡流板等组成。该机采用立式全封闭三相异步鼠笼式电动机、三级立轴式硬齿面圆柱斜齿轮减速箱。齿轮材料为优质合金，使用系数2，机械效率≥91%。支承部分有平台、护栏及竖梯、支持架等。浮筒材料按用户要求选择，内部填充高密度聚氨脂泡沫，靠法兰与支架外伸臂联接，并有与锚索连接的环钩。浮筒能可靠地支持整机。挡流板的作用在于阻止水体自旋，提高水力效率。本机随水位高低浮动升降，保证主机运行平稳、高效，且安装调试简单，不用水下作业。

(3) 性能及外形尺寸：FT型浮筒式(倒伞型)表面曝气机性能及外形尺寸见图3-33和表3-30。

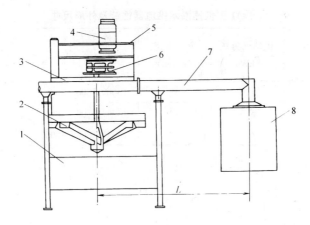

图 3-33 FT 浮筒式(倒伞型)表面曝气机外形尺寸
1—挡流板;2—倒伞形叶轮;3—平台;4—电动机;
5—护栏及竖梯;6—减速机;7—支持架;8—浮筒

FT 浮筒式(倒伞型)表面曝气机性能及外形尺寸　　　表 3-30

型号	叶轮直径(mm)	电动机功率(kW)	充氧量(kg/h)	动力效率[kg/(kW·h)]	平台尺寸(长×宽)(mm)	浮筒到叶轮中心距离 L (mm)	生产厂
FT060	600	1.5	0.5~2.7	1.75	650×650	1000	安徽中联环保设备有限公司
FT120	1200	7.5	2~11	1.75	2000×2000	3000	
FT165	1650	15	4~21	1.75	2000×2000	3000	
FT225	2250	22	8.5~42.5	1.75	2000×2000	4000	
FT255	2550	30	11~56	1.75	2000×2000	4000	
FT285	2850	37	14.5~72	1.75	2500×2500	5000	
FT300	3000	45	16~81	1.75	2500×2500	5000	
FT325	3250	55	21~107	1.75	2500×2500	5000	

注：充氧能力允许偏差 5%，动力效率允许偏差 10%。

3.3.1.2 BBQ 系列高速表面曝气机

(1) 适用范围：BBQ 系列高速表面曝气机主要用于采用生化处理工艺的工业废水及城市生活污水的曝气池中。曝气机对污水进行充氧、搅动，使好氧菌与氧气充分接触，达到快速高效处理污水的目的。

(2) 结构及特点：BBQ 系列高速表面曝气机由电动机、曝气机机体、漂浮物、导流板、钢丝绳等部分组成。具有以下特点：

1) 动力效率高[$>3kgO_2/(kW \cdot h)$]，比功率值低($<15W/m^3$)。

2) 结构简单，采用电动机轴与曝气机叶轮直接联接，省略了联轴器、变速箱等传动装置。

3) 安装简单，采用了漂浮式结构，曝气机与水面相对位置无需调节，无须预制安装基础，只要用四根钢丝绳将机体与岸边地脚螺栓固定即可。

4) 产品分单速型、双速型、变频调速型。

(3) 性能及外形尺寸：BBQ 系列高速表面曝气机性能及外形尺寸见表 3-31 和图 3-34，其中曝气池尺寸供参考用，以圆形为佳。

BBQ 系列高速表面曝气机性能及外形尺寸   表 3-31

型号	叶轮最大直径(mm)	电动机功率(kW)	转速(r/min)	清水充氧量(kg/h)	重量(kg)	外形尺寸(mm) A	B	C	曝气池 容积(m^3)	宽度(m)	深度(m)	生产厂
BBQ_6	222	5.5	1440	15.4~17.6	230	3090	2404	1200	200~280	8~8.5	3.5~4	安徽中联环保设备有限公司
BBQ_8	240	7.5	1440	21~24	290	3120	2404	1200	300~450	8.5~10	4~4.5	
BBQ_{15}	270	15	1440	39.2~44.8	365	3405	2600	1400	550~650	11~12	4~4.5	

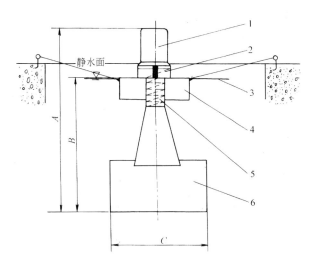

图 3-34　BBQ 系列高速表面曝气机外形尺寸
1—电动机；2—出口；3—钢丝绳(4根)；4—漂浮物；
5—曝气机；6—导流板

3.3.2 表面曝气机

3.3.2.1 泵型(E)高强度表面曝气机

(1) 适用范围：泵型(E)高强度表面曝气机用于污水处理厂的曝气池，对污水污泥的混合液进行充氧及混合，对污水进行生化处理。

(2) 型号意义说明：

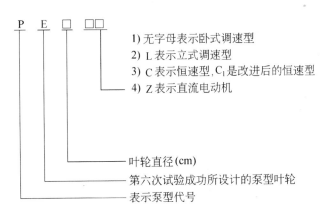

(3) 结构与特点：泵型(E)高强度表面曝气机由泵型叶轮、减速器、叶轮升降装置、联轴器、电动机等部分组成。具有以下特点：

1) 泵型叶轮的动力效率高于国外同类产品[>3kgO$_2$/(kW·h)]，且结构简单。

2) 减速器采用螺旋锥齿轮，圆柱斜齿轮二级传动，运转平稳，噪声低，使用寿命 5000h 以上。

3) 叶轮升降装置装于减速机侧面，可在额定范围内随意调节叶轮高度，改变浸没深度，从而调节充氧量。

4) 调速型采用 YR 系列电动机，恒速型采用 Y 系列电动机。均为户外型全封闭三相异步电动机。

5) 调速型采用触发模块可控硅串级调速装置，对电动机进行无级调速，在中、低速非满载运行时转差功率重新返回电网，从而节约电能。

(4) 性能：泵型(E)高强度表面曝气机在标准条件下(水温 20℃，大气压 98kPa)的清水充氧量见图 3-35，不同叶轮线速下的轴功率见图 3-36。调速型泵型(E)高强度表面曝气机性能见表 3-32，恒速型泵型(E)高强度表面曝气机性能见表 3-33。

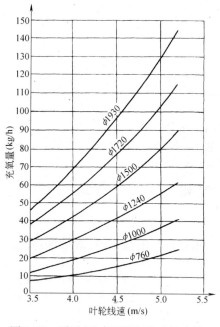

图 3-35　泵型(E)表面曝气机叶轮直径、线速与清水充氧量关系曲线

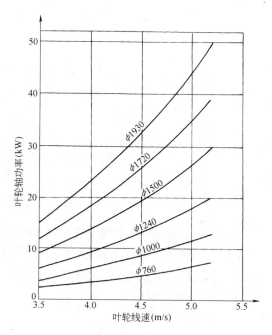

图 3-36　泵型(E)表面曝气机叶轮直径、线速与轴功率关系曲线

调速型泵型(E)高强度表面曝气机性能　　表 3-32

型号	叶轮直径(mm)	电动机功率(kW)	转速(r/min)	清水充氧量(kg/h)	提升力(kN)	叶轮升降动程(mm)	重量(t)	生产厂
PE040L	400	2.2	167~252	2.5~8.0	0.41~1.39	+120 -80	0.6	安徽中联环保设备有限公司(原安徽第一纺织机械厂)
PE076	760	7.5	88~126	8.4~23	1.5~4.44	±140	2.0	

续表

型号	叶轮直径 (mm)	电动机功率 (kW)	转速 (r/min)	清水充氧量 (kg/h)	提升力 (kN)	叶轮升降动程 (mm)	重量 (t)	生产厂
PE100	1000	15	67～97	14～39	2.63～8.09	±140	2.2	安徽中联环保设备有限公司(原安徽第一纺织机械厂)
PE124	1240	22	54～79.5	21～62.5	4.10～13.2	±140	2.4	
PE150	1500	30	44.5～63.9	30～82.5	6.06～17.9	±140	2.6	
PE172	1720	45	39～57.2	38～102	8.02～25.7	+180 -100	2.8	
PE193	1930	55	34.5～51.6	48～130	10.1～29.3	+180 -100	3.0	

注：生产厂还有：扬州天雨给排水设备(集团)有限公司：叶轮直径为 $\phi1200～1600$(立式)。
江苏一环集团公司：BE 型泵式叶轮表曝机，叶轮直径为 $\phi850、\phi1000、\phi1200、\phi1500、\phi1800$。

恒速型泵型(E)高强度表面曝气机性能　　　　　表 3-33

型号	叶轮直径 (mm)	电动机功率 (kW)	转速 (r/min)	清水充氧量 (kg/h)	提升力 (kN)	叶轮升降动程 (mm)	重量 (t)	生产厂
PE040C	400	1.5	216	5	0.67		0.6	安徽中联环保设备有限公司
PE076C$_1$	760	5.5	110	15.5	2.95	±140	2.0	
PE100C$_1$	1000	11	84.8	27	5.40	±140	2.2	
PE124C$_1$	1240	18.5	70	43.5	8.98	±140	2.4	
PE150C$_1$	1500	22	55	54.5	11.44	±140	2.6	
PE172C$_1$	1720	30	49	71	15.93	+180 -100	2.8	
PE193C$_1$	1930	45	44.4	96	21.46	+180 -100	3.0	

(5) 外形及安装尺寸：

1) 泵型(E)高强度表面曝气机 PE040C 恒速型和 PE040L 调速型外形及安装基础尺寸见图 3-37。

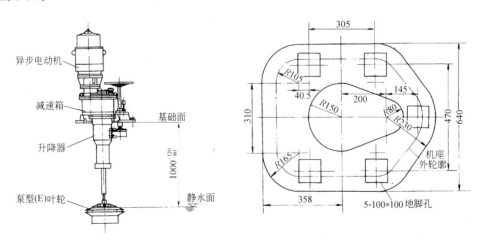

图 3-37　PE040C 恒速型　泵型曝气机外形及安装基础尺寸
　　　　　　PE040L 调速型

注：地脚螺栓为 5-M16×25。地脚孔也可做成通孔，但须配用双头螺栓，垫板固定。

2) PE076C$_1$ 和 PE100C$_1$ 恒速型与 PE076 和 PE100 调速型外形及安装基础尺寸见图 3-38。

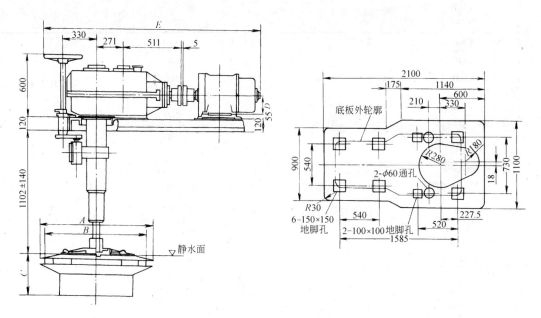

图 3-38　PE076C$_1$、PE100C$_1$ 恒速型 PE076、PE100 调速型泵型曝气机外形及安装基础尺寸

注：地脚螺栓 8-M20。地脚孔也可做成通孔，但须配用双头螺栓、垫板固定。

3) PE124C$_1$ 和 PE150C$_1$ 恒速型与 PE124 和 PE150 调速型外形及安装基础尺寸见图 3-39。

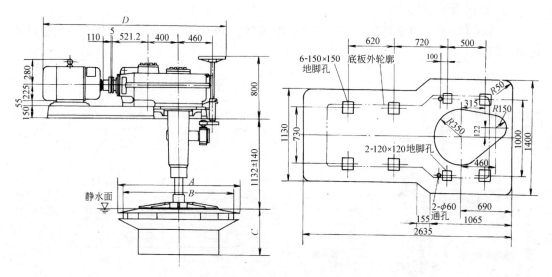

图 3-39　PE124C$_1$、PE150C$_1$ 恒速型 PE124、PE150 调速型泵型曝气机外形及安装基础尺寸

注：地脚螺栓为 8-M24×300。地脚孔也可做成通孔，但须配用双头螺栓、垫板固定。

4) PE172C$_1$ 和 PE193C$_1$ 恒速型与 PE172 和 PE193 调速型外形及安装基础尺寸见图 3-40。

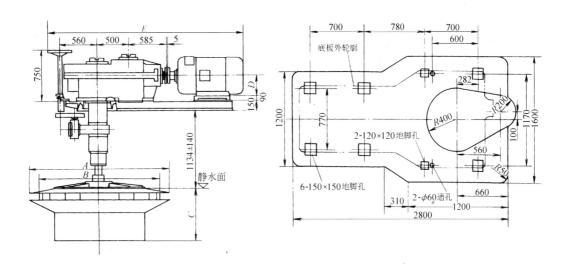

图 3-40　PE172C$_1$、PE193C$_1$ 恒速型 泵型曝气机外形及安装基础尺寸
　　　　　PE172、PE193 调速型

注：地脚螺栓为 8-M24×300。地脚孔也可做成通孔，但须配用双头螺栓、垫板固定。

5) 导流筒外形尺寸见图 3-41，曝气池设计参考尺寸见表 3-34。

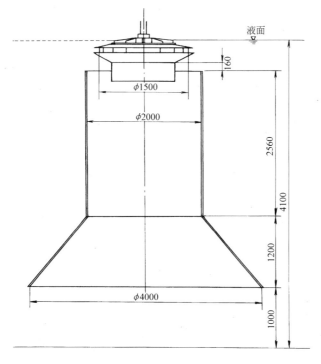

图 3-41　导流筒外形尺寸

曝气池设计参考尺寸 表3-34

泵型叶轮直径(mm)	曝气池 容积(m³)	曝气池 宽度(m)	曝气池 深度(m)
400	13.5~28	2.6~4.0	0.8~1.8
760	49~102	4.5~6.0	1.1~3.0
1000	96~200	6.0~8.0	1.5~3.5
1240	135~278	7.5~10.0	1.9~4.0
1500	199~410	9.0~12.0	2.3~4.5
1720	264~543	10.5~1.40	2.6~5.0
1930	334~688	12.0~16.0	2.9~5.5

3.3.2.2 DS(倒伞)型表面曝气机

(1) 适用范围:倒伞型表面曝气机适用于石油、化工、印染、制革、医药、食品、农药、煤气等行业工业废水及城市生活污水的处理。广泛适用于活性污泥处理污水的各种曝气池,也适用于河流曝气及氧化塘。特别适用于卡鲁塞尔氧化沟中。倒伞型表面曝气机为垂直轴低速曝气机,径向推流能力强,充氧量高,混合作用大。因而在各种形式的曝气池中得到广泛应用。

(2) 结构及特点:倒伞型曝气机由电动机、联轴器、减速器、叶轮升降装置、倒伞型叶轮等部分组成。

1) 倒伞叶轮:具有径向推流能力强,完全混合区域广,动力效率较高,不挂脏,不堵塞的特点。

2) 叶轮升降装置:可随意调节叶轮高度,改变浸没深度,从而调节充氧量。

3) 减速器:传动平稳、噪声低、机械效率高,运转可靠。使用寿命50000h以上。

4) 电动机:调速型采用YR系列电动机,恒速型采用Y系列电动机,均为户外全封闭三相异步电动机。

(3) 性能:调速型倒伞型表面曝气机性能见表3-35,恒速型性能见表3-36。

调速型(卧式、立式、浮筒式)倒伞型表面曝气机性能 表3-35

型号	叶轮直径(mm)	电动机功率(kW)	充氧量(kg/h)	叶轮升降动程(mm)	重量(t)	生产厂
DS060	600	1.5	0.5~2.7	±100	0.75	安徽中联环保设备有限公司(原安徽第一纺织机械厂)
DS120	1200	7.5	2~11	±140	1.52	
DS165	1650	15	4~21	±140	2.4	
DS225	2250	22	8.5~42.5	±140	2.68	
DS255	2550	30	11~56	±140	2.8	
DS285	2850	37	14.5~72	+180 -100	3.95	
DS300	3000	45	16~81	+180 -100	4.02	
DS325	3250	55	21~107	+180 -100	4.4	

3.3 曝气设备

恒速型(卧式、立式、浮筒式)倒伞型表面曝气机性能　　　　表 3-36

型　号	叶轮直径 (mm)	电动机功率 (kW)	充氧量 (kg/h)	叶轮升降动程 (mm)	重量 (t)	生 产 厂
DS060C	600	1.5	1.8～2.7	±100	0.75	
DS120C	1200	7.5	7～11	±140	1.5	
DS165C	1650	15	14～21	±140	2.38	
DS225C	2250	22	28～42.5	±140	2.65	
DS255C	2550	30	37～56	±140	2.74	安徽中联环保设备有限公司
DS285C	2850	37	48～72	+180 −100	3.9	
DS300C	3000	45	54～81	+180 −100	3.96	
DS325C	3250	55	71～107	+180 −100	4.34	

注:1. 浮筒式曝气机,根据用户要求专做。
　　2. 生产厂还有:扬州天雨给排水设备(集团)有限公司:SBQ 倒伞型叶轮曝气机:叶轮直径 $\phi1400$、$\phi1900$、$\phi3000$ (恒速)。江苏一环集团公司 DY 型倒伞型叶轮曝气机:叶轮直径 $\phi850$、$\phi1000$、$\phi1400$、$\phi2000$、$\phi2500$、$\phi3000$。

(4) 外形及安装基础尺寸:
1) DS(倒伞)型表面曝气机外形尺寸见图 3-42。

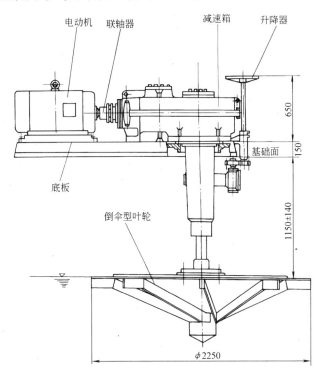

图 3-42　DS(倒伞)型表面曝气机外形尺寸

2) DS060、DS120 型表面曝气机安装基础见图 3-37、38。
3) DS165、DS225、DS255 型安装基础尺寸见图 3-43。

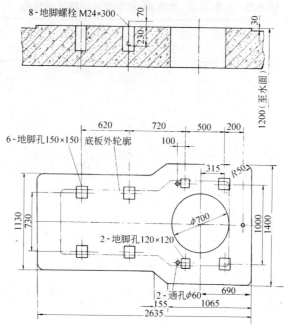

图 3-43　DS165、DS225、DS255 型曝气机
安装基础尺寸

注：1. 地脚板厚度可根据设备重量及池子大小由土建决定。
　　2. 二通孔 φ60 为安装或检修时起吊叶轮用，安装底板时注意对准二通孔。
　　3. 地脚孔也可做成通孔，但须配用双头螺栓、垫板固定。

4）DS285、DS300、DS325 型曝气机安装基础尺寸见图 3-44。

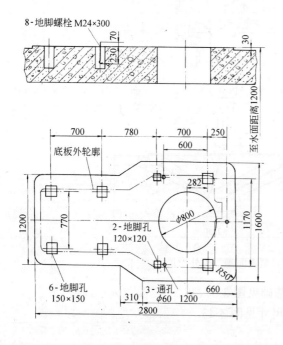

图 3-44　DS285、DS300、DS325 型曝气机
安装基础尺寸

注：1. 地脚板厚度可根据设备重量及池子大小由土建决定。
　　2. 二通孔 φ60 为安装或检修时起吊叶轮用，安装底板时注意对准二通孔。
　　3. 地脚孔也可做成通孔，但须配用双头螺栓、垫板固定。

(5) 曝气池设计参考尺寸:氧化沟设计尺寸建议值为:单沟宽度约是叶轮直径的 2.2~2.4 倍(大直径取低值),沟深约是沟宽的 0.5 倍,氧化沟的容积按单位搅拌功率 $15W/m^3$,氧化沟中间隔墙至叶轮边缘间距以 0.1 倍叶轮直径为宜。

普通曝气池设计参考尺寸见表 3-37。

普通曝气池设计参考尺寸 表 3-37

型 号	最大圆池直径或方池边长 (m)	最 大 池 深 (m)	基础上平面与静水面间距 (m)
DS120	4.5	2.4	1.1
DS165	6.6	2.8	1.15
DS225	9.6	3.6	1.15
DS255	11.2	4.0	1.15
DS285	12.8	4.4	1.15
DS300	13.5	4.6	1.15
DS325	15.0	5.0	1.2

3.3.2.3 BYJ 型立式表面曝气机

(1) 适用范围:BYJ 型立式表面曝气机适用于活性污泥法处理污水的曝气池的曝气充氧。采用直流电动机,可控硅调速。

(2) 性能、外形及安装尺寸:BYJ 型立式表面曝气机性能见表 3-38,充氧能力见表 3-39。BYJ(E)型立式表面曝气机外形及安装尺寸见图 3-45。

BYJ 立式表面曝气机性能 表 3-38

型 号	叶轮直径 (mm)	电 动 机 转速 (r/min)	电 动 机 型 号	电 动 机 功率 (kW)	曝气区直径 (mm)	叶轮型式	生 产 厂
BYJ(E)1200	1200	250~1000	Z2-82	22	φ3500	泵 E 型	唐山清源环保机械集团公司、中国兰深南京制泵集团股份有限公司
BYJ(E)1500	1500	250~1000	Z2-92	30	φ5000	泵 E 型	
BYJ(E)1800	1800	250~1000	Z2-92	30	φ6000	泵 E 型	

BYJ(E)立式表面曝气机充氧能力 表 3-39

叶轮线速度(m/s)	电动机转速(r/min)	平均充氧量(kg/h)
3.5	712	13.83
4.0	814	24.05
4.7	956	41.24
5.0	1018	61.13

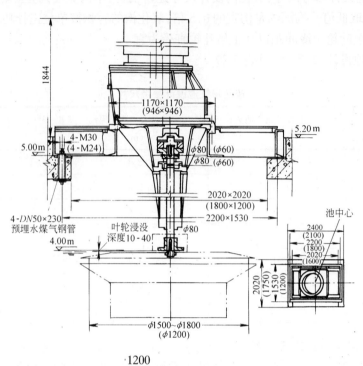

图 3-45 BYJ(E)1500型立式表面曝气机外形及安装尺寸

注:括号内数字为 BYJ(E)1200 型号尺寸。

3.3.3 水平轴、刷(盘)式表面推流曝气机

3.3.3.1 转刷曝气机

(1) 适用范围:转刷曝气机是氧化沟处理系统中最主要的机械设备,兼有充氧、混合、推进等功能。广泛用于城市生活污水和各种工业废水的氧化沟处理工艺中。BZS100 转刷曝气机 1995 年被列为国家环保最佳实用技术推广计划。YHG 型水平轴转刷曝气机 1995 年列为国家重点"星火计划项目"。

(2) 结构及特点:该机采用立式户外电动机,下端距液面近一米,以减少转刷溅起的水雾对电动机的影响。其中为满足三沟式氧化沟的工艺需要,YHG 型配有双速和单速两种立式三相异步电动机可供选择。减速机为圆锥—圆柱齿轮二级传动,所有齿轮均为硬齿面,齿轮精度 6 级,承载能力大,结构紧凑。联接支承采用柔性联轴器直接将动力输入转刷,传递扭矩大,体积小,允许一定的径向和角度误差,安装简单。刷片为组合抱箍式,螺旋状排布,入水均匀,安装维修方便。尾部采用调心轴承及游动支座,可以克服安装误差,自动调心,能补偿刷轴因温差引起的伸缩,保证正常运行。负荷及充氧量可随调节浸没水位而改变。

(3) 性能:转刷曝气机性能见表 3-40,转刷浸没深度与充氧量及与单位输入功率的关系曲线见图 3-46。

3.3 曝气设备

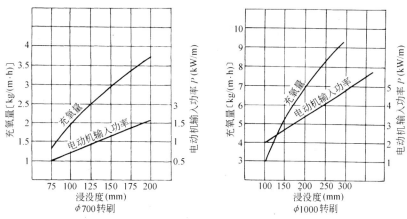

图 3-46 转刷浸没深度与充氧量及电动机输入功率的关系曲线

转刷曝气机性能　　　　　　　表 3-40

转刷曝气机		电动机		减速机	输出转速	叶片浸深	充氧能力	动力效率	氧化沟设	氧化沟	生产厂
直径 ϕ(mm)	有效长度 L(mm)	型号	功率 (kW)	型号	(r/min)	(cm)	[kg/(m·h)]	[kgO$_2$/(kW·h)]	计有效深 (m)	宽度 B (m)	
700	1500	Y1325-4	5.5	XW5.5-5	70	15~25	4.0~4.5		2.0~2.5	2.0	江苏一环集团公司
	2500	Y132M-4	7.5	XW7.5-6	70					3.0	
	3000	JZT2-51-4			40~80					3.5	
1000	4500	Y180L-4	22	XW22-9	72	25~30	2.0~3.0			5.0	
		JZT2-61-4	15	XW15-8	40~80	15~20					
	6000	YD200L2-6/4	17/26	WG30-20	48/72	25~30	6.5~8.5		3.0~3.5	7.0	
		Y200L-4	30		72						
	7500	YD225M-6/4	24/34	WG37-20	48/72					8.5	
		Y225S-4	37		72						
	9000	YD250M-6/4	32/40	WG45-20	48/72					10.0	
		Y225M-4	45		72						

注：生产厂还有：安徽中联环保设备有限公司、扬州天雨给排水设备(集团)公司、浙江金山管道电气有限公司、无锡通用机械厂、北京桑德环保产业集团、南京制泵集团股份有限公司。

(4) 外形及安装尺寸:转刷曝气机外形尺寸见图 3-47,1000/6.0～9.0 型转刷曝气机安装基础尺寸见图 3-48。

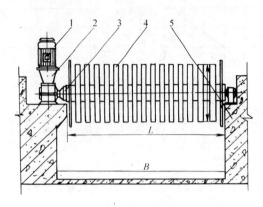

图 3-47　转刷曝气机外形尺寸
1—电动机;2—减速装置;3—柔性联轴器;
4—转刷主体;5—氧化沟池壁

3.3.3.2　YBP-1400A 型转盘曝气机

(1) 适用范围:YBP-1400A 型转盘曝气机适用范围同转刷曝气机。

(2) 结构及特点:YBP-1400A 型转盘曝气机由曝气转盘、水平轴及其两端的轴承、电动机及减速器等组成。核心部件是取得国家专利的产品(专利号为 922061556),采用轻质高强、耐腐蚀的玻璃钢压铸而成。转盘表面有梯形凸块、圆形凹坑,借此来增大带入混合液中的空气量,增强切割气泡、推动混合液的能力。转盘的安装密度可以调节,以便根据需氧量调整机组上转盘的安装数量。每个转盘可独立拆装,维修保养方便。水平轴采用厚壁无缝

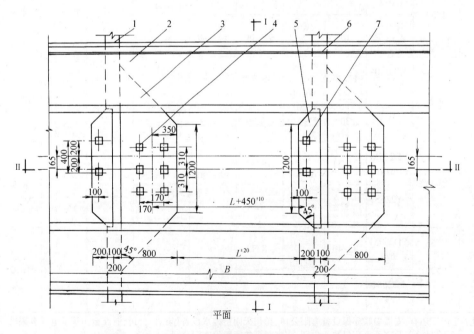

图 3-48　1000/6.0～9.0 型转刷曝气机安装基础尺寸(一)

3.3 曝气设备

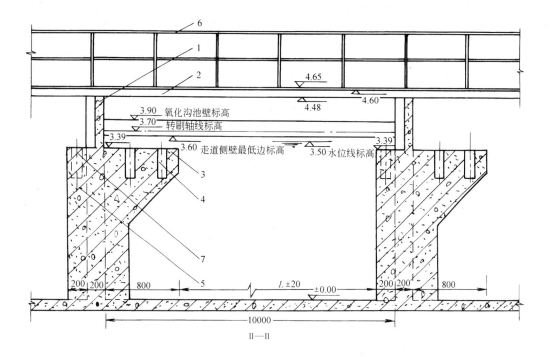

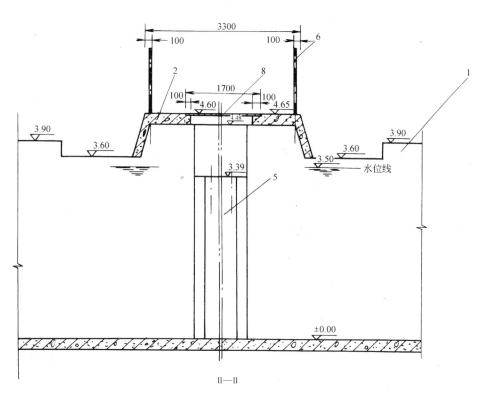

图3-48 1000/6.0～9.0型转刷曝气机安装基础尺寸(二)
1—氧化沟池壁;2—走道;3—大牛腿;4—减速箱底座预留孔(100mm×100mm×300mm);5—小牛腿;
6—栏杆;7—轴承座预留孔(100mm×100mm×300mm);8—走道盖板

钢管制造,表面做特种玻璃钢防腐处理。目前生产的水平轴直径有两种规格:$\phi 152 \times (14-16)$ 和 $\phi 254 \times (14-16)$,可根据用户要求加工成各种长度。驱动机组选用单级摆线针轮减速机和 Y 系列电动机,可根据用户要求制造成卧式或立式;并可选用可调速的电动机,可根据需氧量的变化调整机组的转速。转盘结构及机组安装示意见图 3-49。

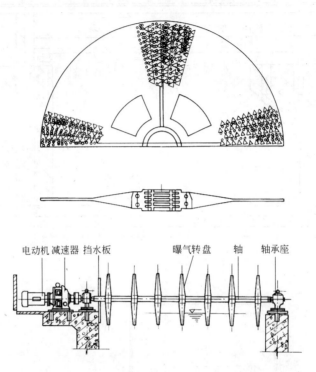

图 3-49　YBP-1400A 型转盘曝气机转盘结构及机组安装示意

(3) 性能:YBP-1400A 型转盘曝气机性能见表 3-41。当下游设导流板时整机性能见表 3-42,转盘浸没深度与轴功率的关系见表 3-43。

YBP-1400A 型氧化沟转盘曝气机性能　　　　表 3-41

转盘直径(mm)	转速(r/min)		浸没深度(mm)		单盘标准清水充氧能力 [kg/(h·片)]	充氧效率(轴功率) [kgO₂/(kW·h)]	适用工作水深(m)	水平轴跨度(m)		曝气盘安装密度(片/m)	设计功率密度(W/m³)	主要生产厂
	适用值	经济值	适用值	经济值				单轴	双轴			
1400	50~55	50	400~530	500	0.82~1.63	2.54~3.16	≤5.2	≤9	9~14	5	10~12.5	宜兴市水工业器材设备厂

注:生产厂还有:浙江金山管道电气有限公司 JSBZD-1400 型。

50r/min 下游设导流板的整机性能　　　　表 3-42

水平轴跨度(m)	转盘数(片)	400~530mm 浸深充氧能力(kg/h)	500mm 浸深充氧能力(kg/h)	电动机功率(kW)
3.0	12	12.60~19.56	18.96	7.5
4.0	17	17.85~27.71	26.86	11

续表

水平轴跨度 (m)	转盘数 (片)	400~530mm浸深充氧能力 (kg/h)	500mm浸深充氧能力 (kg/h)	电动机功率 (kW)
5.0	21	22.05~34.23	33.18	15
6.0	25	26.25~40.75	39.50	18.5
7.0	33	34.65~53.79	52.14	22

经济转速 50r/min 下浸没深度与轴功率的关系 表 3-43

转盘浸没深度(mm)	轴功率(kW/片)	输入功率(kW/片)	配用功率(kW/片)
350	0.365	0.507	0.530
400	0.414	0.575	0.590
460	0.467	0.648	0.678
500	0.500	0.694	0.733
530	0.518	0.719	0.763

注：本表为卧式驱动机组的输入功率和理论配用电动机功率。若采用立式机组，输入功率增加5%左右。

(4) 配套设施：曝气机组的下游为长直渠道时，宜在下游一定距离(1.5~2.5m)处设置导流板，导流板倾斜安装，与水平面夹角60°，如图 3-50 所示，以便将经过曝气的混合液引向沟底，加大沟底流速，延长气泡在混合液中的停留时间。

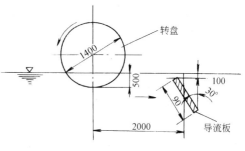

图 3-50 YBP-1400A 型转盘曝气机组下游导流板设置示意

3.3.3.3 AD 型剪切式转盘曝气机

(1) 适用范围：AD 型剪切式转盘曝气机主要用于由多个同心沟渠组成的 Orbal 型氧化沟。

(2) 型号意义说明：

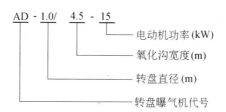

(3) 结构及特点：AD 型剪切式转盘曝气机主要由电动机、减速装置、柔性联轴节、主轴、转盘、轴承和轴承座等部件组成。电动机为立式户外型。减速装置采用圆锥——圆柱齿轮减速。齿轮均为硬齿面，承载力大、结构紧凑、运行平稳。主轴采用无缝钢管及端法兰组成，用螺栓和轴头或联轴器连接。钢管经调质处理，外表镀锌或沥青清漆防腐。联接支承采用柔性联轴器直接将动力输入转刷，允许一定的径向和角度误差，方便安装。转盘结构见图 3-51，它由两个半圆形圆盘以半法兰与主轴相连接，盘片两侧开有不穿透的曝气孔，表面设有剪切式叶片。与传统盘片相比，提高了充氧能力和推动力。转盘采用轻质高强度、耐腐蚀玻璃钢压铸而成。轴承和轴承座采用调心式，提供带调整板的游动支座，保证轴承座在三维方向上的自由调节定位。

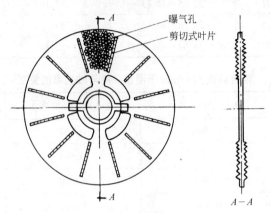

图 3-51 剪切式曝气盘片示意

(4) 性能、外形及安装尺寸：AD 型剪切式转盘曝气机性能见表 3-44，其外形见图 3-52，其安装尺寸见图 3-53。

AD 型剪切式转盘曝气机性能　　　　　　表 3-44

转盘				充氧能力 [kg/(片·h)]	动力效率 [kgO₂/(kW·h)]	电动机功率 (kW/片)	单轴长度 (m)	氧化沟设计有效水深 (m)	生产厂
直径 (mm)	转速 (r/min)	浸没深度 (mm)	安装密度 (片/m)						
1000~1400	40~60	300~550	3~5	0.5~2.0	1.5~4.0	~1.0	≤6	2.5~5.0	江苏一环集团公司

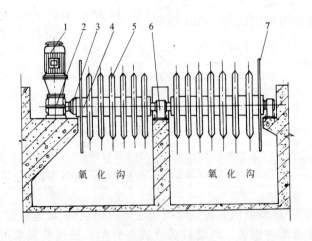

图 3-52 转盘曝气机外形
1—电动机；2—减速装置；3—柔性联轴节；4—主轴；5—转盘；
6—轴承及轴承座；7—挡水盘

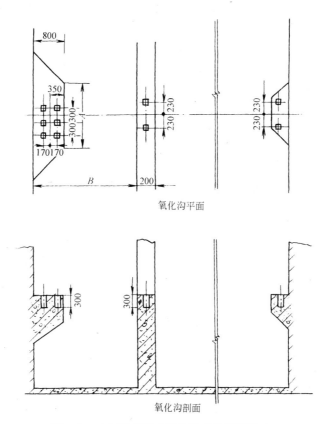

图 3-53 AD 型剪切式转盘曝气机安装尺寸
注：A、B 尺寸由设计人员根据具体情况决定。

3.3.4 潜水曝气机

3.3.4.1 TR型潜水自吸式曝气机

(1) 适用范围：TR 型潜水自吸式曝气机主要用于各种工业废水和城市生活污水的生化处理曝气池中，对污水和污泥进行混合及充氧，活跃和繁殖好氧菌。特别适用于对环境要求较高的场所，如宾馆、饭店等的污水净化处理。其特点是无臭气外溢；无水花外溅；无噪声干扰；并可埋入地下运行，保温性好，尤宜寒冷地区使用。另外，对某些经搅拌会产生大量泡沫以致无法进行表曝处理的污水，可采用本机进行生化处理。

(2) 结构及特点：TR 型潜水自吸式曝气机由潜水电机、叶轮、通气罩、导流槽、过滤座等组成一体；另有附件消声器、起吊链条、电气控制柜（吸气管和气阀为标准件，自备）。该机结构简单，无需鼓风机，整机浸没水中运行，电动机直接带动叶轮旋转，吸水吸气，通过气液冲撞，向污水中喷进超微小气泡。本机配有浸水、过载、过热等报警保护装置，安全可靠。

(3) 性能：TR 型潜水自吸式曝气机供气性能曲线见图 3-54 和表 3-45。

(4) 外形尺寸：

1) TR 型潜水自吸式曝气机外形尺寸见图 3-55 和表 3-45。

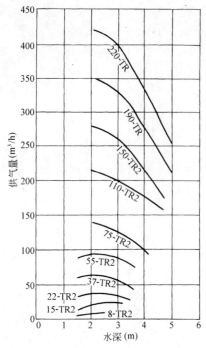

图 3-54 TR 型潜水自吸式曝气
机供气量—水深关系曲线

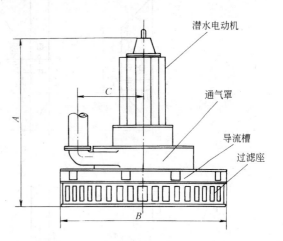

图 3-55 TR 型潜水自吸式曝气机外形尺寸

TR 型潜水自吸式曝气机性能及外形尺寸 表 3-45

型号	空气管直径 (mm)	电动机 转速 (r/min)	电动机 功率 (kW)	供气量-水深 (m³/h·m)	供氧量 (kg/h)	重量 (kg)	外形尺寸(mm) A	外形尺寸(mm) B	外形尺寸(mm) C	生产厂
8-TR₂	32	3000	0.75	11-3	0.35~0.6	60	470	420	184	
15-TR₂			1.5	25-3	1.0~1.4	70	480			
22-TR₂	50	1500	2.2	36-3	1.8~2.8	170	639	700	271	晓清深圳公司
37-TR₂			3.7	60-3	3.5~5.0	180	658			
55-TR₂			5.5	90-3	5.5~7.7	220	807			
75-TR₂	80	1500	7.5	125-3	8.2~11.3	240	827	700	271	
110-TR₂			11	200-3	13~18	280	923			
150-TR₂			15	260-3	17~23	290	945			
190-TR	100	1500	19	330-3	20~27	520	1058	1000	385	
220-TR			22	400-3	24~36	530	1058			

注:生产厂还有:安徽中联环保设备有限公司 QBZ 型、江苏亚太泵业有限公司、南京制泵集团股份有限公司。

2)空气管管口消声器和阀座尺寸见图 3-56。
3)TR 型曝气机环流示意见图 3-57 和表 3-46。

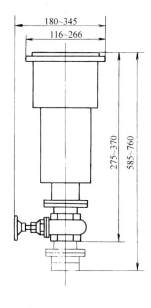

图 3-56 消声器和阀座尺寸

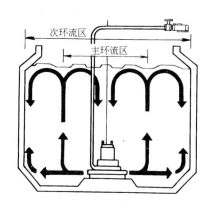

图 3-57 TR 型曝气机环流示意

TR 型曝气机环流尺寸 表 3-46

型号	主环流区直径(mm)	次环流区直径(mm)	水深(m)	型号	主环流区直径(mm)	次环流区直径(mm)	水深(m)
8-TR2	1.2	2.0	3.2	75-TR2	4.5	9.0	4.1
15-TR2	1.5	2.5	3.2	110-TR2	5.0	10.0	4.7
22-TR2	2.5	5.0	3.6	150-TR2	5.5	11.0	4.7
37-TR2	3.0	6.0	3.6	190-TR	6.0	12.0	5.0
55-TR2	3.5	7.0	3.6	220-TR	6.0	12.0	5.0

3.3.4.2 BER 型水下射流曝气机

(1) 适用范围：BER 型水下射流曝气机适用范围同 TR 型潜水自吸式曝气机。

(2) 结构及特点：BER 水下射流曝气机由潜水泵和射流器组成。潜水泵喷出的水流通过射流器的喷嘴产生吸力，把空气从水面上吸入，经进气管进入射流器，在扩散段与水混合，气、水混合液从射流器喷出，在池中形成强烈涡流，使大量氧溶入水中。该机有无滑轨和有滑轨两种型式。该机特点：充氧能力高，传氧耗能低，无需鼓风机房和输气管道，基建投资低。

(3) 性能：BER 型水下射流曝气机供气量与水深的关系曲线见图 3-58，性能见表 3-47。

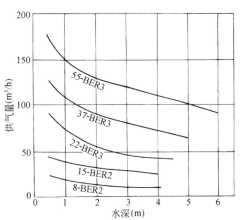

图 3-58 BER 型水下射流曝气机供气量—水深关系曲线

BER型水下射流曝气机性能 表3-47

型号	空气管直径(mm)	电动机转速(r/min)	电动机功率(kW)	供气量-水深($m^3/h \cdot m$)	供氧量(kg/h)	循环水量(m^3/h)	曝气池尺寸(长×宽×高)(m)	有效水深(m)	重量(kg)	生产厂
8-BER_2	25	3000	0.75	11-3	0.45~0.55	22	3×2×4	1~3	28	晓清深圳公司
15-BER_2	32	3000	1.5	28-3	1.3~1.5	41	4×3.5×4	1~3	45	
22-BER_3	50	1500	2.2	45-3	2.2~2.6	63	5×5×4.5	1.5~3.5	75	
37-BER_3	50	1500	3.7	80-3	3.6~4.3	94	6×6×5	2~4	91	
55-BER_3	50	1500	5.5	120-3	6.0~7.0	126	7×7×6	2~5	137	

注：生产厂还有：北京桑德环保产业集团、安徽中联环保设备有限公司、江苏亚太泵业有限公司。

(4) 外形及安装尺寸：BER型水下射流曝气器外形尺寸见图3-59和表3-48，其应用示意见图3-60。

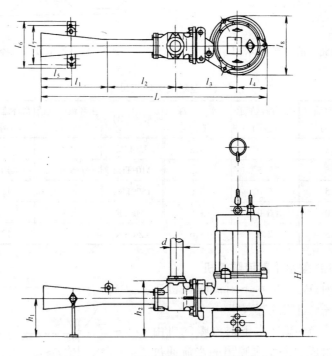

图3-59 BER型水下射流曝气机外形尺寸

BER型水下射流曝气机外形尺寸(mm) 表3-48

型号	L	l_1	l_2	l_3	l_4	l_5	l_6	l_7	l_8	H	h_1	h_2	d
8-BER_2	674	208	169	200	97	58	180	150	194	461	150	195	25
15-BER_2	895	270	267	244	114	120	180	150	222	509	159	224	32
22-BER_3	1158	380	307	317	154	155	260	220	317	679	232	312	50
37-BER_3	1164	380	307	317	160	155	260	220	325	753	237	317	50
55-BER_3	1415	460	401	360	194	316	260	220	391	858	256	341	50

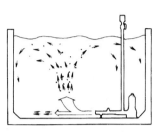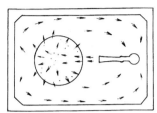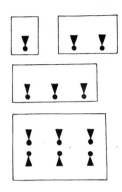

图 3-60 BER 型水下射流曝气机应用示意

3.3.4.3 QBG 型鼓风式潜水曝气·搅拌机

(1) 适用范围：QBG 型鼓风式潜水曝气·搅拌机兼有曝气和搅拌两种功能，特别适用于活性污泥法中的曝气池和 A/O 法中的厌氧池。工作时整机全部浸没水中，池面可加盖，故在寒冷、结冰、强风等恶劣气候下，也能进行生化处理。

(2) 构造特点：QBG 型鼓风式潜水曝气·搅拌机是机械搅拌和气流搅拌组成的复合机械曝气装置，工作时将其置于池中央底部，外设鼓风机和配气管。潜水电动机经齿轮减速箱带动螺旋桨叶轮旋转，使液体产生激烈的径向运动和轴向运动，由于底边流速快，在很大范围内可以防止污泥沉淀。当鼓风机供气时，空气泡进入散气叶轮，被切碎成微气泡，并与上升水流一起吸入导流筒中，进行气液完全混合并由导流筒出口喷出，在池内形成大循环的总体运动。改变供气量的大小，混合能力不受影响，因而也能用于厌氧池。

(3) 性能：QBG 型曝气、搅拌机的送气量与充氧量关系见图 3-61；其作曝气用性能见表3-49，作搅拌用性能见表 3-50。

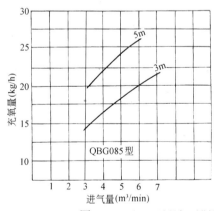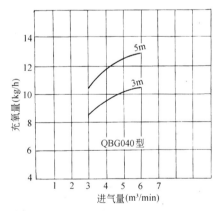

图 3-61 QBG 型曝气·搅拌机进气量与充氧量关系曲线

QBG 型作曝气用性能   表 3-49

型号	电动机功率 (kW)	电压 (V)	频率 (Hz)	轴功率 (kW)	供气量 (m³/min)	充氧量 (kg/h)	动力效率 [kgO₂/(kW·h)]	搅拌功率 (kW)	备注	生产厂
QBG085	8.5	380	50	5.10	3.5	21.0	2.28	<8.5	有效水深 5m	
				4.80	5.0	24.1	2.26			

续表

型号	电动机功率(kW)	电压(V)	频率(Hz)	轴功率(kW)	供气量(m^3/min)	充氧量(kg/h)	动力效率[kgO_2/(kW·h)]	搅拌功率(kW)	备注	生产厂
QBG085	8.5	380	50	4.66	6.0	25.8	2.21	<8.5	有效水深5m	安徽中联环保设备有限公司(原安徽第一纺织机械厂)
				4.87	3.4	15.6	1.76			
				4.52	5.0	18.7	1.80	<8.5	有效水深3m	
				4.35	6.0	20.0	1.76			

型号	电动机功率(kW)	电压(V)	频率(Hz)	扬水量(m^3/min)	供气量(m^3/min)	充氧量(kg/h)	搅拌能力 $V_0(m^3)$			
							标准槽 $H=3m$		深槽 $H=5m$	
							充氧	不充氧	充氧	不充氧
QBG040	4	380	50	33	3.5	11	650	740	780	820

注:1. 测试用水池平面尺寸为11.7m×8.7m。
2. 充氧量为标准状态下清水充氧量。
3. 动力效率中,风机功率是按理论计算的。风机效率降低,动力效率可能相应降低。

QBG型作搅拌用性能　　　　表3-50

型号	池体底边流速(m/s)	最大 0.1		中等 0.2		最小 0.3		生产厂
QBG085	池形	方形	圆形	方形	圆形	方形	圆形	安徽中联环保设备有限公司
	尺寸(m)	18×18	21	9.5×9.5	11	7.0×7.0	8	
QBG040	池形	方形	圆形	方形	圆形	方形	圆形	
	尺寸(m)	13×13	15	7×7	8	4.8×4.8	5	

注:池内有效水深以5m为宜。

(4) 外形及安装尺寸:QBG型曝气·搅拌机外形尺寸见图3-62和表3-51,安装基础尺寸见图3-63。

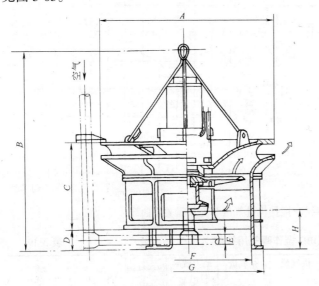

图3-62　QBG型曝气·搅拌机外形尺寸

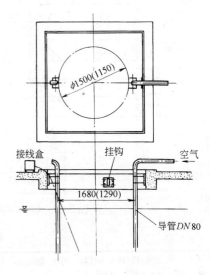

图3-63　QBG^{040}_{085}型曝气·搅拌机安装基础尺寸

注:括号内数字为QBG040型尺寸。

3.3 曝气设备

QBG 型曝气·搅拌机外形尺寸(mm) 表 3-51

型　号	A	B	C	D	E	F	G	H	重量(t)
QBG040	$\phi1150$	1202	492	116	80	$\phi720$	$\phi870$	230	
QBG085	$\phi1500$	1852	680	160	80	$\phi1000$	$\phi1160$	320	1.3

3.3.5　SDCY 型一体化高效生物转盘

（1）适用范围：生物转盘是一种生物膜法处理污水的设备，运转时无噪声，动力费用低，对污水水质适应性强，主要用于处理小水量的生活污水和工业废水。SDCY1 型用于生活污水或与之类似的废水，SDCY2 型用于其他工业废水。

（2）结构及特点：生物转盘由转盘、传动装置及氧化槽三部分组成。转盘为生物转盘的主要部件，通过联接螺栓轴向迭装，并用定距套使各片间保持相等的轴向距离。转盘直径为 1.5～3.0m，周边转速为 10～20m/min。转盘转动速度很低，减速比大，采用 2～3 级传动。氧化槽用钢板拼焊，并进行防腐处理。SDCY 型一体化生物转盘集初沉池、二沉池和生物转盘为一体，既节省了占地，又大大减小了一次性投资。SDCY 系统无污泥回流、鼓风曝气等设施，运行费用低，而且基本上没有剩余污泥产生。由于转盘盘面存在有厌氧和好氧区域，系统对 N、P 的去除率可达 85% 以上，除油率也可达 80% 以上。整个系统为一体化结构，只需联接进、出水等管口，就可投入使用，管理方便。

（3）性能：SDCY1 和 SDCY2 型一体化生物转盘性能见表 3-52、53。

SDCY1 型一体化生物转盘性能及外形尺寸　表 3-52

型　号	流量 (m^3/h)	A (m)	B (m)	H_1 (m)	H_2 (m)	H_3 (m)	转盘转速 (r/min)	耗用功率 (kW)	运行方式	转盘直径 (m)	生产厂
SDCY1-0.5	0.5	2.25	1.30	2.45	3.35	0.15	3.6	0.071	1 台运行		北京桑德环保产业集团
SDCY1-1	1	2.25	2.20	2.55	3.45	0.15	3.6	0.14×1	1 台运行	1.5	
SDCY-2	2	2.25	2.20	2.55	3.45	0.15	3.6	0.14×2	2 台并联		
SDCY1-5	5	2.90	3.00	3.07	4.16	0.20	2.7	0.34×2	2 台并联	2.0	
SDCY1-10	10	2.90	3.00	3.07	4.17	0.20	2.7	0.34×4	4 台并联		
SDCY1-15	15	3.40	3.00	3.53	4.83	0.25	2.2	0.53×4	4 台并联	2.5	
SDCY1-20	20	3.40	4.00	3.53	4.83	0.25	2.2	0.74×4	4 台并联		

SDCY2 型一体化生物转盘性能及外形尺寸　表 3-53

型　号	处理量 Q_1 ($kg\ BOD_5/d$)	A (m)	B (m)	H_1 (m)	H_2 (m)	H_3 (m)	组数	每组盘片	氧化槽净 有效容积 (m^3)	转盘 直径 (m)	生产厂
SDCY2-1	2	2.25	1.70	2.40	3.30	0.15	1	43	1.12	1.5	北京桑德环保产业集团
SDCY2-2	4	2.25	1.70	2.40	3.30	0.15	2	43	1.12		
SDCY2-3	8	2.90	1.90	3.10	4.20	0.20	2	48	2.02	2.0	
SDCY2-4	12	2.90	2.80	3.10	4.20	0.20	2	71	3.01		
SDCY2-5	18	2.90	2.10	3.10	4.20	0.20	4	54	2.29		

续表

型号	处理量 Q_1 (kg BOD_5/d)	A (m)	B (m)	H_1 (m)	H_2 (m)	H_3 (m)	组数	每组盘片	氧化槽净有效容积 (m^3)	转盘直径 (m)	生产厂
SDCY2-6	25	3.40	3.50	3.50	4.80	0.25	2	95	5.96	2.5	北京桑德环保产业集团
SDCY2-7	35	3.40	2.60	3.50	4.80	0.25	4	67	4.18		
SDCY2-8	50	3.40	3.70	3.50	4.80	0.25	4	96	6.03		

注：处理流量≤500m^3/d。

(4) 外形及安装尺寸：

1) SDCY型一体化生物转盘外形尺寸见图3-64和表3-52、53。

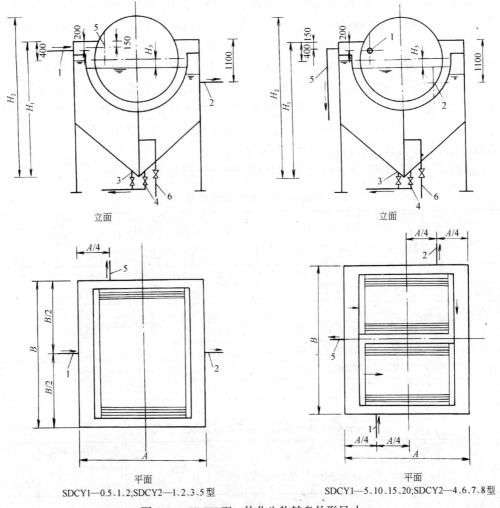

图 3-64 SDCY型一体化生物转盘外形尺寸
1—进水管；2—出水管；3—排泥管；4—排泥管；5—溢流管；6—放空管

2) SDCY1型一体化生物转盘主要管道尺寸见表3-54，安装基础见图3-65和表3-55。

SDCY1 型一体化生物转盘主要管道尺寸(mm)　　表 3-54

型号	进水管 1	出水管 2	排泥管 3	排泥管 4	溢流管 5	放空管 6
SDCY1-0.5	25	25	50	50	25	50
SDCY1-1	40	40	80	80	25	80
SDCY1-2	40	40	80	80	25	80
SDCY1-5	40	40	80	80	25	80
SDCY1-10	50	50	80	80	40	80
SDCY1-15	50	50	80	80	40	80
SDCY1-20	80	80	100	100	40	80

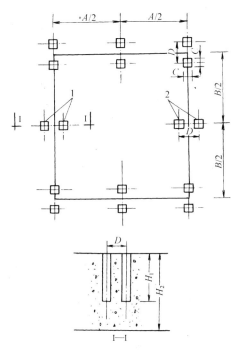

图 3-65　SDCY 型一体化生物转盘基础尺寸
注：SDCY1-0.5 型一体化生物转盘其基础不需要 1、2 号预埋螺栓，其他相同。

SDCY 型一体化生物转盘安装基础尺寸　　表 3-55

型号	D (mm)	C (mm)	H_1 (mm)	H_2 (mm)	地脚螺栓
SDCY1-0.5	100	80	200	250	M10×200
SDCY1-1	150	80	200	250	M12×200
SDCY1-2	150	80	200	250	M12×200
SDCY1-5	200	80	200	250	M12×200
SDCY1-10	200	80	200	250	M12×200
SDCY1-15	250	100	250	300	M16×250
SDCY1-20	250	100	250	300	M16×250
SDCY2-1	100	80	200	250	M10×200
SDCY2-2	150	80	200	250	M12×200
SDCY2-3	150	80	200	250	M12×200
SDCY2-4	150	80	200	250	M12×200
SDCY2-5	150	80	200	250	M12×200
SDCY2-6	200	80	200	250	M12×200
SDCY2-7	200	100	250	300	M16×250
SDCY2-8	250	100	250	300	M16×250

3.4　排　泥　设　备

3.4.1　刮　泥　机

3.4.1.1　ZXG 型中心传动刮泥机

(1) 适用范围：ZXG 型中心传动刮泥机广泛用于池径较小的给排水工程中辐流式沉淀

池的刮、排泥。

(2) 型号意义说明：

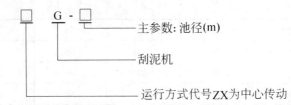

(3) 结构与特点：ZXG 型中心传动刮泥机又称悬挂式中心传动刮泥机，其整机载荷都作用在工作桥中心。其结构由传动装置、工作桥、稳流筒、主轴、拉杆、刮臂、刮泥板、水下轴承等部件组成。

(4) 性能：ZXG 型中心传动刮泥机性能见表 3-56，其他型号中心传动刮泥机性能见表 3-58。

ZXG 型中心传动刮泥机性能　　　　　　　　表 3-56

型　号	池径(m) D	刮泥板外缘线速度 (m/min)	电动机功率 (kW)	推荐池深 H (m)	工作桥高度 h (mm)	重量 (kg)	生　产　厂
ZXG-4	4	1.80	0.37	3.5	250		扬州天雨给排水设备(集团)有限公司、江苏宜兴市新纪元环保有限公司、无锡通用机械厂
ZXG-5	5	2.2			250		
ZXG-6	6	2.0	0.55		300		
ZXG-7	7	2.0			300		
ZXG-8	8	2.6			300		
ZXG-10	10	2.2	0.75	4.0	320		
ZXG-12	12	2.6			400		
ZXG-14	14	2.5			400		
ZXG-16	16	2.9			450		

(5) 外形及安装尺寸：ZXG 型中心传动刮泥机外形尺寸见图 3-66，安装尺寸见图 3-67 和表 3-57。

ZXG 型中心传动刮泥机安装尺寸(mm)　　　　　　　　表 3-57

型　号	A_1	A_2	A_3	B_1	B_2	B_3	B_4
ZXG4-8	570	395	425	365	160	150	736
ZXG10-12					155	275	
ZXG14-16	695	400	460	450	155	275	600

3.4.1.2　ZBG 型周边传动刮泥机

(1) 适用范围：ZBG 型周边传动刮泥机广泛用于给排水工程中较大直径的辐流式沉淀池排泥。

3.4 排泥设备

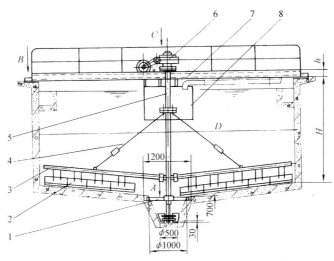

图 3-66 ZXG 型中心传动刮泥机外形尺寸
1—水下轴承;2—刮泥板;3—刮臂;4—拉杆;5—主轴;6—传动装置;
7—工作桥;8—稳流筒

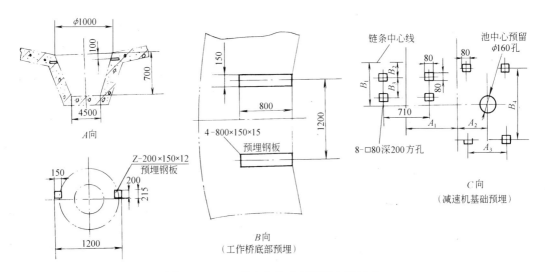

图 3-67 ZXG 型中心传动刮泥机安装尺寸

中心传动刮泥机其他主要型号及性能   表 3-58

型 号	池径 (m)	池 深 (m)	周边速度 (m/min)	电动机功率 (kW)	重 量 (kg)	备 注	生产厂
GNZ080	8	3.5~5.905 (根据需要定)		1.5		悬挂式,传动轴转速 0.0382r/min	安徽中联环保设备厂
GNZ100	10						
GNZ120	12						
GNZ160	16						
ZG5.8	5.8	4.11	0.75		1300	悬挂式池深为推荐值	无锡通用机械厂、南京制泵集团股份有限公司、江都市亚太环保设备制造总厂
ZG6	6	3、3.2、3.6、4	1.40	0.37	1390		
ZG7.4	7.4	5.04	1.63		1430		

续表

型号	池径(m)	池深(m)	周边速度(m/min)	电动机功率(kW)	重量(kg)	备注	生产厂
ZG8	8	5.04	1.76	0.37	1500	悬挂式池深为推荐值	无锡通用机械厂、南京制泵集团股份有限公司、江都市亚太环保设备制造总厂
ZG10	10	5.19	2	0.37	1590		
ZG12	12	3.85	1.56	0.37	1680		
ZG14	14	5.15	1.98	0.60	1900		
ZG16	16			0.60	2500		
CGφ8A	8	2.5、3、3.5	1.01	0.75	10610	固定支墩式，重量以池深3m计	沈阳水处理设备制造总厂、唐山清源环保机械(集团)公司、唐山市通用环保机械有限公司
CGφ10A	10	2.5、3、3.5	1.13	0.75	11360		
CGφ12A	12	2.5、3、3.5	1.22	0.75	12350		
CGφ14A	14	2.5、3、3.5	1.32	1.5	14960		
CGφ16A	16	2.5、3、3.5	1.40	1.5	15840		
CGφ18A	18	2.5、3、3.5	1.45	1.5	16580		
CGφ20A	20	2.5、3、3.5	1.60	2.2	18550		

(2) 型号意义说明：

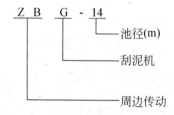

(3) 结构与特点：ZBG型周边传动刮泥机由摆线针轮减速机直接带动车轮沿池周平台作圆周运动，池底污泥由刮板刮集到集泥坑后，通过池内水压将污泥排出池外。本机采用中心配水，中心排泥，液面可加设浮渣刮、集装置，起刮、撇渣两种作用。本机行走车轮分钢轮和胶轮两种，当采用钢轮时，池周需铺设钢轨，钢轨型号按刮泥机性能表中所列周边轮压值选取，并按有关规范铺设；当采用胶轮时，池周需制作成水磨石面。

(4) 性能：ZBG型周边传动刮泥机性能见表3-59，其他型号的周边传动刮泥机性能见表3-61。

ZBG周边传动刮泥机性能　　表3-59

型号	池径φ(m)	功率(kW)	周边线速(m/min)	推荐池深H(mm)	周边轮压(kN)	周边轮中心φ₁(m)	生产厂
ZBG-14	14	1.1	2.14	3000~5000	18	14.36	扬州天雨给排水设备(集团)公司、江苏宜兴市新纪元环保有限公司
ZBG-16	16	1.1	2.14	3000~5000	18	16.36	
ZBG-18	18	1.1	2.2	3000~5000	20	18.36	
ZBG-20	20	1.1	2.34	3000~5000	25	20.36	
ZBG-24	24	1.5	3.0	3000~5000	35	24.36	
ZBG-28	28	1.5	3.0	3000~5000	50	28.4	

续表

型号	池径 ϕ(m)	功率 (kW)	周边线速 (m/min)	推荐池深 H(mm)	周边轮压 (kN)	周边轮中心 ϕ_1(m)	生产厂
ZBG-30	30	2.2	3.2	3000~5000	60	30.4	扬州天雨给排水设备(集团)公司、江苏宜兴市新纪元环保有限公司
ZBG-35	35				75	35.4	
ZBG-40	40		4.0		80	40.5	
ZBG-45	45	3.0	4.5		86	45.5	
ZBG-55	55				95	55.5	

注：生产厂还有：无锡通用机械厂生产 BG 型池径(m)：20、24、25、28、30、37、40、45、55。

(5) ZBG 型周边传动刮泥机外形及安装尺寸见图 3-68 和表 3-60。

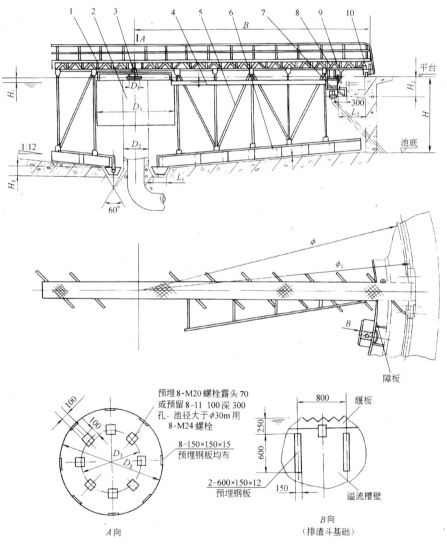

图 3-68 ZBG 型周边传动刮泥机外形及安装尺寸
1—工作桥；2—导流筒；3—中心支座；4—浮渣刮板；5—桁架；6—刮板；7—渣斗；8—浮渣耙板；
9—冲洗机构；10—驱动装置

注：ZBG 型刮泥机分单臂和双臂两种，图示为单臂结构，其结构较轻，适用于 30m 以下的中小池径，双臂刮泥机结构较重，排泥量大，适用于大型沉淀池。

ZBG 周边传动刮泥机外形及安装尺寸（mm）　　　表 3-60

型号	D_1	D_2	D_3	L_1	L_2	H_1	H_2	H_3	B
ZBG-14	φ3000	φ1500	φ800	500	800	300	915	400	7300
ZBG-16	φ3000	φ1500	φ800	500	800	300	915	400	8300
ZBG-18	φ3000	φ1600	φ800	500	800	300	915	400	9300
ZBG-20	φ3000	φ1600	φ800	500	800	300	915	400	10400
ZBG-24	φ3500	φ1800	φ800	500	900	300	915	550	12400
ZBG-28	φ3500	φ1800	φ800	500	900	300	915	550	14400
ZBG-30	φ3700	φ2000	φ750	650	950	400	1015	700	15400
ZBG-35	φ3700	φ2000	φ750	650	950	400	1015	700	18000
ZBG-40	φ3700	φ2000	φ750	650	950	400	1015	700	20500
ZBG-45	φ5000	φ2400	φ750	750	1100	400	1015	800	23100
ZBG-55	φ5000	φ2400	φ750	750	1100	400	1015	800	28100

3.4.1.3 其他型周边传动刮泥机

其他型周边传动刮泥机主要型号及性能规格见表 3-61。

其他型周边传动刮泥机主要型号及性能规格　　　表 3-61

型号	池径(m)	池深(m)	周边速度(m/min)	电动机功率(kW)	重量(kg)	说明	生产厂
CG8C	8	3	~2	0.75	8500	周边半桥单驱动刮泥机	沈阳水处理设备制造总厂、唐山清源环保机械（集团）公司
CG10C	10	3	~2	1.5	9000	周边半桥单驱动刮泥机	沈阳水处理设备制造总厂、唐山清源环保机械（集团）公司
CG12C	12	3.5	~2	1.5	10000	周边半桥单驱动刮泥机	沈阳水处理设备制造总厂、唐山清源环保机械（集团）公司
CG14C	14	3.5	~2	1.5	10500	周边半桥单驱动刮泥机	沈阳水处理设备制造总厂、唐山清源环保机械（集团）公司
CG16C	16	3.5	~2	1.5	11000	周边半桥单驱动刮泥机	沈阳水处理设备制造总厂、唐山清源环保机械（集团）公司
CG18C	18	3.5	~2	1.5	12000	周边半桥单驱动刮泥机	沈阳水处理设备制造总厂、唐山清源环保机械（集团）公司
CG20C	20	3.5	~2	2.2	13000	周边半桥单驱动刮泥机	沈阳水处理设备制造总厂、唐山清源环保机械（集团）公司
CG25C	25	3.5	~3	2.2	15000	周边半桥单驱动刮泥机	沈阳水处理设备制造总厂、唐山清源环保机械（集团）公司
CG30C	30	4.0	~3	2.2	16500	周边半桥单驱动刮泥机	沈阳水处理设备制造总厂、唐山清源环保机械（集团）公司
CG35C	35	4.0	~3	2.2	18000	周边半桥单驱动刮泥机	沈阳水处理设备制造总厂、唐山清源环保机械（集团）公司
CG40C	40	4.5	~4	2.2	19500	周边半桥单驱动刮泥机	沈阳水处理设备制造总厂、唐山清源环保机械（集团）公司
CG50C	50	4.5	~4	2.2	22000	周边半桥单驱动刮泥机	沈阳水处理设备制造总厂、唐山清源环保机械（集团）公司
CG20B	20	3.5	~2	0.75×2		周边全桥双驱动刮泥机	沈阳水处理设备制造总厂、唐山清源环保机械（集团）公司
CG25B	25	3.5	~3	0.75×2		周边全桥双驱动刮泥机	沈阳水处理设备制造总厂、唐山清源环保机械（集团）公司
CG30B	30	4.0	~3	0.75×2		周边全桥双驱动刮泥机	沈阳水处理设备制造总厂、唐山清源环保机械（集团）公司
CG35B	35	4.0	~3	1.5×2		周边全桥双驱动刮泥机	沈阳水处理设备制造总厂、唐山清源环保机械（集团）公司
CG40B	40	4.5	~4	1.5×2		周边全桥双驱动刮泥机	沈阳水处理设备制造总厂、唐山清源环保机械（集团）公司
CG45B	45	4.5	~4	1.5×2		周边全桥双驱动刮泥机	沈阳水处理设备制造总厂、唐山清源环保机械（集团）公司
CG50B	50	5.0	~4	1.5×2		周边全桥双驱动刮泥机	沈阳水处理设备制造总厂、唐山清源环保机械（集团）公司
CG55B	55	5.0	~4.5	1.5×2		周边全桥双驱动刮泥机	沈阳水处理设备制造总厂、唐山清源环保机械（集团）公司
CG60B	60	5.2	~4.5	2.2×2		周边全桥双驱动刮泥机	沈阳水处理设备制造总厂、唐山清源环保机械（集团）公司

3.4.1.4 XJY 大型周边传动刮泥机

(1) 适用范围:XJY 大型周边传动刮泥机适用于给排水工程中大直径辐流式沉淀池的排泥。尤其适用于黄河高浊度水的预沉处理,其进水含砂量可达 $100kg/m^3$,沉淀池积泥浓度为 $400kg/m^3$,密度为 $1250kg/m^3$。XJY-100 型是目前国内最大规格的刮泥机。

(2) 型号意义说明:

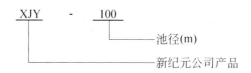

(3) 结构及特点:XJY 大型周边传动刮泥机为中心固定支撑、与池壁轨道搭接的单边驱动悬臂钢梁结构。该机主要由中心部分、桁架、刮板、格网式反应格栅、走道、周边驱动小车六部分构成。中心部分包括托架、中心导轨、中心支柱、承压滚轮、定心滚轮等部件,总重量 11676.5kg。托架连接桁架,并由桁架带动,通过承压滚轮在中心导轨上以中心支柱为中心作圆周运动。定心滚轮与托架组装为一体,用以固定运动的中心。中心导轨为空腹铸钢件,在铸造后进行整体加工,并设置了雨水引流孔。中心支柱由导柱架、集电器、集电器柱、集电器箱等部件组成。桁架由型钢、板材等焊接而成,总重量 31000kg,其延长部分可使中心部分刮板负荷减少一倍。刮板部件是由槽钢、工字钢、角钢等构成的金属结构件,总重量 15110kg,连接在垂直桁架的下弦,其延长部分也装有刮板,刮板尺寸按阿基米德螺旋线设计。泥砂由刮板推入集泥坑后通过排泥管排出。刮泥板下缘距池底 100mm。周边驱动小车由电动机、减速机、中介传动机构、行走装置、打滑信号装置、框架等部件组成,总重量 13340kg。轨道由 QU120 型钢弯曲成型,总重量 50155.6kg,在连接中考虑了受温度变化而引起的伸缩和因小车滚轮摩擦而引起的水平应力。

(4) 技术数据:XJY-100 型周边传动刮泥机技术数据见表 3-62。

XJY-100 型周边传动刮泥机技术数据　　　　表 3-62

周边速度 (m/min)	最大排泥量 (m³/s)	进 水 量 (m³/s)	出 水 量 (m³/s)	进水含砂量 (kg/m³)	积泥浓度 (kg/m³)	生 产 厂
4.8~9.5	0.4	1~1.5	0.9~1.1	100	400	
安息角 (°)	电 动 机			减 速 机		江苏宜兴市新纪元环保有限公司
	型 号	功率(kW)	转速(r/min)	型号(一级)	速 比	
20	Y200L-8	15	730	MC3PESO7	112	

注:减速机为德国 SEW 公司产品。刮泥机图纸由中国市政工程西北设计研究院提供。

(5) 外形及安装尺寸:XJY-100 型周边传动刮泥机外形及安装尺寸见图 3-69。

3.4.1.5 HJG 型桁架式刮泥机

(1) 适用范围:HJG 型桁架式刮泥机适用于矩形平流沉淀池。
(2) 型号意义说明:
(3) 结构及特点:HJG 型桁架式刮泥机跨距为 4~25m,全套动作可自动化控制。供电

586　3　水处理设备

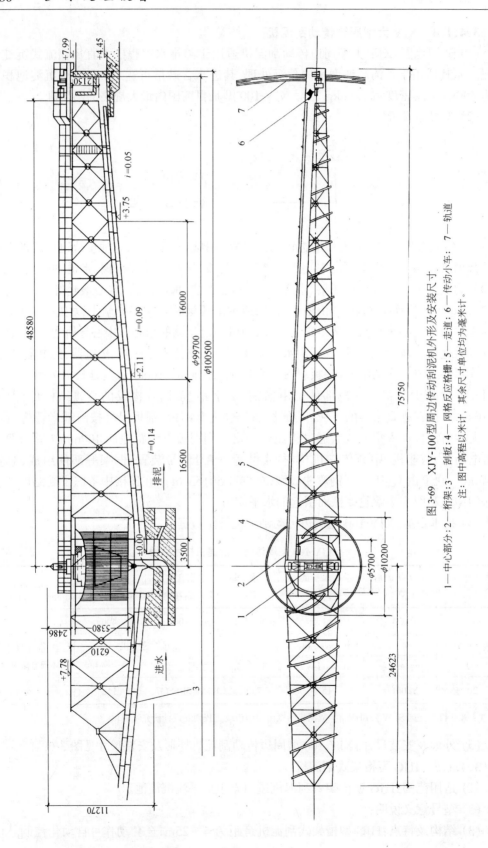

图 3-69　XJY-100 型周边传动刮泥机外形及安装尺寸

1—中心部分；2—桁架；3—刮板；4—网格反应格栅；5—走道；6—传动小车；7—轨道

注：图中高程以米计，其余尺寸单位均为毫米计。

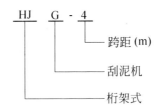

方式有三种:电缆卷筒、滑导线和悬挂钢丝绳。跨距为4~8m时,驱动采用集中控制;10~25m时采用两端同步驱动。还可根据需要增设撇油、撇渣装置、其动作与刮泥机连动。该型刮泥机电控有 PC 控制和继电器控制两种,可根据需要选用,并可实现慢速刮泥、快速返回的变速驱动。

(4) 性能:跨距为4~8m 的 HJG 型刮泥机性能见表3-63,跨距为10~20m 的 HJG 型刮泥机性能见表3-64。

跨距4~8m HJG 型刮泥机性能   表3-63

型号	跨距 L (m)	轨距 L_k (mm)	行走功率 (kW)	卷扬功率 (kW)	推荐池深 H (m)	外形尺寸(mm)			配套轻轨 (kg/m)	生产厂
						B	B_1	L_1		
HJG-4	4	4300	0.37	0.37	3500	2000	1400	4568	15	扬州天雨给排水设备(集团)有限公司、无锡通用机械厂
HJG-5	5	5300	0.37	0.37				5568		
HJG-6	6	6300	0.75	0.37				6568		
HJG-7	7	7300	0.75	0.55		2400	1800	7500	18	
HJG-8	8	8300	0.75	0.55				8500		

跨距10~20m HJG 型刮泥机性能   表3-64

型号	跨距 L (m)	轨距 L_k (mm)	行走功率 (kW)	卷扬功率 (kW)	行走速度 (m/min)	提升速度 (m/min)	推荐池深 H (mm)	配套轻轨 (kg/m)	生产厂
HJG10	10	10300	0.75×2	0.75	1	0.85	3500	18	扬州天雨给排水设备(集团)有限公司、无锡通用机械厂
HJG12	12	12300	0.75×2	1.5	1	0.85		18	
HJG15	15	15300	0.75×2	1.5	1	0.85		18	
HJG20	20	20300	1.5×2	1.5×2	1	0.85		24	

(5) 外形尺寸:跨距为4~8m HJG 型刮泥机外形尺寸见图3-70,跨距为10~20m HJG 型刮泥机外形尺寸见图3-71。

3.4.1.6 JJ型加速澄清池搅拌刮泥机

(1) 适用范围:JJ型加速澄清搅拌刮泥机适用于给水工程中加速澄清池的澄清处理。进水悬浮物的允许含量:1)无机械刮泥时不超过1000mg/L,短时间内不超过3000mg/L。2)有机械刮泥时为1000~5000mg/L,短时间内不超过10000mg/L。当悬浮物经常超过5000mg/L 时应加预沉池。3)进水温度变化每小时不大于2℃。4)出水浊度一般不大于10mg/L,短时间内不大于50mg/L。

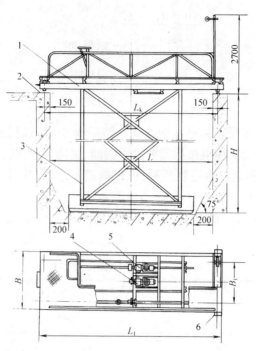

图 3-70 跨距 4～8m HJG 型刮泥机外形尺寸
1—行车架;2—轨道;3—刮泥板及导架;4—驱动机构;
5—卷扬机构;6—行程开关

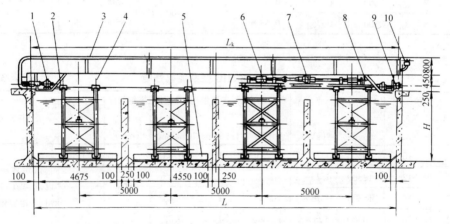

图 3-71 跨距 10～20m HJG 型刮泥机外形尺寸
1—驱动器机构;2—刮板架;3—栏杆;4—桁架主梁;5—刮泥板;6—卷扬机构;7—卷扬电机及减速器;
8—卷扬限位装置;9—轨道;10—集电架

(2) 型号意义说明:

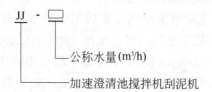

(3) 结构与特点：JJ 型加速澄清搅拌刮泥机由搅拌机和刮泥机两者组成。搅拌机的总体由变速驱动、提升叶轮、桨叶、调流装置等部分组成。电动机经三角皮带轮和蜗轮副两级减速。蜗轮轴与搅拌轴采用刚性联接。搅拌机位于池子中央。刮泥机的设置有两种方式：套轴式中心传动与销齿轮传动。套轴式中心传动刮泥机在形式上与悬挂式中心传动刮泥机相似，仅用于水量小于 600m³/h 的池子。销齿轮传动用于水量大于 600m³/h 的池子，其结构主要由电动机、减速器、传动立轴、水下轴承座、小齿轮、销齿轮、中心枢轴、刮臂刮板等部件组成。

(4) 性能：JJ 型加速澄清池搅拌刮泥机性能见表 3-65。

JJ 型加速澄清池搅拌刮泥机性能 表 3-65

型号	搅拌机						刮泥机				生产厂
	功率 (kW)	传动比	叶轮 (mm)			H_1 (mm)	功率 (kW)	传动比	ϕ_2 (mm)	H (mm)	
			ϕ_1	Q	K						
JJ-200	3	82.8	ϕ2000	0~110	850	2750	0.75	11973.5	ϕ6.0	5500	扬州天雨给排水设备(集团)有限公司、沈阳水处理设备制造总厂
JJ-320				110~170		2550			ϕ7.5	5650	
JJ-430	4	105.3	ϕ2500	0~175	1100	2750		14660	ϕ9.0	6200	
JJ-600				175~245		2850			ϕ10.5	6550	
JJ-800	5.5	140	ϕ3500	0~230	1200	3060	1.5	30975	ϕ12.0	7050	
JJ-1000				230~290		3350			ϕ13.5	7500	
JJ-1330	7.5	192.96	ϕ4500	0~300	1300	3550		33040	ϕ15.0	7850	
JJ-1800				300~410		4050			ϕ17.0	8450	
JJ-2200	11	206.5	ϕ4800	420		4950	2.2	33651.8	ϕ18.20	9350	

注：每种规格均可将搅拌机与刮泥机分开供质。

(5) 外形及安装尺寸：

1) JJ200~600 型加速澄清池搅拌刮泥机外形及安装尺寸见图 3-72 和表 3-65、66。

JJ200~600 型搅拌刮泥机外形及安装尺寸 表 3-66

型号	H_2	E	G	J	L	M	P	N	a	S
JJ-200	1945	610	670	738	696	611	380	1400	184	600
JJ-320										
JJ-430	2370	600	600	800	810	805	500	1750	235	630
JJ-600										

2) JJ800~2200 型加速澄清池搅拌刮泥机外形及安装尺寸见图 3-73 和表 3-65、67。

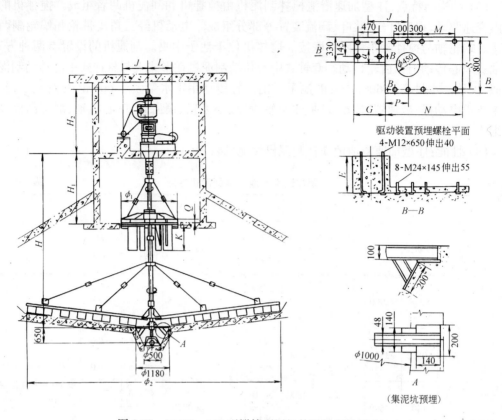

图 3-72　JJ 200~600 型搅拌刮泥机外形及安装尺寸

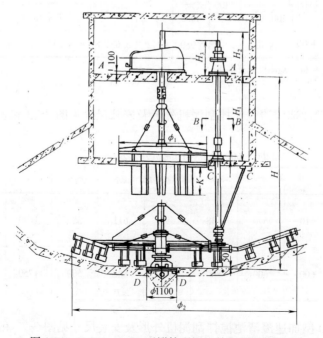

图 3-73　JJ 800~2200 型搅拌刮泥机外形及安装尺寸(一)

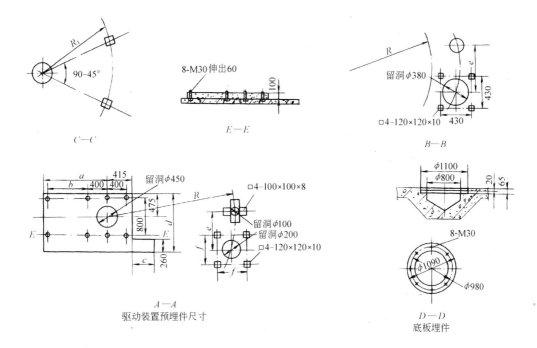

图 3-73 JJ 800~2200 型搅拌刮泥机外形及安装尺寸(二)

JJ800~2200 搅拌刮泥机外形及安装尺寸　　　　表 3-67

型　号	H_2	R	H_3	a	b	c	d	e	f	R_1
JJ-800 JJ-1000	1480	2144	1160	1375	800	361	1150	504	380	1370
JJ-1330 JJ-1800	1712	2563	1419	1425	850	494	1190	536	420	2100
JJ-2200	1762	2891	1495	1520	800	494	1190	640	300	2110

3.4.1.7　日本潜水式刮泥机

(1) 适用范围:日本月岛机械株式会社开发的潜水式刮泥机适用于平流式沉淀池。尤其是斜板沉淀池底部污泥的刮除。

(2) 工作原理:潜水式刮泥机是指附带刮泥板的刮泥小车。它在池底两侧铺设的轨道上行走而往返于水中,以刮动收集沉淀堆积的污泥见图 3-74。刮泥小车由设置在地面的驱动装置并通过钢丝绳牵引拉动。根据沉淀池的构造和大小,有"一驱动两牵引"及"一驱动一牵引"两种驱动牵引方式。前者是用一台驱动装置同时牵引两台刮泥小车在池底

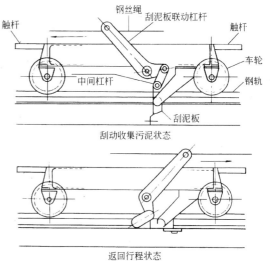

图 3-74　潜水式刮泥机刮泥小车的工作状况

往返交错运行。该型适用于斜板平流式沉淀池双池并列布置的刮泥。其优点是节省能耗,占地少。后者适用于斜板平流式沉淀池单池的刮泥。

当原水浊度不高时,每天进行 1~2 次刮动收集即可;当浊度高时,可提高刮泥机行走速度并连续进行,即可刮动收集大量污泥。

(3) 结构特点:潜水式刮泥机由下述部件组成:

1) 驱动装置:由可变减速机、齿轮装置、卷筒、轴承等组成。

2) 牵引装置:由钢丝绳、滑轮及滑轮座组成。

3) 刮泥机(带刮泥机构的刮泥小车):有刮泥小车框架、车轮及车轴、刮泥板等。

4) 控制装置:行程终了检测机构,见图 3-75。其内装两个限位开关和行程终了检测联杆。

5) 轨道:钢轨及附件。

该机特点:

1) 刮泥小车总高度约 700mm,很容易设置在斜板装置下部。

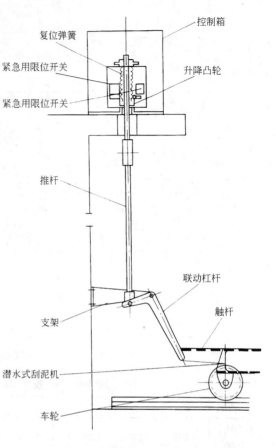

图 3-75 潜水式刮泥机控制装置示意

2) 运行控制装置装有双重安全机构,可实现无人运行。

3) 刮泥小车用钢丝绳牵引拉动,也可设置在双层沉淀池的下层池内。

4) 本机负荷较轻,只要现有沉淀池的污泥收集侧设有排泥沟,基本上不必对现有构筑物进行改造,即可安装使用。

(4) 性能及外形尺寸:潜水式刮泥机驱动功率在 0.75kW 以下,速度为无级调速型。单池宽度最大 8m,长度最大 80m。该机整体组合布置见图 3-76。

3.4.2 吸 泥 机

3.4.2.1 ZBX 型周边传动吸泥机

(1) 适用范围:ZBX 型周边传动吸泥机主要用于污水生化处理工艺中辐流

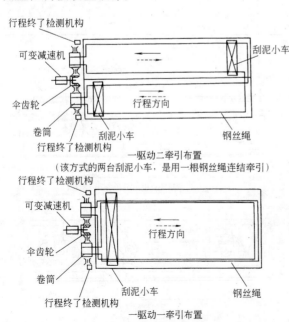

图 3-76 潜水式刮泥机整体组合布置

式二次沉淀池的排泥。该机可以克服活性污泥相对密度小、含水率高、难以刮集的困难,采用水位差自吸式排泥,可任意调节吸气量,分全跨式和半跨式两种。此处只介绍全跨式一种。

(2) 型号意义说明：

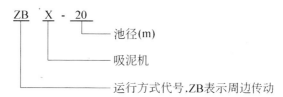

(3) 结构及特点:ZBX型周边传动吸泥机的传动机构为摆线针轮减速机和开式链条二级减速。行走车轮采用铁芯橡胶轮沿池顶走道作圆周运动,池底污泥经刮板刮集由吸泥管吸出,通过排泥槽及排泥缸排出池外,它是中心配水中心排泥型虹吸式排泥,液面设有浮渣刮集装置,池臂四周设有溢流装置和浮渣排出装置。其电源及压缩空气均从池底中心输入。

(4) 性能:ZBX型周边传动吸泥机性能见表3-68,其他型号周边传动吸泥机性能见表3-70。

ZBX型周边传动吸泥机性能　　表3-68

型　号	池径 D (m)	周边线速度 (m/min)	功　率 (kW)	压缩空气压力 (MPa)	生　产　厂
ZBX-20	20	1.61	0.37×2	0.1	扬州天雨给排水设备(集团)公司、无锡通用机械厂
ZBX-25	25	1.61	0.37×2	0.1	
ZBX-30	30	1.57	1.5×2	0.1	
ZBX-37	37	1.60	1.5×2	0.1	
ZBX-45	45	2.20	2.2×2	0.1	
ZBX-55	55	2.40	2.2×2	0.1	

(5) 外形及安装尺寸:ZBX型周边传动吸泥机外形及安装尺寸见图3-77、78和表3-69。

ZBX型周边传动吸泥机外形及安装尺寸(mm)　　表3-69

型　号	D_1	D_2	D_3	D_4	D_5	h	H		H_1		H_2	n(个)	B
ZBX-20	21020	20400	2350	3680	3950	550	3200	3450	3700	2220	2470	2720	670	126	400
ZBX-25	26020	25400	2350	3680	3950	600	3200	3450	3700	2220	2470	2720	670	149	400
ZBX-30	31020	30400	2300	3680	3950	650	3200	—		2418	—		833	204	450
ZBX-37	38020	37400	2300	3880	4180	750	2950	3200	3450	2360	2610	2860	1060	225	500
ZBX-45	46020	45400	2500	4080	4380	800	2950	—		2650	—		1350	283	550
ZBX-55	56020	55400	2500	4080	4380	900	2950	—		2950	—		1650	346	600

注:H、H_1两组数据按表中顺序一一对应。

周边传动(刮)吸泥机其他主要型号及性能 表3-70

型号	池径(m)	池深(m)	周边线速度(m/min)	功率(kW)	近似重量(kg)	备注	生产厂
XNB-200	20		2.4	1.5		虹吸式排泥,配有浮渣收集及排出装置	安徽中联环保设备有限公司
XNB-250	25		2.4	1.5			
XNB-300	30	2.5~3.5	2.4	2.2			
XNB-380	38		2.4	2.2			
XNB-450	45		2.4	2.2			
CX20C	20	3.5	1.36	0.55		泵吸式排泥,周边半桥式单驱动,配有浮渣收集及排出装置	沈阳水处理设备制造总厂
CX25C	25	3.5	1.70	0.55			
CX30C	30	4.0	2.04	0.75			
CX38C	38	4.0	2.58	0.75			
CX45C	45	4.5	3.05	1.50			
CX50C	50	4.5	3.38	1.50			
CX20B	20	3.5	~2	0.75×2	15000	根据液位差及空气提升原理设计吸泥管及排泥槽,周边全桥式双驱动,配有浮渣收集与排出装置	沈阳水处理设备制造总厂、唐山清源环保机械(集团)公司
CX25B	25	3.5	~2	0.75×2	18000		
CX30B	30	4.0	~2	0.75×2	21000		
CX35B	35	4.0	~2	1.5×2	25000		
CX40B	40	4.5	~2	1.5×2	29000		
CX45B	45	4.5	~2	1.5×2	33000		
CX50B	50	5.0	~2	1.5×2	40000		
CX55B	55	5.0	~2	1.5×2	45000		
CX60B	60	5.2	~2	2.2×2	51000		
CX80B	80	5.5	~2	2.2×2	67000		
CX100B	100	5.5	~2	4.0×2	88000		
SGX	25	3.6	1.57	0.75×2	15000	压差式排泥,除浮渣装置及刮吸泥装置均采用专利技术	北京桑德环保产业集团
SGX	30	4.0	1.80	1.1×2	17500		
SGX	35	4.0	1.87	1.1×2	20000		
SGX	40	4.4	2.0	1.5×2	23000		
SGX	45	4.4	2.0	1.5×2	28500		
SGX	50	4.4	1.89	1.5×2	32000		
SGX	55	4.55	1.922	1.5×2	37000		
SGX	60	4.8	1.975	1.5×2	43000		

3.4 排 泥 设 备 595

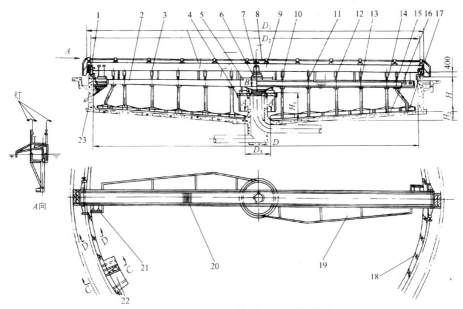

图 3-77 ZBX 型周边传动吸泥机外形尺寸

1—传动装置；2—排泥槽；3—锥阀；4—稳流筒；5—中心泥缸；6—中心筒；7—中心支座；8—输电气管；9—钢梁；10～15—吸泥装置；16～17—刮板；18—溢流堰；19—排渣装置；20—走道板；21—浮渣耙板；22—渣斗；23—触阀

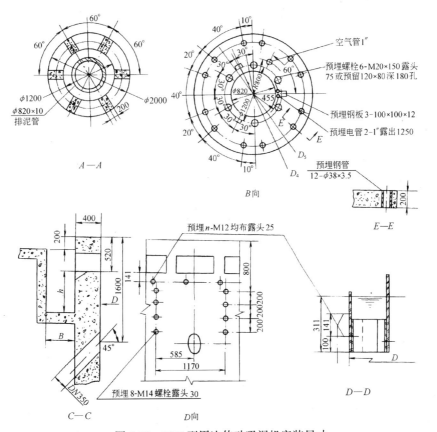

图 3-78 ZBX 型周边传动吸泥机安装尺寸

3.4.2.2 HJX型桁架式吸泥机

(1) 适用范围:HJX型桁架式吸泥机用于污水处理中的平流式二次沉淀池的排泥。

(2) 型号意义:

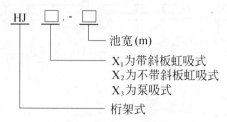

(3) 结构及特点:HJX型桁架式吸泥机主要由驱动机构、行车梁、集泥装置、虹吸系统、虹吸排泥管、电气控制装置等部件组成。该机共有三种型式:带斜板(管)沉淀池虹吸式吸泥机(HJX$_1$型);不带斜板(管)沉淀池虹吸式吸泥机(HJX$_2$型);泵吸式吸泥机(HJX$_3$型)。虹吸式采用真空泵形成虹吸;泵吸式则直接采用液下泵抽吸。

(4) 性能:HJX型桁架式吸泥机性能见表3-71。

HJX型桁架式吸泥机性能　　　　　　　　　表3-71

沉淀池宽度(m)	吸泥车轮距(m)	工作桥宽度(m)	行走速度(m/min)	驱动方法	驱动功率(kW)	虹吸吸泥管(数量×直径)(根×in)	泵吸式排泥量(m³/h)	泵吸式排泥泵功率(kW)	虹吸式真空泵功率(kW)	配用轻轨(kg/m)	生产厂
4	1.2	0.80	1.005	集中驱动	0.37	3×2″	20~35	3	1.5	15	扬州天雨给排水设备(集团)有限公司
6	1.6	0.80		二边同步	2×0.37	5×2″	2×(15~30)	2×1.5			
8	1.8	1.00				6×2″	2×(20~35)	2×3.0			
10	2.0	1.20				8×1$\frac{3}{4}$″				18	
12	2.2	1.20				8×2″	2×(50~70)	2×3.0			
14	2.2	1.25			2×0.55	10×2″					
16	2.4	1.50				10×2″	3×(50~70)	3×3.0			
18	2.4	1.50				10×2$\frac{1}{2}$″				24	
20	2.6	1.80			2×0.75	10×2$\frac{1}{2}$″	4×(50~70)	4×3.0			
22	2.6	2.00				12×2″					

注:生产厂还有:江苏一环集团公司、无锡通用机械厂。

(5) 外形尺寸:

1) HJX$_1$型斜板(管)沉淀池虹吸式吸泥机外形尺寸见图3-79和表3-72。

HJX$_1$型吸泥机外形尺寸(mm)　　　　　　　表3-72

型号	L	L$_1$	L$_k$	L$_2$	H$_1$	H	型号	L	L$_1$	L$_k$	L$_2$	H$_1$	H
HJX$_1$-4	4000	4600	4200	3200	650	推荐池深4000	HJX$_1$-14	14000	14700	14300	13000	950	推荐池深4000
HJX$_1$-6	6000	6600	6200	5200	650		HJX$_1$-16	16000	16700	16300	15000	1050	
HJX$_1$-8	8000	8700	8300	7100	800		HJX$_1$-18	18000	18700	18300	16800	1500	
HJX$_1$-10	10000	10700	10300	9100	800		HJX$_1$-20	20000	20700	20300	18600	1500	
HJX$_1$-12	12000	12700	12300	11000	900		HJX$_1$-22	22000	22700	22300	20600	1500	

3.4 排泥设备 597

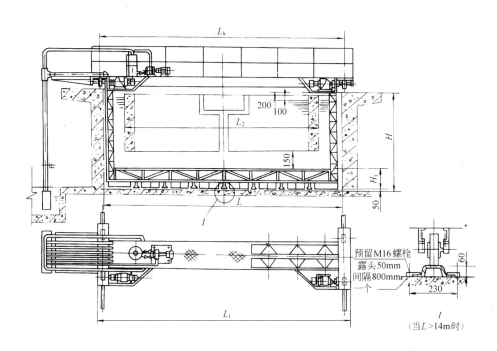

图 3-79 HJX$_1$ 型斜板(管)沉淀池虹吸式吸泥机外形尺寸

2) HJX$_2$ 型虹吸式吸泥机外形尺寸见图 3-80 和表 3-73。

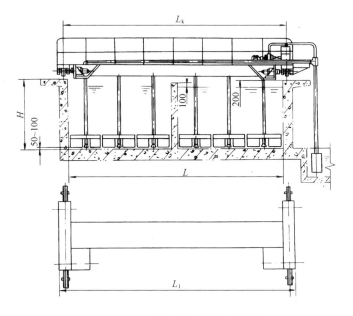

图 3-80 HJX$_2$ 型虹吸式吸泥机外形尺寸

HJX$_2$ 型虹吸式吸泥机外形尺寸(mm) 表 3-73

型号	L	L$_k$	L$_1$	H
HJX$_2$-4	4000	4200	4600	推荐池深 4000
HJX$_2$-6	6000	6200	6600	
HJX$_2$-8	8000	8300	8700	
HJX$_2$-10	10000	10300	10700	
HJX$_2$-12	12000	12300	12700	
HJX$_2$-14	14000	14300	14700	
HJX$_2$-16	16000	16300	16700	
HJX$_2$-18	18000	18300	18700	
HJX$_2$-20	20000	20300	20700	
HJX$_2$-22	22000	22300	22700	

3) HJX$_3$ 型泵吸式吸泥机外形尺寸见图 3-81 和表 3-74。

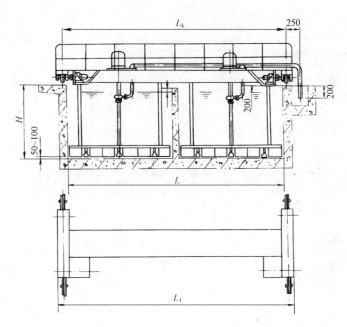

图 3-81 HJX$_3$ 型泵吸式吸泥机外形尺寸

注：本图形仅供示意、参考，可随不同情况加以改变。

HJX$_3$ 型泵吸式吸泥机外形尺寸(mm)　　　　　　　　　　表 3-74

型　号	L	L_k	L_1	H	型　号	L	L_k	L_1	H
HJX$_3$-4	4000	4200	4600	推荐池深 3500	HJX$_3$-14	14000	14300	14700	推荐池深 3500
HJX$_3$-6	6000	6200	6600		HJX$_3$-16	16000	16300	16700	
HJX$_3$-8	8000	8300	8700		HJX$_3$-18	18000	18300	18700	
HJX$_3$-10	10000	10300	10700		HJX$_3$-20	20000	20300	20700	
HJX$_3$-12	12000	12300	12700		HJX$_3$-22	22000	22300	22700	

3.4.3 刮沫（油）机

3.4.3.1 GM 型刮沫机

(1) 适用范围：GM 型刮沫机是为气浮池设计的专用配套设备，作用在于将池中表面气泡浮渣等杂物刮至下游（池端），以便集中处理，也可用于刮集平流沉淀池表面浮油、浮渣等。

(2) 型号意义说明：

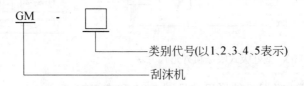

(3) 结构及特点：GM 型刮沫机由行走部分、刮沫耙、升降结构、操纵机构、安全机构等组成。刮沫耙的升降是由电动机、减速机和行程开关组成的电动推杆机构带动升降位置可

在允许范围内调整。操纵机构的主要控制元件均设置在配电柜内,有自动和手动两种操纵方式。为确保刮沫机的正常工作,在车架上和升降机构上均安装有行程开关和极限开关,当出现任何一种超越行程的事故时,会发出警报声和信号,并使有关线路断开。

(4)性能规格及外形尺寸:GM型刮沫机性能规格见表 3-75,外形尺寸见图 3-82。

GM 型刮沫机性能规格 表 3-75

型 号	配气浮池宽度 (m)	轨道中心距 (m)	行走速度 (m/min)	电动机功率 (kW)	生 产 厂
GM-1	1.0	1.23			
	1.5	1.73			
GM-2	2.0	2.23			
	2.5	2.73			
GM-3	3.0	3.23	5.0 或 7.5	1.5	河南省商城县水利机械厂
	3.5	3.73			
GM-4	4.0	4.23			
	4.5	4.73			
GM-5	5.0	5.45			
	5.5	5.95			

注:生产厂还有:唐山清源环保机械集团公司 GM 型,轨距(m):1.73、2.2、2.8、4.6,规格可根据用户要求设计制造。

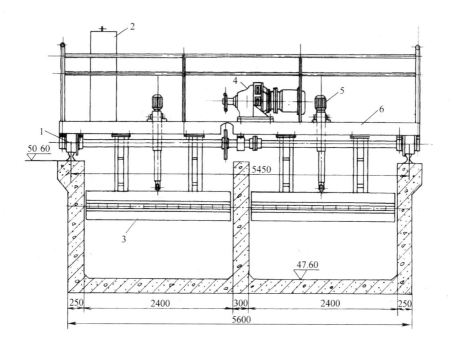

图 3-82 GM 型刮沫机外形尺寸(一)
1—滚轮组;2—操作控制柜;3—刮沫耙;4—电动机;5—传动装置;6—机架

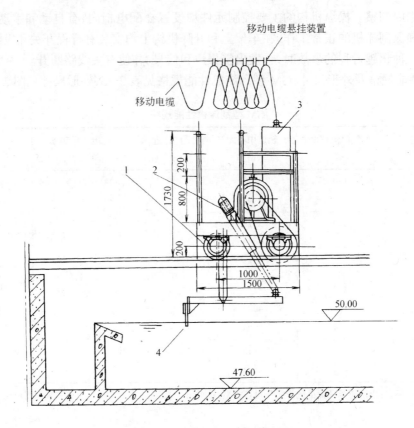

图 3-82 GM 型刮沫机外形尺寸(二)
1—滚轮组；2—升降机构；3—操作控制柜；4—刮沫耙

3.4.3.2 SD 型刮沫机

(1) 适用范围：SD 型刮沫机是气浮池工艺中不可缺少的设备之一，特别是在造纸废水处理中应用尤为广泛。也可用于刮集表面浮油，翻板动作由撞块完成，控制形式可根据用户要求确定。

(2) 性能及外形尺寸：SD 型刮沫机性能见表 3-76，外形见图 3-83。

SD 型刮沫机性能　　　表 3-76

池宽 B 系列尺寸 (m)	行走速度 (m/min)	电动机功率 (kW)	生产厂
1、1.5、2、2.5、3、3.5、4、 4.2、4.4、4.5、5、5.5	5 或 7.4	0.75	扬州天雨给排水设备(集团)有限公司

注：生产厂还有：唐山市通用环保机械有限公司。

3.4.3.3 链条式刮沫机

(1) 适用范围：链条式刮沫机适用于油脂厂、石油化工厂等污水处理。该设备配有清扫器，把聚集的泡沫刮除后集中一端，然后由泡沫清扫器清扫出池或作其他处理。

(2) 结构及特点：链条式刮沫机由电动机、行星摆线针轮减速器及链条传动机构组成。经链传动后，将动力传给池内主动轴上的链轮，通过牵引链带动其他从动轴转动，在牵引链

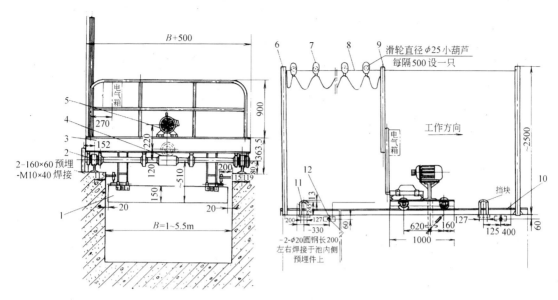

图 3-83 SD 型行车式刮沫机外形尺寸

1—刮渣板；2—滚轮组；3—机架；4—传动装置；5—电动机；6—电缆撑架；7—滑轮小车；8—钢丝绳；9—集电撑杆；
10—车轮挡铁；11—行程开关撞块；12—刮板重锤挡铁

注：1. 轨道铺设参照刮油刮渣机样本。
　　2. 电缆支架，移动电缆，轨道(为11kg/m 轻轨)均由用户自备。

上安装的刮板也随之一起运动，且行程有自动导向系统，达到刮沫的目的。为避免腐蚀，该机特殊部分采用聚四氟乙烯材料，安装完毕，整体传动灵活，无卡阻现象，链条在轨道上运行平稳。

(3) 性能及外形尺寸：链条式刮沫机技术性能见表3-77，外形尺寸见图3-84。

链条式刮沫机技术性能 表 3-77

型号	传动部分				刮板部分				设备总重 (kg)	生产厂
	速比	电动机		总速比	运行速度 (m/min)	刮送长度 (m)	刮板数量 (块)	刮板浸深 (mm)		
		功率 (kW)	转速 (r/min)							
XWED 0.75~63	1225	0.75	1390	2327.5	~1.1	~14.3	5	~43	~3025	北京市华福水处理设备厂

3.4.4 刮油刮泥机

3.4.4.1 GYZ 型行车提耙式刮油刮渣机

(1) 适用范围：GYZ 型刮油刮渣机适用于给排水工程中的平流式沉淀池。它可将沉淀于池底的泥渣刮集到池子进水端的沉渣坑内，以便用抓斗或其他清渣设备定期清除；同时将水面浮油等漂浮物刮集到池子的出水端，以供其他除油设施（如集油管、集油槽、撇油带等）进行除油。

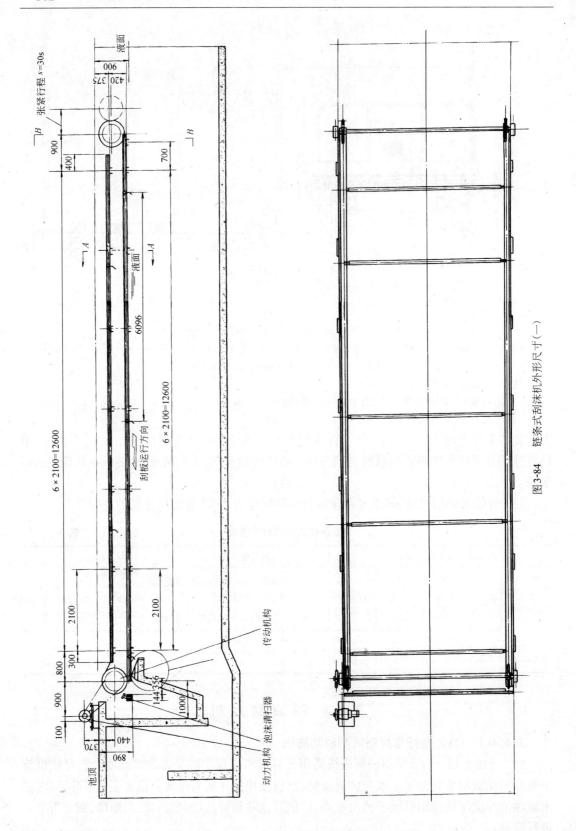

图3-84 链条式刮沫机外形尺寸(一)

3.4 排泥设备

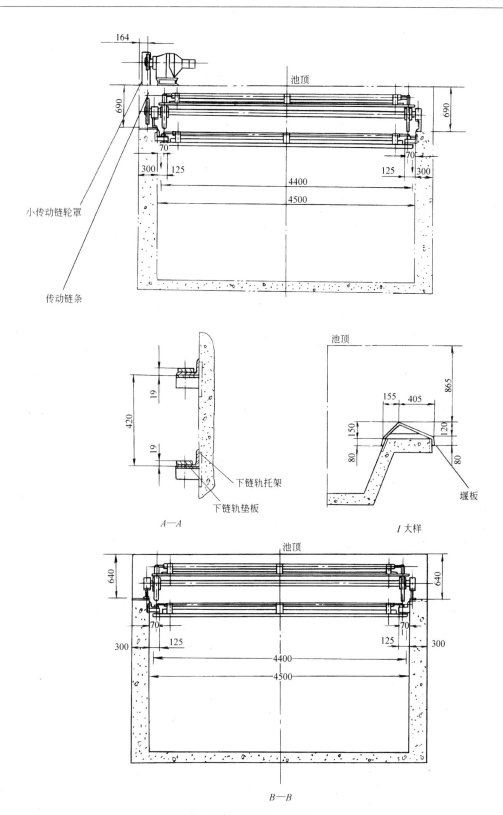

图 3-84 链条式刮沫机外形尺寸(二)

(2) 型号意义说明：

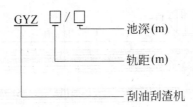

(3) 结构与特点：GYZ 型刮油刮渣机由车体、提落耙电动机、电控柜、输电装置、行走机构、刮渣耙、刮油耙等组成。该机刮渣能力强，特别适用于相对密度大的沉淀物，如氧化铁皮、矿渣等。控制方式分微机控制和继电器控制两种。

(4) 性能：GYZ 型刮油刮渣机性能见表 3-78。

GYZ 型刮油刮渣机性能 表 3-78

型号	跨度(轨距)L_k(m)	沉淀池尺寸(m)			水面至池顶距离(m)	速度(m/min)			最大刮渣量(kg/次)(干渣)	总功率(kW)	轨道型号(kg/m)	生产厂
		宽度	深度	有效长度		刮油	刮渣	渣耙升降				
GYZ-4.2	4.2	4	2.75~3.00	25	0.75	1.3	1.3	2.53	280	2	11	扬州天雨给排水设备(集团)有限公司
GYZ-6.3	6.3	6	3~3.9	45	0.3~1.2	2.8	1.9	0.51	590	8	18	
GYZ-8.3	8.3	8	3.5~4.2	65	1	1.2	1.2	0.51	950	8	24	
GYZ-10.4	10.4	10	4~4.5	65	1	1.2	1.2	0.51	1200	11	24	
GYZ-12.4	12.4	12	4~4.5	65	1	1.2	1.2	0.51	1400	11	24	

(5) 外形及安装尺寸：GYZ 型刮油刮渣机外形尺寸见图 3-85、86 和表 3-79。

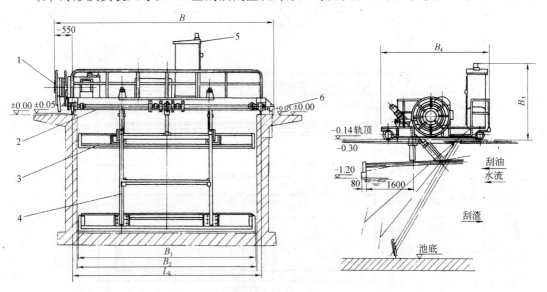

图 3-85 GYZ 型刮油刮渣机外形尺寸
1—输电装置；2—车体；3—刮油耙；4—刮渣耙；5—电控柜；6—行程开关

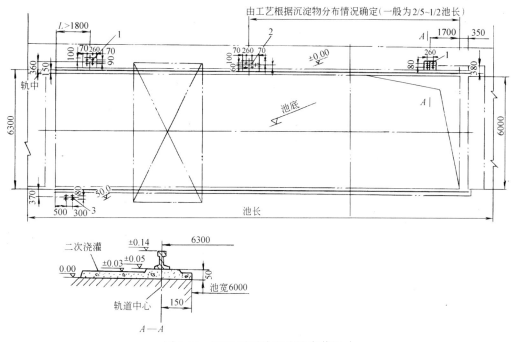

图 3-86 GYZ 型刮油刮渣机安装尺寸

1—M12 地脚螺栓高出基础面 35mm,螺纹长 30mm;2—M12 地脚螺栓高出基础面 55mm,螺纹长 35mm;
3—M12 地脚螺栓高出地平 120mm,螺纹长 50mm

GYZ 型刮油刮渣机外形及安装尺寸(mm) 表 3-79

型 号	B	B_1	B_2	B_3	B_4
GYZ-4.2	4960	3940	4000	2500	3500
GYZ-6.3	7260	5940	6000	2540	3700
GYZ-8.3	9260	7930	8000	2540	3700
GYZ-10.4	11600	9920	10000	2800	4500
GYZ-12.4	13600	11920	12000	2800	4500

3.4.4.2 隔油池链板式刮油刮泥机

(1) 适用范围:链板式刮油刮泥机是用于石化污水处理厂及其他油脂污水处理厂的专用设备。它利用刮板的移动,将隔油池底的油泥及池内液面上的浮油,分别刮送集中到端部,然后由一端通集油管或两端通集油管收集浮油并引导出池,由排泥阀把池底部污泥排出池外。

(2) 结构及特点:链板式刮油刮泥机驱动装置装在隔油池顶盖板上,它由电动机、行星摆线针轮减速器及链传动机构组成。动力由链条传动给隔油池内主动轴上的链轮,通过牵引链带动其他从动轴转动,在牵引链上安装的刮板也随之一起做环向封闭运动,达到刮送隔油池底部油泥和去除液面上浮油的目的。为便于安装和弥补长期运转后传动链和牵引链的磨损而使链节变长,分别装有张紧装置和拉紧装置。本机的主动轴及张紧轴,从动轴的滑动轴承,采用注油润滑,各轴安装后均能用手转动。设备的安装及验收按"BA10-14-1-91 链条式刮油刮泥机安装及验收规程"进行。

(3) 性能及外形尺寸：

1) 4.5m 链板式刮油刮泥机：

① 性能：4.5m 链板式刮油刮泥机性能见表 3-80。

4.5m 隔油池刮油刮泥机性能 表 3-80

隔油池		刮油刮泥机									
长×宽×深 (mm)	池内水深 (mm)	行星摆线针轮减速机	电动机		传动链条	牵引链条	总传动比	刮板			设备总重 (kg)	生产厂
			型号	功率(kW)	转速(r/min)				(长×宽×厚)(mm)	块数×间距	移动速度(m/min)		
22500×4500×3000	2000	XWED-0.75-74 $i=1849$	dⅡ·BT4	0.75	1500	24A-1×80 (GB1243.1-83)	3028 $p×d_1×b_1=200×44×44$	$i_总=i_机×i_链=1849×1.667=3082$	4300×156×45	7×6000	0.61	≈5003	北京市华福水处理设备厂

注：生产厂还有：扬州天雨给排水设备(集团)公司。

② 外形尺寸：4.5m 链板式刮油刮泥机外形尺寸见图 3-87。

③ 集油管及排泥阀：4.5m 链板式刮油刮泥机集油管及排泥阀见图 3-88、89。

2) 其他型刮油刮泥机性能及外形尺寸见表 3-81。

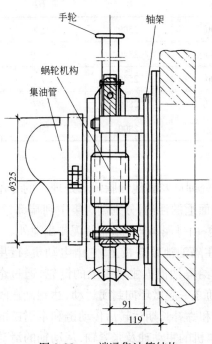

图 3-88 一端通集油管结构

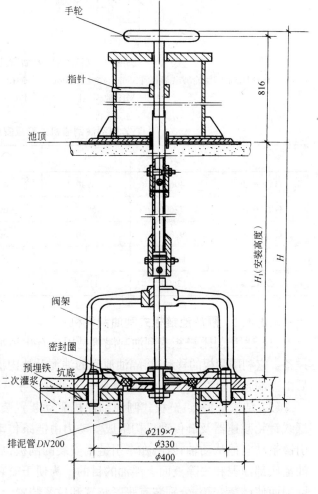

图 3-89 排泥阀结构

2) NZS 型中心传动浓缩机($D \geqslant 14m$)外形及安装尺寸见图 3-91 和表 3-83。

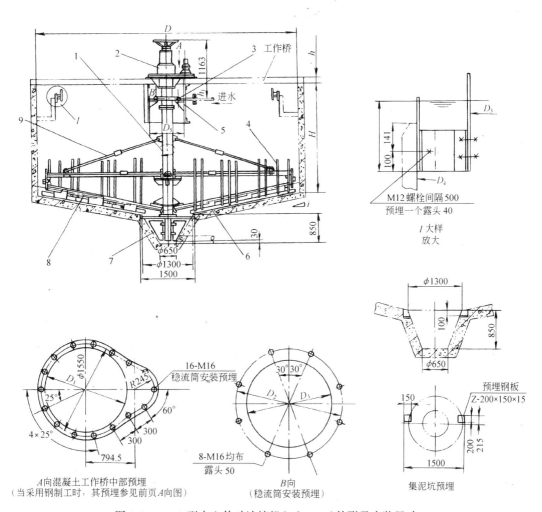

图 3-91 NZS 型中心传动浓缩机($D \geqslant 14m$)外形及安装尺寸
1—轴；2—驱动装置；3—布水管道；4—搅拌架；5—稳流筒；6—刮板；7—底轴承；8—刮臂；9—拉杆

NZS 型中心传动浓缩机($D > 14m$)外形及安装尺寸　　　　表 3-83

型　号	基本参数		基本尺寸 (mm)							池底坡度 i	推荐池深 H (mm)	生产厂
	功率 (kW)	外缘线速度 (m/min)	D	D_1	D_2	D_3	D_4	D_5	h			
NZS$_1$-15	1.5	-2.46	15000	1400	1620	13600	14000	1550	450	1：12	4：50	扬州天雨给排水设备(集团)有限公司
NZS$_1$-16	1.5	-2.62	16000	1400	1670	14600	15000	1600	450			
NZS$_1$-18	1.5	-2.95	18000	1400	1770	16560	17000	1700	474			

3.4.5.2 周边传动式浓缩机

(1) 型号意义说明：

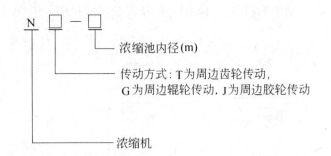

(2) 性能：周边传动式浓缩机性能见表3-84。

周边传动式浓缩机性能 表3-84

型号	浓缩池(m) 直径	浓缩池(m) 深度	沉淀面积 (m^2)	耙架每转时间 (min)	辊轮轨道中心圆直径 (m)	齿条道中心圆直径 (m)	生产能力 (t/24h)	电动机功率(kW) 传动	电动机功率(kW) 提升	重量 (t)	生产厂
NG-15	15	3.5	177	8.4	15.36		390	5.5		9.12	
NT-15	15	3.5	177	8.4	15.36	15.568	390	5.5		11	
NG-18	18	3.5	255	10	18.36		560	5.5		10	
NT-18	18	3.5	255	10	18.36	18.576	560	5.5		12.12	
NG-24	24	3.4	452	12.7	24.36		1000	7.5		24	
NT-24	24	3.4	452	12.7	24.36	24.882	1000	7.5		28.27	
NG-30	30	3.6	707	16	30.36		1570	7.5		26.42	沈阳水处理设备制造总厂
NT-30	30	3.6	707	16	30.36	30.888	1570	7.5		31.3	
NJ-38	38	4.9	1134	10~15			1600	11	7.5	55.26	
NJ-38A	38	4.9	1134	13.4~32			1600	11	7.5	55.72	
NT-38	38	5.06	1134	24.3	38.383	38.383	1600	7.5		59.82	
NT-45	45	5.06	1590	19.3	45.383	45.383	2400	11		58.64	
NT-50	50	5.05	1964	21.7	51.779	52.025	3000	11		65.92	
NT-53	53	5.07	2202	23.18	55.16	55.406	3400	11		69.41	
NT-100	100	5.65	7846	43	100.5	100.768	3030	15		198.08	

(3) 外形尺寸：周边传动式浓缩机外形尺寸见图3-92和表3-85。

$\frac{NG}{NT}$ 15~30型浓缩机外形尺寸(mm) 表3-85

型号	D	D_1	D_2	H	H_1	H_2	H_3	H_4
NG-15	15000	15360		3500	3693	1287	787	1430
NT-15	15000	15360	15568	3500	3679	1301	801	1430
NG-18	18000	18360		3500	3708	1187	787	1430
NT-18	18000	18360	18576	3500	3694	1201	801	1430
NG-24	24000	24360		3400	3742	1550	1183	1475
NT-24	24000	24360	24882	3400	3746	1550	1079	1475
NG-30	30000	30360		3600	3970	1827	1084	1475
NT-30	30000	30360	30888	3600	3975	1827	1080	1475

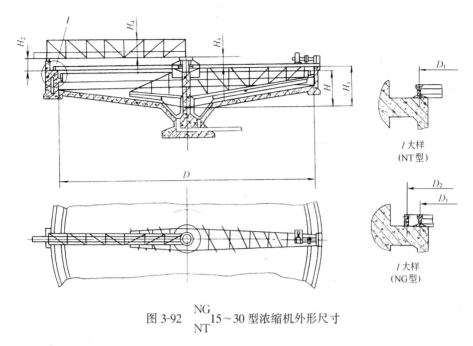

图 3-92 $\dfrac{NG}{NT}$ 15~30 型浓缩机外形尺寸

3.4.5.3 高效浓缩机

(1) 适用范围：高效浓缩机通过投加絮凝剂来增加水中悬浮物的沉降速度，加上完善的自控系统，达到高效的目的。

(2) 结构及特点：与普通浓缩机相比，该高效浓缩机中部增设了混合筒，可使絮凝剂与水中悬浮物充分接触，更易沉降，因而占地面积小，底流浓度高，池体深度大，沉淀层厚，能够起到压缩和过滤作用，可用于处理浓度低、不易沉淀的悬浮液，使其固相流失减少。

(3) 型号意义说明：

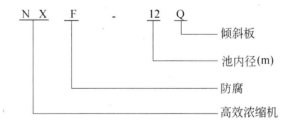

(4) 性能及外形尺寸：高效浓缩机性能见表 3-86，NX-12 型外形尺寸见图 3-93。

高效浓缩机性能　　　　表 3-86

型号	浓缩池 直径(m)	浓缩池 深度(m)	刮泥机 转速(r/min)	刮泥机 功率(kW)	提耙装置 提耙高度(m)	提耙装置 功率(kW)	搅拌器 转速(r/min)	搅拌器 功率(kW)	重量(t)	生产厂
NX-3	3.6	2.28	0.5	2.2	0.25	0.8	8-40	2.2	7.98	沈阳水处理设备制造总厂
NX-6	6	2.74	0.5	2.2	0.25	0.8	8-40	2.2	15.8	
NX-9	9	3.23	0.33	4	0.35	0.8	8-40	2.2	13.7	

续表

型号	浓缩池 直径(m)	浓缩池 深度(m)	刮泥机 转速(r/min)	刮泥机 功率(kW)	提耙装置 提耙高度(m)	提耙装置 功率(kW)	搅拌器 转速(r/min)	搅拌器 功率(kW)	重量(t)	生产厂
NX-12	12	3.84	0.33	4	0.35	0.8	8-40	2.2	34.3	沈阳水处理设备制造总厂
NX-15	15	4.46	0.12	5.5	0.35	1.1	8-40	3	16.8	
NX-18	18	6.5	0.09	7.5	0.4	1.1	8-40	3	19.0	
NX-20	20	7.31	0.09	7.5	0.4	1.1	8-40	3	21.5	
NX-24	24	7.85	0.073	7.5	0.4	1.1	8-40	3	23.3	

注：NX-12 池内有导流板、重量大。导流板安装与否，可视具体情况决定。

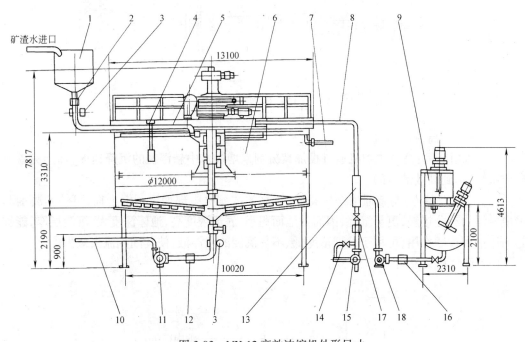

图 3-93 NX-12 高效浓缩机外形尺寸

1—排气筒；2—流量计；3—密度计；4—界面计；5—进水管道系统；6—浓缩机；7—溢流水管道系统；8—加药管道系统；9—药剂制备搅拌贮槽；10—排渣管道系统；11—矿砂泵（变频调速）；12—流量计；13—药水混合器；14—补水回路阀门；15—补水泵；16—流量计；17—旋启式止回阀；18—加药泵（变频调速）

3.4.6 LCS 型链条式除砂机

(1) 适用范围：LCS 型链条除砂机用于水处理厂沉砂池或曝气沉砂池去除沉砂。

(2) 型号意义说明：

(3) 结构及特点：LCS型链条除砂机由传动装置、传动支架、导砂槽、导砂筒、框架及导轨、链条及刮框、链轮、张紧装置、从动链轮等组成。结构简单，排出的砂接近于干砂。

(4) 性能：LCS型链条除砂机性能见表3-87。

LCS型链条除砂机性能 表3-87

型号	集砂槽净宽(mm)	刮板线速(m/min)	功率(kW)	排砂能力(m^3/h)	重量(kg)	生产厂
LCS-600	600	3	0.37	2.0		扬州天雨给排水设备(集团)有限公司
LCS-1200	1200		0.75	4.5		

(5) 外形及安装尺寸：LCS型链条除砂机外形及安装尺寸见图3-94和表3-88、89。

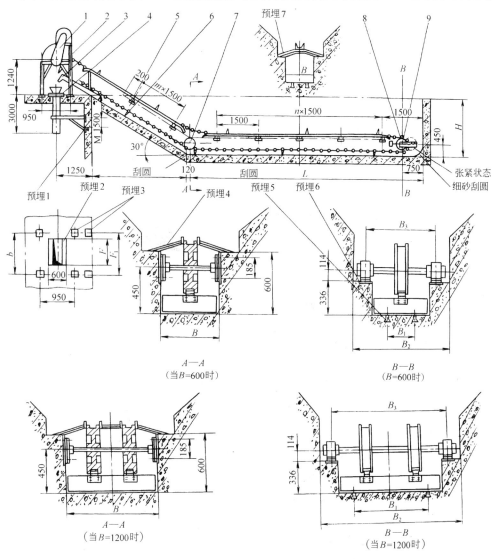

图3-94 LCS型链条除砂机外形及安装尺寸
1—传动装置；2—传动支架；3—导砂槽；4—导砂筒；5—框架及导轨；6—链条及刮框；7—惰轮；
8—张紧装置；9—从动链轮

LCS 型链条除砂机外形及安装尺寸(mm)　　　　表 3-88

型　号	B	F	H	b	L	M	B_1	B_2	B_3	F_1
LCS-600	600	700	≤5000	750	≤10000	315	300	1000	720	675
LCS-1200	1200	1400		1530	≤15000	600	900	1600	1320	1275

LCS 型链条除砂机预埋件(mm)　　　　表 3-89

预埋件号 型　号	1	2	3	4	5	6
LCS-600	800×150×10 上下共 2 块	700×100×10 共 2 块	150×150×12 共计 6 块	300×300×12 共计 2 块	970×150×12 共计 2 块	100×100×10 共计 2($m+n$ +2)块
LCS-1200	800×150×10 上下共 2 块	1300×100×10 共计 2 块	150×150×12 共计 6 块	350×350×12 共计 2 块	970×150×12 共计 2 块	150×150×10 共计 2($m+n$ +2)块

3.5 污泥脱水设备

3.5.1 离心脱水机

3.5.1.1 LWD430W 型卧螺离心式污泥脱水机组

(1) 适用范围：LWD430W 型卧螺离心式污泥脱水机组是在消化吸收国外先进技术的基础上研制成功的新产品。用于城市污水处理厂中剩余污泥的脱水。经建设部给水排水设备产品质量监督检验中心检测，其主机各项性能指标在国内处于领先地位，并已接近和部分达到国外同类机型水平，可替代进口同类产品。

(2) 型号意义说明：

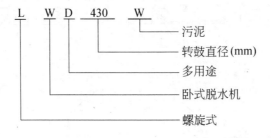

(3) 结构与特点：LWD430W 型卧螺离心式污泥脱水机组是包括主机和辅助设备在内的一整套机组。主机为 LWD430W 型卧螺离心脱水机，机组为全封闭结构，无泄漏，可 24h 连续运行，生产现场整洁。主机结构特点为：

1) 采用较大长径比，延长了物料的停留时间，提高了固形物的去除率。

2) 采用独特的螺旋结构，增强了螺旋对泥饼的挤压力度，提高了泥饼的含固率。

3) 采用先进的动平衡技术，使空载振动烈度仅为 2.8mm/s，负载振动烈度仅为 4.5mm/s，远低于 JB/T4335-91 的 7.2mm/s 和 11.2mm/s 的标准。

4) 采用独特的差转速调节技术，增大了螺旋卸料扭矩和负载能力。

5) 螺旋叶片等易磨损部位采用硬质合金材料,确保设备经久耐用。

整套机组采用先进的自动化集成控制技术,转速和差转速无级可调,污泥进料泵和加药泵的流量变频控制无级可调,具有安全保护和自动报警装置,运行稳定可靠,操作方便。

(4) 机组工艺流程:LWD430W型卧螺离心式污泥脱水机组工艺流程见图 3-95。

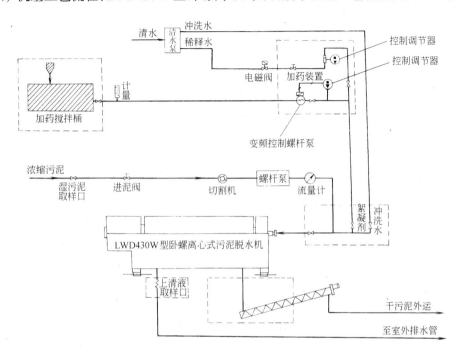

图 3-95 LWD430W型卧螺离心式污泥脱水机组工艺流程

(5) 性能:LWD430W型卧螺离心式污泥脱水机组技术数据见表 3-90。

LWD430W型卧螺离心式污泥脱水机组技术数据 表 3-90

主机		辅机			机组运行效果		生产厂
项目	参数	名称	规格(m³/h)	功率(kW)	项目	参数	
处理能力(m³/h)	10~18	污泥切割机	20	5.5	进泥量(m³/h)	10~12	
转鼓直径(mm)	430	污泥进料泵	0~18(0.4MPa)	5.5	进泥含固率(%)	约3.37	
长径比	4:1	污泥计量泵	0~20		泥饼含固率(%)	20~24	
转鼓转速(r/min)	0~3200	絮凝剂投配系统	0.2~2.4 (kg/h 干粉)		清液含固率(%)	≤0.2	中国人民解放军第四八一九工厂(海申机电总厂)
分离因数(g)	2466 (max)	加药泵	0~0.6	0.5	固体回收率(%)	95~98	
差转速(r/min)	2~16	螺旋输送机	3.5	3.0	加药量(‰)	2.0~2.6	
螺旋扭矩(N·m)	10000				泥饼产量(m³/h)	约1.3	
电动机 型号	Y200L-4				转速(r/min)	2040±20	
电动机 功率(kW)	30						

注:1. 污泥为初沉池和二沉池的混合污泥,有机物含量65%左右。
  2. 加药量为干粉与干泥之比,絮凝剂品种为英联胶 zetag50。

(6) 外形及安装尺寸:

1) 主机:LWD430W型卧螺离心式污泥脱水机外形及安装尺寸见图 3-96。

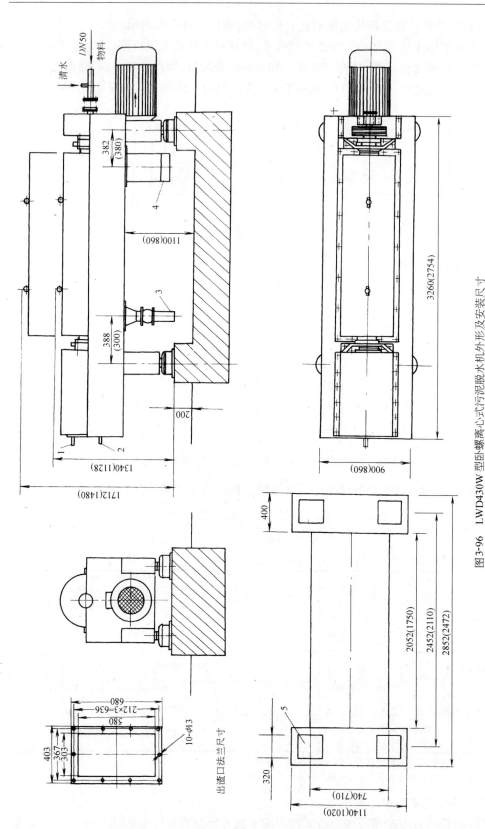

图3-96 LWD430W型卧螺离心式污泥脱水机外形及安装尺寸

1—冷却水出口($DN15$);2—冷却水进口($DN15$);3—出液口($DN125$);4—出渣口;5—预埋件(见机房平面基础尺寸图)

注:括号内数据为LWD350W型尺寸。

2) 辅机:污泥切割机外形及安装尺寸见图 3-97。

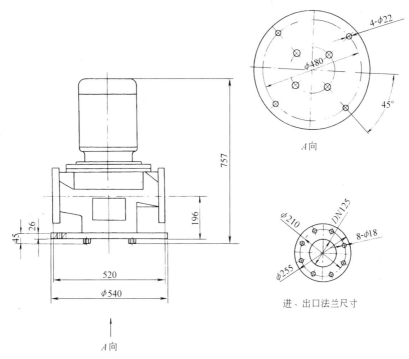

图 3-97 污泥切割机外形及安装尺寸

3) 辅机:进料泵(螺杆泵)外形及安装尺寸见图 3-98。

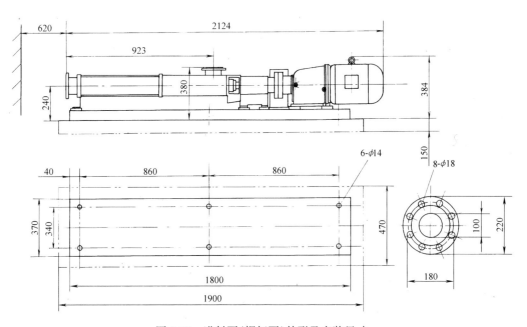

图 3-98 进料泵(螺杆泵)外形及安装尺寸

4) 切割机、进料泵及管路安装示意见图 3-99。

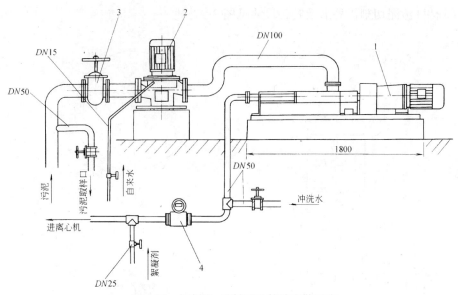

图 3-99 切割机、进料泵及管路安装示意
1—进料泵；2—切割机；3—DN125 闸阀；4—流量计
注：切割机与进料泵、进料泵与离心机之间均经变径管过渡。

5）辅机：螺旋输送机外形及安装尺寸见图 3-100。

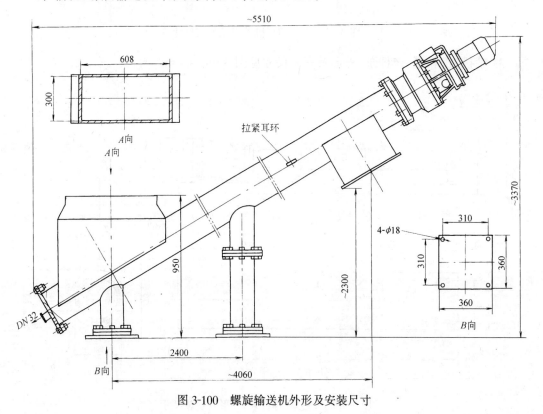

图 3-100 螺旋输送机外形及安装尺寸

6) 配套设施:加药装置示意见图3-101。

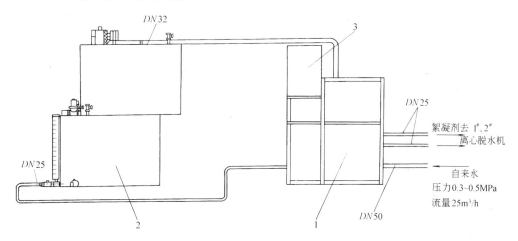

图 3-101 加药装置示意
1—加药装置;2—搅拌装置;3—电器控制柜;
注:贮罐容积 2×1.5m³,可供 2 台脱水机使用。

7) LWD430W 型脱水机机房平面基础尺寸见图 3-102。

3.5.1.2 日本高效率离心脱水机

(1) 适用范围:日本高效率离心脱水机适用于城市污水处理厂及工业废水处理中剩余污泥的脱水工艺。若配合投加高分子絮凝剂,则脱水效果更佳。

(2) 工作原理:日本高效率离心脱水机工作原理示意见图 3-103。与通常的离心脱水机相比,该机增加了特殊的压紧装置,是当前脱水功能的最新技术。其离心压紧工作原理是以离心场的水头为基础产生压紧力。因此,污泥层越高,压紧力越大;越是下层的污泥,所含水分就越少。所以,应尽可能从下层移去污泥。根据以上原理,该机特别加强了促进压紧和从离心转筒壁面附近排出低水分污泥结构设计示意见图 3-104。通过如图 3-105 所示的结构和功能来达到降低污泥中含水率的目的。

(3) 结构及特点:高效率离心脱水机主体是一个用两个轴承固定于机体上的旋转体(转筒、螺旋机)。附件有电动机、差速装置、减速机、驱动装置、架台、机壳、润滑装置、安全装置等。其中安全装置在检查出异常情况后,即可发出警报,以确保设备的安全运行。

(4) 性能及外形尺寸:高效率离心脱水机性能及外形尺寸见表 3-91 和图 3-106。

(5) 处理效果:根据 A、B、C、D、E、F 六个处理厂高效率离心脱水机运行情况汇总处理效果见表 3-92。

3.5.2 板框及厢式压滤机

3.5.2.1 板框压滤机

(1) 适用范围:板框压滤机是间歇操作的过滤设备,广泛用于制糖、制药、化工、染料、冶金、洗煤、食品和污水处理等工业部门,以过滤形式进行固体与液体的分离。它是对物料适应性较广的一种中、小型分离机械设备。

(2) 型号意义说明:

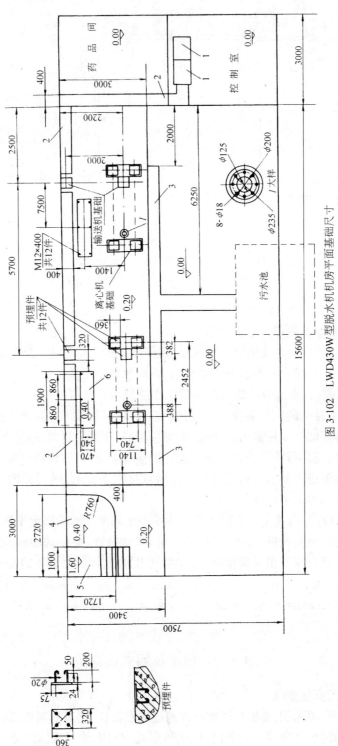

图 3-102 LWD430W 型脱水机机房平面基础尺寸
1—离心机电气控制柜；2—管沟；3—排水沟；4—加药柜位置；5—加药操纵台位置；6—进料泵基础

3.5 污泥脱水设备

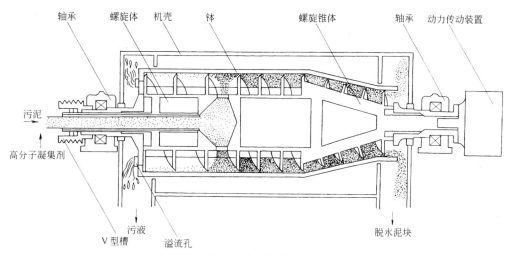

图 3-103 高效率离心脱水机工作原理示意

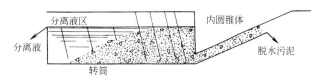

图 3-104 加强压紧低水分排泥结构设计示意

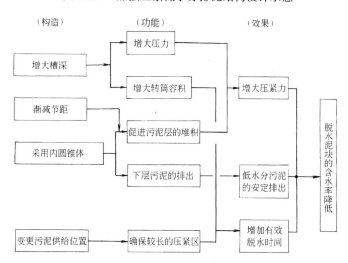

图 3-105 新采用构造的功能和效果的关系

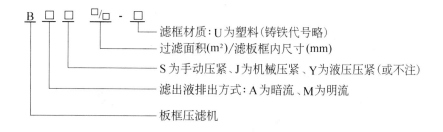

高效率离心脱水机性能及外形尺寸　　　　　表 3-91

型号	标准处理量 (m³/h)	离心力 (kN)	转速 (r/min)	电动机功率 (kW)	重量 (kg)	外形尺寸(mm)			生产厂
						A	B	C	
CA205	6			15～22	3200	1000	3400	2200	
CA206	10			22～30	4000	1000	3600	2500	
CA307	15			30～45	5300	1100	4500	2900	日本月岛机械股份有限公司
CA309	20	15～25	3～20	45～55	6600	1100	5100	2900	
CA409	30			75～90	8000	1400	5300	3000	
CA501	40			90～110	9500	1500	5800	3000	
CA601	50			110～132	16400	1600	7200	3600	
CA606	80			150～180	22000	1900	7800	3900	

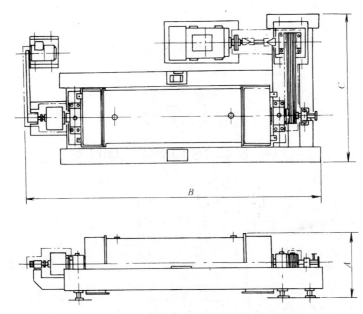

图 3-106　高效率离心脱水机外形尺寸

高效率离心脱水机处理效果　　　　　表 3-92

处理厂代号	污泥性状			离心力 (kN)	脱水性能				脱水泥块含水率 (%)
	浓度 (%)	有机物 (%)	pH		处理量 (m³/h)	高分子凝集剂注入率 (%)	挤压带状物含水率 (%)	SS回收率 (%)	
A	4.5	74	5.6	20	6	0.5	74.8	>95	—
B	3.4	66	5.4	20	6	0.7	75.9	>95	79.3
C	2.7	70	6.2	20	6	0.7	72.5	>95	76.3
D	1.4	80	4.9	20	6	0.4	79.5	>95	—
E	3.3	55	7.6	20	6	1.0	75.1	>95	—
F	2.0	50	7.7	20	6	1.1	76.6	>95	78.4

(3) 工作原理及特点：板框压滤机过滤室由滤板和滤框组成，在压力的推动下悬浮液进入过滤室并通过滤板和滤框压紧面间的滤布纤维间隙，流到滤板花纹表面上，汇集后流出机外，固体留在滤框内形成滤饼。压滤机按其滤液排出机外方式分明流和暗流两种；按压紧方

式分手动和机械两种；按滤机、滤框材质分铸铁和塑料两种。

(4) 性能规格：BAS 型板框压滤机性能规格见表 3-93，$B_M^A Y \square /870\text{-}U$ 和 $B_M^A S \square_{650}^{310}/420\text{-}U$ 型过滤机性能规格见表 3-94。

BAS 型板框压滤机性能规格 表 3-93

型号	过滤面积 (m^2)	板内尺寸 (mm)	板外尺寸 (mm)	滤饼厚度 (mm)	框数 (块)	板数 (块)	有效容积 (L)	工作压力 (MPa)	电动机功率 (kW)	重量 (kg)	外形尺寸 (长×宽×高) (mm)			生产厂
BAS2/320	2	320×320	375×375	25	10	9	25	1		475	1495	650	600	吉林市第一机械厂、无锡通用机械厂
BAS2/320-U			370×370		10	10	25			400				
BAS4/320	4		375×375		20	19	50			650	1945	650	600	
BAS4/320-U			370×370							500				
BAS6/320	6		375×375		30	29	75			825	2395	650	600	
BAS6/320-U			370×370							600				
BAS8/450	8	450×450	500×500		20	19	100			1555	2520	650	600	
BAS8/450-U										1355	2520	1150	875	
BAS8/450	12				30	29	150			1955	2990	1150	875	
BAS12/450-U										1655				
BAS16/450	16				40	39	200			2355	3460	1150	875	
BAS16/450-U										1955				

$B_M^A Y \square /870\text{-}U$、$B_M^A S \square_{650}^{310}/420\text{-}U$ 型过滤机性能规格、外形及安装基础尺寸 表 3-94

型号	滤饼厚度 (mm)	板框数 (板/框) (块)	过滤面积 (m^2)	滤室容积 (m^3)	整机重量 (kg)	地基尺寸 A (mm)	整机长度 C (mm)	外形及安装基础尺寸 (mm)					管口直径 (mm)	法兰配合尺寸	生产厂
								B	D	H	E	F			
$B_M^A Y10/870\text{-}U$	30	8/9	10	0.151	1996	2280	2234								杭州兴源过滤机有限公司、无锡通用机械厂
$B_M^A Y15/870\text{-}U$		13/14	15	0.235	2117	2520	2474								
$B_M^A Y20/870\text{-}U$		17/18	20	0.302	2214	2760	2714								
$B_M^A Y30/870\text{-}U$		26/27	30	0.454	2433	3300	3254								
$B_M^A Y40/870\text{-}U$		35/36	40	0.605	2653	3840	3794								
$B_M^A Y50/870\text{-}U$		44/45	50	0.756	2873	4380	4334								
$B_M^A Y60/870\text{-}U$		54/55	60	0.924	3110	4920	4874								
$B_M^A Y70/870\text{-}U$		63/64	70	1.075	3403	5460	5414								
$B_M^A Y80/870\text{-}U$		72/73	80	1.226	3630	6000	5954								
$B_M^A Y90/870\text{-}U$		81/82	90	1.378	3901	6540	6494								
$B_M^A Y100/870\text{-}U$		90/91	100	1.529	4138	7080	7034								
$B_M^A S1/310\text{-}U$	30	9/10	1	0.0145	190	1365	1300	460	240	205	260	170	25	螺距 $\phi 50$ 3-M8	杭州兴源过滤机有限公司、无锡通用机械厂
$B_M^A S2/310\text{-}U$		19/20	2	0.029	260	1715	2500								
$B_M^A S3/420\text{-}U$		15/16	3	0.049	440	1710	1860	650	430	420	360	180	25	螺距 $\phi 60$ 4-M8	
$B_M^A S4/420\text{-}U$		19/20	4	0.061	600	2010	2100								
$B_M^A S6/420\text{-}U$		29/30	6	0.092	700	2610	2700								
$B_M^A S10/650\text{-}U$		19/20	10	0.161	1220	2060	2330	880	600	420	560	350	37	螺距 $\phi 76$ 4-MB	
$B_M^A S15/650\text{-}U$		29/30	15	0.242	1400	2600	2780								
$B_M^A S20/650\text{-}U$		39/40	20	0.322	1600	3140	3380								

(5) 外形及安装尺寸：

1) BAS $\frac{2}{4}/320$ 型板框压滤机外形及安装基础见图 3-107、108。

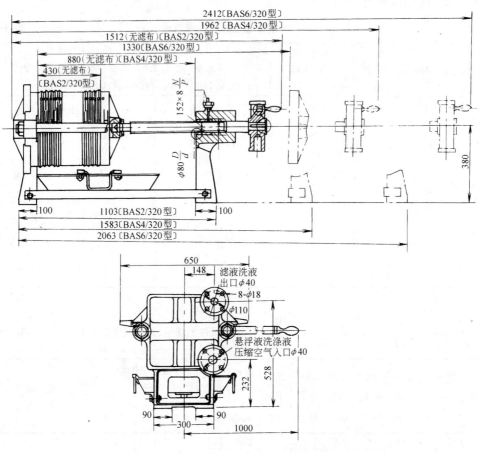

图 3-107　BAS $\frac{2}{4}/320$ 型板框压滤机外形尺寸

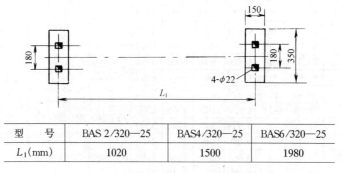

型　号	BAS 2/320—25	BAS4/320—25	BAS6/320—25
L_1(mm)	1020	1500	1980

图 3-108　BAS $\frac{2}{4}/320$ 型板框压滤机安装基础尺寸

3.5 污泥脱水设备

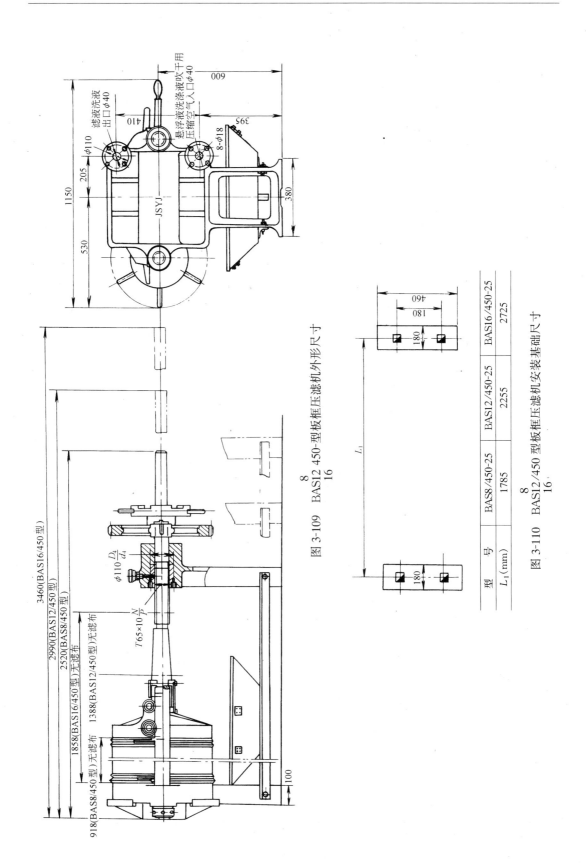

图 3-109 BAS12 450-型板框压滤机外形尺寸 $\frac{8}{16}$

图 3-110 BAS12/450 型板框压滤机安装基础尺寸 $\frac{8}{16}$

2) BAS 12/450 型板框压滤机外形尺寸见图 3-109,安装基础尺寸见图 3-110。

3) $B_M^A Y \square_{16}^{8} /870$-U 型过滤机外形及安装基础尺寸见图 3-111。

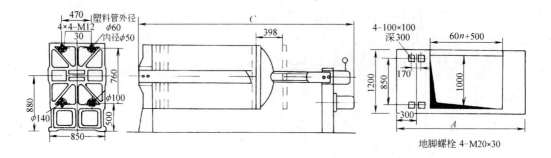

图 3-111　$B_M^A Y \square /870$-U 型过滤机外形及安装基础尺寸

4) $B_M^A S \square_{650}^{310} /420$-U 型过滤机外形及安装基础见图 3-112。

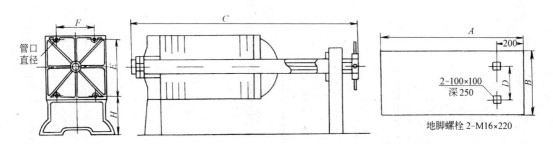

图 3-112　$B_M^A S \square_{650}^{310} /420$-U 型过滤机外形及安装基础尺寸

3.5.2.2　厢式压滤机

(1) 适用范围:厢式压滤机适用于制糖、制药、化工、冶金、环保和污水处理等行业。以滤布为过滤介质进行固液分离。

(2) 型号意义说明:

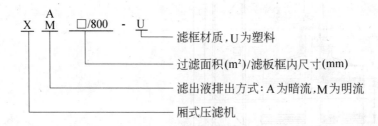

(3) 结构与特点:滤板采用获得专利的增强聚丙烯模压而成,强度高、重量轻。机架为灰口铸铁,主梁为槽钢。采用液压装置作为压紧、松开滤板的动力机构,最大压紧力

24MPa,锁母机械保压,最大过滤压力 1MPa。

（4）性能规格、外形及安装基础尺寸：$X_M^A\square/800$-U 厢式压滤机性能规格、外形及安装基础尺寸见表 3-95 和图 3-113。

$X_M^A\square/800$-U 厢式压滤机性能规格外形及安装基础尺寸　　　　表 3-95

型号	滤饼厚度 (mm)	滤板数 (块)	过滤面积 (m^2)	滤室容积 (m^3)	整机重量 (kg)	地基尺寸 A (mm)	整机长度 C (mm)	生产厂
X_M^A10/800-U	32	10	10	0.157	2100	2560	2260	
X_M^A15/800-U	32	15	15	0.235	2200	2860	2500	
X_M^A20/800-U	32	20	20	0.313	2400	3160	2860	
X_M^A25/800-U	32	25	25	0.391	2500	3460	3100	
X_M^A30/800-U	32	30	30	0.470	2700	3760	3460	杭州兴源过滤机有限公司、无锡通用机械厂
X_M^A40/800-U	32	40	40	0.626	3000	4360	4060	
X_M^A50/800-U	32	50	50	0.798	3300	4960	4660	
X_M^A60/800-U	32	60	60	0.955	3500	5560	5260	
X_M^A70/800-U	32	70	70	1.111	3900	6160	5860	
X_M^A80/800-U	32	80	80	1.268	4200	6760	6460	
X_M^A90/800-U	32	90	90	1.425	4400	7360	7060	
X_M^A100/800-U	32	100	100	1.597	4800	7960	7660	

注：该机为液压压紧,自动保压。

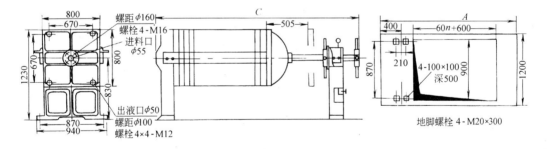

图 3-113　$X_M^A\square/800$-U 厢式压滤机外形及安装基础尺寸

注：n 为滤板数量。

3.5.2.3　自动板框压滤机

（1）适用范围：自动板框压滤机是间歇操作的加压过滤设备用于给水排水、环境保护、化工、轻工等行业各类悬浮液分离。特别对污水污泥的脱水处理具有显著成效。它能够过滤固相粒径为 5μm 以上的悬浮液,及固相浓度为 0.1%～60% 的物料,可将含水率从 97%～98% 降到 70%,而且还能过滤粘度大或成胶状难过滤的物料,经脱水后可压缩成块状固体—滤饼,使体积缩小到脱水前的 1/15。

(2) 型号意义:

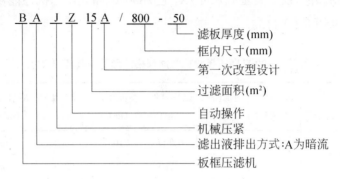

(3) 性能规格及外形尺寸:BAJZ 型自动板框压滤机性能规格见表 3-96,外形尺寸见图 3-114,安装基础见图 3-115。

BAJZ 型自动板框压滤机性能规格   表 3-96

型号	过滤面积 (m^2)	滤室容积 (L)	框内尺寸 (mm)	滤框厚度 (mm)	滤板数	滤框数	滤室厚度 (mm)	滤布规格 (m)	过滤压力 (MPa)	电动机功率 (kW)	重量 (kg)	生产厂
BAJZ15A/800-50	15	300	800×800	50	13	12	20	36×0.93	≤0.6	7.5	7500	无锡通用机械厂
BAJZ20A/800-50	20	400			17	16		45×0.93			8900	
BAJZ30A/1000-60	30	750	1000×1000	60	16	15	25	51×1.13		11	1000	

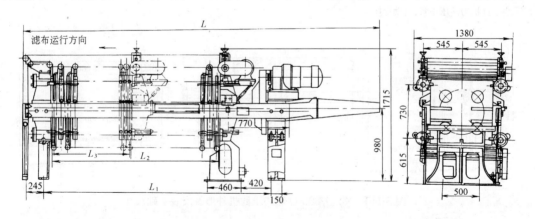

型号	L(mm)	L_1(mm)	L_2(mm)	L_3(mm)
BAJZ15A/800-50	4945	3180	2352	1148
BAJZ20A/800-50	6055	3940	3112	1517

图 3-114 BAJZ 型自动板框压滤机外形尺寸

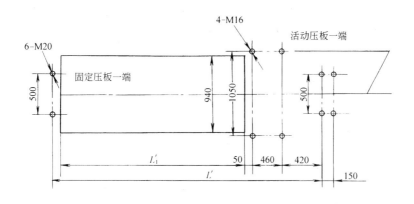

型　　号	L'(mm)	L'_1(mm)
BAJZ15A/800—50	3180	2160
BAJZ20A/800—50	3940	2920

图 3-115　BAJZ 型自动板框压滤机安装基础尺寸

3.5.2.4　厢式自动压滤机

(1) 适用范围：厢式自动压滤机同厢式压滤机。

(2) 型号意义说明：

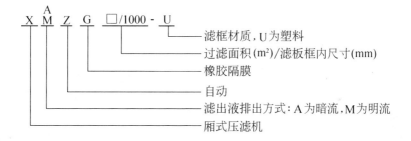

(3) 结构及特点：厢式自动压滤机过滤机构由滤板、压缩板、橡胶隔膜等组成。滤板采用增强聚丙烯模压而成，强度高、重量轻。机架全部为高强度的钢焊接件，采用液压装置作为压紧、松动滤板的动力机构，最大压紧力 25MPa，并用电接点压力表自动保压。过滤压力最大 1MPa 或 0.6MPa。用电气系统控制自动拉板，通过控制板上的按钮，实现所需动作，其中配有多种安全装置，确保操作人员安全。

(4) 性能、外形及安装基础尺寸：

1) $X^A_M Z\square/1000\text{-}U$ 系列压滤机性能、规格外形及安装基础尺寸见表 3-97 和图 3-116。

2) $X^A_M ZG\square/1000\text{-}U$ 系列压滤机性能规格、外形及安装基础尺寸见表 3-98 和图 3-117。

$X_M^A Z\square/1000$-U 系列过滤机性能规格、外形及安装基础尺寸　　　表 3-97

型　号	滤饼厚度 (mm)	滤板数 (块)	过滤面积 (m^2)	滤室容积 (m^3)	整机重量 (kg)	地基尺寸 A(mm)	整机长度 C(mm)	生产厂
X_M^A Z60/1000-U	30	37	60	0.923	5360	3755	4980	杭州兴源过滤机有限公司 无锡通用机械厂
X_M^A Z80/1000-U	30	49	80	1.215	6180	4475	5700	
X_M^A Z100/1000-U	30	61	100	1.507	6900	5195	6420	
X_M^A Z120/1000-U	30	73	120	1.798	7640	5915	7140	
X_M^A Z140/1000-U	30	85	140	2.090	8440	6635	7860	
X_M^A Z160/1000-U	30	97	160	2.381	9090	7355	8580	

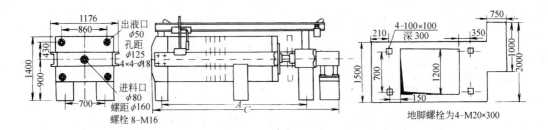

图 3-116　$X_M^A Z\square/1000$-U 系列过滤机外形及安装基础尺寸

$X_M^A ZG\square/1000$-U 系列过滤机性能规格、外形及安装基础尺寸　　　表 3-98

型　号	滤饼厚度 (mm)	滤板数/压榨板数 (块)	过滤面积 (m^2)	滤室容积 (m^3)	整机重量 (kg)	地基尺寸 A(mm)	整机长度 C(mm)	生产厂
X_M^A ZG60/1000-U	30	18/19	60	0.932	5360	3827	5120	杭州兴源过滤机有限公司、无锡通用机械厂
X_M^A ZG80/1000-U	30	24/25	80	1.215	6180	4547	5890	
X_M^A ZG100/1000-U	30	30/31	100	1.507	6900	5267	6660	
X_M^A ZG120/1000-U	30	36/37	120	1.798	7640	5987	7070	
X_M^A ZG140/1000-U	30	42/43	140	2.090	8440	6707	8190	
X_M^A ZG160/1000-U	30	48/49	160	2.381	9090	7427	8960	

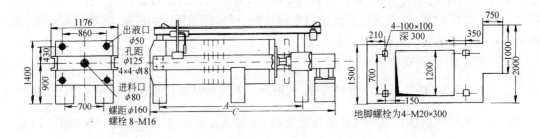

图 3-117　$X_M^A ZG\square/1000$-U 系列过滤机外形及安装基础尺寸

3.5.3 带式压榨过滤机

(1) 适用范围：带式压榨过滤机是一种高效固液分离设备。经过絮凝的污泥、通过重力脱水区脱去大量水分后，再进入低压、高压脱水区，通过辊系间的变向弯曲和滤带张力作用，污泥受到反复挤压、并产生剪切力，使污泥颗粒产生相对位移，从而分离污泥中的游离水和毛细水。脱水后的污泥形成滤饼排出机外，滤液与洗涤液汇集于主机底部排出。该机适于煤炭、冶金、化工、医药、轻纺、造纸和城市下水等各行业污水的处理。其特点脱水效率高，处理能力大，连续过滤，性能稳定，操作简单，体积小，重量轻，节约能源，占地面积小。

(2) 型号意义说明：

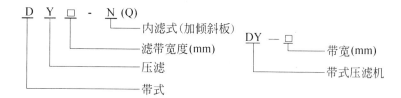

(3) 性能规格：DY□-N 型带式压榨过滤机性能规格见表 3-99，DY 型带式压榨过滤机性能规格见表 3-100，DYQ 型带式压榨过滤机性能规格见表 3-101，YDP 和 CPF 型带式压滤机性能规格见表 3-102。

DY□-N 型带式压榨过滤机性能规格　　　　表 3-99

型号	滤带宽度(mm)	处理能力(t/h)	重力滤面(m^2)	压榨滤面(m^2)	电动机功率(kW)	滤带速度(m/min)	洗涤水压(MPa)	重量(kg)	外形尺寸(mm)			生产厂
									长	宽	高	
DY500-N	500		1.95	2.5	1.1	0.7~5.0		70.5	2980	850	1980	无锡通用机械厂
DY1000-N	1000		3.90	5.0	1.1				2980	1392	1980	
DY2000-N	2000		7.8	10	2.2				2980	2490	1980	
DY3000-N	3000		10.7	15	3.0				2980	3326	1980	

DY 型带式压榨过滤机性能规格　　　　表 3-100

型号	滤带宽度 B (mm)	压滤面积 (m^2)	重滤面积 (m^2)	电动机功率 (kW)	冲洗水压力 (MPa)	工作压力(MPa)			污泥含水率 (%)	泥饼含水率 (%)	重量 (kg)	生产厂
						上张紧气缸	下张紧气缸	纠偏气缸				
DY-1000	1000	3.2	4	1.5	0.35~0.5	0.45~0.8	0.45~0.8	0.45~0.8	95~98	60~80		扬州天雨给排水(集团)公司
DY-1500	1500	4.8	6	2.2								
DY-2000	2000	6.4	8	4								
DY-2500	2500	8	10	5.5								
DY-3000	3000	9.4	12	7.5								

表 3-101 DYQ 型带式压榨过滤机性能规格

型号	滤网有效宽(mm)	滤网速度(m/min)	电动机型号	电动机功率(kW)	控制器型号	最大冲洗水量(m³/h)	冲洗水压力(MPa)	气动部分输入压力(MPa)	气动部分流量(m³/h)	处理能力[kg/(h·m²)]	泥饼含水率(%)	外形尺寸(长×宽×高)(mm)	重量(kg)	生产厂
DYQ-500A	500	0.4~5	JJTY21-4	1.1	LP90-2-1.5	4	≥0.4	0.5~1	0.2~0.8	50~500	65~75	3000×1250×1650	3000	唐山清源环保机械(集团)公司
DYQ-1000A	1000	0.4~4	JZTY31-4	2.2	JD1A-40	6	≥0.4	0.5~1	0.8~2.5	50~500	65~75	5050×1890×2365	4500	
DYQ-2000A	2000	0.4~4	JZTY31-4	2.2	JD1A-40	6	≥0.4	0.5~1	46.8~118.8	50~500	70~80	4970×2725×1895	5600	

注：调速方式均为无级。

表 3-102 YDP 和 CPF 型带式压滤机性能规格

型号	滤带宽度(mm)	滤带速度(m/min)	给料浓度(%)	滤饼水分(%)	生产能力(t/h)	电动机功率(kW)	外形尺寸(mm)	重量(t)	物料品种	生产厂
YDP1000B	1000	2~8	>2	65~80	0.15~0.4	2.2	5110×1750×2250	5.3	污泥	沈阳水处理设备制造总厂
CPF2000S5	2000	1.3~8.2	>20	≤30	3~5	5.5	4700×3500×2660	13.5	煤泥	
			1~2.5	82~86	0.15~0.35				城市污水	
CPF2000S3P	2000	0~9.32	1.5~3.5	75~82	0.3~0.8	7.5		13.64	生化污泥+35%原生污泥	
CPF2000S4P	2000	0~9.32	2.5~5	68~75	0.6~1.3	7.5		13.97	生化污泥+70%原生污泥	
CPF2000P3	2000	0~9.32	3~7	50~70	1~2	7.5		15.57	原生污泥	
CPF2000S3P3	2000	0~9.32	2~6	60~70	0.8~1.8	7.5		15.6	原生污泥+15%生化污泥	

(4) 外形及安装尺寸：

1) DY□-N 型带式压榨过滤机外形及安装基础尺寸见图 3-118、119。

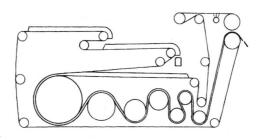

图 3-118　DY□-N 型带式压榨过滤机外形示意

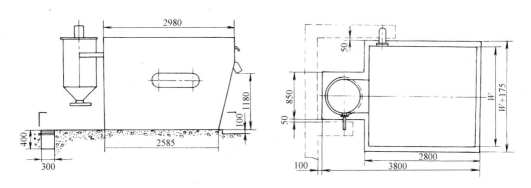

图 3-119　DY□-N 型带式压榨过滤机安装基础尺寸

注：W 为机体宽度。

2) DY 型带式压榨过滤机外形及安装基础见图 3-120、121 和表 3-103。

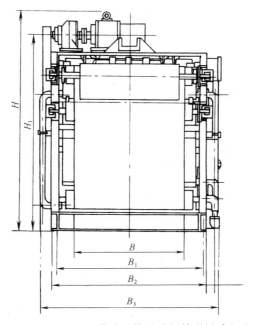

图 3-120　DY 型带式压榨过滤机外形尺寸(一)

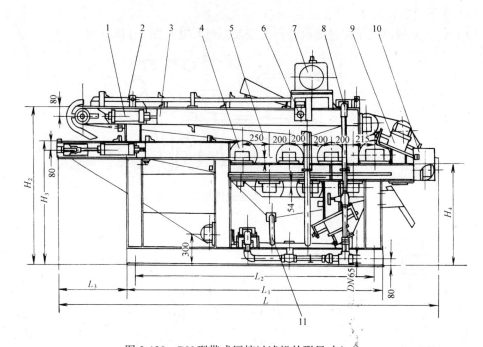

图 3-120 DY 型带式压榨过滤机外形尺寸(二)

1—张紧装置;2—挡板及刮泥系统;3—机架;4—辊轮组;5—滤带;6—控制器;7—传动装置;8—冲洗系统;
9—纠偏装置;10—刮集装置;11—托架及接水装置

注:B 为滤带宽见表 3-100。

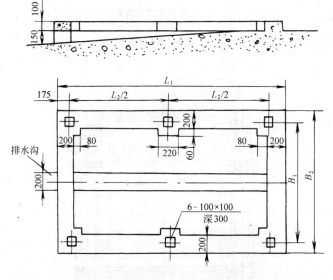

图 3-121 DY 型带式压榨过滤机安装基础尺寸

DY 型带式压榨过滤机安装基础尺寸(mm)   表 3-103

型 号	B_1	B_2	B_3	H	H_1	H_2	H_3	H_4	L	L_1	L_2	L_3
DY-1000	1340	1400	1620	1930	1730	1440	1130	940	3640	2450	2300	650
DT-1500	1840	1900	2120	2180	1980	1690	1380	1190	4100	2910	2760	650

续表

型号	B_1	B_2	B_3	H	H_1	H_2	H_3	H_4	L	L_1	L_2	L_3
DY-2000	2375	2450	2720	2230	2070	1740	1430	1240	4100	2910	2760	650
DY-2500	2875	2950	3220	2430	2247	2040	1730	1540	4500	3310	3160	700
DY-3000	3380	3440	3660	2450	2250	2040	1730	1540	4500	3310	3160	700

3) DYQ 型带式压榨过滤机外形及安装基础见图 3-122、123，表 1-104。

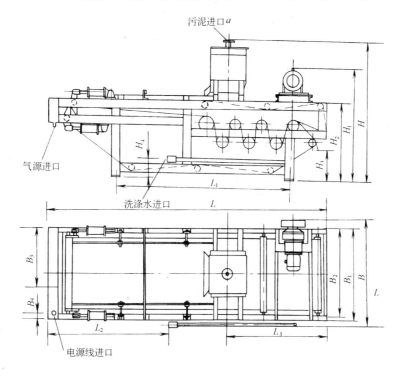

图 3-122 DYQ 型带式压榨过滤机外形尺寸

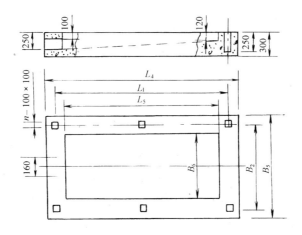

图 3-123 DYQ 型带式压榨过滤机基础尺寸

636 3 水处理设备

表 3-104 DYQ 型带式压榨过滤机外形及安装基础尺寸（mm）

型号	L	L_1	L_2	L_3	L_4	L_5	B	B_1	B_2	B_3	B_4	B_5	B_6	H	H_1	H_2	H_3	H_4	n	地脚螺栓
DYQ-500A	3000	1730	1635		2030	1630	1250		904			1080	880	2230	1536	1180	480	70	6	M16×250
DYQ-1000A	5050	3100	2100	1690	3340	2860	1900	1500	1440	50	950	1720	1240	2365		1367	450	320	4	M16×300
DYQ-2000A	5230	3030	3200	2140	3410	2870	2900	2500	2430	500		2700	2100	2380		1440	450	360	4	M16×300

4）YDP1000B 型带式压滤机外形尺寸见图 3-124。

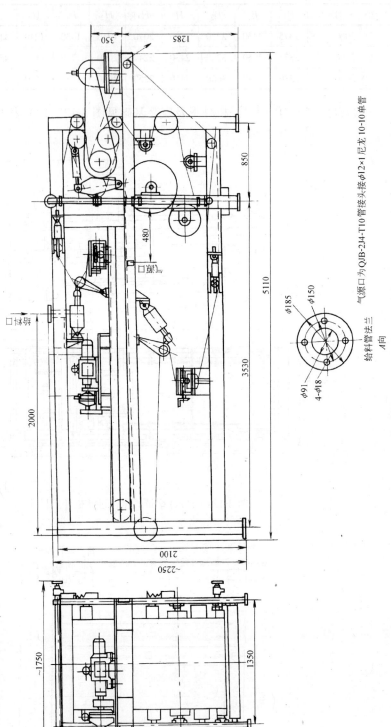

图 3-124 YDP1000B 型带式压滤机外形尺寸

5) CPF 型带式压滤机外形尺寸见图 3-125。

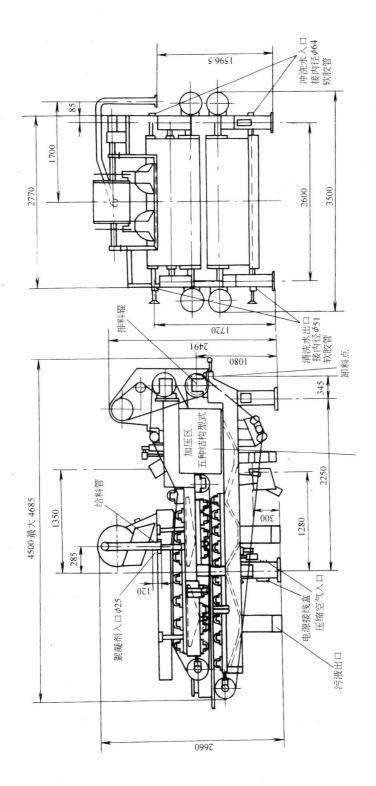

图 3-125 CPF 型带式压榨机外形尺寸

3.6 滗水器

3.6.1 BFR系列浮动滗水器

(1) 适用范围:BFR系列浮动滗水器是SBR工艺中的关键设备适用于各种工业废水处理及以脱氮除磷为目的的生活污水处理。

(2) 型号意义说明:

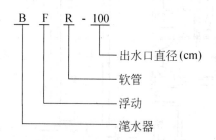

(3) 结构及特点:BFR浮动滗水器由浮箱、伸缩管、进出水管、气动阀、空气压缩机等组成。它采用浮筒结构,浮筒下方为进水口,该结构可保证进水口始终能取到上清液。进水口安装有气动蝶阀,通过空压机控制,气动蝶阀已做防油防腐处理并具有良好的密封性。该滗水器采用伸缩软管,随水位变化自由伸缩,伸缩动程大。

(4) 性能:BFR系列浮动滗水器性能见表3-105。

BFR系列浮动滗水器性能及安装基础尺寸　　表3-105

型号	出水管直径(cm)	排水量(m^3/h)	基础尺寸(mm)						生产厂
			a	b	c	d	e	D	
BFR100	100	25	100	200	300~850	540	400	120	安徽中联环保设备有限公司、扬州天雨给排水设备(集团)有限公司
BFR125	125	80	100	370		515	525	150	
BFR200	200	200	500	400		700	800	220	

注:订货时需注明池深及出水口距池底高度 c 的尺寸。

(5) 外形及安装尺寸:BFR系列浮动滗水器外形见图3-126,安装基础尺寸见图3-127和表3-105。

3.6.2 XB型旋转滗水器

(1) 适用范围:XB型旋转滗水器适用于各种大中型城市生活污水处理及各类工业水处理。

(2) 型号意义说明:

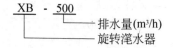

3.6 滗水器

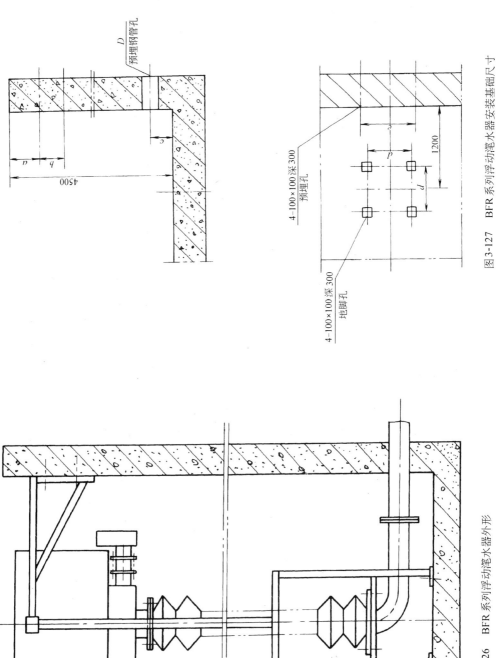

图3-127 BFR系列浮动滗水器安装基础尺寸

图3-126 BFR系列浮动滗水器外形

(3) 结构及特点：XB 型旋转滗水器滗水深度可达 4m，由全不锈钢或铝镁合金制作，水下部分为复合润滑轴承和带 Y 型密封圈的旋转接头，以保证密封性；它采用四连杆驱动机构，使堰口下降速度均匀。该滗水器运行过程处在最佳的堰口负荷范围内，且堰口处设有挡渣板以确保出水水质。其机械部件少，运行费用低，并选用了先进的变频器和移动开关，可根据水质水量变化无级调节滗水时间与滗水器运行范围，可与中心控制室联网，实现全自动化运行管理。

(4) 性能：XB 型滗水器技术数据见表 3-106。

XB 型滗水器技术数据 表 3-106

型 号	出水能力 (m^3/h)	堰口宽度 $2L(m)$	滗水可调深度 $H(m)$	生 产 厂
XB-500	500	5	2.0	湖北洪城通用机械股份有限公司、天津百阳环保设备股份合作公司、浙江金山管道电气有限公司
XB-600	600	6	2.3	
XB-700	700	8	2.5	
XB-800	800	10	2.7	
XB-1000	1000	12	3.0	
XB-1200	1200	14	3.3	
XB-1400	1400	16	3.5	
XB-1600	1600	18	3.8	
XB-1800	1800	20	4.0	

(5) 外形及安装尺寸：XB 型滗水器外形尺寸见图 3-128，安装基础尺寸见图 3-129 和表 3-107。

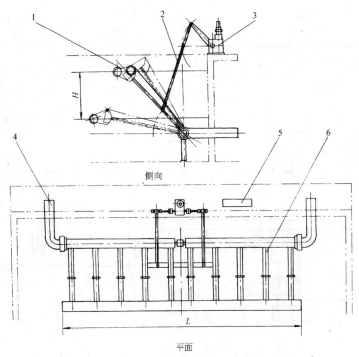

图 3-128 XB 型滗水器外形尺寸
1—滗水槽；2—四连杆；3—减速箱；4—出水管；5—电气柜；6—引水管

3.6 滗水器 641

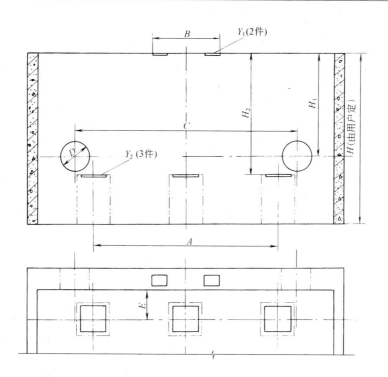

图 3-129 XB 型滗水器安装基础尺寸

XB 型滗水器安装基础尺寸(mm) 表 3-107

滗水器型号	D	A	B	C	E	H_1	H_2	Y_1(长×宽×厚)	Y_2(长×宽×厚)
XB500	500	5000	1800	6000	800	2800	3300	400×300×15	400×400×15
XB1800	800	16000	4500	18000	1200	4000	4500	800×500×25	700×700×25

4 起 重 设 备

4.1 WA、SC、SG型手动单轨小车

(1) 适用范围:WA、SC、SG型手动单轨小车适用于起重量不大及使用率和速度不高的车间、仓库、水泵站等装配、检修或起重其它设备、药剂等场所,尤其适用于无电源地点。

(2) 型号意义说明:

(3) 性能规格:WA、SC、SG型手动单轨小车性能规格见表4-1~3。

WA型手动单轨小车性能规格 表4-1

型号	起重量(t)	起升高度(m)	运行速度(m/min)	最弯小半转径(m)	手拉力(N)	主要尺寸(mm)					工字钢型号	总重量(kg)	参考价格(元/台)	生产厂
						B_1+B_2	B	H	K	L				
WA½	0.5			0.9	39.2	238	187	168	114	216	12.6~32a	15		杭州武林机器厂、重庆第二起重机厂、郑州起重设备厂
WA1	1				68.6								170	
WA1½	1.5	2.5		1	68.6	260	207	200	134	254	18~40a	24		
WA2	2				88.2								207.85	
WA3	3			1.2	117.6	279	226	231.5	152	295	20a~45a	35	300	
WA5	5		3	1.35	147	308	250	263.5	166	323	32a~56a	44	500	
WA7½	7.5			1.6	156.8		270			390	40a~63a	74		
WA10	10			1.6	215.6	329	270	315	200	390	40a~63a	75	780	

4.1 WA、SC、SG型手动单轨小车

SC型手动单轨小车性能规格   表 4-2

型号	起重量(t)	起升高度(m)	运行速度(m/min)	最弯小转半径(m)	手拉力(N)	主要尺寸(mm) B_2	K	B	H	B_1	H_1	L	工字钢型号	总重量(kg)	参考价格(元/台)	生产厂
SC	0.5	3~12	5.75	53.9	104	130	134	201.5	147	196.5	253	14a	20.4		长沙起重机厂
					108		142		151			16a			
					111		148		154			18a			
					113		154		156			20a			
	1				117	130	164	201.5	150	196.5	253	22a	20.6		
					120		170		153			25a			
					123		176		156			28a			
					127		184		160			32a			
	2		5.3	147	127	150	170	232.5	162	230.5	291	25a			
					130		176		165			28a			
					134		182		169			32a			
					137		190		172			36a			
					140		196		175			40a			
	3				134	150	184	240.5	169	230.5	291	32a			
					137		190		172			36a			
					140		196		175			40a			
					144		204		179			45a			
	5		4	156.8	150	180	202	296.5	196	279.4	347	40a			
					154		210		200			45a			
					158		218		204			50a			
					162		226		208			56a			
	10			215.6	157	218	202	368.4	196	343.4	419	40a			
					161		210		200			45a			
					165		218		204			50a			
					169		226		208			56a			

注：表中各规格的起升高度每增减1m时，应增减手拉力的数量为8.82N。

SG型手动单轨小车性能规格   表 4-3

型号	起重量(t)	起升高度(m)	运行速度(m/min)	最弯小转半径(m)	手拉力(N)	主要尺寸(mm) B_2	K	B	H	B_1	L	工字钢型号	总重量(kg)	参考价格(元/台)	生产厂
SG-5	0.5		2.5	29.4	112.5	155	162	228.3	175	281.6	14	13.5		黄石市起重机械厂、重庆九龙坡手动葫芦厂
							170		179		16			
							178		183		18			
							182		185		20a			
							190		185		22a			
							198		193		25a			
SG-1~2	1~2	3~10	2.5	39.2	127	185	192	291.3	184	347.6	18a	23		
							196		186		20a			
			39.2~68.6	127~135		208	306.3~291.3	192		22a			
							212		194		25a			
							220		198		28a			
							224		200		32a			
			68.6	135			232	306.3	204		36a			
							240		208		40a			

续表

型号	起重量 (t)	起升高度 (m)	运行速度 (m/min)	最小弯转半径 (m)	手拉力 (N)	主要尺寸 (mm)						工字钢型号	总重量 (kg)	参考价格 (元/台)	生产厂
						B_2	K	B	H	B_1	L				
SG-3~5	3~5	3~10	1.5		78.4	150		218	355.3	195		22a	45		黄石市起重机械厂、重庆九龙坡手动葫芦厂
								226		199		25a			
								230		201		28a			
								234	373.3 ~ 355.3	203	385.6	30a			
					78.4 ~117.6	150 ~160	205	238		205		32a			
								246		209		36a			
								250		211		40a			
								258		215		45a			
					117.6	160		266	373.3	219		50a			
								274		223		56a			
SG-10	10		1.5		196	175	228	270	443.4	225	428.6	40a	74		
								278		229		45a			
								286		233		50a			
								294		237		56a			
								304		242		63a			

(4) 外形及安装尺寸：WA、SC、SG 型手动单轨小车外形尺寸见图 4-1 和表 4-1~3。

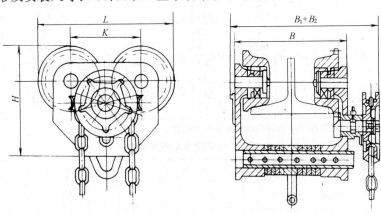

图 4-1　WA 型手动单轨小车外形尺寸

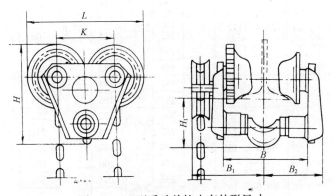

图 4-2　SC 型手动单轨小车外形尺寸

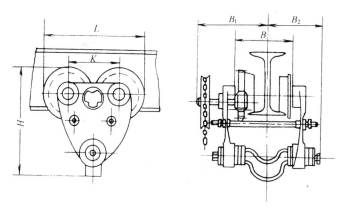

图 4-3 SG 型手动单轨小车外形尺寸

4.2 HS 型环链手拉葫芦

(1) 适用范围：HS 型手拉葫芦是在 SH 型老系列基础上更新的产品,是一种轻巧简便的起重工具,尤其适用于流动性及无电源的露天作业。

(2) 型号意义说明：

H S
  └──手动
└────葫芦

(3) 性能规格：HS 型环链手拉葫芦性能规格见表 4-4。

表 4-4　HS 型环链手拉葫芦性能规格

型号	起重量(t)	起升高度(m)	试验载荷(t)	两小钩间距离最小 H (mm)	满链拉力时手(N)	起重行链数(行)	起条重链直条径(mm)	主要尺寸 (mm)				净重(kg)	起重高度增加1m应增加的重力(N)	生产厂
								A	B	C	D			
HS$\frac{1}{2}$	0.5	2.5	0.625											工具厂、广州起重设备厂、南京起重机械厂、郑州起重
HS1	1	2.5	1.25	270	303.8	1	6	142	122	28	142	10	16.6	
HS1$\frac{1}{2}$	1.5	2.5	1.875	335	343	1	8	178	139	32	178	15	22.5	
HS2	2	2.5	2.5	380	313.6	2	6	142	122	34	142	14	24.5	
HS2$\frac{1}{2}$	2.5	2.5	3.125	370	382.2	1	10	210	162	36	210	25	30.4	
HS3	3	3	3.75	470	343	2	8	178	139	38	178	24	36.3	
HS5	5	3	6.25	600	382.2	2	10	210	162	48	210	36	56.8	
HS10	10	3	12.5	700	392	4	10	358	162	64	210	68	95.1	
HS20	20	3	25	1000	392	8	10	580	189	82	210	150	190.1	

注：1. 起升高度不得超过 12m,其间隔按 1m 选用。
  2. 各厂的试验荷载,两钩间最小距离,满载时手链拉力均有差异。

(4) 外形及安装尺寸：HS 型环链手拉葫芦外形尺寸见图 4-4 和表 4-4。

646 4 起重设备

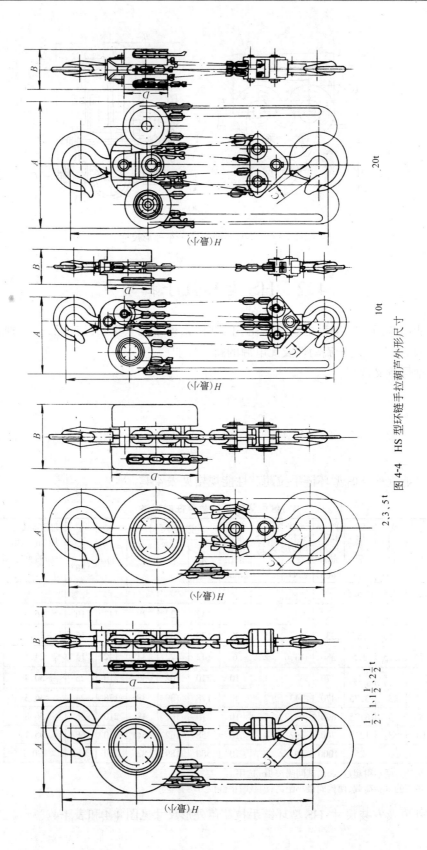

图 4-4 HS 型环链手拉葫芦外形尺寸

4.3 CD_1、MD_1型电动葫芦

(1) 适用范围:CD_1、MD_1型电动葫芦是中级工作制(JC25%)的一般用途钢丝绳式电动葫芦。其主体可固定安装或通过小车悬挂在工字钢轨道上,作直线或曲线运行,还能配置在单梁起重机、龙门起重机、悬挂起重机、悬臂起重机等多种起重机上,使作业面积扩大,作业场合增多。它是工厂、矿山、码头、仓库、货场、商店等常用的起重设备。其工作环境温度为 $-25\sim+40℃$,不适于在有火焰危险、爆炸危险和充满腐蚀性气体及相对湿度大于85%的场所里工作,在室外工作时需加护罩,以防雨雪。CD_1型电动葫芦只有一种起升速度,可满足一般作业要求。MD_1型电动葫芦具有常、慢两种起升速度,可满足精密装卸、砂箱合模等精细作业的要求。

(2) 型号意义说明:

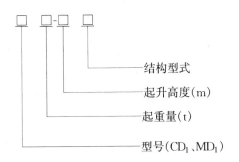

(3) 结构形式:HS型环链手拉葫芦结构形式有三种:地脚固定式——A型,按出绳方向分 A_1、A_2、A_3、A_4四种,(见图4-5);吊板固定式——AB型,(见图4-6);电动小车式——D型。

图4-5 A型地脚
固定式位置示意

图4-6 AB型吊板固定式

(4) 性能规格:CD_1、MD_1型电动葫芦性能规格见表4-5、6。
(5) 外形及安装尺寸:CD_1、MD_1型电动葫芦外形尺寸见图4-5~11和表4-7。

表 4-5 CD_1 型电动葫芦性能规格

型号	起重量 (t)	起升高度 H(m)	起升速度 (m/min)	运行速度 (m/min)	主起升电动机 型号	主起升电动机 功率 (kW)	主起升电动机 转速 (r/min)	运行电动机 型号	运行电动机 功率 (kW)	运行电动机 转速 (r/min)	钢丝绳 绳径 (mm)	钢丝绳 长度 (m)	最小曲率半径 (m)	轨道 工字钢型号	工作制度	最大轮压 (kN)	总重量 (kg)	生产厂
$CD_1$0.5-6D	0.5	6	8	20(30)	$ZD_1$21-4	0.8	1380	$ZDY_1$11-4	0.2	1380	5.1	15.2	1	16-28b GB 706—65		2.01	115	上海起重设备厂、天津起重设备总厂、新乡起重设备厂、郑州起重设备厂
$CD_1$0.5-9D	0.5	9	8	20(30)	$ZD_1$21-4	0.8	1380	$ZDY_1$11-4	0.2	1380	5.1	21.2	1	16-28b GB 706—65		2.25	120	
$CD_1$0.5-12D	0.5	12	8	20(30)	$ZD_1$21-4	0.8	1380	$ZDY_1$11-4	0.2	1380	5.1	27.2	1	16-28b GB 706—65		2.06	140	
$CD_1$1-6D	1	6	8	20(30)	$ZD_1$22-4	1.5	1380	$ZDY_1$11-4	0.2	1380	7.6	15.6	1	16-28b GB 706—65		4.12	146	
$CD_1$1-9D	1	9	8	20(30)	$ZD_1$22-4	1.5	1380	$ZDY_1$11-4	0.2	1380	7.6	21.7	1	16-28b GB 706—65		4.80	155	
$CD_1$1-12D	1	12	8	20(30)	$ZD_1$22-4	1.5	1380	$ZDY_1$11-4	0.2	1380	7.6	27.8	1.5	16-28b GB 706—65		4.02	175	
$CD_1$1-18D	1	18	8	20(30)	$ZD_1$22-4	1.5	1380	$ZDY_1$11-4	0.2	1380	7.6	40.0	1.8	16-28b GB 706—65		3.82	190	
$CD_1$1-24D	1	24	8	20(30)	$ZD_1$22-4	1.5	1380	$ZDY_1$11-4	0.2	1380	7.6	52.2	2.5	16-28b GB 706—65		3.58	205	
$CD_1$1-30D	1	30	8	20(30)	$ZD_1$22-4	1.5	1380	$ZDY_1$11-4	0.2	1380	7.6	64.4	3.2	16-28b GB 706—65		3.82	210	
$CD_1$2-6D	2	6	8	20(30)	$ZD_1$31-4	3	1380	$ZDY_1$12-4	0.4	1380	11	16	1.2	20a-45c GB 706—65	JC 25%	7.94	230	
$CD_1$2-9D	2	9	8	20(30)	$ZD_1$31-4	3	1380	$ZDY_1$12-4	0.4	1380	11	22	1.5	20a-45c GB 706—65	JC 25%	9.11	248	
$CD_1$2-12D	2	12	8	20(30)	$ZD_1$31-4	3	1380	$ZDY_1$12-4	0.4	1380	11	28	2.0	20a-45c GB 706—65	JC 25%	8.18	290	
$CD_1$2-18D	2	18	8	20(30)	$ZD_1$31-4	3	1380	$ZDY_1$12-4	0.4	1380	11	40	2.5	20a-45c GB 706—65	JC 25%	7.50	315	
$CD_1$2-24D	2	24	8	20(30)	$ZD_1$31-4	3	1380	$ZDY_1$12-4	0.4	1380	11	52	3.0	20a-45c GB 706—65	JC 25%	6.96	335	
$CD_1$2-30D	2	30	8	20(30)	$ZD_1$31-4	3	1380	$ZDY_1$12-4	0.4	1380	11	64	3.5	20a-45c GB 706—65	JC 25%	6.71	360	
$CD_1$3-6D	3	6	8	20(30)	$ZD_1$32-4	4.5	1380	$ZDY_1$12-4	0.4	1380	13	17	1.2	20a-45c GB 706—65	JC 25%	11.76	280	
$CD_1$3-9D	3	9	8	20(30)	$ZD_1$32-4	4.5	1380	$ZDY_1$12-4	0.4	1380	13	23	1.5	20a-45c GB 706—65	JC 25%	13.72	300	
$CD_1$3-12D	3	12	8	20(30)	$ZD_1$32-4	4.5	1380	$ZDY_1$12-4	0.4	1380	13	29	2.0	20a-45c GB 706—65	JC 25%	11.76	350	
$CD_1$3-18D	3	18	8	20(30)	$ZD_1$32-4	4.5	1380	$ZDY_1$12-4	0.4	1380	13	41	2.5	20a-45c GB 706—65	JC 25%	10.98	380	
$CD_1$3-24D	3	24	8	20(30)	$ZD_1$32-4	4.5	1380	$ZDY_1$12-4	0.4	1380	13	53	3.0	20a-45c GB 706—65	JC 25%	10.39	405	
$CD_1$3-30D	3	30	8	20(30)	$ZD_1$32-4	4.5	1380	$ZDY_1$12-4	0.4	1380	13	65	3.5	20a-45c GB 706—65	JC 25%	9.8	435	
$CD_1$5-6D	5	6	8	20(30)	$ZD_1$41-4	7.5	1400	$ZDY_1$21-4	0.8	1380	15	18.5	1.5	28a-63c GB 706—65		19.16	445	新乡起重设备厂、郑州起重设备厂、长沙起重机厂
$CD_1$5-9D	5	9	8	20(30)	$ZD_1$41-4	7.5	1400	$ZDY_1$21-4	0.8	1380	15	24	2.5	28a-63c GB 706—65		22.05	470	
$CD_1$5-12D	5	12	8	20(30)	$ZD_1$41-4	7.5	1400	$ZDY_1$21-4	0.8	1380	15	29.6	3.0	28a-63c GB 706—65		18.62	555	
$CD_1$5-18D	5	18	8	20(30)	$ZD_1$41-4	7.5	1400	$ZDY_1$21-4	0.8	1380	15	42	3.0	28a-63c GB 706—65		17.00	590	
$CD_1$5-24D	5	24	8	20(30)	$ZD_1$41-4	7.5	1400	$ZDY_1$21-4	0.8	1380	15	54	3.5	28a-63c GB 706—65		16.27	630	
$CD_1$5-30D	5	30	8	20(30)	$ZD_1$41-4	7.5	1400	$ZDY_1$21-4	0.8	1380	15	66.5	4.0	28a-63c GB 706—65		15.93	670	
$CD_1$10-9D	10	9	7	20(30)	$ZD_1$51-4	13	1400	$ZDY_1$21-4	$2×0.8$	1380	15	45	3.0	28a-63c GB 706—65		19.60	955	
$CD_1$10-12D	10	12	7	20(30)	$ZD_1$51-4	13	1400	$ZDY_1$21-4	$2×0.8$	1380	15	57	3.5	28a-63c GB 706—65		19.60	1005	
$CD_1$10-18D	10	18	7	20(30)	$ZD_1$51-4	13	1400	$ZDY_1$21-4	$2×0.8$	1380	15	81	4.5	28a-63c GB 706—65		19.60	1105	
$CD_1$10-24D	10	24	7	20(30)	$ZD_1$51-4	13	1400	$ZDY_1$21-4	$2×0.8$	1380	15	105	6.0	28a-63c GB 706—65		19.60	1200	
$CD_1$10-30D	10	30	7	20(30)	$ZD_1$51-4	13	1400	$ZDY_1$21-4	$2×0.8$	1380	15	129	7.2	28a-63c GB 706—65		19.60	1255	

注:电源:3 相,380(220)V,50Hz。

4.3 CD_1、MD_1型电动葫芦

表 4-6 MD_1型电动葫芦性能规格

型号	起重量(t)	起升高度 H(m)	起升速度(m/min)	运行速度(m/min)	主起升电动机 型号	主起升电动机 功率(kW)	主起升电动机 转速(r/min)	副起升电动机 型号	副起升电动机 功率(kW)	副起升电动机 转速(r/min)	运行电动机 型号	运行电动机 功率(kW)	运行电动机 转速(r/min)	钢丝绳 绳径(mm)	钢丝绳 长度(m)	轨道 最小曲率半径(m)	轨道 工字钢型号	工作制度	最大轮压(kN)	总重量(kg)	生产厂
$MD_1$0.5-6D	0.5	6	0.8;8	20(30)	$ZD_1$21-4	0.8	1380	$ZDM_1$11-4	0.2	1380	$ZDY_1$11-4	0.2	1380	5.1	15.2	1	16-28b GB 706-65	JC25%	2.06	135	上海起重设备厂、河南省新乡市起重设备厂、湖南长沙起重机、郑州起重设备厂
$MD_1$0.5-9D	0.5	9													21.2				2.06	140	
$MD_1$0.5-12D		12													27.2				2.06	140	
$MD_1$1-6D	1	6			$ZD_1$22-4	1.5	1380							7.6	15.6	1	16-28c GB 706-65		4.17	160	
$MD_1$1-9D		9													21.7				4.86	170	
$MD_1$1-12D		12													27.8	1.2			4.07	200	
$MD_1$1-18D		18													40	1.8			3.87	210	
$MD_1$1-24D		24													52.5	2.5			3.58	220	
$MD_1$1-30D		30													64.4	3.5			3.87	230	
$MD_1$2-6D	2	6			$ZD_1$31-4	3	1380							11	16	1.2	20a-45c GB 706-65		8.04	260	
$MD_1$2-9D		9													22	1.5			9.21	278	
$MD_1$2-12D		12													28	2.0			8.28	326	
$MD_1$2-18D		18													40	2.5			7.60	350	
$MD_1$2-24D		24													52	2.5			7.06	370	
$MD_1$2-30D		30													64	3.5			6.81	395	
$MD_1$3-6D	3	6			$ZD_1$32-4	4.5	1380	$ZDY_1$12-4	0.4	1380	$ZDY_1$12-4	0.4	1380	13	17	1.2	20a-45c GB 706-65		11.86	310	
$MD_1$3-9D		9													23	1.5			13.82	330	
$MD_1$3-12D		12													29	2.0			11.86	380	
$MD_1$3-18D		18													41	3.0			11.07	410	
$MD_1$3-24D		24													53	3.0			10.49	435	
$MD_1$3-30D		30													65	3.5			9.90	465	
$MD_1$5-6D	5	6			$ZD_1$41-4	7.5	1400	$ZDM_1$21-4	0.8	1380	$ZDY_1$21-4			15	18.5	1.5	28a-63c GB 706-65		19.26	480	
$MD_1$5-9D		9													24				22.15	505	
$MD_1$5-12D		12													29.6	2.5			18.72	595	
$MD_1$5-18D		18													42	3.0			17.10	630	
$MD_1$5-24D		24													54				16.37	660	
$MD_1$5-30D		30													66.5	4.0			16.02	705	

注:电源:3相,380(220)V、50Hz。

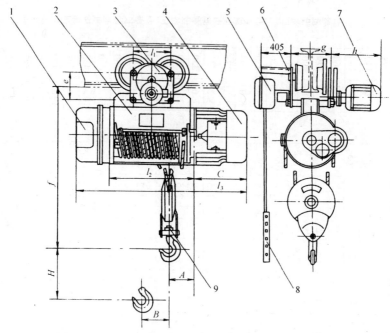

图 4-7　CD_1 型 0.5～5t 电动葫芦外形尺寸（H=6～9m）

1—减速器；2—卷筒装置；3—电动小车；4—起升电动机；5—开关箱；
6—电缆引入器；7—运行电机；8—按钮开关；9—吊钩装置

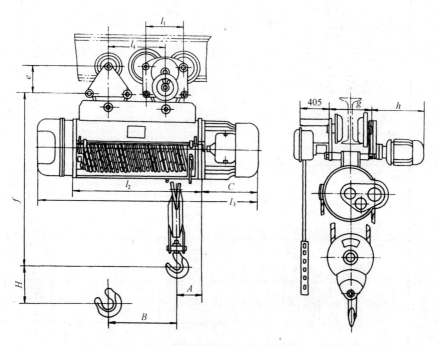

图 4-8　CD_1 0.5～5t 电动葫芦外形尺寸（H=12～30m）

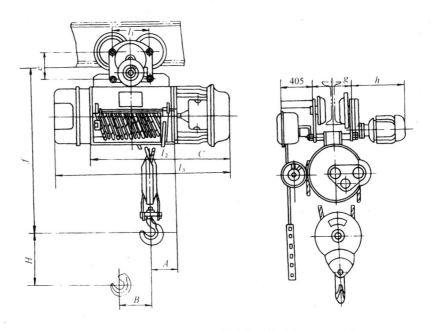

图 4-9 MD$_1$ 型 0.5~5t 电动葫芦外形尺寸（H=6~9m）

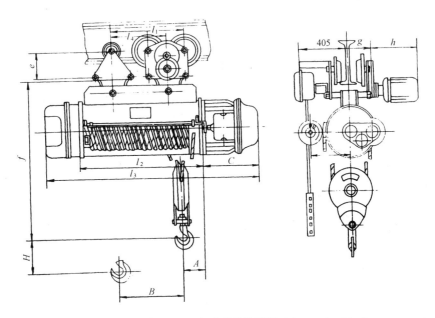

图 4-10 MD$_1$ 型 0.5~5t 电动葫芦外形尺寸（H=12~30m）

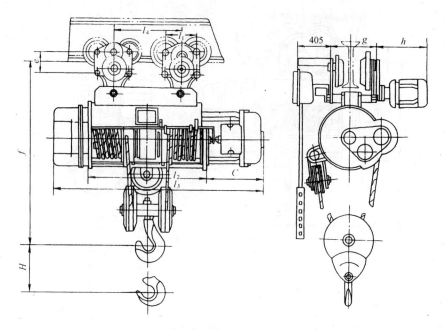

图 4-11　CD_1 型 10t 电动葫芦外形尺寸（$H=9\sim30$m）

$\begin{matrix}CD_1\\MD_1\end{matrix}$ 型电动葫芦外形尺寸　　　　　　表 4-7

型号	起重量 (t)	起升高度 (m)	外形尺寸 (mm)										
			C	e	f	g	h	l_1	l_2	l_3	A	B	l_4
$\begin{matrix}CD_1\\MD_1\end{matrix}$0.5-6D	0.5	6	217	120	560	180~216	265	185	274	616	101	72	
$\begin{matrix}CD_1\\MD_1\end{matrix}$0.5-9D		9	217	120	560		265	185	346	688	119	108	
$\begin{matrix}CD_1\\MD_1\end{matrix}$0.5-12D		12	217	120	650		265	185	418	760	119	144	280
$\begin{matrix}CD_1\\MD_1\end{matrix}$1-6D	1	6	255	120	660	180~216	265	185	345	758	124	98	
$\begin{matrix}CD_1\\MD_1\end{matrix}$1-9D		9	255	120	660		265	185	443	856	148	147	
$\begin{matrix}CD_1\\MD_1\end{matrix}$1-12D		12	255	120	750		265	185	541	954	148	195	316
$\begin{matrix}CD_1\\MD_1\end{matrix}$1-18D		18	255	120	750		265	185	737	1150	148	294	411
$\begin{matrix}CD_1\\MD_1\end{matrix}$1-24D		24	255	120	750		265	185	933	1346	148	390	607
$\begin{matrix}CD_1\\MD_1\end{matrix}$1-30D		30	255	120	750		265	185	1129	1542	148	488	803

4.3 CD_1、MD_1 型电动葫芦

续表

型 号	起重量 (t)	起升高度 (m)	外形尺寸 (mm)										
			C	e	f	g	h	l_1	l_2	l_3	A	B	l_4
$CD_1$2-6D $MD_1$2-6D	2	6	279	140	830	208~264	285	205	352	818	126	100	
$CD_1$2-9D $MD_1$2-9D		9	279	140	830		285	205	452	918	151	150	
$CD_1$2-12D $MD_1$2-12D		12	279	140	930		285	205	552	1018	151	200	290
$CD_2$2-18D $MD_2$2-18D		18	279	140	930		285	205	752	1218	151	300	412
$CD_2$2-24D $MD_2$2-24D		24	279	140	930		285	205	952	1418	151	400	612
$CD_2$2-30D $MD_2$2-30D		30	279	140	930		285	205	1152	1618	115	500	812
$CD_1$3-6D $MD_1$3-6D	3	6	305	140	930	208~264	285	205	390	924	144	103	
$CD_1$3-9D $MD_1$3-9D		9	305	140	930		285	205	493	1027	170	154	
$CD_1$3-12D $MD_1$3-12D		12	305	140	1030		285	205	596	1130	170	200	336
$CD_1$3-18D $MD_1$3-18D		18	305	140	1030		285	205	801	1336	170	308	450
$CD_1$3-24D $MD_1$3-24D		24	305	140	1030		285	205	1108	1542	170	412	655
$CD_1$3-30D $MD_1$3-30D		30	305	140	1030		285	205	1214	1748	170	515	862
$CD_1$5-6D $MD_1$5-6D	5	6	365	160	1090	250~308	345	228	415	1052	155	105	
$CD_1$5-9D $MD_1$5-9D		9	395	160	1090		345	228	520	1157	181	1575	
$CD_1$5-12D $MD_1$5-12D		12	365	160	1250		345	228	625	1262	181	210	402
$CD_1$5-18D $MD_1$5-18D		18	365	160	1250		345	228	835	1472	181	315	612
$CD_1$5-24D $MD_1$5-24D		24	365	160	1250		345	228	1045	1682	181	420	822
$CD_1$5-30D $MD_1$5-30D		30	365	160	1250		345	228	1255	1892	181	425	1032
$CD_1$10-9D	10	9	429	160	1320	250~308	345	228	1075	1805			702
$CD_1$10-12D		12	429	160	1320		345	228	1256	1986			883
$CD_1$10-18D		18	429	160	1320		345	228	1618	2348			1245
$CD_1$10-24D		24	429	160	1320		345	228	1980	2710			1607
$CD_1$10-30D		30	429	160	1320		345	228	2342	3072			1969

注：基本尺寸为河南省新乡市起重设备厂样本，上海起重设备厂产品其尺寸略有差别。

4.4 手动单梁起重机

4.4.1 SDQ型手动单梁起重机

(1) 适用范围:SDQ-3型手动单梁起重机是一种大小车行走及货物起升均用手拉链条驱动的简易起重设备,与SC型单轨小型和HS型手拉葫芦配套使用。其适用起重量为1~10t,跨度为5~14m,工作环境温度不得低于-20℃。本产品主要用于无电源或工作不繁忙的厂矿、码头、电站、仓库及车间,在固定跨间作装卸吊运货物及检修设备之用。

(2) 型号意义说明:

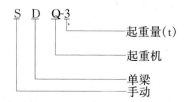

(3) 性能:SDQ型手动单梁起重机技术数据及外形尺寸见表4-8。

(4) 外形及安装尺寸:SDQ型手动单梁起重机外形尺寸见图4-12和表4-8。

SDQ型手动单梁起重机技术数据及外形尺寸　　　　表4-8

起重量(t)	跨度S(m)	起升高度(m)	钢轨宽(mm)	外形尺寸			吊钩极限尺寸		曳引力			大车轮压(kN)	起重机总重量(t)	生产厂
				W	B	H	b	h	c	起重	小车	大车		
							不大于							
					mm					N				
1	5	3~10	40;50	1200	1800	520	145	550	360	210	60	100	6.5	0.65	长沙起重机厂、洛阳起重机厂、郑州起重机厂、银川起重机厂、重庆第二起重机厂
	6												6.9	0.69	
	7							580	380				7	0.76	
	8												7.2	0.81	
	9												7.3	0.85	
	10							610	395				7.6	0.94	
	11												7.9	1.04	
	12			1600	2200								8.1	1.09	
	13							650	420				8.5	1.25	
	14												8.6	1.31	
2	5			1200	1800			720	400	330	120	150	11	0.70	
	6												11.3	0.74	
	7							750	415				11.7	0.82	
	8												11.9	0.87	
	9												12.3	1.00	
	10							790	440				12.6	1.06	
	11												12.9	1.16	
	12			1600	2200			830	465				13.3	1.32	
	13							870	490				13.8	1.48	
	14												14	1.55	

4.4 手动单梁起重机

续表

起重量 (t)	跨度 S (m)	起升高度 (m)	钢轨宽 (mm)	外形尺寸			吊钩极限尺寸				曳引力			大车轮压 (kN)	起重机总重量 (t)	生产厂
				W	B	H	b	h	c		起重	小车	大车			
				不大于												
				mm							N					
3	5	40；50	1600	1800	520	145	900	460		350	140	200	16.1	0.81	长沙起重机厂、洛阳起重机厂、郑州起重机厂、银川起重机厂、重庆第二起重机厂
	6												16.4	0.87	
	7						940	485					17	0.98	
	8												17.3	1.0	
	9												17.6	1.13	
	10												17.9	1.20	
	11		1200	2200			980	510					18.4	1.39	
	12												18.7	1.46	
	13						1030	540					19.4	1.72	
	14												19.7	1.80	
5	5	3~10	1200	1800	600	150	1210	520		380	200	250	25	0.96	
	6												25.7	1.03	
	7						1250	560					26.5	1.19	
	8												27	1.28	
	9												27.5	1.36	
	10						1300	585					28	1.60	
	11												28.6	1.73	
	12		1600	2200									29.5	1.98	
	13						1360	625					29.8	2.09	
	14												30.1	2.21	
10	5	60；70	1800	2600	720	160	1390	555		380	250	300	48.9	1.42	
	6												50.1	1.49	
	7						1440	585					50.4	1.68	
	8												52.1	1.77	
	9												52.9	1.87	
	10												53.8	2.09	
	11						1490	615					54.4	2.25	
	12												55	2.38	
	13						1550	650					56	2.57	
	14												56.5	2.83	

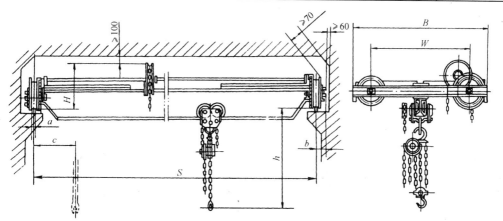

图 4-12 SDQ 型手动单梁起重机外形尺寸

(5) 供货范围:不包括手拉葫芦。

4.4.2 SDL型手动单梁起重机

(1) 适用范围:SDL型手动单梁起重机同SDQ型。
(2) 性能:SDL型手动单梁起重机技术数据见表4-9、10。

SDL型手动单梁起重机技术数据 表4-9

起重量 (t)	起升高度 (m)	工作制度	运行速度 (m/min) 大车	运行速度 (m/min) 小车	轨道面宽 (mm)	生产厂
1	3~10	M3	5.2	5.3	37~51	郑州起重机厂
2			5.2	5.9		
3.2			5.2	4.7		
5			4.3	4.7		
10			4.3	4.2		

SDL型手动单梁起重机技术数据及外形尺寸 表4-10

起重量 (t)	跨度 L_k(m)	牵引力(N) 大车	牵引力(N) 小车	牵引力(N) 起升	外形尺寸(mm) K	H	B	L	I	h	H_{mix}	轮压 (kN)	重量 (kg)	生产厂
1	5	52	35	251	1250	394	1952	5262	395	569	150	59.9	632	郑州起重机厂
	6							6262				63.7	649	
	7							7262				70.9	674	
	8							8262				75.1	688	
	9	69	35	251	1600	542	2355	9292	435	619	175	4.1	715	
	10							10292				89.9	733	
	11							11292				104.7	772	
	12							12292				110.4	788	
	13							13292	458	580		125.5	828	
	14							14292				132	846	
2	5	92	72	346	1250	394	1952	5262	424	621	150	62.3	1097	
	6							6262				66.6	1124	
	7							7262	443	513		74.5	1155	
	8							8262				82.8	1185	
	9	99	72	346	1600	542	2355	9292	470	661	125	98.7	1229	
	10							10292				106.1	1253	
	11							11292				120.8	1294	
	12							12292	493	622		128	1316	
	13							13292	522	573		151.6	1379	
	14							14292				160.1	1403	
3.2	5	124	72	350	1250	394	1952	5262	443	513	150	64.9	1649	
	6							6262				69.7	1688	
	7							7262	482	713		80.8	1732	
	8							8262				90.5	1771	
	9	135	72	350	1600	542	2355	9292	510	782	175	105.4	1814	
	10							10292				113.5	1846	
	11							11292	539	733		134.6	1903	
	12							12292				143.1	1931	
	13							13292	568	885		168.5	2000	
	14							14292				178.3	2029	

续表

起重量 (t)	跨度 L_k(m)	牵引力 (N) 大车	小车	起升	外形尺寸 (mm) K	H	B	L	l	h	H_{min}	轮压 (kN)	重量 (kg)	生产厂
5	5	142	110	375	1250	394	1952	5262	546	769	150	76.5	2467	郑州起重机厂
	6							6262				83.7	2533	
	7							7262	575	721		99.6	2599	
	8							8262				100.1	2647	
	9	158	110	375				9292	557	868		116.6	2692	
	10							10292				126.1	2733	
	11							11292				148.9	2797	
	12							12292				158.7	2834	
	13							13292	586	820		205.1	2963	
	14							14292				217.8	3004	
10	5	156	240	402	1600	542	2355	5292	561	1142	175	111.3	4843	
	6							6292				120.3	4958	
	7							7292	590	1092		130	5054	
	8							8292				149.4	5133	
	9	160	240	402				9292				184	5265	
	10							10292	590	1093		198.2	5334	
	11							11292				229.9	5428	
	12							12292				244.8	5489	
	13							13292	619	1045		294.9	5634	
	14							14292				312.5	5687	

(3) 外形及安装尺寸:SDL 型手动单梁起重机外形及安装尺寸见图 4-13 和表 4-10。

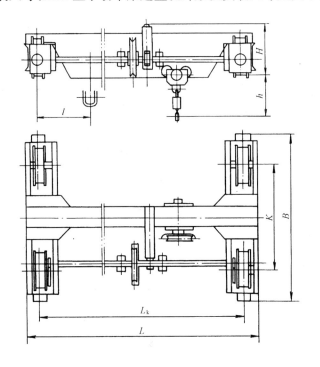

图 4-13　SDL 型手动单梁起重机外形尺寸

4.5 手动单梁悬挂起重机

4.5.1 LSX型手动单梁悬挂起重机

(1) 适用范围：LSX型手动单梁悬挂起重机，是一种大、小车运行及载荷起升均用手拉动链条驱动的简易设备，与SC手动单轨小车和HS手拉葫芦配套使用。运行轨道用的工字钢可不设支柱，将工字钢直接固定在屋架或屋盖板梁下面。本起重机适用起重量0.5~3t，跨度3~12m，主要用于无电源或工作不繁忙的车间、仓库、码头、电站等场所，作装卸、吊运重物及安装、检修设备之用。

(2) 性能：LSX手动单梁悬挂起重机技术数据及外形尺寸见表4-11。

LSX型手动单梁悬挂起重机技术数据及外形尺寸　　　表4-11

起重量(t)	跨度S(m)	起升高度(m)	外形尺寸(mm)					吊钩极限尺寸(mm)		曳引力(N)			最大轮压(N)	起重机总重量(kg)	生产厂
			L	L_1	W	B	H	A	C	起重	大车	小车			
0.5	3	2.5~12	5000	1000	1000	1516	525	746	805	195	60	30	1980	451	长沙起重机厂
	3.5		5500										2000	466	
	4		6000										2010	478	
	4.5		6500										2020	490	
	5		7000										2040	501	
	5.5		7900	1200	1200	1716	585	800	1005				2200	602	
	6		8400										2210	642	
	7		9400										2260	678	
	8		10400										2320	714	
	9		11800	1400	1500	2016	605	820	1205				2540	812	
	10		12800										2590	913	
	11		13800		1700	2216	635	850					2760	1078	
	12		14800										2810	1121	
1	3	2.5~12	5000	1000	1000	1516	545	816	852	210	90	50	3460	474	
	3.5		5500										3500	500	
	4		6000										3520	514	
	4.5		6500										3540	527	
	5		7000										3550	541	
	5.5		7900	1200	1200	1716	605	870	1052				3730	677	
	6		8400										3750	698	
	7		9400										3850	740	
	8		10400										3860	780	
	9		11800	1400	1500	2016	665	930	1252				4030	1012	
	10		12800										4210	1063	
	11		13800		1700	2216	745	1000					4800	1393	
	12		14800										4900	1551	

4.5 手动单梁悬挂起重机

续表

起重量(t)	跨度S(m)	起升高度(m)	外形尺寸(mm)					吊钩极限尺寸(mm)		曳引力(N)			最大轮压(N)	起重机总重量(kg)	生产厂
			L	L_1	W	B	H	A	C	起重	大车	小车			
2	3	2.5~12	4600	800	1200	1726	585	1150	560	325	120	110	6410	567	长沙起重机厂
	3.5		5100										6440	586	
	4		5600										6460	605	
	4.5		6600										6480	622	
	5		6100										6500	639	
	5.5		7500	1000	1500	2026	665	1227	760				6760	824	
	6		8000										6800	860	
	7		9000										6850	902	
	8		10000										6900	964	
	9		11400	1200	1700	2226	745	1305	960				7210	1186	
	10		12400										7260	1250	
	11		13400		1500	2426	780	1345					3880	1605	
	12		14400										3900	1674	
3	3	3~12	4200	600	1200	2126	566	1284	340	345	150	130	4900	831	
	3.5		4700										4920	864	
	4		5200										4940	884	
	4.5		5700										4960	901	
	5		6200										4980	928	
	5.5		7100	800	1500	2426	706	1422	540				5580	1244	
	6		7600										5600	1279	
	7		8600										5640	1347	
	8		9600										5660	1416	
	9		11000	1000	1700	2626	746	1460	740				6230	1639	
	10		12000										6300	1712	
	11		13000				796	1508					6420	1966	
	12		14000										6500	2047	

(3)外形及安装尺寸:LSX手动单梁悬挂起重机外形及安装尺寸见图4-14和表4-11。

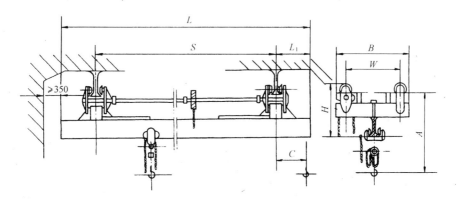

图4-14 LSX型手动单梁悬挂起重机外形及安装尺寸

4.5.2 SDXQ型手动单梁悬挂起重机

(1) 性能：SDXQ型手动单梁悬挂起重机技术数据见表4-12。

SDXQ型起重机技术数据　　　　　表4-12

起重量 (t)	跨度 L_k (m)	最大轮压 (t)	总重 (t)	车轮直径 (mm)	外形尺寸(mm) B	A	H	L_1	M	K	曳引力(kN) 起重	小车	大车	起升高度 (m)	轨道型号	配套葫芦型号	配套小车型号	生产厂
0.5	3～5	0.195～0.21	0.45～0.51	120	805	746	525	1000	1516	1000	191.1	29.4	58.8	2.5～12	120a～130c	HS1/2	SDX-3.WA1/2	郑州起重设备厂、包头起重设备厂、洛阳起重机厂、长沙起重机厂
	5.5～8	0.22～0.24	0.60～0.72		1005	800	585	1200	1716	1200								
	9～10	0.26～0.27	0.924～0.96		1205	840	625	1400	2016	1500								
	11～12	0.275～0.29	1.07～1.12						2216	1700								
1	3～5	0.345～0.36	0.474～0.54	120	825	816	545	1000	1516	1000	205.8	49.0	88.2	2.5～12	120a～130c	HS1	SDX-3.WA1	
	5.5～8	0.38～0.39	0.712～0.83		1052	890	625	1200	1716	1200								
	9～10	0.41～0.43	1.06～1.12		1252	950	685	1400	2016	1500								
	11～12	0.48～0.49	1.39～1.55			1000	745		2216	1700								
2	3～5	0.64～0.65	0.58～0.64	150	560	1150	585	800	1726	1200	318.5	107.8	117.6	3～12	124a～136c	HS2	SDX-3.WA2	
	6～8	0.68～0.69	0.86～0.88		760	1247	685	1000	2026	1500								
	9～10	0.72～0.73	1.18～1.25		960	1305	745	1200	2226	1700								
	11～12	0.38～0.39	1.6～1.7			1345	780		2426									
3	3～5	0.49～0.51	0.85～0.95	150	340	1304	586	600	2126	1200	338.1	127.4	147	3～12	124a～136c	HS3	SDX-3.WA3	
	6～8	0.56～0.58	1.25～1.42		540	1422	706	800	2426	1500								
	9～10	0.62～0.63	1.64～1.72		740	1460	746	1000	2626	1700								
	11～12	0.64～0.65	1.96～2.1			1508	796											

(2) 外形及安装尺寸：SDXQ型手动单梁悬挂起重机外形及安装尺寸见表4-12及图4-15。

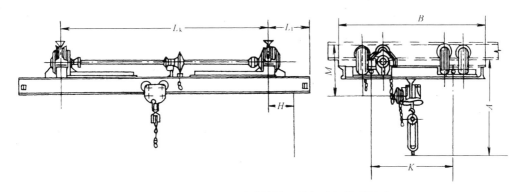

图 4-15　SDXQ 型手动单梁悬挂起重机外形尺寸

4.6　SSQ 型手动双梁桥式起重机

(1) 适用范围：SSQ 型手动双梁起重机适用于运输量不大，无电源的仓库、车间在固定跨距间作装卸、吊运重物或检修设备之间。

(2) 型号意义说明：

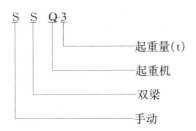

(3) 性能：SSQ 型手动双梁桥式起重机技术数据，见表 4-13。

SSQ 型手动双梁起重机技术数据及外形尺寸　　　　表 4-13

起重量(t)	跨度 S(m)	起升高度(m)	钢轨宽(mm)	外形尺寸(mm)							吊钩极限尺寸不大于(mm)			曳引力(N)			大车轮压(kN)	总重量(t)	生产厂
				W	B	H	A	W_c	K	H_1	C_1	C_2	起重	小车	大车			
5	10	10~16	40、50、60、70	2200	2800	950	160	1300	1300	630	980	1020	370	100	300	33.5	3.45	长沙起重机厂、洛阳起重机厂、郑州起重设备厂、重庆第二起重机厂
	11															34.2	3.64	
	12															35.2	4.04	
	13															36.3	4.25	
	14															38.3	4.78	
	15															38.6	5.00	
	16															40.1	5.94	
	17															41.0	5.89	

续表

起重量 (t)	跨度 S (m)	起升高度 (m)	钢轨宽 (mm)	外形尺寸(mm)						吊钩极限尺寸 不大于(mm)			曳引力(N)			大车轮压 (kN)	总重量 (t)	生产厂
				W	B	H	A	W_c	K	H_1	C_1	C_2	起重	小车	大车			
10	10	50、60、70		2200	2800	950	160	1300	1300	630	980	1020	530	160	350	56.7	3.79	长沙起重机厂、洛阳起重机厂、郑州起重设备厂、重庆第二起重机厂
	11															57.6	4.00	
	12															59.7	4.60	
	13															60.7	4.85	
	14															62.3	5.30	
	15															63.1	5.57	
	16															65.0	6.25	
	17															65.9	6.54	
16	10	10~16	50、60、70	2600	3200	1170	180	1500	1600	800	1000	1260	580	250	250	88.3	5.12	
	11															89.7	5.40	
	12															92.2	5.98	
	13															93.4	6.28	
	14															96.2	7.21	
	15															97.6	7.56	
	16															99.6	8.21	
	17															101.0	8.57	
20	10		60、70										640	290	300	109.3	5.45	
	11															111.3	5.75	
	12															113.4	6.20	
	13															115.2	6.63	
	14															113.4	7.47	
	15															117.4	7.85	
	16															122.6	8.74	
	17															124.6	9.55	

(4) 外形及安装尺寸：SSQ 型手动双梁桥式起重机外形及安装尺寸见表 4-13 和图 4-16。

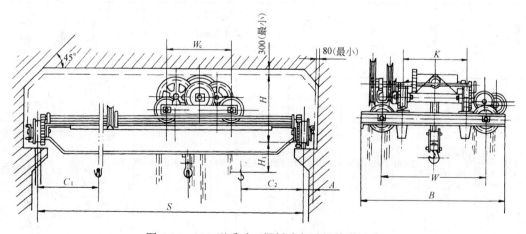

图 4-16 SSQ 型手动双梁桥式起重机外形尺寸

4.7 电动单梁起重机

4.7.1 LDT型电动单梁起重机

(1) 适用范围:LDT型电动单梁起重机是与AS型电动葫芦配套使用。它具有三维全双速运转,即起升、下降、左右横行与前后纵行均可单、双速运转。电动葫芦可以采用低建筑高度型,地面操纵采用非跟随式扁电缆滑道手电门操纵。

(2) 性能:LDT型电动单梁起重机技术数据见表4-14、15。

LDT型电动单梁起重机技术数据   表4-14

型号	起重量(kg)	跨度S(m)	主梁截面形式	W(mm)	E(mm)	最小轮压(kN)	最大轮压(kN)	重量(kg)	H(mm)	标准速度(m/min) 25	40/10	电动葫芦型号	生产厂
LDT1-S	1000	7.5	⊥	2000		3.62	9.37	1448	467	功率(kW)		AS205-20 2/1	天津起重机设备总厂
		10.5				4.50	10.26	1730					
		13.5		2500		6.37	12.13	2413	490				
		16.5				8.70	14.46	3282					
		19.5		3000		10.12	15.88	3781	587				
		22.5				11.43	17.19	4235					
LDT1.6-S	1600	7.5	⊥	2000		3.62	17.80	1548	467			AS204-20 4/1 AS308-16 2/1 AS308-24 2/1	
		10.5				5.18	14.38	2140	490				
		13.5		2500		7.39	16.58	2920	587				
		16.5			476	8.70	17.89	3382		0.36×2	0.60/0.15×2		
		19.5		3000		10.12	19.31	3885					
		22.5				12.68	21.86	4845	467				
LDT2-S	2000	7.5	⊥	2000		4.12	15.26	1735	490			AS205-20 4/1 AS310-16 2/1 AS310-24 2/1	
		10.5				5.97	17.12	2430					
		13.5		2500		7.39	18.54	2929	587				
		16.5				8.70	19.85	3381					
		19.5		3000		11.20	22.35	4324	687				
		22.5				12.68	23.82	4845					
LDT3.2-S	3200	7.5	⊥	2000		4.12	21.98	1923	490			AS308-16 4/1 AS308-24 4/1 AS416-16 2/1 AS416-24 2/1	
		10.5				5.97	23.83	2600	587				
		13.5		2500		7.39	25.25	3099					
		16.5				9.61	27.47	3925	687				
		19.5	I	3000	589	13.33	31.07	5840	740	0.50×2	0.88/0.21×2		
		22.5	I			15.19	32.93	6600					
LDT4-S	4000	7.5		2000		4.66	26.20	2091	587			AS310-16 4/1 AS310-24 4/1	
		10.5			476	5.97	27.48	2545		0.36×2	0.60/0.15×2		
		13.5		2500		8.13	29.65	3348	687				
		16.5				9.61	31.12	3870					
		19.5	I	3000	589	13.33	34.99	5840	740	0.50×2	0.88/0.21×2		
		22.5	I			15.19	36.85	6600					

续表

型号	起重量 (kg)	跨度 S (m)	主梁截面形式	W (mm)	E (mm)	最小轮压 (kN)	最大轮压 (kN)	重量 (kg)	H (mm)	标准速度 (m/min) 25	标准速度 (m/min) 40/10	电动葫芦型号	生产厂
LDT5-S	5000	7.5	组合型	2000	476	5.07	33.08	2583	687	0.36×2	0.60	AS3412-13 4/1	天津起重机设备总厂
		10.5		2000	476	6.55	34.55	3105	687	0.36×2	0.15×2	AS3412-20 4/1	
		13.5		2500		9.80	38.02	4733	640			AZ412-20 4/1	
		16.5		2500		11.76	40.08	5530	740			AZ412-32 4/1	
		19.5		3000		13.23	41.45	6150	790			AS412-16 4/1	
		22.5		3000		15.68	43.90	7140	840			AS412-24 4/1	
LDT6.3-S	6300	7.5		2000		6.66	41.26	3470	640				
		10.5		2000		8.13	42.73	4080	640				
		13.5		2500		10.19	44.79	4900	740			AS416-16 4/1	
		16.5		2500		11.76	46.35	5560	790			AS416-24 4/1	
		19.5		3000		14.01	48.61	6480	840				
		22.5		3000		16.07	50.67	7300	890				
LDT8-S	8000	7.5	H型	2000	589	7.06	50.76	3790	650	0.50×2	0.88/0.21×2		
		10.5		2000	589	8.72	52.53	4470	650				
		13.5		2500		10.49	54.29	5200				AS520-16 4/1	
		16.5		2500		13.52	57.33	6430	750			AS520-24 4/1	
		19.5		3000		16.56	60.37	7670	850				
		22.5		3000		19.21	63.01	8770	950				
LDT10-S	10000	7.5		2000		7.06	60.66	3790	650				
		10.5		2000		8.72	62.13	4470	650				
		13.5		2500		11.56	65.17	5630	750			AS525-16 4/1	
		16.5		2500		14.70	68.31	6950	850			AS525-24 4/1	
		19.5		3000		16.76	70.36	7770	950				
		22.5		3000		19.80	73.40	9020	1050				

注：⊥ 为组合型主梁；H 为H型主梁；□ 为箱型主梁。

配用电动葫芦技术数据　　　　　　　　　　　　　　　　表 4-15

起重量 (kg)	电动葫芦型号	起升高度 (m)	起升速度 (m/min)	功率 (kW)	工字钢主梁 b_1 (mm)	箱形主梁 b_2 (mm)	配UE型小车 L_1 (mm)	配UE型小车 L_2 (mm)	配UE型小车 重量 (kg)	配KE型小车 L_1 (mm)	配KE型小车 L_2 (mm)	配KE型小车 重量 (kg)	运行速度 (m/min) 20	运行速度 (m/min) 20/5	生产厂
1000	AS205-20 2/1	7;14	快 10	2	750	560	1010	1683	165	1000	1818	185			天津起重机设备总厂
			慢 1.6	0.33											
1600	AS204-20 4/1	3.5;6	快 5	1.55	725	570	6500	1043	1667	180	1027	1791	230	0.13 kW	0.13/0.03 kW
			慢 0.8	0.26											
	AS308-16 2/1	7;12	快 8	2.5	970	630	720			245			285		
			慢 1.3	0.42				1013	1707		996	1822			
	AS308-24 2/1	7;12	快 12	3.9	980	630	720			260			300		
			慢 2	0.65											
2000	AS205-20 4/1	3.5;6	快 5	2.0	725	570	650	1043	1677	180	1027	1791	230	360 c/h	180/240 c/h
			慢 0.8	0.33											

4.7 电动单梁起重机

续表

起重量 G_n(kg)	电动葫芦型号	起升高度(m)	起升速度(m/min)		功率(kW)	b_1(m)	工字钢主梁(mm)	箱形主梁(mm)	配UE型小车			配KE型小车			运行速度(m/min)		生产厂
									L_1(mm)	L_2(mm)	重量(kg)	L_1(mm)	L_2(mm)	重量(kg)	20	20/5	
2000	AS310-16 2/1	7;12	快	8	3.1	970	630	720	1013	1707	245	996	1822	285	0.13 kW 360 c/h	0.13/0.03 kW 180/240 c/h	天津起重机设备总厂
			慢	1.3	0.52												
	AS310-24 2/1	7;12	快	12	5.0	980	630	720			260			300			
			慢	2	0.83												
3200	AS308-16 4/1	3.5;12	快	4	2.5	910	550	620	1087	1784	355	1128	1901	375	0.29 kW	0.30/0.08 kW	
			慢	0.7	0.42												
	AS308-24 4/1	3.5;12	快	6	3.9	920	550	620			370			390			
			慢	1	0.65												
	AS416-16 2/1	7;12	快	8	5.0	1125	630	720	1131	1790	400	1152	1955	465			
			慢	1.3	0.83												
	AS416-24 2/1	7;12	快	12	7.8	1135	630	720			425			490			
			慢	2	1.3												
4000	AS310-16 4/1	3.5;6	快	4	3.1	910	550	620	1087	1784	355	1128	1901	375			
			慢	0.7	0.52												
	AS310-24 4/1	3.5;6	快	6	5.0	920	550	620			370			390			
			慢	1	0.83												
5000	AS3412-13 4/1	4.5;7.5	快	3.4	3.1	910	550	640	1100	1822	405	1187	1940	480	360 c/h	360/180 c/h	
			慢	0.5	0.52												
	AS3412-20 4/1	4.5;7.5	快	5	5.0	920	530	620			420			505			
			慢	0.8	0.83												
	AZ412-20 4/1	4;7	快	5	5.0	945	550	640	1101	1820	440	1190	1937	515			
			慢	0.8	0.83												
	AZ412-32 4/1	4;7	快	8	7.8	950	550	640			465			540			
			慢	1.3	1.3												
	AS412-16 4/1	3.5;6	快	4	3.90	1060	580	660	1146	1865	590	1250	1937	690			
			慢	0.7	0.65												
	AS412-24 4/1	3.5;6	快	6	6.2	1070	580	660			625			715			
			慢	1	1.03												
6300	AS416-16 4/1	3.5;6	快	4	5.0	1060	580	660	1146	1865	590	1250	1982	690	0.45 kW	0.44/0.11 kW	
			慢	0.7	0.83												
	AS416-24 4/1	3.5;6	快	6	7.8	1070	580	660			625			715			
			慢	1	1.3												
8000	AS520-16 4/1	3.5;6	快	4	6.2	1245	630	670	1161	1860	780	1259	2001	880			
			慢	0.7	1.0												
	AS520-24 4/1	3.5;6	快	6	9.7	1260	640	670			815			915			
			慢	1	1.6												
10000	AS525-16 4/1	3.5;6	快	4	7.8	1245	630	670			780			880	360 c/h	360/180 c/h	
			慢	0.7	1.3												
	AS525-24 4/1	3.5;6	快	6	12.0	1260	640	670			815			915			
			慢	1	2.0												

(3) 外形及安装尺寸:LDT型电动单梁起重机外形及安装尺寸见图4-17和表4-14、15。

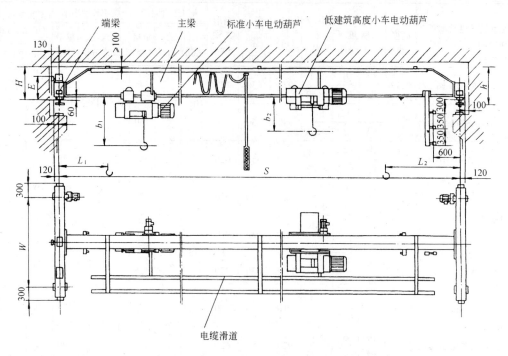

图4-17 LDT型电动单梁、LBT防爆电动单梁起重机外形及安装尺寸

4.7.2 LD-A型电动单梁起重机

(1) 适用范围:LD-A型电动单梁起重机是与CD_1、MD_1型电动葫芦配套使用,成为一种有轨运行的轻小起重机,其适用起重量1~5t,适用跨度7.5~22.5m,工作级别A_3~A_5,工作环境温度-25~+40℃。它多用于机械制造、装配、结构和小型铸造车间、仓库等场所。该产品有地面操纵和司机室操纵两种形式。司机室又分端面开门和侧面开门两种形式。司机室又分开式司机室、闭式司机室。

(2) 性能:LD-A型电动单梁起重机技术数据见表4-16、17。

LD-A型电动单梁起重机技术数据　　　　表4-16

起重机运行机构					起重机构及电动葫芦运行机构					工作制度	电源	车轮直径(mm)	轨道面宽(mm)	生产厂
运行速度(m/min)	减速比	电动机			电动葫芦型号	起升速度(m/min)	起升高度H(m)	运行速度(m/min)	电动机					
		型号	功率(kW)	转速(r/min)										
30	26	ZDY21-4	2×0.8	1380	CD1	8	6、9、12、18、20、24、30	20、30	锥形鼠笼型	中级 JC=25%	3相 50Hz 380V	270	37~70	天津起重设备总厂、郑州起重设备厂、常熟市起重机械设备厂、新乡市起重设备厂、银川起重机器厂、洛阳起重机厂、西安起重机械厂、宝鸡叉车制造公司、济南重型机器厂

4.7 电动单梁起重机

续表

起重机运行机构				起重机构及电动葫芦运行机构			工作制度	电源	车轮直径(mm)	轨道面宽(mm)	生产厂
45	26	ZDY21-4	2×0.8	1380	CD1	8	6、9、12、18、20、24、30	20、30	锥形鼠笼型	中级JC=25%	3相50Hz380V	270	37~70	天津起重设备总厂、郑州起重设备厂、常熟市起重机械设备厂、新乡市起重设备厂、银川起重机器厂、洛阳起重机厂、西安起重机械厂、宝鸡叉车制造公司、济南重型机器厂
75	15.6	ZDR21-4	2×1.5	1380	MD1	8/0.8								

LD-A型电动起重机技术数据外形及安装尺寸　　　　表 4-17

起重量(t)	跨度L_k(m)	起重机总重(t)	最大轮压(kN)	最小轮压(kN)	外形尺寸 (mm)						
					h_1	B	K	l_1	l_2	h	h_2
1	7.5	1.74	11.47	2.65	550	2500	2000	796	1274	720	490
	8	1.78	11.56	2.74							
	8.5	1.83	11.76	2.94							
	9	1.87	11.76	2.94							
	9.5	1.91	11.86	3.04							
	10	1.95	11.96	3.14							
	10.5	1.99	12.05	3.23							
	11	2.03	12.15	3.33							
	11.5	2.23	12.35	3.53							
	12	2.28	12.54	3.82							
	12.5	2.35	12.74	3.92							
	13	2.43	12.94	4.12							
	13.5	2.47	13.13	4.31							
	14	2.52	13.33	4.51							
	14.5	2.58	13.33	4.61	600	3000	2500	796	1274	750	510
	15	2.60	13.43	4.70		3000	2500				
	15.5	2.64	13.52	4.70							
	16	2.68	13.62	4.80				796	1274		
	16.5	2.72	13.72	4.90							
	17	2.76	13.82	5.00							
	19.5	3.20	14.99	6.47							
	22.5	3.57	16.17	7.64	800	3500	3000			1070	660

续表

起重量 (t)	跨度 L_k(m)	起重机总重 (t)	最大轮压 (kN)	最小轮压 (kN)	外形尺寸 (mm)						
					h_1	B	K	l_1	l_2	h	h_2
2	7.5	2.00	17.25	3.04	600	2500	2000	871.5	1292.5	930	510
	8	2.05	17.35	3.14							
	8.5	2.10	17.54	3.33							
	9	2.15	17.64	3.53							
	9.5	2.20	17.84	3.63							
	10	2.25	18.13	3.72							
	10.5	2.30	18.03	3.82							
	11	2.35	18.13	3.92							
	11.5	2.40	18.23	4.02							
	12	2.45	18.32	4.12							
	12.5	2.56	18.62	4.41							
	13	2.61	18.72	4.51							
	13.5	2.66	18.82	4.70							
	14	2.71	19.01	4.80							
	14.5	2.76	19.11	4.90		3000	2500				
	15	2.81	19.31	5.10							
	15.5	2.86	19.40	5.19							
	16	2.91	19.50	5.29							
	16.5	2.96	19.60	5.39							
	17	3.01	19.70	5.49							
	19.5	3.56	21.07	7.15	700						560
	22.5	5.28	22.34	11.37	1000	3500	3000			965	825
3	7.5	2.10	22.44	3.14	630	2500	2000	818.5	1291	1050	510
	8	2.15	22.54	3.23							
	8.5	2.20	22.74	3.43							
	9	2.25	22.93	3.63							
	9.5	2.30	23.03	3.72							
	10	2.35	23.13	3.82							
	10.5	2.40	23.23	3.92							
	11	2.45	23.42	4.12							
	11.5	2.50	23.52	4.21							
	12	2.55	23.62	4.31							
	12.5	2.65	23.81	4.51							
	13	2.70	23.91	4.70							
	13.5	2.75	24.01	4.80							

续表

起重量 (t)	跨度 L_k(m)	起重机总重 (t)	最大轮压 (kN)	最小轮压 (kN)	外形尺寸 (mm)						
					h_1	B	K	I_1	I_2	h	h_2
3	14	2.97	24.60	5.29	700	3000	2500			1010	560
	14.5	3.02	24.70	5.39							
	15	3.07	24.89	5.59							
	15.5	3.12	24.99	5.68							
	16	3.17	25.19	5.88							
	16.5	3.22	25.28	5.98							
	17	3.27	25.38	6.08							
	19.5	3.84	26.85	7.74	800						660
	22.5	5.34	30.58	11.47	1087					1121	905
5	7.5	2.40	33.22	3.14	700	2500	2000				560
	8	2.45	33.52	3.43							
	8.5	2.50	33.71	3.63							
	9	2.55	33.81	3.72							
	9.5	2.60	34.01	3.92							
	10	2.65	34.20	4.12							
	10.5	2.70	34.30	4.21							
	11	2.88	34.69	4.61							
	11.5	2.95	34.89	4.80							
	12	3.02	35.08	5							
	12.5	3.14	35.28	5.19				814.5	1310	1130	
	13	3.23	35.48	5.39							
	13.5	3.28	35.67	5.59							
	14	3.40	35.77	5.68							
	14.5	3.44	35.97	5.88	800	3000	2500				660
	15	3.46	36.06	5.98							
	15.5	3.52	36.26	6.17							
	16	3.58	36.46	6.37							
	16.5	3.64	36.65	6.47							
	17	3.70	39.79	6.57							
	19.5	5.08	42.92	10.09	1000					1205	825
	22.5	6.23	42.83	12.94	1087	3500	3000			1222	905
10	7.5	4.42	57.04	20.68	710	2500	2000			1425	625
	8	4.525	58.21	19.94							
	8.5	4.63	59.34	19.36				143.3	204.4		
	9	4.73	60.32	18.87							
	9.5	4.84	90.65	18.47							
	10	4.945	62.13	18.13							
	10.5	5.06	62.92	17.84				115.0	160.8		
	11	5.385	64.09	18.03				86.7	117.2		

续表

起重量 (t)	跨度 L_k(m)	起重机总重 (t)	最大轮压 (kN)	最小轮压 (kN)	外形尺寸 (mm)						
					h_1	B	K	I_1	I_2	h	h_2
10	11.5	5.25	64.78	17.93	810	3000	2500	72.5	99.6	1475	685
	12	5.63	65.56	17.74							
	12.5	5.74	66.10	17.69				64.3	82.7		
	13	5.85	66.74	17.59							
	13.5	5.965	67.33	17.54							
	14	6.51	67.82	18.47							
	14.5	6.645	68.45	18.47							
	15	6.765	69.97	18.52							
	15.5	6.90	70.56	18.57	910	3500	3000			1525	725
	16	7.005	71.05	18.62							
	16.5	7.145	71.59	18.77							

(3) 外形及安装尺寸:LD-A型电动单梁起重机外形及安装尺寸见图 4-18 和表 4-17。

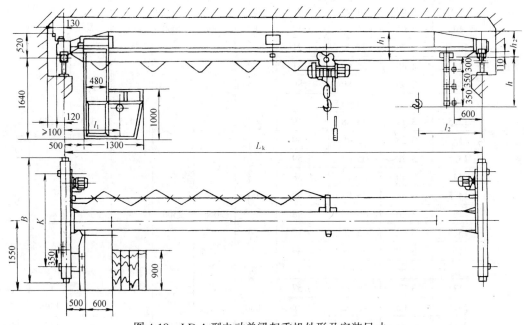

图 4-18 LD-A型电动单梁起重机外形及安装尺寸

4.8 LX型电动单梁悬挂桥式起重机

(1) 适用范围:LX型电动单梁悬挂桥式起重机与电动葫芦配套使用。可用于机械制造试验室、装配工场、车间、库房的固定跨间内作一般装卸搬运工作。本机工作级别为 A_5(中级),工作环境温度不得低于 -20℃,高于 40℃,相对湿度不得大于 85%,不宜在易爆、易燃、充满酸和碱类气体或有很大湿度的场所工作。

(2) 性能:LX型电动单梁悬挂桥式起重机技术数据及外形尺寸见表 4-18。

4.8 LX型电动单梁悬挂式起重机

表 4-18 LX型电动单梁悬挂起重机技术数据及外形尺寸

额定起重量 G_n (t)	跨度 S (m)	起重机运行机构 电动机 型号	起重机运行机构 电动机 功率(kW)	起重机运行机构 运行速度(m/min)	电动葫芦 型号	电动葫芦 起升高度(m)	电动葫芦 运行速度(m/min)	电动葫芦 起升速度(m/min)	车轮工作直径(mm)	工字钢轨道	最小轮压(一组车轮)(kN)	最大轮压(一组车轮)(kN)	起重机总重量(包括电动葫芦重量)(t)	L	l_1	l_2	h	h_{max}	h_0	A	B	W	生产厂
0.5	3	ZDY12-4	2×0.4	20、30	CD₁或MD₁	6、9、12、18、24、30	20、30	8 或 8/0.8	130	120a~145c	0.5	6.0	0.67	4.5	234	153.5	550	774	200	290	1500	1000	长沙起重机厂、洛阳起重机厂、大连起重设备厂、重庆起重机总厂
	3.5										0.5	6.0	0.68	5									
	4										0.6	6.8	0.70	5.5									
	4.5										0.7	6.9	0.72	6									
	5										0.9	7.1	0.82	6.5									
	5.5										1.0	7.2	0.85	7					774	273				
	6										1.0	7.3	0.88	7.5									
	6.5										1.1	7.3	0.90	8	750									
	7										1.1	7.3	0.93	8.5									
	7.5										1.2	7.4	0.95	9									
	8										1.4	8.2	1.14	10									
	8.5										1.5	8.2	1.18	10.5									
	9										1.6	8.3	1.21	11					824	328	340	2000	1500	
	9.5										1.6	8.4	1.24	11.5									
	10										1.7	8.5	1.28	12	1000									
	10.5										1.8	8.6	1.31	12.5									
	11										1.8	8.7	1.34	13									
	11.5										1.9	8.8	1.38	13.5									
	12										2.0	8.9	1.41	14									
	12.5										2.3	9.6	1.63	14.5					854	362	370	2500	2000	
	13										2.4	9.7	1.67	15									
	13.5										2.5	9.8	1.71	15.5									
	14										2.6	9.9	1.75	16									
	14.5										2.6	10.1	1.79	16.5									
	15										2.7	10.2	1.83	17									
	15.5										2.8	10.3	1.87	17.5									
	16										2.8	10.5	1.91	18									

续表

额定起重量 G_n (t)	跨度 S (m)	起重机运行机构 电动机 功率 (kW)	起重机运行机构 电动机 型号	起重机运行机构 运行速度 (m/min)	电动葫芦 型号	电动葫芦 起升高度 (m)	电动葫芦 运行速度 (m/min)	电动葫芦 起升速度 (m/min)	车轮工作直径 (mm)	轨道工字钢	最小轮压(一组车轮) (kN)	最大轮压(一组车轮) (kN)	起重机总重量(包括电动葫芦)重量 (t)	外形尺寸 (mm) L	l_1	l_2	h	h_{max}	h_0	A	B	W	生产厂
1	3	2×0.4	ZDY 12-4	20、30	CD_1 或 MD_1	6、9、12、18、24、30	20、30	8 或 8/0.8	130	120a~145c	0.2	11.4	0.75	4.5	256	134	660	824	250	340	1500	1000	长沙起重机厂、洛阳起重机厂、大连起重设备厂、重庆起重总厂
	3.5										0.3	11.2	0.77	5									
	4										0.4	11.1	0.79	5.5									
	4.5										0.5	11.0	0.81	6									
	5										0.8	11.4	0.95	6.5						340			
	5.5										0.9	11.4	0.98	7									
	6										1.0	11.5	1.02	7.5					328				
	6.5										1.1	11.5	1.05	8									
	7										1.2	11.6	1.09	8.5									
	7.5										1.3	11.6	1.12	9									
	8										1.4	12.4	1.28	10									
	8.5										1.5	12.5	1.32	10.5									
	9										1.6	12.6	1.36	11				854	362	370	2000	1500	
	9.5										1.7	12.7	1.40	11.5									
	10										1.8	12.7	1.43	12			1000						
	10.5										1.9	12.8	1.47	12.5									
	11										1.9	12.9	1.51	13									
	11.5										2.0	13.0	1.55	13.5									
	12										2.1	13.1	1.58	14									
	12.5										4.4	10.2	1.93	14.5									
	13										4.5	10.3	1.97	15									
	13.5										4.6	10.4	2.01	15.5									
	14										4.7	10.5	2.05	16				894	600	410	2500	2000	
	14.5										4.8	10.6	2.09	16.5									
	15										4.9	10.7	2.13	17									
	15.5										5.0	10.8	2.17	17.5									
	16										5.1	10.9	2.21	18									

4.8 LX型电动单梁悬挂式起重机

续表

额定起重量 G_n (t)	跨度 S (m)	起重机运行机构 电动机 功率(kW)	型号	运行速度 (m/min)	电动葫芦 型号	起升高度 (m)	运行速度 (m/min)	起升速度 (m/min)	车轮工作直径 (mm)	轨道工字钢	最小轮压(一组车轮) (kN)	最大轮压(一组车轮) (kN)	起重机总重量(包括电动葫芦重量) (t)	L	l	l_1	l_2	h	h_{max}	h_0	A	B	W	生产厂
2	3	2×0.4	ZDY12-4	20、30	CD_1 或 MD_1	6、9、12、18、24、30	20、30	8 或 8/0.8	130	124a ~ 145c	0.2	11.9	0.92	4	500	277.5	152.5	840	854	362	370	1500	1000	长沙起重机厂、洛阳起重机厂、大连起重设备厂、重庆起重机总厂
	3.5										0.4	11.9	0.96	4.5										
	4										0.5	11.9	0.99	5										
	4.5										0.7	11.9	1.03	5.5										
	5										0.8	11.9	1.07	6										
	5.5										0.9	11.9	1.11	6.5										
	6										1.0	11.9	1.15	7										
	6.5										1.1	11.9	1.18	7.5										
	7										1.2	11.9	1.22	8										
	7.5										1.3	11.9	1.26	8.5										
	8										3.2	14.4	1.55	10	1000				894		600	400	2000	1500	
	8.5										3.3	14.5	1.59	10.5										
	9										3.4	14.6	1.63	11										
	9.5										3.5	14.7	1.67	11.5										
	10										3.6	14.8	1.71	12										
	10.5										3.7	14.9	1.75	12.5										
	11										3.8	15.0	1.79	13										
	11.5										3.9	15.1	1.83	13.5										
	12										4.0	15.2	1.87	14										
	12.5										4.4	15.7	2.02	14.5								2500	2000	
	13										4.5	15.8	2.06	15										
	13.5										4.6	15.9	2.10	15.5										
	14										4.7	16.0	2.14	16										
	14.5										4.8	16.1	2.18	16.5										
	15										4.9	16.2	2.22	17										
	15.5										5.0	16.3	2.26	17.5										
	16										5.1	16.4	2.30	18										

续表

额定起重量 G_n (t)	跨度 S (m)	起重机运行机构 电动机 型号	电动机 功率 (kW)	运行速度 (m/min)	电动葫芦 型号	起升高度 (m)	运行速度 (m/min)	起升速度 (m/min)	车轮工作直径 (mm)	轨道工字钢	最小轮压(一组车轮) (kN)	最大轮压(一组车轮) (kN)	起重机总重量(包括电动葫芦重量) (t)	L	l	l_1	l_2	h	h_{max}	h_0	A	B	W	生产厂
3	3	ZDY12-4	2×0.4	20、30	CD₁ 或 MD₁	6、9、12、18、24、30	20、30	8 或 8/0.8	130	127a~145c	1.7	18.2	1.04	4.5										
	3.5										1.8	18.3	1.08	5										
	4										1.9	18.4	1.12	5.5										
	4.5										2.0	18.5	1.16	6										
	5										2.1	18.6	1.20	6.5	750				904	395	420	1500	1000	
	5.5										2.2	18.7	1.24	7									1500	
	6										2.4	18.9	1.28	7.5										
	6.5										2.5	19.0	1.32	8										
	7										2.6	19.1	1.36	8.5										
	7.5										2.7	19.2	1.40	9										
	8										3.4	19.9	1.65	10			278.5	151	930						
	8.5										3.5	20.0	1.70	10.5										
	9										3.6	20.1	1.75	11										
	9.5										3.8	20.3	1.80	11.5										
	10										3.9	20.4	1.85	12		1000				924	630	440	2000	2000	
	10.5										4.0	20.5	1.90	12.5										1500	
	11										4.2	20.7	1.95	13											
	11.5										4.3	20.8	2.00	13.5											
	12										4.4	20.9	2.05	14											
	12.5										4.6	21.1	2.14	14.5											
	13										4.7	21.2	1.19	15										2500	
	13.5										4.8	21.3	2.24	15.5											2000
	14										5.0	21.5	2.29	16											
	14.5										5.1	21.6	2.34	16.5											
	15										5.2	21.7	2.39	17											
	15.5										5.4	21.9	2.44	17.5											
	16										5.5	22.0	2.49	18											

4.8 LX型电动单梁悬挂式起重机

续表

额定起重量 G_n (t)	跨度 S (m)	起重机运行机构 电动机 型号	起重机运行机构 电动机 功率(kW)	起重机运行机构 运行速度(m/min)	电动葫芦 型号	电动葫芦 起升高度(m)	电动葫芦 运行速度(m/min)	电动葫芦 起升速度(m/min)	车轮工作直径(mm)	轨道工字钢	最小轮压(一组车轮)(kN)	最大轮压(一组车轮)(kN)	起重机总重量(包括电动葫芦重量)(t)	L	l	l_1	l_2	h	h_{max}	h_0	A	B	W	生产厂
5	3	ZDY 12-4	2×0.4	20、30	CD$_1$或MD$_1$	6、9、12、18、24、30	20、30	8 或 8/0.8	130	130a~145c	1.7	29.2	1.28	4.5	750	301.5	170	1185	904	395	420	1500	1000	长沙起重机厂、洛阳起重机厂、大连起重设备厂、重庆起重机总厂
	3.5										1.8	29.3	1.32	5										
	4										1.9	29.4	1.36	5.5										
	4.5										2.0	29.5	1.40	6										
	5										2.1	29.5	1.44	6.5										
	5.5										2.2	29.7	1.48	7										
	6										2.4	29.9	1.52	7.5										
	6.5										2.5	30.0	1.56	8										
	7										2.6	30.1	1.60	8.5										
	7.5										2.7	30.2	1.64	9										
	8										3.5	31.0	1.92	10										
	8.5										3.6	31.1	1.97	10.5	1000				934	640	450	2000	1500	
	9										3.7	31.2	2.02	11										
	9.5										3.9	31.4	2.07	11.5										
	10										4.0	31.5	2.12	12										
	10.5										4.1	31.6	2.17	12.5										
	11										4.3	31.8	2.22	13										
	11.5										4.4	31.9	2.27	13.5										
	12										4.5	32.0	2.32	14										
	12.5										5.3	32.8	2.41	14.5					740			2500	2000	
	13										5.4	32.9	2.46	15										
	13.5										5.6	33.1	2.51	15.5										
	14										5.7	33.2	2.56	16										
	14.5										5.9	33.4	2.61	16.5										
	15										6.0	33.5	2.66	17										
	15.5										6.2	33.7	2.71	17.5										
	16										6.3	33.8	2.76	18										

续表

额定起重量 G_n (t)	跨度 S (m)	起重机运行机构 电动机 功率 (kW)	起重机运行机构 电动机 型号	起重机运行机构 运行速度 (m/min)	电动葫芦 型号	电动葫芦 起升高度 (m)	电动葫芦 运行速度 (m/min)	电动葫芦 起升速度 (m/min)	车轮工作直径 (mm)	工字钢轨道	最小轮压(一组车轮)(kN)	最大轮压(一组车轮)(kN)	起重机总重量(包括电动葫芦)重量(t)	L	l	l_1	l_2	h	h_{max}	h_0	A	B	W	生产厂
10	3	2×0.8	ZDY21-4	20、30	CD_1	6、9、12、18、24、30	20、30	7	150	136a～163c	5.9	62.0	2.225	4	500	615	615	1320	985	650	705	1500	1500 1000	长沙起重机厂、洛阳起重机厂、大连起重设备厂、重庆起重机总厂
	3.5										5.7	62.6	2.285	4.5										
	4										5.6	63.0	2.345	5										
	4.5										5.6	63.4	2.410	5.5										
	5										5.6	63.7	2.475	6										
	5.5										5.7	64.0	2.535	6.5										
	6										3.5	67.1	2.700	7.5						1010	750	730			
	6.5										3.8	67.2	2.765	8											
	7										4.1	67.3	2.830	8.5		750									
	7.5										4.4	67.4	2.915	9											
	8										4.9	67.8	3.060	9.5						1035		755			
	8.5										5.1	67.9	3.125	10											
	9										4.2	70.3	3.375	11								815			
	9.5										4.6	70.4	3.470	11.5											
	10										4.9	70.5	3.545	12	1000					1095	840		2000	2000 1500	
	10.5										5.2	70.6	3.620	12.5											
	11										5.6	70.7	3.695	13											
	11.5										5.9	70.8	3.790	13.5											

注：电源：3相、50Hz、380V。

(3) 外形及安装尺寸：LX 型电动单梁悬挂起重机外形及安装尺寸见图 4-19 和表 4-18。

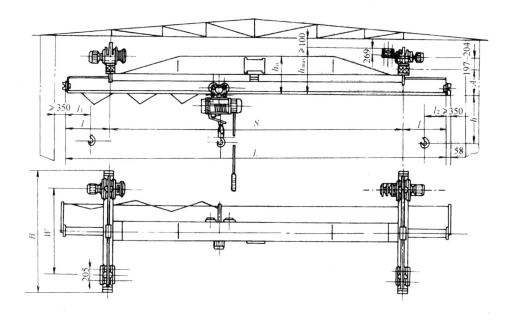

图 4-19　LX 型电动单梁悬挂起重机外形及安装尺寸

4.9　LDH 型电动单梁环形轨道起重机

(1) 适用范围：LDH 型电动单梁环形轨道起重机与 CD_1、MD_1 等形式的电动葫芦配套使用，是一种在环形轨道上运行的一般起重设备。其适用起重量为 1、2、3、5、10t，跨度为 7.5~22.5m；工作级别 A_3~A_5；工作环境温度为 -25~+40℃。本起重机主要适用于圆形泵房、井场等场所。操作方式分为司机室和地面操作两种，根据用户需要，可进行非标准设计和制造。

(2) 性能：LDH 型电动单梁环形轨道起重机技术数据及外形尺寸见表 4-19。

(3) 外形及安装尺寸：LDH 型电动单梁环形轨道起重机外形及安装尺寸见图 4-20 和表 4-19。

表 4-19 LDH型电动单梁环形轨道起重机技术数据及外形尺寸

起重量 (t)	跨度 S (m)	操纵方式	起重机运行机构 电动机 型号	功率 (kW)	转速 (r/min)	运行速度 (m/min)	电动葫芦 型号	起升高度 (m)	起升速度 (m/min)	运行速度 (m/min)	轨道面宽 (mm)	最小轮压 (kN)	最大轮压① (kN)	总重量① (t)	H	H_1	H_2	C_1	C_2	W (mm)	B (mm)	生产厂
1	7.5	地面操纵	ZDY21-4	0.8×2	1380	20	CD_1	6, 9, 12, 18, 24, 30	8	20, 30	37~70	4.0	13.8	1.65	490	80	810	796	1324	~2000	~2500	长沙起重机厂
	8.5	地面操纵	ZDY21-4	0.8×2	1380	20	CD_1					4.2	14.0	1.74	490	80	810			~2000	~2500	
	9.5	地面操纵	ZDY21-4	0.8×2	1380	30	CD_1					4.5	14.3	1.83	490	80	810			~2000	~2500	
	10.5	地面操纵	ZDY21-4	0.8×2	1380	30	CD_1					4.7	14.5	1.92	490	80	810			~2000	~2500	
	11.5	地面操纵	ZDY21-4	0.8×2	1380	45	CD_1					4.9	14.7	2.00	490	80	810			~2000	~2500	
	12.5	地面操纵	ZDY21-4	0.8×2	1380	45	CD_1					5.3	15.1	2.15	490	80	810			~2000	~2500	
	13.5	司机室操纵	ZDR12-4	1.5×2	1380	45	CD_1					5.6	15.4	2.24	530	110	840			~2500	~3000	
	14.5	司机室操纵	ZDR12-4	1.5×2	1380	45	CD_1					5.9	15.8	2.42	530	110	840			~2500	~3000	
	15.5	司机室操纵	ZDR12-4	1.5×2	1380	60	CD_1					6.3	16.1	2.52	530	110	840			~2500	~3000	
	16.5	司机室操纵	ZDR12-4	1.5×2	1380	60	CD_1					6.5	16.3	2.62	580	120	850			~3000	~3500	
	19.5	司机室操纵	ZDR12-4	1.5×2	1380	75	CD_1					7.6	17.4	3.00	580	120	850			~3000	~3500	
	22.5	司机室操纵	ZDR12-4	1.5×2	1380	75	CD_1					8.6	18.4	3.41	580	120	850			~3000	~3500	
2	7.5	地面操纵	ZDY21-4	0.8×2	1380	20	MD_1	6, 9, 12, 18, 24, 30	8/0.8	20, 30	37~70	4	19.4	1.78	490	80	1000	872	1343	~2000	~2500	长沙起重机厂
	8.5	地面操纵	ZDY21-4	0.8×2	1380	20	MD_1					4.2	19.6	1.86	490	80	1000			~2000	~2500	
	9.5	地面操纵	ZDY21-4	0.8×2	1380	30	MD_1					4.5	19.9	1.96	490	80	1000			~2000	~2500	
	10.5	地面操纵	ZDY21-4	0.8×2	1380	30	MD_1					4.7	20.1	2.05	490	80	1000			~2000	~2500	
	11.5	地面操纵	ZDY21-4	0.8×2	1380	45	MD_1					5.1	20.5	2.21	490	80	1000			~2000	~2500	
	12.5	地面操纵	ZDY21-4	0.8×2	1380	45	MD_1					5.5	20.9	2.35	490	80	1000			~2000	~2500	
	13.5	司机室操纵	ZDR12-4	1.5×2	1380	45	MD_1					5.8	21.2	2.45	580	110	1030			~2500	~3000	
	14.5	司机室操纵	ZDR12-4	1.5×2	1380	45	MD_1					6.1	21.5	2.55	580	110	1030			~2500	~3000	
	15.5	司机室操纵	ZDR12-4	1.5×2	1380	60	MD_1					6.5	21.9	2.74	580	120	1040			~2500	~3000	
	16.5	司机室操纵	ZDR12-4	1.5×2	1380	60	MD_1					6.8	22.2	2.85	660	120	1040			~2500	~3000	
	19.5	司机室操纵	ZDR12-4	1.5×2	1380	75	MD_1					9.4	24.8	3.85	660	160	1040			~3000	~3500	
	22.5	司机室操纵	ZDR12-4	1.5×2	1380	75	MD_1					11.4	26.8	4.6	760	160	1060			~3000	~3500	

4.9 LDH型电动单梁环形轨道起重机

续表

起重量 (t)	跨度 S (m)	操纵方式	起重机运行机构 电动机 型号	功率 (kW)	转速 (r/min)	运行速度 (m/min)	电动葫芦 型号	起升高度 (m)	起升速度 (m/min)	运行速度 (m/min)	轨道面宽 (mm)	最小轮压 (kN)	最大轮压① (kN)		总重量① (t)		外形尺寸 (mm) H	H_1	H_2	C_1	C_2	W	B	生产厂
3	7.5	地面操纵	ZDY21-4	0.8×2	1380	20	CD₁、MD₁	6、9、12、18、24、30	8、8/0.8	20、30	37~70	4.1	24.5	21.5	2.28	1.88	530	120	1150	819	1341	~2000	~2500	长沙起重机厂
3	8.5											4.4	24.8	21.8	2.38	1.98	530	120	1150	819	1341	~2000	~2500	
3	9.5					30						4.6	25	22	2.48	2.08	530	120	1150	819	1341	~2000	~2500	
3	10.5											4.9	25.3	22.3	2.58	2.18	580	120	1150	819	1341	~2500	~3000	
3	11.5											5.2	25.6	22.6	2.72	2.32	580	120	1150	819	1341	~2500	~3000	
3	12.5					45						5.7	26.1	23.1	2.87	2.47	580	120	1150	819	1341	~2500	~3000	
3	13.5											6.0	26.4	23.4	2.99	2.59	660	140				~3000	~3500	
3	14.5		ZDR12-4	1.5×2	1380	45						6.3	26.7	23.7	3.10	2.70	660	140				~3000	~3500	
3	15.5											7.8	28.2	25.2	3.71	3.31	660	140				~3000	~3500	
3	16.5					60						8.1	28.5	25.5	3.85	3.45	745	155	1170					
3	19.5											10.6	31	28	4.08	4.28	825	175	1280					
3	22.5					75						12	32.4	29.4	5.23	4.83	825	175	1280					
5	7.5	司机室操纵	ZDY21-4	0.8×2	1380	20						4.2	35.8	32.8	2.54	2.14	580	140	1400	842	1360	~2000	~2500	长沙起重机厂
5	8.5											4.4	36.0	33	2.65	2.25	580	140	1400	842	1360	~2000	~2500	
5	9.5					30						4.7	36.3	33.3	2.77	2.37	580	140	1400	842	1360	~2000	~2500	
5	10.5											5.0	36.6	33.6	2.88	2.48	660	140	1400	842	1360	~2500	~3000	
5	11.5											6.2	37.8	34.8	3.35	2.95	660	140	1400	842	1360	~2500	~3000	
5	12.5					45						6.7	38.3	35.3	3.52	3.12	660	140	1400	842	1360	~2500	~3000	
5	13.5											7.1	38.7	35.7	3.67	3.27	660	140				~3000	~3500	
5	14.5		ZDR12-4	1.5×2	1380	45						7.6	39.2	36.2	3.82	3.42	760					~3000	~3500	
5	15.5											8.0	40.2	37.2	4.27	3.87	760					~3000	~3500	
5	16.5					60						9.0	40.6	37.6	4.42	4.02	760							
5	19.5											10.7	42.3	39.3	4.97	4.57	825	175	1480					
5	22.5					75						13.4	45	42	6.05	5.65	875	225	1485/1500					

续表

起重量(t)	跨度 S (m)	操纵方式	起重机运行机构 电动机 型号	功率(kW)	转速(r/min)	运行速度(m/min)	电动葫芦 型号	起升高度(m)	起升速度(m/min)	运行速度(m/min)	轨道面宽(mm)	最小轮压(kN)	最大轮压①(kN)	总重量①(t)	H	H_1	H_2	C_1	C_2	W	B	生产厂
10	9.5	地面操纵	ZDY21-4	0.8×2	1380	20	CD_1	6、9、12、18、24、30	7	20、30	68~70	13.45	71.6	4.8	708	132	1325	1100~1600	1500~1600	1500~2500	~3100	长沙起重机厂
	10.5											13.6	72.8	5								
	11.5											13.8	74	5.2								
	12.5					30						14	74.8	5.4	748	152	1345					
	13.5											14.6	75.2	5.6								
	14.5											15.3	75.9	5.8								
	15.5	司机室操纵	ZDR12-4	1.5×2		45						15.5	76.7	6.1	945	55						
	16.5											15.7	77.5	6.3								
	17.5											16.3	79.8	6.88	1035	100	1450	1100~1600	1500~1600	~3000	~3500	
	18.5											16.5	80.8	7.12								
	20.5											17.1	83.1	7.72	1080	120						
	22.5											17.6	85	8.18								

① 栏中左面数字为地面操纵式,右面为司机室操纵式。

注:电源:3相,380V,50Hz;工作级别 $A_3 \sim A_5$。

4.9 LDH型电动单梁环形轨道起重机

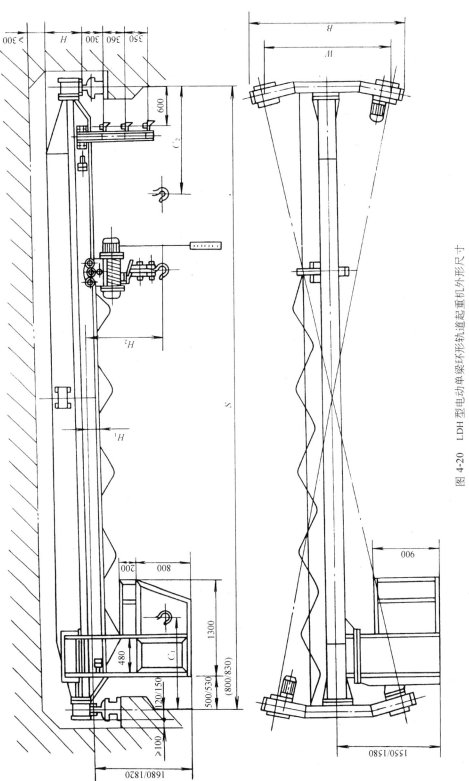

图 4-20 LDH型电动单梁环形轨道起重机外形尺寸
注：1. 分数线上的数字用于1~5t，分数线下的数字用于10t。
2. 括号内尺寸(800/830)为端面开门司机室用。

4.10 LH型电动葫芦双梁桥式起重机

(1) 适用范围：LH型电动葫芦双梁桥式起重机适用于车间、仓库、料场及水电站等场所，在固定跨间进行一般装卸或起重搬运作业。该产品是介于电动单梁和双梁桥式起重机的中间产品，兼有两种产品的一些优点。其工作级别为 $A_3 \sim A_5$；工作环境温度为 $-25 \sim +40℃$；起重量 $5 \sim 50t$；跨度为 $7.5 \sim 22.5m$。本产品分为地面操纵和司机室操纵两种形式。

(2) 结构：本机由箱形桥架、电动葫芦（CD_1、MD_1型）大车运行机构和电气设备等主要部分组成。并分有单钩、双钩。

(3) 性能：LH型电动葫芦双梁桥式起重机技术数据及外形尺寸见表4-20。

(4) 外形及安装尺寸：LH型电动葫芦双梁桥式起重机外形尺寸见图4-21和表4-20。

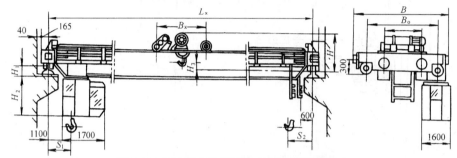

图4-21　LH型电动葫芦桥式起重机外形尺寸

4.11　5～50/10t电动双梁双钩桥式起重机

(1) 适用范围：5～50/10t电动双梁双钩桥式起重机是采用国际标准制造的系列产品。广泛用于普通重物的装卸与搬运；还可配以多种专用吊具进行特殊作业。选用时应注明工作环境的最高、最低温度及电源引入方式，司机室平台开门方向等技术要求。工作级别分为 A_5、A_6 两种。

(2) 技术性能：5～50/10t电动双梁双钩桥式起重机技术数据见表4-21。

(3) 外形及安装尺寸：5～50/10t电动双梁双钩桥式起重机外形及安装尺寸见图4-22和表4-22。

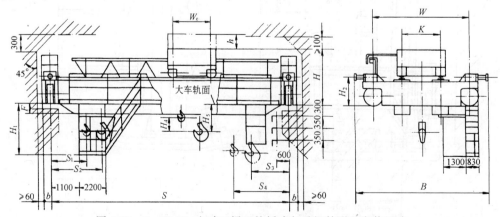

图4-22　5～50/10t电动双梁双钩桥式起重机外形及安装尺寸

4.11 5~50/10t电动双梁双钩桥式起重机

表 4-20 LH型电动葫芦双梁桥式起重机技术数据及外形尺寸

起重量 (t)	操纵形式	速度 (m/min) 起升	速度 小车运行	速度 大车运行 地面操纵室	速度 大车运行 操纵室	电动机 起升 型号/kW	电动机 小车运行	电动机 大车运行 地面	电动机 大车运行 操纵室	电动葫芦	起升高度 (m)	应用大车钢轨	跨度 L_x (m)	最大轮压 (kN)	自重 (kg) 地面操纵	自重 开式操纵室	自重 闭式操纵室	B	B_Q	B_x	外形尺寸 (mm) H	H_1	H_2	H_3	S_1	S_2	生产厂
5	操纵室操纵、地面操纵	8	20	30	45、75	ZD_1-41-4/7.5	ZDY_1-21-4/0.8	ZD_1-22-4/1.5×2	ZD_1-22-4/1.5×2	CD_1	6、9、12、18	38 kg/m	7.5	45.16	5654	6104	6154	3696	3000	1100	1200	114	2040	168	976	976	郑州起重设备厂
5													10.5	46.98	6263	6713	6763					264					
5													13.5	49.96	7596	8096	8156					414					
5													16.5	54.08	8614	9114	9164	4196	3500			564					
5													19.5	59.64	10690	11190	11240					714					
5													22.5	64.36	12940	13490	13540										
10	操纵室操纵、地面操纵	7	20	30	45、75	ZD_1-51-4/13	ZDX_1-21-4/0.8	ZDR_1-12-4/3×2	ZDR_1-12-4/3×2				7.5	73.29	6314	6764	6814			1400	1250	114		183	1120	1120	
10													10.5	75.16	7072	7525	7575					264					
10													13.5	78.77	8495	8950	9000					414					
10													16.5	82.63	10029	10500	10550	4196	3500			564					
10													19.5	88.01	12165	12700	12750					714					
10													22.5	93.98	14541	15400	15450	4696	4000								

注：电源：3相，50Hz，380V。

684　4　起重设备

表 4-21　5~50/10t 电动双梁双钩桥式起重机技术数据

起重量		跨度	起升高度		工作级别 A_5(中级)									工作级别 A_6(重级)									生产厂
主钩	副钩	S	主钩	副钩	自重		最大轮压	速度			电动机			自重		最大轮压	速度			电动机			
					起重机总重	小车		运行		起升	型号/kW		总容量	起重机总重	小车		运行		起升	型号/kW		总容量	
								大车	小车	副钩 主钩	主钩	副钩 小车	大车				大车	小车	副钩 主钩	主钩	副钩 小车	大车	
t	t	m	m	m	t	t	(kN)	m/min					(kW)	t	t	(kN)	m/min					(kW)	
5	—	10.5	16	—	13	1.86	78.4	90.7	38.3	—	11.4	YZR160L-6Z/13	YZR112M-6/1.8	YZR132M$_2$-6/2×4	22.8	14	2.33	83.3	115.6	38.3	—	15.4	YZR180L-6/15	YZR112M$_1$-6/1.8	YZR160M$_2$-6/2×5.5	27.8	天津起重设备总厂
		13.5			14		83.3							15		89.2						31.8	
		16.5			16		89.2							17		90.2							
		19.5			19		96							20		101.9							
		22.5			21		101.9	91.9						22		108.8							
		25.5			26		114.7							27		122.5							
		28.5			29		122.5							31		130.3							
		31.5			32		129.4							34		135.2							
10	—	10.5	16	—	15	3.46	106.8	90.7	43.8	—	7.6	YZR180L-8Z/13	YZR132M$_1$-6/2.5	YZR160M$_1$-6/2×6.3	27.4	15	3.65	108.8	115.6	43.8	—	13.3	YZR200L-6/22	YZR132M$_1$-6/2.5	YZR160M$_1$-6/2×7.5	35.5	
		13.5			17		112.7						23.5	17		115.6							
		16.5			19		120.5							20		123.5							
		19.5			21		126.4	91.9						22		128.4	116.8						
		22.5			24		133.3						28.1	25		135.2					YZR160M$_1$-6/2×6.3	39.5	
		25.5			28		146							30		150.9							
		28.5			32		154.8	84.7						33		159.7	112.5						
		31.5			35		162.7							36		167.6							

续表

生产厂：天津起重设备总厂

起重量 主钩/副钩 (t)	跨度 S (m)	起升高度 主钩/副钩 (m)	工作级别 A_5（中级）							电动机 型号/kW					工作级别 A_6（重级）						电动机 型号/kW				
			起升速度 主钩 (m/min)	副钩	小车	大车	最大轮压 (kN)	自重 小车 (t)	起重机总重 (t)	主钩	副钩	小车	大车	总容量 (kW)	起升速度 主钩	副钩	小车	大车	最大轮压 (kN)	自重 小车	起重机总重	主钩	副钩	小车	大车	总容量 (kW)
10 / 3.2	10.5	16 / 18	7.6	19.7	44.6	90.7	107.8	4.97	15.6	YZR180L-8Z/13	YZR160L-6Z/13	YZR132M$_2$-6/4	YZR132M$_2$-6/2×4	38	13.3	19.7	44.8	115.6	112.7	5.15	16.5	YZR200L-6/22	YZR160L-6Z/13	YZR132M$_2$-6/4	YZR160M$_1$-6/2×5.5	50
	13.5						113.7		17.2										117.6		18.5					
	16.5					91.9	121.5		19.9									116.8	127.4		21.5				YZR160M$_2$-6/2×7.5	54
	19.5						128.4		21.8										132.3		23.5					
	22.5						135.2		24.4									112.5	137.2		26.5				YZR160M$_3$-6/2×7.5	69
	25.5					84.7	149		29.2										156.8		31.5					
	28.5						156.8		32.1										164.6		34.5				YZR160L-6/2×11	76
	31.5						164.6		35.2										171.5		37.5					
16 / 3.2	10.5	16 / 18	7.9	19.7	44.6	84.7	143.1	6.33	19.2	YZR225M-8Z/26	YZR160L-6Z/13	YZR132M$_2$-6/4	YZR160M$_2$-6/2×8.5	60	13	19.7	44.6	112.5	151.9	6.59	21	YZR250M$_1$-6/37	YZR160L-6Z/13	YZR132M$_2$-6/4		
	13.5						151.9		21										160.7		23					
	16.5						159.7		23										169.5		25					
	19.5					87.6	181.3		27									101.4	190.1		29					
	22.5						189.1		30										198.9		32					
	25.5					101.4	200.9		34										209.7		36					
	28.5						209.7		38										218.5		40					
	31.5						218.5		41										227.4		44					

续表

起重量 主钩 (t)	起重量 副钩 (t)	跨度 S (m)	起升高度 主钩 (m)	起升高度 副钩 (m)	工作级别 A_5（中级） 速度 起升 主钩 (m/min)	副钩 (m/min)	运行 小车 (m/min)	大车 (m/min)	最大轮压 (kN)	自重 小车 (t)	自重 起重机总重 (t)	电动机 型号/kW 起升 主钩	副钩	小车	大车	总容量 (kW)	工作级别 A_6（重级） 速度 起升 主钩 (m/min)	副钩 (m/min)	运行 小车 (m/min)	大车 (m/min)	最大轮压 (kN)	自重 小车 (t)	自重 起重机总重 (t)	电动机 型号/kW 起升 主钩	副钩	小车	大车	总容量 (kW)	生产厂
20	5	10.5	12	14	7.2	19.5	44.6	84.7	161.7	6.98	20	YZR225M-8Z/26	YZR180L-6Z/17	YZR132M$_2$-6/4	YZR160M$_1$-6/2×6.3	59.6	12.3	19.5	44.6	112.5	173.5	7.28	22	YZR280M$_2$-8/45	YZR180L-6Z/17	YZR132M$_2$-6/4	YZR169M-6/2×7.5	81	天津起重设备总厂
20	5	13.5	12	14	7.2	19.5	44.6	84.7	172.5	6.98	22	YZR225M-8Z/26	YZR180L-6Z/17	YZR132M$_2$-6/4	YZR160M$_1$-6/2×6.3	59.6	12.3	19.5	44.6	112.5	184.2	7.28	24	YZR280M$_2$-8/45	YZR180L-6Z/17	YZR132M$_2$-6/4	YZR169M-6/2×7.5	81	
20	5	16.5	12	14	7.2	19.5	44.6	84.7	181.3	6.98	24	YZR225M-8Z/26	YZR180L-6Z/17	YZR132M$_2$-6/4	YZR160M$_1$-6/2×6.3	59.6	12.3	19.5	44.6	112.5	195	7.28	27	YZR280M$_2$-8/45	YZR180L-6Z/17	YZR132M$_2$-6/4	YZR169M-6/2×7.5	81	
20	5	19.5	12	14	7.2	19.5	44.6	87.6	202.9	6.98	29	YZR225M-8Z/26	YZR180L-6Z/17	YZR132M$_2$-6/4	YZR160M$_2$-6/2×8.5	64	12.3	19.5	44.6	101.4	216.6	7.28	31	YZR280M$_2$-8/45	YZR180L-6Z/17	YZR132M$_2$-6/4	YZR160L-6/2×11	88	
20	5	22.5	12	14	7.2	19.5	44.6	87.6	211.7	6.98	32	YZR225M-8Z/26	YZR180L-6Z/17	YZR132M$_2$-6/4	YZR160M$_2$-6/2×8.5	64	12.3	19.5	44.6	101.4	228.3	7.28	34	YZR280M$_2$-8/45	YZR180L-6Z/17	YZR132M$_2$-6/4	YZR160L-6/2×11	88	
20	5	25.5	12	14	7.2	19.5	44.6	87.6	225.4	6.98	37	YZR225M-8Z/26	YZR180L-6Z/17	YZR132M$_2$-6/4	YZR160M$_2$-6/2×8.5	64	12.3	19.5	44.6	101.4	238.1	7.28	39	YZR280M$_2$-8/45	YZR180L-6Z/17	YZR132M$_2$-6/4	YZR160L-6/2×11	88	
20	5	28.5	12	14	7.2	19.5	44.6	87.6	234.2	6.98	40	YZR225M-8Z/26	YZR180L-6Z/17	YZR132M$_2$-6/4	YZR160M$_2$-6/2×8.5	64	12.3	19.5	44.6	101.4	249.9	7.28	43	YZR280M$_2$-8/45	YZR180L-6Z/17	YZR132M$_2$-6/4	YZR160L-6/2×11	88	
20	5	31.5	12	14	7.2	19.5	44.6	87.6	244	6.98	43	YZR225M-8Z/26	YZR180L-6Z/17	YZR132M$_2$-6/4	YZR160M$_2$-6/2×8.5	64	12.3	19.5	44.6	101.4	259.7	7.28	46	YZR280M$_2$-8/45	YZR180L-6Z/17	YZR132M$_2$-6/4	YZR160L-6/2×11	88	
32	5	10.5	16	18	7.51	19.7	42.4	87.6	243	10.9	27	YZR280S-10Z/42	YZR180L-6Z/17	YZR160M$_1$-6/6.3	YZR160M$_3$-6/2×8.5	82.3	9.5	19.5	42.4	101.8	258.7	11.3	28	YZR250M$_2$-6/45	YZR180L-6Z/17	YZR160M$_1$-6/6.3	YZR160L-6/2×11	100.3	天津起重设备总厂
32	5	13.5	16	18	7.51	19.7	42.4	87.6	258.7	10.9	30	YZR280S-10Z/42	YZR180L-6Z/17	YZR160M$_1$-6/6.3	YZR160M$_3$-6/2×8.5	82.3	9.5	19.5	42.4	101.8	276.4	11.3	31	YZR250M$_2$-6/45	YZR180L-6Z/17	YZR160M$_1$-6/6.3	YZR160L-6/2×11	100.3	
32	5	16.5	16	18	7.51	19.7	42.4	87.6	272.4	10.9	33	YZR280S-10Z/42	YZR180L-6Z/17	YZR160M$_1$-6/6.3	YZR160M$_3$-6/2×8.5	82.3	9.5	19.5	42.4	101.8	290.1	11.3	35	YZR250M$_2$-6/45	YZR180L-6Z/17	YZR160M$_1$-6/6.3	YZR160L-6/2×11	100.3	
32	5	19.5	16	18	7.51	19.7	42.4	74.2	295	10.9	38	YZR280S-10Z/42	YZR180L-6Z/17	YZR160M$_1$-6/6.3	YZR160L-6/2×13	91.3	9.5	19.5	42.4	86.8	303.8	11.3	40	YZR250M$_2$-6/45	YZR180L-6Z/17	YZR160M$_1$-6/6.3	YZR180L-8/2×11	100.3	
32	5	22.5	16	18	7.51	19.7	42.4	74.2	306.7	10.9	41	YZR280S-10Z/42	YZR180L-6Z/17	YZR160M$_1$-6/6.3	YZR160L-6/2×13	91.3	9.5	19.5	42.4	86.8	317.5	11.3	43	YZR250M$_2$-6/45	YZR180L-6Z/17	YZR160M$_1$-6/6.3	YZR180L-8/2×11	100.3	
32	5	25.5	16	18	7.51	19.7	42.4	74.2	324.4	10.9	46	YZR280S-10Z/42	YZR180L-6Z/17	YZR160M$_1$-6/6.3	YZR160L-6/2×13	91.3	9.5	19.5	42.4	86.8	333.2	11.3	48	YZR250M$_2$-6/45	YZR180L-6Z/17	YZR160M$_1$-6/6.3	YZR180L-8/2×11	100.3	
32	5	28.5	16	18	7.51	19.7	42.4	74.6	337.1	10.9	50	YZR280S-10Z/42	YZR180L-6Z/17	YZR160M$_1$-6/6.3	YZR160L-6/2×13	91.3	9.5	19.5	42.4	86.8	343	11.3	52	YZR250M$_2$-6/45	YZR180L-6Z/17	YZR160M$_1$-6/6.3	YZR180L-8/2×11	100.3	
32	5	31.5	16	18	7.51	19.7	42.4	74.6	346.9	10.9	54	YZR280S-10Z/42	YZR180L-6Z/17	YZR160M$_1$-6/6.3	YZR160L-6/2×13	91.3	9.5	19.5	42.4	86.8	356.7	11.3	56	YZR250M$_2$-6/45	YZR180L-6Z/17	YZR160M$_1$-6/6.3	YZR180L-8/2×11	100.3	

4.11 5~50/10t电动双梁双钩桥式起重机

续表

起重量		跨度	起升高度		工作级别 A5(中级)										工作级别 A6(重级)									生产厂
主钩	副钩	S	主钩	副钩	速度 起升		速度 运行		最大轮压	自重		电动机 型号/kW			电动机 总容量	速度 起升		速度 运行		最大轮压	自重		电动机 型号/kW			电动机 总容量	
					主钩	副钩	小车	大车		小车	起重机总重	主钩	副钩	小车	大车		主钩	副钩	小车	大车		小车	起重机总重	主钩	副钩	小车	大车	
t	t	m	m	m	m/min				(kN)	t					(kW)	m/min				(kN)	t					(kW)	
50	10	10.5	12	16	5.9	13.2	38.5	74.6	357.7	15.5	37	YZR280M-10Z/55	YZR200L-6Z/26	YZR160M₂-6/8.5	YZR160L-6/2×13	115.5	7.8	13.2	38.5	86.8	371.4	18.5	40	YZR315S-8/75	YZR200L-6Z/26	YZR160M₂-6/8.5	YZR180L-8/2×11	131.5	天津起重设备总厂
		13.5							391		40										394.9		43						
		16.5							411.6		44										416.5		48						
		19.5							421.4		49										435.1		52						
		22.5							446.9		53										450.8		56				YZR180L-8/2×15	139.5	
		25.5						85.9	464.5		58									87.3	468.4		62						
		28.5							477.3		62										482.2		67						
		31.5							488		68										497.8		72						

表 4-22 5～50/10t电动双梁双钩桥式起重机外形及安装尺寸

起重量 (t)	跨度 S (m)	主要尺寸 (mm)															样用轨道
		H	H₁	H₂	H₃	H₄	h		B		W		k	Wc	b	F	
							A₅	A₆	A₅	A₆	A₅	A₆					
5	10.5	1764	2526	735	31	—	870		5190		3400		1400	1100	230	−24	38kg/m
	13.5		2546													126	
	16.5		2596													226	
	19.5		2756						5340		3550					376	
	22.5		2906													526	
														S₁	S₂	S₃	S₄
														—	800	1250	—

续表

起重量(t)	跨度 S(m)	H	H_1	H_2	H_3	H_4	h (A_5/A_6)	B (A_5/A_6)	W (A_5/A_6)	k	W_c	b	F	S_1	S_2	S_3	S_4	荐用轨道
5	25.5	1764	3056	735	31	—	870	6100	5000	1400	1100	230	676	—	800	1250	—	38kg/m
5	28.5	1764	3206	735	31	—	870	6100	5000	1400	1100	230	826	—	800	1250	—	38kg/m
5	31.5	1764	3356	735	31	—	870	6100	5000	1400	1100	230	976	—	800	1250	—	38kg/m
10	10.5	1876	2526	735	561.5	—	870	5840	4050	2000	1400	230	−24	—	1050	1300	—	43kg/m
10	13.5	1876	2546	735	561.5	—	870	5840	4050	2000	1400	230	126	—	1050	1300	—	43kg/m
10	16.5	1876	2596	735	561.5	—	870	5840	4050	2000	1400	230	226	—	1050	1300	—	43kg/m
10	19.5	1876	2756	735	561.5	—	870	5840	4050	2000	1400	230	376	—	1050	1300	—	43kg/m
10	22.5	1876	2906	735	561.5	—	870	5840	4050	2000	1400	230	526	—	1050	1300	—	43kg/m
10	25.5	1926	3008	790	511.5	—	870	5980	4050	2000	1400	230	628	—	1050	1300	—	43kg/m
10	28.5	1926	3158	790	511.5	—	870	5980	4050	2000	1400	230	778	—	1050	1300	—	43kg/m
10	31.5	1926	3308	790	511.5	—	870	5980	4050	2000	1400	230	928	—	1050	1300	—	43kg/m
10/3.2	10.5	1876	2526	735	542	524	870	5840	4050	2000	2150	230	−24	1000	1750	1350	2100	43kg/m
10/3.2	13.5	1876	2546	735	542	524	870	5840	4050	2000	2150	230	126	1000	1750	1350	2100	43kg/m
10/3.2	16.5	1876	2596	735	542	524	870	5840	4050	2000	2150	230	226	1000	1750	1350	2100	43kg/m
10/3.2	19.5	1876	2756	735	542	524	870	5840	4050	2000	2150	230	376	1000	1750	1350	2100	43kg/m
10/3.2	22.5	1876	2906	735	542	524	870	5840	4050	2000	2150	230	526	1000	1750	1350	2100	43kg/m
10/3.2	25.5	1926	3008	780	497	524	870	5980	4050	2000	2150	230	628	1000	1750	1350	2100	43kg/m
10/3.2	28.5	1926	3158	780	497	524	870	5980	4050	2000	2150	230	778	1000	1750	1350	2100	43kg/m
10/3.2	31.5	1926	3308	780	497	524	870	5980	4050	2000	2150	230	928	1000	1750	1350	2100	43kg/m
16/3.2	10.5	2096	2570	790	654	725	728	5955	4000	2000	2400	230	80	1040	1850	1500	2310	43kg/m QU70
16/3.2	13.5	2096	2550	790	654	725	728	5955	4000	2000	2400	230	180	1040	1850	1500	2310	43kg/m QU70
16/3.2	16.5	2097	2620	790	652	725	728	6055	4100	2000	2400	230	240	1040	1850	1500	2310	43kg/m QU70
16/3.2	19.5	2097	2970	880	562	725	820	6055	4100	2000	2400	260	390	1040	1850	1500	2310	43kg/m QU70
16/3.2	22.5	2187	2970	880	562	725	820	6235	4400	2000	2400	260	540	1040	1850	1500	2310	43kg/m QU70
16/3.2	25.5	2185	2920	880	564	725	820	6390	5000	2000	2400	260	690	1040	1850	1500	2310	43kg/m QU70
16/3.2	28.5	2185	3070	880	564	725	820	6390	5000	2000	2400	260	840	1040	1850	1500	2310	43kg/m QU70
16/3.2	31.5	2185	3220	880	564	725	820	6835	5000	2000	2400	260	840	1040	1850	1500	2310	43kg/m QU70

4.11 5~50/10t 电动双梁双钩桥式起重机

续表

起重量 (t)	跨度 S (m)	H	H_1	H_2	H_3	H_4	h A_5	h A_6	B A_5	B A_6	W A_5	W A_6	k	W_c	b	F	S_1	S_2	S_3	S_4	荐用轨道
20/5	10.5	2097	2570	790	611	446	720	820	5955	6235	4000	4400	2000	2400	230	80	1030	1900	1450	2320	43kg/m QU70
20/5	13.5	2097	2574	790	609	446	720	820	5955	6235	4000	4400	2000	2400	230	84	1030	1900	1450	2320	43kg/m QU70
20/5	16.5	2099	2554	790	609	446	720	820	5955	6235	4000	4400	2000	2400	230	184	1030	1900	1450	2320	43kg/m QU70
20/5	19.5	2189	2624	790	519	446	720	820	5955	6235	4000	4400	2000	2400	230	224	1030	1900	1450	2320	43kg/m QU70
20/5	22.5	2189	2772	880	519	446	720	820	6055	6235	4100	4400	2000	2400	230	392	1030	1900	1450	2320	43kg/m QU70
20/5	25.5	2189	2922	880	519	446	720	820	6055	6235	4100	4400	2000	2400	230	542	1030	1900	1450	2320	43kg/m QU70
20/5	28.5	2189	3072	880	519	446	720	820	6390	6835	5000	5000	2000	2400	230	692	1030	1900	1450	2320	43kg/m QU70
20/5	31.5	2189	3222	880	519	446	720	820	6390	6835	5000	5000	2000	2400	230	842	1030	1900	1450	2320	43kg/m QU70
32/5	10.5	2337	2580	880	603	730	820	820	6640	6640	4650	4650	2500	2800	260	90	1070	2050	1700	2680	QU70 □90×90
32/5	13.5	2341	2586	880	599	730	820	820	6640	6640	4650	4650	2500	2800	260	96	1070	2050	1700	2680	QU70 □90×90
32/5	16.5	2341	2616	880	599	730	820	820	6640	6640	4650	4650	2500	2800	260	246	1070	2050	1700	2680	QU70 □90×90
32/5	19.5	2471	2646	880	469	730	820	820	6690	6690	4700	4700	2500	2800	260	266	1070	2050	1700	2680	QU70 □90×90
32/5	22.5	2471	2796	1010	469	730	820	820	6690	6690	4700	4700	2500	2800	260	416	1070	2050	1700	2680	QU70 □90×90
32/5	25.5	2471	2946	1010	469	730	820	820	6690	6690	4700	4700	2500	2800	260	566	1070	2050	1700	2680	QU70 □90×90
32/5	28.5	2471	3096	1010	469	730	820	820	6990	6990	5000	5000	2500	2800	260	716	1070	2050	1700	2680	QU70 □90×90
32/5	31.5	2471	3196	1010	469	730	820	820	6990	6990	5000	5000	2500	2800	260	816	1070	2050	1700	2680	QU70 □90×90
50/10	10.5	2726	2531	1030	950	918.5	675	675	6775	6775	4800	4800	2500	3580	300	−79	1005	2200	2000	3195	QU80 □100×100
50/10	13.5	2728	2528	1030	948	918.5	675	675	6775	6775	4800	4800	2500	3580	300	98	1005	2200	2000	3195	QU80 □100×100
50/10	16.5	2728	2534	1030	948	918.5	675	675	6775	6775	4800	4800	2500	3580	300	104	1005	2200	2000	3195	QU80 □100×100
50/10	19.5	2734	2634	1030	942	918.5	675	675	6775	6775	4800	4800	2500	3580	300	254	1005	2200	2000	3195	QU80 □100×100
50/10	22.5	2734	2784	1030	942	918.5	675	675	6975	6975	5000	5000	2500	3580	300	404	1005	2200	2000	3195	QU80 □100×100
50/10	25.5	2734	2934	1030	942	918.5	675	675	6975	6975	5000	5000	2500	3580	300	554	1005	2200	2000	3195	QU80 □100×100
50/10	28.5	2734	3084	1030	942	918.5	675	675	6975	6975	5000	5000	2500	3580	300	704	1005	2200	2000	3195	QU80 □100×100
50/10	31.5	2734	3184	1030	942	918.5	675	675	6975	6975	5000	5000	2500	3580	300	804	1005	2200	2000	3195	QU80 □100×100

4.12 LBT防爆电动单梁起重机

(1) 适用范围：LBT防爆电动单梁起重机，符合隔爆型电气设备"d"中的dⅡBT4及dⅡCT4的有关规定；在工作环境中，其空气里存在易燃易爆介质时，仍可保证工作安全可靠。本系列防爆产品使用环境温为 $-20 \sim +40℃$；相对湿度不大于85%；海拔高程应不超过1000m；超过1000m时，应按GB 775—87有关规定执行。该产品与HBT_{ex}型防爆钢丝绳式电动葫芦配用，具有三维全双速运转，即起升、下降、左右横行与前后纵行均可单、双速运转。

(2) 型号意义说明：

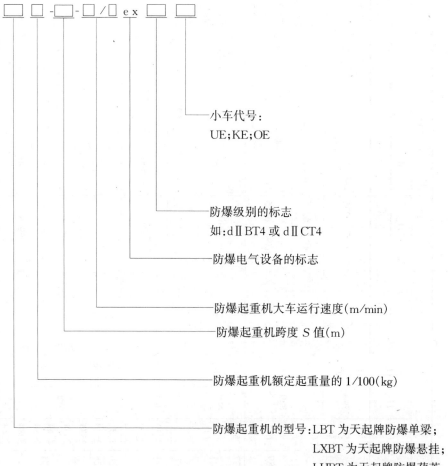

(3) 技术性能：LBT防爆电动单梁起重机技术数据见表4-23、24。

(4) 外形及安装尺寸：LBT防爆电动单梁起重机外形及安装尺寸见图4-17和表4-23、24。

4.12 LBT防爆电动单梁起重机

表4-23 LBT防爆电动单梁起重机技术数据及外形尺寸

型号	起重量 (kg)	操纵形式	"三合一"型号	起重机运行机构				电动葫芦					跨度 (m)	最大轮压 (kN)	最小轮压 (kN)	总重 (kg)	外形尺寸 (mm)			生产厂
				运行速度		车轮直径 (mm)	轨道面宽 (mm)	型号	起升高度 (m)	起升速度 (m/min)	运行速度						W	H	h	
				单速 (m/min)	双速 (m/min)						单速 (m/min)	双速 (m/min)								
LBT10-S	1000	地面操纵	GL24ex	8、10、12.5、16、20	16/4 20/5	φ200	37~70	HBT	7、12、20	7、10、10/1.6	8、10、12.5、16、20	16/4 20/5	8	10.00	3.77	1596	2000	467		天津起重设备总厂、长沙起重设备厂
													11	10.88	4.66	1878	2500	491	426	
													14	12.84	6.57	2579	2500	491		
													17	15.19	8.92	3457	3000	587		
													19.5	16.37	10.09	3880	3000	587		
													22.5	17.74	11.47	4335	3000	587		
LBT16-S	1600	地面操纵	GL24ex	8、10、12.5、16、20	16/4 20/5	φ200	37~70	HBT	7、12、20	5.5/0.8 12. 12/2	8、10、12.5、16、20	16/4 20/5	8	13.43	3.77	1696	2000	467		
													11	15.04	5.39	2270	2500	491	426	
													14	17.30	7.64	3105	2500	587		
													17	18.62	8.92	3560	3000	587		
													19.5	19.80	10.14	3985	3000	687		
													22.5	22.34	12.74	1945	3000	687		
LBT20-S	2000	地面操纵	GL24ex	8、10、12.5、16、20	16/4 20/5	φ200	37~70	HBT	20	5.5/0.9 12 12/2	8、10、12.5、16、20	16/4 20/5	8	15.93	4.31	1835	2000	491		
													11	17.84	6.17	2605	2500	587	426	
													14	19.26	7.64	3105	2500	587		
													17	20.58	8.92	3560	3000	687		
													19.5	22.83	11.17	3985	3000	687		
													22.5	24.30	12.74	4945	3000	687		

注：电源：3相，380V，50Hz；工作级别 A_5。

配用防爆电动葫芦技术数据及外形尺寸   表 4-24

起重量 (kg)	工作级别	电动葫芦型号	起升高度 (m)	b_1 (mm)	b_2 (mm)	配 UE 型小车			配 KE 型小车		
						L_1	L_2	重量(kg)	L_1	L_2	重量(kg)
1000	M4	HBT205-20ex2/1	7	750	560	1110	1683	255	1100	1818	290
1600	M5	HBT204-20ex4/1	6	725	570	1110	1683	280	1100	1818	340
		HBT308-24ex4/1	7	980	630	1213	1760	365	1196	1872	540
2000	M4	HBT205-20ex4/1	6	725	570	1140	1670	280	1127	1791	340
		HBT310-24ex4/1	7	980	630	1213	1760	365	1196	1872	540

注：表中 L_1、L_2 尺寸仅作参考。

4.13 LXBT 防爆单梁悬挂起重机

(1) 适用范围：LXBT 防爆单梁悬挂起重机的设计制造均符合隔爆型电气设备"d"中的 dⅡBT4 及 dⅡCT4 的有关规定；在工作环境中，其空气里存在易燃、易爆介质时，仍可保证工作安全可靠。LXBT 防爆单梁悬挂起重机须与配带防爆运行小车的防爆电动葫芦(HBT型)配套使用。

(2) 性能：LXBT 型防爆电动单梁悬挂起重机技术数据及外形尺寸见表 4-25。HBT 带防爆运行小车的防爆电动葫芦的技术数据见表 4-26。本产品采用低压控制(操纵电压 42V)控制方式为非跟随式手电门控制。

(3) 外形及安装尺寸：LXBT 型防爆单梁悬挂起重机外形及安装尺寸见图 4-23 和表 4-25、26。

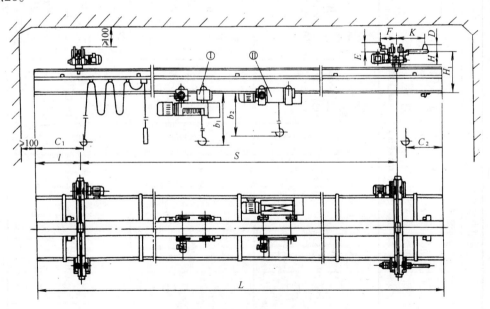

图 4-23　LXBT 防爆单梁悬挂起重机外形尺寸

注：Ⅰ型为标准建筑高度。

　　Ⅱ型为低建筑高度型。用户可根据需要取其一。

4.13 LXBT防爆单梁悬挂起重机

表 4-25　LXBT型防爆电动单梁悬挂起重机技术数据及外形尺寸

防爆标志	起重量 (kg)	跨度 S (m)	起重机 型号	起重机 运行速度 单速 m/min	起重机 运行速度 双速 m/min	电动葫芦 型号	电动葫芦 起升高度 (m)	电动葫芦 起升速度 m/min	电动葫芦 运行速度 单速 m/min	电动葫芦 运行速度 双速 m/min	工作级别	车轮直径 (mm)	轨道	最大轮压 (kN)	最小轮压 (kN)	总重 (kg) A	总重 (kg) B	L (m)	外形尺寸 l	外形尺寸 H	外形尺寸 H①	外形尺寸 E	外形尺寸 F	外形尺寸 K	外形尺寸 D (mm)	生产厂
dⅡBT4、dⅡCT4	500	3	GW21ex	8、10、12.5、16、20、25	16/4、20/5、25/6.3	HBT2ex	14	20、20/3.3	8、10、12.5	16/4	$A_3 \sim A_6$	140	I20a~I45c	5.83	1.72	930	930	4.5	750	180	520	~234	320+q/2	405+q/2	120	天津起重设备厂
		4												5.93	1.91	998	998	5.5								
		5												6.03	2.21	1180	1180	6.5								
		6												6.13	2.40	1170	1170	7.5								
		7												6.32	2.60	1240	1240	8.5								
		8												6.52	2.89	1360	1360	9.5								
		9												6.71	3.19	1470	1470	11	1000		540					
		10												7.11	3.28	1540	1540	12								
		11												7.50	3.48	1620	1620	13								
		12												7.99	4.56	2040	2040	14								
		13												8.38	4.85	2190	2190	15								
		14												8.67	5.15	2300	2300	16								
		15												8.87	5.34	2400	2400	17								
		16												9.07	5.64	2510	2510	18								
	1000	3	GW21ex	8、10、12.5、16、20、25	16/4、20/5、25/6.3	HBT2ex、HBT3ex	7;14	10、24、10/1.6、24/4	16、20、25	20/5、25/6.3	$A_3 \sim A_5$	140	I20a~I45c	8.28	1.62	930	930	4.5	750	180	520	~234	328+q/2	405+q/2	120	
		4												8.38	1.81	998	998	5.5								
		5												8.48	2.21	1180	1180	6.5								
		6												8.62	2.40	1170	1170	7.5								
		7												8.77	2.60	1240	1240	8.5								
		8												8.97	2.89	1360	1360	9.5								
		9												9.16	3.09	1470	1470	11	1000		540					
		10												9.36	3.28	1540	1540	12								
		11												9.56	3.48	1620	1620	13								
		12												10.54	4.56	2040	2040	14								
		13												10.83	4.85	2190	2190	15								
		14												11.12	5.15	2300	2300	16								
		15												13.08	7.20	3140	3120	17			220					
		16												13.38	7.50	3270	3260	18								

续表

防爆标志	起重量(kg)	跨度S(m)	起重机 型号	起重机 运行速度 单速 (m/min)	起重机 运行速度 双速 (m/min)	电动葫芦 型号	电动葫芦 起升高度(m)	电动葫芦 起升速度	电动葫芦 运行速度 单速 (m/min)	电动葫芦 运行速度 双速 (m/min)	工作级别	车轮直径(mm)	轨道	最大轨压(kN)	最小轨压(kN)	总重 A (kg)	总重 B (kg)	L(m)	l	H	H①外形尺寸(mm) E	F	K	D	生产厂
dⅡBT4、dⅡCT4	1600	3	GW21ex	8、10、12.5、16、20、25	16/4、20/5、25/6.3	HBT2ex、HBT3ex	6,7	5、12、5/0.8、12/2	8、10、12.5、16、20、25	16/4、20/5、25/6.3	A3~A5	140	I20a~145c	11.91	1.32	930	930	4.5	750	180	520				天津起重设备总厂
		4												12.01	1.72	998	998	5.5							
		5												12.10	2.01	1180	1180	6.5			540				
		6												12.20	2.21	1170	1170	7.5							
		7												12.30	2.50	1240	1240	8.5	1000		789/720		~234		
		8												12.50	2.79	1360	1360	9.5							
		9												12.69	3.68	1730	1730	11							
		10												13.57	3.97	1840	1840	12					328+405+b/2		
		11												13.77	4.26	1940	1940	13		220					
		12												15.53	5.93	2690	2650	14							
		13												16.02	6.42	2860	2850	15							
		14												16.32	6.81	3000	2990	16							
		15												16.61	7.20	3140	3120	17							
		16												16.91	7.40	3270	3260	18							
	2000	3					7							14.36	1.42	1030	1030	4.5	750	180	620			120	
		4												14.46	1.91	1130	1130	5.5							
		5												14.55	2.21	1240	1240	6.5							
		6												14.65	2.60	1350	1350	7.5			540				
		7												14.85	2.89	1450	1450	8.5							
		8												15.14	3.28	1590	1590	9.5							
		9												16.71	4.95	2260	2240	11	1000		789/720				
		10												17	5.24	2360	2330	12							
		11												17.20	5.64	2530	2510	13							
		12												17.49	5.93	2690	2650	14							
		13												18.18	6.42	2860	2850	15							
		14												18.28	6.71	3000	2990	16		220					
		15												18.57	7.11	3140	3120	17							
		16												18.87	7.40	3270	3260	18							

① 尺寸表示：采用A型主梁/采用B型主梁。

注：1. 电源：3相，380V，50Hz。
2. b/2为起重机运行轨道宽度。

HBT型带防爆运行小车的防爆电动葫芦技术数据　　　　表4-26

起重量(kg)	工作级别	防爆电动葫芦型号		起升高度(m)	起升速度(m/min)		起升电机功率(kW)		配UEex小车		配KEex小车			
					主起升	慢速起升	主起升	慢速起升	C_1	C_2	C_1	C_2	b_1	b_2
500	M4	HBT205-20ex1/1	L_1	14	20	3.3	2.0	0.33	1086	491			810	
1000	M4	HBT205-20ex1/2	L1	7	10	1.6	2.0	0.33	926	863	1056	647	825	560
	M4	HBT310-24ex1/1	L1	14	24	4	5.0	0.83	1086	698			995	
1600	M5	HBT204-20ex4/1	L2	6	5	0.8	1.55	0.26	905	919	973	729	775	570
	M5	HBT308-24ex2/1	L1	7	12	2	3.9	0.65	909	695	1089	1217	975	630
2000	M4	HBT205-20ex4/1	L2	7	5	0.8	2.0	0.33	905	699	973	729	775	570
	M4	HBT310-24ex1/1	L1	7	12	2	5.0	0.83	889	895	1089	1217	975	630

4.14 LZ型电动单梁抓斗起重机

(1) 适用范围:LZ型电动单梁抓斗起重机配备有0.5、0.75、1.0、1.5m³轻型抓斗和起升、开闭运行装置,是一种轻型抓斗起重设备。可用来抓取物料密度小于$1t/m^3$以下的散粒或挖掘较松的土壤,适用起重量3、5t,跨度7.5～19.5m,工作级别A_3—A_5,工作环境温度-25～+40℃。本起重设备适用于港口、车站、煤场仓库、建筑工地和水中作业等场所。本起重机设有地面和司机室两种操作形式,以供用户选择;也可根据用户要求,进行非标准产品的设计、制造,并安装电器部分防雨装置,以适合于露天作业。

(2) 技术性能:LZ型电动单梁抓斗起重机技术数据及外形尺寸见表4-27。

(3) 外形及安装尺寸:LZ型电动单梁抓斗起重机外形及安装尺寸见图4-24和表4-27。

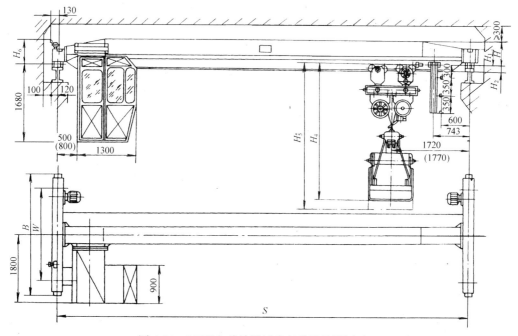

图4-24 LZ型电动单梁抓斗起重机外形尺寸

注:括号内数字为起重量5t的尺寸,无括号的数字为3t。

LZ型电动单梁抓斗起重机

起重量 G_n (t)	跨度 S (m)	起升高度 (m)	工作级别	轨道面宽 (mm)	大车运行 速度 (m/min)	大车运行 电动机 型号	大车运行 电动机 功率 (kW)	大车运行 电动机 转速 (r/min)	起升开闭 速度 (m/min)	起升开闭 电动机 0.75m³抓斗 型号	起升开闭 电动机 0.75m³抓斗 功率 (kW)	起升开闭 电动机 0.75m³抓斗 转速 (r/min)	起升开闭 电动机 1.5m³抓斗 型号	起升开闭 电动机 1.5m³抓斗 功率 (kW)	起升开闭 电动机 1.5m³抓斗 转速 (r/min)	小车运行 速度 (m/min)	小车运行 电动机 0.75m³抓斗 型号	小车运行 电动机 0.75m³抓斗 功率 (kW)	小车运行 电动机 0.75m³抓斗 转速 (r/min)	小车运行 电动机 1.5m³抓斗 型号	小车运行 电动机 1.5m³抓斗 功率 (kW)	小车运行 电动机 1.5m³抓斗 转速 (r/min)
3、5	7.5; 8; 8.5; 9; 9.5; 10; 10.5; 11; 11.5; 12; 12.5; 13; 13.5; 14; 14.5; 15; 15.5; 16; 16.5; 17; 19.5; 22.5	6、9、12、18	$A_3 \sim A_5$	37~70; 30、45、75	ZDR 21-4A	2×1.5	1380	16	ZD₁ 32-4	2×4.5	1380	ZD 41-4	2×7.5	1400	20；30	ZDY₁ 12-4	2×0.4	1380	ZDY₁ 21-4	2×0.8	1380

注：1. 电源：3相、380V、50Hz。
2. 开合次数：60次/h。
3. 车轮直径270mm。
4. H_2、H_4 和 H_5 的数字中，分子为3t，分母为5t的数据。

4.14 LZ型电动单梁抓斗起重机

技术数据及外形尺寸　　　　　　　　　　　　　　　　　　　　　　　　　　　　表 4-27

外形尺寸(mm)									地　面　操　纵				司　机　室　操　纵				生产厂
H									整机重量		最大轮压		整机重量		最大轮压		
0.75 m^3	1.5 m^3	H_1	H_2	H_4	H_5	H_6	B	W	0.75m^3 抓斗	1.5m^3 抓斗	0.75m^3 抓斗	1.5m^3 抓斗	0.75m^3 抓斗	1.5m^3 抓斗	0.75m^3 抓斗	1.5m^3 抓斗	
			3/5t						(t/台)		(kN)		(t/台)		(kN)		
530	580	370	120						4.69	5.53	24.70	32.63	2.61	2.87	24.01	35.08	长沙起重机厂、郑州起重设备厂(生产3～5台抓斗起重机)
									4.75	5.59	24.99	33.03	2.66	2.93	24.11	35.18	
									4.80	5.64	25.28	33.32	2.71	2.98	24.30	35.28	
									4.86	5.70	25.58	33.71	2.76	3.04	24.40	35.48	
									4.92	5.76	25.87	34.01	2.81	3.10	24.50	35.57	
									4.97	5.81	26.17	34.30	2.88	3.15	24.70	35.77	
									5.03	5.87	26.46	34.69	2.91	3.21	24.79	35.87	
									5.06	5.90	26.95	32.83	2.97	3.34	24.89	35.97	
580	660	370	120/140	3475/3693	3925/4353	520	3000	2500	5.50	6.34	27.15	35.28	3.05	3.68	25.09	37.04	
									5.57	6.41	27.44	35.67	3.11	3.75	25.28	37.24	
									5.67	6.51	27.93	36.26	3.20	3.85	25.58	37.53	
									5.76	6.60	28.42	36.65	3.26	3.94	25.68	37.73	
									5.82	6.66	28.71	37.04	3.32	4.00	25.87	37.93	
									5.87	6.73	27.54	35.67	3.37	4.07	25.97	38.12	
									6.24	7.08	29.20	37.53	3.90	4.42	27.24	39.00	
									6.34	7.18	29.69	38.02	3.98	4.52	27.44	39.20	
660	760								6.42	7.26	30.09	38.51	4.04	4.60	27.64	39.40	
									6.49	7.33	30.38	38.91	4.11	4.68	27.83	39.59	
									6.57	7.41	30.77	39.30	4.18	4.75	27.93	39.79	
									6.67	7.51	31.26	39.79	4.26	4.85	28.13	39.98	
745	825	435	155/175				525	3500 3000	7.32	7.96	33.32	41.45	5.01	5.30	30.38	41.45	
825	875	435	175/225						7.98	9.06	35.28	44.10	5.56	6.38	31.75	44.88	

4.15 LL_1型吊钩抓斗电动单梁两用起重机

(1) 适用范围:LL_1型吊钩抓斗电动单梁两用起重机的起重量为3t,适用跨度7.5~22.5m。马达抓斗的斗容量为$0.75m^3$,可用来抓取单容量在$1.6t/m^3$以下的物品,也可用来挖掘较松的土壤。

(2) 结构:LL_1型吊钩抓斗电动单梁两用起重机,由LD型电动单梁桥式起重机配备以马达抓斗而组成。马达抓斗作为LD型吊钩起重机的可更换装置,可以提高吊钩起重机装载散粒物品的生产率。为保证使用马达抓斗时供电可靠,特装有F11-10型发条式电缆卷筒。

(3) 技术性能:LL_1型吊钩抓斗电动单梁两用起重机技术数据见表4-28、29。

LL_1型两用起重机技术数据　　　　　　　　　　表4-28

起重量(t)	操纵形式	起重机运行机构				电动葫芦				工作级别	电源	车轮直径(mm)	轨道面宽(mm)	生产厂
		运行速度(m/min)	电动机			型号	起升高度(m)	起升速度(m/min)	运行速度(m/min)					
			型号	功率(kW)	转速(r/min)									
3	司机室操纵	30	ZDR21-4	2×0.8	1380	TV	6~10	8	20(30)	A_3~A_5	3相50Hz 220/380V	270	37~70	天津起重设备总厂、洛阳起重机厂、郑州起重设备厂、大连起重机厂、银川起重机厂
		45												
		75		2×1.5	1380									
	地面操纵	30	ZDY21-4	2×0.8	1380									
		45												

LL_1型两用起重机技术数据及外形尺寸　　　　　　　　　　表4-29

跨度S(m)	最小轮压(kN)	最大轮压(kN)	总重(t)	外形尺寸(mm)			抓斗容量(m^3)
				H	B	K	
7.5	4.12	35.08	3.74	580	2500	2000	0.75、1.0
8	4.21	35.18	3.8				
8.5	4.31	35.28	3.85				
9	4.51	35.48	3.91				
9.5	4.61	35.57	3.97				
10	4.80	35.77	4.02				
10.5	4.90	35.87	4.08	660			
11	5	35.97	4.11				
11.5	6.08	36.55	4.55				

续表

跨度 S (m)	最小轮压 (kN)	最大轮压 (kN)	总重 (t)	外形尺寸 (mm)			抓斗容量 (m³)
				H	B	K	
12	6.27	37.24	4.62	660			
12.5	6.57	37.53	4.72				
13	6.76	37.73	4.81				
13.5	6.96	37.93	4.87				
14	7.15	38.12	4.94				
14.5	8.04	39.00	5.29		3000	2500	0.75、1.0
15	8.23	39.20	5.39				
15.5	8.43	39.40	5.47	745			
16	8.62	39.59	5.54				
16.5	8.82	39.79	5.62				
17	9.02	39.98	5.72				
19.5	10.49	41.45	6.17	825			
22.5	13.13	44.10	7.15	875			

(4) 外形及安装尺寸:LL_1 型吊钩抓斗电动单梁两用起重机的外形及安装尺寸见图 4-25 和表 4-29。

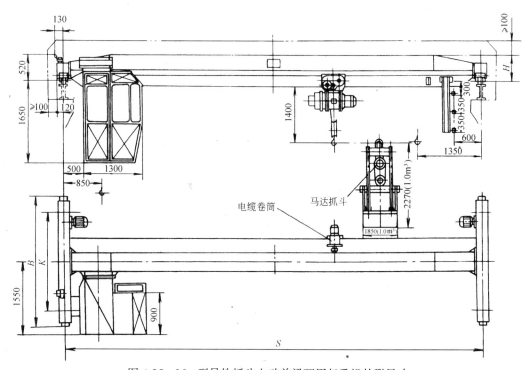

图 4-25 LL_1 型吊钩抓斗电动单梁两用起重机外形尺寸

4.16 启闭机

4.16.1 手电动启闭机

(1) 适用范围:手电动启闭机主要用于给水排水工程及水利工程上启闭闸门、闸板、堰门等。

(2) 型号意义说明:

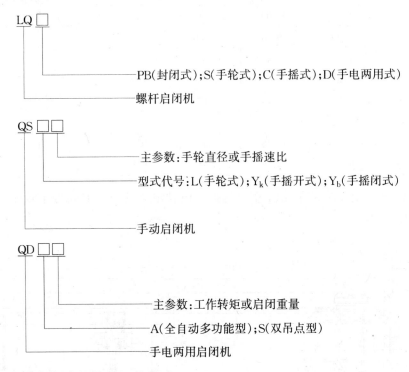

(3) 类型:LQ 型螺杆启闭机分四种型式:

1) LQPB 型为封闭式启闭机,封闭能力极强,必须使用专设程序和专用工具才能开启。

2) LQS 型为手轮式启闭机,带有套管式防护和启闭高度指示装置。

3) LQC 型为手摇式,启闭机摇把为可卸式,带有防护套管及启闭高度指示装置。

4) LQD 型为手、电两用式,设有过载保护,上、下行程止点亦设有限位,可现场与远程双向控制,指针式高度显式,并有手、电转换系统与事故显示报警系统,能与计算机控制系统联机运行,是理想的高度自动化启闭设备。

QDA 型手电两用启闭机功能同 LQD 型,有普通型、室外型、防爆型,可适应不同环境需要。此外,还有双吊点型和速闭型启闭机。

(4) 技术数据、外形及安装尺寸:

1) LQPB 型封闭式启闭机技术数据、外形及安装尺寸见图 4-26 和表 4-30。

4.16 启闭机

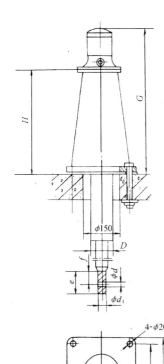

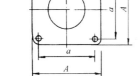

图 4-26 LQPB 型封闭式启闭机外形及安装尺寸

LQPB 型封闭式启闭机技术数据、外形及安装尺寸(mm) 表 4-30

规格(t)	摇臂力(N)	扳手最大回旋直径(mm)	启闭行程(mm)	外形及安装尺寸(mm)	
				D	φd
0.5	50	700	550	106	20
1.0	60	700	650	106	24
2.0	80	900	850	106	28
3.0	100	900	1050	106	30
4.0	120	900	1300	106	30
5.0	120	900	1600	106	32

外形及安装尺寸(mm)							机重(kg)	生产厂
H	φd₁	a	A	e	f	G		
780	20	220	270	100	60	950	42	河南省商城县水利机械厂
780	25	220	270	100	60	950	50	
780	25	280	340	100	60	950	76	
780	34	280	340	100	60	950	92	
780	34	280	340	105	60	950	98	
780	34	280	340	120	75	950	108	

2) LQS型手轮式启闭机性能规格、外形及安装尺寸见图4-27和表4-31。QSL轻型手轮式启闭机技术数据、外形及安装尺寸见图4-28和表4-32。

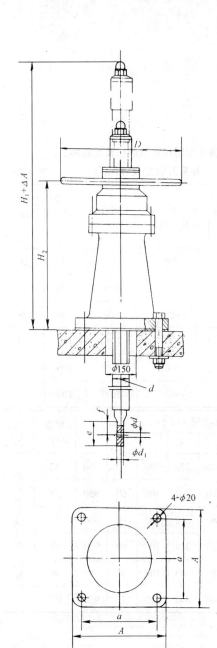

LQS型手轮式启闭机性能规格、外形及安装尺寸　　表 4-31

规格 (t)	手轮力 (N)	H_1 (mm)	外形尺寸(mm)				
			H_2	D	d	ϕd	ϕd_1
0.5	<150	1340	850	500	T44×8	20	20
1.0		1600	900	700	T44×8	24	25
2.0		1600	900	700	T48×8	28	25
3.0		1600	900	700	T55×8	30	34
4.0		1600	900	700	T55×8	30	34
5.0		1600	900	700	T60×8	32	34

启闭行程 (mm)	安装尺寸(mm)				机重 (kg)	生产厂
	a	A	e	f		
550	220	270	100	60	70	河南省商城县水利机械厂
650	220	270	100	60	90	
850	280	340	100	55	110	
1050	280	340	100	60	130	
1250	280	340	105	60	145	
1550	280	340	120	75	170	

注：1. ΔA 为选用闸板的启闭行程。
2. T—梯形螺纹。

图4-27　LQS型手轮式启闭机外形及安装尺寸

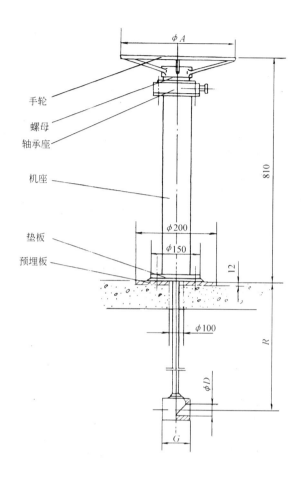

图 4-28 QSL轻型手轮式启闭机外形及安装尺寸
注：1. 螺杆总长度>3m时一般需分段制作。
2. 螺杆的细长比超过200时须设轴导架。

QSL轻型手轮式启闭机技术数据、外形及安装尺寸　　　　表 4-32

型 号	丝杆(mm)			启闭力 (kN)	外形及安装尺寸(mm)				生产厂
	全 长	丝 长	直径		ϕA	G	ϕD	R	
QSL-250	3000	600	22	4.9	250	40	20	设计确定	扬州天雨给排水设备有限公司
QSL-320	3000	1000	32	7.8	320	50	25		
QSL-400	3000	1000	40	9.8	400	50	30		

3）LQC型手摇启闭机性能规格、外形及安装尺寸见图 4-29 和表 4-33。QSY$_B$型手摇式启闭机技术数据及外形尺寸见图 4-30 和表 4-34。

LQC型手摇启闭机技术数据、外形及安装尺寸　　表4-33

规格(t)	手摇力(N)	外形及安装尺寸(mm)			
		H_{min}	H_2	H_1	ϕd_1
1.00	<150	970	850	1800	20
2.00		1260	850	2200	20
3.00		1490	850	2600	20
4.00		1720	850	2900	20
5.00		1990	850	3350	20
6.00		2100	850	3550	22
8.00		2350	900	3800	22
10.00		2750	900	4300	22
12.0		2950	900	4500	22
15.0		3050	900	4800	22

外形及安装尺寸(mm)					机重(kg)	生产厂
ϕd_2	ϕd_3	a	A	B		
24	25	220	270	260	140	河南省商城县水利机械厂
28	25	280	340	310	165	
30	34	280	340	310	180	
30	34	280	340	310	200	
32	34	280	340	310	225	
32	40	280	340	370	260	
35	40	280	340	370	280	
38	40	280	340	370	310	
40	40	280	340	410	340	
42	40	280	340	410	420	

注：ΔA 为选用闸板的启闭行程。

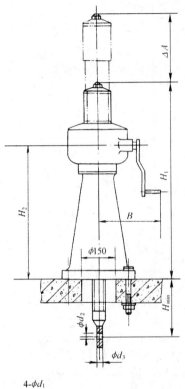
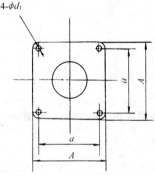

图4-29　LQC型手摇启闭机外形及安装尺寸

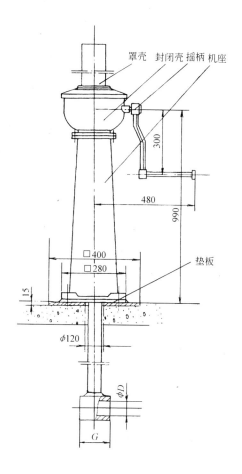

图 4-30 QSY$_B$ 型手摇式启闭机外形尺寸

QSY$_B$ 型启闭机技术数据及外形尺寸　　表 4-34

规　格	启闭力(kN)	外形尺寸(mm)		丝　杆(mm)			生　产　厂
		ϕD	G	全　长	参考丝长	直　径	
QSY$_B$-2	14.7	30	50	3000	1000	40	扬州天雨给排水设备有限公司
QSY$_B$-4	29.4	30	50	3000	1500	40	

4) LQD 型手电两用启闭机性能规格、外形及安装尺寸见图 4-31 和表 4-35。QDA 型手电两用启闭机性能规格、外形及安装尺寸见图 4-32 和表 4-36。

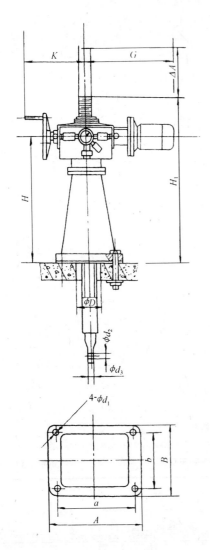

图4-31 LQD型手电两用启闭机外形尺寸

LQD型手电两用启闭机外形及安装尺寸   表4-35

规格(t)	输出转矩(N·m)	电动机功率(kW)	启闭速度(m/min)	外形及安装尺寸(mm)		
				H	H_1	ϕd_1
1.0	120	0.6	0.39	900	1650	20
2.0	220~300	1.1	0.39	900	1650	20
3.0		1.1	0.39	900	1650	20
4.0		1.5	0.39	900	1650	20
5.0	450~810	2.2	0.39	900	1650	20
6.0		3.0	0.39	1000	1650	26
8.0		4.0	0.39	1000	2400	26
10	1120~1520	5.5	0.48	1000	2400	26
12		7.5	0.58	1000	2400	26
15	2280~3550	7.5	0.39	1000	2435	26
20		10	0.39	1000	2435	30
25		10	0.39	1000	2435	30
30		12	0.39	1000	2435	30

外形及安装尺寸(mm)							机重(kg)	生产厂
ϕd_2	ϕD	ϕd_3	K	G	$a \times b$	$A \times B$		
24	150	25	420	520	220×220	270×270	152	河南省商城县水利机械厂
28	150	25	420	520	220×220	270×270	217	
30	150	34	420	520	280×280	340×340	227	
30	150	34	420	520	280×280	340×340	248	
32	150	40	420	520	280×280	340×340	265	
32	200	40	440	640	280×280	340×340	298	
35	200	40	440	640	280×280	340×340	375	
38	200	40	440	640	280×280	340×340	398	
40	200	40	440	640	520×380	590×430	452	
42	200	40	440	640	520×380	590×430	510	
45	220	45	440	640	600×430	670×480	710	
48	220	45	440	640	600×430	670×480	780	
50	220	45	440	640	600×430	670×480	800	

注：1. ΔA 为选用闸板的启闭行程。
  2. T—梯形螺纹。

4.16 启闭机

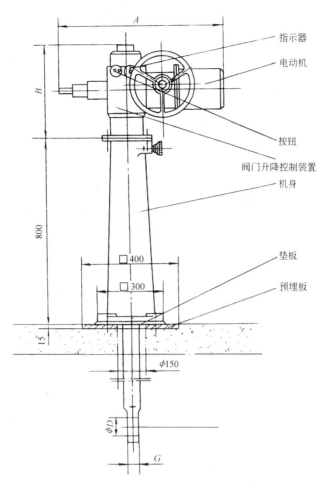

图 4-32　QDA 型手电两用启闭机外形及安装尺寸

QDA 型手电两用启闭机技术数据、外形及安装尺寸　　　　　　表 4-36

型　号	启闭力 (t)	工作转矩 (N·m)	电机功率 (kW)	外形及安装尺寸(mm)				生产厂
				A	B	ϕD	G	
QDA-45	39.2	441	1.1	715	340~510	35	50	扬州天雨给排水设备有限公司
QDA-60	58.8	588	1.5	715	340~510	35	50	
QDA-90	78.4	882	2.2	845	340~510	40	70	
QDA-120	98.0	1176	3	845	360~670	40	70	
QDA-180	137.2	1764	4	990	360~670	45	90	
QDA-250	176.4	2450	5.5	990	430~560	55	90	

5) QDS 型手电两用双吊点启闭机技术数据、外形尺寸见图 4-33 和表 4-37。

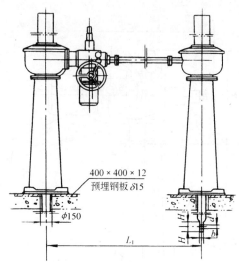

图 4-33 QDS 型手电两用双吊点启闭机外形尺寸

QDS 型启闭机技术数据、外形尺寸   表 4-37

型号规格	启闭力(kN)	启闭高度(m)	电动机功率(kW)	丝杆(mm)			外形尺寸(mm)					生产厂
				全长	丝长	直径	L_1	H	H_1	d	b	
QDS-2×3	59	3	2.2	3000	2000	50	790~2000	50	55	φ36	30	扬州天雨给排水设备（集团）有限公司
QDS-2×5	98	3	4	3000	2000	62		50	60	φ32	35	
QDS-2×8	157	3.5		3000	2500	72	900~2500	75	65	φ40	50	
QDS-2×10	196	4		3500	2500	80						
QDS-2×12	235	4		3500	2500	85						
QDS-2×15	294	4.5	7.5	4000	2800	90	1090~3000	100	90	2-φ46 中心距 120	70	
QDS-2×20	392	4.5		4000	3000	104						
QDS-2×25	490	4.5		4000	3000	104						

注：生产厂还有：河南省商城县水利机械厂双吊点电动启闭机。

6) SBJ 型速闭启闭机技术数据、外形及安装尺寸见图 4-34 和表 4-38。

4.16.2 卷扬式启闭机

(1) 适用范围：QPQ、QPK 系列卷扬式启闭机适用于各种水利工程和给水工程取水口控制大、中型平板钢闸门、水泥闸门、铸铁闸门的启闭，在一定条件下也可启闭弧形闸门。

(2) 结构：QPQ、QPK 系列启闭机整机主要由电动机、联轴器、减速机交流自动器、开式齿轮、卷筒、滑轮组、钢丝绳、主令控制器、电器控制箱和机架等组成。启闭机均采用 Y_Z 系列电动机。起吊的钢丝绳穿过动滑轮、定滑轮及平衡轮，两头分别固定在卷筒左、右螺旋槽的端部（或中间部位）。当启闭机工作时，电动机的动力通过联轴器、减速机及开式齿轮带动卷筒转动，钢丝绳在螺旋槽内收进或放出，使闸门得到启开或关闭。

(3) 技术性能：QPK 与 QPQ 系列卷扬式启闭机技术数据见表 4-39。

(4) 外形及安装尺寸：QPK、QPQ 系列双吊卷扬式启闭机外形及安装尺寸见图 4-35 和表 4-40。

SBJ型速闭启闭机技术数据、外形及安装尺寸　　　表4-38

规格(t)	电动机功率(kw)	启闭速度(m/min)	速闭速度(m/min)	外形及安装尺寸(mm)	
				A	a
3.0	1.1	0.39	3~5	400	350
5.0	2.2	0.39	3~5	400	350
8.0	4.0	0.39	3~5	500	440
10	5.5	0.48	3~5	500	440

外形及安装尺寸(mm)						重量(kg)	生产厂
H	H_1	ϕd	e	f	ϕd_1		
1000	1680	30	100	55	34	325	扬州天雨给排水设备(集团)有限公司
1000	1680	32	120	75	40	385	
1050	1800	35	130	80	40	450	
1050	1800	38	130	80	40	515	

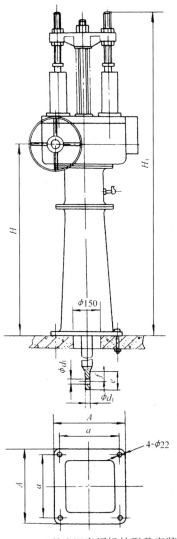

图4-34　SBJ型速闭启闭机外形及安装尺寸

表 4-39 QPQ系列卷扬启闭机技术数据 QPK

类别		规格(t)	启门高度(m)	启门速度(mm/min)	电动机型号	电动机功率(kW)	减速机速比	开式齿轮速比	卷筒直径(mm)	吊距 L (m)	机重(kg)	生产厂
单吊点	单独驱动	5	8~15	1885	Y$_Z$112M-6	2.2	41	4.85	300		770	河南省商城县水利机械厂
		8	8~15	1885	Y$_Z$112M-6	2.2	41	4.85	300		1130	
		10	8~15	2905	Y$_Z$132M$_1$-6	3	41	4.85	300		1140	
		12.5	8~15	2205	Y$_Z$132M$_2$-6	4	51	5.11	400		1925	
		16	8~15	2248	Y$_Z$160M$_1$-6	5.5	51	5.11	400		1940	
		25	9~17	2125	Y$_Z$160L-8	7.5	51	5.11	500		2795	
		40	9~17	1794	Y$_Z$160M$_2$-6	11	51	4.77	600		4445	
		63	10~19	1507	Y$_Z$200L-8	15	32.5	4.4	600		6720	
		80	10~19	1385	Y$_Z$200L-8	22	41	5.06	800		8560	
		100	11~20	1768	Y$_Z$250M$_1$-8	30	32.5	5.06	800		11035	
双吊点	集中驱动	2×5	8~15	1905	Y$_Z$132M$_1$-6	3	41	4.85	300	1.8~6	1555	
		2×8	8~15	2211	Y$_Z$160M$_1$-6	5.5	41	4.85	300	1.8~7	2265	
		2×10	8~15	2140	Y$_Z$160L-8	7.5	41	4.85	300	1.8~7	2280	
		2×12.5	8~15	2235	Y$_Z$160M$_2$-6	11	51	5.11	400	2.1~8	4345	
		2×16	8~15	2235	Y$_Z$160M$_2$-6	11	51	5.11	400	2.1~8	3885	
		2×25	9~17	2067	Y$_Z$200L-8	15	51	5.11	500	3.1~9	5755	
		2×40	9~17	1385	Y$_Z$200L-8	22	51	4.77	600	3.1~10	8965	
	单独驱动	2×63	10~19	1507	Y$_Z$200L-8	2×15	32.5	4.4	600	4.1~11	13465	
		2×80	10~19	1385	Y$_Z$200L-8	2×22	41	5.06	800	4.1~12	17130	
		2×100	11~20	1768	Y$_Z$250M$_1$-8	2×30	32.5	5.06	800	4.1~12.5	22350	

注：钢丝绳均采用光面钢丝。

4.16 启闭机

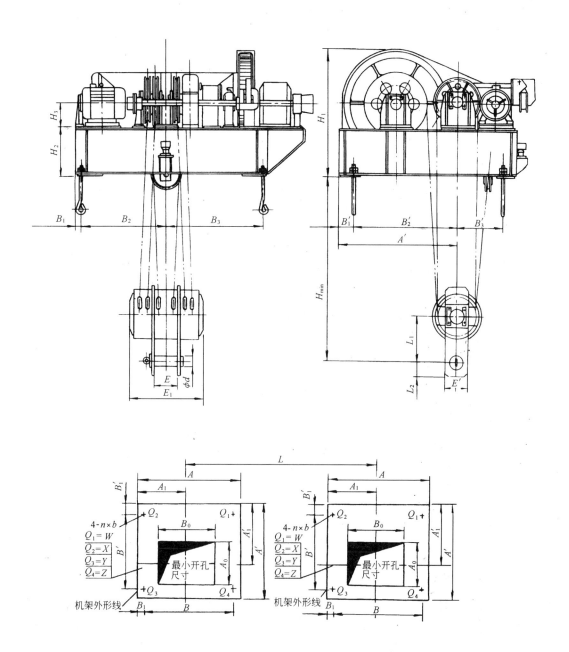

图 4-35 QPQ/QPK 系列双吊卷扬式启闭机外形及安装尺寸

表 4-40 QPQ、QPK 系列双吊带卷扬式启闭机外形及安装尺寸 (mm)

规格(t)	H_{min}	H_1	H_2	H_3	A	A_0	A_1	A'	A_1'	B_0	$B \times B'$	B_1	B_2	B_3	B_1'
5~8	950	855	285	190	1130	500	564.5	1260	682	700	880×1200	125	409.5	470.5	30
10~12	1100								703						
15	1200	1080	360	240	1350	600	638	1545	916	800	1050×1485	150	488	562	35
25	1300	1200	390	265	1520	700	719.5	1800	1050	900	1240×1730	140	579.5	660.5	
40	1400	1380	520		1911		904	1960	1175	1300	1821×1650	45	859	962	155
60	2200	1585	620	315	2628	1000	1260	2215	1430	2000	2528×1900	50	1210	1318	157.5
80	2400	1645			2540		1200.5	2335	1550	1700	2420×1955	60	1140.5	1279.5	190
100	2600	1875	820		2895	1100	1378	2390	1585	2000	2775×2010		1318	1457	

规格(t)	B_2'	B_3'	ϕd	E	E_1	E'	L_1	L_2	$n \times b$	W(kg)	X(kg)	Y(kg)	Z(kg)
5~8	652	548	60	143		140	290	75	M20×400	1540	1925	2035	2220
10~12	673	527					310			2500	3200	3500	3700
15	886	599	80	179		145	380	90	M24×500	3700	4130	6050	5420
25	1015	715	90	217	645	190	460	120		5930	6530	9220	8320
40	1020	630	100	284	860		500		M30×630	9200	10200	15100	13500
60	1272.5	627.5	110	287	950	280	550	160		13000	14100	25100	23100
80	1360	405	120	298		300	600	180	M36×360	15430	17230	33320	27720
100	1395	615	150	314	971	330	660	220		19380	21380	41370	37370

注: 订货须知: 1. 启闭机型号及启门力。
2. 启门高度,按下级限高度生产,超出部分另注明。
3. 单双吊点机型,如果是双吊点,请提供吊距 L 具体尺寸,否则按表中最小值生产。
4. 是否需要手摇机构。
5. 可承接系列外各种规格的设计。

4.17 调节堰门、可调出水堰

4.17.1 TY型调节堰门

(1) 适用范围:TY型调节堰门用于沉淀池、沉沙池或配水井出口处,以调节沉淀构筑物内的流量和水位,与启闭机配套使用。

(2) 型号意义说明:

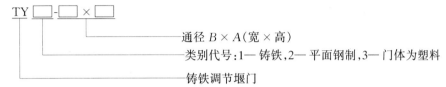

通径 $B \times A$ (宽×高)

类别代号:1—铸铁,2—平面钢制,3—门体为塑料

铸铁调节堰门

(3) 外形及安装尺寸:TY型调节堰门的外形及安装尺寸见图4-36、37和表4-41。

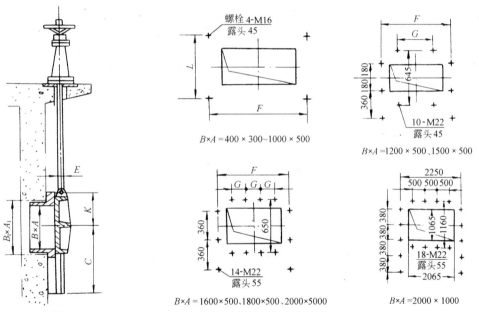

图4-36 TY型调节堰门外形及安装尺寸

图4-37 不同堰门预埋尺寸

TY型调节堰外形及安装尺寸(mm) 表4-41

规格 $B \times A$	$B_1 \times A_1$	C	K	E	L	F	G	生产厂
400×300	500×400	370	205	50	240	620		
600×300	700×400	370	205	50	240	840		
800×300	900×400	370	210	65	240	1040		
1000×500	1100×600	560	315	60	420	1240		江苏一环集团公司、扬州天雨给排水设备(集团)有限公司
1200×500	1300×600	695	315	60		1400	500	
1500×500	1600×600	695	320	70		1700	650	
1600×500	1700×600	695	320	75		1820	400	
1800×500	1900×600	695	320	75		2040	400	
2000×500	2100×600	695	320	75		2250	500	
2000×1000		1240	605	85				

4.17.2 AEW型可调节出水堰

(1) 适用范围:AEW型可调节出水堰适用于交替运行氧化沟污水处理的配水井和沉淀池等调节水位;也可用于气浮池、隔油池及其他水利工程等构筑物中水位的调节控制。

(2) 结构:AEW型可调式出水堰主要由电机、减速装置及堰门组合件等组成。电机经减速装置驱动堰门上部丝杆,通过丝杆的上、下垂直位移,由铰链机构牵引堰门改变与液面的角度,从而达到改变水位、控制流量的目的。

(3) 型号意义说明:

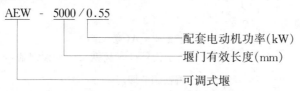

(4) 技术性能:AEW型可调出水堰技术数据见表4-42。

AEW型可调出水堰技术数据　　表4-42

型号	堰门有效长度(mm)	配套电动机型号功率	减速机速比	出水堰上、下可调最大高度(mm)	生产厂
AEW-5000/0.55	5000	550W 三相异步电动机	60:1	500	江苏一环集团公司
AEW-4300/0.55	4300				
AEW-2900/0.55	2900				

(5) 外形及安装尺寸:AEW型可调节出水堰外形及安装尺寸见图4-38、39。

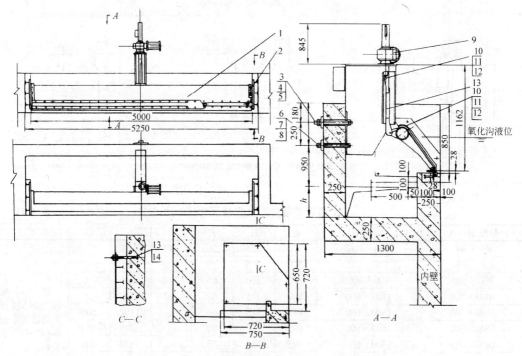

图4-38　AEW型可调节出水堰外形及安装尺寸
1—堰组件;2—左右侧板;3—引线管;4—螺母;5—垫板;6—螺母;7—螺栓;8—垫板;9—升降组件;10—销轴;
11—平垫圈;12—开口销;13—连杆组件;14—螺母

4.17 调节堰门、可调出水堰

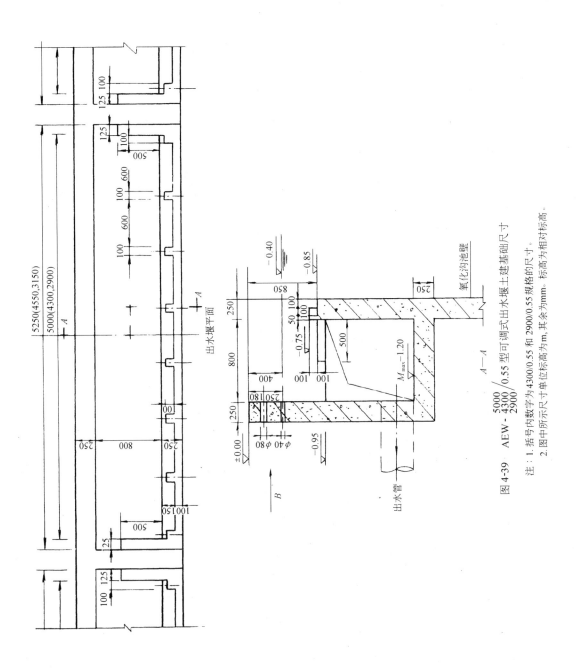

图4-39 AEW-5000/0.55、4300/0.55 和 2900/0.55 型可调式出水堰土建基础尺寸

注:1.括号内数字为4300/0.55和2900/0.55规格的尺寸。
2.图中所示尺寸单位标高为m,其条为mm。标高为相对标高。

5 其他设备

5.1 WYS型活性炭再生炉

(1) 适用范围:活性炭以其优异的吸附特性以及运转上的安全可靠,广泛应用在化工、电子、食品、黄金、医药等工业以及环保领域。WYS型活性炭再生炉以新颖、独特的强制放电技术,控制能量,使炭粒间强制形成电弧,对用过的炭进行放电再生。该产品1992年获北京国际发明展览会金奖,1995年获国家发明三等奖,目前已在黄金矿山、电力系统、石化企业、水处理部门得到广泛采用。

(2) 性能及特点:活性炭强制放电再生技术与传统的再生方法完全不同,可使干燥、焙烧、活化三个阶段一次完成,并对各项再生技术指标又有全面突破,节能极为显著、再生成本大幅度下降,具有体积小巧、炭损少、再生速度快、热效率高、构造简单、操作维修方便等特点。主要技术指标如下:

1) 再生时间:5~12min。
2) 再生温度:850℃。
3) 再生损耗率:<2%。
4) 吸附恢复率:95%~100%(以碘值计)。
5) 能耗:干炭耗电量 0.18~0.4kW·h/kg炭。
   湿炭耗电量 0.4~1.0kW·h/kg炭。
6) 再生操作实现全自动控制。

WYS型活性炭再生炉性能见表5-1。

WYS型活性炭再生炉性能 表5-1

型号	再生量(以干炭计)(kg/h)	配电总功率(kW)	整流变压器外形尺寸(长×宽×高)(mm)	整流器柜外形尺寸(长×宽×高)(mm)	再生炉外形尺寸(长×宽×高)(mm)	生产厂
WYS-25	25	42	800×400×600	700×670×2090	1450×1150×2050	江苏启东活性炭设备有限责任公司、中国市政工程西北设计研究院
WYS-50	50	75	900×400×700	700×670×2090	1550×1250×2150	
WYS-100	100	130	1000×450×800	700×670×2090	1600×1350×2300	

(3) 外形尺寸:WYS型活性炭再生炉外形尺寸见图5-1和表5-2。

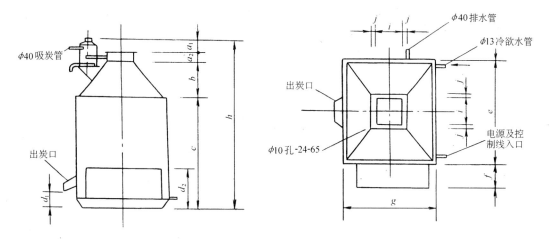

图 5-1　WYS型再生炉外形尺寸

WYS型活性炭再生炉外形尺寸　　　　　　　　　　　　　　　　　　表 5-2

再生量 (kg/h)	外形尺寸(mm)											
	a_1	a_2	b	c	d_1	d_2	e	f	g	h	i	j
25	150	200	450	1400	80	520	1200	250	1050	2050	350	40
50	175	200	450	1500	150	520	1300	250	1150	2150	350	40
100	200	200	550	1550	150	520	1350	250	1250	2300	350	40

5.2　减振器材

5.2.1　管道用减振橡胶接头

5.2.1.1　KXT型可曲挠橡胶接头

(1) 适用范围:KXT型可曲挠合成橡胶接头可广泛应用于给水排水、暖通、空调、消防、压缩机管道;造纸、制药、船用、石油化工及卫生设备管线;泵的吸入和压出,以及其他管道系统。

(2) 型号意义说明:

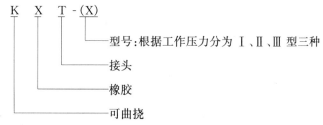

(3) 结构及特点:KXT型可曲挠橡胶接头系由内胶层、尼龙帘布增强、外胶层复合的橡胶球体和松套金属法兰组成。其特点:耐压高、弹性好、位移量大、吸振降噪效果好,安装方便。

(4) 性能:KXT型可曲挠橡胶接头位移数据见表5-3、4。

KXT型可曲挠橡胶接头性能　　　　　　　　　　　　　　　　表5-3

型号	工作压力(MPa)	爆破压力(MPa)	真空度(kPa)	适用温度(℃)	适用介质	偏转程度	生产厂
KXT-(Ⅰ)	2.0	6.0	100	−20～115	空气、压缩空气、水、海水、热水、弱酸等	接头两端可任意偏转,便于自由调节轴向或横向位移	上海松江橡胶制品厂、郑州力威橡胶制品有限公司、山东章丘鼓风机厂、长沙鼓风机厂
KXT-(Ⅱ)	1.2	3.5	86.7				
KXT-(Ⅲ)	0.8	2.4	53.3				

注：DN200-300KXT-(Ⅰ)型工作压力为1.5MPa,爆破压力为4.5MPa。

(5) 外形及安装尺寸：KXT型可曲挠橡胶接头外形尺寸见图5-2和表5-4。

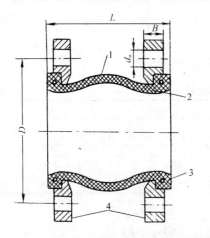

图5-2　KXT型可曲挠橡胶接头外形尺寸
1—主体(极性橡胶)；
2—内衬(尼龙帘布)；
3—骨架(硬钢丝)；
4—法兰(软钢)

KXT型可曲挠橡胶接头位移数据及外形尺寸　　　　　　　　　表5-4

公称直径DN(mm)	长度L(mm)	法兰厚度B(mm)	螺栓数n	螺栓孔直径d_0(mm)	螺栓孔中心圆直径D(mm)	轴向位移(mm)		横向位移(mm)	偏转角度$\alpha_1+\alpha_2$(°)
						伸长	压缩		
32	95	16	4	17.5	100	6	9	9	15
40	95	18	4	17.5	110	6	10	9	15
50	105	18	4	17.5	125	7	10	10	15
65	115	20	4	17.5	145	7	13	11	15
80	135	20	8	17.5	160	8	15	12	15
100	150	22	8	17.5	180	10	15	13	15
125	165	24	8	17.5	210	12	19	13	15
150	180	24	8	22	240	12	20	14	15
200	190	24	8	22	295	16	25	22	15
250	230	28	12	22	350	16	25	22	15
300	245	28	12	22	400	16	25	22	15
350	255	28	16	22	460	16	25	22	15
400	255	30	16	26	515	16	25	22	15

续表

公称直径 DN (mm)	长度 L (mm)	法兰厚度 B (mm)	螺栓数 n	螺栓孔直径 d_0 (mm)	螺栓孔中心圆直径 D (mm)	轴向位移(mm) 伸长	轴向位移(mm) 压缩	横向位移 (mm)	偏转角度 $\alpha_1 + \alpha_2$ (°)
450	255	30	20	26	565	16	25	22	15
500	255	32	20	26	620	16	25	22	15
600	260	36	20	30	725	16	25	22	15
700	260	36	24	26	810	16	25	22	15
800	260	36	24	30	920	16	25	22	15
900	260	36	24	30	1020	16	25	22	15
1000	260	36	28	30	1120	16	25	22	15
1200	260	36	32	33	1340	16	25	22	15
1400	300		36	36	1560	16	25	22	5
1600	300		40	36	1760	16	25	22	5
1800	300		44	39	1970	16	25	22	5

5.2.1.2 KST型可曲挠双球体橡胶接头

(1) 适用范围：KST型可曲挠双球体橡胶接头适用于宾馆、工厂及住宅区的水暖管道系统及循环水管道、卫生管道、冷冻管道、化学防腐管道、纸料及其他管道系统；特别适用于地震区域或陆地沉降地带的管线系统。

(2) 型号意义说明：

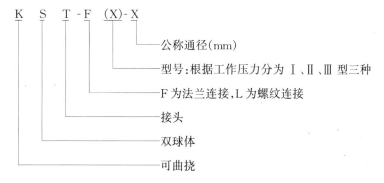

(3) 性能：KST-F、KST-L型可曲挠双球体橡胶接头性能、位移数据及外形尺寸见表5-5～8。

KST-F型可曲挠双球体橡胶接头性能　　表5-5

型号	工作压力 (MPa)	爆破压力 (MPa)	真空度 (kPa)	适用温度 (℃)	适用介质	生产厂
KST-F(Ⅰ)	2	6	86.7	-20～+115	空气、压缩空气、水、海水、热水、弱酸等化学物质	上海松江橡胶制品厂、郑州力威橡胶制品有限公司
KST-F(Ⅱ)	1.2	3.5	53.3			
KST-F(Ⅲ)	0.8	2.4	40			

注：其中DN200～300KST-F(Ⅰ)型工作压力为1.5MPa，爆破压力为4.5MPa。

KST-F型可曲挠双球体橡胶接头位移数据、外形尺寸　　　　　　　　　　表5-6

公称直径(mm)	长度L(mm)	法兰厚度B(mm)	螺栓数n	螺栓孔直径d(mm)	螺栓孔中心圆直径D(mm)	轴向位移(mm) 伸长	轴向位移(mm) 压缩	横向位移(mm)	偏转角度$\alpha_1+\alpha_2$(°)	生产厂
50	165	18	4	17.5	125	30	50	45	40	上海松江橡胶制品厂、郑州力威橡胶制品有限公司
65	175	20	4	17.5	145	30	50	45	40	
80	175	20	8	17.5	160	30	50	45	40	
100	225	22	8	17.5	180	35	50	40	35	
125	225	24	8	17.5	210	35	50	40	35	
150	225	24	8	22	240	35	50	40	35	
200	325	24	8	22	295	35	60	35	30	
250	325	28	12	22	350	35	60	35	30	
300	325	28	12	22	400	35	60	35	30	

KST-L型可曲挠双球体橡胶接头性能　　　　　　　　　　表5-7

工作压力(MPa)	爆破压力(MPa)	适用温度(℃)	偏转角度$\alpha_1+\alpha_2$(°)	真空度(kPa)	生产厂
1.0	3.0	−20~+115	45	53.3	上海松江橡胶制品厂、郑州力威橡胶制品有限公司
适用介质:水、海水、热水、空气、压缩空气、弱酸、弱碱等化学物质					

KST-L型可曲挠双球体橡胶接头位移数据及外形尺寸　　　　　　　　　　表5-8

公称直径(mm)	长度L(mm)	连接螺丝d'ZG(mm)	轴向位移(mm) 接头伸长	轴向位移(mm) 接头压缩	横向位移(mm)	重量(kg/套)
20	180	20	5~6	22	22	1.2
25	180	25	5~6	22	22	1.2
32	200	32	5~6	22	22	2
40	210	40	5~6	22	22	2
50	220	50	5~6	22	22	4
65	245	65	5~6	22	22	4

(4) 外形及安装尺寸:KST-F、KST-L型可曲挠双球体橡胶接头外形尺寸见图5-3、4和表5-6、8。

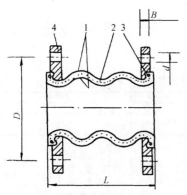

图5-3　KST-F型可曲挠双球体橡胶接头外形尺寸
1—主体(极性橡胶);2—内衬(尼龙帘布);
3—骨架(硬钢丝);4—法兰(低碳钢)

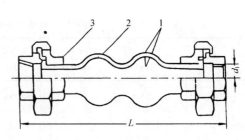

图5-4　KST-L型可曲挠双球体合成橡胶接头外形尺寸
1—主体(极性橡胶);2—内衬(尼龙帘布);
3—活接头(可锻铸铁)

5.2.1.3 KWT型可曲挠橡胶弯头

(1) 适用范围:KWT型可曲挠橡胶弯头可广泛用于建筑给水排水、暖通空调、冶金、化工、造纸、卫生、船舶、消防、制药等行业的各种管道系统的柔性连接和降噪隔振。

(2) 型号意义说明:

(3) 性能:KWT型可曲挠橡胶弯头性能、位移数据见表5-9、10。

KWT型可曲挠橡胶弯头性能 表5-9

型 号	工作压力 (MPa)	爆破压力 (MPa)	适用温度 (℃)	适用介质	偏转程度	生 产 厂
KWT-(Ⅰ)	1.5	4.5	-20~+100	水、海水、热水、空气、压缩空气、弱酸弱碱等	橡胶弯头两端法兰可任意偏转360°,便于设备或管路的安装和维修	上海松江橡胶制品厂、郑州力威橡胶制品有限公司
KWT-(Ⅱ)	1.0	3.0				
KWT-(Ⅲ)	0.6	1.8				

(4) 外形尺寸:KWT型可曲挠橡胶弯头外形尺寸见图5-5和表5-10。

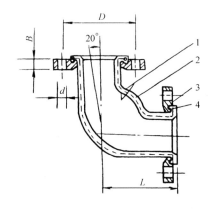

图5-5 KWT型可曲挠橡胶弯头外形尺寸
1—主体(耐热橡胶);
2—增强层(尼龙帘布);
3—法兰(低碳钢);
4—骨架(硬钢丝)

KWT型可曲挠橡胶弯头位移数据 表5-10

公称直径 (mm)	长度L (mm)	法兰厚度 B(mm)	螺栓数 n	螺栓孔直径 d(mm)	螺栓孔中心圆直径 D(mm)	各向允许位移(mm)					
						x	x'	y	y'	Z	Z'
50	140	18	4	17.5	125	20	16	20	16	16	16
65	140	20	4	17.5	145	20	16	20	16	16	16
80	150	20	8	17.5	160	20	16	20	16	16	16
100	160	22	8	17.5	180	20	16	20	16	16	16
125	180	24	8	17.5	210	20	16	20	16	16	16

续表

公称直径 (mm)	长度 L(mm)	法兰厚度 B (mm)	螺栓数 n	螺栓孔 直径 d (mm)	螺栓孔中 心圆直径 D(mm)	各向允许位移(mm)					
						x	x'	y	y'	Z	Z'
150	200	24	8	22	240	20	16	20	16	16	16
200	230	24	8	22	295	20	16	20	16	16	16
250	280	28	12	22	350	20	16	20	16	16	16
300	305	28	12	22	400	20	16	20	16	16	16

注：其他标准或非标准法兰需提供图样或数据，该厂可定制供货。

5.2.1.4 KYT型可曲挠同心异径橡胶接头

(1) 适用范围：KYT型可曲挠同心异径橡胶接头适用范围同KWT型可曲挠橡胶弯头。

(2) 性能及外形尺寸：KYT型可曲挠同心异径橡胶接头性能及位移数据见表5-11、12，其外形尺寸见图5-6和表5-12。

KYT型可曲挠同心异径橡胶接头性能　　　表5-11

型号	工作压力 (MPa)	爆破压力 (MPa)	真空度 (kPa)	适用温度 (℃)	适用介质	偏转程度	生产厂
KYT-(Ⅰ)	1.6	4.8	86.7	$-20\sim+115$	水、海水、热水、弱酸、弱碱、空气压缩空气等	接头两端可任意偏转，便于自由调节轴向或横向位移	上海松江橡胶制品厂
KYT-(Ⅱ)	1.0	3.0	53.3				
KYT-(Ⅲ)	0.6	1.8	40				

KYT型可曲挠同心异径橡胶接头位移数据及外形尺寸　　　表5-12

公称直径(mm)		长度L (mm)	螺栓数		螺栓孔直径 (mm)		螺栓孔中心圆直径 (mm)		水平位移(mm)		横向位移 (mm)	偏转角度 (°)
D_1	D_2		n_1	n_2	d_1	d_2	D_1'	D_2'	伸长	压缩		
65	50	150	4	4	17.5	17.5	145	125	7	10	10	15
80	50	150	8	4	17.5	17.5	160	125	7	10	10	15
80	65	150	8	4	17.5	17.5	160	145	7	13	11	15
100	65	150	8	4	17.5	17.5	180	145	7	13	11	15
100	80	150	8	8	17.5	17.5	180	160	8	15	12	15
125	80	150	8	8	17.5	17.5	210	160	8	15	12	15
125	100	150	8	8	17.5	17.5	210	180	10	19	13	15
150	100	150	8	8	22	17.5	240	180	10	19	13	15
150	125	150	8	8	22	17.5	240	210	12	19	13	15
200	125	150	8	8	22	17.5	295	210	12	19	13	15
200	150	200	8	8	22	22	295	240	12	20	14	15
250	150	200	12	8	22	22	350	240	12	20	14	15
250	200	200	12	8	22	22	350	295	16	25	22	15
300	200	200	12	8	22	22	400	295	16	25	22	15
300	250	200	12	12	22	22	400	350	16	25	22	15

注：1. 法兰标准采用GB 2555—81，$PN1.0$ MPa。
　　2. 其他标准或非标准法兰另订协议，指明标准或提供图纸及有关数据，本厂可定制生产。

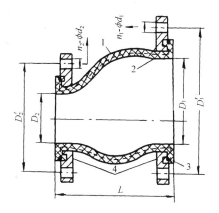

图 5-6 KYT 型可曲挠同心异径橡胶
接头外形尺寸
1—主体(极性橡胶);2—内衬(尼龙帘布);
3—骨架(硬钢丝);4—法兰(软钢)

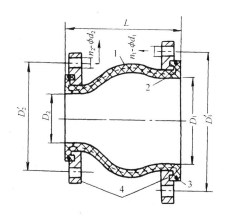

图 5-7 KYP 型可曲挠偏心异径橡胶
接头外形尺寸
1—主体(极性橡胶);2—内衬(尼龙帘布);
3—骨架(硬钢丝);4—法兰(软钢)

5.2.1.5 KYP 型可曲挠偏心异径橡胶接头

(1) 适用范围:KYP 型可曲挠偏心异径橡胶接头适用范围同 KWT 型可曲挠橡胶弯头。

(2) 性能、外形及安装尺寸:KYP 型可曲挠偏心异径橡胶接头性能及位移数据见表 5-13、14,其外形尺寸见图 5-7 和表 5-14。

KYP 型可曲挠偏心异径橡胶接头性能　　　　表 5-13

型 号	工作压力(MPa)	爆破压力(MPa)	真空度(kPa)	适用温度(℃)	适用介质	偏转程度	生产厂
KYP-(Ⅰ)	1.6	4.8	86.7	−20~115	水、海水、热水、弱酸、弱碱、空气压缩空气等	接头两端可任意偏转,便于自由调节轴向或横向位移	上海松江橡胶制品厂
KYP-(Ⅱ)	1.0	3.0	53.3				
KYP-(Ⅲ)	0.6	1.8	40				

KYP 型可曲挠偏心异径橡胶接头位移数据及外形尺寸　　　　表 5-14

公称直径(mm)		长度(mm)	螺栓数		螺栓孔直径(mm)		螺栓孔中心圆直径(mm)		水平位移(mm)		横向位移(mm)	偏转角度(°)
D_1	D_2		n_1	n_2	d_1	d_2	D_1'	D_2'	伸长	压缩		
65	50	150	4	4	17.5	17.5	145	125	7	10	10	15
80	65	150	8	4	17.5	17.5	160	145	7	13	11	15
100	80	150	8	8	17.5	17.5	180	160	8	15	12	15
125	100	150	8	8	17.5	17.5	210	180	8	19	13	15
150	125	150	8	8	22	17.5	240	210	12	19	13	15
200	150	200	8	8	22	22	295	240	12	20	14	15
250	200	200	12	8	22	22	350	295	16	25	22	15
300	250	200	12	12	22	22	400	350	16	25	22	15

注:1. 法兰标准采用 GB 2555—81,PN 1.0MPa。
2. 其他标准或非标准法兰需另订协议,指明标准或提供图纸及有关数据,本厂可定制生产。

5.2.2 SD型橡胶隔振垫

(1) 适用范围：SD型橡胶隔振垫是一种以剪切受力为主的隔振垫，可应用于各类机器的隔振减噪，如各种机床、风机、泵、空压机、冷冻机等。对于冲击机械的隔振，如冲床、锻床等，效果尤为显著。消极隔振（如精密仪器、光学仪器等）的隔音效果良好。

(2) 型号意义说明：

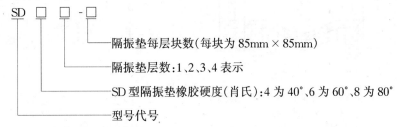

(3) 性能：SD型橡胶隔振垫性能见表 5-15。

SD型橡胶隔振垫性能 表 5-15

隔振垫型号	隔振垫尺寸			隔振垫层（数）	钢板(6mm厚，放在多层隔振垫之间)			垂向设计荷载(kg)	相应的静态压缩量(mm)	相应的固有频率 f_n(Hz)	生产厂
	宽度(mm)	长度(mm)	面积(cm^2)		宽度(mm)	长度(mm)	块(数)				
SD41-4				1				152~364	1.4~3.4	16.4~10.5	
SD42-4				2	194	194	1	152~364	2.8~6.8	11.5~7.5	
SD43-4				3	194	194	2	152~364	4.2~10.2	9.5~6.1	
SD44-4				4	194	194	3	152~364	5.6~13.6	8.2~5.3	
SD61-4				1				606~970	2.5~4.0	13.2~10.6	
SD62-4				2	194	194	1	606~970	5.0~8.0	9.3~7.5	
SD63-4				3	194	194	2	606~970	7.5~12.0	7.6~6.1	
SD64-4	174	174	303	4	194	194	3	606~970	10.0~16.0	6.6~5.3	上海松江橡胶制品厂、郑州力威橡胶制品有限公司、长沙鼓风机厂
SD81-4				1				1212~2424	2.0~4.0	17.2~14.7	
SD82-4				2	194	194	1	1212~2424	4.0~8.0	13.4~10.7	
SD83-4				3	194	194	2	1212~2424	6.0~12.0	9.9~8.5	
SD84-4				4	194	194	3	1212~2424	8.0~16.0	8.6~7.4	
SD41-6				1				208~498	1.4~3.4	16.4~10.5	
SD42-6				2	194	283	1	208~498	2.8~6.8	11.5~7.5	
SD43-6				3	194	283	2	208~498	4.2~10.2	9.5~6.1	
SD44-6				4	194	283	3	208~498	5.6~13.6	8.2~5.3	
SD61-6				1				830~1328	2.5~4.0	13.2~10.6	
SD62-6				2	194	283	1	830~1328	5.0~8.0	9.3~7.5	
SD63-6				3	194	283	2	830~1328	7.5~12.0	7.6~6.1	
SD64-6	174	263	415	4	194	283	3	830~1328	10.0~16.0	6.6~5.3	
SD81-6				1				1660~3320	2.0~4.0	17.2~14.7	
SD82-6				2	194	283	1	1660~3320	4.0~8.0	13.4~10.7	
SD83-6				3	194	283	2	1660~3320	6.0~12.0	9.9~8.5	

续表

隔振垫型号	隔振垫尺寸			隔振垫层(数)	钢板(6mm厚,放在多层隔振垫之间)			垂向设计荷载(kg)	相应的静态压缩量(mm)	相应的固有频率 f_n(Hz)	生产厂
	宽度(mm)	长度(mm)	面积(cm²)		宽度(mm)	长度(mm)	块(数)				
SD84-6	174	263	415	4	194	283	3	1660~3320	8.0~16.0	8.6~7.4	
SD41-2.5				1				94~224	1.4~3.4	16.4~10.5	
SD42-2.5				2	105	240	1	94~224	2.8~6.8	11.5~7.5	
SD43-2.5				3	105	240	2	94~224	4.2~10.2	9.5~6.1	
SD44-2.5				4	105	240	3	94~224	5.6~13.6	8.2~5.3	
SD61-2.5				1				374~598	2.5~4.0	13.2~10.6	
SD62-2.5				2	105	240	1	374~598	5.0~8.0	9.3~7.5	
SD63-2.5				3	105	240	2	374~598	7.5~12.0	7.6~6.1	
SD64-2.5	85	220.5	187	4	105	240	3	374~598	10.0~16.0	6.6~5.3	
SD81-2.5				1				748~1496	2.0~4.0	17.2~14.7	
SD82-2.5				2	105	240	1	748~1496	4.0~8.0	13.4~10.7	
SD83-2.5				3	105	240	2	748~1496	6.0~12.0	9.9~8.5	
SD84-2.5				4	105	240	3	748~1496	8.0~16.0	8.6~7.4	
SD41-3				1				112~267	1.4~3.4	16.4~10.5	
SD42-3				2	105	283	1	112~267	2.8~6.8	11.5~7.5	
SD43-3				3	105	283	2	112~267	4.2~10.2	9.5~6.1	
SD44-3				4	105	283	3	112~267	5.6~13.6	8.2~5.3	上海松江橡胶制品厂、郑州力威橡胶制品有限公司、长沙鼓风机厂
SD61-3				1				448~717	2.5~4.0	13.2~10.6	
SD62-3				2	105	283	1	448~717	5.0~8.0	9.3~7.5	
SD63-3				3	105	283	2	448~717	7.5~12.0	7.6~6.1	
SD64-3	85	263	224	4	105	283	3	448~717	10.0~16.0	6.6~5.3	
SD81-3				1	—	—	—	896~1792	2.0~4.0	17.2~14.7	
SD82-3				2	105	283	1	896~1792	4.0~8.0	13.4~10.7	
SD83-3				3	105	283	2	896~1792	6.0~12.0	9.9~8.5	
SD84-3				4	105	283	3	896~1792	8.0~16.0	8.6~7.4	
SD41-1.5				1	—	—	—	56~134	1.4~3.4	16.4~10.5	
SD42-1.5	85	263	224	2	105	151	1	56~134	2.8~6.8	11.5~7.5	
SD43-1.5				3	105	151	2	56~134	4.2~10.2	9.5~6.1	
SD44-1.5				4	105	151	3	56~134	5.6~13.6	8.2~5.3	
SD61-1.5				1	—	—	—	224~358	2.5~4.0	13.2~10.6	
SD62-1.5				2	105	151	1	224~358	5.0~8.0	9.3~7.5	
SD63-1.5				3	105	151	2	224~358	7.6~6.1		
SD64-1.5				4	105	151	3	224~358	10.0~16.0	6.6~5.3	
SD81-1.5	85	131.5	112	1	—	—	—	448~896	2.0~4.0	17.2~14.7	
SD82-1.5				2	105	151	1	448~896	4.0~8.0	13.4~10.7	
SD83-1.5				3	105	151	2	448~896	6.0~12.0	9.9~8.5	
SD84-1.5				4	105	151	3	448~896	8.0~16.0	8.6~7.4	
SD41-2				1	—	—	—	74~178	1.4~3.4	16.4~10.5	

续表

隔振垫型号	隔振垫尺寸 宽度(mm)	长度(mm)	面积(cm²)	隔振垫层(数)	钢板(6mm厚,放在多层隔振垫之间) 宽度(mm)	长度(mm)	块(数)	垂向设计荷载(kg)	相应的静态压缩量(mm)	相应的固有频率 f_n(Hz)	生产厂
SD42-2				2	105	194	1	74~178	2.8~6.8	11.5~7.5	
SD43-2				3	105	194	2	74~178	4.2~10.2	9.5~6.1	
SD44-2				4	105	194	3	74~178	5.6~13.6	8.2~5.3	
SD61-2				1	—	—	—	296~474	2.5~4.0	13.2~10.6	
SD62-2				2	105	194	1	296~474	5.0~8.0	9.3~7.5	
SD63-2	85	174	148	3	105	194	2	296~474	7.5~12.0	7.6~6.1	
SD64-2				4	105	194	3	296~474	10.0~16.0	6.6~5.3	
SD81-2				1	—	—	—	592~1184	2.0~4.0	17.2~14.7	
SD82-2				2	105	194	1	592~1184	4.0~8.0	13.4~10.7	
SD83-2				3	105	194	2	592~1184	6.0~12.0	9.9~8.5	
SD84-2				4	105	194	3	592~1184	8.0~16.0	8.6~7.4	
SD41-0.5				1	—	—	—	18~43	1.4~3.4	16.4~10.5	
SD42-0.5	42.5	85	36	2	62	105	1	18~43	2.8~6.8	11.5~7.5	
SD43-0.5				3	62	105	2	18~43	4.2~10.2	9.5~6.1	
SD44-0.5				4	62	105	3	18~43	5.6~13.6	8.2~5.3	上海松江橡胶制品厂、郑州力威橡胶制品有限公司、长沙鼓风机厂
SD61-0.5				1				72~115	2.5~4.0	13.2~10.6	
SD62-0.5				2	62	105	1	72~115	5.0~8.0	9.3~7.5	
SD63-0.5				3	62	105	2	72~115	7.5~12.0	7.6~6.1	
SD64-0.5	42.5	85	36	4	62	105	3	72~115	10.0~16.0	6.6~5.3	
SD81-0.5				1				144~288	2.0~4.0	17.2~14.7	
SD82-0.5				2	62	105	1	144~288	4.0~8.0	13.4~10.7	
SD83-0.5				3	62	105	2	144~288	6.0~12.0	9.9~8.5	
SD84-0.5				4	62	105	3	144~288	8.0~16.0	8.6~7.4	
SD41-1				1				36~86	1.4~3.4	16.4~10.5	
SD42-1				2	105	105	1	36~86	2.8~6.8	11.5~7.5	
SD43-1				3	105	105	2	36~86	4.2~10.2	9.5~6.1	
SD44-1				4	105	105	3	36~86	5.6~13.6	8.2~5.3	
SD61-1				1				144~230	2.5~4.0	13.2~10.6	
SD62-1	85	85	72	2	105	105	1	144~230	5.0~8.0	9.3~7.5	
SD63-1				3	105	105	2	144~230	7.5~12.0	7.6~6.1	
SD64-1				4	105	105	3	144~230	10.0~16.0	6.6~5.3	
SD81-1				1				288~576	2.0~4.0	17.2~14.7	
SD82-1				2	105	105	1	288~576	4.0~8.0	13.4~10.7	
SD83-1				3	105	105	2	288~576	6.0~12.0	9.9~8.5	
SD84-1				4	105	105	3	288~576	8.0~16.0	8.6~7.4	

5.2.3 WH型橡胶隔振器

(1) 适用范围:WH型橡胶隔振器在额定载荷下的固有频率较低,在较宽的干扰频率范围内隔振效果甚佳,且阻尼比适宜,对共振峰的抑制能力强。广泛用于各类风机、水泵、空压机、柴油机以及各种机械设备的基础隔振。

(2) 型号意义说明:

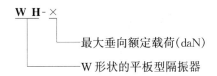

(3) 性能:WH型橡胶隔振器性能见表5-16。

WH型橡胶隔振器性能　　　表5-16

型号	垂向额定载荷(daN)	相应的静态变形(mm)	相应的固有频率(Hz)	阻尼比(C/C_c)	重量(kg)	生产厂
WH-150	150	12±2	6±1	>0.07	3.0	上海松江橡胶制品厂
WH-250	250	12±2	6±1	>0.07	3.3	
WH-400	400	12±2	6±1	>0.07	3.5	

注:1daN=10N。

(4) 外形及安装尺寸:WH型橡胶隔振器外形及安装尺寸见图5-8和表5-17,安装示意见图5-9。

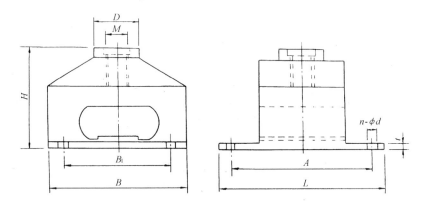

图5-8　WH型橡胶隔振器外形及安装尺寸

WH型橡胶隔振器外形及安装尺寸(mm)　　　表5-17

型号	L	A	B	B_1	H	M	t	n-φd	D
WH-150	185	150	127	65	80	18	9	4-15	47
WH-250	185	150	127	65	80	22	9	4-17	47
WH-400	185	150	127	65	80	24	9	4-19	47

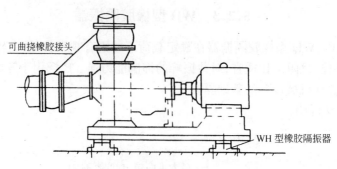

图 5-9　WH 型橡胶隔振器安装示意

5.3 输送设备

5.3.1 DTⅡ型通用固定带式输送机

(1) 适用范围：DTⅡ型通用固定带式输送机广泛用于冶金、煤炭、电力、交通等部门，用单机或多机组合成运输系统来输送物料。供输送松散度为 $500\sim2500{\rm kg/m^3}$ 的各种散状物料及成件物品，工作环境温度一般为 $-25\sim+40℃$；对于有防尘、防爆、防腐等要求的场合，应另采取措施。

(2) 产品规格：DTⅡ型固定带式输送机规格见表 5-18。

DTⅡ型通用固定带式输送机产品规格　　　　　　表 5-18

带宽(mm)	500	650	800	1000	1200	1400	1600	1800	2000	2200	2400
代　码	01	02	03	04	05	06	07	08	09	10	11

(3) 性能：DTⅡ型通用固定式带式输送机性能（最大块度、带速、输送能力及传动形式、功率等）见表 5-19、20，各种散状物料的松散密度及允许的最大输送倾角参考值见表 5-21。

各种带宽适用的最大块度(mm)　　　　　　表 5-19

带　宽 块　度	500	650	800	1000	1200	1400	1600	1800	2000	2200	2400
最大块度	100	150	200	300	350	350	350	350	350	350	350

注：块度尺寸系指物料块最大线性尺寸。

带速 v、带宽 B 与输送能力 I_v 的匹配关系　　　　　　表 5-20

带宽 B(mm)	带速 v(m/s) 输送能力 I_v(m³/h)	0.8	1.0	1.25	1.6	2.0	2.5	3.15	4	(4.5)	5.0	(5.6)	6.5
	500	69	87	108	139	174	217						
	650	127	159	198	254	318	397						
	800	198	248	310	397	496	620	781					
	1000	324	405	507	649	811	1014	1278	1622				

续表

带宽 B(mm) \ 带速 v(m/s) \ 输送能力 I_v(m³/h)	0.8	1.0	1.25	1.6	2.0	2.5	3.15	4	(4.5)	5.0	(5.6)	6.5
1200		593	742	951	1188	1486	1872	2377	2674	2971		
1400		825	1032	1321	1652	2065	2602	3304	3718	4130		
1600					2186	2733	3444	4373	4920	5466	6122	
1800					2795	3494	4403	5591	6291	6989	7829	9083
2000					3470	4338	5466	6941	7808	8676	9717	11277
2200							6843	8690	9776	10863	12166	14120
2400							8289	10526	11842	13158	14737	17104

注：1. 输送能力 I_v 值系按水平运输，动堆积角 θ 为 20°，托辊槽角 λ 为 35°时计算的。
2. 表中带速 4.5、5.6m/s 为非标准值，一般不推荐选用。

各种散状物料的特性　　　　表 5-21

物料名称	松散密度（×10³ kg/m³）	安息角（°）	运动方向最大倾斜角（°）
无烟煤(块)	0.9~1.0	27	15~16
无烟煤(细碎)	1.0	27	18
褐煤块	0.7~0.9	35~45	18
粉煤、精煤、中煤、尾煤	0.6~0.85	45	20~21
原煤	0.85~1.0	50	18~20
焦炭	0.5~0.7	50	17~18
焦炭(粉粒状)	0.4~0.56	30~45	20
铁矿石、岩石、石灰石(块度均匀)	1.6	35	14~16
破碎的石灰石(大块)	1.6~2.0	38	18
（小块）	1.2~1.5		15
干砂	1.3~1.4	30~35	16
湿砂	1.4~1.9	45	20~24
废型砂	1.2~1.3	39	20
混有砾石的砂(湿)	2.0~2.4	30~35	18~20
干松泥土	1.2~1.4	35	20
湿土	1.7~2.0	30~45	20~23
油母页岩	1.4	39	18~22
高炉渣	1.3	35	18~20
水泥	1.2~1.5	30~40	15~20
盐	0.8~1.3	25	20
碎石和砾石	1.5~1.8	30~40	16~20
铁矿石	1.7~2.5	35	18~20

续表

物料名称	松散密度 ($\times 10^3$ kg/m³)	安息角 (°)	运动方向最大 倾斜角(°)
铁矿石块	2.5~3.0	32	15
剥离物	1.6~1.7	25	17
谷物	0.7~0.85	24	16
化肥	0.9~1.2	18	12~15

注：物料的松散密度及安息角随物料的水分、粒度、带速等的不同而变化，应以实测为准，本表仅供参考。

(4) 外形及结构组成：DTⅡ型通用固定式带式输送机外形及结构组成见图5-10。

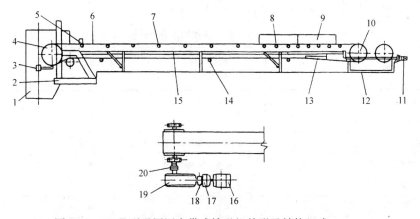

图 5-10 DTⅡ型通用固定带式输送机外形及结构组成

1—头部漏斗；2—机架；3—头部清扫器；4—传动滚筒；5—安全保护装置；6—输送带；
7—承载托辊；8—缓冲托辊；9—导料槽；10—改向滚筒；11—螺旋拉紧装置；12—尾架；
13—空段清扫器；14—回程托辊；15—中间架；16—电动机；17—液力耦合器；18—制动器；
19—减速器；20—联轴器

注：主要生产厂：无锡市输送机械设备厂、苏州市吴县通用机械厂、武汉输送机械制造公司（原武汉第三通用机械厂）、石家庄斯达输送设备厂。

5.3.2 DY型移动带式输送机

(1) 适用范围：DY型移动带式输送机是一种机动性能好的连续输送装卸物料设备。主要用于装卸地点经常变换的场合，如港口、码头、车站、煤场、仓库、建筑工地、砂石料场、农场等。也可用来短途运输及装卸散状物料。

(2) 结构：DY型移动带式输送机分为可升降型和不可升降型两大类。输送带的运行靠电动机驱动，整机的升降与运行均为非机动。其主要组成有：机架、驱动装置、托辊、拉紧装置、输送带、升降装置、行走机构等。

(3) 性能：DY型移动带式输送机性能见表5-22。

表 5-22 DY 型移动带式输送机性能

规格	机长(m)	带宽(mm)	带速(m/s)	最大输送高度(m)	倾斜角度(°)	输送能力 (m³/h)	输送能力 (件/h)	输送能力 (t/h)	电动滚筒型号(DY)	电动滚筒功率(kW)	总重量(kg)	生产厂
DY-4031	3	400	1.6			90		80	1.2	1.5		苏州运输机械厂,北京市运输机械厂,武汉制造机械制造公司,杭州宝鸡叉车制造公司,兰州第二通用机器厂
DY-4032	3	400	0.8				800	40	1.1	1.1		
DY-4051	5	400	1.6			90		80	1.2	1.5		
DY-4052	5	400	0.8				800	40	1.1	1.1		
DY-4071	7	400	1.6			90		80	1.2	1.5		
DY-4072	7	400	0.8				800	40	1.1	1.1		
DY-40101	10	400	1.6			90		80	1.2	1.5		
DY-40102	10	400	0.8				800	40	1.1	1.1		
DY-5051	5	500	1.6			160		145	1.4	2.2		
DY-5052	5	500	0.8				1400	70	1.3	1.1		
DY-5071	7	500	1.6			160		145	1.4	2.2		
DY-5072	7	500	0.8				1400	70	1.3	1.1		
DY-50101	10	500	1.6	1.77	6.5	160		145	1.4	2.2	892	
DY-50102	10	500	1.6	4.52	10~22	125		112	1.5	3.0	1126	
DY-50151	15	500	1.6	1.61	4.32	160		145	1.4	2.2	1225	
DY-50152	15	500	1.6	6.39	10~22	125		112	1.6	4.0	1547	
DY-6551	5	650	1.6			290		265	1.9	2.2		
DY-6552	5	650	0.8				2600	130	1.7	1.1		
DY-6571	7	650	1.6			290		265	1.9	2.2		
DY-6572	7	650	0.8				2600	130	1.7	1.1		
DY-65101	10	650	1.6	1.82	6.5	290		265	1.10	3.0	1010	
DY-65102	10	650	1.6	4.56	10~22	224		200	1.11	4.0	1286	
DY-65151	15	650	1.6	1.85	4.32	290		265	1.10	3.0	1395	
DY-65152	15	650	1.6	6.52	10~22	224		200	1.12	5.5	1747	

(4) 外形及结构组成：DY 型移动带式输送机外形及结构组成见图 5-11、12。

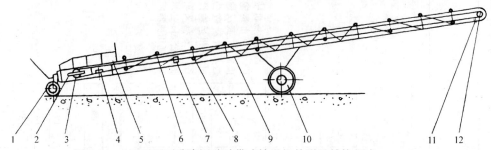

图 5-11　DY 型不可升降型移动带式输送机外形及结构组成
1—尾轮组；2—拉紧装置；3—电动滚筒组；4—空段清扫器；5—导料槽；6—上托辊组；
7—电气控制箱；8—平形托辊组；9—机架；10—行轮组；11—弹簧清扫器；12—改向滚筒组

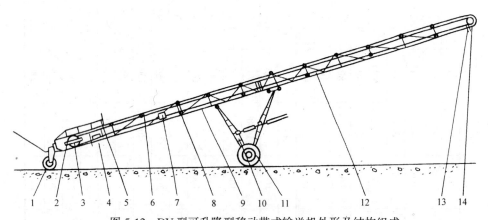

图 5-12　DY 型可升降型移动带式输送机外形及结构组成
1—尾轮组；2—拉紧装置；3—电筒滚筒；4—空段清扫器；5—导料槽；6—上托辊组；7—电气控制箱；
8—平行托辊组；9—后部机架；10—升降机构；11—行轮组；12—前部机架；13—弹簧清扫器；14—改向滚筒组

5.3.3　DS 型移动带式输送机

(1) 适用范围：DS 型移动带式输送机适用于污水处理厂脱水污泥的输送及冶金、煤炭、水电、交通等部门用来输送散物料或成件物品。该机与带式压滤机配套使用，置于网带泥饼拨离处，使泥饼落在运输机上送走。

(2) 性能：DS 型移动带式输送机性能见表 5-23，外形结构组成见图 5-21。

DS 型移动带式输送机性能　　　　　表 5-23

型　号	输送带宽 (mm)	输送带速 (m/s)	输送长度 (m)	输送能力 (m³/h)	输送物料容量 (t/m³)	电动滚筒功率 (kW)	生　产　厂
DS5	400	1.25	5	74	2.5	1.5	唐山清源环保机械集团公司
DS10	400	1.25	10	74	2.5	1.5	
DS16	400	1.25	16	74	2.5	1.5	

5.3.4 Y型移动带式输送机

(1) 适用范围：Y型移动带式输送机适用范围同 DS 型。
(2) 性能：Y型移动带式输送机性能见表 5-24。

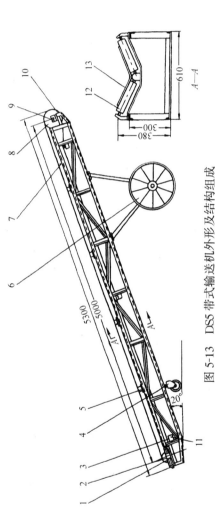

图 5-13 DS5 带式输送机外形及结构组成

1—拉紧装置；2—改向滚筒；3—下托滚；4—脚轮；5—上托滚架；6—行走车轮；7—机架；8—电动滚筒；9—支承板；10—弹簧清扫器；11—下托轮；12—上托轮；13—运输带

Y型移动带式输送机性能

表 5-24

型号	有效输送长度 (m)	带宽 (mm)	带速 (m/s)	输送量 (m³/h)	电动机功率 (kW)	倾斜角度 (°)	输送高度 (mm)	整机重量 (kg)	生产厂
Y-10(A)	10	400	1.25	60	2.2	20	1600~3400	1600	苏州运输机械厂
Y-15(A)	15	400	1.25	60	3	20	2700~5700	1800	
1Y-10(A)	10	500	1.5	110	2.2	20	2010~3910	1550	
1Y-15(A)	15	500	1.5	120	5.5	20	2700~5700	1900	
1Y-20(A)	20	500	1.5	120	7.5	19	4400~6900	2500	
2Y-10(A)	10	650	1.6	200	5.5	9~19	1600~3500	2100	

734　5　其他设备

续表

型号	有效输送长度 (m)	带宽 (mm)	带速 (m/s)	输送量 (m³/h)	电动机功率 (kW)	倾斜角度 (°)	输送高度 (mm)	整机重量 (kg)	生产厂
2Y-15(A)	15	650	1.6	200	7.5	9～19	2600～5300	3100	苏州运输机械厂
2Y-20(A)	20	650	1.6	200	7.5	9～19	4000～6800	4000	
3Y-10(A)	10	800	1.6	262	5.5	20	1600～3400	2800	
3Y-15(A)	15	800	1.6	262	7.5	20	2890～5430	3500	
3Y-20(A)	20	800	1.25	200	7.5	19	5000～6900	4300	

注：型号中带(A)为汽车橡胶轮胎。

5.4　维修设备

5.4.1　车床

车床主要型号、用途及性能见表5-25。

车床主要型号、用途及性能

表5-25

型号	床身上最大工件回转直径×最大工件长度 (mm)	外形尺寸 (长×宽×高) (mm)	主电动机功率 (kW)	重量 (kg)	主要用途	生产厂
CL6132型卧式车床	φ320×750×1000	2175×780×1175 2275×780×1175	4	1600	进行各种车削工作，包括车削各种公英制螺纹	鲁南机床厂
QH₂-330型普通车床	φ330×1003	1790×630×1140	2.4/1.5	650	适用于各种中、小型轴类、盘类、套类零件的加工，并可进行公英制螺纹加工	青海第二机床厂
CL6234A型马鞍车床	φ340×1000	1740×650×1150	1.1	520	加工一般零件的外圆、内孔和端面，又可加工各种螺纹	鲁南机床厂

5.4 维修设备　735

续表

型　号	床身上最大工件回转直径×最大工件长度 (mm)	外形尺寸(长×宽×高) (mm)	主电动机功率 (kW)	重量 (kg)	主　要　用　途	生　产　厂
CHDLET 350型卧式车床	φ350×700 ×1000 ×1600 ×2500	2510×1020×1570 2670×1070×1660 3270×1070×1660 4135×1070×1600	7.5 快速电动机功率0.75 冷却泵电动机功率0.125	1650 2150 2450 3050	适合于车削各种金属零件的端面、外圆、内孔、锥体、多种螺纹和进行仿形加工	天水星火机床厂
SK360(SK14)型卧式车床	φ360×750 ×1000 ×1500	1992×1000×1170 2242×1000×1170 2742×1000×1170	4	1400 1450 1520	适用于车削各种金属零件的外圆、内孔、端面，并能车削锥面、钻孔、铰孔及各种公制螺纹	沈阳车床厂(原沈阳第三机床厂)
CL6236A(LC360A)型马鞍型车床	φ360×1000 ×1500	2255×1000×1210 2755×1000×1210	4		加工一般零件的外圆、内孔和端面，又可加工各种螺纹	鲁南机床厂
C618-1型普通车床	φ380×650 ×1000 ×2000	2090×880×1260 2430×880×1260 3430×880×1260	4.5	1350 1500 2200	用于车削圆柱形和圆锥形的表面和内孔、公、英制螺纹加工，还可利用尾架钻孔	兰州机床厂
CD6140A型普通车床	φ400×1000 ×1500 ×2000	2650×1225×1360 3150×1225×1360 3650×1225×1360	7.5	2100 2150 2280	进行各种车削工作，包括车削各种公英制螺纹	大连机床厂
CL6240A(LC400A)型马鞍型车床	φ400×1000 ×1500	2260×1000×1280 2760×1000×1280	4			鲁南机床厂
CA6140型普通车床 CA6240	φ400×750 ×1000 ×1500 ×2000	2418×1000×1267 2668×1000×1267 3168×1000×1267 3668×1000×1267	7.5	2040 2120 2270 2620	用于车削内外圆柱面、圆锥面及其他旋转面，车削各种公、英制、模数和径节螺纹，并能进行钻孔、铰孔和拉油槽等工作	沈阳第一机床厂
C620-1型普通车床	φ400×1000 ×1400 ×2000	2649×1513×1210 3669×1513×1210	7.5 总功率7.625	2010 2280	进行各种不同的车削工作，可车削各种螺纹	牡丹江第一机床厂

续表

型号	床身上最大工件回转直径×最大工件长度 (mm)	外形尺寸(长×宽×高) (mm)	主电动机功率 (kW)	重量 (kg)	主要用途	生产厂
CQB6140型轻便型普通车床	φ400×1000	2345×1150×1450	4 总功率4.1	1090	可进行棒料、盘形零件的内外圆柱表面和内外圆锥表面的加工,并可车削各种螺纹和钻孔、铰孔	福州机床厂
CHOLET435型卧式车床	φ435×700 ×1000 ×1600 ×2500	2510×1020×1570 2670×1070×1660 3270×1070×1660 4135×1070×1600	7.5 总功率8.375	1650 2150 2450 3050	适用于车削各种零件的端面、外圆、内孔、锥体,多种螺纹和进行仿形加工	天水星火机床厂
CA6150型 CA6250型 普通车床	φ500×750 ×1000 ×1500 ×2000	2418×1037×1312 2668×1037×1312 3168×1037×1312 3668×1037×1312	7.5	2110 2190(2250) 2340 2690	车削内外圆柱面、圆锥面及其他旋转面,车削各种公制、英制、模数和径节螺纹,并能进行钻孔、铰孔和拉油槽等工作	沈阳第一机床厂
C6150型普通车床	φ500×750 ×1000 ×1500 ×2000	2388×1170×1530 2388×1170×1530	7.5	1884 1884		上海第二机床厂
CHOLET550型卧式车床	φ550×1000 ×1600 ×2500	2670×1070×1660 3270×1070×1660 4135×1070×1600	7.5 总功率8.375	2150 2450 3050	适用于车削各种零件的端面、外圆、内孔、锥体,多种螺纹和进行仿形加工	天水星火机床厂
CA6161型 CA6161D型 卧式车床	φ610×1000 ×1500 ×2000	2668×1081×1367 3168×1081×1367 3668×1081×1367	7.5	2260 2410 2760	车削内外圆柱面、圆锥面及其他旋转面,并能钻孔、铰孔和拉油槽	牡丹江第一机床厂
CW6163B卧式车床	φ630×1000 ×1500 ×2000	2690×1393×1573 3275×1393×1573 3725×1393×1573	11 总功率12.1	3200 3700 4200	车削内外圆柱面、圆锥面及其他旋转零件加工各种螺纹、拉油槽和键槽	安阳机床厂
CA6161型 CA6261型 普通车床	φ610×1000 ×1500 ×2000	2668×1130×1367 3168×1130×1367 3668×1130×1367	7.5	2250(2310) 2400(2480) 2750(2830)	车削内外圆柱面、圆锥面,车削各种螺纹,并可进行钻孔、拉油槽等	沈阳第一机床厂

5.4 维 修 设 备

续表

型　号	床身上最大工件回转直径×最大工件长度 (mm)	外形尺寸(长×宽×高) (mm)	主电动机功率 (kW)	重　量 (kg)	主　要　用　途	生　产　厂
CHOLET60型卧式车床	φ660×1000 ×1600 ×2500	2670×1070×1660 3270×1070×1660 4135×1070×1600	7.5 总功率8.375	2150 2450 3050	车削各种零件的端面、外圆、内孔、锥体、多种螺纹和仿形加工	天水星火机床厂
CW6163A型万能普通车床	φ630×1500 ×3000	3661×1298×1550 5161×1298×1550	11	4500 5500	车削内外圆柱面、圆锥面、旋转面、各种台阶面、各种螺纹，还可钻孔、铰孔、拉油槽等	兰州机床厂

5.4.2 钻　床

钻床主要型号、用途及性能见表5-26。

表 5-26　钻床主要型号、用途及性能

类型	型　号	最大钻孔直径 (mm)	主轴端面至工作台面距离(mm)	主轴中心线至立柱母线距离 (mm)	外形尺寸 (长×宽×高) (mm)	主电动机功率 (kW)	重　量 (kg)	主　要　用　途	生　产　厂
摇臂钻床	Z3025×10	25	250~1000	300~1000	1735×800×2014	1.5 (总2.51)	1600	可进行钻孔、扩孔、铰孔等工作，适用于中小型零件的加工	福州机床厂
	Z3035B×13	35	350~1250	350~1300	2290×900×2570	2.4/3	2520		南京第四机床厂
	Z3040×16	40	350~1250	350~1600	2490×1035×2625	3 (总5.3)	3500	可进行钻孔、扩孔、铰孔、锪平面及攻螺纹等工作，适用于中型和小型零件的加工	上海第五机床厂、中捷友谊厂
	Z3050×16	50	350~1220	350~1600	2490×1035×2625	4	3500		中捷友谊厂、上海第五机床厂
	Z3063×20	63	400~1600	450~2050	3090×1250×3195	5.5 (总7.8)	6500	适用于中、大型零件的加工，可钻孔、扩孔、铰孔、锪平面及攻螺纹等，配有工艺装备时，可进行镗孔	天津第四机床厂
	Z3080×25	80	550~2000	500~2500	3730×1400×3825	7.5 总11.39	11000		中捷友谊厂、南京第四机床厂

续表

类型	型号	最大钻孔直径(mm)	主轴端面至工作台面距离(mm)	主轴中心线至立柱母线距离(mm)	外形尺寸(长×宽×高)(mm)	主电动机功率(kW)	重量(kg)	主要用途	生产厂
万向摇臂钻床	Z3140A	40	25~1250	850~1600	3058×1240×2620	3(总7.98)	4200	适用于大型、重型零件的加工,可在空间一定范围内的任何方向上进行钻孔、扩孔、铰孔、锪平面、攻螺纹等。采取不固定安装方式,可按施工要求,吊运至所需工作地点	中捷友谊厂
	Z3140×16	40	250~2250	900~1600	3220×1290×2690	3	4300		沙市第一机床厂
移动式摇臂钻床	ZW3725	25	50~850	340~880	1850×720×2020	1.5	1100	适用在中、大型箱体等零件上作钻孔、扩孔、攻丝和铰孔之用。机床顶部有吊环,底部有滚轮,可移动至所需地点和位置。适合一般机械修配和制造工厂使用	杭州钱江机床厂
万向钻床	Z3732	32	50~850	340~880	1830×720×2050	2.2	1100		
台式钻床	LT-13	13	工作台行程359	182	800×500×300(包装尺寸)	0.375	65	适用于在金属材料上钻孔、扩孔、铰孔	鲁南机床厂
	LT-13J	13	工作台进程203	103	425×340×220(包装尺寸)	0.19	19		
	LT-16J	16	工作台进程359	182	800×500×300(包装尺寸)	0.375	65		
	LT-19G	19	工作台进程406	200	1030×800×490(包装尺寸)	0.563	110		
方柱式钻立床	Z5125A	25	工作台行程300 工作台面积400×550	280	1100×800×2330	2.2	960	可进行钻孔、扩孔、铰孔、锪平面和攻螺纹等	湖北第三机床厂
	Z5132A	32	工作台行程300 工作台面积400×550	280	1100×800×2330	(2.2)3	1000		
	Z5140B	40	工作台面积560×480			主轴转速31.5~1400			大河机床厂

续表

类型	型号	最大钻孔直径 (mm)	主轴端面至工作台面距离(mm)	主轴中心线至立柱母线距离 (mm)	外形尺寸 (长×宽×高) (mm)	主电动机功率 (kW)	重量 (kg)	主要用途	生产厂
方柱式钻立床	Z5140A	40	工作台行程 300 工作台面积 560×480	335	1200×800×2550	3	1300	可进行钻孔、扩孔、铰孔、锪平面和攻螺纹等	湖北第三机床厂
	Z5150A	50	工作台行程 300 工作台面积 560×480	335	1200×800×2550	3	1350		
圆柱式钻立床	Z5025	25	1100	230	810×560×1740	0.7/1.1	250	可进行钻孔、扩孔、铰孔、锪平面和攻螺纹等	南京第四机床厂
	H5-3	25	830	240	485×640×1670	0.85/1.1	260		浙江海门机床厂
十字工作台立式钻床	Z5725A	25	565 工作台面积 750×300	跨距 280	1138×1010×2302	2.2	1000		大河机床厂
	Z5740	40	660 工作台面积 850×350	跨距 335	1295×1130×2530	3.0	2100		

5.4.3 牛头刨床

牛头刨床主要型号规格、用途及性能见表5-27。

牛头刨床主要型号规格、用途及性能　　　　　表5-27

型号	主要规格(最大刨削长度)(mm)	外形尺寸(长×宽×高)(mm)	主电动机功率(kW)	重量(kg)	主要用途	生产厂
B6032	320	1208×725×1154	1.5	615	刨削各种平面和成型面	鄂州市机床厂
B635A	350	1390×860×1455	1.5	1000	刨削平面和成型面,对加工狭长零件的平面、T字槽、燕尾槽等生产率更高。如装上特殊虎钳或分度头,还可加工轴类和长方体零件的端面和等分槽等	上海沪东机床厂
B6050	500	1943×1173×1533	4.0	1800		
BT6050	500	2070×1080×1450	4.0(总功率4.75)	2500	用于各种中小型零件的单面、槽面、斜面加工	天水机床厂
BT6050A	500	2035×1170×1450	3	2500		
B6063F	630	2585×1452×1750	3	2100	刨削平面和成型面,对加工狭长零件的平面、T形槽、燕尾槽等生产率更高	重庆五一机床厂
B665	650		3	1850		呼和浩特第二机床厂
B6066	660	2280×1520×1750	3	1850		桂林第三机床厂
B6066J	660	2280×1600×1750	3	1880		
BH6070	700	2550×1400×1760	4	2900		上海沪东机床厂
BY60100B(液压牛头刨床)	1000	3615×1574×1760	7.5(总功率8.25)	4200	刨削各种平面和成形面,液压传动,无级变速	天水机床厂

5.4.4 铣　床

铣床主要型号、用途及性能见表5-28。

铣床主要型号、用途及性能　　　　　表5-28

类型	型号	主要规格(工作台面尺寸)(宽×长)(mm)	外形尺寸(长×宽×高)(mm)	电动机总功率(kW)	重量(kg)	主要用途	生产厂
万能铣床	X6120	200×900	1330×1418×1480	3.64	1360	适用于钢和铸铁及有色金属零件的各种铣削加工	长春第二机床厂
立式升降台铣床	X5020B	200×900	1700×1300×1650	3.79	1000	可用端铣刀、片铣刀、角度铣刀和各种专用铣刀	桂林机床厂
立式升降台铣床	X5025	250×1100	1779×1669×1963	5.1	2100	切黑色和有色金属的各种零件的平面、阶梯面和沟槽以及钻、镗加工	

续表

类　型	型　号	主要规格(工作台面尺寸)(宽×长)(mm)	外形尺寸(长×宽×高)(mm)	电动机总功率(kW)	重　量(kg)	主要用途	生产厂
万能升降台铣床	X6125	250×1100	1770×1670×1600	5.1	2025	配置相应附件可以扩大机床加工范围：铣削圆弧面、齿轮、齿条、花键、螺旋槽等，还可进行钻、镗、插加工	青海第一机床厂
万能升降台铣床	X6130	300×1100	1770×1670×1600	5.1	2025		青海第一机床厂
立式升降台铣床	X5030	300×1100	1779×1669×1963	5.1	2150	切黑色和有色金属的各种零件的平面、阶梯面和沟槽以及钻、镗加工	青海第一机床厂
卧式升降台铣床	XA6032	320×1250	2294×1770×1665	7.5	2600	适于用圆柱、圆片、角度、成型铣刀及端面铣刀来铣切各种零件，进行平面、斜面、沟槽成型面及切断等加工，能用硬质合金刀具进行高速切削或重负荷切削，即可顺铣，也可逆铣	北京第一机床厂
卧式升降台铣床	XA6032A	320×1320	2350×2150×1725	7.5	2900		北京第一机床厂
立式升降台铣床	XA5032	320×1250	2272×1770×2094	7.5	2800	适用于用各种棒状铣刀、圆柱铣刀、角度铣刀及端面铣刀来铣切平面、斜面、沟槽、齿轮等。装有分度头时，可铣切直齿轮和铰刀等零件，还可装上圆工作台，铣切凸轮及弧形槽	北京第一机床厂
立式升降台铣床	XA5032A	320×1320	2350×1950×2230	7.5	3400		北京第一机床厂
立式升降台铣床	XD5032A	320×1320	2310×1770×1960	8.69	3000		长春第二机床厂
万能工具铣床	X8140D	400×800	2050×1330×1825	3.52	1890	集立铣、卧铣、镗铣、插削于一身。工作台在三维空间可任意旋转±30°	青海第一机床厂
万能升降台铣床	B_1-400W	400×1600	2556×2159×1830	主传动11.0	3800	配备各种铣刀后，可加工各种平面、斜面、沟槽、齿轮等，如果使用适当铣床附件或利用工作台，可左右各回转45°，加工范围更广泛	北京第一机床厂
立式升降台铣床	B_1-400K	400×1600	2556×2159×2298	主传动11.0	4250	配备各种铣刀后，可加工各种平面、斜面、沟槽、齿轮等。若使用适当铣床附件，可加工凸轮、弧形槽及螺旋面等特殊形状的零件	北京第一机床厂
立式升降台铣床	XA5040A	400×1700	2570×2326×2695	主传动11.0	4800	机床纵、横、垂三个方向均采用滚珠丝杠副传动，有半自动的刀具安装和拆卸装置	北京第一机床厂
万能升降台铣床	XA6140A	400×1700	2579×2274×1935	主传动11.0	4350	可用各种圆柱铣刀、圆片铣刀、角度铣刀成型铣刀和端面铣刀，加工平面、斜面、沟槽、齿轮等。如使用万能铣头、圆工作台、分度头等，可扩大加工范围	北京第一机床厂

5.4.5 切断机床

切断机床主要型号、用途及性能见表5-29。

切断机床主要型号、用途及性能　　　　表5-29

类型	型号	主要规格(mm)	外形尺寸(长×宽×高)(mm)	电动机总功率(kW)	重量(kg)	主要用途	生产厂
卧式弓锯床	G7025	最大锯削能力：直切φ250，45°斜切φ120，方料200×200	1650×840×1120	3.2	820	适于切削各种金属材料，亦可切削有色金属	湖南机床厂
圆锯床	G607	锯片直径710	2350×1300×1800	7.125	3600	锯割各种黑色金属材料及型材，能进行与材料母线成90°的锯割	
卧式带锯床	G4025-1	最大锯削直径250	1866×750×1194	2.49	550	主要用于黑色金属的锯削，如各种棒料、型材和管材，亦用于有色金属的锯削	
半自动卧式带锯床	GB4025	最大锯削直径圆料：φ250，方料：230×230	包装箱尺寸：1900×1100×1350	1.68	750	适用于切断普通钢、高速工具钢、轴承钢、低合金钢、不锈钢、铜、铝等各种棒材和型材	上海沪南带锯床厂
	GB4032	最大锯削直径：圆料：φ320，方料：300×300	包装箱尺寸：2500×1300×1600	3.37	1300		
自动卧式带锯床	GZ4032	最大切削能力：圆料：320，方料：320×320	2370×3790×1325	5.625	1900	锯切各种黑色金属，亦可锯切有色金属	湖南机床厂
	GZ4032-1	最大切削能力：圆料：320，方料：320×280	2370×3790×1325	5.625	1900		

5.4.6 砂轮机

砂轮机性能及外形尺寸见表5-30~33。

□SIS系列双重绝缘单相砂轮机性能及外形尺寸　　　　表5-30

型号	砂轮尺寸(外径×厚度×内径)(mm)	电动机					外形尺寸(长×宽×高)(mm)	重量(kg)	生产厂
		电压(V)	额定转矩(N·m)	输入功率(W)	最高空载转速(r/min)	额定输出功率(W)			
□SIS-SF-100A	φ100×20×φ20	220	0.5	500	7500	250	519×120×120	2.8	上海锋利电动工具厂
□SIS-100	φ100×20×φ20	220	0.65	580	8500	250	490×100×85	4.2	杭州建工电动工具总厂

5.4 维 修 设 备   743

续表

型　号	砂轮尺寸（外径×厚度×内径）(mm)	电动机 电压(V)	电动机 额定转矩(N·m)	电动机 输入功率(W)	电动机 最高空载转速(r/min)	电动机 额定输出功率(W)	外形尺寸（长×宽×高）(mm)	重量(kg)	生产厂
□SIS-XD-100B	φ100×20×φ20	220	0.6	580	5600	350	500×95×150	4.3	湖南电动工具厂
□SIS-QD-100B	φ100×20×φ20	220	0.95	600	9500	350	520×86×115	3.8	青海电动工具厂
□SIS-QD-125A	φ125×20×φ20	220	1.25	600	7600	350	510×86×115	3.8	
□SIS-125	φ125×20×φ20	220	0.84	580	6600	350	490×140×90	4.5	杭州建工电动工具厂
□SIS-CD-125A	φ125×20×φ20	220	1.0	650	6000	350	520×144×135	3.4	成都电动工具厂
□SIS-150	φ150×20×φ32	220	0.84	580	6600	350	490×175×115	4.5	杭州建工电动工具厂

S_3S 系列手提式三相砂轮机性能及外形尺寸　　表 5-31

型　号	砂轮尺寸（外径×厚度×内径）(mm)	电动机 额定电压(V)	电动机 额定转矩(N·m)	电动机 输入功率(W)	电动机 额定转速(r/min)	电动机 额定输出功率(W)	外形尺寸（长×宽×高）(mm)	重量(kg)	生产厂
□S_3S-JS-125B	φ125×20×φ20	380	1.35	500	2800	350	550×170×170	8.5	石家庄电动工具厂
□S_3S-QD-125B	φ125×20×φ20	380	1.25	500	3000	350	550×124×124	7.0	青海电动工具厂
□S_3S-LDⅡ-125A	φ125×20×φ20	380	0.8	450	3000	350	643×126×138	7.0	沈阳电动工具厂
□S_3S-JS-150A	φ150×20×φ32	380	1.35	500	2800	350	550×170×170	8.5	石家庄电动工具厂
□S_3S-LDⅡ-150B	φ150×20×φ32	380	1.6	730	3000	500	650×126×160	9.0	沈阳电动工具厂
□S_3S-LDⅡ-150Z	φ150×20×φ32	380	2.2	960	3000	700	680×126×160	10.0	
□S_3S-JD03-150	φ150×20×φ32	380	1.6	780	2800	500	543×157×172	7.5	长春电动工具股份有限公司
□S_3S-QD-150A	φ150×20×φ32	380	1.25	500	3000	350	550×124×124	7.0	青海电动工具厂

SIST 系列单相轻型台式砂轮机性能　　表 5-32

型　号	砂轮尺寸（外径×厚度×内径）(mm)	电动机 额定电压(V)	电动机 额定转矩(N·m)	电动机 输入功率(W)	电动机 额定转速(r/min)	电动机 额定输出功率(W)	外形尺寸（长×宽×高）(mm)	重量(kg)	生产厂
MQ3213	φ125×16×φ12.7	220			3000	50			
MQ3213B	φ125×16×φ12.7	110			3600	50			
SIST-150	φ150×20×φ32	220			3000	150			扬州电动工具厂
SIST5-150	φ150×20×φ32	220			3000	150			
SIST6-150	φ150×20×φ32	110			3600	150			
SIST-200	φ200×20×φ32	220			3000	200			
SIST5-200	φ200×20×φ32	220			3000	200			
SIST6-200	φ200×20×φ32	110			3600	200			

S₃ST 系列三相台式砂轮机性能及外形尺寸　　　表 5-33

型号	砂轮尺寸(外径×厚度×内径)(mm)	电动机 额定电压(V)	电动机 额定转矩(N·m)	电动机 输入功率(W)	电动机 额定转速(r/min)	电动机 额定输出功率(W)	外形尺寸(长×宽×高)(mm)	重量(kg)	生产厂
S₃ST3-150	⌀150	380	0.8	350	2700	250	408×164×246	14	沈阳电动工具厂
S₃ST3-200	⌀200	380	1.2	730	2700	500	485×215×272	18	沈阳电动工具厂

5.4.7 电焊机

(1) 直流弧焊机主要用途、性能见表 5-34、35。

可控硅直流焊机主要用途、性能　　　表 5-34

型号\技术性能	电源 频率(Hz)	三相 电压(V)	负载100%初级电流(A)	空载电压(V)	电流调节范围(A/V)	负载持续率与焊接电流 35%(A/V)	负载持续率与焊接电流 60%(A/V)	负载持续率与焊接电流 100%(A/V)	焊条直径(mm)	重量(kg)	生产厂
LHF-250	50/60	220	22	75~87	8/20~250/30	250/30	200/28	160/26.4	1.2~5.0	140	
	50	380	12.5								
	50	415	11.5								
	60	440	11.5								
	50	500	9.5								
	60	550	9.5								
LHF-400 LHF-400-1	50/60	220	36	78~89	8/20~400/36	400/36	315/33	250/30	1.2~8.0	165	成都电焊机厂
	50	380	21								
	50	415	19								
	60	440	19								
	50	500	16								
	60	550	16								
LHF-630	50/60	220	70	65~72	8/20~630/44	630/44	500/40	400/36	1.2~8.0	235	
	50	380	40								
	50	415	37								
	60	440	37								
	50	500	31								
	60	550	31								
LHF-800	50/60	220	92	69~75	8/20~800/44	800/44	630/40	500/40	1.2~8.0	275	
	50	380	53								
	50	415	49								
	60	440	49								
	50	500	40								
	60	550	40								

注：电网电压波动±10%时，焊接电流变动±0.2%，国产化型号带电流电压指示表。

5.4 维修设备 745

表 5-35

直流弧焊机主要用途、性能

类型	型号	额定输入容量 (kVA)	初级电压 (V)	工作电压 (V)	额定焊接电流 (A)	电流调节范围 (A)	负载持续率 (%)	外形尺寸 (长×宽×高) (mm)	重量 (kg)	主要用途	生产厂
晶闸管直流弧焊机	ZX5-250	14	380	21~30	250	25~250	60	780×400×440	150	适用于所有牌号焊条的直流电弧焊接	北京东升电焊机厂、唐山市电子设备厂
	ZX5-400	24	380	21~36	400	40~400	60	595×505×940	200		北京电焊机厂、太原电焊机厂
	ZX5-400B	30	380	36	400	40~400	60	550×500×950	200		新乡电焊机厂
	ZX5-630	48	380	44	630	130~630	60	670×535×970	260		北京东升电焊机厂、张家口市电焊机厂
	ZX5-630B	48	380	44	630	60~630	60	708×565×1130	270		新乡电焊机厂
逆变直流弧焊机	ZX7-250	9.2	380	30	250	50~250	60	470×276×490	35	用作手工焊电源或氩弧焊电源	南京电焊机厂、唐山市电子设备厂
	ZX7-400	14	380	30	400	50~400	60	630×315×480	70		

(2) 交流弧焊机主要用途、性能见表 5-36。

表 5-36 交流弧焊机主要用途、性能

型 号	额定输入容量 (kVA)	初级电压 (V)	工作电压 (V)	空载电压 (V)	额定焊接电流 (A)	电流调节范围 (A)	负载持续率 (%)	外形尺寸 (长×宽×高) (mm)	重量 (kg)	主 要 用 途	生 产 厂
BX1-160	13.5	380	22~28	80	160	40~192	60	587×325×665	93	作为手工弧焊电源	1,2
BX1-250	20.5	380	22.5~32	78	250	62.5~300	60	600×360×720	116		3,4
BX1-300	22	380	32	72	300	55~360	40	615×470×730	145	作为单人手工焊接或切割用交流电源	5
BX1-400	30.4	380	36	76	400	75~480	40	615×500×780	165		
BX1-500	42	380	20~44	80	500	80~750	60	820×500×790	310	作手工电弧焊电源	6
BX1-630	56	380	24~44	80	630	110~760	60	460×760×890	270	作大电流手工电弧焊电源和切割用	1,7
BX1C-300-1	24	380	23~35	76	300	55~300	40	550×410×680	105	适用于焊接黑色金属构件、低合金钢等。也可作电弧切割用	8
BX1C-400	31.2	380	24~40	76	400	75~400	40	580×420×710	125		
BX1C-500	42.5	380	24~40	80	500	85~500	60	750×500×850	190		
BX3-120	7 或 9	220 380	25	70 或 75	120	20~160	60	485×470×680	100	焊薄板，使用 $\phi 2 \sim \phi 4$mm焊条	9
BX3-300	22	380	32	70~78	300	35~360	40	630×482×810	150	作单人手工焊接用交流焊接电源	1,5
BX3-400	29.1	380	36	75~70	400	50~510	60	695×530×905	200		4,7
BX3-500	36.9	380	40	70~75	500	50~500	35	692×533×905	200		
BX6-120	8.5	220 380	24.5	50	120	30~160	20				10
BX6-160		220 380		52 62	160	50~180	40	460×295×430	45	小型、轻便式通用手工电弧焊电源。适用于中、小型焊件制作	5
BX6-200		220 380		52 62	200	50~220	25	460×295×430	50		
BX6-250	21	380	22~31	50~76	250	60~350	60	590×338×560		用手工焊电源	10
BX6-315	24	380	23~36	50~79	315	72~400	60	585×343×626			

注：生产厂家编号：1. 天津市电焊机厂；2. 北京电焊机厂；3. 太原电焊机厂；4. 张家口电焊机厂；5. 新乡电焊机厂；6. 华东电焊机厂；7. 沈阳电焊机厂；8. 成都电焊机厂；9. 上海电焊机厂；10. 昆明电焊机厂

生产厂通信录

厂 名	地 址	电 话	传 真	电 挂	邮 编
北京市					
北京第二水泵厂	北京市丰台区长辛店北关外2号	010-63886852	010-63881879		100072
北京市华福水处理设备厂	北京市丰台区三路居骆驼湾100号	010-63406365	010-63406365		100073
北京桑德环保产业集团	北京市海淀区皂君庙甲七号	010-62254189	010-62254206		100081
日本月岛机械株式会社北京联络处	北京市西城区阜成门外大街2号	010-68588631	010-68588636		100037
北京市运输机械厂	北京市丰台区大瓦窑315号				100071
北京第一机床厂	北京市建外大街4号			5088	100022
北京重型电机厂	北京市西郊吴家村	010-68232213		9649	100039
芬兰沙林泵公司中国代表处	北京市丰台区万柳园小区3号楼541室	010-68020518			100071
上海市					
上海市机械施工公司深井机械厂	上海市普善路941号	021-56037177	021-56030544	0325	200072
上海水泵厂	上海市闵行江川路1400号			8331	200240
上海深井泵厂	上海市平凉路731号	021-65463885	021-65458523	3174	200082
上海万里塑料制品厂	上海市局门路649号				200023
上海凯泉给水工程有限公司	上海市汶水路857号	021-56680354	021-56684853	97036	200436
上海第一水泵厂	上海市镇宁路21~43号	021-62520135	021-62522953	4738	200050
上海莲盛水泵厂	上海市青浦县岑公路朱舍站				201700
上海东方压缩机厂 上海生活锅炉厂	上海市霍山路309号	021-65462984	021-65120495	5031	200082
上海化工机械厂	上海市瞿溪路1237号	021-64315970	021-64331074	1508	200023
上海松江橡胶制品厂 上海欣昌减震器有限公司	上海市松江县泗泾镇	021-57820000	021-57612435	9213	201601
上海第二机床厂	上海市西康路841号				200040
上海第五机床厂	上海市海门路560号	021-65411880	021-65411847	1822	200082
上海沪东机床厂	上海市通州路69号	021-65413134	021-65126466	6050	200080
上海沪南带锯床厂	上海市浦东周南线汤店车站	021-58162681	021-58161567	85802	201322
上海锋利电动工具厂	上海市北翟路1051号	021-62597704		9912	200335

续表

厂　名	地　址	电　话	传　真	电　挂	邮　编
上海日立电动工具有限公司	上海市闵行鹤庆路900号	021-64300041		8322	200240
上海先锋电机厂	上海市灵石路702号	021-56650666		4376	200072
上海起重设备厂	上海市汶水路88号	021-56651975	021-56650541	1489	200072
上海起重运输机械厂	上海市广中路701号	021-56650077			200072
上海五一电机厂	上海市双阳路62号	021-65431626		4353	200090
上海电机厂	上海市闵行江川路555号	021-64355426		8304	200240
天津市					
天津水泵厂	天津市河东区复兴庄北街45号	022-24344361		3000	300151
天津第四机床厂	天津市北郊宜兴埠兴淀公路	022-6991040	022-6991184	1384	300402
天津起重设备厂	天津市大沽南路946号	022-2384938	022-8302137	5039	300220
天津市卷扬机厂	天津市河东区七经路50号	022-2343307	022-2341849		300012
天津电机厂	天津市河西区太湖路21号	022-282791-5		2037	300210
天津市百阳环保设备股份合作公司	天津市津南区咸水沽东西周庄	022-28390890	022-28399500		
重庆市					
重庆水泵厂	重庆市沙坪坝区小龙坎正街340号	023-5310976	023-5312953	0467	630030
重庆工业泵厂	重庆市土桥王家坝路159号			2115	630054
重庆锅炉总厂	重庆市沙坪土坝区小龙坎正街331号	023-5313683	023-5313683	0209	630030
重庆五一机床厂	重庆市大坪石油路24号	023-68810892	023-68813023	4084	630042
四川江北机械厂	重庆市江北县水土镇				631144
重庆第二起重机厂	重庆市杨家坪横街96号	023-68825827			630050
重庆起重机厂	重庆市中梁山起重新村1号	023-68833705	023-9867122		630052
重庆电机厂	重庆市中梁山玉清寺	023-5211854		0440	630052
浙江省					
浙江水泵总厂（台州工业泵厂）	临海市鲤山路40号	0576-51115685		3938	317000
杭州水泵总厂	杭州市清泰立交桥东首	0571-6048177		1347	310016
浙江省乐清水泵厂	乐清市黄华镇岐头	0577-9002161	0577-2652508	乐清5124	325605
浙江真空设备厂	椒江市中山西路64号				317700
黄岩八一通用机械厂	黄岩市城关外东浦53号	05862-422257		2750	317400
江山水泵厂	江山市城关环城西路29号				324100

续表

厂 名	地 址	电 话	传 真	电 挂	邮 编
中美合资温州保利泵业有限公司	乐清市朴湖工业区	0577-2318888	0577-2315589	乐清6020	325608
中国人民解放军第四八一九工厂(海申机电总厂)	浙江象山201信箱	0574-5858309	0574-5860003		315718
宁波巨神制泵实业公司	宁波市云龙镇	0574-8473183	0574-8473990		315135
浙江金山管道电气有限公司	乐清市海屿工业区	0577-2815258	0577-2811785	7843	325606
宁波风机厂	宁波市江东南路165号	0574-7833517		2025	315040
杭州制氧机集团公司	杭州市东新路90号	0571-5372001		0500	310004
杭州市兴源过滤机有限公司	杭州市郊良渚	0571-8578989	0571-8578255	余杭2036	311113
杭州运输设备厂	杭州市湖墅香积寺巷42号				310014
杭州钱江杭床厂	杭州市余杭闲林北山路8号	0571-8681496		余杭镇2000	311122
浙江海门机床厂	椒江市解放路91号			1643	317700
杭州建工电动工具总厂	杭州市建国北路新桥弄27号	0571-5188222			310004
杭州发电设备厂	萧山城厢镇城北路36号	0571-5151337		2894	311200
江苏省					
南京制泵集团股份有限公司	南京市六合龙津路17号	025-7756894	025-7750693	8888(六合)	211500
南京古尔兹制泵有限公司	南京市六合龙津路17号	025-7758612	025-7758819	0657	211500
江苏省扬州市久力水泵厂	靖江市江平路358号	0523-4832670		2617	214500
江苏高邮水泵厂	高邮县繁荣路28号			3119	225600
江苏亚太泵业集团公司 江苏亚太给排水成套设备公司 (原扬州市亚太特种水泵厂)	泰兴市大庆东路64号	0523-7683110	0523-7625252	4905	225400
江苏扬州金陵泵业有限公司	姜堰市顾高区团结路44号	0523-8391888	0523-8391569	7353	225502
无锡水泵厂	无锡市清扬路207号	0510-5754456	0510-5736120	3119	214023
宜兴市新纪元环保有限公司	宜兴市高胜镇丁家工业区	0510-7891284	0510-7895501		214214
无锡压缩机股份有限公司	无锡市圹南路114号	0510-5024889	0510-5019862	6593	214026
无锡通用机械厂	无锡市南长街706号			1696	214023

续表

厂　名	地　址	电　话	传　真	电挂	邮编
扬州天雨给排水设备(集团)有限公司	江都市滨湖镇	0514-6161342	0514-6161445	3203	225268
江苏一环集团公司	宜兴市分水镇人民路	0510-7551158	0510-7551158	1064	214262
江都市亚太环保设备制造总厂	江都市扬庄镇	0514-6231076	0514-6231000	2638	225264
宜兴市第二冷作机械厂	宜兴市洋溪镇下邾街	0510-7571155	0510-7571155	0398	214263
宜兴市水工业器材设备厂	宜兴市高胜镇兴村3号	0510-7891619	0510-7893066	0756	214214
江苏昆山化工设备厂(中外合资昆山科达机械设备有限公司)	昆山市解放路34号	0520-7555293	0520-7557026	6988	215300
江苏省镇江船厂	镇江市东吴路1号	0511-8823271	0511-8824032	0123	212001
启东活性炭再生设备厂	启东市兆明镇	0513-3407252	0513-3407288	4301	226242
无锡市输送机械设备厂	无锡市坊前镇	0510-8270275	0510-8270949		214111
苏州运输机械厂	苏州市浒墅关下塘北街42号	0512-5391511	0512-5391511	9921	215151
南京第四机床厂	南京市浦口区石佛寺	025-8851396	025-8882606	6600	210032
南京电焊机厂	南京市中华门外安德门	025-6625910	025-6629934	0209	210012
扬州电动工具厂	扬州市史可法路38号			0520	225002
常熟市起重机械设备厂	常熟市横泾桥堍	05211-752015	05211-752947		215500
武进液压启闭机总厂	常州市西门外奔牛镇				213131
宜兴市第一环境保护设备厂	江苏省宜兴市分水镇人民路	0510-7551027	0510-7551111		214262
南京建筑机械厂	南京市同仁西街7号				210008
苏州电机厂	苏州市盘门路252号	0512-731228	0512-732257	2727	215002
南通电机厂	南通市任港路39号			6644	226006
南京调速电机厂	南京市中央门外张蔡村77号	025-5503888	025-5502804	1090	210015
河南省					
郑州力威橡胶制品有限公司	郑州市上街区孟津路66号	0371-8921527	0371-8929024	9169	450041
河南省汇源实业有限公司郑州橡胶四厂	郑州市郑上路	0371-7901700			450065
安阳机床厂	安阳市解放路31号	0372-5931508	0372-5927155	1562	455000
新乡电焊机厂	新乡市平原路中段西安巷5号	0373-3054182	0373-3043248	3352	453003
河南省商城县水利机械厂	商城县双铺街1号	03868-731502		3055	465345

续表

厂　名	地　址	电　话	传　真	电　挂	邮　编
郑州起重设备厂	郑州市丰乐路6号	0371-3937121	0371-3931030		450053
新乡市起重设备厂	新乡市南干道东段111号	0373-3052386	0373-3058094	0393	453003
洛阳起重设备厂	洛阳市唐宫东路	0379-3916537	0379-3908211		471009
南阳防爆电机厂	南阳市仲景北路22号	0377-224961	0377-224273	7122	473011
郑州市水泵厂	荥阳市京城路北段	0371-4662557		2750	450100
咸阳深井泵厂	咸阳市人民路30号			0064	712000
漯河水泵厂	漯河市向阳路	03813-333130		3119	462000
新乡水泵厂	新乡市和平路53号	0373-3383996	0373-3383858	5000	453002
辽宁省					
沈阳水泵厂	沈阳市铁西区重工街熊家岗路28号	024-5820855	024-5851383	5111	110026
沈阳蓝天工业泵厂	沈阳市于洪区				110026
大连劳雷石油化工泵厂	大连市普兰店市瓦窝镇				116200
大连耐酸泵厂	大连市沙河区华北路250号	0411-4403456		6999	116022
兴城水泵厂	兴城市铁西街1003号	04262-5152584		2623	121600
鞍山无油空压机厂	鞍山市铁东区矿工路	0412-5843309	0412-5843181	2572	114004
沈阳鼓风机厂	沈阳市铁西区云峰北街36号	024-5801563	024-5852669	5811	110021
沈阳电机厂	沈阳市铁西区卫工北街20号	024-5822115		3888	110026
沈阳矿山机械集团公司 沈阳水处理设备制造总厂	沈阳市大东区大东路178号	024-4835757	024-4810929	4539	110042
沈阳电力机械总厂	沈阳市铁西区肇工北街6号	024-5822321	024-5820641	5031	110026
沈阳车床厂（原沈阳第三机床厂）	沈阳市铁西区北二东路10号	024-5852304	024-5852326	5178	110025
沈阳第一机床厂	沈阳市铁西区兴华北街22号	024-5875311	024-5853169	5414	110025
沈阳电动工具厂	沈阳市大东区八王寺街125号	024-8854223		4377	110041
大连机床厂	大连市沙河口区鞍山路38号	0411-3648468	0411-3631305	3015	116022
中捷友谊厂	沈阳市大东区珠林路25号	024-8854023	024-8851048	4900	110043
大连起重设备厂	大连市西岗区连海街10号				116001
阜新市矿山机械厂	阜新市海州区八一路43号	0418-2813534	0418-2814649		123000
大连电机厂	大连市沙河口区汉阳街8号	0411-4604866	0411-4601008	7520	116022
河北省					
石家庄中意玻璃钢有限公司	石家庄市西环南路	0311-3824540	0311-3826217		050091
河北天联实业有限公司	枣强县北环路玻璃钢城开发区	0318-8223589	0318-8225114	6688	053100

续表

厂　　名	地　　址	电话	传真	电挂	邮编
石家庄斯达输送设备厂	石家庄市放射路南段	0311-6023072	0311-6023072		050021
石家庄电动工具厂	石家庄市放射路32号	0311-6017056		6878	050021
唐山清源环保机械(集团)公司	唐山市路北区缸窑路			1643	063020
唐山市环保设备总厂	唐山市北新西道21号	0315-3225185		9562	063000
石家庄市电机二厂	石家庄市彭村前街	0311-6032819		1963	050021
河北电机厂	石家庄市放射路	0311-6011506		2623	050021
承德水泵厂	承德县上谷	0314-3080286		9968	067402
石家庄市通用水泵厂	石家庄市正定大街67号	0311-6829536			050041
石家庄水泵厂	石家庄市和平东路19号	0311-6048906	0311-6033212	2548	050011
河北邢台水泵联合总厂	邢台市顺德路217号				054001
唐山市水泵厂	唐山市建设北道永庆道西口	0315-3271761		3119	063000
湖南省					
长沙水泵厂	长沙市芙蓉南路	0731-5541960	0731-5551978	5171	40007
湖南益阳空气压缩机厂	益阳市金银山	0737-4223316		6639	413000
长沙鼓风机厂	长沙市劳动东路7号	0731-5593271	0731-5582640	2625	410014
湖南机床厂	长沙市新开铺114号	0731-5412104	0731-5413245	1426	410009
湖南电动工具厂	长沙市南郊圭圹体院路16号	0731-5582187		1427	410014
长沙起重设备厂	长沙市雨花亭新丰路39号	0731-5555999	0731-5536482	1730	410007
湘潭电机厂	湘潭市下摄司街302号			3000	411101
长沙电机厂	长沙市韶山路104号	0731-5554991		3502	410007
陕西省					
西安压缩机厂	西安市建华路(玉祥门)21号	029-4244732		4799	710082
西安风机厂	西安市太华路129号	029-6253800		1046	710016
陕西鼓风机厂	陕西省临潼县	029-3931420	029-3931420	7849	710611
陕西省工业锅炉厂金牛股份有限公司	西安市咸宁东路付28号	029-3231887	029-3236277	1887	710043
西安污水处理厂西安污水处理机械设备厂	西安市大兴路西口35号	029-4238075		4910	710077
宝鸡叉车制造公司	宝鸡市大庆路10号	0917-3413500	0917-3413942	0892	721004
西安起重机械厂	西安市红光路	029-4241795			71007
西安电机厂	西安市金花北路61号	029-3232032	029-3235018	1466	710032
宝鸡水泵厂	宝鸡市人民路3号			3119	721001

生产厂通信录

续表

厂 名	地 址	电 话	传 真	电挂	邮编
四川省					
四川自贡空气压缩机总厂	自贡市贡井区贡雷路79号			4799	643020
成都风机厂	成都市外东沙河铺上街赖家新桥南冲堰	028-4790260	028-4790260	0039	610066
四川鼓风机厂	达川市高家坝路1号	0818-2300978	0818-2300089	2623	635001
成都电动工具厂	成都市青莲街91号	028-6624818		7193	610061
成都电焊机厂	成都市建设北路	028-3339816	028-3336584	3549	610051
四川建筑工程机械厂	成都市北郊洞子口	028-3111512	028-3115334		610081
东风电机厂	乐山市五通桥	512443		2639	614802
四川宜宾电机厂	宜宾市盐坪坝	226436		0453	644000
四川南部嘉陵水泵厂	南部县工农路15号	08261-522542		3119	637300
成都水泵厂	成都市外南永丰路	028-5188793		2718	610041
三台水泵厂	三台县南桥	0816-5221704		3119	621100
四川新达水泵厂	达县市新达路25号	0818-222252		2450	63500
简阳试压泵厂	简阳县养马镇	08410-725890	08410-725985	3119	641402
山东省					
济南第二风机厂	济南市天桥区河套庄28号	0531-6910458		2326	250001
山东省章丘鼓风机厂、山东章晃机械工业有限公司	章丘市明水大街141号	0531-3214516	0531-3214543	7364	250200
鲁南机床厂	滕州市荆河东路14号	0632-5586601	0632-5583141	6593	277500
济南重型机械厂	济南市机场路	0531-8991691	0531-8996675		250109
山东省建筑机械厂	济南市段店南路32号	0531-7986960			250022
济南第一电机厂	济南市山大路236号	0531-8937526		4264	250014
山东张店电机厂	淄博市张店区共青团中路38号				255030
山东双轮集团(原威海水泵厂)	威海市新威路111号	0898-5223410	0898-5231322	3119	264200
烟台水泵厂	招远县城泉山路41号	05462-214707		0208	265400
日照水泵厂	日照市海曲西路125号	05400-223751		2623	276800
济南水泵总厂	济南市建设路3号				250021
博山真空泵厂	淄博市博山区双山街160号	0533-4181008	0533-4180391	4076	255200
博山水泵厂	淄博市博山柳杭路27号	0533-4185224	0533-4182018	4164	255200
莱阳试压泵厂	莱阳市万第镇	05427-730038			265207
山东威海水泵厂	威海市新威路111号	0896-5223410	0896-5231322	3119	264200

续表

厂　名	地　址	电话	传真	电挂	邮编
湖北省					
武汉输送机械制造公司(原武汉第三通用机械厂)	武汉市汉阳区马沧湖路112号	027-84841670	027-84845736	8989	430050
航空航天工业部六一〇研究所	襄樊市第222信箱			2076	441051
湖北第三机床厂	红安县陵园大道49号				431500
鄂州市机床厂	鄂州市武昌大道70号	0711-3222852		0416	436000
沙市第一机床厂	沙市北京路141号	0716-213241	0716-416505	2639	434000
武汉起重机厂	武汉市武昌张家湾				430065
湖北咸宁机械厂	咸宁市永安大道59号	0715-322523			437000
武汉水泵厂	武汉市汉阳区龙江村40号	027-84843860	027-84845736	8889	430050
石首水泵厂	石首市中山路港19号	07264-273410		3119	434400
广东省					
广东佛山水泵厂	佛山市河滨路14号	0757-2819544	0757-2822323	2894	528000
广州水泵厂	广州市环市西路107号	020-6517287		0111	510010
广州市第一水泵厂	广州市大道南敦和路102号	020-44512157		3129	510300
广州起重运输机械厂	广州市广园西路景泰坑				510405
广州市环境卫生机械厂	广州市猎德路392号	020-85516577			510630
广东湛江电机厂	湛江市赤坝农林二路7号			7193	524037
广西					
桂林空气压缩机厂	桂林市西郊红头岭	0773-2825650		4120	541002
桂林第三机床厂	桂林市九华路14号	0773-2602033	0773-2600446	0005	541001
桂林机床厂(桂林机床股份有限公司)	桂林市中山北路219号	0773-2823438	0773-2824287	1643	541001
广西柳州电机总厂	柳州市飞鹅路53号			3936	545005
福建省					
福建龙岩水泵厂	龙岩市西安路91号	0597-2290615		2894	364000
厦门飞华环保器材厂	厦门市长青路144号	0592-5073666	0592-5073555		361009
福建惠安机械厂	惠安县南门外	05051-7382782			362100
福建省建筑机械厂	福州市福马路五里亭	0591-3660449	0591-3661094		350011
厦门电机厂	厦门市禾路815号	0592-2023729		0379	361004
厦门市建筑机械厂	厦门市将军祠197号	0592-2036728	0592-2036720		361004
福州机床厂	福州市六一路95号	0591-3348845	0591-3356022	2623	350005

续表

厂　　名	地　　址	电　话	传　真	电　挂	邮　编
江西省					
鹰潭水泵厂	鹰潭市环城路6号	0701-6222460	0701-6222079	3119	335000
赣州水泵厂	赣州市814大道16号	0797-222707		3119	341000
南昌起重设备厂	南昌市湾里区				330004
江西电机厂	南昌市井冈山大道252号	0791-6221866		3389	330002
江西赣州电机厂	赣州市虎岗	0791-2211469			341005
安徽省					
安徽三联泵业股份有限公司	和县环城西路	0565-5312265	0565-5312336	3055	238200
安徽和县工业泵厂	和县石阳街				238241
安徽中联环保设备有限公司(原安徽第一纺织机械厂)	合肥市和平路176号	0551-4483611	0551-4483092	2224	230011
安徽省蚌埠船厂	蚌埠市交通路40号	0552-3051177		5307	233000
合肥电机厂	合肥市蚌埠路75号			2234	230011
宁夏					
吴忠水泵阀门厂	吴忠市朝阳街74号	0953-212468		3055	751100
银川风机厂	银川市友爱路	0951-4091451	0951-4091451	7364	750004
大河机床厂	中卫县西大街152号	0953-7012022	0953-7012139	3109	751700
银川起重机厂	银川市新城永青东街7号	0951-3066314	0951-3067126	2623	750011
山西省					
阳泉水泵厂	阳泉市南庄路3号			2894	045000
山西芮城试压泵厂	芮城县大禹街			2639	044660
山西长治防爆电机厂	长治市太行西街北一巷	0355-226620	0355-223103	719	046011
山西代县电机厂	代县火车站			7193	034200
山西电机厂	太原市苏州南路22号	0351-773113		0520	030012
山西长丰工业公司特种电机厂	长治市太行西路	0355-226690		4911	046000
甘肃省					
兰州水泵厂	兰州市民主东路118号	0931-8829221	0931-8825908	3119	730000
兰州锅炉厂	兰州市西固区庄浪东路216号	0931-7555804	0931-7555074	5779	730060
兰州第二通用机器厂	兰州市七里河区西津西路819号	0931-2335164	0931-2335164	2894	730050
天水星火机床厂	天水市北道区社棠东路41号	0938-2736976	0938-2736971	2502	741024
兰州机床厂	兰州市安宁西路252号	0931-7668245	0931-7667606	4630	730070

续表

厂　名	地　址	电话	传真	电挂	邮编
天水机床厂	天水市秦城区建设路196号	0938-8212918		3927	741000
兰州电机厂	兰州市七里河民乐路66号	0931-2336951	0931-2335068	3666	730050
吉林省					
吉林化学工业公司机械厂	吉林市龙潭区遵义东路9号				132021
吉林第一机械厂	吉林市桃源路79号			2894	132011
长春第二机床厂	长春市朝阳区永寿街2号	0431-5952430	0431-5954346	5617	130012
长春电动工具股份有限公司	长春市一匡街3号	0431-2937306	0431-2937306	2520	130052
长春水泵厂	长春市小街南33号	0431-2939696	0431-2937691	2119	130052
长春市第一水泵厂	农安县哈拉海德惠路				130204
黑龙江省					
哈尔滨水泵厂	哈尔滨市太平区宏伟路4号	0451-7672960	0451-7672919	3119	150056
哈尔滨电机有限责任公司	哈尔滨市动力区大庆路71号	0451-2102601	0451-2102580	0767	150040
牡丹江第一机床厂	牡丹江市西新荣街3号	0453-6527270	0453-6528764	9999	157011
云南省					
昆明水泵厂	昆明市小坝	0871-5153051		9436	650224
云南电力修造厂	昆明市西郊马街	0871-8182931		0500	650100
内蒙古					
呼和浩特第二机床厂	呼和浩特市钢铁路299号	0471-3964803	0471-3964206	2002	010050
包头起重设备厂	包头市巴彦塔拉大街				014040
内蒙电机厂	呼和浩特市东风路	0471-41793		3086	010010
青海省					
青海第二机床厂	西宁市南川东路21-2号	0971-6250070	0971-6250217	2504	810021
青海第一机床厂	西宁市城北区柴达木西路101号	0971-5219821	0971-5219806	1058	810018
青海电动工具厂	西宁市南川东路27号			0520	810021